现代农业高新技术成果丛书

国家出版基金项目
NATIONAL PUBLICATION FOUNDATION

U0325690

中国蛋白质饲料资源

Protein Feedstuff Resources in China

李爱科　主编

中国农业大学出版社
·北京·

内 容 简 介

本书针对我国蛋白质饲料资源缺口大、加工技术落后、利用率低的情况,介绍了提高我国现有蛋白质资源利用率、开发新型蛋白饲料的新技术、新工艺和新装备的潜力。尤其对油籽油料制油工艺、饼粕脱毒技术,以及动物蛋白、谷物蛋白和其他潜在蛋白资源开发技术进行了探讨,重点体现了 2009 年国家科技进步二等奖项目"蛋白质饲料资源开发利用技术及应用"的成果。

图书在版编目(CIP)数据

中国蛋白质饲料资源/李爱科主编. —北京:中国农业大学出版社,2012.12
ISBN 978-7-5655-0569-0

Ⅰ.①中… Ⅱ.①李… Ⅲ.①蛋白质饲料 Ⅳ.①S816.4

中国版本图书馆 CIP 数据核字(2012)第 156236 号

书　名	中国蛋白质饲料资源
作　者	李爱科　主编

责任编辑	梁爱荣	责任校对	王晓凤　陈　莹
封面设计	郑　川		
出版发行	中国农业大学出版社		
社　址	北京市海淀区圆明园西路 2 号	邮政编码	100193
电　话	发行部 010-62818525,8625	读者服务部	010-62732336
	编辑部 010-62732617,2618	出　版　部	010-62733440
网　址	http://www.cau.edu.cn/caup	e-mail	cbsszs @ cau.edu.cn
经　销	新华书店		
印　刷	涿州市星河印刷有限公司		
版　次	2013 年 1 月第 1 版　2013 年 1 月第 1 次印刷		
规　格	787×1 092　16 开本　40.75 印张　1 010 千字　插页 6		
定　价	178.00 元		

图书如有质量问题本社发行部负责调换

现代农业高新技术成果丛书
编审指导委员会

主　编　　李爱科

编　委　　谢正军　周瑞宝　何武顺　王瑛瑶　韩　飞
　　　　　钮琰星　刁其玉　王黎文　印遇龙　金征宇
　　　　　黄凤洪　张晓琳　王文杰　负婷婷　王安如

编写人员

国家粮食局科学研究院
　　　　　李爱科　王瑛瑶　韩　飞　张晓琳
　　　　　张忠杰　陆　晖　李兴军　负婷婷
　　　　　魏翠平　綦文涛　段章群

河南工业大学
　　　　　周瑞宝　马宇翔

中粮工程技术有限公司（国家粮食储备局无锡科研设计院）
　　　　　何武顺　温　琦　王四维　苏从毅　陈志华

中国农业科学院饲料所
　　　　　李艳玲　许贵善　屠　焰　郝淑红

江南大学
　　　　　谢正军　金征宇

中国农业科学院油料作物研究所
　　　　　钮琰星　黄凤洪

中国饲料工业协会
　　　　　王黎文　杜　伟　丁　健

中国科学院亚热带农业生态研究所
　　　　　李铁军

中粮工程技术有限公司（国家粮食储备局武汉科研设计院）
　　　　　杨海鹏

饲用微生物工程国家重点实验室（北京大北农科技集团股份
　　　有限公司）
　　　　　王安如　闫　雪

天津市畜牧兽医研究所
　　　　　乔家运

浙江经贸职业技术学院
　　　　　周　兵

出版说明

　　瞄准世界农业科技前沿,围绕我国农业发展需求,努力突破关键核心技术,提升我国农业科研实力,加快现代农业发展,是胡锦涛总书记在 2009 年五四青年节视察中国农业大学时向广大农业科技工作者提出的要求。党和国家一贯高度重视农业领域科技创新和基础理论研究,特别是 863 计划和 973 计划实施以来,农业科技投入大幅增长。国家科技支撑计划、863计划和 973 计划等主体科技计划向农业领域倾斜,极大地促进了农业科技创新发展和现代农业科技进步。

　　中国农业大学出版社以 973 计划、863 计划和科技支撑计划中农业领域重大研究项目成果为主体,以服务我国农业产业提升的重大需求为目标,在"国家重大出版工程"项目基础上,筛选确定了农业生物技术、良种培育、丰产栽培、疫病防治、防灾减灾、农业资源利用和农业信息化等领域 50 个重大科技创新成果,作为"现代农业高新技术成果丛书"项目申报了 2009 年度国家出版基金项目,经国家出版基金管理委员会审批立项。

　　国家出版基金是我国继自然科学基金、哲学社会科学基金之后设立的第三大基金项目。国家出版基金由国家设立、国家主导,资助体现国家意志、传承中华文明、促进文化繁荣、提高文化软实力的国家级重大项目;受助项目应能够发挥示范引导作用,为国家、为当代、为子孙后代创造先进文化;受助项目应能够成为站在时代前沿、弘扬民族文化、体现国家水准、传之久远的国家级精品力作。

　　为确保"现代农业高新技术成果丛书"编写出版质量,在教育部、农业部和中国农业大学的指导和支持下,成立了以石元春院士为主任的编审指导委员会;出版社成立了以社长为组长的项目协调组并专门设立了项目运行管理办公室。

　　"现代农业高新技术成果丛书"始于"十一五",跨入"十二五",是中国农业大学出版社"十二五"开局的献礼之作,她的立项和出版标志着我社学术出版进入了一个新的高度,各项工作迈上了新的台阶。出版社将以此为新的起点,为我国现代农业的发展,为出版文化事业的繁荣作出新的更大贡献。

中国农业大学出版社

2010 年 12 月

前　言

我国是世界第一养殖大国,中长期内我国饲料业面临的一个主要问题就是蛋白质饲料资源的不足。我国现在大豆类产品年进口量达 5 500 万 t 以上,超过国内总产量的 3 倍。另外,我国年进口鱼粉平均在 100 万 t 以上,年进口蛋白饲料产品耗费近千亿元人民币。提高现有资源利用率,开发新型蛋白质饲料资源是我国饲料业发展的当务之急。

我国现有蛋白饲料资源不仅缺口巨大,而且利用率低。解决我国蛋白饲料资源缺口大的主要办法不能依赖进口,只能依靠科技进步,提高现有资源的利用率,开发新型蛋白质饲料,增加自给能力。国家“六五”科技攻关计划已开始组织全国攻关研究,主要是从油企以外棉、菜籽等饼粕的脱毒技术为突破口,但一直难以在饲料工业中推广应用。国家“八五”、“九五”攻关开始将重点放在改变制油工艺以提高饼粕资源的饲用效价。自“十一五”科技支撑计划以来,我国主要在提高饼粕资源粗蛋白质含量,提高其蛋白质、氨基酸利用率、脱除有毒有害物质的配套集成应用方面取得了突破。这样科研单位、制油企业、饲料企业及养殖企业就形成了一条集攻关研究、成果转化、产业化生产于一体的产业链,加快了商品化进程,提高了饼粕质量,促进了工业化生产的集成创新,真正起到了国家科技攻关成果为经济建设主战场服务的作用。

我国优质蛋白饲料资源供给有限,动物蛋白饲料原料量少、质量不稳定且有安全隐患,进口鱼粉价格甚至从 5 000 元/t 上涨到 15 000 元/t。我国大量进口大豆,国产大豆产业受到严重影响,发展潜力不好,如不采取措施,依赖大量进口的局面将长期存在。近年我国豆粕价格变化很大(2 500~5 500 元/t),而且对相关产业影响极大,饲料价格上涨也间接导致猪肉等物价的上涨,导致 CPI 指数上升。

我国是世界第一棉、菜籽生产大国,由于我国传统制油工艺主要重视出油率而忽视饼粕质量,使这一大宗蛋白质饲料资源在养殖业及饲料工业中没有得到有效的利用。传统棉、菜籽饼粕不仅蛋白质(氨基酸)含量低,利用效率低,有效能含量低,而且外观差,粗纤维含量高,加之传统棉、菜籽品种有毒有害物质含量高,直接应用造成畜禽生产性能下降,养殖业生产成本增大,效益低。因此,传统制油工艺制约饼粕在饲料中的合理应用,棉、菜籽饼粕饲用效价的改善,是提高饼粕蛋白质利用率的关键。

我国每年有上千万吨的水产(海产)加工下脚料、畜禽加工副产品和下脚料,这些原料蛋白含量高,但是水分含量高,难以处理,大多未得到很好的利用,也造成了对环境的污染;或者被不法商贩掺入饲料中造假,有待开发利用。另外,我国有几千万吨食品、轻工、农业行业糟渣废弃物,其干物质中含蛋白20%~40%,加工产品蛋白质生物利用率低,目前大多数也没有得到有效利用,而且污染了环境。

因此,本书以代表国家科学技术研究最高层次的"国家支撑(攻关)计划"、"863计划"以及其他重大项目中的农业科技类项目为主体,以获得2009年国家科技进步二等奖项目"蛋白质饲料资源开发利用技术及应用"成果为基础,集成应用国内外新技术、新工艺、新成果改善传统工艺,应用高效低成本的生物技术、挤压膨化技术、干燥技术等新技术对现有资源进行处理,开发生产新型蛋白饲料,对缓解我国蛋白质饲料资源紧张状况,具有重要的现实意义,产生的经济和社会效益也是巨大的。

本书适合高校教师、科研人员、饲料工业从业人员参考使用。感谢所有编写人员的辛苦劳动!本书各章负责人分别为:第1章,蛋白质饲料资源及其营养价值,李爱科;第2章,大豆及其他豆类蛋白质饲料原料,谢正军;第3章,棉籽类蛋白饲料原料,李爱科;第4章,菜籽类蛋白饲料资源,钮琰星;第5章,花生及其加工产品,王瑛瑶;第6章,小品种油料及其蛋白,周瑞宝;第7章,谷物蛋白饲料资源,韩飞;第8章,动物类蛋白饲料资源,何武顺;第9章,替代常规蛋白原料的饲料资源,李艳玲;第10章,蛋白质饲料资源开发新技术,张晓琳、王瑛瑶、张忠杰、李兴军、谢正军等。本书主编李爱科负责全书编写组织、协调和全书终稿审校、修订工作。谢正军、印遇龙、黄凤洪、何武顺、负婷婷分别负责了部分章节的审核、修订工作。

在编写过程中,由于时间紧迫以及编写人员水平有限,本书难免存在不足和错误之处,敬请读者批评指正。

编者

2012年5月

目　录

第1章

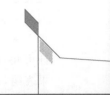

蛋白质饲料资源及其营养价值

我国作为世界第一养殖大国、饲料消耗大国,配合饲料产量也已达全球第一,年需蛋白质饲料原料8000万t以上,目前每年缺口4000万t左右;而且优质蛋白饲料资源有限,年进口大豆类产品5500万t以上、鱼粉100万t以上,均为世界第一进口大国。与此同时,我国传统制油工艺主要以出油率为前提,饼粕的蛋白质、氨基酸破坏严重,内源毒素及抗营养因子含量高,残壳量大,饲料业对这些低质饼粕的脱毒技术一直难以解决,长期以来饲用率低、浪费大。"六五"期间,我国即对蛋白质饲料资源开发及脱毒技术组织了全国科技攻关;自国家"八五"科技攻关计划实施以来,通过革新制油工艺、研制新型设备及加工技术,开发了制油工艺中直接生产脱毒、高蛋白、高生物利用率棉籽粕和菜籽粕及其他饼粕的产业化新技术,完成脱皮(剥壳)及仁壳分离、高效大豆加工产品以及非常规蛋白质饲料原料生产新技术的研究与实际推广,并且建立了饲料蛋白资源品质的关键检测技术、制订了相关标准,使我国优质蛋白饲料原料产量得到显著提高,对解决我国蛋白饲料资源长期短缺的现状提供了示范和解决途径。

1.1 我国饲料业及蛋白饲料资源简介

1.1.1 我国养殖业对精饲料和蛋白饲料原料的需求

1.1.1.1 我国动物性产品产量及分析

我国动物性产品产量主要根据国家农业部、国家统计局和FAO数据库资料进行统计分析,现简述如下。

1. 肉类总产量和生产结构

我国的肉类生产在世界上有着重要地位。回顾改革开放以来我国肉类总产量的变化,可以将其分为超高速发展期、平稳发展期和调整期三个阶段。第一阶段为 1978—1995 年,全国肉类总产量从 1 109 万 t 增至 5 260 万 t,年均增长率为 9.59%;第二阶段为 1996—2005 年,全国肉类总产量从 4 584 万 t 增至 2005 年的 7 743 万 t,年均增长率为 5.38%;第三阶段为 2006 年以来,全国平均年肉类总产量达到 7 333.16 万 t 以上。依据联合国粮农组织(FAO)数据统计可知,1961—2008 年我国肉类总产量增长速度变化明显存在波动,平均周期为 5～6 年。结果表明,1995 年以来我国肉类总产量增长速度在逐步降低。国家统计局发布数据显示,2010 年全国肉类总产量 7 925 万 t,比上年增长 3.6%。其中,猪肉产量 5 070 万 t,牛肉产量 653 万 t,羊肉产量 398 万 t,肉类总产量自 1990 年以来连续位居全球第一。

2. 蛋类生产

1961 年以来,我国禽蛋生产总量持续增长,根据增长速度的变化将其划分为缓慢加速期、超高速发展期和缓慢加速期三个阶段。第一阶段为 1961—1983 年,全国禽蛋总产量增长从 154.55 万 t 增至 350.89 万 t,年增长率从 1.46% 逐渐升高至 8.37%,年均增长率为 3.8%;第二阶段为 1984—1996 年,全国蛋类总产量从 451.13 万 t 增至 1996 年的 1 999.19 万 t,年增长率为(14.57±7.8)%;第三阶段为 1998 年至今,在经历了 1997 年的调整之后,我国禽蛋总产量年增长率从 1998 年的 6.36% 降至 2001 年的 1.27%,近几年保持在 2.5% 左右。我国禽蛋生产结构稳定,鸡蛋在其中占据绝对主导地位,2002 年以来在禽蛋总产量中所占的比重保持在(85±0.14)%。国家统计局发布数据显示:2010 年全国禽蛋产量 2 765 万 t,稳居全球第一。

3. 奶类生产

1984 年以来,我国奶业发展经历了缓慢增长期、过渡期和超高速发展期三个阶段。缓慢增长期,我国奶类总产量从 1984 年的 259.6 万 t 缓慢增至 1996 年的 736 万 t,年均增长率为 8.35%;过渡期,我国奶类总产量曾出现减产现象(1997 年为 681 万 t),但总体仍以年均 10.8% 的速度由 1997 年的 681 万 t 升至 2001 年的 1 123 万 t;2001 年以后进入我国奶类生产的超高速发展期,期间奶类总产量从 2002 年的 1 400 万 t 增至 2007 年的 3 633 万 t,年均增长率高达 17.25%。20 世纪八九十年代,我国奶类总产量中牛奶所占的比重保持在(87.02±1.37)%。1997 年以后,国家推出了一系列如"菜篮子"工程和奶牛良种补助等政策。在其鼓励下,我国奶牛养殖发展迅速,牛奶在奶类总产量中所占的比重也进一步升高,从 1997 年的 88.27% 升至 2007 年的 97.03%。国家统计局发布数据显示:2010 年全国牛奶产量达 3 570 万 t。

4. 养殖水产品

1989 年以来,中国的水产品产量,尤其是养殖水产品产量已经连续 20 多年居世界首位。1984—2007 年,我国水产品总产量中人工养殖所占的比重已从 39.6% 升至 69%,是世界主要渔业国中唯一养殖产量超过捕捞产量的国家,中国养殖产量占全球养殖产量的 70%。1984 年以来,我国人工水产养殖业的发展主要分为两个阶段:高速发展期和调整后稳定发展期。1984—1996 年为我国水产高速发展期,人工养殖水产品总产量从 245 万 t 增至 3 278.3 万 t,年均增长率达 18.7%;经 1997 年的调整后,我国人工养殖水产品产量年均增长速度降低至 1998 年的 7.61%,然后一段时间保持在(5.6±0.78)%,为调整后稳定发展期。随着海水人工养殖业的发展,我国人工养殖水产品中海水产品所占比重从 1984 年的 26.08% 逐渐增至 1996 年的 41%,然后 10 年间稳定保持在 41.07% 以上。2010 年全国水产品总量达 5 366 万 t。

1.1.1.2　我国养殖业饲料粮和精饲料需求预测分析

国家"十一五"科技支撑计划项目"粮食宏观调控信息保障关键技术研究与应用示范"中,开展了饲料粮需求预测分析研究。在对我国肉、蛋、奶及水产品产量、集约化养殖比例、饲料转化效率相关资料和数据统计分析及预测研究基础上,对我国中短期内饲料粮及精饲料的需求量进行了预测分析。2010—2015 年我国养殖业精饲料和饲料粮需求预测结果详见表 1.1。

表 1.1　2010—2015 年我国养殖业精饲料和饲料粮需求预测　　　　万 t

品种	项目	年度					
		2010	2011	2012	2013	2014	2015
生猪	精饲料	19 635.94	19 531.38	19 390.32	19 217.35	19 015.95	18 791.43
	饲料粮	12 689.30	12 633.29	12 553.65	12 487.17	12 333.94	12 268.98
产蛋禽	精饲料	5 600.37	5 625.62	5 641.76	5 649.33	5 649.06	5 641.86
	饲料粮	3 702.13	3 725.26	3 742.48	3 754.09	3 760.57	3 763.97
肉禽	精饲料	3 142.41	3 226.16	3 311.43	3 362.52	3 428.31	3 490.62
	饲料粮	2 155.27	2 208.87	2 263.28	2 294.37	2 335.22	2 373.56
肉牛	精饲料	1 477.93	1 471.47	1 454.06	1 438.88	1 419.83	1 398.75
	饲料粮	551.76	561.83	568.10	575.55	581.78	587.48
羊	精饲料	1 310.26	1 379.51	1 436.55	1 493.03	1 546.35	1 593.91
	饲料粮	599.81	645.86	688.22	732.29	776.95	820.86
奶牛	精饲料	2 137.02	2 244.61	2 352.08	2 459.44	2 566.68	2 674.54
	饲料粮	1 498.94	1 574.05	1 649.04	1 723.92	1 798.68	1 873.90
淡水养殖	精饲料	2 760.99	2 873.61	2 986.24	3 098.86	3 211.49	3 324.48
	饲料粮	1 380.49	1 436.81	1 493.12	1 549.43	1 605.74	1 662.24
海水养殖	精饲料	244.63	250.74	257.01	263.44	270.02	276.77
	饲料粮	81.54	83.58	85.67	87.09	89.27	91.50
养殖业共计	精饲料	36 309.55	36 603.10	36 829.45	36 982.85	37 107.69	37 192.36
	饲料粮	22 659.24	22 869.55	23 043.56	23 203.91	23 282.15	23 442.49

新中国成立后,粮食(grain)在我国被界定为谷物类、豆类和薯类的总称。我国的粮食有几百个品种,最主要的是小麦、稻谷和玉米三大品种,其产量约占全部粮食总产量的 2/3。我国传统上的粮食是对谷物类的总称,亦称谷、五谷等;国际上通用的粮食范畴,也与谷物类等同。但目前我国粮食一般泛指粮、油资源,包括所有谷物、油料籽实和薯类及其加工产品。根据《国家粮食流通统计制度(2009—2010 年)》主要统计指标解释可知,饲料用粮是指饲料企业生产饲料所用粮食、养殖企业和农户直接饲喂畜禽等所消费的粮食数量之和。我国饲料用粮主要为玉米和豆粕,其他还包括小麦、稻谷、大麦和薯类等。精饲料(fine feed 或 concentrate)是相对粗饲料(roughage)而言的,也称精料,为单位体积或单位重量内含营养成分丰富、粗纤

维含量低、消化率高的一类饲料,一般泛指粮食类、动物类及微生物类来源的饲料原料及其配合饲料。而按营养价值分类,凡每千克干物质含消化能 11 077 kJ 以上,粗纤维含量低于 18%,天然水分低于 45% 的一般均属精饲料。精饲料可分为高能量精料,如禾谷类籽实及加工副产品;高蛋白质精料,如动物性饲料、油料籽实等粮油加工副产品。

《国家粮食安全中长期规划纲要(2008—2020 年)》中预测我国 2010 年饲料粮需求总量只有 1.87 亿 t,占粮食消费需求总量的 36%,该数据可能不包括饲料用大豆及其加工产品。而且该数据显著低于"十一五"科技支撑计划项目中饲料粮需求预测分析研究结果,认为主要有以下原因:《国家粮食安全中长期规划纲要(2008—2020 年)》预测我国 2010 年粮食需求总量为 5.25 亿 t,实际 2010 年粮食产量已达 5.4 亿 t 以上,加上进口大豆、玉米等粮食,减去出口,2010 年粮食总供求达到 5.9 亿 t 以上,两者是有差异的。我国目前蛋白质饲料资源年缺口达 4 000 万 t 以上,而食用油对外依存度达 70% 以上,需要大量进口大豆及相关产品,可能造成预测、统计口径不一。以 2010 年为例,我国进口大豆已达 5 500 万 t,加上国产大豆 1 500 万 t,大豆年总供给达 7 000 万 t,豆粕年产量达 4 800 万 t 以上。按照联合国粮农组织测算,2002 年我国居民人均每日食物热量、蛋白质和脂肪含量即已超过世界平均水平,因此养殖业消耗饲料数量是巨大的,这也是国外知名学者曾预测我国粮食难以满足国内需求的一个重要因素。20 世纪 90 年代中叶,美国世界观察研究所所长 Lester R. Brown 先生以一篇《who will feed China?》长文引起了全世界对于中国粮食和饲料问题的关注。原农业部畜牧兽医局(2004)提供数据显示,我国养殖业饲料用粮消耗量已从 1978 年的 4 575 万 t 升至 2003 年的 16 558 万 t,其在粮食消费总量中所占的比重相应地从 15.0% 提高至 38.0%,其中 1990 年和 1995 年分别为 24.4% 和 31.2%。原农业部畜牧兽医局(2004)和刘晓俊(2006)也曾预测,2010 年我国饲料用粮需求量分别达 2.45 亿 t 和 2.8 亿 t,这也与"十一五"支撑项目中研究预测结果相近。

1.1.1.3 我国饲料业对蛋白饲料原料的需求

蛋白质是动物生长和养殖产品生产不可或缺的营养物质,为各种动物必需氨基酸的重要来源,同时也是水生动物最有效的供能物质。工业饲料所用的蛋白饲料原料一般是指粗蛋白质含量为 15%～20% 的产品,根据来源的不同,可将蛋白质饲料分为植物性蛋白质饲料、动物性蛋白质饲料、微生物蛋白质饲料和非蛋白氮饲料、合成氨基酸等。一般来说,饲料业中的蛋白质原料是为了满足养殖动物的蛋白质需求,而养殖产品中的蛋白质是为了满足人类对动物产品不断增长的需要,同时这也是一个农副产品氮元素低效利用的过程,因为饲料蛋白质转化为动物蛋白的效率只有 30% 左右。

1. 我国居民食物蛋白质营养现状及发展

根据 FAO 统计数据分析(表 1.2),1978 年以前我国居民一直处于食物营养贫困期,人均每日食物热能、蛋白质摄入量分别低于 8 884.18 kJ 和 52.45 g。改革开放前后,我国居民食物营养开始慢慢步入温饱期。从 1976 年开始,我国居民人均每日食物热能和蛋白质摄入水平分别以 2.3%、2.7% 的速度稳定增至 1984 年的 10 465.70 kJ、64.54 g。我国居民人均日蛋白质摄入量在 1985—1990 年经历了一个缓慢的增长之后,又开始以 2.92% 的速度从 1991 年的 66.14 g 增至 1998 年的 84.64 g。1998 年以后我国居民人均食物日热能和蛋白质摄入量增长缓慢,截至 2007 年年均增长速度分别为 0.23% 和 0.55%。

表 1.2 我国居民主要营养物质每人每天摄入量

营养物质	年　度						
	1978	1990	1995	2000	2005	2006	2007
热能/(kJ/d)	8 884.18	10 936.22	11 821.39	12 173.58	12 452.72	12 421.36	12 478.92
蛋白质/(g/d)	52.45	67.46	79.15	86.15	89.38	89.12	88.89

来源:FAO 数据库。

我国人均蛋白质总摄入量自 1961 年以来一直在增长,其动力主要来源于 1961—1985 年人均谷物蛋白摄入量的持续增长和 1961—2007 年人均动物性蛋白质摄入量的不断增加。我国豆类蛋白质人均摄入量从 1962 年开始不断地降低。对应于我国居民蛋白质来源中,动物性蛋白质所占的比例从 1961 年的 8.96% 持续增长至 2007 年的 38.14%;豆类蛋白质所占比例从 1962 年的 18.68% 持续降低到 2007 年的 8.78%;谷物蛋白质所占的比例在 1983 年达到高峰 66.57% 之后降至 2007 年的 39.98%。根据台湾的发展经验,我国内地居民食物人均日蛋白质摄入量在 2007 年以后的一段时间内可能会延续前几年的缓慢增长态势,在达到一定的高峰(可能在 90~100 g)以后像日本一样呈现降低趋势。如果我国居民膳食营养结构在经济发展过程中继续受欧美饮食习惯影响的话,居民食物人均日蛋白质摄入量最高水平可能会超过 100 g。

2. 我国饲料业对蛋白饲料原料的需求

随着我国经济的高速发展和人口的增长,我国居民必将消费更多的动物产品。养殖业的迅猛发展拉大了蛋白饲料资源的需求,造成优质蛋白饲料资源如大豆的进口猛增,所以积极寻求新的蛋白资源,以及提高现有低质蛋白资源的利用成为当务之急。

根据我国居民食物蛋白质营养现状及发展预测,现阶段每天人均蛋白质消耗约为 90 g,其中动物蛋白接近 35 g,已超过世界平均水平,但仍比美国等西方发达国家相差甚远。由于饲料蛋白质转化为动物蛋白质的利用效率约为 30%,根据我国养殖业饲料粮和精饲料需求预测分析,我国近年精饲料需求量达到 3.7 亿 t 以上,如果按我国集约化和传统养殖动物日粮平均含粗蛋白质 15% 估计,我国年需蛋白质饲料资源(折合为豆粕)1.2 亿 t 以上,扣除能量等非蛋白饲料提供的蛋白,我国年需蛋白质饲料原料达 8 000 万 t 以上。因此,根据全国养殖业对蛋白饲料需求预测或根据我国居民动物蛋白需求预测分析,我国饲料业对蛋白饲料原料的年需求量相近,已达 8 000 万 t 以上。

我国蛋白饲料原料长期严重短缺,大豆类产品、鱼粉需长期大量进口,蛋白类相关饲料原料、养殖产品价格不断上涨且大幅波动,间接导致不法原料商通过加入三聚氰胺等违禁非蛋白氮以提高饲料粗蛋白质含量的掺假事件发生,蛋白饲料原料短缺已成为制约我国饲料业及养殖业发展的"瓶颈",甚至有专家提出我国将要发生"蛋白质饲料危机"。

1.1.2 我国蛋白饲料资源开发利用现状及发展战略

1.1.2.1 国际蛋白质饲料原料供需情况

根据国家粮油信息中心《世界粮油市场月报》分析(2011),近年世界油籽及油料市场变化很大,始于 2009 年的油籽及其加工产品的价格上涨一直持续到 2010/2011 年,2011 年 2 月油籽及其产品的价格已经接近 2008 年的历史高位。价格飙升主要反映出全球供应的逐步趋紧和稳定的需求增长以及主要进口国强烈的购买兴趣。日益紧张的粮食市场供应的外溢效应也加剧了这种趋势。虽然由于大豆和棕榈油的产量预期改善,但价格的回落是不可持续的。对2011/2012年的初步预测显示,世界豆油/豆粕市场目前的紧张情况很可能将持续,并有可能进一步加强。因此,2011/2012年将以一个较低的结转库存开始,油料作物的总产量仅会略有提高,特别是在油籽和谷物之间的耕地竞争愈发激烈的情况下。这意味着2011/2012年供应可能不足以满足不断扩大的豆油和豆粕需求,这将进一步降低全球油籽库存和库存消费比,最终导致在未来一段时间,油料作物及其产品的价格持续坚挺。近年世界油籽和油料市场情况见表1.3。

表1.3　世界油籽及油料产品市场一览表　　　　　　　　　×10⁶ t

项　　目	年　　度			
	2009/2010	2010/2011 估算	2011/2012 预测	本年度变化/%
油籽合计				
产量	409.7	456	464.7	1.9
油和油脂				
产量	161.2	172.2	175.2	1.7
供应量	184.5	195.6	201	2.8
利用量	161.7	170.1	175.1	3
贸易量	86.3	89.1	91.2	2.3
库存量与利用量之比/%	14.5	15.2	14.7	
粮农组织价格指数(以 2002—2004 年为 100 作基数)				
油籽	161	172	221	40.8
油籽饼粕	194	217	231	6.5
油	150	193	267	56.1

另外,世界各国椰子仁粕、棉籽粕、棕榈仁粕、花生粕、油菜籽粕、大豆粕、葵花籽粕等主要蛋白质饼粕资源近10年的供求平衡统计见表1.4。

表1.4　世界主要蛋白质饼粕供求平衡表　　　　　　　　　kt

项　目	2003/2004 年	2004/2005 年	2005/2006 年	2006/2007 年	2007/2008 年	2008/2009 年	2009/2010 年	2010/2011 年	2011/2012 年(预测)	本年度变化/%
期初库存	6 255	6 720	6 935	7 530	7 382	7 590	5 996	7 308	7 891	8.0
生产量	185 511	200 786	212 131	219 388	226 623	223 838	239 403	254 374	261 506	2.80
进口量	54 658	55 955	62 511	64 346	66 442	63 984	65 753	71 615	73 323	2.40
各国国内饲用消费量	171 491	186 161	196 114	202 506	210 352	207 996	218 859	234 294	242 384	3.50
各国国内其他消费	2 501	3 170	3 127	3 123	3 171	3 229	3 496	3 572	3 724	4.30
出口量	55 902	57 597	63 829	67 019	69 424	66 323	69 782	75 999	76 276	0.40
期末库存	9 454	10 243	11 001	11 053	11 743	10 496	12 001	12 741	12 693	−0.40

1.1.2.2 我国蛋白质饲料资源供给现状

1. 我国油料生产及外贸情况

为满足我国经济发展和人民生活水平不断提高的需要,国家在发展粮食生产的同时,高度重视发展油脂油料生产,促进我国油脂油料生产不断增强。根据国家粮油信息中心的统计,我国油菜籽、大豆、花生、棉籽、葵花籽、芝麻、油茶籽、亚麻籽八大油籽产量由 1990 年的 3 524.6 万 t 上升到 2010 年的 5 811.4 万 t,增长 64.9%,平均年增长 3.2%(表 1.5)。

表 1.5 我国 1990—2010 年主要油籽油料生产情况 kt

年份	总产量	棉籽	大豆	菜籽	花生	葵花籽	芝麻	亚麻籽	油茶籽
1990	35 246	8 114	11 000	6 958	6 368	1 339	469	535	523
1991	36 311	10 215	9 713	7 436	6 303	1 422	435	515	621
1992	34 830	8 114	10 304	7 653	5 953	1 473	516	520	629
1993	40 076	6 730	15 307	6 936	8 421	1 282	563	496	488
1994	43 710	7 814	16 000	7 492	9 682	1 367	548	511	631
1995	44 585	8 582	13 500	9 777	10 235	1 269	583	364	623
1996	42 891	7 565	13 220	9 201	10 138	1 323	575	553	697
1997	44 587	8 285	14 728	9 578	9 648	1 176	566	393	857
1998	46 393	8 102	15 152	8 301	11 886	1 465	656	523	723
1999	47 155	6 892	14 251	10 132	12 639	1 765	743	404	793
2000	52 910	7 951	15 411	11 381	14 437	1 954	811	344	823
2001	53 638	9 582	15 407	11 331	14 416	1 478	804	243	825
2002	53 788	8 309	16 507	10 552	14 818	1 946	895	409	855
2003	52 251	8 747	15 394	11 420	13 420	1 743	593	450	780
2004	59 445	11 382	17 404	13 182	14 342	1 552	704	426	875
2005	57 407	10 286	16 350	13 052	14 342	1 928	625	362	875
2006	55 044	13 559	15 082	10 966	12 738	1 440	662	374	920
2007	52 135	13 723	12 725	10 573	13 027	1 187	557	268	939
2008	58 559	13 486	15 545	12 102	14 286	1 792	586	350	990
2009	58 003	11 479	14 981	13 657	14 708	1 956	622	318	1 169
2010	58 114	10 730	15 083	13 082	15 644	2 298	587	324	1 092
2011 预测	58 170	11 880	13 500	12 800	16 200	2 400	610	340	1 150

为满足食用油市场供应日益增长的需求,我国在提高国内油料产量的同时,增加了油脂油料的进口数量,并呈现不断加速上升的趋势(表 1.6)。现在,我国油脂油料净进口折油总量已由 2000 年的 461.4 万 t 上升到 2010 年的 2 088.9 万 t,10 年间增长 353%,平均年增长 35.3%。但与此同时,出现了我国食用植物油的自给率已由 21 世纪初的 60% 下降到目前的 38% 左右。

表 1.6 我国油脂油料进口量 kt

年份	大豆	菜籽	植物油进口量				
			总量	豆油	棕榈油	菜籽油	其他植物油
1996	1 108	0	2 640	1 295	1 012	316	17
1997	2 792	55	2 750	1 193	1 146	351	60
1998	3 196	1 386	2 061	829	930	285	17
1999	4 315	2 595	2 080	804	1 194	69	13
2000	10 416	2 969	1 873	308	1 391	75	99
2001	13 937	1 724	1 674	70	1 517	49	38
2002	11 315	618	3 212	870	2 221	78	43
2003	20 741	167	5 418	1 884	3 325	152	57
2004	20 229	424	6 765	2 517	3 857	353	38
2005	26 590	296	6 213	1 694	4 330	178	11
2006	28 270	738	6 715	1 543	5 082	44	46
2007	30 821	833	8 397	2 823	5 095	375	104
2008	37 436	1 303	8 163	2 586	5 282	270	25
2009	42 552	3 286	9 502	2 391	6 441	468	202
2010	54 797	1 600	8 262	1 341	5 696	985	240
2011	52 640	1 262	7 798	1 143	5 912	551	192

2. 优质蛋白饲料资源

我国优质蛋白饲料资源供给有限,每年动物蛋白饲料原料总产量不到100万t,质量不稳定且有安全隐患;多年以来每年进口鱼粉在100万t以上,价格不断攀升,普通鱼粉甚至从5 000元/t左右上涨到15 000元/t。我国大豆产量约为1 500万t,2010年进口大豆超过5 400万t,大豆进口量为国内产量的3倍以上,国产大豆产业受到严重打压,发展潜力不好,如不采取措施,依赖进口的局面将长期存在。近年我国豆粕价格变化范围较大(2 500~5 500元/t),而且对相关产业影响极大,饲料价格上涨也间接导致物价指数上升。

我国每年有上千万吨的水产(海产)加工下脚料、畜禽加工副产品和下脚料,这些原料蛋白含量高,但是水分含量也高,难以处理,大多未得到很好的利用,也造成了对环境的污染,甚至被不法商贩掺入饲料中造假,因此有待开发利用。世界鱼粉总产量500万t左右,主要生产国为智利、秘鲁、挪威、日本、俄罗斯、美国、丹麦、南非、冰岛及泰国等,全球年贸易量只有200万~300万t,近年价格达1.0万~1.5万元/t,为蛋白含量相近植物原料的4~6倍。我国鱼粉工业起步晚,且多为小规模生产,年产鱼粉只有几十万吨,多集中于浙江、广东、山东、福建等沿海省份,而且生产工艺落后,产量低且质量差,掺假严重。2009年我国罗非鱼总产量达100多万t,主产区集中在广东、广西、海南和福建,在国际贸易中成为继三文鱼和对虾之后的第三大水产品。罗非鱼加工过程中会产生大量下脚料(包括鱼头、鱼排、鱼皮、鱼骨、鱼内脏等),其重量占原料鱼的50%左右。目前,这部分加工下脚料被直接丢弃或廉价卖给渔民作为生鲜饲料,既造成资源的浪费,也造成环境污染。

3. 杂粮等非常规蛋白饲料资源

我国各类杂粮资源丰富,年产棉、菜粕达 1 300 万 t,列世界第一,其他杂粮约 800 万 t,但长期以来其饲用价值不高,已得到高效利用的饼粕资源不足资源总量的 50%,这一状况与饲料行业、养殖业乃至农业发展的实际需求存在很大差距。

我国谷物产量世界第一,全年稻谷、小麦、玉米总产量分别为接近 2 亿 t、1 亿 t 和 2 亿 t,产生的大量工业加工副产物转化为蛋白原料的潜力大。近年我国谷物初加工和精深加工量逐年增加,谷物来源蛋白原料开发潜力也很大。目前,我国每年稻谷加工副产品米糠、碎米达上千万吨,米糠蛋白中可溶性蛋白质约占 70%,但在天然状态下与植酸、半纤维素等的结合会妨碍它的消化与吸收,消化率不到 70%,经稀碱液提取的米糠浓缩蛋白质,消化率高达 90%。目前,世界上仅有少数国家生产大米蛋白质,且主要以米粉或碎米为原料,以米糠为原料的产品很少。

另外,我国仍有几千万吨食品、轻工、农业行业糟渣废弃物,其干物质中含蛋白 20%～40%,加工产品蛋白质生物利用率低,但目前大多数没有得到有效利用且污染环境。

1.1.2.3　我国蛋白质饲料资源开发利用现状

1. 提高大豆及其加工产品等优质蛋白资源饲用效价新技术取得突破

国家"八五"和"九五"科技攻关计划中,对提高大豆及其加工产品饲用效价技术进行了深入研究。与美国正好相反,我国传统大豆加工 99% 不脱皮制油,而且由于预榨浸出工艺中的温度和时间控制不好,造成豆粕过生、过熟现象时有发生,严重影响动物饲养效果。同时,我国许多配合饲料,尤其是肉鸡、乳猪、仔猪、水产饲料中需加入 1%～3% 的油脂以提高能量,而油厂为了提高出油率往往长时间高温处理油籽,不仅成本高,还显著破坏蛋白质,因此开发高含油的饲用大豆加工产品高效利用技术潜力大。

(1)开发了系列化的全脂膨化大豆、含油豆粕(饼)生产新技术

解决了生产过程中消除抗营养因子与提高氨基酸利用率的技术矛盾,并实现专用挤压设备的国产化和系列化,为饲料企业提供了优质的高蛋白高能量饲料原料——全脂膨化大豆等产品。

(2)开发了提高大豆粕饲用效价新技术

建立了流化干燥结合撞击机的大豆脱皮新工艺和设备、产业化新技术,解决了大豆脱皮率低、能耗高、脱皮成本高的难题,大豆脱皮率达 94.7% 以上,改变了我国大豆制油不脱皮的历史。豆粕粗蛋白质含量由 43% 左右提高至 50% 左右,赖氨酸含量由以前的 2.4% 提高到 2.9% 以上。建立了负压脱溶生产优质豆粕新技术,解决了传统大豆饼粕生产过程中灭酶与保护氨基酸(赖氨酸)消化利用率相矛盾的工艺技术难题,同时研究了大豆粕高效流通和利用新技术,蛋白质(赖氨酸)消化率提高了 5.04% 以上。

2. 低毒、高蛋白、高生物利用率棉籽粕和菜籽粕等杂粕生产利用新技术开发取得进展

我国棉、菜籽产量均为世界第一,传统制油工艺"重出油、轻饼粕",导致饼粕中有毒、有害物质含量高;而且基本上不脱皮(如菜籽、亚麻籽)或仅部分脱皮壳(如棉籽、油茶籽)制油,造成饼粕粗蛋白含量低。传统制油工艺生产的棉籽粕粗蛋白质在 40%～42%,菜籽粕粗蛋白质只有 30%～36%,氨基酸消化利用率低,粗纤维含量高,有效能量低。且外观发黑、商业价值很低,市场价曾长期不到豆粕的一半,甚至有一部分被用做肥料使用。通过长期的国家攻关

(支撑)计划项目的实施,我国在提高棉、菜籽粕等杂粕资源饲用效价技术方面已取得良好进展。

(1)成功开发了与制油工艺相匹配的油籽脱溶饼粕高效脱毒新技术

开发了油籽脱溶饼粕的化学脱毒方法及所用设备,能使菜粕毒素降到噁唑烷硫酮(OZT)245 mg/kg、异硫氰酸酯(ITC)20 mg/kg、腈 176 mg/kg。建成了溶剂二次浸提直接脱除棉籽粕游离棉酚的新工艺及专用设备,开发了专用的棉籽溶剂棉酚浸出装置,对于不同游离棉酚含量的棉籽,脱酚后棉籽粕中游离棉酚含量在 400 mg/kg 以下。应用菜籽本身的生物酶将硫葡萄糖苷定向水解、降解成低沸点的挥发性物质,随菜籽加工过程中的蒸炒脱水、气提将其毒性成分脱除。该技术投资少、成本低,产品达到我国"低硫苷菜籽粕"(NY/T 417—2000)毒素限量水平。

(2)研制出系列高效油籽脱皮(壳)及仁壳分离新工艺和装备

制油工艺脱皮及仁壳分离工艺设备配套应用中试生产新技术,使菜籽粕粗蛋白质由30%~36%提高到41%~44%,使棉籽粕粗蛋白质由35%~40%提高到50%~54%。提高了菜籽皮及棉籽壳利用价值,解决了皮壳应用的技术难题。

(3)开发了提高棉、菜籽粕消化利用率的制油新工艺技术

开发了新型低温脱皮(壳)冷榨制油工艺,改善了棉、菜籽饼粕的质量,大大提高了棉、菜籽饼粕的消化利用率,甚至在动物体内释放小肽的特性优于传统的豆粕和鱼粉。

(4)建成了一次完成的油籽加工与饼粕脱皮、脱毒、营养保护相结合的新工艺和关键设备

开发的产品经国家饲料质量监督检验中心(北京)等单位分析检测,主要营养成分及毒素含量指标为新型高效低毒棉籽粕:粗蛋白质 45%~54%,赖氨酸 2.18%~2.52%,蛋氨酸+胱氨酸 1.55%~1.82%,粗纤维 5.48%~8.0%,游离棉酚 20~400 mg/kg,指标国内领先,优于美国 NRC(1998)猪营养需要量标准及法国 INRA(2004)饲料营养成分表相关数据;新型高效低毒菜籽粕:粗蛋白质≥41%,赖氨酸 2.15%,蛋氨酸+胱氨酸 1.81%,粗纤维 6.81%,粗灰分 6.917%,噁唑烷硫酮(OZT)232~245 mg/kg,异硫氰酸酯(ITC)20 mg/kg,腈 95~176 mg/kg,硫苷 18 μmol/g,指标国内领先、优于美国 NRC(1998)猪营养需要量标准、法国 INRA(2004)饲料营养成分表及加拿大 Canola 协会发布的 Canola 菜粕营养成分表和 Canola 菜籽粕通用标准(CAN/CGSB—32.301—M87)的相关数据。

3. 开发出替代常规蛋白原料的新型饲料资源生产关键技术

我国的制油生产企业小而多,每年仍生产一定量的低质饼粕,其含毒量高、蛋白质利用率低。我国有几千万吨食品、轻工、农业行业糟渣废弃物,其风干物中含蛋白 20%~40%,但目前加工利用率低且污染环境。因此,利用生物技术、高效干燥技术等手段,开发出替代常规蛋白原料的新型饲料资源生产关键技术。

(1)开发了应用发酵及酶解等技术生产优质蛋白饲料的新工艺

开发了油菜籽脱皮冷榨制取无毒菜籽浓缩蛋白生产技术,建立了复合溶剂萃取和自动离心机进行固、液分离的新工艺,提高了产品得率并实现了生态环保。开发出一种用于动植物及菌体蛋白水解的装置,通过菠萝蛋白酶和中性蛋白酶进行联合水解,建立了棉粕酶解生产饲用浓缩蛋白新技术。

利用油籽饼粕等为原料、发明了腐殖酸生物饲料生产方法,开发了固态发酵饼粕饲料新技术,认为微生物固态发酵提高饼粕饲用效价的机理主要是提高了小肽含量及消化利用率。

(2)成功地将果渣及酒糟等食品工业废弃物转化为含蛋白质高的饲料原料

利用生物技术开发出了利用果渣等食品工业废弃物转化为含蛋白质高的饲料原料,生产出生物发酵与营养平衡型果渣,其粗蛋白质含量达 31.97%,已形成了很大的市场,并出口到韩国、日本等国,替代传统蛋白源能使每头奶牛一个泌乳期多产奶 457 kg 以上。

开发了啤酒糟高效脱水干燥及保持糟渣营养成分新技术,改进和研究设计了高效脱水机和高效节能板式干燥机,比管束干燥机节能 10%~15%,成功解决了黏性糟渣在干燥过程中易黏结的技术难题。形成了成套工艺装备,其成本只有进口产品的 1/7。啤酒糟产品粗蛋白质达 25%~29%,已形成了很大的市场。同时开发了白酒糟中粮渣与稻壳的分离新技术,使酒糟粗蛋白质含量相对提高 10% 以上。

(3)利用其他资源转化蛋白质饲料原料,节约了常规蛋白资源

建立了油茶饼粕脱毒同时提取油茶皂素新技术,茶皂素一次性提取率达 96% 以上。建立了蓖麻粕挤压脱毒工艺,有效解决了蓖麻饼粕因无法脱除毒素长期以来一直作为肥料的现状,提高了蓖麻饼粕蛋白资源的利用率;开展了胡麻饼粕化学、物理和生物脱毒工艺技术研究,进行了蓖麻粕、胡麻籽饼作蛋白饲料的产业化开发。建立了田菁籽粉挤压去毒工艺,田菁籽粉中生物碱含量由 1.917% 降低至 0.260%。研究了多种木本植物叶粉饲料生产新技术,粗蛋白质达 25% 以上;开发了棕榈粕、高油高蛋白玉米、苜蓿叶粉饲料等原料的饲用新技术。

4. 建立了无鱼粉、低(无)豆粕饲粮开发应用新技术

由于鱼粉、豆粕价格不断上涨,而传统棉、菜籽粕售价一直很低,因此无鱼粉、低(无)豆粕日粮具有巨大的经济价值。国家"七五"科技攻关计划以来,从营养平衡着手配制日粮,但并未能解决蛋白原料本身的问题,配合饲料产品效果往往不稳定、甚至有毒有害物质在动物产品中残留超标,产品外观色泽差、商业价值低。

我国蛋白质饲料资源的开发利用新技术从 1991 年"八五"国家科技攻关计划开始研究,通过开发制油工艺提高油脂饼粕饲用效价新技术,逐步实现了饼粕脱毒、提高蛋白质含量、提高蛋白质(氨基酸、小肽)消化利用率的制油新工艺、新设备的配套应用,研究出了适用的生产和应用新技术,开发出了新型产品,产生了新效果,已经形成了新市场(行业)。新型蛋白饲料原料在生长育肥猪、蛋鸡、肉鸡、鸭、奶牛、肉牛、淡水鱼、海水鱼日粮中替代鱼粉、豆粕的大量饲喂试验、大范围的产业化推广应用结果均表明,可以替代 75%~100% 的传统豆粕、替代 50%~100% 的鱼粉,不影响动物生产性能,已产生很大的经济和社会效益,市场占有率逐年提高。该项目形成的具有自主知识产权的新工艺、新设备、新技术及新标准,构建了我国蛋白质饲料资源开发利用的核心技术体系,新型产品具有很大的市场竞争力。"蛋白质饲料资源开发利用技术及应用"成果已获得 2009 年国家科技进步二等奖,推广应用潜力大。

1.1.2.4 我国蛋白质饲料资源开发利用战略

据专家预测,2030 年我国人口将达到最高峰的 16 亿,粮食的总需求量为 7.43 亿 t,约为目前生产能力的 1.5 倍。同时耕地面积进一步缩小,大约只有现在的 80%。虽然有关专家指出,通过增加复种指数和利用科学技术提高单产,我国粮食产量在 2030 年可望达到 7.1 亿 t,但这仍存有明显变数。到 2020 年、2030 年我国粮食原粮需求的 45%、50% 以上将用做饲料。可以说,21 世纪中国的粮食问题,实际上是解决养殖业所需的饲料粮问题。

针对我国蛋白饲料资源严重短缺的现状,通过调查我国饲料资源存量,集成我国常规蛋白

质饲料资源替代技术和非常规饲料资源开发利用的关键技术成果,建立我国新型蛋白饲料资源开发与产业化示范的技术体系,提高我国常规和非常规蛋白饲料资源的开发利用水平,增加蛋白饲料原料供给,以缓解我国蛋白饲料资源短缺是我们今后的主要工作任务。

1. 促进高新技术在新型蛋白饲料原料开发中的应用

高新技术的应用将为解决我国蛋白饲料资源短缺提供有力的帮助。利用微生物发酵工程和基因工程等生物技术手段,筛选脱除有毒有害物质、提高非淀粉多糖(NSP)和蛋白质消化利用率的单一或复合菌株;建立节能型发酵工艺和装备,生产新型生物蛋白饲料。同时根据传质传热原理,应用机电一体化技术、节能技术(如不同能源形式)、通风技术等,开发高效节能的新蛋白饲料资源干燥技术,研制成套装备,攻克各种资源干燥技术的应用难题。

我国的发酵工业已取得了长足的发展,微生物发酵对大豆、棉籽及菜籽饼粕中的有毒有害物质及抗营养因子的去除效果明显,对蛋白质大分子降解为小肽等的作用显著,能提高蛋白质及 NSP 类营养物质的消化利用率,达到节约饲料消耗的目的。通过新型发酵豆粕、棉粕及菜粕等产品开发,不仅能使饼粕中抗营养因子及有毒有害物质进一步降低到一个最低的水平,而且能使饼粕总蛋白分子的肽键降解 50%以上,这在开发小肽营养产品和功能性肽产品方面将有很大的潜力。另外,应用生物技术如酶工程技术,可开发高蛋白质含量的浓缩蛋白等系列产品如大豆、棉籽、菜籽浓缩蛋白(CP≥65%),这也将进一步扩大饼粕饲料产品的用途。

2. 大力开发替代常规蛋白原料的饲料资源

随着我国粮油加工、轻工食品发酵等行业的快速发展,出现了大量的加工副产品和发酵副产品,如酒糟、酱渣、醋渣、果渣、味精渣、含可溶物的干酒精糟(DDGS)、酵母蛋白等,这些资源的工业化利用,将产生大量的蛋白饲料原料,同时防止产生日趋严重的环境污染问题。开展糟渣固液有效分离及壳渣有效分离研究,以及对轻工下脚料、果渣的微生物固态发酵也是今后的研究重点之一。应用发酵技术、酶解技术、新型干燥技术解决水产下脚料和畜禽屠宰下脚料干燥成本高、高蛋白物料难以发酵的难题;优化筛选米曲霉类、黑曲霉类、芽孢杆菌等进行生物发酵处理和蛋白酶定向水解,生产动物源生物蛋白肽饲料。挖掘木本植物资源,研究其替代蛋白饲料的关键技术也是今后的难点之一。

3. 进一步提高现有蛋白质饲料原料的利用

对于大宗杂粕饲料资源,将继续提高低质饼粕原料营养效价,实现对豆粕、鱼粉的有效替代。将进一步完善制油工艺过程中饲用效价的提高技术,比较研究脱皮(壳)热榨、冷榨配套脱毒工艺的技术和经济优势,优化油籽直接浸出法、水酶法、水剂法取油新技术,并同时保护植物蛋白品质。

我国除有大宗油料资源大豆、油菜籽、花生、棉籽、葵花籽外,还有很多小品种油料资源,如油茶籽、沙棘、核桃、紫苏、花椒籽、红花籽、亚麻籽等。加入世贸组织以来,我国大宗油料作物(除花生外)受到了巨大的冲击。但对小品种油料而言,却是一个极好的发展机遇。据不完全统计,目前我国经济林总面积已达 40 995 万亩(1 亩＝1/15 hm²,下同),油茶林面积则达到5 400 万亩。近 20 年来,全国沙棘林总面积已达 3 000 万亩。目前核桃栽培面积已达 1 300 万亩以上,产量约 30 万 t;我国红花播种面积每年在 45 万～90 万亩,其中新疆是红花的最大产区,红花种植面积为 25 万～40 万亩,产量为全国的 80%左右。因此,特种油料饼粕开发潜力也很大。我国也是世界上油桐和蓖麻品种最多、分布最广、产量最多的国家。年产桐粕 30 余万 t,主要产地分布在贵州、四川、广西和湖南,占全国总产量的 60%以上。因此,提高特种油料饼粕资源饲用效价也有一定潜力。

在我国粮食谷物产量逐年增长的同时,通过基因工程等生物育种技术,高产饲用谷物育种和栽培取得了长足的发展,饲料稻及饲料用高粱比普通杂交水稻、高粱的产量高20%以上,出糙率也高10%以上,作为能量饲料的同时也有待增加其蛋白的产量,但这些谷物不宜食用。另外,优质蛋白玉米(QMP)也在一些营养特性上具有较好的价格竞争力,继续开发利用高产饲料作物资源具有很大潜力。

4. 优化蛋白质饲料原料生产体系,挖掘耕地潜力

我国传统的大农业结构是典型的粮食-经济作物二元结构,饲料生产在农业生产体系中尚未建立起应有的地位。种植业品种单一,布局不合理。基本上是南方产水稻、北方产玉米的格局。特别是自20世纪80年代以来,由于比较效益低,大豆种植面积和产量骤减,使蛋白质饲料资源短缺加剧。国家尚未制定出合理的饲料作物种植区域规划,蛋白饲料用作物品种的培育仅取得初步进展,有待以有限的土地资源提供最大量的蛋白质饲料。扩大无毒棉和低芥酸、低硫代葡萄糖苷油菜品种的种植面积,提高棉籽、菜籽饼粕饲用效价。采用高蛋白(氨基酸)品种,如扩大高赖氨酸等优质蛋白玉米种植,提高单位面积营养物质产量。增加高产青绿饲料的种植,合理调整种植业结构,提高单位面积可利用养分产出量。

充分利用非耕地生产饲料,大力推广青贮和氨化秸秆饲料。我国尚有宜垦荒地48亿亩,如能开发250万~300万亩种植饲料,可增加1 000万t饲料用粮。另外,我国还有大量零星非耕地,如荒山、荒滩、水滩地及各种小流域,应鼓励大力开发。充分利用水面(2亿亩)发展水生饲料。利用田埂种植大豆等饲用作物,合理利用我国6亿t秸秆资源制作青贮、氨化饲料,开发利用我国南方大片的草山、草坡,促进我国养牛及养羊业发展。

5. 充分利用国际饲料市场调节国内盈缺

深入研究近期和中长期饲料粮及蛋白饲料资源供需平衡规律,在粮食歉收年份,应利用国际市场适度进口。利用沿海及长江"黄金水道"廉价水运成本,调控局部地区的饲料粮及蛋白饲料资源供应。

1.2 饲料蛋白质营养与安全

1.2.1 饲料的蛋白质和氨基酸营养

1.2.1.1 经典的蛋白质营养理论及发展

经典的蛋白质营养理论认为,单胃动物食入饲料中的蛋白质主要在消化道由蛋白质消化酶作用消化、吸收。饲料中蛋白质首先在胃蛋白酶和盐酸的作用下,发生变性,并发生初步小量降解,这些降解产物以及未经消化的蛋白质一道进入小肠,在胰蛋白酶、糜蛋白酶和弹性蛋白酶的作用下进一步消化为小肽和游离氨基酸。畜禽主要以游离氨基酸的形式吸收蛋白质,吸收部位主要在小肠,尤其是十二指肠。此外还可以吸收少量的小肽。

反刍动物摄入的日粮蛋白质,一般在瘤胃中被微生物降解,降解蛋白质被用于合成瘤胃微生物蛋白质;日粮的瘤胃非降解蛋白质和瘤胃微生物蛋白质进入小肠,组成小肠蛋白质,被消化、吸收和利用。

动物体所吸收的氨基酸不能以游离的分子形式存储在机体中,必须通过合成代谢变成肽、蛋白质、激素和其他生物活性物质或分解代谢变成氨(鱼)、尿素(哺乳动物)和尿酸(鸟类和爬行动物等),其碳链则进入三羧酸循环。

蛋白质营养理论的迅速发展,使人们意识到完整蛋白质或小肽也能被动物吸收利用,而并非蛋白质完全水解为氨基酸才能被吸收,小肽更容易被动物利用。如研究不同饼粕类饲料在肉鸡消化道不同部位小肽释放特性,能为其高效利用提供理论指导。刘国华(2005)对豆粕、鱼粉、菜籽粕、花生仁粕、玉米蛋白粉、血粉、棉籽粕进行的肉鸡试验,研究不同材料在消化道水解释放小分子肽(<600 u)的特性。结果表明同一蛋白质饲料在肉仔鸡消化道各部位水解释放的小分子肽占水溶性蛋白质的比例有显著差异,其中腺胃释放小分子肽比例显著低于小肠各段,小肠中则以十二指肠最高,回肠后段最低,空肠前、后段和回肠前段之间无显著差异。不同饲料蛋白在肉仔鸡消化道水解释放小分子肽的比例有显著差异,其比例高低依次为棉籽粕>花生仁粕>血粉>玉米蛋白粉>豆粕>鱼粉>菜籽粕。此研究发现棉籽粕、花生粕等饲料蛋白小分子肽释放的特性也有利于重新评价传统营养学所定义的"劣质"蛋白质原料,并有可能为这些原料的应用开辟新的途径。

1.2.1.2 饲料原料的蛋白质(氨基酸)消化利用率

蛋白质饲料原料的粗蛋白质含量变化很大。当配制动物日粮时,饲料配方师一般以蛋白质含量为基础(习惯定义为粗蛋白质,CP)配制日粮,以满足必需氨基酸以及合成非必需氨基酸所需氮的需要量。除了明确蛋白质限制生长的最大和最小量之外,可能的第一限制性氨基酸,如赖氨酸(Lys)、蛋氨酸(Met,一般与胱氨酸一起考虑)、苏氨酸(Thr),甚至是色氨酸(Trp)的需要量是关键,而对肽的含量和在动物体内分布、肽添加水平等技术目前仍应用较少。

不同饲料原料的蛋白质(氨基酸)消化利用率变化也很大。Makkink(1993)综合分析了许多试验中使用的不同蛋白质原料的消化率,总结出在断奶初期,牛奶蛋白的消化率优于加工后的大豆和鱼粉蛋白。为了进一步证实上述结论,其利用35~50 d的仔猪,在试验日粮中分别添加脱脂奶粉(SMP,350 g/kg)、豆粕(526 g/kg)、大豆分离蛋白(895 g/kg)和鱼粉(758 g/kg),并结合使用N^{15}同位素技术,将上述饲料原料的氮消化率分别用表观肠道消化率和真肠道消化率以及表观回肠消化率和真回肠消化率来表示(图 1.1),另外,同时得出回肠和肠道内源氮排泄量(图 1.2)。

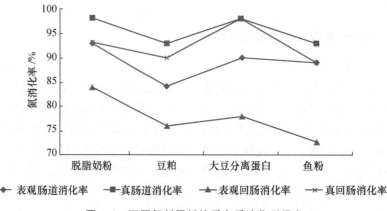

图 1.1　不同饲料原料的质白质消化利用率

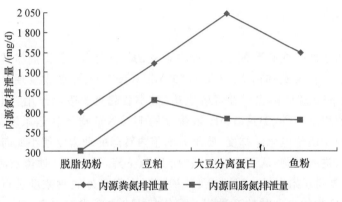

图 1.2 内源粪氮和内源回肠氮排泄量

由图 1.1 可知,不同原料的表观氮消化率差异极显著,无论是肠道还是回肠表观氮消化率脱脂奶粉都高于其他三种原料,但真氮消化率的区别很小。进一步的试验结果表明:与脱脂奶粉相比,当给猪饲喂植物蛋白时,主要是内源氮的损失导致猪生长性能(生长率和饲料转化率)不同,而不是氮消化率不同的原因。一般认为,大豆蛋白不仅会通过肠道外分泌腺促进氮的排泄,还会导致肠道壁脱落而增加氮损失。一些测定氨基酸消化利用率的方法,比如表观回肠消化率或真回肠消化率,可用于饲料蛋白质和氨基酸品质的评价。除了考虑某些含有抑制生长或抗营养因子的原料,比如棉籽粕、高粱或者大豆在日粮中的最大限量,这些方法可以最低程度地降低其他因素对蛋白质的影响。

一般来说,动物体蛋白质合成所必需的赖氨酸、蛋氨酸等八种氨基酸,在畜禽体内不能合成或合成量难以满足动物的各种需要,需从饲料中获取,被称为必需氨基酸。动物典型日粮中赖氨酸(Lys)、蛋氨酸(Met)、苏氨酸(Thr)、色氨酸(Trp)和亮氨酸(Leu)常常是缺乏的。赖氨酸和蛋氨酸通常分别是猪和禽的第一限制性氨基酸,蛋氨酸(或赖氨酸)、苏氨酸和色氨酸等氨基酸通常是第二或第三限制性氨基酸。如在一种仔猪日粮中添加赖氨酸后,苏氨酸可能成为第一限制性氨基酸;在含喷雾干燥血制品的高营养浓度仔猪日粮中,蛋氨酸很可能是第一限制性氨基酸。

1.2.1.3 蛋白质饲料的肽营养

1. 饲料肽营养理论的发展

肽是蛋白质分解成氨基酸过程中的中间产物。通常把含氨基酸残基 50 个以上的称为蛋白质,低于 50 个氨基酸残基的则称为肽。把含几个至十几个氨基酸残基的肽链统称为寡肽(oligopeptide),更长的肽链称为多肽(polypeptide)。有的学者把超过 12 个而不多于 20 个(也有学者认为 10 个以内)氨基酸残基的称寡肽,含 20 个以上氨基酸残基的称为多肽。传统的蛋白质消化、吸收理论认为,蛋白质在肠道内经胰蛋白酶和糜蛋白酶作用下被分解成小肽和游离氨基酸,游离氨基酸可以被直接吸收,而小肽则在肽酶作用下进一步水解成游离氨基酸才能被吸收进入血液循环,但是大量研究表明纯合日粮和低蛋白质氨基酸平衡日粮并不能使动物达到最佳生产性能。Webb(1989)等认为,蛋白质在消化道中的消化终产物大部分是小肽,而且小肽可以直接被吸收进入血液循环(Garder,1984)。1960 年 Newey 和 Smith 证实了完整的甘氨酰-甘氨酸能被转运吸收,正式建立了肽营养理论。现阶段研究认为,肠道中存在二肽和三肽的运输系统,某些二肽和三肽能被完整吸收,但三肽以上的寡肽能否完整吸收还有争议。动物营养学上有时也将二肽和三肽称为小肽,但是也有学者认为 2~7 肽都可能具有潜在的生物活性。

2. 小肽的吸收机制

(1)单胃动物

单胃动物吸收小肽是在肠系膜系统，存在独立的转运系统，主要依靠转运载体 PepT1 和 PepT2 进行吸收。PepT1 载体由 Matthews 和 Adibi(1976)在小肠中发现并命名，位于上皮细胞刷状缘膜囊；PepT2 载体则主要在肾脏表达，对小肽起重要吸收作用。小肽在单胃动物体内转运方式可能有以下三种：①具有 pH 依赖性的 H^+/Na^+ 离子转运系统，不消耗 ATP。小肽转运的动力来自于质子电化学梯度，质子向细胞内转运的动力驱使小肽向细胞内运动，小肽以易化扩散的形式进入细胞，从而引起细胞的 pH 值下降，H^+/Na^+ 通道被活化，H^+ 释放出细胞，细胞 pH 值恢复到起始水平。当缺少 H^+ 梯度时则靠膜外底物浓度进行，若 H^+ 浓度细胞外高内低，则以逆底物的生电共转运进行。②依赖 H^+ 浓度或 Ca^{2+} 浓度的主动转运过程，需要消耗 ATP。③谷胱甘肽(GSH)转运系统。Vincenzini(1989)认为，GSH 跨膜转运与 H^+ 浓度无关，而是与 Na^+、K^+、Li^+、Ca^{2+}、Mn^{2+} 的浓度有关，由于 GSH 在细胞内有重要的抗氧化功能，故 GSH 转运系统具备了独特的生理意义。

(2)反刍动物

反刍动物体内小肽的吸收存在肠系膜系统和非肠系膜系统两种途径，其中非肠系膜系统是反刍动物肽吸收的最主要途径，瘤胃和瓣胃是反刍动物小肽吸收的主要部位，并且瘤胃和瓣胃对小肽的吸收是一种被动扩散过程，但是有学者指出羊瓣胃中 Gly-Sar 的吸收机制是由载体介导的，并依赖 H^+ 浓度进行。也有学者认为，反刍动物体内的小肽主要促进了瘤胃微生物对营养物质的利用以及微生物蛋白合成，从而提高动物的生产性能。

(3)小肽的吸收特点

小肽的吸收具有速度快、耗能低、不易饱和，且各种肽之间运转无竞争性与抑制性的特点。Rerat 等(1988)报道，向猪十二指肠内分别灌注小肽和游离氨基酸混合物后，除蛋氨酸外，出现在门静脉中的小肽比灌注相应游离氨基酸快，而且吸收峰高。动物肠黏膜上存在肽的转运载体，其中有一些动物的载体基因已被克隆表达。Daneil 等(1994)认为，肽载体吸收可能高于各种氨基酸载体吸收能力的总和，小肽中氨基酸残基被迅速吸收的原因，除了小肽吸收机制本身外，可能是小肽本身对氨基酸或氨基酸残基的吸收有促进作用。Bamba(1993)指出，作为肠腔的吸收底物小肽不仅能增加刷状缘氨肽酶和二肽酶的活性，而且还能提高小肽载体的数量。乐国伟报道，分别在鸡的十二指肠灌注 CSP(主要由小肽组成的酶解酪蛋白)和相应组成的游离氨基酸混合物，10 min 后 CSP 组门静脉血液循环中的一些小肽量和总肽量显著高于游离氨基酸组。因此小肽的吸收比游离氨基酸更有效。

3. 小肽的营养与生理作用

(1)小肽的营养作用

①促进氨基酸吸收，提高蛋白质沉积率。研究表明，小肽和氨基酸具有相互独立的吸收机制，二者互不干扰，而且部分游离氨基酸可能主要依靠小肽的形式吸收进入体内，并在血液循环中直接参与蛋白质的合成。例如 Gln 是动物血液及其他组织含量最丰富的一种氨基酸，在维持肠道、免疫的正常形态和功能上发挥着非常重要的作用。它是肠黏膜上皮细胞、肾小管细胞、淋巴细胞、巨噬细胞和成纤维细胞等的重要能量物质。但是它在水中的溶解度低，在溶液中易环化为有毒的焦谷氨酸和氨，在热和强碱中裂解为谷氨酸和氨，吸收率低，但是采用 Gly-Gln 二肽代替 Gln，就完全弥补了这些缺陷，机体内的 Gln 水平得到有效提高。

②促进矿物元素的吸收利用。日常生产中发现,有些小肽具有与金属结合的特性,从而促进钙、铜、锌、铁等的被动转运过程及在体内的储存,例如,在鲈鱼饲料中添加含铁小肽能减少骨骼畸形现象;母猪饲喂含铁小肽后,母猪乳和仔猪血液中有较高的含铁量。高明航等(2007)认为酪蛋白磷酸肽(cpps)能在动物的小肠环境中与钙、锌、铁等二价矿物质离子结合,防止产生沉淀,增强肠内可溶性矿物质的浓度,从而促进其吸收利用。

③提高动物生产性能。小肽能够提高单胃动物的生产性能。在生长猪日粮中添加少量小肽,能显著提高猪的日增重、蛋白质利用率和饲料转化率。断奶仔猪添加小肽制品,能极显著地提高日增重和饲料转化率。孔庆洪(2006)等报道,产蛋鸡日粮中添加小肽营养素能显著提高产蛋率和蛋重,显著降低料蛋比和破蛋率。甘氨酰谷氨酰胺则能够提高鸡肉嫩度,增加鸡肉的保水性能,改善肉色。姜宁(2005)等报道了日粮中添加小肽制品对贵妃鸡育雏期的影响,结果表明生产性能和营养物质的代谢率都显著提高,且调控效果与添加水平呈正相关。对于反刍动物,一般认为小肽的主要效应是加快瘤胃微生物的繁殖速度,缩短了细胞周期。有研究认为小肽是瘤胃微生物达到最大生长效率的关键因子,瘤胃微生物合成的氮大约有 2/3 来源于肽和氨基酸。黄国清(2006)等在奶牛饲料中添加了 0.3% 的小肽制剂,奶牛产奶量、乳脂率和乳蛋白均有所提高。对于水产动物,许培玉等(2004)采用 1.5% 小肽制品可显著提高南美白对虾的相对增重率、体长增长率,同时降低了饲料系数($P<0.05$)。

(2)小肽的生理活性作用

除了作为营养元素之外,某些小肽还具有生物活性。有学者指出,生物活性肽(bioactive peptide)指的是一类分子质量小于 6 000 u,在构象上比较松散,具有多种生物学功能的多肽和小于 10 个氨基酸组成的小肽,是对生物机体的生命活动有益或具有特定生理作用的肽类物质。但分子质量小于 6 000 u 的范围较大,在实际应用中以二肽、三肽的研究居多。

①活性小肽首先能起到传递神经信息的作用。如 Gly-Gln(分子质量 203.197 u)能显著提高鸡外周血淋巴细胞的增殖转化率,显著抑制 45 日龄鸡脾脏淋巴细胞的增殖转化率。这可能是 Gly-Gln 分解成 Gln 后,通过参与淋巴细胞的代谢,影响多种激素以及细胞因子的分泌等方面对机体免疫应答发挥作用。

②活性小肽能促进肠道消化功能、增强养分的消化吸收、调控物质代谢。在饲粮中添加 0.125%~0.50%谷氨酰胺二肽可改善 21 日龄断奶仔猪饲料利用率、增强细胞免疫功能、提高血清生长激素水平、降低血清皮质醇水平。

③活性小肽还具有参与机体免疫调节等作用。

④活性小肽的阿片肽活性。Bantl 从 β-酪蛋白水解产物中分离出酪啡肽,发现其氨基酸序列与内源的阿片肽 N 末端的序列相似。除酪蛋白外,乳铁蛋白和大豆蛋白酶水解产生的某些小肽也同样具有免疫活性作用,小麦谷物蛋白的胃蛋白酶水解物中同样存在阿片肽的前体,它可完整地进入血液循环作为神经递质而发挥生理活性作用。

⑤活性小肽的降血压功能。缓激肽能促进吞噬细胞的生长,促进淋巴细胞的转运和淋巴因子的分泌,而血管紧张素-Ⅰ转化酶(ACE)会使缓激肽失活。酪蛋白降解产生的某些肽段能够降低 ACE 的活性,从而减弱其对缓激肽活性的抑制作用,使缓激肽活性升高,提高机体免疫机能。Kohmura 等(1990)研究发现,人 β-酪蛋白的 39-52 氨基酸残基和 κ-酪蛋白的 61-65 氨基酸残基组成的肽段有明显的降压功能。

⑥活性小肽的其他生理活性作用。小肽还具有抗凝血、抗氧化性、促进 DNA 合成以及抗

菌等作用。

4. 小肽在养殖业中的应用

由于小肽转运系统具有吸收迅速、转运快、耗能低等特点,小肽与游离氨基酸两种吸收机制并存增加了动物对不同形式蛋白质的吸收和适应能力,二者共同满足动物对蛋白质的需要,共同为动物更好地适应环境、摄取营养提供了生理基础,有利于动物发挥最大的生产潜力。因此,为了充分发挥动物的生产潜力,需要给动物提供适宜的蛋白质,确保肽和游离氨基酸两种吸收机制相互协调,共同参与动物的蛋白质营养代谢。由此可见,饲料蛋白质在消化过程中释放的寡肽在蛋白质营养代谢中具有重要作用,是影响饲料蛋白质品质的重要因素之一。

(1)小肽在养猪业中的应用

①小肽在仔猪中的应用。某些活性小肽,如外啡肽,可以促使幼小动物的小肠提前发育成熟,刺激消化酶分泌,提高机体免疫力。在断奶仔猪阶段应用小肽制品,可以明显地提高饲料转化吸收率,可以大幅度提高仔猪体内铁、硒、铜等微量元素的含量,提高日增重和猪群整齐度,可以有效抑制免疫抑制病的发生。李职等的研究表明,在乳猪教槽料中添加小肽,可较大幅度提高断奶仔猪的日采食量和日增重,并有较好的饲料转化率,且动物源小肽(鱼粉)比植物源小肽(大豆)效果好。Bamba T 等(1993)在断奶仔猪日粮中添加小肽制品,日增重和饲料转化率分别提高了 7.85%～8.85% 和 10.06%～11.06%,这与汪梦萍等(2000)的研究一致,且腹泻率降低 60%,经济效益比对照组提高 15.62%。王贤勇报道,添加 2% 小肽制品的试验组仔猪与对照组相比日采食量和日增重分别提高了 15.5% 和 17.3%,而随着添加量的增加试验仔猪的生长性能呈下降趋势,这说明小肽制品也应确定其最佳添加量。李永富等(2000)对 1～21 日龄的仔猪分别添加小肽铁和右旋糖苷铁,结果表明,小肽铁的补铁效果优于右旋糖苷铁,是一种很好的补铁剂。王恬等(2003)的研究表明:在断奶仔猪日粮中添加小肽营养素可减轻断奶仔猪小肠绒毛萎缩和隐窝加深的程度,促进仔猪肠道组织与功能的发育;提高淀粉酶、脂肪酶与胰蛋白酶活性;促进免疫器官发育,提高免疫球蛋白 IgG 含量;降低腹泻发生率;提高仔猪的日增重和饲料转化率,且随着小肽营养素添加量的增加,断奶仔猪日增重逐渐增加,料重比与腹泻发生率呈现降低的趋势。

②小肽在生长肥育猪中的应用。Pafisini P 等(1989)在生长猪日粮中添加少量的小肽制品后,提高了猪的日增重、蛋白质利用率和饲料转化率,其原因可能与肽链的结构、功能有关。Lootekhniga 发现,饲料中添加合成小肽能提高育肥猪的产肉量和瘦肉率。陈秋梅等(2004)的研究表明:在试验组日粮中添加 0.5% 和 0.3% 的小肽制剂,经过 30 d 的试验期,试验组比对照组平均日增重分别提高了 8.34% 和 3.91%;料重比则分别降低了 8.40% 和 5.04%;生长猪腹泻率分别降低了 5.16% 和 4.45%。李焕友等(2005)报道,用小肽制剂特别是用小肽＋微生态制剂能明显提高肉猪的生长速度及饲料转化率,降低饲料成本,增加经济效益,此外小肽制剂能显著提高肥育猪血清中的血糖浓度、总蛋白质含量及生长激素浓度。

③小肽在母猪中的应用。在母猪产前、产后应用小肽制品,可以提高母猪泌乳量,改善母猪体况,减少因产后虚弱而引发的产科疾病。李永富等报道,母猪饲喂小肽铁后母猪奶和仔猪血液中有较高的铁含量,而饲喂有机铁却不能达到这样的效果。生产试验结果证明,小肽可改善泌乳母猪的生产性能,使其泌乳量增加,重配更快更容易,仔猪断奶体重较高并能减少母猪体重损失。

(2)小肽在禽类中的应用

陈宝江(2008)研究发现,0～3 日龄肉鸡,肽氨基酸混合物组和酪蛋白组分别比氨基酸组、纯肽组生长速度提高了 0.17%～18.70%,采食量增加 0.89%～11.83%,饲料转化率改善 3.18%～13.66%;血清激素检测表明:随着日粮中寡肽比例变化,血清中 T3、T4、GH、IGF-Ⅰ 发生规律性变化。施用晖等(1996)报道,在蛋鸡基础日粮中添加小肽制品后,蛋鸡的产蛋率、日产蛋量和饲料转化率均显著提高,蛋壳强度有提高的倾向。张爱忠等(2002)在黑凤鸡日粮中添加 0.5%的小肽制剂,可以提高黑凤鸡采食量、产蛋率、饲料转化率和蛋壳强度。研究发现,灌注酪蛋白-小肽时,雏鸡组织蛋白质合成率显著高于相应的游离脂肪酸(FFA)混合物组。侯艳红等(2002)用法氏囊活性肽(BS)对 SPF 鸡研究发现,BS 有提高机体增重和饲料转化率等效果,但 BS 的使用效果与使用剂量和使用方法有关。乐国伟等(1997)报道,饲料蛋白质肽释放量与有效赖氨酸量呈正相关,日粮中蛋白质完全以小肽形式供给鸡,鸡对赖氨酸的吸收速度不再受精氨酸的影响。吴东(2005)研究发现,对产蛋种鹅的日粮中添加小肽,种鹅的采食量、受精率、产蛋率、入孵蛋孵化率、健雏率、总蛋白和钙磷沉积量均有所增高。

(3)小肽在反刍动物中的应用

在奶牛日粮中添加小肽能够显著提高奶牛产奶量,其原因可能是小肽与氨基酸相互独立的吸收机制,有助于减轻由于游离氨基酸相互竞争共同吸收位点而产生的吸收抑制,进而影响动物体内蛋白质代谢,提高产奶量。另有报道,黑白花奶牛吸收的谷胱甘肽在乳腺 GTPose 的作用下降解为 Gly-Gys,可作为乳蛋白合成原料,促进乳蛋白合成。

(4)小肽在水产业中的应用

鱼类对饲料蛋白质的需求比畜禽要高得多。畜禽日粮中蛋白质含量一般在 20%以下,而鱼类饲料的蛋白质水平一般都在 20%以上,有的肉食性鱼类则高达 60%。所以,小肽作为蛋白质的主要消化产物,在水产中的应用就显得尤为重要,它可显著提高水产动物的采食量,改善饲料转化系数,增强免疫力并可减少水产养殖动物的发病率。Scheppach 等报道,给鱼口服小肽制品,能提高鱼苗的生长和繁殖,因为小肽能有效刺激和诱导小肠绒毛膜刷状缘酶的活性上升,促进动物的营养性康复,从而增强水产动物的采食与消化吸收功能。Zambonino 等(1997)报道,用小肽代替部分海鲈鱼鱼苗日粮中的蛋白质原料后,鱼苗的生产速度和存活率提高,还能极大地减少骨骼的畸形现象。小肽制剂可提高鲤鱼生长速度、饲料利用率,改善日粮适口性,其中最适添加量为 1%。同样,在草鱼日粮中添加一定比例的小肽可提高饲料表观消化率和蛋白消化率,增加血液循环中生物活性肽的含量,减少肝胰脏和肠系膜脂肪储积,提高机体对日粮中氨基酸的利用率,从而增加体内氮沉积。Marie 等报道,肉类水解物中的肽能使亚铁离子可溶性和吸收率提高。据 Shimeno 等报道,在欧鳗日粮中添加 2%和 4%的小肽制品,发现欧鳗的特定生长率有明显提高。分析认为小肽制品能起诱食作用,增加欧鳗采食量,间接促进了欧鳗的生长。

1.2.2　蛋白质饲料安全

1.2.2.1　蛋白质饲料的数量安全

1. 总量安全

从国家发展战略高度看待我国蛋白质饲料和动物性食品供给问题。作为一个拥有 13.5 亿人口的消费大国,食物安全始终都是第一位的,目前我国植物性和动物性蛋白饲料对外依存度太高,也是引起动物性食品价格显著高于国外的一个重要原因,这很难面对国际市场的风云变幻! 毫无疑问,蛋白质饲料资源也应该是中国的战略性产业之一,非但不能削弱,还有必要加强。数量上一定要争取自给自足,要改变目前部分产品大部分依赖进口的局面。这就要求我们首先利用好现有的蛋白资源,挖掘其营养价值,提高其利用率;其次要积极利用先进的科学技术开发新的可替代蛋白资源,切实保障我国蛋白质饲料资源的总量安全。

2. 蛋白质饲料原料储备安全

为了保障我国蛋白质饲料资源供给,有必要重视蛋白质饲料资源的储备。储备主要可以解决以下问题:①调节蛋白质饲料市场,确保国内蛋白质饲料市场稳定。一方面当市场上供大于求时,由政府组织有关部门按规定的收购价格及时收购,转作储备,保障农民利益。另一方面在蛋白质饲料供给不足,价格过高时,及时组织抛售储备蛋白质饲料资源,平抑价格,保障市场稳定。目前,国家在大豆、菜籽等产品已形成了一定的储备体系。②调节年际和地区余缺,保证应付突发事件。③调节蛋白质饲料进出口,促进国内蛋白质饲料市场供求平衡。

1.2.2.2 蛋白质饲料的质量安全

1. 转基因安全性问题

自 1996 年世界首例抗草甘膦除草剂大豆品种在美国投入运行以来,在仅仅十几年时间里,在主要大豆生产国美国、阿根廷以及巴西等国,以抗除草剂转基因大豆为代表的转基因大豆在生产上迅速普及,为全球带来了巨大的经济效益和社会效益。与此同时,转基因作物对人类健康和环境可能带来现实的和潜在的冲击,也引起了广泛的关注。人们对包括大豆在内的转基因作物的担心主要包括以下不可预测性。

①插入生物体之外部基因的表达;
②受体生物体基因组中插入基因位置引起潜在副作用;
③引入新型 DNA 到进化种群带来的潜在长期进化后果。

通过基因技术插入后,外部基因在一些工程植物染色体中的位置是随意的,DNA 小碎片常常在染色体某些位置结束,带来不可预测的效果。此外,转基因引入的二次效应可能源于新遗传物质的表达产品,或者插入物可能导致多向性效果,使受体生物体的基因表达模式转变。基因改造生物或其产品的内外变化可能给蛋白质的产生和代谢活动带来无法预料的影响。尤其大豆是人类重要的食物蛋白和食用油的来源,尽管孟山都公司和杜邦公司都已经表明,他们的转基因大豆营养平衡数据、抗营养因子数据和食物过敏性数据结果和传统大豆结果是一致的。但是由于转基因大豆安全的不可确定性,对于上述指标进行长期监控是必要的。

2. 转基因蛋白质安全评价

(1)转基因产品检测方法

目前国际上对转基因生物(genetically modified organisms,GMO)的转基因背景检测主要基于核酸水平和蛋白质水平。检测灵敏度分三个层次:一是定性检测,即检测是否含有转入的外源基因,判断是否为转基因产品;二是转基因品系鉴定,即确定是哪种转基因产品,特别是确认是否为已批准的转基因产品;三是定量检测,即检测转基因产品的含量,以明确是否达到需标识的要求。

①蛋白检测方法。对转基因食品中特异外源蛋白的检测方法有很多,例如,层析、双向电泳、免疫印记等。但是目前最常用的蛋白检测方法是酶联免疫吸附剂测定方法(ELISA)。原

理是抗原和抗体在固体基质如酶联板上进行反应。抗原和抗体稳定结合,通过附加携带有酶的第二抗体,加入酶底物后可以产生肉眼可见的颜色变化,这种颜色变化可以通过酶标仪测定或肉眼判断,与阳性及阴性对照比较来确定样品是否为转基因产品。目前已有商业化酶联反应试剂盒,这种试剂盒提供标准物质(即已知溶液中靶标分析物浓度的阳性对照)及阴性对照(不含有靶标分析物的同类对照),标准物质因浓度不同而表现颜色深浅不同。通过比较样品与标准物质及阴性对照的颜色,可以对样品进行半定量判定。该法经 13 个国家 38 个实验室对大豆粉中的转基因成分进行联合检测,可信度达 99%。

②核酸检测方法。转基因植物及其产品的 PCR 检测策略主要是对转基因植物外源插入片段的选择性扩增。针对外源插入核酸片段不同的位置和元件进行 PCR 扩增,其特异性及检测范围有很大的区别。根据扩增的目标核酸的位置不同,PCR 检测策略可以分为四种,即筛选 PCR 检测(screen PCR)、基因特异性 PCR 检测(gene-specific PCR)、构建特异性 PCR 检测(construct-specific PCR)和品系特异性 PCR 检测(event-specific PCR)。

③高通量检测方法——基因芯片技术。基因芯片也叫 DNA 芯片、DNA 微阵列(DNA microarray)、寡核苷酸阵列(oligonucleotide array),是在传统 DNA 杂交基础上,采用原位合成(in situ synthesis)或显微打印手段,将数以万计的 DNA 探针固化于支持物表面上,产生二维 DNA 探针阵列,然后与标记的样品进行杂交,通过检测杂交信号来实现对生物样品快速、并行、高效地检测,由于常用硅芯片作为固相支持物,且在制备过程运用了计算机芯片制备技术,所以称之为基因芯片技术。该技术是近年来发展起来的自动、快速、大规模样品检测方法。既有针对启动子、终止子及目的基因的筛选型基因芯片,也有用于品系特异性鉴定的基因芯片,可以判断被检转基因植物是否属于国家批准的品系。

(2)我国对转基因产品的态度

面对转基因作物的迅速发展,为了加强对农业转基因生物安全管理,保障人类健康和动植物、微生物安全,保护生态环境,促进农业转基因生物技术研究,国务院于 2001 年 5 月 23 日颁布了《农业转基因生物安全管理条例》。根据该条例,农业部于 2002 年 1 月 5 日颁布了《农业转基因生物安全评价管理办法》、《农业转基因生物进口安全管理办法》和《农业转基因生物标识管理办法》三个配套规章,自 2002 年 3 月 20 日起施行;为了加强对转基因食品的监督管理,保障消费者的健康权和知情权,根据《食品卫生法》和《农业转基因生物安全管理条例》,卫生部于 2002 年 4 月 8 日发布了《转基因食品卫生管理办法》,自 2002 年 7 月 1 日起施行。国家的这些政策法规对于国外转基因作物对中国的出口和包括大豆在内的转基因技术健康发展、确保中国人民的身心健康和中国生态环境的安全产生重要的作用。同时,强制规定,以转基因作物为食品原料、饲料原料的产品,必须标明原料产地及是否转基因产品。

3. 内源毒素和抗营养因子的概念、存在形式及危害性

人们很早就认识到,很多粮食籽实直接摄入会导致人和动物胰腺肿大、产生过敏反应、生长缓慢、营养成分利用率下降及其他一些不良生理反应,这些症状是由于粮食中存在的多种天然有毒有害物质造成的。人们常将饲料、食品中天然存在的对营养物质的消化、吸收和利用产生不利影响以及使人和动物产生不良生理反应的物质,统称为抗营养因子(anti-nutritional factors,ANF),而将对人和动物产生不良生理反应甚至毒害作用的物质称为天然毒素或内源毒素。这些天然有毒有害物质普遍存在于植物界,是植物长期自然选择的结果。通常一种植物含有多种天然有毒有害物质,同一种抗营养因子和内源毒素也存在于多种植物中。粮食中

的这些有毒有害物质对粮食作物本身有利,但多数情况下对人和动物有害。如果这些有毒有害物质摄入量超过一定水平,就会对人的健康和动物生产性能产生不利影响。

大豆含有多种抗营养因子,主要有大豆抗原蛋白、大豆胰蛋白酶抑制剂、植物红细胞凝集素、脲酶、抗维生素因子——脂肪氧化酶(又称脂肪加氧酶或脂肪合氧酶)、植酸、致甲状腺肿因子等。大豆抗营养因子分为热敏感和热不敏感两类。大豆与小麦、花生、坚果、牛奶、鸡蛋、鱼、贝类等被列为最易引起过敏的8种食品,有研究表明超过90%的食物过敏症状都是由这8种食物引起的,目前全球公认的大豆过敏因子达38种。

菜籽中一般含有2%～7%硫代葡萄糖苷(简称硫苷、芥子苷),硫苷本身虽然没有毒性,但它在菜籽加工过程中被菜籽本身存在的硫代葡萄糖苷酶(myrosinase)水解或在动物体内被酶水解,生成噁唑烷硫酮(OZT)、异硫氰酸酯(ITC)及腈类(nitrile)等物质,影响动物的正常生理功能,甚至对动物体有毒害作用。

普通棉籽中含游离棉酚达7 000～48 000 mg/kg,经过120～130℃加温时,游离棉酚含量显著减少,而冷榨产品中游离棉酚含量可高达10 000 mg/kg以上。游离棉酚具有活性醛基和羟基而有毒性作用,是一种酚毒。另外,棉籽粕或棉籽油中含有环丙烯脂肪酸也有明显的不良作用。

目前我国的油料加工不能很好地脱除这些抗营养因子和毒素,国内外长期进行的油厂以外的脱毒技术开发一直没有成功,我国近年来开发的与制油工艺相匹配的化学脱毒技术,已经在部分工艺中应用,但对于全程低温制油工艺仍有待多项脱毒技术的集成配套。

粮油中其他抗营养因子对人类健康、饲料安全影响也很大。仅以植酸为例,它是谷类和大豆等作物的天然组分,广泛存在于禾谷类种子的胚和糊粉层组织中。在这些作物种子、糠麸和饼粕中,植酸磷占干重的1%～4%,占总磷的65%～80%。油料作物种子植酸含量一般较高,并且油菜高于其他油料作物。植酸可与饲料中的钙、锌、铁等物质螯合,形成不溶性的复合物,降低钙、锌、铁等的生物利用率。植酸还能与蛋白质等形成不溶性复合物,降低氨基酸的利用率。一些消化酶(如蛋白酶、淀粉酶、胰蛋白酶等)的作用也受到植酸的抑制,从而影响到蛋白质、淀粉、脂肪的利用率。同时,摄入高植酸含量的食物,还会增加粪便中磷的含量,从而增加环境中磷的积累,最终导致生态环境被严重污染和破坏。

谷物、油料原料及其制品中存在的主要天然有毒有害物质(表1.7)及其对健康的影响汇总见表1.8。

表1.7　粮食、油料原料及其制品中存在的主要天然有毒有害物质

粮食、油料及制品名称	主要有毒有害物质
粮食及其制品	
稻米	植酸、非淀粉多糖
小麦、大麦、燕麦等谷类	可溶性非淀粉多糖和植酸
高粱	鞣酸
花生、蚕豆等豆类	植物凝集素、脂肪氧合酶、生氰葡萄糖苷、抗维生素因子
木薯、土豆、红薯等块茎类	生氰葡萄糖苷、生物碱和蛋白酶抑制因子
油料及其制品	
大豆及其制品	蛋白酶抑制因子、凝集素、植酸、皂苷类、抗维生素因子、抗原性物质、植物雌激素

续表1.7

粮食、油料及制品名称	主要有毒有害物质
菜籽及其制品	蛋白酶抑制因子、硫代葡萄糖苷（硫苷）、异硫氰酸酯、噁唑烷硫酮、腈、植酸、单宁等多酚物质
棉籽及其制品	游离棉酚、植酸、植物雌激素、环丙烯脂肪酸、抗维生素因子
花生及其制品	蛋白酶抑制因子、黄曲霉毒素
豌豆及其制品	胰蛋白酶抑制因子、凝集素、单宁、氰、植酸、皂苷类、抗维生素因子
向日葵及其制品	蛋白酶抑制因子、皂苷类、精氨酸酶抑制因子
羽扇豆及其制品	蛋白酶抑制因子、皂苷类、抗原性物质、植物雌激素
芝麻及其制品	蛋白酶抑制因子、植酸
蓖麻及其制品	植酸、蓖麻毒蛋白

表1.8　粮油中主要内源毒素和抗营养因子对人和动物的危害

名称	对人及动物的危害
蛋白酶抑制因子	抑制胰蛋白酶、胃蛋白酶活性，促进胰腺分泌，胰腺肥大，抑制生长
凝集素	凝集红细胞，损害肠壁，增加内源蛋白分泌，影响动物生长
皂苷	抑制胰凝乳蛋白酶和胆碱酯酶活性，影响养分的吸收
寡糖	引起肠胃胀气，影响养分消化
异黄酮	抑制生长，子宫增大
单宁	影响蛋白质、碳水化合物的消化吸收
植酸	降低磷的有效性、微量元素生物效价及蛋白质利用率
生氰糖苷	在胃肠道中水解，可产生毒性很大的氰氢酸，导致机体缺氧甚至死亡
抗维生素因子	干扰机体对维生素的利用，引起维生素缺乏症
致过敏反应蛋白	引起过敏反应，延缓生长发育
脲酶	分解含氮化合物，引起氨中毒
硫葡萄糖苷及分解物	分解物抑制生长、影响适口性
异硫氰酸酯	抑制甲状腺对碘的吸收，造成甲状腺肿大，可影响消化器官表面黏膜
噁唑烷硫酮	抑制甲状腺对碘的吸收，造成甲状腺肿大，降低生长率
腈	损伤肝、脾、消化道黏膜，造成营养利用率降低，滞涨，含腈饼粕喂养畜禽会引起严重中毒，甚至死亡
木质素	影响养分的消化吸收，降低适口性
生物碱	降低适口性，影响生长
非淀粉多糖	导致消化道内容物黏稠，影响日粮消化吸收
游离棉酚	刺激胃黏膜，破坏铁和蛋白质代谢，影响生殖系统

可见，粮食、油料及其制品中内源毒素和抗营养因子分布广泛，对动物体的危害较大。

1.3　蛋白质饲料资源营养价值评定方法

1.3.1　饲料蛋白质营养价值评定方法

动物营养需要量和饲料营养价值评定,是动物营养学的两大基础性研究工作。饲料蛋白质的营养价值是指饲料蛋白质被畜、禽及水产动物机体消化吸收后,能满足动物体内新陈代谢和生产产品对氨基酸需要的程度。所以蛋白质营养价值的评定和消化生理紧密相关,经过长时间的发展已经形成了一套系统的研究方法。随着动物营养学以及相关学科的发展,蛋白质营养价值评定的方法也在不断的改进和完善。对不同的动物,其评定方法也不尽相同。下面主要对猪、鸡以及牛等蛋白质饲料营养价值评定方法作简要介绍。

1.3.1.1　饲料蛋白质(氨基酸)消化率的体外测定技术

目前应用最为广泛的体外法主要有酶解法、化学法、化学成分估测法、微生物发酵法四大类。随着科技的高速发展,近红外分析、酶联免疫以及计算机模拟等高新技术也被用来估测氨基酸消化率。

1. 酶解法

酶解法(enzyme methods)是根据仿生学原理,体外模拟饲料养分在胃肠道内水解过程,通过酶水解物与待测养分生物学效价间的相关关系估测饲料的生物学效价。通常是应用消化酶水解饲料原料,通过离心、透析、凝胶(Kim 等,1991)等方法将已经被消化的产物与未经消化的蛋白分离开来,然后测定滤液或者滤渣内的蛋白含量。

2. 活动尼龙袋法

活动尼龙袋技术(mobile nylon bag technique,MNBT)操作程序为:用网孔孔径为 48 μm 的单纤丝尼龙制作 25 mm×40 mm 的小袋,将 1 g 粉碎粒度为 1.0 mm 的待测饲料样品装入尼龙袋,置于盛有 500 mL 的 0.01 mol/L 盐酸和胃蛋白酶溶液的烧杯中,将烧杯于 37℃ 水浴振荡 2.5 h,溶液 pH 为 2.0,胃蛋白酶含量为 377.4 IU/L。将尼龙袋从烧杯中取出,通过十二指肠瘘管放入体重为 40 kg 左右的健康猪体内,待尼龙袋通过消化道后从粪中回收尼龙袋,测定袋内剩余物质中待测养分的含量,计算待测饲料养分消化率。

3. 透析法

与其他体外消化测定技术相比,透析法(dialysis tubing technique,DTT)能更准确地模拟猪小肠内的动态消化吸收过程。方法如下:①将样品在烧杯中用胃蛋白酶消化(pH 1.9,37℃,30 min),待反应结束后,将反应混合液 pH 调至中性后转入透析袋内(截流分子质量为 1 000 u);②加入胰酶制剂进行体外消化(pH 8.0,37℃,24 h)。在消化过程中将透析袋悬吊在缓冲液(0.01 mol/L pH 7.5 的磷酸钠盐溶液)中,通过替换缓冲液将消化产物排出去。

4. 化学法

饲料受热时氨基化合物和羰基化合物之间会产生无法被消化酶所打开的分子间以及分子内的结合键(也就是 Maillard 反应),而且这种反应产生的物质无法与化学染料结合或溶于碱溶液,因此早期建立了可消化赖氨酸测定方法。一些化学法还能够检测可利用蛋氨酸,都是基于以亚砜形式存在的蛋氨酸不能被动物利用这个前提(Smith,1972),但是这个前提是否成立仍值得怀疑(Bos 等,1983),不过可利用蛋氨酸与体内实验结果具有相关性。李铁军等(2000)建立了用 KOH 溶解度指标评价脱毒桐籽饼粕蛋白质品质的实验室方法,认为 PS 值与动物生产性能、氨基酸含量和消化率之间具有较高的相关性(周岩民等,1995)。

5. 化学成分估测法

利用中性洗涤纤维(NDF)或中性洗涤纤维和氮的含量,结合回归分析技术估测粗蛋白质和氨基酸的消化率,可研究 92%～96%的饲料里氨基酸和蛋白质的消化率变化程度(刁其玉,2007)。已有研究表明:脱皮、脱脂的菜籽中的蛋白质与 NDF 含量之间有强相关性($r^2=0.96$,Liu,1994)。万海峰等(2008)分析了豆粕中各种氨基酸真利用率与原料中 NDF 含量之间的相关关系,发现多数氨基酸的真利用率都与中性洗涤纤维(NDF)的数值之间具有极强的负相关关系。而且,可消化氨基酸与灰分之间也表现为极强的负相关关系(Wang 和 Parsons,1998),然而灰分与氨基酸的可消化性之间是否相关仍然没有文献报道。

6. 微生物发酵法

微生物发酵法曾经是测定饲料中氨基酸含量的基本方法,也被用来估测氨基酸利用率。这种技术是以某些与高等动物必需氨基酸需要数值近似的微生物对样品里某些氨基酸生长情况来分析氨基酸的利用程度,称为相对营养价值(RNV)。链球菌测定的可利用赖氨酸和蛋氨酸含量,实验的重复性较好,且与小鸡生长试验结论相同。相关文献表明,大肠杆菌实验分析可利用赖氨酸要比化学法更为准确(Anantharaman 等,1983)。Erickson(2000)改进了传统的光密度测定法,利用能够发荧光的大肠杆菌突变异形体,估测 4 h 内赖氨酸利用率并获得很好的结果。

微生物发酵法还有大量的困难,如要求的试验条件苛刻、相异的微生物种类或品系对氨基酸的需要有所差异、评估的只是蛋白质的相对价值、缺少一些氨基酸对某微生物生长情况影响的研究等。

7. 其他方法

(1)近红外反射光谱瞬间分析技术

近红外反射光谱瞬间分析技术(near infrared reflectance spectroscopy,NIRS)是 20 世纪70 年代以来飞速发展起来的一种非破坏性瞬间检测手段,作为一种分析氨基酸实际消化程度的可靠手段是非常有发展潜力的(Van 和 Jackson,1996)。这种方法比其他技术更为迅捷,可是在建立定标方程时,需要用已知其实际营养价值的标准样品进行校准,目前,用 NIRS 估计可消化氨基酸数值的探讨仍然刚起步,另外国内拥有的数据库尚不完全,饲料行业还难以普及。

(2)免疫分析实验

酶联免疫技术(enzyme-linked immunosorbent assay,ELISA)作为一种先进的分析手段已经被用在食品工业(Skerritt,1991),然而却还没有广泛应用在饲料工业方面。利用酶联免疫技术体外评价蛋白质消化率应该是可行的,如 ELISA 已经被用来测定日粮中不可消化肽的含量。

(3)动物模型评定法

协方差分析表明老鼠和猪对许多蛋白质饲料的氨基酸回肠末端消化率没有种属不同。董国忠(2001)使用老鼠用做猪的替代物,分析动物性蛋白质饲料和植物性蛋白质饲料氨基酸回肠末端消化率,在一定程度上可以替代猪的检测数值。这种用老鼠作猪的替代品的检测手段具有很大的科学研究价值,并且这个技术不复杂、便宜、工作量不大、容易标准化,也是今后发展的一条道路。

(4)计算机消化道模拟法

Minekus 等(1995)第一个提倡用计算机操作的模仿胃和小肠的消化动力学的替代物,可以再现胃内酸碱度的改变、胃的运动、胃的排空速率、食糜在小肠里的经过次数。这个模型有可能被作为检测家畜饲粮蛋白质和氨基酸的生物学效价。不过这一模型过于复杂甚至比较精密,因为仪器的难以操作和对使用人员的要求严格,导致这一技术仍无法作为估测饲料营养价值的普及技术(印遇龙,2008)。

简言之,体外技术发展到现在,已有 50 余年的历史,根据如今的科学研究进展来看,相关工作还需要完善,可如果找准研究方向,快速、准确、简捷、廉价的蛋白质(氨基酸)体外评定技术才是蛋白质饲料质量控制的关键。

1.3.1.2 饲料蛋白质(氨基酸)消化率的体内评定方法

1. 猪饲料蛋白质营养价值评定

(1)猪回-直肠吻合法

猪回-直肠吻合法(ileo-rectal anastomosis,IRA),是通过手术将猪小肠末端与直肠以端与端或端与侧的方式吻合,以便在不打扰试验动物的情况下从肛门处收集回肠末端全部食糜,从而评定蛋白质的营养价值。IRA 的优点是:①手术过程简单,术后猪恢复快,可以饲养在普通代谢笼中,便于管理;②易于收集到有代表性的样本,不需指示剂;③不受日粮类型的限制,不发生食糜阻塞现象。这种方法排除了大肠内微生物的干扰作用,且具有排泄物收集容易、准确性好而被普遍接受,实验研究中已利用此方法进行猪的饲料蛋白质和氨基酸营养价值评定,均取得了成功。

(2)瘘管法

氨基酸的利用率与消化率之间具有很好的相关性,可通过可消化氨基酸来判断氨基酸的利用效率。而用传统的粪分析法测定氨基酸消化率存在大肠阶段的误差。采用从回肠末端取样测定氨基酸消化率替代粪分析法取得了很大的进展,并且研制出各式各样的回肠瘘管技术,常用的瘘管技术可以分为两种(图 1.3),即 T 形瘘管法和"桥"式瘘管法,T 形瘘管法使用时误差大,而"桥"式瘘管法安全可靠,保持时间长,能够满足营养实验要求。"桥"式瘘管的手术简单,也便于饲养管理和食糜的收集,用"桥"式法所测结果,其可加性、再现性都很好,变异系数小,科研实验中常用"桥"式瘘管法。

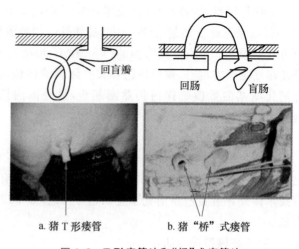

a.猪 T 形瘘管　　b.猪"桥"式瘘管

图 1.3　T 形瘘管法和"桥"式瘘管法

2. 反刍动物蛋白质营养价值评定

进入反刍动物（如牛、羊等）小肠的蛋白质包括饲料非降解蛋白质和瘤胃微生物蛋白质，而微生物蛋白质的合成又需由饲料降解蛋白质提供氮源，饲料蛋白质降解率及其评定方法是反刍动物蛋白质营养价值新体系的基本参数和重要组成部分。反刍动物饲料蛋白质质量的评定，以往曾采用粗蛋白质、可消化粗蛋白质、蛋白质当量及酸性洗涤不溶氮。但是，由于瘤胃微生物的作用，使进入反刍动物真胃和小肠的蛋白质与饲粮蛋白质相比，已发生了很大的变化。因此，不管是用粗蛋白质还是用可消化蛋白质，或是后来提出的蛋白质当量及酸性洗涤不溶氮，均不能真实地反映反刍动物氮代谢的实质。20世纪70年代以来，许多国家相继提出了评定反刍动物饲料蛋白质品质及蛋白质需要量的新体系。这些体系虽然名称不同，方法上也有一定差异，但实质都是将反刍动物对蛋白质的需要分为瘤胃微生物需要和宿主需要两个部分。其核心都是测定饲料蛋白质在瘤胃中的降解率。其中比较有代表性的是美国的可代谢蛋白质体系和英国的瘤胃降解与非降解蛋白体系。英国的降解与非降解蛋白质体系中，瘤胃降解蛋白质（rumen degradable protein，RDP）为微生物所降解的蛋白质，80%～100%可合成菌体蛋白；瘤胃未降解蛋白质（undegradable protein，UDP）及瘤胃合成的微生物蛋白质进入后段肠道，除核酸蛋白外，一般均可被动物消化吸收，并为组织所利用。而NRC采用的可吸收蛋白质体系（absorbed protein system）将蛋白质分为降解食入蛋白质（degraded intake protein，DIP）和未降解食入蛋白质（undegraded intake protein，UIP）。DIP相当于RDP，UIP相当于UDP。计算动物的氮供给量时，必须确定微生物对氮的需要量、微生物利用NPN的效率、小肠内蛋白质的消化率及吸收氮的利用率。目前国际上常用的方法有体内法、瘤胃尼龙袋法、人工瘤胃发酵技术、酶解法等。

（1）体内法

体内法是直接评定饲料蛋白质在瘤胃内降解率的方法。

该方法主要是利用目标动物（如牛、羊等）进行体内瘤胃发酵试验，是用于研究瘤胃发酵的最早方法，也是最直接、最有效的方法。从理论上讲，体内法是最接近动物真实性的试验方法，但是由于瘤胃内环境易受体内外多方因素的影响，环境条件不易控制，而且活体内试验周期较长、需要动物多、成本高等原因，使得研究具有一定的局限性。

（2）瘤胃尼龙袋法

尼龙袋法适用于评定蛋白质在反刍动物瘤胃内的降解率。将待测饲料密封于规定密度的尼龙袋中，通过瘘管置于瘤胃内降解后求消化率。目前国际上已普遍采用此方法用于饲料蛋白质营养价值的评定。其优点是简单易行、重现性好、试验期短、便于大批样品的研究。但该方法需要带瘘管的反刍动物，且其测定结果受多种因素的影响，如尼龙袋规格、样本粒度、动物生理状况及基础日粮、饲养水平、尼龙袋在瘤胃中放置的位置等，致使测定结果变异较大。

（3）人工瘤胃发酵技术

该方法是利用采集到的新鲜瘤胃食糜或瘤胃液，在模拟瘤胃的装置中进行微生物培养，所以又称为人工瘤胃法。该方法操作简单、省时、省力，可以在较短的时间内测定大量饲料样品，而且受实验动物限制少、反应条件易于控制、重复性好、易于标准化。体外模拟瘤胃技术可以在常规实验室条件下进行研究，因此得到了越来越广泛的应用。根据发酵底物及瘤胃液的投入时间及次数的不同，人工瘤胃技术可分为批次培养法和连续培养法。

(4)酶解法

酶解法评定反刍动物饲料的营养价值,最早是测定牧草的营养成分的消化率,以研究其与体内法的相关性。至20世纪80年代末,国内外学者才对酶解法评定蛋白质的瘤胃降解率的研究引起重视。酶解法的优点是测定的环境条件容易标准化、稳定性高、实验室之间的可比性好,能大批量在实验室操作、效率高、成本较低,不必饲喂试验动物,而且在估测低氮的青粗饲料蛋白质降解率时,酶解法可避免因微生物附着在纤维颗粒上以致干扰尼龙袋结果的污染问题。

3. 家禽蛋白质营养价值评定

测定家禽氨基酸利用率的有关方法已进行了大量的研究和探索。对于家禽而言,可忽略不计家禽尿中含量很少的氨基酸,所以也可称其为"氨基酸代谢率"。体内法即平衡分析法,测定食入与排出之间的差值。体内法能比较准确地反映出饲料在体内消化代谢情况,故测定结果与实际接近。大体上可分为三种(McNab,1994):①套算法。在试验前给试验鸡饲喂基础全价料,然后换上待测原料以一定比例替代部分全价料。这需要同时测定基础全价料的氨基酸真消化率。②配合法(快速方法)。在试验前将鸡停饲饥饿,之后用蛋白质来源唯一的混合料饲喂试验鸡。③简化的快速方法。试验前将试验鸡停饲饥饿,之后强饲单一被测饲料。借用了Sibbald提出的TME快速测定法原理,通过饥饿、强饲、排空、内源校正来测定。后经原Rhone-Poulenc公司动物营养研究所(1989)改进,称为"TME"改进法。前者以绝食法收集内源氨基酸的排泄量,改进法以强饲50 g无氮日粮(玉米淀粉+葡萄糖)法测定内源氨基酸的排泄量;被测饲料的给饲方法不同,前者强饲单一待测料,后者除强饲被测饲料外还配以适量蔗糖或葡萄糖、矿物质、维生素等,对于粗蛋白质含量为20%以上的饲料,根据其蛋白质含量,配以适量淀粉将日粮蛋白质水平调至16%~18%,有时还补充维生素和油脂,这两种方法被大多数学者认同和采用。

1.3.2 蛋白质饲料资源关键检测技术和标准研究进展

1.3.2.1 新型蛋白饲料肽的鉴定技术

1. 新型蛋白饲料肽的快速鉴定技术

针对国际上缺乏统一的饲料肽制品的评价标准,而且我国也缺乏饲料真蛋白质检测的国家标准,目前国内仅有大豆肽粉的行业检测标准(QB/T 2653—2004),仍应用较为简单的茚三酮法和福林酚法等进行分析,准确性差。Tricine-SDS-PAGE法作为一种快速的饲料蛋白和多肽的鉴别方法,提出了适合于饲料肽快速分析的电泳参数和样本前处理方法。

采用改进的Tricine-SDS-PAGE方法,只需通过简单的样本处理,不必考虑杂质和其他离子的干扰,就能够对成分复杂的饲料样品中蛋白质分子质量组成和比例进行分析检测,方法简单、成本低,无需昂贵仪器和繁琐操作,而且一块凝胶可以同时分析10~20个样本。不仅能计算出饲料中蛋白肽的含量,还能给出具体的饲料肽分子量分布图,相对于较为简单的茚三酮法和福林酚法具有更高的可信度。同时,该方法作为一种快速的蛋白质分析检测方法,较之毛细管电泳、高效液相色谱等精密分析仪器,更容易被饲料企业所采用。

当然,Tricine-SDS-PAGE方法也存在自身的不足,当蛋白质分子质量在14~200 ku时,其电泳迁移率与分子质量的对数呈线性关系,而对小分子肽的定量存在较大误差。此外,采用本改进方法测定的蛋白质含量是依据凝胶中各条带的吸光度进行计算得出,存在一定误差,但这并不影响本方法成为一种饲料肽快速鉴定方法。

2. 新型蛋白饲料肽的定量分析

(1)高效液相色谱法对标准品线性关系的确立

例如,用分子质量不同的四种标准品:甘氨酸-亮氨酸(A点)、还原型谷胱甘肽(B点)、氧化型谷胱甘肽(C点)和杆菌肽(D点),作为分子质量标准确立保留时间与分子质量的线性方程,建立高效液相色谱法标准品线性关系图(图1.4),经计算确定肽各分子质量的保留时间。

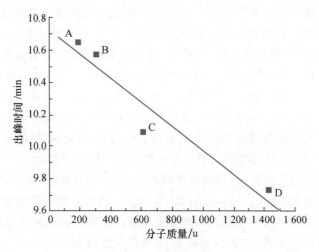

图1.4 线性关系图

[标准方程为:$Y=10.727\,28-7.503\,47\times10^{-4}X(R=0.962)$]

由此得出,600 u的小肽出峰时间为10.277 min,1 000 u和1 800 u的寡肽出峰时间分别为9.977 min和9.377 min,将样品在确定的色谱条件下分析,选择这段时间内的峰,积分求得峰面积,其占总峰面积的比值即为相应分子质量肽的相对百分比。此方法可作为定性或半定量分析小肽含量。更准确的测定方法是小肽标准的制定和使用的保证,目前测定小肽含量的方法有很多种,尤其是标准品选择变化大,但从中发展出一套科学有效的测定方法作为小肽标准的尺度仍是一个艰难的任务,有待进一步的研究。

(2)新型蛋白饲料肽的分子量分布及氨基酸序列研究

伴随着新型检测仪器设备的开发利用,新型的小肽分子质量分布和氨基酸序列研究方法也应运而生,HPLC和MOLDI-TOF-TOF联用研究棉籽小肽的分子质量分布,以及LTQ液质联用研究棉籽小肽的分子质量分布和氨基酸序列的方法已逐渐建立和完善。

1.3.2.2 蛋白质饲料资源内源毒素及抗营养因子分析检测关键技术

目前的检测方法主要是在传统的经典方法上,结合现代新型仪器设备建立起来的,比如高效液相色谱法、气相色谱法、液质联用、气质联用等方法。虽然蛋白质饲料中的内源毒素及抗营养因子检测方法已有很多,但是还不够完善,有些方法还存在不足,不能快速、准确地测定出目标物质的含量。为了更好评价蛋白质饲料,亟需建立新型高效、低价、准确的检测方法,尤其对于菜籽及大豆加工产品中的一系列内源毒素及抗营养因子的准确定量方法有待加强。

1.3.2.3　蛋白质饲料资源标准制定、修订工作

我国蛋白质饲料原料流通长期受到掺杂使假的困扰,不法商贩采取各种手段造假,使饲料及养殖企业损失惨重,甚至有不法原料供应商公然加入三聚氰胺等非蛋白氮以提高蛋白质饲料资源粗蛋白质含量的掺假现象。同时由于我国蛋白质原料营养成分、有毒有害物质含量变化大,质量参差不齐,同一品种原料价格单一,不能做到优质优价。因此,研制快速鉴定检测关键技术产品和检测方法的国标、行标,以确保蛋白质饲料资源的高效利用意义重大。

根据国内外饲料原料造假、掺假的技术特点,我国已研制成功了"饲料显微镜检查方法"、"饲料显微镜检查快速测试仪器",建立了饲料显微镜检查图谱及识别系统,并逐步规范化、标准化。同时开展了长期、大规模人员培训和技术推广,已在全国饲料生产加工企业得到广泛应用。该方法检查蛋白原料掺假具有快速、准确、分辨率高等特点,能检查出化学分析和评定方法无法检出的成分,成为我国快速检查饲料原料掺假掺杂最为有效的方法,还在已发布的6个蛋白质饲料原料国标、行标中被引用,创造了巨大的社会效益。另外,对国标"噁唑烷硫酮检测"、"异硫氰酸酯检测"、"游离棉酚检测"等蛋白质饲料资源中内源毒素及抗营养因子分析检测标准的制定、修订工作也在有序进行中,"饲料卫生标准-游离棉酚、噁唑烷硫酮限量标准"、"饲料卫生标准-饲料中农药残留限量"等国标的修订也已取得进展。

我国已完成"饲料用大豆粕"、"饲料用棉籽粕"、"饲料用菜籽粕"等大宗蛋白饲料原料国标的制定、修订,"饲料用花生粕"、"饲料用鱼粉"等其他一些大宗蛋白饲料原料国家标准也有望制定、修订,"饲料用棉籽蛋白"、"发酵豆粕"等新型蛋白质饲料原料标准也正在抓紧制定、报批中。另外,有关单位研究完成了"双低菜籽蛋白"和"高温饲用大豆粕"(2001DEA20011)、"饲料储存运输过程中安全卫生标准(2002BA906A16)"等系列标准课题。蛋白质饲料资源的国家和行业标准的完善,有力地规范了市场行为,如棉(菜)籽粕已从以前的一种产品一个价、发展到现在的分为15(12)类,可实现不同指标产品不同价格,粗蛋白质及内源毒素含量指标均不一样,使市场上真正做到了不同质量、不同效果、不同价格,有力地促进了行业的发展。

(本章编写者:李爱科,印遇龙,王黎文)

第2章

大豆及其他豆类蛋白质饲料原料

2.1 大 豆

大豆(soybean)是豆科草本植物栽培大豆(*Glycine max*. L. Merr.)的种子,为世界性五大主栽作物之一,属于豆科一年生草本短日照作物。大豆能自花授粉,花白色或微带紫色,种子为黄、绿、褐、黑或杂色,每个荚果内含1~4粒种子(图2.1和图2.2,另见彩图1和彩图2)。大豆在各类土壤中均可栽培,最适宜在温暖、肥沃、排水良好的沙壤中生长。

图 2.1 大豆荚果

(http://en. wikipedia. org/wiki/Soybean)

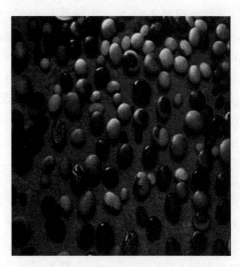

图 2.2 大豆

(http://en. wikipedia. org/wiki/Soybean)

大豆原产于我国,已有5 000多年的栽培历史。我国的大豆大约于2000年前传到日本和朝鲜,1740年传入法国,1765年美国首次种植大豆,1790年传到英国,1875年传入奥地利,

1881 年传入德国。1873 年在奥地利首都维也纳举行的万国博览会上,第一次展出中国大豆即引起轰动,被人们视为珍品,称为"奇迹豆",从此,中国大豆大步走向世界。

2.1.1 国内外大豆生产状况

随着世界人口的不断增长,对蛋白质资源的需求也越来越大。作为植物蛋白质含量丰富的大豆就越来越受到全世界的关注和重视,其种植面积和产量也在不断上升。图 2.3 是近 40 年来全球大豆产量的增长情况,虽然个别年代的产量出现一些波动,但总体上升趋势非常明显。

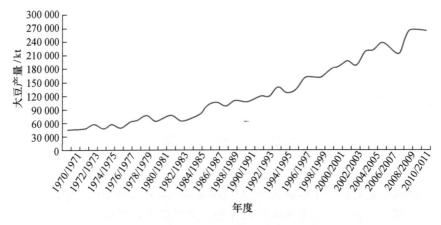

图 2.3　全球近 40 年来大豆产量增长情况
[来源:国家粮油信息中心(2011)]

从各个国家来看,虽然中国是大豆的故乡,但增长最快的是美洲地区。自 20 世纪 50 年代起,美国大豆生产就开始崛起,种植面积与总产超过我国,成为世界上第一生产大国。之后南美的巴西、阿根廷分别于 20 世纪 70 年代、90 年代先后超过中国。中国大豆产量滑落到世界第四。近几年印度大豆生产发展速度快,印度在大豆种植规模上已取代我国,成为世界第四大大豆种植。从近年来这些国家的生产情况看,美国的产量居世界第一,尤其是转基因大豆单产和含油率高,抗病力强,产量占世界大豆总产量的一半以上。从地区大豆产量上看,南美占45%,北美占 40%,欧亚大陆占 14%～15%。

2.1.1.1　中国大豆生产历史状况

20 世纪 50 年代以前,中国是世界上最大的大豆生产国和出口国。1952 年中国大豆总产即为 952 万 t,人均占有量约 25 kg,2003 年大豆总产超过 1 539 万 t,但因人口增加,人均占有量下降到 11.8 kg,其后近 10 年间一直徘徊在 1 500 万～1 800 万 t,2010 年产量为 1 520 万 t,人均占有量下降到 11.7 kg。但随着国民经济的发展和人民生活水平的提高,加工业、食品业和畜牧业的发展,大豆的需求急剧增加,大豆供求矛盾日益突出。2003 年大豆进口量已达2 740万 t 以上,超过本国总产量。从此以后大豆进口一直保持不断增长。2010 年大豆进口量达 5 580 万 t,较上年度增加 550 万 t,占 2010 年度全球大豆进口总量的 58%,高于 2009/2010年的 57%,而在 2006/2007 年,中国大豆进口份额只占全球总量的 41%。预计未来 5～15 年中国每年仍需要进口 5 000 万 t 以上大豆。

2.1.1.2 美国大豆生产历史状况

20 世纪 50 年代初大豆面积尚不足 560 万 hm^2,到 1971—1972 年已增至 1 700 万 hm^2,1979—1980 年达到 2 850 万 hm^2。至此,美国成为世界最大的大豆生产、销售和出口国。2004 年美国大豆产量第一次突破 8 000 万 t,达 8 501.3 万 t;2005 年产量为 8 336.8 万 t;2006 年达 8 677.9 万 t,2009 年达 9 130 万 t,再创下历史最高纪录。

2.1.1.3 巴西大豆生产历史状况

巴西 1965 年大豆种植面积仅为 43.2 万 hm^2,总产仅占世界大豆总产的 1.8%。1980 年增至 877.4 万 hm^2,大豆出口量也由 52 万 t 增至 1 520 万 t(包括豆粕和豆油)。1992 年巴西大豆种植面积为 1 080 万 hm^2,总产量 2 130 万 t,2004 年巴西达 3 900 万 t,占世界总产的 18.5%,跃居为世界第二大豆生产国和出口国。巴西 2010/2011 年度大豆产量达到 7 056万 t,再创纪录高位,稳居世界第二大豆生产、出口大国。

2.1.1.4 阿根廷大豆生产历史状况

目前阿根廷的大豆种植面积位居世界第三位,2008—2009 年的大豆种植面积1 660 万 hm^2,较 2000 年的 864 万 hm^2 几乎翻了 1 倍,产量也从 2 020 万 t 增至 4 700 万 t。2009—2010 年阿根廷大豆播种面积增至 1 880 万 hm^2,产量突破 5 000 万 t。

2.1.1.5 印度大豆生产历史状况

近年来印度大豆种植面积逐年增加,2007—2008 年达到 885 万 hm^2,而我国仅 844 万 hm^2,已少于该年度印度大豆播种面积,2008—2009 年印度大豆收获面积为 960 万 hm^2,比中国大豆收获面积多 30 万 hm^2,已成为世界第四大豆种植国。

2.1.2 转基因大豆

转基因大豆是指导入了外源基因的大豆,主要是为解决大豆高产、优质、抗逆和抗病虫等问题。应用于大豆转基因研究的外源基因除标记基因和报告基因外,还涉及以下几种:抗除草剂、抗病毒、抗虫、抗逆境、品质(脂肪、蛋白、生物活性物质)改良、雄性不育、改变花形和花色等。

目前所用(商业化)的转基因大豆一般是指含有抗除草剂基因的大豆。转基因大豆的研制是为了配合草甘膦除草剂的使用,草甘膦是一种非选择性的除草剂,可以杀灭多种植物,包括作物,虽然这种除草剂的效果很好,但是却难以投入使用。通过转基因的方法,让大豆能抵抗甘草膦,从而让大豆不被草甘膦除草剂杀死。有了这样的转基因大豆,农民就不必像过去那样使用多种除草剂,而可以只需要草甘膦一种除草剂就能杀死各种杂草。自 1994 年 5 月美国孟山都公司培育的抗草甘膦除草剂转基因大豆首先获准在美国商业化种植以来,转基因大豆已逐渐成为世界大豆主产国大豆产业发展的主要动力,其产量已经超过世界大豆总产量的 50%以上。我国转基因大豆的研究尚在起步阶段,转基因大豆育种在一定程度上还处于转基因安全性评价的中试和环境释放阶段,未能实现转基因大豆的商业化生产和大面积示范推广。

转基因大豆相对于传统大豆具有一定优点,但是转基因大豆的安全性目前还存在争议。

2.1.3　国内外大豆的贸易概况

全球大豆地区供需的不平衡性使得大豆的贸易异常活跃,历年来一直处于上涨趋势中。2000—2001 年到 2008—2009 年,世界大豆出口贸易量增长了 44.86%,年平均增长 5%。同期,美国大豆出口贸易相对比较稳定,出口量增长了 2.4%。巴西和阿根廷大豆出口贸易迅速增加,巴西大豆出口贸易量增长了 66.14%,阿根廷大豆出口增长了 1.08 倍。从发展趋势看,南美将是未来主要的大豆出口地区。美国和南美的油脂专家发表看法认为在未来 10 年间,大豆产量增长最快的地区将会在巴西东北部,增幅会达 3 倍,中西部也能够增产 42%。南美有能力生产全球大豆产量的 60%。2008—2009 年度世界大豆进口贸易总量为 7 700 万 t。中国和欧盟是主要的大豆进口国家。欧盟大豆进口贸易量相对稳定,2008—2009 年进口大豆 1 415 万 t,比 2007—2008 年减少 95 万 t,大豆进口量占世界大豆进口贸易总量的 18.35%,比 2007—2008 年下降了 0.8 个百分点。由于消费需求的快速增长,中国大豆进口贸易量增长很快,是世界大豆消费增长潜力最大的市场之一。2000—2001 年到 2008—2009 年中国大豆进口贸易量增加了 2 276 万 t,年均增长 19.09%。2008—2009 年,中国大豆进口贸易量为 3 744 万 t,占世界大豆进口贸易总量的 46.69%。纵观近半个世纪世界大豆的发展,巴西、阿根廷发展十分迅猛,南美大豆已占半壁江山。未来 10 年,随着巴西和阿根廷在世界大豆市场竞争力的提高及美国农民种植更多的饲料粮,美国大豆种植面积可能会小幅降低。由于大豆单产水平的提高抵消了播种面积的小幅度减少,大豆产量会略微增加,美国大豆产业的霸主地位短期内仍不可改变。但是,从发展趋势看,南美将是未来主要的大豆出口地区,未来世界大豆出口的增长点在巴西。中国大豆种植面积短期内波动不会太大,总产的提高主要依赖于单产的提高。由于中国大豆需求的持续增长,预计未来 10 年中国将在全球大豆进口中居于主要地位,到 2017—2018 年中国大豆进口量将占世界大豆贸易的 80%。

2.1.4　大豆的营养价值

大豆在农作物中是粮食兼油料作物,在我国长期以来与稻谷、小麦和玉米同时列为粮食的统计范畴。大豆也是世界上少见的高蛋白和高脂肪含量的作物,又是家畜和轻工业的重要原料作物,营养价值和经济价值都很高。在中国几千年的传统农业中,大豆以其高质量的植物蛋白质和稻、麦及薯类等淀粉为主的热能作物组成优良的膳食结构,以补动物性蛋白质的不足,同样也为人类的健康做出了贡献。大豆与其他食物主要营养成分比较见表 2.1。

2.1.4.1　蛋白质含量高

蛋白质是大豆最重要的成分之一,其含量根据其品种不同而有较大差异。我国大豆的蛋白质含量一般在 40% 左右,个别品种可高达 50%,比禾谷类作物小麦、稻米、玉米高 2～3 倍,也高于肉类、蛋类和奶。大豆中蛋白质的 86%～88% 属于水溶性蛋白质,而球蛋白又是它的主要成分,约占水溶性蛋白的 85%。因此,大豆蛋白质易被动物和人体吸收利用,吸收利用率达 85% 以上。

表 2.1　大豆种子与其他食物成分比较

食物种类	水分	粗蛋白质	粗脂肪	碳水化合物	总能	粗纤维	粗灰分	钙	磷	铁	硫胺素	核黄素	尼克酸	抗坏血酸
大豆	10.2	36.3	18.4	25.3	1 722	4.8	5.0	367	571	11.0	0.79	0.25	2.1	0
稻米(粳)	13.0	7.3	1.4	77.2	1 467	0.3	0.8	16	183	2.3	0.23	0.06	2.7	0
小麦粉	12.0	9.9	1.8	74.6	1 480	0.6	1.1	38	268	4.2	0.46	0.06	2.5	0
玉米(黄)	12.0	8.5	4.3	72.2	1 513	1.3	1.7	22	210	1.6	0.34	0.10	2.3	0
牛肉(瘦)	70.7	20.3	6.2	1.7	602		1.1	6.0	233	3.2	—	—	—	0
猪肉(瘦)	52.6	16.7	28.4		1 379		0.9	11.0	177	2.4				0
鸡蛋	71.6	14.7	11.6	1.6	711		1.1	55.0	210	2.7	0.16	0.31	0.1	0
牛奶	87.0	3.3	4.0	5.0	255		0.7	120	93	0.2	0.04	0.31	0.2	1

注:水分、粗蛋白质、粗脂肪、碳水化合物、粗纤维、粗灰分单位为 g/100 g,总能单位为 kJ/100 g,其他组分单位为 mg/100 g。
来源:李里特等,2003。

2.1.4.2 氨基酸含量丰富

大豆蛋白质不仅含量高,而且质量好,氨基酸种类齐全,除蛋氨酸和半胱氨酸含量较少外,其余必需氨基酸含量均超过或达到了世界卫生组织推荐的人体需要量水平,尤其是必需氨基酸含量丰富,如赖氨酸比禾谷类作物高 6~7 倍(表 2.2)。因此,在谷物类饲料中添加适量大豆蛋白质或大豆制品,或将大豆制品与谷物类配合使用,可以弥补谷物中缺乏的赖氨酸,使谷物类的营养得到进一步提高,甚至就可以替代部分动物蛋白,降低饲料成本。

表 2.2　每 100 g 大豆与其他食物必需氨基酸含量比较　　　　　　　　　　　mg

食物种类	赖氨酸	色氨酸	蛋氨酸	胱氨酸	亮氨酸	异亮氨酸	苏氨酸	苯丙氨酸	酪氨酸	缬氨酸
大豆	2 293	462	409	—	3 631	1 607	1 645	1 800	—	1 800
小麦粉	262	122	151	272	763	348	328	487	—	454
玉米	308	65	153	201	1 274	275	370	416	—	415
稻米	255	122	125	—	610	257	280	344	—	394
猪肉(瘦)	1 629	268	557	248	1 629	857	1 019	805	248	1 134
牛肉(瘦)	1 460	203	485	234	1 451	73.5	939	698	681	962
鸡肉(瘦)	1 840	277	657	272	1 840	970	1 150	903	—	1 200
鸡蛋	715	204	433	376	1 175	639	664	715	—	866
牛奶	237	42	88	41	305	145	142	150	—	215

来源:李里特等,2003。

2.1.4.3 不饱和脂肪酸含量高

大豆也是重要的油料作物,种子含油率 18%~20%,其中油酸占脂肪酸总量的 20.5%,亚油酸占 52%~65%,亚麻酸占 10.6%,而饱和脂肪酸占的比例很少。不饱和脂肪酸能降低血液中的胆固醇含量。大豆中的卵磷脂含量与鸡蛋相近,约 3%,为动物心、肝及神经系统的主要成分。以大豆制成的卵磷脂制品,可阻止肝脏油脂的积存,促进维生素和胡萝卜素的吸收和利用。澳大利亚食品研究所发现,整粒大豆皂苷含量为5.6%,脱脂大豆中含量2.2%,豆腐中含2.1%,皂苷能起到降低血清胆固醇、恢复肝功能、改善高血脂症的作用。

2.1.4.4 碳水化合物成分复杂

大豆中约含有25%的碳水化合物,但成分比较复杂。一种是不溶性碳水化合物——大豆纤维素,一般含量为5%左右,主要存在于种皮。另一种可溶性碳水化合物主要是由低聚糖(包括蔗糖、棉子糖、水苏糖)和多糖(包括阿拉伯半乳糖和半乳糖类)组成。但成熟的大豆几乎不含淀粉(占0.4%~0.9%)。大豆中的碳水化合物除蔗糖外,都难以被动物体吸收,而在肠道内却易成为微生物的营养源产生气体,引起腹胀,故称胀气因子,其中水苏糖、棉籽糖等为主要致胀气成分。

2.1.4.5 矿物质和维生素含量丰富

大豆籽粒的矿物质含量极为丰富,如钙比其他谷类或动物食品高数倍、十几倍甚至几十倍。铁、磷含量也较高。大豆中的磷有75%是植酸钙镁态,13%是磷脂态,其余12%是有机物和无机物。各种矿物质平均含量见表2.3。

表2.3　大豆中矿物质含量　　　　　　　　　　　　　%

元素	含量	元素	含量	元素	含量
钾	1.67	磷	0.659	铜	0.001 2
钠	0.343	硫	0.406	锰	0.002 8
钙	0.275	氯	0.024	锌	0.002 2
镁	0.223	铁	0.009 7	铝	0.000 7

来源:李里特等,2003。

大豆种子也含有多种维生素,如胡萝卜素、硫胺素、核黄素、维生素E等。特别是B族维生素含量较多,但脂溶性维生素较少,具体维生素平均含量见表2.4。

表2.4　每100 g大豆中的维生素含量　　　　　　　　　mg

维生素	含量	维生素	含量
维生素 B_1	0.9~1.6	胡萝卜素	未成熟大豆0.2~0.9,成熟大豆<0.08,其中80%是β-胡萝卜素
维生素 B_2	0.2~0.3		
维生素 B_6	0.6~1.2		
泛酸	0.2~2.1	维生素E(生育酚)	20,其中α-生育酚10%,γ-生育酚60%,σ-生育酚30%
烟酸	0.2~2.0		
肌醇	229		
抗坏血酸	2.1		

来源:李里特等,2003。

2.1.4.6 植株和秸秆的营养含量丰富

大豆植株和秸秆营养也很丰富,鲜株每100 g干物质含蛋白质12.56%、脂肪2.2%、无氮浸出物 52.1%、纤维素 23.7%、钙(CaO)1.9%、磷(P_2O_5)0.57%、镁(MgO)1.4%、钾(K_2O) 2.4%。大豆秸秆(茎和分枝)含蛋白质 7.4%、脂肪 2.0%、无氮浸出物 28.3%;大豆荚皮含蛋白质 9.2%、脂肪 2.1%、无氮浸出物 43.0%;大豆落叶含蛋白质 16.6%、脂肪 5.0%、无氮浸出物 42.9%。大豆各部分都是禽畜的优质饲料来源。

2.1.4.7 大豆中抗营养因子

1. 大豆中抗营养因子种类及危害

尽管大豆蛋白质制品营养价值较高且已在食品饲料业得到了广泛应用,然而大豆中也含有对营养物质的消化、吸收和利用产生不利影响以及使人和动物产生不良生理反应的物质,即抗营养因子。它们妨碍营养物质消化吸收和利用,这就限制了其在更多领域内的应用或直接使用。这些抗营养因子主要有抗原蛋白、胰蛋白酶抑制剂、血球凝集素、单宁和胀气因子等。抗原蛋白同其抗营养因子相比,对蛋白质利用率的影响更显著。它们各自含量及对动物的危害作用见表 2.5。

表 2.5　大豆中抗营养因子含量及对动物危害作用

抗营养因子	含量/%	危害作用
抗原蛋白	1.1～2.2	能引起仔猪、犊牛等动物的肠道过敏,造成肠道损伤、绒毛萎缩、腺窝增生、肠道消化吸收能力下降以及黏膜双糖分解酶的数量及活性降低
胰蛋白酶抑制剂	2.0	降低胰(糜)蛋白酶活性,增加胰腺的合成与分泌,胰腺肥大,抑制生长
血球凝集素	1.5	红血细胞凝集
低聚糖	0.8～5.1	肠胃胀气,腹泻,影响养分消化
产雌激素因子	0.26	抑制生长,子宫增大
皂苷	0.3～0.5	抑制胰凝乳蛋白酶和胆碱酯酶活性
植酸	1.41	降低微量元素生物效价、磷的有效性、蛋白质的溶解
单宁	0.3	通过形成蛋白质-碳水化合物复合物,影响蛋白质和碳水化合物的消化

来源:金征宇等,1995。

2. 大豆中抗营养因子的去除方法

大豆中抗营养因子是影响大豆及其加工产品在饲料中使用的主要因素,要提高大豆蛋白质在饲料中的使用量,必须采取合适的措施进行处理,使大豆抗营养因子失活、钝化。目前,世界范围内对降低或消除大豆蛋白抗营养因子问题的研究在不断完善,通常采用物理、化学和生物学等方法进行钝化处理。

(1)物理处理

物理处理的方法主要包括热处理方法和机械加工方法。

①热处理方法。自 1917 年,Osborne 和 Mendel 报道蒸煮大豆可以改善小鼠的生长性能以来,人们对大豆抗营养因子的热稳定性进行了大量研究,结果表明:胰蛋白酶抑制因子、糜蛋白酶抑制因子、凝集素、脲酶、致甲状腺肿因子及抗维生素因子具有对热敏感的特性,而皂苷、单宁、异黄酮、寡糖、致过敏反应蛋白及植酸等对热较稳定。所以热处理技术对蛋白酶抑制因子、凝集素、脲酶等热敏性抗营养因子有很好的钝化效果,也是目前研究最为深入、应用最为广

泛的钝化技术。热处理主要分为湿热法(蒸煮、蒸气处理、膨化等)和干热法(焙烤、热炒、挤压等)。

进行热处理时,必须保证热处理的强度适宜。加热不足则抗营养因子破坏不够;加热过度则氨基酸利用率下降,会降低蛋白质的生物学效率。实际生产中多以测定脲酶活性判断胰蛋白酶抑制因子的钝化程度,作为加热不足的指标;采用蛋白溶解度作为判断大豆或豆粕加热过度的指标。

②机械加工处理。机械加工包括粉碎、去壳、脱种皮等,很多抗营养因子主要存在于作物种子表皮层,通过机械加工处理使之分离,即可显著减少抗营养作用。此方法简单有效,但种皮的利用是一个问题。

(2)化学处理

化学处理的原理为化学物质与抗营养因子分子中的二硫键结合,使其分子结构改变而失去活性。使用的化学物质包括硫酸钠、硫酸铜、硫酸亚铁和其他一些硫酸盐。近年来,人们在用化学方法钝化抗营养因子方面取得了较大的进展。有研究表明(张建云等,1999),5%尿素加20%水处理30 d效果最好,胰蛋白酶抑制剂活性降低78.55%,饲料中加入适量蛋氨酸或胆碱作为甲基供体,可使单宁甲基化,促使其排出体外。化学方法对不同的抗营养因子均有一定的效果,可节省设备与资源,但最大的障碍是化学物质残留和环境污染的问题,因此生产中使用不多。

(3)生物学处理

生物学方法是通过添加适宜酶制剂或用微生物发酵处理以分解大豆中的抗营养因子。

①酶制剂处理法。酶制剂有单一酶制剂和复合酶制剂。植酸酶是应用最广泛的单一酶制剂,能水解植酸和植酸盐,释放磷并使植酸抗营养作用消失;复合酶制剂如NSP酶(非淀粉多糖酶),就能对多种ANF起作用,最大限度地发挥饲料的作用(赵林果等,2001)。但对酶制剂的耐受性、稳定性以及影响酶制剂作用的外在因素等问题还有待进一步的研究与开发。另外,酶制剂处理时,添加酶的量要适量,过量会扰乱消化道的正常消化机能而产生不良作用。

②生物发酵处理。微生物在发酵过程中可产生水解酶、发酵酶和呼吸酶,可以消除植物蛋白原料中的抗营养物质,有利于动物的消化吸收。另外,微生物在发酵过程中还将大部分动物不能直接利用的植酸等无机盐转化为细胞中的有机盐,不仅提高了利用率,还可降低饲料中总磷等的含量,减少饲料对养殖环境的污染。发酵法具有以下特点:能对多种抗营养因子产生去毒效果;对营养组分体外降解,大幅提高各营养成分的消化吸收率;发酵处理可明显提高大豆的适口性,有一定的诱食效果。采用独特的菌种和发酵工艺,微生物发酵过程中分泌的蛋白酶使大豆蛋白被分解成小分子蛋白和小肽分子。生物发酵过程中,微生物大量增殖,其结果不仅提高了发酵大豆蛋白饲料的蛋白质水平,而且部分大豆蛋白质发酵时转化为菌体蛋白,这本身也改变了大豆蛋白质的营养品质,故微生物发酵处理目前得到较大范围的应用,但对产品的品质控制、发酵工艺参数控制以及规模化生产方面良莠不齐,从而使产品质量和品质不能保持相对稳定。

③育种法。通过植物育种途径,培育低抗营养因子或无抗营养因子的植物品种以及改善大豆蛋白品质,但这些大豆的产量相对较低,所以推广难度相对较大。另外,通过动物育种,提高家畜对抗营养因子的耐受性;通过转基因培育能分泌消化抗营养因子的品系,达到消除抗营养因子对畜禽的抗营养作用。但存在产量低、抗病害能力降低、周期长、投资大等问题。

2.2 豆　粕

2.2.1　豆粕的种类

豆粕(soybean meal)是大豆经预压浸提或直接溶剂浸提取油后获得的副产品,或由大豆饼浸提取油获得的副产品,一般外观呈浅黄褐色或淡黄色不规则的碎片状。豆粕按其不同的分类方法有不同的种类。

2.2.1.1　按照提取的工艺方法分

按照提取的工艺方法可以分为一浸豆粕和二浸豆粕两种。其中以直接浸提法提取豆油后的副产品为一浸豆粕,一浸豆粕的生产工艺较为先进,蛋白质含量高,是国内目前现货市场上流通的主要品种。根据国家标准《饲料用豆粕》(GB/T 19541—2004)规定,豆粕分为一级豆粕和二级豆粕两个等级。而先以压榨取油,再经过浸提取油后所得的副产品称为二浸豆粕。

2.2.1.2　按照用途分

按照豆粕的用途不同可分为食用豆粕和饲用豆粕两大类。食用豆粕是指适合食品加工用的富含蛋白质的豆粕。饲用豆粕是指用于生产动物配合饲料用的豆粕。各自具体要求及标准可参见相应的国家标准。

2.2.1.3　按照脱溶的温度不同分

按照脱溶的温度不同可分为低温豆粕和普通豆粕。低温豆粕是指豆粕脱溶时采用低温(一般为85~90℃)或闪蒸脱溶处理的水溶性蛋白质含量比较高的豆粕。在整个加工过程中,对温度的控制极为重要,温度过高会影响到蛋白质含量,从而直接关系到豆粕的质量和使用;温度过低会增加豆粕的水分含量,而水分含量高则会影响储存期内豆粕的质量。

2.2.1.4　按照制油前是否脱皮分

按照大豆制油前是否脱皮分带皮大豆粕和去皮大豆粕。带皮大豆粕是直接将大豆经过一系列制油加工后得到的豆粕,一般纤维含量在7%左右,蛋白质含量43%左右。而去皮豆粕是在大豆前处理过程中增加了脱皮工序,再经其他制油加工后得到的豆粕,纤维含量明显降低,一般在4%左右,蛋白质含量却提高到47%左右,更有利于豆粕在动物配方中的灵活使用和添加。

2.2.2　豆粕的加工与营养价值

2.2.2.1　常温豆粕加工工艺及设备简介

一般大豆常温浸出法制油工艺都是采用一次浸出工艺。主要分为大豆预处理、浸出、混合油蒸发和湿粕脱溶干燥4个工序。

1. 大豆预处理

提取油脂以前的所有操作统称为预处理。典型的大豆预处理工序有:计量→暂存→清理和分选→筛选→密度去石→除铁→软化→轧坯。

(1)原料的清理和分选

由于大豆在生长、收获、储藏和运输过程中,都会混入一定数量的杂质,加工前必须予以去除。清理和分选是根据各种杂质与大豆籽粒间的不同物理性质,利用清理设备将杂质分离出的过程。通过清理和分选不仅可以提高油品与豆粕的质量,而且还会提高设备处理能力,减轻对设备的磨损,延长设备的使用寿命和效率,实现安全生产。

由于所含杂质的种类、大小、轻重等不同,所以要想取得良好的清理效果,必须通过几种清选手段的组合才能达到。而筛选、风选、密度分选、磁选等是常用的分离清理方法。

①筛选。筛选主要是利用筛孔的大小不同,将与大豆大小不同的杂质除去。筛选适合于清理粒度大于大豆籽粒的大、中型杂质以及粒度小于大豆的小型杂质。

筛子的种类和形式很多,由于大豆自身流动性很好,常用固定筛和振动平筛即可满足筛选要求。

②气流分选。气流分选的主要原理:将大豆籽粒放入垂直管道向上吹的气流中,若气流的向上作用力小于籽粒的重力,籽粒则自由下落;若气流的作用大于籽粒的重力,则籽粒向上运动并被气流带走;若气流的作用力等于籽粒重力,则籽粒悬浮于气流中,此时的气流速度称该籽粒的临界悬浮速度。临界悬浮速度是实现气流清选的临界气流速度,控制适当的气流速度,则可将小于该临界速度的籽粒全部吹走。气流分选适合于清理轻型杂质。常用的气流清选设备有风车、抛扬机等。

③密度分选。由于各种籽粒的种类、水分、成熟度和受病虫害为害程度不同,或原料中混有与大豆籽粒尺寸相似但密度不同的石子、泥块等无机杂质,所以它们外形虽然相似,但密度却不同。利用这一特性,在空气介质中就可以将它们分离开来。生产中常用的为分级比重去石机,其工作结构和原理图见图2.4。

④磁选。磁选是利用磁场作用清除大豆中所含磁性杂质的方法。磁场的产生可以分

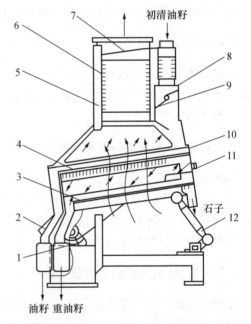

图 2.4　分级比重去石机(刘玉兰等,2006)

1. 支撑弹簧　2. 振动电机　3. 下层筛面　4. 上层筛面
5. 机架　6. 风管　7. 碟形风门　8. 料箱　9. 淌料挡板
10. 筛体　11. 圆风门　12. 调节杆

为永久磁铁和电磁铁两种,工业化生产中一般使用永久磁铁。所用设备主要有永磁筒和永磁滚筒。前者结构制造简单,无需动力驱动,去铁效果好,但杂质需要人工定时清理。后者能自动排除所分离的磁性杂质,但磁场作用没有前者强,且需要动力。

(2)料坯的制备

料坯的制备主要包括三道工序,即破碎→软化→轧坯。

①破碎。破碎是将整粒大豆破碎成 4～8 瓣,所含粉末(通过 20 目分析筛)小于 10％为好。其目的是既要有利于后面的轧坯成型,又要保证后续浸出的效率。基本要求是:颗粒均匀、大小适当、粉末少而不出油。因为颗粒过大,浸出效率低,颗粒过小,相应的粉末度高,就会阻碍溶剂在料层内的渗透速度,发生溶剂"短路"现象。所用破碎机以辊式破碎机比较合适,不仅效率高,且粉末度小。

②软化。软化就是通过调节适宜的水分和温度使经过破碎的大豆籽仁变软,具有可塑性,易于成型。其主要作用在于防止轧坯时的粉末过多或者粘辊。其方法一般是通过引入直接蒸气进行调温、调湿,对于一次浸出工艺的大豆,其要求是软化后的水分一般在 8％～12％,温度一般在 75～85℃,以便于能轧出薄片,且粉末度小,不粘辊。常用的软化设备有层叠式软化锅(3～5 层)、滚筒软化锅(图 2.5)和两段卧式蒸气绞龙。

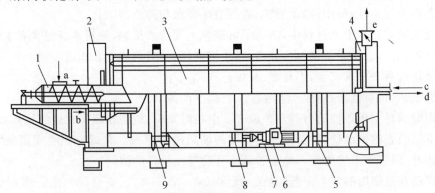

图 2.5　滚筒软化锅(刘玉兰等,2006)

1. 进料螺旋输送机　2. 进料端箱体　3. 旋转筒体　4. 出料端箱体　5. 滚轮装置
6. 调速电机　7. 摆线针轮减速器　8. 小齿轮传动机构　9. 挡轮装置
a. 进料口　b. 调质水汽进口　c. 加热蒸气进口
d. 冷凝水进口　e. 蒸发水汽出口

③轧坯。轧坯就是利用轧坯机将破碎软化后的大豆颗粒压成薄片状坯料的工序。轧坯的作用有两点:一是增大表面积,二是破坏组织细胞。其目的就是提高浸出速率和效率。因此轧出的料坯要求厚薄适当、均匀。过薄易叠片,增加粉末度;过厚则不利于溶剂快速渗透。一般坯料厚度要求在 0.25～0.4 mm。所用的轧坯机类型较多,主要有并列式对辊轧坯机、双对辊轧坯机、直立式三辊、四辊和五辊式轧坯机。

2. 浸出

经过轧坯后,大豆中的油脂主要以三种形式存在于物料中:存在于料坯的表面、分布于破坏的细胞所形成的毛细管的缝隙中、存在于还没有遭到破坏的细胞中。因此,在浸出过程中,溶剂从料坯的表面、破坏的细胞内以及尚未破坏的细胞中提取油脂。其过程是溶剂渗透到料坯内部的每个部位,使油脂扩散到溶剂中来,达到取油的目的。

(1)浸出溶剂的选择

虽然能溶解油脂的有机溶剂很多,但由于油脂主要是用来食用的,再根据浸出工艺及安全生产的要求,用做浸出油脂的溶剂应满足以下要求:

①能在室温或低温下以任何比例溶解油脂。油脂属于非极性溶质,按照容易溶解于非极性溶剂的原理,一般选择非极性溶剂(烷烃类)较合适。

②溶剂的选择性要好。根据生产的具体要求考虑两种情况:一是如果只考虑取油时,希望所选择的溶剂,除油脂外不会溶解其他类脂类物质,如磷脂、游离脂肪酸、蜡酯与色素等;二是如果要考虑利用脱脂的豆粕作为优良蛋白质资源时,就希望所选用的溶剂能一起浸出其他成分,如黄曲霉毒素、蜡酯等。

③化学性质稳定。对光和水具有稳定性;在生产中经加热、冷却,与其他物质一起混合周转中不起任何化学变化,也不会分解成有毒物质。

④易于从油和粕中分离回收。具体要求溶剂的沸点低、比热容和汽化热要小。一般低分子非极性溶剂容易回收,而极性溶剂(如乙醇水溶液)因被蛋白质吸附而不易分离回收。

⑤溶剂与油料中各组分、设备材料均不发生任何反应。

⑥溶剂的纯度要高、沸点范围要窄。溶剂愈纯,操作特性愈稳定均匀,含毒低且消耗少。

⑦溶剂本身无毒性,呈中性,无异味,确保卫生要求与防止污染。

⑧不与水互溶。在生产过程中,溶剂不可避免地要与水接触,原料本身也含水分。要求溶剂与水互不相溶,以便于溶剂与水分离,减少溶剂损耗,节约成本和能源。

⑨在使用过程中要求安全,不易燃、易爆。

⑩来源丰富,价格低廉,适应于大规模工业化生产需求。

能够同时满足上述条件的溶剂几乎没有。但相对来说,脂肪族碳氢化合物比较合适,特别是在常温下呈液态的正己烷,是全球普遍使用的油脂浸出溶剂。有试验证明应用最好的是甲基戊烷。此外,丙烷和丁烷也是一种常温低压且选择性很好的溶剂。

我国目前普遍使用的"6♯溶剂"是工业己烷(含 45%~90% 正己烷),是一多组分的混合物,没有固定沸点,但有一定范围(一般在 60~90℃,又称馏程)。6♯溶剂在室温下可以任何比例与油脂互溶,本身物理、化学性质稳定,不与油脂和油料中其他成分起化学变化,不产生有毒物质,与水互不相溶,容易挥发,资源丰富,价格适中,能满足工业化需要。

但 6♯溶剂也有以下缺陷:a. 馏程比较宽,在生产中沸点过高和过低的组分损耗大。b. 闪点低(−28~−20℃)、易燃,当空气中的溶剂蒸气浓度达到 1.25%~4.90%(容积比),相当于 47~184 mg/L,遇明火会引起爆炸。c. 对人体有一定毒害。因此,目前正在寻找更加安全、环保、可靠的新型溶剂来代替 6♯溶剂,如异己烷、正戊烷。

(2)影响浸出效率的主要因素

①料坯的自身因素。料坯的自身因素主要指料坯中大豆细胞组织结构破坏程度、颗粒大小、厚度、粉末度、水分等。具体要求见前文所述。

②浸出温度。提高浸出温度能提高溶剂对油脂的提取能力,降低混合油黏度,有利于混合油在料层中渗透,提高浸出效率。但浸出温度太高,溶剂大量汽化,浸出器内压力升高,溶剂渗漏量增加,损耗也就增加。如果浸出器温度超过溶剂沸点,浸出过程就不能正常进行,而且还会使混合油中非油脂的杂质增加,降低毛油质量。一般情况下,浸出温度低于溶剂沸点 10~15℃。现在工业常用的浸出温度为 50~55℃。

③浸出时间。大豆料坯中的油脂溶解到溶剂中是需要一定时间的。但溶解的速率在不同时间是不相同的。其浸出时间与出油率的关系见图 2.6。由图 2.6 可见,料坯在开始的 3 min 浸出时间内,由于浓度差异较大,油脂在较强的扩散作用下,快速向溶剂中溶解,料坯含油量降低很快,大约有 80% 油脂被浸提出来。在随后的 7~8 min 内,料坯中含油量降低速度减慢,即浸出速度降低;10 min 后,坯料中含油量变化很小,说明浸出已接近平衡,此时再延长浸出

时间,对提高取油率已无多大意义。目前国内大豆浸出周期一般为 90～110 min,其中包括进料、溶剂最后滴干及出料时间,实际浸出时间为 50～70 min。

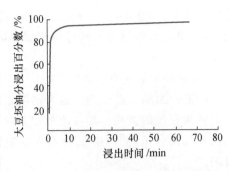

图 2.6   大豆坯浸出时间与出油率的关系
(江志炜等,2003)

④溶剂用量。浸出溶剂的用量一般以溶剂比来表示,即所使用的溶剂量与被处理的原料量之比。溶剂比大,处理同样数量油料所用的溶剂多,这对于降低豆粕中的残油有利,但所得到的混合油浓度也就低,增加了溶剂回收的能耗和溶剂的损耗。如溶剂比太小,豆粕中残油率高,降低生产效益。通常采用的溶剂比是(0.8～1)∶1,豆粕中残油率控制在 1％左右较为适宜。

(3)浸出设备

完成油料浸提过程的设备称为浸出器。按工作方式分间隙式和连续式,按浸出方式又分浸泡式、渗滤式和混合式。工业生产一般使用连续式,并按其结构分为固定栅底平转式、履带式、水平栅底框斗式、环形拖链式、水平栅底滑动床式、固定篮斗平转式等。目前在国内使用较多的还是固定栅底平转式。

3. 混合油蒸发气提

溶剂从大豆中提取油脂后是油脂与溶剂的混合物,称为混合油,油的浓度一般在 10％～40％。必须把油脂从混合油中分离出来,得到浸出毛油和回收的溶剂。毛油需要进一步精炼得到各种需要的油脂。而溶剂则可以再循环使用。分离的方法就是蒸发和气提。

(1)混合油蒸发原理、过程与参数

目前国内普遍采用的 6♯溶剂在常压下 60℃就开始沸腾,而大豆油在常压下要加热至 200℃才开始分解。因此可以利用它们沸点差异较大的性质,通过加热混合油,溶剂汽化蒸发将混合油中油量含量提高。

①蒸发原理。混合油是一个互溶的均匀体系,在一定压力或真空条件下,一定的互溶比例就有一定的沸点。且随着混合油中油的含量提高,沸点也不断提高,常压下最高可达 135℃左右。另外沸点也随压力的下降而降低。所以单靠蒸发是很难将溶剂去净。尤其在常压条件下,如果混合油含量提高到 95％左右时,混合油的沸点要在 135℃左右,在此温度下加热,油脂就会氧化变质、色泽变深,影响毛油的质量。要达到较高浓度的混合油且不影响油脂质量,高浓度时就需要在一定真空下加热蒸发。

②蒸发过程与参数。从上可知,蒸发也不能一步完成。因此在实际生产中,根据实际需要,需进行分阶段蒸发。一般分为两个阶段,即"一蒸"(油的浓度达 60％～65％)和"二蒸"(油的浓度达 90％～95％),相应的温度为:常压下一蒸在 80～85℃,二蒸在 90～100℃。如果为了改善油脂品质,提高浓缩效果,二蒸可以在一定的真空下进行蒸发。

③蒸发设备。混合油蒸发设备普遍使用长管蒸发器。它由蒸发器和分离器两部分组成,按照这两部分连接与否,又分为整体式和分开式。

长管蒸发器由外壳、列管、管板、管箱等组成,参见图 2.7。加热混合油时,由于溶剂大量汽化产生一定压力并急剧上升,同时把未汽化的混合油挤压向列管内壁四周,随蒸气一起带上去。在列管内壁形成一层上升的液膜,所以长管蒸发器也称为升膜式蒸发器。混合油的黏度较大,更有助于液膜的形成,混合油在蒸发过程中,受热时间不长,仅数秒甚至不到 1 s。蒸发的溶剂蒸气经过分离器分离夹带的混合油液滴,再进行冷凝器冷凝回收,循环使用。

(2)混合油的气提原理与设备

①混合油的气提原理。混合油经二次蒸发后浓度达到 90%～95%,最后去除残余的溶剂必须用其他的方法。即在浓的混合油中通入少量的直接蒸气后,可以降低溶剂汽化时的沸点和气相分压,从而使混合油中的残留溶剂蒸发,并随蒸气一起被带走,以达到脱溶的目的。

一般气提要求在负压下进行,因为这样可以尽可能降低气提的气相压力,降低操作温度,提高油脂的品质和色泽,并有利于进一步开发利用大豆磷脂。残压要求在 41.33～61.33 kPa,气相温度控制在 80～95℃。

②混合油的气提设备。目前国内混合油的气提设备主要是层叠式气提塔。它具有结构简单、制造方便、效率高等特点。其结构形式有一段式和双段式,参见图 2.8。一段式是混合油经过一次直接蒸气气提,双段式是经两次喷直接蒸气。

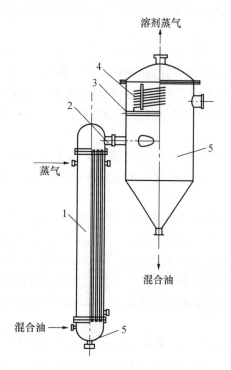

图 2.7　长管蒸发器(刘玉兰等,2006)
1. 蒸发器　2. 溶剂蒸气和混合油的出口管
3. 回油管　4. 挡板　5. 分离器

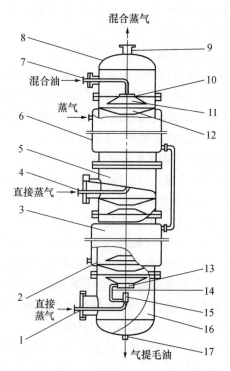

图 2.8　层叠式气提塔(刘玉兰等,2006)
1,4. 直接蒸气喷管　2. 蒸气夹层　3. 下塔体　5. 中塔体
6. 上塔体　7. 进油管　8. 顶盖　9. 出气管　10. 溢流管
11. 锥形分配器　12. 环形分配器　13. 集油盘
14. 导流管　15. 中心管　16. 底盘　17. 出油管

其工作过程是混合油由塔顶经油管进入塔内,经带有锯齿的分配盘流到锥形盘和环形盘,由上而下依次经过各层碟盘,再流到集油管,经导管流到直接蒸气喷管套管内,由于直接蒸气作用而喷成雾状。直接蒸气上升,又依次与混合油在各层碟盘表面形成的液膜接触,在双重作

用下脱除溶剂。

4. 湿粕脱溶干燥

浸出器在滴干过程虽然能去除大部分溶剂,但大豆浸出后的湿粕中还含有 25%~30% 的溶剂。这部分溶剂必须脱除干净(同时要去除水分)并进行回收利用。一方面可以减少溶剂损耗,降低生产成本;另一方面避免溶剂挥发而引起燃烧、爆炸等危险,同时也可以保证豆粕的质量和安全。脱溶后的两个重要指标是粕的含水量和溶剂的残留量。豆粕脱溶后水分应小于 12%,溶剂残留量应小于 5×10^{-4} mg/kg。

(1)脱溶烤粕的基本过程

脱溶与烤粕一般分两个阶段进行。

①脱溶阶段。主要是利用直接蒸气(压力 0.13~0.2 MPa)穿过湿粕料层接触传热,使溶剂升温沸腾挥发,并由不凝结蒸气带出设备,达到脱溶的目的。因为直接蒸气既能加热溶剂,又能利用本身压力带着溶剂一起蒸发,而且还能降低溶剂分压,即能使溶剂沸点有所降低。但也存在增加粕中水分的问题。而且湿粕含溶量越高,传热越多,则凝结水就越多。有研究表明,粕中水分含量与湿粕含溶量成正比关系。此外,在脱溶的同时,直接蒸气还能使粕中的许多抗营养因子钝化或抑制。

②烤粕(烘干)阶段。通过脱溶,一般豆粕中水分会有不同程度的增加,必须经过第二阶段的烤粕(烘干)脱水使粕中水分达到安全储藏水分含量以下。脱水的方法一般采用间接蒸气加热、通热风沸腾床干燥、通冷风沸腾床冷却脱水等。

(2)影响脱溶效率的因素

溶剂在浸出后粕中的存在状态一般可分为表面溶剂(游离态)、吸附溶剂(毛细管)与结合溶剂(如残油与溶剂互溶)三种。脱溶效率可以脱溶速度来表示,所谓脱溶速度是指一定量的湿粕在单位时间内挥发掉的溶剂量。根据研究及大量的生产实践表明,影响脱溶速度的主要因素有湿粕中的溶剂含量、脱溶温度、设备内压力、脱溶时间及脱溶方式。湿粕脱溶速度随设备内压力和温度而变化,设备内压力低、温度高,脱溶速度就快,反之则慢。在同一温度和压力下,湿粕含溶剂较多时,即在脱溶刚开始阶段,脱溶速度较快,且能维持不变,称为脱溶的等速阶段。湿粕中含量低于一定范围后,脱溶速度就下降,且越来越低,称为脱溶的降低阶段。在脱溶等速阶段,溶剂挥发量取决于供给的热量。脱除粕中最后所含少量溶剂所需时间较长,必须借助于直接喷蒸气或抽真空来促进溶剂挥发。

在实际生产中,为了提高脱溶速度,保证豆粕质量,不仅要控制好脱溶的温度和压力,而且要注意使湿粕受热均匀。为了控制脱溶后的水分,应尽量不用蒸气直接加热或尽量缩短加热时间。

(3)脱溶烤粕的设备

目前国内用于脱溶的设备称为蒸脱机或烤粕机,按其结构形式可分为立式和卧式两种。相对比较普遍采用的是立式蒸脱机。最具代表性的是 DT 式蒸脱机,其外形是圆柱形,参见图 2.9,其顶部是一个扩大容积的圆顶,可以降低蒸气速度,并防止粕和细粉被带走。该设备有 6 个以上的中空加热面板,中间有一根直立的搅拌轴,在垂直的轴上安有刮刀。由上而下第二、第三层的隔板开有若干个 2 mm 直径的细孔,均匀分布。湿粕由封闭式螺旋输送机送入蒸脱机,首先落在第一层隔板上,因隔板有夹层加热,湿粕受热后溶剂很快蒸发,随着搅拌叶的拨动,湿粕依次从出口落到下一层。以下几层(除最底层外)的底部均开有透气的栅板孔,下层的蒸气由此孔穿过上层的料层。一般第一到第三层是脱溶层，以下几层就是烘干段。

在蒸脱段不仅受到间接蒸气加热，同时还受到二、三板层喷入的直接蒸气的直接脱溶。溶剂在这一段基本脱尽。但粕中水分却升高了，继而要落入烘干段，粕继续受间接蒸气加热，烘出的蒸气通过栅板孔上升，穿过料层直接至蒸脱机顶部，起着自蒸的作用。所有挥发的溶剂蒸气及水蒸气经顶部出气管至冷凝器冷却冷凝，出气管中间装有湿式捕集器，喷热水捕集气体中的粉末。各层料层高度由专门机构控制，并由料位器显示。

DT式蒸脱机的处理量可大可小，可根据实际生产需要进行设计和制造。该机的主要缺点是蒸气消耗量较大，必须加强蒸气的有效利用。而且这种直接蒸脱和间接加热的方式，由于温度较高，蛋白质往往要发生较大程度的变性，不利于豆粕的进一步利用和后续加工的产品质量，甚至会影响动物对蛋白质的消化和吸收。

2.2.2.2 常温豆粕的特性、营养及饲用价值

1. 主要特性

①风味好，色泽浅且佳，极具良好的商业外观价值。

②由于含油量较低，故不易变质，霉菌、细菌污染较少，易于储藏。

③营养成分组成稳定，品质变化少，产量大，供应比较稳定。

④氨基酸组成平衡，消化率高，可提高饲养效果，减少蛋白质的损耗。

2. 营养及饲用价值

常温豆粕是目前国内饲料工业最主要的植物蛋白质饲料原料，在畜禽饲料、水产饲料、宠物饲料及特种皮毛动物饲料中得到广泛的应用。全国每年的需要量大约在 4 000 万 t 以上。在 2004 年修订的国家标准《饲用大豆粕》(GB/T 19541—2004)中将豆粕分为带皮和去皮豆粕两类，其中对带皮豆粕质量标准进行了规定，可参见表 2.6。

目前全国饲料工业标准化技术委员会又在组织有关单位修订豆粕质量标准，又将带皮和去皮豆粕统一为一类，主要的技术指标及质量分级见表 2.7。

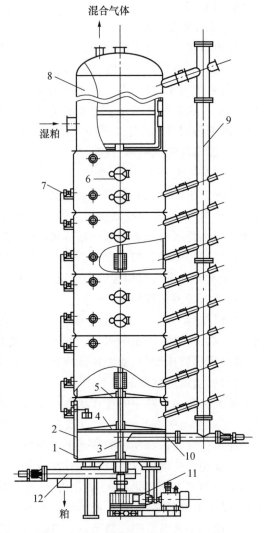

图 2.9 DT 式蒸脱机(刘玉兰等,2006)
1. 底加热层 2. 边加热层 3. 中心轴 4. 透气箅条
5. 搅拌器 6. 检修孔 7. 料门控制器 8. 沉降室
9. 拔气管 10. 回料螺旋输送机 11. 减速器
12. 出粕螺旋输送机

表 2.6　国家标准中豆粕主要质量指标　　　　　　　　　　　%

项　目	国家标准		项　目	国家标准	
	一级	二级		一级	二级
水分	≤12.0	≤13.0	尿素酶活性(以氨态氮计)/[mg/(g·min)]	≤0.3	≤0.3
粗蛋白质	≥44.0	≥42.0			
粗纤维	≤7.0	≤7.0	氢氧化钾溶解度	≥70	≥70
粗灰分	≤7.0	≤7.0			

来源:国家标准《饲用大豆粕》(GB/T 19541—2004)。

表 2.7　豆粕技术指标及质量分级(拟修订值)

项　目	一级	二级	三级	四级
水分/%	≤13.0	≤13.0	≤13.0	≤13.0
粗蛋白质/%	≥48.0	≥46.0	≥43.0	≥42.0
粗纤维/%	≤5.0	≤6.0	≤7.0	≤7.0
粗灰分/%	≤7.0	≤7.0	≤7.0	≤7.0
尿素酶活性/(U/g)	≤0.25	≤0.25	≤0.25	≤0.25
氢氧化钾蛋白质溶解度/%	≥75.0	≥75.0	≥75.0	≥75.0

注:此表数据为拟修订值,仅供参考,以实际颁布为准。

2.2.2.3　低温豆粕加工工艺与应用

低温豆粕是指经低温或闪蒸脱溶处理,蛋白质变性较小,水溶性蛋白质含量较高(一般用蛋白质的氮溶解指数 NSI 值来表示)的豆粕。低温食用豆粕主要用于大豆蛋白粉、组织蛋白、浓缩蛋白、分离蛋白及蛋白制品的加工原料。

低温或闪蒸脱溶技术是指浸出后的湿粕在较低的温度下和较短的时间内,并且在一定的真空条件下,将粕中的溶剂脱除并达到规定指标的过程。其特点是最大限度地降低蛋白质的变性程度,提高蛋白质的质量,为大豆分离蛋白、大豆浓缩蛋白、大豆组织蛋白、大豆酶解蛋白、大豆蛋白粉等新型大豆蛋白制品的生产提供高质量的原料。通常低温豆粕售价很高,为一般普通豆粕价格的 1.5~2 倍。

1. 低温豆粕的加工工艺

低温豆粕的生产工艺主要有 3 种:闪蒸脱溶、卧式脱溶和 4♯溶剂油(液化石油气)浸出技术。

闪蒸脱溶的原理是利用过热溶剂气体高速气流,迅速与湿粕接触,使湿粕在管道中呈悬浮状态运动,以快速脱除粕中的大量溶剂。浸出后约含 30%溶剂的湿粕进入过热溶剂管道中,粕与被风机送来的溶剂过热蒸气接触并呈充分悬浮状态,它们一起以极快的速度沿着脱溶管道运动,高速运动的粕由于具有极大的蒸发表面积且溶剂过热蒸气与粕进行激烈热传递,因而溶剂可以从粕中迅速脱除。物料流经分离器卸除粕粉,溶剂气流进入高压风机,然后经加热器加热到一定的温度后循环使用。

卧式脱溶工艺是湿粕进入脱溶器(脱溶器与风机、分离器、加热器组成过热溶剂气体循环系统),立即与过热溶剂气流相接触,以脱除物料中的溶剂,经风机抽吸后通过分离器除去粕末和液滴,部分溶剂经加热器后进入脱溶器循环使用。卧式脱溶系统的主要设备是脱溶机,机体内中心转轴上装有螺旋刮板可以推进和翻动物料,以保物料与过热溶剂蒸气充分接触,使溶剂脱除。

4♯溶剂油浸出工艺是利用高压浸出,减压脱溶的原理,湿粕中的溶剂在常压下挥发成气体,然后经气体压缩机换热后液化,再循环使用,从而达到脱除溶剂的目的。

目前较为常用的工艺是闪蒸脱溶工艺和卧式脱溶工艺,4♯溶剂浸出正在推广应用之中。闪蒸脱溶工艺利用溶剂过热蒸气的气流在输送管里以极快的速度输送大豆湿粕,在极短的时间里对湿粕高温加热,溶剂过热蒸气与湿粕之间进行激烈的热量和物质传递,使湿粕中所含溶剂脱除。由于瞬时高温,豆粕蛋白质发生热变性很小。其优点为物料在闪蒸管内与高温溶剂蒸气瞬时接触,时间短(2 s左右),粕中水溶性蛋白质变性少,得率高,缺点是粕中残溶和水分较高。双筒卧式脱溶工艺的优点是粕中残溶和粕中水分均较低,缺点为湿粕在两级脱溶机内停留时间长(10~15 min),粕中水溶蛋白变性程度高,蛋白质得率相对低。4♯溶剂浸出技术最突出的特点是整个工艺在较低温度下(≤65℃)进行,粕中蛋白质变性程度低,NSI值高,缺点是工作压力高、设备投资大,并且在浸出前溶剂要进行预处理,否则其中的杂质会对粕中蛋白质品质产生不利的影响。

2. 国内低温豆粕的生产情况

低温豆粕作为制取新型大豆蛋白的原料,其质量是非常重要的,通常要求其应有较高的蛋白质含量和NSI值,较低的脂肪和粗纤维含量,在国家标准《低温大豆粕》中要求的主要质量指标见表2.8。NSI值的高低不仅影响大豆蛋白粉的溶解性和调色性、分离蛋白的得率(分离蛋白的得率与NSI值的关系见表2.9),而且也会影响大豆组织蛋白的成型和质构。脂肪含量过高直接导致原料和深加工产品易发生氧化变质,降低它们的储存性和保质期,并且还会对分离蛋白和组织蛋白的某些功能特性产生不利的影响。

表2.8　低温豆粕主要质量指标　　　　　　　　　%

项 目	指标		项 目	指标	
	一级	二级		一级	二级
形状	呈松散的片状、粉状或颗粒状		氮溶解指数(NSI)	≥80.0	≥70.0
色泽	具有大豆粕固有的黄白色至黄色		粗脂肪(干基)	≤2.0	≤2.0
气味	具有大豆粕固有的气味无霉味		粗纤维素(干基)	≤3.5	≤3.5
水分	≤12	≤12	粗灰分(干基)	≤6.5	≤6.5
杂质	≤0.10	≤0.10	含沙量	≤0.10	≤0.10
粗蛋白质(干基)	≥50.0	≥50.0			

来源:国家标准"低温大豆粕"(GB/T 13382—1992)。

表2.9　豆粕NSI值与分离蛋白质得率的关系

NSI值	74.3	80.3	83
得率/%	35	38	41

来源:胡小中,2004。

与国外相比,目前国内低温豆粕质量存在的主要问题:一是 NSI 值较低,美国、日本等国生产的低温豆粕 NSI 值均在 85%以上,有些甚至超过了 90%,国内只有极少数厂家的产品能达到这一指标;二是脱皮率较低,国外生产分离蛋白的脱皮率一般在 95%以上,而国内大都在 80%左右,有些甚至更低;三是国内低温豆粕的生产规模较小,溶剂及动力消耗较大,并且产品的质量还存在一定的问题。造成这一现象的原因有以下几个方面。

①目前我国油脂加工企业所使用的溶剂有 6♯溶剂油和正己烷(4♯溶剂油浸出技术除外),由于价格的原因,绝大部分大豆加工企业一般使用 6♯溶剂(适宜生产高温粕),其沸点范围宽(60~90℃),脱溶所需的温度高,蛋白变性较大。低温脱溶技术一般应用在规模较小、自动化程度低和管理水平相对较低的油脂加工企业,也是造成低温豆粕质量较差的原因之一。

②大豆脱皮技术和低温、真空脱溶技术是生产高质量低温豆粕的关键。脱皮率低、皮胚分离困难、脱皮效果差是造成粗纤维含量超标的主要原因之一。一些企业为了保证低温豆粕的残溶达到规定指标,往往采用提高脱溶温度的方法,致使蛋白变性程度增加,NSI 值降低。另外,与国外相比,在设备材质、制造和精度等方面还存在一定的差距(国内厂家多为消化吸收设备),它们会对生产工艺稳定性和产品质量产生不利的影响。

③高品质的原料是生产高质量低温豆粕的重要保证,原料的品质、水分、杂质含量等都会直接影响到大豆脱皮效果和产品的质量。提高烘干温度,降低水分脱皮(水分 10%左右),也会造成原料部分蛋白质的变性,NSI 值的下降。

因此,改进生产工艺和技术装备,提高企业管理水平,生产高质量的低温豆粕,是提高大豆蛋白产品质量和得率的重要保证,也是缩短我国大豆蛋白产品质量与国外差距的必要条件。

3. 低温豆粕的应用

(1)脱脂豆粉

脱脂大豆粉为大豆经过清理除杂、脱皮及脱油后,加工成的一种粉状产品。脂肪含量<1%,蛋白质含量>52%。

低脂大豆粉为大豆经过清理除杂、脱皮及脱油后,加工成的一种粉状产品。脂肪含量为 4.5%~9.0%,通常为 5%~6%,蛋白质含量大于 45%。

(2)组织蛋白

大豆组织蛋白(膨化大豆蛋白)一般为大豆分离蛋白、大豆浓缩蛋白在一定温度和压力条件下,经膨化处理获得的产品。但应用低温豆粕,经过挤压、膨化工艺处理,也可得到具有瘦肉组织特性和组织结构的粒状、片状、块状、条状等形状的组织蛋白制品。组织蛋白在食用时有肉类的咀嚼感和极高的营养价值,俗称"蛋白肉"。

(3)分离蛋白、浓缩蛋白

低温豆粕在 pH 值呈碱性条件下萃取,再使溶解蛋白在 pH 值呈酸性条件下沉淀。经过离心分离、喷雾干燥得到乳白色细粉即为分离蛋白。也可用乙醇等溶剂进行低温豆粕处理,制取浓缩系列蛋白产品。

分离蛋白、浓缩蛋白为白色的细粉,蛋白质含量一般为 90%左右,NSI 值高于 80%,但品种不同各有差异。

（4）大豆肽产品

大豆肽是大豆深加工产品，将是蛋白的更新换代产品。以低温豆粕提取分离蛋白，可采用酶水解法得到大豆肽产品。大豆肽产品具有极好溶解性、低黏度、抗凝胶性、在人体内比大豆蛋白消化吸收快、蛋白质利用率高。因此，大豆肽可作为保健食品及饮料和奶制品的功能性营养添加剂或基料。

（5）大豆低聚糖

在低温豆粕提取浓缩蛋白、分离蛋白过程中，会产生数量不少的大豆乳清这种"脚料"，大豆乳清经处理可直接提取大豆低聚糖。目前所有的新型低聚糖中，唯有大豆低聚糖是从植物中提取。低聚糖在日本和欧美国家已有十多种新型大豆低聚糖商业化产品，广泛用于各种食品及饲料中。

2.2.2.4　去皮豆粕加工工艺及营养价值

为了制取蛋白质含量较高的饲用大豆粕，或生产低变性大豆粕作为食品和饲料原料，大豆脱皮已成为大豆预处理不可缺少的工序。

1. 大豆脱皮的原理和基本要求

大豆种皮含量约占整个籽粒质量的 8%，主要成分为纤维素、半纤维素，还含有少量蛋白质，几乎不含油脂与淀粉。整粒的原大豆皮、仁结合紧密。脱皮时，必须首先解除皮、仁之间的结合力，然后将皮、仁分离。

（1）皮、仁结合力小是豆皮松脱的必要条件

调节水分使大豆形成皮、仁水分差，即利用皮、仁吸水（或烘干）程度的不同造成可塑性之差别而脱开。第一种方法是调节水分含量至 10% 左右，在室温下贮存（24～72 h）进行"缓苏"，可使皮、仁缓慢松脱，俗称"冷脱皮"，时间较长。第二种方法是对大豆原料进行热风快速加热，使水分含量降至有利于破碎的 9%～10%，此时皮、仁的温差大，皮已经脱水变脆，仁未及脱水、升温而韧性好，有利于脱皮。此法不需"缓苏"、时间短（约 20 min），称为"热脱皮"。第三种方法是先将大豆在流化床内加热（20 min）升温到 60℃ 左右，然后用 70～80℃ 的热风吹 1 min，使豆皮迅速爆裂。此法即所谓"POP"爆破法。

（2）皮、仁物理性质差异大是分离效果好的前提条件

有效分离皮、仁的前提条件是它们的物理性质差异较大，主要体现在密度差异，皮的容重约为 0.12 kg/L，而仁的容重却高达 0.80 kg/L 左右。同时要在破碎时，做到皮碎而仁大（一般希望将豆仁破碎成 2～4 瓣），进一步扩大皮、仁粒子之间的质量差异，有利于提高风选分离的效果。

（3）脱皮的基本技术要求

①脱皮率高。为 80%～98%，可按照产品蛋白质含量要求确定其脱皮的指标。

②粉末度少。要求 1%～5%。

③热变性低。一般要小于 10%。

2. 大豆脱皮工艺简介

（1）大豆冷脱皮工艺

①基本工艺流程如图 2.10 所示，是一种较为成熟和传统的冷脱皮工艺。

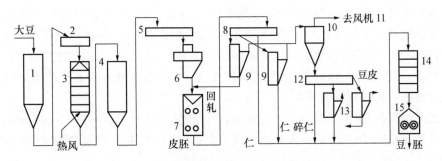

图 2.10 大豆冷脱皮工艺流程(倪培德等,2003)

1. 料仓　2. 初清筛　3. 立式干燥塔　4. 存料仓　5. 清理筛　6. 计量称　7. 齿辊破碎机
8,12. 分离筛　9,13. 吸风分离筛　10. 旋风分离筛　11. 风机　14. 软化锅　15. 轧坯机

②冷脱皮工艺过程及特点。首先将经过初清筛清理后的大豆,在立式干燥塔内烘干至水分含量 10%左右,进入存料仓进行"缓苏"24～72 h,并冷却至室温。然后经清理杂质、计量后进入双对辊破碎机,将大豆破碎成 2～6 瓣。破碎后大豆先在第一级分离筛和多级吸风分离筛进行分离。分离出的含仁豆皮经吸风分离器进行二次脱皮分离。分离出的整粒大豆可返回破碎机重新破碎。由二级筛分出的豆仁送去软化、轧坯。

该工艺分离脱皮效果良好,但大豆因冷脆性致使破碎时粉末度较高(约 5%);且能适用于规模化生产。但也存在设备利用率低、周期长、费用高的缺点。

(2)大豆热脱皮工艺

①基本工艺流程。如图 2.11 所示,为一级流化床加热干燥、两次破碎、撞击吸风分离工艺。

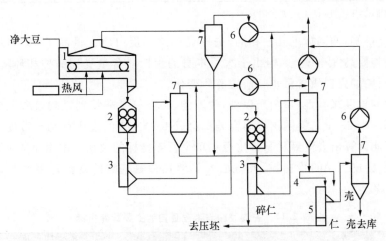

图 2.11 大豆热脱皮工艺流程(倪培德等,2003)

1. 流化床干燥器　2. 齿辊破碎机　3. 撞击吸风分离器　4. 皮仁分离筛
5. 吸风分离筛　6. 风机　7. 沙克龙集壳器

②热脱皮工艺过程及其特点。将经过初清后的大豆立即送到流化床进行加热干燥。热风由底部进入,穿过大豆层,形成沸腾式干燥。短时间内水分含量可降低 1%～3%,而豆粒升温不高。在水分含量达到 9%～10%时,使豆皮表面温度达到 75～92℃后,皮与仁松脱而裂开。然后由对辊破碎机将大豆破成 2 瓣,进入两级撞击、吸风分离器,使豆仁与豆皮充分分离。带

碎仁的皮被吸入沙克龙集壳器内汇集流入到皮、仁分离筛,最后将少量碎仁与壳分开。由撞击机出来的与分离筛筛下的碎仁,一起进入软化与轧坯工序。此外,还有一种具有两组流化床,进行干燥、破碎和软化、破碎、多级吸风分离相结合的热脱皮工艺。该工艺的第一台流化床作用与上述相同,而第二台则用做软化调质器,使大的豆仁加热到轧坯所必需的温度(约 65℃),然后再一次破碎成轧坯所需的颗粒度。

该工艺的特点是:取消了脱皮前的大料仓,大大缩短了生产周期(仅 10～20 min),系统中的热空气可循环使用,节约能耗。但缺点是流程复杂,操作要求高,风运系统的动力消耗及噪声大。

3. 去皮豆粕的营养成分与饲用价值

去皮豆粕产品已在我国饲料中得到较广泛的应用,相关技术指标质量标准也在 2004 年修订的《饲用大豆粕》(GB/T 19541—2004)中进行了规定。美国"全国油料籽实加工者协会"(National Oilseed Processors Association,简称 NOPA)也制定了去皮豆粕的质量标准。两者主要指标见表 2.10。

表 2.10 去皮豆粕的质量标准　　　　　　　　　　　　　　　　　　　　%

项　目	国家标准		美国标准	项　目	国家标准		美国标准
	一级	二级			一级	二级	
水分	≤12.0	≤13.0	≤12.0	尿素酶活性(以氨态氮计)/[mg/(g·min)]	≤0.3	≤0.3	—
粗蛋白质	≥48.0	≥46.0	≥47.5				
粗纤维	≤3.5	≤4.5	≤3.5	氢氧化钾溶解度	≥70	≥70	
粗灰分	≤7.0	≤7.0	≤7.0				

来源:国家标准《饲用大豆粕》(GB/T 19541—2004)。

由表 2.10 可知,两国标准几乎相同,去皮豆粕的粗蛋白质含量高于 46%,比带皮豆粕的蛋白质含量平均要高 3% 以上。但由于大豆本身的蛋白质含量受到品种和环境,特别是气候的影响,去皮豆粕的蛋白质含量也相应地有所变化。

从动物营养角度来看,除蛋白质以外,代谢能、必需氨基酸特别是赖氨酸和蛋氨酸的含量也是重要指标。表 2.11 是美国国家研究委员会(NRC)发表的去皮豆粕与带皮豆粕的主要营养指标以及据此计算出去皮豆粕与带皮豆粕单个营养指标的关系。根据原罗纳普朗克动物营养公司的资料,去皮豆粕的蛋白质、赖氨酸及其他几种氨基酸的真消化率均明显高于带皮豆粕,参见表 2.12。

表 2.11 去皮豆粕与带皮豆粕的主要营养指标

项　目	去皮豆粕	带皮豆粕	去皮/带皮
粗蛋白质/%	48.0	44.0	1.09
赖氨酸/%	2.96	2.69	1.10
蛋氨酸/%	0.67	0.62	1.08
代谢能 ME(家禽)/(MJ/kg)	10.22	9.34	1.09
消化能 DE(猪)/(MJ/kg)	14.19	13.48	1.05

来源:Pierre Dalibard,2000。

表 2.12　去皮豆粕与带皮豆粕的蛋白质和氨基酸消化率　　　　　　　%

项　目	蛋白质	赖氨酸	蛋氨酸	胱氨酸	苏氨酸	色氨酸
去皮豆粕	92.0	91.0	92.5	86.0	88.0	91.0
带皮豆粕	88.0	87.0	89.0	76.0	84.0	87.0
相差	4.0	4.0	3.5	10.0	4.0	4.0

来源:Pierre Dalibard,2000。

　　如果单从营养指标的数据来看,去皮豆粕的价值最高不超过带皮豆粕的110%。然而大量饲料配方和饲养试验结果表明,去皮豆粕的实际价值远远超过单一营养成分所计算的价值,去皮豆粕与带皮豆粕的实际价值之比是112%~117%。这是因为去皮豆粕所含能量、蛋白质、氨基酸均高于带皮豆粕,在相同营养水平情况下,添加量有所降低,就为配方留出了一些空间(约2%),使更多的价格相对低廉的原料得到使用,从而使配方的总成本下降,价值比得以提高。

　　4. 豆皮的营养成分与饲用价值

　　豆皮是大豆经脱皮工艺脱下的种皮。根据 NRC 资料,豆皮的主要成分(按干物质计)为:粗蛋白质 12.1%,粗纤维 40.1%,中性洗涤纤维(NDF)67%,产奶净能 7.40 MJ/kg。尽管豆皮的粗纤维含量远远超过小麦麸皮(11.3%),其产奶净能却介于玉米(8.20 MJ/kg)和麸皮(6.69 MJ/kg)之间。这是由于豆皮的细胞壁组分主要包括纤维素、半纤维素,而木质素含量很低(约2%),很容易被瘤胃微生物消化利用。此外,由于豆皮的能量来源是容易消化的纤维而不是淀粉,所以不存在玉米等谷物饲料抑制瘤胃纤维降解的负互作效应。用豆皮取代奶牛日粮中的部分精饲料,以减少因饲喂高精料日粮导致的种种代谢病,促进日粮中粗饲料的纤维降解,提高乳脂率。表 2.13 是中国农业大学孟庆翔等用豆皮分别取代奶牛精饲料中 25%、50%的玉米和小麦麸皮的饲养试验结果:4%乳脂率校正的产奶量略有提高,乳脂率明显提高,每吨奶饲料成本分别降低了 45 元和 57 元。

表 2.13　豆皮替代奶牛精料的试验结果

项　目	豆皮替代玉米与麦麸的水平/%			项　目	豆皮替代玉米与麦麸的水平/%		
	0	25	50		0	25	50
采食量/(kg/d)	18.4	18.6	18.5	乳蛋白含量/%	3.12	3.17	3.18
4%FCM/(kg/d)	26.2	27.6	27.3	饲料成本(4%FCM)/(元/t)	782	737	725
乳脂率/%	3.63	3.85	3.90	与对照组成本差/元	—	−45	−57

来源:孟庆翔等,2001。

　　对于肉用反刍动物来说,在放牧或高粗料饲喂条件下,豆皮作为易消化纤维,可以促进瘤胃中纤维降解菌的活动(正互作效应),提高粗饲料的消化利用率,其价值相当于玉米。随着精料水平的提高,豆皮对纤维降解的正互作效应消失,其饲养价值就低于玉米,参见表 2.14。

表 2.14 用大豆皮取代生长阉牛高粗料日粮中的玉米试验结果

日　　粮	日增重/kg	每 100 g 饲料增重/g	日　　粮	日增重/kg	每 100 g 饲料增重/g
对照,100%粗料	0.48	7.7	25.0%精料(大豆皮)	0.78	11.2
12.5%精料(玉米)	0.66	10.9	50.0%精料(玉米)	0.98	13.1
12.5%精料(大豆皮)	0.68	10.0	50.0%精料(大豆皮)	0.90	12.0
25.0%精料(玉米)	0.76	11.5			

来源:Preston,1999。

兔和马属动物有发达的盲肠,可通过其中微生物消化纤维。表 2.15 是用豆皮替代全日粮的 25%和 50%后的家兔饲养结果,替代效果较佳,且以 25%取代率效益最好。

表 2.15 豆皮饲养家兔试验结果

项　　目	豆皮在日粮中添加水平/%			
	0	25	50	75
采食量/(g/d)	132.6	136.1	132.2	119.6
日增重/g	36.7	42.6	37.5	30.9
饲料转化效率/(F/G)	3.61	3.21	3.55	3.86
增重 1 kg 的饲料费/元	4.94	4.20	4.45	4.58

来源:孟庆翔等,2001。

猪(尤其是成年猪)也可通过大肠微生物发酵利用纤维。为防止妊娠母猪因能量进食过度而带来的养殖和泌乳问题,往往需要降低日粮的能量浓度。豆皮是限制母猪日粮能量的良好饲料原料。此外,豆皮在鹅、产蛋鸭及草鱼、鲤鱼饲料中都有一定的应用价值。

2.3 豆　　饼

2.3.1 豆饼的定义和基本特性

2.3.1.1 豆饼的定义

豆饼(soybean cake),又称大豆饼,是大豆籽粒经压榨取油后的产品。压榨法分水压法及螺旋压榨法两种。前者为老式榨油法,榨油后产品为圆饼状;后者所得产品为薄片状,可再加工成粉状或丸状。压榨法制油是一种古老的提取方法,虽然出油率不及浸出法,但由于能保持油料特有风味,并有"安全、绿色"之保障,同时工艺简单、适应性强,也符合许多人的食用习惯,所以仍然沿用至今并得到不断完善、改进和发展。

2.3.1.2 豆饼的基本特性

1. 物理特性

①色泽。黄色直至深褐色,色泽应新鲜一致,并具光泽。色深说明加热程度高,色浅可能

加热不足。

②味道。具有烤黄豆的香甜味,但不可有酸败、霉坏、焦化味道,也不可有生豆的气味。

③质地。饼状、片状、粉状都有。

④容重。0.55～0.65 kg/L(粉状)。

2. 品质特性

①水分不易控制,一般产品的水分偏高,且由于含油多,故易酸败、霉坏,影响饲用价值和品质。

②加工过程温度控制范围宽,容易造成产品加热过热或不足现象发生。

③由于压榨法使得豆饼的残油率比浸出法的豆粕高,故使其他营养成分含量相对降低,但能量比普通豆粕高,增重效果比较好,特别是用于奶牛饲料可提高泌乳量和乳脂率。

④生产成本一般高于豆粕,且品质不如豆粕稳定,饲料厂已经很少使用,多用于反刍动物以作为过瘤胃蛋白;另外,现场饲养户特别是养鱼场,可直接喂食鱼类。

2.3.2 豆饼的加工

2.3.2.1 豆饼加工工艺

根据大豆含油率和蛋白质含量丰富的特点,提取大豆油的压榨法主要有热榨和冷榨两种。冷榨豆饼可作为豆制品的原料,热榨豆饼主要作为饲料原料,传统上甚至当做肥料使用。

1. 冷榨工艺

大豆→清理→破碎(4～6瓣)→软化(水分10%～12%)→轧坯(厚度0.4～0.5 mm)→调温(温度45～50℃,水分7%～9%)压榨→毛油→过滤→清油

　　　　　　　　　　　　　　　↓

　　　　　　　　　豆饼(残油8%～10%)

2. 热榨工艺

大豆→清理→破碎(4～6瓣)→软化(水分15%,温度80℃左右)→轧坯(厚度约0.3 mm)→蒸炒水分(1.5%～2.8%,温度120～130℃)→压榨→毛油→过滤→清油

　　　　　　　　　　　　　　　　　　↓

　　　　　　　　　豆饼(残油5%～6%)

压榨取油的过程一般属于物理变化,主要有挤压变形、摩擦发热、油脂分离、水分蒸发等。同时由于温度、水分、微生物的影响,也会产生某些生物化学方面的变化。如蛋白质变性、磷脂的过氧化等。

2.3.2.2 影响压榨取油效果的主要因素

1. 入榨料坯的结构性质

压榨取油效果的好坏,主要取决于大豆料坯本身的性质。具体表现在要求具有能承受一定压力所需的可塑性。而可塑性决定于物料的自身性质、水分、温度的调节以及含油率、蛋白质变性程度,即能综合反映出待榨料坯结构性质对出油率的影响。

2. 合理的压榨条件

包括压力大小、榨料的受压状态、加压速度以及变化规律三个方面。

（1）足够的饼面压力

据测定，实际生产中的饼面压力要求略超过榨料的"临界压力"。其范围在 9～100 MPa，需根据实际需要而定。从理论研究角度，压力大小与榨料的实际压缩比呈指数函数关系。

（2）榨料受压状态

分动态压榨（如螺旋榨油机）与静态压榨（如水压机）两类，其中"动态瞬时压榨法"榨料方式伴有强烈的摩擦运动，从而产生热量、易打开油路、压榨时间短、出油率高；但对油饼质量热影响较大。而静态压榨则相反。

（3）加压速度及其过程压力变化规律

压榨过程要求先轻后重、轻压勤压、流油不断，以保证实现最高出油率。从理论上讲，压榨过程分为预压、重压和沥干三个阶段。其压力沿轴向的变化规律也是呈指数函数关系。此外，也可用压缩比曲线来表示压力变化规律。

3. 足够的压榨时间

不同的压榨方式，对压榨的时间要求不同。一般来说，时间长，流油较尽，出油率高。动态压榨仅有 1～5 min，而静态压榨时间较长，可达 15～90 min。

4. 压榨过程必须保持适当的高温

温度高，油脂流动性好，易于出油。一般动态压榨易产生高温（可达 220℃以上），必要时需要降温；而静态压榨则必须保温，一般可保持在 100～135℃为佳，温度过高会影响豆饼的质量，主要是有效赖氨酸受到破坏，颜色也变深。

2.3.3 豆饼的营养成分与饲用价值

2.3.3.1 豆饼的一般营养成分

压榨豆饼的一般营养成分见表 2.16。

表 2.16 大豆饼的营养成分（平均值） ％

项目	螺旋压榨法	水压榨法	项目	螺旋压榨法	水压榨法
水分	11.0	15.0	粗灰分	6.0	4.9
粗蛋白质	42.0	40.0	钙	0.25	0.38
粗脂肪	4.0	7.3	碘	0.60	0.58
粗纤维	6.0	5.6	赖氨酸	2.80	2.70

来源：洪平，1990。

2.3.3.2 豆饼的饲用价值

一般来讲，每千克豆饼的干物质中消化能均在 12 560.40 kJ 以上，蛋白质的生物学价值高于其他饼类饲料。其中畜禽所必需的赖氨酸含量达 2.5%～3%。如果饲用时用豆饼与苜蓿干草粉、棉籽饼与鱼粉搭配使用，效果会更好。豆饼中含有抗胰蛋白酶、产生甲状腺肿的物质、皂素和血素等有害物质,此类物质降低饲料中蛋白质的消化吸收率。需要加热煮熟方可分解有害物质成分。豆饼经蒸煮后可增强适口性,提高消化率,蛋白质消化率可从83%提高到90%以上。

尽管豆饼的营养价值很高,但如在作饲料时不能科学合理使用,也不能发挥出作用。因此,用豆饼做饲料时必须严格注意四忌:

(1)忌用量过多

豆饼是幼畜、种公畜和怀孕乃至哺乳母畜的优质蛋白质饲料,各种畜禽都非常喜欢吃。但用量不要过多,在猪的日粮中可占10%~20%,再多就会引起腹泻。育肥猪不可多喂,否则将使脂肪变软,影响肉的品质。在奶牛的日粮中,一般每天可饲喂4 kg,能促进产奶。奶牛喂量过多,如将产的奶制造黄油,会使黄油变软。在鸡的日粮中一般可占20%,如果用量再多,会引起下痢,甚至发生痛风。

(2)忌单独使用

豆饼蛋氨酸含量较低,一般为0.5%~0.7%,可用棉籽饼、鱼粉、苜蓿草代替一部分豆饼,就可以使其必需的氨基酸得到平衡。因此尽管粗蛋白质品质较好,也不应单独作蛋白质饲料使用。由于豆饼中还缺少维生素D与胡萝卜素,铁、钙、磷含量也不丰富,所以用豆饼饲喂各种畜禽都应注意维生素A、维生素D与钙、磷等营养成分的补充。

(3)忌生喂

生豆饼中含有一些有害物质,如抗胰蛋白酶、脲酶、血球凝集素、皂角苷、致甲状腺肿因子等,其中以抗胰蛋白酶影响最大。但这些有害物质大都不耐热,因此,一定要熟喂才能提高其营养价值。一般以加热到100~110℃为宜,农村也可用蒸笼加热处理(水开后再蒸30~50 min),但加热的时间和温度必须适当控制。加热过度,可使豆饼变性,降低赖氨酸和精氨酸的活性,同时还会使胱氨酸遭到破坏。

(4)忌发霉变质

由于豆饼中含脂肪较多(5%左右),易酸败和发霉变质,失去饲用价值。因此豆饼应贮存在干燥、通风、避光的地方,以防酸败和苦化,降低适口性。同时防止霉菌的繁殖,避免有害物质(如黄曲霉素)对畜禽的毒害,已发生霉变的不能饲喂,以防中毒。

2.4　膨化大豆和膨化豆粕

2.4.1　膨化大豆

2.4.1.1　膨化大豆的特性

1. 膨化大豆的定义

膨化大豆(expanded soybean 或 extruded soybean)是指整粒全脂大豆经过清理、破碎等前处理后,再通过专用挤压机的挤压腔内所产生的高温、高压和高剪切作用后喷出模孔,从而达到破坏或钝化大豆抗营养因子的目的,再经过冷却、干燥、粉碎等处理而得到的高能、高蛋白质的饲用原料,又称膨化大豆粉。

2. 膨化大豆的特性

①感官。色泽金黄、油亮,气味芬芳、愉悦并有大豆特有的气味。因此具有较好的适口性和诱食性,提高畜禽的采食量。

②化学组成。水分≤12%,粗脂肪 17%～19%,粗蛋白质 36%～39%,粗纤维 5.0%～6.0%,粗灰分 5.0%～6.0%,尿素酶活性 0.02～0.3,蛋白质氢氧化钾溶解指数≥75%。

③动物的消化吸收率相对提高。由于挤压加工具有特殊的高温、高压和高剪切的综合作用,所以抗营养因子破坏比较彻底,特别是明显降低大豆抗原的活性,如 β-伴球蛋白(beta-conglycinin)和球蛋白(glycinin),因此全脂膨化大豆对肉鸡、蛋鸡、仔猪和水产动物均有良好的饲养效果。特别是在乳猪饲料中,可以取代豆粕、鱼粉,防止仔猪腹泻,改善适口性,有效改善消化系统微环境,从而有效防止仔猪下痢,提高仔猪生长速度。用在粉状肉鸡饲料宜在 10% 以下,否则影响采食量造成增重的降低,肉鸡颗粒饲料则无此顾虑。蛋鸡饲料中能完全取代豆粕,可提高蛋重并明显改变蛋黄中脂肪酸组成,显著提高亚麻油酸及亚油酸含量。

④高能、高蛋白。膨化全脂大豆在配制高能、高蛋白浓度饲粮时为最佳植物性蛋白饲料,尤其对配制冬季畜禽饲粮和肉用动物日粮更有其重要作用。特别是生产高档饲料,尤其是仔猪饲料的优质原料,它不仅满足了高档饲料对能量的要求,而且克服了添加油脂对生产和产品质量的影响。

⑤使用全脂膨化大豆可以节省添加油脂设备和减少饲料中添加油脂的数量,避免了混合加油的不均匀现象,可以改善饲料外观,提高畜禽对饲料的适口性,并且可以减少饲料加工的粉尘浓度,减少混合机、制粒机的磨损,便于随时生产加工以及生产效率的提高。

2.4.1.2 膨化大豆的生产工艺简介

大豆只有经过热处理,破坏其抗营养因子,才能饲用。而挤压膨化是把生大豆加工成高质量畜禽及鱼饲料最灵活和经济上最有吸引力的热加工方法。

1. 加工工艺流程

膨化大豆一般加工工艺流程图如下:

原料→提升→清选→待粉碎仓→除铁→粉碎机→提升→中间仓→调质器(湿法)→膨化机→干燥(湿法)→冷却→打包

大豆粉碎一般采用筛片孔径为 2.0～5.0 mm 的锤片式粉碎机进行。粉碎的目的是为了喂料方便、减少挤压磨损、调质均匀及提高膨化效果和产量。实践表明,粉碎粒度控制在 3.0～4.0 mm 为好。调质是将大豆粉进行调湿、调温,使大豆粉有良好的挤压膨化加工性能,以提高膨化产量,并对一些抗营养因子有更强的破坏作用。大豆粉的调湿、调温常用注入蒸气或热水,温度控制在 60～90℃。调质好的大豆粉被送入螺杆挤压腔,物料在螺杆的机械剪切和高温、高压的混合作用下,完成杀菌及去除抗营养因子。试验表明,干法挤压膨化时,当大豆的水分在 14%～16%,加工温度控制在 150～160℃ 时,膨化效果较好;如果大豆水分在 13.5% 以下,温度可降到 120～130℃。对于湿法膨化大豆,水分在 12% 以下,膨化温度在 125～140℃可显著降低大豆中的脲酶活性和抗胰蛋白酶活性。生产实践中,可通过试验来寻求最优的温度、湿度及粒度等操作参数。

大豆膨化后,不要马上包装,因为此时膨化大豆的温度较高,一般为 75～90℃。若立刻包装,热量很难散失,包装袋中间的大豆会熟化过度,蛋白质变性甚至变质,影响其营养价值。膨化大豆应先冷却,再包装。应注意的是,用湿法膨化的大豆,含水率较高,应先干燥、冷却处理后,达到安全仓储水分后再包装。

2. 膨化工艺比较

膨化工艺分干法膨化和湿法膨化两种。

干法膨化工作过程是完全依靠膨化机挤压腔内物料与物料以及物料与螺杆和套筒内壁之间的强烈机械摩擦作用,从而在挤压腔内产生较高的温度和压力以及较强的剪切力,达到对大豆的膨化处理。干法膨化一般采用单螺杆挤压机进行加工。

湿法膨化是膨化之前增设了蒸气调质器,使物料在膨化前先进行蒸气的湿热预处理,挤压的热能部分来自蒸气,减少了挤压腔内的摩擦和磨损,出模时利用闪蒸去除部分水分及异味。湿法膨化一般采用双螺杆挤压机进行加工。

湿法膨化与干法膨化相比具有以下优点:

①增设蒸气预处理非常有助于饲料异味的挥发和去除,使大豆蛋白基质所有颗粒成为均匀的不可逆的和联结的分散体。

②提高膨化生产率,降低能耗。在相同配套功率下湿法膨化机比干法膨化机生产率高70%～80%,大大节省了能耗。

③降低原料损失。干法膨化机膨化原料后,原料损失高达5%～6%,相比之下,使用湿法膨化机仅损失2%左右。

④湿挤压膨化由于摩擦作用减弱,从而可以延长易损件使用寿命22%～50%。

⑤湿法膨化操作条件易于控制,产品质量比较稳定。

2.4.1.3　膨化大豆的营养价值

1. 膨化大豆对猪的营养影响

膨化大豆应用于仔猪,其饲养效果同豆粕加油脂型饲料无显著差异。表2.17是Hancock等(1990)给开料仔猪饲喂等赖氨酸和等能量的两种饲粮,一种饲粮的主要成分是玉米、豆粕(SBM)、乳清、大豆油(SBO);另一种是膨化大豆。试验开始时仔猪体重为7.48 kg,试验持续35 d,结果试验组与对照组比较无显著差异($P>0.05$)。这个结果对那些在饲料中无法直接添加脂肪而生产高档仔猪料的饲料加工厂带来了方便。

表2.17　膨化大豆对断奶仔猪(7.48 kg)生产性能的影响

项目	平均日增重/kg	平均日采食量/kg	饲料/增重	表观消化率(14 d)	
				干物质/%	氮/%
SBM+SBO	0.43	0.76	1.77	85.6	82.0
膨化大豆	0.45	0.79	1.76	85.3	83.5

来源:Hancock 等,1990。

另外,大豆中有一种名为β-伴球蛋白的抗营养因子,属于糖蛋白。其活性很难被一般工艺加工所破坏,因此豆粕加油脂型的饲料常使仔猪消化紊乱、肠黏膜出现炎症等,从而使仔猪下痢。而动物试验表明,膨化中高温、高压和高剪切作用能有效地使该抗营养因子失活。饲喂膨化大豆或膨化豆粕(饼)能有效改善仔猪消化系统微环境,从而有效防止仔猪下痢,这结果使膨化大豆应用于仔猪饲料具有豆粕加油脂型饲料无可比拟的优越性。

对于生长育肥猪,饲喂膨化大豆能促进猪的生长,提高饲料利用率。表 2.18 和表 2.19 是 Hanke 等(1972)的试验结果。

表 2.18　不同大豆对生长(26.3~57.2 kg)和肥育(57.2~95.5 kg)猪生产性能的影响

阶　段	SBM(CP48%)	膨化大豆	生大豆
生长(CP16%)			
猪数	120	120	120
平均日增重/g	785	763	—
饲料/增重	2.70	2.50	—
育肥(CP13%)			
猪数	90	90	90
平均日增重/g	790	840	645
饲料/增重	3.57	3.45	4.00

来源:Hanke 等,1972。

表 2.19　饲料颗粒化后对肥育猪(57.5~97 kg)生产性能的影响

项　目	SBM(CP48%)		膨化大豆		生大豆	
	粉料	颗粒	粉料	颗粒	粉料	颗粒
猪数	32	31	32	31	32	32
平均日增重/g	781	835	872	863	608	576
饲料/增重	3.33	3.12	3.12	3.12	4.17	3.85

来源:Hanke 等,1972。

这个结果表明,无论是对生长还是肥育,无论是粉状料还是颗粒料,膨化大豆总的饲养效果均好于豆粕。产生这个结果的主要原因是膨化大豆提高了日粮的能量浓度,膨化大豆的油脂易于消化。Newcomb 等(1988)报道,与大豆粕比较,猪肥育期饲喂膨化大豆还有另一方面的好处,就是提高胴体后腿(2.7 倍)和胴体腰部眼肌(4 倍)中 ω-3 脂肪酸的水平,这被认为对人类的健康很有裨益,因为增加食物中 ω-3 脂肪酸的摄入,能使人们冠心病的发病率下降。

2. 膨化大豆对鸡的营养影响

肉用仔鸡是一种生产速度极快的食用禽类,对日粮中的养分,尤其是对蛋白质和能量的需求相当高,因此高能、高蛋白的膨化大豆是很好的饲料资源。

White(1967)等观察到给肉用仔鸡饲喂等能、等氮粉料时,饲喂膨化大豆的生产性能次于饲喂豆粕加豆油。Hull(1968)等观察到给肉用仔鸡饲喂等能、等氮的豆粕加油与膨化大豆的颗粒日粮时,两组的生长速度与饲料转化率差异不显著(表 2.20)。Kan(1988)等进行的肉用仔鸡代谢试验也支持上述结果。他们认为以粉料饲喂时,膨化大豆和豆粕加油在代谢能和脂肪表观消化率方面有明显的差异,可是同样配方以颗粒料形式饲喂时,代谢能和脂肪的表观消化率都得到了提高,但膨化大豆的提高更多些,因而使饲喂膨化大豆和豆粕加豆油日粮肉用仔鸡的代谢能值和脂肪消化率相当。

表 2.20　膨化大豆对肉用鸡生产性能的影响(0～35 d)

项　目	豆粕加豆油			膨化大豆		
	粉料	颗粒	重粉碎颗粒	粉料	颗粒	重粉碎颗粒
数量	36	36	36	36	36	36
增重/g	660[cd]	677[cd]	642[c]	632[bc]	713[d]	670[cd]
料重比	1.56[b]	1.48[ab]	1.61[b]	1.55[b]	1.44[a]	1.57[b]
脂肪消化率/%	83.9[c]	92.6[g]	88.8[e]	83.3[c]	91.8[g]	85.9[d]

注:标有相同符号者无显著差异($P<0.05$),下同。
来源:Hull 等,1968。

金征宇等(1995)对膨化大豆用于肉鸡的饲养也做了饲养试验,试验结果见表 2.21。

表 2.21　肉鸡饲养试验结果(粉料)

项　目	豆油组Ⅰ	膨化大豆组Ⅱ	膨化生豆饼组Ⅲ
入试数/羽	100	100	100
雏重/g	45.0	45.0	45.0
7 周龄均重/g	2 092	2 097	2 143
7 周龄料重比	1.926	1.883	1.861

来源:金征宇等,1995。

从表 2.21 可以看出膨化大豆及膨化生豆饼在等能和等蛋白的基础上各项指标与豆油组无显著差异,但饲料成本有所节省,且也可不用添加油脂的设备。另外,Porten 等(1974)、Sell (1984)、Leeson 等(1987)试验证明,饲喂膨化大豆的肉鸡其胴体和脂肪组织中 ω-3 脂肪酸含量高于等能、等氮的豆粕组,但胴体级别和产量差异不显著。

至于蛋鸡,Waldroup(1978)等发现饲喂膨化大豆产蛋鸡的生产性能与等氮豆粕日粮产蛋鸡的相等或更好,结果见表 2.22。

表 2.22　膨化大豆对产蛋鸡生产性能的影响(92 d)

项　目	日产蛋率/%	蛋重/g	哈夫单位	饲料/(g/d)	饲料/蛋
大豆粕(CP49%)	77.29[b]	60.75[b]	71.04[b]	104.4[a]	2.22[b]
膨化大豆	80.14[a]	61.21[b]	71.31[b]	98.9[b]	2.02[a]

来源:Waldroup 等,1978。

3. 膨化大豆对反刍动物的营养影响

Smith(1980)的研究证实,给早期泌乳母牛饲喂膨化大豆(占日粮干物质的 7%),平均日产奶量增加 2.9 kg;Kelee 等(1989)比较了整粒棉籽(WSC)和膨化全脂大豆(ESB)中蛋白质和脂肪在瘤胃的降解及对非泌乳奶牛粗纤维消化率的影响。结果表明,与 WCS 相比,饲喂占日粮达 12.7% ESB 的牛瘤胃中非降解蛋白含量高达 17%($P<0.05$),对酸性洗涤纤维(ADF)的消化率没有负效应。

Sera(1989)综述了全脂大豆在奶牛日粮中的应用。他建议奶牛日粮中饲喂全脂大豆理想时期在产犊后的 24 周。在产犊后 12 周,奶中养分含量要比进食干物质中养分含量大,以致奶牛不得不动用体脂,某些情况下甚至是瘦肉组织以满足对能量的需求。产犊后 12～24 周,在产奶高峰后继续保持高产奶量的同时,体重开始恢复。饲喂全脂大豆能增加日粮的能量浓度,从而满足这一阶段奶牛对高能量的需要。关于膨化全脂大豆的补充量,Sera(1989)建议每天每头牛 1～2.5 kg。

Sochahe Satter(1991)给以苜蓿青贮为唯一粗饲料的泌乳早期奶牛补充溶剂浸提豆粕、生大豆、膨化全脂大豆或炒大豆,观察生产性能的反应。结果表明,生大豆和炒大豆处理组牛干物质进食量低;与其他处理相比,补充膨化大豆的奶牛奶产量、奶蛋白含量、3.5% 脂肪校正的奶产量增加,各处理间体重变化和体型计分没有差异。Albro(1993)将生大豆、膨化大豆和豆粕与大麦一起使用作为蛋白补充料加到生长牛日粮中,发现与生大豆相比,膨化大豆改善了阉公牛的饲料效率,但与豆粕处理组相比这种差异不明显(P<0.01);不同蛋白来源对干物质(DM)和中性洗涤纤维(NDF)的影响没有差异,但膨化处理牛瘤胃氨的释放更加均匀,粗蛋白质在瘤胃的降解速度更慢。Albro(1993)研究表明,经过膨化处理的大豆油脂可能对降低瘤胃蛋白质的降解速度有作用,当使用低质量的粗饲料时,用膨化大豆可以改善阉公牛的生长。

Aldrich 和 Merchen(1995)研究了全脂大豆的膨化温度对反刍动物蛋白质消化率的影响。结果表明,随着膨化温度的升高,大豆蛋白的瘤胃降解率线性减少,生大豆与 160℃ 膨化处理后的过瘤胃蛋白分别为 15.9% 和 69.6%,提高了 4 倍多。上述两位作者用去盲肠公鸡研究了生大豆和膨化大豆在瘤胃发酵前后总氨基酸消化率,发现未发酵生大豆的消化率为 68.5%,而 160℃ 膨化大豆的消化率为 87.7%。116℃、138℃ 和 160℃ 膨化处理全脂大豆瘤胃发酵物残渣平均总氨基酸消化率为 90%,而生大豆的这个值为 82%。这个研究充分证实了膨化前后胰蛋白酶抑制因子的活性差异,膨化大豆过瘤胃蛋白有非常好的氨基酸消化率。

值得注意的是,Albro 等(1993)的试验所用膨化大豆是在 149℃ 下膨化的,结合 Aldrich 和 Merchen(1995)的研究,如果将膨化温度提高到 160℃,由于此时有更多的非降解蛋白通过瘤胃,牛的生产性能可能得到更多的改善。因此,需要更多的试验研究来评价在饲喂低质量粗饲料情况下,提高大豆膨化温度对牛生产性能是否有进一步的改善作用。

总之,对膨化全脂大豆在反刍动物日粮中应用的研究仍然很有限,有两个领域需要更多的研究,一是奶牛,尤其是对能量和蛋白质需要量很高的高产早期泌乳母牛;二是肉牛,艾奥瓦州立大学的研究证实,与补充尿素、玉米面筋粉或动物蛋白相比,补充大豆制品的牛采食量大,增重快。该大学进行的另一个研究证实,饲喂整粒大豆的肉牛,肌肉中多不饱和脂肪酸含量增加,饱和脂肪酸含量减少(Jiric,1994)。因此,膨化大豆可能给肉牛提供必需的日粮蛋白以满足其快速生长,提供必需的、更好的日粮脂肪(多不饱和脂肪酸),以改进胴体脂肪组成,从而给消费者提供更好的产品。

4. 膨化大豆对水产动物的营养影响

近年来,膨化全脂大豆在鱼饲料中的应用也引起了注意。Viola(1983)报道,在鲤鱼饲料中用 35% 的膨化大豆取得了令人满意的结果,但与豆粕加豆油相比,在生产性能上没有看到明显的优势。Tacon(1983)认为,用膨化全脂大豆替代虹鳟饲料中 75% 的秘鲁鱼粉不会影响其生长性能,膨化全脂大豆成功地使虹鳟饲料中的秘鲁鱼粉的含量从 35% 降低到 10%。值得一提的是,在这个试验中,所有使用的大豆日粮都添加了 DL-合成蛋氨酸。但 Shiau 等(1990)的研究得出了不同的结论,他们使用全脂大豆替换日粮中(蛋白水平为 24%)的全部鱼粉(占日粮含量的 30%),取得了与使用鱼粉同样的效果,但不用添加合成蛋氨酸。国内在这方面的公开报道较少。

关于全脂大豆在虾日粮中的研究很少。Lim 和 Dominy(1992)在同样蛋白和脂肪水平的基础上,用干法挤压膨化大豆替代虾饲料中的豆粕和油,对虾的生产性能没有影响。总之,目前的试验证实,在某些水产动物饲料中使用膨化全脂大豆会取得正效应。膨化全脂大豆可以相当成功地替代饲料中部分或全部鱼粉而不影响动物的生产性能,这在经济上有很重要的意义。

2.4.2　膨化豆粕

2.4.2.1　膨化豆粕的定义和分类

1. 膨化豆粕的定义

膨化豆粕(expanded soybean meal 或 extruded soybean meal)是豆粕经膨化处理,或大豆胚片经挤压膨化制油工艺提油后获得的产品。

2. 膨化豆粕的分类

根据膨化加工在溶剂浸出前后的顺序和目的不同可分为:

(1)浸出前膨化豆粕

是指大豆进行膨化等必要的预处理后再经过浸出法制油而得到的豆粕,其膨化的主要目的是改善了大豆生坯的结构性能从而提高了出油速度和效率,同时可以提高大豆油和大豆粕的质量。

(2)浸出后膨化豆粕

经过常规浸出法制油后的豆粕再进行膨化加工而得到的豆粕都称为膨化豆粕,其膨化的主要目的是进一步消除豆粕中各种抗营养因子,使豆粕在畜禽饲料中的应用更加安全,范围和用量更加扩大,并能提高其消化吸收率。

2.4.2.2　膨化豆粕的生产工艺简介

1. 浸出前膨化豆粕的生产工艺

(1)一般工艺流程

大豆→清理→粉碎→软化→轧坯→膨化→烘干→冷却→浸出→大豆混合油
　　　　　　　　　　　　　　　　　　　　　　　　　　↓
　　　　　　　　　　　　　　　　　　　　　　　　膨化湿豆粕

(2)膨化浸出的原理

清理破碎后的大豆进入膨化机后,经螺杆螺旋的推进作用,由于腔内容积不断缩小,从而使物料密度不断地增大,油料间隙中的气体被排出,使机腔内的压力增大。随着螺旋与机腔间的摩擦使油料的质体达到充分混合、加热、加压、胶合、糊化而产生组织变化。当油料被挤压至出口处,由于油料内外压力瞬间从高压转变成大气压,造成内部水分迅速蒸发出来,油料也随之膨化成型,机械强度高、渗滤性好,并使膨化油料中呈现许多细微小孔,达到有利于浸出的目的。

(3)膨化浸出的主要工艺参数

①清理。清理后大豆杂质含量应在 0.1% 以下,尤其不能含有铁、石等硬性杂物。

②粉碎。一般用锤片式粉碎机进行粉碎操作,筛孔孔径可采用 2.5 mm。

③轧坯厚度。一般为 0.50～0.66 mm(而普通浸出工艺要求坯料厚度在 0.25～0.4 mm)。

④水分。进入挤压机的原料水分可根据物料水分大小调节,使入机水分在 18%～20%,而膨化后由于闪蒸作用,出机物料水分在 13%～15%,需经干燥、冷却才能达到入浸水分 9%的要求。若粉碎后直接进入膨化机,则入机水分在 10%～12%,出机物料水分在 5%～7%,冷却后就可以直接入浸。

⑤机头温度。机头温度也是衡量挤压质量的一个重要参数。最佳温度一般控制在 85～115℃,温度高低同料流大小、蒸气量大小有直接关系。

⑥膨化料粒度。膨化料粒度与出料模板孔径有关。一般出料模孔直径不得小于 6 mm,最佳在 10 mm 左右。

⑦膨化度。一般要求膨化后物料的膨化度控制在 1.5～1.8(膨化后物料的截面积与模孔的截面积之比)。

(4)膨化浸出的优点

①可提高预处理生产能力。大豆直接浸出,必须将大豆进行破碎、软化和轧成薄片。膨化预处理只需将大豆粉碎或只破碎和轧成厚片,然后进行挤压膨化即可浸出。故预处理设备的生产能力可提高 50%左右。

②可提高浸出器生产能力。由于经过挤压膨化后的物料为圆柱形颗粒,其容重在 0.50～0.52 kg/L,较轧制胚容重增加了 40%～43%,因此在浸出器内料层高度和浸出时间不变的情况下,浸出器的生产能力可提高 40%以上,同时膨化后的豆粕容重也比普通浸出粕容重增加 10%,也可减少运输和仓容成本。

③加快浸出速率。膨化后由于物料具有很多微孔且油脂细胞破裂、聚集性好,使得溶剂渗透和渗滤速度加快,相对少了浸泡时间。多颗粒物料也改善了浸出器里流体力学的条件,使溶剂与混合油在浸出器料层中的垂直流动极为顺畅,提高了浸出器的转速。采用膨化浸出,挤压料在吸收和释放溶剂方面比片状料快 5 倍。

④可以提高混合油的浓度。片状物料浸出时,若使粕残油在 1%以下,浸后混合油浓度不超过 25%,采用膨化浸出工艺时,浸后混合油浓度在其他工况不变的条件下可达 35%左右,混合油浓度上升相当于溶剂比下降,从而减少了蒸发系统的负荷,节省了蒸气消耗。

⑤降低豆粕中残油和残溶率。膨化粕的残油都在 1%以下,比相同条件下浸出的轧制胚降低残油 0.2%～0.3%。另外,膨化胚有利于溶剂的沥干,膨化粕含溶残较正常粕降低 9%左右,这无疑对降低溶剂消耗有利,且湿粕中溶剂残留的降低也节约了蒸脱机中因脱溶所消耗的蒸气。

⑥降低了设备维修费。以挤压膨化预处理工艺代替传统的油料的预处理工艺的软化、烘干等工艺,减少了设备投资,除总动力消耗下降、节约能源外,还可降低设备维修费用。

2. 浸出后膨化豆粕的生产工艺

前已所述,浸出后膨化豆粕是为了进一步消除豆粕中的抗营养因子,特别是在普通浸出豆粕加工中不能消除或抑制的抗营养因子,如 3 种伴大豆球蛋白(α-conglycinin、β-conglycinin 和 γ-conglycinin)。其中 α-conglycinin 和 β-conglycinin 是大豆中免疫原性最强的两种抗原蛋白。在生产高档乳猪、仔猪饲料时就必须通过挤压膨化加工的方法使之变性,失去活性,以保证动物的健康发育和生长。

因此,浸出后豆粕膨化的生产就是将豆粕直接进入膨化机加工后即可,生产工艺比较简单。但为了控制好产品质量和保持生产的稳定性,一般要对豆粕先进行蒸气预调质处理,入机水分控制在18%～22%,膨化的最高温度一般控制在130～140℃,出机后进行冷却处理即可。

浸出后膨化温度明显比浸出前高,这是出于对抗营养因子消除抑制的需要。

2.4.2.3 膨化对豆粕质量的影响

大豆膨化浸出或浸出膨化后粕中蛋白质的变性程度、利用率、抗营养因子的钝化程度以及异黄酮的提取率和各成分的分布状况,均影响粕的质量。不同加工工艺对大豆粕质量的影响如表2.23所示。

表2.23 不同加工工艺对豆粕质量的影响

处理工艺	大豆粕质量				
	蛋白质分散指数/%		蛋白质利用率/%	胰蛋白酶抑制剂/(U/g)	脲酶活力/[U/(g·min)]
	碱性条件	中性条件			
压榨	61.6	10.6	48.2	1 217	0.03
溶剂浸出	89.1	44.5	36.0	1 365	0.07
浸出前膨化	88.1	18.1	36.7	1 257	0.04
浸出后膨化	82.3	16.5	40.4	1 152	0.03

1. 蛋白质变性程度及其利用率

从表2.23中可以看出,在碱性条件下,浸出前膨化与传统溶剂浸出法处理后的蛋白质溶解性和脲酶活力并无很大差异。而浸出后膨化蛋白质溶解性和脲酶活力有所降低,压榨后的蛋白质溶解性最低,表明压榨处理会导致更多的蛋白质变性。但在中性条件下,浸出前膨化的蛋白质分散指数(PDI)为18.1,浸出后的蛋白质分散指数为16.5,压榨法为10.6,远远低于溶剂浸出法的44.5,说明膨化处理和压榨处理会导致更多的蛋白质变性,这种变性对蛋白质利用率有利。压榨法处理后的蛋白质利用率最高为48.2%,其次为浸出后膨化的40.4%,而浸出前膨化和溶剂浸出法处理后的蛋白质利用率却很接近。虽然挤压膨化处理后的蛋白质变性程度高,但由于挤压过程中热处理时间不会超过30 s,这种变性还不能被试验动物充分地消化利用,如果将热处理时间提高至30 min,则可增至66.0%。

挤压膨化与溶剂浸出处理后的胰蛋白酶抑制剂没有很大差异,说明此类抗营养因子被大大钝化。但伴大豆球蛋白变性差异肯定很大,挤压膨化加工要明显好于普通浸出法,在许多饲养实验中已经得到证明。

2. 蛋白质结构的变化

在传统溶剂浸出法处理中,非共价键是蛋白质之间主要的作用力,但对于挤压膨化和压榨则不同,在低剪切的挤压过程中,非共价键和二硫键是蛋白质之间主要的作用力,在高剪切挤压过程中,则会发生共价交联反应。Marsman(1998)在尿素溶液中,比较不同工艺处理后粕中蛋白质的溶解性,经传统溶剂浸出法处理后大多数蛋白均溶解,而挤压处理后的样品则不同,随挤压剪切力的增加而减少,说明传统溶剂浸出法处理后,非共价键是蛋白结构形成的主要作用力。对原料而言,在尿素中也有很高的溶解性,这主要是由于原料中有一部分蛋白是以小的聚合体形式存在,而这些小聚合体主要靠非共价键聚合而成。总的来说,大豆球蛋白和

β-伴球蛋白在加热时,首先形成可溶性小聚合体,通过疏水相互作用稳定存在,接下来会形成更大的不溶性聚合体,这时会有二硫键的形成。

3. 挤压膨化对异黄酮的影响

挤压膨化处理可以降低大豆异黄酮的总量,同时改变不同种类异黄酮的分布状况。Rinaldi(2000)采用双螺杆挤压机对豆渣进行不同温度及剪切强度的处理,结果见表2.24。由表2.24可见,挤压膨化处理会使豆渣中异黄酮总量降低20%左右,但可以显著增加黄豆苷和染料木苷的含量,特别是在高温、高剪切条件下,增加量可达3~4倍。对乙酰基染料木苷而言,低温挤压会使其含量降低,而高温挤压则会增加其含量。挤压处理会使丙二酰基黄豆苷、丙二酰基染料木苷及染料木黄酮含量降低,尤其是染料木黄酮的降低程度最大。

表 2.24　不同挤压条件对豆渣中不同异黄酮含量及分布的影响　　　　　　μg/g

异黄酮种类	未挤压豆渣	挤压豆渣			
		LS-LT	LS-HT	HS-LT	HS-HT
黄豆苷	83	171	198	155	261
染料木苷	66	172	202	163	298
丙二酰基黄豆苷	360	302	145	263	131
丙二酰基染料木苷	466	327	150	267	146
乙酰基染料木苷	142	121	238	119	212
染料木黄酮	104	36	36	32	29
总量	1 219	1 133	963	1 002	1 072

注:不同挤压条件:LS-LT,低剪切低温;LS-HT,低剪切高温;HS-LT,高剪切低温;HS-HT,高剪切高温。
来源:Rinaldi V E A 等,2000。

2.5　发酵豆粕

2.5.1　发酵豆粕的定义与特点

2.5.1.1　发酵豆粕的定义

发酵豆粕(fermented soybean meal)是以大豆粕为主要原料(≥95%),以麸皮、玉米皮等为辅助原料,使用农业部批准使用的饲用微生物菌种进行固态发酵,并经干燥制成的蛋白质饲料原料产品。

豆粕是目前应用最多、最广泛的饲料蛋白原料,具有蛋白含量高、氨基酸构成合理、消化吸收率高、适口性好等特点,是大部分饲料配方中不可缺少的原料。但是,豆粕中含有胰蛋白酶抑制剂、脲酶、凝血素、致甲状腺肿素等热不稳定性抗营养因子,以及抗原蛋白、低聚糖、植酸、皂苷等热稳定性抗营养因子。这些抗营养因子对幼龄动物肠道结构具有很大破坏作用,会引起幼龄动物腹泻等疾病,使豆粕消化率和利用率下降。此外,大豆蛋白分子结构复杂,相对分子质量较大(80%大豆蛋白质分子质量超过100 ku),消化率和生物学效价不及鱼粉等动物性蛋白质。

发酵豆粕应用现代生物工程技术,通过微生物的发酵处理降解或钝化普通豆粕中的抗营养因子,将原料中高分子蛋白质发酵酶解成中小分子多肽或氨基酸,将非淀粉类多糖降解为小分子糖,同时产生微生物蛋白质,丰富并平衡豆粕中的蛋白质营养水平,从而提高豆粕的安全、营养性能和使用价值,最终改善豆粕的营养品质,提高饲料效率,扩大了豆粕的使用范围。

2.5.1.2　发酵豆粕的特点

1. 能有效去除或钝化豆粕中的抗营养因子

豆粕中含有多种抗营养因子,如表 2.25 所示。微生物发酵能将豆粕中目前已知的多种抗原进行降解,有效去除豆粕中的抗营养因子,如表 2.26 所示。

表 2.25　豆粕中主要抗营养因子

名　　称	生化组成	在豆粕中含量	抗营养作用	检测方法
胰蛋白酶抑制因子	蛋白质或多肽	2%	抑制胰蛋白酶、凝乳蛋白酶活性,使蛋白质消化率下降;造成胰腺补偿性肿大,消化吸收功能失调,出现腹泻,机体生长受抑制	脲酶活性法,ELISA 法
脲酶	酶蛋白		在有水的情况下,将尿素分解为氨和二氧化碳,引起动物氨中毒	GB/T 8622—1988
大豆凝血素	酶蛋白	3%	可与动物小肠黏膜上皮的微绒毛表面糖蛋白结合,引起微绒毛的损伤和发育异常,对蛋白质利用率下降	血凝法
大豆抗原蛋白	大分子蛋白质或糖蛋白	主要为 4% 的大豆球蛋白和 2% 的 β-伴大豆球蛋白	具有抗原性和致敏性,刺激免疫系统产生抗体,导致腹泻和生长受阻	ELISA 法
大豆低聚糖(胀气因子)	半乳寡糖	大豆中低聚糖含量 5%～6%,主要包括棉籽糖、水苏糖等	人或动物缺乏 α-半乳糖苷酶,不能水解棉籽糖与水苏糖。摄入的 α-半乳糖苷不能被消化吸收。进入大肠后,经细菌发酵,产生 CO_2、H_2 及少量 CH_4,引起消化不良、腹胀、腹泻等现象	气相色谱或高效液相色谱
植酸	肌醇六磷酸	占豆粕含量 1%～2%。大豆中 80% 的磷以植酸态存在	与金属离子形成稳定的络合物——植酸盐,并与蛋白质、淀粉、脂肪结合,使内源淀粉酶、蛋白酶、脂肪酶的活性降低,影响消化	分光光度法
非淀粉多糖	碳水化合物	豆粕中含有 14% 的果胶,1.85%～2.37% 乙型甘露聚糖,6%～7% 纤维素	非淀粉多糖(NSP)是植物细胞壁物质中除了淀粉以外所有 CHO 的总称,由纤维素、半纤维素、果胶类物质和抗性淀粉四部分组成,常与蛋白质和无机离子等结合,一般难以被单胃动物自身分泌的消化酶水解;能在消化道形成黏性食糜,降低饲料脂肪、淀粉和蛋白等养分营养价值。豆类原料中的非淀粉多糖主要是果胶、甘露聚糖和纤维素	

来源:姚琨,2011。

表 2.26 普通豆粕与发酵豆粕产品中抗营养因子含量对比

项目	普通豆粕	发酵豆粕	项目	普通豆粕	发酵豆粕
胰蛋白酶抑制因子/(mg/g)	10~15	≤1	大豆球蛋白/(mg/g)	400	<0.02
植酸/(mg/g)	10.60	—	β-伴大豆球蛋白/(mg/g)	155	<0.01
大豆凝血素/(mg/g)	1.93~7.58	—	脲酶活性/[mg/(g·min)]	0.4	0.02
不良寡糖/%	5~20	<0.9	脂肪氧化酶相对活性/%	98	—
致甲状腺肿素/10^{-6}	165.59	—			

来源:李健,2009。

Hirabayashi 等使用宇佐美曲霉发酵大豆粕,发酵后植酸全部被降解。Feng 等使用产蛋白酶菌——米曲霉 3.042 发酵豆粕,完全消除了豆粕中的胰蛋白酶抑制因子。姜丹等(2011)利用 3 种酵母菌 A-1、B-1、C-1 和木霉 S-1 对豆粕进行单菌发酵,结果表明:适宜发酵条件下,酵母菌 A-1、B-1、C-1 对提高粗蛋白质和降低胰蛋白酶抑制因子和植酸效果显著,胰蛋白酶抑制因子降低了 58.27%,植酸降低了 80.11%。木霉 S-1 能显著降低豆粕中粗纤维含量,降低了 54.74%。尹慧君(2011)发现发酵前后胰蛋白酶抑制因子分别降低了 56%、78%、88%,植物凝集素分别降低了 93%、99%、87%。陈洁梅等(2011)对 SDS-PAGE 电泳分析的结果表明,发酵后大豆抗原已经完全被分解,各种主要抗营养因子的降解率达 90% 以上。

2. 蛋白质、小肽、氨基酸含量显著提高

豆粕中的蛋白质大分子在微生物作用下被降解为可溶性蛋白、多肽、小肽以及游离氨基酸,有利于动物(特别是幼龄动物)的消化吸收。据报道,豆粕经少孢根霉 RT-3 发酵后,体外消化率、氨基酸比(AAS)、必需氨基酸指数(EAAI)和蛋白功能比值(PER)都有不同程度提高,结果见表 2.27 和表 2.28。该资料还显示,豆粕经发酵后,可溶性蛋白、氨基态氮和可溶性固形物含量分别增加 3.2 倍、2.3 倍和 19.4 倍,可溶性指数从 22.0% 上升至 63.2%。游离氨基酸总量增加近 15 倍,其中必需氨基酸增加 35.2 倍,亮氨酸、苯丙氨酸、异亮氨酸和蛋氨酸分别增加 128 倍、125 倍、68 倍和 61 倍。这表明经发酵的豆粕可产生许多小肽及氨基酸,它能被动物直接吸收,参与机体的生理活动,某些活性小肽还能令幼小动物的小肠提早成熟,并刺激消化酶的分泌,提高机体的免疫能力,促进动物生产性能的增长。

表 2.27 发酵豆粕与其他大豆蛋白制品体外消化率比较   %

物料	大豆	大豆粉	大豆组织蛋	豆浆	发酵豆粕
消化率	62.5	75	84.5	84.9	92.8

表 2.28 发酵豆粕和普通豆粕蛋白质效价比较   %

项目	AAS	BV	EAA I	PER
普通豆粕	50.47	60.89	70.67	2.12
发酵豆粕	64.10	68.20	84.10	2.92
提高率	27	12	19	38

其他学者也得到了类似结果:钱森和等(2011)以普通饲料豆粕为原料,选用枯草芽孢杆菌、啤酒酵母和黑曲霉作为发酵菌种,结果表明:选用枯草芽孢杆菌和黑曲霉混合菌固态发酵

豆粕,大豆肽含量最高;在优化条件下的大豆肽含量为 8.73%。熊涛等(2011)发现厌氧条件下兼性厌氧型的枯草芽孢杆菌(*Bacillus subtilis*)发酵豆粕中小肽含量提高 10 倍以上,粗蛋白质含量增加了近 10.0%。姜丹(2011)也证实经过发酵豆粕中粗蛋白质可提高 15.84%。刘晓艳等(2011)以高温豆粕为原料,研究了枯草芽孢杆菌在最佳发酵工艺条件下多肽产率为46.29%。同时发现混菌(枯草芽孢杆菌、米曲霉、酿酒酵母)发酵条件下的最终发酵物中多肽得率达 54.89%,多肽含量为 21.47%(干基)。何勇锦等(2011)以脱脂豆粕粉为原料、枯草芽孢杆菌 KJ 为发酵菌株,得到发酵后豆粕粉蛋白中小分子肽含量可达 58.86%,比发酵前提高了 37.99%。吴宝昌(2010)应用枯草芽孢杆菌 1389 与米曲霉 3.042 混合发酵制备豆粕饲料,测得大豆肽转化率在 50% 左右。枯草芽孢杆菌 1389 与黑曲霉 3.350 混合发酵豆粕的大豆肽转化率为 45% 左右。

王德培等(2011)利用枯草芽孢杆菌、凝结芽孢杆菌、乳酸杆菌对豆粕进行生料混菌发酵,在确定的最佳工艺条件下三氯乙酸可溶性氮含量为 12.78%。姚小飞等(2010)发现:在适宜条件下,枯草芽孢杆菌发酵豆粕时,豆粕蛋白的水解度可从初始条件的 17.80% 提高至21.06%,比条件优化前提高了 18%。

陈洁梅等(2011)研究利用芽孢杆菌对豆粕进行固态发酵试验,发酵后样品中粗蛋白质含量从 50.6% 增加到 54.1%,TCA-N 含量从 2.4% 增加到 38.8%,大豆肽含量从 1.8% 提高到29.5%,游离氨基酸含量从 5.57 mg/g 增加到 92.65 mg/g。SDS-PAGE 电泳分析的结果表明,大分子蛋白质基本上都被降解成 10 ku 以下的小分子肽。尹慧君(2011)通过米曲霉A-9005、黑曲霉 3.350、枯草芽孢杆菌 1389 对豆粕进行发酵,发酵后豆粕中粗脂肪含量分别下降了 9.8%、41.6%、22.4%,可溶性固形物含量分别增加了 33.5%、56.8%、97.8%,肽转化率分别为 39.6%、49.4%、52.6%。陈中平(2010)认为,米曲霉菌发酵豆粕对营养组分有显著改进作用,对豆粕大分子蛋白有显著降解作用。发酵过程主要靠耗用碳水化合物作为能量使大分子蛋白质降解为小分子肽和游离氨基酸。豆粕发酵,同时具有提高抗氧化能力的作用。菌体蛋白对发酵豆粕蛋白含量的贡献有限。

汤红武等推理发酵后豆粕蛋白质含量增加主要是因为在发酵过程中,酵母的呼吸作用消耗了部分有机物料(以 CO_2 和 H_2O 的形式释放),使产物总量减少,蛋白质含量相对提高,出现了蛋白质的“浓缩效应”。但是从发酵前后真蛋白含量绝对量增加情况来看,发酵过程中微生物大量繁殖,将豆粕中的非蛋白氮、培养基中的无机氮(硫酸铵或尿素)及碳水化合物等物质分解利用转化成了营养价值高的菌体蛋白。

3. 富含多种生物活性因子和消化酶

发酵豆粕产品不仅含有大豆蛋白被降解后生成的多种小肽,还含有生物发酵产生的丰富菌体活性蛋白、叶酸、B 族维生素、乳酸及未知生长因子等多种生物活性因子,这些生物活性因子有利于动物肠道菌群的平衡,对改善幼龄、体弱、应激状态下动物的健康和发育十分有益。微生物代谢产生的蛋白酶、淀粉酶、纤维素酶等消化酶,可以促进豆粕中蛋白质和一些多糖类物质的降解吸收。

刘天蒙(2011)发现米曲霉固态发酵豆粕产生的蛋白酶酶活最高为 975.74 U/g。吴宝昌(2010)发现枯草芽孢杆菌 1389 与米曲霉 3.042 混合发酵豆粕的蛋白酶酶活值在 980 U/g 左右,枯草芽孢杆菌 1389 与黑曲霉 3.350 混合发酵豆粕的蛋白酶酶活值为 390 U/g 左右。熊涛等(2011)的试验甚至发现厌氧条件下兼性厌氧型的枯草芽孢杆菌(*Bacillus subtilis*)菌株在豆粕固态发酵培养基中产蛋白酶活力高达 9 600 U/g。

陈洁梅等（2011）利用芽孢杆菌对豆粕进行固态发酵试验，测得发酵后样品中乳酸含量从 0.7％增加到 4.7％。

大豆异黄酮（soybean isoflavones,简称 ISO）是大豆和豆粕中重要的生理活性物质,具有较强的抗菌活性。在发酵过程中,大豆异黄酮的葡萄糖苷会转化为葡萄糖苷元,使得发酵豆粕中的异黄酮抗菌活性明显增强,其抗菌活性甚至优于目前普遍使用的化学合成防腐剂苯甲酸钠。有研究表明,发酵豆粕中提取、精制的异黄酮对细菌的最低抑制浓度（MIC）为 0.24％,而豆粕中提取、精制的异黄酮对细菌的抑制浓度为 0.48％,说明异黄酮经过发酵后,其抗菌活性明显增强。

孙小燕等（2010）利用实验室分离得到的产雌马酚菌株 ZX-7 发酵豆粕,确定该菌株可将豆粕中的大豆苷去除糖基生成大豆苷元,并可进一步降解为终产物雌马酚。雌马酚（equol）是大豆苷元消化道内代谢的最终产物之一,其呋喃环 C-3 部位的手性碳原子使它有两种对映体：R 型和 S 型。S-雌马酚由消化道内微生物产生,它一方面利用与 17β-雌二酮结构的相似性发挥类雌激素作用,另一方面通过作用于二氢睾酮,抑制前列腺癌等雄性激素相关疾病的发生。

总之,发酵豆粕较之普通豆粕多了很多生物活性因子,对促进动物生长,提高免疫力等有积极作用。同时通过发酵,产品中含有大量的酵母菌体等益生菌,动物摄入后改善了其消化道的微生态,从而可提高动物的免疫力。实践证明,该产品在乳猪饲料中使用,可以大大降低仔猪消化道疾病的发病率,起到预防仔猪下痢的效果。

4. 改善产品适口性

发酵后豆粕中小肽和游离氨基酸含量提高,同时微生物代谢产生了乳酸等有机酸,使发酵产物气味醇香,动物适口性提高,增加采食量。

5. 降低饲料成本,产品安全可靠

由于发酵豆粕原料独特的特性,因此替代鱼粉的范围和比例大于豆粕,就可相应降低更多的饲料配方成本,从而降低饲养成本,提高经济效益。

另外,不论是与鱼粉、血浆蛋白粉、肠膜蛋白、肉骨粉等动物源性蛋白质饲料相比,还是与膨化大豆、豆粕、棉粕等植物类蛋白质饲料相比,发酵豆粕均具有多方面的营养优势,且产品具有独特的发酵芳香味、无化学残留、应用安全,非常适合于在畜牧和养殖业中推广使用。与常规蛋白质饲料原料的比较见表 2.29。

表 2.29　发酵豆粕与常规蛋白质饲料的比较

发 酵 豆 粕	常规蛋白质饲料
多数营养物质可在胃肠道中直接吸收	营养物质必须经过消化过程变成低分子和可溶性物质才能被吸收
低过敏源性产品	含有大分子蛋白质及各种抗原性物质,容易引起肠道过敏反应
去除原料中的抗营养因子,充分挖掘饲料中的营养价值,节约原料成本,提高养殖效益	还存在多种抗营养因子不利于养分吸收和动物健康,环境污染较严重

来源：李健,2009。

2.5.2 发酵豆粕的生产

2.5.2.1 常用生产方式及工艺流程

发酵豆粕的原料是大豆浸出制油后的副产品,针对其批量大、形态为湿固态的特点,常采用固态发酵的方法对其进行处理。固态发酵投资少,能耗低,技术较简单,且生产过程对无菌操作要求较低,产生的污染较少,是饲用发酵豆粕较为适用的生产工艺。其简明的工艺流程如下:

菌种、酶制剂、蛋白胨、葡萄糖、水等
↓
豆粕→计量秤→灭菌罐→混合罐→固体发酵设施→气流烘干机→粉碎→打包→成品

2.5.2.2 发酵微生物的筛选

豆粕的发酵过程就是利用微生物在底物中生长繁殖后体内所产生的生物酶对底物的大分子营养物质进行消化分解的过程。因此,采用具有优良特性的菌种是生产优质发酵豆粕的前提条件。适于豆粕发酵的理想微生物应具备下列特性:①能较好地分解和利用豆粕,并以豆粕中营养物质为底物进行较好的生长、繁殖;②菌种中分解蛋白质的酶活力高,可以快速分解大豆蛋白为小分子蛋白,菌种中还有相当丰富的分解淀粉、纤维等多糖物质的酶,而且还能分解其中的抗营养因子,提高了其中碳水化合物的消化率和利用率;③繁殖速度快,生命力强大,容易形成生长优势,抵抗其他不良菌群的繁殖;④菌种自身和代谢物无毒性和致病性,且菌体蛋白含量高;⑤菌种性能稳定,价格低廉,操作简便,易于制取;⑥菌种的发酵条件粗放,节约设施投资。

发酵豆粕生产常选用的菌种有芽孢杆菌、霉菌、酵母菌和乳酸菌等,这些微生物在发酵过程中能产生蛋白酶、淀粉酶、纤维素酶、脂肪酶等活性较高的酶,能够有效降解豆粕中的大分子蛋白质,消除抗营养因子。此外不同的菌种还具有独特的优良性质,如芽孢杆菌菌种具有不易致死的芽孢,饲喂时能以活菌的状态进入动物的消化系统,进而抑制肠道中有害菌的生长繁殖;酵母菌菌体蛋白质含量高,氨基酸构成合理,富含 B 族维生素,可以同化尿素、硫酸铵等非蛋白氮源,并能产生促进细胞分裂的生物活性物质,有强化营养和抗病促生长的效果;乳酸菌在发酵过程中具有产酸作用,能降低产品 pH,产生酸甜芳香的气味,改善产品的风味和适口性。

实际生产中,结合各种微生物不同的特性进行合理的选择和组合往往会产生更好的复合效果。俞晓辉等(2008)研究结果发现,用枯草芽孢杆菌、酵母菌和曲霉菌混合发酵豆粕和用枯草芽孢杆菌、乳酸菌和酵母菌发酵豆粕,得到两种发酵豆粕,饲喂断奶仔猪后,前者对仔猪的免疫增强作用显著低于后者;与鱼粉组相比,前者降低了仔猪的生长性能和提高腹泻率,后者则显著提高其生长性能和降低了腹泻率。陈京华(2006)通过研究也发现不同菌种发酵的豆粕,对鱼类的生长性能、消化能力和免疫能力的影响有所不同。

因此,进行菌种合理的选择、组合以及发酵条件确定就成为关键技术。在选择发酵用菌种时,应该综合生产条件、经济因素和发酵效果,确定发酵所用的菌种组合。同时发酵程度并不是越深越好,还要考虑到成本问题。在保证效果较好的前提下,尽可能降低用水量,缩短发酵时间等以降低生产成本。

2.5.2.3 发酵工艺条件的优化

目前我国发酵豆粕的生产工艺五花八门,从简单的手工批次操作到复杂的自动化连续流水线生产,应有尽有。按照生产模式,可分为浅层发酵和深层发酵;深层发酵又可分为地板堆放发酵、池式发酵、槽式发酵和箱式发酵。浅层发酵的发酵物料厚度一般在 5 cm 以下,适用于纯好氧发酵。由于物料的厚度对物料的通气性能有影响,物料厚度高不利于氧气的扩散。由于浅层发酵需要大量发酵面积,只能采用浅盘架式生产,因此,难以机械化生产,大多数采用手工操作。深层发酵的物料一般在 30 cm 以上,有的高达 100 cm 以上,主要适用前期好氧、中后期兼性厌氧发酵,因此适用于复合菌种、曲种发酵(林文辉等,2010)。

生产过程中的工艺条件对发酵豆粕产品的性能也有很大影响,需要对原料的状态(如含水量、pH 值、底物组成、料水比等)和发酵条件(发酵时间、菌种的组成和接种量、温度、通气量等)进行优化,随着发酵豆粕在国内市场的兴起和壮大,业内许多科研人员对其生产工艺进行了深入的研究。戚薇等利用纳豆芽孢杆菌和凝结芽孢杆菌 TQ33 对豆粕进行固态发酵,结果表明:最适发酵工艺为先接纳豆芽孢杆菌,发酵 12 h 后再接凝结芽孢杆菌,接种量为 10%,两菌比例为 1∶1,发酵基质中豆粕与麸皮质量比为 7∶3,初始含水量为 40%,初始 pH 值自然,37℃发酵 48 h。发酵效果较好。吴胜华等采用枯草芽孢杆菌、蜡样芽孢杆菌、植物乳酸菌及酵母菌对普通豆粕进行二元混菌固态发酵,试验结果表明:豆粕经过混菌发酵后小肽含量显著提高,当采用枯草芽孢杆菌和植物乳酸菌(KC$_2$RS)组合,接种量 4%,料水比 1∶1.2,通气量 60 g/mL,发酵温度 40℃时,发酵产品中的小肽含量可达 12.01%。朱曦以豆粕为基础发酵料,利用芽孢杆菌、酵母菌和乳酸菌混合发酵分解破坏豆粕中抗营养因子,结果表明:采用料水比为 1∶(0.8~1.0),pH(7.0±0.2),温度(25±5)℃,发酵时间为 72 h,48 h 时翻料 1 次,翻料料温 60℃左右,在以上条件下发酵豆粕抗营养因子被分解去除。莫重文等采用米曲霉 A3.042 和啤酒酵母混合菌株固态发酵法生产发酵豆粕,工艺条件为:温度 28℃,发酵底物豆粕、麸皮组成 100∶6,接种菌米曲霉、酵母配比为 1∶3,接种量 6%,发酵 72 h。在该条件下发酵豆粕产品中粗蛋白质含量可达 49.10%,比原料中增加 12.1%。姚晓红等筛选出 3 种微生物菌种对豆粕进行混合发酵,以分解原料中的胰蛋白酶抑制剂,其最佳的发酵工艺为:500 mL 广口瓶通气量为 60 g 干料,料水比为 1∶1,接种量为酵母菌 y2021 4%、y2028 2%、乳酸菌 Lc 2%,起始 pH 值自然,起始温度为 30℃,发酵 72 h 后豆粕中胰蛋白酶抑制剂被完全分解除去。

杨玉芬、乔利(2010)使用饲用豆粕进行发酵试验,研究发酵温度和时间对豆粕发酵品质的影响。发酵温度为 25,30,35,40℃,发酵时间为 0,24,36,48,60,72,84,96 h,并对温度和时间的互作效应进行分析。结果表明,与未发酵豆粕相比,发酵温度和时间对发酵豆粕 pH、粗蛋白质含量和酸结合力均会产生显著或极显著影响($P<0.05$ 或 $P<0.01$),且温度和时间存在交互作用。发酵的适宜温度和时间分别是 35℃和 72 h,其粗蛋白质含量最高,为 54.22%,较未发酵豆粕提高 8.65%($P<0.01$),pH 和酸结合力显著低于未发酵豆粕($P<0.05$)。

刘唤明等(2011)试验研究了由枯草芽孢杆菌、酵母菌和乳酸菌混合发酵生产发酵豆粕的发酵工艺。通过单因子试验研究了含水量、装载量、金属离子、变温时间、发酵时间对发酵豆粕水解度的影响;并通过正交实验研究了 3 种菌种接种量对发酵豆粕水解度的影响。结果表明,最佳发酵工艺为:300 mL 发酵瓶装载量为豆粕 100 g,水 70 mL,FeSO₄ 0.1 g,枯草芽孢杆菌的接种量为 3%,酵母菌的接种量为 1%,乳酸菌的接种量为 2%,37℃ 发酵 32 h 后再于 43℃ 发酵 44 h。在此发酵工艺下,发酵豆粕中蛋白质的水解度为 9.32%。

单达聪等(2011)以(A)豆粕前处理(1 普通豆粕、2 挤压豆粕和 3 膨化豆粕)、(B)菌种组合(1 米曲霉、2 枯草芽孢杆菌和 3 米曲霉＋枯草芽孢杆菌)和(C)加水量(1 低、2 中和 3 高)为试验因素与水平,采用留空列和二重复的 $L_9(3^4)$ 正交试验设计,及好氧和厌氧结合的发酵工艺发酵豆粕,检测不同发酵阶段豆粕失重率、蛋白质水解度、酸溶蛋白、游离氨基酸含量和酸度等指标,进行数据的极差、方差、相关系数和变动趋势分析,研究发酵豆粕工艺参数优化组合及发酵豆粕指标相关性。结果表明:降低失重率工艺参数优化 $A_3B_3C_1$,提高蛋白质水解速度工艺参数优化 $A_3B_1C_3$;蛋白质水解度及其降解产物的积累主要发生在好氧发酵 24 h 和厌氧发酵的第 1 周,酸度积累发生在厌氧发酵第 1 周;失重率与蛋白质降解相关性很低,蛋白质水解度与酸溶蛋白及游离氨基酸含量高度相关,与低分子肽含量有较高相关。

2.5.3　发酵豆粕的品质和指标要求

①感官指标。外观呈浅黄色到浅棕色,色泽均匀一致,无结块,无异臭味且有淡的醇香味;无异物,无虫蛀现象;且不得掺入发酵大豆粕产品以外的物质(如皮革粉、羽毛粉、肉骨粉和无机氮源等)。

②水分≤12%。

③蛋白质的 KOH 溶解度≥95%。

④益生菌含量≥$1.0×10^7$ cfu/g。

⑤脲酶活性(以氨态氮计)≤0.02 mg/(g·min)。

⑥主要营养指标见表 2.30。

表 2.30　发酵豆粕主要营养指标要求　　　　　　　　　　　　%

项目	粗蛋白质	粗脂肪	粗纤维	粗灰分	发酵有机酸
指标	≥48.0	≤3.0	≤4.0	≤7.0	≥1.0

目前我国发酵豆粕质量标准国标(行标)制订工作业已完成,相信对进一步规范发酵豆粕的质量安全有较大的促进作用。

2.5.4　发酵豆粕在动物中的应用效果

2.5.4.1　在猪饲料中的应用

乳仔猪(特别是早期断奶的乳猪)的消化酶系统尚未发育完全,对于植物蛋白质的消化能力弱,且对抗营养因子较敏感。因此采食未经处理的大豆粕容易引起腹泻、发育不良、生长迟缓等现象。发酵豆粕基本不含抗营养因子,但富含小肽和多种益生素,应用在仔猪等畜类养殖中效果很好。

陈文静(2004)通过组织学和电子显微镜观察,发现饲喂发酵豆粕的仔猪胃和小肠均发育良好,小肠绒毛呈指状,形态正常,肠壁肌变厚,肠绒毛高度、隐窝深度与对照组差异显著($P<$ 0.05)。试验各组仔猪的胃内容物 pH 变化保持适宜水平,增强了胃蛋白酶活性,提高了蛋白质的消化率,这说明饲喂发酵豆粕较为符合仔猪的生理特点。章世元等研究了发酵豆粕替代部分普通豆粕对断奶仔猪胃肠道发育的影响,饲养试验分析结果表明,与普通豆粕组相比,发酵豆粕组胃黏膜厚度增加了 86.05%,胃壁厚度增加了 92.97%,空肠绒毛高度增加了 3.73%,隐窝深度降低了 14.45%,绒毛高度与隐窝深度比值提高了 11.30%。姚浪群等报道,动物小肠结构的良好状态是养分消化吸收和动物正常生长的生理学基础。绒毛高度与细胞数量呈显著相关,只有成熟的细胞才具有养分吸收功能。隐窝深度可反映细胞生成率,隐窝变浅,表明细胞成熟率上升,分泌功能增强。绒毛高度与隐窝深度比值可综合反映小肠的功能状况,比值下降,表明黏膜受损,消化吸收能力下降,常伴随有腹泻、生长受阻现象;比值上升,则肠黏膜得到改善,消化吸收能力提高,腹泻率下降,生长加快(王继强,2011)。刘海燕等(2010)发现发酵豆粕可促进仔猪生长,改善血液生化指标和抗氧化指标。

刘欣等(2007)用发酵豆粕部分替代断奶仔猪日粮中的进口鱼粉和乳清粉,结果发现仔猪血清 IgG 降低了 21.43%,肠系膜淋巴结系数提高了 2.08%,断奶仔猪的免疫功能显著提高,同时认为发酵豆粕对改善断奶仔猪消化道的应激反应有良好作用,且适口性良好,饲喂微生物发酵豆粕使仔猪料重比降低 5.56%,仔猪断奶后保持了正常的生长速度,由于部分替代了进口鱼粉和乳清粉,可取得较好的经济效益。冯杰等发现发酵豆粕降低了仔猪的料重比和腹泻指数,提高了饲料的吸收率,同时仔猪排泄物气味变淡,养殖环境得到很大改善。刘春雪等用商品发酵豆粕以 5%、10%、15%和 20%的添加量等氮代替未发酵豆粕饲喂 32 日龄断奶三元杂交仔猪,结果表明:随着发酵豆粕用量的增加,断奶仔猪的日增重逐渐提高,试验猪的腹泻率明显下降,饲料转化率也得到提高。郑云峰等以某商品用发酵豆粕代替鱼粉和膨化大豆设计等氮饲粮饲喂 40 日龄断奶仔猪,结果生产性能与对照组无明显差异,但试验猪的腹泻率和死淘率显著降低,经济效益得到明显提高。潘木水等在断奶仔猪饲粮中使用发酵豆粕等量替代代乳粉,仔猪的生产性能和腹泻率均差异不显著,证明了发酵豆粕替代代乳粉具有可行性。

刘锦民等(2012)选用 8 周龄的二元杂交育成猪,采用全收粪法比较了饲喂曲霉(*Aspergillus usami*)发酵豆粕和普通豆粕对育成猪磷及其他营养成分的消化率。结果表明,发酵豆粕组育成猪磷消化率显著高于普通豆粕组,同时,粗蛋白质消化率也得到明显改善。结果还表明,饲喂曲霉发酵的豆粕不仅可以提高育成猪磷和蛋白质的消化率,而且可以降低磷和氮的排泄量。

2.5.4.2 在禽类饲料中的应用

由于肉用仔鸡的饲养期只有 6~7 周,对饲粮营养的要求较高,而且其消化道较短,对大豆蛋白的消化和吸收效果不佳。发酵豆粕蛋白质比较容易消化且含有功能性小肽,对肉鸡的生长和健康起着良好的作用。刘媛媛(2006)发现微生物发酵豆粕能够显著提高肉仔鸡的胸腺指数和法式囊指数;显著促进血液和脾脏淋巴细胞增殖,提高血清中免疫球蛋白 IgG 和 IgM 的含量,增强免疫功能。柯祥军等研究表明,发酵豆粕和一般豆粕饲料相比,能够显著改善肉鸡的生长性能,增强肉鸡的免疫功能,在添加量为 10% 时效果最好,可以显著提高肉鸡的采食量、日增重,降低料重比,降低腹泻率。据张红芬报道,肉鸡饲粮中添加发酵豆粕有提高日增重,降低料重比,提高饲料转化率的作用,还可增加免疫器官指数,提高免疫力,同时降低盲肠大肠杆菌数量和增加胸肌嫩度,从而改善鸡肉品质,提高经济效益。

吴俊锋等(2012)给 54 周龄海兰褐蛋鸡分别饲喂基础日粮(对照组)及含枯草芽孢杆菌发酵豆粕(试验组)日粮,试验期 54 d。结果表明,试验组产蛋率比对照组提高 4.73%($P<$ 0.01);试验组料蛋比和破软蛋率分别比对照组降低 3.98%($P<0.05$)和 0.53%($P<0.01$);试验组蛋黄颜色比对照组提高 37.2%($P<0.01$);试验组蛋壳比例比对照组降低 4.98%($P<$ 0.01);试验组血清尿素氮(BUN)含量显著低于对照组($P<0.05$)。说明蛋鸡日粮中添加枯草芽孢杆菌发酵豆粕可以显著提高蛋鸡生产性能和改善蛋品质。陈国营等(2012)报道发酵豆粕能减少日粮中大肠杆菌等有害菌群数量,显著增加枯草芽孢杆菌和乳酸菌等有益菌群数量($P<0.05$),降低 pH($P<0.05$);饲喂 56 d 后,蛋鸡胃肠道内容物和新鲜粪便中大肠杆菌等有害菌群数量显著下降($P<0.05$),乳杆菌、枯草芽孢杆菌和乳酸菌等有益菌群数量显著增加($P<0.05$),pH 显著下降;将粪便自然放置 7 d 后,其氮损失显著下降($P<0.05$)。结果表明,枯草芽孢杆菌发酵豆粕能增加蛋鸡日粮中有益菌群数量,改善肠道微生态系统,减少粪便放置过程中的氮损失。

杨卫兵等(2012)选用体重(50.75±0.54)g 的 1 日龄樱桃谷肉鸭 360 只,分别饲喂基础日粮(对照组),以及以 2% 发酵豆粕替代基础日粮中豆粕的试验日粮。结果表明:与对照组相比,添加发酵豆粕使肉鸭后期和全期日采食量分别增加 2.8% 和 1.46%,前期、后期和全期日增重分别增加 1.04%、1.00% 和 1.44%,料重比降低 1.20%、1.29% 和 1.44%,其中前期料重比有显著降低的趋势($P=0.093$);使肉鸭胸肌和腿肌粗蛋白质质量分数分别增加 1.52% 和 1.90%,粗脂肪质量分数分别增加 1.17% 和 2.67%;腿肌 pH 显著降低($P<0.05$),胸肌 24 h 和 48 h 滴水损失分别降低 11.26% 和 8.21%;血氨(BUN)含量降低 11.36%,血糖(GLU)含量增加 1.96%,白球比(A/G)升高 4.22($P>0.05$)。说明发酵豆粕对樱桃谷肉鸭的生产性能、肉品质有一定的改善作用,并促进肌肉蛋白和脂肪的沉积。

2.5.4.3 在反刍动物饲料中的应用

方飞等(2012)选择 120 只健康、体重(11.77±0.70)kg 的黄淮白山羊公羔,随机分为 4 组,每组 6 个重复,每个重复 5 只。对照组饲喂基础日粮,试验Ⅰ、Ⅱ、Ⅲ组分别用 2.5%、5.0% 和 7.5% 发酵豆粕等量替代基础日粮中普通豆粕,预饲期为 10 d,正式试验期为 30 d。结果表明:发酵豆粕对黄淮白山羊公羔的生长性能均无显著影响($P>0.05$);试验Ⅲ组的胴体骨重显著高于对照组和试验Ⅰ组($P<0.05$),试验Ⅲ组的骨肉比极显著高于对照组和试验Ⅰ组($P<0.01$),其他胴体性能无显著差异($P>0.05$);发酵豆粕对黄淮白山羊公羔的肉品质以及羔羊肌肉的化学指标均无显著影响($P>0.05$)。

2.5.4.4 在水产饲料中的应用

鱼虾类对营养和饲料的要求与恒温动物的最大不同之处是,配合饲料的蛋白质水平高,为 30%~50%,不论是对蛋白营养源选择广泛的普通鱼类,还是对蛋白源有特殊要求的特种养殖鱼类如鳗鱼、甲鱼等,饲料配方中都必须使用鱼粉。但鱼粉的质量很不稳定,且生产成本高,因此水产饲料工业中一直在寻求鱼粉的替代品。研究表明,发酵豆粕可以在不影响水产动物生长性能的前提下替代饲料中的部分鱼粉,且发酵豆粕应用于水产动物饲料中能抑制水产动物消化道疾病的发生,提高饲料中氮的利用率,从而可大幅度减少抗生素等药物的使用量,减少饲料对养殖水体的污染,具有极佳的经济和社会效益。

李程琼等在日本鳗鱼饲料中分别添加不同含量(11%、16%、21%)的发酵豆粕进行喂养实验,结果表明,在日本鳗鱼饲料中添加 16% 的发酵豆粕替代鱼粉是可行的。罗智等在石斑鱼配合饲料中用发酵豆粕部分替代白鱼粉后发现,在饲料中添加 14% 发酵豆粕,对石斑鱼的生长和鱼体组成不会造成显著影响。据程成荣等报道,以发酵豆粕替代杂交罗非鱼饲料中 40% 以下的鱼粉,对罗非鱼增重率、特定生长率、饲料效率和蛋白质效率无显著影响。李惠等研究了发酵豆粕对斑点叉尾鮰生产和饲料表观消化率的影响,结果表明:斑点叉尾鮰日粮中发酵豆粕部分替代鱼粉,对其增重率、特定生长率、饲料效率和蛋白质效率没有显著影响,其中以25% 的比例替代效果最佳。陈萱等用经微生物混菌发酵的豆粕与未经发酵的豆粕以不同比例混合,连续投喂异育银鲫 30 d 后,结果表明,随着饲料中发酵豆粕添加量的上升,供试异育银鲫不仅增重量有所提高,各项非特异性免疫指标也有所改善,SGPT 的活性出现下降趋势。冷向军等证实,发酵豆粕可取代凡纳滨对虾、南美白对虾饲料中鱼粉用量的 20% 而不会对虾体增重率、虾体肌肉组成产生显著影响。王新霞以 5%~20% 的发酵豆粕替代鱼粉配制等氮、等能饲料饲喂加州鲈,以特定生长率、饲料系数及相关生理指标评价加州鲈对发酵豆粕的表观消化率,结果表明:当发酵豆粕的添加量不超过 10% 时,加州鲈有较好的生长、生理表现,且脏体比和肝体比显著降低。董艳奎等将发酵豆粕在甲鱼上应用表明,配方用量在 5%~8%,相应减少进口白鱼粉的用量,不但生长速度不下降,水质还有明显改善。

2.5.5 发酵豆粕的发展前景与存在问题

2.5.5.1 发酵豆粕的发展前景

发酵豆粕产业化始于欧洲,从 20 世纪 90 年代开始,经中国台湾省传入大陆。进入 21 世纪后,随着饲料业尤其是水产饲料业的高速发展,鱼粉资源的不断枯竭和减产,加上近年来国内外陆生养殖动物流行病害严重,使得动物蛋白源如肉骨粉、禽肉粉、血浆蛋白粉等的使用受到严重限制,饲料业急需找到一种安全可靠,且资源丰富的新的蛋白质资源,因此国内一些研究机构、院校及生产厂家开始关注发酵豆粕的生产及应用研究。2002 年开始,国内出现了商业化的发酵豆粕产品,可是产量较小。2005 年下半年,进口优质鱼粉、乳清粉价格大幅上升,给国内发酵豆粕产品带来空前的机遇,一些饲料生产厂商开始着手进行发酵豆粕的大规模生产。随着发酵豆粕逐渐被更多的饲料企业和养殖生产者所认识和接受,其产量和市场销售也逐年增加,随着市场的不断开拓以及用户的认同,高质量发酵豆粕蛋白质饲料的市场需求将会进一步扩大。

2.5.5.2 发酵豆粕存在的问题

发酵豆粕虽然有很多特点和优势,但发酵豆粕的研究和应用还存在并要注意以下问题。
①豆粕原料的安全性。生产上应加强对发酵豆粕的原料大豆粕中黄曲霉毒素的检测,防

止其进入食物链,造成对动物和人类的危害。

②发酵过程中所用微生物的安全性。发酵过程中的主要优势微生物可以分为四大类:细菌型、毛霉型、根霉型、曲霉型。如果不注意对微生物的控制,生产出的发酵豆粕成品将含有大量的杂菌,其中不乏有害菌种。因此,发酵过程应注意微生物的安全性。

③发酵豆粕饲料加工设备低水平重复、开发能力不足、标准水平低。在实际生产中大都采用通用加工设备,技术相对落后,生产环境恶劣,劳动强度大,对物料的适应性差,产品质量不稳定,生产规模小,自动化程度低,不能完全适应生物饲料加工的需要,与国外专用发酵豆粕生产技术相比有很大的差距,这些已成为发酵豆粕饲料生产和发展的制约因素(高翔,2011)。为了提高产品品质和生产效益,要加大对原有设备结构的改进创新,加快研发新技术装备,这对发酵豆粕在我国的推广与普及、提高豆粕资源的利用率具有重要的意义。

④产品质量的稳定性。目前我国豆粕发酵大部分采用开放式固体发酵技术,这种技术对发酵的时间、温度、用水量等控制大都靠经验,因此生产厂家想在一年四季的环境变化中做到质量稳定是很不容易的。因此发酵豆粕的工业化生产需要具备较高的技术水准、严格的工艺规范、优良的菌种,以及完善的工艺设备和配套设施,以保证产品的质量和稳定性。而用户在难以辨别质量好坏的情况下,应尽可能选择信誉好、技术实力雄厚的生产厂家。

⑤在饲料中的最适比例确定。发酵豆粕是以植物蛋白为原料的产品,其氨基酸组成和含量与优质进口鱼粉仍有一定的差距,不能简单、完全代替鱼粉。但它也含有鱼粉所不具备的成分——微生物代谢和分泌物,这也是鱼粉所不能替代的。因此如何进一步利用好发酵豆粕饲料及其在饲料中的最佳使用比例、降低饲料成本等还有待于科研部门深入探索、生产厂家不断完善工艺和广大用户不断积累经验。

⑥拓展使用范围。发酵豆粕产品在动物生产上的应用研究还应进一步拓展和深入,将其应用到更多动物诸如兔、羊、牛以及更多的特种经济动物饲料中。

⑦随着国家(行业)标准《发酵豆粕》的制订及《饲料原料目录》的公布,将能尽快形成权威性的国家或行业内公认的饲料用发酵豆粕质量标准,以统一和规范其质量指标和分级标准,严防掺杂使假及劣质产品的流通。

2.6 大豆深加工蛋白产品

大豆深加工产品是以脱脂大豆粕为原料,利用现代工艺生产的新兴大豆制品。包括大豆浓缩蛋白、大豆分离蛋白、大豆组织蛋白及大豆多肽等。这些产品提高了大豆的附加值和科技含量,既是用于食品工业的主原料,也可作为动物的功能性蛋白质饲料来源。

2.6.1 大豆浓缩蛋白

2.6.1.1 大豆浓缩蛋白的定义

大豆浓缩蛋白(soy protein concentrate,SPC)是以脱脂大豆粕为原料,除去其中低分子可溶性非蛋白质成分(主要是可溶性糖、灰分和各种气味成分等)后所得到的蛋白质产品,其蛋白质含量在 70%（干基）左右。由于消除了低聚糖类胀气因子、胰蛋白酶抑制因子和凝集素等抗营养因子，提高了蛋白质的品质，改善了风味，提高了人和幼畜的营养物质利用率，从而使大豆浓缩蛋白成为目前使用量最大的大豆深加工产品。

2.6.1.2 大豆浓缩蛋白的生产工艺

大豆浓缩蛋白的生产工艺主要有 3 种，即湿热浸提法、稀酸浸提法和乙醇浸提法。随着工艺方法的不断革新，湿热浸提法逐步被稀酸浸提法和乙醇浸提法取代。目前约 95% 的大豆浓缩蛋白是用乙醇浸提法加工而成。

1. 湿热浸提法

湿热浸提法是利用大豆蛋白对热敏感的特性，将大豆粕用蒸气加热或与水一同加热，使蛋白质因受热变性而成为不溶性物质，然后用水把水溶性糖类等低分子物质溶解并分离去除，从而使蛋白质得到浓缩的方法。其工艺流程如图 2.12 所示。

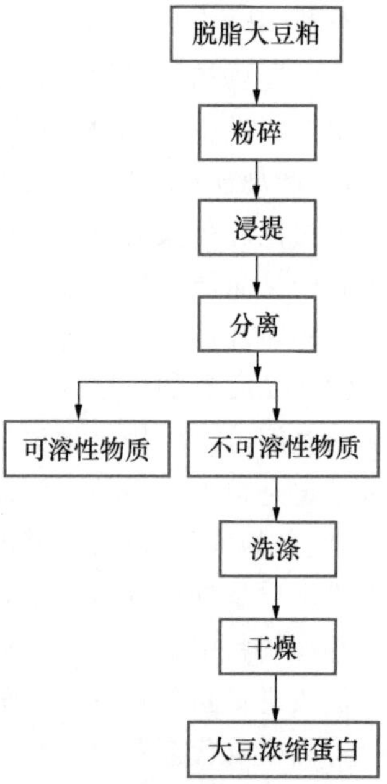

湿热浸提法工艺简单，成本低，但也存在一些缺点。由于在加热处理过程中，有少量糖与蛋白质发生反应，生成一些呈色、呈味物质，产品色泽深、异味大，且由于蛋白质发生了不可逆的热变性，部分功能特性丧失，使其用途受到一定的限制。

图 2.12　湿热浸提法工艺流程图

2. 稀酸浸提法

稀酸浸提法是根据大豆蛋白质溶解度曲线，利用蛋白质在等电点（pH＝4.5）时溶解度最低的特性，用稀酸溶液调节 pH 至 4.5，将脱脂大豆粕中的低分子可溶性非蛋白质成分浸提出来，从而使大豆蛋白浓缩的方法。其工艺流程为：

脱脂大豆粕/粉→加水浸泡→调节 pH 至 4.5→分离→凝乳→水洗（2 次）喷雾干燥→大豆浓缩蛋白

稀酸浸提法（设备皆为不锈钢制）生产的大豆浓缩蛋白色泽浅，异味小，NSI 大（稀酸浸提法 60%，湿热浸提法 3%，乙醇浸提法 5%～10%），功能性好，应用范围广，但蛋白质产率相对较低，且由于酸浸后浆料黏度较大，如操作不当，则不易分离。

3. 乙醇浸提法

脱脂大豆粕中的蛋白质能溶于水，而难溶于乙醇，且乙醇浓度越高，蛋白质溶解度越低。利用这一特性，用含水乙醇将大豆粕中的非蛋白质可溶性物质（蔗糖、棉籽糖、水苏糖、灰分及醇溶性蛋白质等）浸出，对剩下的不溶物进行脱溶、干燥即可获得大豆浓缩蛋白。乙醇浸提法的生产工艺流程如图 2.13 所示。

①粉碎。将原料粉碎至粒度为 0.15～0.30 mm。

②浸提。在大豆粕粉中加入 10 倍的 60%～70% 含水乙醇，在 50℃的条件下浸提 30 min，浸提过程中要不断搅拌。

③分离与洗涤。浸提结束后，离心分离，然后用浓度 70%～80% 的含水乙醇洗涤 2 次，洗涤液温度为 70℃，每次浸洗 10～15 min。

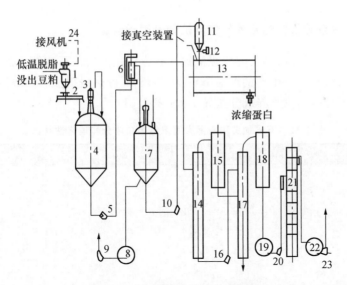

图 2.13　乙醇浸提法工艺流程图
1. 旋风分离器　2,12. 封闭阀　3. 螺旋输送器　4. 乙醇萃取罐　5. 曲泵　6. 超速离心机
7. 二次萃取罐　8. 乙醇储罐　9,10,16,20. 泵　11,19. 储罐　13. 卧式真空
干燥塔　14. 第一效蒸发器　15. 冷凝器　17. 二效乙醇蒸发器　18. 冷凝器
21. 乙醇蒸馏塔　22～24. 风机

④干燥。采用真空干燥或喷雾干燥。采用真空干燥时,干燥温度应控制在 60～70℃。采用喷雾干燥时,将滤渣或沉淀物水洗 2 次,并加水调浆,使其浓度在 18%～20%,然后用喷雾塔进行干燥得成品。

乙醇浸提法制得的大豆浓缩蛋白色泽浅,异味小,这主要是由于乙醇能很好地浸提出大豆粕中的呈色、呈味物质。但是这种浓缩蛋白的蛋白质发生了变性,NSI 低(小于 10%),功能性差,因此其应用也受到一定的限制。

由于乙醇浸提法生产的大豆浓缩蛋白氮溶解指数低,功能性差,人们正致力于大豆浓缩蛋白的改性,使之从低 NSI 值的大豆浓缩蛋白转变成高 NSI 值的功能性大豆浓缩蛋白(functional soy protein concentrate,FSPC)。FSPC 的生产需要一系列处理过程,包括在弱碱性 pH 下溶解、提高温度以及用一种剪切装置来处理醇洗法 SPC,然后中和并进行喷雾干燥。

用己烷和乙醇的混合溶剂对大豆蛋白进行浸出,是提高 SPC 功能性的有效方法。一方面己烷可提取大豆油,乙醇可洗掉一部分糖分;另一方面由于己烷分子对乙醇分子的阻碍效应,可减轻乙醇分子对蛋白质分子三维结构的破坏,减少蛋白质变性,从而可获得溶解性、起泡性、乳化性较好的功能性大豆浓缩蛋白产品。当己烷与 95% 乙醇体积分数为 9∶1、温度 45℃、固液比 1∶2、洗涤 5 次(15 min/次)时,大豆浓缩蛋白的浓度最高,而且 NSI 可提高到 48.8%。

总之,用乙醇浸提法和湿热浸提法生产的大豆浓缩蛋白,因加工条件太剧烈,蛋白质均发生变性,蛋白质分散度(PDI)仅 10%～15%。而稀酸浸提法生产的蛋白质不会发生变性,因此,对其功能影响较小,蛋白质可回收 90% 以上,产品中蛋白质的分散度在 60%～70%。尽管如此,由于改进的乙醇法可生产出 FSPC,因此绝大部分 SPC 用乙醇法生产。

以上 3 种生产大豆浓缩蛋白的方法各有所长,生产的产品也各有优缺点,使用时应根据实际生产条件及产品的应用范围进行适当的选择。

2.6.1.3　大豆浓缩蛋白的营养价值与抗营养因子含量

湿热浸提法、稀酸浸提法和乙醇浸提法这3种方法生产的大豆浓缩蛋白产品,其营养价值存在一定差异。稀酸浸提法生产的产品NSI为69%,而湿热浸提法和乙醇浸提法生产的SPC产品NSI仅3%～5%,其他营养成分差异不大(表2.31)。

表2.31　不同加工法制得大豆浓缩蛋白成分和理化性状比较

项　　目	湿热浸提法	稀酸浸提法	乙醇浸提法
蛋白质(N×6.25)/%	70	67	66
水分/%	3.1	5.2	6.7
粗脂肪/%	1.2	0.3	0.3
粗纤维/%	4.4	3.4	3.5
粗灰分/%	4.7	4.8	5.6
NSI/%	3	69	5
pH值(1∶10水分系数)	6.9	6.6	6.9

来源:李正明和王兰君,1998。

乙醇浸提法和稀酸浸提法制取的大豆浓缩蛋白的氨基酸组成,除了少数氨基酸组成略有差异外,两种产品中各种氨基酸的含量相近(表2.32)。

表2.32　不同加工法制得大豆浓缩蛋白的氨基酸组成　　　　　　　　　　　%

氨基酸	乙醇浸提法	稀酸浸提法	氨基酸	乙醇浸提法	稀酸浸提法
丙氨酸	4.86	40.3	赖氨酸	6.40	6.67
精氨酸	7.98	6.46	蛋氨酸	1.40	1.40
天门冬氨酸	12.84	11.28	苯丙氨酸	5.20	5.61
胱氨酸	1.40	1.36	脯氨酸	6.00	5.32
谷氨酸	20.20	18.52	丝氨酸	5.70	5.97
甘氨酸	4.60	18.52	苏氨酸	4.46	3.93
组氨酸	2.64	2.59	色氨酸	1.60	1.35
异亮氨酸	4.80	5.26	酪氨酸	3.70	4.37
亮氨酸	7.90	8.13	缬氨酸	5.00	5.57

来源:Campbell等,1985。

大豆浓缩蛋白主要含有大豆胰蛋白酶抑制因子、大豆球蛋白、大豆 β-伴球蛋白、微量大豆素和染料木黄酮等抗营养因子(表2.33)。但其中抗营养因子含量因其加工方法的不同而有所差异。热处理(如膨化)可使大豆浓缩蛋白中胰蛋白酶抑制因子含量减少一半。醇洗法可除去97%以上的皂苷,而酸洗法仅能除去10%的皂苷。

表2.33　大豆浓缩蛋白中抗营养因子的含量

蛋白酶抑制因子 /(mg/g)	球蛋白 /(mg/g)	β-伴球蛋白 /(mg/g)	醇洗总皂苷 /(mg/g)	酸洗总皂苷 /(mg/g)	大豆素 /(μg/g)	染料木黄酮 /(μg/g)
13.89	20.4～32.9	14.7～25.5	1.61	6.5	30	50

注:各种抗营养因子含量占粗蛋白质比例。
来源:李德发,2003。

2.6.1.4 大豆浓缩蛋白在饲料工业中的应用

大豆浓缩蛋白是动物饲料的优质蛋白质资源，目前主要用于早期断奶仔猪和水产动物的日粮中。与其他植物浓缩蛋白相比，其粗蛋白质、蛋白质真消化率、氨基酸评分及蛋白质校正消化率均好于豌豆浓缩蛋白、豌豆粕浓缩蛋白及菜籽浓缩蛋白(表 2.34)。

表 2.34 不同植物浓缩蛋白制品氨基酸校正消化率的比较

物料	粗蛋白质(N×6.25)/%	蛋白质真消化率/%	氨基酸评分	氨基酸校正消化率/%
大豆浓缩蛋白	70.2	95	104	99
菜籽浓缩蛋白	68.3	95	98	93
豌豆粕浓缩蛋白	57.0	92	79	73
豌豆浓缩蛋白	61.2	94	55	57

来源：李德发，2003。

1. 大豆浓缩蛋白对仔猪生长性能的影响

脱脂奶粉、喷雾干燥血浆蛋白粉等消化率高、氨基酸组成平衡，但价格昂贵，所以营养学家一直在寻找上述蛋白质资源的替代品，以降低生产成本。由于大豆浓缩蛋白抗营养因子含量低，营养价值高，成本相对较低，所以是近年来研究的热点。

用豆粕+5%乳清粉日粮和SPC日粮饲喂28日龄断奶仔猪，发现饲喂SPC组比豆粕+5%乳清粉组饲料转化效率改善5.5%，但增重没有差异。国外用SPC代替早期断奶仔猪日粮中的脱脂奶粉，结果发现，饲喂SPC的仔猪饲料转化效率略差，但生长性能没有差异(表2.35)。

表 2.35 大豆浓缩蛋白对仔猪生长性能的影响

项目	脱脂奶粉	大豆浓缩蛋白	项目	脱脂奶粉	大豆浓缩蛋白
日增重/g	270	270	料重比	1.09	1.21
日采食量/g	297	325			

来源：Centra Soya Feed Research，1996。

欧洲几个国家试验表明，将SPC与乳清粉等优质碳水化合物饲料配合使用，饲喂不同日龄的早期断奶仔猪，可取得与脱脂奶粉相似的生产性能(表2.36至表2.38)。

表 2.36 大豆浓缩蛋白对28日龄断奶仔猪生长性能的影响

项目	脱脂奶粉	大豆浓缩蛋白+乳清粉	项目	脱脂奶粉	大豆浓缩蛋白+乳清粉
始重/kg	6.3	6.4	日采食量/g	799	740
日增重/g	449	443	料重比	1.78	1.67

来源：李德发，2003。

表 2.37 大豆浓缩蛋白对21日龄断奶仔猪生长性能的影响

项目	脱脂奶粉+乳清粉	大豆浓缩蛋白+乳清粉	项目	脱脂奶粉+乳清粉	大豆浓缩蛋白+乳清粉
始重/kg	6.7	6.7	日采食量/g	691	600
日增重/g	388	400	料重比	1.78	1.50

来源：李德发，2003。

表 2.38　大豆浓缩蛋白对 14 日龄断奶仔猪生长性能的影响

项　目	脱脂奶粉	大豆浓缩蛋白	大豆粉
始重/kg	4.40	4.42	4.52
日增重/g	208	205	171
日采食量/g	260	253	247
料重比	1.25	1.24	1.45

来源:李德发,2003。

Tokach 等(1991)给断奶仔猪饲喂 SPC 和 4%鱼粉＋10%乳清粉的日粮。结果发现,SPC 是断奶仔猪后期可替代鱼粉的优质蛋白质来源。Kats 等(1992)用喷雾干燥血浆蛋白粉、喷雾干燥血粉和大豆浓缩蛋白饲喂 21 日龄断奶仔猪(体重 6 kg),发现断奶后第 9 天(体重 7.2 kg)至 28 天期间大豆浓缩蛋白组和喷雾干燥血粉组生长性能相似,但略低于喷雾干燥血浆蛋白粉组。

2. 大豆浓缩蛋白对仔猪营养物质消化率的影响

许多学者研究了大豆浓缩蛋白对仔猪营养物质表观消化率的影响。在仔猪日粮中添加 SPC 时,日粮干物质、粗蛋白质和赖氨酸的表观消化率显著高于大豆粕组,而与添加脱脂奶粉日粮组的效果相近(表 2.39)。

表 2.39　蛋白质来源对 21 日龄断奶仔猪消化率的影响　　　　　　　　　　　　　%

项　目	脱脂奶粉日粮	大豆浓缩蛋白日粮	大豆粕日粮
粗蛋白质	92.6	92.2	82.1
赖氨酸	91.9	88.4	82.6
干物质	92.5	92.0	83.0

注:初始重 5.5 kg,测定值为断奶后 14 日龄时的消化率。
来源:Sohn 和 Maxwell,1990。

Sohn 等(1994)用安装简单 T 形瘘管的仔猪比较测定了脱脂奶粉、大豆浓缩蛋白、大豆粕的回肠表观消化率。结果发现,大豆浓缩蛋白组的干物质、粗蛋白质和氨基酸消化率显著高于大豆粕组,略低于脱脂奶粉组(表 2.40)。大豆粕组回肠氨基酸消化率低是由于大豆粕中抗营养因子引起内源氮损失增加而造成的。

Visser 和 Bremmers(1999)比较测定了不同周龄仔猪饲喂脱脂奶粉、鱼粉、大豆粉、大豆浓缩蛋白对断奶后的蛋白质回肠表观消化率的影响。结果发现,SPC 组的回肠消化率与鱼粉、脱脂奶粉相似,显著高于大豆粉(表 2.41)。随着仔猪周龄的增加,饲喂大豆粉仔猪的蛋白质回肠消化率逐步提高,仔猪体重达到 25 kg 以后,饲喂大豆粉仔猪的蛋白质回肠消化率与饲喂其他优质蛋白质饲料组相近。所以 SPC 等优质蛋白饲料对日龄较小的仔猪有意义,周龄越小,与大豆粉组的差异越大。

Li 等(1991a)研究了 SPC 改善仔猪生长性能的机理。饲喂大豆浓缩蛋白日粮的仔猪,其小肠绒毛高度和绒毛表面积比脱脂奶粉日粮组低,但显著高于大豆粕日粮组。血清抗大豆抗体效价的测定结果表明,大豆浓缩蛋白日粮的免疫原性显著低于大豆粕日粮组。大豆浓缩蛋白日粮提高生长性能的机理是改善了小肠绒毛发育,降低了大豆蛋白抗原的过敏反应(表 2.42)。

表 2.40　仔猪对不同蛋白质产品的回肠表观氨基酸消化率　　　　　％

项　目	脱脂奶粉	大豆浓缩蛋白	大豆粕
干物质	84.72	82.74	71.80
粗蛋白质	89.22	87.65	77.29
必需氨基酸	89.3	88.4	79.2
精氨酸	88.4	90.4	82.2
组氨酸	86.5	88.2	80.5
亮氨酸	92.2	90.1	81.9
异亮氨酸	92.5	91.6	82.2
赖氨酸	91.7	88.3	79.3
苯丙氨酸	88.6	87.9	77.4
苏氨酸	85.3	85.3	74.9
缬氨酸	89.5	85.6	75.3
非必需氨基酸	89.5	88.2	79.5
丙氨酸	89.7	89.1	79.9
天冬氨酸	88.6	89.3	81.2
谷氨酸	93.4	92.4	82.2
甘氨酸	84.9	81.9	73.5
脯氨酸	85.8	84.9	77.8
丝氨酸	94.4	93.2	84.5
酪氨酸	89.9	86.9	77.8

来源：Sohn 等,1994。

表 2.41　不同饲料对仔猪蛋白质的回肠表观消化率

周龄	体重/kg	脱脂奶粉/%	鱼粉/%	大豆粕/%	大豆浓缩蛋白/%
3.5	8.0	90	88	70	89
4.5	8.7	93	90	74	91
5.5	10.2	95	91	85	93
9.0	25.0	97	93	93	95

来源：Visser 和 Bremmers,1999。

表 2.42　不同蛋白来源对断奶仔猪生长性能、营养物质消化率及肠黏膜形态的影响

项　目	脱脂奶粉日粮	大豆粕日粮	大豆浓缩蛋白日粮
生长性能			
日增重/g	173	127	150
日采食量/g	213	204	232
饲料/增重	1.23	1.61	1.55
消化率			
干物质/%	88.5	87.3	88.6
粗蛋白质/%	83.0	79.7	81.4
小肠组织形态			
绒毛高度/μm	266	175	207
绒毛面积/μm²	26 915	16 495	22 191
抗大豆抗体(Log2)	3.86	6.67	3.83

来源：Li 等,1991a。

国外试验中早已用大豆浓缩蛋白替代鱼粉。Medale 等(1995)研究发现,当大豆浓缩蛋白替代鱼粉的比例小于 75%时,虹鳟的自由采食量和生长情况没有显著变化;而全部替代鱼粉时,摄食量显著增加,生长速度显著降低,氨的排泄量随着饲料中大豆浓缩蛋白含量的增加而增加。Kuashki 等(1995)也得到了类似的结果,而 Miertnko(1997)研究结果却有所不同,他用未经处理的、蒸气高温处理的、蒸气高温处理低锌的 3 种大豆浓缩蛋白分别替代鱼粉,当替代比例小于 34%时不影响虹鳟的生长性能,大于 34%时各处理组鱼的生长速度均降低。陈乃松等(1998)用大豆混合物(大豆组织蛋白、大豆分离蛋白)替代鱼粉饲喂欧洲鳗鱼,结果表明当大豆蛋白混合物在饲料中的含量不超过 30%时,增重率、饵料转化率、存活率等各项指标均无显著差异。

总之,大豆浓缩蛋白因其蛋白质和氨基酸组成良好,抗营养因子含量低,营养物质消化率高,适口性好,价格合适,是幼龄动物尤其是早期断奶仔猪理想的蛋白质来源。目前一些发达国家在仔猪日粮中 SPC 添加水平为 2.5%~17.5%。

2.6.2 大豆分离蛋白

2.6.2.1 大豆分离蛋白的定义

大豆分离蛋白(soy protein isolate,SPI)是用高质量、干净的脱脂大豆粕为原料,提取油脂和除去非蛋白质成分后,所得的含有 90%(干基)以上蛋白质的一种高纯度精制大豆蛋白产品。其相对分子质量为 1 000~500 000,蛋白质分散度(PDI)在 80%~90%。

2.6.2.2 大豆分离蛋白的生产工艺

大豆分离蛋白常用的生产工艺有碱提酸沉法、离子交换法和超过滤法。目前,国内外以碱提酸沉法为主,美国和日本等发达国家已开始试用超过滤法和离子交换法。

1. 碱提酸沉法

低温脱脂大豆粕中的大部分蛋白质能溶于稀碱溶液。低温脱脂大豆粕用稀碱溶液浸提后,离心分离去除大豆粕中的不溶性物质(主要是多糖和残留蛋白质),然后用酸把浸出液的 pH 调至 4.5 左右,使蛋白质处于等电点状态而凝集沉淀下来。分离得到的蛋白质沉淀物经洗涤、中和及干燥即得大豆分离蛋白。其典型工艺流程有两种,如图 2.14 和图 2.15所示。

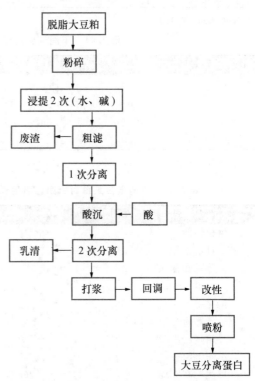

图 2.14　碱提酸沉法生产工艺流程图(a)

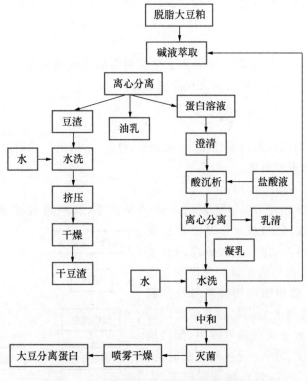

图 2.15 碱提酸沉法生产工艺流程图(b)

碱提酸沉法可以有效提纯蛋白质至 90% 以上,而且产品质量好,色泽浅。该工艺简单易行,但酸、碱消耗较多,成本高,分离出的乳清液中低分子蛋白质没有回收,造成浪费,另外可溶性成分去除不彻底。

2. 离子交换

离子交换法(ion exchange)的原理与碱提酸沉法相似,但不用碱、酸,而是用离子交换树脂来调节提取液的 pH。在脱脂豆粕中含有一定量的有机酸盐,当用阴离子交换树脂(R ═ NOH⁻)处理大豆粕时,会发生下列离子交换反应:

$$R {<}^{COOK}_{COOK} + R' \equiv NO \cdot H^- \leftrightarrow R \equiv N:R {<}^{COOK}_{COOK} + KOH$$

交换一定时间后,提取液呈碱性,大豆中的蛋白质逐渐溶解到碱性溶液中,形成蛋白质钾盐(HN ═ P—COOK),而阴离子交换树脂将脱脂大豆粕中的有机酸根吸附住,通过固液分离即可得到含有蛋白质的提取液。再把含有蛋白质的提取液,用阳离子交换树脂进行交换处理,又发生下列离子交换反应

$$P {<}^{NH}_{COOK} + R' - SO_3H^+ \leftrightarrow P {<}^{NH}_{COOK} + R' - SO_3K^+$$

反应的结果是交换树脂吸附蛋白质钾盐中的金属离子,释放出氢离子,使提取液逐渐趋于

中性。然后再用盐酸回调至等电点,蛋白质即可沉淀下来。其生产工艺为:

渣
↑
脱脂大豆粕→粉碎→加水调匀→阴离子交换树脂提取→固液分离→阳离子交换树脂处理→酸沉→分离打浆→回调→喷粉→大豆分离蛋白
↓
乳清

离子交换法生产的大豆蛋白质纯度高,灰分少,色泽浅,但生产周期过长,目前尚处于实验阶段,有待于进一步研究和开发。

3. 超过滤法

超过滤技术是 20 世纪 70 年代发展起来的新技术,又叫超过滤膜技术,简称膜过滤(membrane processing,MP)技术。其原理是利用纤维质隔膜,以压差为动力,使被分离的物质小于孔径的通过,大于孔径的滞留。常规的过滤是用滤布(过滤介质)截留细小固体颗粒以达到分离的目的,而膜分离技术是用超滤膜截留以分子为单位的颗粒。在大豆蛋白提取液中,蛋白质的相对分子质量有较大差异。通过超滤膜时,大分子的蛋白质被截留,而胰蛋白酶抑制因子、大豆凝集素等小分子的 2S 蛋白质通过膜,从而达到提纯浓缩蛋白质、去除抗营养因子的目的。据报道,采用膜分离技术与碱提酸沉法相比蛋白质产率可提高 11%。

超过滤有以下三种类型:

①微孔过滤(MF)。去除溶液中 0.02～2.0 μm 的微粒子或亚微粒子。这种分离以直流型最为普遍。

②超过滤(UF)。除去溶液中 0.002～0.02 μm 的微粒子,其相应的相对分子质量切割范围为 500～300 000。超过滤总是以横向流动进行。

③反渗析(RU)。是一种在较高压力下进行的分离,只有在施加超滤渗析压的压力时才出现。反渗析膜孔的孔径范围在 50～200 nm,相应的相对分子质量切割范围在 250～1 000。超过滤法生产大豆分离蛋白工艺流程如图 2.16 所示。

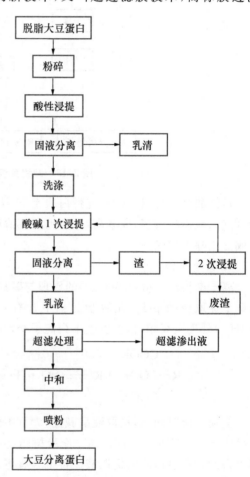

图 2.16　超过滤法生产大豆分离蛋白工艺流程

2.6.2.3　大豆分离蛋白的营养价值

大豆分离蛋白产品蛋白质含量高达 92%(表 2.43),含有丰富的赖氨酸、亮氨酸、甘氨酸和色氨酸等人和动物所需要的必需氨基酸(表2.44),大豆分离蛋白的氨基酸组成和含量均好于大豆浓缩蛋白。另外,SPI 氨基酸评分和校正消化率明显优于菜籽分离蛋白和葵花粕浓缩蛋白,说明 SPI 在氨基酸平衡方面更符合人和动物的需求(表2.45)。

表 2.43 大豆分离蛋白的主要质量指标 %

蛋白	脂肪	水分	灰分	纤维	糖类	植酸磷
≥92.0	≤0.4	≤4.7	≤3.2	≤0.2	≤10	0.5

来源:李正明和王兰君,1998。

表 2.44 大豆分离蛋白氨基酸组分 %

种 类	大豆分离蛋白		大豆浓缩蛋白	
	NRC(1998)	Centra soya(1996)	NRC(1998)	Centra soya(1996)
蛋白质	85.8	92.00	64.00	65.00
异亮氨酸	4.25	4.05	3.30	3.25
亮氨酸	6.64	6.99	5.30	5.33
赖氨酸	5.26	5.24	4.20	4.23
蛋氨酸	1.01	1.01	0.90	0.91
苯丙氨酸	4.34	4.88	3.40	3.38
缬氨酸	4.21	4.14	3.40	3.44
色氨酸	1.08	1.47	0.90	0.91
苏氨酸	3.17	3.31	2.80	2.80
组氨酸	2.25	2.21	1.80	1.76
酪氨酸	3.10	3.31	2.50	2.54

来源:李德发,2003。

表 2.45 不同植物浓缩蛋白质氨基酸校正消化率的比较

种 类	粗蛋白质(N×6.25)/%	蛋白质真消化率/%	氨基酸评分	氨基酸校正消化率/%
大豆分离蛋白(SPI)	92.2	98	94	92
菜籽分离蛋白	87.3	95	87	83
葵花粕浓缩蛋白	92.7	94	39	37

来源:李德发,2003。

2.6.2.4 大豆分离蛋白中的抗营养因子

大豆分离蛋白中蛋白酶抑制因子(TI)和脂肪氧化酶的含量较低。生大豆分离蛋白和热处理大豆分离蛋白中 TI 含量分别为 24.5 mg/g 和 4.7 mg/g。大豆分离蛋白中 TI 等抗营养因子含量减少与其加工工艺有关。大豆蛋白的 2S 组分中的蛋白酶抑制因子(KTI 和 BBI)是主要的抗营养因子。经分离去除 2S 球蛋白和 15S(脲酶)复合蛋白,制得的大豆分离蛋白产品,是以 7S 和 11S 两种球蛋白为主,因此大豆分离蛋白产品中蛋白酶抑制因子含量较低。另外,该工艺还可以破坏及钝化脂肪氧化酶等气味因子,使其产品的气味有更好的改善。

2.6.2.5 大豆分离蛋白的应用

在我国,鉴于人多地少、蛋白质资源缺乏、粮食转化为动物蛋白的效率低且大豆蛋白的生产成本仅为动物蛋白的15%,因此大豆蛋白开发应用具有更现实的意义。大豆分离蛋白因价格昂贵,目前在饲料工业中很少应用。Li 等(1991a)研究证实,大豆分离蛋白中球蛋白和β-伴球蛋白含量下降,早期断奶仔猪小肠绒毛高度及隐窝深度均好于豆粕组,对肠道形态和免疫功能有益,因此可提高早期断奶仔猪生长性能。

2.6.3 大豆组织蛋白

2.6.3.1 大豆组织蛋白的定义

大豆组织蛋白(textured soy protein,TSP)又叫膨化大豆蛋白或植物蛋白肉,是以脱脂大豆蛋白粉、大豆浓缩蛋白或大豆分离蛋白为原料,加入一定量的水及添加剂,在专用挤压膨化设备中经机械和化学加工而生产的纤维状蛋白。加工成型后的蛋白质分子排列整齐,具有同方向组织结构,咀嚼感与肉类相似。

大豆组织蛋白具有以下主要特性:①蛋白质结构呈粒状,具有多孔性肉样组织的性质和较高的营养价值,并有良好的保水性和咀嚼感;②大豆经高温、高压加工,钝化了其中抗营养因子等有害成分,改善了蛋白质的营养价值,从而提高蛋白质的消化率;③在一定程度上去除了大豆的不良气味,减少了由大豆寡糖引起的胃肠胀气现象。

2.6.3.2 大豆组织蛋白的生产工艺

大豆组织蛋白的生产工艺主要有挤压膨化法和纺丝黏结法。每种方法都包括原料粉的加工和组织蛋白的抽提两个过程。

1. 挤压膨化法

挤压膨化法是在一定水分、温度、压力作用下,使无定形颗粒状球蛋白转变成纤维状球蛋白,从而达到组织化的方法。其生产工艺流程为:

原料粉、碱、盐、添加物→加水拌和→挤压膨化→切割成型→干燥冷却→拌香着色→包装→成品

大豆组织蛋白呈多孔疏松状,可吸水膨胀,有弹性。在挤压膨化过程中钝化了一些抗营养因子,从而改善了蛋白质的营养价值。

2. 纺丝黏结法

纺丝黏结法,是将高纯度的大豆分离蛋白溶解于碱溶液中,使大豆蛋白质分子发生变性,许多次级键断裂,大部分已伸展的次级单位形成具有一定黏度的纺丝液。将这种纺丝液通过有数千个小孔的隔膜,挤入含有食盐的乙酸溶液中,使蛋白质凝固析出。在形成丝状的同时,使其延伸,分子发生一定程度的定向排列,从而形成纤维。该技术在美国已进入实用阶段,日本已出现了这种组织化大豆蛋白产品,而我国仍处于起步阶段。其生产工艺流程为:

辅料
↓

大豆蛋白原料→调浆→挤压喷丝→凝固拉伸→黏结→压制→干燥→成品

2.6.3.3　大豆组织蛋白的营养价值

大豆组织蛋白的粗蛋白质含量一般在50%左右,含有丰富的氨基酸、脂肪、维生素和微量元素,适合加工成各种仿肉食品。大豆组织蛋白产品种类较多,产品标准不一。表2.46列出了国内外有代表性的大豆组织蛋白产品的标准。

表2.46　大豆组织蛋白产品标准　　　　　　　　　　　　　　　　　　　　　　%

项目	国内	ADM公司（美）	日清（日）	项目	国内标准
蛋白质	>51	52	51	磁性金属	<3 mg/kg
水分	<10	6	7	残留溶剂	50 mg/kg
脂肪	<1	1	1	脲酶	合格（<0.2）
糖类	31	31.5	32	感官指标	(1)色泽浅黄（褐）色
粗纤维	<3	—	—		(2)气味略有豆腥味,无霉焦异味
粗灰分	6~7	6	6		(3)质地脆而无硬心,吸水呈海绵状,吸
胆固醇	无	无	无		水量为干重的1.5~2.5倍,无沙子

来源:李正明和王兰君,1998。

2.6.3.4　大豆组织蛋白产品的种类

根据大豆组织蛋白的组成可分为单纯大豆组织蛋白和复合大豆组织蛋白两种。

(1)单纯大豆组织蛋白

在我国又称为人造肉、植物肉,主要原料是大豆饼粕。它具有成本低、原料利用率高、易加工等优点。但也有如下缺点:①挤压膨化法生产的大豆组织蛋白的豆腥味严重影响组织蛋白的仿肉效果。目前通常使用的浸泡脱腥法虽然能脱掉部分腥味,但产品经水浸泡、挤压后,损失相当一部分可溶性蛋白。②胃肠胀气问题。大豆组织蛋白中寡糖含量高,不能被人和单胃动物机体吸收利用,食用过量会在肠道发酵,引起腹胀。③组织化问题。一般采用挤压膨化法生产大豆组织蛋白。由于挤压喷爆后膨化剧烈,在一定程度上破坏了组织化程度,致使肉感不强,纤维状组织不明显,使之与肉在形状上有一定差异。由于以上原因,虽然大豆组织蛋白物美价廉、营养丰富,但不易普及。

(2)复合大豆组织蛋白

复合大豆组织蛋白是根据营养互补原理和各种高蛋白植物原料的不同特性,采用两种以上(包括大豆)原料合理配比进行组织化处理的植物蛋白产品。

生产复合组织蛋白可供选择的原料很多,有粮油加工业的下脚料,如大豆饼粕、无酚棉籽饼粕、脱毒菜籽饼粕、玉米胚芽饼粕和小麦胚芽饼粕等,还有农产品如芝麻、杏仁、核桃仁、红花籽、椰干等。此外,许多含蛋白质较高的野生植物果实块茎也可供选择。

2.6.3.5　大豆组织蛋白的应用

我国大豆组织蛋白研究和生产始于20世纪70年代末和80年代初。由于技术和设备落后、产品质量欠佳,大豆组织蛋白的开发和应用一直没有得到很好的发展。近年来,在我国饲料市场上有少部分的大豆组织蛋白应用,主要用于乳猪日粮和宠物食品中。要想使大豆组织蛋白产品有新的起色,还需要做进一步的研究和改进。

2.6.4 大豆酶解蛋白

2.6.4.1 大豆酶解蛋白的定义

大豆酶解蛋白，又名大豆肽粉、大豆多肽(soy peptide)，是"肽基大豆蛋白水解物"(peptide-based soy protein hydrolysate)的简称，即大豆或大豆加工产品(脱皮豆粕/大豆浓缩蛋白等)的酶解产物，含蛋白质 85% 左右及少量游离氨基酸、糖类和无机盐等成分。其水解过程如图 2.17 所示。与传统大豆蛋白相比，虽然大豆多肽的生产工艺较复杂，成本价格较高，但其具有易消化吸收、能迅速供给机体能量、无蛋白变性、无豆腥味、无残渣、液体黏性小和受热不凝固等特性，尤其是具有降低血清胆固醇、降血压和促进脂肪代谢等独特的生理功能。因此，大豆多肽是比大豆蛋白更为优质的、新型的大豆深加工产品及营养品，已在食品、饲料、医药、日用化工等领域中显示出了诱人的开发应用前景。大豆多肽是由大豆蛋白质水解后的多种多肽分子组成的，氨基酸组成良好，必需氨基酸平衡且含量丰富。大豆多肽相对分子质量在 300～30 000，以相对分子质量低于 1 000 的为主，主要分布在 300～700。

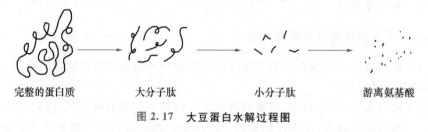

完整的蛋白质　　　　大分子肽　　　　小分子肽　　　　游离氨基酸

图 2.17　大豆蛋白水解过程图

2.6.4.2 大豆酶解蛋白的生产工艺

大豆多肽是以大豆或者大豆粕为原料，利用酶法将大豆蛋白质水解而成。其生产工艺流程如图 2.18 所示。

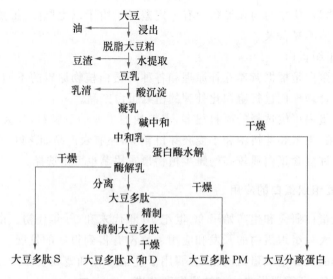

图 2.18　大豆多肽制备工艺流程图

在生产过程中,正确选择蛋白酶至关重要。通常,可选用胰蛋白酶、胃蛋白酶等动物蛋白酶,也可使用菠萝和木瓜等植物蛋白酶,但目前应用较广的主要是枯草芽孢杆菌1389、放线菌166、栖土曲霉942、黑曲霉3350和地衣芽孢杆菌2709等微生物产生的蛋白酶。

2.6.4.3　大豆多肽的营养特点及理化特性

1. 大豆多肽的营养特点

大豆多肽产品通常由3~6个氨基酸组成,游离氨基酸含量为10%~15%,另外含有少量糖类、水分和无机盐等成分。大豆多肽的氨基酸组成几乎与FAO/WHO/UNV(1985)人氨基酸需要量标准相近,必需氨基酸的平衡性良好,含量丰富(表2.47)。

表2.47　大豆多肽必需氨基酸的组成 (FAO/WHO/UNV(1985)人氨基酸需要量标准)　　mg/g CP

氨基酸种类	测量值	婴儿	2~5岁	10~12岁	成年
苏氨酸	37	43	34	28	9
苯丙氨酸	49	72	63	22	19
酪氨酸	34				
赖氨酸	62	66	58	44	16
胱氨酸	13	42	25	22	17
蛋氨酸	12				
色氨酸	12	17	11	9	5
缬氨酸	44	55	35	25	13
异亮氨酸	44	46	28	28	13
亮氨酸	72	93	66	44	19
组氨酸	24	26	19	19	16

来源:李德发,2003。

2. 大豆多肽的理化性质

大豆多肽的理化性质是影响其化工、贮存稳定性、口感质量及最终产品的营养和生物效应的重要因素。大豆多肽具有优良的理化特性:①大豆多肽具有良好溶解性。一般大豆蛋白在pH 4.2~4.5等电点时会沉淀而分离,而大豆多肽无论pH条件如何都能显示出良好的溶解性。②大豆多肽具有良好的流动性。普通大豆蛋白当浓度提高到10%以后溶液黏度直线上升,而30%大豆多肽溶液的黏度与10%大豆蛋白溶液的黏度相当,即使含量达50%时,其流动性仍然很好。③10%大豆蛋白溶液遇热会呈胶体状,而同样浓度大豆多肽溶液,即使加热也不会出现胶体状,仍然保持透明的溶液状态。④大豆多肽具有良好乳化性和发泡性,抗氧化性比大豆蛋白更强。

在生产大豆多肽时,采用适当加热处理、加入化学试剂(除臭剂、活性炭等)、控制蛋白质的水解度和特殊酶解处理等方法将大豆多肽制品中的豆腥味和抗营养因子去除,从而改善大豆多肽的风味,提高营养价值。

2.6.4.4　大豆多肽的发展前景

大豆多肽不仅具有良好的营养特性,能提供极易吸收的多肽化合物,而且具有很好的生理功能和加工特性,是一种非常有前途的功能性食品和饲料原料。它以其独特的功能和特性,在食品和饲料工业中具有十分广泛的用途和较广阔的开发应用前景。许多发达国家很早就意识到了这一点,所以研究出诸多大豆多肽产品,其中美国和日本都处在发展大豆多肽和生产利用的前列,国际贸易与经济效益剧增。我国近几年已开始了大豆多肽应用的研究,并取得了一定进展。

与生产大豆蛋白相比,制备大豆多肽生产工艺更加复杂,生产成本比较高,产品价格昂贵,目前未能占有很大的市场。但是,由于大豆多肽营养价值高,功能性强,作为一种新型的大豆深加工产品,必将得到进一步的开发利用,并蕴含着巨大的市场潜力。总之,随着理论和工艺条件的不断完善,大豆多肽的质量不断提高,大豆多肽产品必定被更多的消费者认识和接受,成为人们日常生活中的一种优质蛋白质原料。

2.7 其他豆类蛋白质饲料原料

2.7.1 蚕豆蛋白

2.7.1.1 蚕豆蛋白的营养价值及特点

蚕豆(broad bean)是蚕豆属(*Vicia faba* L.)植物的籽实,又名胡豆、佛豆、寒豆、南豆、夏豆和罗汉豆,是我国南方重要的豆科作物,在我国栽培历史悠久,种植面积居世界首位。

蚕豆是高蛋白、低脂肪、富含淀粉的豆科作物,是我国重要的粮食、蔬菜和食品原料。在谷类当中蚕豆的蛋白质含量比较高,一般在 24% 左右(脱皮后约 28%),仅次于大豆,而高于赤豆、绿豆、芸豆和扁豆,比大米高 3 倍多,可以与牛肉、猪肉等动物蛋白相媲美,是一种较好的蛋白质资源。但含硫氨基酸和色氨酸含量比较低,是蚕豆的限制性氨基酸。

蚕豆蛋白的优越性还表现在:煮熟后消化率大于 90%,相当于豆浆和豆腐;生物价为 58,相当于花生,略逊于大豆、大米和小麦,蛋白质功率比值小于 0.5;氨基酸评分为 25~40。此外,新鲜蚕豆含蛋白质为 13% 左右,作为蔬菜食品高于豌豆、豆角、刀豆和红豆;而且蚕豆粗纤维含量高于所有的豆类、大米和麦粉,高于蔬菜的 6~10 倍,而新鲜蚕豆的粗纤维量亦比蔬菜高 3~6 倍,这可更好地促进肠蠕动,帮助消化,并能降低体内胆固醇含量,对防止结肠炎和结肠癌有一定预防效果。而且蚕豆含有一些重要的矿物质,尤其是磷、镁、硒的含量居常食几种豆类之首,蚕豆的维生素含量也较高,成熟的蚕豆中 B 族维生素的含量也是其他豆类所无法比拟的,而未成熟蚕豆则是维生素 A 和维生素 C 的上等来源。

虽然蚕豆营养丰富,但长期以来,蚕豆在食品、饲料中的应用却极为有限,特别在我国,大部分是鲜蚕豆作为蔬菜而被消费,成熟蚕豆主要用于加工粉丝或粉皮。而蚕豆蛋白一直未得到很好的利用和开发,其原因在于,一方面是蚕豆蛋白未受到高度重视而加以研究开发,另一方面是蚕豆中含有较多的抗营养因子,大量食用可引起一系列副作用,从而影响了蚕豆的综合利用和开发。

目前研究已表明蚕豆水溶液提取物中可分离得到两种成分:高分子质量的缩合单宁和低分子质量的多酚类化合物,并发现缩合单宁是蚕豆中的主要抗营养因子。由于缩合单宁具有鞣质的通性,能与蛋白质类物质产生较强的作用,具有收敛性和较强的苦涩味,可生成不易消化的高分子沉淀物质,人体摄入过量的单宁会使消化酶的活力降低,从而降低蛋白质的利用。此外在蚕豆中还发现有蚕豆嘧啶核苷、伴蚕豆嘧啶核苷、植酸盐、蛋白酶抑制剂、外源凝集素(血细胞凝集素)、血胆固醇过少因子(皂角苷)以及不可消化的碳水化合物等都具有抗营养作用。

去除这些抗营养因子的主要方法有去皮、浸泡、高温加热和添加物质与缩合单宁反应等方法。

2.7.1.2　蚕豆蛋白加工方法简介

1. 蚕豆蛋白质粗粉加工方法

将蚕豆(或去皮蚕豆)磨成粉,加水浸泡,用稀碱调 pH 至 9,40～50℃下保温 30 min,离心,除去淀粉,将分离液的 pH 调至 7,喷雾干燥成粉,即为蚕豆蛋白粗粉。某实验得到的蚕豆粗蛋白质粉的营养成分参见表 2.48。

表 2.48　蚕豆蛋白粉的营养成分　　　　　　　　　　　　%

品　　种	水分	粗灰分	粗蛋白质	粗脂肪	粗纤维
蚕豆蛋白粗粉	5.14	8.78	53.33	2.77	0.37
蚕豆分离蛋白	4.67	3.99	76.20	2.12	0.32
蚕豆浓缩蛋白	9.61	3.35	71.12	2.84	—

来源:段发森等,1988。

2. 蚕豆分离蛋白粉

将蚕豆粗蛋白质粉加工过程得到的分离液用稀盐酸调 pH 至 4.5,离心后弃去上清液,取沉淀加水稀释,调 pH 至 7,喷雾干燥成粉,即为蚕豆分离蛋白。某实验得到的蚕豆分离蛋白粉的营养成分参见表 2.47。

3. 在蚕豆提取淀粉后的废液中提取蚕豆浓缩蛋白

由于蚕豆含淀粉高达 48% 以上,其中淀粉中 60% 以上是直链淀粉,且颗粒小、均匀,易形成强度高、黏性低的凝胶,非常有利于加工成粉丝或粉皮。但在传统制粉工艺一般只取淀粉,而其中营养价值高,占原料 25% 的蛋白质却很少利用,大都随洗粉废水流失且造成环境污染。因此从制粉的废水中提取蚕豆蛋白粉显得非常具有经济、社会和环保价值。其主要的加工方法为:将蚕豆黄浆水先调整 pH 至酸性(等电点 pH 4.5 附近),然后静置分层,过滤去除上层清液,得沉淀物后干燥、粉碎,即可得到蚕豆浓缩蛋白(蚕豆粉浆蛋白粉)。其得率约为所投蚕豆的 25%。

某实验得到的蚕豆浓缩蛋白的营养成分参见表 2.47。

2.7.1.3　蚕豆蛋白在饲料中的应用

1. 蚕豆蛋白在生长猪中的应用

陈腾捷等(1989)从蚕豆制粉中的废水中提取了蚕豆蛋白,其营养成分指标为:总能 21 799 kJ/kg,总能消化率 86.8%,消化能 14 184 kJ/kg,水分 9.8%,粗蛋白质 64.7%,蛋白质消化率 87.0%,粗脂肪 6.4%,粗纤维 0.98%,无氮浸出物 15.42%,粗灰分 2.7%,钙 0.115%,磷 0.39%,18 种氨基酸齐全,其中赖氨酸含量 4.3%～5.2%。并以生长育肥猪试验为对象,在保持营养水平一致的前提下,分别以上述蚕豆蛋白代替鱼粉和部分豆饼。试验结果显示,以鱼粉组平均日增重和饲料转化效率最好,蚕豆蛋白组和蚕豆蛋白＋豆饼组次之,豆饼组较差。从经济效益比较,试验全期每头猪饲料成本为,鱼粉组 238.54 元,豆饼组 248.32 元,蚕豆蛋白＋豆饼 218.66 元,蚕豆蛋白组 211.35 元。说明蚕豆蛋白在经济成本上具有一定的优势。

2. 蚕豆蛋白在蛋鸡中的应用

周绍元等(1993 年)也是从蚕豆提取淀粉后的废水中制取了蚕豆蛋白,其蛋白质含量超过 60％。以 210 日龄的伊萨褐商品代产蛋鸡为试验对象,对照组为 3.5％国产鱼粉＋3.0％鱼干＋基础日粮,试验 1 组采用 3.5％蚕豆蛋白(代替鱼粉)＋3.0％鱼干＋基础日粮,试验 2 组用 3.5％国产鱼粉＋3.0％蚕豆蛋白(代替鱼干)＋基础日粮,试验 3 组用 6.5％蚕豆(代替鱼粉和鱼干)＋基础日粮,其他成分比例不变。

本试验结果表明,4 个组产蛋率差异不显著。由于本试验采用的是等量代替,没有另加其他必需氨基酸,因此对照组在产蛋率、平均蛋重方面仍略高于试验组,只是死亡率远高于试验 2 组和试验 3 组。从经济效益上看,蚕豆蛋白价格低,饲料成本低,所以经济效益较高,尤其是试验 3 组各项指标与对照组基本相同,但每只鸡的收入却增加了 0.34 元。

2.7.2 豌豆蛋白

2.7.2.1 豌豆蛋白的营养价值及特点

豌豆(pea)是豌豆属(*Pisum* spp.)植物,属豆科一年生或二年生草本植物。豌豆俗称青豆、雪豆。其颜色似翡翠,形状像珍珠。豌豆原产于中非与欧洲,而后扩大到远东和北非地区。中国在公元前 2000 年就已经食用豌豆了。作为一种绿色蔬菜,豌豆是第一个通过科学培育的新的良种。世界遗传学之父——奥地利科学家孟德尔做的豌豆杂交试验奠定了现代遗传学的基础。现在世界上所生产的豌豆,有 4/5 是以干的形式消费的,只有 1/5 是以青豆的形式消费的。干豌豆产量最大的国家是俄罗斯、中国和美国,但是在美国 90％都是青豆。

豌豆味甘,性干偏凉。功能补肾健脾和胃、生津止渴、利尿和五脏、生精髓。对于肺胃虚弱、恶心呕吐、腹痛、腹泻、或产后体虚、乳汁不下以及胃热烦渴口干等症均有较好的食疗作用。

豌豆的成熟籽粒中含有 45％左右淀粉,20％～30％蛋白质,0.5％～2.0％脂肪。豌豆蛋白质是一种优质蛋白质,其蛋白质含量高于绿豆、豇豆。豌豆蛋白质中氨基酸的比例较平衡,人体所需的八种必需氨基酸除蛋氨酸的含量稍低外,其余均达到 FAO/WHO 推荐模式值,且赖氨酸、异亮氨酸、亮氨酸、苏氨酸、色氨酸、缬氨酸等必需氨基酸含量都高于蚕豆和大豆。另外,豌豆蛋白没有臭味、易溶于水、乳化稳定性高、耐热耐盐性好。利用豌豆蛋白制成的面制品、肉制品、饮品、方便食品、冷冻食品、调味汁等不仅具有较高的营养价值,而且质量优良、味道鲜美,深受广大消费者的欢迎,其应用前景十分广阔。

豌豆可加工成豌豆粉浆蛋白粉、豌豆次粉、豌豆粉浆粉、压片豌豆、去皮豌豆、豌豆粉等富含蛋白质的饲料原料。

2.7.2.2 豌豆蛋白加工方法简介

1. 豌豆分离蛋白的提取

豌豆和大豆相比,其最大的特点是脂肪含量较低,所以,减少了制油工艺,可用于直接提取优质的豌豆蛋白质。其主要原理还是碱溶酸沉法。简要制备工艺为:豌豆经清理后,用常温下的自来水浸泡24~48 h,用砂轮磨磨3~4遍,通过100目筛网分渣,再离心分离,沉淀主要是淀粉,上清液加酸调pH至4.4左右使蛋白质沉淀,离心分离得酸沉后的蛋白质,再加碱调pH至7.0左右使蛋白质溶解、均质,再进行喷雾干燥,即得豌豆蛋白。某实验得到的豌豆蛋白质粉组成见表2.49。

表2.49　豌豆蛋白粉的成分　　　　　　　　　　　　　　　　　　　%

成分	水分	粗蛋白质	粗灰分	氮溶解指数
豌豆蛋白粉	3.8	85.0	3.2	84.7

来源:郭兴凤,1998。

2. 从豌豆制粉废水中提取豌豆蛋白

由于豌豆淀粉具有特殊的使用品质,因此国内目前大多数厂家只注重豌豆淀粉的加工和应用。但每生产1 t豌豆淀粉就会产生13~15 t废水。在这些废水中,溶有20%~30%的豌豆蛋白质。如果直接排放,既污染了环境,也造成了蛋白资源的浪费。因此,从豌豆制粉废水中提取豌豆蛋白对于豌豆资源的综合利用具有非常重要的意义。主要提取方法为:将豌豆提取淀粉后的废水先调整pH至酸性(等电点pH 4.5附近),然后静置分层,过滤去除上层清液,得沉淀物后干燥、粉碎,即可得到豌豆浓缩蛋白。

2.7.2.3　豌豆蛋白在饲料中的应用

1. 豌豆蛋白在鸡饲料中的应用

李凤学等(1996)选用正处产蛋高峰的38周龄海兰褐蛋鸡为对象,以豆粕日粮为对照组,试验组选用玉米蛋白、豌豆蛋白、菌丝蛋白等全部替换原日粮中的豆粕,豌豆蛋白的添加量为4.0%。并添加含有赖氨酸、蛋氨酸等特制的预混料来调整营养平衡,按替代蛋白料与豆粕间氨基酸消化率的差异情况适当提高日粮营养指标。豆粕日粮所含的营养成分为:代谢能11.55 MJ/kg,粗蛋白质17.1%,钙3.28%,磷0.62%,赖氨酸0.78%,蛋氨酸0.64%;无豆粕日粮所含的营养成分相应为11.63、18.5、3.32、0.63、0.81和0.67。

本次试验表明,选用优质的豆粕以外的蛋白饲料经科学配制日粮,完全可以替代蛋鸡日粮用的豆粕,其产蛋率和蛋重都未受影响,而且还可降低饲料成本。

2. 豌豆蛋白在猪饲料中的应用

试验表明,饲料豌豆的营养价值较高,用豌豆喂猪,豌豆粗蛋白质的消化率可达83%~86%。豌豆赖氨酸含量约占总蛋白质含量的7.39%,可以满足单胃动物的需要;饲料豌豆的淀粉含量占干物质的46.80%,可为家畜提供丰富的能量。豌豆的猪可消化能与小麦和玉米的相近,为13.7~15.4 MJ/kg。豌豆较高的蛋白质含量和高消化能适宜于生长速度快、瘦肉率高的现代养猪生产。近年来,欧洲和加拿大进行了大量的试验,研究豌豆在猪饲料中的应用。结果表明豌豆蛋白质可以取代日粮部分或全部蛋白成分,但当豌豆成为饲料中唯一的蛋白质来源时,保证日粮蛋氨酸和胱氨酸的水平就足以满足猪的生长需要。席鹏彬等(2011)研究了在补足蛋氨酸的条件下,豌豆取代玉米-豆粕基础日粮中的部分蛋白质对生长猪生产性能的影响。

该试验共选用体况良好的北京黑×长白×杜洛克三元杂交商品生长猪为试验对象,试验共包括 3 种日粮,对照日粮以玉米＋豆粕为基础,两种试验日粮分别用豌豆蛋白替代基础日粮总蛋白的 25％和 50％。3 种日粮均按照等能等蛋白等营养水平的原则配制而成。

试验结果表明,与玉米-豆粕基础日粮相比,用豌豆蛋白替代基础日粮部分蛋白可显著降低试验前期生长猪的采食量和日增重,其主要原因在于生豌豆影响日粮的适口性,从而显著降低生长猪的采食量。此外,生豌豆中含有的胰蛋白酶抑制因子也可能抑制生长猪对日粮养分的利用效率。但后期试验表明,用豌豆蛋白替代豆粕-玉米日粮中的部分蛋白对生长猪生产性能不会产生不利影响。

2.7.3 绿豆蛋白

2.7.3.1 绿豆蛋白的营养价值及其特点

绿豆(mung bean)是绿豆属(*Vigna radiate* L.)一年生草本植物的籽实,是温带、亚热带地区广泛种植的豆类之一,中国、印度、泰国、菲律宾等亚洲国家最多。我国已有 2 000 多年的栽培历史,从黑龙江到海南岛,从东南沿海到云贵川都有生产。《齐民要术》已有绿豆栽培技术的记载,《本草纲目》对绿豆的药用价值也作了较详尽的介绍,具有明显的清热解毒、消暑利水的功用,可用于治疗暑热烦渴、丹毒痈肿、水湿泻痢及毒物中毒等症。其籽粒、淀粉、果颖、叶和花都可入药。绿豆是深受人们喜爱的豆类,吃法多样,食味好。

绿豆中蛋白质含量高,淀粉品质好,矿物质和维生素丰富,是营养价值很高的食用豆。商品绿豆一般的营养成分见表 2.50。

表 2.50　绿豆中主要营养成分　　　　　　　　　　%

成分	水分	淀粉	粗蛋白质	粗脂肪	粗纤维	粗灰分
含量	10.6	61.8	22.9	1.8	4.4	3.5

绿豆中也含有一些抗营养因子,主要有胰蛋白酶抑制剂、脂肪酶抑制剂,蛋白酶抑制剂活性比其他豆类低,但未发现有活性的淀粉酶抑制剂和血球凝集素。多酚一般在种皮,去壳后酚类物质可大大减少。此外,绿豆由于水苏糖和毛蕊花糖含量较少,引起肠胃胀气程度比其他豆类小,而不成熟豆粒引起胀气的程度小于成熟豆粒。绿豆经过发芽、发酵、浸泡等可减少低聚糖。如发芽可除去 70％～100％的低聚糖。

2.7.3.2 绿豆蛋白提取方法简介

绿豆中主要成分是淀粉和蛋白质,而绿豆淀粉是生产粉丝的最佳选择,一般上等粉丝都是由绿豆粉制得。因此可在提取淀粉后的废水中再提取蛋白质,从而可以充分利用绿豆资源。

主要提取过程为:将绿豆(或去皮绿豆)磨成粉,用 40℃左右水浸泡,用稀碱调 pH 至 9,保温 30 min 左右,离心,除去淀粉,将分离液的 pH 调至 4.2～4.5,蛋白质即凝聚而沉淀,然后静置 45 min 左右,再进行离心分离,将沉淀物干燥即得到绿豆蛋白粉。蛋白质含量可达 65％左右。

2.7.3.3 绿豆蛋白在饲料中的应用

韩义龙(1995)用从绿豆粉丝的废水中提取的绿豆蛋白在鸡和猪饲料中进行了饲养试验。

结果为：

①用绿豆蛋白质代替进口鱼粉喂雏鸡,绿豆蛋白质的添加量为7%。全年育成7.81万只,鸡的育成率达96%,节省饲料费用12.26万元。

②用绿豆蛋白代替87.5%的进口鱼粉配料喂产蛋鸡,绿豆蛋白质的添加量为7%。其产蛋率与品种标准产蛋率比较:产蛋率达91%时多1周,产蛋率降至90%时延长了3周,产蛋率在80%范围内增加了8周。因此,其24～39周龄期间平均每只多产蛋0.22 kg,多收入1.24元;其料蛋比为2.7,每产1 kg蛋节省饲料费用0.61元,平均每只多收入1.37元。

③用绿豆蛋白+蛋氨酸代替进口鱼粉喂AA商品肉鸡,绿豆蛋白添加量为5%,另添加0.02%蛋氨酸。年出栏9 000只,8周龄平均体重2.5 kg,料重比2.2,平均每只节约饲料费0.88元。

④用5%等外绿豆蛋白(1.2元/kg)代替等外鱼粉配料饲喂育肥猪500头,平均每头猪多收入24.48元。

江永贵等(1998)也是用从绿豆粉丝废水中提取的绿豆蛋白在产蛋鸡中进行了替代鱼粉的试验。结果表明,绿豆蛋白粉不仅可以完全代替鱼粉配制无鱼粉日粮,还可以突破等量"置换"占日粮5%～8%的鱼粉的界限,在蛋鸡的绿豆蛋白粉无鱼粉日粮中可占13%。试验结果还表明:绿豆蛋白粉在代替鱼粉配制无鱼粉日粮的同时,还可以代替部分豆粕,为解决目前鱼粉、豆粕供求矛盾提供了一条有效途径。

2.7.4　瓜尔豆粕

2.7.4.1　瓜尔豆粕营养价值及其特点

瓜尔豆(guar bean)是豆科瓜尔豆属(*Cyamopsis tetragonoloba* L.)籽实,是一种一年生草本抗旱农作物,原产非洲,在印度和巴基斯坦等地的干旱和半干旱地区广泛种植。在我国由于引进时间短,种植面积比较小,产量也不大。种子圆形至椭圆形,胚乳约占其40%,含瓜尔胶约33%。一般而言,种子内胚乳中半乳甘露聚糖含量超过65%,总糖含量大于80%。

瓜尔豆通过一定的加工工艺提取其中的瓜尔豆胶后,所余下的副产品是瓜尔豆粕,可用做饲料原料。瓜尔豆粕含有丰富的蛋白质和碳水化合物,是纯天然的非转基因的饲料产品。它的粗蛋白质含量达48.9%～55.16%,同时它所富含的氨基酸是玉米蛋白、小麦蛋白和稻米蛋白中所缺少的,它们相互配合,可以相互补充。由于瓜尔豆粕营养丰富,常把它作为蛋白补充料,与其他饲料配合使用。根据国内外相关研究文献报道,瓜尔豆粕的基本营养价值指标(以质量分数计):干物质80%～90%;粗蛋白质30%～80%(依据不同的加工工艺和方法而定),一般为50%左右,粗纤维最高为6.8%,粗脂肪最低为5%,瓜尔豆粕的蛋白消化率为89%。瓜尔豆粕中含赖氨酸3.22%、胱氨酸0.79%、色氨酸0.68%、异亮氨酸2.31%、缬氨酸2.35%。

然而,瓜尔豆粕也存在一定的营养缺陷,如含有胰蛋白酶抑制因子。另外,在瓜尔豆粕中会残留瓜尔豆胶,其主要成分是半乳甘露聚糖。由于半乳甘露聚糖高度的水溶性和黏性,可以极大地增加消化道中食糜的黏稠度,因此会降低饲料中各种营养成分的消化率。瓜尔豆粕在应用时需要经过热、酸、还原糖或酶等处理,以提高其消化率。

另外,瓜尔豆籽实的胚芽经浸提制取瓜尔豆胶后的副产品叫瓜尔豆胚芽粕。

2.7.4.2　瓜尔豆粕在饲料中的应用

1. 瓜尔豆粕在反刍动物饲料中的应用

早在第56届美国动物科学学会年会报告中指出,瓜尔豆粕虽然有营养缺陷,但是有方法可以改变其适口性,降低其毒性。在饲养育肥羔羊和公牛的试验中,它已被公认为是比较理想的蛋白质补充料。现在国外,瓜尔豆粕在反刍饲料中得到了比较成熟而广泛的应用,主要是因为反刍动物瘤胃的特殊消化分解功能有效地消除了瓜尔豆粕中抗营养因子的不利作用。

(1)瓜尔豆粕在牛饲料中的应用

Sadagopan和Talapatra试验可以在牛料中的添加量为581 g/d的瓜尔豆粕;后来Sagar和Pradhan试验证明可以用瓜尔豆粕(655 g/d)完全替代花生粕(640 g/d)。经过加工和未经加工的瓜尔豆粕的有机物降解率分别为76%和71%。而Conrad和Neal观察在饲喂肉牛的青贮饲料中,每日每头添加2.27 kg的瓜尔豆粕,不会出现适口性差的问题。试验证明产奶奶牛和小母牛可以在几天的时间里适应瓜尔豆粕的气味和味道,当添加量达到10%~15%,产奶奶牛的采食量虽然比添加棉籽粕的低,但产奶性能没有受到影响。在对生长期的产奶牛第一个月的饲喂中,经过处理的比未经处理的瓜尔豆粕能轻微地提高日粮采食量。

Morteza研究了瓜尔豆粕在泌乳期荷斯坦奶牛的应用,用添加瓜尔豆粕替代日粮中0、50%,75%,100%的棉籽粕,观察其对生产性能和血液代谢的影响。结果证明,干物质采食量和产奶量在零替代组最高,而100%替代组最低。乳脂率、蛋白含量在50%替代组最高,牛奶中的乳糖和钙含量没有明显差异。牛奶和血液中的脲氮均无明显不同。

(2)瓜尔豆粕在羊饲料中的应用

Huston和Shelton研究了水解羽毛粉、血粉、瓜尔豆粕、尿素、大豆粕及棉籽粕对羔羊的饲喂效果(粗蛋白质分别为80.8%、82.3%、38.8%、21.3%、48.5%和41.7%)。试验结果表明,棉籽粕中氮的消化率最低,瓜尔豆粕中的氮消化率仅次于尿素,达到86.1%。在饲养试验中,添加瓜尔豆粕的日粮组,羔羊的生长性能明显降低,可能由于未经处理的瓜尔豆粕的适口性极差。但是他们发现,这种影响只在初期表现出来,随着瓜尔豆粕的长期饲喂,饲喂效果得到改善。因此不建议在短期内单独使用生瓜尔豆粕作蛋白质补充料饲养羔羊。Mahdavi也有相似的结论,瓜尔豆粕可以作为传统蛋白补充料的替代料,在育肥羊日粮中应用而无不利影响,而且综合考虑经济效益,添加瓜尔豆粕的试验组均优于其他各组。Muna等则在阉山羊的基础日粮中添加0、10%、20%、30%、40%的瓜尔豆粕。结果证明,干物质采食量在20%和30%的添加水平组显著高于其他各组。有机物及粗蛋白质的消化率则表现为瓜尔豆粕添加组均高于对照组;粗纤维的消化率在30%和40%的添加水平得到了提高。尼龙袋消化试验中表现为任何瓜尔豆粕的添加水平在24 h内完成消化,且体增重都有增加。

2. 瓜尔豆粕在畜禽动物饲料中的应用

(1)瓜尔豆粕在鸡饲料中的应用

由于瓜尔豆粕中残留有瓜尔豆胶,因此不能在单胃动物的日粮中添加过高水平的瓜尔豆粕,因此限制了其在单胃动物中的应用。Lee等分别用瓜尔豆外皮,瓜尔豆胚芽部分和瓜尔豆粕(瓜尔豆胚芽和外壳混合物)在肉鸡日粮中添加 2.5%、5.0%、7.5%和 10.0%4 个水平。结果表明,2.5%的添加水平对 6 周龄的肉鸡,均无不利影响。Lee 等的研究表明,在肉鸡日粮中添加瓜尔豆胚芽达到 7.5%,其生长效果和饲料转化率,均与玉米-豆粕型日粮无显著差异。由于瓜尔豆胚芽与瓜尔豆外皮相比,所含的瓜尔豆胶少,所以瓜尔豆胚芽部分具有更高的饲喂价值。

Gutierrez 等在蛋鸡日粮中添加 2.5%和 5%的瓜尔豆粕(瓜尔豆外皮和瓜尔豆胚芽的混合物),对蛋鸡的产蛋量、饲料消耗量、饲料转化率及蛋壳品质均无不利影响。瓜尔豆粕在蛋鸡中的适宜添加量为 5%～7%,生长期饲料中 5%～12%。

(2)瓜尔豆粕在猪饲料中的应用

瓜尔豆粕在猪饲料中的应用也同样存在着抗营养因子的问题。Heo 研究了不同添加水平的瓜尔豆粕对生长育肥猪的生长性能和猪肉品质的影响。结果表明:瓜尔豆粕在日粮中的添加量为 6%时,对其生产性能无不利影响;当添加量达到 12%时,会降低生长育肥猪的日增重,但对其平均日采食量及猪肉品质无显著影响。在种猪饲料中瓜尔豆粕添加量可达到 5%～10%。

2.7.5　鹰嘴豆蛋白

2.7.5.1　鹰嘴豆蛋白的营养价值及特点

鹰嘴豆(chickpea)是豆科鹰嘴豆属(*Cicer arietinum* L.)植物的籽实,是豆科植物中的稀有品种。鹰嘴豆起源于亚洲西部和中东地区,栽培历史悠久,主要分布在世界温暖而又较干旱地区,是世界第二大消费豆类,产量居世界豆类第三,是目前世界上栽培面积较广的食用豆类作物之一。因其外形独特,类似鹰嘴而被称为鹰嘴豆。我国新疆已有 2 500 多年栽培历史,维吾尔族名为奴乎特、诺胡提,别名鸡豆、脑豆子和桃豆等。属野豌豆族,是维吾尔医常用的中药材。其性味甘、平、无毒,有补中益气、温肾壮阳、解血毒、润肺止咳、养颜、强骨、健胃、主消渴等作用。在《中华人民共和国卫生部药品标准维吾尔分册》《药物宝库》《维吾尔族药志》《维吾尔民族医常用药材》《草本拾遗》中,均记载了鹰嘴豆可用于防治糖尿病、高血压、高脂血症。鹰嘴豆对支气管炎、黏膜炎、霍乱、便秘、痢疾、消化不良、肠胃气胀、毒蛇咬伤、中暑等疾病亦有良好的作用。其籽粒能防治胆病、失眠、皮肤病等。

维吾尔药志记载鹰嘴豆种子含蛋白质约 20%,脂肪 4.6%～6.1%,淀粉 44.89%～52.80%,矿物质 2.36%～4.67%,粗纤维 2.4%～10.06%。Poltronieri F 研究也表明鹰嘴豆富含多种植物蛋白和多种氨基酸、维生素、粗纤维及钙、镁、铁等成分。因此,民间有:"每天吃豆三钱,何需服药连年"的谚语。现代营养学也证明,每天坚持食用豆类食品,只要 2 周的时间,人体就可以减少脂肪含量,增加免疫力,降低患病率。

Newman 等发现鹰嘴豆蛋白的蛋白功效比值(PER)为 2.8 左右,消化率 79%～88%,这表明鹰嘴豆蛋白质的质量与大豆蛋白质相似。据《中华人民共和国卫生部药品标准维吾尔药分册》记载,鹰嘴豆蛋白质中富含人体易于吸收的 18 种氨基酸及 8 种必需氨基酸,且组成均衡。其每 100 g 蛋白质含有氨基酸 80～90 g,必需氨基酸 33.6～41.2 g,其中赖氨酸含量较高 6～7 g,因而可将其用于赖氨酸强化食品。如其他豆类蛋白质一样,含硫氨基酸(蛋氨酸和半胱氨酸)及苏氨酸等是鹰嘴豆蛋白质的限制性氨基酸。但含硫氨基酸总和仅占氨基酸总量的 2.1%,蛋氨酸与半胱氨酸比值较高,为(0.41~2.76)∶1。

2.7.5.2 鹰嘴豆蛋白的应用

由于鹰嘴豆是药食同源的原料,而且种植范围和种植量都不大,因此目前主要用于食品和药材。虽然鹰嘴豆籽粒是优良的蛋白质饲料,磨碎后是饲喂骡马的精料,但用量极为有限。

(本章编写者:谢正军,金征宇,韩飞)

第3章

棉籽类蛋白饲料原料

3.1 棉籽加工

3.1.1 棉籽简介

3.1.1.1 棉籽的组分

棉籽(cottonseed)是锦葵科草本或多年生灌木棉花(*Gossypium* spp.)蒴果的种子。由棉铃中采集的棉花称籽棉,由籽棉上轧下来的棉纤维称皮棉,籽棉除去皮棉后,即可取得含短绒的棉籽(图3.1和图3.2,另见彩图3和彩图4)。棉籽外部为坚硬的褐色籽壳,形状大小也因品种而异。籽壳内有胚,是棉籽的主要部分,也称籽仁。籽仁含油量可达35%~45%,含粗蛋白质39%左右,含棉酚达0.7%~4.8%。

图 3.1 棉花

(http://en. wikipedia. org/wiki. /cottonseed)

图 3.2 棉籽

(http://en. wikipedia. org/wiki. /cottonseed)

2009 年全国棉花品种(系)有 474 个,主要分常规棉、杂交棉、Bt 棉、优质专用棉和其他。

101

棉籽壳重量占整粒棉籽重量的40%～45%,棉籽仁中富含蛋白质、脂肪,其总含量占70%左右,不同品种棉籽仁中棉酚含量存在较大的差别。棉籽及棉籽壳的营养成分含量见表3.1；对新疆、湖北、河南的13个不同棉花品种中棉籽仁的营养成分及内源毒素进行了研究,其水分、中性洗涤纤维(NDF)、酸性洗涤纤维(ADF)、粗蛋白质、粗脂肪及游离棉酚等成分的含量及变异范围见表3.2。

表3.1 棉籽及棉籽壳的营养成分含量 %

项目	干物质	粗蛋白质	粗脂肪	粗纤维	酸性洗涤纤维	粗灰分	钙	磷	钾	镁
全棉籽[1]	92	23.0	20.0	24.0	34	4.8	0.21	0.64	1.00	0.46
脱绒棉籽[1]	90	25.0	23.8	17.2	26	4.5	0.12	0.54	1.18	0.41
棉籽壳[1]	91	4.1	1.7	47.8	73	2.8	0.15	0.09	0.87	0.14
棉籽壳[2]	90	4.0	4.4	43.0		2.5	0.14	0.09	0.87	0.13

来源:1. 美国Feedstuffs饲料成分表(2006),以干物质为基数。

2. 美国Feedstuffs饲料成分表(2010)。

表3.2 不同品种棉籽仁的营养成分和游离棉酚含量及变异范围

类 别	平均值	标准差	变异系数	变幅
水分/%	6.68	1.02	15.24	5.37～8.36
NDF/%	3.70	1.16	31.35	2.38～6.96
ADF/%	2.74	1.42	51.77	1.61～6.67
粗蛋白质/%	46.62	2.09	4.49	42.97～51.02
粗脂肪/%	29.41	1.38	4.69	27.36～32.21
游离棉酚/(mg/kg)	7 726.23	1 039.71	13.47	6 028.15～9 866.30

注:除了水分含量外均以干基含量表示。

3.1.1.2 棉籽的质量标准

我国国家标准(GB/T 11763—2008)规定了棉籽的质量标准,棉籽按含油量定等,等级质量指标见表3.3。行业标准(GH/T 1052—2209)对棉籽的质量要求略有不同,将棉籽分为油用棉籽和饲用棉籽,并增加了综合定等指标。

表3.3 棉籽等级质量要求

等级	含油率(以干基计)/%	水分/%	杂质/%	色泽气味	等级	含油率(以干基计)/%	水分/%	杂质/%	色泽气味
1	≥20.0	≤12.0	≤2.0	正常	4	≥17.0	≤12.0	≤2.0	正常
2	≥19.0	≤12.0	≤2.0	正常	5	≥16.0	≤12.0	≤2.0	正常
3	≥18.0	≤12.0	≤2.0	正常	等外	<16.0	≤12.0	≤2.0	正常

来源:国家标准GB/T 11763—2008。

3.1.2 我国棉花种植及棉籽生产发展概况

3.1.2.1 我国棉花生产布局

我国棉花种植地域广阔,棉花产量居前 10 位的主产省(自治区)是新疆、山东、河北、河南、湖北、安徽、江苏、湖南、江西、甘肃。根据自然气候和农业特点主要划分为华南、黄河流域、长江流域、北部特早熟和西北内陆五个棉区,其中主要产棉区是黄河流域棉区、长江流域棉区和西北内陆地区棉区。

3.1.2.2 我国棉花生产发展概况

棉花是我国重要的经济作物,我国棉花的种植历史悠久,经历了不断发展的过程。新中国成立以来,我国的棉花生产逐步恢复增长,尤其是改革开放以来,我国的棉花种植得到了快速发展。全国棉田面积、棉花总产量、单产在 1949 年分别为 277.0 万 hm^2、44.4 万 t、165 kg/hm^2,到 2010 年分别达到 484.9 万 hm^2、596.1 万 t、1 229 kg/hm^2,我国已经成为世界棉花高产国。2001—2010 年我国棉花产量、播种面积、单产、分布等生产变化情况详见图 3.3 至图 3.7,它们均来自国家统计局《中国统计年鉴》。2000—2010 年我国棉籽总产量见图 3.8。

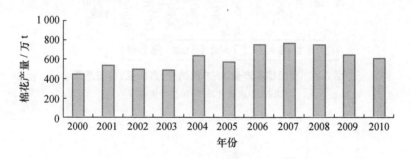

图 3.3 **我国棉花产量**

(来源:国家统计局《中国统计年鉴》)

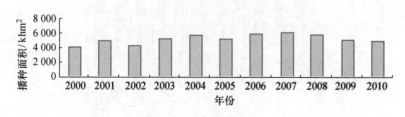

图 3.4 **我国棉花播种面积**

(来源:国家统计局《中国统计年鉴》)

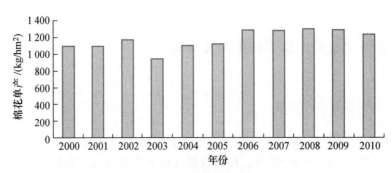

图 3.5 我国棉花单产

（来源：国家统计局《中国统计年鉴》）

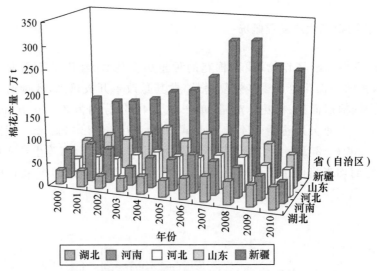

图 3.6 我国棉花产量 1～5 位的省（自治区）棉花产量

（来源：国家统计局《中国统计年鉴》）

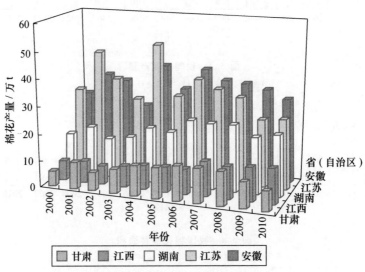

图 3.7 我国棉花产量 6～10 位的省（自治区）棉花产量

（来源：国家统计局《中国统计年鉴》）

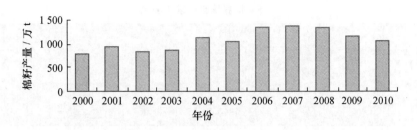

图 3.8　我国棉籽总产量(来源:国家粮油信息中心(2011))

3.1.2.3　我国棉花生产在世界的地位

我国是棉花生产大国,近 10 年总产量居世界首位。棉花是世界最主要农作物之一,棉花产地广泛分布于亚洲、非洲、北美洲、南美洲和欧洲的热带及其他温暖地区。亚洲棉花生产国较多,棉花总产量占世界总产的 70%,主要棉花生产国有中国、印度、巴基斯坦、乌兹别克斯坦和土耳其。北美洲棉花总产量占世界总产量的 18% 左右,主要棉花生产国有美国和墨西哥,萨尔瓦多、危地马拉和尼加拉瓜等国也有零星种植。非洲棉花产量占全世界总产量不足 7%,主要有埃及、布基纳法索等国。南美洲主要棉花生产国有巴西、阿根廷、巴拉圭等国,南美总产量约占世界的 3% 以下。澳大利亚是大洋洲唯一的棉花生产国,产量占世界的 1% 以下。欧洲棉花生产国主要有希腊、西班牙、保加利亚等,总产量占世界总产的 1% 以下。全世界总计有 100 多个国家种植棉花,棉花总产量居前 5 位的国家有中国、印度、美国、巴基斯坦和巴西,近几年来这 5 个国家的棉花产量占世界棉花总产的 50% 以上。世界主要棉花生产国棉籽产量见表 3.4。

表 3.4　世界主要棉花生产国棉籽产量　　　　　　　　　　万 t

国家	年　　度							
	2003/ 2004	2004/ 2005	2005/ 2006	2006/ 2007	2007/ 2008	2008/ 2009	2009/ 2010	2010/ 2011
中国	874.7	1 138.2	1 028.6	1 355.9	1 372.3	1 348.6	1 147.9	1 073
印度	594.4	806.7	808.8	912.8	1 040	960	980	1 060
美国	604.6	743.7	741.4	666.6	597.7	390.1	376.4	553.2
巴基斯坦	341.6	485	442.6	431.8	374.5	378.8	418	380

来源:国家粮油信息中心(2011)。

3.1.2.4　世界棉籽供求状况

根据国家粮油信息中心统计,近 10 年来全球棉籽供求情况见表 3.5。棉籽是世界的主要油料之一,近年年产量均在 4 000 万 t 以上。2003—2011 年世界棉籽的生产、消费、库存也见表 3.5。

表 3.5 　世界棉籽供求平衡表　　　　　　　　　　　　　　　　　　　　　kt

| 项目 | 年度 | | | | | | | | | 本年度变化/% |
	2003/2004	2004/2005	2005/2006	2006/2007	2007/2008	2008/2009	2009/2010	2010/2011	2011/2012（估计）	
期初库存	457	683	1 004	1 362	1 343	1 209	811	663	1 215	83.30
生产	36 248	45 463	43 428	46 029	45 869	41 134	39 096	43 483	46 771	7.60
进口	920	986	1 105	850	754	529	573	673	723	7.40
总供给量	37 625	47 132	45 537	48 241	47 966	42 872	40 480	44 819	48 709	8.70
压榨量	26 963	33 301	32 048	33 718	34 345	31 716	30 594	32 677	34 597	5.90
各国国内食用消费	0	0	0	0	0	0	0	0	0	
各国国内饲用消费和耗损	26 693	33 301	32 048	33 718	34 345	31 716	30 594	32 677	34 597	5.90
国内总消费量[1]	36 111	45 208	43 226	46 092	45 943	41 503	39 230	42 900	46 241	7.80
出口[2]	831	920	949	806	814	558	587	704	864	22.70
总需求量	36 942	46 128	44 175	46 898	46 757	42 061	39 817	43 604	47 105	8.00
期末库存	683	1 004	1 362	1 343	1 209	811	663	1 210	1 604	32.00
库存消费比/%	1.89	2.22	3.15	2.91	2.63	1.95	1.69	2.83	3.47	

注:1. 国内总消费量为食用工业和种用与饲料用之和,不考虑进出口因素。

　　2. 部分国家市场年度的时间差异、在运输途中的存量,使得世界进口和出口数据可能不一致。

来源:国家粮油信息中心(2011)。

3.1.2.5　棉籽的应用

　　棉籽的主要用途是从棉籽胚片中提取棉酚、浸油和生产蛋白原料,提取棉油后的饼粕主要用做饲料。作为食用油料棉籽的产量排名在大豆、花生、油菜籽之后,居第四位。

　　棉籽及其加工副产品与豆粕的常规养分含量比较见表3.6 ,棉籽饼粕与豆粕的有效能值及部分氨基酸比较见表3.7。棉籽也可作为酿造酱油等工业原料;虽对棉籽蛋白食用研究较多,但至今基本上没有实际应用。棉籽壳主要作为食用菌栽培的培养基、进行生料栽培香菇,棉籽皮壳也可用做反刍动物饲料及制造纤维复合材料。

表 3.6　棉籽及其副产品与豆粕的常规养分含量比较　　　　　%

饲料名称	干物质	粗蛋白质	粗脂肪	粗纤维	无氮浸出物	粗灰分	钙	总磷
棉籽饼 NY/T2 级 CSC Class NY/T2	88.0	36.3	7.4	12.5	26.1	5.7	0.21	0.83
棉籽粕 NY/T1 级 CSM Class NY/T1	90.0	47.0	0.5	10.2	26.3	6.0	0.25	1.10
棉籽粕 NY/T2 级 CSM Class NY/T2	90.0	43.5	0.5	10.5	28.9	6.6	0.28	1.04
大豆粕 NY/T1 级 SBM Class NY/T1	89.0	47.9	1.0	4.0	31.2	4.9	0.34	0.65
大豆粕 NY/T2 级 SBM Class NY/T2	89.0	44.0	1.9	5.2	31.8	6.1	0.33	0.62

来源：中国饲料数据库情报中心，中国饲料成分及营养价值表，2001 年，12 版。

表 3.7　棉籽饼粕与豆粕能值及部分氨基酸比较　　　　　MJ/kg

饲料名称	粗蛋白质/%	猪消化能/(MJ/kg)	猪代谢能/(MJ/kg)	鸡代谢能/(MJ/kg)	精氨酸/%	亮氨酸/%	赖氨酸/%	蛋氨酸/%	异亮氨酸/%
棉籽饼 NY/T2 级	36.3	9.92	12.43	9.83	3.94	2.07	1.40	0.41	1.16
棉籽粕 NY/T1 级	47	9.41	8.79	9.04	4.98	2.67	2.13	0.56	1.40
棉籽粕 NY/T2 级	43.5	9.68	8.28	7.78	4.65	2.47	1.97	0.58	1.29
大豆粕 NY/T1 级	47.9	15.06	12.59	10.54	3.67	3.74	2.87	0.67	2.05
大豆粕 NY/T2 级	44.0	14.26	13.01	10.04	3.19	3.26	2.66	0.62	1.80

来源：中国饲料数据库情报中心，中国饲料成分及营养价值表，2001 年，12 版。

3.1.3　棉籽加工工艺

3.1.3.1　传统棉籽饼粕加工工艺

目前我国棉籽饼粕的生产工艺主要有以下三类：①压榨法，又分为高温压榨法和低温压榨法。特点是压榨温度低时造成饼粕游离棉酚极高，压榨温度高时造成饼粕蛋白破坏严重，而且产量低、出油率低，目前仅适应于小型榨油坊，或应用在一些特殊加工工艺中。②预榨浸出法：一般是在前一种加工工艺后再用正己烷等溶剂浸提出残油，出油率高，粕呈棕黄色粗粉状。③浸出法：不经过第一种加工工艺，棉籽压片后直接用溶剂浸出残油，工艺虽简单，但出油率没有预榨浸出高。具体生产工艺流程见图 3.9。

传统棉籽饼粕加工工艺的各工序如下：

1. 脱绒

棉籽脱绒是指用脱绒机从轧花以后含短绒的棉籽表面脱下短纤维的过程。为了提高制油效果、减少饼粕中棉短绒残留和增加经济收入，棉籽进行脱绒是棉籽油制取工艺过程中不可缺少的一道重要生产工序。但传统加工棉籽饼粕时，往往不脱绒或脱绒不完全，造成饼粕中残留

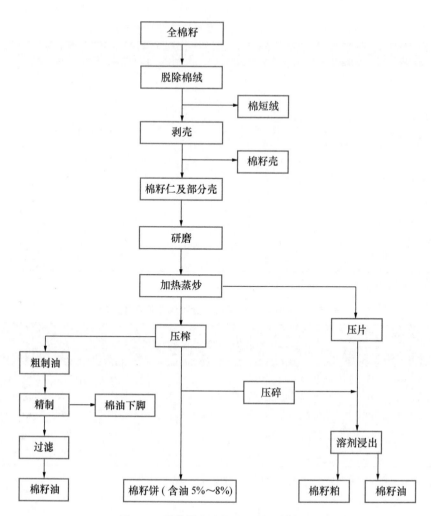

图 3.9　预榨浸出法取油制棉籽粕工艺

棉短绒而影响产品质量。

2. 剥壳与仁壳分离

剥壳是带壳油料在取油之前的一道重要工序,剥壳的目的是提高毛油和饼粕的质量,提高出油率,减轻对设备的磨损,增加设备的有效生产量,利于轧坯等后续工序的进行及皮壳的综合利用。棉籽经过剥壳及仁壳分离后得到棉仁,棉仁可用于取油。传统上剥壳及仁壳分离设备主要有圆盘剥壳机、刀板剥壳机、刀笼剥壳机等,后来又开发了系列新型剥壳及仁壳分离机,如齿辊剥壳机、壳仁分离组合机、辊式剥壳机、壳仁分离筛。

剥壳的要求是剥壳率高、漏籽少、粉末度小,利于剥壳后的仁、壳分离。圆盘剥壳机常用于棉籽的剥壳,特点是结构比较简单,调整使用方便,一次剥壳效率高(92%～98%),但是仁壳混合物的粉碎度大,不易分离,这也是造成棉籽粕中残壳多的主要原因。齿辊剥壳机是一种新型的棉籽剥壳设备,它通过两个有速差的齿辊对油料的剪切和挤压作用,实现剥壳过程。通过剥壳产生的棉籽仁壳混合物,经筛选、风选等法进行分离,保证壳中含仁率小于 0.5%～1%。因此传统制油工艺中对剥壳及仁壳分离的要求是:①仁中含壳率(3.94 目/cm 筛检验)应不超过10%;②壳中含仁率(手拣)不超过 0.5%～1%(如有整籽,剥壳后计入)。

3. 轧胚

轧胚也称"压片"、"轧片",是利用机械作用,将油料由粒状压成薄片的过程。轧胚的目的是破坏油料的细胞组织,为蒸炒创造有利条件,以便在压榨或浸出时,使油脂能顺利地分离出来。

4. 蒸炒

蒸炒是指生胚经过湿润、加热、蒸胚和炒胚等处理,使之发生一定的物理化学变化,并使其内部结构改变,转变成熟胚的过程。

5. 压榨

压榨是靠物理压力将油脂直接从熟胚中分离出来,全过程无任何化学添加剂,保证产品安全、卫生、无污染,天然营养不受破坏。但是压榨取油不彻底,饼中含油量在12.5%左右。

6. 浸出

浸出是经预榨后的棉籽饼含油在12%左右,浸出可取出余下的大部分油脂。浸出法取油是应用固-液萃取的原理,选用某种能够溶解油脂的有机溶剂,经过对油料的喷淋和浸泡作用,使油料中的油脂被萃取出来的一种取油方法。

3.1.3.2 新型棉籽饼粕加工工艺

针对传统棉籽制油工艺技术难题,从"九五"国家科技攻关计划项目"新型饲料及产业化技术与开发"中的蛋白质饲料资源开发利用技术研究课题,到"十一五"国家科技支撑计划项目"高效安全新型饲料研制与产业化开发"中的农副产品饲料转化与高效利用关键技术研究课题,开发了低毒、高蛋白、高生物利用率棉籽粕生产新技术,进行了以下科技创新。

1. 成功开发了与制油工艺相匹配的油籽脱溶饼粕高效添加剂脱毒新技术和溶剂萃取游离棉酚新技术

(1)与制油工艺相匹配的油籽脱溶饼粕高效添加剂脱毒新技术

目前大多数制油厂都采用浸出法制油,油籽经浸出后一方面得到所需要的成品油,另一方面得到相应的脱溶饼粕。浸出法制油又包括直接浸出法和预榨浸出法两种,其基本过程是:清洗后的原料经轧坯设备碾轧,制成具有一定厚度的料坯;再将制得的料坯进行蒸炒(即蒸料),制成熟坯(若为预榨浸出法,此时应将坯料进行预榨);然后将坯料(若为预榨浸出法,此时为预榨饼)浸于选定的溶剂中,使油溶解在溶剂内形成混合油;然后将混合油与固体残渣和饼粕分离,混合油按照不同的沸点进行蒸发,使溶剂汽化与油分离,从而获得浸出油,同时得到的饼粕中含有一定数量的溶剂;经过脱溶处理后即可得到脱溶饼粕。

这些脱溶饼粕中,主要含有可供饲用和食用的蛋白质。但是,长期以来由于未能解决饼粕中所含毒素的脱毒问题,影响了畜、禽的生长性能,因此有一部分脱溶饼粕仅作为肥料使用,造成饲料蛋白质资源的浪费。为解决这一问题国内外已进行了多年研究。化学脱毒法因其脱毒效果好、操作简单,而越来越受到重视。化学脱毒法通常有两种:①在制油工艺中进行脱毒。具体地讲,是在制油厂蒸料的工艺步骤中,直接在(脱壳)油籽中掺入化学脱毒剂,然后再进行制油步骤,以获得脱毒油和脱毒饼粕。这种方法虽然简单,但大量实践证明,脱毒剂的控制极其困难,很难兼顾油的质量,同时脱毒剂影响制油设备,现在一般已不再使用。②在油厂以外进行。具体地讲,是制油厂将经脱溶后的高温、干燥饼粕进行降温,回潮包装为成品,然后运输转移至其他地方如饲料加工厂,对脱溶饼粕进行脱毒处理。由于化学脱毒一般须在高温、高湿环境下进行,因此,当脱溶饼粕运到饲料加工厂等地后,还必须将脱溶饼粕再重新加热升温、加水,然后掺入脱毒剂,进行脱毒处理,最后再进行高温干燥,制得成品脱毒饼粕。实践证明,这种工艺主要缺陷是脱溶饼粕的降温、干燥、再升温、加水、再干燥所带来的热能浪费,温热处理进一步降低了蛋白质消化利用率,而且还增加了运输成本。为克服上述缺陷,有人提出一种在采用预榨浸出和直接浸出工艺的油厂生产脱毒棉籽饼粕的方法。该方法需要在制油车间内增加一个蒸烘设备,并且还要将制油的最后一道脱溶工序移到该设备内进行,即:在该蒸烘设备内,脱溶饼粕中添加脱毒剂并混合,然后直接用蒸气处理,以便为化学脱毒提供所需要的温度和水分,从而确保脱毒反应充分,最后再经干燥制得成品脱毒饼粕并输出。由于上述工艺步骤是在同一个蒸烘设备内部完成的,物料在该设备中的流动过程是依靠重力作用实现的,因此,该设备必须具有足够的高度,采用该设备就要对现有油厂的厂房进行必要的改造。另外,采用该方法还要改造、淘汰现有油厂的部分设备。这样,现有油厂会因停产和淘汰原有设备而造成经济损失。更重要的一点是,将油厂的脱溶工序与饼粕化学脱毒处理放在同一设备内进行,不可避免地会对成品油的质量及脱溶设备本身产生一定的影响,甚至可能因腐蚀而损坏设备。因此,尽管上述方法已提出多年并进行了小规模的试用,但始终未能得到有效的推广应用。

因此,开发出一种与棉籽制油相匹配的棉籽脱溶饼粕的化学脱毒方法及所用设备,将制油时得到的脱溶棉籽饼粕通过连接在脱溶机与脱毒机之间的输送机构直接输送至脱毒机中,同时将脱毒剂加入脱毒机内;在搅拌下,混有脱毒剂的脱溶饼粕在脱毒机内充分搅拌,并借助脱溶饼粕自身的温度进行化学脱毒。由于脱溶饼粕本身水分低,添加的脱毒剂含水分不多,因此脱毒以后的饼粕一般无需烘干。本方法所用设备包括输送机构、脱毒机、脱毒剂储罐;所述输送机构直接与制油设备中的脱溶机连接;脱毒机内部装有搅拌装置。本方法及所用设备不改变(影响)制油厂原有厂房、设备及工艺,不影响油的质量,工艺设备简单、节省能源,效果明显。但是此项技术由于受到各种化学脱毒剂脱毒条件和脱毒效果的影响,游离棉酚脱除率变化很大。

(2)与制油工艺相匹配的油籽溶剂萃取游离棉酚新技术

通过对棉籽低温制油工艺技术的改进,建成了溶剂直接浸提脱除棉籽粕游离棉酚的新工艺及专用设备,开发了专用的棉籽溶剂脱酚浸出装置,对于不同游离棉酚含量的棉籽,脱酚后游离棉酚含量 $400\sim100$ mg/kg。

2. 研究出油籽剥壳及仁壳分离新技术

棉籽剥壳不难,但传统制油工艺棉籽仁中含壳率则各加工厂变化很大,主要受传统工艺中剥壳及仁壳分离效果、人为及经济因素等影响。传统棉籽制油企业为了调控饼粕和壳的产量、同时减少壳中残仁的损失,甚至在仁壳分离后又将壳返回到仁中压榨,造成棉籽饼粕中含壳程度变化很大,棉籽粕粗纤维含量变化很大,从而影响到粗蛋白质等其他营养成分的相应变化,这也是造成我国棉籽饼粕粗蛋白质含量变化范围在 $30\%\sim50\%$ 的主要原因。

由于传统制油工艺中,棉籽仁壳分离的绞龙筛、平面振动筛、圆筒打筛、自转圆筒打筛的仁壳分离效果不好、能耗高,国家"九五"重点科技攻关计划专题"蛋白质饲料资源开发利用产业化关键技术研究"中,开展了棉籽制油工艺中仁、壳分离产业化技术研究。"九五"前期开发了棉籽仁壳分离新技术,在国家专利"棉籽壳仁分离筛"、"棉籽壳仁分离机"的基础上,为适应现代大型制油企业生产需要,迅速使棉籽壳、仁分离技术产业化,研究开发了"多联棉籽仁壳分离机"及"棉壳装包机",使此项技术应用到我国不同规模(日处理 $50\sim200$ t)的棉籽制油企业。

对部分油厂的统计,棉籽仁壳分离机使用情况见表 3.8。

表 3.8 棉籽仁壳分离机使用情况

项目	100 kg 棉籽		日处理 50 t 棉籽油厂	
	未分离/kg	分离/kg	未分离/t	分离/t
棉壳	30	25	15	12.5
精炼油	13	14	6.5	7
棉籽粕	56	60	28	30
杂质	1	1	0.5	0.5

由表 3.8 可见,相同数量的棉籽,经前、后两种加工处理,效果差异显著。分离机从棉壳中分离出的棉仁粉,经加工增加了出油率,增加了饼粕产量。更重要的是分离后制油生产的棉粕蛋白质从以前的 40％以下提高到 45.86％,粗纤维仅为 5.48％,赖氨酸 2.18％,蛋氨酸＋胱氨酸为 1.82％,极显著地改善了棉粕的质量。

棉籽仁、壳分离产业化技术在湖南岳阳市首次建立了我国第一家棉籽仁、壳分离机系列专利设备中试生产线,生产系列化棉籽仁、壳分离机专利产品,在全国各地推广应用,已应用到全国的近十个省的制油企业,如湖北天门市、洪湖市、荆州市、仙桃市,山东省梁山县,河南省新乡市、尉氏县,河北省东光县,江苏省沛县及湖南省岳阳市等地。尤其是饲料企业应用高蛋白棉粕后,产生了显著的经济效益,如对湖南省 10 多家饲料加工企业统计,1999 年及 2000 年即应用粗蛋白质 44％以上的新型棉粕产品达 50 万 t 以上,产生了显著的经济效益及社会效益。此项技术的应用,也使 2000 年新上市的高蛋白新型棉粕价格居高不下,据对湖南、湖北等地的调查,2000 年粗蛋白质 44％以上的棉粕价格在 1.1～1.3 元/kg,几乎比 1999 年同期翻了 1 倍,也比低蛋白(≤40％)棉粕高出 0.2 元/kg 以上,全国各地对开发应用高蛋白棉粕产品产生了极大的兴趣。

"十五"以来,在此基础上我国继续开展了日处理 50～300 t 棉籽制油工艺中棉籽高效脱绒、剥壳与仁壳分离系列新技术的中试研究与产业化推广应用,逐步使棉籽粕粗蛋白质由 35％～40％提高到 50％～54％,同时也解决了皮壳应用的技术难题。

3. 开发了低毒、高蛋白、高生物利用率棉籽粕生产新技术

(1)改进传统制油工艺生产新型高效低毒饲用棉粕中试技术

改进传统制油工艺技术,优化最佳蒸炒、压榨、浸提条件,集成配套应用一次完成的脱皮(壳)、冷榨及脱毒新工艺技术,提高我国棉、菜籽粕饲用效价。在全国首次研究建立了日处理 100 t 棉籽的脱皮(剥壳)、热榨(冷榨)、浸提配套化学脱毒中试生产线,优化了工艺技术参数。其工艺路线图见图 3.10。

对各种油籽在不同生产工艺中的不同工段产品采样,开展了不同制油技术对棉籽脱毒及营养成分的影响研究。通过对棉籽剥壳(脱皮)、冷榨和热榨制油配套脱毒工艺生产的新型高效脱毒棉籽粕分析表明,粗蛋白质含量达到 52％～57％,游离棉酚可降低到 300 mg/kg 以下。部分棉粕样品营养成分及毒素分析结果见表 3.9。在此基础上制订并发布了"饲用棉籽粕"国家标准,正在制订"饲用棉籽蛋白"国家标准。

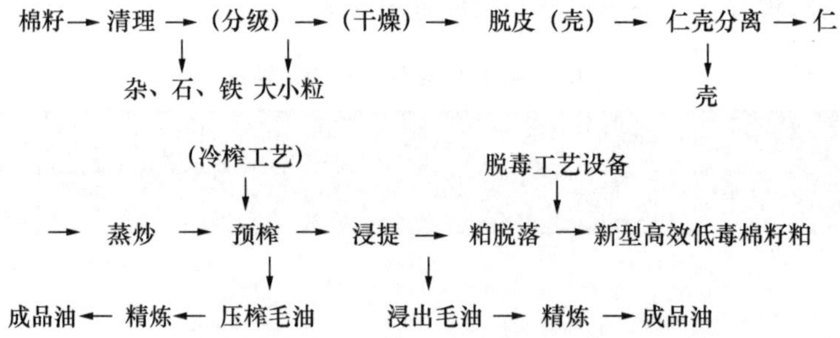

棉籽 → 清理 → (分级) → (干燥) → 脱皮(壳) → 仁壳分离 → 仁

杂、石、铁 大小粒 壳

(冷榨工艺) 脱毒工艺设备

→ 蒸炒 → 预榨 → 浸提 → 粕脱落 → 新型高效低毒棉籽粕

成品油 ← 精炼 ← 压榨毛油 浸出毛油 → 精炼 → 成品油

图 3.10 棉籽脱皮、热榨(冷榨)、浸提配套化学脱毒工艺图

表 3.9 不同制油工艺棉籽粕常规营养成分及毒素含量

样品名称	水分/%	粗蛋白质/%	粗脂肪/%	粗纤维/%	游离棉酚/(mg/kg)
预榨浸出粕 1	9.39	43.68	0.89	17.02	770
脱皮冷榨脱毒粕	9.35	55.90	0.75	7.47	285
预榨浸出粕 2	9.29	38.70	0.25	23.19	730
直接浸提棉粕	9.38	51.85	0.56	12.62	359
直接浸提棉粕	8.45	49.70	0.97	11.63	376

(2)棉籽低温直接溶剂浸提脱毒棉籽粕开发

通过开展棉籽仁直接溶剂脱酚技术研究,研制了新型浸出装置,达到固液分离好、浸出效率高、物料出料及溶剂循环流畅,溶剂损失少、有利于新型高效高蛋白棉籽加工产品的开发。我国尤其在制油工艺中直接溶剂浸提棉仁开发高毒棉粕脱毒新工艺取得了突破,已实现产业化,其低温脱毒棉粕中粗蛋白质含量可稳定达到 50% 以上,粗纤维含量可降到 7% 以下,游离棉酚含量可降到 400 mg/kg 以下。

3.2 棉籽饼和棉籽粕

3.2.1 棉籽饼粕的营养特征

3.2.1.1 棉籽饼粕的定义

棉籽饼(cottonseed cake)又名棉饼,是棉籽经脱绒、脱壳和压榨取油后的副产品。传统上棉籽饼按脱壳程度,含壳量低的棉籽饼称为棉仁饼。

棉籽粕(cottonseed meal)又名棉粕,是棉籽经脱绒、脱壳、仁壳分离后,经预压浸提或直接溶剂浸提取油后获得的副产品,或由棉籽饼浸提油获得的副产品。棉籽粕按脱壳程度,含壳量低的棉籽粕传统上称为棉籽仁粕(棉仁粕)。

3.2.1.2 棉籽饼粕的营养特征

棉籽饼粕是一类主要的蛋白质饲料原料,其主要特点是:

①蛋白含量高且变化大,在38%~50%,氨基酸含量不均衡(与豆粕比),赖氨酸少,精氨酸含量特别高,但棉籽饼粕是饲料中色氨酸、蛋氨酸的优良来源。

②粗纤维含量随去壳及脱绒程度而不同,有效能值也随之变化。

③含游离棉酚、单宁、环丙烯类脂肪酸等抗营养因子。

④棉籽饼粕含有丰富的维生素E和B族维生素等。

⑤由于品种、产地、加工工艺不同,棉籽粕营养成分变异大。

3.2.1.3 棉籽饼粕的营养成分含量

棉籽饼粕中粗蛋白质含量是衡量其质量的重要指标,但蛋白质含量依棉籽含绒、含壳量及制油工艺而异,棉籽粕在38%~50%变化,棉籽饼在32%~40%变化。在棉籽不脱壳制油工艺中,棉籽饼粕的粗纤维达20%以上。传统的棉籽制油为了保证出油率和增加饼粕含量均只部分脱壳,或者脱壳后又将壳返填回饼粕中,因此棉饼、棉粕粗蛋白质在40%以下。近年随着制油工艺的改进以及饲料工业的强烈要求,棉籽制油脱壳比例越来越大,粗蛋白质超过50%的棉粕产品在我国也已批量生产,因此棉粕的粗蛋白质含量已成为其重要的营养质量指标。

棉籽粕与豆粕、鱼粉的氨基酸含量比较见表3.10。

表 3.10 棉籽粕与豆粕、鱼粉的氨基酸含量比较   %

类别	棉籽粕	脱酚棉籽蛋白	豆粕	鱼粉
精氨酸	4.59	5.98	2.82	3.82
组氨酸	1.1	1.22	1.39	1.59
异亮氨酸	1.33	1.56	1.85	2.5
亮氨酸	2.4	3.12	3.16	4.45
赖氨酸	1.65	2.46	2.69	4.64
蛋氨酸+胱氨酸	1.16	1.7	0.98	2.15
苯丙氨酸	2.22	2.86	2.11	2.43
苏氨酸	1.32	1.82	1.69	2.56
缬氨酸	1.88	2.13	1.78	3.02
粗蛋白质	41.00	51.44	44.70	62.00

来源:潘宝海,2006。

3.2.2 棉籽饼粕中的有毒有害物质

3.2.2.1 棉酚

棉酚(gossypol)按其存在形式可分为游离棉酚(free gossypol,FG)和结合棉酚(binding gossypol,BG),通常将游离棉酚和结合棉酚的总和叫总棉酚(total gossypol,TG)。游离棉酚是指分子结构中活性基团(醛基和羟基)未被其他物质"封闭"的棉酚,美国油脂化学家学会

(AOCS)明确定义:凡能被70%的丙酮水溶液提取的棉酚及其衍生物统称为游离棉酚。

1. 棉酚的结构

棉酚是锦葵科棉属植物色素腺产生的多酚萘衍生物,存在于其叶和种子中,俗称棉毒素,在棉籽制油过程中由于机械压榨及高温水分的作用从色腺体中释放出来,一部分转移到棉籽油中,大部分转化成BG和以FG的形式残留在棉籽饼粕中。

棉酚最早是由英国化学家Longmore(1886)从棉籽中分离出来,为一种黄色的色素物质,主要被用做真丝和羊毛的染料。棉酚多以脂腺体或树胶状存在于棉籽色素腺体中,棉酚纯品为黄色结晶,能溶于大多数有机溶剂如丙酮、乙醚、氯仿、甲醇等,较难溶于甘油、环己烷和苯,不溶于低沸点的石油醚和水。棉酚在不同溶液中具有羟醛式、内醚式和烯醇式三种互变异构体,熔点分别为214℃、119℃和184℃。棉酚在非极性溶剂中呈现双醛式(ald-ald),而在极性溶剂中呈现双醛式和双内醚式(lac-lac)的平衡状态,在碱性溶液或酸性溶液中棉酚表现为双烯酮式结构(ket-ket)。其化学结构是8,8′,-二醛基-1,1′,6,6′,7,7′-六羟基-5,5′-二异丙基-3,3′-二甲基-2,2′-联萘。棉酚是多酚羟基联萘化合物,Clark(1927)报道棉酚的分子式为$C_{30}H_{30}O_8$,它的分子质量为518.54 u,化学结构式如图3.11和图3.12所示。

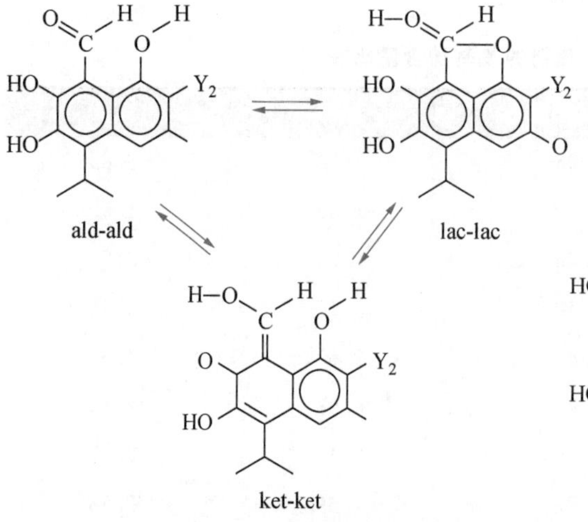

图3.11 棉酚三种互变异构体 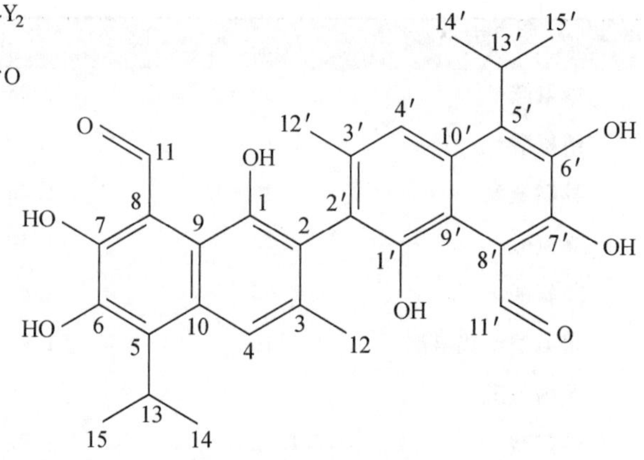　　　　图3.12 棉酚化学结构式

棉籽中游离棉酚含量达7 000～48 000 mg/kg,普通棉籽的棉仁中含量为5 000～25 000 mg/kg。游离棉酚含量因品种及加工工艺的不同而异,经过120～130℃加温时,游离棉酚含量显著减少,冷榨游离棉酚含量高。棉籽粕游离棉酚含量(%)的平均值为:螺旋压榨、加热0.069,预压-浸提、加热0.063,浸提未加热0.159,土榨未加热0.213。国内外采用的棉籽饼粕脱毒工艺中,有物理、化学和微生物三种方法,化学去毒法有水浸泡法、碱法、硫酸亚铁等溶液浸泡法等,虽然方法很多,但是由于要考虑的问题很多,如适用性、经济性、可行性及批量工业化生产等问题,在市场上只得到部分推广应用,其游离棉酚含量可下降到400 mg/kg以下(表3.11)。棉籽饼粕如果不进行脱毒处理对人和动物的毒性作用都比较大。

表 3.11 不同榨油工艺对棉籽饼粕中棉酚含量的影响 mg/kg

工艺	游离棉酚		结合棉酚	
	平均	范围	平均	范围
浸出粕	700	140～1 510	8 290	3 630～10 650
螺旋压榨饼	760	300～1 620	9 580	6 800～12 800
土榨饼	1 920	140～4 400	4 560	390～9 910

2. 棉酚毒性作用

在 1915 年,棉酚被认为是棉籽粕中的毒性物质,到 1923 年,棉籽粕中所含棉酚对非反刍动物毒性的相关证据被发现,确定棉酚能够让单胃动物中毒,如猪、家禽、鱼和啮齿类动物,而反刍动物瘤胃能将 FG 转化为 BG 降低棉酚的毒性作用从而提高反刍动物对棉酚的耐受性,不易出现中毒症状。FG 因有活性醛基和羟基而对动物有毒性作用,可与酶或其他蛋白质结合,破坏其活性成分,降低蛋白质消化率,甚至使动物的组织器官发生病理变化,从而导致动物生长迟缓、中毒及死亡。结合棉酚是游离棉酚和蛋白质、氨基酸、磷脂等物质互相作用形成的结合物,它不具有活性,也难以被动物消化吸收,动物采食后可经粪便排出,对动物机体无毒害作用。但在动物体内条件下,如微生物及酶作用下,部分可能被再水解为游离棉酚。FG 的活性羟基可与很多化合物发生反应:与 Fe^{2+}、Cu^{2+} 等金属离子发生络合反应生成不溶于水的络合物;可与等分子醋酸反应生成醋酸棉酚;还可与多种化合物发生显色反应,可利用此特性检测棉酚的含量:如与苯胺生成二苯胺棉酚,呈黄色,在 440 nm 波长下有最大吸收峰;与三氯化锑氯仿溶液呈鲜红色,与间苯三酚的乙醇盐酸溶液呈紫红色。

单胃动物 FG 中毒症状表现为:食欲下降、腹泻、脱毛、凝血酶蛋白低、血红蛋白和红细胞及血浆蛋白减少等;严重的会导致心肌损伤、内脏充血和水肿、胸腔腹腔体液渗出、出血至死亡。张荣生发现:蛋鸡中毒时出现食欲减退或厌食,日渐消瘦、四肢无力、抽搐、腹泻、粪便颜色变淡、呼吸困难和冠髯发绀等症状。王利发现:猪 FG 中毒出现呕吐,瞳孔散大,畏光流泪,皮肤颜色发绀,出现疹块,精神沉郁,有间歇性兴奋发作,后肢软弱无力,有时四肢痉挛,往往不出现任何症状就突然倒地昏迷死亡;慢性病猪主要表现胃肠炎症状,粪便干稀交替,有时大便带血,粪色发黑。吴争鸣试验发现:兔 FG 中毒时被毛蓬乱、精神沉郁、食欲减退或废绝、蜷缩于笼内、有嗜睡现象,鼻炎发病率明显增高(由原来的 3% 上升至 28.6%),排黑褐色粪便,粪便恶臭、混有黏液或血液;眼睑肿胀、流泪、可视黏膜发绀、盲肠秘结、最后因消瘦衰竭而死亡;怀孕母兔常发生流产、死胎;无临床症状的兔发情率及受胎率明显降低,出现屡配不孕现象。FG 还影响雌性动物的发情周期,影响妊娠及早期胎生。另外 FG 能引起雄性动物的繁殖障碍。

另据报道,棉酚作为多酚类化合物,通过对蛋白分子及膜基质的结合,以及可能通过自由基机制对膜结构的破坏和对电子传递体系的干扰,从多方面干扰细胞的代谢:可以表现抗生育、抗炎、抗肿瘤、抗血管舒张、抗病毒、抗寄生虫活性,以及多方面毒性。

3. 饲料中允许的棉酚限量

一般来说,添加到日粮中的棉籽饼粕游离棉酚含量在 200 mg/kg 时无毒,在 200～500 mg/kg 时有轻微的毒性,高于 1 500 mg/kg 时,具有强毒性。棉酚在体内代谢比较慢,所以食用棉酚后的毒性是累积性的。

国家饲料卫生标准规定了 FG 在各种饲料中的安全使用限量:棉籽饼粕≤1 200 mg/kg,肉用仔鸡、生长鸡配合饲料≤100 mg/kg,产蛋鸡配合饲料≤20 mg/kg,生长育肥猪配、混合饲料≤60 mg/kg;联合国粮农组织规定,动物日粮中 FG<125 mg/kg;世界卫生组织建议标准规定 FG<400 mg/kg(表 3.12)。

表 3.12　游离棉酚的安全使用限量　　　　　　　　　　　　　　　mg/kg

产品名称	允许量	试验方法
棉籽饼粕及其制品	≤1 200	GB/T 13086
其他饲料原料(不含棉籽)	≤20	
猪(仔猪除外)、兔配合饲料	≤60	
家禽(产蛋禽除外)、犊牛配合饲料	≤100	
牛、羊配合饲料	≤500	
水产配合饲料	≤300	
其他配合饲料	≤20	

注:表中所列允许量均为以干物质含量为 88% 的饲料为基础计算。

4. 棉酚在棉籽制油工艺中的转移变化

棉酚与氨基在一定温度和湿度下生成 schiff 类加成物,经干燥脱水生成 schiff 碱(图3.13),所以棉酚是酶抑制剂,同时也可使 FG 成为结合态而脱毒,这也是棉籽制油加工过程中棉酚含量变化的主要原因。

棉籽在榨油时,先经过剥壳及仁壳分离后得到棉仁,棉仁经预处理工序(蒸炒及压榨)可使色素腺体被破坏,从而使棉酚"释放"出来,有一部分转入棉油中,很大一部分由于加工过程中的水热作用与棉粕中蛋白、氨基酸、磷脂等成分作用生成结合棉酚,但还是有一部分以游离棉酚形式残留在棉籽饼粕中。

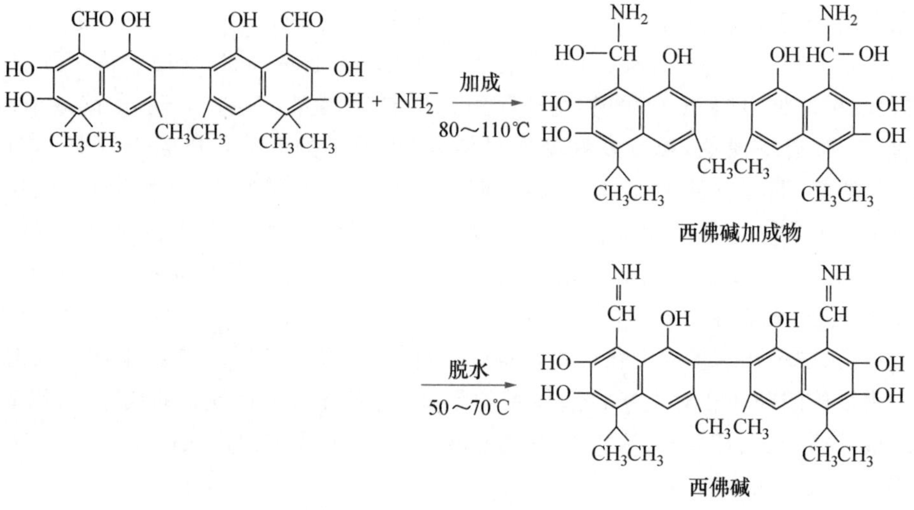

图 3.13　棉酚与氨基反应过程

3.2.2.2 环丙烯类脂肪酸

环丙烯类脂肪酸(cyclopropenoid fatty acid，CPFA)主要包括苹婆酸(sterculic acid)和锦葵酸(malvac acid)，能使家禽形成"桃红蛋"、"海绵蛋"，影响蛋品质。其原因是 CPFA 可改变卵黄膜的通透性，使蛋黄 pH 不断升高，蛋白 pH 下降，使蛋黄中的铁离子透过卵黄膜转移到蛋清中，与清蛋白结合形成红色复合物，故称为"桃红蛋"。CPFA 还可使蛋黄变硬，加热后形成"海绵蛋"。CPFA 主要存在于棉籽油中，当棉籽粕含残油 4%～7% 时，CPFA 为 250～500 mg/kg，而含残油 1% 的棉籽粕中，CPFA 含量仅在 70 mg/kg 以下。因此，当棉籽粕脱油较彻底时则无害。

3.2.2.3 植酸与单宁

我国棉籽粕的植酸含量平均为 1.66%，单宁含量为 0.3%。植酸又称肌醇六磷酸，是 20 世纪 70 年代以来逐渐引起人们注意的一种抗营养因子，它主要存在于植物的种子中，如大豆、棉籽、油菜籽及其饼粕中。植酸易与动物体内的微量元素 Zn^{2+}、Fe^{2+}、Ca^{2+} 等金属离子络合，形成溶解度很低的络合物，使这些金属离子不易为动物机体所吸收。动物食用后，会出现疲劳、厌食、生长机能衰退等缺锌症状。另外，植酸盐还能与蛋白质、淀粉、脂肪结合，并使内源淀粉酶、蛋白酶、脂肪酶的活性降低，因此植酸也是棉粕中重要的抗营养因素，单宁则主要降低蛋白质的消化率和利用率。

3.2.3 棉籽饼粕质量标准

3.2.3.1 棉籽粕质量标准

我国以前没有饲料用棉籽粕国家标准，1999 年国家质量技术监督局以质技监局标发【1999】235 号文下达了制定国家标准《饲料用棉籽粕》的任务，制标单位首先对棉粕主产区典型油厂进行抽样分析，共采集 483 个样品，将其检测结果按蛋白含量不同进行统计。在对检验数据进行汇总分析的基础上，又参考美国、德国等国的有关棉粕质量指标，以使制定的标准能与国际或国外先进标准接轨。同时，收集了国内日处理 30 t、50 t、100 t、200 t、600 t、1 200 t 棉籽的系列化典型油脂加工厂的有关企业质量标准，以使制订的标准能够保护生产企业的正常利益。另外，从有关质检部门及部分饲料厂汇集了一批 2000—2004 年的棉籽饼粕营养指标分析结果，以使制订的标准尽量反映各种不同来源的变化。在此基础上形成了《饲料用棉籽粕》国家标准，其感官指标、质量指标及分类情况总结如下：

(1)感官指标

黄褐色或金黄色，粗粉状或粗粉状夹杂小颗粒，色泽均匀一致，无发酵、霉变、结块及异味、异臭。

(2)棉籽粕质量指标及分级(表 3.13)。

表 3.13　质量指标及分级标准

质量指标	等级				
	一级	二级	三级	四级	五级
粗蛋白质/%	≥50.0	≥47.0	≥44.0	≥41.0	≥38.0
粗纤维/%	<9.0	<12.0	<14.0		<16.0
粗灰分/%	<8.0		<9.0		
粗脂肪/%	≤2.0				
水分/%	≤12.0				
游离棉酚/(mg/kg)	≤1 200				

注：1. 各项质量指标含量均以原样为基础计算，除游离棉酚外均以质量分数表示。

2. 各项质量指标应全部符合相应等级的规定。

3. 由于游离棉酚含量并不与粗蛋白质、粗纤维、粗灰分等营养指标呈现显著的线性变化关系，因此可将游离棉酚单独列出分为三个类别：低酚棉籽粕（游离棉酚含量≤300 mg/kg），中酚棉籽粕（300 mg/kg<游离棉酚含量≤750 mg/kg），高酚棉籽粕（750 mg/kg<游离棉酚含量≤1 200 mg/kg）。

3.2.3.2　棉籽饼质量标准

原国家标准《饲料用棉籽饼》GB 10378—89（即农业行业标准 NY/T 129—89）规定了棉籽饼中粗蛋白质、粗纤维、粗灰分和水分等常规指标。由于现行的棉籽的品种、栽培、加工工艺与 20 年前的普通棉籽都有所不同，其营养指标也有所变异，因此对 NY/T 129—89 和 GB 10378—89 标准中的指标有待进行修改。

另外，该标准要求，夹杂物中不得掺入饲料用棉籽饼以外的物质，若加入抗氧化剂、防霉剂等添加剂时，应做相应的说明。该标准质量指标及分级标准见表 3.14，以粗蛋白质、粗纤维、粗灰分为质量控制指标，按含量分为三级。各项质量指标含量均以 88% 干物质为基础计算。三项质量指标必须全部符合相应等级的规定。二级饲料用棉籽饼为中等质量标准，低于三级者为等外品。

表 3.14　饲料用棉籽饼质量指标　　　　　　　　　　　　　%

质量指标	等级			质量指标	等级		
	一级	二级	三级		一级	二级	三级
粗蛋白质	≥40	≥36	≥32	粗灰分	<6	<7	<8
粗纤维	<10	<12	<14	水分	<12.0		

3.2.4　棉籽饼粕在畜禽饲料中的应用

当鸡蛋价格偏低，致使养鸡行业状况不景气时，一些养殖户（场）为了降低饲料成本，减少饲料中优质蛋白的用量，会将鱼粉豆饼换成杂粕。如山东部分养殖户（场）甚至将蛋鸡棉籽粕用量加到 20% 以上，结果由棉籽粕使用过量而引起雏鸡中毒死亡病例时有发生（贾瑜，2002）。

根据营养平衡原理,特别是通过调整预混料中微量元素和氨基酸的组成,可以有效减少棉籽粕中游离棉酚的毒性,并有可能通过预混料技术简化棉籽粕脱毒的过程,最终使高棉籽粕日粮与豆粕日粮对肉用仔鸡的饲养效果相同(佟建明,萨仁娜等,2000)。

肉鸭日粮中添加6%棉籽粕,肉鸭生产、屠宰性能最理想,单位增重饲料成本比对照组显著增加,胴体品质也有一定改善,且对肝脏发育、血清尿素氮、总蛋白、谷草转氨酶、谷丙转氨酶含量无显著影响(王雅倩等,2009),并能降低饲料成本,提高鸭的免疫机能和生长性能(周联高等,2008)。

猪的味觉比较灵敏,对棉籽饼粕中的一些成分较敏感;另外,棉籽粕中含有较多的棉籽壳和棉绒,影响适口性。脱毒棉籽粕在猪日粮中的应用效果更佳。棉籽粕部分替代豆粕饲喂生长肥育猪的饲养效果研究结果表明,在生长肥育猪日粮中添加4%、6%的棉籽粕代替等量豆粕,对生长肥育性能无明显影响,且降低了饲养成本,获得了较好的经济效益(敖维平等,2009)。

FG对鱼类的影响主要表现在采食量下降、生长受抑制、肝脏脂肪沉积增加及繁殖能力下降(Wood等,1956)。不同鱼类对于游离棉酚的敏感程度不一样,Robinson等(1984)的研究表明在罗非鱼(初重1.0 g)的半纯合日粮中(粗蛋白质为30%)添加1 000～2 000 mg/kg的游离棉酚醋酸盐,其生长速度、饲料系数和成活率与对照组无显著差异。叶继丹等(1996)研究表明,在常规饲料和棉籽粕的常规用量下,棉酚对罗非鱼、金鱼无明显的中毒症状,也不影响其生长。Roehm等(1967)的研究表明,用含游离棉酚250 mg/kg的饲料饲喂虹鳟18个月,其各项生产性能指标与不含棉酚的对照组相似。

棉籽加工过程中,脂肪提取的时候,大量环丙烯脂肪酸已经被取出,但是仍有部分环丙烯脂肪酸存在于棉籽粕残油中,其对鱼类的影响主要表现在抑制生长、肝损害和肝中糖原沉积增加(Jowes,1987)。同时棉籽粕中含有的环丙烯脂肪酸也会影响饲料的营养价值。Chikwem(1987)报道,饲料中的环丙烯脂肪酸会降低氨基酸的利用,投喂含300 mg/kg环丙烯脂肪酸饲料与对照组(50 mg/kg)相比,其赖氨酸利用受到削弱,随着加工工艺的改进,残留油含量降低,环丙烯脂肪酸对于水产动物的影响也会降低。

3.3 棉籽蛋白

随着我国生物技术及粮油加工行业科学技术水平的提高,已能生产出高蛋白、高生物利用率、低游离棉酚的棉籽加工产品,游离棉酚含量可降低到400 mg/kg以下,甚至不含或少含结合棉酚的棉籽加工产品。

3.3.1 棉籽蛋白营养价值及其特点

棉籽蛋白(cottonseed protein)是由棉籽或棉籽粕生产的粗蛋白质含量在50%以上(以干物质计)的产品,它是一类蛋白质含量较高的棉籽加工产品的总称,其主要特点是:

1. 蛋白含量高且变化大(50%～90%)

棉籽蛋白与大豆蛋白相比较,其赖氨酸含量稍低于大豆蛋白,但蛋氨酸含量稍高于大豆蛋白,故其中8种必需氨基酸的组成更接近联合国粮农组织和世界卫生组织推荐的标准,并且不使肠胃胀气,没有豆腥味,因此棉籽蛋白不仅是重要的饲料蛋白源,更是优质植物蛋白。棉籽及大豆中蛋白质的主要氨基酸组成如表 3.15 所示。

表 3.15　棉籽及大豆中蛋白质的主要氨基酸组成

氨基酸	FAO 参考值	每 100 g 蛋白质中的质量/g		氨基酸	FAO 参考值	每 100 g 蛋白质中的质量/g	
		棉籽	大豆			棉籽	大豆
赖氨酸	4.2	4.4	6.8	亮氨酸	4.8	6.0	8.0
色氨酸	1.4	1.2	1.4	异亮氨酸	4.2	3.7	6.0
苯丙氨酸	2.8	4.7	5.3	缬氨酸	4.2	5.3	5.3
蛋氨酸	2.2	1.6	1.2	苏氨酸	2.8	4.7	3.9

2. 棉籽蛋白的蛋白质组成

棉籽蛋白的主要成分是球蛋白,其含量约为 90%,其次是谷蛋白。超速离心机分离可得 2S,7S,12S 三种球蛋白。2S 存在于蛋白质体外面,约占 30%,含硫氨基酸及赖氨酸含量较高;7S 和 12S 球蛋白共占 60%,含硫氨基酸和赖氨酸较低,在酸性溶液中解离为低分子质量的单体,再以碱中和酸性,又会聚合成寡聚蛋白。但结构可能与原来不同,这种现象也可在一定的离子强度下出现。

潘晶(2010)对高温棉粕分离蛋白和低温粕中提取蛋白的理化功能性质进行了比较:经高温作用后赖氨酸、亮氨酸、苏氨酸等含量有所降低。低温粕以清蛋白、球蛋白为主,经高温影响的粕则以球蛋白、谷蛋白为主。高温粕蛋白的羰基含量增大,表面疏水性增强。高低温粕提取蛋白的变性温度分别为 87.27 ℃、92.73 ℃。SDS-PAGE 电泳时棉粕蛋白主要有 8 条谱带,主要分子质量为 59.7 ku 和 53.6 ku。

3. 由于品种、产地、加工工艺不同,棉籽蛋白营养成分变异较大

我国现有的棉籽蛋白产品主要是无色腺体棉籽蛋白和脱毒(酚)有色腺体棉籽蛋白。粗纤维含量一般较少,有效能值较高。棉籽蛋白的主要内源毒源为游离棉酚。受加工方法的不同,游离棉酚含量变化较大,但大部分产品可达到低酚产品水平。

张天国等(2008)通过强饲法测定 2 种棉籽蛋白粉 A 和 B 的代谢能和氨基酸消化率。结果表明,棉籽蛋白粉 A 的表观代谢能和真代谢能分别是 8.83 MJ/kg 和 9.92 MJ/kg;棉籽蛋白粉 B 的表观代谢能和真代谢能分别是 9.10 MJ/kg 和 10.19 MJ/kg。棉籽蛋白粉 A 的蛋氨酸和胱氨酸真消化率分别为 86.63% 和 84.56%,棉籽蛋白粉 B 的蛋氨酸和胱氨酸真消化率分别为 75.72% 和 82.88%。棉籽蛋白粉 B 的氨基酸消化率略低于棉籽蛋白粉 A。β-半乳糖苷酶对棉籽蛋白粉的代谢能值无明显影响。

4. 无色腺体棉籽蛋白营养价值及其特点

(1)我国无色腺体棉花种植及无毒棉籽蛋白

无色腺体棉花即无腺体棉花又称低酚棉、无毒棉,起源于美国,1972 年传入我国。目前已培育出适宜于我国栽培的 40 多个新品种,如湘无 74、中无 151、冀无 303 等,已经形成"高产、多优",即棉仁蛋白质与棉花纤维品质"双优"的新系列,耕种面积已扩大到了 5 万 hm^2 以上,目前正在向全国普及发展。

随着无腺体棉花种植的推广,无腺体棉籽蛋白的利用和开发日益为人们所重视。无腺体

棉籽蛋白不仅克服了有腺体棉籽因含有毒色素腺体所产生的毒性,而且不含大豆蛋白所含有的蛋白酶抑制剂和花生的血凝素等生物活性成分,更重要的是,无腺体棉籽蛋白具有独特的功能,对拓宽植物蛋白的利用大有益处。

无腺体棉籽中棉酚的平均含量为 0.02%,远低于普通品种。棉籽中蛋白质含量高达 37.89%,可与大豆、花生等媲美,且功能特性优良。但由于对无腺体棉籽蛋白的功能认识不足,使得这一优质蛋白没有得到广泛的利用。无腺体棉籽、有腺体棉籽、花生、大豆的主要成分如表 3.16 所示。

表 3.16　无腺体棉籽的主要成分　　　　　　　　　　%

蛋白源	蛋白质	脂肪	纤维	碳水化合物	灰分
无腺体棉籽	37.89	36.90	2.41	8.62	6.30
有腺体棉籽	36.54	35.87	3.00	8.08	5.43
花生	28.51	47.52	2.87	5.67	5.78
大豆	44.10	22.10	2.10	6.70	5.20

来源:胡传荣,1998。

表 3.17 是中无 151 号棉花的无腺体棉仁的粗蛋白质及氨基酸含量,粗蛋白质含量高达 46.7%。

表 3.17　中无 151 棉籽蛋白成分指标　　　　　　　　%

蛋白质	赖氨酸	缬氨酸	亮氨酸	异亮氨酸	苏氨酸	甲硫氨酸	苯丙氨酸	色氨酸
46.7	4.35	4.18	5.56	2.79	3.06	1.15	5.21	0.82

来源:计成,2006。

表 3.18 是无腺体棉籽脱脂后棉籽蛋白产品成分,其粗蛋白质含量高达 62.25%。表 3.19 是棉籽蛋白产品氨基酸组成。

表 3.18　棉籽蛋白产品成分(干基)　　　　　　　　%

样品成分	棉籽蛋白粉	酸法浓缩蛋白	醇法浓缩蛋白	棉籽储藏蛋白	棉籽非储藏蛋白	棉籽分离蛋白
水分	7.76	8.24	8.83	6.12	6.58	6.47
粗蛋白质	62.25	71.61	71.79	91.45	82.47	90.76
粗脂肪	0.98	0.92	0.94	0.94	0.96	0.96
粗纤维	8.57	10.39	8.63	1.21	4.21	1.17
粗灰分	2.55	4.66	5.83	0.12	0.055	0.51
总糖	17.89	4.19	3.98	0.16	5.37	0.13
游离棉酚	0.002 5	0.001 2	0.002 3	0.003 4	0.002 0	0.003 4
总棉酚	0.003 4	0.002 9	0.003 5	0.004 1	0.003 6	0.004 2

来源:胡传荣,1998。

表 3.19　每 100 g 棉籽蛋白产品氨基酸组成(干基)　　　　　　　g

名称	棉籽蛋白粉	酸法浓缩蛋白	醇法浓缩蛋白	棉籽储藏蛋白	棉籽非储藏蛋白	棉籽分离蛋白
天门冬氨酸	9.69	9.29	8.32	9.91	10.26	10.09
苏氨酸	3.28	3.40	2.60	3.18	3.86	3.14
丝氨酸	4.35	4.48	3.30	3.87	4.54	4.68
谷氨酸	24.34	21.42	20.70	23.70	24.33	23.91
丙氨酸	3.98	4.26	3.39	3.74	4.38	3.82
缬氨酸	4.53	5.57	3.92	6.80	4.76	5.21
蛋氨酸	1.38	1.30	1.01	1.42	1.85	1.04
异亮氨酸	3.20	3.83	2.47	3.32	3.66	3.12
亮氨酸	5.91	6.95	4.83	5.88	7.02	6.37
酪氨酸	2.91	3.37	2.22	3.22	3.66	2.81
苯丙氨酸	5.78	7.13	5.49	7.77	5.87	7.71
半胱氨酸	0.79	—	0.31	—	0.81	—
赖氨酸	4.21	3.98	3.92	3.93	7.02	3.97
甘氨酸	4.05	3.90	3.39	3.81	4.13	4.03
组氨酸	2.76	2.86	2.50	3.54	2.84	3.33
精氨酸	12.53	10.86	11.33	12.80	11.09	13.22

来源:胡传荣,1998。

(2)国外无腺体棉籽蛋白现状

自 1953 年美国的麦克米恰尔利用杂交法育成第一个无色腺体 23B(低酚棉的一种),1959年在美国大量种植以来,各国对此十分重视,引起了畜牧界的浓厚兴趣,美国、前苏联、墨西哥、印度等国家以及非洲地区相继开展了大量的工作。国外以占日粮 10% 的无色腺体棉籽饼粕饲喂家禽,其效果好于同等条件下的大豆饼粕。无腺体棉籽蛋白与普通棉籽饼粕消化率对比,见表 3.20。

表 3.20　无腺体棉籽蛋白与普通棉籽蛋白消化率对比　　　　　　　%

指　标	无腺体棉籽粕	棉籽饼粕
赖氨酸回肠表观消化率	87.1	61.7

5. 我国现行的棉籽蛋白质量标准

2007 年 9 月 21 日,全国供销合作总社发布了行业标准《脱酚棉籽蛋白》(GH/T 1042—2007),于 2008 年 1 月 1 日起实施。但是,随着我国经济和科学技术的发展,目前低酚棉品种的推广面积在不断扩大之中,特别是去油脂后的棉籽粕经浓缩工艺,粗蛋白质含量显著提高到

65%～70%,而经分离工艺加工的棉籽蛋白,粗蛋白质含量更是高达90%以上,由此给饲料行业展示出广阔的应用前景。因此有必要提高粗蛋白质含量标准,以利于企业提高产品质量、促进行业发展,为养殖户提供优质饲料资源。全国供销合作总社行业标准GH/T 1042—2007部分质量指标见表3.21。

表3.21 脱酚棉籽蛋白质量指标

项 目	优级	一级	项 目	优级	一级
粗蛋白质/%	≥50.0	≥50.0	氨基酸总量/粗蛋白质总量/%	≥90.0	≥87.0
粗纤维/%	≤7.5	≤8.0	游离棉酚/(mg/kg)		
水分/%	≤8.0	≤8.0	液相色谱法	≤0.006	≤0.006
粗灰分/%	≤8.0	≤8.5	分光光度法	≤0.040	≤0.040

2009年2月5日全国饲料工业标准化技术委员会下达了制订国家标准《饲料级棉籽蛋白》质量标准的任务(项目编号:20083239-T-469),目前该标准正在加紧制订中。

3.3.2 棉籽蛋白加工工艺及其特点

采用各种物理、化学、微生物等方法处理棉籽或棉籽粕,可获得粗蛋白质含量高达50%～90%,甚至脱毒(脱酚)的棉籽加工产品。棉籽蛋白加工工艺主要如下。

3.3.2.1 棉籽浓缩蛋白

一般将蛋白质含量在70%～90%的浓缩物定义为浓缩蛋白。浓缩蛋白的制备一般有两种方式:①通过溶剂萃取脱除糖得到的浓缩蛋白是脱糖法浓缩蛋白;②通过物理脱毒法除去棉酚生产的浓缩蛋白是脱毒法浓缩蛋白(脱酚棉籽浓缩蛋白)。

1. 脱糖法棉籽浓缩蛋白

为了除去棉粕中的糖质,多采用盐酸、乙醇等溶剂溶解、分离棉粕中的糖质。胡传荣(1998)分别用乙醇、盐酸处理无腺体棉粕,得到了蛋白质含量为70%的浓缩蛋白,分别称为醇法浓缩蛋白和酸法浓缩蛋白。醇法是利用棉粕中的蛋白质难溶于乙醇,而糖类在乙醇中的溶解性良好的特点实现的。将低温脱脂粕粉碎,按一定固液比加入60%乙醇,混合均匀,然后分离出醇溶液,固体浆状物经冷冻干燥,可得到含蛋白质70%的浓缩蛋白。酸法是将粉碎低温脱脂粕在等电点处(pH为4.4～4.5)用稀盐酸溶液处理,这时溶出的主要是糖类,而蛋白质大部分不溶解,经离心分离,冷冻干燥,即得浓缩蛋白。

2. 脱毒法棉籽浓缩蛋白(脱酚棉籽浓缩蛋白)

脱除棉粕里的棉酚需脱去棉酚腺体。在脱除棉酚腺体的同时一般也脱除了纤维含量高的棉壳,达到提高蛋白质含量的目的。既能脱除棉酚又能浓缩蛋白的方法有空气分级法和水力旋流法。

利用空气分级法和水力旋转法制备棉籽浓缩蛋白,不需热、化学物质处理,因此所得浓缩蛋白质量比较好。但空气分级法和旋液分离法的操作比较困难,且影响因素较多,限制了其在工业上的应用。不同方法制得的浓缩蛋白中蛋白质含量和收率比较见表3.22。

表 3.22　不同工艺的蛋白质含量和收率比较　　　　　　　　　　　%

处理方法	原料蛋白质含量	产品蛋白质含量	产品蛋白质收率	文　献
空气分级法		65～68	约 50	R. S. Kadan（1979、1980）、W. A. Pons Jr.（1967）
水力旋流法		66.4	46.40	R. J. Hron Sr.（1982）、H. K. Gardner Jr.（1976）、E. A. Gastrock.（1979）
乙醇浸提	62.25	71.61		胡传荣（1998）
稀酸浸提	62.25	71.79		胡传荣（1998）
空气分级＋稀酸浸提	60	84.06	57.84	R. B. Swain（1975、1976）
筛分＋水力旋流法	41	68.9	22.84	E. A. Gastrock（1971）
液选法	43.93	74.99	65.68	崔志芹（2004）

来源：崔志芹，2004。

　　白雪等（2011）以棉籽粕为原料，采用碱提酸沉法提取棉籽蛋白，以蛋白质提取率、蛋白含量及棉酚含量为指标，研究了提取温度、提取时间、液固比（重量）及 pH 对棉籽蛋白提取效果的影响。通过正交试验和验证试验，得到提取的最优工艺条件为提取液 pH 11.5、提取温度60℃、提取时间 2 h 和液固比 15：1；棉籽饼粕蛋白的提取率为 69.85%，蛋白含量 90.69%；蛋白中游离棉酚含量为 77.35 mg/kg，与棉籽粕相比降低了 89.9%。

3.3.2.2　棉籽分离蛋白

　　棉籽分离蛋白是指蛋白质含量在 90% 以上的蛋白产品。分离蛋白的制取大都采用浸提法，即先用水溶液（碱溶液）使蛋白质溶解，通过过滤或离心分离等方法使蛋白质溶液与不溶物分离，然后通过等电点沉淀或超滤等方法制备分离蛋白。利用蛋白质和其他物质在分子大小以及溶解度方面的差异，在蛋白萃取、沉淀、超滤的过程中，将棉籽中的非蛋白成分，包括有害成分去掉，从而得到几乎纯净的棉籽蛋白。制取棉籽蛋白的工艺过程见图 3.14。

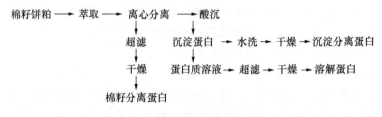

图 3.14　制备棉籽分离蛋白的一般工艺

　　近年棉籽分离蛋白提取工艺进行了很多革新，但主要是针对食用和保健功能。溶解蛋白质常用的萃取剂有水、稀碱溶液、盐溶液。萃取又分一次萃取和二次萃取。用来萃取棉籽蛋白的常用碱有 Ca(OH)$_2$、KOH、NaOH，溶液的 pH 值是影响萃取率的重要因素。传统的碱液萃取法存在速度慢、时间长、萃取率低等缺点。目前一般常辅以现代技术,如超声波等。萃取常用的盐溶液是 NaCl 溶液,盐浓度对萃取率的影响较大。

刘军等(2009)以棉籽粕为原料得出,热碱法既能保证较高的蛋白得率和含量,还有很好的脱酚效果,通过四元二次通用旋转组合设计试验,得到最佳工艺条件为 pH 10.71,温度 60.2℃,时间 1.07 h,液固比 16.7:1,其蛋白得率≥60%,产品蛋白质含量≥90%。高丹丹等(2009)以脱酚棉籽粕为原料,对碱溶酸沉的蛋白质提取方法进行了工艺优化,最终确定棉籽蛋白质最佳提取工艺条件为:液固比 1:25,提取液 pH 为 11.5,50℃条件下浸提 2 h,蛋白质提取率达到 83.40%,蛋白质纯度为 94.91%。李言涛(2009)采用水提和碱提的方法从棉籽粕中提取蛋白质,认为在 100℃下低质量浓度醋酸短时处理棉籽粕时,蛋白提取率很高;而中性酶处理棉籽粕后蛋白提取率略有下降,碱性蛋白酶处理后可溶性蛋白质量浓度是无酶处理的 4 倍。

何旭(2010)认为使用 NaCl 提取所得蛋白纯度较 NaOH 法高,但对棉酚的脱除效果不如使用 NaOH 显著,提取率也相对较低。使用 NaOH 提取棉籽蛋白并结合混合溶剂浸出法(甲醇、提取液比值为 0.8:1)处理提取液后,游离棉酚含量可降低到 0.02%左右,且色泽更浅。并对提取的棉籽分离蛋白的功能性质进行了研究,如表 3.23 所示。

表 3.23 棉籽分离蛋白与大豆分离蛋白功能特性的对比 %

功能特性	棉籽分离蛋白	大豆分离蛋白	功能特性	棉籽分离蛋白	大豆分离蛋白
吸水性	306	447	乳化性	67	25
吸油性	255	154	起泡性	145	235

来源:何旭,2010。

管军军(2011)通过盐法制取棉籽分离蛋白,最佳工艺条件为 $\omega(NaCl)$ 2.6%、温度 37℃、时间 2.5 h,提取率可以达到 56.9%±0.3%;经过甲醇洗脱后,盐法提取的棉籽蛋白中棉酚含量大幅减少,可达到相关国际标准。潘晶等(2010)采用碱酶两步法提取棉籽粕中的蛋白质。确定碱提棉籽蛋白的最佳工艺条件为 pH 10.5,温度 60℃,时间 90 min,料液比 1:18;碱性蛋白酶对残渣进一步提取的最适条件为:加酶量 240 U/g,pH 10.5,温度 60℃,时间 90 min,料液比 1:10。两步提取可使棉籽蛋白提取率达到 88.77%。张步宁等(2011)在碱溶液中采用超声波辅助提取棉籽蛋白,蛋白提取率提高 5%～7%,一次提取率可达 52%,并缩短了提取时间,蛋白沉淀率达 83%,干燥后得到的分离蛋白含量可达 96%。

3.3.2.3 棉籽酶解蛋白

棉籽酶解蛋白是指棉籽或棉籽蛋白粉经酶水解、干燥后获得的产品。官庭辉等(2011)以脱油脱酚棉籽粕为原料,研究了先用纤维素酶破坏其细胞壁,然后再用碱性蛋白酶酶解制备棉籽蛋白的生产工艺。试验结果表明:纤维素酶的最佳酶解工艺条件为:酶解 pH 5.0,酶解温度 50℃,加酶量 0.4%,酶解时间 2.0 h。再选用碱性蛋白酶进行酶解,最佳工艺条件为:酶解 pH 8.5,酶解温度 55℃,加酶量 4.0%,酶解时间 3.0 h,此时蛋白提取率可达 86.4%。潘晶等 (2011)以预榨浸提棉籽粕为原料,先选用戊聚糖复合酶、糖化酶等植物水解酶对棉籽粕进行作用,再进一步用乙醇溶液浸洗制备棉籽浓缩蛋白。结果表明:在添加糖化酶 1.600 U/g、戊聚糖复合酶 0.60 fbg/g、料液比 1:10 和温度 50℃条件下酶作用 140 min 后,再以料液比 1:7、体积分数70%乙醇溶液和温度60℃条件下醇洗2次,每次45 min,得到产品浓缩蛋白的蛋白质含量为64%,蛋白质回收率为78%。

3.3.2.4 传统棉籽加工工艺优化改造生产棉籽蛋白

要获得高蛋白产品,首先要优化棉籽剥壳及仁壳分离工艺装备。典型棉籽剥壳及仁壳分离设备工艺如下:

脱绒棉籽→清理(风运或风力清籽机)→双对辊剥壳机→棉籽仁壳分离机→圆筒打筛→仁(壳)→蒸炒锅

此工艺及设备特点采用国家科技攻关成果及美国相关技术,用于棉籽油厂预处理生产线;适应于不同水分棉籽,甚至大于18%,可达到壳中含仁≤0.3%;其仁中含壳量在6%以下,棉籽蛋白质含量50%~54%。另外,双对辊剥壳机未剥棉籽通过仁壳分离筛可以分离出去,仁壳分离筛是多联打筛与吸风振动平筛相结合的一种组合设备。

1. 预榨浸出法

饲用棉籽蛋白可以由脱壳棉籽仁经过机械压榨及溶剂浸提后生产。预榨分传统高温压榨和新型的冷榨。浸提脱溶温度也有高低温之分,但蛋白质品质及FG含量差异大。

2. 溶剂萃取法

在极性溶剂作用下,棉酚色腺体很快破裂释放出棉酚,并溶解于极性溶剂中而被除去,达到去毒目的。溶剂萃取法有:

①混合溶剂一次萃取。软化、轧胚后的棉仁用乙醇(或者甲醇、丙酮)和轻汽油混合溶剂直接浸出,湿粕经闪蒸脱溶、脱臭获棉籽蛋白,混合溶液经分离可同时获得油脂和棉酚。该工艺简单,不需压榨,避免了高温对棉籽蛋白的破坏作用。此外,不仅脱除了棉酚毒素,还获得了高品质的棉籽蛋白。

②溶剂二次萃取法。即软化、轧胚后的棉仁用乙醇(或甲醇)、丙酮等极性溶剂萃取,脱除棉酚,粕再用轻汽油等萃取,提取油脂,湿粕经闪蒸脱溶、脱臭获得棉籽蛋白。优点是不用分离混合溶剂,缺点是提取棉酚后的粕二次萃取时存在困难。

③无腺体棉籽为原料,用溶剂萃取法分离出油脂,湿粕经闪蒸脱溶、脱臭获得棉籽蛋白。目前,此工艺需要优化无腺体棉籽品种,以保证获得优质、高产棉花,以便于大面积推广应用。

3.3.2.5 发酵棉籽蛋白

发酵棉籽蛋白详见本章3.4发酵棉籽加工产品一节。而发酵酶解技术生产棉籽蛋白工艺是在发酵棉籽饼粕基础上,优化产酶微生物或者人为添加酶制剂,强化微生物蛋白合成,生产棉籽蛋白。

3.3.2.6 其他棉籽蛋白生产技术

流体旋流法采用流体刹克龙分离棉酚色腺体得到棉籽蛋白粉。该工艺得到的去毒棉籽蛋白几乎与无色腺体棉籽蛋白的浓缩蛋白成分一样,质量很好,但流体旋流加工工艺要求十分苛刻,目前成本太高,难以生产出大量低廉的产品。

3.3.3　棉籽蛋白在动物日粮中的应用

3.3.3.1　在猪饲料中的应用

刘昌峨(2006)、周维仁(2007)、贾喜涵(2008)、张铖铖(2012)等应用棉籽蛋白在猪日粮中进行的消化代谢试验和饲养试验表明,能显著提高生产性能和经济效益。脱酚棉籽蛋白替代生长猪日粮中50%和100%的豆粕是可行的。

3.3.3.2　在家禽饲料中的应用

贾喜涵(2012)在肉鸡日粮、吕明斌(2007)在肉鸭日粮中应用棉籽蛋白替代优质蛋白原料的试验也得到了可行的结论。

3.3.3.3　在水产饲料中的应用

刘文斌(2007)对四种饼粕酶解蛋白对异育银鲫的营养作用进行了研究,试验分为两部分:①饼粕酶解蛋白组分分析,用枯草 Asp1.398 蛋白酶酶解豆粕、菜籽粕、花生粕、棉籽粕,采用超滤和 SDS-PAGE 电泳法对其酶解产物的蛋白质组分进行分离和分析,结果表明:豆粕、菜籽粕、花生粕、棉籽粕酶解产物中蛋白质分子量分布为:3 ku 以下比例分别为32.31%、13.96%、4.67%、22.98%。通过 SDS-PAGE 电泳分析结果显示,豆粕、棉籽蛋白酶解效果较好,电泳谱带中大分子蛋白质基本消失,枯草 Asp1.398 蛋白酶对花生粕、菜籽粕酶解效果较差。②以饲喂基础日粮的异育银鲫为对照组,将棉籽粕、菜籽粕、豆粕、花生粕的酶解蛋白和鱼粉等量蛋白替代基础日粮中相关蛋白原料饲喂各试验组,喂养61 d,结果表明:试验各组异育银鲫增重率与对照组相比均高,饵料系数(饲料/增重)均下降,添加棉籽粕酶解蛋白组、鱼粉组和豆粕酶解蛋白组的增重率与对照组相比分别提高19.02%、10.55%和9.05%,且差异显著($P<0.05$),其他各组增重率与对照组相比差异不显著($P>0.05$)。饲喂棉籽粕酶解蛋白、豆粕酶解蛋白和花生粕酶解蛋白组鱼类血液中的超氧化歧化酶(SOD)、碱性磷酸酶(ALP)、酸性磷酸酶(ACP)和溶菌酶等免疫酶的活性与对照组相比有显著提高($P<0.05$),而饲喂菜籽粕酶解蛋白和鱼粉组鱼类血液中以上4种免疫酶活性与对照组相比均无显著差异($P>0.05$)。段培昌等(2011)也认为星斑川鲽日粮中,以大豆浓缩蛋白、脱酚棉籽蛋白等替代饲料中35%鱼粉是可行的。

3.4　发酵棉籽加工产品

3.4.1　发酵棉粕的定义与特点

3.4.1.1　发酵棉粕的定义

发酵棉粕(fermented cottonseed meal)是以棉籽粕(饼)或棉籽蛋白为主要原料(≥95%),

以麸皮、玉米等为辅助原料,使用农业部《饲料添加剂品种目录》中批准使用的饲用微生物菌种进行固态发酵,并经干燥制成的产品。而发酵棉籽蛋白(fermented cottonseed protein)一般指粗蛋白质含量在50％以上的产品。发酵棉粕通过微生物的发酵处理以及酶制剂的降解作用后,游离棉酚显著降低,原料中高分子蛋白质发酵酶解成中小分子多肽或氨基酸,非淀粉类多糖降解为小分子糖,同时产生微生物蛋白质,丰富并平衡棉粕中的蛋白质营养水平,从而提高了棉粕的安全、营养性能和使用价值,最终改善棉粕的营养品质和适口性,提高饲料效率,扩大了棉粕的使用范围,提高了经济效益。

3.4.1.2 发酵棉粕的特点

1. 发酵棉粕能显著去除游离棉酚

微生物发酵降解游离棉酚的机理可能主要有以下几方面:发酵底物的蒸煮灭菌处理,可使部分游离棉酚和蛋白质、氨基酸、糖类等结合形成结合棉酚;发酵培养基中化学成分的添加经过蒸煮过程导致游离棉酚减少;微生物分泌的酶类,分解利用棉酚,从而使棉酚含量降低;发酵完毕后干燥过程中高温高水分含量造成游离棉酚形成结合棉酚。周生飞(2011)认为近平滑假丝酵母(*C. parapsilosis* KDN0118)发酵降解棉酚的代谢途径主要有两条:一条是棉酚与赖氨酸的结合反应途径。游离棉酚的活性醛基和活性羟基易与赖氨酸的 ε-NH$_2$ 结合,发生褐变反应,形成结合棉酚。另一条是棉酚苯环上活性醛基的氧化开始的开环反应途径。

(1)高温高压湿热灭菌处理对棉籽粕棉酚脱毒的影响

在高温灭菌条件下,张文举等(2006)利用热带假丝酵母菌 ZD-3 和黑曲霉菌 ZD-8 对棉籽饼进行单菌及复合固体发酵,发现复合发酵能极显著降低棉籽饼底物游离棉酚含量,脱毒率为91.64％,复合发酵效果优于单菌发酵。夏新成等(2010)报道,以稻根霉菌、橄榄假丝酵母和科克勒酵母属三株菌复合发酵棉粕,与发酵前相比,底物中游离棉酚含量显著降低66.86％。张庆华等(2007)采用热带假丝酵母、拟内胞霉和植物乳杆菌协同固态发酵对棉粕脱毒率达85.30％;吴伟伟等(2009)研究了黑曲霉与酿酒酵母混合固态发酵,棉籽饼粕中游离棉酚脱毒率为95.51％。金红春(2011)试验结果表明,用芽孢杆菌为主的复合菌种对棉粕发酵,可显著提高游离棉酚降解率,游离棉酚降解率可达96.52％。葛洪等(2011)报道在适宜条件下,游离棉酚可以下降到(82.03±3.14)mg/kg。叶明强等(2009)以热带假丝酵母、啤酒酵母、枯草芽孢杆菌和乳酸菌对棉籽粕进行菌种组合发酵,游离棉酚的脱毒率约为60％。周生飞(2011)通过棉酚降解菌与功能菌的混菌发酵,最终确定 Cp＋Ef＋BS＋Lc2＋Sc 为最佳的菌系组合,棉酚降解率达到78.28％。但是,贾晓锋等(2008)采用黑曲霉和热带假丝酵母发酵棉籽粕认为,微生物固态发酵能使棉籽粕脱毒主要是高温高压灭菌的作用,假丝酵母对棉籽粕中游离棉酚有一定的脱毒作用,而黑曲霉增加了游离棉酚的含量,二者对棉酚均无明显降解作用。

(2)室温条件下固态发酵对棉籽粕棉酚脱毒的影响

刘建成等(2012)进行了不灭菌条件下的 10 株不同微生物菌株固态发酵试验,结果表明所用菌株均对棉粕中的游离棉酚具有一定的降解作用,其中 Y-4 和 B-2 的脱酚率最高分别可达47.5％和38.2％。徐晶等(2012)通过 12 株菌"生料"固态发酵筛选出最佳脱毒菌株,认为芽孢杆菌 B12 和假丝酵母 Cu1 组合后脱毒效果较好,脱毒率分别可达 52.19％和50.03％。

(3)灭菌和不灭菌条件下固态发酵对棉籽粕棉酚脱毒的影响

马贵军等(2011)通过固态发酵试验,比较了灭菌条件和不灭菌条件下不同酵母菌的脱酚率,筛选出 1 株对棉粕中游离棉酚具有较好降解作用的热带假丝酵母。而王春芳等(2011)对高温高压灭菌处理棉粕、高温灭菌处理后再用黑曲霉固态"发酵"棉粕、直接对棉粕进行黑曲霉固态"生料"发酵 3 种方式进行了分析比较。结果表明,固态"生料"发酵的脱毒效果与高温高压灭菌处理后棉粕的脱毒效果差异不显著($P > 0.05$),与高温灭菌后发酵棉粕的脱毒效果差异极显著($P < 0.01$)。

2. 提高真蛋白、氨基酸含量,提高其消化利用率

微生物利用棉粕生长代谢使发酵基质质量减少,同时将发酵基质的无机氮源转化成菌体蛋白、多肽及分泌的酶类等,使发酵后的产物中蛋白总量提高。

夏新成等(2010)报道,以稻根霉菌、橄榄假丝酵母和科克勒酵母属三株菌复合发酵棉粕,与发酵前相比,底物中粗蛋白质含量显著提高,增加比例达 19.36%。诸葛斌等(2011)报道混菌发酵棉粕后,各种游离氨基酸含量更加丰富,疏水性较大的氨基酸,如缬氨酸提高了 0.95 g/100 g,亮氨酸提高了 1.4 g/100 g,苯丙氨酸提高了 2.3 g/100 g,丙氨酸提高了 0.9 g/100 g,均有较大程度的提高。体外消化率可提高至 88.59%。金红春(2011)的研究也证实棉粕经过发酵后,粗蛋白质提高了 6.99%,总游离氨基酸提高了 9.98%。徐晶等(2012)通过 12 株菌生料固态发酵筛选出最佳脱毒菌株,认为芽孢杆菌 B12 和假丝酵母 Cu1 组合脱毒后,其水溶性蛋白含量达 8.07%、9.11%。

向荣等(2011)、邱良伟等(2011)研究认为发酵棉粕的表观和真代谢能比发酵前提高,且差异显著($P < 0.05$);豆粕与发酵棉籽蛋白的真代谢能差异不显著($P > 0.05$)。

刘俊(2010)研究发现混菌发酵后棉粕 TCA-NSI(三氯乙酸氮溶指数)提高了 25.34%,小分子多肽含量提高了 11%,游离必需氨基酸提高了 24%,蛋白质的体外消化率由 44.56%提高到了 78.61%。刘俊(2011)的研究进一步发现棉粕经混菌发酵后赖氨酸含量提高了 86%,苏氨酸和蛋氨酸含量也分别较发酵前提高了 17% 和 20%,且发酵后精氨酸和赖氨酸含量之比达到 1.26,使棉粕的氨基酸组成趋于平衡(表 3.24)。

表 3.24　发酵前后每 100 g 棉粕氨基酸含量　　　　　　　　　　g

氨基酸名称	原棉粕基质质量	混菌发酵后含量	氨基酸名称	原棉粕基质质量	混菌发酵后含量
天门冬氨酸(Asp)	3.459	3.649	胱氨酸(Cys)	0.379	0.403
谷氨酸(Glu)	7.943	8.587	缬氨酸(Val)	1.485	1.851
丝氨酸(Ser)	1.737	1.728	蛋氨酸(Met)	0.517	0.616
组氨酸(His)	0.977	0.934	苯丙氨酸(Phe)	1.938	2.295
甘氨酸(Gly)	1.549	1.615	异亮氨酸(Ile)	0.970	1.219
苏氨酸(Thr)	1.216	1.400	亮氨酸(Leu)	2.072	2.510
精氨酸(Arg)	4.177	3.464	赖氨酸(Lys)	1.482	2.753
丙氨酸(Ala)	1.491	1.871	脯氨酸(Pro)	2.476	3.107
酪氨酸(Tyr)	0.895	1.182	氨基酸总量	34.767	39.185

来源:刘俊,2011。

3. 显著提高小肽含量,改善在肠道内小肽释放量

贾晓锋等(2008)、徐晶等(2012)的研究表明混菌发酵后,棉籽粕大分子蛋白质基本被降解

为 14 ku 以下的小分子蛋白,且水溶性蛋白从 6.4% 提高到 20.19%、1 800 u 以下小肽含量从 4.93% 提高到 15.27%(表 3.25)。

表 3.25　不同分子质量范围肽占发酵棉籽粕的百分含量(干基)　　　　　　%

肽分布范围	对照组	工艺 1	工艺 2
600 u 以下小肽及游离氨基酸	4.93±0.45[a]	13.17±0.35[b]	13.35±0.37[b]
600~1 000 u	0.24±0.007[a]	0.877±0.107[b]	0.8±0.08[b]
1 000~1 800 u	0.32±0.04[a]	1.517±0.188[b]	1.36±0.13[b]
1 800 u 以上小肽	0.9±0.09[a]	2.449±0.337[b]	3.35±0.36[c]

来源:徐晶,2012。

诸葛斌等(2011)发现混菌发酵棉粕后,小肽含量提高至 18.36%。蒋金津(2010)等发现棉粕和发酵棉粕在肉仔鸡消化道内水解释放小分子肽的比例有显著差异,其比例高低为:发酵棉粕>鱼粉>发酵菜粕>豆粕(表 3.26)。

表 3.26　肉鸡食糜中≤600 u 小肽占水溶性蛋白的百分含量　　　　　　%

饲料	腺胃	十二指肠	空肠前段	空肠后段	回肠前段	回肠后段	平均值
发酵菜粕	69.16±4.50	82.54±7.30	79.26±7.23	70.96±6.58	72.92±5.90	71.36±4.41	74.3[b]
发酵棉粕	95.02±5.44	84.73±8.49	79.72±6.43	83.98±5.49	82.14±6.29	75.94±6.53	83.59[c]
豆粕	46.34±1.19	83.54±4.37	82.05±3.24	81.42±2.63	79.08±7.96	70.01±10.68	73.91[b]
鱼粉	57.41±3.92	91.69±5.85	87.62±4.29	86.65±2.42	88.19±2.42	78.60±7.61	81.69[c]
平均值	62.52[A]	83.22[B]	78.39[C]	77.80[C]	78.09[C]	72.02[D]	

来源:蒋金津,2010。

4. 增加了酶类、益生菌等生物活性物质含量

诸葛斌等(2011)利用筛选到的 *Aspergillus niger* P1 和 *Bacillus subtilis* H1 混菌发酵棉粕后,发现 *B. subtilis* H1 主要分泌中、碱性蛋白酶,*A. niger* P1 主要分泌酸性蛋白酶。混菌发酵可充分利用两菌株分泌产生不同蛋白酶类,利用不同蛋白酶之间的协同作用,充分酶解棉粕大分子蛋白。金红春(2011)的研究也证实棉粕经过发酵后,淀粉酶活力提高了 766 U/g、纤维素酶活力提高了 494 U/g、脂肪酶活力提高了 249 U/g。徐晶等(2012)研究发现发酵棉粕中蛋白酶含量为 664.17 U/g,淀粉酶为 471.73 U/g,酵母菌为 2×10^6 cfu/g,芽孢杆菌为 1.3×10^8 cfu/g。

5. 发酵后产生了有机酸,可提高动物免疫力和适口性

混菌发酵前后棉粕有机酸含量变化见表 3.27。

表 3.27　混菌发酵前后棉粕有机酸含量变化　　　　　　g/100 g

有机酸种类	发酵前棉粕中的含量	发酵后棉粕中的含量	有机酸种类	发酵前棉粕中的含量	发酵后棉粕中的含量
草酸	0.05	1.13	柠檬酸	0.67	4.09
苹果酸	0.01	4.30	琥珀酸	0.18	1.41
乳酸	0.00	0.11	富马酸	0.01	0.04
乙酸	0.02	1.88			

来源:刘俊,2011。

刘俊(2011)发现混菌发酵棉粕可产生有机酸,棉粕中的有机酸含量有较大提高,有机酸可提高动物免疫力,达到部分替代抗生素。有机酸可降低胃肠道 pH 值并增加胰腺的分泌,抑制有害菌的生长,有效改善消化道的微生物区系,促进对维生素和矿物质等的吸收,提高动物生产性能及蛋白、能量利用率。

棉粕经发酵后风味得到极大改善,这主要是因为:①发酵过程产生的乳酸、柠檬酸等有机酸风味物质和还原糖等,可有效降低棉粕肽的苦味,提高其适口性,改善棉粕品质,提高其饲料利用率。②发酵过程中微生物可以破坏苦味肽基团,使疏水性氨基酸含量提高,降低产品的苦味值,显著改善棉粕的适口性,提高动物采食量。

3.4.2　发酵棉粕的生产

3.4.2.1　常用生产方式及工艺流程

发酵棉粕的原料是棉籽压榨、浸出制油后的副产品。棉粕常采用固态发酵的方式对其进行发酵。固态发酵由于其成本低、技术简单、生产过程对无菌操作要求不严格,是发酵棉粕较为适用的生产工艺。其工艺流程见图 3.15。

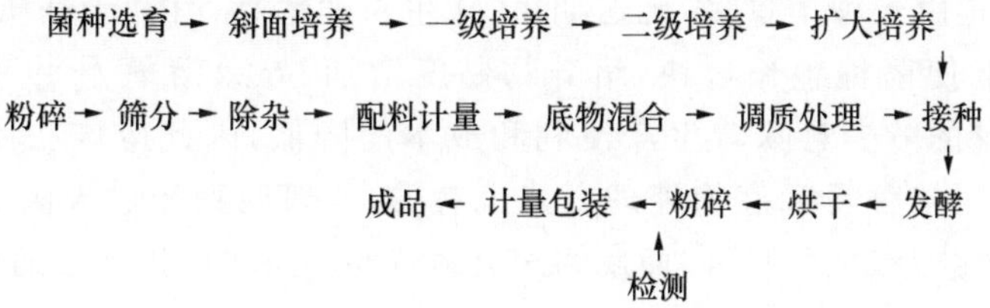

菌种选育 → 斜面培养 → 一级培养 → 二级培养 → 扩大培养
　　　　　　　　　　　　　　　　　　　　　　　　　↓
粉碎 → 筛分 → 除杂 → 配料计量 → 底物混合 → 调质处理 → 接种
成品 ← 计量包装 ← 粉碎 ← 烘干 ← 发酵
　　　　　　　　　　↑
　　　　　　　　　检测

图 3.15　棉粕微生物固态发酵工艺流程

3.4.2.2　发酵微生物的筛选

菌株的选育对固态发酵的成功与否至关重要。固态发酵棉粕所用的菌株必须是安全菌株(农业部 1126 号文件中品种)、生长繁殖速度要快、遗传性状稳定。很多研究结果表明具有协同作用的菌株混菌发酵效果要优于单菌发酵。混菌发酵所选的菌株应该彼此间无抑制作用或很小,具有协同性,混合发酵后的效果一般优于单菌发酵。

芽孢杆菌由于其芽孢的高耐受性,在发酵饲料进入动物体内后能抑制肠道内有害菌的生长,在发酵过程中还能分泌产生多种活性功能性酶类,所以在固态发酵棉粕中常被应用,如枯草芽孢杆菌、地衣芽孢杆菌等。放线菌由于发酵过程中有抗生素产生,能提高动物免疫力,且发酵后棉粕中含有较多的色氨酸和赖氨酸;酵母菌本身就是优良的菌体蛋白,在生长过程中可分泌产生具有生理活性的酶类,可改良发酵棉粕的消化利用率,改善适口性等,发酵棉粕中使用的酵母菌一般有:啤酒酵母、产朊假丝酵母、热带假丝酵母等。一些霉菌也由于其本身较高的菌体蛋白含量和产酶特性,被应用于固态发酵棉粕,如黑曲霉、米曲霉等。乳酸菌由于其本身就具有益生作用,在发酵过程中能产生酸甜芳香气味,改善产品的风味和适口性,应用的乳酸菌有植物乳杆菌、乳酸杆菌等。实际生产中,应该结合各种因素,合理选择混菌发酵,不但可以改善发酵效果,还能降低生产成本。

3.4.2.3 发酵工艺条件的优化

发酵过程中发酵参数的控制也是关键,主要是料水比、发酵时间、接种量、pH 值和发酵温度。而大多数研究主要指标为脱毒率和粗蛋白质提高量,兼有微生物所产的蛋白酶酶活等。

1. pH 的控制

发酵料按比例称好后拌匀,大部分研究认为 pH 值为自然值时发酵效果较好,并且节约发酵成本。

2. 含水量的控制

发酵底物的含水量根据发酵料配方的不同而不同,需严格掌握,过多过少都会影响产品质量。含水量过高,会导致基质多孔性降低,影响气体的交换,难通风和降温,增加了杂菌污染的危险;含水量过低会造成基质膨胀程度低,微生物生长受到抑制,产量降低。一般情况下,固态发酵时,底物起始含水量在 35%～75%。

3. 接种量

接种量是指移植的种子液体积和发酵底物体积之比,一般发酵常用的接种量为 5%～10%,抗生素发酵的接种量有时可增加到 20%～25%,甚至更大。接种量的多少是由发酵罐中微生物的生长繁殖速度决定的。通常采用较大的接种量可缩短生长达到高峰的时间,使产物的合成提前。这是由于种子量多,延迟期短,比生长速率高,有利于基质的利用。但是,如接种量过大,也可能使菌种生长过快,培养物黏度增加,导致溶氧不足,影响产物的合成。从生产考虑,接种量的减少意味着生产便利和成本的降低,因此应该在允许的范围内尽可能降低接种量。同时接种量和底物处理方式也有关,一般底物经过灭菌后消除了杂菌的影响,目标菌株的接种量为 5%～10%,而底物未灭菌就要适当增加接种量通过菌群优势来抑制杂菌的作用。

4. 温度

温度是关系到发酵成败的最关键因素之一。温度对于微生物生长过程非常重要,如蛋白质变性、酶促进、抑制或抑制特定代谢途径产物、细胞死亡等。由于固态发酵过程中普遍存在热量堆积的温度效应,降低了微生物的活动,从而影响棉籽饼粕培养基的发酵,故控制适宜的发酵温度对发酵工艺尤为重要。

5. 发酵周期

发酵周期是指发酵从开始到结束的时间,发酵终点的判断对提高产物的生产量有非常重要的意义。适宜的接种量不仅可以缩短菌株生长的延滞期,从而减少发酵时间,而且还可使菌株迅速生长、繁殖,占据整个培养的环境,有利于减少杂菌的污染。发酵周期短会造成发酵不完全,时间过长环境条件不利于菌体的生长,菌体自溶;发酵时间过长还增加了染菌机会和生产成本,发酵过程需要确定一个合适的发酵周期。

总的来说,微生物发酵棉粕需要有适宜的发酵底物和适宜的发酵条件,而且有利于微生物生长的因素均可提高棉粕发酵效果。

3.4.3 发酵棉粕的品质和指标要求

①感官指标。外观呈褐色、黄褐色或金黄色,色泽均匀一致,无虫蛀、霉变、结块及异味、异

臭且有淡的醇香味;且不得掺入发酵棉籽产品以外的物质(如皮革粉、羽毛粉、肉骨粉和特殊无机氮源等)。

②水分。要求≤12％。

③游离棉酚。要求≤400 mg/kg。

④主要营养指标。见表3.28。

表 3.28　发酵棉粕主要营养指标要求　　　　　　　　　　　　　　　　　　　　％

成分	含量	成分	含量	成分	含量
粗蛋白质	≥50	氨基酸	≥40	小肽(占蛋白)	≥30
粗纤维	≤5.0	粗灰粉	≤8	水分	≤12

3.4.4　发酵棉粕在动物饲养中的应用效果

贾喜涵等(2008)选用长大二元杂交仔猪180头,随机分成5组,第一组为对照组,第二组为棉籽粕组,第三组为芽孢杆菌发酵棉籽粕组,第四组为乳酸杆菌发酵棉籽粕组,第五组为混合菌(乳酸杆菌∶芽孢杆菌＝7∶3)发酵棉籽粕组,添加量均为5％,研究固体发酵棉籽粕对仔猪生产性能的影响,试验期28 d。生长性能试验结果表明,试验前后期各组的平均日采食量差异不显著($P > 0.05$);前期的平均日增重第三组最高,为507.14 g/d,与对照组相比,差异极显著($P < 0.01$);在料重比方面,第三组最低,前期为1.47,后期为2.24,与对照组相比,差异显著($P < 0.05$)。得出添加5％发酵棉籽粕都从一定程度上提高了仔猪的生产性能,未发酵处理的棉籽粕对仔猪生产性能的影响与对照组类似,芽孢杆菌固体发酵棉籽粕饲喂仔猪的效果最佳。又研究了用芽孢杆菌发酵棉籽粕替代鱼粉对11.21 kg仔猪生产性能的影响,试验期28 d,分为对照组、5％鱼粉组、2.5％鱼粉＋2.5％芽孢杆菌发酵棉籽粕组和5％芽孢杆菌发酵棉籽粕组,结果表明,0～14 d芽孢杆菌组的饲料转化率显著高于对照组,14～28 d鱼粉组的日增重显著高于对照组,芽孢杆菌组全期腹泻率最低。

蒋金津等(2010)的研究发现:发酵棉粕和棉粕在肉仔鸡消化道内水解释放小分子肽的比例有显著差异。禚梅(2012)试验中各组有效能量相近,研究日粮中添加棉籽蛋白、发酵棉粕以及发酵棉粕代替豆粕对蛋鸡产蛋后期生产性能的影响,发现日粮中添加5％发酵棉粕代替豆粕对产蛋后期的蛋鸡在产蛋率、料蛋比、体重增长、经济效益指标方面优于其他组。汤江武(2011)选择480羽1日龄AA肉鸡(44.40±1.11)g,随机分成4组,每组6个重复,以玉米豆粕基础日粮为对照组,分别用5％、10％和15％的发酵棉粕替代豆粕。结果表明:与对照组相比,添加发酵棉粕对肉鸡平均日增重、采食量和料重比无显著影响;21日龄时,添加5％发酵棉粕显著提高了肉鸡血液IgG和IgA含量及法氏囊指数($P < 0.05$),添加15％时显著降低了血清中尿素氮含量($P < 0.05$),3个发酵棉粕处理均能提高胸腺指数($P < 0.05$),但对脾脏指数无影响;42日龄时,5％和10％发酵棉粕组显著降低了血清中的尿素氮含量($P < 0.05$),15％发酵棉粕组还提高了胸腺和法氏囊指数($P < 0.05$)。

陈道仁(2010)用23％发酵棉粕替代9％豆粕和全部棉粕(15％)饲养平均体重为125 g的草鱼鱼种90 d,结果表明,发酵棉粕较对照组提高鱼体增长率24.525％,单位增重耗料降低了

11.89%,血清溶菌酶、肝胰脏 SOD 活力均有显著提高。结果表明,在草鱼配合饲料中使用发酵棉粕,取代全部棉粕和部分豆粕,能促进鱼体生长,改善饵料系数,提高草鱼的非特异性免疫能力。金红春(2011)研究发酵棉粕对青鱼生长的影响,结果显示:发酵棉粕组青鱼的存活率、增重率显著高于对照组(未发酵棉粕组、硫酸亚铁组)($P<0.05$),单位增重耗料量、肝脏和血清中的谷草转氨酶均显著低于对照组($P<0.05$)。

秦金胜等(2010)在杜长大三元杂阉公猪生长育肥日粮中以不同比例的普通棉粕和发酵棉粕替代豆粕,探讨猪日粮中普通棉粕和发酵棉粕适宜添加量。试验结果显示:与对照组相比,普通棉粕替代豆粕的比例达到 5% 时,猪的日增重有下降趋势;达到 10% 时可显著降低猪的日增重和料重比($P<0.05$);发酵棉粕替代豆粕的比例达到 15% 时对猪生长育肥期的生长性能尚无显著不良影响($P<0.05$),可以降低单位增重饲料成本。丁超等(2010)用发酵棉粕 25% 替代豆粕日粮、50% 发酵豆粕替代豆粕日粮,试验结果显示:3 个试验组在日增重、平均日采食量、料重比上均没有显著差异,单位增重成本 50% 替代豆粕组较其他两组稍低,即 50% 发酵棉粕替代豆粕时的生长性能和饲料转化效率最高。朱献章等(2010)的试验结果表明发酵棉粕各试验组与豆粕对照组相比,对猪的生长、健康和饲料利用率无明显差异,而未经发酵的棉粕以同样的量替代豆粕,猪的生长速度和饲料利用率明显低于发酵棉粕组及豆粕组。

3.4.5　发酵棉粕的发展前景与存在问题

3.4.5.1　发酵棉粕的发展前景

我国是饲料消费大国,尤其是近年来养殖业和饲料工业的迅速发展大大增加了饲料原料的需求量,而我国饲料资源面临的主要问题是优质蛋白质饲料的缺乏。一直以来主要依赖进口大豆类和鱼粉类产品,行业承受着巨大的价格压力。据国家饲料工业办公室的估算,70%~80% 的蛋白质饲料来源于粮食,现有的棉、菜籽粕、花生粕等杂粕相对较多,但未得到合理的开发与利用。如果能对这些饼粕进行有效的开发利用,无疑会对我国畜牧业及食品行业产生推动作用并带来一定的经济效益和社会效益。

我国棉籽粕资源丰富,虽然棉籽粕中蛋白质含量很高,达 50% 以上,但限制其应用的主要原因是棉粕中的游离棉酚,利用微生物发酵技术可将棉籽粕中的毒素降低并使其转化为优质蛋白饲料,在一定程度上可起到替代豆粕和鱼粉的作用,对扩大我国饲料资源范围、缓解饲料工业压力、促进养殖业的健康可持续发展意义重大。

3.4.5.2　发酵棉粕存在的问题

发酵棉粕虽然具有很多优势,但是在发酵棉粕的研究和应用方面还存在并要注意以下问题:

①发酵过程所用微生物的安全性。由于固态发酵棉粕环境相对开放,在发酵过程中容易感染其他杂菌,如果不注意控制发酵条件,生产出的发酵棉粕产品将含有大量杂菌,甚至是有害菌。因此在发酵过程中应严格控制发酵条件,保证发酵产品中优势菌群的安全性。

②产品质量的稳定性。由于固态发酵工艺本身的开放式操作,这种技术对发酵时间、水分控制等大都靠生产人员的经验,因此做出质量稳定的产品是比较难的。因此发酵棉粕的工业

化生产需要有较高的工艺设备及相关配套设施,需严格生产规程,加强生产人员的培训交流,以保证产品的质量和稳定性。

③缺乏相应的质量评价标准。发酵棉粕蛋白质饲料产品质量不稳定、差异大,且市场上的产品良莠不齐,但由于缺乏相应的质量评价标准,使得消费者很难辨别真伪。因此要加快建立客观科学公正的质量评价体系,从感官指标、卫生指标、营养成分指标以及抗营养因子指标综合评价发酵棉粕的质量。

④在不同动物饲粮中的最适添加比例。由于棉粕本身的营养特点,经过发酵后虽然营养价值得到了提高,适口性也得到了改善,但与发酵豆粕、鱼粉仍然有差距,不能简单、完全替代,但其本身的营养特点也是其他蛋白饲料不能替代的,所以在实际应用中如何进一步利用好发酵棉粕及其在饲粮中的最佳添加比例等还有待科研人员进一步的深入研究。

⑤拓展研究范围。目前的固态发酵棉粕研究主要集中在筛选高效脱毒菌株。固态发酵棉粕不仅能去除游离棉酚,还能改善棉粕营养价值,提高棉粕的消化利用率。因此要加强对发酵棉粕营养价值和应用效果的研究。

⑥目前市场上的发酵棉粕产品良莠不齐,不利于饲料生产企业和养殖户的合理使用。因此有关部门应该尽快形成权威性的国家或行业内公认的饲料用发酵棉粕质量标准,以统一和规范其质量指标和分级标准,严防掺杂使假及劣质产品的流通。

3.5　棉籽饼粕中棉酚的脱毒技术与检测方法

棉籽饼粕的主要有毒有害物质是棉酚。游离棉酚含量因品种及加工工艺的不同而异,传统品种棉籽高温、高湿、高压处理后、游离棉酚含量显著减少,低温浸提游离棉酚含量升高。

3.5.1　棉酚的检测方法

国内外对棉酚的检测方法很多,常见有高效液相色谱法(HPLC)、紫外分光光度计检测及分光光度法(其中苯胺法应用最多)、薄层分析法(TLC)、极谱法、原子吸收光谱法等。其中HPLC法由于不能检测出棉酚活性衍生物而造成检测结果偏低;紫外分光光度法不能解决棉籽饼粕中其他干扰成分对检测结果的影响;TLC法对处理方法和试剂要求很高而很难定性和定量分析;极谱法对底液要求严格,检测受酸、水、温度影响,所以棉籽饼粕脱毒后棉酚含量的检测受化学成分影响较大;原子吸收光谱法并不常用。棉籽粕中棉酚结构复杂,有多种同分异构体;按其活性分为结合棉酚和游离棉酚。其中的类棉酚色素与棉酚结构类似,会干扰检测结果。棉酚检测方法主要有:

3.5.1.1　重量法

20世纪初的研究者将样品经过适当处理,提取总棉酚,然后称取总棉酚重量的办法来检测棉籽中棉酚的含量。该法操作繁琐,且较粗糙地估计棉酚的含量,现已不再被采用。

3.5.1.2　分光光度测定法

1. 紫外分光光度法(UV)

UV法是一种传统的分析方法,是测定样品中FG的一种国标方法。该法是将样品中

FGP 经用 70％丙酮提取后,于 378 nm 处测定其吸光度,然后根据其吸光度的大小与标准系列比较定量。该方法虽仪器设备少、操作简单易行,在基层单位中应用较多,但往往由于其样品受其他成分的干扰,使结果不够理想。

2. 可见分光光度法

可见分光光度法在国内外应用较普遍。传统测定 FG、TG 的可见分光光度法有苯胺法、三氯化锑法、甲氧基苯胺法和间苯三酚法。其中苯胺法应用最多,该方法既是检测 FG 的另一种国标方法,也是美国油脂化学家学会(AOCS)认可的公职分析方法。该方法是将样品中的 FG 经用 70％丙酮提取后,于 95％乙醇中与苯胺作用生成二苯胺棉酚的黄色化合物,然后于 445 nm 处进行比色定量分析。其灵敏度可达 1 μg。Fisher 等在苯胺法基础上进行了改进,可以检测到低至 1 μg/g 级的 FG,使灵敏度更高。三氯化锑法则是根据 TG 能与三氯化锑在氯仿溶液中生成一种红色络合物,该络合物在 500～520 nm 处有最大吸收峰的原理,进行比色定量。该方法目前也较常用。但必须要求试样中 TG 的含量不得超过 0.045％。间苯三酚法灵敏度高,其分析速度快,但提取液不稳定。

3.5.1.3　薄层色谱法(TLC)

TLC 具有设备要求低、操作容易、对混合组分的分离效果好等优点,现已广泛应用于食品中农药残留量、霉菌毒素和某些食品添加剂的分离和分析。其基本过程为:制板-点样-展开-显色-分离分析。根据 R_f 值可对待测物质作定性鉴定,根据斑点面积或颜色深浅可作定量分析。目前,一般在有游离棉酚存在的物质中,其类似物较多,若处理方法不当、展开剂选择不合格或显色剂选择不妥,亦很难进行成功的定性或定量分析。姜永等则根据棉酚结构中含有多个酚羟基,可能和溴发生取代反应或氧化反应的特征,探讨了测定棉籽中棉酚含量的 TLC—溴库伦法。该法 R_f 为 0.4,回收率为 97.1％,检出限为 10 μg。

3.5.1.4　高效液相色谱法(HPLC)

HPLC 具有高效、快速、高灵敏度等特点。目前,在国内外研究较多,但各资料报道不一,以甲醇-水-磷酸作流动相的报道较多。由于所选用的萃取剂或色谱柱的不同而使得结果大多数不太满意。张延坤等通过实验发现上述流动相系统对与棉酚结构类似的色素杂质分离效果较差,FG 峰易产生拖尾现象。于是便采用了在流动中加入适量乙腈和增加磷酸用量而克服了上述现象。即以甲醇-水-乙腈-磷酸(80＋15＋5＋0.2)作流动相,以 95％乙醇-水-乙醚-冰乙酸(71.5＋28.5＋20＋0.2)萃取 FG,以 0.1 mol/L 草酸溶液(丁酮＋水,55.3＋5)、70％丙酮、0.5 mol/L 醋酸钡萃取 TG,然后于 C18 色谱柱上进行分离测定。线性范围为 2～10 μg,最低检出量为 10 ng,回收率为 98.98％,RSD 为 3.26％。虽然 HPLC 的灵敏度高,适合于极低含量的棉酚测定,但由于其仪器设备昂贵,尚不能普及。同时,由于 HPLC 测定的是游离棉酚单体,而不能测定游离棉酚的类似物。而研究表明棉酚的类似物同样对动物有毒性,因此 HPLC 法测定游离棉酚结果不能很好地反映棉籽粕样品的毒素含量。

3.5.1.5　原子吸收光谱法(AAS)

目前,利用 AAS 法测定 FG、TG 报道很少,主要是由于没有明确空心阴极灯或无极放电灯来作电源,而难以实现 AAS 法的测定。董仕林等通过铁、钴、镍三种元素灯在紫外光区进行全程扫描,结果发现镍灯在 378.1 nm 处有 1 次灵敏的发射峰与棉酚的吸收峰相吻合,从而成功地建立了测定 FG 的 AAS 法。方法是将试样中的 FG 经用 70％丙酮萃取后，以灯电流 4 mA，狭缝 0.5 mm 等实验条件直接进行了棉籽油中 FG 测定，结果与紫外光谱法测得结果一致（$P <$ 0.05）。其线性范围为 0～20 $\mu g/mL$，检出限为 0.1 $\mu g/mL$，回收率为 101.3％，RSD 为 3.6％。

3.5.1.6 极谱法

极谱法测定棉酚是基于棉酚结构中芳醛基在滴汞电极上的还原反应：R（CHO）$_2$＋4H$^+$ 4e^{-1}→R(CH$_2$CH)$_2$ 而在一定底液产生极谱波而进行的。姜永等认为棉酚在 HCl-丙酮体系中将产生两个极谱波，若为非水体系，则产生第一波，受酸、水、温度的影响较大，且灵敏度较低，若为含水体系，则产生第二波，较稳定，受上述因素影响较小，从而可建立在含水体系中的第二波的极谱测定方法。

3.5.1.7 两种游离棉酚检测方法对常规棉粕检测的比较

周天兵等（2010）从方便、准确和可靠的原则出发，选用得到广泛接受和应用的标准方法 AOCS Ba7-58（美国油脂化学家学会方法）和国内主要使用的标准方法（国标 GB/T 13086—1991）进行比较研究。实验从试剂、方法及检测结果等方面比较两种方法对常规棉粕（游离棉酚含量 200～1 000 mg/kg）中游离棉酚检测的可操作性、准确性和可重复性。AOCS Ba7-58 标准曲线换算因子 $F_1 = 0.370$，$R^2 = 0.999$，回收率 101.14％，RSD＝2.56；GB/T 13086—1991 质量吸收系数，游离棉酚为 62.5 L/(cm·g)，回收率 104.98％，RSD＝9.85。结果表明，AOCS Ba7-58 对棉酚及其衍生物的提取充分，检测结果稳定，重复性好；而 GB/T 13086—1991 对棉酚及其衍生物的提取不稳定，时高时低，造成检测结果的不稳定性，重复性差。

棉酚的结构式中含有醛基和羟基。醛邻位的酚羟基活泼，易与其他物质发生反应。AOCS Ba7-58 和 GB/T 13086—1991 对棉酚的检测都是利用醛邻位的酚羟基与苯胺发生反应，生成的二苯胺棉酚在 440 nm 波长处有最大吸收峰，通过吸收值的校正吸光度计算游离棉酚含量的方法。AOCS Ba7-58 和 GB/T 13086—1991 这两种方法对棉粕中游离棉酚的检测结果应包括棉酚和一些衍生物的总含量。两种方法检测结果的不同主要反应在提取液的不同。美国油脂化学家协会（AOCS）明确定义：凡能被 70％丙酮水溶液提取的棉酚及其衍生物统称为"游离棉酚"，对于 GB/T 13086—1991 中溶剂 A 对棉粕中棉酚的提取量少应该是对棉酚衍生物的提取不充分的缘由。AOCS Ba7-58 直接用 70％丙酮溶液浸提，提取稳定，操作简单；而 GB/T 13086—1991 浸提液采用的溶剂 A 使用异丙醇正己烷的混合溶液，配制较复杂，提取 FG 也不稳定。

两种方法对常规棉粕中游离棉酚含量的检测可以看出：AOCS Ba7-58 对棉酚及其衍生物的提取充分，操作简便，检测结果稳定，重复性好，精确度高，回收率精确度高且更接近 100％；而 GB/T 13086—1991 对棉酚的检测值比 AOCS Ba7-58 低，检测结果不稳定，重复性差，回收率精确度低且高于 100％。杨伟华"几种测定游离棉酚方法的比较"报道中，认为 AOCS 法所测的棉酚含量最高，三种分光光度法测定结果基本一致，但个别样品上互有高低；同时认为，各种方法都能反映出样品间棉酚含量的相对水平。据分析标准曲线换算因子 F_1 对结果有不同影响，周天兵等（2010）试验的标准曲线制定经多次重复，$R^2 = 0.999$。考虑到我国 FG 检测方法的国家标准正在修订中，建议饲料行业目前可用 AOCS Ba7-58 代替 GB/T 13086—1991 检测棉粕及饲料中游离棉酚含量，更能体现棉粕及饲料中"棉毒素"的含量。

3.5.2 棉籽饼粕的脱毒方法

3.5.2.1 棉酚在动物体内的吸收与转运

1. 棉酚在动物体消化道变化过程

动物体摄入棉酚后,在胃肠内有一定变化。FG 在消化道内一部分被动物体吸收入血,一部分和胃肠黏膜及肠道内容物形成结合棉酚;BG 很难被动物体吸收,少部分或以胞饮方式吸收,还有一部分在肠道微生物等作用下再解离出游离棉酚。一般来说,在动物胃肠道,FG 的吸收量很少,但是是一个累积性吸收的过程,随着动物持续性接受含 FG 的饲粮喂养,胃肠道 FG 含量增加,而且 FG、BG 含量存在一个动态变化的过程,吸收入体内的 FG 经过体内代谢又以 FG 或 BG 的形式随肠道排出体外。Abou-donia 用 ^{14}C 标记棉酚研究棉酚在大鼠体内的代谢去向,结果显示:棉酚在大鼠胃肠道吸收量很少且很快从粪便排出。Abou-donia 报道:给猪一次口服 50 mg(3.7 微居里)^{14}C 醛基标记棉酚后,进行了 ^{14}C 棉酚代谢归宿的研究。放射性迅速随粪便从猪体内排出,口服后 20 d,从粪中共回收到的放射性占口服总剂量的 94.6%。

结合棉酚在消化道会部分水解,据周瑞宝棉酚毒性试验研究进展报道:结合棉酚通过胃肠消化道时,能释放出游离棉酚。用水解方式,可以从 50% 的结合棉酚中,分离出游离棉酚。因此,动物肠道内游离棉酚和结合棉酚存在一个平衡,根据动物不同而不同,游离棉酚和结合棉酚的比例不同而不同。

2. 棉酚在血液中的转运

FG 经胃肠道吸收入血后迅速转变成 BG 在体内转运。Albrecht 等报道:猪经空腔静脉、颈静脉或颈动脉注射棉酚钠盐 15 min 后,血清中结合棉酚量即达 90% 左右,6 h 后则超过 95%。表明 FG 迅速与血中物质相结合,可能主要为蛋白质,也可能包括赖氨酸、肽及铁等。棉酚经血液运送至肝脏、脾中可能再发生一系列变化,可能部分形成螯合物而蓄积,部分随胆汁或再经血液运送至肠道、肾、肺等排出体外。所以血液中棉酚大量以结合棉酚形式存在和转运。

3. 棉酚在动物体内的排除

定位分析表明,大鼠口服棉酚后迅速通过粪、尿和呼吸道排出;粪排出量最多,占口服总剂量的 83.5%;此外,呼气中 CO_2 占 11.73%,尿中含量最少,只占 2.51%。棉酚进入机体后,其主要代谢场所是肝脏,并存在肝肠循环。用 ^{14}C 标记棉酚饲喂大鼠和母鸡后,发现药物主要通过胆汁-粪便途径排出。由此可知棉酚主要在肝脏代谢,肝脏具有解毒能力,在此形成的结合棉酚或降解再通过胆汁形式经肠道排出体外。但同时肝脏解毒能力有限,剩余棉酚会以游离棉酚或结合棉酚的形式残留在肝脏,以及转移到其他组织。

4. 棉酚在体组织的蓄积残留

长期饲喂含棉酚饲料的动物,会造成体内棉酚的逐渐积累,由于棉酚在动物肝脏内代谢作用旺盛,蓄积作用最强,与其他组织和器官相比蓄积量最多,并且大多以动态 BG 的形式蓄积在体内,并不断变化解离出游离棉酚。

闫中元报道:为了解饲喂试验羊体内棉酚残留量,给羊饲喂棉籽饼粕,其游离棉酚含量为718.47 mg/kg。从 120 只参试羊中抽样 25 只屠宰后,对肝、脾、血、肉等组织分别进行了棉酚残留量测定。结果表明,参试羊体内各部位组织中有不同程度的游离棉酚残留,其中肝脏最高,依次是脾脏,血液和肌肉。肝脏内游离棉酚的含量最高达 194.90 mg/kg(公羊),最低为 67.68 mg/kg(羯羊),分别是国家食用油允许棉酚含量标准 22.00 mg/kg(注:由于国家没有对肉制品中棉酚含量的相关标准,故以国家食用油允许棉酚标准含量为参照)的 886％和 308％,说明游离棉酚在肝脏的蓄积作用明显。肌肉内蓄积游离棉酚比肝、脾、血中的含量少,最高 43.53 mg/kg,最低为 36.23 mg/kg,分别是国家食用油允许棉酚含量标准的 198％和 165％。

赛买提·艾买提(2008)报道:每只羊每天饲喂约 1 kg 棉籽壳(FG 含量为1 140 mg/kg)及 300 g 精料,饲喂 60 d 的 10 只绵羊屠宰结果显示,肝脏中游离棉酚含量最高。肝脏是棉酚代谢分解的重要部位,棉酚在体内聚集量肝脏最多,肌肉中很少。

薛社普(1979)报道:对大鼠进行试验表明棉酚在体内的早期代谢形式以结合棉酚为主,以后在脏器组织中通过氧化、分解或转化,游离棉酚及其代谢产物的比例增加,通过粪、尿和呼气(脱羧基后的 CO_2)排出。

3.5.2.2　棉籽饼粕脱毒

以饲料中游离棉酚的限定设定在 400 mg/kg(世界卫生组织建议标准规定 FG＜400 mg/kg)算,脱毒方法要求脱毒率必须保证在 50％以上。有腺体棉籽加工产品的脱毒方法大致可分为物理脱毒法、化学脱毒法和生物脱毒法及遗传育种脱毒法等。各种脱毒方法效果变化大,可部分或基本上全部脱除棉酚,近年来通过制油工艺进行棉籽饼粕脱毒也已取得了很大进展。原理除了溶剂浸提是直接将 FG 用溶剂从棉粕中浸提出来以外,大都是将棉籽饼粕中 FG 转化为 BG 或发生氧化、聚合等化学作用。棉籽饼粕脱毒方法详细分类见图 3.16,各种脱毒方法及对动物机体试验效果详见表 3.29。

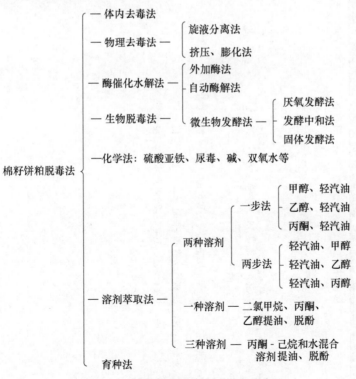

图 3.16　棉籽饼粕脱毒方法详细分类

表 3.29　棉籽饼粕脱毒处理方法及对动物机体试验表

脱毒方式	工艺条件	样品类型	棉酚/(mg/kg)	残余含量	脱毒率/%	动物机体试验	备注
铁	榨油时用	机榨饼	1 200	800	33.3	提高畜禽生产能力,增产 10% 左右	大康油厂试验
	0.2%~1% FeSO₄ 溶液喷洒	浸出粕	9 000	4 000	56		
	FeSO₄ 加石灰水,浸泡 2~4 h,晒干	机榨饼	1 000	200	77	生长育肥猪、蛋鸡、肉鸡配量分别为 20%,15% 和 12%	
		机榨饼	3 300	495	85		
热处理	浸泡 1 h,煮沸 1~1.5 h	机榨饼	1 000	450~250	55~75	饲喂脱毒棉籽饼粕日粮 180 d 后,对鸭、鸡、鹅解剖化验表明,禽肉残留棉酚含量仅为 1~4 mg/kg;残留棉酚含量仅为 2~8 mg/kg;养殖 150 d 后的鱼体残留棉酚含量仅为 6.4~7.7 mg/kg;每头猪平均少用粮 72.6 kg;节约 36.5%,平均净增重 17.25 kg	
钙(亚铁)、钠	铁离子/游离棉酚=1:1,1% 石灰粉,100℃,25% 热水	机榨饼、浸出粕		400~500	76		
旋液分离	195℃,90 s					未测定	

续表 3.29

脱毒方式	工艺条件	样品类型	棉酚/(mg/kg)	残余含量	脱毒率/%	动物机体试验	备注
挤压膨化	转速 100 r/min，压力 4 500～5 100 kPa，膨化温度 115℃，50 s	机榨饼	8 100	3 500	56.6	未测定	宁夏柴油机厂
	转速 100 r/min，压力 4 500～5 100 kPa，膨化温度 119～128℃,50 s,加尿素	机榨饼	8 100	260～330	59～68	未测定	
	转速 100 r/min，压力 4 500～5 100 kPa，膨化温度 117～126℃,50 s,加硫酸亚铁和生石灰	机榨饼	8 100	13～130	84～98	未测定	
微生物固态发酵	黑曲霉、乳酸菌、芽孢杆菌等，常温，2～10 d	棉籽饼粕	498	67	80	未测定	顾赛红(1993)
	沸水煮 10 min,100℃蒸 10～20 min;灭菌 25 min	棉籽饼粕	1 000	100	90	未测定	中山大学
溶剂萃取	先脱酚、再提油	棉籽	1 000	0	100	未测定	
	同时萃取棉酚和油脂，再分离棉酚和油脂	棉籽	1 000	0	100	未测定	

1. 物理脱毒法

因棉酚是聚酚类高分子化合物,对温度敏感,随着温度升高,自身不断分解而失去活性。物理脱毒法可使游离棉酚的脱除率达到70%以上,它是使游离棉酚与蛋白质结合成毒性较小的结合棉酚,须在高温条件下进行,主要缺点是有效营养成分大量破坏,蛋白质的可消化性降低。郑家佐等将棉仁粉用适量水混拌后,置锅中常压蒸6 h或置高温灭菌锅中高压蒸煮2 h,脱毒率可达73.7%～89.0%,产品FG含量均小于200 mg/kg。

(1)膨化脱毒法

膨化是一种高温高压高剪切作用的工艺操作,在这种操作中会发生许多在一般条件下不能发生的物理和化学及组织结构变化,经过强烈的挤压使棉籽中的FG与蛋白质结合成结合棉酚。1992年Buchs用棉籽与大豆按1∶1进行膨化试验制取大豆棉籽膨化粉,温度为135～145℃,挤压力为6.37×10^5 Pa,产量为726 kg/h,产品中各种氨基酸全面平衡,弥补了棉籽中蛋氨酸含量不足的缺陷,FG含量从9 100 mg/kg降至210 mg/kg。此方法缺点是降低毒性的同时,棉籽饼粕营养成分的损失,且设备特殊,成本较大。

(2)水热处理法

其原理是根据棉籽饼粕在水中可破坏棉籽色素腺体,使FG释放出来,在高温下与蛋白质、氨基酸结合形成BG脱毒。它是传统的处理工艺,一般采用蒸煮或蒸气等加热加压方法脱毒。在油料加工过程中采用高水分蒸炒法使料坯含水量达到近18%,入榨温度达到130℃,使生理活性较高的FG转化为无毒的BG。该法脱毒效果不稳定,且耗水耗能,由于加热温度高对棉籽饼粕营养成分破坏严重,目前该法较少使用。另外,一种热喷技术(挤压、膨化法)使棉籽饼粕经热喷后,FG含量可降到400 mg/kg以下。热喷后,棉籽饼粕中的粗蛋白质、粗脂肪等有效营养成分损失较少。

(3)旋液分离法

是根据棉酚集中于色素腺体的特点,将棉籽饼粕置于液体旋风分离器中借高速旋转产生的离心力将色素腺体完整地分离出来,从而使饼粕中的棉酚含量降低。该法对棉籽饼粕的营养成分破坏较少,但对设备要求较高,投资较大,成本高,在实际生产中推广尚需进一步研究改进。

2. 化学脱毒法

棉酚与金属盐形成螯合物,不易被动物体消化吸收。该反应在较低温度下可发生,不会对蛋白的品质造成破坏。

游离棉酚　　　　　　　　　　　　　棉酚铁

添加适当的化学药剂使棉酚失去活性,如添加硫酸亚铁、硫酸锌、硫酸铜、碳酸钙等,使棉酚与金属离子螯合,棉酚活性基团失去作用;添加尿素与棉酚形成西佛碱加成物;加碱使棉酚在碱性条件下氧化;加双氧水使棉酚氧化等。化学钝化法工艺较简单,时间短,操作容易,但一般只除去游离棉酚,总棉酚含量一般不降低。

(1)硫酸亚铁法

FG 有羟醛式、内醚式和羟式三种异构体,通常呈相对稳定的羟醛式。Fe^{2+} 能与羟醛式 FG 反应生成无毒的络合物使 FG 的活性羟基失去作用而达到脱毒目的。用硫酸亚铁去毒时,其用量应因机榨或土榨棉籽饼粕而不同。机榨的棉籽饼粕每 100 kg 应用硫酸亚铁 200~400 g,土榨的棉籽饼粕用 1 000~2 000 g。使用前先将硫酸亚铁用 200 kg 水溶解,制成硫酸亚铁溶液备用。张嗣炯和顾镕(1995)按 Fe^{2+} 与饼粕中 FG 质量比 0.85∶1 向含 FG 0.164 9%的棉籽饼粕粉中常温均匀喷洒 $FeSO_4 \cdot 7H_2O$ 溶液,边喷边搅拌,放置 10 min 后 50℃左右烘干 2 h,结果脱毒处理后的棉籽饼粕含 FG 0.030 1%,脱毒率达到 81.75%。脱毒后棉籽饼粕中的蛋白质损失 2.2%,赖氨酸损失 3.6%。其原因是 FG 除了与 Fe^{2+} 结合外,还与蛋白质和氨基酸结合,尤其与赖氨酸可发生 Maillard 反应。该法脱毒率相对较高,操作简便,成本低。但不足之处是蛋白质和赖氨酸都有不同程度的损失,脱毒棉籽饼粕色泽较暗,难以商业化利用。

(2)碱处理法

该法是利用 FG 作为酚类显酸性,能够与碱反应生成盐而脱毒。因此可以在棉籽饼粕中添加碱性化合物如氢氧化钠、纯碱或石灰水等进行脱毒。任选 2%的熟石灰水溶液、1%的氢氧化钠溶液或 2.5%的碳酸氢钠溶液中的一种,将粉碎的棉籽饼粕浸泡其中 24 h,再用清水冲洗 4~5 遍,即可达到脱毒目的。该法成本低,操作简便,处理后棉籽饼粕易消化,但饼粕风味较差,大量用水冲洗,产品干燥困难,不适合工业化生产。

(3)尿素处理法

该法是利用 FG 与尿素在一定温度和湿度下生成西佛碱类加成物,再经干燥脱水生成西佛碱,使 FG 转化为 BG。张嗣炯对含 FG 0.164 9%的棉籽饼粕按尿素与 FG 质量比 18.85 添加尿素水溶液,100℃下恒温 15 min 后 50℃左右烘干,结果脱毒处理后的棉籽饼粕含 FG 0.030 7%,脱毒率达 81.38%,同时处理后饼粕中粗蛋白质含量为 54.81%。脱毒处理后饼粕含氮量有所增加但各种必需氨基酸有一定程度的损失,异亮氨酸和亮氨酸有所增加。

(4)氧化法

氧化法脱酚主要利用 FG 是一类极活泼的酚类物质,在通常情况下很容易氧化变质,可以使用氧化性较强的氧化剂来降解 FG。常用的氧化剂是双氧水。用 33%双氧水处理棉仁粕,添加量为 4~7 kg/t,在 105~110℃下反应 30~60 min,FG 脱毒率可达 92.2%~96.1%,BG 含量不发生变化。但双氧水处理时间过长,蛋白质严重变性,影响饼粕的营养价值。

(5)乙醇蒸气法

该法利用乙醇和异丙醇蒸气来钝化 FG。Hron 等报道将棉籽粕样品干燥加热 1 h 后再用 92%含水乙醇或 87.7%含水异丙醇处理,脱毒率可达 53.9%。若再加入 1%的硫酸亚铁脱毒率可达 77.4%,使棉酚含量达到安全标准以下。

3. 溶剂萃取法

溶剂萃取法有时也被列入化学脱毒法中,利用棉酚易溶于极性溶剂的特点,用有机溶剂提取棉籽饼粕中的 FG 达到脱毒目的。这些溶剂包括乙醇、丙酮、正丁醇、异丙醇、甲醇、二氯甲烷等。该工艺较复杂,溶剂价格一般偏高,回收和净化溶剂较难,且要消耗大量能量,单独用于脱毒成本高,一般是和制油工艺结合在一起,即在制得毛油的同时又脱除棉酚,脱毒效果较好但毛油质量较差。对棉仁、棉饼的溶剂浸出法去毒主要有单一溶剂浸出法、混合溶剂浸出法。Hron 等用 95％的乙醇浸出法提取棉籽油和脱去棉酚,同时去除了霉变棉籽中的黄曲霉毒素。黄祖德(1994)研制了乙醇—轻汽油混合溶剂法获取棉籽蛋白和棉籽油,利用苯胺在乙醇中与棉酚反应生成苯胺棉酚后用稀酒精蒸馏去除棉酚。用乙醇浸出棉籽胚,若采用冷却分离的方法回收溶剂,可大量减少乙醇回收时的蒸发量,降低能耗,FG 含量可降至 800 mg/kg 左右,浸出毛油质量也较好。用含水丙酮浸出预榨饼可使 FG 降至 450 mg/kg 以下。采用丙酮-乙烷-水混合溶剂浸出棉籽胚,可使 FG 降至 140 mg/kg,残油降至 1.5％。加拿大多伦多大学 Rubin 等于 20 世纪 80 年代提出的 TPS 浸取技术是由极性溶剂含氨和水的甲醇与非极性溶剂己烷构成的双相浸取系统,该法可获得高品质的油脂和饼粕,同时能有效地去除棉酚。

4. 微生物脱毒法

利用某些酶和微生物有降解棉酚的作用,在一定条件下通过对棉籽饼粕发酵处理达到脱毒目的。黄玉德等利用微生物发酵棉籽饼进行强化脱毒,通过菌种选育、培养、接种、发酵后使棉酚含量下降到 300 mg/kg 以下,蛋白质含量增加,蛋氨酸、赖氨酸、精氨酸及 B 族维生素含量提高。微生物发酵法主要的缺点是水分干燥成本太大,物料粉碎、发酵和烘干工艺路线长影响企业效应,脱毒率受微生物生长状态影响大,不易控制。

(1)坑埋法

利用棉籽饼粕或泥土中存在的微生物进行自然发酵,能达到脱毒目的但脱毒不稳定。生产中通常用棉籽饼粕与水 1∶1 混合,后坑埋 60 d。该法生产周期长,干物质损失大(约15％),不适合工业化大规模生产。

(2)瘤胃液发酵法

人们在 20 世纪 50 年代时发现成年反刍动物具有避免 FG 中毒的生理现象。1960 年 Roberts 等根据这一生理现象利用牛羊的瘤胃微生物对棉籽饼粕进行发酵脱毒,取得成功并申请美国专利。该法克服了用物理化学法脱毒会造成营养损失的缺点,但它需要用牛羊的瘤胃物冻干品,还需添加新鲜的瘤胃液,这些都受客观条件的限制,而且采用该方法脱毒时需加大量的水调成糊状,脱毒后的物质要经过压滤除去过多的水分,然后烘干;另外,瘤胃微生物需在厌氧条件下才能发酵,需要加入还原剂制造厌氧环境,发酵时要求的温度也较高(40℃),所以该方法一直未能实施规模生产。

(3)固态发酵法

固态发酵是利用微生物在潮湿的,但没有或很少有游离水的固体培养基上生长的过程,该技术目前已比较成熟,普遍应用于食品加工和化工生产,在畜牧业生产中也有一定的应用,比如青贮饲料的制备和堆肥等。该法分为常规固态发酵(以农作物产品如麸皮、豆饼等为底物)和惰性载体吸附固态发酵两种。其中常规固态发酵无“三废”排放,发酵底物来源广泛,价格低廉,反应条件温和,能耗低,发展潜力大。

5. 复合脱毒法

复合脱毒法是在各种脱毒方法的基础上,各取其长,又各避其短而发展起来的一种方法。棉酚对温度敏感,且活性醛基和羟基易同还原性物质结合,利用此特性用多种还原剂组成复合脱毒剂,把复合脱毒剂同待脱毒的棉籽饼粕充分混合,再用蒸气把物料加热到一定的温度范围,利用化学因素和物理因素的协同作用达到脱除 FG 的目的,工业生产结果表明:脱毒棉籽饼粕 FG 含量小于 150 mg/kg,脱除率在 92% 以上,而赖氨酸含量几乎不降低。

6. 遗传育种脱毒法

1954 年美国首次选育出无腺体棉花品系,我国个别地区也有种植。用无腺体棉籽生产的饼粕,不仅游离棉酚含量很低(200～400 mg/kg),而且有效氨基酸含量较高,如无腺体棉籽饼粕的赖氨酸回肠表观消化率达 87.1%,明显高于普通棉籽饼粕的 61.7%。但是这种棉花抗棉铃虫的能力较低,适应各地气候能力有限,暂时还不可能大范围推广。因此在我国所种植的棉花基本上仍是传统的"高毒"品种。

7. 脱毒中存在的问题

上述主要脱毒方法,虽然能把榨油后饼粕 FG 脱毒到 400 mg/kg 以下,但脱毒后总棉酚含量几乎不变,且结合棉酚稳定性有待探讨,在动物消化道内可能水解或被肠道微生物降解,使得棉籽饼粕被动物摄食后在体内 FG 含量回升。这些问题就要求我们在脱毒后,对该类产品饲喂动物的致毒物质的降解,在动物体内的毒性大小再进行研究,以期得出致毒物质的转移规律,说明棉酚脱毒工艺的可行性。

棉籽饼粕脱毒除了在工艺上的操控性存在问题外,虽然在脱毒后游离棉酚能降低到相关标准要求水平以下,脱毒方法对棉籽饼粕色泽、嗅觉、适口性以及营养的影响对脱毒可行性显得尤为重要。比如说硫酸亚铁对棉籽饼粕的色泽、适口性影响就很大,还很难在实际生产中应用;高温对蛋白的损害严重;以及脱毒后棉籽饼粕中棉酚在动物肠道内的转移变化也是严重影响脱毒效果的因素。

3.5.3 脱毒棉籽加工产品效果评价

脱酚棉籽蛋白消化能与豆粕、棉籽饼粕消化能对比见表 3.30。由表中数据可知,棉籽蛋白的消化能和代谢能较棉籽粕显著提高,接近豆粕。

表 3.30 棉籽蛋白、豆粕、棉籽饼粕消化能 J/g

检测项目	脱酚棉籽蛋白	豆粕	棉籽饼粕
猪消化能	13 775	14 110	9 420
鸡代谢能	10 132	10 006	7 787

来源:汲怀兵,2008。

通过国家"九五"科技攻关,我国已开发出了高蛋白、低棉酚含量的棉籽粕,对于 60 头体重约为 35 kg 的杜长大三元杂交商品猪,在能量(计算值)及蛋白(AA)水平相近的情况下,用新型棉籽粕(赖氨酸 2.18%,蛋氨酸＋胱氨酸 1.82%,游离棉酚 128 mg/kg)按 50% 和 100% 比例(大猪)替代豆粕,饲喂到 90 kg 左右,结果表明两个阶段猪的日增重及饲料转化效率均无显著差异($P > 0.05$),而经济效益分别提高 4.52% 和 18.16%,详见表 3.31。

表3.31　脱毒棉籽粕饲养试验结果

项　目	豆粕组		50%棉粕组		100%棉粕组	
	中猪	大猪	中猪	大猪	中猪	大猪
豆粕(CP43)	18	14	9	7	4	0
棉籽粕(CP45.86)	0	0	9.3	7	14.3	14
菜籽粕	4	4	4	4	4	4
ADG(g/(d·头))	651	772	644	767	632	754
F/G/(g/g)	3.35		3.42		3.50	
经济效益比较/%	100		104.52		118.16	

（本章编写者：李爱科，贠婷婷，陆晖）

第4章

菜籽类蛋白饲料资源

4.1 菜籽加工

4.1.1 菜籽简介

4.1.1.1 菜籽的分类

菜籽（rapeseed）又名油菜籽，是十字花科草本植物栽培油菜（*Brassica napus* L. ssp.，包括白菜型、芥菜型、甘蓝型）的小颗粒球形种子，普通菜籽主要包括以下三类。油菜籽和油菜植株见图4.1和图4.2（另见彩图5）。

图4.1 油菜籽

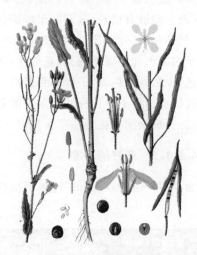

图4.2 油菜植株

1. 白菜型油菜（*Brassica rapa*）

其特点为植株较矮小，叶色深绿至淡绿，上部薹茎无柄，叶基部全抱茎，花淡黄至深黄色，花瓣圆形较大,开花时花瓣两侧互相重叠,花序中间花蕾的位置多半低于周围新开花朵的平面,角果较肥大,果喙显著,染色体 $2n = 20$。它分为两种,一种是中国北方春播的小油菜,原产中国北部和西北部,此类油菜植株矮小,分枝少,茎秆细,基叶不发达,叶椭圆形,有明显琴状缺刻,且多刺毛,被有蜡粉,匍匐生长。这种油菜春性特别强,生长期短,耐低温,适宜于高海拔;无霜期短的高寒地区作春油菜栽培,分布在中国的青海、内蒙古及西藏等地区。另一种是中国南方的油白菜,它原产中国长江流域,主要特征是染色体 $2n = 20$,外形很像普通小白菜,是小白菜的油用变种,株型较大,分枝性强,茎秆粗壮,茎叶发达,叶片较宽大,呈长椭圆或长卵圆形(叶全缘或呈波状),茎叶全抱茎着生,叶面蜡粉较少,半直立或直立,幼苗生长较快,须根多。种子有褐色、黄色或杂色三种,含油率 38%~45%,中国南方各地的白油菜、甜油菜、黄油菜均属此类。这种油菜生育期短、抗病性较差、产量较低。

2. 芥菜型油菜(*Brassica juncea*)

原产于非洲北部,广泛分布于中国西部干旱地区和高原地区。在中国栽培的芥菜型油菜有两个变种,即少叶芥油菜和大叶芥油菜,这两个变种的染色体数 $2n = 36$,这两个种系由白菜型原始种($2n = 20$)和黑芥($2n = 16$)自然杂交后异源多倍化进化而来的,自交亲和性高。少叶芥油菜茎部叶片较少而狭窄,有长叶柄,叶缘有明显锯齿,上部枝条较纤细,株型较高大,分枝部位较高,如高油菜、辣油菜、苦油菜及大油菜均属这种类型,主要分布在中国西北各省。大叶芥油菜茎部叶片较宽大而坚韧,呈大椭圆形或圆形,叶缘无明显锯齿,叶面粗糙,茎叶有明显短叶柄,分枝部位中等,分枝数多,株型较大,如高脚菜籽"牛耳朵"、"马尾丝"等地方品种属此种类型,它主要分布在中国西南各省。芥菜型油菜主要特点主根入土较深,主根和茎秆木质化程度高,耐旱耐瘠耐寒性强,适应性强,不易倒伏,生育期比白菜型长,抗病性介于白菜型和甘蓝型之间,种子较少,种皮多为褐色、红褐色及黄色,含油量较低,一般为 30%~40%,种子有辛辣味。芥菜型油菜适宜我国西北和西南地区人少地多、干旱少雨的山区种植。

3. 甘蓝型油菜(*Brassica napus*)

原产欧洲地中海沿岸西部地区,染色体数 $2n = 38$。其主要特点是:叶色较深,叶质似甘蓝,叶面一般被有蜡粉,茎部叶形椭圆,叶片有琴状缺裂,薹茎叶半抱茎着生,幼苗匍匐或半直立,分枝性强,枝叶繁茂,细根较发达,耐寒、耐湿、耐肥,抗霜霉病能力强,抗菌核病、病毒病能力优于白菜型和芥菜型油菜,花瓣大,花黄色,角果较长,结荚多,粒饱满,种皮呈黑色、暗褐或红褐色,少数暗黄色,种子含油量较高,一般为 35%~50%。

我国在历史上主要种植白菜型油菜和芥菜型油菜,自 20 世纪 50 年代中期开始推广甘蓝型油菜,当前全国甘蓝型油菜面积占 95%,白菜型油菜约占 4%,芥菜型油菜约占 1%。

4.1.1.2 菜籽的标准

油菜籽按是否双低(低芥酸、低硫苷)和含油量分等级,质量指标见表 4.1 和表 4.2。

表 4.1 普通油菜籽质量指标 %

等级	含油量(标准水计)	未熟粒	热损伤粒	生芽粒	生霉粒	杂质	水分	气味色泽
1	≥42.0	≤2.0	≤0.5	≤2.0	≤2.0	≤3.0	≤8.0	正常
2	≥40.0	≤6.0	≤1.0	≤2.0	≤2.0	≤3.0	≤8.0	正常

续表 4.1

等级	含油量(标准水计)	未熟粒	热损伤粒	生芽粒	生霉粒	杂质	水分	气味色泽
3	≥38.0	≤6.0	≤1.0	≤2.0	≤2.0	≤3.0	≤8.0	正常
4	≥36.0	≤15.0	≤2.0	≤2.0	≤2.0	≤3.0	≤8.0	正常
5	≥34.0	≤15.0	≤2.0	≤2.0	≤2.0	≤3.0	≤8.0	正常

来源:国家标准 GB/T 11762—2006。

表 4.2 双低油菜籽质量指标等级

等级	含油量(标准水)/%	未熟粒/%	热损伤粒/%	生芽粒/%	生霉粒/%	杂质/%	水分/%	气味色泽	芥酸含量/%	硫苷含量/(mmol/kg)
1	≥42.0	≤2.0	≤0.5	≤2.0	≤2.0	≤3.0	≤8.0	正常	≤3.0	≤35.0
2	≥40.0	≤6.0	≤1.0	≤2.0	≤2.0	≤3.0	≤8.0	正常	≤3.0	≤35.0
3	≥38.0	≤6.0	≤1.0	≤2.0	≤2.0	≤3.0	≤8.0	正常	≤3.0	≤35.0
4	≥36.0	≤15.0	≤2.0	≤2.0	≤2.0	≤3.0	≤8.0	正常	≤3.0	≤35.0
5	≥34.0	≤15.0	≤2.0	≤2.0	≤2.0	≤3.0	≤8.0	正常	≤3.0	≤35.0

来源:国家标准 GB/T 11762—2006。

4.1.2 我国油菜种植及菜籽生产发展概况

4.1.2.1 我国油菜生产布局

我国油菜生产分布比较广泛,目前除北京、天津、吉林、海南外,其他 27 个省(区、市)均有种植,其中产量居前五位的是湖北、安徽、四川、江苏和湖南。为尽快形成我国油菜生产的规模优势,2003 年,农业部发布实施《"双低"油菜优势区域发展规划(2003—2007 年)》,首次将长江流域确定为优势发展区。2009 年农业部又印发《油菜优势区域布局规划(2008—2015 年)》,在长江流域优势区的基础上,新增北方油菜优势区,并将黄淮流域的陕西省也一并列入长江流域优势区发展。

根据种植区域,我国油菜分为冬油菜(9 月底种植,5 月底收获)和春油菜(4 月底种植,9 月底收获)两大产区。冬油菜面积和产量均占 90% 以上,主要集中于长江流域,春油菜集中于东北和西北地区,以内蒙古海拉尔地区最为集中。

根据资源状况、生产水平和耕作制度,农业部将长江流域油菜优势区划分为上、中、下游三个区,并在其中选择优先发展地区或县市。其主要条件是:油菜种植集中度高,播种面积占冬种作物的比重分为上游区占 30% 左右、中游区占 40% 左右、下游区占 35% 左右;区内和周边地区有带动能力较强的加工龙头企业。

1. 长江上游优势区

该区包括四川、贵州、云南、重庆、陕西五省(市)。气候温和湿润,相对湿度大,云雾和阴雨日多,冬季无严寒,利于秋播油菜生长。加之温、光、水、热条件优越,油菜生长水平较高,耕作制度以两熟制(在同一块田地上一年内种植并收获两季作物的种植方式)为主。该区常年油菜播种面积2 700万亩、单产120 kg、总产326万t,面积和总产分别占同期全国的25.2%和25.9%。该区油菜生产的不利因素主要是阴雨寡照,山区丘陵比重大,农田排灌设施差,冬水田利用效率低,"双低"品种普及率较低,油菜籽含油量偏低,生产成本较高。

四川省历来有食用菜油的传统,因而油菜种植面积很广,全省除了甘孜、阿坝、凉山三个少数民族自治州以及攀枝花市以外,所有的地市都有油菜籽种植,主要分布在德阳、绵阳、眉山、遂宁、内江等地市。

2. 长江中游优势区

长江中游优势区包括湖北、湖南、江西、安徽四省及河南信阳市。属亚热带季风气候,光照充足,热量丰富,雨水充沛,适宜油菜生长。油菜生产比较稳定,常年播种面积5 140万亩、单产110 kg、总产566万t,面积和总产分别占全国的47.8%和45%。湖北、安徽、河南信阳以两熟制为主,湖南和江西以三熟制(在同一块田地上一年内种植并收获三季作物的种植方式)为主。该区油菜生产的不利因素主要是油菜与早稻、棉花等作物存在季节矛盾,缺乏适合三熟制生产的特早熟高产"双低"品种,季节性秋旱、春涝和菌核病容易发生。湖北油菜种植面积和产量都是全国第一位,种植区域在江汉平原、鄂东地区,主要在荆州、荆门、襄樊、宜昌、孝感、黄冈、黄石地区。安徽菜籽种植面积及产量仅次于湖北,居全国第二位,主要种植集中在六安、合肥、滁州、巢湖、芜湖、安庆、宣成等地,基本上是在淮河以南及沿长江一带。湖南菜籽种植区域集中在洞庭湖平原,主要是常德、益阳、岳阳等区域。

3. 长江下游地区

该区包括江苏、浙江两省,耕作制度以两熟制为主。亚热带气候,受海洋气候影响较大,雨水充沛,日照丰富,光、温、水资源非常适合油菜生长。常年播种面积1 370万亩、单产148.5 kg、总产203万t,面积和总产分别占全国的12.7%和16.2%。该区地处长江三角洲,交通便利,油脂加工企业规模大。不利因素主要是地下水位较高,易造成渍害;劳动力成本高,农民种植积极性较低。

江苏菜籽种植区域主要集中在长江以北,包括盐城、扬州、泰州、南通、南京等丘陵地区。浙江菜籽种植主要集中在两个区域:一是浙北的杭(州)嘉(兴)湖(州)地区,二是浙南的衢州—金华地区,两地菜籽产量约占浙江总产量的85%。近年来浙江菜籽种植面积和产量都大幅下降,特别是杭嘉湖地区由于工业快速发展,减少幅度更大。

4. 北方油菜优势区

北方油菜优势区主要包括青海、内蒙古、甘肃3省(区),油菜生产为一年一熟制春油菜,常年播种面积935万亩,单产97.3 kg、总产91万t,面积和总产分别占全国的8.7%和7.2%。该区日照强,昼夜温差大,对油菜种子发育有利,菜籽含油量高,机械化生产程度较高,单位面积产值有一定优势。虽然该区域油菜生产较分散,但部分传统油菜生产大县生产优势较强。该地区生产油菜的不利因素主要是干旱严重,对农田水利灌溉条件的要求高,缺乏极短生育期的高产甘蓝型油菜品种,小菜蛾和金象甲虫害危害严重。

4.1.2.2 我国油菜生产发展概况

新中国成立以来,我国油菜生产已发生了巨大的变化,由初期的边缘性作物发展成为目前第一大油料作物。我国油菜生产发展经历了三个阶段。

第一个阶段是低迷徘徊期(1949—1979 年)。1949—1963 年,我国油菜平均产量仅 28.5 kg/亩(1 亩=1/15 hm²,下同),平均年种植面积仅2 584.5万亩,总产 73.7 万 t。1963—1979 年,我国长江流域等油菜主产区基本完成了以甘蓝型油菜替代白菜型油菜的物种更替,实现了油菜生产由低产向中产的跨越。

第二个阶段是快速发展期。随着波里马不育细胞质的发现与油菜杂种优势利用获得突破,以及以中油 821、秦油 2 号为代表的抗病高产品种的育成和大面积推广应用,推动了我国油菜生产的快速发展。经过近 20 年的努力,2000 年全国油菜单产、种植面积和总产分别达到了 101.2 kg/亩、11 241 万亩和 1 138.1 万 t,比 1979 年分别增长了 74.5%、171%和 374%。

第三个阶段是品质提升期。虽然我国从 1978 年就开始了低芥酸低硫苷优质油菜育种,但优质与高产、抗病的矛盾制约了优质油菜的推广应用。直到 20 世纪末 21 世纪初才培育出了一大批既优质又高产抗病的油菜新品种。经过近 10 年的努力,我国油菜的双低率大幅提高,且 2010 年与 2000 年比单产增长 20%左右(表 4.3)。

表 4.3 近年来我国油菜种植面积及产量

年份	种植面积/khm²	油菜籽总产量/kt	菜籽单产/(kg/亩)
2000	112 416	11 380.6	101.23
2001	106 422	11 331.4	106.48
2002	107 150	10 552.2	98.48
2003	108 315	11 419.9	105.43
2004	109 074	13 181.7	120.85
2005	109 178	13 052.3	119.55
2006	103 319	12 649.3	122.43
2007	84 633	10 572.6	124.92
2008	98 910	12 102.0	122.35
2009	109 170	13 657.0	125.10
2010	109 500	12 600.0	115.07

来源:2010 年数据为国家粮油信息中心(2011),其余数据均来源于中国农业年鉴(2001—2009 年)。

4.1.2.3 我国油菜地位

我国是世界油菜生产大国,除 2008—2009 年度外,油菜产量长期居于世界首位(表 4.4)。与油菜生产大国加拿大和欧盟不同,我国油菜以冬油菜为主。图 4.3 是近 40 年来世界油菜籽产量走势图。

表 4.4 全球主要油菜籽生产国产量　　　　　　　　　　　　　　万 t

地区	2008/2009	2009/2010	2010/2011(预测)	上年度所占比例/%
全球	5 791	6 062	5 891	
中国	1 210	1 366	1 315	22.3
加拿大	1 264	1 242	1 187	20.1

续表4.4

地区	2008/2009	2009/2010	2010/2011(预测)	上年度所占比例/%
欧盟	1 900	2 157	2 030	34.5
德国	516	631	575	
法国	474	562	467	
印度	670	640	700	11.9
澳大利亚	184	191	215	3.6
乌克兰	290	190	147	2.5
合计	5 518	5 786	5 594	95
其他	273	276	297	5

来源：国家粮油信息中心(2011)。

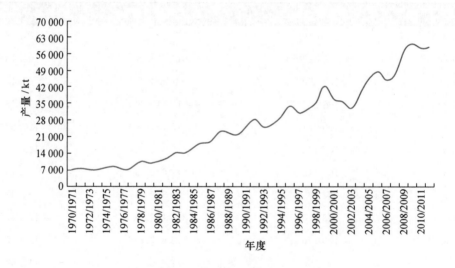

图4.3　世界油菜籽产量走势

[来源：国家粮油信息中心(2011)]

4.1.2.4　我国油菜及加工产品进出口情况

1. 菜籽进出口情况

受国家严格进口油菜籽检疫政策的影响,近年来中国油菜籽进口格局发生明显变化。一是进口量大幅度减少。二是进口地发生较大改变。2011年1—10月份,中国进口油菜籽87.92万t,较2010年度大幅减少72.07万t。其中第一季度进口17.93万t,较2010年同期减少50.2%;第二季度进口14.32万t,较2010年同期减少67.5%;第三季度进口35.05万t,较2010年同期减少25.6%,10月份进口20.61万t,较2010年同期增加240.3%(表4.5)。从进口来源国来看,前三季度油菜籽进口主要来自加拿大(526 479 t),占98.23%;其次是内蒙古(9 483 t),占1.77%。不过,随着国家的有关政策调整,油菜籽进口量将有较大变化。

表4.5 2011年1—10月中国油菜籽进口量值

月份	当前月		当月比去年同期/%	
	数量/kg	金额/美元	数量	金额
1	90 243 560	54 586 543	−25.3	−1.70
2	34 160 000	22 697 171	−70.9	−56.70
3	54 863 186	36 396 415	−54.3	−31.40
4	81 192 307	56 085 330	−29.4	7.00
5	806 270	282 197	−99.3	−99.50
6	61 240 049	40 822 751	−73.9	−61.10
7	89 423 981	58 636 485	−48.1	−30.00
8	124 032 894	82 244 167	−47.4	−25.70
9	137 088 814	89 280 174	18.8	46.27
10	206 144 161	131 688 124	240.3	303.5
累计	879 195 222	572 719 357	平均单价651.41美元/t	

来源:海关总署。

2. 菜籽油进出口情况

近几年,我国菜籽油进口量呈现增加态势(图4.4),但明显低于豆油和棕榈油。在我国三大进口植物油品种中,菜籽油进口量一直位居第三,与豆油、棕榈油进口量不断增加、进口量相对较大相比,菜籽油进口量所占比重较小,对国内市场的影响也不大。最近10年,我国菜籽油进口量波动较大,但总体呈现增加态势。2001年菜籽油进口量仅4.9万t,但2004年进口量创下35.4万t的历史最高纪录。2006年再次降至4.4万t,2007年再次创下37.5万t的历史最高纪录,虽然2008年菜籽油进口量出现下降,但2009年再次大幅增加,进口量达到46.8万t,而2010年则再次刷新进口量历史纪录,达到98.5万t,较2009年翻了一番。

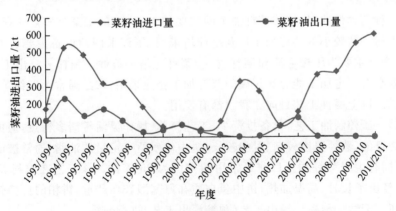

图4.4 我国菜籽油进出口情况

(来源:国家粮油信息中心)

3. 菜粕进出口情况

2007年以后,我国菜粕进口量逐年增加,且进口地区正从主要进口国印度转向更多国家。

根据国家粮油信息中心统计数据,2009 年我国进口菜粕 24.8 万 t,其中从印度进口 23.1 万 t,巴基斯坦 1.1 万 t,埃塞俄比亚 0.5 万 t;2010 年我国进口菜粕突增到 121.6 万 t,其中从印度进口 35.3 万 t,巴基斯坦 8.2 万 t,埃塞俄比亚 3.2 万 t,加拿大 76.6 万 t。图 4.5 是我国 2010/2011 年度菜粕进出口情况。

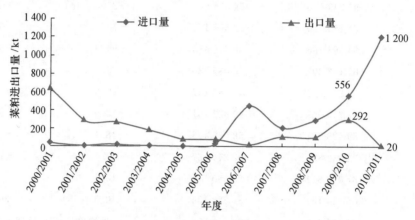

图 4.5 我国菜粕进出口情况

4.1.3 菜籽加工技术

菜籽加工提取食用菜籽油早已是一门成熟的技术,但随着双低菜籽的出现和对低温榨油、高品质饼粕需求的增加,菜籽加工产品品质发生了根本性改变,并带动菜籽制油技术和工艺进步。现在菜籽加工,不仅注重充分完全提取食用油脂,而且要求最大限度保留菜籽饼、粕的营养价值。

4.1.3.1 传统油菜籽加工工艺

菜籽是一种高含油油料,传统菜籽加工的主要加工工艺有:①菜籽蒸炒—压榨制油工艺,主要在我国农村一些较小的菜籽加工厂及小榨坊采用,压榨采用的设备主要有液压压榨机和螺旋榨油机,产品主要为压榨毛油和菜籽饼;②菜籽轧坯—蒸炒—预榨—浸出工艺(预榨—浸出工艺),主要在有一定加工能力和规模的菜籽加工企业采用,产品通常为四级菜籽油、一级菜籽油和菜籽粕。以上两种工艺目前在我国都有使用。

菜籽蒸炒—压榨制油工艺,具备投资少、工艺简单、操作灵活等诸多特点,但由于以最大限度获取油脂为目的,蒸炒温度较高、时间较长,饼中仍残留一定量的油脂,通常被油厂收购提取残留的油脂,同时生产菜籽粕。目前最常用的榨机为 95 榨机。该工艺在农村尤其在山区较多,由于菜籽经历了长时、高温加热,饼中蛋白质和氨基酸破坏严重,饼粕的价格较低。下面重点对菜籽轧坯—蒸炒—预榨—浸出工艺(预榨浸出工艺)进行介绍。

1. 加工工艺路线

菜籽加工工艺路线包含清理除杂、轧坯、蒸炒、预榨、浸出、菜籽饼粕脱溶、浸出混合油脱溶以及毛油精炼等工艺过程,其工艺流程见图 4.6。

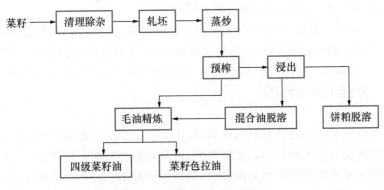

图4.6 菜籽加工工艺流程图

2. 工艺过程

(1)清理除杂

菜籽中通常夹带着部分杂质,如石子、泥灰、植物茎秆、麻绳等,尤其存在着含量较高的"并肩泥"(即形状、大小和菜籽相等或相近,且比重和菜籽相差不很显著的泥土团粒),因此需要对菜籽进行清理除杂,以有利于增加出油率,提高油和饼粕的质量。同时有利于榨油机械的保护,并改善加工现场环境条件。

菜籽清理一般使用筛选、风选、磁选、碾磨和打击等方法。现在较多地采用筛选、风选、磁选配合使用的方法进行菜籽清理,筛选较多使用滚动筛和振动筛。菜籽清理现在均有定型设备可以选择。经过清理,菜籽中的杂质低于0.5%,杂质中菜籽含量不超过1.5%。

(2)轧坯

将菜籽轧成薄片的操作称为轧坯。将颗粒油料轧成片状,使其表面积增大,厚度减薄,蒸炒时易于吸水吸热,从而破坏细胞和蛋白质,有利于油脂的提取。

对轧坯的要求是:薄而匀、少成粉、不露油。轧坯设备主要有:三辊轧坯机、单对辊轧坯机和双对辊轧坯机。对菜籽轧坯,一般要求获得0.35 mm以下的薄片。

(3)蒸炒

蒸炒是菜籽加工制油预榨浸出工艺的关键工序之一。轧坯所得的菜籽生坯,经过加水(润湿)、加热(蒸坯)、干燥(炒坯)等处理,使之成为适合压榨的熟坯的过程,称为蒸炒。通过蒸炒时水分和温度的作用,对菜籽的细胞结构进一步破坏,蛋白质凝固变性,油脂得以凝聚析出,同时调整熟坯的可塑性和弹性,使其符合入榨的要求。这些变化均有利于从菜籽中提取油脂。经过蒸炒可显著提高菜籽的出油率。

蒸炒采用的设备主要是层式蒸炒锅,用间接和直接蒸气对菜籽坯片进行加热、调整水分。经过蒸炒,达到进预榨机物料水分4%～5%、温度105～110℃的要求,一般蒸炒全过程需要90～120 min。

(4)压榨取油

压榨最常使用螺旋榨油机,其工作原理是:依靠榨螺螺纹旋转,将料坯向前推进,由于榨螺根圆直径和螺纹宽度的增大,以及螺距的缩小,使榨膛内各段空间容积逐渐减小,从而对料坯产生挤压力,同时,通过调节出饼校饼头与出饼圈之间的间隙,使饼变薄,从而增加整个榨膛的空间容积比。在此过程中,榨料被推进并被压缩,油脂则从榨笼的缝隙中挤压流出,经过榨油后的饼粕,则从校饼头和出饼圈之间的缝隙连续排出。

经过压榨,一方面将菜籽中 80％以上的油脂提取出来,另一方面得到适合浸出的菜籽饼。其中要求菜籽饼含油率低于 13％。菜籽饼成瓦片状,稍有弹性而坚硬,折断时有脆声,有香味,表面无油渍。如果压榨后菜籽成饼情况差,或出油情况不正常,需要对蒸炒工序操作参数进行调整,以获得适合压榨的熟坯。

(5)浸出

经过压榨得到的菜籽饼还含有较高的残油,需要对残油加以提取利用,改善菜籽加工厂的经济效益。利用油脂与某些有机溶剂能够互溶,以及它们之间相互扩散这一原理,使用溶剂将油料料坯或预榨饼中的油脂提取出来的方法,称为油脂浸出。浸出工艺的主要过程包括:料坯溶剂浸出、浸出混合油脱溶得毛油、浸出粕脱溶得到菜籽粕等过程。常用的浸出设备有:旋转浸出器和环形浸出器。混合油脱溶采取负压蒸发及溶剂回收系统,饼粕脱溶采用 DT 蒸脱机。

(6)湿粕脱溶

浸出后含有溶剂的饼粕称为湿粕。湿粕中溶剂和水分的总含量,一般叫做粕的湿溶率。粕的湿溶率变化幅度较大,且随许多因素而变化,如入浸油料的内外结构,溶剂的组成和性质,浸出器的型式等。

溶剂在湿粕中的存在形式类似于水在胶体毛细多孔物体中的结合。大体上可分为化学结合、物理化学结合和机械结合三种形式。其中大部分溶剂是以机械结合形式存在于粕中,这部分溶剂有溶剂正常的沸点,很容易加热脱除。

对湿粕中溶剂的脱除通常采用加热解吸的方法,使溶剂受热汽化与粕分离。此操作在浸出油厂称作湿粕蒸脱。湿粕中溶剂的蒸脱过程类似于干燥过程,它们的区别仅在于:干燥是在达到一定的物料结构水分时就结束了,而蒸脱的目的是最大限度地充分脱除溶剂。在湿粕蒸脱过程中,溶剂的蒸发首先发生粕粒的表面,然后蒸发表面向内延伸,在粕中形成溶剂含量梯度,在溶剂含量梯度的影响下,溶剂从粒子内向外表面发生传质过程。因此,湿粕脱溶过程实际是由表面汽化和内部扩散两个过程组成。湿粕脱溶与干燥相似之处还在于溶剂蒸脱过程由两个阶段组成:恒速蒸发和降速蒸发。在第一阶段基本上从粒子表面排除吸附弱结合的溶剂,而在第二阶段基本上从粒子内排除强结合的溶剂。

为了强化粕中溶剂的蒸脱过程,往往采用直接蒸气、真空和搅拌等措施。直接蒸气首先起到高效率热载体的作用,它保证湿粕迅速加热到需要的温度。此外,蒸气的应用降低了在湿粕表面上的溶剂蒸气浓度,从而加速了溶剂的蒸发。湿粕蒸脱设备内真空的作用是为了降低溶剂蒸气在油料表面上的分压,这同样强化了脱除溶剂的过程。在蒸脱过程中对粕层搅拌有利于粕粒均匀受热和粕层中溶剂的脱除。当粕中溶剂含量较大时,搅拌在蒸脱的开始阶段是十分重要的。

为了保证最大限度地充分蒸脱溶剂,必须提高蒸脱过程的温度。但是高温作用将造成粕中蛋白质的过度变性,使得氨基酸与粕中的其他物质结合,造成粕的饲用价值有所降低。这种作用对生坯直接浸出后的湿粕脱溶过程所获得的粕的质量影响较大,因此必须尽力保证蒸脱过程中蛋白质不过度变性。

在湿粕蒸脱设备中溶剂的脱除形式:湿粕在搅拌层中的脱溶;湿粕在悬浮状态下的脱溶。属于前一种的是各种形式的层式蒸脱机。在层式蒸脱机中,蒸脱溶剂所需的热量来自于夹套间接蒸气及喷入粕中的直接蒸气冷凝所放出的潜热。它的优点是,在蒸脱过程中湿粕获得了很好的湿热作用和自蒸作用,脱溶充分彻底,对抗营养物质的钝化效果可靠,产品质量容易控制。属于后一种形式的主要是各种型式的低温脱溶装置,其次是卧式脱溶机。在现行的低温脱溶装置中,湿粕中的溶剂主要是靠过热溶剂蒸气流将湿粕悬浮并进行加热脱除的。它的优点是湿粕瞬间受热迅速脱溶,避免或减少了蛋白质的热变性。但不能保证粕中溶剂的充分脱除,需要在后续的设备中借助真空和少量直接蒸气作进一步的脱溶处理。而卧式脱溶机是半悬浮状态下的脱溶,脱溶所需热量主要靠夹套中间接蒸气供给,仅在脱溶的后阶段,才采用少量直接蒸气以脱除残留溶剂。它的缺点是湿热作用很小,成品粕的熟化效果差。

湿粕经过脱溶后,还需调节其温度和水分,有时还需对其筛分和破碎。经过浸出脱溶处理,菜籽粕中残油小于1%。

4.1.3.2　油菜籽加工新技术和新工艺

随着菜籽双低化的推进以及市场上对新型优质菜籽饼粕需求的增加,如果仍然采用传统的菜籽加工工艺,将不能体现菜籽、尤其是"双低"菜籽应有的价值,为了充分发挥菜籽的品质优势,新的菜籽加工技术和工艺不断涌现。

1. 新技术

(1)菜籽脱皮加工技术

菜籽种皮俗称为菜籽壳,占菜籽重量的12%～20%,它由栅栏层、海绵层、色素层等构成;种皮薄且与子叶结合紧密,难以分离,其厚度与种皮颜色、栅栏层密切正相关($r = 0.96 \sim 0.97$)。种皮解剖研究表明,黄籽种皮厚度为$173 \sim 259 \ \mu m$,皮壳率为12%～14%,褐籽为$222 \sim 318 \ \mu m$,皮壳率为17%～19%。褐籽种皮较厚主要表现在栅栏组织细胞的加长和增大,且沉积黑色素较多,海绵组织细胞亦有所增大。而黄籽种皮薄,表现在栅栏组织细胞减少$1/2 \sim 2/3$,且细胞较少、较短。不同类型菜籽种皮表面特征不同,芥菜型表现为明显的网状结构无粘液层;而甘蓝型和白菜型网状结构轻微,有的还有黏液层。

菜籽皮中含有6%左右的脂肪、13%左右的粗蛋白质,但含有大部分粗纤维、色素等,上述抗营养因子是影响菜籽饼粕适口性及蛋白营养品质的主要因素。菜籽脱皮不仅可提高饼粕蛋白含量和饲用效价,改善饼粕的适口性,而且脱皮制备蛋白油脂从理论上可提高生产能力15%以上,可降低电耗和设备磨损,提高油的质量,减轻精炼负荷,简化精炼工艺,有利于油的氢化、精深加工及双低菜籽皮等的综合利用。

由于菜籽脱皮十分困难,传统的普通油菜籽制油加工工艺中,油菜籽是不脱皮而直接制油的。1979年加拿大发明了菜籽干法脱皮技术,克服了湿法脱皮工序长、能耗大、综合成本高且废水量大、污染环境等弊端;1980年干法脱皮制取菜籽蛋白的美国专利技术(4158656)问世。近年来,法国公司又研究改进了菜籽干法脱皮技术,并进入了工业化使用阶段。我国自90年代以来开展了菜籽脱皮技术的研究,目前中国农业科学院油料作物研究所已开发了菜籽脱皮成套专利设备(ZL99245347.X)和技术,达到如下技术指标:一次脱皮率90%以上,皮中含仁率小于2%,仁中含皮率小于4%(根据加工需要进行调整),并实现了设备的系列化。此外,国内一些机械生产企业、高校也开展了大量的研究,已有一些产品问世。

菜籽脱皮的原理主要有以下几种:

①搓碾型。搓碾型脱皮机多为圆盘式,两个圆盘都装有磨片,或者一个圆盘固定不动,另一个圆盘旋转,或者两个圆盘相向旋转。圆盘的间距大小可调节,菜籽在两磨片之间受到强烈

的挤压搓碾而达到脱皮的目的。

②气动式。首先增加菜籽周围气体(空气、蒸气等)的压力,然后使之突然膨胀,在皮与仁之间的气体因来不及逸漏而引起种皮爆裂,分裂出籽仁。

③撞击式。脱皮机由装有打板的转子组成,当菜籽进入脱皮机受到打板的撞击后,弹射到转子与凹板之间,凹板是一能碰击的槽型表面,只要撞击力足够大,菜籽就会产生较大变形而开裂。

④剪切型。脱皮机由转鼓和固定齿板组成,转鼓相对于固定齿板作高速旋转运动,当菜籽通过时,受到转鼓和固定齿板相对运动产生的剪切力作用,种皮被切开破裂而脱皮。

⑤电击式。将菜籽置于水中进行高压放电,形成的冲击波达几千个大气压,菜籽在高水压的作用下机械变形,实现脱皮。

⑥复合型。利用不止一种脱皮机的原理,有机组合在一起,以克服和弥补单一脱皮机的不足,实现菜籽的高效脱皮。菜籽脱皮的最适水分是 6%~8%。在脱皮时为提高效率,菜籽宜过筛分级。衡量菜籽脱皮的重要指标为:破皮率、碎仁率、粉末度、油脂渗出率及皮仁黏附情况等。

(2)挤压膨化技术

挤压膨化是通过水分、热量、机械能、压力等的综合作用形成的,为高温、短时的加工过程。根据处理原料水分的高低,可分为干法膨化和湿法膨化。干法膨化是利用摩擦产生的热量使物料升温,在挤压螺旋的作用下强迫物料通过模孔,同时获得一定的压力。物料挤出模孔后,压力急剧下降,水分蒸发,物料内部形成多孔结构,体积增大,从而达到膨化的目的。干法膨化的水分为 15%~20%。湿法膨化原理与干法膨化大体相同,但湿法膨化的物料水分常高于20%,甚至达 30%以上。此外,物料升温部分是靠加入蒸气达到的。

油料挤压通常采用湿法膨化技术,通过膨化处理,使原来结构紧密的物料密度增大且具有多孔结构,物料的渗透性和渗滤性大大改善,不仅为物料浸出提供了良好的条件,能大幅度提高浸出车间的生产能力,显著降低生产成本,同时可杀灭有害的酶类,避免蛋白的过度变性,显著改善饼粕蛋白和油的质量,有利于饼粕蛋白的深加工。

挤压膨化技术在 20 世纪 30 年代已应用于食品、粮食、卫生、饲料等工业部门,20 世纪 60年代美国将挤压膨化技术应用于米糠油的制取,1986 年 Maurice A. Williams 发明了适宜棉籽、油菜等高含油料的挤压膨化技术,并在工业化生产中使用。我国挤压膨化技术的开发始于20 世纪 80 年代,目前我国已成功开发出了低含油料和中含油料挤压膨化设备并应用于米糠、大豆的工业化生产中,高含油料挤压膨化技术与装备的开发也已完成。目前已有 10 家左右的企业生产规格不同的设备,开发出具有自主知识产权的油料挤压膨化机,不断对产品进行完善,并在大型膨化机产品系列化方面形成了自己固定的产品,处理量为 50~2 000 t/d的系列产品,可以满足不同规模的油料加工企业的需要。菜籽干法膨化设备也在近期有少量生产。

(3)低温压榨技术

压榨法制油的过程就是借助机械外力的作用使油脂从油料中挤压出来的过程,然而油脂在油料种子细胞中的存在状态,经电子显微镜观察,已证实是由次细胞形成,呈极小直径的球形体,不连续地分散在细胞内。蛋白质储存在直径为 2~20 μm 的蛋白体内,脂类则存在于0.2~0.5 μm 直径的脂类体内,这些脂类体散布于蛋白体之间的缝隙中间。

在目前普遍采用的热榨工艺中，由于水、热的作用，使蛋白质的变性，料胚中油脂的黏度下降，流动性增强，油脂更易于集结于料胚表面；且易于使入榨料的物理性质达到适合于螺旋榨油机建立压力所需条件。

但是低温压榨要求常温进料，用传统的预榨机难以实现。菜籽低温压榨可得到质量优良的菜籽冷榨油，为天然绿色食品；低温压榨时物料处理温度低，蛋白质中的人体必需氨基酸破坏程度小，可提高饼粕的营养效价；采用低温压榨省去传统工艺中的轧坯、蒸炒工序，可显著降低菜籽加工能耗。

目前德国凯姆瑞亚·斯凯特公司开发出了低温压榨技术与设备，已应用于生产，生产的冷榨油价格是普通菜籽油的4倍以上，深受市场欢迎。其制造的KP26型冷榨机，生产能力为50 t/d，电机功率130 kW。国内也开发了多种低温压榨设备，主要有单螺旋、双螺旋和液压等形式。

（4）水酶法

水酶法是指采用能降解植物油料细胞壁的酶，或对脂蛋白、脂多糖等复合体有降解作用的酶处理油料，破坏油籽的细胞壁，使脂蛋白、脂多糖等复合体分解，创造有利的出油条件，同时借助水的作用，利用油料中非油成分对水和油亲和力的不同以及油水之间的密度差，将油分离出来。油水分离后，水相经膜过滤后，有毒物质及抗营养因子等水溶性小分子物质被去除，同时得到浓缩的菜籽蛋白。

水酶法20世纪70年代便已诞生，但限于酶的昂贵成本，发展并不快。据Rosenthal等的综述中报道：Lanzani最先将水酶法应用到油菜籽制油中，Lanzani使用了蛋白酶和果胶酶，油得率为78%。Fullbrook尝试用黑曲霉产生的复合酶水解油菜籽，油和蛋白得率增加，加入有机溶剂提油效果更好。1990年，Fereidoon在中试工厂应用水酶法提取双低菜籽油和蛋白质。他们采用的也是一种来源自黑曲霉的复合酶，该酶能有效地降解油菜籽细胞壁。Rosenthal A等使用复合水解多糖商品酶从菜籽中提取出80%的油，并称使用单一纤维素酶对油脂得率没有帮助。据他们报道，除了酶的种类和使用浓度，原料研磨程度、体系pH、温度、提取时间及离心机的分离因子都是影响油得率的主要因素。

2. 新工艺

（1）菜籽脱皮低温压榨新工艺

为了提高菜籽油和饼粕的品质，中国农科院油料作物研究所等单位近十多年来开发了菜籽脱皮、低温压榨、膨化制油新工艺，使该项技术在新工艺中得到了广泛应用，已形成了菜籽脱皮膨化浸出工艺、脱皮低温压榨浸出工艺、膨化压榨浸出工艺、破碎低温预榨浸出、菜籽脱皮低温压榨膨化浸出工艺和水酶法提取等工艺。本书仅对代表性的菜籽脱皮低温压榨膨化浸出工艺进行介绍，工艺流程如图4.7所示。

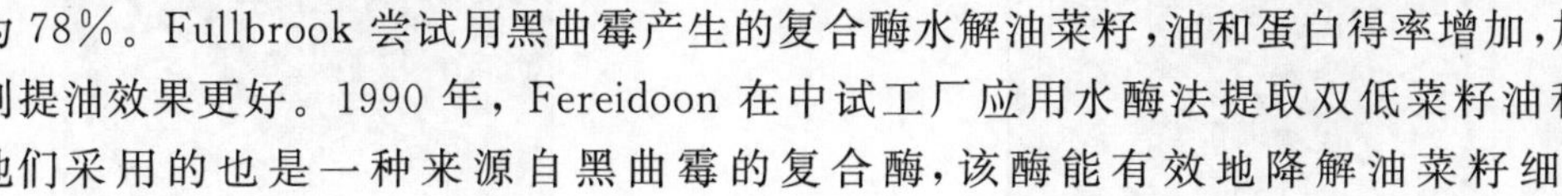

菜籽 → 清理 → 调质 → 脱皮 → 轧胚 → 冷榨 → 调质 → 膨化 → 浸出 → 混合油 → 蒸发气提 → 浸出毛油
皮　　冷榨油　　　　湿粕 → 脱溶 → 脱皮菜籽饼粕

图4.7 菜籽脱皮冷榨膨化工艺流程图

李文林等采用透射电子显微镜对菜籽、菜籽仁、低温压榨饼膨化料、低温压榨饼、菜籽仁膨化料、预榨饼四种物料的结构进行了研究(图4.8和图4.9),表明低温压榨饼经膨化后细胞结构完全破坏,细胞壁充分断裂,脂肪凝聚成较大的液滴,为浸出取油创造了良好的条件。如图4.10所示,菜籽仁轧胚后仍有大量的完整细胞,少部分的细胞结构受到轻微的破坏。如图4.11所示,菜籽仁经冷榨后物料的细胞结构遭到一定的破坏,细胞壁部分断裂,油体原生质解体,一部分脂肪被挤压出来,剩余的脂肪以微小的油滴形式存在于部分破坏的细胞里。如图4.12所示,冷榨饼经膨化后细胞结构完全被破坏,细胞壁全部断裂,蛋白体变性并聚集成较大的颗粒,脂肪凝聚成较大的液滴,为浸出取油创造了良好的条件。图4.13为浸出粕的细胞结构。

对低温压榨饼(脱皮低温压榨工艺)、菜籽仁膨化料(脱皮膨化工艺)、低温压榨饼膨化料(脱皮低温压榨膨化工艺)、预榨饼(预榨浸出工艺)等四种浸出料的浸出速率、渗透速度、湿粕含溶的研究也表明,冷榨饼膨化后具有浸出速率快、渗透速度高、滴干性能好等优点,有利于缩短浸出时间,增加生产能力,减少脱溶系统的蒸气消耗,降低粕中残油,节约生产成本,增加经济效益。

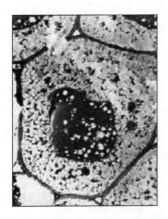

图 4.8　菜籽的细胞结构(3 000 倍)

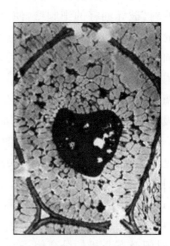

图 4.9　菜籽仁的细胞结构(5 000 倍)

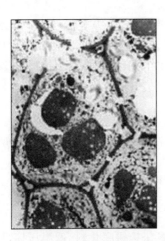

图 4.10　轧胚样的细胞结构(2 000 倍)

图 4.11　冷榨饼的细胞结构(2 000 倍)

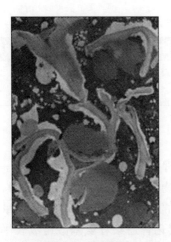

图 4.12 膨化料的细胞结构(3 000 倍)
(来源:李文林等)

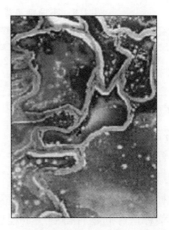

图 4.13 浸出粕的细胞结构(2 500 倍)
(来源:李文林等)

采用脱皮低温榨油技术,饼粕的纤维素含量大大降低(表 4.6),蛋白含量显著提高,有效氨基酸破坏程度减小(表 4.7),菜籽饼粕质量显著提升。脱皮菜籽粕和未脱皮菜籽粕的营养价值研究和在猪、鸡和草鱼饲用的比较试验均表明脱皮菜籽粕与普通菜籽粕相比,其营养价值高,可显著增加采食量,提高动物的生长速度,而且在饲料中的安全添加量可提高一倍,可以替代更多的豆粕(表 4.8)。

表 4.6 菜籽粕质量

指 标	饲料用低硫苷菜籽粕标准 (一级 NY 417—2000)	脱皮菜籽粕	带皮菜籽粕
ITC+OZT/(mg/kg)	≤4 000	3 840	—
粗蛋白质/%	≥40.0	43.7	37.0~38.0
粗纤维/%	<14.0	5.6	13.0~14.0
粗灰分/%	<8.0	7.8	7.0~8.0
粗脂肪/%	—	0.95	1.0~1.2
水分/%	<12.0	11.2	10.0~12.0

来源:李文林,2006。

表 4.7 菜籽蛋白质中有效氨基酸下降对比 %

工艺类型	赖氨酸	含硫氨基酸	酪氨酸+苯丙氨酸	缬氨酸
菜籽脱皮低温压榨膨化工艺	25.1	9.7	3.2	1.4
预榨浸出工艺	60.2	40.8	28.7	46.6

来源:李文林,2006。

表 4.8　不同加工类型双低菜籽粕在饲料中的安全用量　　　　%

项目	普通双低菜籽粕	脱皮双低菜籽粕	项目	普通双低菜籽粕	脱皮双低菜籽粕
蛋鸡、肉鸡	10～15	18～20	鱼类	20～40	40～50
奶牛	20～25	30～40	猪	10～15	15～20

来源:李文林,2006。

(2)菜籽膨化工艺技术

膨化菜籽是在一定温度和压力条件下,经膨化处理的菜籽产品。膨化菜籽是一种高能、高蛋白饲料,与普通菜籽相比,其营养品质得以改善,动物对营养物质消化吸收率得以提高。从表 4.9 中可看出,膨化普通菜籽的抗营养因子如硫苷的降解产物(OZT,ITC)含量仍然较高,如果用双低菜籽这一问题将得到一定程度的解决。膨化普通菜籽氨基酸组成较平衡,含硫氨基酸较丰富,精氨酸含量低,与赖氨酸之间较平衡。但是,不足的是膨化普通菜籽赖氨酸含量低,且膨化普通菜籽仍然含有植酸、单宁、芥子碱等抗营养因子或有毒物质。

表 4.9　膨化普通菜籽和双低菜籽营养价值比较

指标	双低菜籽	95℃膨化普通菜籽	115℃膨化普通菜籽	135℃膨化普通菜籽
水分/%	8.31	6.04	4.01	2.19
粗蛋白质/%	18.63	19.55	19.93	20.12
粗脂肪/%	47.14	47.48	47.11	46.97
粗纤维/%	24.23	13.12	17.04	13.64
蛋氨酸/%	0.37	0.35	0.34	0.44
赖氨酸/%	1.25	1.13	1.33	1.23
ITC/(mg/kg)	860	970	1 000	960
OZT/(mg/kg)	1 030	1 190	1 080	1 150

来源:唐春艳,2006。

膨化后的菜籽具有膨化饲料的特点,其营养价值提高,抗营养因子大幅降低,营养成分的消化利用率大大改善,可被广泛应用于畜禽日粮的配制。左志安(2003)报道用膨化普通菜籽代替豆粕,在 1 周龄的肉鸭日粮中,膨化普通菜籽用量不能高于 7%,2～3 周龄为 11%,4 周龄以后的肉鸭日粮中,膨化普通菜籽用量可达 15%,不影响肉鸭生长性能。杨加豹等(2004)报道在 10～20 kg 断奶仔猪日粮中,不超过 9%的膨化全脂菜籽等能等可消化氨基酸基础取代膨化大豆,对仔猪采食量、增重和健康无不良影响,且可降低仔猪生产成本。王赛玉等(2005)报道仔猪饲粮中膨化普通菜籽的脂肪消化率明显高于膨化大豆饲粮,而且膨化普通菜籽脂肪绝对含量高于膨化大豆,表明膨化普通菜籽更适于作断奶仔猪的高能脂肪源;膨化普通菜籽能大幅提高菜籽的干物质消化率。杨加豹等(2005)的试验报道表明在 20～40 kg 猪日粮中用 5%的膨化全脂菜籽等能等可消化氨基酸取代大豆蛋白明显改善肉猪生产性能,提高经济效益;膨化全脂菜籽日粮专用预混料能明显缓解但不能完全克服全脂菜籽硫苷、植酸等抗营养因子的不利作用。唐春艳的试验表明,哺乳母猪饲料中膨化双低菜籽含量为 10%时,哺乳母猪在 28 d 泌乳期的平均日采食量最大,背膘厚损失和体重损失最小。添加 10%膨化双低菜籽组平均日采食量显著高于对照组（$P<0.05$）；与对照组相比,添加 15％的试验组平均日采食量降低,但差异不显著（$P>0.05$）。

4.2 菜籽饼和菜籽粕

菜籽饼粕是菜籽加工生产的副产品,包括菜籽饼(rapeseed cake)和菜籽粕(rapeseed meal)。菜籽饼和菜籽粕的差异在于是否经过浸提;压榨后得到的是菜籽饼,经浸提后得到的是菜籽粕。菜籽饼粕是一种潜在营养价值很高的植物蛋白资源,在蛋白质饲料原料的贸易量中位居第二,仅次于豆粕。我国是菜籽生产第一大国,每年菜籽饼粕产量达 700 万 t,但由于含有硫苷及其分解产物、多酚、植酸等内源毒素及抗营养物质,限制了其在饲料中的添加量和其价格的提高。2005—2006 年之前,我国曾是菜粕净出口国,每年净出口量为 5 万～90 万 t。但自 2006—2007 年开始,在产量连续下降的情况下,我国每年均进口一定量的菜籽和菜粕才能满足国产需求,2006—2007 年菜粕净进口量达到 40 万 t,由净出口国一举转变为净进口国,进口量大时每年超过 300 万 t。

4.2.1 菜籽饼粕营养特点

菜籽饼粕富含以清蛋白和球蛋白为主的蛋白质,易被动物利用。菜籽饼粕中的蛋白质含量受品种、生长环境及加工工艺等因素的影响,含量一般在 34％～42％,比大豆粕的粗蛋白质含量低。但是其蛋白质氨基酸含量丰富且组成合理,仅赖氨酸含量略低于大豆蛋白,其品质可以与豆粕媲美。

表 4.10 总结了近十几年菜籽及其饼粕常规养分含量的测定结果。与豆粕相比,菜籽饼粕

表 4.10　菜籽及其饼粕中常规养分含量　　%

项 目	菜籽饼粕			大豆粕	菜籽	
	普通菜粕	普通菜饼	双低菜粕		普通	双低
干物质	90.18±0.77	92.34±0.63	91.88±0.55	—	93.00±0.55	94.38±0.11
粗蛋白质	37.84±0.89	34.78±0.55	40.26±1.13	43.00	20.00±0.05	25.31±0.88
粗脂肪	2.04±0.42	8.62±1.06	3.45±0.06	1.90	39.50±0.70	38.84±0.75
无氮浸出物	28.30±0.55	28.06±1.51	—	—	—	—
粗纤维	11.92±0.40	10.35±0.65	11.57±0.36	5.10	7.20±0.00	7.38±0.33
中性洗涤纤维	—	—	31.86±5.48			
酸性洗涤纤维	—	—	23.40±3.62			
粗灰分	8.40±0.76	8.26±0.72	7.90±0.31	6.00	4.20±0.00	4.29±0.27
钙	0.65±0.01	0.57±0.10	0.66±0.03	0.32	—	0.46±0.00
总磷	0.99±0.03	1.12±0.09	1.04±0.02	0.61	—	0.53±0.01

来源:席鹏彬,2002。

粗蛋白质含量低 3%～8%,粗纤维含量约为豆粕的 2 倍多,钙和总磷含量较高。与菜籽相比,经榨油处理后菜籽饼粕的粗脂肪含量降低,而其他养分含量均有不同程度提高,其中粗蛋白质含量提高 13.6%～15.0%,粗纤维含量提高 3.9%～4.2%,粗灰分含量提高 3.6%～4.2%,钙和总磷含量分别提高 0.2%和 0.5%。这些养分含量提高的主要原因是菜籽中粗脂肪含量较高(38.84%～39.50%),经榨油处理后大部分粗脂肪被除去,因此引起饼粕中其他养分含量提高。

普通菜饼粗脂肪含量比普通菜粕高 4 倍多,目前市售的菜饼通常是小榨机热榨得到的,为了得到高的出油率,蒸炒温度较高、时间较长,蛋白质变性较严重。

菜籽饼粕中蛋白质包括两类主要的种子储藏蛋白质:12S 球蛋白(cruciferin)和 2S 清蛋白(napin)。根据种子蛋白在不同溶剂中的溶解性分离,熊志勇等测定了中双 119 甘蓝型油菜脱壳脱脂风干菜籽粕中水溶性蛋白含量占总蛋白的 40% ,其次为盐溶蛋白(34.9%)、碱溶蛋白(23.1%),醇溶蛋白含量较少(1.9%)。薛照辉等测得双低油菜品种华杂 3 号菜籽饼粕蛋白中清(水溶) 蛋白占 36.8%、球(盐溶) 蛋白占 31.6%、谷(碱溶)蛋白占 29.1%、醇溶蛋白占2.5%。不同的菜籽品种中各组分蛋白含量可能不尽相同。

菜籽蛋白的溶解度在不同离子强度的溶液中不同。在离子强度 $\mu=0.5$ 溶液中溶解性低于大豆蛋白;在离子强度 $\mu=0.08$ 溶液中溶解度高于大豆蛋白。但一般来讲菜籽蛋白的溶解度在pH 为 4.2～7.2 都很低,加工过程中如果热处理过度,得到的蛋白产品的溶解性将不是很好。

表 4.11 总结了近十几年有关菜籽及其饼粕氨基酸含量的测定结果,并与豆粕比较。与粗蛋白质含量相似,菜籽饼粕中多数必需氨基酸含量均略低于豆粕,仅含硫氨基酸含量高于豆粕。若以总蛋白质为基础,则菜籽饼粕必需氨基酸中,除赖氨酸、精氨酸和苯丙氨酸含量略低于大豆粕以外,其他必需氨基酸含量均与大豆粕相近,且含硫氨基酸含量高于大豆粕。可见菜籽饼粕不仅粗蛋白质含量较高,且氨基酸组成较平衡,同时也是较好的钙磷资源,因此菜籽饼粕是非常有潜力的蛋白质饲料。

表 4.11　菜籽及其饼粕中各种氨基酸含量　　　　　　　　　　　　　%

| 成分 | 菜籽饼粕 | | | 大豆粕 | 菜籽 | |
	普通菜粕	普通菜饼	双低菜粕		普通(未脱脂)	双低(脱脂)
组氨酸	0.83±0.08	0.76±0.09	1.02±0.04	1.07	0.56±0.02	1.02±0.03
精氨酸	1.95±0.04	1.72±0.14	2.15±0.09	3.12	1.22±0.04	2.22±0.11
异亮氨酸	1.41±0.03	1.22±0.11	1.16±0.12	1.76	0.82±0.01	1.05±0.11
亮氨酸	2.55±0.07	2.18±0.24	2.59±0.06	3.20	1.32±0.03	2.63±0.17
赖氨酸	1.52±0.11	1.35±0.13	1.94±0.13	2.45	1.20±0.03	2.39±0.16
蛋氨酸	0.69±0.01	0.58±0.05	0.76±0.04	0.64	0.46±0.01	0.80±0.01
胱氨酸	0.52±0.11	0.66±0.11	0.88±0.10	0.66	0.47±0.00	—
苯丙氨酸	1.43±0.02	1.26±0.11	1.44±0.05	2.18	0.78±0.04	1.41±0.10
苏氨酸	1.48±0.04	1.29±0.12	1.75±0.08	1.88	0.87±0.02	1.98±0.04
缬氨酸	1.87±0.05	1.55±0.16	1.65±0.08	1.95	1.03±0.03	1.60±0.03
色氨酸	0.40±0.04	0.35±0.04	0.45±0.01	0.68	0.28±0.01	—

来源:席鹏彬,2002。

4.2.2　菜籽饼粕的内源毒素和抗营养因子

菜籽中含有硫苷和多酚、植酸等抗营养因子,菜籽经过加工后其饼粕中含有一系列的硫苷分解产物,如噁唑烷硫酮、异硫氰酸酯、硫氰酸酯和腈类化合物等内源毒素。

4.2.2.1　硫苷及其降解产物

硫代葡萄糖苷(glucosinolates,GS),简称硫苷,是一类广泛存在于十字花科及相关物种含硫次生代谢物,目前已从数百种植物中发现120多种硫苷。菜籽粕含有多种抗营养物质,如硫苷、芥子碱、单宁、植酸和粗纤维等,其中硫苷降解产物能引起饲用动物甲状腺肿大,从而造成其生长发育迟缓,使菜籽粕难以作为优质饲料蛋白资源加以充分应用,所以脱除菜籽粕中硫苷显得尤为重要。

1. 硫苷结构

1970 年,Marsh 和 Waser 等对硫苷晶体的 X 射线分析证明:所有的硫苷都具有相同的基本结构,如图 4.14 所示。由图 4.14 可知,它由 β-硫代葡萄糖基、磺酸肟和支链 R 所组成,C═N 上的立体异构为 Z 式。众多硫苷在组成上都有一个相同的母体结构,如图 4.15 所示,区别则在于支链 R 的结构不同。根据 R 基团的结构特征,可将硫苷分为三大类:脂肪族(第一类)、芳香族(第二类)和吲哚型(第三类)。

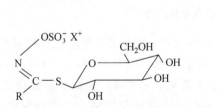

$(R=H, OH, OCH_3;$
$R_1=H, OCH_3, OSO_3)$

图 4.14　硫苷的基本结构　　　图 4.15　吲哚型化合物的结构

2. 硫苷生物降解机制

大量研究表明,菜籽粕中硫苷为无毒或低毒物质,而引起动物生长发育有害物质主要为硫苷降解产物。硫苷在不同条件下降解途径不同,得到产物也不一样,硫苷主要降解产物有:噁唑烷硫酮、异硫氰酸酯、硫氰酸酯和腈类化合物等。实验证明,高硫苷含量能引起多数无脊椎食草动物甲状腺肿大,并引起生长发育迟缓。

(1)硫苷降解途径

硫苷降解可分为酶促降解和非酶降解。对非酶降解,如在酸性溶液中,其能变成羧酸,其反应不定量;在碱性溶液中,它能转变成氨基酸和其他产物。由于非酶降解产物较复杂,本书只讨论硫苷酶促降解。

硫苷酶促降解通常有两种:一种是所谓自体分解作用,即利用植物本身内在芥子酶,在天然 pH 下发生水解反应;另一种就是非自体分解作用,即利用外加芥子酶制品,在人工控制最宜 pH 下发生水解作用。两种水解反应降解产物量相差较大,自体分解时产物是以腈量多,而异硫氰酸酯量少;但非自体分解时则正好相反。一般进行研究或分析时,都采用非自体分解,所以常常造成腈含量较低。

（2）影响硫苷酶促降解因素

①pH。硫苷降解分为两步，首先是生成糖苷配体，然后糖苷配体在不同 pH 下生成各自产物。pH 对这两步反应都有影响，在芥子酶存在情况下，不同 pH 条件下酶解产物相差甚大。Chen 等研究表明，在 pH 大于 8 时，以产生硫氰酸酯为主；在 pH 为 5～8 时，以产生异硫氰酸酯为主；而在 pH 为 2～5 酸性条件下产生具有较高毒性腈。降解基本过程如图4.16 所示。

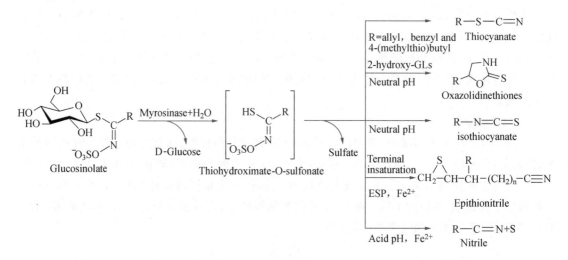

图 4.16　硫苷降解产物

通常控制反应体系 pH，以减少产生较高毒性的腈，吲哚和苯甲基硫苷糖苷配基不稳定，易重排产生相应醇和硫氰化物，包含羟基侧链硫苷配基自动环化产生噁唑烷-2-硫酮。pH 也影响葡萄糖释放，Yasushi Uda 研究表明，当 pH 在 3.5～7.5 时，葡萄糖释放量随 pH 增加而增加。葡萄糖释放量受 pH 影响可能是由于 pH 影响酶的空间结构从而影响酶活性；而 pH 对降解产物类型影响是因质子影响糖基配体的化学键断裂和重排。

②金属亚铁离子。金属离子对硫苷酶促降解随 pH 不同而有所不同。Yasushi Uda 研究表明，当 pH 在 3.5～7.5 条件下，pH 值不论多少，2.5 m mol/L 亚铁离子对葡萄糖释放不影响，然而在相同条件下，添加亚铁离子体系中，异硫氰酸酯比原来体系含量低，而腈含量比原来有显著提高；但 pH 为 3.5 时，不论有否亚铁离子存在，都能强烈抑制异硫氰酸酯产生，这可能是由于质子存在阻断糖苷配体 Lossen 重排。

在使用金属催化降解硫苷时，亚铁离子将硫苷转变为无毒物质，这也是曾用过菜籽粕脱毒方法。有文章分析，亚铁离子脱毒作用是由于亚铁离子与硫苷及硫苷降解产物络合而达到脱毒作用；这也可能是亚铁离子在一定 pH 值条件下引起硫苷降解。

③其他。除上述影响因素外，影响酶促降解还有温度，在保持芥子苷酶酶活条件下，温度越高，降解速率越高。此外，抗坏血酸能极大激活芥子酶活性，其激活机理可能是抗坏血酸能引起芥子酶构象轻微变化，使其更容易与底物结合。其他脱毒助剂，如碱金属氢氧化物、酸和碳酸钠等也均有一定效果。

3. 硫代葡萄糖苷降解物的毒性

硫代葡萄糖苷本身无毒,但其主要酶水解产物:硫氰酸酯、异硫氰酸酯、噁唑烷硫酮及腈都有抗生物活性,能造成动物的内脏器官的损害。

噁唑烷硫酮有水溶性,但没有挥发性,它能使动物的甲状腺肿大和降低动物的生长率,其毒性比异硫氰酸酯大。噁唑烷硫酮的毒性原理是阻止甲状腺对碘的吸收,并干扰甲状腺的产生,使血液中的甲状腺素的浓度降低,垂体分泌更多的促甲状腺激素,使甲状腺细胞增生,最终造成甲状腺因缺碘而肿大。

异硫氰酸酯具有挥发性,而且有刺鼻的辛辣、苦涩气味,它易溶于油和己烷。我们日常生活中作调料用的芥末和芥末油的主要成分就含有异硫氰酸酯。异硫氰酸酯也具有抗生物活性,它能使动物的甲状腺肿大,但它的毒性要小于噁唑烷硫酮。异硫氰酸酯的毒性原理是它与碘争相进入甲状腺,相应地减少了甲状腺对碘的吸收,从而引起甲状腺的肿大。异硫氰酸酯会影响饼粕的适口性,高浓度的异硫氰酸酯对动物的皮肤黏膜和消化器官表面具有破坏作用。

硫氰酸盐能抑制碘的转换,干扰碘的释放,从而降低动物甲状腺含碘量,造成甲状腺肿大。

腈的毒性最大,通常是噁唑烷硫酮的 5～10 倍,其毒性原理是使肝脏和肾受到侵害,导致肝和肾的肿大,严重者会出现肝出血和肝坏死。

硫苷及其降解产物是菜籽饼粕中主要的有毒有害物质,是菜籽饼粕饲用的第一限制性因素。虽然遗传育种及双低菜籽品种的推广可使菜籽中硫苷的含量降到 30 μmol/g 以下,但是中国特殊的种植和加工模式不能完全保证市面上商品菜籽粕是严格意义上的低硫苷。因此,为了最大限度的利用油料加工的副产品缓解我国蛋白饲料不足的现状,对菜籽粕硫苷的脱除一直是研究的热点。

4.2.2.2 酚类化合物

菜籽饼粕中的酚类化合物很多,按其分子结构可分为简单酚类化合物和聚合酚类化合物。

1. 非聚合酚类化合物

菜籽饼粕中含有大量的非聚合酚类化合物,其主要以三种形式存在:游离酚酸、酯化酚酸和不溶性结合酚酸。表 4.12 是不同品种的菜籽粕中酚类化合物的含量。

表 4.12　100 g 不同品种的菜籽粕中酚类化合物的含量　　　　　　　　mg

菜籽品种	游离酚酸	酚化酚酸	结合酚酸	全部酚酸
Tower 粕	244	1 202	96	1 524
Altex 粕	248	1 458	101	1 807
Midas 粕	144.5	1 524	68.7	1 736.2
Triton 粕	61.5	1 212	51.3	1 324.8
Mustard 粕	108.1	1 538	22.4	1 668.5

来源:彭小华,2002。

由表 4.12 可以看出:游离酚酸大约占菜粕中全部酚酸含量的 15%,在全部的游离酚酸中,芥子酸的含量占 70.2%～85.4%,其他酚酸的含量较少。Shshidi 等研究了菜籽粕中游离酚酸的种类,发现在菜籽粕中通常含有阿魏酸、咖啡酸、绿原酸、原儿茶酸、对羟基苯甲酸和芥子酸。

酯化酚酸约占菜籽饼粕中全部酚类化合物含量的80%,而芥子酸占全部酯化酚酸含量的70.9%~96.7%。芥子酸被酯化后生成芥子酸胆碱酯,即芥子碱,它是酯化酚酸的主要成分。菜粕中的芥子碱含量一般在1%~1.5%,芥子碱水解可以生成芥子酸和胆碱。芥子碱可以使蛋鸡产下的棕皮蛋产生鱼虾腥味或氨味,而白皮蛋则不存在这种现象。这是因为芥子碱在鸡体内(主要是在盲肠内)经细菌作用生成三甲胺,导致鸡蛋被污染。而产白壳蛋的蛋鸡胃内存在三甲胺酶,可以将三甲胺转化为无臭的水溶性三甲胺氧化物,随排泄物一起排出,从而消除了鸡蛋的异味。但是,产棕色壳蛋的蛋鸡胃内缺乏三甲胺酶,致使三甲胺进入鸡蛋内,使蛋产生异味。

在菜籽粕中不溶性的结合酚酸含量很少,约占全部酚酸含量的5%,而由芥子酸构成的结合酚酸占全部结合酚酸的30.3%~59.1%。

由以上分析可以发现,在菜籽粕中的非聚合酚类化合物中,芥子酸的含量占69%~92%,所以在菜籽粕中芥子酸是一种主要的酚酸。而在全部的芥子酸中酯化酚酸占82%~96%,因此,在研究菜籽粕中的非聚合酚类化合物时,常常以芥子碱为研究对象。

菜籽粕中的非聚合酚类化合物的含量一般在1.3%~1.8%,酚类化合物在空气中容易氧化而使菜粕的颜色呈棕褐色,影响外观质量。酚类化合物具有酸、苦、涩、辛辣等不良味道,从而影响动物对菜粕的适口性。菜粕中的酚酸与蛋白质结合,生成不溶性的结合蛋白,在动物体内无法消化,降低了蛋白质的消化利用率。

2. 聚合酚类化合物

菜粕中的多酚类化合物发生聚合反应会生成单宁化合物。单宁又称单宁酸或鞣酸,它主要存在于菜籽壳中,是使菜籽种皮呈黑色的重要因素之一。单宁分为两类,一类溶于酸性丁醇,另一类溶于水。在菜粕中单宁的含量一般在1.5%~3%,也是一种主要的抗营养因子。单宁可与胰蛋白酶、脂肪酶、α-淀粉酶结合而使它们失去活性,导致动物的生长机能减退。单宁与粕中的蛋白质结合,形成不易被消化的螯合物,降低蛋白质的利用率、消化能和代谢能。单宁还可以与碳水化合物、维生素、矿物质结合,从而降低菜籽粕营养价值。单宁具有涩味和辛辣味,影响动物对菜籽粕的适口性。据资料报道,单宁还对动物体内的三甲胺氧化酶合成具有明显的抑制作用。

4.2.2.3 植酸

植酸(phytic acid)又名六磷酸肌醇酯(inositol hexaphosphate),即环己六醇六磷酯,是肌醇磷酸酯的混合物,包括肌醇二磷酯、肌醇三磷酯、肌醇四磷酯、肌醇五磷酯、肌醇六磷酯等,主要以钙镁的复盐(即菲汀)的形式广泛存在于天然植物种子、胚芽中,几乎不以游离态形式存在,是种子中储存磷的通常形式。各种农作物中菲汀(植酸)含量较高的有米糠(10%~11%)、油菜籽(4%~6%)、玉米胚芽(9.5%)、亚麻种子(5.9%~6.4%)、大豆(3.6%)等,尽管植酸不是菜籽饼粕主要的抗营养因子,但是许多研究都证实菜籽饼粕中的植酸降低了矿物质、蛋白质、淀粉和脂质的消化利用率。

1. 植酸的结构和存在方式

植酸是一种淡黄色或褐色浆状液体,其分子式为$C_6H_{18}O_{24}P_6$,相对分子质量为660.08,结构式如图 4.17 所示。植酸易溶于水、95％乙醇和丙酮,微溶于无水乙醇、甲醇,难溶于乙醚、苯、氯仿和己烷等有机溶剂。

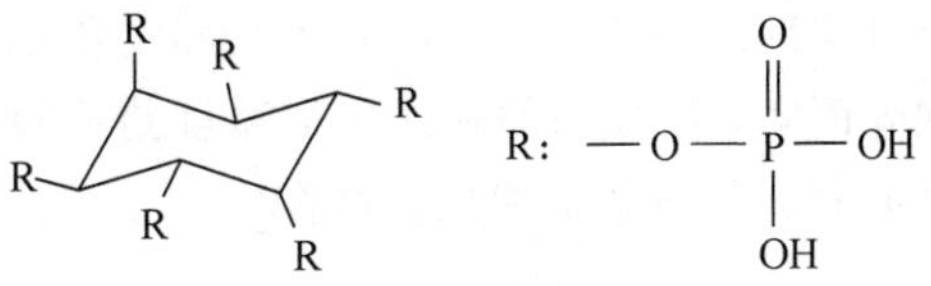

图 4.17　植酸的结构

Preffer 在 1872 年研究糊粉谷物时发现一种由无机磷、钙、镁组成的物质。1879 年从芥末种子中利用萃取法提取了一种类似的物质,这种物质经盐酸酸解后得到肌醇和正磷酸,由此确定了植酸的结构为肌醇六磷酸酯。但是,很多科研工作者对植酸的结构提出了种种不同的看法,其中最具争论的是 1908 年 Neuberg 提出的不对称水化三焦磷酸酯结构(图 4.18)以及 1914 年提出的对称正磷酸酯结构(图 4.19),二者各有许多支持者,争议相持达 50～60 年。直到 1969 年 Johnson 和 Tate 等结合前人的工作,通过化学分析、X 光衍射分析、光谱分析以及最后经核磁共振的测定与解析,详细论证了谷物中的植酸具有 Anderson 所提出的对称正磷酸酯结构,并且由双环己基碳化二亚胺(dicychexy carbodiimide)与谷物植酸作用而制得了与 Neuberg 相当的 DI-肌醇 1,6∶2,3∶4,4∶5 三焦磷酸酯。此后,Tate 的结论又经 X 射线结构分析和植酸的甲酯化反应等途径又获得了支持,植酸的结构更明确了。其结构有个 6 强酸性基、2 个中酸性基、4 个弱酸性基。

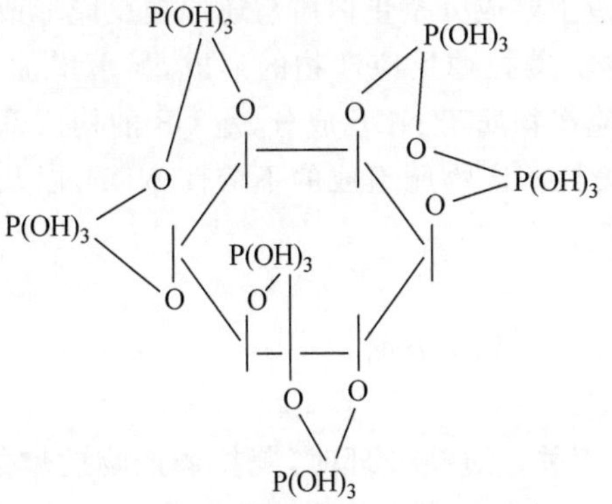

图 4.18　Neuberg 结构式(水化三焦磷酸酯结构)

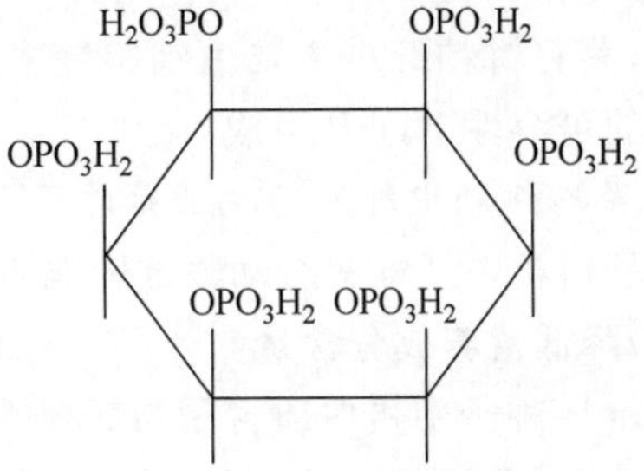

图 4.19　Anderson 结构式(正磷酸酯结构)

2. 植酸的抗营养作用

植酸是 20 世纪 70 年代以来逐渐被人们注意研究的一种抗营养物质。由于在较大的 pH 值范围内有负电性,因此对金属离子如钙、锌、铁等具有强的螯合性,可形成溶解度很低的螯合物,一方面造成金属离子如 Ca^{2+} 、Zn^{2+} 、Mg^{2+} 的缺乏,另一方面降低部分酶的活力,引起动物厌食、生长抑制、生殖机能减退等症状发生,从而抑制动物的生长发育。同时,植酸也与蛋白质和淀粉结合,影响这类营养物质的消化。植酸磷必须在消化道内水解成无机磷盐形式才能被动物利用,非反刍动物尤其是单胃动物消化道内缺乏植酸酶,因而植酸降低了磷的利用率。例如,猪对植酸磷的利用率仅为 20％～50％ 。Maddaiah 等(1964)发现,植酸与下列离子络合的能力依次减弱:Zn^{2+} 、Cu^{2+} 、Ni^{2+} 、Mn^{2+} 、Ca^{2+} 。即使对 Ca^{2+} 的络合能力较弱,植酸也可使得单胃动物对钙的吸收率降低 35％,尤其对幼畜,这种抑制作用更明显。

植酸还可与蛋白质在畜禽消化道内形成难溶性复合物,这种作用与 pH 值密切相关。植酸还抑制胃蛋白酶、胰蛋白酶、淀粉酶和胰脂肪酶的活性。这不仅降低了营养成分的利用率,而且同纤维一样,会造成后肠营养物蓄积,从而为病原菌入侵提供"温床"。卿中全等(2000)试验证实,植酸酶的加入可以减轻猪群腹泻的发生。单安山(1998)也认为植酸含量在0.2%以上的饲料应考虑使用植酸酶。

4.2.2.4 粗纤维

油菜籽粒小,直径仅为1.27~2.05 mm,种皮薄且与胚结合紧密,现行油脂加工中一般整粒入榨,造成菜籽饼粕中皮壳含量很高。如Canola皮壳占籽粒的16%,占饼粕重的25%~30%,造成纤维水平很高。高纤维水平,使菜籽饼粕有效能值偏低,降低了营养成分含量,影响了肠道的营养和免疫机能。

1. 菜籽饼粕中纤维的构成

按照来源,菜籽饼粕中的纤维主要由两部分构成。一是来自于菜籽皮壳和胚中的纤维成分。菜籽皮壳中NDF含量高达60%,其中50%为木质素,代表了几乎所有的细胞壁多聚体。化学成分主要是木质素、纤维素、半纤维素及较大量的戊聚糖和果胶。胚中纤维成分,主要是可溶性的NSP,由细胞壁内容物中的寡聚糖、果聚糖等构成。它们与细胞壁多聚体中组分戊聚糖、果胶等共同构成了菜籽饼粕中的NSP。二是油脂加工中形成的美拉德反应产物。美拉德产物极其复杂,含有多达几百种的化学成分,最主要成分是蛋白质与还原糖反应形成的糖基化终产物,如果糖赖氨酸、糠醛酸、羧甲基赖氨酸。美拉德反应产物的形成,显著增加了NDF含量,且与加工温度密切相关。因此,美拉德反应产物属于NDF成分,是DF的构成部分。总的看来,菜籽饼粕纤维主要由细胞壁多聚体和美拉德产物所组成的不溶性NDF,以及主要来源于胚的可溶性NDSP组成。

2. 菜籽饼粕中纤维的抗营养作用

菜籽饼粕中纤维素对动物的影响主要表现在以下几个方面:

(1)降低营养成分含量

Canola种子中蛋白质含量与纤维含量呈负相关。过热处理时,美拉德产物的增加,使纤维水平升高,而可消化蛋白质含量却下降。这是由于有相当多的可消化蛋白转变为中性洗涤纤维(NDF)成分。近期研究表明,NDF是影响菜籽饼粕饲用价值的重要因素。一般认为细胞壁的致密结构使消化酶很难与细胞壁成分及被其包被的内容物接触,使得NDF中的蛋白质只能部分被消化。

可消化蛋白质是菜籽饼粕有效能的作用来源,所以纤维含量升高导致菜籽饼粕有效能偏低。此外,美拉德反应中,还原糖以依赖时间和浓度的方式与氨基酸的N-末端或赖氨酸的ε-侧链结合,从而破坏可必需氨基酸尤其是赖氨酸的结构,生成丧失生物学活性的氨基酸尤其是赖氨酸衍生物,显著降低了可消化氨基酸的含量。

菜籽饼粕中碳水化合物主要由蔗糖和寡聚糖构成,蔗糖是菜籽饼粕重要的有效能来源之一。但过热加工之后,国产中双四号菜粕蔗糖含量由10.1%降至7.7%,降低了24%。寡聚糖低热、稳定、安全无残留,而且具有调节肠道微生物平衡、提高免疫力与促进生长等功能,正日益引起营养学界的关注。但是,过热加工后,随着纤维水平升高,国产中双四号菜粕寡聚糖的含量从2.9%降至2.0%,降低了30%。

Canola粕中胶质的返填,显著改善了有效能含量。但纤维成分美拉德产物的生成却使油脂发生过氧化,不仅损害了菜油(尤其其中不饱和脂肪酸)的质量,而且在饼粕中残留了一系列有毒复合物。

菜籽饼粕中富含多种矿物质,钙、磷、镁、锰和锌的含量均高于豆粕,磷的含量为豆粕的两倍,硒的含量和有效性均高于豆粕。但却发现,过热加工时,动物不能有效利用的 NDF 中的矿物质含量却显著升高。

(2)损伤肠道形态功能,降低营养成分利用率

损伤肠道形态功能,菜籽饼粕中纤维含量过高,导致采食量下降。Baidoo 等发现,日粮中菜粕用量每增加 1%,仔猪采食量下降 0.6%,他认为可能是纤维损伤了肠道形态功能。Jin 等发现,高纤维日粮使生长猪空肠、结肠和回肠的隐窝加深,肠绒毛变短,导致吸收功能下降。Ikegami 等也发现,黏性纤维可扩张消化器官体积,例如果胶可使小肠发生肥大增生。

降低营养成分利用率:菜籽饼粕的蛋白质和氨基酸消化率显著低于豆粕,除了由于菜籽饼粕蛋白质结构更复杂致密,对酶消化作用抵抗力强外,主要是由纤维造成的。纤维对菜籽饼粕营养成分的影响,不仅取决于纤维水平,而且更决定于其来源和成分。

在菜籽饼粕中,NSP 是影响营养成分消化利用率的重要因素,但是并非所有的 NSP 都有害,起作用的主要是可溶性 NSP,即 NDSP,它们的分支越多,溶解度越大,越容易引起生长抑制。NDSP 可以形成高度黏性溶液,降低消化酶和底物扩散速率,阻止它们在胃肠表面发生有效的相互作用。Johnson 和 Gee 证实,NDSP 和小肠刷状缘的糖蛋白相互作用产生一厚层不能流动的水层,导致养分吸收率下降。NSP 还显著增加内源性蛋白质、氨基酸和脂质的分泌。例如,日粮中添加果胶可刺激小肠上皮杯状细胞增殖和绒毛细胞脱落,而杯状细胞增殖与黏液分泌增加直接相关。

菜籽饼粕中不可溶的 NDF 除了机械性磨损肠道上皮,还会降低蛋白质等养分的消化利用率。构成 NDF 的细胞壁多聚体和美拉德产物包被着营养成分,使得消化酶难于与之接触,美拉德产物中的蛋白质只能被部分消化。NDF 的系水能力和对氨基酸和肽的吸附能力阻止了消化产物向肠黏膜表面的扩散,降低了其吸收率。木质素对氨基酸和肽的吸附造成被吸收的氨基酸的组成模式发生改变。美拉德产物也可能通过封闭消化酶与糖基化蛋白的肽键结合而发生影响。此外,NDF 还增加胰液、胆汁、黏液的分泌与肠道上皮细胞的脱落。

4.2.3 菜籽饼粕标准

4.2.3.1 饲料用菜籽粕的国家标准

1. 感官

褐色、黄褐色或金黄色小碎片或粗粉状,有时夹杂小颗粒,色泽均匀一致,无虫蛀、霉变、结块及异味、异臭。

2. 夹杂物

不得掺入饲料用菜籽粕以外的物质(非蛋白氮等),若加入抗氧剂、防霉剂、抗结块剂等添加剂时,要具体说明加入的品种和数量。

3. 菜籽粕技术指标及分级(表 4.13)

表 4.13　菜籽粕技术指标及分级标准　　　　　　　　　　　　　%

指标项目	等　　级			
	一级	二级	三级	四级
粗蛋白质	≥41.0	≥39.0	≥37.0	≥35.0
粗纤维	≤10.0	≤12.0		≤14.0
赖氨酸	≥1.7	≥1.7	≥1.3	≥1.3
粗灰分	≤8.0		≤9.0	
粗脂肪	≤3.0			
水分	≤12.0			

注:各项质量指标含量除水分以原样为基础计算外,其他均以 88% 干物质为基础计算。
来源:GB/T 23736—2009。

4. 菜籽粕卫生指标及按异硫氰酸酯含量范围对产品的分级

①菜籽粕产品各项卫生指标应符合 GB 13078 和国家有关规定。

②菜籽粕产品按异硫氰酸酯(ITC)的含量范围分为低异硫氰酸酯菜籽粕、中含量异硫氰酸酯菜籽粕及高异硫氰酸酯菜籽粕。其相应的分级见表 4.14。

表 4.14　菜籽粕产品中异硫氰酸酯的含量及分级

项　　目	分　　级		
	低异硫氰酸酯菜籽粕	中含量异硫氰酸酯菜籽粕	高异硫氰酸酯菜籽粕
异硫氰酸酯 /(mg/kg)	≤750	750<ITC≤2 000	2 000<ITC≤4 000

注:质量指标以 88% 干物质为基础计算。

4.2.3.2　菜籽饼的国家标准

1. 感官性状

褐色,小瓦片状、片状或饼状,具有菜籽饼油香味,无发酵、霉变及异味异嗅。

2. 水分

水分含量不得超过 12.0%。

3. 夹杂物

不得掺入饲料用菜籽饼以外的物质,若加入抗氧化剂、防霉剂等添加剂时,应做相应的说明。

4. 质量指标及分级标准

以粗蛋白质、粗纤维、粗灰分及粗脂肪为质量控制指标,按含量分为三级,见表 4.15。

第4章 菜籽类蛋白饲料资源

表 4.15　菜籽饼分级标准　　　　　　　　　　　　　　　　　　　　　　％

质量指标	等级			质量指标	等级		
	一级	二级	三级		一级	二级	三级
粗蛋白质/%	≥37.0	≥34.0	≥30.0	粗灰分/%	<12.0	<12.0	<12.0
粗纤维/%	<14.0	<14.0	<14.0	粗脂肪/%	<10.0	<10.0	<10.0

来源:GB 10374—1989。

注:各项质量指标含量除水分以原样为基础计算外,其他均以88%干物质为基础计算。

4.2.4　菜籽饼粕在饲料中的应用

4.2.4.1　在猪饲粮中的研究和应用

1. 在生长育肥猪饲粮中的研究和应用

王凤来等(2004)报道,在体重 20～90 kg 杜洛克×长白二元杂生长肥育猪饲料中,用 3.85%～9.03%双低菜粕和 4.05%～9.49%普通菜粕替代部分豆粕可获得日增重800 g以上和料重比低于 3∶1 的较好生产成绩。Firedrich Schone(1997)报道,在生长猪饲粮中分别添加 5%、10% 和 15% 的低硫苷(20 mmol/kg)菜籽粕进行饲养试验,结果发现各处理组饲料转化率和平均日增重与对照组相比差异不显著。

生长肥育猪对菜籽饼粕有逐步适应的过程和耐受量。虽然在猪日粮配合中,菜籽粕和豆粕可以实现氨基酸的互补,起到平衡日粮氨基酸的作用,但菜籽饼粕中固有的毒素和抗营养因子,赖氨酸含量低和消化率低等问题,限制了菜籽饼粕的在生长肥育猪中的用量。

张德福等(1999)认为,20 kg 的三元杂交生长猪采食双低菜粕日粮要经历一段适应期,饲喂初期猪的采食量可能会受到影响,因此双低菜籽粕的添加量不宜超过 14%,最好是由少到多逐步增加用量;25～30 kg 以后的生长猪对菜籽粕日粮的适应性增强,此时双低菜籽粕的添加量可在 14%～20%。Schone F 等(2002)认为对于 50～100 kg 的生长猪,在饲粮里添加的双低菜籽饼,饲粮硫苷含量应小于 2 mmol/kg。

从理论上讲,考虑到赖氨酸是猪的第一限制氨基酸,因此,补足赖氨酸可提高生长猪的生产性能(Bell 等,1987)。相关研究也表明给生长猪饲粮补足赖氨酸,能得到较好的生产性能,经济效益显著(Siljiander-Rasi H,1996)。另外,通过添加碘和服用解毒剂也能改善菜粕的利用,取得较好的生产性能(金邦荃等,1994;Schone F 等,1996)。

2. 在种猪饲粮中的研究和应用

菜籽饼粕在种猪日粮中的应用研究报道较少。Opalka M 等(2001,2003)报道,给(长白×大白)母猪长期饲喂添加低硫苷菜粕的日粮,母猪育成期和泌乳期日粮硫苷添加量分别为 0.16 mmol/kg 和 0.32 mmol/kg,妊娠期日粮硫苷含量为 0.16 mmol/kg 和 0.32 mmol/kg,对照组饲喂无菜粕日粮。结果表明,饲喂添加压榨菜籽饼的日粮对母猪的生产性能和初产小猪没有影响,生殖器官如卵巢重量、子宫重量、子宫角长度、黄体数目均无影响;而饲喂菜粕的母猪其甲状腺重于对照组。

173

3. 在仔猪饲粮中的研究和应用

断奶仔猪对双低菜粕的蛋白和氨基酸的消化率低于生长猪（Mariscal-Landin G 等，2008），因而其在仔猪饲粮中的用量受到更大的限制。Baidoo 等（1987）报道，仔猪阶段使用双低菜粕达到 9% 以上时，显著降低仔猪的采食量和生产性能，因此认为仔猪日粮中的添加量应限制在 5% 以内。

4.2.4.2 在鸡饲粮中的研究和应用

双低菜粕中蛋氨酸和胱氨酸含量丰富，而蛋氨酸是家禽日粮的第一限制性氨基酸。因此双低菜粕是良好的家禽蛋白质饲料资源。但其在肉鸡和蛋鸡中的应用略有不同。

1. 在肉鸡饲粮中的研究和应用

菜粕在肉鸡饲粮中的使用相当普遍，国内在肉仔鸡和育成鸡方面的研究比较多。高玉鹏等（1996）报道用国产双低菜籽饼作为罗曼育成鸡蛋白质饲料用量 10% 和 15% 时，生长发育正常，甲状腺未见明显肿大，血清 T_3、T_4 和 TSH 未见异常，肝未见出血点，血清谷丙转氨酶（GPT）和谷草转氨酶（GOT）的活性差异不显著。当占日粮比例为 20% 时，育成鸡生长速度明显受到抑制，甲状腺肿大，T_3 下降 16.3%，肝出血明显，血清中 GOT 和 GPT 显著上升。

国内其他学者关于菜粕在肉鸡饲粮添加量上的结论大致相似。王春凤等（2006）认为，在肉仔鸡日粮中低硫苷菜籽饼用量达 15%，对肝和甲状腺的功能无影响。姜宁等（2000）认为添加 7% 菜籽饼代替部分豆粕饲喂雏鸡能收到较好的生产效果，可提高雏鸡日增重和饲料转化率。卢昭芬等（1999）的研究结果也表明，肉鸡饲养期短，甲状腺肿不至于对生产造成严重后果，菜籽饼粕在饲料中限量添加 12% 以内是可行的。

为了减轻抗营养因子对菜籽饼粕蛋白利用的限制，研究者试图采取适当的措施来提高菜籽饼粕的利用率。Maroufyan E 等（2006）报道，在罗斯肉鸡公饲粮中添加 15% 菜粕的同时添加碘酸钙补充碘，能减轻噁唑烷硫酮和异硫氰酸盐对甲状腺的损伤。张洁等（2003）的研究结果表明，在 10% 双低菜籽饼型肉鸡日粮中添加 600 U/kg 植酸酶可显著提高钙、磷利用率。

另外因为菜籽饼粕能量比较低，所以在使用菜籽饼粕配制肉鸡饲粮时，必须保证肉鸡生长所需的能量水平。彭振利（2005）的试验结果表明，代谢能水平 0～3 周龄为 11.72～12.56 MJ/kg，4～6 周龄为 12.14～12.56 MJ/kg 时，双低菜粕在肉鸡日粮中等氮替代豆粕的适宜添加比例：0～3 周龄为 37.5%～50%，4～6 周龄为 50%～62.5%，肉鸡能获得较好的生产性能和经济效益。

2. 在蛋鸡日粮中的研究和应用

在蛋鸡饲粮中适当添加一定比例的菜粕替代鱼粉和豆粕，能取得较好的生产性能和经济效益。周韶等（2004）在黄金褐蛋鸡饲粮中添加 3%、6% 和 9% 菜籽饼替代豆粕，结果表明对产蛋鸡生产性能和饲料中蛋白质的表观利用率均没有显著影响，其中饲喂 6% 菜籽饼组的蛋产蛋率最高，而 9% 菜籽饼组饲料成本最低。谢继专等（1995）也报道 9%、12% 的脱毒菜籽粕代替蛋鸡豆粕鱼粉饲料，对产蛋鸡生产性能无不良影响，但随着用量的提高，产蛋性能和蛋重有下降的趋势。

4.2.4.3 在鸭日粮中的研究和应用

小鸭肠道发育不完全,对菜籽饼粕中的有毒有害物质较敏感,菜籽饼粕的用量应视其毒素含量而定。陈一淑(2008)研究结果表明,在 1 日龄三水白鸭饲粮中添加 0%(对照组)、3%、6%、9%和12%印度菜粕(硫苷含量为 116.67 mmol/kg),饲喂 21 d,与对照组相比,饲粮添加3%菜籽粕对三水白鸭生产性能无显著影响,对肝脏、肾脏和甲状腺组织影响不大。饲粮添加6%、9%和12%菜籽粕会显著影响三水白鸭的生产性能;并且随着日龄增加显著降低血清 T_3 水平,且母鸭比公鸭敏感;随着日龄增加,三水白鸭肝、肾组织产生病变,肝、肾的结构与功能受到破坏。因而,饲喂高硫苷含量的印度菜粕,在小鸭阶段其用量应小于 3%,即饲粮硫苷含量在 3.5 mmol/kg 以内。

双低菜粕的在肉鸭饲粮中的用量可加大,Canola 菜粕在 10~30 日龄樱桃谷肉鸭饲粮中的用量可达 20%(陈晓春等,2004)。另有研究表明,通过添加赖氨酸和蛋氨酸,平衡日粮,菜籽饼用量可达 9%(卢永红等,1996)。菜粕在中大鸭阶段也可以加大用量,有报道 3~5 周龄肉鸭的饲粮中菜粕的用量可达 12%(冯光德等,2000)。

4.2.4.4 在水产养殖中的研究和应用

我国是一个水产大国,水产养殖产量占世界水产养殖总产量的 70%,水产饲料的生产、消费也位居世界首位,水产动物对饲料中的蛋白质水平要求较高,一般是畜禽的 2~4 倍,通常占配方的 25%~50%,对淡水鱼来说,第一限制性氨基酸为蛋氨酸。与豆粕相比,菜籽饼粕中蛋氨酸含量较高,因此双低菜籽粕在水产饲料中的应用最为普遍。高贵琴等(2004)以异育银鲫和团头鲂为生长试验对象,用 16.72%、33.45%、50.17%、66.89%"华双 3 号"双低菜籽粕等氮替代对照组中的 25%、50%、75%、100%豆粕蛋白,以 83.66%的双低菜籽粕等氮替代100%的豆粕和鱼粉蛋白。结果表明替代比例不超过 75%,对异育银鲫和团头鲂鱼体各营养成分无不良影响。

4.2.5 双低菜籽粕概述

双低油菜品种是 1974 年由加拿大曼尼托巴大学植物育种学家 Stefansson 首先育成的。在加拿大,双低油菜被统一注册为"Canola"(卡诺拉),目前 Canola 油菜的标准为菜油中芥酸含量≤2%,饼粕中硫苷含量≤30 μmol/g。经过多年的选育,加拿大育成的 Canola 油菜籽中硫苷含量最低达到 10 μmol/g,平均水平在 10~20 μmol/g。由于双低油菜籽中硫苷含量很低,其饼粕已成为加拿大最主要的蛋白质饲料资源之一。

我国从 1978 年就开始了双低油菜育种,但双低与高产、优质与抗病的矛盾制约了双低油菜的推广应用。直到 20 世纪末 21 世纪初才有效克服了这两个矛盾,培育出了一大批既优质(符合国际双低标准)又高产抗病的油菜新品种,显著促进了我国油菜的双低化进程。经过近10 年的努力,到 2010 年我国油菜的双低率达到了 90%以上,而且与 2000 年比,单位还增长了20%左右,基本实现了油菜生产由高产到优质高产的转变。

双低菜粕和豆粕相比,含硫氨基酸蛋氨酸、胱氨酸和组氨酸的含量较高,且含有丰富的硒和磷;但蛋白质含量较低,粗纤维的含量较高(表 4.16、表 4.17)。

表 4.16 不同产地双低油菜籽/普通油菜籽粕粉和豆粕的营养成分对比 　　　　%

营养成分 (10%水分含量)	加拿大	欧洲饲料数据库	中国饲料数据库	饲料索引 Feeds	中国普通豆粕	中国去皮豆粕
粗蛋白质	35.0	34.5	37.2	33.9	43.91	47.67
粗脂肪	3.5	2.6	2.4	3.1	1.13	0.87
粗纤维	12.0	12.1	12.1	9.7	6.83	3.79
粗灰分	6.1	7.1	8.8	6.2	6.02	5.86
酸性洗涤纤维	17.2	18.9	21.9	32.1	—	—
中性洗涤纤维	21.2	28.0	34.9	32.1	—	—
钙	0.63	0.78	0.71	0.79	0.28	0.28
磷	1.08	1.15	1.05	1.06	0.64	0.63

来源:钮琰星,2009。

表 4.17 双低菜籽粕的基本氨基酸消化系数及与普通菜粕和豆粕的比较 　　　　%

成分	普通菜粕	双低菜粕			大豆粕	
		成分	猪真回肠消化率	家禽真消化率	(NY/T1)	(NY/T2)
赖氨酸	1.3	1.91	78	79	2.87	2.66
蛋氨酸	0.63	0.71	86	90	0.67	0.62
胱氨酸	0.87	0.85	83	73	0.73	0.68
精氨酸	1.83	2.04	—		3.67	3.19
组氨酸	0.86	1.22	85	86	1.36	1.09
异亮氨酸	1.29	1.32	78	83	2.05	1.8
亮氨酸	2.34	2.48	81	86	3.74	3.26
苯丙氨酸	1.45	1.35	82	86	2.52	2.23
酪氨酸	0.97	1.01	—	—	1.69	1.57
苏氨酸	1.49	1.53	76	78	1.93	1.92
色氨酸	0.43	0.44	75	82	0.69	0.64
缬氨酸	1.74	1.79	77	81	2.15	1.99

来源:钮琰星,2009。

加拿大 Canola 协会发布的 Canola 菜籽粕通用标准见表 4.18。加拿大 Canola 协会出版 Canola 菜籽粕饲用指南,指导菜籽粕在家禽、猪、牛等动物中的应用(表 4.19)。

表4.18 加拿大通用标准(CAN/CGSB—32.301—M87):卡诺拉粕(Canola meal)

控制指标	达标要求	控制指标	达标要求
粗蛋白质/%	≥35	粗纤维/%	≤12
粗脂肪/%	≤4	硫苷/(μmol/g)	≤30
水分/%	≤11		

注:硫苷含量是指主要硫苷组分(3-丁烯基硫苷、4-戊烯基硫苷、2-羟基-3-丁烯基硫苷、2-羟基-4-戊烯基硫苷中的一种或任意几种)的含量之和,仲裁时按加拿大谷物协会谷物研究实验室最新方法进行检测,常规检测采用 McGregor 和 Downey (1975)的快速检测方法。

表4.19 不同产地双低菜籽粕在饲料中的推荐量   %

项目	中国双低菜籽粕	加拿大双低菜籽粕	项目	中国双低菜籽粕	加拿大双低菜籽粕
蛋鸡、肉鸡	10~15	10~20	鱼类	20~40	—
奶牛	20~25	不限量			

4.3 菜籽蛋白和菜籽肽

菜籽饼粕的粗蛋白质含量一般在35%~45%,是优质的植物蛋白。菜籽蛋白和菜籽肽是菜籽深加工的重要产品。菜籽蛋白制取的重点在于去除硫苷、多酚、植酸等有害、抗营养的物质,得到蛋白质含量高的产品。对于脱皮低温压榨菜籽饼粕,由于杂质含量少、变性少,是制备饲用菜籽浓缩蛋白的理想原料。菜籽蛋白除了具有较好的营养特性外,其功能性也优于其他蛋白,特别是吸油性、保水性和乳化性能优于大豆蛋白。

4.3.1 菜籽蛋白

菜籽蛋白(rapeseed protein)是利用菜籽或菜籽粕生产的蛋白质含量在50%(以干基计)以上的产品。目前主要产品有浓缩蛋白和分离蛋白两种。菜籽浓缩蛋白(rapeseed protein concentrate)是指以菜籽饼粕为原料,选用溶剂萃取的方法制备得到的蛋白质含量在60%左右的蛋白质产品。菜籽分离蛋白(rapeseed protein isolates)是指利用菜籽粕中蛋白质和其他物质理化性质的差异通过反复分离提纯,并将菜籽中的有害成分除掉,得到蛋白质含量90%左右的产品。由于菜籽蛋白组成非常复杂,其等电点范围较宽、分子量相差很大,部分蛋白质(20%~40%)等电点 pH 高达11,分子质量仅13 000 u,而其余部分蛋白质等电点在4~8。因此与大豆蛋白相比,在溶解度曲线上菜籽蛋白往往呈现较宽广等电点区间,甚至出现两个或更多等电点。

4.3.1.1 菜籽蛋白制取方法

菜籽蛋白制取的方法主要是从大豆蛋白的制取工艺演变而来的。大豆浓缩蛋白通常采用醇提法。大豆分离蛋白采用等电点沉淀法。等电点沉淀法是将粕用碱液溶解调节溶液的 pH 值,使溶液中的蛋白质含量达到最大,然后离心分离去渣得上清液,再用酸调节溶液的 pH 值到等电点,使上清液中的蛋白质沉淀,最后经离心分离和干燥得到蛋白质。由于菜籽饼粕中蛋白质溶液是一个混合的复杂体系,所以溶液的等电沉淀点不是一个值,而是一个范围,所以要提高蛋白质得率,必须反复改变溶液体系中的 pH 值,然而在反复提取中必将造成蛋白质的损失,所以该方法的得率比较低。

从菜籽粕中提取蛋白主要有以下几种方法。

1. 水相法

水相法主要是采用不同水相将蛋白萃取而出,然后在菜籽蛋白等电点附近将蛋白沉淀,再分离干燥制取菜籽分离蛋白,最常用萃取水相是稀碱、水、稀酸、NaCl 水溶液及六偏磷酸钠溶液等。郭兴凤等选用传统碱提酸沉淀方法,在 pH 12、料液比为 1:15 条件下提取菜籽蛋白,然后在 pH 6.0 条件下进行沉淀,离心后在 pH 3.6 条件下再进行沉淀,得到菜籽蛋白加水后调 pH 至中性,喷雾干燥,按照此工艺生产菜籽蛋白氮回收率为 56.4%。何再庆等采用 1:20 料液比经三级对流萃取,蛋白得率在 80% 以上,浓缩蛋白的蛋白质含量为 59%,收率都较低。最高收率是 El Nockrasly 采用 NaOH 溶液四级逆流萃取,萃取出粕中 94% 氮,然后相继以 pH 6.0 和 pH 3.6 二段沉淀蛋白质,总收率可达原始饼粕中 72% 氮,分离蛋白含粗蛋白质 90% 以上,且不含硫苷。李顺灵等采用水剂法与六偏磷酸钠浸出法(SHMP)结合工艺,得到 1.0%SHMP 蛋白浸出液(pH 7.0),经超滤浓缩 1~2 h,减少水分含量和大部分硫苷、植酸等,然后进行离子交换,得到高品质菜籽分离蛋白,蛋白含量为 87.5%,产品无硫苷,低植酸,味淡色浅。水相萃取法制取浓缩菜籽蛋白具有工艺简单、成本低等优点,容易实际应用;但这种方法在菜籽蛋白的制备中往往得率较低。另外,该法还有废水不易处理,易造成环境污染等问题。

2. 水相酶解法

水相酶解法主要是利用蛋白酶将菜籽粕中蛋白质充分溶出以提高蛋白质收率。刘志强按固液比 1:5、每克加 3:1 活力的纤维素酶、果胶酶复合酶 30 u,以 50 r/min 搅拌 100 min 反应后,调固液比 1:6.5、pH 9.0,以 50 r/min 搅拌碱提 1 h 后,3 000 r/min 离心分离 10~15 min,分离出菜籽蛋白水提液,在温度 50℃ ,0.20~0.30 MPa,pH 9~10,对菜籽蛋白进行超滤提取,然后对蛋白超滤截流液喷雾干燥,得 82.3% 菜籽蛋白粉。产品中异硫氰酸酯、噁唑烷硫酮均未检出,蛋白质含量达 90% 以上,粗脂肪、粗纤维较低。刘海梅用 3 000 U/g 碱性蛋白酶水解菜籽蛋白 4 h,再添加 3 000 U/g 木瓜蛋白酶水解 4 h 提高水解度,并将低肽末端的疏水性氨基酸水解形成游离氨基酸,从而降低或消除水解产物苦味,获得无苦味水解产物。水解产物水解度和氮收率分别为 30.95% 和 90.12%,且口味平淡。研究中发现,在 pH 3~9 水解产物氮溶解指数在 76.92% 以上,盐分含量较低,得到成品能应用于食品中。

3. 有机溶剂法

严奉伟通过 70% 丙酮和其他溶剂依次提取菜籽饼粕中多酚和植酸后得到含 70.23% 蛋白质粕,而有害物硫代葡萄糖苷及抗营养物质多酚与植酸量分别为 0.76 μmol/g、1.33 mg/g、3.01%,分别比处理前下降 96.55%、95.88%、38.45%。但用丙酮、乙醇等有机溶剂制取,因工艺复杂、成本高及溶剂对蛋白质营养价值有一定影响,工业化生产困难较大。

4. 双液相萃取

王车礼等采用 $CaCl_2$ 水溶液和二氯乙烷为液选剂处理菜籽粕,从菜籽粕粒度小于 0.2 mm 饼粕得到含量大于 58％蛋白质,但有少量籽皮;其中粒度在 0.076 mm 以下饼粕蛋白质含量为 64％,高出 Appelquist 等测定纯仁蛋白质含量 10 个百分点。可能是因双液相萃取菜籽粕在制取过程中,脱除硫苷及一部分糖类物质,故有较高蛋白质含量。采用二氯乙烷作为液选剂,干物质和蛋白质基本无损失,分离效果良好。采用双液相萃取后加筛分液选工艺可获得蛋白质含量为 60.5％(干基)、得率为 20.2％(占菜籽)浓缩蛋白产品;但并没有对蛋白残余植酸,硫苷含量进行测定。

5. 超滤、渗滤法

菜籽中 50％以上蛋白质为白蛋白,这些蛋白极易溶于水、稀酸、稀碱和稀盐溶液,用工业规模难以沉淀。采用超滤(UF)、渗滤(DF)法,利用超滤膜对分离组分选择性,截留分子量较大(一般菜籽蛋白质分子质量为 8 000～600 000 u)各种蛋白质分子或相当粒径胶体物质,而溶剂和小分子物质透过,可将蛋白质浓缩和分离并保留在截留物中。此法是浓缩和提纯所有溶解蛋白较简便方法。Siy 和 Talbol1982 年报道用 4％NaCl 溶液浸提,以 1∶3 透滤比率,利用超滤和渗滤处理盐溶球蛋白,使球蛋白沉淀,同时溶液中植酸盐含量大幅降低,经喷雾干燥得到蛋白质含量为 85.6％。Fetl 采用 5％氯化钠溶液从工业菜籽粕中浸提出菜籽蛋白,随后再进行超滤、渗滤和干燥,制备浓缩物中蛋白质含量超过 85％,产品中没有检测到硫代葡萄糖苷和植酸盐。其研究发现,在有活性炭情况下,将浸提、超滤和透滤相结合,之后用强碱阳离子交换树脂处理透滤截留物能产出蛋白含量约为 90％分离蛋白,且无硫代葡萄糖苷及其裂解物,植酸盐含量较低,成品色浅味淡。

当前膜分离技术已在农产品加工和植物蛋白的分离上得到广泛的应用。与其他提取分离蛋白质的方法相比较,采用不同的条件(膜材料、温度、压力和 pH 值),经过超滤可以浓缩和纯化各种可溶性菜籽蛋白,而且没有任何损失。Kroll J 和 Kujawa M 等在菜籽饼粕的实验中发现,通过超滤,在所有的透过物中采用体积分数为 20％的三氯乙酸(TCA)溶液来检测,均未检出蛋白质。用超滤处理,首先是可溶性的清蛋白在水剂萃取物中的含量由 37.9％上升到 78.1％,同时有毒化合物的含量迅速降低。根据 Siy 和 Talbot 的脱毒实验,菜籽饼粕蛋白质在 NaCl 萃取液中的植酸,经过超滤几乎可以完全脱除。

6. 胶束法

其他菜籽蛋白的生产除以上方法外,胶束法也是最近研究的热点。

Burco 开发了一种提取工艺专利,这种提取法基于降低蛋白质溶液离子浓度而促进胶团形成的原理,只需用水和盐从菜籽饼中浸出,因此它不需要传统的等电点沉淀工艺。用这种新方法生产蛋白质,不需要任何化学药品,产品比传统方法生产的菜籽蛋白产品感官特性和功能性好。市面上有 2 种用该法生产的商品菜籽蛋白质产品:Puratein 和 Supertein。Puratein 有非常好的乳化和胶凝特性,可用于调味品、蛋黄酱或者人造肉等;而 Supertein 主要特性是较好的可溶性和很强的发泡能力,因此可用于改良饮料、烘烤食品等。

该技术首先用盐溶液从菜籽粕中提取菜籽蛋白,提取物进行超滤浓缩和纯化,浓缩后的蛋白溶液用冷水稀释,这将使一部分蛋白聚集形成胶束,形成的胶束通过离心过滤,过滤物喷雾干燥得到 Puratein 产品。滤液通过进一步加工和干燥得到 Supertein 产品。这两种产品的蛋白质含量可达到 90％以上。

4.3.1.2 菜籽蛋白的应用

通过对菜籽粕去毒方法的研究,目前已经能生产出供人类食用的菜籽浓缩蛋白、分离蛋白和组织蛋白,以及供禽畜共用的饲用蛋白,为菜籽蛋白的利用开辟了新的途径。分离纯化的菜籽蛋白含有各种必需氨基酸,特别富含赖氨酸,并且各种氨基酸的比例符合 WTO 和 FAO 推荐的标准,是一种优良的植物蛋白质,可以和大豆蛋白相媲美。特别是在我国蛋白质资源匮乏的情况下(我国有 70% 的大豆蛋白粉依靠进口),菜籽饼粕又十分丰富的条件下,充分利用其中的蛋白质资源,对提升我国油菜产业,缓解我国蛋白质需求有着重大的意义。

菜籽蛋白氨基酸组成与国际粮农组织(FAO)和世界卫生组织(WHO)推荐的模式非常接近,十分令人满意。植物菜籽蛋白饼粕可取代 33% 的鱼粉,67% 的血粉及 100% 的芝麻饼或豆饼,作为禽畜的饲料,还可使动物生长速度加快 27%。菜籽蛋白至今未能作为食用蛋白而造福于人类,关键在于菜籽中存在多种有害物质,它们难以从菜籽蛋白中完全脱除。一般认为,用未脱毒的"双高"菜籽饼粕作为家畜饲料,以不超过饲料总量的 10% 为宜,而菜籽饼粕脱毒后的添加量可大大增加。

4.3.2 菜籽肽

菜籽肽(rapeseed peptide)是菜籽蛋白经蛋白酶作用后再经过特殊处理得到的产物,由许多分子链长度不等的低分子小肽混合物组成,还含有少量游离氨基酸、糖类和无机盐等成分。其氨基酸组成与菜籽蛋白几乎完全一致,且比菜籽蛋白含有更高的营养价值。菜籽肽不仅具有良好的酸溶性、低黏度、抗凝胶形成性,在体内消化吸收快,蛋白利用率高等特点,而且具有低抗原性,不会产生过敏反应,还具有良好的理化性质及生理活性,可作为运动营养剂、减肥食品、老年食品的添加剂。

4.3.2.1 菜籽肽的制备

1. 水解菜籽蛋白制备菜籽肽

当前获得菜籽生物活性肽的主要手段为酶法制备。酶水解蛋白质条件温和、安全性高、可控性强、可以规模化生产特定的肽。酶的选择是生产菜籽活性肽的关键,它必须以菜籽蛋白的氨基酸组成和酶的作用专一性为参考,结合目标生成物的结构和序列加以选择。有研究显示,中性、碱性蛋白酶几乎没有生成氨基酸的能力,这些内肽型的蛋白酶分解蛋白质成多肽及生成极微量的氨基酸,只有氨肽酶和羧肽酶才显示出生成氨基酸的能力。为了得到适宜的菜籽多肽,最好的方法就是选用复合蛋白酶,使之兼有外切肽酶和内切肽酶两种活性。有报道说,微生物酶具有更高的选择性,它实际上也是一种复合酶系。

2. 菜籽肽的分离与纯化

目前,分离多肽一般有凝胶电泳(PAGE)、层析(chromatography)和高效液相色谱(HPLC)等方法。PAGE 是分离蛋白质或多肽常用的方法,常规的三羟甲基氨基甘氨酸-聚丙烯酰胺凝胶电泳(tris-glycine-SDS-PAGE)能分离分子质量在 10 000～200 000 u 的蛋白质多肽类大分子,而对 10 000 u 以下的小分子肽分辨率低,且极易扩散丢失,无着色带。

层析可分为分子排阻层析(size exclusion chromatography, SEC)、阳离子交换层析(cation exchange chromatography，CEC)和亲和层析(affinity chromatography，AC)等。SEC 是利用多肽分子大小、形状差异来分离纯化多肽物质,特别对一些较大的聚集态的分子更为方便。CEC 是利用固定相球形介质表面活性基团经化学键合方法,将具有交换能力的离子基团结合在固定相上面,这些离子基团可以与流动相中离子发生可逆性离子交换反应而进行分离。AC 是利用连接在固定相基质上的配基与可以和其产生特异性亲和作用的配体之间的亲和作用而分离物质,目前对肽类物质的分离主要应用其单抗或生物模拟配基与其亲和。利用层析法分离蛋白和多肽可得到高纯度的产品,但由于产量太小,限制了它在活性肽分离制备上的应用。

HPLC 在分离小分子肽研究中应用较多,尤其针对 10 肽以下的特小分子,如二肽、三肽、四肽等。面对分子质量不足 1 000 u 的供试品时,一般都在普通 HPLC 或反相 HPLC (RP-HPLC)的基础上,做相关色谱条件的改进:选用特殊固定相、流动相或在供试品进入液相色谱前做适当处理。HPLC 可以在短时间内完成分离,还能够规模生产,是分离活性肽最常用的方法之一。

4.3.2.2 菜籽肽的应用

小肽与氨基酸具有相互独立的吸收机制,小肽的吸收具有耗能低、不易饱和,且不同的肽之间运转无竞争性和抑制性,同时小肽本身对肽和氨基酸的转运具有促进作用。动物对小肽的吸收比氨基酸更迅速、更有效。小肽对提高动物体组织蛋白质的沉积率、免疫作用与生产性能比游离氨基酸高得多。小肽在蛋白质的降解与合成中发挥着重要的作用,饲料中必须有一定数量的小肽才能使动物获得最佳的生产性能。

菜籽多肽是一种优质的功能性高蛋白饲料原料。菜籽多肽具有抗氧化的作用。抗氧化活性机体内氧自由基过剩,形成的过氧化脂质可导致细胞和组织损伤,而这是衰老或疾病的起因。薛照辉等利用双酶分步水解菜籽清蛋白制得粗品菜籽肽(RSP－R),经 Sephadex G-25 凝胶层析柱分离纯化,得到分子量依次降低的 3 个级分,为了研究其抗氧化能力,分别测定血清中的丙二醛(MDA)值、菜籽肽的还原能力、对・OH 的清除作用、对活性氧的影响、对红细胞自氧化溶血的影响,以及对小鼠肝组织匀浆丙二醛生成的影响。结果表明,菜籽肽在体外表现出明显的清除自由基、抑制组织脂质过氧化反应、保护红细胞结构完整性的作用;而体内实验表明菜籽肽可降低血清 MDA。总之,菜籽肽在体内外均具有明显的抗氧化作用。

菜籽肽的抑制肿瘤生长活性。近年来,研究者们发现,具抗肿瘤活性的生物活性肽可以抑制肿瘤细胞的 DNA,诱导肿瘤细胞凋亡,抑制肿瘤细胞的发展和转移。薛照辉等发现经酶解的菜籽清蛋白有抑制小鼠体内 S_{180} 肉瘤的生长和对小鼠免疫功能的作用,他通过观察小鼠 S_{180} 实体瘤模型的肿瘤重量、淋巴细胞转化能力、脾细胞抗体形成及血清溶血素含量的变化,表明菜籽肽对 S_{180} 肉瘤生长有抑制作用,同时可明显增强小鼠的免疫能力。

4.4 发酵类菜籽产品

4.4.1 发酵类菜籽产品定义

发酵类菜籽产品是以菜籽粕为主要原料,使用农业部《饲料添加剂品种目录》允许使用的微生物菌种进行固态发酵，并经干燥制成的饲料原料产品。微生物的发酵作用可以改变饲料原料的理化性状，脱除饲料中的抗营养物质，增加适口性、提高消化吸收率，另外利用饼粕的碳氮源培养微生物菌体蛋白，从而提高饲料的营养价值。

有关菜籽发酵法进行饲用改良的研究已有很多的报道，其原理是在外加微生物的作用下，对菜粕进行发酵，分解抗营养因子。有关资料表明：菜籽饼粕经发酵处理以后，除异亮氨酸，赖氨酸外，含量均有提高，饼粕蛋白及维生素的含量都有所提高，黏性好，钙、磷易吸收，可做优良的饲用蛋白源。微生物脱毒方法的特点是条件温和，硫苷降解彻底，脱毒效果好，且能提高菜籽粕中蛋白质的含量和质量，从而改善菜籽粕的饲料效价。

4.4.2 发酵菜籽类产品的生产

4.4.2.1 菌种的筛选

微生物固体发酵中最关键的是菌种的选择。与菜籽饼粕的脱毒生产与调制有关的微生物，主要有细菌、酵母菌、霉菌、担子菌等。不同微生物菌种对抗营养因子的降解能力有较大的差异，筛选优良的微生物菌种是影响菜籽饼粕脱毒效果和营养价值的首要步骤。

刘军和王娟娟（2007）从土壤中分离出具有较强降解硫代葡萄糖苷能力和提高粗蛋白质含量能力的霉菌24株，酵母菌11株，细菌13株，将其进行单菌株和混株发酵试验。经最佳方式组合，结果表明其脱毒率达到71.6%，粗蛋白质含量提高了23.2%。张宗舟从土壤中分离纯化得到多种微生物，并对各种微生物进行了相同的菜籽饼脱毒试验，测定脱毒效果。试验证明单一微生物的GS（硫苷）脱毒率一般较低（<40%），属内霉菌复配脱毒率有所增加，属间霉菌复配，脱毒率又有很大程度上的提高。多种微生物远缘复配达到了较理想的脱毒效果，GS脱毒率达到99%以上。

4.4.2.2 菜籽饼粕微生物固态发酵工艺参数的研究

影响菜籽饼粕微生物固体发酵的工艺参数主要有发酵温度、水分、pH值、时间等。微生物菌种不同、单一菌种或复合菌种发酵处理，所要求的发酵条件参数又有所不同。发酵过程中这些工艺参数都需要控制在适宜的范围内，才能达到最佳发酵效果。因此，对菜籽饼粕发酵参数的研究尤为重要。

邱鑫等（2005）对凝结芽孢杆菌、圆孢芽孢杆菌、短小芽孢杆菌和球形芽孢杆菌在菜籽饼粕中混合发酵降低其大分子粗蛋白质含量提高游离氨基酸含量的发酵工艺进行了研究。结果表明其最佳发酵工艺条件：4种菌种接种量比例为（1:1:3:1），含水量60%，接种量15%，发酵25 d，粗蛋白质降解率达41.98%，游离氨基酸含量提高10.18倍。刘军，朱文优（2007）对单菌株、多菌株生料固态通风发酵条件优化表明，其最佳培养基配比及发酵条件为：麸皮添加量为5%，水分含量为53%～58%，3种菌混合 Y_2、Y_5、A_1 比为1:1:2，接种量为8%，自然pH，30℃恒温发酵64 h。发酵后其硫苷含量为 0.11 μmol/g（干基），降解率达99.66%，粗蛋白质含量为50.13%（干基），色泽明显变浅且具有良好的香味及适口性。

4.4.2.3 工艺流程

工业化生产可以采用较为先进的生产工艺和设备，可以形成大规模的生产，自动化程度高,产品质量容易控制。菜籽饼粕固态发酵的主要工艺过程大致有以下五个部分:菌种扩大培养、原料预处理、接种发酵、干燥灭活、成品包装。具体过程如下:

斜面菌种活化培养→扩大培养→菌种
　　　　　　　　　　　　　　　↓
原料粉碎→筛分除杂→调制→接种混合→发酵→干燥→灭活→粉碎→成品

从上述过程来看,固态发酵部分主要包括培养基的预处理、混配料、调制灭菌、接种以及固态发酵设备发酵等工序。具体生产工艺说明如下:

①采用液态菌种,三级扩大培养,底物调质及优势互补的复合脱毒菌种的协调固体发酵方式,有效利用底物中的营养组分,可改善蛋白质量,提高蛋白质含量,有效地分解菜籽饼粕中的抗营养因子。

②设置调制工序,即在菜籽饼粕中添加玉米粉或麦麸,目的是为了增加营养源,为菌种生产提供充足的碳氮源,有利于微生物发酵。

③从菌种库中获得的菌种一般要经过3次活化扩大培养,目的是让菌种从冷冻保藏的状态复苏并增殖到一定细胞数量。要进行这一过程,必须给菌种最佳的生存条件,将所需的营养物放在一起就构成菌种扩大培养基。

④固态发酵车间的环境温度、湿度及料温,均设有自动控制及报警系统,以便为微生物生长繁殖创造最适宜的环境条件。

4.4.2.4　生产过程

1. 原料粉碎

在菜籽饼粕生物脱毒生产中,都需要预先粉碎原材料。因为菜籽饼粕在经过榨油过程中的机械挤压,往往容易形成组织致密的结构,一些营养物质常以颗粒状态贮备于细胞之中,受着植物组织与细胞壁的保护,既不能溶于水,也不易和微生物产生的酶接触。为了使饼粕中的组织破坏,要求淀粉释放,采用机械加工,称之为粉碎。把原料进行粉碎后成为粉末原料,其目的是要增加原料受热面积,有利于淀粉和其他细胞颗粒的吸水膨胀、糊化,提高灭菌效率,缩短热处理时间。原料粉碎的方法采用干式粉碎。如果生产量大,可以采用二级粉碎。采用锤式粉碎机,其刀片为固定式。为了保证一级粉碎后物料的流体性能,一级粉碎机的筛孔直径不宜过大,一般为 6~8 mm;二级粉碎机的筛孔直径一般为 2 mm。粉碎的粒度为 40 目左右。为了防止粉碎时物料泄漏,应加强粉碎机的密封装置和除尘措施。

2. 原料配比混合

为了便于微生物的正常生长,需要在进行脱毒的菜籽饼粕中添加一定量的辅料,这些辅料提供给微生物生长所必需的碳、氮源及微量元素等营养。每 100 kg 原料中,主料与各种辅料的配比为:菜籽饼粕90%,麸皮7%,尿素2%,磷酸二氢钾1%。这些原料按比例称量后,送入混合机内混合,使得各种物料能够均匀分布,一般混合 3~5 min 即可。混合设备分为立式和卧式两种,卧式混合机又分为双轴和单轴,一般采用单轴混合机。

3. 原料灭菌

菜籽饼粕和其他物料由于贮存环境的限制,不可避免地存在各种杂菌,在工业化生产过程中,必须将菜籽饼粕和其他物料中的杂菌消灭,这样才能将培养成熟液接种到菜籽饼粕中,用于脱毒的微生物才能生长。混合后的物料进入消毒灭菌设备,在菜粕生物脱毒过程中,一般采用蒸气直接消毒的方式。蒸气消毒一方面可以杀灭原料中的杂菌,另一方面在对原料进行灭菌的同时,菜籽饼粕中的淀粉质得到糊化,便于物料中的有益微生物迅速生长。直接蒸气灭菌的温度可到 121℃ 以上,灭菌时间为 3~5 min,这样 90% 以上的杂菌被杀灭。消毒的设备有双联式消毒机,高压蒸气消毒机等。

4. 物料冷却

混合物料经过蒸气直接灭菌后,应迅速将其冷却至 40℃ 左右,以便接入菌种,如果不经过冷却,物料的温度在 100℃ 以上,接入菌种后会把有益菌杀死。物料冷却应在很短时间内进行,冷却时间一般控制在 3~5 min,可以采用专用风冷机冷却。

5. 接种

物料冷却后迅速接入成熟的菌液,接种量为物料量的 10%,即每 100 kg 物料接入 10 kg 的菌液,同时加入 60 L 自来水。如果采用井水则需要进行消毒处理。接入菌液和加水后应立即进行混合,使得菌液和物料充分接触。采用专用接种设备。

6. 固体发酵

物料接入菌液后,进入发酵设备进行发酵。脱毒用的菌种需要的生长温度为 28~32℃。在保证发酵条件的情况下,固体发酵的时间为 20~24 h。物料的里外长满白色的菌丝,散发比较浓郁的酒香。这时菜籽饼粕中的有益微生物达到每克 10 亿以上,脱毒率达到 80% 以上。采用的发酵设备有浅盘式、动态搅拌式、塔式发酵设备。

7. 发酵物料的烘干

发酵结束后的菜籽饼粕需要经过烘干后才能成为商品,要求使用的热源介质是洁净的,烘干用的热风温度不超过 80℃,物料的温度低于 50℃,这样发酵后的酶系和菌体细胞始终是活性的。这些活性物质对促进动物对饲料的吸收、促进动物的生长具有重要的作用。使用的烘干设备一般为气流式和振动流化床式。

4.4.2.5 菜籽饼粕固态发酵工艺的影响因素

在固态发酵中,影响发酵工艺的因素主要有物料的营养成分及粒度、物料含水量和 pH、氧气传递、温度、湿度以及发酵时间等。

1. 物料的营养成分及粒度

发酵底物提供微生物所需要的营养,菌体才能大量繁殖,最终获得我们需要的代谢产物。在固态发酵中,除了供给养分的营养料外,还需要选择合适的底物粒度或添加利于通风的物料,增加基质间的空隙,提高微生物生长速度,进而提高微生物发酵速度。

2. 水分

水是发酵的主要媒质,是决定固体发酵成功与否的关键因素之一,不同原料、不同菌种要求的含水量也不同。含水量过高,会导致基质多孔性降低,减少了基质内气体和气体的交换,难以通风、降温,增加了杂菌污染的危险;含水量过低,又会造成基质膨胀程度低,微生物生长受到抑制,结果导致发酵产量降低。

3. 氧气传递

固态发酵的生产菌种大多数是好氧的霉菌,氧气是培养好氧微生物的一个必要条件。由于微生物的生长,可能会在固体基质的表面形成菌膜并使基质结块,从而造成基质内局部区域缺氧而影响生长,为了防止这种情况的发生,通常采用通风、搅拌或翻动来增大氧气的传递。

通气除了为菌体生长代谢提供氧气外,还是保证发酵过程为纯培养的一个重要手段,向发酵室内不断通入无菌空气,外界的杂菌就很难进入发酵室。另外,通气还有助于发酵物的散热降温。

4. 温度

温度是关系到发酵成败的最关键因素之一。在发酵初期,由于微生物生长代谢能力强,温度升高很快,如果不及时散热,就会使温度在短时间内升高,进而影响孢子的发芽和生长,同时,也可以造成大量菌体死亡,最终导致发酵彻底失败。在实际发酵过程中,为了及时散热,可以加大通风和翻搅的次数。湿度也能影响发酵过程,如果空气湿度太小,物料容易因水分蒸发而变干,影响微生物的生长,湿度太大,就会影响到空气中的含氧量,也能影响到发酵菌体的生长。

5. 发酵时间

发酵时间是指发酵从开始到结束的时间,发酵终点的判断对提高产物的生产量有非常重要的意义。在发酵过程中,产物的浓度不是一成不变的,一般情况下,产物高峰生成阶段的时间越长,整个发酵生产率也就越高,但到一定发酵时间后,若继续发酵,产物浓度反而会下降。这是因为时间过长,就会由于环境条件已经不利于菌体的生长,导致菌体自溶,结果使得产量有所下降,同时,发酵时间过长还增加了染菌机会和生产成本,因此需要确定一个合适的发酵时间。

4.4.2.6 菜籽饼粕固态发酵的主要设备

固态发酵工业化生产的常用方法有:发酵池法,大棚发酵法和编织袋法。所需的主要设备包括粉碎设备、混合设备、菌种培养设备、发酵设备、烘干设备和包装设备。

1. 粉碎设备

粉碎的主要目的是使包含在饼粕原料细胞中的淀粉颗粒能从细胞中游离出来,充分吸水膨胀糊化乃至溶解,为淀粉转化成可发酵性糖创造必要的条件。粉碎机按工作部件结构型式可分为锤式粉碎机和锤片式粉碎机。锤式粉碎机的主要优点有结构简单,易于更换筛板和锤片,对原料品种变化的适应性较强,缺点是运转时振动大、噪声高。锤片式粉碎机主要特点是操作简单、粉碎粒度均匀。质量稳定、产量高,可满足不同粒度的需要。

2. 混合设备

混合设备是将原料、各种辅料及菌种进行充分搅拌,使之混合均匀,以便发酵的顺利进行。混合机根据搅拌部件结构可分为螺旋混合机、桨叶式混合机、犁刀式混合机等。螺旋混合机适用于粉体与粉体混合,粉体与液体混合,液体与液体混合。犁刀式混合机能在极短的时间内使物料均匀混合。

3. 菌种培养设备

菌种培养在发酵生产中是一项重要的工作,菌种的好坏决定发酵能否顺利进行,能否使毒素比较完全的分解、转化。菌种快打培养所需设备主要为斜面试管、三角瓶、摇床、种子罐、发酵罐等。菜籽饼粕的扩大培养常用的是机械搅拌发酵设备。该设备由罐体、搅拌器和冷却系统组成。采用搅拌浆分散和打碎起泡,溶氧速率高,混合效果好,自动化程度高。

4. 固态发酵设备

发酵是菜籽饼粕微生物脱毒的关键工艺,固态发酵可在固体发酵箱内进行,也可在发酵池中进行。箱式发酵装置底部是筛片,可通冷风和热风,有利于发酵过程的进行,同时,可通过翻动装置使物料上下翻动,使得物料与空气接触均匀,发酵彻底。发酵池一般为砖混结构,内部抹水泥,外覆塑料薄膜。池子大小根据生产需要决定,物料的进出以手工操作为主,这种方法结构简单、价格低廉、操作方便,在实际生产中应用很广。

5. 烘干设备

烘干设备是将发酵完的物料进行干燥,减少物料的体积和重量,便于产品的储藏、运输。菜籽饼粕微生物脱毒常用的烘干设备油滚筒式烘干机、流化床烘干机、箱式烘干机、气流烘干机等。

4.4.3 发酵菜籽类产品的品质与指标要求

菜粕含有 35%～45% 的粗蛋白质,其氨基酸组成合理,富含胆碱、生物素、烟酸、维生素 B_1、维生素 B_2、钙、磷、硒等微量元素,是一种优质的潜在饲料蛋白源。但由于含有硫苷等毒性物质和多酚、植酸等抗营养因子,影响了其饲料品质并限制了其在畜禽饲料中的添加。我国"十一五"科技支撑计划课题"农副产品饲料转化及高效利用技术"和"十二五"科技支撑计划研究团队项目"新型优质蛋白饲料原料开发利用及产业化应用技术",深入研究了发酵菜粕开发利用技术。和普通菜粕相比,发酵菜粕有以下优点:

①脱毒效果好。菜粕中的硫代及其降解物显著减少。对不同制油工艺菜籽饼粕毒素含量(表 4.20)的研究表明:硫苷含量在菜籽、菜籽仁中较高(7 000 mg/kg);压榨阶段硫苷基本不降解,因此预榨饼中硫苷含量仍较高(8 000 mg/kg 以上);浸出粕中硫苷含量较低,一般在4 000 mg/kg 左右。而 OZT+ITC 虽然变化规律与硫苷相似,但冷榨浸出粕(4 500 mg/kg)含量比热榨浸出粕(3 500 mg/kg)高。而经过发酵脱毒后,部分试验甚至检测不出 OZT(硫脲法),ITC 可达到 700 mg/kg 以下的低水平。

表 4.20　三种不同制油工艺菜籽饼粕毒素含量　　　　　　　　　　　　　　mg/g

样品名称	硫苷 1	OZT1	OZT2	ITC1	ITC3
菜籽	7.463 9±0.06	3.655 2±0.11	3.751 6±0.15	4.281 8	4.105 6±0.12
脱皮菜仁	7.826 6±0.14	3.886 6±0.06	3.913 8±0.08	4.441 98	4.330 3±0.16
菜籽皮	1.786 5±0.03	0.996 5±0.08	0.912 7±0.03	0.916 5	0.855 4±0.06
脱皮冷榨菜饼	8.565 2±0.11	4.221 8±0.15	4.323 2±0.06	4.889 2	4.717 3±0.15
脱皮热榨菜饼	8.310 3±0.06	4.165 1±0.09	4.098 4±0.06	4.682 3	4.658 2±0.13
预榨菜饼	7.116 7±0.29	3.421 6±0.12	3.500 3±0.01	4.139 2	3.976 1±0.11
脱皮冷榨浸菜粕	4.159 1±0.15	2.175 2±0.12	2.077 3±0.12	2.262 6	2.233 1±0.05
脱皮热榨浸菜粕	3.667 6±0.18	1.887 5±0.07	1.798 3±0.09	2.022 5	1.981 4±0.06
预榨浸菜粕	5.854 1±0.04	3.057 4±0.11	2.998 1±0.03	3.188 5	3.138 2±0.09
脱毒菜粕	检测不出				

注:1-硫脲紫外法;2-GB/T 13089—1991;3-GB/T 13087—1991。

潘雷(2009)采取传统高温高压灭菌方法(autoclaver)进行菜籽粕固态发酵认为,研究发现最佳发酵条件下,发酵后菜籽饼粕相比于原料对照组,ITC+OZT 平均脱除率为 88.95%(表 4.21)。

表 4.21　不同灭菌处理工艺条件下菜籽饼粕 ITC 脱毒率结果

项　目	ITC/(mg/g)		
	脱皮冷榨浸出粕	预榨浸出粕	印度菜粕
原始值	1.219 0±0.13(—)	2.471 2±0.05(—)	10.032 5±0.04(—)
105℃,20 min工艺	0.304 7±0.04(74.78%)	0.263 2±0.06(89.35%)	0.664 8±0.04(93.37%)
115℃,20 min工艺	0.210 5±0.02(82.73%)	0.221 6±0.05(91.03%)	0.371 2±0.05(96.30%)
121℃,20 min工艺	0.193 9±0.02(84.09%)	0.155 1±0.03(93.72%)	0.277 0±0.05(97.24%)

菜籽饼粕"生料"发酵工艺技术研究开展了菜籽饼粕生料固态发酵脱毒菌种的筛选。采用微量富集法,以自制粗提硫苷物为唯一碳氮源,从总共 20 种菜籽饼粕和土样中筛选到 7 株菌;以印度菜粕为发酵底物,水料比 1∶1,生料发酵 4 d,筛选得到两株脱毒率较高的菌株 n-8-1 和 m-5-2。n-8-1 的 ITC+OZT 脱除率为 66.57%,绝对脱毒量 4.68 mg/g(与未接种对照组比);m-5-2 的 ITC+OZT 脱除率为 80.88%,绝对脱毒量为 5.68 mg/g(与未接种对照组比)。根据细胞形态和生理生化数据及 16 s rDNA 序列数据进行菌种鉴定,确定 n-8-1 为季也蒙毕赤酵母(Pichia guilliermondii);m-5-2 为白地霉(Geotrichum candidum)。

进行了菜籽饼粕生料固态发酵条件优化及其效果评价。以 n-8-1 和 m-5-2 复合生料发酵脱皮冷榨菜籽粕为原料,采用四因素四水平正交实验,摸索出了 n-8-1 和 m-5-2 复合生料发酵的最佳脱毒条件:水料比为 3∶2(含水量 60%),接种量 10%,接种比 1∶1,发酵时间 5 d。各因素主次关系为水料比>发酵时间(d)>接种量(%)>接种比,最佳发酵条件下,发酵后菜籽饼粕相比于原料对照组,ITC+OZT 脱除率为 88.95%,粗蛋白质含量增加 13.39%,蛋白消化率增加 14.72%。

胡永娜(2012)应用农业部允许使用微生物菌种,采取生料低温发酵试验发现,通过发酵,硫苷、OZT、单宁、植酸降解率分别为 93.44%、99.99%、34.86%和 18.15%(干基)。菜粕中抗营养因子植酸、多酚等均会影响饲料的消化吸收,通过发酵植酸等的含量可以得到一定程度的降低。Vig 等(2001)采用少孢根霉(Rhizopus oligosporus)和曲霉(Aspergillus sp)在固态发酵条件下(水料比为 3∶1,25℃、有氧条件、10 d),对菜粕进行发酵,硫苷降解率达 43.1%、植酸降解率达 42.4%。黄凤洪(2011)等采用多菌种混合发酵 72 h,菜粕中异硫氰酸酯和噁唑烷硫酮降解率分别达 71.16%和 80.25%。

②大分子蛋白质被水解为小肽或氨基酸,消化吸收率明显提高。潘雷研究发现发酵后菜粕中粗蛋白质含量增加 13.39%,蛋白消化率增加 14.72%。蒋金津对三种不同制油工艺的菜籽粕及其发酵产品从蛋白质分子质量分布的角度进行讨论,发酵处理对样品粗蛋白质含量提高最大,达 14.31%~15.01%,菜籽粕经发酵处理后氨基酸总量提高达 7.55%~12.88%。发酵菜粕和普通菜粕在肉仔鸡消化道内水解释放小分子肽的比例有显著差异。胡永娜(2011)开发的生料发酵菜粕的蛋白质提高了 5.37%。

③风味得到改善。微生物利用自身代谢作用,产生了醇、酸等物质,原有的挥发性腈类物质的含量明显减少(钮琰星等,2011)。

④适口性得到改善。发酵降解了易产生苦味的硫苷、芥子碱等物质,同时能去除单宁等适口性差的物质,大大改善了菜粕的口感,有利于提高动物的采食量。

⑤富含各种有益微生物菌群和各种促生长因子,能提高动物抗应激能力和抗病能力。

游金明(2008)等用 5%、10% 和 15% 的固态发酵菜粕替代豆粕日粮。结果表明,日粮中用 15% 以内的固态发酵菜粕替代豆粕对肉鸡的肝脏和甲状腺指数没有显著影响。固态发酵菜粕可替代肉鸡日粮中的部分豆粕,但替代比例以不超过 10% 为宜。

胡永娜(2012)以普通菜粕、发酵菜粕、豆粕为蛋白原料,饲喂 AA 肉鸡,发现发酵菜粕组血清中的生化指标显著优于菜粕组和豆粕组,并且发酵菜粕组肠道隐窝深度与菜粕组也有显著性差异。

综上所述,通过发酵可以去除菜粕中的抗营养因子,提高菜粕的营养价值,改善其利用率,并且发酵后的有益微生物及活性物质可以提高动物的免疫力。

4.4.4　发酵菜籽类产品在动物中的应用效果

菜籽饼粕经微生物固体发酵后,营养价值大大改善,在饲料中可部分替代鱼粉或豆粕,提高经济效益。

4.4.4.1　发酵菜籽粕在猪上的应用

吴明文等(2010)添加发酵菜籽粕的饲料与全部添加普通豆粕的饲料相比能提高仔猪日增重,降低料重比,降低仔猪腹泻发生率;平均日增重增加,差异显著($P < 0.05$),料重比降低,差异显著($P < 0.05$)。试验表明,饲料中添加发酵菜籽粕能代替豆粕。

季天荣等(2008)将 90 头体重相近的 28 日龄断奶仔猪分为 2 组(分别添加发酵豆粕和发酵菜籽粕),试验分两个阶段,发酵菜籽粕组在两个阶段分别以 50% 和 100% 的比例替代发酵豆粕。试验结果表明,第 I 阶段断奶仔猪日增重有提高趋势,饲料增重比和腹泻率有降低趋势,但差异不显著($P > 0.05$);第 II 阶段断奶仔猪日增重、日采食量和饲料增重比分别提高了 4.05%、3.14% 和 0.54%,但差异均不显著($P > 0.05$)。由此可见,发酵菜籽粕可以部分或完全取代发酵豆粕用于断奶仔猪饲粮中。

高冬余(2010)选用 3 头体重为 (55.0 ± 1.5) kg 的健康去势公猪(杜×长×大)进行消化试验,各试验期内分别饲喂以不同加工工艺菜籽粕,即以普通菜籽粕、干发酵菜籽粕、湿发酵菜籽粕为唯一蛋白质来源的半纯合日粮,结果表明,干发酵菜籽粕和湿发酵菜籽粕粗蛋白质的表观消化率、真消化率均显著高于普通菜籽粕($P < 0.01$),而干发酵菜籽粕和湿发酵菜籽粕之间各测定指标差异均不显著($P > 0.05$),同时干发酵菜籽粕和湿发酵菜籽粕日粮干物质表观消化率显著高于普通菜籽粕日粮($P < 0.01$)。发酵菜籽粕较普通菜籽粕能显著提高其在肥育猪上的粗蛋白质、干物质消化利用率,营养价值显著提高。

张延海等(1997)利用酵母菌和白地霉对菜籽饼进行微生物发酵脱毒试验,并在鸡、猪饲料喂养中进行应用和推广。结果表明,用发酵脱毒菜籽饼替代部分豆粕和玉米,对产蛋鸡和猪都无不良影响,而因饲料价格的降低,使经济效益有所提高,增幅为 10.4%～27.4%。

4.4.4.2　发酵菜籽粕在鸡上的应用

靳玉芬(2007)将 70% 棉仁饼和 30% 菜籽饼混合发酵后制成饼粕发酵蛋白,完全取代蛋鸡饲料配方中的豆饼或鱼粉进行蛋鸡饲喂试验。结果表明:在基础日粮中添加饼粕发酵蛋白分别替代豆饼和鱼粉后,平均产蛋率试验组比对照组分别降低了 2.22％和 2.21％,平均蛋重分别增加了 2.31 g 和 2.03 g,投入产出比较对照组分别提高了 3.6％和 1.68％。

周中华(1995)用发酵菜籽粕和豆粕对石岐杂肉鸡进行饲养和屠宰试验。结果表明:菜籽粕组与豆粕组相比除 0~35 日龄石岐杂肉鸡增重显著低外($P < 0.01$),35～70 日龄,70～84 日龄增重及各阶段料重比差异均不显著,84 日龄屠宰性状两组间差异亦不显著,54 日龄组织解剖试验两组甲状腺、甲状旁腺及其他内脏器官没发生任何病变。因此,发酵菜籽粕蛋白安全性好,营养价值较高,除前期用量稍少外,中、后期完全可以代替豆粕配制日粮,从而降低成本,提高经济效益,是一种值得推广的蛋白饲料。

4.4.4.3　发酵菜籽粕在鸭上的应用

李吕木等(2010)选用1 280 只 15 日龄健康樱桃谷肉鸭,以固态发酵菜粕按不同比例等氮替代其日粮中的豆粕,采用单因素 4 水平 4 设计,试验组一、试验组二、试验组三的发酵菜籽粕替代豆粕比例分别为 1/3、2/3 和 3/3,对照组为未替代豆粕组,试验期为 30 d,分为两个阶段,每阶段 15 d,分别饲喂不同日粮,第一和第二阶段对照组日粮的豆粕比例分别为 10.5％和 5.5％。结果表明,发酵菜籽粕完全替代豆粕,能够显著提高鸭肉的粗蛋白质含量($P < 0.01$)和肌苷酸含量($P < 0.05$),同时鸭肉中游离氨基酸的含量和氨基酸总量也明显提高。

许甲平等(2010)在樱桃谷肉鸭发酵菜粕替代豆粕的试验中,前期日增重、日采食量和饲料转化率均差异不显著($P > 0.05$),后期(30 ～ 45 日龄)日采食量与对照组相比显著增加($P < 0.05$);各试验组的空肠段 pH 值和肝脏指数与对照组相比差异不显著($P > 0.05$)。结果提示,固态发酵菜籽粕可以等营养完全替代日粮中的豆粕。

4.4.5　发酵菜籽产品的发展前景与存在问题

利用微生物发酵菜籽产品,能有效地降解菜籽饼粕中有毒有害物质含量,改善蛋白质品质,但是经过微生物发酵后纤维素和植酸等物质的降解情况还仍需进一步研究,菜籽粕品质的控制指标有待于进一步地完善,同时还需要进一步地引入新的分子生物学变化情况;未进行硫苷降解机理的研究。

4.5　菜籽饼粕中内源毒素检测及脱毒技术研究进展

4.5.1　菜籽饼粕中内源毒素及抗营养因子检测技术

4.5.1.1　硫苷的测定

国内外研究者根据不同的原理建立了多种硫苷含量的测定方法。不同的条件下,降解产物不同,测定降解产物可以间接推算出硫苷的含量;也可以直接测定。根据研究目的的不同,可以分为两类方法,一类是测定硫苷的总量,主要与氯化钯法;另一类是测定硫苷的分量,该法可以测定完整硫苷的组成和含量。

1. 氯化钯法

氯化钯法是一种重要的测定硫苷总量的方法,硫苷在酸性条件下与氯化钯生成有色硫苷钯络合物,根据络合物颜色的深浅进行定量分析。该方法是一种简便快速的方法,但生成的硫苷钯络合物易沉淀,不利于定量的比色测定,是一种半定量的分析方法。

2. 气相色谱法

气相色谱法是一种测定硫苷分量的方法。该方法所依据的原理为:硫苷通常以盐类形式存在于油菜籽中,很难汽化,不能用气相色谱进行分析,加入甲硅烷基试剂和硫酸脂酶,使之成为脱硫硫苷,能在一定温度下汽化,供气相分离和定量分析。后来,Heaney 和 Fenwick(1980)考虑到吲哚硫苷易分解的特点,引入了程序升温的概念,经进一步修改后,于 1985 年被欧洲谷物委员会暂定为官方测定硫苷的方法。该方法程序繁琐,操作复杂,现已被高效液相色谱法(HPLC)所取代。

3. 液相色谱法

液相色谱法是目前应用与硫苷分量测定最常用的方法。HPLC 法测定油菜籽中硫苷的总量和分量,是当今油菜分析研究的又一重大进展,HPLC 能够解决硫苷(特别是吲哚类硫苷)受热而分解的问题,准确测定硫苷总量和分量,是目前较为理想的方法。国际上把 HPLC 方法作为测定硫苷及其分量的标准方法。各国根据不同国情略有改动,中国油料作物研究所根据 ISO 的标准方法,制订了适合中国国情的 HPLC 方法。

4. 速测技术

(1)基于紫外原理的速测技术

该技术的原理在于利用酶的专一性,使菜籽中硫苷与内源酶和特异性外源酶产生反应,反应后生成产物再与显色剂反应形成有特征吸收峰的有色产物,由于溶液颜色深浅与样品中硫苷含量有关,采用分光光度法用一定波长单色光根据标准曲线用测量仪即可测定硫苷的含量。该技术的优点在于:测试方法简便,测试速度快;测试费用低,速测仪的价格低,体积小。

(2)基于近红外原理的速测技术

近红外(near infrared,NIR)光是介于可见光和中红外光之间的电磁波,光谱波长区域为 $780\sim2\,526$ nm,波数为 $12\,820\sim3\,959$ cm^{-1}。近红外光谱主要是有机分子的倍频与合频吸收光谱。NIR 光谱不仅能够反映绝大多数有机化合物的组成和结构性能信息,而且对某些无机离子化合物,也能够通过它对共存的本体物质影响引起的光谱变化,间接地反映其存在的信息,而且从近红外反射光谱还能得到样品的密度、粒度、高分子物的聚合度及纤维直径等物理状态信息。近红外无损检测被应用于在线质量控制、农副产品的质量评价等。菜籽的多参数无损检测技术即是基于近红外原理建立的,除可分析硫苷外,还可分析芥酸等指标。

4.5.1.2　硫苷降解产物的测定

1. 异硫氰酸酯(ITC)测定方法

在中性 pH 条件下,硫苷酶将硫苷转化为 1 个葡萄糖和 1 个不稳定的糖苷配基。该糖苷配基经 Lossen 反应生成 ITC,生成的 ITC 在酸性条件下比在中性和碱性条件下稳定。最初发展起来的测定方法都是用于测定黑芥子中的烯丙基硫苷(sinigrin)的酶解产物烯丙基异硫氰酸酯(AITC)。将酶解产生的 ITC 与氨反应生成硫脲,再将硫脲转化为其他物质定量,由此建立了容量法、重量法、碘量法。

重量法最早是由 Fluckiger(1871)和 Hage(1883)设计,他们利用水蒸气将硫苷酶解的 ITC 蒸馏出来并与氨反应生成硫脲,再将硫脲中的硫转化为硫酸钡而定量,用该法可测定极为微量的 ITC。这种方法在 1882 年、1890 年被德国药典第 2 版、第 3 版采用,但由于碳酸盐或蛋白质类物质的沉淀干扰,可能导致 ITC 的测定结果偏高,到 1900 年的第 4 版中就被银量法代替。

银量法是由 Dietrich(1886)提出,将酶水解硫苷产生的异硫氰酸盐用水蒸气蒸馏出来并与氨反应产生硫脲,硫脲与银离子反应生成不溶性的硫化银,称重即可定量。但由于硫化银易黏附于反应器皿,造成损失,不能定量收集,使测定结果偏低。后来 Gradamer(1899)将银量法改进成容量法,即加过量银离子,硫化银被过滤掉,没有反应的银离子以硫酸铁铵作指示剂,用硫氰酸盐反滴定。容量法可检测微量 ITC,最小检出限为 50 mg/kg 以内,具有很好的重复性和准确性。因此,美国官方分析化学师协会(AOAC)将容量法定为测定 ITC 的标准方法,我国也将其列为测定 ITC 的国家标准之一。但容量法测定步骤比较繁琐,所测批样数量小,不适合大批量的检测,且硝酸银会与硫苷酶解产生的少量氰化物、硫氰化物、硫化物、多硫化物发生反应,使得测定结果会比实际量略高。

碘量法由 Morvillez 和 Messemacker 提出,将硫苷水解产生的异硫氰酸盐用水蒸气蒸馏出来并与氨反应产生硫脲,反应混合物酸化,加入碘,反应结束后比色。后来此方法被改进,不用水蒸气蒸馏而是在水解后加入醋酸铅使之澄清。关于芥末油中 ITC(主要为 AITC)的测定,国内一直采用容量法,但由于芥末油中 98% 以上的成分是植物油,使得 ITC 不能与氨彻底反应生成单取代的硫脲(即使放置 24 h 以上),进而使得硝酸银氧化硫脲成脲的反应也不彻底,最终导致结果重现性和准确性极差。为解决这一问题,姜子涛等根据氧化还原原理,不经脱油处理,直接采用非水滴定在油相中进行测定,提出哌啶滴定法、氯胺-T 间接氧化法、吗啉滴定法、哌嗪非水滴定法、二乙胺滴定法和二硫代碳氨酸形成法等测定方法。这些方法属常量分析,不适用于菜籽饼粕中 ITC 的微量分析。

比色法是利用 AITC 与磺胺反应生成硫脲,然后与 2,3-二氯-1,4-萘醌在氨存在条件下进行反应,根据反应物在 540 nm 处的吸收值测得 ITC 的量。另据有报道,AITC 与 N,N-二甲基对苯二胺反应后生成红蓝色的复合物,这种复合物在 500 nm、670 nm 处有最大吸收峰,可以采用比色法进行测定。

紫外分光光度法是根据硫脲具有强烈的紫外吸收的特点建立的方法,在磨碎的样品中加入热的石油醚和乙醇混合物,回流钝化其中的酶同时萃取其中的油,得到的脱脂粕加入芥子酶和缓冲溶液进行水解,将释放出的 ITC 用水蒸气蒸馏到氨溶液中形成硫脲,浓缩一定体积后用乙醇稀释至一定体积,在 220、240、260 nm 处测其吸光度。对该方法进行改进,采用高温水浴灭活菜籽粕中内源硫苷酶,沸水提取硫苷,加入用白芥子制备的精芥子酶,酶解产物用二氯甲烷萃取,然后取定量萃取液加入 20% 氨水-乙醇溶液中反应生成硫脲,比色测定其吸收值,并用标样 3-丁烯基异硫氰酸酯作标准曲线,由标准曲线得到 ITC 的量,并推导出计算 ITC 的换算因子和计算公式,可免去制备标准曲线。饲料工业上所说 ITC 的量不包括 β-OH ITC(银量法测定),β-OH ITC 是噁唑烷硫酮(OZT)的前体物质,极性条件下转化成 OZT,OZT 分子中具有一定的共轭体系,ITC 与氨作用生成硫脲后,分子中也具有一定的共轭体系,物质结构中处于共轭的不饱和碳氢化合物和具有孤对电子的化合物在紫外区 245 nm 都有特征吸收峰。故硫脲紫外法测定的 ITC 量包含有能转化成 OZT 的 β-OH ITC。

气（液）相色谱法因其灵敏度较高，操作简单，测定快速，可定量到所有的单体 ITC 而广受推崇。气相色谱法也是目前我国测定菜籽粕中 ITC 的国标之一，将硫苷酶解释放出的 ITC 萃取到二氯甲烷中，萃取液中加入丁基异硫氰酸盐作内标，通过铺有少量无水硫酸钠层和脱脂棉的漏斗过滤，得澄清滤液，用微量注射器吸取 1～2 μL 澄清滤液注入色谱仪，测量各单体 ITC 峰面积，与内标对比可推算出各单体 ITC 量。这种方法适用于挥发性的 ITC，但对于一些难挥发的 ITC 就需要用液相色谱法来分析，如 ω-甲基亚硫酰烃基异硫氰酸酯和 ω-甲硫酰烃基异硫氰酸酯。ITC 及二硫代氨基甲酸盐（DTC）能够与 1,2-苯二硫酚（1,2-BDT）发生环缩合反应生成 1,3-苯并二硫酚-2-硫酮（1,3-BDTT）。1,3-BDTT 性质稳定且在紫外光区 365 nm 处有强吸收的特性。高压液相色谱能用于快速定量微量的烯丙基异硫氰酸酯，检出限达 0.2 μg/mL。

2. 噁唑烷硫酮（OZT）测定方法

侧链上带有 β-羟基的硫苷经酶解产生的异硫氰酸盐在极性溶液中环化生成 OZT。1949 年 Ast-wood 报道了 OZT 在紫外区有最大吸收，由此建立了 OZT 的测定方法。目前测定 OZT 的国标方法是将硫苷酶解产物过滤得滤液，用乙醚提取滤液，在 200～280 nm 测定吸光度，用最大吸光度减去 280 nm 吸光度得到样品吸光度，同样得到酶源空白，代入公式即可定量。

采用色谱-紫外联用可同时测定 ITC 和 OZT 的含量。先用石油醚萃取硫苷酶解释放的 ITC，棕榈酸甲酯作内标，气相色谱测定 ITC 的含量。将上述萃取后的水溶液加热煮沸，冷却后用乙醚萃取其中的 OZT，在 230、248、266 nm 处测其吸收值。或者可在水解后用正辛烷选择性地萃取 ITC，然后用乙醚萃取 OZT，也可同时测量硫脲和 OZT。因 OZT 难挥发，用气相色谱无法对其定量，如果有 OZT 标准化合物作参比，利用 HPLC 可以同时分离和定量菜籽饼粕中 OZT 的含量。HPLC 常用于监测牛奶中的 OZT 含量。

3. 硫氰酸酯（TC）测定方法

吲哚基硫苷、3-吲哚甲基硫苷、1-甲氧基-3-吲哚甲基硫苷和 4-羟基苄基硫苷，它们酶解产生的 ITC 是不稳定的，在中性或碱性条件下可转化成无机的 SCN^-。SCN^- 和氯化铁或硝酸铁反应生成一种深红色的复合物，可比色测定。但会有些杂质和铁离子反应生成干扰物质使结果偏高，而有些 SCN^- 和铁离子反应生成沉淀会使结果偏低。可在酶解之前用活性炭处理减少背景吸收，或在反应时加入少量的氯化汞破坏沉淀并从测定值中扣除背景吸收。

我国卫生行业标准利用吡啶-巴比妥酸分光光度法测定尿中硫氰酸盐。其原理是在微酸性条件下，尿中硫氰酸盐和氯胺 T 反应生成氯化氰。它使吡啶环裂开，产生戊烯二醛与巴比妥酸作用，生成紫红色染料，其色度与硫氰酸盐含量成正比，可在波长 580 nm 处比色测定。检出限为 1 mg/L，测定范围 0.1～2.0 μg，精密度 3.25%～6.73%，回收率 97.1%～99.8%。

工业废水中的硫氰酸盐常用异烟酸-吡唑啉酮分光光度法测定。其原理是在中性介质中，50℃条件下，样品中硫氰酸根与氯胺 T 反应生成氯化氰，再与异烟酸作用，经水解后生成戊烯二醛，最后与吡唑啉酮缩合生成蓝色染料，在 638 nm 处进行分光光度法测定。硫氰酸根的最低检出限为 0.04 mg/L，测定范围为 0.15～1.5 mg/L，回收率 91%～107%，汞氰络合物的含量超过 1 mg/L 时，对测定有一定干扰。

4. 腈类测定方法

硫苷在酸性（pH<5）或 Fe^{2+} 下水解或非酶降解都会产生腈。目前国内外关于痕量腈的测定常采用气相色谱法，灵敏度较好，检出限为 1～5 mg/kg，相关系数 r 在 0.998 8～0.999 8

范围内,可分离后定量每一种腈。

利用化学定氮法也可以测定腈的含量,化学定量腈是基于腈分子中有 1 个腈基(CN),将腈基转化成酰基、羧基、铵离子或气体氨,由此建立了双氧水酰化法、气氨吸收滴定法、气氨吸收比色法、铵离子滴定法和氨气敏电极法。其中以比色法和滴定法最为适用,方法简易、直观而且准确度高。

不管气相色谱分析还是化学定氮分析,关键的一步就是腈的纯化,因为菜籽粕中微量的腈被大量蛋白质、脂肪、糖类、磷脂、单宁等主体成分所固束,或受其强力干扰而难以分析得到准确的腈含量。未经分离纯化的样品色谱分析时,色谱峰显示有包络成分,明显失真,误差很大。采用分子闪蒸仪,利用水为萃取剂,对含腈物料进行萃取,萃取液逐滴进入 160~220℃ 的蒸发室内进行闪急式蒸发,并迅速将腈-水共沸蒸气移出骤冷下来,收集冷凝液,得到纯化过的腈水溶液,再经色谱或化学定量分析,可准确检测出极微量腈的含量。

国内外还有报道红外光谱定量法测定腈的含量,以全氯乙烯作溶剂,用液槽厚度(D)为 1 mm 的比色池,2 260 cm^{-1} 附近的腈特征吸收峰(尖锐峰、中等强度)位置,测定不同腈含量标样的吸光度 A;或对该特征峰面积进行积分求得 $\Delta\varepsilon$,以吸光度 A 或峰面积 $\Delta\varepsilon$ 为横坐标,腈含量为纵坐标,作标准曲线来定量样品中的腈含量。这种定量方法受其他杂质成分的干扰小,但检出限为 1 000 mg/kg,仅适用于常量分析,在微量分析场合受到一定的局限,故不常用。

4.5.1.3　植酸的测定

1. 沉淀法

沉淀法的原理是植酸在弱酸性条件下与铁离子生成稳定的不溶物质,植酸可能是唯一具有该特性的磷酸盐。经过消化或水解后,测定沉淀物中磷的含量,可得到 IP_6 的含量。IP_6 与铁离子的比值为 3∶1 时即可形成沉淀,高于此比例时更是如此,IP_6 与未沉淀的铁离子之间有一定的化学计量关系。其他不同的方法同样都是以分析 Fe-IP_6 中的磷和铁为基本原理的。沉淀法的缺点是对 IP_6 及其部分脱磷酸类似物的鉴别缺乏特异性。Sandberg 等发现 IP_3~IP_6 都可与铁形成不溶化合物。然而 IP_3、IP_4 微溶,并不完全沉淀。这就意味着铁沉淀法测得的值将 IP_5、IP_4、IP_3 计入 IP_6,从而使结果偏高。另外这种方法灵敏度偏低,因此不能检测低浓度的 IP_6。

2. 离子交换法

自从 Harland 和 Obedeas 在 1977 年介绍了一种阴离子交换色谱法梯度洗脱并定量分析以后,许多学者又提出多种该方法的改良方法。其原理都是洗脱液消化后,测定无机磷,计算相应的 IP_6 的含量。Harland 和 Oberleas 的改良方法随后被定为美国公职分析化学家协会(AOAC)法。离子交换法简便易行,而且成本较低,因而常用来处理大量样品,虽然时间较长,但仍不失为一种好选择。植酸可以通过柱后反应形成可被紫外光(UV)、可见光或荧光监测仪检测的复合物。如磷酸根可以与 Fe^{3+} 形成复合物而由 UV 法进行检测,这个原理可用来检测 IP_6 及其他肌醇磷酸酯。根据磷酸根离子和 Fe^{3+}-甲基钙黄绿素蓝(MCB)之间的配位体交换,用柱后反应检测系统可以对 IP_3 进行荧光检测。间接光度色谱法(IPC)克服了 UV 透光度的问题,其原理是用含有可吸光(通常是 UV)离子的过洗液,取代了柱中样品的离子,从而在吸收基线上出现一个反向的波峰。但这种技术的灵敏度非常低。比色法测定的原理是基于有色金属复合物遇到强螯合剂时其颜色的变化(变浅)。基于这个原理,氯化铁与磺基水杨酸反应生成一种粉红色的物质,在波长 500 nm 处吸光度最强,当 IP_6 存在时,铁与磷酸酯结合,故而不能与磺基水杨酸反应,结果导致粉红色消退,吸光度的下降与浓度成反比。我国的国家标准(GB/T 17406—1998)测定方法就是根据这个原理而制定的。但这种方法中的铁同样可与低级肌醇磷酸酯发生反应。

用离子交换法测得的 IP_6 值低于铁沉淀法的结果。Ellis 和 Morris 认为,是酸性提取物中的金属离子或蛋白质与植酸结合在一起,干扰了 IP_6,使结果偏低,如果向样品中加入乙二胺四乙酸(EDTA),将 pH 值调整至 6,则两种方法的检测结果一致。此外,根据他们对使用的离子交换树脂颗粒大小及交叉联结对复性的影响的研究,AG1-X4 树脂(100～200 目)为最合适的分离用树脂。但是低级肌醇磷酸酯及核苷对 IP_6 的干扰在该方法中不可避免,资料显示用 AOAC 法测定 IP_6,其结果与用 HPLC 离子对色谱法测出的 IP_3、IP_4、IP_5、IP_6 的总和相关。此外,没食子酸、绿原酸对植酸的测定也有一定影响。这种方法的另一个不足之处是,也不能检测低浓度的 IP_6。

3. 高效液相色谱法

高效液相色谱(HPLC)法是以反相 C-18 为固相,磷酸二氢钾或乙酸钠为液态流动相,使 IP_6 从多种醇中分离出来并进行定量。

通常情况下,将样品中的植酸以 HCl 提取之后,用阴离子交换树脂进行纯化,然后进行 HPLC 分析。这种方法的优点是有效地浓缩了肌醇磷酸酯、去除了无机磷及大部分杂质,但同时也需通过蒸发去除提取液和洗脱液中的 HCl,否则,虽然 SAX 柱在酸性条件下很稳定,但是大量氢离子和氯离子的存在仍会干扰定量检测结果。

有学者提出使用 EDTA 处理样品,使金属离子与 EDTA 紧密结合,消除了金属离子对植酸测定结果的干扰;该方法中,水杨酸、没食子酸、绿原酸、阿魏酸、枸橼酸、草酸对植酸的测定没有影响。该方法的不足之处在于 IP_6 洗脱与溶剂峰的重叠,极少在柱中滞留。而且其他含磷化合物也会被同时洗脱,导致结果偏高。另外,其他实验条件如 pH 值、离子强度、柱温及柱容积等也会对实验结果有一定影响。

另外一种改良的 HPLC 法采用四丁基羟铵(TBA-OH)作离子对,因为它既是疏水的又是离子化的。从而能够将 C-18 传递给 IP_6,这种方法消除了由于溶剂同时洗脱而导致的缺陷。

4. 高效离子色谱法

高效离子色谱法(HPIC)利用了电性相反的颗粒相互吸引的原理。其原理是分离时采用低容量、低亲和力的离子交换柱,与检测仪连接,洗脱液注入柱中,与柱中离子进行交换并在检测仪上形成一个持续的信号,当样品离子注入后,被树脂吸附并交换出等量的被洗脱的离子,样品中的离子因与树脂的亲和力不同而得到分离。该方法灵敏有效,能够同时测定多种离子。用离子色谱法同时结合梯度洗脱可以分离肌醇磷酸酯及其不同的异构体。这种方法可用来检测食物、肠内容物及酶的水解产物中的 $IP\sim IP_6$,灵敏度较强,并可在相当程度上区分异构体。

5. 毛细管电泳法

很早就有人采用毛细带电泳法(CZE)、毛细管等速电泳法(CITP)与传导性相结合的方法或间接 UV 吸光检测法检测植酸。等速电泳(ITP)通过在毛细管内将不同离子依其运动性不同的顺序,聚集成离散化的条带而达到分离离子成分的目的,是一种高效的分离离子成分的方法。在具有高运动活性的首离子和低运动活性的尾离子之间注入样品。当毛细管置于电场中时,离子运动的速度取决于它们的运动活性。Blatny 等运用 CITP 及传导性检测的方法观察植酸水解产物与时间的关系,发现采用两种不同的缓冲系时,ITP 是一种快速、简便的定量检测 IP-IP$_6$ 及正磷酸盐的方法。然而,毛细管电泳法的缺点是灵敏度相对较低,尚需改进浓缩技术及更灵敏的检测技术以使其成为更实用的检测植酸的方法。

6. 核磁共振法

P-核磁共振(NMR)法可用来检测及其降解产物,并可同时确定磷酸根的位置。因为 IP$_6$ 分子对称的 C-2 和 C-5 之间有一个平面。C-1 和 C-3 位置上的 P 的信号可分辨,C-4 和 C-6 也一样。因此,IP$_6$ 以 1∶2∶2∶1 的比例产生 4 个共振峰。P-NMR 法在检测植物组织中的 IP$_6$ 及其立体形状与其他成分如 Cu^{2+}、Zn^{2+} 等离子的连接状态时非常适用。pH 值在 2～7 时植酸与金属离子形成立体的八面体,在 pH 值大于 9 时,植酸与金属离子形成四面体结构。由于 IP$_6$ 水解产物的存在,随着进一步降解,出现更多的异构体,而出现更多的信号。这种方法有一定的准确性及特异性,但设备昂贵,而且灵敏度较低,因此不能用来检测低浓度的肌醇磷酸酯。此外,组织中其他含磷化合物可能会干扰信号处理。

7. 其他

近年来,又有学者提出用高效薄层色谱法(HPTLC)检测植酸,在纤维素薄层板上 1-丙醇、25%氨水、水以 5∶4∶1 展开,从而达到分离各级肌醇磷酸酯(IP-IP$_6$)的目的。薄层色谱法简便灵敏,且成本较低,但分离能力较差,尚需排除其他核苷的干扰。

用气相色谱-质谱分析法(GC-MS)检测生物样品中的植酸。其原理是在六甲基二硅氮烷作为催化剂的条件下,肌醇与氯三甲基硅烷发生硅烷化反应,生成六甲基硅烷化肌醇。

4.5.1.4　菜籽饼粕中芥子碱测定方法

1. 高效液相色谱(HPLC)法

目前,芥子碱的测定多采用高效液相色谱法。其中,刘丽芳等针对国内外有些方法存在柱效要求高,流动相中需含缓冲盐类,与相邻杂质峰的分离度不够理想,所需分析时间较长等缺点,对该方法进行改进,采用反相高效液相色谱法测定了白芥子中芥子碱的量。实验表明,该法快速、简便、分离效率高,具有很好的重视性和稳定性,为控制药材质量提供新的依据,但仪器价格昂贵,不适用于基层实验室的广泛应用。

2. 电化学(electrochemistry,EC)法

Zhou 等采用循环伏安(cyclic voltammetry,CV)法研究芥子碱的电化学特性,并结合高效液相色谱校准其检测的准确性。结果发现芥子碱在一定浓度范围内($1.9×10^{-6}～2.5×10^{-4}$ mol/L),在循环伏安图上的吸收峰与其浓度呈线性关系,且最小检测量可达到 $9.9×10^{-7}$ mol/L;HSO$^-$、SCN$^-$ 等阴离子对芥子碱的电化学特性不产生影响;与 HPLC 相比,电化学法检出限更低,具有高度选择性,灵敏度和精密度不相上下,且克服了其他大部分测定方法需要芥子碱分离成芥子酸和胆碱的缺点,极大地保持了芥子碱的生物活性。但电化学法与高效液相色谱法一样,一般多与其他方法联用,如 EC-ESR、HPLC-ECD 等。随着光电检测技术的蓬勃发展,电化学与其他方法联用,如与 ESR、高效液相色谱联用,可能成为未来检测芥子碱的一种可靠、准确的现代测试技术。

3. 光谱法

(1)可见分光光度法

根据芥子碱可与四氯化钛(TiCl$_4$)形成有色复合物的原理,可采用比色法(可见光区域)测定油菜籽中的芥子碱,结果表明比雷氏盐沉淀法更可靠,但该法因反应液的吸光度容易受光和热的影响,一定程度上限制了其准确度和精密度,且结果重复性差,回收率较低。根据芥子碱在 pH>10 时转变为黄色,最大吸收波长为 388 nm 的特征,用分光光度计测定芥子碱在碱性条件下的吸光度,该法可消除双相滴定法因终点观察困难所带来的误差。

(2)紫外分光光度法(UV)

鉴于芥子碱结构中较长的共轭体系,在紫外区(326 nm)有一吸收峰,可用 UV 直接测定。UV 快速、精确,无需贵重仪器,与分光光度法相比,其稳定性和重复性较好,且与离子交换相结合,已证明是一种较理想的质量分析方法。因此,UV 是一般实验室测定芥子碱的较佳选择。

4. 荧光扫描法

芥子碱在紫外光激发下可产生较强的荧光,其强度在一定范围内与量呈线性关系。该方法简便、专属性强、重现性好、回收率高,然而设备和试剂要求较高。

5. 双相滴定法

利用酸性染料溴麝香酚蓝测定 pH 6.8 缓冲液中的芥子碱,滴定过程中芥子碱与酸性染料结合并被提取到氯仿层中,再滴入的染料立即使水相呈色而指示终点,从而测得芥子酸的量。该法快速简便,无须特殊仪器设备,耗样及试剂较少,便于基层检验药品质量,但操作复杂,且受水相 pH 值的影响较大,滴定终点较难掌握。

4.5.2 菜籽饼粕中内源毒素脱除方法

解决菜籽饼中的毒性问题,根本途径还需从普及应用无毒或低毒品种着手。其次就是采用物理和化学方法进行脱毒。菜籽饼粕的脱毒方法大致可分为物理脱毒法、化学脱毒法和生物脱毒法及遗传育种脱毒法(表 4.22 和图 4.20)。各种脱毒方法效果变化大,可部分或全部脱除硫苷及其降解产物毒素,近年通过制油工艺进行菜籽饼粕脱毒也已取得了进展。具体有以下几种脱毒方法。

表 4.22　菜籽饼粕脱毒处理方法及对动物机体试验表

脱毒方式	处理条件	样品类型	硫苷或 ITC、OZT	残余含量 /(umol/g 或 mg/g)	脱毒率/%	动物机体试验	参考文献
铜	CuSO₄ 溶液浸泡,60℃烘干	*Brassica napus*, HG	ITC-1.1 OZT-7.8	0 0	100 100	采食量和生长性能改善,甲状腺重正常,甲状腺素分泌量增加	Ludke and Schone (1988)
		Brassica napus, HG	ITC-3.8 OZT-11.9	0 0	100 100		
	1 kg RSM, 6.25 g CuSO₄·5H₂O, 0.5 L 热水	RSM, HG	Gls-135.8	17.6	87.0	猪生长率和甲状腺素分泌改善	Schone et al. (1997)
		RSM, LG	Gls-48.0	4.5	90.6		

续表 4.22

脱毒方式	处理条件	样品类型	硫苷或 ITC、OZT	残余含量 /(umol/g 或 mg/g)	脱毒率/%	动物机体试验	参考文献
水浸泡	料水比 1∶10，6 h,60℃烘干	RSM，HG	Gls-144.0	92.2	36.0	羊的采食量和营养物质利用率改善	Tyagi et al. (1997)
	料水比 1∶2,浸泡 24 h，60℃烘干	Brassica napus,HG	ITC-1.1 OZT-7.8	0.8 5.0	27.3 35.9	生长猪生长性能无任何明显改善	Schone et al. (1988)
		Brassica napus,HG	ITC-3.8 OZT-11.9	2.8 11.0	26.3 7.6		
	料水比 1∶8	RSM，HG	ITC-3.0 VOT-2.7	0.2 0.0	95.0 100	生长性能改善	Liu et al. (1994)
	料水比 1∶5，10 min，	RSM，HG	Gls-118	0.0	100	ND	Tripathi et al. (2000)
热处理	100℃,2 h	RSM，LG	Gls-16.2	0.8	95	鼠生长性能降低	Jensen et al. (1995)
	110℃,2 h	RSM，HG	Gls-60.8 Nitriles-226.3	60.0 11.87	1.3 94.7	产奶量及奶中致甲状腺肿因子量无明显影响	Subuh et al. (1995)
		RSM，LG	Gls-28.8 Nitriles-101.5	28.0 22.2	2.8 78.1		
	酸处理，72 h(16 mL HCl/kg 粕)再 180℃,2 h	RSM，HG	Gls-128.0	6.8	95.0	犊牛生长率及对营养物质的利用率得到改善	Tripathi and Agrawal (1998)；
	103～107℃ 30～40 min	Canola meal,LG	Gls-10.5	6.6	53.0	家禽氨基酸消化率下降	Tripathi et al. (2001b) Newkirketal; 2003
	103～107℃，30～40 min	Canola meal, LG	Gls-10.5	6.16	53.0	家禽氨基酸消化率下降	Newkirk et al.,2003
微粉化处理 (micronization)	195℃，90 s	Brassica napus, LG 菜籽 菜粕	24.2 13.6	9.5 3.5	60.7 74.2	ND	Fenwick et al. (1986)
		RSM，HG Brassica napus,	GLs-148.0 OZT-0.21 Nitrile-6.2	103.6 0.36 4.9	30.0 0 21.0	ND	
		RSM，LG	Gls-28.8 Nitriles-101.5	30.3 149.1	0 0	ND	
Ca(OH)₂	30 g/kg 粕	RSM，HG Brassica napus	Gls-112.6 OZT-0.23 Nitrile-3.6	29.8 0.31 3.9	73.5 0 0	ND	Fenwick et al. (1986)

续表 4.22

脱毒方式	处理条件	样品类型	硫苷或ITC、OZT	残余含量/(umol/g或mg/g)	脱毒率/%	动物机体试验	参考文献
氨水	30 mL/kg 粕	RSM, HG *Brassica napus*	Gls-134.6 OZT-0.16 Nitrile-0.8	67.9 0.13 0.6	49.6 18.8 25.0	ND	Fenwick et al. (1986)
膨化 (pelleting)	转速 100 r/min，压力 4 500～5 100 kPa，出口温度 130 ℃	crambe meal (芥菜籽粕)，HG	Gls-104.0	110	0	鼠：与对照组比无改善	Wallig et al. (2002)
挤压膨化	1 kg 粕加 20 mL 氨水，140 mL 水，转速 200 r/min	RSM, HG	Gls-116	88.16	24	ND	Huang et al. (1995)
微生物固态发酵	接种，25℃，10 d	*Brassica juncea*, HG	GLs-63.4 OZT-0.48	36.3 0.33	43.1 34.0	ND	Vig and Walia (2001)

注：RSM，普通菜籽粕；Canola，双低菜粕；Mustard cake，芥菜型菜籽饼；Crambe meal，甘蓝型菜粕。
LG，低硫苷含量；HG，高硫苷含量；ND，未测定；Gls，硫苷。

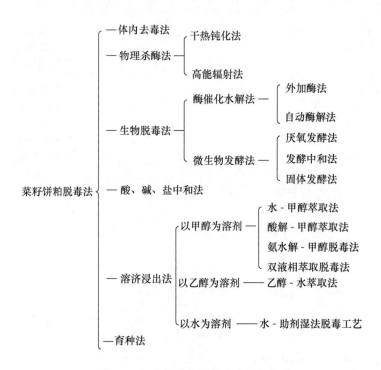

图 4.20　菜籽饼粕脱毒方法详细分类

4.5.2.1　物理杀毒法

物理法主要有热处理、膨化和辐照处理等方法。内蒙古畜牧科学院对菜籽饼粕热喷膨化试验表明，膨化脱毒率可达88%，而氨基酸总量损失极小，蛋白酶消化率较原始值提高了8%。贵阳市膨化菜籽饼试验表明，芥子苷含量由0.56%降到0.09%，单宁含量也明显减少，味道由涩变甜。Rongcr Fcnwick G等报道了利用挤压法进行脱毒的研究结果，在150℃下挤压能有效钝化芥子酶；但对硫苷含量的影响很小。热处理能够降低菜籽饼粕中硫代葡萄糖苷的含量，是菜籽饼粕脱毒的手段之一，研究表明湿法热处理要比干法热处理效果好。周利均等的研究表明，经过瞬时高温高压脱毒脱毒率达89.30%～93.30%，所得脱毒菜籽饼粕以高达23%（即全取代豆饼）的用量用于鸡饲料时，对鸡的生长、肝脏、肾脏和甲状腺的影响均不明显。汪得君等的研究表明，菜籽饼粕经低压蒸气脱毒后，降低了毒性，适口性得以改善，即使饲料中加入18%的脱毒菜籽饼粕代替豆粕，对生长猪的饲料效率也没有显著影响，但继续增加到20%时则对生长猪的采食和增重有一定的影响。Burel等的研究表明，根据菜籽饼粕的情况，加热时间和温度不同，可以降低总硫代葡萄糖苷630～950 μmol/mmol。1987年Lessraan K J等用γ-辐射对十字花科芥子酶钝化作用也进行了研究。结果发现此办法在50.4Mrad照射可以钝化硫苷水解酶，不破坏硫苷。

4.5.2.2　酸、碱、盐中和法

1968年Mvstakas Gusc等就将浸出粕加热后用NH_3或NH_4OH处理的方法进行脱毒。1970年Szewczvk等在80～94℃搅拌下将1份菜籽脱脂粕放入0.4 mol/L的1.5份H_2SO_4中处理，使硫苷及其分解产物在加热7.5～17 h后降解脱毒。金属盐催化降解法，主要是利用元素周期表第四周期的一些金属元素的盐类能催化硫苷分解的作用，在多种处理方法中（硫酸铜、硫酸亚铁、硫酸锌溶液），只有硫酸铜溶液处理法较为有效，将1 kg的菜籽饼粕浸泡于2 L硫酸铜溶液（即6.25 g五水硫酸铜溶解于2 L的水中），60℃条件下能够有效降低900 μmol/mmol总硫代葡萄糖苷。

4.5.2.3　溶剂浸出法

溶剂浸出法是指利用有机溶剂或水为溶剂进行脱毒的方法：加拿大Rubin L J和Diosady L L等开发了以甲醇/氨/水脱毒、己烷去脂的技术专利；我国学者史美仁、徐世前对上述专利进行了改进，采用加少量NaOH代替氨，取得了较好效果。陆艳、胡健华等采用单相溶剂添加表面活性剂对双低油菜籽冷榨饼进行脱毒，在其实验条件下硫苷含量降为0.43 mg/g，但对植酸脱除效果不理想。何国菊等采用硫酸甲醇体系对菜籽饼粕进行脱毒，在浓硫酸体积比为4%，甲醇体积比为90%，蒸馏水为6%，混合比为1：（5～8），浸提时间30 min条件下，植酸的去除率为90.3%，单宁的去除率为81.2%，硫苷的去除率为80.1%；当甲醇的体积比为90%时，干物质损失为16%。

4.5.2.4　生物脱毒法

生物法有遗传学方法、微生物发酵处理、酶处理等方法。刘玉兰等在菜籽粕中添加天然硫苷酶制剂和化学添加剂水溶液、在适宜的温湿度条件下，菜籽粕中的硫代葡萄糖苷在硫苷酶的

作用下迅速分解,分解生成的异硫氰酸酯,噁唑烷硫酮等有毒产物以及菜籽粕中原有的这些有毒分解产物与化学添加剂中的金属离子会起螯合作用,形成高度稳定的络合物,从而不被家禽吸收,达到去毒的目的。同时,菜籽粕中的部分有毒分解产物也会受化学添加剂水溶液的浸泡水洗作用随废液排出,浸泡后的菜籽湿粕在加热干燥过程中,残留的有毒产物进一步被加热挥发除去。经过以上方法脱毒后菜籽粕残留硫苷(硫酸钡重量法测定)<0.3%,脱毒时间 4~4.5 h,温度 30~40℃。

微生物发酵法是近年来研究较多的方法,该方法较简便,设备投入少,脱毒范围广,有较理想的脱毒效果。张宗舟通过发酵法可使菜籽饼粕硫苷脱除率达到 99% 以上。法国的专利技术采用白地霉发酵,产品用来饲养小白鼠,体重增加明显。Vig, A. P 等采用 *Rhizopus oligosporus*(少孢根霉)和 *Aspergillus sp.*(曲霉)在固态发酵条件下(料水比 1:3,25℃、有氧条件、10 d),对菜籽饼粕进行发酵,能够灭活黑芥子酶,硫代葡萄糖苷降解率达 43.1%、植酸降解率达 42.4%。刘军,朱文优对单菌株、多菌株生料固态通风发酵进行研究,发酵后其硫苷含量为 0.11 μmol/g(干基),降解率达 99.66%,粗蛋白质含量为 50.13%(干基),色泽明显变浅且具有良好的香味及适口性。

4.5.2.5 **育种法**

育种法主要是通过遗传育种等方法选育抗营养因子含量低的油菜新品种,目前我国在低芥酸油菜育种方面已取得了较好的成绩,开发出了一系列双低油菜新品种,双低油菜的普及率也已达到 70% 以上,但由于油菜是十字花科植物,异花授粉,加之农业耕作模式是一家一户的小规模种植,影响了油菜商品籽的品质。酶法主要是通过酶降解菜籽粕中的有毒有害物质或在饲料产品中加入酶制剂增加动物体内的酶的含量、提高其消化吸收率。

4.5.3 与菜籽制油工艺相匹配的菜籽饼粕脱毒技术

蛋白质饲料资源开发项目,如棉菜籽饼粕脱毒技术研究,国家从"六五"、"七五"至"八五"期间均给予了很大的重视,但专题承担单位及主持人均是清一色的粮油加工科技人员,因此往往在传统粮油加工专业范围进行科研及开发,其科研成果往往难以被饲料行业接受。"九五"攻关此专题改为饲料研究机构及动物营养科技工作者主持、粮油加工科研机构及科技人员参加,这样能够从饲料本身的问题出发,寻找解决蛋白饲料资源的途径。从已取得的成果看,棉、菜籽饼的问题乃至蛋白资源的问题一定是能从根本上解决的。

由于我国"六五"、"七五"期间均已安排了许多攻关课题,进行棉、菜籽饼粕的直接脱毒技术研究,取得了很多理论上的成果,虽然为后来的研究打下了基础,但至今应用到饲料工业及养殖业生产中的很少,主要原因是生产成本高、工艺复杂、实用性差,以至饲料工业用户很难接受。国家粮食局科学研究院主持了国家"八五"科技攻关专题"提高油脂饼粕饲用效价技术研究",开创了改变传统油籽制油工艺以提高饼粕饲用效价的新途径,但仅仅研究了菜籽脱毒技术。

该技术将脱毒与加工工艺结合,但其实现方式有多种:①在制油车间内增加一个蒸烘设备,并且还要将制油的最后一道脱溶工序移到该设备内进行,即在该蒸烘设备内,在脱溶饼粕中添加脱毒剂并混合,然后直接用蒸气处理,以便为化学脱毒提供所需要的温度和水分,从而确保脱毒反应充分,最后再经干燥制得成品脱毒饼粕并输出。由于上述工艺步骤是在同一个蒸烘设备内部完成的,物料在该设备中的流动过程是依靠重力作用实现的,因此,该设备必须具有足够的高度,采用该设备就要对现有油厂的厂房进行必要的改造。②在制油工序中加入脱毒机,将制油时得到的脱溶饼粕通过连接在脱溶机和脱毒机之间的输送机构直接输送至脱毒机内;同时将脱毒剂加入脱毒机内,在搅拌下,脱溶饼粕与脱毒剂相互混合而得到混有脱毒剂的物料;混有脱毒剂的物料在脱毒机内充分搅拌并借助脱溶饼粕自身的温度进行化学脱毒;脱毒后的饼粕由脱毒机内向外输出直接得到成品脱毒饼粕。日处理 100 t 油籽的加工厂配套脱毒设备仅需投资 10 万元(棉籽)或 20 万元(菜籽),优选饲料中必用的添加剂作为脱毒剂,每吨饼粕的脱毒成本只有几十元,能使菜粕毒素降到噁唑烷硫酮(OZT)245 mg/kg、异硫氰酸酯(ITC)20 mg/kg、腈 176 mg/kg。③应用菜籽本身的生物酶将硫葡萄糖苷定向水解、降解成低沸点的挥发性物质,随菜籽加工过程中的蒸炒脱水、气提将其毒性成分脱除(国粮鉴字(1999)第 33 号)。该技术具有投资少、成本低,产品达到我国"低硫苷菜籽粕"(NY/T 417—2000)毒素限量水平。

　　这些新工艺、设备及技术的优越性在于:①脱毒在油厂一次完成,省去了传统脱毒先加热升温、加水、又高温干燥工序,减少了热能浪费以及对蛋白质的再破坏。改变了国内、外 20 世纪 90 年代以前投入大量财力进行菜籽粕脱毒,但始终未能得到有效推广应用的状况。②不改变(影响)制油厂原有厂房、设备及工艺,不影响油的质量,解决了制油工艺中饼粕脱毒的"瓶颈"难题。③由于菜籽中含 1%～7% 硫苷,本项目改变了菜籽采用中、低温制油而不能进行脱毒的不利状况。否则高毒菜籽低温制油时硫苷及分解产物含量也很高,超过我国强制性卫生标准的规定,饲料中不能使用。

（本章编写者：钮琰星，黄凤洪，李爱科）

第5章

花生及其加工产品

花生是世界上最重要的油料作物之一,在世界油脂生产中具有举足轻重的地位。自20世纪90年代以来,中国和世界花生产量提高很快,花生生产与贸易格局发生了较大变化,花生的单位面积产量、总产、贸易量增长显著,花生科技有了较大发展。随着花生精深加工业和油脂加工业的发展,花生饼粕及花生秧等产量增加,这些副产品中含有丰富的营养成分,适合于不同畜禽需要。花生是我国六大油料作物之一,花生饼粕营养成分含量高,价格低于豆粕,是养殖业理想的蛋白质饲料资源,因此,开发丰富而廉价的花生饼粕资源,对于弥补我国蛋白质饲料资源不足,减少大豆饼粕进口,发展畜牧业生产具有重要意义。

5.1 花生加工

5.1.1 花生种植及营养特性

花生(peanut)又名落花生、长寿果、长果、花生豆,是豆科落花生属(*Arachis hypogaea* L.)的一年生草本植物。一般公认花生原产秘鲁和巴西,在哥伦布远航时期,被带至西班牙,之后逐渐传播到世界各地。现在,花生是全球范围内广泛种植的油料作物和植物蛋白来源作物。

5.1.1.1 花生种植概况

花生是世界上重要的油料作物之一。花生植株、种子及其构造等见图5.1至图5.3(另见彩图6和彩图7)。目前,全世界年总产2 568万 t,种植面积约为2 122万 hm²,种植面积仅次于油菜,居油料作物第二位。其中,亚洲、非洲、美洲等地区是其主要种植分布区。亚洲种植1 347万 hm²,占世界总面积的63.4%;非洲种植654万 hm²,占世界面积的30.8%;美洲种植116万 hm²,占世界面积的5.5%。

我国是花生生产大国,种植面积仅次于印度,约占全球面积的 21%,居世界第二。自1993年以来,我国花生年总产量持续超过印度而居世界首位,2010 年我国花生产量为 1 564.4 万 t。花生是我国主要油料经济作物和传统的出口农产品,其总产量、单产量和出口量均居世界首位。据海关统计,2009 年我国花生(包括花生及其制品)出口数量 56.6 万 t,同比增长 10.1%,金额 6.6 亿美元,同比下降 14.5%。

图 5.1　花生植株

(http://en.wikipedia.org/wiki/Peanut)

图 5.2　花生种子

(http://en.wikipedia.org/wiki/Peanut)

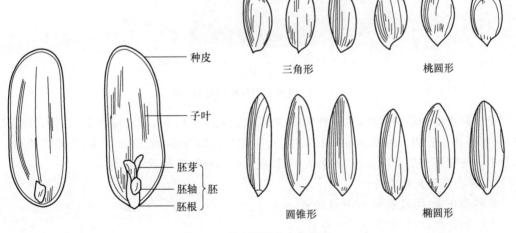

图 5.3　花生种子构造及形状

5.1.1.2　区域分布及花生的分类

花生是一种耐旱性较强的作物,适合种在漫岗沙丘区,以沙土最适宜。我国花生生产分布非常广泛,各地都有种植。南起海南岛,北到黑龙江,东自台湾,西达新疆,且主要集中在山东、河南、河北、辽宁、安徽等省,占全国花生产量的 60% 以上,主产地区为山东、辽宁东部、广东雷州半岛、黄淮河地区以及东南沿海的海滨丘陵和沙土区。其中山东省约占全国生产面积的1/4,总产量的1/3。近年来我国花生种植面积及产量见表5.1。根据中国农业年鉴(2011),我国花生种植以农业自然区为基础可划分为七个花生产区:北方大花生区、南方春秋两熟花生区、长江流域春夏花生交作区、云贵高原花生区、东北部早熟花生区、西北内陆花生区。花生的全国种植区域产量见图5.4。

表5.1　近年来我国花生种植面积及产量

年份	种植面积/khm²	花生总产量/万 t	花生单产/(kg/hm²)
2000	4 856	1 443.7	2 973
2001	4 991	1 441.6	2 888
2002	4 921	1 481.8	3 011
2003	5 057	1 342.0	2 654
2004	4 745	1 434.2	3 022
2005	4 662	1 434.2	3 076
2006	3 960	1 288.7	3 254
2007	3 945	1 302.7	3 302
2008	4 246	1 428.6	3 365
2009	4 377	1 470.8	3 361
2010	4 527	1 564.4	3 455

来源:中国农业年鉴,2011。

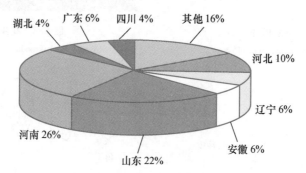

图5.4　花生不同种植区域的产量

花生是重要的油料作物,其品种繁多,有据可查的有540种,优良品种有30种,现货流通中,一般将花生分为大粒花生和小粒花生,大粒花生以海花鲁、徐68-4为主,小粒花生以小白沙为主。一般可按生育期长短、荚果大小、特征特性和植物学性状加以区分。

1. 按生育期长短不同

早熟型花生:生长期为120～130 d。

中熟型花生:生长期为145 d左右。

晚熟型花生:生长期为165 d左右。

2. 按荚果大小不同

大花生:壳厚、果型大,每百粒花生仁重在80 g以上,分布面积最大。

小花生:粒小、壳薄,每百粒花生重在50 g左右,适栽于沙地,主要分布于四川、广东、湖南、河南西南部等。

大小花生均有出口,但大小花生出口的地方不一样,大花生出口量多于小花生。

3. 按特征特性和植物学性状不同

可分为：普通型、龙生型、珍珠豆型和多粒型四大类型，其主要特征如下。

普通型即通常所说的大花生，主茎不开花，侧枝上花序与分枝交替着生，侧枝多，能生第三次分枝。小叶片多为倒卵形，叶色多为深绿色。荚壳厚，脉纹平滑，荚果似茧状，无龙骨。籽粒多为椭圆形或长椭圆形，硕大饱满，皮色粉红或红色，百粒仁重在 80 g 左右，含油量 52%～54%，该型花生成熟晚，生育期 150～180 d，只可一年一作。普通型花生为我国主要栽培的品种，主要分布在北方大花生产区。

龙生型主茎不开花，侧枝上花序与分枝交替着生，分枝性强，分枝很多，常出现第四次分枝。茎枝及叶柄上茸毛密集。小叶片倒卵形，叶色暗绿或深灰绿。荚壳很薄，有龙骨，果荚内有籽粒 3 颗以上，间或有双粒的。籽粒多呈三角形或圆锥形，皮红色或暗红色，表面凹凸不平无光泽。有褐斑点，百粒果重 150 g 左右，其脂肪含量为 44.52%～54.87%；蛋白质含量为 23.90%～31.53%。龙生型花生曾是我国最早种植的花生，分布在黄泛区流沙土地及丘陵沙壤土地。

多粒型主茎开花，除基部发生 4～5 条营养枝外，各节均有花枝发生。第二次分枝很少，一般没有第三次分枝，茎较粗，前期直立，后期往往向四周倾侧。叶片较大，长椭圆形，叶色淡绿或绿色。花生骨荚内籽粒较多，为 3～4 粒仁果，果仁多为圆柱形或三角形，呈串珠状。荚壳厚，脉纹平滑，籽粒种皮多红色，光滑，有光泽，间或有白色。百粒仁重在 30～75 g，含油量 52%。其脂肪含量为 44.60%～56.82%；蛋白质含量为 25.01%～34.66%。多粒型花生耐旱性较弱，早熟性突出，主要分布在东北特早熟花生区及西北内陆花生区。

珍珠豆型主茎开花，侧枝上各节连续着生花序，或有分枝，但二次枝上各节连续着生花序。多数品种茎枝及叶柄上茸毛稀少，植株直立。小叶片呈椭圆形，叶色深绿或黄绿。花生荚壳薄，荚果小，一般有 2 颗籽粒，出仁率高。籽粒饱满，多为圆形或桃形，硕大饱满，种皮多为白色。百粒仁重在 50～60 g，珍珠型花生早熟，生育期 120 d 左右，可适应南方春秋两熟区花生种植。其脂肪含量为 41.00%～58.64%；蛋白质含量为 18.82%～38.82%。珍珠豆型品种除东北特早熟花生区种植极少外，其他花生生产区种植面积约占全国花生面积的 2/3 以上。

5.1.1.3　花生的主要组成成分

通常将未脱壳的花生称为花生果，而将脱壳后的花生称为花生仁。花生果中，花生果壳占整个花生质量的 28%～32%，粒仁占 68%～72%。其中子叶占 61.5%～64.5%，种皮占 3%～3.6%，胚芽占 2.9%～3.9%。花生仁各部分的成分见表 5.2。

表 5.2　花生的主要成分　　　　　　　　　　　%

成分	胚芽	子叶	种皮
水分	5.92	4.33	8.6
蛋白质	24.62	34.35	12.84
脂肪	47.73	55.63	7.62
糖类	23.18	6.98	57.05
纤维素	1.95	1.71	19.52
灰分	2.51	1.81	2.98

来源：王瑞元，2009。

花生仁含油量较高,一般可达44%～54%,稍低于芝麻而高于大豆和油菜籽。花生仁含蛋白质24%～36%。花生蛋白中精氨酸含量高达5.2%,是所有动、植物饲料中最高的,但赖氨酸和蛋氨酸含量较低,赖氨酸含量仅为豆粕的50%。花生蛋白中棉子糖和水苏糖含量很低,相当于大豆蛋白的1/7,这两种不消化糖,食用后腹内会产生胀气。花生中所含胰蛋白酶抑制因子的量为大豆的20%。此外,还含有甲状腺肿素、凝血素及植酸、草酸等抗营养物质。但这些抗营养物质经过热加工处理后容易被破坏而失去活性。

5.1.1.4　花生的储藏特点与储藏措施

花生很难储藏,在高温条件下不到1年就丧失发芽率,而且很易油变(走油)和霉变,甚至造成黄曲霉毒素的污染,严重威胁动物和人体健康。

花生因含油量高,且组织结构柔嫩,种皮很薄,在储藏中极易受外界高温、潮湿、光线和氧气的不良影响,如果收获过迟受到早霜侵袭还容易受冻。如何防止花生早期受冻和保证花生安全度夏是花生储藏中的突出问题。

一般情况下,在−8℃时,花生果、花生仁都会受冻,受冻的花生籽粒变软,色泽发暗,含油量降低,食味变劣,因失去活力而受霉菌侵害。在强烈的日光暴晒下,花生仁易裂皮变色而走油,吃时有哈喇味。花生和花生仁都容易发生虫害。虫害繁殖季节一般是3、4月开始,到7、8月时最为严重。当花生果水分超过10%、花生仁水分超过8%时,在高温季节容易发霉,并且易受黄曲霉的感染,产生黄曲霉毒素。实践证明,水分在9%以下的花生仁在冬春季节可以长期保存。准备度夏的花生仁,水分以7%～8%为宜。在有条件的地方最好能在入库前除去杂质,并定期检查水分与温度的变化情况。

根据花生的储藏特点,应采取以下措施。

①适时收获,及时干燥。降低花生果水分的方法,目前主要采取自然晾干,也有采用粮食干燥机来干燥的,但必须散热后才能入库,这可以克服阴雨天不能晾晒的困难。花生果最好等干燥后再脱壳,否则去壳后的花生仁水分大,也不容易降低。

②荚果储藏比脱粒储藏更为安全。没有发育成熟和损伤破碎的荚果因含水分和杂质较多,容易吸湿霉烂,影响其他荚果,所以应将这类荚果拣出。如用包装储藏不要挤压,以免造成果荚破碎。

③低温密闭,合理储藏。北方多用露天或室内囤存。近年来,也有研究CO_2密封储存花生的新技术。具体办法使用透气性很低的无毒塑料薄膜包装花生,小包装1.5～2.5 kg,大包装10 kg,向袋内冲入足够的CO_2(空气同时被排除),迅速热合封袋。花生很快吸附CO_2,袋内出现负压,花生与花生、花生与薄膜彼此紧贴,小袋花生最快20～30 min、大袋约4 h胶结成硬块(冰冻状),然后在室温下储藏。这样处理后的花生,经过3个夏季,完好率可达93%,这是费用低,效果好的储藏方法。

④彻底防止虫害。花生仁储藏期间的主要害虫是印度谷蛾,在河北地区一年发生3代。虫害发生部位多集中在花生仁堆表层0.33 m厚处,严重时常造成"封顶"现象。主要采取密封储藏等措施防止感染,不能用化学药剂熏蒸,因熏蒸后的花生仁发芽率会显著降低,并使皮色变深,影响质量。

5.1.2 花生加工技术

花生除直接食用或直接以花生为原料加工成食品外,主要用于榨油。我国花生消费的比例大致为榨油占 50%~60%,直接以花生为原料加工成食品的占 15%~25%,用来进行深加工的占 10%左右,出口量为 3%~5%,留作种子的占 6%~8%。

5.1.2.1 传统花生加工技术及其改进技术

花生作为重要的油料资源和植物蛋白资源,传统的提取花生油与花生蛋白的方法主要有压榨法、预榨-浸出法、水剂法等。

1. 压榨法

按压榨时榨料所受压力的大小以及压榨取油的深度,压榨法取油可分为一次压榨和预榨。一次压榨要求压榨过程将榨料中尽可能多的油脂榨出,压榨后饼中残油一般为 6%以下,而预榨仅要求压榨过程将榨料中 70%的油脂榨出,榨饼中残油一般为 18%左右。

我国传统浓香花生油的工艺流程及操作见图 5.5。热风烘炒中油料被加热到 180~200℃。烘炒温度是浓香花生油产生香味的关键因素,温度太低,香味较淡;温度太高,油料易糊化。蒸炒中出料温度 108~112℃,水分 5%~7%,为保证花生油有浓郁的香味,蒸炒锅的间接蒸气压力应不小于 0.6 MPa。榨油一般用螺旋榨油机,入榨温度在 135℃左右,入榨水分 1.5%~2%,机榨饼残油 9%~10%。花生采用螺旋榨油机热榨可去除 80%~90%的油分,但加工后的花生饼蛋白质因加热变性,水溶性变低,部分氨基酸与糖结合,发生美拉德反应,降低了氨基酸的效价,大大降低了花生蛋白的营养价值。

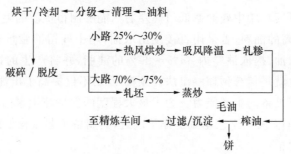

图 5.5 传统浓香花生油制备工艺

(来源:倪培德,2007)

近年来,低温压榨开始使用。低温压榨温度,是相对 120~130℃的高温而言,为了保证花生蛋白具有较高的氮溶指数(NSI),液压榨油机内温度不超过 70℃,两次连续螺旋压榨工艺的第一次压榨机内温度不超过 60℃。一次压榨的低温花生饼经冷却破碎后,在第二次压榨的榨膛内温度不超过 75℃。这种两次压榨的低温花生粕,加工中花生饼内部的花生蛋白质温度低于 70℃,由于水分低,花生蛋白质不会有很大的热变性作用,经粉碎后的蛋白粉 NSI 值能够保持在 65%~70%的水平。低温压榨脱脂花生饼的制备工艺流程如图 5.6 所示。

2. 预榨-浸出法

浸出法是利用油脂在某些有机溶剂(如轻汽油、工业己烷、丙酮、无水乙醇、异丙醇、糠醛等)中的"溶解"特性,将料胚或预榨饼中的油脂提取出来的方法,也称萃取法。其突出的优点

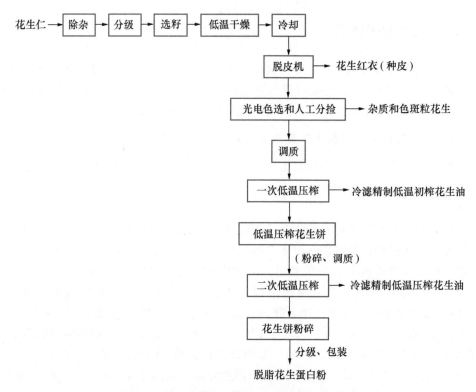

图 5.6　连续低温压榨脱脂花生蛋白粉工艺流程
（来源：张世宏，2003）

是出油率高（94％～99％），粕中残油率低（1％左右），能够制得优质的毛油和低变性的脱脂粕。

对花生等含油量高的油料，若采用直接浸出取油，粕中残留油脂量偏高。为此，在浸出取油之前，先采用压榨取油，提取油料内85％～89％的油脂，并将产生的饼粉碎成一定粒度后，再进行浸出法取油，也就是传统预榨浸出法。预榨-浸出不仅提高了出油率而且制取的毛油质量高，同时提高了浸出设备的生产能力。为了最大程度的保持花生蛋白的营养价值、制备低温花生粕，在传统高温预榨-浸出工艺基础上作了改进，其制备工艺流程如图5.7所示。

其中，工艺操作包括：

①清选。花生仁经清理筛选除去杂质，要求杂质低于0.1％。

②烘干。经烘干将原料水分降至4％～5％，干燥温度不得超过80℃。

③破碎。经破碎机将花生仁破为2～4瓣，除去胚芽，要求除去50％以上胚芽。

④脱皮。将烘干冷却后的花生仁在脱皮机上脱除红衣，要求红衣脱除率在90％以上。

⑤蒸炒。将原料在蒸炒机中蒸炒40 min，蒸炒温度控制在115℃左右。

⑥预榨。使用液压榨油机、螺旋榨油机进行脱脂，预先榨取出大部分油脂，压榨温度不宜太高。

⑦浸出。用浸出法提取预榨饼中残留的油脂，脱溶温度不得超过105℃，得到的粕氮溶指数大于70％。

上述花生加工工艺及其特点如表5.3所示。在我国，采用前两种工艺生产的花生占我国花生生产总量的80％上，特别是采用预压浸出工艺生产的花生饼粕的量高达饼粕总产量的70％以上，预压浸出工艺已成为我国花生饼粕加工的主导工艺。

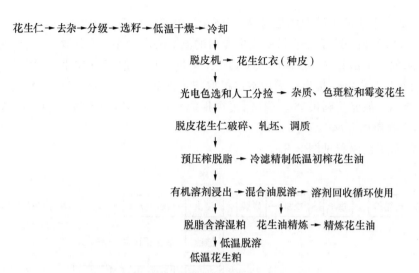

图 5.7 预榨浸出制取花生油和低温花生粕工艺流程

(来源:周瑞宝,2007)

表 5.3 不同制油法花生蛋白变性情况   ％

项　　目	脂肪	总蛋白质	水溶蛋白
机榨饼	6.12	46.11	11.42
低温浸出粕	2.7	56	35
冷榨低温浸出粕	2.5	57	57
高温浸出粕	0.6～1	49.7～56	49.7～56

来源:张昕蕾,1998。

3. 水剂法

水剂法有水代法和水溶法两种形式。用水剂法生产花生油和蛋白粉有以下优点:①出油率和压榨法相当,残油率在 5％～7％。而且水剂法能获得基本不变性的蛋白质。压榨法由于高温蒸炒和挤压而使花生饼中的蛋白质变性,使花生蛋白的生物效价降低。②水剂法出油率比溶剂浸出法低,但水剂法设备简单,操作方便,而且由于不使用溶剂,保证了食品的卫生和生产上的安全。

水代法是我国特有的一种制油方法,它是将热水加入磨好的料浆中,蛋白微粒吸水膨胀,然后采用振荡的方式进行油脂分离的方法。通过该法制备的油脂能够保持油脂特有的风味,但是,一般只是间歇性手工操作,难以大规模利用。水剂法具有不用易燃易爆溶剂,可以同时生产出蛋白粉、油脂等产品,缩短生产过程,生产出的花生油纯度高、磷脂含量低、色泽浅、酸值及过氧化值低等特点,但是,水剂法也存在一些限制其进一步发展的问题,如:出油率低于溶剂浸出法(约为浸出法的 95％)、蛋白浆与油脂分离能耗大、生产过程的卫生要求高,并且生产中还产生大量的乳清液及废水尚须回收处理。而最主要的一点是:蛋白产品具有较高的含油率,油的氧化酸败给蛋白质带来了不利的气味和味道,这使储藏变得困难。

水溶法提取花生油和花生蛋白是利用花生蛋白溶于水的特点,将花生仁磨碎,用水溶出其中的蛋白,而后通过调节溶液的 pH,使之达到蛋白的等电点而析出,从而将油和蛋白分离(除去纤维)的方法。本法的工序大体是:将除壳清杂后的花生仁磨成花生浆。花生蛋白质的等电点为 pH 4.2~4.7,该 pH 下花生粉中花生蛋白的氮溶解度最小。利用这一特性,将以上方法制成的花生浆放入水溶罐中,加碱调 pH 到 9。使蛋白质扩散溶解在水中,而后调节 pH 到4.2~4.7,使花生蛋白沉淀析出。采用本法提取花生油和花生蛋白经济效益较高。该工艺主要经济技术指标一般能达到出油率 94%,蛋白提取率 83.95%,淀粉渣 12.13%,渣饼 4.5%,红皮 3.7%,干物质损耗率 2.59%。

水剂法制备工艺流程见图 5.8。

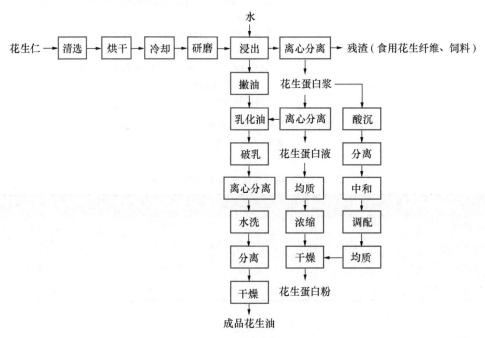

图 5.8　水剂法提取油脂和花生蛋白粉生产工艺

(来源:张世宏,2003)

水剂法生产工艺主要分为预处理、研磨与浸提、分离、乳油精制、蛋白液前处理和干燥 6 个工序。

(1)预处理工序

预处理包括清选、烘干、脱红衣工段,该工序操作的是否适当对整个工艺效果和产品质量有着重要的影响。①清选的目的是除去原料花生中的各种杂质,如铁块、石块、土块、植物茎叶等,清选后的原料花生杂质含量不得超过 0.1%。②烘干是为了降低花生仁水分,以便将红衣脱去,红衣的存在对蛋白质产品的颜色和风味有重大的影响。烘干后要求花生仁水分降低到4%以下。为了减少蛋白质变性,必须采用低温烘干工艺,要求在干燥过程中原料温度不得高于 60℃。为了达到这一目的,可选用远红外烘干机,由于花生在机内停留时间短,表面温度高,干燥效果比较好。③把干燥后冷却到 40℃的花生仁进行脱红衣,要求原料脱皮效率>98%。风选出来的红衣可用以制药。脱红衣机可选用胶辊砻谷机或专用花生脱皮机。

(2)研磨与浸提工序

①研磨即是破坏原料的组织细胞。干研磨可以使用超微磨机,干研磨没有加水,可以防止乳化,有利于提高花生油和蛋白质的得率。研磨温度不大于 80℃,研磨的粒度控制在 10 μm 左

右。②浸提就是从破碎后的细胞组织中提取蛋白质的过程。经干研磨的物料浸提时水量为物料的6~7倍,浸提的原则是"少量多次",以求用最少量的水尽可能地将油和蛋白质分散在水中,用食用纯碱调整溶液的pH达7.5~8,料温保持60℃左右。在浸提时搅拌转速控制在40 r/min,使颗粒在溶液中呈悬浮状态,后期搅拌可适当降低速度防止形成稳定的乳状液。料液在搅拌作用下,油脂自行上浮,上面油层逐渐增厚,搅拌时间为30 min,浸提设备采用立式浸提罐,上浮油层放入乳油罐。

(3)分离

分离就是将蛋白质浸出液中的固体物质分离出去的过程。浸提操作完成后,大部分花生油上浮分层,蛋白质液中含有少量的油脂和大量的固体残渣(主要是纤维和淀粉等高分子碳水化合物),先采用卧式螺旋离心机将固体残渣分出,控制残渣中含油量低于7%,蛋白质含量低于10%左右,从卧式离心机出来的浆液,再用碟式离心机分离出含水量30%左右的乳化油和蛋白质溶液。

(4)乳油处理工序

将从碟式离心机分离出来的乳化油和浸提罐中自行上浮的大部分液体油及乳化油合并起来共同处理。它们含有24%~30%的水分和1%的蛋白质及其他具有乳化作用的物质,其中乳化油中含有70%左右的花生油,乳油处理有两种方法:①直接熬炼法。把乳化油打入化糖锅,用0.05 MPa的间接蒸气把乳化油加热到100℃,煮沸蒸发大部分水分,然后把蒸气压力增加,继续炼到乳化油中的蛋白质变性沉淀,油逐渐析出,最后即可撇出油脂。②机械破乳法。将乳化油先用间接蒸气加热到95~100℃,不断搅拌蒸煮0.5 h左右,利用机械高速剪切作用、高温变性作用和酸凝作用,使蛋白质从乳化油中沉淀析出,经离心分离即可得到纯净花生油。

(5)蛋白液前处理工序

由离心机分离出来的蛋白液,虽然除去了不溶性糖类物质,但仍然含有数量可观的可溶性糖类物质,如蔗糖、葡萄糖、水苏糖和棉籽糖等低聚糖,这些物质最终会影响蛋白质产品的蛋白质含量和风味。因此,根据不同加工目的,还需要进一步处理加工以满足不同要求。

(6)干燥

干燥是为了减少浓缩物中的水分,便于产品的储存和长途运输,同时可防止微生物的繁殖。产品水分含量越低,储存时间越长。干燥过程中,还必须尽量保持蛋白质的天然性质、功能特性并尽量降低干燥费用。目前常用的干燥方法有喷雾干燥法、沸腾干燥法、真空干燥法和冷冻升华干燥法等。

虽然水剂法生产花生油和蛋白质是较理想的生产工艺,但由于工业化生产时间短,在工艺和设备上尚存在一些问题。该法生产过程中是用水作溶剂,蛋白质溶液在加工过程中容易变质,所以必须加强卫生管理。

5.1.2.2 花生加工新技术

我国大约50%的花生用于榨油。目前国内花生制油基本采取高温压榨和溶剂浸出工艺,由于花生榨油,特别是香味花生油的生产工艺,30%~40%的花生蛋白因高温压榨导致变性,动物难以消化利用,为此每年要损失近60万t花生蛋白。传统花生制油工艺造成花生蛋白资源的严重浪费。对花生油制取工艺进行创新,达到同时提高花生油与花生蛋白得率和品质,以充分合理地利用花生蛋白资源,已成为国内外制油工艺革新的热点内容之一。

1. 丁烷脱脂生产低温脱溶花生粕

美国 FDA 早已规定,2000 年以后己烷和轻汽油不能用做浸出溶剂。所以,用丙烷或丁烷作为浸出溶剂是浸出法制油的发展方向,在国外丙烷作为浸出溶剂已成功地应用于植物油脂的工业化生产。丁烷低温浸出技术是一种全新的技术,溶剂主要成分为丁烷和丙烷。浸出温度一般为 30℃左右,压力为 0.4～0.5 MPa;脱溶温度一般在 40℃左右。得到的花生粕中蛋白质含量(干基)达 49.7%～56%,氮溶指数(NSI)40%～65%;脂肪含量(干基)<1.5%;粗纤维<2%。

2. 水酶法提油技术

水酶法是在机械破碎基础上利用纤维素酶、果胶酶和蛋白酶等处理油料。复合纤维素酶、果胶酶可分别降解细胞壁纤维素骨架和细胞间粘连,使油料细胞内油脂和蛋白质等有效成分充分游离;蛋白酶可解除蛋白质大分子对油脂分子的束缚,提高油与蛋白分离效果,降低蛋白质中残油率。与传统工艺相比,水酶法提油工艺在能耗、环境和安全卫生等方面具有显著优势。

花生水酶法提油中,以纤维素酶作为水解酶,花生蛋白得率 69.59%;以纤维素酶为主体包含果胶酶活力的复合酶系处理碾磨后的花生浆料,蛋白质得率 70%～74.6%,比不使用酶的工艺提高 3%～9%。王瑛瑶等(2005)以单一碱性蛋白酶 Alcases 为水酶法用酶,从花生中提取油脂,并以肽的形式回收其中的花生蛋白,花生蛋白回收率超过 85%,花生肽分子质量在2 000 u 以下的组分含量超过 80%,是一种更易于被动物吸收的小肽。采用碱性蛋白酶的水酶法提油工艺,花生蛋白质回收率明显高于纤维素等酶的作用效果。以蛋白酶为水酶法提油用酶和制备花生水解蛋白的工艺路线见图 5.9。与传统工艺不同的是,图 5.9 工艺中除油以外,同步得到了花生水解蛋白。花生水解蛋白中蛋白质含量 60%～65%,细度 200 目以上,脂肪含量低于 0.2%,水分 4%～5%;具有良好的吸水性、保水性,在较宽 pH 范围内有良好的溶解性,在高浓度下黏度仍较低;不含豆科植物所特有的抗营养因子,亦无怪味;渗透压比氨基酸低得多,能够起到提高营养价值、改善口感的效果。实验证明,水酶法技术得到的产品具有降低血压、抗氧化、抗疲劳等生理功能,因此,是一种良好的食品或者饲料原料。与此同时,图 5.9工艺还得到了一种花生粕,花生粕重量为原料花生仁重的 13%～15%,其中蛋白质含量约为10%,油脂含量约为 9.5%,可以作为一种高能值的饲料原料。

国外也开展了水酶法提取花生油和花生蛋白的研究,使用的酶包括纤维素酶、果胶酶、蛋白酶等。总体而言,采用水酶法新工艺对提高花生油脂与花生蛋白的得率和品质、降低花生蛋白产品中的含油率、延长货架期、简化生产工艺、节能降耗等方面,有显著的优势,但也存在诸如油脂提取率有限、后续废水处理等需要克服的技术难题,可以预期其前景是广阔的。

5.1.3 加工对花生饼粕质量的影响

在现代油脂加工中,一直广泛使用热处理过程,如制油工艺中的蒸炒、压榨、脱溶等工序。其目的是为了降低油脂黏滞系数,改善油料加工性能,提高出油率,使植物蛋白质三维结构变得松散,利于消化酶的作用,提高蛋白质的消化率。许多植物蛋白经过适当的热处理可以提高其营养价值,这主要是由于蛋白变性的结果,有害的蛋白质(如胰蛋白

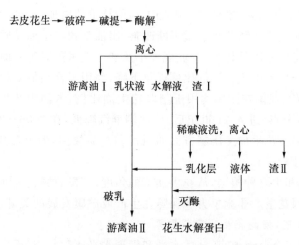

图5.9　水酶法从花生中提取油与水解蛋白工艺路线
(来源:王瑛瑶,2005)

酶抑制剂)被钝化,主要蛋白组分变得容易消化,因此适当的热处理是有利的。但过度加热会破坏蛋白质的营养,降低适口性。营养价值降低的原因包括以下三种反应形式:①氨基酸氧化变质;②形成新的氨基酸间结合,使得消化过程中的氨基酸释出变慢;③形成新的不为酶水解的氨基酸键结合。但是在热处理过程中发生的美拉德反应(Mailard reaction)是赖氨酸的ε-氨基与还原性的醛基、酮基,发生依赖于底物浓度、温度、时间、水分的结合反应,生成果糖基赖氨酸等不能被动物内源酶所消化的产物,显著降低氨基酸含量及其有效性,严重影响了饼粕的蛋白质品质。用加工过度的油料饲喂动物,因饼粕中蛋白质和氨基酸的破坏或损失,降低了其营养价值,从而必将影响动物的生产性能和饲料转化率。

当然适宜的热处理可以破坏其抗营养因子,并产生一些风味物质,有利于花生粕质量的提高。花生抗营养因子能够在湿热条件下迅速被钝化,适度加热的花生饼粕具有较高的饲养价值。加热不足,则由于蛋白质变性的不足,胰蛋白酶抑制因子的存在可引起氨基酸消化率的降低。

在花生加工过程中热处理的温度、处理时间以及花生水分含量都对饼粕品质产生重要影响。热处理过度,严重损害氨基酸品质;热处理不足,难以灭活抗营养因子,不利于提高蛋白质的消化率。因此,从资源综合利用角度,选择适宜的加工工艺条件对于确定花生饼粕的加工质量状况具有重要意义。

5.1.4　国内外花生加工技术发展趋势

世界花生加工的总方向是从油用向食用方向发展。例如,美国的花生主要用于食用加工,与我国显著不同,美国用于榨油的花生仅占15%,其食用的花生蛋白食品以花生酱为主,已经进入绝大部分家庭。欧盟的大多数国家、日本、韩国等国家进口的花生几乎100%是用来直接食用或者加工后食用的。中国、印度国内花生消费以油用为主,印度的花生70%以上用来榨油。

我国花生产量的不断提高,推动了花生加工利用总量的增加。其中,制取花生油是花生利用的主要途径,由于加工工艺和花生品质不断改善,出油率和花生油品质也不断提高。由于花生原料成本高、油用花生专用品种少、企业规模小及加工技术落后等方面的原因以及食品业应用加大,我国花生总产量中用于榨油的比例逐年下降,而用于食品加工和直接食用的比例逐年上升。20 世纪 90 年代,我国花生年均用于制取花生油比例,占国内花生利用总量的 58%,较 80 年代降低了 6 个百分点;进入 21 世纪后,该比例继续降低,在 2006—2010 年维持在 44%～46%。总体而言,我国在花生加工研制方面的项目和产品较多,但未形成产业优势,与发达国家相比仍存在较大差距。

作为花生主产国和主要种植国,从花生加工的角度,开发兼顾花生油和花生蛋白品质的制油新工艺,是提高我国花生产业竞争力和保障花生产业健康发展的关键。

1. 研制推广新工艺,提高花生油脂提取率

改变花生油脂加工企业规模小、技术水平和管理水平落后状态,逐步在市场引导下进行重组改造,实现加工企业的集团化,提高加工技术的整体效益。推动油脂加工企业技术进步,提高企业自身效益和提高产品竞争力。

改变传统的热榨和浸出工艺,采用更易于保护花生蛋白应用品质并有利于提取花生油脂的新工艺,使有限的资源得到最大限度的利用。推行花生低温榨油和预压榨浸出、低温脱溶的制油技术,保证花生油和蛋白资源得到科学合理的利用。

2. 加强花生蛋白提取工艺开发研究,最大限度利用粕饼等副产品

花生蛋白加工工艺研究是花生产业可持续发展的重要组成部分。目前我国有近 50% 的花生用于榨油,如何使粕饼中的蛋白能得到合理利用至关重要。如何连续提取油脂和蛋白还有待深入研究。

3. 重视花生茎叶、果壳等副产品的加工利用

花生茎叶可作为各种动物饲料的原料,花生壳还可用做肥料、食用菌培养基料、制作活性炭、制备胶黏剂甚至用于加工食用酱油。在资源日益紧张的今天,重视并利用每一种资源是社会进步的一个很好的体现。

5.2 花 生 粕

5.2.1 花生粕及其营养特性

5.2.1.1 花生粕概述

花生粕(peanut meal)又名花生仁粕,是花生经预压浸提或直接溶剂浸提取油后获得的副产品,或由花生饼浸提取油后获得的副产品。不同国家对花生饼粕的指标规定不一。美国规定,花生带壳榨油后得到花生饼,凡粗纤维含量不超过 7% 者,均为脱壳的花生仁饼粕。日本对花生仁饼粕的规定为:水分在 13% 以下,粗蛋白质在 40% 以上,粗纤维在 10% 以下,粗灰分在 8% 以下,黄曲霉毒素 B$_1$ 不超过 1 mg/kg。我国是生产花生粕较多的国家之一,年产花生

饼粕约 300 万 t,主产区是山东省,产量约占全国的 1/4,其次是河南、河北、江苏、广东、四川等地。花生仁饼粕及带壳的花生饼的一般成分见表 5.4。

表 5.4 花生仁饼粕、带壳花生饼的一般成分　　　　　　　　%

成　分	花生仁饼		花生仁粕		带壳花生饼
	平均值	范围	平均值	范围	
水分	9.0	8.5~11.0	9.0	8.5~11.0	11.4
粗蛋白质	45.5	41.0~47.0	47.0	42.5~48.0	29.33
粗脂肪	5.0	4.0~7.0	1.0	0.5~2.0	9.89
粗纤维	4.2	4.0~6.0	5.2	5.0~6.0	27.9
粗灰分	5.5	4.0~6.5	5.5	5.0~7.0	6.3
钙	0.2	0.15~0.30	0.2	0.15~0.30	0.26
磷	0.55	0.45~0.65	0.6	0.45~0.65	0.59

来源:花生信息网。

5.2.1.2　花生粕的营养特征

花生粕成分及营养价值见表 5.5。花生粕的营养价值较高,其可利用能为 12.3 MJ/kg,是饼、粕类中最高的。粗蛋白质含量可达 48% 以上,但氨基酸组成不好,赖氨酸含量只有大豆饼粕的一半左右,蛋氨酸含量也较低,而精氨酸含量高达 5.2%,是所有动、植物饲料中最高的。花生果中也含有胰蛋白酶抑制因子,加热可将其破坏,但温度过高会影响蛋白质的利用率。一般认为加热温度达到 120℃ 左右比较合适,可破坏其中的胰蛋白酶抑制因子,对蛋白质和氨基酸的消化率影响较小。但如果加热的温度太高,如在 200℃ 以上,则可使氨基酸受到严重破坏。

花生粕中含有丰富的活性物质——黄酮类、氨基酸、蛋白质、鞣质、糖类、三萜或甾体类化合物等成分,其中,总黄酮含量高达 1.095 mg/g,多糖含量为 32.50%。残余脂肪熔点低,脂肪酸以油酸为主,不饱和脂肪酸占 53%~78%,并含有 Mg、K、Ca、Fe、Na、Zn、P、Cu、Mn 等多种矿质元素。胡萝卜素、维生素 D、维生素 E 含量低,B 族维生素较丰富,尤其烟酸含量高,约 174 mg/kg。核黄素含量低,胆碱 1 500~2 000 mg/kg。花生饼、粕营养成分含量随着饼、粕中含壳量多少而有差异,含壳越多,饼、粕的粗蛋白质及有效能值越低。不脱壳花生榨油生产出的花生饼,粗纤维含量可达 25%,甚至难以作为猪、鸡等单胃动物的饲料。由于花生粕的精氨酸含量过高,在饲料中使用时可与含精氨酸少的菜粕、鱼粉、血粉等配伍,以取得较好的效果。

花生粕本身无毒素,但易感染黄曲霉,产生黄曲霉毒素,引起动物中毒。黄曲霉毒素有许多种,包括 B_1、B_2、G_1、G_2、M_1、M_2、P_1,其中毒性最大的是黄曲霉毒素 B_1。花生的含水量在 9% 以上,温度 30℃,相对湿度为 80% 时,即可使黄曲霉繁殖,而相同条件下,谷物的含水量在 14% 以上,黄曲霉才会繁殖。黄曲霉毒素易致禽类中毒,主要损害肝脏、血管与神经系统。雏鸡中毒后精神不振、羽毛脱落、便血、死亡;猪中毒后食欲差、口渴便血、生长受阻、直至死亡。蒸煮、干热对去除黄曲霉毒素无效,因此,对于花生粕,应特别检测其黄曲霉毒素含量。我国饲料卫生标准中规定,花生(仁)饼粕中黄曲霉毒素 B_1 含量不得大于 0.05 mg/kg。

表 5.5　花生粕成分及营养价值

名　称	含　量	名　称	含　量
常规成分		有效能	
干物质/%	88.0	产奶净能(奶牛)/(MJ/kg)	7.53
粗蛋白质/%	47.8	消化能(羊)/(MJ/kg)	13.56
粗脂肪/%	1.4	氨基酸	
粗纤维/%	6.2	赖氨酸/%	1.40
无氮浸出物/%	27.2	蛋氨酸/%	0.41
粗灰分/%	5.4	胱氨酸/%	0.40
微量元素		苏氨酸/%	1.11
钙/%	0.27	异亮氨酸/%	1.25
磷/%	0.56	亮氨酸/%	2.50
非植酸磷/%	0.33	精氨酸/%	4.88
有效能		缬氨酸/%	1.36
消化能(猪)/(MJ/kg)	12.43	组氨酸/%	0.88
代谢能(猪)/(MJ/kg)	10.71	酪氨酸/%	1.39
代谢能(鸡)/(MJ/kg)	10.88	苯丙氨酸/%	1.92
消化能(肉牛)/(MJ/kg)	14.43	色氨酸/%	0.45

来源:王成章,2003。

5.2.2　原料标准

国标 GB/T 10382—89 规定了饲料用花生粕的质量指标及分级标准,该标准适用于以脱壳花生果为原料经有机溶剂浸提取油或预压-浸提取油后的饲料用花生粕。标准中规定饲用花生粕应为淡褐色或深褐色,色泽新鲜一致,形状为小块或粉状,有淡花生香味,无发霉、变质、结块及异味、异臭。花生粕以粗蛋白质、粗纤维、粗灰分为质量控制指标,按各种指标的含量分为 3 级(表 5.6)。粗蛋白质、粗纤维、粗灰分 3 项质量指标含量均以 88% 干物质为基础计算,各项指标必须符合相应等级规定标准,低于三级者为等外品。

表 5.6　饲料用花生粕质量标准　　　　　　　　　　　　　　　　　　　　　%

质量标准	等　级		
	一级	二级	三级
粗蛋白质	≥51.0	≥42.0	≥37.0
粗纤维	≤7.0	≤9.0	≤11.0
粗灰分	≤6.0	≤7.0	≤8.0
水分	<12	<12	<12

来源:国标 GB/T 10382—89。

5.2.3 花生粕饲用价值

花生粕营养成分主要受花生提油工艺的影响。花生粕蛋白质含量高,适口性好,是畜禽喜爱的一种植物性蛋白饲料。花生壳的含量直接影响花生粕的纤维含量,进而影响其能量和蛋白水平。利用溶剂法提油后的花生粕,脂肪含量通常在1.5%以下。在温暖和潮湿环境下长时间保存花生粕,则花生粕的质量会因其中残留花生油发生氧化而使花生粕的质量大打折扣。并且,花生粕易感染黄曲霉而产生黄曲霉毒素,使花生粕适口性差、有毒性,能量含量低。

与豆粕相比,花生粕中蛋白质的氨基酸构成不平衡,表现在赖氨酸、蛋氨酸、苏氨酸和色氨酸的含量明显比豆粕低,且消化率也比豆粕平均低5%~10%。因此,当使用花生粕时,必须注意补充赖氨酸和蛋氨酸,或与鱼粉、豆饼、血粉配合使用。同时花生粕易感染黄曲霉,所以饲喂畜禽的用量不能超过20%,在精料中一般不超过15%为宜。

(1)鸡

花生饼粕对雏鸡和成鸡的热能值差别很大,尤其是加热不良的饼粕会引起雏鸡的胰脏肥大,此种影响随鸡龄的增加而降低,所以花生饼粕以用于成鸡为宜。花生饼粕的适口性很好,可提高鸡的食欲,育成期可使用至6%,产蛋鸡可使用至9%。在日本和我国台湾省为了避免黄曲霉毒素中毒,规定雏鸡不准使用,其他阶段饲料中最高添加量不可超过4%。在鸡的日粮中添加蛋氨酸、硒、胡萝卜素、维生素E以及提高日粮蛋白质水平,均可降低黄曲霉毒素的毒性作用。

(2)猪

花生粕是猪的优良蛋白质饲料,适口性好,但由于赖氨酸和蛋氨酸含量低,故其营养价值低于大豆粕。研究表明,在2周龄仔猪料中代替1/4大豆饼粕,5周龄时代替1/3大豆饼粕,生长及饲料效率并不受影响。生长肥育猪补足所缺的赖氨酸、蛋氨酸,可代替全部的大豆饼粕。虽然猪喜食花生饼粕,但是注意不能多喂,用量以不超过10%为宜,以免下痢和体脂变软,影响胴体品质。

(3)反刍家畜

奶牛、肉牛均可使用,饲用价值不次于大豆饼粕。带壳的花生饼也可使用,但不宜单独使用,与其他饼粕类饲料配合使用可提高效果。花生饼粕有通便作用,采食过多可排软便。感染黄曲霉的花生饼粕,用氨处理后喂牛,不会给机体带来负面影响,也不会将毒素转移到奶中。

花生饼粕也可作为羊的良好蛋白质原料,以不同加热程度的花生粕喂给山羊,通常较高温处理者效果较好,这是由于经高温处理后,蛋白质溶解度降低,瘤胃产氨较少,故氮的蓄积量较高。

(4)水产养殖业

对虾十分喜欢花生粕的味道,花生粕在对虾饲料中有良好的诱食作用。研究表明,对虾饲料中用花生粕替代20%鱼粉,对虾的增重率、成活率、饲料转化效率、蛋白质转化效率均无显著差异。花生粕与鱼粉等动物蛋白按一定比例配合而成的饲料在鱼类养殖中的养殖效果往往优于高鱼粉的配方饲料。

5.3 花 生 饼

5.3.1 花生饼与营养成分

花生饼(peanut cake)又名花生仁饼,是花生脱壳或部分脱壳(含壳率≤30%)的花生经压榨取油后的副产品。中国、泰国和越南是花生饼三大主要进口国,印度、尼加拉瓜和阿根廷则是三大主要出口国。

除粗脂肪以外,一般花生饼的营养成分含量比花生粕中的低,其营养成分与基本组成见表5.7。花生饼的粗蛋白质含量约为44%,其中63%为不溶于水的球蛋白,可溶于水的白蛋白仅占7%。花生饼中一般含有4%~6%粗脂肪,高者可达11%~12%。花生饼中残留的脂肪可供作能源。花生饼中粗纤维的含量一般为4%~6%,测定花生饼中粗纤维含量可作为检测花生壳掺入量的手段。高温处理的(110℃~140℃)花生饼其氨基酸表观消化率一般低于低温(60℃~100℃)处理的产品,其中尤以赖氨酸、组氨酸最为明显。

表5.7 花生饼成分及氨基酸含量

名 称	含 量	名 称	含 量
常规成分		有效能	
干物质/%	88.0	产奶净能(奶牛)/(MJ/kg)	8.45
粗蛋白质/%	44.7	消化能(羊)/(MJ/kg)	14.39
粗脂肪/%	7.2	氨基酸	
粗纤维/%	5.9	赖氨酸/%	1.32
无氮浸出物/%	25.1	蛋氨酸/%	0.39
粗灰分/%	5.1	胱氨酸/%	0.38
微量元素		苏氨酸/%	1.05
钙/%	0.25	异亮氨酸/%	1.18
磷/%	0.53	亮氨酸/%	2.36
非植酸磷/%	0.31	精氨酸/%	4.60
有效能		缬氨酸/%	1.28
消化能(猪)/(MJ/kg)	12.89	组氨酸/%	0.83
代谢能(猪)/(MJ/kg)	11.21	酪氨酸/%	1.31
代谢能(鸡)/(MJ/kg)	11.63	苯丙氨酸/%	1.81
消化能(肉牛)/(MJ/kg)	16.07	色氨酸/%	0.42

来源:王成章,2003。

5.3.2 花生饼的原料标准

饲料用花生(仁)饼国家农业行业标准 NY/T 132—1989 规定:感官要求花生饼为小瓦块状或圆扁块状,色泽新鲜一致;无发霉、变质、结块及异味、异臭;水分含量不得超过 12.0%。饲料用花生(仁)饼具体质量标准见表 5.8。

表 5.8 饲料用花生饼质量标准 %

质量标准	等 级		
	一级	二级	三级
粗蛋白质	≥48.0	≥40.0	≥36.0
粗纤维	≤7.0	≤9.0	≤11.0
粗灰分	≤6.0	≤7.0	≤8.0
水分	<12	<12	<12

来源:NY/T 132—1989。

5.3.3 花生饼的饲用价值及应用

花生饼中油脂含量较高,营养丰富,可用于饲喂猪、鸡等单胃动物及反刍家畜,适口性很好。但由于花生饼很容易感染黄曲霉而产生黄曲霉毒素,在一定程度上限制了其在饲料行业的高效利用,为了安全,配合饲料中一般控制在 10% 左右。

5.3.3.1 在蛋鸡日粮中应用

试验表明,在产蛋率超过 80% 的罗曼蛋鸡日粮中,用 10% 花生饼代替等量豆饼可行,每吨料可节省 40～80 元,且能改善蛋壳与蛋黄的色泽,提高鸡蛋的商品价值。在蛋鸡日粮中使用花生饼,当用量达 15%～20% 时,虽然不影响产蛋率,但耗料量增加,个别鸡出现排粪困难,产蛋时脱肛发生率增加的问题。

5.3.3.2 在肉鸡日粮中应用

由于肉鸡生长速度快,对必需氨基酸平衡的要求高,故花生饼的用量不宜过多。在 20 多批约 12 万只肉鸡饲养试验中,前期用 5%、中后期用 10% 的花生饼代替等量豆饼是可行的。

5.3.3.3 在育肥猪日粮中应用

花生饼对猪有很好的诱食性,使用花生饼日粮喂猪,采食量明显增加。由于赖氨酸是猪的第一限制性氨基酸,花生饼日粮喂猪更显赖氨酸不足。因此,更要特别注意控制花生饼的用量,注意花生饼与豆饼和鱼粉的配比,同时还要添加赖氨酸。从理论上讲,猪料中花生饼替代豆饼的用量每增加 1%,则赖氨酸需增加 0.01%,因此需加强成本核算。而且,猪日粮中过量使用花生饼还会使体脂变软,影响肉脂品质。在 30～90 kg 育肥猪日粮中使用 5%～10% 的花生饼代替豆饼的试验表明是可行的。

5.4　花生饼粕防霉及储藏技术

花生饼粕作为畜禽蛋白来源,具有一定的优势。但是花生饼粕极易感染黄曲霉而产生黄曲霉毒素,因此,必须加强花生饼粕黄曲霉毒素的综合防范治理与控制,以保证饲料原料的饲用安全。

5.4.1　黄曲霉毒素简介及其检测方法

5.4.1.1　黄曲霉毒素及其特点

黄曲霉毒素(aflatoxin)是一种主要的真菌毒素(mycotoxin),是黄曲霉和寄生曲霉等产毒菌株次级代谢产物(图 5.10),其毒性和致癌性极强,对人和家畜、家禽危害极大。黄曲霉毒素属剧毒物质,它不是单一化合物,而是一类结构极其相似的化合物,基本结构(图 5.11)为一个二氢呋喃环和香豆素(氧杂萘邻酮)。目前已发现有 20 种左右,分为 B 族和 G 族两大类,在紫外线照射下(当激发光波长为 365 nm 时),B 族毒素发出蓝紫色荧光,G 族毒素发出黄绿色荧光,因此它们的命名分别取自"blue"和"green"之首字母。在花生中常见且危害极大的有 B_1、B_2、G_1、G_2 等,其中又以黄曲霉毒素 B_1 最为常见(简称 AFB_1),毒性也最大,其毒性是氰化钾的 10 倍,是砒霜的 68 倍,对人和动物危害极大,被世界卫生组织定位为致癌第一杀手。其他黄曲霉毒素都是由这四种衍生而来的。

图 5.10　黄曲霉毒素

(http://image.baidu.com)

AFB_1 相对分子质量为 312,熔点为 268℃,难溶于水,对热稳定。该毒素在中性和酸性溶液中很稳定,但在强碱性溶液中可以迅速分解失去毒性。另外,5% 次氯酸钠溶液、NH_3、H_2O_2、SO_2

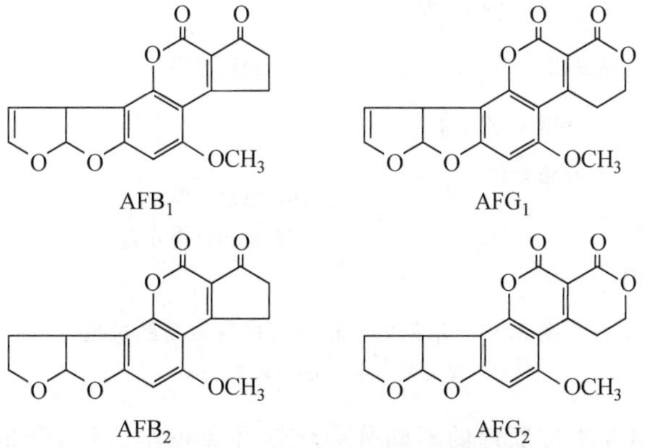

图 5.11　黄曲霉毒素结构式

(http://image.baidu.com)

等均可与黄曲霉毒素反应,破坏其毒性。黄曲霉毒素及其衍生物的理化参数见表 5.9。

表 5.9　黄曲霉毒素及其衍生物的理化参数

黄曲霉毒素的类型代号	分子式	相对分子质量	熔点/℃	紫外吸收值		荧光发射波 K/nm
				摩尔消光系数 (ξ)	最大吸收峰波长/nm	
B$_1$	C$_{17}$H$_{12}$O$_6$	312	268～269	19 800	346	425
B$_2$	C$_{17}$H$_{14}$O$_6$	314	286～289	20 900	348	425
G$_1$	C$_{17}$H$_{12}$O$_7$	328	244～246	17 100	353	450
G$_2$	C$_{17}$H$_{14}$O$_7$	330	237～240	18 200	354	450
M$_1$	C$_{17}$H$_{12}$O$_7$	328	299	17 450	345	425
M$_2$	C$_{17}$H$_{14}$O$_7$	330	293	13 950	346	—
B$_{2a}$	C$_{17}$H$_{14}$O$_7$	330	240	20 400	363	—
G$_{2n}$	C$_{17}$H$_{14}$O$_8$	346	190	18 000	365	—
GM$_1$	C$_{17}$H$_{12}$O$_8$	344	276	12 000	358	—
黄曲霉毒醇	C$_{17}$H$_{16}$O$_8$	314	230～234	14 100	362～363	425

注:B$_1$、B$_2$、G$_1$、G$_2$、M$_1$、M$_2$ 溶剂为苯、乙腈(98∶2);H$_{2a}$、G$_{2a}$ 溶剂为甲醇。
来源:张子仪,2000。

5.4.1.2　黄曲霉毒素的检测方法

黄曲霉毒素通常根据它们的光学性质(如吸收和发射波长)进行检测。黄曲霉毒素在 360 nm 时显示的特征吸收,是黄曲霉族的最大吸收。B 族毒素是因为它们在 425 nm 紫外光照射时显示光而得名的,G 族毒素是在 540 nm 时显示绿光而得名的,这种现象被广泛用来检测黄曲霉毒素。我国已制定了通过免疫亲和层析净化高效液相色谱法和荧光光度法(GB/T 18979—2003)测定食品中的黄曲霉毒素、液相色谱-荧光检测法测定牛奶和奶粉中黄曲霉毒素的测定(GB/T 23212—2008)等标准。用薄层色谱(TLC)或高效液相色谱等光谱手段检测黄曲霉毒素需要合适的分离过程,需要除去具有吸收的其他真菌及其代谢物。图 5.12 显示了用不同的方法检测黄曲霉毒素的检测过程。

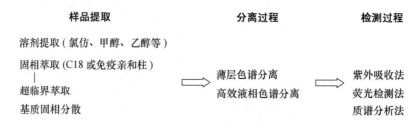

图 5.12　不同方法检测黄曲霉毒素的过程

（来源：Jin Hwan Do，2007）

黄曲霉毒素的检测方法按原理的不同分为化学和免疫学方法，分析过程包括样品处理和仪器检测。

1. 样品处理

样品处理的目的是把饲料中的黄曲霉毒素提取出来，并尽可能减小干扰组分对检测结果的影响，样品处理方法是否适当，将直接影响检测结果的准确性。采用的检测方法不同，对样品的处理要求也不一样，主要根据黄曲霉毒素的物理化学性质确定。黄曲霉毒素易溶于甲醇、乙腈、丙酮和氯仿等，不溶于己烷、石油醚、乙醚等，为了提高检测的回收率，常采用一定比例的有机溶剂水溶液作为提取溶剂，如甲醇：水等。近几年来，随着固相萃取技术和免疫亲和柱的应用，样品处理过程得到简化，结果也更加准确。样品处理已不再是影响检测的主要因素，以花生为例简述如下。

①免疫法。样品中加入甲醇：水(8：2)溶液，经过充分振摇，过滤，取适量滤液挥干后，用20％甲醇：磷酸缓冲液溶解凝结物，待测。

②色谱法。样品中加入甲醇：水(55：45)溶液，经过充分振摇，过滤，取适量滤液加入三氯甲烷，振摇后静置分层，将三氯甲烷层通过无水硫酸钠后收集，用三氯甲烷重复提取 2 遍，合并三氯甲烷，挥干后用适当的溶剂溶解残渣，待测。

③固相萃取法。固相萃取是一个包括液相和固相的物理萃取过程，样品中的黄曲霉毒素用甲醇：水溶液提取后，将适量的提取液加入经活化的固相萃取柱。在固相萃取过程中，固相对黄曲霉毒素的吸附力大于样品提取液，当提取液通过固相柱时，黄曲霉毒素被吸附在固体填料表面，其他组分则通过柱子，然后用甲醇等溶剂把黄曲霉毒素洗脱下来，待测。由于有些物质与固相的吸附力与黄曲霉毒素相近，采用这种方法则不能把它们与黄曲霉毒素分开，而干扰仪器检测，免疫亲和柱则可避免这种情况。

④免疫亲和柱。免疫亲和是近几年快速发展起来的一种样品净化技术，它是将特异性的黄曲霉毒素单克隆抗体与载体蛋白偶联并填柱而成，通过抗原抗体一一对应的特异性吸附关系，大大提高了样品处理的选择性。当样品提取液通过时，免疫亲和柱对黄曲霉毒素抗原选择吸附，其他组分则通过柱子，从而使样品得到净化，然后用甲醇把黄曲霉毒素洗脱下来，待测。这种方法快速、准确、仪器检测几乎没有干扰，但是成本较高。

2. 检测方法

按照检测原理的不同，分为免疫法和化学法。免疫法以抗原抗体的免疫化学反应为基础，进行抗原抗体含量的检测，特异性强，其他荧光物质、色素、结构类似物干扰少，样品处理简单。化学法是检测黄曲霉毒素被紫外线激发而产生的荧光强度，干扰物质多，为了得到准确的结果,就需要较多的处理步骤,比较烦琐。免疫法有酶联免疫吸附测定法(ELISA)和放射免疫测定法(RIA);化学法有荧光光度法(FL)、薄层色谱法(TLC)和高效液相色谱法(HPLC)等,近几年发展的液质联用方法(LC-MS/MS),灵敏度高,选择性强,有极好的发展前景。

①ELISA 酶联免疫分析定量测定黄曲霉毒素 B_1 试剂盒的测定原理:测定的基础是抗原抗体反应。微孔板包被有黄曲霉毒素 B_1 的特异抗体。加入标准溶液或样品溶液及黄曲霉毒素 B_1 酶标记物和抗体,游离黄曲霉毒素与黄曲霉毒素酶标记物竞争黄曲霉毒素抗体,同时黄曲霉毒素抗体与羊抗体连接。没有连接的酶标记物在洗涤步骤中被除去。将基质/发色剂加入到孔中并且孵育。结合的酶标记物将红色的基质/发色剂转化为蓝色的产物。加入反应停止液后使颜色由蓝转变为黄色。在 450 nm 处(参比波长大于 600 nm)测量,吸收光强度与样品中的浓度成反比。操作步骤:a. 经过处理的样品溶液中的黄曲霉毒素与定量特异性抗体反应,多余的游离抗体则与酶标板内的包被抗原结合;b. 加入酶标记物和底物后显色;c. 通过酶标仪检测溶液的光密度值,与黄曲霉毒素标准曲线比较测定含量。这种方法易于操作,灵敏度高($AFTB_1$ 的最低检测浓度可达 0.1 $\mu g/kg$),适于大量样品检测,但是样品提取液的酸度、金属离子及有机溶剂对检测结果有影响;检测 B_1 和总量($B_1+B_2+G_1+G_2$)需分别使用不同的试剂盒;方法的准确性和重现性有待提高,现多用于筛查,阳性样品需进行确证。

②RIA 类似于直接竞争 ELISA,方法以放射性同位素(^3H,^{14}C)标记毒素取代酶标毒素,用定量的放射性标记 AFT 和样品中的 AFT 竞争与定量抗体反应,通过检测加入闪烁液后单位时间内的标记数值,得出检测结果。方法灵敏度高,特异性强,但由于存在不同程度的放射性污染,使用的不多。近几年来,国外已成功制备了测定 B_1 的酶联免疫测定盒及检测乳中 M_1 含量的 RIA 检测盒。这两种检测盒都十分方便,而且快速准确。

③FL 依据黄曲霉毒素被紫外线照射后发出荧光的特性,经免疫亲和柱净化的样品溶液,用溴水衍生后,在专用的荧光光度计上可直接进行检测。检测过程:a. 显色液的添加。用移液管分别移取显色剂于测试管的洗脱液中。b. 混匀。将显色剂加到测试管的洗脱液中后,用微型振荡器混匀静置后进行测定。c. 测定。用擦镜纸将测试管擦净以保证其无荧光性,然后将测试管置于已标定好的荧光光度计中。60 s 后,读取样液中黄曲霉毒素($B_1+B_2+G_1+G_2$)的浓度(PPB)。此方法检测的是所有荧光强度,得到的是黄曲霉毒素的总量,因此要求在样品处理过程中不得使用可产生荧光的溶剂、水、洗涤剂等,否则将造成假阳性。方法的检测灵敏度可达 1 $\mu g/kg$,重现性较好,快速,并且不需使用黄曲霉毒素标准溶液,避免了可能对操作人员造成的危害。

④TLC 样品提取液经过薄层板分离后,在波长 365 nm 紫外光下黄曲霉毒素 B_1、B_2 产生蓝紫色荧光,黄曲霉毒素 G_1、G_2 产生黄绿色荧光,通过目测其荧光强度大小,与标准溶液比较测定含量。检测过程:a. 试样中的黄曲霉毒素经提取后,过滤;b. 用硅胶柱纯化,浓缩;c. 用单向或双向薄层色谱法进行试液层析分离;d. 在紫外灯下检查色谱荧光斑点,在同一板上,试液与已知量标准黄曲霉毒素比较,用目测法或薄层扫描仪荧光法测定黄曲霉毒素含量。

TLC 法设备简单,投入少,易于推广,可分别检测黄曲霉毒素 B_1、B_2、G_1、G_2,现在国内仍被广泛使用,属于半定量方法,检出限黄曲霉毒素 B_1、G_1 为 5 $\mu g/kg$,B_2、G_2 为 2.51 $\mu g/kg$。高效薄层色谱(HPTLC)可自动检测荧光强度大小,制作标准曲线,进行定量,提高了检测结果的准确性。为了更加准确的定量,往往将薄层色谱技术与其他方法结合。1966 年以来,开始使用薄层色谱法结合荧光光度法进行定量,即利用黄曲霉毒素在紫外光下产生的荧光,用荧光光度计对薄层板上各荧光扫描以确定含量,使灵敏度大大提高(可达 0.1～1 $\mu g/kg$),可用于黄曲霉毒素 B_1、B_2、G_1、G_2 和 M_1 的单独测定。

⑤HPLC 检测原理是被测组分在色谱柱中由于和固定相的作用力不同,被分离开来,依次进入荧光检测器检测其产生的荧光强度,与标准曲线比较进行定量。有柱前衍生和柱后衍生两种方法,柱前衍生是将样品提取液的黄曲霉毒素用三氟乙酸等衍生后再进入色谱柱进行分离、检测,属于离线检测,不需增加衍生设备;柱后衍生是将样品提取液经色谱柱分离后的各黄曲霉毒素分别用碘或溴衍生、检测,属于在线检测,需要衍生设备,检测限可达 0.51 $\mu g/kg$。近几年出现的柱后光化学衍生法,不需衍生试剂,当黄曲霉毒素随流动相流经反应线圈时,受到紫外灯的照射,荧光性较弱的 B_1、G_1 被衍生为荧光性较强的 B_{2a}、G_{2a},而 B_2、G_2 不受影响,从而使 B_1、B_2、G_1、G_2 检测灵敏度可达 0.21 $\mu g/kg$。

HPLC 检测操作过程:a. 样品提取。加入提取液进行提取,提取后进行过滤等澄清后进行免疫亲和柱净化操作。b. 免疫亲和柱净化。将免疫亲和柱连接在玻璃针筒下面,移取样本的澄清滤液注入玻璃针筒里,再连接空气压力泵,使溶液通过免疫亲和柱,使 2～3 mL 空气通过柱体,使用洗脱液进行洗脱,收集所有洗脱液放入玻璃测试管中。c. HPLC 检测。根据样品性质设定相应的色谱条件进行检测。d. 结果计算。将进样瓶按标号次序放入自动进样盘中,由色谱工作站直接给出结果标准谱图。HPLC 检测结果用 HP 化学工作站进行数据处理。结果计算与表达用色谱处理机直接得出结果。

由于 HPLC 法精密度和准确度高,检出限低,定量准确,自动化程度高可以连续处理大量样品,适合科研型实验室和需要大量样品检测的实验室,且能够分别检测 B_1、B_2、G_1、G_2,已越来越广泛地应用于黄曲霉毒素的检测工作中。HPLC-MS/MS 是把色谱柱的流出物引入质谱检测器中,黄曲霉毒素通过离子源形成离子后,检测 m/z 313.0～285.3 离子对,外标法定量。方法不需衍生、选择性好、灵敏度高(B_1 检测限 0.051 $\mu g/kg$)、结果准确可靠,但 HPLC 造价高,设备非常昂贵。要求高的操作技术不宜大面积推广,有机试剂消耗多,在实验中对环境造成污染。

为了在实际工作中提高工作效率,科研工作者不断提出一些快速简便的检测黄曲霉毒素的方法,如在产品收购和生产过程中,往往需要快速的筛选方法来了解黄曲霉毒素的污染状况,如利用单克隆抗体设计的固相免疫分析法,用甲醇-水(6+4)溶液提取样品中的黄曲霉毒素,取澄清液滴加到试纸上,通过与标准色卡比较,可在 20 min 完成对样品中黄曲霉毒素的定性测定,可满足现场检测的需要。

随着对黄曲霉毒素检测方法研究的深入,会有更多快速、准确、灵敏度高的方法出现,可根据检测工作对方法灵敏度的要求,选择合适的方法,对饲料和食品中黄曲霉毒素进行检测,以保证动物饲料和人们食品的安全。

5.4.2 花生饼粕中黄曲霉毒素的危害

饲料在自然条件下污染的黄曲霉毒素有 B_1、B_2、G_1、G_2 4 种,其中以 B_1 最多,G_1 次之,B_2 与 G_2 很少。在检验饲料中黄曲霉毒素的含量和对其进行评价时,一般以黄曲霉毒素 B_1 作为主要指标。

引起饲料霉变的霉菌主要有黄曲霉菌、赭曲霉菌、禾谷镰刀菌、扩展青霉菌等,它在生长繁殖过程中能大量产生毒素,主要有黄曲霉毒素、赭曲霉毒素、伏马毒素、呕吐毒素等,动物采食后,会降低生产性能,极易中毒甚至死亡。我国每年因花生饼粕中黄曲霉毒素造成的饲料中毒事件经常发生,损失巨大。表 5.10 为花生粕样品中真菌毒素检出情况,可以看出花生饼粕极易被真菌感染,其中黄曲霉最为严重。

表 5.10　花生粕中各种霉菌毒素存在情况

项　目	Alf	ZON	DON	FUM	T-2	OTA
样品数	7	7	7	7	3	0
阳性样品数	7	4	0	1	0	0
检出率/%	100	57	0	14	0	0
平均值/(μg/kg)	202	3 116	0	249	0	
最大值/(μg/kg)	381	4 587	0	249	0	

来源:中国畜牧杂志,2006。

黄曲霉毒素难溶于水,而且对热很稳定,花生饼粕被霉菌与霉菌毒素污染后,靠一般的蒸煮或干热处理都难将它除去,将产生严重的危害。

5.4.2.1　花生饼粕霉变的危害

1. 引起饲料变质

霉变的花生饼粕应用于饲料后,一方面,真菌毒素引起饲料污染;另一方面,会导致饲料进一步发霉变质。一些非产毒的霉菌污染饲料后,尽管没有产生毒素,但由于大量繁殖而引起的饲料霉变也是极为有害的。饲料霉变首先可以使感官性质恶化,如具有刺激气味、酸臭味道、颜色异常、黏稠污秽感等,严重影响适口性。其次是在微生物酶、饲料酶和其他因素作用下,饲料组成成分发生分解,营养价值严重降低。例如,有的霉菌可使被感染的谷物中 B 族维生素、维生素 E 或某种氨基酸的含量显著下降,因而,长期饲喂这种饲料可引起某些营养缺乏症。

2. 干扰动物免疫系统

黄曲霉毒素能降低动物的抗病力,干扰免疫接种与体内获得性免疫力。单端孢霉素类(T-2 毒素、DON 等)是免疫抑制剂,能影响动物免疫系统,降低机体的免疫应答能力。

3. 影响动物生长发育及生产性能

黄曲霉毒素能干扰体内蛋白质、碳水化合物和脂类的代谢,降低畜禽生长速度。霉菌毒素还能侵害动物肝脏及肾脏,导致动物肝硬化、肝痛,损害肾脏,影响生长性能。丁烯酸内酯属于一种血液毒素,可导致牛烂蹄病。

4. 引起畜禽发生霉菌毒素中毒

饲料中的霉菌毒素可引起畜禽发生急性或慢性中毒,有的霉菌毒素还具有致癌、致突变和致畸的作用。

5.4.2.2　霉变花生饼粕对动物的影响与防治

1. 动物中毒症状

霉变花生饼粕中毒的症状因霉变程度、动物采食的多少和采食时间的长短而不同,轻者出现胃肠炎、拉稀,怀孕母畜流产,重者出现神经症状甚至死亡。牲畜中毒后精神不振、食欲减少或废绝、消瘦、腹痛、腹泻。幼畜常出现神经症状、行走不稳、瘫痪、震颤,怀孕母畜常引起流产和死胎。

剖检见肝脏肿大、变性、坏死、色黄、质脆,全身肌肉、黏膜、皮下均有出血点和出血斑。肾弥漫性出血,胸、腹腔积液,胃肠道可见游离状血块。有时脾可出现出血性梗死,心内外膜出血,脑实质和脑膜血管扩张充血。慢性中毒肝变硬,胆囊缩小,胆汁浓稠,严重黄疸,肾苍白肿胀,肩下、腿前肌肉可见瘀血及斑状出血。

2. 中毒后的解毒

如果轻微中毒,停喂霉变饲料即可,不需用药;如症状较重或饲喂时间较长,可进行缓泻用药治疗。

(1)牛

用硫酸镁 500～800 g,一次内服;怀孕母牛可选用液体石蜡 500～1 500 mL,一次内服。

(2)猪

人工盐 50～100 g 加土霉素 2～10 g 一次内服。怀孕母猪可选用植物油 100～200 mL 加土霉素 5～10 g,一次内服。

中毒严重的病例辅以补液强心。安钠咖注射液 5～10 mL,葡萄糖注射液 250～500 mL;5％碳酸氢钠注射液 50～100 mL,一次静注;维生素 C 注射液 5～10 mL 肌肉注射,有神经症状的加镇静剂,盐酸氯丙嗪每千克体重 1～3 mg 注射。

5.4.3 花生饼粕黄曲霉毒素污染的防控技术

黄曲霉毒素不仅可以造成养殖业的经济损失,还可能由食物链进入人体危害人的身体健康。对于去除黄曲霉毒素技术已经开发了很多办法,包括选育抗性强的作物,改良种植方法,注意避免在收获、储藏、加工过程中的交叉污染,尤其对已经污染的粮食和饲料进行脱毒处理,如热处理、水洗、酸碱处理、氧化还原处理和生物处理等。传统的黄曲霉毒素去毒方法有物理和化学方法,包括氨化法、碱法、高温法、紫外线照射法以及超滤-渗滤法等,这些方法存在效果不稳定、营养成分损失较大以及难以规模化生产等缺点;目前还有添加霉菌毒素吸附剂的办法,这种方法在吸附毒素的同时会吸附一些营养成分,也不能彻底去除黄曲霉毒素的毒性,动物生产性能仍然受到很大的影响。黄曲霉毒素生物降解,是指黄曲霉毒素分子的毒性基团被微生物产生的次级代谢产物或者所分泌的胞内、胞外酶分解破坏,同时产生无毒的降解产物的过程,毒素生物降解是一种化学反应的过程,不是对毒素的物理性吸附作用。主要花生饼粕霉菌毒素防控技术如下。

5.4.3.1 物理学方法

1. 筛选法

利用机械或人工的方法先进行挑选,剔除霉变原料,然后将未霉变的饲料进一步筛选,以达到去霉防毒的目的。

2. 热处理法

用 150℃的温度焙烤 30 min 或用微波炉加热 8～9 min,可破坏 48％～61％的黄曲霉毒素

B_1 和 $32\%\sim40\%$ 的黄曲霉毒素 G_1。

3．黏土或沸石处理

黏土和沸石的主要成分为硅铝酸盐。在水溶液中，硅铝酸盐能选择性地与黄曲霉毒素结合去毒，并且对毒素的吸附率达 80% 以上。常用方法是在饲料中添加 0.5% 的黏土或沸石，既能促进畜禽的生长发育，又能去除霉菌毒素。

5.4.3.2　化学方法

主要是氨化处理，用氨水或氨气处理霉变饲料，可以使花生饼粕中黄曲霉毒素的含量减少 $90\%\sim95\%$。方法是将霉变饲料密封在熏蒸罐或塑料薄膜袋中，使其含水量在 18% 以上，通入氨气熏蒸 10 h。

5.4.3.3　生物学方法

利用乳酸杆菌等益生菌进行发酵，在酶的催化作用下，使黄曲霉毒素毒性降低。用这种方法处理饲料，不仅可降低饲料中霉菌毒素的毒性，还可增加饲料营养（菌体蛋白），改善适口性。

目前，微生物固态发酵法去除花生粕中黄曲霉毒素 B_1 的工艺取得了较好的研究进展。从花生土壤和发霉花生粕中筛选菌株，选出对黄曲霉毒素 B_1 去除效果最好的一株菌〔在细菌分类上被初步鉴定为巨大芽孢杆菌（*Bacillus megaterium*）〕，其细胞和发酵上清液对黄曲霉毒素 B_1 的去除率分别达到 48.26% 和 78.55%。用巨大芽孢杆菌固态发酵染毒花生粕，在料水比 1：1.1、发酵温度 35.90℃、发酵时间 64.32 h，黄曲霉毒素 B_1 的去除率为 69.34%。发酵后花生粕中粗蛋白质含量增长 10.79%，总氨基酸含量增长 5.08%，总黄酮含量基本不变，总糖含量减少 5.5%，灰分含量基本不变。因此，利用生物学方法控制黄曲霉毒素的污染是一种高效率、特异性强以及对饲料和环境没有污染的新方法。

要注意的是，以上处理方法仅适用于轻度发霉的饲料，在处理后应与其他饲料配合使用，禁止作为主要饲料喂用。对于严重霉变的饲料，应全部废弃为好。

5.4.3.4　花生饼粕储藏防霉技术

引起花生饼粕霉变的三个主要条件是湿度、温度和氧气。一般情况下，把水分控制在安全线以下是最简便易行的方法。花生饼粕储藏时，含水量控制在 12% 以下。贮存花生饼粕的仓库要干燥，储藏时下面要垫底，上方周围要留空隙，使空气流通。对贮存较久的原料要定期监测水分，含水量超标应及时采取措施。花生饼粕储藏过程中，可以采用物理和化学或者两者结合的方法防止其霉变。

1．物理防霉法

主要是控制储藏环境的温度。国内现在常用低温通风储藏法，采取低温与机械通风相结合，使饲料达到安全水分含量。不仅适用于颗粒饲料，而且对水分含量较高的粉料应用效果也较明显。

2．化学防霉法

此法比较适合于饲料工业。作为饲料防霉剂必须既有抑制霉菌生长的作用，又要对人畜无害，且价格低廉、使用方便可靠。常被用做防霉剂的有丙酸及其盐类、山梨酸及其盐类、双乙酸钠、乙氧喹、延胡索酸、脱氢醋酸盐、龙胆紫、富马酸二甲酯等。目前用量较大的是丙酸盐、山梨酸及其盐类乙酸。

3. 国外饲料防霉技术

为了防止花生饼粕及饲料霉变,国外采用各种饲料防霉技术以保障饲料原料质量安全。

①使用防霉包装袋。日本制成了一种能长期防止饲料发霉的包装袋。该袋用聚烯烃树脂制成,含有 0.01%~0.05% 的香草醛。由于聚烯烃树脂可以使香草醛慢慢地挥发而渗透进饲料中,不仅能防止饲料发霉,而且能使饲料含有香味,家禽家畜更喜欢吃。

②使用防霉物质。目前国外使用的饲料防霉物质,主要是碘化钾、碘酸钙、丙酸钙、甲酸、海藻粉等。日本把几种防霉物质混合,制成了一种高效防霉剂,它是由 92% 的海藻粉、4% 的碘酸钙和 4% 的丙酸钙组成。将这种防霉剂按 8% 的比例加入到饲料中去,置于温度为 30℃、相对湿度为 100% 的条件下,能保证饲料在 1 个月内不会发霉,饲料中的营养成分也不会被破坏。

③用射线辐照。饲料在加工过程中很容易感染霉菌和其他病菌。用 1 Mrad 的射线对鸡饲料进行辐照后,将其置于温度为 30℃、相对湿度为 80% 的条件下存放 1 个月,不会出现霉菌繁殖现象。

④化学消毒和辐照同时进行。对饲料先进行化学消毒,然后再进行辐照,具有灭菌和防霉的作用。

5.5　花生蛋白和花生肽

经过"十一五"的发展,我国花生加工业主要由数量的增长转变为质量的提高,产品品种和经济效益同步增长,深加工转化率和利用率提高,产业结构和产品结构得到进一步优化,生产技术水平和产品的科技含量提高。我国花生蛋白产量在国内各种油料植物蛋白中居第二。继大豆蛋白被人们充分认识和深度利用后,花生蛋白作为优质植物蛋白资源,开始进入人们的视野并逐渐引起重视。专家预测,在我国随着花生蛋白开发的逐渐深入,花生作为天然植物蛋白资源的作用将得到充分发挥。

5.5.1　花生蛋白和花生肽的营养价值

5.5.1.1　花生蛋白的营养特性

花生蛋白(peanut protein)是由花生或花生饼粕生产的蛋白质含量在 65%(以干基计)以上的花生加工产品。花生蛋白中约有 10% 乳清蛋白(whey protein),其余 90% 为碱性球蛋白(alkaline globulin),它由花生球蛋白(arachin)和伴花生球蛋白(conarachin)组成,其中约 63% 是球蛋白,33% 是伴花生球蛋白。花生蛋白是一种营养价值较高的植物蛋白(表 5.11),含有 8 种必需氨基酸(表 5.12),除了赖氨酸和蛋氨酸含量较低外,其他必需氨基酸含量都较高。不同工艺制备的花生蛋白营养价值并不相同。采用低温脱脂压榨工艺制备的花生蛋白,具有较高的营养价值,能够满足机体的营养需求,其在体内的吸收利用程度及生理功能均显著优于从传统高温脱脂工艺获得的花生饼粕粉,同时还具有增加粪便含水量和促进排便的功效。

表 5.11　花生蛋白的营养价值

参　　数	含　　量	参　　数	含　　量
消化率/%	87	化学评分	65
生物价(BV)	55.5	必需氨基酸指数(EAAI)	69
蛋白质功效比值(PER)	1.7	FAO 评分	43
净蛋白质利用率(NPU)	42.7		

来源:张敏,2005。

表 5.12　每 100 g 花生蛋白和大豆蛋白的必需氨基酸组成　　　　　　　　g

成　　分	花生浓缩蛋白	花生分离蛋白	大豆浓缩蛋白	大豆分离蛋白
赖氨酸	3.0	3.0	6.6	5.7
蛋氨酸	1.0	1.0	1.3	1.3
半胱氨酸	1.4	1.4	1.6	1.0
色氨酸	2.5	2.5	1.4	1.0
苏氨酸	5.2	5.1	4.3	3.8
异亮氨酸	3.4	3.6	4.9	5.0
亮氨酸	6.7	6.6	8.0	7.9
苯丙氨酸	5.6	5.6	5.3	5.9
缬氨酸	4.5	4.4	5.0	5.2

来源:徐维艳,2010。

5.5.1.2　花生肽的营养特性

肽是由氨基酸通过肽键连接而成的化合物,它是机体组织细胞的基本组成部分。与蛋白质相比,活性肽具有良好的理化性质和水合性质。此外,肽类活性物质分子量小,极易被消化吸收和利用,其吸收机制、活性强度和活性多样性均优于蛋白质。花生肽(peanut peptide)是含花生蛋白质的原料(花生、花生粕或者花生蛋白)经酶等水解得到的,干燥后呈粉末状,无结块现象,无杂质,无异味,且有花生原有淡淡的清香气味。具有良好的水溶性,持水性,能在pH 2~10 的条件下完全溶解。研究表明:花生肽具有比蛋白质更好的稳定性能和营养性能,某些小分子的肽甚至具有特殊的生理活性,如抗氧化性等。

5.5.2　花生蛋白的分类与制备

从具有代表性的欧美等发达国家的花生产业的发展历程来看,花生生产的目的是以油用为主逐步向食用方向发展的,花生生产不单是为了榨油,而是为了获得高质量的蛋白。我国对于花生蛋白的开发利用起步较晚,但经过广大科技工作者的努力,近年来,我国在花生蛋白的加工技术及其利用方面,取得了一定的进展。

5.5.2.1　花生蛋白的分类

花生蛋白的种类一般有花生蛋白粉、花生浓缩蛋白、花生分离蛋白等。其中,花生蛋白粉按照含脂量不同,分为脱脂花生粉(也叫花生粉)、含脂花生粉(按含脂多少确定);按蛋白质含量不同,分为花生浓缩蛋白、花生分离蛋白。

①花生蛋白粉(peanut protein powder)是花生蛋白的粗制品,包括部分花生粉、脱脂花生粉等。传统制备花生蛋白粉的原料一般有两种:脱脂或部分脱脂的饼粕。现在,随着新兴提油技术水酶法研究的深入,也出现了直接以花生仁为原料制备花生蛋白粉的新工艺。由于原料和加工技术的不同,花生蛋白粉的蛋白含量在47%~55%,其余主要是碳水化合物、灰分、脂肪和一些微量成分。按照《饲料原料目录》,这部分产品由于粗蛋白质含量低,很难列入花生蛋白范畴。

②花生浓缩蛋白是蛋白含量(干基)要求不低于65%的产品,高品质产品则要求不低于70%。一般以花生蛋白粉或者脱脂花生粕为原料,采用乙醇洗涤法、酸沉淀法或变性洗涤法来制备。乙醇洗涤法是采用60%~80%的乙醇溶液洗涤原料,使蛋白质和多糖沉淀下来,而寡糖和其他可溶性成分被洗涤除去。酸沉淀法是利用花生蛋白质在等电点时产生沉淀,而寡糖和其他组分溶解于溶液中被除去,然后将湿蛋白中和、干燥即得花生浓缩蛋白。也可以轻微加热,使花生蛋白发生部分热变性,然后通过水洗除去糖类和其他水溶性组分而得到花生浓缩蛋白。无论哪种方法,其目的都是除去花生蛋白粉中的寡糖、灰分和其他的少量非蛋白组分。

③花生分离蛋白是花生蛋白的精制产品,蛋白质含量高达90%以上。制备花生分离蛋白可采用与制备大豆分离蛋白相似的方法,通过除去其中的水不溶性多糖、寡糖及一些低分子质量组分,使蛋白质浓度得到提高,主要包括碱提酸沉法和超滤膜法。碱提酸沉法是把脱脂花生粕或者花生蛋白粉水溶液的pH调至7~9,除去水不溶性多糖等组分,剩余物调节pH到4.5,蛋白质沉淀下来,沉淀的蛋白质水洗后加碱中和,干燥后即可得到花生分离蛋白。传统碱提酸沉法速度慢,时间长且蛋白得率低,生产成本高。用超滤膜法制备的花生分离蛋白纯度明显优于碱提酸沉法,且功能性质也有显著的提高。但目前尚需解决的技术难题是超滤膜的污染及适宜的清洗方法。

5.5.2.2 制备工艺

各种花生蛋白的总体制备工艺路线如图5.13所示。

(1)压榨

压榨法分为冷榨和热榨。采用水压机冷榨法可以去除50%~70%的油分,蛋白变性少,水溶性蛋白质成分较高(NSI保持率95%以上),可生产低脂肪花生蛋白粉或进一步浸出生产脱脂花生蛋白。而用螺旋榨油机热榨虽可去除80%~90%的油分,但蛋白质变性率高。因为变性后的蛋白质水溶性变低,颜色变暗,大大降低了花生蛋白的营养价值,因此常被用做饲料。

(2)浸出

花生一般很少采用直接浸出法,而是先预榨再采用低温浸出和脱溶工艺,生产的花生饼粕中蛋白质变性小,所得的花生粉水溶性蛋白质含量高,可生产花生脱脂蛋白粉或进一步加工成花生浓缩蛋白和花生分离蛋白。

(3)酸洗和醇洗

酸洗法常用来制取花生浓缩蛋白,它是用pH在蛋白质等电点附近的稀酸液除去花生中水溶性糖分、灰分和其他可溶性蛋白成分;醇洗也用来制取花生浓缩蛋白,它是用蛋白质在高浓度酒精中变性而分离花生低聚糖和其他可醇溶性成分,得到花生浓缩蛋白。

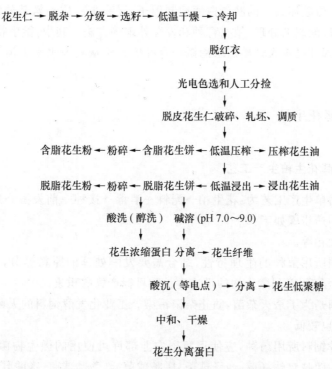

图 5.13　几种常见花生蛋白制备工艺流程

（4）碱溶酸沉与膜分离技术

碱溶酸沉法用来制取花生分离蛋白，不仅除去了水溶性糖分，还除去纤维素等水不溶性成分，所得产品蛋白质含量可高达 90% 以上。膜分离技术常与碱溶酸沉法制取分离蛋白的工艺相结合。蛋白浆用超滤膜处理，处理后的液体干燥后作为副产品；滤液中由于所含固形物很少，可返回至浸取工序以减少废水量。

5.5.2.3　花生肽的制备与应用

生物活性肽生产工艺主要有合成法、酶解法和发酵法。从饲用角度出发，集中利用丰富廉价的花生粕资源（蛋白质含量 30%～50%），运用单酶法水解工艺直接制备花生肽是较为可行的工艺。酶法生产具有安全性高、生产条件温和易控制、能耗低等优点。但目前我国花生肽的制备主要以食用为目的，鲜有以花生饼粕为原料制备饲用花生肽的报道。王瑛瑶等在水酶法提油工艺中，得到分子质量低于 2 000 u 的小肽比例达到 87%。华娣等在此基础上，通过小鼠的生长代谢试验研究了水酶法花生水解蛋白的消化吸收性质，证实了该工艺制备的花生水解蛋白在动物体内消化和吸收率高、具有良好的营养价值。柳杰等以花生粕为原料，以枯草芽孢杆菌 20029 为发酵菌种，采用微生物液态发酵制备花生肽。随着后续研究的深入，不同工艺制备的花生肽作为功能性饲料添加剂的作用将日益显现。

5.5.2.4　花生蛋白中抗营养因子的研究

目前，抗营养因子消除方法主要有物理法和生物法。物理方法包括加热处理方法（挤压膨化、蒸气、微波和炒烤等）、机械加工方法以及水处理法。例如，加工制作花生饼粕时，如用

120℃的温度加热,可破坏其中的胰蛋白酶抑制因子,提高蛋白质和氨基酸的消化率。生物方法包括微生物发酵、酶制剂处理、植物育种和发芽处理等方法。其中,微生物发酵、酶制剂处理比较常见。目前,国外已有人开始探求用诱变育种等方法从基因水平上消除花生中的抗营养因子。

5.5.3 发酵花生粕

5.5.3.1 发酵花生粕生产工艺

发酵花生粕简单生产工艺为:花生粕→配料→消毒→接种→前发酵→后发酵→干燥→检验→包装。具体生产步骤如下:

①原料。花生粕等。

②配料。按照所用菌种的生理特性,结合需要发酵处理的原料养分,调整水分和 C/N、pH 以及促生长因子等,以利微生物的迅速生长和目标产物的积累。

③灭菌。灭菌是为了杀灭杂菌,防止杂菌污染。工业化发酵饲料的灭菌常采用蒸气灭菌,杀菌效果好,成本也较低。

④接种。发酵饲料所用菌种,应使用我国农业部许可使用的微生物菌种,如地衣芽孢杆菌、枯草芽孢杆菌、两歧双歧杆菌、粪肠球菌、屎肠球菌、乳酸肠球菌、嗜酸乳杆菌、干酪乳杆菌、乳酸乳杆菌、植物乳杆菌、乳酸片球菌、戊糖片球菌、产朊假丝酵母、酿酒酵母、沼泽红假单胞菌等。

⑤前发酵。这个阶段要培养微生物细胞,使微生物细胞得到大量繁殖,从而积累酶和代谢产物,进而对多糖、纤维素等进行分解或获得更多的微生物蛋白。

⑥后发酵。发酵饲料的产物是蛋白饲料,因此必须进行后发酵,目的是对其中的微生物细胞进行杀灭、破碎等特殊处理。

⑦干燥。将发酵产物进行干燥,使水分符合饲料原料的要求。

⑧检验。按照国家饲料原料标准要求,进行检测。

⑨包装。将符合质量要求的产品包装备用,并标明产品含量、使用方法及范围、生产日期等。

在发酵过程中由于微生物的氧化作用使基料中的碳水化合物氧化成水和二氧化碳等并产生大量的热量而排放,因此,往往发酵越好基料损耗越大,回收率就越低,发酵成本就越高,反之就低。一般固体发酵工艺生产发酵饲料,发酵的基料损耗在 10%~20%,5% 以下的发酵损耗表明发酵饲料的质量极差,几乎达不到脱毒的作用。

5.5.3.2 花生粕不同菌种发酵试验

柳杰等借鉴发酵豆粕的成功经验,采用霉菌和酵母菌混合菌种对花生粕进行发酵,培养基选用 80% 的花生粕和 20% 的麸皮,总接种量为 10%(绿色木霉、米曲霉和酿酒酵母的接种比为 1:1:1),料液比为 1:2,温度 30℃,培养周期 3 d 时,发酵产物中粗蛋白质含量为 61.63%。且发酵产物中氨基酸组成发生了较明显的改变,其中蛋氨酸(Met)和赖氨酸(Lys)含量增加明显。从营养成分上看发酵后的花生粕是一种较好的蛋白质饲料资源。

同样,蔡国林等从目前成熟的豆粕发酵工艺出发,以酵母和乳酸菌发酵花生粕,通过蛋白浓缩、氨基酸平衡、大分子蛋白的降解和有益代谢物的积累等指标,考察了微生物发酵对花生粕营养价值的改善情况,其发酵试验方案见表5.13。研究发现,经 AEC 诱变的用于豆粕发酵中可明显提高赖氨酸含量的卡氏酵母 JD-15 和马克斯克鲁维酵母 JD-16 菌株,将其用于花生粕发酵中,在提高赖氨酸和蛋氨酸含量上也很明显(表5.14)。干酪乳杆菌 JD-17 可以提高饲料的总酸含量,在方案 3、4 和 5 中,总酸含量都达到了 2% 以上;采用干酪乳杆菌 JD-17 和马克斯克鲁维酵母 JD-16 进行花生粕的生物技术处理,可以明显改善其营养价值(表5.15),发酵后的花生粕气味酸甜芳香,具有良好的适口性,粗蛋白质可以提高 10% 左右,赖氨酸、蛋氨酸和总氨基酸的含量也相应提高(10% 以上),大分子蛋白明显降解成小分子蛋白,并积累有益的代谢产物(乳酸>2%)。同时,由于有益菌的存在对真菌毒素有很强的抑制作用。

表 5.13　花生粕发酵试验菌种

序号	方　　　　案
1	空白(未进行任何处理)
2	对照(灭菌处理)
3	干酪乳杆菌 JD-17(6 mL)
4	干酪乳杆菌 JD-17(3 mL)和卡氏酵母 JD-15(3 mL)
5	干酪乳杆菌 JD-17(3 mL)和马克斯克鲁维酵母 JD-16(3 mL)
6	卡氏酵母 JD-15(6 mL)

来源:蔡国林,2010。

表 5.14　花生粕发酵前后氨基酸含量的变化　　　　　　　　　　　　　　　%

方案	赖氨酸含量	赖氨酸提高率	蛋氨酸含量	蛋氨酸提高率	总氨基酸提高率
1	1.26	0	0.40	0	0
2	1.26	0	0.41	2.5	0
3	1.26	0	0.42	5	−0.09
4	1.38	9.5	0.50	2.5	9.4
5	1.40	11.1	0.45	12.5	9.1
6	1.50	19.0	0.56	40	15.6

来源:蔡国林,2010。

发明专利"一种提高花生粕中氨基酸和蛋白质含量的发酵方法"将枯草芽孢杆菌、干酪乳杆菌和产朊假丝酵母分别经过增菌培养后,使三种菌的活菌数分别达到 10^{12} cfu/mL、10^9 cfu/mL、10^9 cfu/mL 以上,然后分别以重量比为(1~5):100 将上述三种菌悬液同时接入湿花生粕,于 28~40℃进行混合发酵,每隔 4~8 h 翻动一次,24~72 h 后达到发酵终点,然后粉碎至 20~60 目后,进行热风气流干燥,得到水分含量为 12% 以下的发酵花生粕。该发酵花生粕蛋白质含量高,生物效价高,不含黄曲霉毒素,可增强动物肠道抵抗力,预防和治疗消化不良,能有效调节微生态平衡。

因此,对花生粕进行适当的发酵处理,对于均衡其氨基酸组成,同时形成有益的代谢产物,提高其在饲料行业的营养价值和利用率,有一定的促进作用。

表 5.15　微生物发酵对花生粕营养价值的影响　　　　　　　　　　　　　%

指　　标	花生粕	发酵花生粕
气味	芳香	酸甜芳香
粗蛋白质含量(干基)	48.2	52.8±0.2
乳酸含量	0.7	2.3±0.1
总氨基酸含量	39.4	46.6±0.4
赖氨酸含量	1.28	1.48±0.2
蛋氨酸含量	0.39	0.50±0.1
大分子蛋白的降解率	—	＞90
小分子蛋白占可溶性蛋白比例	21.6	41.1±0.4

来源:蔡国林,2010。

5.5.3.3　发酵花生粕的营养特点

1. 改善饲料的适口性,增加采食量

发酵饲料是经过有益微生物(乳酸菌、酵母菌和芽孢杆菌等)发酵制成的,其中的酵母菌和芽孢杆菌等好氧菌的存在为乳酸菌的生长繁殖创造了厌氧环境,而乳酸菌大量繁殖产生了乳酸,降低了 pH 值,这就使得发酵饲料产品具有了酸香味,从而改善了饲料适口性,可以刺激畜禽的采食量。

2. 提高了饲料的营养价值和消化利用率

花生粕等经过发酵后,进行了一系列的生物化学反应,饲料中的纤维素、淀粉、蛋白质等复杂的大分子有机物在一定程度上降解为动物容易消化吸收的单糖、双糖、低聚糖和氨基酸等小分子物质,从而提高了饲料的消化吸收率。同时,在饲料发酵的过程中还会产生大量营养丰富的微生物菌体蛋白及有益代谢产物,如氨基酸、有机酸、醇、醛、酯、维生素、抗生素、激素和活性微量元素等,营养物质含量增加,从而改变了饲料的物理化学性质,提高了消化率和营养价值。

3. 有益于动物肠道健康,增强免疫力

发酵饲料中存在大量的有益活菌(特别是乳酸菌)及其代谢产物,可抑制肠道病原菌生长、促进肠道微生物平衡、促进肠道免疫应答、改善消化吸收功能、促进健康和生长。

4. 降解饲料中的有毒物质

研究表明,某些乳酸杆菌可抑制霉菌的生长和产毒。Gourama 等(1995)发现嗜酸乳酸菌、保加利亚乳酸杆菌和植物乳酸杆菌可抑制寄生曲霉的孢子萌发。另外,多数情况下微生物的代谢产物也可以降低饲料中毒素含量,例如经过发酵产生的甘露聚糖可以有效地降解黄曲霉毒素等。

5. 产生促生长因子

不同的菌种发酵饲料后所产生的促生长因子含量不同,这些促生长因子主要为有机酸、B 族维生素和未知生长因子等,能够促进猪的生长。

5.5.3.4　发酵花生粕的发展前景

饼粕发酵后,可以降低饲料中毒素含量,微生物的脱毒机理,多数情况是微生物的代谢产物所致,例如甘露聚糖可以有效地降解黄曲霉毒素 B_1 等;发酵可以改变蛋白质品质,微生物对蛋白质的利用形式与动物对蛋白质的吸收相类似,由于微生物繁殖快、世代时间短,对蛋白质的利用一方面是自身细胞数量的增加,另一方面是分泌大量的胞外产物,从而使原有的蛋白质被分解利用后形成新的蛋白质;发酵能产生促生长因子:发酵饲料因菌种而异,不同菌种所产生的促生长因子含量不同,这些促生长因子主要有有机酸、B 族维生素和未知生长因子等;发酵能降低粗纤维:研究表明,一般发酵水平可使基料粗纤维降低 12~16 个百分点,有效地降低基料的粗纤维。因此,发酵花生粕作为一种优质的蛋白饲料资源,有很大的应用前景。

5.5.3.5 应用中存在问题

花生副产品在我国产量巨大,且营养价值较高,是一种非常有潜力的非常规饲料。但在实际应用中也面临不少困难,如这些副产品品质不够稳定,受季节、地域、成熟度、品种等影响较大;缺乏完善的营养资料数据库,致使营养价值评定不准确;花生饼粕氨基酸组成不均衡,且易受黄曲霉毒素污染;花生种植分散,多在交通不便地区,导致副产品回收困难,很难形成稳定的饲料加工来源。针对目前的情况,相关科研单位应加强花生副产品的营养组分研究,为畜禽养殖提供可靠的资料数据库;加强花生副产品的储藏、加工及饲喂效果研究,有效杜绝毒素污染,减少抗营养因子影响提高这些副产品的利用率,如进行生物发酵;针对花生种植较为集中的地区,有关部门应积极协助当地建设花生副产品的回收网络,满足饲料企业的大规模加工要求。

(本章编写者:王瑛瑶,魏翠平,綦文涛)

第 **6** 章

小品种油料及其蛋白

小品种油料(small varieties oilseeds)包括的范围很广,一般是指除油菜、花生、大豆、棉籽外的其他所有油料作物。在我国,与大豆、油菜、花生、棉籽等年产量超过 1 000 万 t 的大宗油料相比,向日葵、芝麻、亚麻、红花籽、紫苏籽、葡萄籽、油棕榈果、椰子、油橄榄、油茶、蓖麻、橡胶籽、油桐果以及含油单细胞微生物油料等年产量均在 200 万 t 以下或更少,是油料作物中的"小品种"。这些小品种油料中具有特殊的成分,除油料经加工可以提取油脂外,剩余的饼粕中含丰富的蛋白质等营养成分,是动物饲料重要资源。

6.1 葵花籽及其饼粕

葵花籽(sunflower seed)又名向日葵籽,是菊科草本植物栽培向日葵(*Helianthus annuus* L.)短卵形瘦果的种子。自 20 世纪 60 年代以后,由于前苏联培育出含油量高的向日葵新品种,世界上向日葵的产量达到新高;据 2011 年联合国粮农组织报道,世界葵花籽种植面积为465.33 万 km²,总产量约为 3 100 万 t。世界上葵花籽产量较高的国家中,俄罗斯 630 万 t 名列第一,其次乌克兰 470 万 t,阿根廷 370 万 t,中国和印度葵花籽年产量都为 190 万 t,美国180 万 t,法国 150 万 t。

葵花籽传到我国至今已有将近 400 年的历史。根据清代园艺家陈淏子(公元 1662—1722年)著的《花镜》、王晋象著的《群芳谱》等记载,葵花籽传入我国是在 300 年前,由南洋群岛经越南传入西南诸省的。另外,北方种植是在 100 年前由俄罗斯传入的。新中国成立前,葵花籽只作为观赏植物或炒食。50 年代初,葵花种植面积较少;60 年代发展到 7 万 hm²,到 1979 年增加到 40 万hm²,1980 年,国家收购葵花籽达 90 万 t。2010 年中国葵花籽产量居世界第五位,接近 200 万 t。

葵花籽在全国各地均有种植,分布很广。主要产区是东北、河北、山西、内蒙古、新疆和山东沿海的盐碱地区,在南方也已经大面积推广。吉林、内蒙古,辽宁三个省(自治区)的栽培面积占全国总面积的 80%。

6.1.1 葵花籽的结构与成分

葵花籽属菊科一年生草本植物,适应性强,具有抗盐碱、抗旱,耐涝等特性。一般葵花籽开花盛期后36 d,各种营养物质不再增加。物理性状停止变化,种子含水量降到30%,这时收获适宜。收获过早千粒重低,含壳高,含油少。收获过晚,种子干燥,籽粒易脱落。遇雨其花盘籽粒易发霉腐烂,加以鸟雀啄食,影响产量。一般当花盘背面变成黄色,即标志种子已成熟,如为棕色或褐色则表示过熟。

6.1.1.1 葵花籽的结构

葵花籽籽粒呈扁卵形,中间较厚,边缘较薄,葵花籽形态和结构如图6.1(另见彩图8)所示。食用型外壳多呈白底上有黑灰色条纹,油用型外壳多呈黑色或暗紫色。剥去果壳后,籽仁呈乳白色,稍扁平,外包一层很薄的种衣,细看有茸毛,籽仁含油量大。按葵花籽的用途,一般将葵花籽分为三类:食用型特点是果实大,长15~25 mm,果皮厚而有棱,含壳率为40%~60%,含仁率30%~50%,含油率20%~30%;出仁率低,皮壳率高,适宜炒食和作饲料;油用型果实小,长8~15 mm,宽5~8 mm。含壳率29%~30%,籽仁含油50%,籽粒充实饱满,出仁率高,皮壳薄,适用于制油;中间型介于食用型和油用型之间。它的籽实接近于油用型而株形又相似于食用型。

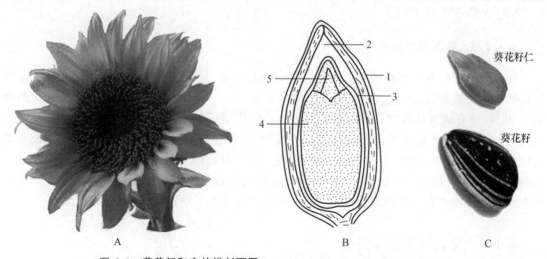

图6.1 葵花籽和它的纵剖面图(http://en.wikipedia.org/wiki/Sunflower)
A. 葵花 B. 葵花籽剖面图 C. 葵花籽仁和葵花籽
1. 葵花籽壳 2. 空隙 3. 葵花籽仁种皮
4. 葵花籽子叶 5. 胚根和胚芽

6.1.1.2 葵花籽的主要成分

葵花籽干基主要化学成分为约50%粗脂肪、18%粗蛋白质、18%粗纤维和约14%的灰分、绿原酸等。葵花籽含壳量随品种不同有很大的差异。葵花整籽及其壳和仁的主要成分列于表6.1中。

表 6.1 葵花籽瘦果及其各部主要成分

名　称	含量范围	平均含量
整籽		
1 000 粒仁重/g	46.93～65.58	56.25
堆积密度/(g/cm³)	0.393～0.465	0.434
颗粒密度/(g/cm³)	0.684～0.8	0.775
水分/%	5～8.2	6.58
壳/%	22～52	32.6
粗脂肪/(干基)/%	21～51.4	35.2
粗蛋白质/% N×6.25	16.9～23.8	18.7
粗灰分/%	2.8～3.28	3.02
壳		
水分/%	6.6～9.3	7.5
粗脂肪/(干基)/%	0.4～2.5	1.9
粗蛋白质/% N×6.25	1.7～6.1	4.6
仁		
水分/%	3.6～9.8	6.4
粗脂肪(干基)/%	46.7～64.7	56.5
粗蛋白质/% N×6.25	19～36.4	26.4

来源:JAOCS,1968,45;876-879。

6.1.1.3 葵花籽壳的成分

葵花籽壳也称向日葵籽的外壳,主要成分是脂质、蛋白质和碳氢化合物,脂质约占壳重的5.1%,长链脂肪酸(C_{14}～C_{28},主要是 C_{20})和脂肪醇(C_{12}～C_{30},主要是 C_{22}、C_{24}、C_{26})组成的蜡占 2.96%,还有碳氢化合物、甾醇、萜烯醇等组分。脂质成分类似于葵花籽油成分,蛋白成分(占总壳重的 4%)类似于葵花籽饼粕蛋白质成分,也含有羟脯氨酸。碳水化合物主要成分是纤维素,但也含有还原糖(25.7%),主要是戊糖。葵花籽壳的主要成分为30%纤维素、29.6%木质素、26.5%戊糖、3.5%的灰分和5%的长链脂肪烃以及脂肪酸和脂肪醇形成的蜡。葵花籽壳对反刍动物具有一定的营养作用,另外,制油工艺也会影响葵花籽制品的质量。

6.1.2 葵花籽加工和饼粕

葵花籽的加工工艺主要是压榨法、预压榨和浸出法,生产葵花籽油和饼粕。生产工艺与其他植物油料压榨与浸出法相似,传统葵花籽制油工艺如图 6.2 所示。油用型葵花或食和油兼用型的葵花籽,由于脱壳后仁壳分离难度较大,工业生产中采用带壳压榨,葵花籽壳的成分在压榨或浸出过程中会富集到葵花籽油或葵花籽饼粕中。对油脂和用作饲料的脱脂葵花籽饼粕的利用有一定的影响。从国家"六五"科技攻关开始,有关科技工作者即对葵花籽剥壳、仁壳分离以生产高蛋白葵花籽饼粕进行了深入研究,因此含壳少的产品也叫葵仁饼粕。

葵花籽制油工艺如图 6.2 所示。葵花籽进入车间经清理、筛选和比重去石除杂,达到0.1%含杂量后再用脱壳。离心(透平)式剥壳机,如加工量为 25 t/d 和 120 t/d(BK02 型和

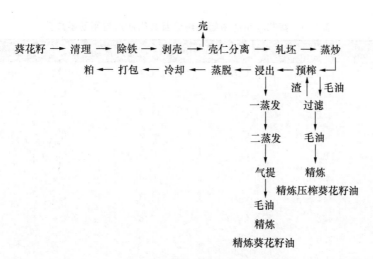

图 6.2 葵花籽制油工艺

BK50×3 型)的机型,其脱壳率、动力消耗都好于俄罗斯、德国产的离心剥壳机。这种机器只要调整好转速和原料水分,大葵、小葵均可以使用。经消化吸收国外技术后的国产 TQSF 多级比重除石机,取代了流化床和吸式比重除石机,壳仁分离效果很好,分出的壳含仁率在 1% 以下。

6.1.2.1 葵花籽油脂肪酸和其他成分

从葵花籽中制取的油脂是一种优质食用油,颜色浅,毛油是黄而透明的琥珀色,精制后成为淡黄色或青黄色。葵花籽油风味柔和,其原因是亚麻酸少,含有较多的不饱和酸(表 6.2)和维生素 E。葵花籽油含有亚油酸,有降低血压的作用,亚油酸含量高达 70%,对降低胆固醇含量有疗效。葵花籽油中 α-生育酚含量高达 0.57～0.9 mg/kg,占所含的生育酚总量 90%。生育酚有抗氧化作用等生理功能,在同族体($\alpha,\beta,\gamma,\delta$)之间,其作用强度呈相反的关系,即抗氧化作用按照 $\delta>\gamma>\beta>\alpha$ 的顺序,其他生理作用则按照($\alpha>\beta>\gamma>\delta$)的顺序。

表 6.2 葵花籽油脂脂肪酸成分

脂肪酸	含量/%	脂肪酸	含量/%
$C_{14:0}$	0.1	$C_{18:1}$	19.7
$C_{16:0}$	5.0	$C_{18:2}$	67.9
$C_{16:1}$	0.1	$C_{20:0}$	0.4
$C_{17:0}$	0.1	$C_{20:1}$	0.1
$C_{17:1}$	0.1	$C_{22:0}$	0.9
$C_{18:0}$	5.6	$C_{24:0}$	0.1

来源:JAOCS,1968,45:876-879。

葵花籽油中还含有较多蜡质,主要来自于葵花籽壳。这些成分是由脂肪酸与脂肪醇形成的酯类化合物组成,主要是长链以 C_{36}～C_{48} 碳烷烃和 C_{16}～C_{32} 碳的高级脂肪醇与 C_{14}～C_{30} 碳的脂肪酸之间的酯类所组成的蜡(表 6.3)。蜡是在葵花籽油冷藏过程中产生混浊现象的主要原因。葵花籽油的碘价为 120～136,属半干性油。

表 6.3　葵花籽粗油中蜡的组分及其脂肪酸与脂肪醇成分　　　　　%

蜡(碳数)	含量	脂肪酸	含量	高级脂肪醇	含量
C_{36}	13.0	$C_{14:0}$	1.4	C_{16}	4.3
C_{37}	9.2	$C_{16:0}$	9.8	C_{18}	23.1
C_{38}	4.2	$C_{16:1}$	1.2	C_{19}	18.4
C_{39}	3.4	$C_{18:0}$	4.9	C_{20}	2.0
C_{40}	11.5	$C_{18:1}$	18.6	C_{22}	7.5
C_{41}	14.3	$C_{18:2}$	44.0	C_{23}	0.6
C_{42}	7.5	$C_{18:3}$	1.3	C_{24}	11.9
C_{43}	4.8	$C_{20:0}$	4.3	C_{25}	1.8
C_{44}	7.0	$C_{20:1}$	1.0	C_{26}	9.3
C_{46}	11.2	$C_{21:0}$	0.2	C_{27}	0.5
C_{48}	13.9	$C_{22:0}$	9.7	C_{27}	8.3
		$C_{22:1}$	0.7	C_{29}	0.6
		$C_{24:0}$	0.1	C_{30}	7.9
		$C_{26:0}$	0.9	C_{32}	3.8
		$C_{27:0}$	0.2		
		$C_{28:0}$	1.0		
		$C_{29:0}$	0.3		
		$C_{30:0}$	0.4		

来源：JAOCS,1968,45:876-879。

葵花籽粗油经过精炼脱除杂质后的葵花籽油的理化参数列于表 6.4 中。

表 6.4　葵花籽油的理化参数

参　数	范围	参　数	范围
比重 $d^{20℃}$	0.916～0.923	总脂肪酸含量/%	95
折光指数 $n^{20℃}$	1.474～1.476	脂肪酸平均相对分子质量	278.4
黏度(E20)	约 8.2	葵花籽油的脂肪酸组成/%	
凝固点/℃	−18～−16	饱和脂肪酸	8～10
脂肪酸凝固点/℃	18～24	油酸	39
皂化值(KOH)/(mg/g)	186～194	亚油酸	54～70
碘值(I)/(g/100 g)	122～136	不皂化物	0.3～0.6
硫氰值	79.5～82.9		

6.1.2.2　葵花籽饼粕成分

一般来说,葵花籽饼粕的营养成分随葵花籽的组成、加工过程中脱壳的多少、加工的方法(如机榨或浸出)及加工的条件(如温、湿度等)而变化,特别是粗蛋白质、粗纤维及粗脂肪变化较大,在饲料工业中应加以注意。

在传统的榨油工艺中,往往在葵花籽脱壳和葵仁榨油过程中,再将部分皮壳掺入(占葵仁

15%～20%或更多),以提高出油率,造成葵花籽饼中粗纤维含量达15%～20%或更高,这限制了葵花籽饼粕在饲料中的应用。通过加工工艺的改善,尤其改善剥壳及仁壳分离,即可生产出各种类型的低纤维葵花籽饼粕。

1. 葵花籽饼

未脱壳或部分脱壳的向日葵籽经压榨取油后的副产品叫葵花籽饼(sunflower cake),又名向日葵籽仁饼,而传统上将仅小部分残壳的向日葵籽经压榨取油后的副产品叫葵花籽仁饼。

带壳葵花籽饼或葵花籽粕主要成分列于表6.5和表6.6中。

表6.5　带壳螺旋压榨葵花籽饼主要物理学特性　　　　　　　　　　　　%

参　数	范　围	平均值
水分	3.24～5.33	4.23
粗脂肪	14～16.23	15.11
粗纤维	15.76～16.93	16.34
粗灰分	4.58～5.67	4.87
粗蛋白质(N×6.25)	28.6～31	28.6

来源:Z. Ernährungswiss,1980,19:191-202。

2. 葵花籽粕

葵花籽粕(sunflower meal,SFM)又名向日葵籽粕,是部分脱壳的向日葵籽经预压浸提或直接溶剂浸提取油后获得的副产品。而传统上将仅小部分残壳的向日葵籽经压榨浸提取油后的副产品叫葵花籽仁粕。葵花籽在除去皮壳榨取油脂之后,所得饼粕的重量约占剥壳籽仁的50%。其主要成分为粗蛋白质29%～43%,水分3%～19%,粗脂肪2%～7%,粗灰分4%～7%,纤维素7%～20%。

表6.6　带壳螺旋预压榨葵花籽浸出粕主要物理学特性　　　　　　　　%

参　数	范　围	平均值
酸性洗涤纤维	27～32	29.5
木质素	9.2～13.56	11.38
水分	2.09～2.75	2.42
灰分	5.01～6.69	5.85
粗脂肪	1.0～1.8	1.4
粗蛋白质(N×6.25)	34.7～36.8	35.75
绿原酸	2.91～4.43	7.37

6.1.3　葵花籽蛋白生产工艺与产品氨基酸成分

葵花籽中含有较好的蛋白质,这些蛋白质具有良好的氨基酸分布,而且不含已知的影响消化吸收的成分,所以是一种较好的植物蛋白来源。

从预榨浸出所得的饼粕,因为压榨阶段的温度上升到130～150℃,以致对于蛋白质的生物学特性和功能特性有不良影响,而且饼粕中纤维含量较高,因此传统上为低值蛋白资源。

葵花籽饼粕中含有较高的蛋白质,饼粕也可加以分离和浓缩,作为高蛋白饲料原料。葵花蛋白含赖氨酸较低,但含蛋氨酸较高,和大豆蛋白可互补(表 6.7)。但目前葵花饼粕作为植物蛋白,在国内研究和应用还不多,只有葵花饼粕经粉碎过筛后用于出口。因此应开发新工艺、新技术,如采用已烷直接浸出、降低蛋白变性程度、提高蛋白质的利用率。

表 6.7　脱脂葵花籽粕氨基酸成分　　　　　　　　　　　　　　g/16 g N

氨基酸	含量	氨基酸	含量
赖氨酸	3.77	组氨酸	2.47
蛋氨酸	1.91	精氨酸	8.91
胱氨酸	1.82	甘氨酸	5.05
苯丙氨酸	4.70	丝氨酸	3.89
酪氨酸	2.65	丙氨酸	4.07
色氨酸	1.11	天冬氨酸	8.70
异亮氨酸	3.97	天冬酰胺	20.95
亮氨酸	6.13	脯氨酸	5.01
苏氨酸	3.18	氨	2.18
缬氨酸	4.76		

来源:Z. Ernährungswiss,1980,19:191-202。

6.1.3.1　葵花籽蛋白加工工艺

由于葵花籽中绿原酸等酚类物质含量较高,对营养不利。现介绍一种先用已烷溶剂脱脂制油(图 6.3A),再用 65％含水乙醇溶剂脱酚和低聚糖的生产葵花籽浓缩蛋白的工艺(图 6.3B)。

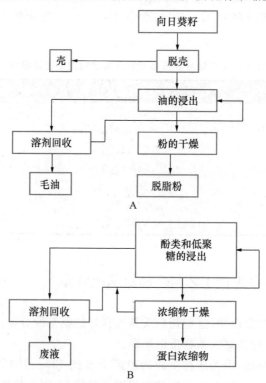

图 6.3　脱脂和脱酚制取浓缩蛋白工艺流程

该工艺要求控制葵花籽的湿度,利用离心等剥壳专用设备进行剥壳,并进行良好的仁壳分离,尽量降低仁中含壳量。轧坯时控制坯片厚在 0.25 mm。用正己烷溶剂浸出,浸出温度在 45~55℃。然后再用 65% 的含水乙醇进行脱酚。溶剂回收重复利用,粗油脂和浸出粕进行进一步加工达到产品标准。

6.1.3.2　葵花籽蛋白氨基酸组成

经上述工艺得到的葵花籽蛋白的氨基酸组成与联合国粮农组织规定必需氨基酸模式值列于表 6.8 中。

表 6.8　脱脂葵花籽蛋白制品氨基酸含量与 FAO 模式值　　　　g/16 g N

氨基酸	脱脂粕	浓缩蛋白	FAO
赖氨酸	3.4	3.5	4.4
组氨酸	2.3	2.4	
精氨酸	9.0	9.0	
色氨酸	1.5	1.4	1.4
天门冬氨酸	8.9	9.1	2.6
苏氨酸	4.1	3.4	
丝氨酸	4.1	4.2	
谷氨酸	23.7	2.3	
脯氨酸	4.2	3.1	
甘氨酸	5.6	5.6	
丙氨酸	4.6	4.1	2.0
半胱氨酸	5.2	4.7	4.2
蛋氨酸	2.4	2.4	2.2
异亮氨酸	3.9	3.9	4.2
亮氨酸	5.9	6.0	4.8
酪氨酸	2.6	2.6	
苯丙氨酸	4.5	4.4	2.8

来源:Z. Ernährungswiss 19,191-202(1980)。

表 6.8 中除赖氨酸含量较低外,其他各项都高于或与 FAO 值相似。尤其蛋氨酸和胱氨酸含量很高,如果配合大豆蛋白高含量的赖氨酸使它们在营养上互补,用做饲料或食品是很好的蛋白资源。另外,葵花籽不含蛋白酶抑制素、低聚糖等抗营养因子。用膨化法使葵花籽蛋白制品获得组织化,使成形后具有良好的组织,也是一种很好的蛋白质资源。

6.2　芝麻籽及其饼粕

芝麻籽(sesame seed)是芝麻(*Sesamum indicum* L.)的种子,见图 6.4(另见彩图 9)。芝麻可能是迄今所知被人类用做食品资源的最古老的油籽,也是最早使用的调味品。

图 6.4 芝麻

A. 芝麻植株　B. 芝麻籽

中国芝麻常年种植面积 75 万 hm²，占世界总面积的 12%，仅次于芝麻主产国缅甸、印度，居第三位，年产量达到 60 万 t。中国芝麻种植历史悠久，分布地域广泛，几乎遍及全国各地。南自海南岛，北至黑龙江，东起台湾，西到西藏，在北纬 18°～47°，东经 76°～131°的广阔区域内，无论平原、丘陵、山区及高原均有芝麻种植。但是，中国芝麻生产分布极不均衡，主要集中分布在河南、安徽、湖北三省，该区种植面积占全国芝麻总面积的 70% 以上；其次是江西、陕西、山西、河北四省，江苏、辽宁、广西也有一定面积，但年份间变幅较大，其他省(市、区)只有少量种植。在中国中部，西起湖北襄樊，经河南南阳、驻马店、周口至安徽阜阳、宿县等地形成一条中国芝麻集中种植带，并以此为核心向南北辐射，形成了包括黄淮、江淮、江汉平原芝麻主产区。该区是中国芝麻生产的中心，种植面积大，在很大程度上影响着中国芝麻生产的形势。从芝麻类型来看，白芝麻生产主要集中在黄淮、江汉平原，黑芝麻分布在江西、广西二省，河南南阳地区有少量金芝麻种植。

芝麻加工产品主要包括芝麻油、芝麻酱、脱皮芝麻、芝麻粉等初加工产品以及深加工产品芝麻素等。中国主要以芝麻油和芝麻酱为主。在芝麻深加工方面，中国对芝麻素、芝麻蛋白、芝麻黑色素提取都有所研究，但均未大量投入生产。中国以芝麻为原料的加工企业有 50 多家，主要分布在芝麻主产省。但是，年产千吨以上规模的企业较少，且多以榨油等初级加工产品为主。

芝麻籽油在许多化学、生物和生理特性方面与其他植物油显著不同。大部分这些不寻常的特性是由于它含有独特的不皂化物成分如芝麻酚、芝麻素和芝麻林素。这些内源性抗氧化剂使芝麻油对氧化变质具有不同寻常的稳定性。芝麻油是天然的色拉油，几乎不需要冬化，是极少数不需任何精炼即可直接食用的植物油。芝麻油也是香料厂使用的许多芳香油的香基成分。因芝麻油所具有的卓越品质，芝麻常被称作"油料作物的皇后"。

提取油后的粕有独特的营养特性,含有丰富的蛋氨酸、胱氨酸和色氨酸。芝麻蛋白质能很好地平衡大多数油籽和植物蛋白质的氨基酸模式,其饼粕也是动物饲料工业所需的优良蛋白质补充品。

6.2.1 芝麻籽的结构和主要化学组成

6.2.1.1 芝麻籽的结构

芝麻籽(图6.5)由17%种皮和83%脱皮籽仁两部分组成。种皮主要是粗纤维和草酸钙所组成,籽仁主要是胚和胚乳,胚由幼根和胚芽组成。芝麻籽的大小、外形不一,其物理特性如表6.9所示。

表6.9 **芝麻籽的物理特性**

物理特性	测定值	物理特性	测定值
长度/mm	2.8	真密度/(kg/m³)	1 224
宽度/mm	1.69	容重/(kg/m³)	580
厚度/mm	0.82	静止角/度	32.0
几何平均直径/mm	1.56	对玻璃摩擦系数	0.39
球面完善度	0.56	对镀锌板摩擦系数	0.41
表面积/mm²	7.80	对中碳钢摩擦系数	0.52
100粒籽质量/g	0.203	对胶合木板摩擦系数	0.54
100粒籽体积/cm³	0.167		

芝麻含有丰富的油脂和蛋白质,具有较高的食用价值。表6.10概括了不同类型芝麻籽的组成。组成受基因和环境因素的影响较显著。籽粒中含有45%～63%的油,平均值为50%;19%～31%的蛋白质,平均值为25%;20%～25%的碳水化合物,包括粗纤维和4%～6%的粗灰分。

表6.10 **芝麻籽的组成(干基计)** %

芝麻种类	油脂	蛋白质	碳水化合物	粗纤维	粗灰分	草酸
白芝麻						
全籽	53.3	25.0	9.5	4.1	5.4	2.7
脱皮籽	57.5	29.9	5.7	3.0	3.5	0.4
黑芝麻						
全籽	54.3	20.3	12.4	4.5	6.2	2.5
脱皮籽	64.3	23.4	8.2	2.5	2.4	0.1
皮	10.7	8.4	23.0	19.3	23.8	14.9
脱皮压榨脱脂粕	10.6	57.8	19.4	5.4	6.6	0.3
浸出脱脂粕	0.4	60.2	27.3	5.3	6.5	0.3

来源:GRASAS Y ACEITES,2008,59(1):23-26。

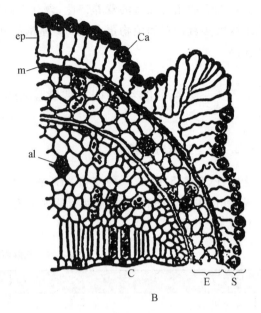

图 6.5　芝麻籽剖面结构(http://en. wikipedia. org/wiki/Sesame)

A. 脱皮白芝麻　B. 芝麻剖面图

S. 种皮　E. 胚乳　C. 子叶　Ca. 钙　al. 含蛋白体细胞

ep. 含草酸钙芝麻外表皮　m. 内角质层

芝麻皮的重量约占籽粒的 17%,含大量的草酸、钙、其他矿物质和粗纤维,如籽完全去皮,草酸就能从籽重的 3% 降到 0.25%。脱皮的芝麻经螺旋榨油机压榨后约含 56% 的蛋白质,而溶剂浸出后的粗蛋白质含量高于 60%。

6.2.1.2　芝麻籽的化学成分

芝麻籽中含有芝麻油脂和脂溶性磷脂、维生素 E,以及形形色色的芝麻木酚素。其次,还含有蛋白质、碳水化合物、微量元素、维生素和少量诸如草酸等抗营养因子。

1. 芝麻脂质

芝麻籽的脂质主要由天然甘三酯组成,含有少量的磷脂(0.03%~0.13%,卵磷脂、脑磷脂之比为 52:46)。约 7% 的磷脂组分溶于热乙醇,但不溶于冷乙醇。芝麻油含相对多的不皂化物(1.2%)。

甘油酯是混合型的,主要是油酸-双亚油酸,亚油酸-双油酸型甘三酯以及由一个饱和脂肪酸根和油酸与亚油酸中的一个酸根相结合的甘三酯。因此,芝麻油甘油酯大部分是三不饱和型(摩尔分数 58%)和双不饱和型(摩尔分数 36%),含少量(摩尔分数 6%)单不饱和脂肪酸甘油酯,三饱和脂肪酸甘油酯在芝麻油中实际上不存在。

芝麻油中的不皂化物包括甾醇(主要是 β-谷甾醇、菜油甾醇和豆甾醇)、三萜烯和三萜烯醇,其中三萜烯醇至少包括 6 种化合物,3 种已鉴定(环阿屯醇、24-亚甲基环阿屯醇和 α-香树素),生育酚、芝麻素和芝麻林素,这些都是在任何其他食用植物油中没有发现过的。在用光谱法鉴定的色素中,脱镁叶绿素 A(λ_{max},665~670 nm)大大多于脱镁叶绿素 B(λ_{max} 655 nm)。沁人的芳香和滋味是因为含有 C_5~C_9 直链醛类和乙酰吡嗪。

芝麻油归属于多不饱和脂肪酸、半干性油类,约含 80% 的不饱和脂肪酸。油酸和亚油酸是主要的脂肪酸,两者的数量大致相等(表 6.11)。饱和脂肪酸主要由棕榈酸和硬脂酸组成,含量低于总脂肪酸的 20%。花生酸和亚麻酸的量很少。有报告称某些芝麻油中存在十七烷酸(0.2%～0.3%)和十六碳烯酸(0～0.5%)。

表 6.11 芝麻油的脂肪酸组成和特性

参　　数	范　　围	参　　数	范　　围
脂肪酸含量/%		$C_{20:1}$	<0.5
C<14	<0.1	$C_{22:0}$	<0.5
$C_{14:0}$	<0.5	特征指标	
$C_{16:0}$	7.0～12.0	碘价(I)(g/100 g)	102～104
$C_{16:1}$	<0.5	皂化价(以 KOH 计)/(mg/g)	187～195
$C_{18:0}$	3.5～6.0	不皂化物/%	<2.0
$C_{18:1}$	35.0～50	酸价(以 KOH 计)/(mg/g)	
$C_{18:2}$	35.0～50	原油	<4
$C_{18:3}$	<0.1	加工成品油	<0.6
$C_{20:0}$	<0.1	过氧化值/(meq/kg)	<10

在通常使用的植物油中,芝麻油是最不易氧化酸败的,同时也表现出比其所含生育酚(维生素 E)应具有的抗自动氧化能力更强。这种非同寻常的氧化稳定性是因芝麻油中含有比其他植物油较多的不皂化物(1.0%～1.2%)。此外,不皂化物本身含有一些如芝麻木酚素、芝麻林素、芝麻素、芝麻酚(图 6.6)和生育酚(图 6.7)等。

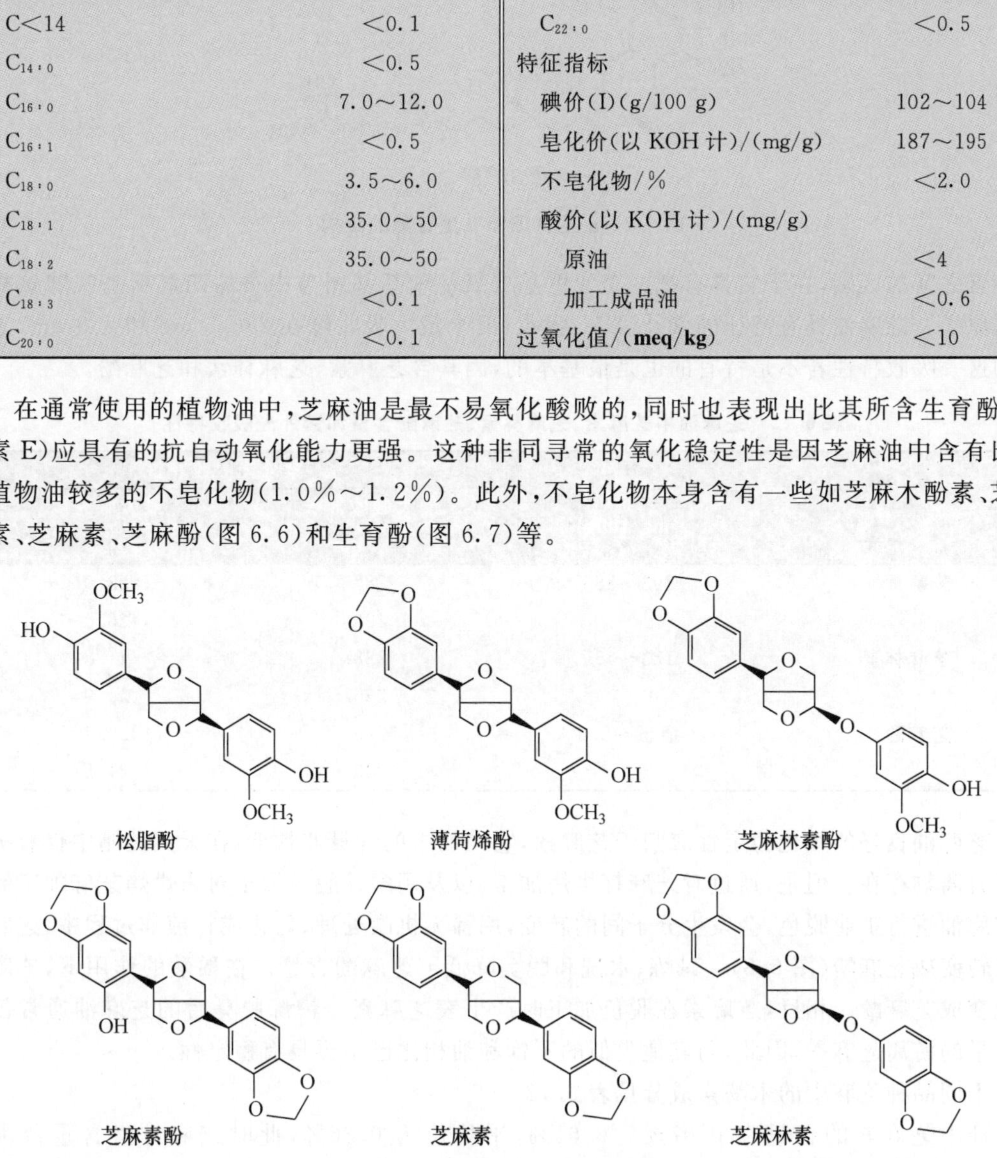

松脂酚　　　　　　薄荷烯酚　　　　　　芝麻林素酚

芝麻素酚　　　　　　芝麻素　　　　　　芝麻林素

图 6.6 芝麻木酚素的结构图

未精炼芝麻油显著的稳定性在很大程度上归因于天然苯酚类抗氧化剂即芝麻素、芝麻林素和芝麻酚的存在,它们在芝麻油中的含量及其紫外光谱吸收特性列于表 6.12。芝麻林素与

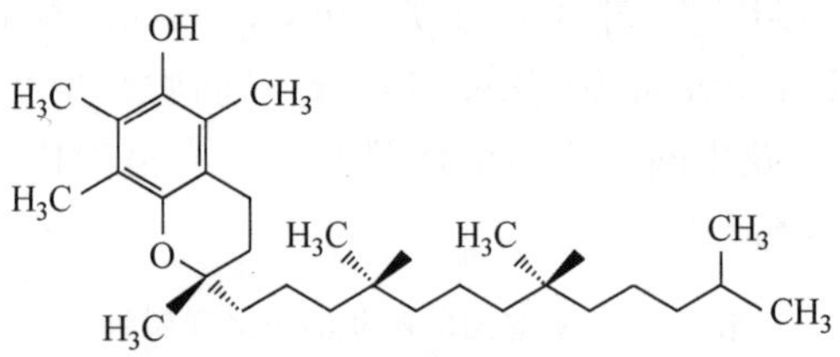

α- 生育酚

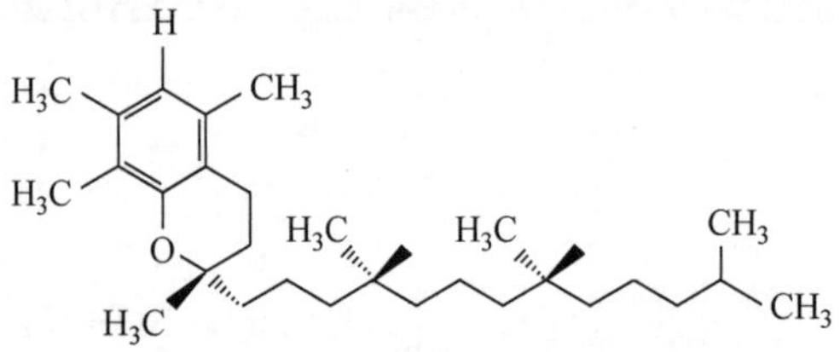

β- 生育酚

图 6.7　α-生育酚和 β-生育酚的结构

芝麻素之间的区别,在于它具有把一个亚甲基二氧基苯基基团与中央的四氢糠基呋喃核相连的氧原子。芝麻油具有特征的紫外(UV)吸收,两个最大吸收峰在 288.5 nm 和 235 nm,芝麻油的这一吸收特性若不是特有的也是最基本的,因其含芝麻素、芝麻林素和芝麻酚。

表 6.12　芝麻油中芝麻素、芝麻林素、芝麻酚含量和紫外光吸收特性

项　目	含量/(mg/100g)	紫外光吸收特性	
		最大吸收波长 λ_{max}/nm	最大吸光度 ε_{max}
芝麻素	293～885	287	23.0
		236	26.0
芝麻林素	123～459	288.5	21.8
		235	24.9
芝麻酚	痕量～5.6	296	29.7
		233	21.2

　　芝麻油良好的氧化稳定性应归于芝麻酚,它在油中的含量非常低,在天然油脂中仅有极少量的游离物存在。但是,通过对芝麻籽烘烤加工,以及用酸性脱色漂土对未烘烤芝麻加工制取的芝麻油进行工业脱色,会发生分子间的转变,用稀无机酸处理、氢化或在煎炸过程中,芝麻林素可转变成芝麻酚(图 6.8)。碱炼、水洗和脱臭降低了芝麻酚含量。在稀酸的作用下,芝麻林素也变成芝麻酚。相反,芝麻素在脱色加工时产生表芝麻素。精炼脱臭后的芝麻油通常仅含有微量的游离芝麻酚,因此,与其他类似的不饱和油相比已不再具有稳定性。

　　不同品种芝麻中的木酚素成分见表 6.13。

　　油中芝麻素的含量在 0.07%～0.61%,平均值为 0.36%,此时芝麻林素含量范围为 0.02%～0.48%,平均值为 0.27%。研究发现芝麻素含量最高的是含油高达 55% 的白籽样品,最低的为含油仅为 44.6% 的黑籽样品。与此相对应的样品中芝麻林素含量最高和最低的均是白籽品种。

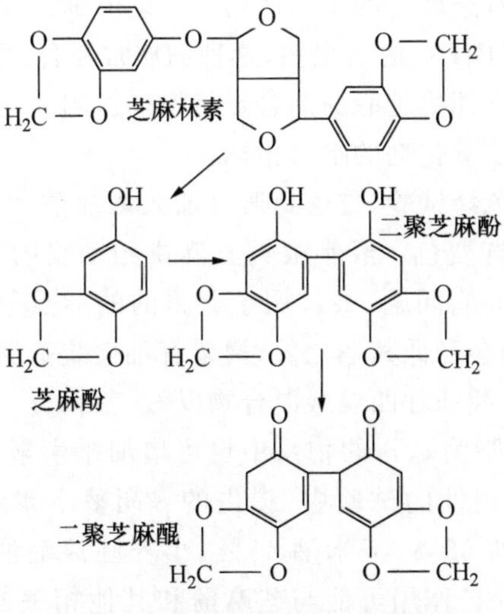

图 6.8　芝麻林素及其水解物的结构

表 6.13　栽培芝麻油中芝麻素和芝麻林素的含量　　　　　　　　　　　　　　%

籽型	油脂	芝麻素	芝麻林素
混合籽	52.7(43.4~58.8)	0.36(0.07~0.61)	0.27(0.02~0.48)
白籽	55.0(51.8~58.8)	0.44(0.12~0.61)	0.25(0.02~0.48)
棕籽	54.2(50.5~56.5)	0.36(0.11~0.61)	0.30(0.13~0.42)
黑籽	47.8(43.4~51.1)	0.24(0.07~0.40)	0.27(0.13~0.40)

注:括号内为平均值的范围。

　　通常黑籽芝麻类型含油较少。这些差异也可在黑籽品种的芝麻素的含量中看出,与白色和棕色品种相比芝麻素的含量平均几乎低 50% 和 25%。相反,芝麻林素的数据在各种色泽类型中没有表现出一致的差异。在此研究中无论是白色还是黑色品种,其含油量和芝麻素的含量呈显著的正相关。

　　油脂中芝麻酚及其相关化合物的相对抗氧化活性研究,用高效液相色谱(HPLC)从芝麻油中分离出芝麻林素、芝麻酚和芝麻酚二聚体,阐明这些成分与芝麻油及其他以油脂为基料的体系稳定性间的相互关系。

　　实验中把芝麻林素、芝麻酚和芝麻酚二聚物以 0.01% 的浓度加入猪油、油酸甲酯和大豆油中,用活性氧法(AOM)在固定的时间间隔内监测过氧化值(POV),以评价这些油脂的稳定性。在任何油脂中芝麻林素没有表现出明显的抗氧化活性。相反,芝麻酚和芝麻酚二聚体可以延长诱导期,特别是在猪油和油酸甲酯中表现出很强的抗氧化活性。在猪油中芝麻酚二聚体的活性高于芝麻酚,在油酸甲酯中活性更低。在大豆油中芝麻酚表现出低但有效的活性,而芝麻酚二聚体有稍高的活性。说明芝麻酚二聚体具有强抗氧化活性,在某些油中其抗氧化能力要高于芝麻酚。

　　用类似的方法评估了芝麻林素和芝麻酚与芝麻油稳定性间的相互关系。含芝麻林素和芝麻酚的食用芝麻油能抑制自动氧化,其POV值不增加,甚至在油加热 94 h 后其 POV 值仍小于 10 mmol/kg。经研究试验表明,除芝麻酚外食用芝麻油还含有能产生高度稳定性的抗氧化成分。此外,结合态的芝麻酚(芝麻酚的中间产物——芝麻酚二聚体)有强的抗氧化活性,其结构也类似于丁基羟基茴香醚(BHA)的二聚物,这种物质常在含 BHA 的活化油中产生。此外,随储存期延长食用非精炼芝麻油中芝麻酚的含量将增加。因此芝麻酚的存在可看做是判断是否有别的能抑制油自氧化的抗氧化剂的唯一指标。

芝麻油的另一个特点是色泽试验,方法是通过加入浓盐酸和呋喃使含芝麻林素或游离芝麻酚的食用芝麻油产生樱桃红变色。经常喂饲芝麻饼粕动物的乳汁对芝麻油色泽实验呈阳性。芝麻油掺杂价格低廉的油脂问题,最常用于此目的的油是菜籽油(或卡诺拉油)、罂粟籽油、棉籽油和花生油。菜籽油会降低其皂化价;罂粟籽油会提高其碘价;棉籽油增加脂肪酸凝固点;花生油中可分离出花生酸和甘四烷酸混合物以做鉴别。

把芝麻油加入以其他油脂为基料的物系中也可增加维生素 A 的稳定性。在 4℃时暗处存放 5 个月后各种油脂的稳定性的试验中,损失的 β-胡萝卜素量为:精炼棉籽油 8%,芝麻油 15%,椰子油 25%,橄榄油 38%,玉米油 45%,小麦胚芽毛油 62%。与其他大多数植物油相比,其对 β-胡萝卜素的保护作用可能与芝麻酚和其他相关的芝麻油衍生物的抗氧化活性有关。

在商品化的抗氧化剂中,对猪油的稳定作用,芝麻酚仅次于没食子酸丙酯(PG)和去甲二氢愈创木酸。芝麻素很适合用做除虫菊杀虫剂的辅助剂,因为它具有增效作用并可降低成本。作为抗氧化剂和杀虫剂的合成芝麻酚已成为商品。

芝麻油是右旋体,对缺乏旋光性的脂肪酸甘油酯的油而言是少见的。但是油的不皂化物部分确实含有具旋光性的微量组分,因而使油具有旋光性。

芝麻油实际上不含毒性成分,与许多其他的植物油相比,含更多的不饱和脂肪酸(表6.14)。高比例的不饱和脂肪酸使它成为饮食中必需脂肪酸的重要来源。亚油酸是细胞膜结构、血液中胆固醇的运输和延长血液凝结所必需的物质,芝麻油富含维生素 E,但缺少维生素 A,毛油中含相对少的游离脂肪酸,芝麻油中存在的微量成分芝麻素和芝麻林素防止油脂氧化酸败。

表 6.14 芝麻油的特性

参　数	范　围	参　数	范　围
相对密度(25℃/25℃)	0.918~0.924	游离脂肪酸(以油酸计)/%	1.0~3.0
折射率(n_D^{50})	1.463~1.474(25℃)	不皂化物/%	0.9~2.3
烟点/℃	165~166	碘价(I)/(g/100 g)	103~130
闪点/℃	319~375	皂化价(KOH)/(mg/g)	186~199
凝固点/℃	-3~-4	羟基值(KOH)/(mg/g)	1.0~10.0
脂肪酸凝固点/℃	20~25	硫氰值	74~76

2. 蛋白质

(1)芝麻蛋白质组成

芝麻籽含 19%~31%的蛋白质,平均为 25%。芝麻籽中的蛋白质大部分位于籽粒的蛋白体中。芝麻蛋白按其溶解度,蛋白质可分为清(白)蛋白(8.6%)、球蛋白(67.3%)、醇溶蛋白(1.3%)、谷蛋白(6.9%)。球蛋白是芝麻中的主要蛋白,芝麻籽球蛋白中 α-球蛋白占总量的60%~70%,β-球蛋白占 25%。近期的研究,芝麻种子亚细胞的油体膜上含有三种膜蛋白,它们是芝麻油体膜蛋白、芝麻甾醇膜蛋白和芝麻油体钙蛋白,它们的分子质量分别为15～21ku、39～41 ku、27 ku,膜蛋白约占油体总重量的1.5%。

球蛋白是芝麻籽中主要的蛋白组分。α-球蛋白是一种高分子质量的蛋白质(250～360 ku),沉降系数为11～13S,由六组分子质量为50～60 ku的二聚体组成。二聚体由A-B型通过二硫键相连。已经很好地确立了α-球蛋白的四级结构。β-球蛋白是芝麻籽球蛋白中的少量成分,分子质量为15 ku,富含酸性和疏水性的氨基酸。

脱脂芝麻粕粉中主要的球蛋白,它是盐溶性的。用10%的NaCl盐溶液可提取脱脂芝麻粕中蛋白质数量如表6.15所示。

表6.15　10% NaCl溶液可提取100 g脱脂芝麻粕中蛋白质数量

蛋白质组分	数量/g	干基含量/%	占总蛋白质数量/%
组分Ⅰ(68℃凝聚物)	1.56	2.0	3.68
β-球蛋白(84℃凝聚物)	5.66	7.45	13.69
α-球蛋白(91℃凝聚物)	24.35	32.04	58.85
可溶性数量	31.53	41.49	76.22

(2)芝麻蛋白的氨基酸组成

芝麻粕粉和分离蛋白的不同制品的氨基酸组成列于表6.16。芝麻蛋白富含含硫氨基酸和少量的赖氨酸,这对油籽蛋白来说是难得的。在其他必需氨基酸中,与FAO的参照值相比,芝麻蛋白中苏氨酸、异亮氨酸和缬氨酸的含量不足。在制备分离蛋白(蛋白质>90%)时,蛋氨酸、胱氨酸和色氨酸有一些损失。这表明通过所用的分离方法可选择性地回收或去除某些氨基酸。

表6.16　芝麻产品中必需氨基酸的组成

氨基酸	粉	粕	分离蛋白			FAO/WHO 模式值
			碱萃取	盐萃取	水萃取	
色氨酸	—	2.0	—	—	1.8	1.0
苏氨酸	3.4	3.9	4.9	3.7	3.3	4.0
缬氨酸	4.7	4.6	4.9	5.2	4.6	5.0
蛋氨酸＋胱氨酸	5.8	5.6	3.2	2.1	3.7	3.5
异亮氨酸	3.9	4.7	4.0	4.1	3.6	4.7
亮氨酸	6.7	7.4	6.7	6.6	6.6	7.0
苯丙氨酸＋酪氨酸	8.2	10.6	8.7	8.2	7.9	6.0
赖氨酸	2.6	3.5	2.4	2.2	2.1	5.5

注:数值按g/16 g氮表示。

芝麻蛋白的氨基酸成分可用于补充其他大多数油籽的蛋白质,如色氨酸在其他许多油籽蛋白中含量有限,而在芝麻中很丰富。芝麻蛋白的氨基酸可利用率还取决于加工方法。加湿条件下的热处理可增强消化率,同时用螺旋压榨制油对有效赖氨酸无不利影响。然而据报道,蒸煮前后的芝麻分离蛋白在体内的消化率是相同的,这表明芝麻缺少胰蛋白酶抑制剂。

芝麻籽蛋白质中含量高的含硫氨基酸是独特的,表明芝麻蛋白可更广泛地用做蛋氨酸和色氨酸的补充物,可作为婴儿和断奶幼儿食品的优良蛋白源。芝麻蛋白质的使用可消除由于食品中补充不稳定的游离蛋氨酸而引起的问题。

芝麻籽、饼粕和分离蛋白的蛋白质功效比(PER)分别为1.86、1.35和1.2。工业生产的蛋白粉和压榨饼的PER值为0.9和1.03。芝麻籽蛋白中补充赖氨酸后可使PER增至2.9。芝麻籽蛋白质的生物价是62,低于大豆蛋白质。

3. 碳水化合物

芝麻籽含有14%～18%的碳水化合物,包括葡萄糖(3.2%)、果糖(2.6%)、蔗糖(0.2%)、棉籽糖(0.2%)、水苏糖(0.2%)、车前糖(0.6%)及少量的其他几种低聚糖。另外,也含有3%～6%主要存在于壳和种皮中的粗纤维。脱脂粉中含有0.58%～2.34%和0.71%～2.59%的半纤维素A和B。半纤维素A含有半乳糖醛酸和葡萄糖,以1∶12.9比例存在,而半纤维素B中所含的半乳糖醛酸、葡萄糖、阿拉伯糖和木糖的比例为1∶3.8∶3.8∶3.1。

4. 矿物质和维生素

芝麻籽是一种很好的矿物质源,特别是钙、磷、钾和铁(表6.17)。籽粒含4%～6%的矿物质。芝麻籽粒中含有1%的钙和0.7%的磷。钙主要在种皮中,在脱皮时被去除。此外,由于籽中高浓度的草酸盐和植酸盐、芝麻中的钙的生物利用率也很小。

表6.17 芝麻籽和芝麻皮的矿物成分表(干基)

成 分	芝麻籽	芝麻皮
干物质/%	95.29±0.19	83.79±0.04
脂肪/%	52.24±0.34	12.21±0.02
蛋白质/%	25.77±1.02	10.23±0.32
总纤维/%	19.33±1.97	42.03±0.60
不溶性纤维/%	13.96±1.62	33.41±0.32
可溶性纤维/%	5.37±0.28	8.61±0.32
灰分/%	4.68±0.20	23.90±1.04
钙/%	1.03±0.04	10.54±0.13
钾/(mg/100 g)	525.9±17.90	441.4±23.3
镁/(mg/100 g)	349.9±39.32	455.9±23.06
磷/(mg/100 g)	516±26.89	158.0±0.93
钠/(mg/100 g)	15.28±1.63	39.80±0.83
铁/(mg/100 g)	11.39±0.27	47.13±2.55
铜/(mg/100 g)	2.15±0.06	3.48±0.57
锌/(mg/100 g)	8.87±0.26	6.73±0.45
锰/(mg/100 g)	3.46±0.43	5.10±0.46
可溶性糖/%	2.48±0.09	0.97±0.09
淀粉/%	0.88±0.01	1.33±0.01
多酚/(mg/100 g)	87.77±3.15	598.2±4.47

芝麻籽是某些维生素的重要来源,特别是烟酸、叶酸和维生素 E(表 6.18)。然而籽中维生素 A 含量很低。芝麻油富含生育酚,但 γ-生育酚和 δ-生育酚比例大大高于 α-生育酚,后者有最高的维生素 E 活性。因此芝麻油的维生素 E 活性低于其他植物油。

表 6.18　芝麻籽中维生素的含量

成　　分	含　　量	成　　分	含　　量
维生素 A/IU	60 以下	维生素 E/(mg/100 g)	
硫胺素(维生素 B_1)/(mg/100 g)	0.14～1.0	总量(α-维生素 E 等价物)	29.4～52.8
核黄素(维生素 B_2)/(mg/100 g)	0.02～0.34	α-维生素 E/(mg/100 g)	1.0～1.2
烟酸/(mg/100 g)	4.40～8.70	β-维生素 E/(mg/100 g)	0.005～0.6
泛酸/(mg/100 g)	0.6	γ-维生素 E/(mg/100 g)	24.4～51.7
抗坏血酸/(mg/100 g)	0.5	δ-维生素 E/(mg/100 g)	0.05～3.2
叶酸/(μg/100 g)	51～134		

5. 抗营养因子

芝麻籽几乎不含抗营养因子,因此原料或加工产品都适于人类的消费。但是它含有较高的草酸盐和植酸盐,在人类营养方面对矿物质的生物利用率有不利的影响。草酸主要存在于皮壳中,由于钙的螯合作用使整籽或粕有轻微的苦味。脱皮可降低芝麻籽中草酸的含量。用过氧化氢在 pH 9.5 时处理可去除芝麻粕中的草酸。

芝麻籽含有相当多的磷,大部分与植酸相结合或以非丁(一种肌醇六磷酸钙镁盐)的形式存在。与约含 1.5％植酸的大豆相比,芝麻籽的含量高达 5％。芝麻粕中的植酸盐不溶于水。

芝麻植物对籽中铅的积累有不同寻常的能力。整籽和芝麻仁中含铅量为 0.13～0.22 mg/100 g,因此过多食用芝麻(>200 g/d)对人体有害。

6.2.2　芝麻饼粕利用

芝麻饼是制油后所得的副产品,粉碎后进一步脱脂成了粕或粉。芝麻饼和粕的化学成分列于表 6.19 中。

芝麻饼富含蛋白质(35％～45％),其含量取决于制油方法和籽是否脱皮。这种蛋白质富含蛋氨酸和胱氨酸,但赖氨酸含量较低。饼的色泽从浅黄色至灰黑色,这取决于籽色的类型及加工温度。暗色粕常比浅色粕味苦,因而后者更受欢迎。芝麻粕可通过显微镜观察表皮细胞中存在的草酸钙结晶而加以区分。

对芝麻籽粉碎可得到四种类型的芝麻粉:全芝麻籽粉、脱皮芝麻籽粉、脱脂芝麻籽粉和脱皮脱脂芝麻粉。其中最普通的是脱皮脱脂芝麻粉。芝麻生产芝麻(蛋白)粉工艺流程见图 6.9。

芝麻还可以加工成几种高蛋白产品,如脱脂芝麻粕、芝麻蛋白粉、芝麻浓缩蛋白和芝麻分离蛋白。脱脂芝麻粕经超微粉碎成芝麻蛋白粉。脱脂芝麻粕、芝麻蛋白粉的蛋白质含量为50％～55％,浓缩蛋白和分离蛋白的蛋白质含量分别为 70％和 90％。与许多油籽不同,芝麻从脱皮脱脂芝麻粉制得的浓缩蛋白和分离蛋白不含任何不良的色素、异味物和内源毒素。

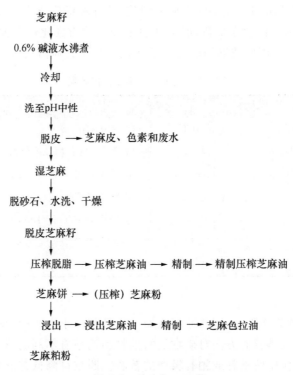

芝麻籽
↓
0.6% 碱液水沸煮
↓
冷却
↓
洗至pH中性
↓
脱皮 → 芝麻皮、色素和废水
↓
湿芝麻
↓
脱砂石、水洗、干燥
↓
脱皮芝麻籽
↓
压榨脱脂 → 压榨芝麻油 → 精制 → 精制压榨芝麻油
↓
芝麻饼 → （压榨）芝麻粉
↓
浸出 → 浸出芝麻油 → 精制 → 芝麻色拉油
↓
芝麻粕粉

图 6.9 芝麻加工工艺

芝麻蛋白质用各种盐和碱溶液萃取,蛋白质萃取率随萃取介质、pH 值和时间而变化,氢氧化钠(0.04 mol/L)是最适合的溶剂,可萃取粕中约 90%的氮。由于蛋白质在等电点时的溶解度最小,大多数分离蛋白是通过在适合的溶剂中萃取,再在等电点附近沉淀的方法制备的。芝麻蛋白的等电点为 4.5～4.9。芝麻蛋白用盐和碱萃取,在 pH 5.7 区域的溶解度最小。低植酸盐的分离蛋白,是在碱液中用逆流接触溶解蛋白质并在 pH 5.4 时沉淀,在此 pH 值下可以将 50%的植酸盐去除,同时仅 17.5%蛋白质被溶解,最终的分离蛋白含 91.4%的蛋白质,几乎不含植酸盐。

脱脂芝麻粕粉中含有较高的甲基含硫氨基酸,添加辅料可以生产芝麻组织蛋白。这种产品具有特有的芝麻风味。它是一种高蛋氨酸含量的植物蛋白制品。

无论小型个体,或具有一定的加工能力的小磨油作坊或工厂,利用水代法芝麻加工工艺,提取芝麻油脂后,得到的湿麻渣含水高达 50%左右、并含有丰富的蛋白质(23.44%)、脂肪(13.01%)、碳水化合物(8.64%)以及一定量无机盐,为动物提供了丰富的营养物质。因为湿麻渣在较高的环境温度下很容易腐败变质,不易贮存,因此湿麻渣应及时采用日晒或自然风干或烘干,得到的干麻渣含水量已降至 11.16%,蛋白质高达 42%,其他营养成分含量也相应得到提高(表 6.19)。芝麻湿渣经晾晒、烘干成芝麻渣粉。这种芝麻渣粉含有高达 40%的粗蛋白质和 12%以上的油脂。尽管芝麻加工中经历高温(180～200℃)烘炒,使蛋白质严重劣变,降低了氨基酸的有效利用率。但未劣变的蛋白质氨基酸,加上有良好风味的脂肪,仍然是一种饲料蛋白资源。

干麻渣可作为鸡、猪、牛、鱼等的饲料配料。有人将干麻渣替代部分豆饼饲喂肉鸡,反映效果良好;也有人将干麻渣混入鱼饲料中,作为鱼饲料中蛋白质和脂肪的补充剂,喂养鱼苗获得了成功;在生长育肥猪饲料配方中,可用干麻渣代替全部或部分豆饼作为主要蛋白质饲料。

表 6.19　湿、干芝麻渣主要成分　　　　　　　　　　　　　　　%

成　分	湿芝麻渣	干芝麻渣	芝麻饼	芝麻粕
粗脂肪	13.01	20.12	10.00	2.30
粗蛋白质	23.44	42.72	44.30	48.2
水分	49.13	11.16	10.0	10.0
粗灰分	5.69	10.64	10.3	12.60
碳水化合物	8.64	15.36		
粗纤维			5.40	6.40
钙	1.14	1.93	1.99	2.9
铁	0.037	0.07		
磷	0.86	1.51	1.33	1.4

6.3　亚麻籽及其饼粕

　　亚麻是世界上最古老的纤维作物之一,品种较多,但大致可分为 3 类:油用亚麻、纤维用亚麻和油纤两用亚麻,其种子均可榨油,已成为世界十大油料作物之一,其产量占第七位。2007年世界油用亚麻总产量约 200 万 t,中国占 25.5%,年产量达 50 万 t。

　　我国是在公元前 2 世纪由汉代特使张骞出使西域时带回的亚麻种子,在陕西、山西等地开始种植,初始亚麻籽主要作药用,直到 16 世纪才用其种子榨油,现在是我国主要经济作物之一,也是我国华北、西北高寒地区种植的主要油料作物。

6.3.1　亚麻籽的结构和主要成分

6.3.1.1　亚麻籽的结构

　　亚麻籽(flaxseed 或 linseed)是亚麻科、亚麻属的一年生或多年生草本植物亚麻(*Linum usitatissimum* L.)俗称胡麻的种子(图 6.10,另见彩图 10)。千粒重 6~6.7 g,颗粒比重 1.010~1.020 g/cm³,容重 0.545~0.690 g/cm³。

　　亚麻籽为平椭圆形,长 4~7 mm,宽 2.5 mm 左右,厚 1.5 mm,千粒重为 3.5~11 g。亚麻籽由表皮、外壳、内壳和子叶组成。颗粒容重 1.010~1.020 g/cm³,散装容重 0.545~0.690 g/cm³。表皮层厚 0.1~0.2 mm,主要是淀粉等糖类复杂化合物,成熟后这些物质变硬而失去淀粉的性质。

　　子叶占种子重量的一半略多,含大多数的油和蛋白质。油存在细胞内的油体中,蛋白主要存在于俗称糊粉粒的蛋白体中,细胞壁的主要成分为纤维素和半纤维素,其余作为细胞本身结构物质而存在。亚麻籽壳与亚麻籽仁的分离比较困难。

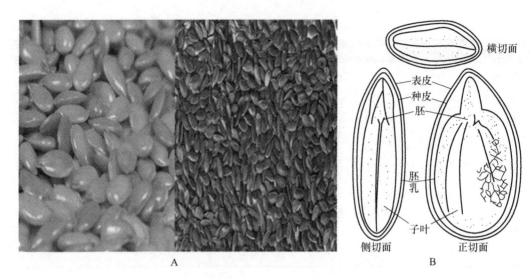

图 6.10　亚麻籽结构图(http://en.wikipedia.org/wiki/Flaxseed)
A. 黄、棕色亚麻籽　B. 亚麻籽切面图

6.3.1.2　亚麻籽的主要成分

亚麻籽通常含 31.9%～37.8%脂肪,21.9%～31.6%蛋白质,36.7%～46.8%纤维,
7.1%～8.3%水分,3%～4%的灰分。亚麻籽还含有一定量的黏胶、植酸、二糖苷、抗维生素
B₆因子等抗营养因子或毒性物质,其化学成分见表 6.20。

表 6.20　亚麻籽和脱脂亚麻籽粕粉主要成分　　　　　　　　　　　　　　　%

成　　分	亚麻籽	脱脂亚麻籽粕
水分	5.6	1.7
脂肪	35.0	0.8
蛋白质(N×6.25)	19.7	37.1
灰分	3.8	7.4
总膳食纤维	29.8	45.4
可溶性膳食纤维	2.3	6.2
其他碳水化合物	6.1	7.6

1. 亚麻籽油

亚麻籽油,又称亚麻油或胡麻油,是从亚麻籽中制取的干性油。亚麻籽含油 35%～45%,
属高含油油料作物。由于亚麻籽油含有大量的不饱和脂肪酸,容易氧化变质,以前主要用做工
业用油。近年来,国外已培育出 α-亚麻酸含量低于 3%的新品种,使之成为性质稳定的食用
油,为亚麻籽油的利用开辟了一条新的食品应用途径。通常亚麻籽油中含有 45%～65%的
α-亚麻酸,是亚麻籽油中起保健功能的有效成分之一,也是人体的必需脂肪酸(EFA)。亚麻
酸属于 ω-3 型脂肪酸,在人体肝脏内,在脱饱和酶和链延长酶的作用下,能够生成 EPA 和
DHA,因此当人体缺乏 ω-3 型脂肪酸时,可以通过直接补充 EPA 和 DHA,或通过食用亚麻籽
油来获得 ω-3 型脂肪酸。

亚麻籽油的脂肪酸组成为：饱和脂肪酸 9%～11%，油酸 13%～29%，亚油酸 15%～30%，亚麻酸 40%～60%（表 6.21），是典型的干性油，干燥性能极强，也可用于油漆、涂料、印刷、防腐等工业。

表 6.21 亚麻油脂肪酸组成　　　　　　　　　　　　　　　　　%

脂肪酸	含 量	脂肪酸	含 量
棕榈酸	4.6～6.3	亚油酸	14.0～18.2
硬脂酸	3.3～6.1	亚麻酸	44.6～51.5
油酸	19.3～29.4		

2. 亚麻籽蛋白

亚麻籽含蛋白一般在 10%～30%。亚麻籽中的蛋白质除了赖氨酸含量较低外，富含其他种类的氨基酸。与大豆相比，亚麻籽中含有更多的天门冬氨酸、谷氨酸、亮氨酸和精氨酸。pH值、亚麻籽脱脂粕与溶剂的比例、溶剂的组成、盐的浓度、热处理等都影响脱脂亚麻粕中氮的提取。从脱脂亚麻籽粉中提取的蛋白质，有 42%～52% 是水溶性的，34%～47% 可溶于 5% NaCl，1%～2% 可溶于 70% 乙醇，3%～3.5% 可溶于 0.2% NaOH。亚麻籽中的蛋白质主要由 12 S 组分组成，它含 3% α-螺旋，17% β-折叠，80% 的自由转折；另外还含一定量的 2 S 组分。由于亚麻籽壳中富含多糖胶，能妨碍蛋白质的沉淀和分离，因此采取碱提、酸沉、分离及干燥的工艺过程对提取亚麻籽中的蛋白质有一定的影响。如果在加工工艺中适当脱皮壳，采用筛分和风选脱除亚麻籽皮壳，可改进蛋白质的提取得率。

将脱皮的亚麻籽脱脂粕，置于碱性溶液中进行浸出，分离亚麻籽残渣后，进行等电点分离，再进行复溶、低温冷沉干燥，可以制备亚麻籽 11S 球蛋白。也可以用脱皮脱脂的亚麻籽粕，经离子交换色谱分离纯化，得到分子质量为 360 ku 的 11S 亚麻籽球蛋白。分析亚麻籽 11S 球蛋白的氨基酸成分，列于表 6.22 中。

表 6.22 亚麻籽 11 S 球蛋白氨基酸主要成分　　　　　　　　g/100 g

氨基酸	含量	氨基酸	含量
天门冬氨酸	12.4	酪氨酸	2.4
谷氨酸	24.3	缬氨酸	5.1
丝氨酸	3.1	蛋氨酸	1.3
甘氨酸	5.4	胱氨酸	0.9
组氨酸	2.4	异亮氨酸	5.6
精氨酸	12.6	亮氨酸	5.9
苏氨酸	3.6	苯丙氨酸	6.3
丙氨酸	5.5	赖氨酸	3.1
脯氨酸	0.1		

3. 维生素和矿物质

亚麻籽中含有丰富的维生素和矿物质，见表 6.23。

表 6.23　亚麻籽中维生素和矿物质的含量

维生素 A/ (IU/100 g)	维生素 E/ (IU/100 g)	维生素 B/(mg/100 g)				
		B₁	B₂	B₃	B₆	B₁₂
18.8	0.6	0.5	0.2	9.1	0.8	0.5
矿物微量营养元素/(mg/ g)						
Na	K	Ca	Mg	P	S	Zn	Fe	Cu	Mn
0.6	12.1	4.5	6.1	9.9	4.0	0.123	0.208	0.02	0.059

4. 亚麻籽胶

亚麻籽胶随品种和栽培区域不同而不同,含量占种子重量的 2%～10%。亚麻籽胶由酸性多糖和中性多糖组成。中性多糖主要由木糖、葡萄糖、阿拉伯糖和半乳糖组成,其物质的量之比为 6.0∶3.2∶2.8∶1.0;酸性多糖由鼠李糖、半乳糖、岩藻糖和半乳糖醛酸组成,其物质的量之比为 4.8∶3.1∶1∶3.7。中性多糖为高度支化的阿拉伯木聚糖,以 1,4-β-D-木糖为主链,端基含有大量的吡喃阿拉伯糖单位,阿拉伯糖和半乳糖侧链连接在 2 或 3 位上。酸性多糖的主链是 1,2-α-L-吡喃鼠李糖和 1,4-D-吡喃半乳糖醛酸残基,侧链是岩藻糖和半乳糖残基,本上所有的 D-半乳糖醛酸基都在主链上,所有的岩藻糖基和大约半数的 L-半乳糖基存在于非还原性末端。

5. 木酚素

亚麻籽还含有亚麻籽木酚素。木酚素(lignan)是以 2,3-二苯基丁烷为骨架的二酚类复合物,主要有开环异落叶松树脂酚(SDG)和乌台树脂酚(MAT),在人体或动物体内在兼性需氧微生物的作用下可转化为哺乳动物木酚素——肠内脂和肠二醇。在体外,木酚素同时具有雌激素和抗雌激素的作用。植物中的木酚素通常以配糖基的形式出现,亚麻籽中木酚素 SDG 就是以二糖苷的形式出现。

由于它的抗氧化和防癌功效,使亚麻籽及其制品的营养功能受到世人的重视。亚麻籽种皮中含有由类黄酮香草莘二葡萄糖苷、羟基甲基-戊二酸木酚素和开环异落叶松脂醇二葡萄糖苷组成的亚麻籽木酚素(图 6.11)、对-香豆酸葡萄糖苷、阿魏酸葡萄糖苷等,都是亚麻籽木酚素的成分。这些成分或它们的降解物,都具有抗氧化性能,在食品和油中能够起到抗氧化作用。图 6.12 是亚麻籽木酚素的种类图。

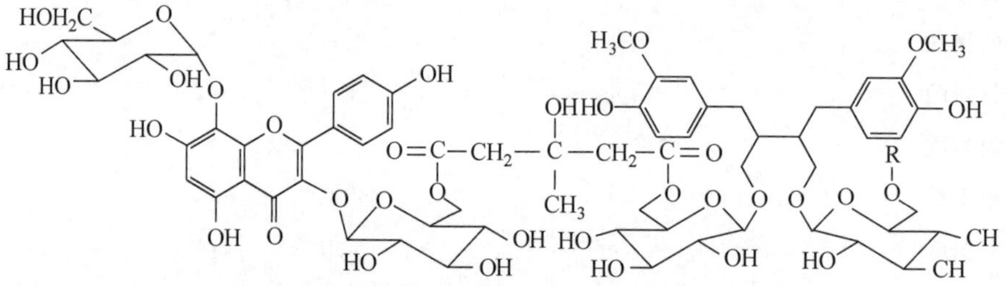

图 6.11　亚麻籽木酚素化学结构(HDG＋HMGA＋SDG)

亚麻籽皮中的木酚素,是由羟基甲基-戊二酸(HMGA)链接类黄酮香草莘二葡萄糖苷(HDG)和开环异落叶松脂醇二葡萄糖苷(SDG)形成的高分子化合物。这种木酚素是从亚麻籽皮中经过提取、皂化和水解、纯化制取的。亚麻籽木酚素还有对-香豆酸葡萄糖苷(CouAG)。

和阿魏酸葡萄糖苷(FeAG)。

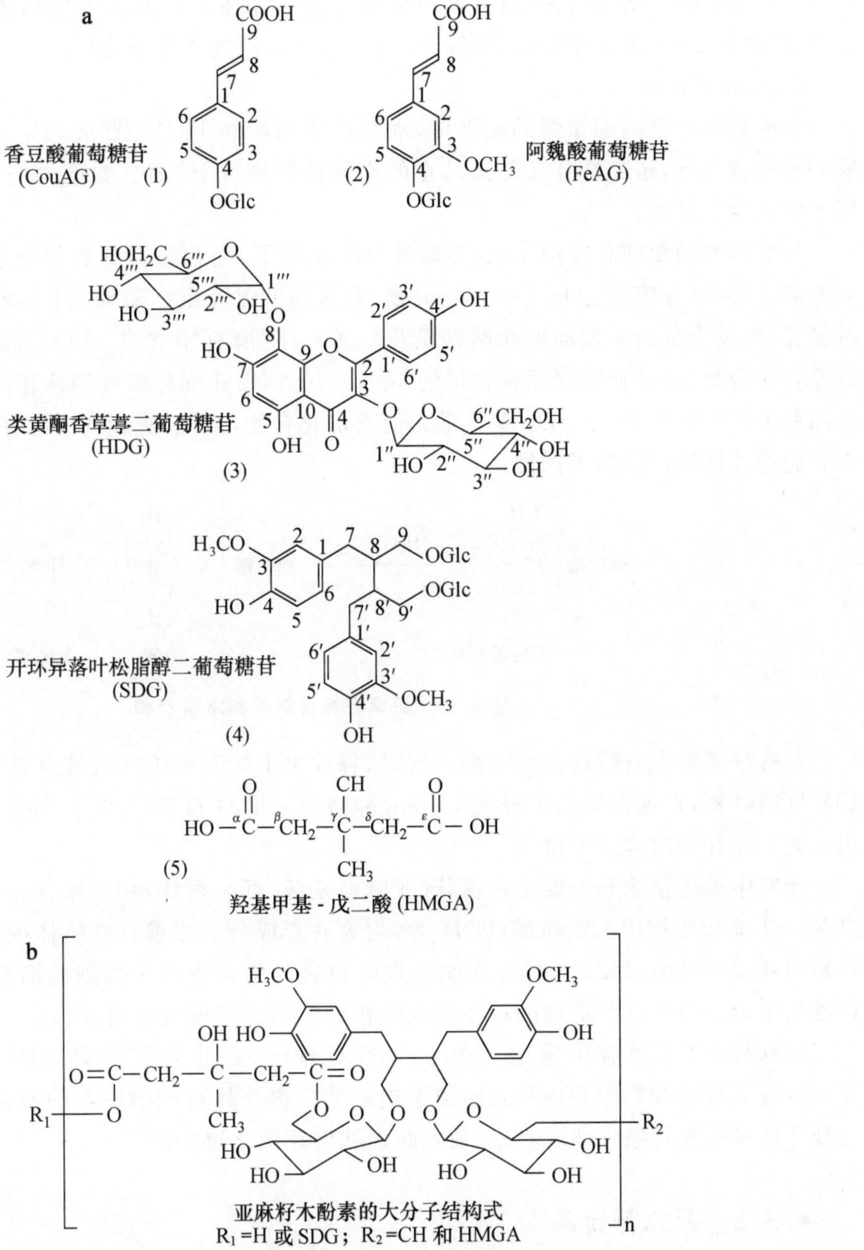

图 6.12　亚麻籽木酚素种类(a)和结构(b)

亚麻籽木酚素都具有抗氧化清除自由基功效,成为延长食品流通货架期和人体保健防癌、抗癌的重要成分。

6.色素

亚麻籽中的色素主要存在于亚麻籽种皮的色素层内。亚麻籽的脂溶性色素,只溶于酸化乙醇、NaHCO₃、50％乙酸中。亚麻籽的脂溶性色素呈酱红色,色素结晶呈多棱状,熔点为163 ℃,最大吸收光谱为(UV)370 nm,左旋,折光率为0.03,对酸碱稳定。

亚麻籽中的水溶性色素,主要为异黄酮类或二氢黄酮类,只溶于水、NaOH、NaHCO₃、KOH 和 NH₄OH,溶液呈酱红色(碱中呈橙红色),晶体为雪花状无色晶体,熔点为 237℃,最大吸收光谱(UV)为 350 nm,左旋,折光率为 0.04,碱性条件下稳定。

7. 亚麻籽氰苷

亚麻籽氰苷是丙酮氰醇的配糖体,水解产生丙酮和 HCN(图 6.13)。亚麻籽中还含有亚麻籽葡萄糖氰苷,这类糖苷在与其共存的水解酶的催化下(适宜温度 40~50℃,pH 5 左右),可水解产生氢氰酸。

天然的氰葡萄糖苷能溶于水,在酸性 pH 条件下,经葡萄糖苷酶催化水解,生成葡萄糖和氢氰酸。100 g 亚麻籽含有 20~50 mg 氰,和其他的亚麻氰二葡萄糖苷、亚麻籽氰苷和新亚麻籽氰苷,以及少量的单葡萄糖亚麻籽氰苷。100 g 亚麻籽中含有 213~352 mg 亚麻籽二葡萄糖氰苷化合物,占总亚麻籽氰苷含量的 54%~76%,新亚麻籽氰葡萄糖苷占 91~203 mg,而低苷品种中的含量小于 32 mg。氢氰酸是有毒的化合物,因此,脱脂的亚麻籽饼粕,含有氢氰酸,需要脱毒才能用做饲料蛋白源。

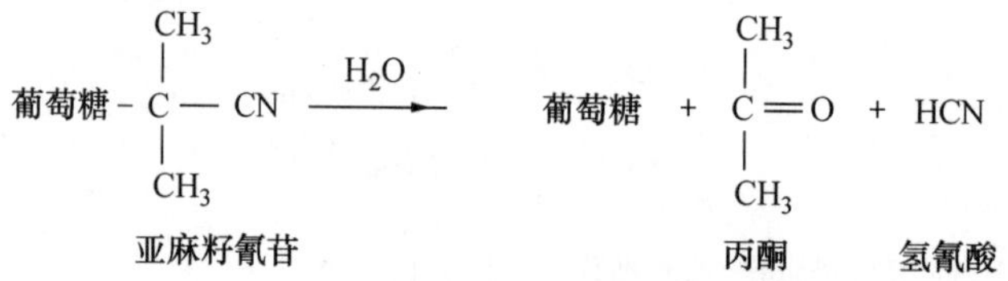

图 6.13 亚麻籽氰苷结构和水解产物

亚麻籽氰苷在有特定葡萄苷酶水解时,释放出 HCN。HCN 的沸点是 26℃。如果用亚麻籽粕饲喂牲畜,发现在低温下浸泡 15 min 能减少一半的 HCN。由于 HCN 有挥发性,所有浸出工艺必须在密闭容器中进行。

亚麻中的生氰糖苷主要是单糖苷(亚麻籽氰苷、百脉根苷)和二糖苷 β-龙胆二糖丙酮氰醇(LN)、β-龙胆二糖甲乙酮氰醇(NN)等,均为有毒成分。二糖苷在机体内能通过 β-糖苷酶的作用而释放氢氰酸(HCN),再与含酶金属卟啉进行络合而产生强烈的抑制呼吸的作用,使机体发生中毒。由于这些毒素的存在使亚麻粕的应用受到很大限制。

亚麻籽中生氰糖苷可采用水煮法、湿热处理法、酸处理-湿热处理法、干热处理法除去。Jensen 等发现在饲料中添加从亚麻粕中提取的二糖苷具有抗硒中毒的效果。另外,亚麻粕中二糖苷还可以预防癌症如乳腺癌、前列腺癌和治疗消化道疾病等。

6.3.2 亚麻籽饼粕

6.3.2.1 亚麻籽饼粕制备

亚麻籽在压榨取油过程中,主要发生的是物理变化,如物料变形、油脂分离、摩擦生热、水分蒸发等。然而,在压榨过程中,由于温度、水分、微生物等的影响,同时也会产生某些生物化学方面的变化,如蛋白质变性、酶的破坏和抑制、某些物质的结合等。

压榨时,亚麻籽料坯的粒子受到强大的压力作用,致使其中的液体油脂部分和凝胶部分分别发生两个不同的变化,即油脂从榨料空隙中被挤压出来和榨料粒子经弹性变形形成坚硬的油饼。

　　油饼的形成过程是在压力作用下,料坯粒子间随着油脂的排出而不断挤紧,由粒子间的直接接触,相互间产生压力而造成某些粒子的塑性变形,尤其在油膜破裂处将会相互结成一体。这样,在压榨终了时,亚麻籽榨料已不再是松散体而开始形成一种完整的可塑体,称为油饼。

　　施于亚麻籽榨料上压力通过传递,最终将力施予亚麻籽含油细胞壁上,轧坯或压榨挤压压力变形的细胞壁又把压力传递到油体膜上,将单分子磷脂膜挤破,使油体中的油脂被挤压出来汇成大的油滴和油流,从被挤压的亚麻籽固体物质形成的空隙间被挤出来。如果适当热处理使其亚麻籽蛋白质凝聚、降低胶凝特性,有利于形成多孔性流油毛细管,减少油脂从油体中流出的阻力,加热能够使油脂黏度降低,更有利于压榨制油,在一定的压力条件下延长压榨时间有利于降低饼中残油。

　　液压榨油机是按液体静压力传递原理,使油料在饼圈内受到挤压而将油脂取出的一种压榨设备。液压榨油机包括液压系统和榨油机本体两大部分,其型式有立式和卧式两种。亚麻籽采用的液压榨油机主要是90型立式液压榨油机和卧式液压榨油机。液压榨亚麻油后得到液压亚麻籽饼。

　　小型亚麻籽制油工艺同其他油料一样,还采用螺旋连续压榨技术,脱脂后的亚麻籽饼和液压亚麻籽饼都含有较多的残油,通常需要应用溶剂浸出工艺进行再次脱脂,回收更多的亚麻籽油。

　　粗亚麻籽油,尤其是含有许多杂质(包括残留溶剂)的粗亚麻籽油,都需要进行净化精制,得到食用亚麻籽油,同时也会得到脱脂亚麻籽粕。

　　亚麻籽饼粕的主要营养和氨基酸成分分别列在表 6.24 和表 6.25 中。

表 6.24　亚麻籽饼粕成分　　　　　　　　　　　　　　　%

项　目	粕	饼	项　目	粕	饼
粗蛋白质(N×6.25)	36.0	34.0	无氮浸出物	33.0	32.0
粗脂肪	0.5	5.5	粗灰分	6.5	6.0
粗纤维	9.5	10.0	水分	8.0	6.0

表 6.25　亚麻籽饼粕每 100 g 蛋白含氨基酸成分　　　　　　　　g

氨基酸	含　量	氨基酸	含　量
精氨酸	8.6	苯丙氨酸	4.1
组氨酸	1.9	苏氨酸	3.6
异亮氨酸	5.9	色氨酸	1.5
亮氨酸	5.8	酪氨酸	2.2
赖氨酸	4.1	缬氨酸	4.9
蛋氨酸	1.0		

　　脱脂亚麻籽饼粕含有亚麻籽氰苷、亚麻胶和抗维生素 B_6 抗营养成分。

6.3.2.2 亚麻籽饼粕的应用

1. 亚麻籽饼粕中的亚麻籽氰苷

亚麻籽饼粕中含有亚麻籽氰苷(表 6.26),又称亚麻籽苦苷,它们水解会释放出 HCN(氢氰酸),食用 HCN 的最小口服致死量,每千克体重为 0.5～3.5 mg。较大剂量 HCN 将导致动物几分钟内死亡,而较小剂量的不超过 3 h 左右可救活,存活者描述开始的症状是末梢麻木和轻微头疼。随后是头脑不清、麻木、抽搐、最后昏迷。小的非致死剂量会导致头疼,感觉嗓子和胸部憋闷、心悸以及肌肉虚弱。处在低浓度 HCN 气体中也可能有相同症状。

表 6.26 亚麻籽饼粕中的氰苷含量　　　　mg/100 g

名称	亚麻籽氰苷	亚麻籽双葡萄糖氰苷
饼	14.3	217
粕	10.6	247

在实验动物中中毒的基本表现是麻木和痉挛。至于中毒的牲畜,喂养好的动物对稳定摄入生氰的草有相当大的容忍度。每天每千克体重可摄入潜在氰化物相当于 50 mg 的最低摄入量。另外,饥饿的牲畜每天低摄入量也会导致死亡。这可能不仅因为消化和吸收的速度,而且可能是在营养不良状态下脱毒能力受损。

植物在水中浸泡会发生水解,游离 HCN 随后在煮沸时挥发。阻止中毒发生,必须采取预防措施,保证在食品加工过程中形成的 HCN 完全除去,摄入氰会引起人类慢性神经疾病。

亚麻籽中亚麻籽氰苷的含量因亚麻的品种、种子成熟程度以及种子含油量等因素的不同而有差异。成熟的种子极少或完全不含亚麻籽氰苷。油用亚麻是用成熟种子作油料(一般在种子未成熟前收获),所以其种子中含亚麻籽氰苷较多。种子含油量越低,其亚麻籽氰苷含量越高;含油量越高,则亚麻籽氰苷含量越低。新鲜亚麻籽中氢氰酸的含量可达 0.25～0.6 g/kg,储藏时其含量下降。

2. 饲用亚麻籽饼粕制备

常规亚麻籽制油采取压榨法,或预压榨和有机溶剂浸出法进行脱脂,制备的亚麻籽饼和亚麻籽粕中含有亚麻籽氰苷等抗营养成分,限制了亚麻籽蛋白饲用。

(1)生产工艺中水解氰苷脱毒

亚麻籽饼中亚麻籽氰苷的含量因榨油方法不同而有很大差异。用溶剂浸出法或在低温条件下进行机械冷榨时,亚麻籽中的亚麻籽氰苷和亚麻籽氰苷酶可原封不动地残留在饼粕中,一旦条件适合就分解产生氢氰酸。氰葡萄糖苷水解生成氢氰酸,其沸点低,容易被蒸炒加热随水蒸气一起蒸发掉而脱除。在常规亚麻籽脱脂加工工艺设备中,运用软化锅作氰葡萄糖苷水解生成氢氰酸反应器,让亚麻籽中的氰葡萄糖苷最大限度的水解生成氢氰酸,以便在蒸炒或浸出湿粕脱溶时脱除,达到降低亚麻籽饼粕氰苷及其产物的效果。

采用机械热榨油法时(亚麻籽在榨油前经过蒸炒,温度一般在 100℃以上,往往高达 125～130℃),其亚麻籽氰苷和亚麻籽氰苷酶绝大部分遭到破坏。我国目前一般采用机械热榨油法,其亚麻籽饼中氢氰酸产生量较低。据甘肃、宁夏等北方 5 省(区)44 个机榨亚麻饼样品的分析结果表明,样品中氢氰酸的含量差异甚大,低者小于 5 mg/kg,高者达 146 mg/kg,但氢氰酸含量小于 16 mg/kg 者占总样品数的 73％。可见,大部分亚麻籽饼的毒性不大。事实上,我国不少地区家畜日粮中使用 20％的亚麻籽饼,有的用量高达 30％,也未发生畜禽氢氰酸中毒现象。但是,在一些土法榨油的作坊,由于亚麻籽的炒焙温度不够高或炒焙不匀,所得的亚麻籽饼的氢氰酸含量较高,可能引起畜禽中毒。

一些生产企业在生产工艺中,当亚麻籽清选、除杂后,润湿轧坯使亚麻籽细胞破碎,在软化锅中控制水分,50～60℃保持 40～60 min 利用自身氰葡萄糖苷酶对氰葡萄糖苷水解,生成葡萄糖、丙酮和氢氰酸。利用氢氰酸沸点 26℃的低沸点特性,经 110～125℃蒸炒(或脱溶剂),在水分(或溶剂)挥发过程中进行有效脱毒。

由于亚麻籽饼粕的主要毒性成分是亚麻籽氰苷,未成熟的亚麻籽含量较高,成熟的亚麻籽亚麻籽氰苷含量较少,因此也可以尽可能多地选用成熟的亚麻籽进行加工。

用双螺杆挤压亚麻籽粕脱除生氰糖苷的研究发现:亚麻籽粕在采用双螺杆挤压机处理时,榨油产生的有毒物质生氰糖苷被降解,且脱除效果显著;水分含量、加工温度、螺杆转速、喂料速度对挤压脱除生氰糖苷有影响。最合理脱毒加工条件为水分含量 30％、5 个加工段温度 80-120-130-140-150℃、螺杆转速 120 r/min、喂料速度 18 r/min,生氰糖苷脱除率可达到 96.59％(生氰糖苷含量由 257.85 mg/kg 降低至 8.79 mg/kg)。

(2)亚麻籽饼粕极性溶剂法脱毒

这种方法主要是利用亚麻籽氰葡萄糖苷溶于水,或含水乙醇的特性,用水或含水乙醇对饼粕浸出,将氰苷及其降解物萃取出来,达到脱毒的目的。同时也可将亚麻籽饼粕中的亚麻籽氰苷、亚麻胶和抗维生素 B$_6$ 抗营养成分脱除。

(3)亚麻籽脱胶

亚麻籽表皮有一种胶质成分称为亚麻籽胶(亦称富兰克胶 flaxseed gum),是采用优质的亚麻籽为原料,经科学加工精制而成的一种纯天然无污染植物胶。亚麻籽胶具有黏性大、吸水性强、乳化效果好,是一种新型的食品添加剂,广泛应用于食品工业,也应用于其他工业,如制药、饲料工业等。在食品工业中它可以替代果胶、琼脂、阿拉伯胶、海藻胶等用作增稠剂、黏合剂、稳定剂、乳化剂及发泡剂,广泛适用于食品工业、医药、石油开采、化妆品、造纸、烟草及印染等工业。

亚麻籽胶存在于亚麻籽的种皮中,为一种黏性胶质,其含量是干燥籽实重量的 2％～7％,在亚麻籽饼中占 3％～10％。这种胶质是一种易溶于水的糖类,主要成分是醛糖二糖酸(由非还原糖和乙醛酸所组成)。亚麻籽胶虽溶于水,但却完全不能被单胃动物和禽类消化利用。因此在日粮中饲喂量太多时会影响动物的食欲。用其粉料饲喂幼禽时,可胶黏禽喙,长期下去可使幼禽的喙发生畸形并影响采食。即使作为颗粒料干喂时,由于不能被消化利用,使动物排出胶黏粪便,这种粪便常黏附在家禽肛门周围的羽毛上,严重者引起大肠或肛门梗阻。国外报道亚麻籽饼在幼禽日粮中不应超过 3％。反刍动物的瘤胃微生物可以分解亚麻籽胶,并加以利用。同时,亚麻籽胶可以吸收大量水分而膨胀,从而使饲料在瘤胃中停留时间延长而便于微生物有更多时间对饲料进行消化。因此,国外广泛使用亚麻籽饼饲喂牛、羊,其适口性和肥育效果都好,且可防止便秘(有通便效果)并使被毛富有光泽。

陈海华等通过气相色谱等仪器对亚麻籽胶化学组成和结构的研究发现,亚麻籽胶由木糖、阿拉伯糖、半乳糖、葡萄糖、鼠李糖、岩藻糖 6 种单糖组成,其中木糖是亚麻籽胶的主要单糖组分,而岩藻糖是亚麻籽胶中含量最少的单糖组分,木糖、半乳糖、阿拉伯糖、葡萄糖、鼠李糖、岩藻糖物质的量之比为 15.8：12.6：9.4：7.2：5.4：1；亚麻籽胶是一种阴离子多糖,它由酸性多糖和中性多糖组成,蛋白质是和酸性多糖结合在一起的；亚麻籽胶的黏度较大,为 486.64 mL/g,分子质量较大,而且分子质量分布也较为均一。

传统的亚麻籽胶制取方法,是从亚麻籽榨油后的脱脂亚麻籽粕中,用水、稀盐溶液或稀乙醇提取的胶液,经过精制烘干得到的。也可以从炼油脱胶的油脚中提取精制。

叶垦等结合制油工艺,用清水先从亚麻籽中提取亚麻籽胶,然后再进行压榨、浸出制取亚麻籽油和饼粕的工艺流程如图 6.14 所示。

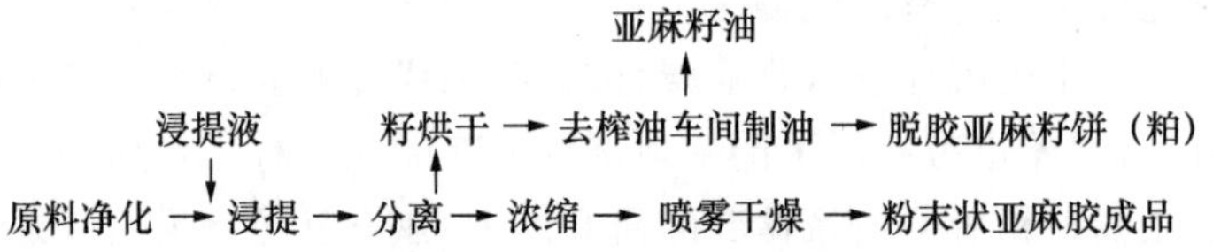

亚麻籽油
↑
浸提液　籽烘干 → 去榨油车间制油 → 脱胶亚麻籽饼（粕）
↓
原料净化 → 浸提 → 分离 → 浓缩 → 喷雾干燥 → 粉末状亚麻胶成品

图 6.14　亚麻籽脱胶工艺图

这种工艺是在油脂压榨、浸出前,先从亚麻籽中提取纯天然植物胶,实现胶油并产,提高综合利用率及企业效益。

具体工艺操作：将经清选机清选后得到 2 400 kg 亚麻籽,置于具有配套过滤及搅拌、出料装置的 4 台浸出罐中,浸提温度为 75℃左右,浸提 3 次,每次 45 min,最后用水清洗亚麻籽。然后将浸出液泵入经过改造的双效蒸发器进行浓缩,浓缩进料温度 85℃、出料温度 68℃；蒸气温度Ⅰ效 55℃、Ⅱ效 80℃；真空度Ⅰ效压力 0.056 MPa、Ⅱ效压力 0.084 MPa；浓缩后的亚麻籽胶采用 350 立式压力喷雾干燥塔及配套设施干燥。干燥试验压力 12.9 MPa,出风口温度 85℃,平均出粉率 6.59%。脱亚麻籽胶后的湿亚麻籽经过干燥,再进行压榨、浸出制取亚麻籽油、饲用亚麻籽饼粕蛋白。

6.3.2.3　亚麻籽脱皮综合加工

亚麻籽皮中含有亚麻籽胶、亚麻籽木酚素和亚麻籽氰葡萄糖苷等抗营养成分,将蛋白质和脂肪含量低的亚麻籽皮脱除,就可以达到降低亚麻籽饼粕毒性成分含量的目的。分离出的亚麻籽皮可以提取亚麻籽胶、亚麻籽木酚素和膳食纤维。

亚麻籽皮中的蛋白质和油脂含量很少,主要是纤维素、亚麻籽胶和木酚素成分。亚麻籽加工中,为了提高亚麻籽加工产品在饲料和食品中的应用,降低亚麻籽纤维含量,提取亚麻籽胶和亚麻籽木酚素等特殊成分,在亚麻籽制油的前处理工段,采用亚麻籽脱皮技术。脱下的亚麻籽皮富含亚麻籽木酚素和亚麻籽胶,又是制备亚麻木酚素和亚麻籽胶的上好原料。应用脱皮亚麻籽仁加工脱脂,制取的亚麻籽饼粕的蛋白质营养性更好。图 6.15 是亚麻籽微波脱皮工艺图。

亚麻籽经微波加热脱水、干燥、冷却后,进行挤压摩擦式处理。然后,用筛子分出细粉和大杂,亚麻籽仁和皮进行空气分离,分离不净再进行风选除皮,得到亚麻籽皮和脱皮亚麻籽。脱皮亚麻籽可以进一步加工用于食品和保健食品。亚麻籽皮提取亚麻籽木酚素,用于抗氧化和保健食品。亚麻籽皮也可以提取亚麻籽食用胶。

脱皮亚麻籽仁中蛋白质、脂肪含量高,纤维素、亚麻胶含量低,脱脂后可以采用其他油料蛋白加工方式,加工成不同需要的亚麻籽蛋白产品。

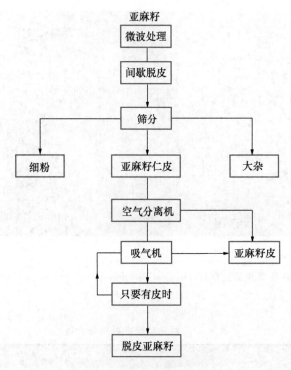

图 6.15　亚麻籽微波脱皮工艺图

6.4　月见草籽、红花籽、葡萄籽、紫苏籽和番茄籽

6.4.1　月见草籽和饼粕

月见草籽(evening primrose seed)是柳叶菜科多年生草本植物月见草(*Oenothera biennis*),又称晚樱草、夜来香、山芝麻、野芝麻的种子(图 6.16,另见彩图 11)。月见草原产于北美洲,我国引入作花卉栽培而逸为野生,在东北地区东部山区储量较丰富。目前月见草引种栽培已在吉林、江西、北京等省市取得成功,亩产月见草种子可达 100 kg。据不完全统计年我国可年产月见草籽 2 000 t 左右。

6.4.1.1　月见草籽主要成分

月见草籽油又称月见草油,是一种富含多种不饱和脂肪酸的新型油脂,其 γ-亚麻酸含量较高。近年来,由于独特医药保健作用的不断发现和应用,月见草油引起了国际上生物化学、植物学、医药卫生界的高度重视。目前,月见草油作为医药、化妆品的原料以及营养食品的添加剂而得到广泛的应用,并迅速在全球实现商品化。

成熟的月见草种子非常小,每棵约 2.8 mg,呈黑褐色,形状不规则,表面有尖角。其粗纤维含量较高约为 40%,油脂含量 20%~30%。典型的月见草种子的基本成分如表 6.27 所示。

图 6.16　月见草和月见草籽(http://www.sciencephoto.com/media/34091/enlarge)
A. 茎叶、花和朔颊　B. 种子(放大)

表 6.27　月见草籽主要成分含量　　　　　　　　　　　　　　　%

成分	粗脂肪	粗蛋白质	粗纤维	碳水化合物	水分	粗灰分
含量	24	15	40	6	8	7

1. 月见草籽油

①月见草籽油(evening primrose oil)又称月见草油,是一种富含多种不饱和脂肪酸的稀有油脂,典型的月见草油的脂肪酸组成见表 6.28。

表 6.28　月见草油脂肪酸成分　　　　　　　　　　　　　　　%

组成	辛酸	癸酸	月桂酸	肉豆蔻酸	棕榈酸	硬脂酸	花生四烯酸	山嵛酸	油酸 ω-9	亚油酸 ω-6	γ-亚麻酸 ω-6
含量	0.5	0.4	微量	0.4	6.1	1.8	微量	微量	7.7	73.5	9.2

②月见草油中不皂化物。月见草油中不皂化物含量 1.5%～2.0%,各组成成分含量如表 6.29 所示。

表 6.29　月见草油不皂化物组成和含量

名称	含量/%	组成成分与含量
固醇	44.0	谷固醇 39.5%;菜油固醇 3.4%;其他 1.1%
4-甲基固醇	8.0	钝叶大戟固醇 0.9%;芦竹固醇 1.2%;柠檬二烯醇 3.8%;其他 2.1%
三萜烯醇	13.0	β-香树素 1.6%；α-香树素 0.3%;C-环阿屯素 0.7%;亚甲基环阿屯素 0.7%;其他 0.3%
其他	35.0	每千克油含生育酚 263 mg,α-生育酚 76 mg,γ-生育酚 187 mg

2.月见草油的制取

月见草油的制油方法有压榨法、预榨浸出法、直接浸出法和超临界 CO_2 流体萃取法,后两者的提油率可达 98% 以上。但采用直接浸出法需将月见草种子进行轧坯或粉碎,增加了浸出和浸后物料脱溶的难度,而且油中溶剂残留较高,不符合医药等高档产品的要求。

采用超临界流体萃取法,油品的质量好,但对工艺操作和设备要求高,工业化生产还难以形成。压榨法和预榨浸出法是国内月见草油生产最常用的方法,其工艺流程见图 6.17。

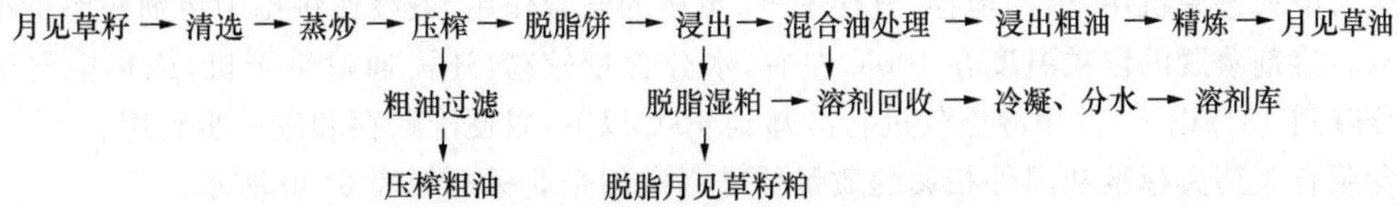

月见草籽 → 清选 → 蒸炒 → 压榨 → 脱脂饼 → 浸出 → 混合油处理 → 浸出粗油 → 精炼 → 月见草油

粗油过滤　　　　　脱脂湿粕 → 溶剂回收 → 冷凝、分水 → 溶剂库

压榨粗油　　　　　脱脂月见草籽粕

图 6.17　月见草油制取工艺流程示意图

主要工艺操作简介和注意事项:

(1)清理

借助振动筛或平面回转筛的风选和筛理,将草籽中含有叶、泥沙等杂质除去。

(2)蒸炒

根据油籽的水分和加工的需要,在立式蒸炒锅(五层式)中的第一、二层用热水及饱和直接蒸气进行润湿,并在下面的层中通过间接蒸气夹层加热和搅拌作用下,使物料在缓慢推动和均匀受热的过程中进行水分调节,最终使月见草籽水分达到 8%~9%,温度 70~80℃。由于月见草油含有大量的不饱和脂肪酸(90%)以及特殊的 GLA,易氧化和聚合,所以要避免高温干炒或低温长炒,故选用上述润湿蒸炒。

(3)压榨

月见草种子的压榨通常采用螺旋压榨的方式。对于压榨法取油工艺,此工序是最主要的也是最后的工序,采用螺旋榨油机,一般可取出草籽中的 50%~60% 油脂。对于预榨浸出法取油工艺,设备应选用螺旋预压榨榨机。此工序的主要目的不是尽可能多地取油,而是通过螺旋挤压使草籽成为具有适于浸出结构的料坯,并保证饼坯的水分在 3% 以下。

(4)粗油处理

压榨所得的粗油中常混有许多油渣,这些杂质与油中磷脂、色素、灰分等物质形成结合状或乳化状结构,使粗油在输送、贮存和后续精炼过程中发生困难,并直接影响精炼油的质量和得率。通过澄油箱或板框压滤机可将油渣分离出来,油渣可与草籽混合再次入榨或与压榨饼一同去浸出工序。

(5)浸出

浸出可分为间歇式浸出和连续式浸出,国内月见草油的生产两种方法均有采用。间歇式多选用罐组式固定浸泡工艺,使饼坯长时间分多次用新鲜溶剂进行浸泡,直至饼坯中几乎所有油脂(一般为 15~20%)被取出为止。该法浸出时间长,所得的混合油浓度低,混合油量大,所含粕末较多,出粕工作劳动强度大,操作麻烦,劳动条件差,对工业生产不利。目前已多采用平转式浸出器内多阶段逆流喷淋工艺,该法具有溶剂与料比低、混合油油量小、浓度高(25%~35%)、纯度高等优点。但无论采用何种浸出方式,其操作时应控制溶剂温度为 30~40℃,溶剂和浸出物料的比值(即溶剂比)为(0.6~1):1(对连续式浸出为全过程,对间歇式为每次用量）。此工序是预榨浸出法最主要的工序,一般可取得草籽中的 95%～98%油脂。

(6)浸后脱脂粕处理

浸后的饼粕仍含有 25%～40%的溶剂,必须将其中的溶剂排除。对于采用罐组式间歇浸出法的饼处理,一般是在浸出结束后,在罐中先使用小于 98 kPa 的直接蒸气从罐上部进行"下压",使粕中含溶量降低到 5%左右,再用 147～196 kPa 的直接蒸气从罐下部喷入进行"上蒸",最后使饼粕中溶剂残留量小于 0.1%。对于采用平转式浸出器连续浸出的饼粕,一般是将其送入层式蒸脱机中,借助搅拌、直接蒸气、负压的联合作用,最终使饼粕中溶剂残留量小于 0.05%。溶剂蒸脱的湿粕温度在 100℃左右,水分含量较高,还需通过烘干机,或热空气干燥将水分降到 13%以下,并用冷空气进行冷却到 40℃以下,以便于贮存和进一步利用。

参照有关药典标准和国外相关的质量标准制定的企业标准如表 6.30 所示。

表 6.30　精制月见草油的企业标准项目指标

项　　目	指　　标
色泽	浅黄色
折光指数(25℃)	1.471 0～1.483 0
比重(25℃)	0.915 0～0.925 0
黏度/(mm²/S)	40～45
过氧化值/(meq/kg)	≤3.5
酸值(以 KOH 计)/(mg/g)	≤2.0
皂化值(以 KOH 计)/(mg/g)	140～175
碘值(I)/(g/100 g)	135～160
γ-亚麻酸/%	≥8
α-亚麻酸/%	0.1～0.3
油酸/%	1～9
硬脂酸/%	1.0～1.7

产品外销时,外商一般注意 GLA 含量、酸值和过氧化值。欧美等国还要检测与过氧化值相关的对-茴香胺值(p-Anisidine)。

6.4.1.2 月见草饼粕

机械压榨脱脂后的月见草饼的主要成分如表 6.31 所示。

表 6.31　月见草籽饼主要成分　　　　　　　　　　　　%

成分	含量	成分	含量
水分	5.12	粗纤维	20.27
粗蛋白质	18.2	粗灰分	7.96
粗脂肪	11.18	总磷	0.59

来源:黑龙江粮油科技,2001(1):32。

分析月见草籽饼中的氨基酸成分,如表 6.32 所示。

表 6.32　每 100 g 月见草饼中氨基酸成分　　　　　　　　　　　g

成分	含量	成分	含量	成分	含量
天门冬氨酸	0.34	苏氨酸	0.74	半胱氨酸	0.07
谷氨酸	0.94	丙氨酸	0.71	异亮氨酸	1.24
丝氨酸	0.20	脯氨酸	1.79	亮氨酸	3.98
甘氨酸	0.55	酪氨酸	0.30	苯丙氨酸	1.77
组氨酸	1.17	缬氨酸	1.29	赖氨酸	0.46
精氨酸	1.57	蛋氨酸	0.52		

来源:黑龙江粮油科技,2001(1):32。

　　月见草籽饼含有蛋白质、脂肪和其他营养成分,可以适当比例添加到畜禽的饲料中。据宋妍介绍,在猪日粮中添加 20% 的月见草饼,日增重与对照组差异不显著($P>0.05$)。而对照组瘦肉率 45%,添加 20% 月见草饼的试验组为 47.97%,增加了 2.97 个百分点。在产蛋鸡日粮中添加 4% 的月见草饼,蛋重、产蛋率差异不显著($P>0.05$)。用月见草饼喂牛、兔和大鹅的养殖户,喂后无不良反应。

6.4.2　红花籽和饼粕

　　红花籽(Safflower seed)为菊科一年生植物红花(*Carthamus tinctorius* L.)的种子(图6.18,另见彩图 12)。红花具有耐寒耐旱、抗盐碱、抗虫害、不落粒、不怕杂草等特点。并且红花可作药用,籽可榨油,是一种很好的油料作物,具有含油多、油质好、用途广等特点。红花在我国栽培历史悠久,且栽培地域广阔,几乎遍及全国各地,我国红花的栽培面积仅为 4 万 hm^2,新疆占 80%,其次是河南、四川两省的红花种植面积也较大。

A　　　　　　　　　　　　　　　　　　　　B

图 6.18　红花和红花籽(http://www.tech-food.com/kndata/1009/0018390.htm)

A. 红花　B. 红花籽

红花为一年生草本植物,高 30～90 cm,叶互生,长圆形或卵状披针形,长 4～12 cm,宽 1～3 cm,基部抱茎,边缘具刺齿,上部叶呈苞片状围绕花序,头状花序直径 3～4 cm,总苞直径约 2.5 cm,叶层苞片边缘有针刺,管状花橘红色,瘦果长圆形或倒圆卵形,长约 4.7 mm,具 4 棱,一年内播种两次,分春播和秋播,春播在 3 月底进行,生长期为 140～170 d,秋播在 11 月上旬,生长期约为 200 d。

6.4.2.1 红花籽的主要成分

红花籽是由一层结实的纤维质的壳和由它保护的两片子叶与一个胚所构成的仁所组成。由于品种,特别是薄壳与厚壳品种含量差异较大,影响了其他成分的含量。红花籽壳占籽粒质量的 18%～59%,脱壳的籽占红花籽量的 38%～49%。红花籽油脂和蛋白质分别存在于红花籽仁细胞中的油体和蛋白体中(图 6.19,另见彩图 13)。红花籽的脂肪酸、油和蛋白质含量变化范围很大。有的红花籽油含量为 11.48%～47.45%。脂肪酸组成为 11.13%～85.60% 亚油酸、6.74%～81.84% 油酸、0.01%～4.88% 硬脂酸、2.10%～29.03% 棕榈酸。

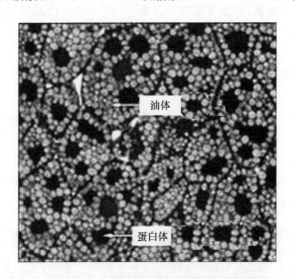

图 6.19　红花籽和红花籽超微细胞结构

红花籽一般为奶白色,也有灰色、紫色、棕色和带条纹壳的类型。壳也有厚、薄之区分,多数改良品种的研究目的是让壳更薄以增加含油量(表 6.33)。虽然减少壳增加了有价值的油和蛋白质成分,但减少太多会对收割、储存、处理和加工工艺带来一些不利因素。

表 6.33　红花籽主要成分分析(干基)　　　　　　　　　　　　　　%

类　　型	粗脂肪	粗蛋白质	粗纤维
整粒红花籽			
厚壳杂交型	37.8	17.3	21.5
棕色条纹型	47.7	20.3	11.7
无色素棕色条纹型	42.8	22.5	13.6
薄壳型	47.2	21.1	11.2

续表 6.33

类　　型	粗脂肪	粗蛋白质	粗纤维
红花籽壳			
厚壳杂交型	2.2	4.1	63.0
棕色条纹型	5.7	8.4	46.0
无色素棕色条纹型	5.6	8.6	46.0
薄壳型	5.1	10.0	45.0
红花籽仁			
厚壳杂交型	58.1	24.7	2.0
棕色条纹型	52.7	24.8	0.8
无色素棕色条纹型	55.9	27.4	2.0
薄壳型	62.6	25.5	0.6

红花籽的主要成分如表 6.34 所示。

表 6.34　种子成分表　　　　　　　　　　　　　　　　　　　%

成分	含量	成分	含量
含壳	56.30	壳中含油	0.48
含仁	43.70	仁中含油	55.38
粗脂肪	24.21	粗纤维	25.63
粗灰分	4.17	粗蛋白质	10.06
非氮物质	15.37		

1. 红花籽油的组成

正常的红花油呈淡黄色至金黄色,具有轻微的果仁味。红花籽油中的亚油酸含量在商品油中是最高的。因其不含亚麻酸,所以对消费者有吸引力。作为一种食用油,高不饱和度也会引起一些问题,使用红花油煎炸的家庭消费者,必须在用后或尚未形成难以清除的黏油层时迅速小心清理煎锅。新鲜的红花色拉油具有良好的风味和气味。因为不含亚麻酸不会出现鱼腥味或豆腥味。由于亚油酸含量高,它的商品货架寿命短,这就意味着当瓶被开启后应把油冷藏以保持其新鲜度。

油酸型红花油除了脂肪酸结构外,其余大部分特性与亚油酸型的相同。亚油酸型和油酸型油的调和能改进商品红花油的食用价值。红花籽油脂的脂肪酸成分,与红花籽品种有关。一般红花籽油脂的亚油酸含量较高,称为亚油酸型红花籽。近年来,为适于食品加工需要,选育了油酸含量很高的红花籽,称为油酸型红花籽(主要在美国种植油酸型红花籽)。我国主要是亚油酸型红花籽,榨取的油脂也是亚油酸含量很高的红花油。红花油的脂肪酸组分和理化参数特性如表 6.35 和表 6.36 所示。

由表 6.36 中可知,红花籽油中亚油酸含量高达 77.91%,所以除食用价值外,还被医学上用于高血压、高血脂等的辅助治疗。红花籽油由于亚油酸含量很高,是一种理想的食用和营养保健用油脂。

表 6.35　红花籽油的组成

组　　分	含量/%
脂肪酸组成	
棕榈酸	6.88
硬脂酸	2.08
豆蔻酸	0.01
油酸	11.04
亚油酸	77.91
亚麻酸	2.04
脂溶性物质	
谷维素	0.5
维生素 E	300 mg/kg
甾醇含量	
豆甾醇	6 mg/kg
菜油甾醇	13 mg/kg
β-谷甾醇	81 mg/kg

表 6.36　红花籽油的理化常数

项　　目	参数
比重(20℃)	0.924 9
凝固点/℃	$-19\sim-13$
熔点/℃	-5
折光指数($n^{40℃}$)	1.470 0
黏度/(mPa·s)	9.45
皂化价(以 KOH 计)/(mg/g)	201.58
碘价(I)/(g/100 g)	128.76
酸价(以 KOH 计)/(mg/g)	9.79
加热 280℃试验	色变浑,不黑,无沉淀物质折出

2. 红花籽蛋白质和氨基酸组成

有的红花籽中蛋白质含量较低,带壳压榨和浸出之后的红花籽粕中仅有 10% 的粗蛋白质(也有脱壳、浸出脱脂粕粗蛋白质含量高达 43% 的产品)。表 6.37 列出了红花籽粕的主要成分。粕中的氨基酸组成列于表 6.38 中。

表 6.37　未脱壳红花籽饼粕的主要成分　　　　%

成分	压榨脱脂饼	浸出脱脂粕	成分	压榨脱脂饼	浸出脱脂粕
粗脂肪	6.6	0.5	粗灰分	3.7	5.0
粗蛋白质	9.0	10.0	钙	0.23	0.24
粗纤维	32.2	37.0	总磷	0.61	0.24

表 6.38　红花籽粕中氨基酸组成　　　　g/100 g

成分	含量	成分	含量
半胱氨酸	0.5	亮氨酸	1
赖氨酸	0.7	精氨酸	1.2
色氨酸	0.3	苯丙氨酸	1.0
苏氨酸	0.47	甘氨酸	1.1
异亮氨酸	0.28		

3. 红花籽矿物质元素含量

红花籽中的矿物质和微量元素如表 6.39 所示。

4. 红花籽仁和壳中糖分

红花籽仁和壳中糖分的含量列于表 6.40 中。

表 6.39 红花籽矿物质元素含量

成 分	含量	成 分	含量
灰分/(g/100 g)	2.1	锌/(μg/100 g)	52.0
磷/(mg/100 g)	367	锰/(μg/100 g)	11.0
钙/(mg/100 g)	214	铜/(μg/100 g)	15.8
镁/(mg/100 g)	241	钼/(μg/100 g)	0.54
铁/(mg/100 g)			

表 6.40 红花籽壳和仁中的各种寡糖占仁和壳的质量百分数   %

组 分	糖的种类	占总寡糖的数量	占仁和壳的数量
红花籽仁	糖醛蔗糖苷	14.3	0.43
	棉籽糖	35.8	1.08
	蔗糖	46.9	1.42
	半乳糖	3.0	0.09
红花籽壳	糖醛蔗糖苷	38.9	0.37
	棉籽糖	6.8	0.06
	蔗糖	22.6	0.21
	半乳糖	2.7	0.025
	D-葡萄糖	14.6	0.14
	D-果糖	14.2	0.13

红花籽油属干性油,是一种营养价值和经济价值都很高的植物油,亚油酸含量达 73%~85%,是目前营养价值最高的植物营养油之一。开发、利用红花籽,对增加新油种,繁荣经济具有重大的意义。

6.4.2.2 红花籽饼粕

1. 红花籽加工工艺

红花籽一般采用常规油脂加工的工艺和设备,主要是使用 ZX10 型 ZX18 型榨油机进行机械压榨。生产工艺如图 6.20 所示。

红花籽是带壳油料作物,籽粒呈三角锥体形状,籽壳表面光滑,组织结构紧密,韧性大,不宜破碎、壳中含油少。在整个籽粒的重量中,壳重占 55%,而籽仁部分含油量高达 55%,籽仁组织松软、脆,极易破碎。

由于红花籽的构造与其他油籽构造不同,其外形三棱状、皮厚、坚硬、壳仁比为 1:0.8,不易脱壳,一

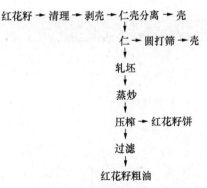

图 6.20 红花籽压榨制油工艺图

般油厂均是带壳压榨,或用牙板(棉籽剥壳)剥壳机剥壳,效果甚差,大约只有 20％的剥壳率,而且粉末度大,带油粉末容易糊住牙板的牙齿,基本上不能起到剥壳作用。榨出来的毛油质量差,红花籽含油量约在 30％,带壳压榨出油率只有 17％～20％,而且榨机榨螺、榨条极易磨损、电耗很高,带壳压榨榨机处理量下降约 40％。对于高壳含量的红花籽来说,工艺中采用红花剥壳及壳仁分离设备,能够提高红花籽加工处理量和油脂质量。在红花籽榨油工艺生产中最好将甩盘剥壳机与壳仁分离设备同时配套使用,效果更好。有的工厂对于壳含量少于 25％的薄壳红花籽,直接采用预压榨—浸出工艺来提取红花籽油脂,由于壳中杂质较多混进油中影响后续的油脂精炼。红花籽榨油和浸出制油、精炼工艺和操作,一般参照葵花籽制油工艺。精炼红花籽油的物理-化学特性如表 6.41 所示。

表 6.41　精炼红花籽油的物理-化学特性

特　性	数　据	特　性	数　据
物理特性		不皂化物/％	0.3～0.6
色泽(加特纳法)	8～10	过氧化值/(meq/kg)	0～1.0
色泽(碱炼、脱色、脱臭后)	0.5～1.0 红	水分及挥发物/％	0.03～0.1
相对密度(25℃/25℃)	0.919～0.924	不溶性杂质/％	0.01～0.1
折射率(n_D^{25})	1.473～1.476	水分及杂质/％	0.05～0.1
脂肪酸凝固点/℃	15～17	主要脂肪酸	
闪点/℃	148.8	棕榈酸/％	4～6
化学特性		硬脂酸/％	1～2
游离脂肪酸(按油酸计)/％	0.15～0.6	油酸/％	16～12
皂化价(以 KOH 计)/(mg/g)	186～194	亚油酸/％	75～79
碘价(韦氏法)(I)/(g/100 g)	141～147		

2. 红花籽饼粕

由于红花籽壳的纤维素含量较高,制油过程中有脱壳和带壳压榨脱脂的工艺。脱壳或部分脱壳的红花籽饼粕,与带壳榨的红花籽饼粕的蛋白质、粗纤维含量有明显的区别。红花籽饼粕的主要成分和蛋白质氨基酸成分分别列在表 6.42 中。

表 6.42　红花籽饼粕的营养成分　　　　　　　　　　　　　　　　　　　　　　％

项　目	红花籽饼	红花籽粕	红花籽粕(脱壳)
水分	10	10	9
粗蛋白质	20.0	22.0	42.0
粗脂肪	6.6	0.5	1.3
粗纤维	32.0	37.0	15.1
粗灰分	3.7	5.0	7.8
钙	0.23	0.34	0.4

续表 6.42 　　　　　　　　　　　　　　　　　　　　　　　　　　　　　　　　　　　　%

项　目	红花籽饼	红花籽粕	红花籽粕(脱壳)
总磷	0.61	0.84	1.25
有机磷	0.20	0.23	0.37
蛋氨酸	0.4	0.33	0.69
胱氨酸	0.5	0.35	0.7
赖氨酸	0.7	0.7	1.3
色氨酸	0.3	0.26	0.6
苏氨酸	0.47	0.5	1.35
异亮氨酸	0.28	0.27	1.7
组氨酸	0.48	0.5	1.0
缬氨酸	1.0	1.0	2.3
亮氨酸	1.1	1.2	1.0
精氨酸	1.2	1.9	1.0
苯丙氨酸	1.0	3.7	1.85

来源:美国 FEEDSTUFFS 饲料成分分析表(2008)。

6.4.3　葡萄籽及其饼粕

葡萄籽(grape seed)是葡萄(*Vitis vinifera*)的种子,如图 6.21 所示(另见彩图 14)。葡萄是世界上主要的水果之一,伴随着葡萄酒工业的稳步发展,葡萄的综合利用引起科研和生产者广泛的关注。

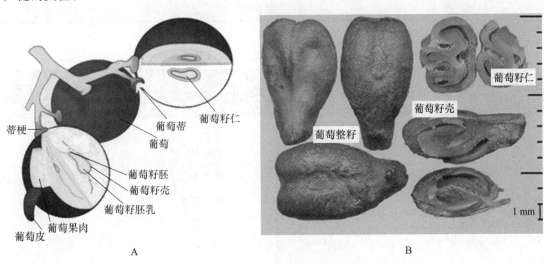

图 6.21　葡萄和葡萄籽

A. 紫红葡萄(en. wikipedia. org/wiki/Seed)

B. 葡萄籽(www. alpine-plants-jp. com/himitunohanazono_2)

6.4.3.1　葡萄籽主要化学成分

葡萄籽由壳和仁组成,壳含油率为 11%～17%,且维生素 E 含量很高。葡萄籽中含有丰富的油脂和粗蛋白质(表 6.43),可作为榨油和提取蛋白质的原料。葡萄籽的油脂为多不饱和脂肪酸,具有降低血清胆固醇和软化血管、降血压等功能。葡萄籽中还含有微量矿物营养元素 K、Ca、P、Na、Fe、Mn、Zn 等营养元素。

表 6.43　葡萄籽主要化学成分　　　　　　　　　　　　　%

成分	含量	成分	含量
水分	11.10	粗蛋白质	8.91
粗灰分	11.97	粗纤维	23.16
粗脂肪	10.15		

葡萄籽油脂的脂肪酸成分、蛋白质及氨基酸成分和维生素及微量元素含量分别列于表 6.44、表 6.45。

表 6.44　葡萄籽油脂肪酸成分含量　　　　　　　　　　　%

脂肪酸	类型	平均含量范围
亚油酸	ω-6 不饱和酸	9～78
油酸	ω-9 不饱和酸	5～20
棕榈酸	饱和酸	5～11
硬脂酸	饱和酸	3～6
α-亚麻酸	ω-3 不饱和酸	0.3～1
棕榈油酸	ω-7 不饱和酸	5～0.7

表 6.45　葡萄籽中氨基酸和微量元素成分

氨基酸			
氨基酸	含量/%	氨基酸	含量/%
天门冬氨酸	6.3	异亮氨酸	3.6
苏氨酸	2.6	亮氨酸	6.0
丝氨酸	1.0	酪氨酸	1.7
谷氨酸	22.0	苯丙氨酸	3.4
甘氨酸	8.1	赖氨酸	1.8
丙氨酸	1.2	组氨酸	2.0
缬氨酸	5.1	精氨酸	5.3
蛋氨酸	0.1	脯氨酸	1.1

续表 6.45

葡萄籽中矿物元素			
成分	含量/(mg/g)	成分	含量/(mg/g)
钾	2.769	锰	0.033
钙	2.414	铜	8.526
磷	2.199	锌	8.126
镁	0.878	锂	4.480
钠	0.200	铝	13.290
铁	0.293	硅	4.771

6.4.3.2　葡萄籽的特殊营养功能

1992 年 Renaud 等报告了摄取动物脂肪较多的法国人由动脉硬化引起心脏病的死亡率很低,其主要原因是与法国人经常饮用红葡萄酒有关,究其根本原因是由于红葡萄酒多酚类物质在起作用,而最主要的多酚类物质为原花青素。原花青素是葡萄籽中的主要多酚类化合物,有研究显示,该类物质具有许多比较重要的生理功能。山越纯等证实原花青素具有抑制动脉硬化的作用,并且提出了原花青素抗动脉硬化作用的机制。此外,原花青素还能改善血管的生化功能(包括对毛细血管脆弱、末梢慢性静脉不全、小血管症等都有治疗作用),并有强烈的抗氧化作用、抗白内障、抗溃疡、抗癌作用等。

6.4.3.3　葡萄籽的加工工艺

1. 葡萄籽油脂

葡萄籽油的提取方法主要有压榨法、溶剂法等,压榨法的出油率低,杂质含量高,且在挤压过程中形成高温,使不饱和脂肪酸降解。目前生产工艺普遍采用溶剂浸提法,浸提工艺如图6.22 所示。

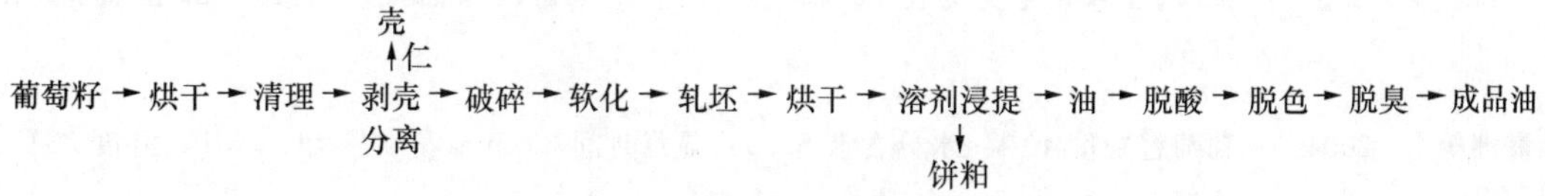

葡萄籽 → 烘干 → 清理 → 剥壳
分离 → 破碎 → 软化 → 轧坯 → 烘干 → 溶剂浸提 → 油 → 脱酸 → 脱色 → 脱臭 → 成品油

(剥壳分离上方: 壳 / 仁; 溶剂浸提下方: 饼粕)

图 6.22　葡萄籽脱脂工艺

溶剂浸提法虽然出油率较高,但在溶剂回收过程中易引起不饱和脂肪酸的分解,且产品中有溶剂残留,以及溶剂易燃等不安全因素。因此,今后葡萄籽油的提取发展方向是采用超临界 CO_2 萃取技术(SFE-CO_2),它具有油脂提取率高、不破坏不饱和脂肪酸、无溶剂残留等特点。

将超临界流体技术用于萃取葡萄籽油克服了传统压榨法和溶剂萃取法的缺点,为综合开发利用开辟了新途径,并带来巨大的经济和社会效益。目前国内外学者对 SFE-CO_2 葡萄籽油的工艺简图如图 6.23 所示,工艺参数如表 6.46 所示。

经清选、烘干、轧坯等预处理工艺得到的葡萄籽料置于萃取罐中,由泵将流体 CO_2 泵过热交换器,加热后的 CO_2 浸提萃取葡萄籽中的油脂。然后将含有葡萄籽油的流体 CO_2 混合油送

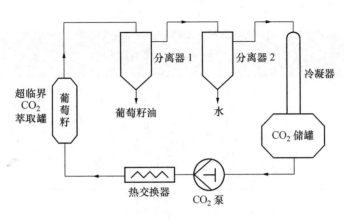

图 6.23　葡萄籽 SFE-CO_2 萃取工艺简图

进 1 号分离器,分出液体葡萄籽油,汽化的 CO_2 进入 2 号分离器,在 2 号分离器中分出水分后,CO_2 被压缩冷凝后进入流体 CO_2 储罐循环式使用。从 1 号分离器中放出葡萄籽油,经加工精制达到食用葡萄籽油标准,即可包装、储存和销售。

表 6.46　超临界二氧化碳萃取葡萄籽油工艺概况

文献	年份	最佳工艺条件及得率
Gomez	1996	萃取釜 75 mL,萃取压力 200 bar,温度 40℃,流速 1.5 L/min,物料粒径 0.35 mm,含水量 0～6.5%,萃取时间 2 h,得率 92%
潘太安	2001	萃取釜 5 L,萃取压力 20～30 MPa,温度 35～50℃,流量 40 kg/h,时间 3.5 h,得率＞93%
Cao 等	2003	通过正交实验对 SFE-CO_2 葡萄籽工艺条件进行了优化,最大萃取率为 6.2%,并研究了以 10% 的乙醇作夹带剂进行萃取使得率增加 4.0%。萃取得到的葡萄籽油皂化后采用 HSCCC-ELSD 法对脂肪酸的分离进行分析和制备,得到的棕榈酸、硬脂酸、油酸、亚麻酸纯度均在 95% 以上,其中 1 g 葡萄籽油可制备 430 mg 亚油酸(纯度 99%)
董海洲等	2004	葡萄籽粒度 40 目、水分含量 5.0%、湿蒸时间 30 min、萃取压力 28 MPa、温度 33℃、流速 3.5 kg/h,80 min 得率为 94.6%
杜彦山等	2005	粉碎度 40 目,水分含量 4.5%,萃取压力 30 MPa,温度 45℃,CO_2 流量 10 L/h,分离器压力 9～10 MPa,温度 45℃,葡萄籽油的得率 98.32%

　　精炼的葡萄籽油主要物理化学特性指标,根据 GB 22478—2008 葡萄籽油中华人民共和国国家标准规定,葡萄籽油应符合表 6.47 质量指标相关内容。

　　2. 葡萄籽饼粕蛋白

　　葡萄籽经脱油后饼粕中含有丰富的蛋白质,葡萄籽粕主要成分如表 6.48 所示。

　　葡萄加工时,往往把葡萄皮和葡萄籽一起集中起来,进行烘干得到含葡萄籽的葡萄渣。用它作原料也可以进行压榨脱脂,脱脂后的饼粕也可以用于饲料。

表 6.47 葡萄籽油质量指标

指　　标		等　　级		
		一级	二级	三级
色泽		淡绿色或淡黄绿色		
气味、滋味		气味、口感好	气味、口感良好	具有葡萄籽油固有的气味和滋味,无异味
透明度		澄清、透明		
水分及挥发物/%		≤0.10		
杂质/%		0.05		
酸价(以 KOH 计)/(mg/g)		≤0.60	≤1.0	≤3.0
过氧化值 (mmol/kg)		≤5.0	≤6.0	≤7.5
含皂量/%		≤0.005	≤0.005	≤0.03
铁/(mg/kg)		≤1.5		≤5.0
铜/(mg/kg)		≤0.1		≤0.4
溶剂残留/(mg/kg)		50		
脂肪酸成分	$C_{14:0}$	ND~0.3	$C_{18:2}$	58.0~78.0
	$C_{16:0}$	5.5~11	$C_{18:3}$	ND~1.0
	$C_{16:1}$	ND~1.2	$C_{20:0}$	ND~1.0
	$C_{17:0}$	ND~0.2	$C_{20:1}$	ND~0.3
	$C_{17:1}$	ND~0.1	$C_{22:0}$	ND~0.5
	$C_{18:0}$	3.0~6.5	$C_{22:1}$	ND~0.3
	$C_{18:1}$	12.0~28.0	$C_{24:0}$	ND~0.4

注:* 当油的溶剂残留量检出值小于 10 mg/kg 时,视为未检出。ND 表示未检出,含量小于 0.05%。

表 6.48 葡萄籽粕主要营养成分 %

成分	含量	成分	含量
水分	9.8	粗灰分	3.4
粗蛋白质	13.6	钙	0.8
粗脂肪	1.9	磷	0.3
粗纤维	4.3		
无氮浸出物	26.8		

来源:河南畜牧兽医,2009,130(8):28-29。

6.4.4 紫苏籽和饼粕

紫苏籽(perilla seed)是唇形科一年生草本药用植物紫苏(*Perilla frutesccns*)(图 6.24A,

另见彩图 12)的种子(图 6.24B,另见彩图 15)。紫苏原产于喜马拉雅山及我国中南部地区。世界上主要分布在不丹、印度、缅甸、印度尼西亚、日本、朝鲜、韩国和前苏联。近年来美国、加拿大也已开始商业性栽培。紫苏作为多用途的经济植物在我国已有 2 000 多年的栽培历史。它是我国传统的药食两用植物,亦是国家卫生部首批颁布的既是食品又是药品的 60 种中药之一,资源遍布全国 20 个省份。在集中产地每年 4 月上旬播种,7—8 月为生长叶盛期,8 月中旬现蕾,9 月中旬开花结果,10 月中旬种子成熟。全生长期为 190 d,亩产紫苏籽约 80 kg。紫苏属植物按照叶面色泽又分紫苏和白苏两种,我国各地称全绿叶者为白苏,叶面紫色或面青背紫者为紫苏,两者仅有细微差别。英文名称(Perilla)相同,故为一种,或称紫苏籽。另外,还有野生紫苏、马齿变种和回回苏。本文主要叙述对紫苏和白苏籽实中化学成分的开发研究。

图 6.24　紫苏和紫苏籽

A. 紫苏植株(http://www.itmonline.org/arts/mentha.htm)

B. 紫苏籽(放大)(http://extension.missouri.edu/p/IPM1023-27)

6.4.4.1　紫苏籽的主要成分

紫苏籽有与油菜籽相当的含油量,紫苏籽油中富含 α-亚麻酸,是一种功能性油脂。刘大川等对湖北省蕲春县栽培种植的紫苏和白苏种子进行了检测,其种子主要成分如表 6.49 所示。

表 6.49　紫苏籽和白苏籽主要成分　　　　　　　　　%

名称	粗脂肪	粗蛋白质	粗纤维	水分
紫苏籽	33.0	20.96	16.86	10.32
白苏籽	45.50	23.23	12.33	10.59

用气相色谱检测了这两种紫苏籽油的脂肪酸组成如表 6.50 所示。

表 6.50　紫苏籽和白苏籽油脂肪酸组成　　　　　　　　　　　%

名称	棕榈酸	硬脂酸	油酸	亚油酸	亚麻酸
紫苏籽油	7.89	2.65	20.42	11.87	55.24
白苏籽油	7.87	2.75	11.84	18.56	57.38

制取苏籽油后脱脂粕中含有较高的蛋白质,其成分如表 6.51 所示。

表 6.51　紫苏籽和白苏籽脱脂粕成分　　　　　　　　　　　%

名称	粗脂肪(干基)	粗蛋白质	粗纤维	粗灰分
紫苏籽粕	0.43	28.28	20.66	10.50
白苏籽粕	0.82	33.02	16.10	9.80

对苏籽蛋白质的氨基酸组成分析,其结果如表 6.52 所示。

表 6.52　紫苏籽和白苏籽蛋白质的氨基酸组成　　　　　　　%

成分	紫苏籽	白苏籽	成分	紫苏籽	白苏籽
异亮氨酸	3.15	4.34	苯丙氨酸	5.07	5.30
亮氨酸	6.56	8.89	苏氨酸	3.53	3.90
赖氨酸	5.27	3.94	色氨酸	未检测	未检测
蛋氨酸	0.67	1.60	缬氨酸	4.12	4.89

苏籽和叶中含有丰富的黄酮类化合物、胡萝卜素和萜类化合物,它们都具有天然抗氧化、清除自由基的食品营养保健功能。

6.4.4.2　紫苏籽的加工

紫苏籽可以运用压榨、浸出方法从紫苏籽中制取紫苏籽油。用压榨法可以从紫苏籽中获得 35%～45% 的紫苏籽油,浸出法得到的紫苏油更高,具体工艺与其他工艺相似。紫苏籽油脂是一种干性油脂,在空气中容易结成黄色的薄膜,它是油漆涂料的好原料,也是凝固点较低的营养健康油脂。紫苏籽油中富含 ω-3 脂肪酸,尤其是 α-亚麻酸(ALA),α-亚麻酸(ALA)高达 50%～60%。近年一些新的工艺已应用到紫苏籽加工中。

由于紫苏籽油脂的特殊性质,加工中除了运用常规制油工艺之外,还运用超临界流体 CO_2 萃取(SFE-CO_2)工艺提取。隋晓和韩玉谦采用四因素三水平正交试验确定 SFE-CO_2 紫苏籽油的工艺条件为:萃取压力 20 MPa,温度 40℃,时间 6 h,CO_2 流量为 30 L/h,此条件下萃取率达 37.2%。他们还比较了 SFE-CO_2 与正己烷提取紫苏籽油的区别,结果见表 6.53。可以看出,SFE-CO_2 具有萃取率高、α-亚麻酸的含量高、无溶剂残留、萃取时间短等优点。

表 6.53　紫苏籽油的超临界 CO_2 萃取法和溶剂萃取法的比较

项　目	SFE-CO_2 萃取法	溶剂法
性状	金黄色透明油状液体	浅黄色透明油状液体
萃取率/%	37.2	28
萃取时间/h	6	72
α-亚麻酸/%	73.1	67.4
折光率/(n_D^{50})	1.476	1.475
过氧化值/(meq/g)	1.33	2.78
酸值(以 KOH 计)/(mg/g)	2.54	2.61

6.4.5　番茄籽和饼粕

中国年产番茄 4 500 万 t,约占世界总产量 15 000 万 t 的 1/3。大量的番茄加工会生产出营养丰富的番茄渣、番茄籽,以及进一步脱番茄籽油脂后的番茄籽饼和粕。

6.4.5.1　番茄籽的结构和成分

番茄籽(tomato seed)是番茄(*Solanum lycopersicum*)的种子,见图 6.25(另见彩图 16)。

A

B

图 6.25　番茄和番茄籽

A. 番茄植株和番茄

B. 番茄籽(http://www.appalachianseeds.com/tomato-plants)

番茄籽含有8.5%的水分、25%的粗蛋白质、20.0%的粗脂肪,35.1%的粗纤维和3.1%的粗灰分,此外,还有钙、磷等营养成分。美国伊利诺伊斯大学动物科学系 Persia 等进行包括氨基酸在内的成分分析,并与大豆粕对照进行养鸡试验,得到良好的饲养效果。

番茄籽的主要成分列于表6.54中。番茄籽的油脂中多不饱和脂肪酸高达70%,是一种健康油脂,其脂肪酸成分如表6.55所示。

表 6.54 每 100 g 番茄籽的主要成分(空气干燥为基础) g

成 分	样品 1	样品 2	成 分	样品 1	样品 2
水分	7.4	9.6	脯氨酸	1.29	1.44
粗蛋白质	24.5	25.0	丙氨酸	1.11	1.12
粗脂肪	20.1	19.9	半胱氨酸	0.43	0.37
粗灰分	3.0	3.1	缬氨酸	1.16	1.01
粗纤维	33.9	36.8	蛋氨酸	0.44	0.34
钙	0.110	0.112	异亮氨酸	1.04	0.89
磷	0.577	0.580	亮氨酸	1.66	1.41
氨基酸			酪氨酸	0.98	0.82
天门冬氨酸	2.79	2.40	苯丙氨酸	1.25	1.04
苏氨酸	0.90	0.73	组氨酸	0.61	0.49
丝氨酸	1.28	1.16	赖氨酸	1.48	1.19
谷氨酸	5.01	4.29	精氨酸	2.43	1.84

表 6.55 番茄籽脂肪酸成分 %

脂肪酸	冷破碎处理	热破碎处理	脂肪酸	冷破碎处理	热破碎处理
$C_{12:0}$	痕量	0.3	$C_{14:1}$	痕量	痕量
$C_{14:0}$	1.5	2.3	$C_{16:1}$	3.3	6.8
$C_{16:0}$	16.9	23.4	$C_{18:1}$	29.7	18.3
$C_{18:0}$	9.5	4.0	$C_{18:2}$	37.6	42.8
$C_{20:0}$	0.8	1.3	$C_{18:3}$	痕量	0.7
$C_{22:0}$	0.7	痕量	不饱和脂肪酸合计	70.6	68.6
饱和脂肪酸合计	29.4	31.3			

来源:Sci. agric. (Piracicaba,Braz.),1993,50(1):117-120。

6.4.5.2 番茄籽加工制油和番茄籽饼粕

番茄加工番茄酱时,将番茄皮和包有一层黏稠胶状物的番茄籽分离出来。这种番茄渣水分含量较高,需要经过干燥得到番茄干渣。干燥番茄渣含有蛋白质、粗脂肪和其他成分,是饲料原料。

番茄加工时也可以脱去番茄皮,得到包含在番茄种子外面的胶黏成分的湿种子。为了提取番茄种子油,通常需要对这种物料进行热破碎(95℃/10 min)或冷破碎(60℃/10 min)处理,然后在室温条件下发酵。经发酵的湿番茄种子,有利于将其他胶黏杂质分离出去。之后,干燥成待加工的番茄籽。

番茄籽中含有较高的亚油酸,是一种良好的植物油料,规模较大的可以用螺旋榨油机进行压榨和浸出脱脂,得到脱脂番茄籽饼粕。小规模的番茄籽也可以用超临界 CO_2 萃取或其他工艺进行脱脂,同时得到脱脂番茄籽饼粕。

番茄籽饼粕,以及番茄籽和番茄渣的主要营养成分列于表 6.56 中。

表 6.56　番茄渣、番茄籽饼粕的主要成分　　　　　　%

成　　分	番茄渣	番茄籽饼	番茄籽粕
水分	6.5～8.9	8.0	
粗蛋白质(N×6.25)	22.46～23.24	37.0	40.52
粗脂肪	15.11～18.89	6.80	3.44
粗纤维	24.33～30.06	28.3	34.04
粗灰分	4.90～3.44	7.4	5.56
无氮浸出物	27.67～24.38	20.5	

来源:IBRAHIM. W. A. EL-TAIEB. ,Thesis of Master Of Sciene,1999。

6.5　油棕榈果(仁)及其饼粕

油棕榈果(oil palm fruit)是热带多年生的木本油料油棕榈(*Elaeis guineensis*)果穗上的含油果实。油棕榈作物种植后 3～4 年开始结果收获。随着树龄延长而产量逐年增加,到 10 年后就达到高产期。管理得好,能生长到 50～60 年,但一般到 30 年之后,因果树长得高大采果困难而进行更新砍伐新植。棕榈果含油很丰富,果肉及棕榈仁均有油分,果肉含油 46%～50%,棕榈仁含油 45%～50%。在盛产期,每株油棕每年果穗产量可达 100 kg,每亩植 13 株计算,则每亩产果穗 1 500 kg。根据这些数据,每亩油棕每年可以生产棕榈油 185 kg、棕榈仁油 35 kg,合计为 220 kg,因其单位面积产油量比椰子高 3 倍以上,比花生高 7～8 倍,比大豆 9～10 倍,有"世界油王"之称。马来西亚是世界上棕榈油主要生产国家,近年来的印度尼西亚的棕榈油生产发展很快。

油棕不仅产量高,用途也很广,在整个国民经济中占有一定的地位。它是人们日常生活的必需品,棕榈油、棕榈仁油都可作食用、人造奶油或其他食品用。除了食用外,它也是重要的工业原料,在工业上有广泛的用途,可以制肥皂。粗棕榈油含有丰富的胡萝卜素,可以制取维生素 A,也是一种很好的防锈剂,在马口铁或钢铁零件上涂上棕榈油可以防止氧化而不生锈,提炼后也可作机械润滑油和内燃机的燃料等。

油棕除了取油之外,还有许多的副产品如棕榈仁榨油后的残渣,营养丰富,可作家禽饲料;棕榈核壳可烧成质地坚硬、细密的活性炭,工业上用做脱色剂,国防上用做防毒面具里的吸附剂等。

我国地大物博,自然条件优越,华南地区属于温带亚热带或热带地区,适宜于发展油棕,尤其是海南岛、云南的西双版纳地区,是高温多雨的亚热带或热带气候,非常适宜于发展油棕,也曾是我国油棕的主要产地。在大陆的雷州半岛、广西、云南、福建各省的一些南部地区也有油棕种植。

棕榈油是一种红棕色的非干性油脂,在室温下分两层,下层固体部分为棕榈酸与甘油形成脂肪酸酯,上层液体部分为油酸与甘油结成脂肪酸酯。棕榈仁油是一种无色的不干性油脂,夏天为液体,寒冷冬天为固体。棕榈仁油的脂肪酸组成部分主要是月桂酸,其次为豆蔻酸与油酸,与椰子油极为相似。

6.5.1 油棕榈果的结构

油棕榈树生长在热带,一年四季都会开花结果。油棕榈果实长在油棕榈树的果穗上。成熟的棕榈果穗重达 5~15 kg,一个棕榈果穗上生长有上百个棕榈果实,棕榈果穗和棕榈果的结构如图 6.26(另见彩图 18)所示。

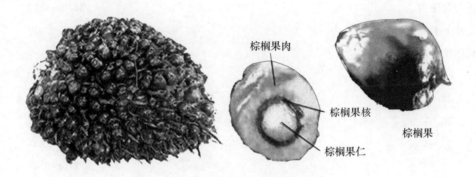

图 6.26 油棕榈果穗和油棕榈果结构图

6.5.2 油棕榈果的主要成分和性质

油棕榈果实生长在果穗上,油棕榈果实占棕榈果穗的 55%~60%,棕榈果实含有棕榈果皮(又称果肉)和棕榈核仁两部分,棕榈果肉占棕榈果实的 50%~55%,棕榈核仁占 45%~50%,棕榈核壳占 36%,棕榈仁占 9%。棕榈果肉含油 46%~50%,棕榈仁含油 45%~50%。棕榈果肉中的油脂称棕榈油(palm oil),棕榈仁中的油脂称棕榈仁油(palm kernel oil),棕榈油和棕榈仁油的加工工艺不同,而且脂肪酸成分和性质也不同。棕榈果肉的主要成分如表 6.57 所示。

表 6.57 棕榈果实的主要成分 %

成 分	含 量	成 分	含 量
棕榈果肉	50~60	棕榈果肉粗脂肪	46~50
棕榈核壳	36	棕榈仁粗脂肪	45~50
棕榈仁	9		

棕榈果肉加工生产的油为棕榈油,棕榈仁油的数量仅相当于棕榈果肉油量的 20%～25%。棕榈油中含有饱和酸和不饱和酸,棕榈油的固体油脂含量随其温度变化,可以利用油脂的这种特性,将棕榈油分提成不同熔点范围的硬脂和软脂两种类型。粗棕榈油脂的主要成分和脂肪酸含量列于表 6.58 中。

表 6.58 棕榈油主要成分、脂肪酸组成和性质

项　目	典型数据	范　围
比重 5℃/25℃		0.891 9～0.893 2
折光指数($n^{40℃}$)		1.456 5～1.458 5
碘价(I)/(g/100 g)		46～55
皂化价(以 KOH 计,mg/g)		196～202
不皂化物/%		0.2～0.5
脂肪酸凝固点/℃		43.0～47.0
熔化范围/℃		36.0～45.0
胡萝卜素含量/(mg/kg)		500～1 600
固体脂肪指数/%		
10.0℃	34.5	30.0～39.0
21.1℃	14.0	11.5～17.0
26.6℃	11.0	8.0～14.0
33.3℃	7.4	4.0～10.0
37.8℃	5.6	2.5～9.0
40.0℃	4.7	2.0～7.0
熔点/℃	37.5	35.5～39.5

脂肪酸组成	占总量的百分率/%		脂肪酸组成	占总量的百分率/%	
	平　均	范　围		平　均	范　围
$C_{12:0}$	0.23	0.1～1.0	$C_{18:1}$	39.15	37.3～40.8
$C_{14:0}$	1.09	0.9～1.5	$C_{18:2}$	10.12	9.1～11.0
$C_{16:0}$	44.02	41.8～46.8	$C_{18:3}$	0.37	0～0.6
$C_{16:1}$	0.12	0.1～0.3	$C_{20:0}$	0.38	0.2～0.7
$C_{18:0}$	4.54	4.2～5.1			

三酰甘油酯饱和状况	含量/%	三酰甘油酯饱和状况	含量/%
三饱和脂肪酸甘油酯(GS_3)	10.2	单饱和脂肪酸甘油酯(GSU_2)	34.6
二饱和脂肪酸甘油酯(GS_2U)	48.0	三不饱和脂肪酸甘油酯(GU_3)	6.8

棕榈油的主要成分是甘三酯,同时含有少量或微量的非甘三酯成分。这种化学组成决定了棕榈油的化学性质及物理性质,同时也决定了棕榈油的生产工艺及应用范围。

棕榈油中饱和脂肪酸和不饱和脂肪酸约各占 50%。这种平分状态决定了棕榈油的碘价

（约53），并且赋予棕榈油较其他植物油脂具有更好的氧化稳定性。甘三酯中的三种主要脂肪酸可由三种脂肪酸组成来表示。甘油分子的不同位置上可连上各种不同的脂肪酸链,这样可以得出大量不同的甘三酯分子。如果把甘三酯水解,数据经计算机统计分析后,可以得出更多棕榈油甘三酯位置差异的信息。这些均为实际存在的脂肪酸在甘三酯中的分布情况。

棕榈油中类胡萝卜素、维生素E、甾醇、磷脂、三萜烯醇、脂肪醇构成了棕榈油的脂溶性组分。尽管上述成分含量占棕榈油总量还不足1%,但对于棕榈油的营养价值、稳定性及精炼都有很重要的作用。

经精炼的低谷甾醇棕榈油及棕榈软脂中谷甾醇含量明显降低。对棕榈油及其馏分来讲,由于谷甾醇含量低,且含有抗凝血性和抗癌作用的类胡萝卜素、维生素E、三烯生育酚,使得棕榈粗油中维生素E和三烯生育酚含量为600~1 000 mg/kg。精炼棕榈油中仍保留了一半的含量。维生素E和三烯生育酚均为天然抗氧化剂,具有防止油脂氧化的作用。棕榈油中维生素E和三烯生育酚的类型可见表6.59。

表 6.59　棕榈粗油中所含的维生素E和三烯生育酚各类型比例　　　　　　　　　　%

种　类	含　量	种　类	含　量
α-维生素 E	21.5	α-三烯生育酚	7.3
β-维生素 E	3.7	β-三烯生育酚	7.3
γ-维生素 E	3.2	γ-三烯生育酚	43.7
δ-维生素 E	1.6	δ-三烯生育酚	11.7

棕榈油中类胡萝卜素、维生素E、三烯生育酚以及50%的饱和脂肪酸的存在,使得棕榈油比其他植物油具有更好的氧化稳定性。棕榈油中谷甾醇含量远比其他植物油少。棕榈粗油、精炼油及部分精炼油的甾醇组成如表6.60所示。

表 6.60　棕榈油中的甾醇含量　　　　　　　　　　mg/kg

种　类	谷甾醇	菜油甾醇	豆甾醇	谷甾醇	未知甾醇
棕榈粗油	7~13	90~151	44~66	218~370	2~18
脱胶脱色油	5~10	49~116	22~51	113~286	痕量~8
RBD(脱胶、脱色、脱臭)	1~5	15~16	8~30	45~167	痕量
棕榈软脂粗油	6~8	57~104	30~51	149~253	24~28
脱胶脱色油	3~4	36~43	21~25	99~123	痕量~5
脱胶、脱色,脱臭棕榈油	9	26~30	12~23	68~114	未检出

从表6.60中可以看出,经精炼的低谷甾醇棕榈油及棕榈软脂中谷甾醇含量明显降低。

6.5.3　棕榈仁的主要成分

棕榈核仁经粉碎、分离壳后得到棕榈仁,棕榈仁的主要成分如表6.61所示。

表 6.61　棕榈仁的主要成分　　　　　　　　　　　　　　　%

成 分	含 量	成 分	含 量
蛋白质(N×6.25)	8.8	粗纤维	5.2
粗脂肪	52	粗灰分	2.0
无氮浸出物	23.6		

由棕榈仁加工生产的油脂,称为棕榈仁油。棕榈仁油的主要成分和特性如表 6.62 所示。

表 6.62　棕榈仁油的主要成分和特性

项　目	数据	项　目	数据
比重(40℃/20℃)	0.899～0.914	脂肪酸成分/%	
折光指数($n^{40℃}$)	1.448～1.452	己酸	＜0.5
碘价(I)/(g/100 g)	13～23	辛酸	2.4～6.2
皂化价(以 KOH 计)/(mg/g)	230～254	癸酸	2.6～7.0
不皂化物/%	≤0.8	月桂酸	41.0～55
熔点/℃	20.0～26.0	肉豆蔻酸	14.0～20.0
软化点/℃	26.0～28.0	棕榈酸	6.5～11.0
凝固点/℃	23.0～26.0	硬脂酸	1.3～3.5
固体脂肪指数/%		油酸	10.0～23.0
10.0℃	48.0	亚油酸	0.7～5.4
21.1℃	31.0	花生酸	0.05～0.1
26.6℃	11.0	花生烯酸	0.06～0.1
33.3℃	0		

6.5.4　棕榈仁饼粕蛋白质氨基酸组成

棕榈仁脱脂后饼粕中的氨基酸组成如表 6.63 所示。

表 6.63　棕榈仁粕与大豆粕氨基酸成分比较(干基样品)　　　　　g/100 g

成　分	棕榈仁粕	大豆粕	成　分	棕榈仁粕	大豆粕
精氨酸	2.4	2.65	缬氨酸	0.80	0.88
组氨酸	0.34	0.42	天门冬氨酸	1.60	1.72
异亮氨酸	0.61	0.62	谷氨酸	3.42	4.01
亮氨酸	1.14	1.20	脯氨酸	0.60	0.62
赖氨酸	0.61	0.68	丝氨酸	0.77	0.92
蛋氨酸	0.34	0.32	甘氨酸	0.84	0.92
苯丙氨酸	0.74	0.74	色氨酸	0.19	—
酪氨酸	0.47	0.53	丙氨酸	0.82	0.76
苏氨酸	0.60	0.68			

6.6 椰子干及其饼粕

椰子干(肉)(coconut meat(dried))是棕榈科(Cocos nucifere)椰子植物的果实。椰子没有主根,树高15～25 m,6～8年结果,盛产期单株结果70～100个,每250个椰子可加工50 kg椰子干。植株寿命平均80年,最高可达140年。矮种椰子树高5～10 m,经济寿命30～40年,3～3.5年开始结果,8～9年达盛产期。这种椰子个体形状小,经济价值较小,常在未成熟收获,用于生产椰子饮料。椰子生长适宜温度24～29℃,年均降雨量1 700～2 000 mm,海拔200 m以下的地方,结果多而优质。海拔超过900 m的地方椰子生长缓慢,果实少而小。种植密度每公顷150株比较适宜。

6.6.1 椰子的结构

椰子果实系具纤维的核果。外层叫作外果皮,薄而光滑,颜色从绿至红褐不等,有些品种还呈象牙色。老熟果实的外果皮干枯,呈淡灰褐色;里面是中果皮,又叫椰衣,嫩果呈白色,质地坚韧,熟果中果皮为纤维状,能提取椰衣纤维;内果皮是椰壳,较为坚硬,呈黑色。壳里有果肉、椰水及胚。果肉厚7～12 mm,洁白多油,是椰子最主要的部分。未成熟的椰子含有大量的椰子水,其组成随成熟程度而改变。果肉在生长初期很薄呈胶状,成熟后可达1 cm。椰子果实初期(4～5个月)内部充满水,第二阶段(6～8个月)果实皮变硬变厚、果肉增厚,发育完全。通常,在授粉160 d后,开始形成果肉,220 d果肉变硬,300 d果肉全部成熟。360 d椰子成熟。椰子果实结构如图6.27所示。果实的形状虽受外界因素(干

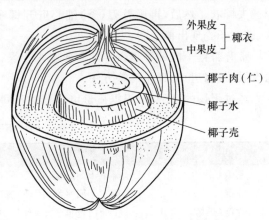

图6.27 椰子果的结构图

旱或害虫损害)的影响,但果实和果核两者的形状差异都是某些品种的特征。果实可能是扁球形与长方锤形,或横断面呈明显的三角形不等。成熟的果实椰衣、椰壳、椰肉和椰子水分别占35%、12%、28%和25%。

不同时期的椰子仁,由于成熟程度和含水量的关系,主要的营养成分有很大的差别。不同时期的椰子仁和椰子仁加工产品的主要成分列于表6.64中。

椰子水是椰子加工的特有成分,一般来说,椰子水中的水分占95.5%,氮含量0.05%,磷酸0.56%,钾6.6%,氧化钙0.69%,氧化镁0.69%,铁0.5 mg/100 g,总固形物4.7%,还原糖0.8 mg/100 g,总糖2.08%,灰分0.62 mg/100 g。

成熟的椰子果如果不及时收摘留在树上会发芽,会损失椰子营养成分,特别是椰子干(肉)的品质会发生腐败,游离脂肪酸增加,最终影响椰子加工产品的质量。因此,待椰子成熟时需要人工采摘。成熟的椰子制的椰子干有色泽、有脆性和良好的储存性能。用成熟的椰子果制

的椰子干加工的椰子油无色,具有椰子的香味。

表 6.64　椰子仁和椰子仁加工产品的主要成分　　　　　　%

项　目	青椰子仁	成熟椰子仁	椰子干	椰子饼		椰子水
				液压榨机	螺旋榨机	
水分	75.92	36.30	6.8	11.00	10.00	95.5
粗灰分	0.98	1.00	2.00	5.70	5.30	0.40
粗脂肪	6.43	41.60	63.7	6.00	10.00	0.10
粗蛋白质	9.41	4.50	7.60	19.80	19.10	0.10
粗纤维	2.50	3.60	3.80	12.20	11.80	—
碳水化合物	4.76	13.00	16.10	45.30	43.80	4.00

对于未成熟的椰子,采摘之后需要存放一段时间,以便于降低水分、增加含油量、有利于脱椰衣、剥椰壳和提高椰子干的品质。

椰子的主要营养成分集中在椰子仁中,椰子仁的制备需要脱除椰子(外)衣。脱椰衣的方法有人工和机械两种。分散和小规模的椰子果脱椰衣往往采用人工方法,操作方法是,将一把锋利的刀尖朝上,刀把下部固定在地上,手拿椰子由上向下朝刀刃插去,并来回扭转几下,就可以脱去椰衣。然后,再用劈刀(斧)细心劈开椰子壳,露出椰子肉。也可以应用机械方法脱椰衣、破椰子壳现出椰子肉。

带有鲜椰子肉的椰子壳碎片需要脱水干燥,才能使椰子肉收缩从椰子壳上脱离。干燥方法有烘干机(房)和日光晒等方法。

经过干燥的椰子干,根据质量可以分成不同的级别如表 6.65 所示。

表 6.65　椰子干的分级

等　级	说　明
超级	椰子干面平滑、质硬、清洁雪白,无外来杂质
高级	椰子干面平滑、质硬、清洁灰白色至暗白色,无霉变质色
优级(烘烤)	工业白色椰子干,含 5%～10% 轻度变色块
混合级	水分含量不一致
普通级	采用混合干燥方法,含有的低级椰子干无白色硬块的椰子干
次级	椰子干水分含量高,全部被烘烤烧焦、变色、变质、生虫,软而似胶状

成品椰子干应储存于通风、干燥地方,或及时运往榨油厂压榨椰子油。除以上所说的工业生产制备的椰子干,根据需要也可以生产特制的球椰干和食用椰子干。

食用椰子干可用做食品添加原料。具体制作方法是脱椰衣和椰子壳后,再脱除椰子肉外层的棕色种皮,用清水洗净。再用人工和机械把椰子肉切成细丝或粉碎成碎片,放在 60～80℃ 的盘上烘至水分 2%～3% 后进行筛分分成细、中和粗三种等级,用防潮性好的包装材料分别包装、储存。食用椰子干粗脂肪含量高达 68%～72%,游离脂肪酸小于 0.1%。

食用椰子干的生产过程中,占椰子肉含量的 12%～15% 大种皮被剥掉。这些种皮含油和白色椰子肉不同,色泽比较深。从这些种皮中加工制取高达 55% 的油脂,由于品质限制,只能用做肥皂原料。

椰子干榨油出油率高达 65％,脱脂后的椰子饼富含残留椰子油和蛋白质,是很好的饲料资源。压榨的椰子饼储存性能不好,油脂容易氧化酸败,有条件的地方,可用溶剂浸出方法进一步脱脂。可以回收椰子油,提高椰子饼粕中的蛋白质含量,又使椰子饼粕的储存货架期延长。

新鲜的椰子肉粉碎后进行压榨,可以得到一种乳白色的称为椰子奶的乳酪状物。这种物质成分是:水及挥发物 52％,粗脂肪 27％,碳水化合物 16％,蛋白质 4％,矿物质 1％。用这种产品,配上维生素和矿物元素以及其他配料,甚至可以生产替代动物奶的营养饮品。

6.6.2　椰子干的成分

成熟椰子干燥后的椰子干的主要成分:水分 6.8％,粗脂肪 63.7％,粗蛋白质 7.6％,椰子碳水化合物 16.1％,粗灰分 2.0％和粗纤维 3.8％等。

6.6.2.1　椰子油

椰子干一般含油 63％,由于产地不同油脂饱和程度略有差异,全部饱和酸甘油酯占 84％,双饱和酸和单不饱和酸甘油酯 12％,单饱和酸和双不饱和酸甘油酯 4％。海南岛生产的椰子油脂肪酸组成和特性列于表 6.66 中。

表 6.66　椰子油的脂肪酸组成　　　　　　　　　　　%

脂肪酸	分子式	含量	脂肪酸	分子式	含量
己酸	$C_6H_{12}O_2$	0.2~0.8	棕榈酸	$C_{16}H_{32}O_2$	8~10
辛酸	$C_8H_{16}O_2$	6~9	硬脂酸	$C_{18}H_{36}O_2$	2~3
癸酸	$C_{10}H_{20}O_2$	6~10	油酸	$C_{18}H_{34}O_2$	5~7
月桂酸	$C_{12}H_{24}O_2$	46~50	亚油酸	$C_{18}H_{32}O_2$	1~2.5
肉豆蔻酸	$C_{14}H_{28}O_2$	17~19			

从表 6.66 看出,椰子油中的脂肪酸,90％~94％的成分是饱和脂肪酸,并且含有较大数量的低碳(C_6~C_{10})脂肪酸。不饱和脂肪酸是 5％~7％的油酸和 1％~2.5％的亚油酸。由于椰子油中低碳链脂肪酸成分较多,甘油酯的熔点较低,椰子油被消化时有利于营养吸收。

椰子油的脂肪酸组成不饱和程度很低,油脂比较稳定,有良好的储存货架期。椰子油的特性如表 6.67 所示。

表 6.67　椰子油特性

指　标	数　值	指　标	数　值
比重(25℃/15℃)	0.917~0.919	不皂化物*	≤0.5％
折光指数($n^{40℃}$)	1.448~1.450	皂化价*(以 KOH 计)/(mg/g)	250~264
碘价(I)/(g/100 g)	7.5~10.0	脂肪酸凝固点/℃	20~24

注 * 将果肉皮层的油加入椰子干油中的所谓全椰子油,碘价会升高到 11~14,皂化价降低到 248~254。

6.6.2.2　椰子蛋白

椰子干中含有 7%～8%椰子蛋白质,椰子干经压榨脱脂后制的椰子饼含粗蛋白质 18%～21%,椰子蛋白质的氨基酸含量如表 6.68 所示。

表 6.68　椰子蛋白质中主要氨基酸组成　　　　　　　　　　　　g/100 g

氨基酸	含量	氨基酸	含量
异亮氨酸	2.7	组氨酸	2.5
亮氨酸	5.3	精氨酸	14.8
赖氨酸	4.7	天门冬氨酸	7.8
苯丙氨酸	3.9	谷氨酸	21.7
酪氨酸	1.7	丝氨酸	3.8
胱氨酸	1.7	脯氨酸	2.9
蛋氨酸	1.2	丙氨酸	3.4
苏氨酸	2.6	甘氨酸	4.0
色氨酸	0.7	合计	89.8
缬氨酸	4.4		

6.6.2.3　碳水化合物

新鲜椰子的椰子水中含有大约 3%的糖分,新鲜的椰子仁中含有 7%的糖分。经过脱壳后的椰子仁干燥脱水之后的椰子干中,含有如表 6.69 所示的碳水化合物成分。

表 6.69　椰子干中的碳水化合物　　　　　　　　　　　　　　　　%

成　分	含量	成　分	含量
蔗糖	14.3	纤维	15.55
棉籽糖	2.42	戊糖胶	2.22
半乳糖	2.42	淀粉	0.8
葡萄糖	1.19 以上	糊精	0.58
果糖	1.20 以上	多缩半乳糖	0.5
戊糖	2.4		

6.6.2.4　维生素和矿物质

椰子中的维生素含量丰富,特别是青椰子中的维生素 C 含量较多,主要集中在椰子水中。但随着生长期的延长果子成熟,维生素 C 含量会下降。椰子仁和椰子干中含有维生素 A 和维生素 E,以及烟酸、泛酸、叶酸、维生素 B_1、维生素 B_2、维生素 B_6。椰子中还含有钙、磷、铁、钠、锰、铜和硫等矿物元素。

6.6.3 椰子饼粕

一般来讲,1 000个椰子能产180 kg椰子干,或110 kg椰子油和55 kg椰子油饼。椰子干经榨油机榨取油脂之后得到一种椰子饼(粗蛋白质20.0%,粗脂肪6.0%,粗纤维12.0%,粗灰分7.0%,无氮浸出物45.0%,钙0.2%,磷0.6%),椰子饼经浸出进一步脱脂之后剩下的称之为椰子粕(表6.70)。椰子饼和椰子粕的主要氨基酸和微量矿物元素成分分别列于表6.71和表6.72之中。

表 6.70　椰子饼粕的主要成分　　　　　　　　　　　　　　　　　　　%

成　分	含　量	成　分	含　量
干物质	90~96	中性洗涤纤维	60~62
粗蛋白质	15~25	无氮浸出物	48
粗脂肪	2.8~7.0	粗灰分	6~8
粗纤维	7~15		

表 6.71　两种椰子粕的氨基酸成分及含量　　　　　　　　　　　g/kg

成　分	椰子粕A	椰子粕B	成　分	椰子粕A	椰子粕B
粗蛋白质	192.0	219.0	蛋氨酸	2.8	3.1
精氨酸	19.7	23.2	苯丙氨酸	8.8	6.0
半胱氨酸	2.8		苏氨酸	5.8	4.8
甘氨酸	8.2	6.0	酪氨酸	4.4	3.5
组氨酸	3.6	2.4	丝氨酸	7.9	6.8
异亮氨酸	6.3	5.0	缬氨酸	9.1	7.8
亮氨酸	11.8	9.9	色氨酸	1.2	1.4
赖氨酸	5.0	5.5			

表 6.72　椰子粕的矿物质组成

矿物质成分	含量	矿物质成分	含量
干物质/%	89.9	钾/%	1.75
钙/%	0.16	锌/(mg/kg)	53.0
磷/%	0.55	铜/(mg/kg)	40.0
镁/%	0.23	锰/(mg/kg)	75.0

椰子饼吸水性强,膨胀性大。在大量饲喂前,必须先将它浸湿。开始,家畜可能不太乐意采食,但如果缓慢添加,家畜会习惯和喜欢它的。它能提高牛奶的乳脂含量并使其变硬且味香。奶牛最大安全饲喂量是每天1.0 kg。猪可占日粮的10%。在添加赖氨酸或鱼粉,使饲料达到氨基酸平衡的情况下,家禽日粮中可添加10%。因其适口性不好,热能低,幼雏、仔猪和

肉猪日粮中不宜使用。

椰干加工下脚料包括脱壳椰子的外皮,它是在加工供人食用的碎椰子时的切屑,它所含蛋白质的生物价值比椰子油饼高,可单独或与椰子油饼一块饲喂家畜效果较好。

6.7 油茶籽及其饼粕

茶籽(Tea seed)是为茶科(Theacease)山茶属(*Camellia*) 多年生木本油料植物,包括油茶树(*Camellia oleifera* abel.)、茶树(*Camellia sinensis* O. ktze)、山茶(*Camellia japonica*)和茶梅(*Camellia thease*)树结的果实种子。茶籽因成熟期不同,分为霜降果子 和寒露果子,品种多达百种以上,主要分布在我国和印度、越南、印度尼西亚、马来西亚等国。尽管它们种子的脂肪含量和脂肪酸成分有一定差异,加工这些种子制取油脂都称茶籽油(俗称茶油)。

油茶易生长在向阳的山坡或丘陵略带酸性的土壤中。是常绿灌木或小乔木,高 3~6 m,一年生枝条生有柔毛。叶革质,椭圆形,长 3.5~9 cm,宽 1.8~4.2 cm,上面无毛或中脉有硬毛,下面中脉基部有少数毛或无毛,叶柄长 4~7 mm,有毛。花白色,顶生,单一或并生;花瓣5~7 个,分离,长 2.5~4.5 cm,倒卵形至披针形,多数深 2 裂,雄蕊多数,外轮花丝仅基部合生,子房密生白色丝状绒毛,花柱顶端 3 短裂。蒴果顶端有或无长柔毛,直径 1.8~2.2 cm,果瓣厚木质,2~3 裂;种子背圆腹扁,长 2~5 cm。花期 9~10 月,果期翌年秋季。

我国油茶籽年总产量,约 180 万 t。主要的茶籽油是从油茶(*Camellia oleifera* abel.)树种子中制取的。我国利用油茶果提取茶油食用已有两千多年历史。我国油茶主要集中分布在湖南、江西、广西等省(区),其产量占到全国产量的七成以上。我国现有油茶栽培面积约370 万 hm²,平均茶籽油单产为 75 kg/hm²。每年茶籽油产量约为 20 万 t,相当于中国植物油年生产总量的 2.5%。国家在 2007 年出台政策鼓励开发木本植物油料资源,占国际油茶籽资源总量 90% 的中国,如果能够得到好的利用,以及从茶籽中提取茶皂苷等医药和化工产品,开发我国的油茶籽资源将会创造巨大的效益。

6.7.1 油茶籽的结构和主要成分

油茶籽含在油茶果实中,油茶果实由外果皮(茶蒲)和种子(籽)两部分组成。种子包含在外果皮(茶蒲)中,其重量占茶果的 38.7%~40.4%。油茶籽为双子叶无胚乳种子,每果内含种子 1~4 粒。外形呈椭圆或圆球形,它由种皮(即茶壳)和种仁(即茶仁)两部分组成,图 6.28(另见彩图17)是油茶果实的结构图。

油茶籽背圆腹扁,长约 2.5 cm,壳占茶果重的30.6%~34.0%,含较多色素,呈棕黑色,极其坚硬,主要由半纤维素(多缩戊糖)、纤维素和木质素组成,含油极少,含较多的茶葡萄糖皂苷(达 5.4% 左右)。为降低饼粕残油率和提高副产品的利用价值,茶籽需去壳后再制油。油茶籽整籽含油 30%～40%,含仁率为

图 6.28 油茶籽的结构图

(http:// organicpassion. info/camellia-seed-oil)

50％～72％,仁为淡黄色,仁中含油 40％～50％,粗蛋白质 9％,粗纤维 3.3％～4.9％,皂苷 8％～16％,无氮浸出物 22.8％～24.6％。

成熟的油茶果为卵圆形,表面生有绒毛,它由油茶籽外种皮(或称茶蒲)和油茶籽构成,而油茶籽又由茶籽壳及茶仁组成,它们的组成情况如表 6.73 所示。

表 6.73　油茶果和油茶籽的主要成分组成　　　　　　　　　　　　　　　%

组成	油茶果		油茶籽	
	外果皮(蒲)	油茶籽	茶籽壳	茶籽仁
含量	60～61	38～40	30～34	66～72
外果皮(茶蒲)组成				
成分	含量		成分	含量
水分	10.99		咖啡因	0.22
油分	0.39		单宁	9.23
灰分	3.66		皂苷	8.73
多缩戊糖	28.38		木质素	44.36
茶籽壳的组成				
成分	含量		成分	含量
水分	12.77		单宁	2.47
油分	0.13		皂苷	5.43
灰分	0.43		木质素	52.15
多缩戊糖	30.27			
茶籽仁的组成				
成分	含量		成分	含量
水分	8.65～10.14		皂苷	8.85
油分	43.56～44.24		单宁	0.57
蛋白质	8.66～9.38		灰分	2.39～2.59
多缩戊糖	3.26～4.91		无氮浸出物	24.63

利用油茶籽榨制的茶油,是一种优质食用油,以油酸、亚油酸为主的不饱和脂肪酸含量在 90％以上,比其他食用油更耐储藏,不易酸败,不含引起人体致癌的黄曲霉毒素。可用茶油煎炸食品、加工罐头、制作人造奶油,在各项主要指标上接近甚至超过橄榄油,被认为是"品质上佳的植物油"。表 6.74 是茶籽油脂肪酸成分。

茶籽中的蛋白质含量为 9％～12％,主要的蛋白质含在茶籽子叶细胞中的亚细胞蛋白体中。茶籽蛋白质氨基酸组成如表 6.75 所示。

表 6.74　茶籽油理化常数和脂肪酸成分

茶籽油理化常数			
项　目	参　数	项　目	参　数
比重(d_4^{20})	0.999 5～0.920 5	折光指数(n_0^{20})	1.467 9～1.471 9
脂肪酸凝固点/℃	13～18	凝固点/℃	−10～−5
皂化值(以 KOH 计)/(mg/g)	188～196	碘值(I)/(g/100 g)	80～90
茶籽油脂肪酸成分/%			
成　分	含　量	成　分	含　量
豆蔻酸	0.3	花生酸	0.6
棕榈酸	7.6	油酸	83.3
硬脂酸	0.8	亚油酸	7.4

表 6.75　茶籽蛋白氨基酸组成表　　　　　　　　　　　g/100 g

氨基酸	含量	氨基酸	含量
天门冬氨酸	0.16	蛋氨酸	4.82
苏氨酸	0.377	异亮氨酸	4.85
丝氨酸	5.12	亮氨酸	7.82
谷氨酸	16.98	酪氨酸	6.44
脯氨酸	0.81	苯丙氨酸	6.47
甘氨酸	5.39	组氨酸	6.20
丙氨酸	5.93	赖氨酸	8.89
胱氨酸	0.02	精氨酸	6.20
缬氨酸	5.93		

6.7.2　茶籽皂苷

　　茶籽皂苷又称茶皂苷、茶皂素,是茶籽和茶树中的一种特殊成分,主要存在于茶籽的外果皮、种皮(壳)和仁中,对种子起到保护作用。茶籽中含有约 10% 的茶皂苷,它是一类甾醇和生物碱三萜烯的葡萄糖苷化合物。在茶树的根、茎、叶中也有不同含量的茶皂苷存在,茶籽中的含量最高。茶籽皂苷是天然的表面活性剂,在水中溶解后能够形成稳定的肥皂泡,是天然的清洁剂。

　　茶籽皂苷主要是由皂草苷($C_{30}H_{50}O_6$)、苷元和有机酸等成分组成。它们是一种五环三萜烯皂草苷(pentacyclic triterpene saponin)。它的分子式是 $C_{57}H_{90}O_{26}$,相对分子质量1 191.28。纯粹的茶皂苷是无色的,呈微小的圆柱结晶状,熔点是 223～224℃。易溶于含水的甲醇、含水的乙醇、乙醇,以及正丁醇、冰醋酸、醋的醋酐、吡啶和其他的有机溶剂,但是在醚、氯仿、丙酮中不能溶解。

　　皂苷在食物中一定的数量具控制胆固醇的作用,但有时能引起一些人的皮肤轻微的风疹。由于皂苷具有起泡沫、乳化、分散和渗透作用,可以用于一些食品(啤酒起泡),以及药物、杀虫剂、橡皮、胶片、建材、灭火材料和洗发用产品等。

　　皂苷可以用做乳化剂,茶皂苷石蜡乳化剂(TS-80 乳化剂)已广泛地用于建筑。它又是优良的清洁剂,一个天然的非离子的表面活性剂,经酶水解后成无毒的化合物,能避免污染环境。茶皂苷作洗发精保护头发,洗发、除屑止痒。作清洁剂洗布料、羊毛的毛衣和织物的时候,除了清洁衣料,还使布料不褪色、新、亮和柔软。

它具有很强的发泡能力,能用于橡胶业的泡沫乳胶、泡沫灭火器,以及快速冷却的饮料和啤酒业的泡沫。皂苷也可以用于选矿、照相、洗发和化妆品等行业。

作为植物化学品的茶皂苷,能够刺激人类的气管黏液薄膜,增加分泌作用,有减轻咳嗽祛痰功能。在临床上曾被当做利尿剂使用,在食物中的茶皂苷具有降低血清胆固醇、抑制和降低癌细胞生长的抗癌作用,它还有抗真菌的药物作用等。

近年来,利用茶皂素等开发的饲料添加剂糖萜素已得到了一定的应用。

6.7.3 茶籽饼粕脱茶皂苷技术

茶籽制油加工工艺,主要是压榨和浸出法。由于油茶主要生长在山区丘陵地带,油茶籽收获比较分散,常用的榨油设备是形形色色的小型榨油机,包括 ZLY-90 型立式液压榨油机和 ZWY-90 型卧式液压榨油机、(ZX10 型)螺旋榨油机,规模比较大的工厂,用 ZX18 型螺旋榨油机。茶籽饼中残油,可以用浸出的方法进一步脱脂回收茶籽油。

压榨法和浸出法提取茶籽油后的茶籽饼粕中的残油含量、蛋白质含量,以及茶籽皂苷的含量,随加工工艺的条件不同,也有很大的差别。表 6.76 是 90 型液压榨油机和 95 型螺旋榨油机压榨茶籽得到的茶籽饼的成分含量表。

表 6.76 小型榨油机压榨法制油茶籽饼主要成分表 %

成 分	含 量	
	95 型螺旋榨油机榨饼(干基)	90 型液压榨油机榨饼
水分	—	14.3
粗脂肪	6.82	6.89
粗蛋白质	13.04	12.12
粗纤维	12.5	20.0
皂苷	24.06	12.8
糖类	33.9	27.6
粗灰分	—	6.26

茶籽直接浸出法或茶籽饼浸出法生产的茶籽粕,由于残油含量低,相应的蛋白质、纤维素、多糖和茶皂苷含量会提高。直接浸出得到的茶籽粕和 90 型液压榨饼经浸出得到的茶籽粕,只要预处理(包括压榨)温度低,蛋白质、茶皂苷的含量和质量相对较好。

油茶籽饼粕中含有丰富的皂苷(图 6.29)。皂苷的分子式 $C_{57}H_{92}O_2$,相对分子质量为 1 200。纯度高的产品为白色无定型粉末,有苦味,吸湿性强,有刺激性,它是三萜类葡萄糖皂苷。人口服几乎无毒,如果静脉注射到血液中有强烈的溶血作用,毒性较大。小白鼠的口服 LD_{50} 每千克体重为 3 000 mg。因此,未经处理的茶籽饼粕不能用做动物饲料。

茶籽皂苷对冷血动物的毒性较大,即使浓度很稀也同样有毒性作用,仅 3.8 mg/kg 茶籽

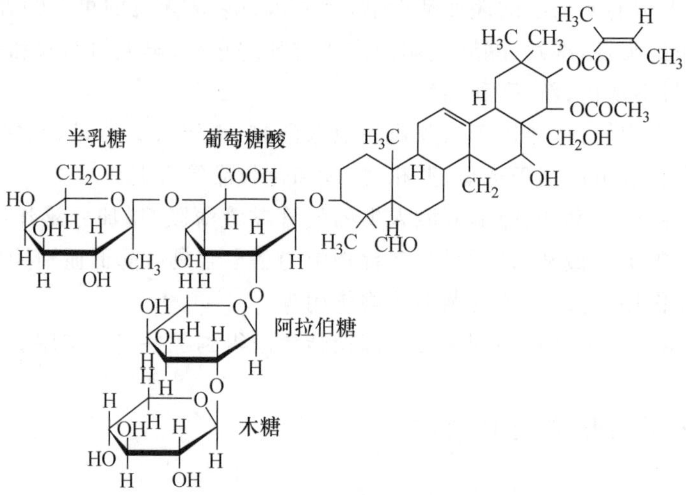

图 6.29　茶籽皂苷结构式

皂苷就可使健壮的鱼致死。但茶籽皂苷在碱性条件下很容易失去活性而变得无毒。

茶籽饼粕的脱毒主要是脱除茶籽皂苷,皂苷进一步浓缩精制,也可以用作化工原料、生产洗头膏、洗涤剂、泡沫灭火发泡剂等产品,脱皂苷后的茶籽饼粕,蛋白质进一步提高,是良好的动物饲料。茶籽皂苷的结构组成复杂,茶皂苷配基由5～7种茶皂草精醇组成。茶籽皂苷与其他植物皂苷一样,也具有多种生理功能。

6.7.3.1　油茶籽饼粕脱毒机理

油茶籽饼粕的脱毒,主要是利用茶籽皂苷中含有许多羟基、羧基基团,具有亲水和极性溶剂的性质,用物理和化学方法进行脱除。茶籽皂苷在酸性条件下水解,产物是茶原皂草精醇 B 和阿拉伯糖、木糖、半乳糖及葡萄糖醛酸。茶籽皂苷在碱性条件下水解,水解产物是茶原皂草精醇 A 和当归酸。油茶籽饼粕碱液脱毒、微生物脱毒方法,是利用在不同条件下水解产生不同产物而脱毒的。热水浸提法和有机溶剂法是利用茶籽皂苷溶于水、醇类的性质进行萃取脱毒。

用水和有机极性溶剂浸提油茶籽饼粕,使皂苷、单宁类等可溶性物质溶解而离开原料进入溶液,是固—液浸出(或固—液萃取)过程,这种过程是传质过程之一,物质由于扩散作用而从一相转移到另一相。

皂苷从油茶籽饼粕转入溶剂浸出过程包含三个步骤。首先是水(或溶剂)渗透到原料颗粒内部含有溶质(皂苷)的细胞组织内,溶解其中的溶质,在细胞组织内形成胞内溶液。其次是胞内溶液扩散到原料颗粒的表面。最后是溶质从与原料颗粒表面接触的浸出液中向浸出液的主体中扩散。当原料内、外溶液的浓度相等时(实际上常难达到),扩散作用停止。这时需放去浸出液,再换入低浓度的溶液或清水继续浸出原料,使扩散作用又重新进行直到建立新的平衡为止。

采用逆流连续浸出时(连续转液的罐组浸出也与此近似),溶剂与原料沿着相反的方向做相对运动,清水(或溶剂)先浸出即将排出的粕渣,而浓的浸出液浸出新加入的原料,以保持最大的浓度差。原料被浸出的次数与罐组罐数相等即 $n = m$。若每次浸出有足够长的时间,原料内外的溶液浓度达到平衡。罐组逆流浸出比单罐多次浸出的优点是能同时得到较高的浸出率和较高的浸出液浓度,而且消耗的溶剂少,缺点是需要较多的浸出罐。在固体物料不动的罐组逆流浸出中,清水(溶剂)仍然从尾罐进入,按逆流原则逐次前进而浸出,最后在首罐内浸出新原料后成为浸出液放出。但原料从加入罐(成为首罐)开始到变为粕渣(成为尾罐)排出为止,始终停留在同一罐内,尾罐排出饼渣后加入新料,成为新的首罐。因此,罐组内的每一个罐都依次地从首罐、次首罐、陆续成为次尾罐、尾罐。

6.7.3.2 油茶籽饼粕脱毒工艺

1. 原料的筛选和净化

茶籽原料经脱壳、榨油机榨油和溶剂浸出油脱脂后制成的茶籽粕,经过粉碎除铁、石杂质后送去浸出脱毒工序。为了满足浸出对粉碎度的要求,粉碎后的原料需经筛选除去粉末,大块返回再次粉碎,筛选除去石块、碎木屑、铁石杂质符合工艺粒度要求的物料。比较成熟的是先将油茶籽脱壳(脱壳率达 95% 以上),然后榨油(或浸出油脂),将所得的饼或粕进行脱毒。脱毒方法有热水法和有机溶剂法。

2. 热水法脱毒工艺

热水法主要是热水代替有机溶剂浸出皂苷脱毒。试验研究表明,用 80℃ 的热水浸出皂苷,其浸出率较高,饼粕中皂苷的残留率较低,但同时饼粕中的蛋白质、糖类损失增加。其工艺流程如图 6.30 所示。

榨油后的油茶籽饼粕,经过翻晒或风干、除去杂质等预处理,使含水率在 15% 以下,经过振动筛筛选,除去铁块等大块杂物,然后送锤式粉碎机破碎,经过振动筛筛选,大块送回锤式粉碎机破碎,碎块、粒料送双辊破碎机粉碎,使原料的颗粒在 60 目以下。将粉碎好的原料送入浸出罐用热水浸出,每次浸出 1.0 h,浸出温度保持在 60~80℃,浸出 6 次,总浸出时间 6 h。待浸出结束后,进行过滤,过滤后的粕渣送干燥设备干燥。干燥一般采用洞道式干燥,也有采用立式干燥器、厢式干燥器干燥。为了使饼粕中的营养成分不被破坏损失,干燥温度控制在 60~80℃。直接干燥法可采用烟道气作传热介质;间接干燥可采用蒸气作热源,空气作传热介质。将干燥好的粕渣送粉碎机粉碎,使其颗粒度在 80 目以下,然后分级、检验、包装,得脱毒油茶籽饼粕产品。将几次的滤液合并,送浓缩罐浓缩,浓缩到一定浓度后经过除脂、脱色等纯化处理,经旋风干燥器干燥,得副产物茶籽皂苷产品。

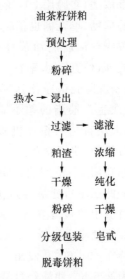

图 6.30 茶籽饼热水脱毒工艺

热水浸出脱毒中,为了达到脱毒效果,要严格控制工艺条件。原料颗粒太大,不利于水分子渗入、扩散,浸出效果不好,脱毒不彻底;原料颗粒度太小,又容易堵料。同时,在浸出过程中,热水温度不宜太高,避免营养成分的破坏损失,例如蛋白质在一定的温度下水解成氨基酸,溶于水而随滤液排掉;热水温度太低,分子运动变慢,浸出时间过长,不利于浸出的进行,生产效益不高。在粕渣的干燥中,也要严格控制温度,防止干燥温度过高或物料受热不均匀致使物料部分高温炭化,营养成分损失严重。热水脱毒法的主要工艺条件见表 6.77。

表 6.77　热水法脱毒的主要工艺条件

工艺条件	工艺参数	工艺条件	工艺参数
原料水分/%	<10	浸出温度/℃	60~80
原料粉碎粒径/mm	<0.25	浸出次数	6
热水温度/℃	60~80	浸出总时间/h	6
液料比	3	干燥温度/℃	80

采用热水浸出法脱毒,其主要营养成分基本上能满足作配合饲料的要求,同时设备、工艺简单,技术容易掌握,成本低,投资少,而且不需要有机溶剂,经济可行。但是采用水浸出法,工作效率比有机溶剂浸出法低,且消耗能量大,设备利用率低。另外饼粕中的主要营养成分如蛋白质、糖类、脂肪因部分溶于水而损失。因此,饼粕的营养价值比采用有机溶剂浸出法低一些。

油茶籽饼粕在热水脱毒过程中,营养成分含量随浸出次数的增加而下降,因此要严格控制浸出次数。研究结果表明,饼粕浸出 6 次后其皂苷残量降至 3% 以下,喂猪的适口性较好,可以作为一种新型的饲料资源进行开发。

6.7.3.3　有机溶剂法脱毒工艺

茶籽饼粕有机溶剂法脱毒所采用的主要溶剂是甲醇、乙醇和异丙醇。目前国内主要采用乙醇萃取法,实验用 80% 的乙醇溶液所浸的毒素(皂苷)量要比用 90% 的乙醇多一倍,但随同浸出的单糖、单乳糖也相应增加。其工艺流程如图 6.31 所示:

脱壳榨油后的油茶籽饼粕原料,经过翻晒或风干处理,使其含水率在 5%~8%。然后经过筛选、除铁等除壳杂净化处理后,送锤式粉碎机破碎(浸出法生产油脂的粕不需此工序),经过振动筛筛选,大块料送回粉碎机破碎,碎块、粒料送双辊破碎机粉碎,使原料的颗粒在 60 目以下。将粉碎好的原料用 6# 溶剂油脱脂(浸出法生产油脂的饼粕不需此工序),滤液经过蒸馏,精炼得优质茶油,蒸出饼渣中的残留溶剂。脱脂后的饼粕用 80% 乙醇溶液连续浸出脱毒,每次浸出时间 0.5 h,浸出温度保持在 40~60℃,浸出 5 次,料液比 2.5,总浸出时间为 2.5 h。滤液经过浓缩(回收溶剂)、脱色等纯化处理,经旋风干燥器干燥,得副产物皂苷产品。粕渣送干燥设备干燥,干燥温度控制在 60~80℃,经过干燥,使其含水量在 5% 以下。将干燥好的饼粕,送粉碎机粉碎,使其颗粒度在 80 目以

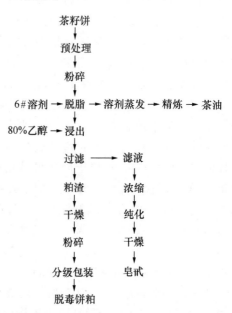

图 6.31　茶籽饼有机溶剂脱毒工艺

下。然后经过分级、检验、包装,得脱毒油茶籽饼粕产品。茶籽饼有机溶剂脱毒工艺工艺条件如表 6.78 所示。

生产工艺的优点是:①饼粕的综合利用价值高,可以得油脂、茶皂苷和饼粕(饲料原料)三

种产品；②脱毒工艺简单,容易操作控制,脱毒效益高、效果好；③适于工业化生产,一般的乡镇企业也可生产；④产品质量好,油茶饼粕在脱毒过程中,主要营养成分蛋白质、糖类与脱毒前相比,损失很少,这比热水浸出法优越；⑤本生产工艺可采用单罐多次浸出、罐组逆流浸出,浸出剂(溶剂)可回收多次利用,耗量不大,能耗少。

表 6.78　油茶饼粕乙醇溶剂脱毒的主要工艺参数

工艺条件	工艺参数	工艺条件	工艺参数
原料含水率/%	5~8	浸出时间/h	2.5
原料粉碎粒径/mm	<0.18	浸出液耗量/(t/t)	0.25
乙醇浓度/%	80	干燥温度/℃	60~80
液料比	2.5	产品粒度/目	<80
浸出次数	5	产品含水率/%	<5
浸出温度/℃	40~60	皂苷残留量/%	<3

大型油茶籽饼粕脱毒工艺,参考醇法浓缩蛋白生产工艺,小型脱毒可利用罐组式和平转浸出器进行,工艺包括原料的粉碎、输运、浸出脱毒和脱毒饼粕干燥等。

茶籽饼经锤式粉碎机粉碎后,由输送设备送入浸出器。茶籽饼含油较高,先用己烷溶剂进行脱脂,脱脂工艺中应用易燃易爆的己烷,严格按有机溶剂浸出操作规程生产。脱脂后的茶籽粕,用80%的乙醇进行浸出,脱除皂苷等毒性成分。脱毒茶籽粕经脱乙醇溶剂干燥后,干燥成为饲用茶籽粕。

6.7.3.4 热水和乙醇脱毒茶籽粕主要成分比较

热水和80%乙醇溶剂浸出脱毒,制取的脱毒茶籽粕的蛋白质等主要成分和氨基酸含量分别列于表 6.79 中。

表 6.79　热水和乙醇脱毒茶籽粕蛋白质等成分表　　　　　　　　　%

方法	干物质	粗蛋白质	粗脂肪	粗纤维	糖类	无氮浸出物	钙	磷	皂苷
热水法	89.40	13.04	4.10	18.68	27.49	23.06	0.24	0.21	2.93
乙醇法	89.62	18.08	2.70	16.92	31.02	22.47	0.25	0.20	2.03

热水和乙醇脱皂苷后茶籽粕蛋白质中氨基酸组成/(g/100 g)					
氨基酸组成	80℃热水	80%乙醇	氨基酸组成	80℃热水	80%乙醇
天门冬氨酸	0.16	0.16	蛋氨酸	4.82	4.85
苏氨酸	0.377	3.77	异亮氨酸	4.85	4.85
丝氨酸	5.12	5.12	亮氨酸	7.82	7.82
谷氨酸	16.98	16.98	酪氨酸	6.44	6.47
脯氨酸	0.81	0.81	苯丙氨酸	6.47	6.42
甘氨酸	5.39	5.39	组氨酸	6.20	6.20
丙氨酸	5.93	5.39	赖氨酸	8.89	8.89
胱氨酸	0.02	0.01	精氨酸	6.20	6.20
缬氨酸	5.93	5.94			

油茶籽饼粕作为饲料原料，必须是脱壳榨油的饼粕，否则饼粕中纤维素的含量高，喂猪适口性差。同时，油茶籽饼粕在脱毒处理过程中，不论是采用热水法，还是采用乙醇法，一部分营养成分含量是随浸出次数的增加而下降的，因此，要严格控制浸出次数和浸出时间。

6.7.3.5 脱毒油茶籽饼粕的饲养试验

脱壳榨油后的油茶籽饼粕经过脱毒后，含有较高的蛋白质、糖类、脂肪等营养物质，是一种优良的畜禽蛋白饲料资源。陈作勇和杨盛昌等都曾做过油茶籽饼粕脱毒及养猪试验，取得了一定成效。曾利用未脱壳的脱毒油茶籽饼粕配成日粮做喂鸡试验，鸡的采食量正常，日增重与菜籽粕日粮接近，且无不良生理反应，只是因油茶籽饼粕含纤维素高（30％）而消化率不高，影响了营养成分的吸收。

用脱壳脱毒油茶籽饼粕配制成饲料，进行猪的喂养和营养吸收利用的研究。从干物质消化率（DMD）和能量消化率看出，油茶籽饼粕和菜籽粕与相应日粮比平均略低，但油茶饼粕比菜粕的消化率高。三种日粮除能量和无氮浸出物（NFE）两项外，均无显著性差异（$P>0.05$）。基础日粮的能量和无氮浸出物消化率均比其他两种高（$P<0.05$）。可消化蛋白利用率，油茶饼粕日粮高达 53.79％，比菜粕日粮的 37.76％高 42.45％，与其粗蛋白质消化率高相吻合，说明油茶饼粕是一种优良的蛋白饲料资源，具有开发利用价值。采用 15％脱壳脱毒油茶粕＋85％基础日粮组成试验日粮喂猪，其采食正常。试验猪无中毒反应和不良生理现象发生，喂猪增重效果良好，肉质正常。

6.7.3.6 茶籽饼粕的其他应用

（1）鱼虾养殖清塘

脱壳茶籽饼粕中含有 12％茶皂苷。茶皂苷味苦而辛辣，它的水溶液有很强的起泡能力，对动物红细胞有溶血作用，对冷血动物的毒性较大。对用鳃呼吸的动物如鱼类、软体动物等的毒性极大，在低浓度下即可使鱼、虾、蚂蟥等中毒死亡。即使茶籽皂苷浓度仅 3.8 mg/kg 就可使健壮的鱼致死。毒作用是由于茶皂苷使鱼类的鳃上皮细胞的通透性增加，使血浆中维持生命的重要电解质渗出。也有认为是由于茶皂苷使鳃等呼吸器官发生麻痹所致。对水生生物有杀灭作用，可以杀灭各种野杂鱼虾，对水生植物无毒杀作用。

茶籽饼消毒具有成本低、去毒快的特点。几亩或几十亩的小池塘，水 30～40 cm 深，按 20 g/m³ 的浓度将茶籽饼浸泡一昼夜后，均匀泼洒即可。若同时加生石灰一起泼洒，还可杀死多种病原体。上百亩的大池塘也可不用浸泡，把茶籽饼粉碎后均匀干撒于池塘中，但干撒的药效比浸泡要慢。用茶籽饼消毒一般 2 周左右毒性消失，可进水放苗。

（2）茶籽饼粕防治鱼虾病

茶籽饼还是鱼类出血病及细菌性烂鳃病、赤皮病和肠炎病的好药物。在 5～9 月鱼病高发季节，每亩池塘用新鲜茶籽饼 2～4 kg 分成很多小块分散放于池中，让毒素在池塘中缓慢浸出，不仅可以杀死鱼体表和鳃部的病原体，还可杀死各种寄生虫及虫卵，对未发病鱼类有预防作用，对发病鱼类有明显治疗效果。茶籽饼还是养虾池中清除害鱼的首选药物，由于茶籽饼对虾的致死浓度比鱼的高，约为 40 倍，所以养虾池中有敌害鱼类时，可用茶籽饼 15～20 g/m³ 杀死敌害鱼类而对虾没有伤害。

6.8 蓖麻籽和脱毒饼粕

6.8.1 蓖麻籽结构和成分

6.8.1.1 蓖麻籽结构

蓖麻籽(castor bean(seed))是大戟科一年生植物蓖麻(*Ricinus communis* L.)的种子(图 6.32,另见彩图19)。蓖麻籽种类很多,由于生长地域的温度、气候、土壤水肥条件,蓖麻籽油脂、粗蛋白质等主要成分含量也有很大差异,表6.77中列举了蓖麻籽主要成分含量。

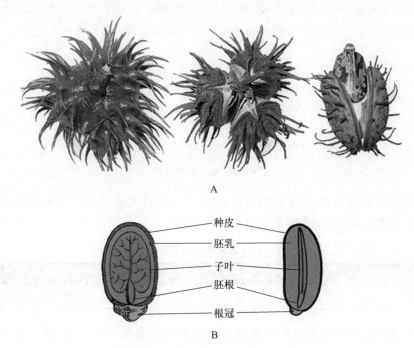

A

种皮
胚乳
子叶
胚根
根冠

B

图6.32 蓖麻籽及其结构

A. 蓖麻籽(周瑞宝. 特种植物油料加工工艺. 化学工业出版社,2010)

B. 结构(http://www.seedbiology.de/structure.asp#structure1)

6.8.1.2 蓖麻籽的主要成分

蓖麻籽种类很多,由于生长地域的温度、气候、土壤水肥条件,蓖麻籽油脂、粗蛋白质等主要成分含量也有很大差异(表6.80)。

一般情况下,全蓖麻籽含水6.8%,仁中含水4.16%,壳中含水9.5%,容重为544 kg/m³,原料含杂0.75%。子粒皮壳的主要成分是纤维素、多缩戊糖、色素、植酸盐和灰分。蓖麻籽仁主要成分为油和蛋白质,籽内还有一些较活泼的解脂酶。

表 6.80　蓖麻籽主要成分　　　　　　　　　　　　　%

项目	含量	项目	含量
仁	66.8~74.4	粗蛋白质	17.0~24.0
壳	25.6~33.2	碳水化合物	3.1~7.0
水分	3.1~5.8	粗纤维	23.1~27.2
粗脂肪	45.0~51.8	粗灰分	2.0~2.2

1. 蓖麻油

蓖麻油主要含在蓖麻籽胚乳的含油细胞中的油体中。油体的外层是由单分子磷脂和油体脂蛋白围成的单分子层的膜所包围,油体与油体之间由它们的膜层相隔。蓖麻油的结构如图 6.33 所示,它的主要成分 12-羟基十八烯酸甘油酯,是稀有的近于纯甘油酯的油脂,其脂肪酸成分为蓖麻油酸 85%~95%,亚油酸 4.5%~5.5%,油酸痕量,饱和酸约占 1%。

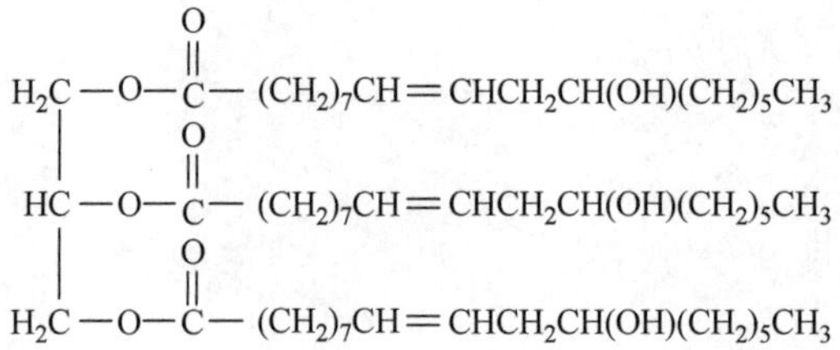

$$H_2C - O - \overset{\displaystyle O}{\overset{\|}{C}} - (CH_2)_7CH = CHCH_2CH(OH)(CH_2)_5CH_3$$
$$HC - O - \overset{\displaystyle O}{\overset{\|}{C}} - (CH_2)_7CH = CHCH_2CH(OH)(CH_2)_5CH_3$$
$$H_2C - O - \overset{\displaystyle O}{\overset{\|}{C}} - (CH_2)_7CH = CHCH_2CH(OH)(CH_2)_5CH_3$$

图 6.33　蓖麻油结构图

蓖麻油中的主要脂肪酸成分是脂肪链上带有羟基的蓖麻油酸。蓖麻油酸的含量约占 90%。其他脂肪酸含量较少,具体含量如表 6.81 所示。

表 6.81　蓖麻油的脂肪酸成分　　　　　　　　　　　　　%

棕榈酸	硬脂酸	油酸	亚油酸	亚麻酸	花生酸	蓖麻油酸	二羟基硬脂酸
0.8~1.3	0.9~1.3	2.8~4	2.5~3.5	0.4~1.0	0.8~1.6	87.4~90.3	0.6~0.8

由于蓖麻油中的脂肪酸上含有羟基,这种蓖麻醇酸甘油酯中有烯键、酯基,并具有一个活性羟基,可进行脱水、酯化、碱熔、热解、醇解、磺化、氢化及环氧化等一系列化学反应,生成大量衍生物,都是工业上的特种化工原料。蓖麻油主要用于表面涂料、润滑剂、表面活性剂、聚合材料、增塑剂及香料工业,也用于液压制动液及农药增效剂等方面。国内外用于涂料、制皂、医药、香料领域的蓖麻油消耗量不断增加。

2. 蓖麻籽蛋白

蓖麻蛋白主要存在于含油的蓖麻胚乳细胞中的蛋白体中。蓖麻籽榨油后的蓖麻饼含有 32%~36% 的粗蛋白质。蓖麻籽中含有蓖麻毒蛋白、蓖麻碱、过敏原、蓖麻血球凝集素等毒性和抗营养含氮化合物(表 6.82),它们影响蓖麻蛋白的利用,由于含有毒性成分脱脂蓖麻饼粕蛋白无法安全饲用。

(1)蓖麻籽毒蛋白

蓖麻毒蛋白(ricin)是从蓖麻籽中分离出来的高分子毒性蛋白物质,百万分之一的剂量就可以毒死一个成人,战争期间曾用做生物化学武器。这种物质在细胞中能够抑制蛋白质的合成,现已被用做生物化学试剂和抗癌实验研究药品。

表 6.82 蓖麻籽毒性物质性质与含量表

项 目	蓖麻毒蛋白	蓖麻碱	过敏原	血球凝集素
含量(质量分数)/%	0.5~1.5	0.15~0.20	5~9	0.005~0.015
性质	高分子蛋白毒素,遇热变性成无毒蛋白质,溶于水、稀酸和盐溶液,遇 50%硫酸铵沉析,有抗原性,具有蛋白分解作用和血球凝集作用	白色针晶或柱晶,熔点 201.5℃,易溶于水、三氯甲烷和热乙醇,难溶于常温乙醇、石油醚、苯。中性,不成盐,可被高锰酸钾还原	白色固体粉末,可透析,溶于水,沸水不稳定,不溶于有机溶剂,溶于 25%乙醇,不溶于 75%乙醇,具有蛋白质和糖类的特征反应,有抗原性	血球凝集素高分子蛋白毒素,等电点 pH 7.8,遇热不稳定,100℃加热 30 min 被破坏

蓖麻毒蛋白对人和动物具有致命伤害作用。蓖麻毒蛋白存在于蓖麻籽蛋白质中,含量占籽重的 0.5%~1.5%,为脱脂饼粕的 2%~3%。蓖麻毒蛋白是一种蛋白合成抑制剂,在蓖麻毒素中是毒性最剧烈的一种。毒蛋白对动物毒性极大,兔肌肉注射半致死量 LD_{50} 为 4.1 μg/kg。蓖麻毒蛋白也是一种蛋白质,将毒蛋白置水中煮沸或加压蒸气处理,结构发生变化,引起蛋白质凝固变性,从而失去毒性。

蓖麻饼用 HCl 水溶液(pH 约为 3.8)于 110~115℃加热 2 h,有毒物可转化为无毒而有营养的化合物,用 95%乙醇萃取油饼可使其完全解毒,用高锰酸钾、过氧化氢及卤素处理,亦可解毒。已经发现,波长为 225~250 nm 范围的紫外线也可消除蓖麻毒。

(2)蓖麻碱

蓖麻碱(ricinine,又称 ricidine)学名为 3-氰基-4-甲氧基-1-甲基-2-吡啶酮(图 6.34),是一种具有苦味、白色结晶体的生物碱,分子式为 $C_8H_8N_2O_2$,分子质量为 164.17,熔点 201.5℃,在 170~180℃、2.7 kPa 时升华,易溶于热水和三氯甲烷,在热乙醇中亦有一定溶解度,但在乙醚、石油醚和苯中溶解度小。它呈中性,其碱性溶液能使高锰酸钾还原,同时生成氢氰酸,如果动物饲用将引起中毒死亡。

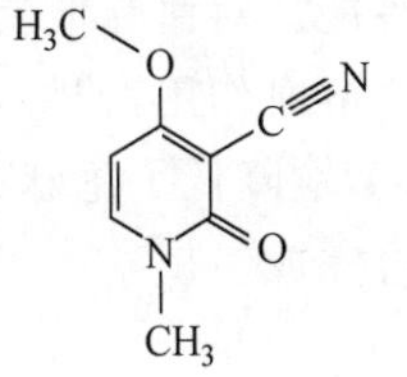

图 6.34 蓖麻碱结构式

蓖麻碱属高毒性物质,可引起呕吐、呼吸抑制、肝和肾受损,重则死亡。蓖麻碱在蓖麻的幼嫩绿叶、干燥子叶、胚轴和根、籽壳、发芽籽和蓖麻饼粕中含量分别为 0.7%~1.0%、3.3%、1%、1.5%、0.1%~0.2%、0.3%~0.4%。

通常蓖麻碱占蓖麻籽重的 0.15%~0.2%,在脱脂饼粕中占 0.3%~0.4%。饲喂试验表明饲料中蓖麻碱含量超过 0.01%,能抑制鸡的生长,含量超过 0.1%,鸡将中毒麻痹直至死亡。蒸气和石灰处理不会降低其含量,但用有机酸金属卤化物和碱金属氢氧化物溶液可萃取饼中蓖麻碱,已有由叶子及饼提取蓖麻碱作为杀虫剂的文献报道。

(3)血球凝集素

血球凝集素是高分子蛋白质,对一定的糖分子有特异亲和力,它与蓖麻毒素蛋白同时存在于籽仁中。凝集素遇热不稳定,100℃加热 30 min 被破坏,所以在机榨饼或预榨浸油饼粕中,血球凝集素和毒蛋白,随着热处理程度增加,使蛋白质发生变性而失去毒性作用。

(4)过敏原

蓖麻过敏原是属于陈类的多糖—蛋白质的聚合物。许多种子中含有过敏原,但组成各异。蓖麻籽过敏原 CB-1A 的组成和性质和棉籽过敏原 CS-1A 甚为相近。

过敏原存在于蓖麻籽仁内,含量为 0.4%～5%。它是由少量的多糖碳水化合物(2%～3%)与蛋白质聚合而成的糖蛋白。其所含蛋白质的组成,除精氨酸较高外,还有不含色氨酸的特点。

过敏原为白色粉末状固体,可渗析。在水溶液内用玻璃纸膜渗析,经 36.2 h,渗析出 58.4%。它溶于水,在沸水中稳定,不溶于脂肪溶剂,对不同浓度的含水酒精具有不同的溶解度:溶于 25% 酒精,不溶于 75% 酒精。

过敏原具有:双缩脲反应(紫色),米隆反应(红色),水合茚三酮反应(深蓝色),莫利胥反应(紫红色)等显色反应。过敏原与一般蛋白质不同,它不易被乙酸铅沉淀。

过敏原具有强烈的过敏活性并具有抗原性,1 mg/kg 浓度的过敏原水溶液,对过敏症患者会有阳性皮肤反应,将它注入动物体内,会产生抗性。

蓖麻过敏原毒性:对白鼠注射 1.5 g/kg 体重的过敏原不会致死,8.4 μg 可使豚鼠产生致命性过敏,对人只产生过敏,而不引起死亡。

蓖麻饼中含有 12.5% 称为 CB-1A 的过敏物质,是种相对低分子量的含蛋白质多糖,对热稳定,不溶于 75% 的乙醇,对不过敏动物是无毒的。已经研究出使过敏素失活的工艺。蒸气压力下加热蓖麻饼是经济而有效的解毒方法,氢氧化钙对蓖麻过敏素钝化是一种较好的碱。

蓖麻毒蛋白是热不稳定的高毒性蛋白,有凝集红细胞、胆固醇悬浮液和其他阴离子悬浮液的性能。对蓖麻毒蛋白的某些生理特性研究试验证明,金属铜有破坏蓖麻毒的血球凝集性能,产生溶血作用,若将甘氨酸或氰化钾加入铜蓖麻毒溶液中,能阻止溶血作用,而凝集性能不会恢复,铜降低了蓖麻毒毒性。据报道,蓖麻毒蛋白的解毒可通过热处理或溶剂萃取和热处理相结合完成。

6.8.2 蓖麻籽饼粕脱毒技术

蓖麻籽内含有丰富的蛋白质,含蛋白 19% 的蓖麻籽脱脂后蛋白质浓缩到 35%,脱壳后蛋白质达到 65%。它是一种具有潜在利用价值的饲用蛋白质资源。

6.8.2.1 蓖麻饼粕成分

蓖麻籽的蛋白质与大豆、花生的蛋白组成相似,它有较多的球蛋白、谷蛋白和清蛋白,不含或极少含有醇溶蛋白。球蛋白是种子的贮存蛋白,在种子细胞中以蛋白体形式存在。清蛋白分散于水,存在于种子细胞基质中。蓖麻籽中的球蛋白、谷蛋白和清蛋白,分别占蛋白质总量的 60%、20% 和 16%。

蓖麻籽蛋白质的氨基酸组成与大豆相比,除赖氨酸略低外,其他各氨基酸含量相近。尽管蓖麻蛋白具有以上的优点,但除了极少数品种的蓖麻蛋白可以食用外,绝大多数的蓖麻蛋白未经处理是不能食用的。原因是蓖麻蛋白内含少量的有毒物质,人或动物食用后,会引起中毒甚至有生命危险。

应用机械压榨或机械预压榨-浸出方法,从蓖麻籽中提取蓖麻油之后,得到的另一种制油后的副产物蓖麻饼和蓖麻粕。尽管这些产品中有抗营养成分,甚至有毒性很强的蓖麻毒蛋白、蓖麻碱等有害成分。为了蓖麻饼粕中的蛋白质、脂肪和碳水化合物成分利用,要对饼粕进行适当的处理脱毒,变蓖麻饼粕作饲料蛋白源。至于蓖麻毒蛋白的医药包括抗癌应用前景,需要进一步的深入探讨。

机械压榨或预压榨-浸出脱脂的蓖麻籽饼粕中还有35%～38%蛋白质、1.5%～8%粗脂肪、33%～35%粗纤维,以及钙磷等矿物微量元素。这些成分都具有一定的营养作用。从数据上分析它可与大豆饼粕相比。

蓖麻饼粕的主要营养成分和氨基酸含量与大豆的比较,列于表6.83和表6.84中。

表 6.83　蓖麻饼粕与大豆饼主要成分比较

项　目	脱脂蓖麻饼	脱脂蓖麻粕	大豆饼
粗蛋白质/%	34.9	39.0	43.0
粗脂肪/%	7.4	1.5	5.4
粗纤维/%	33.9	35.3	5.7
粗灰分/%	6.5	6.8	5.9
钙/%	1.1	1.15	0.3
磷/%	0.6	0.63	0.5
猪代谢能/(MJ/kg)	7.9	8.6	11.9
鸡代谢能/(MJ/kg)	7.5	8.6	11.1

表 6.84　蓖麻饼粕与大豆蛋白质中氨基酸组成比较　　　　　%

组成成分	去毒蓖麻饼	大豆	组成成分	去毒蓖麻饼	大豆
水分	8.3	6.5	苯丙氨酸	4.40	5.29
蛋白质含量	41.50	40.50	苏氨酸	3.70	4.23
赖氨酸	3.40	5.58	亮氨酸	6.40	8.58
蛋氨酸	1.90	1.30	异亮氨酸	5.50	4.33
色氨酸	1.30	1.47	缬氨酸	6.80	5.32

脱脂蓖麻饼粕的营养成分与大豆饼比较,它们都是很好的饲料蛋白源,由于蓖麻饼粕含有蓖麻毒蛋白、蓖麻碱等抗营养成分,限制了蓖麻饼粕的利用。

6.8.2.2　蓖麻饼粕的脱毒方法

脱脂蓖麻饼粕中含蛋白质34%～39%,蓖麻籽蛋白质氨基酸与豆饼相比,两者都有不足的地方,如蓖麻饼中蛋氨酸比大豆中高46%,而大豆中赖氨酸比蓖麻饼高64%,若两者混合作饲料,则可达到氨基酸互补的作用。由于脱脂蓖麻饼中含有毒性成分,制约蓖麻饼粕蛋白的利用。

蓖麻饼粕中毒素的含量随制油的方法不同而不同。冷榨饼最高,高温机榨饼因毒蛋白在高达130℃温度下加热,分子结构变化而失去毒性。蓖麻籽在制油工艺过程中,当预榨饼被溶剂浸出后,湿粕经过 D. T. D. C 蒸脱机脱溶烘干时,蓖麻毒蛋白和蓖麻碱是很容易受热破坏和钝化毒性的蛋白质。况且蓖麻碱的含量很低,在饲料中添加蓖麻籽粕量不会很高,故在饲用时不存在太大的问题。然而,过敏原 CB-1A 却需要经过特别的处理才能使其失去活性。为了寻找一种能使过敏原失活,而又不引起氨基酸损坏的蓖麻粕脱毒工艺,由联合国工业发展组织(INIDO)研究、开发,用化学剂均匀地与蓖麻籽粕混合,经过高温、高剪切力挤压膨化达到脱除蓖麻过敏原的作用。

采用机腔内径为 11.43 cm,机腔长度为 137.16 cm 挤压膨化机,在圆筒形机腔内有一根螺旋转轴,对机腔内的物料产生很高的剪切力及类似搅拌作用,并且把物料沿机腔长度方向推进,由于螺旋状导程及与坚硬材质摩擦,产生了热量以及压力。同时,螺旋轴螺纹线中断处,在机腔内壁上安装有凸形刮刀,这样也对物料产生了一个很高的剪切摩擦作用。水和蒸气可以直接注入膨化机腔内物料中,它们会彻底地渗入固体物料内,由于螺旋轴产生的压力,蒸气将凝缩成水。在机腔末端,物料经过一个直径为 1.11 cm 的模板上数个模孔喷出,模孔的大小和形状可以改变。压力骤然下降使物料内含的一部分水分蒸发汽化,物料膨胀成具有细微多孔的产品,这些微孔不仅使产品作饲料的适口性得到改善,也有利于脱毒粕的进一步烘干作用。

蓖麻籽粕的挤压膨化脱毒设备就是油料挤压膨化挤出机。蓖麻粕经过挤压膨化之后,从烘干机中卸出,再由喂料器喂入气力输送风管,在风管内流动时粕又被冷却。然后,粕由旋风分离器及旋转阀卸出至粕库。也可以用筛分办法进行分离,大颗粒的粕块再经锤片粉碎机粉碎重新分离。

1. 蓖麻饼脱毒方法比较

蓖麻饼粕在制油过程中经热处理,毒蛋白、血球凝集素等蛋白类成分因受热变性起到脱毒作用。蓖麻碱和过敏原等抗营养成分,需要进行脱毒处理。蓖麻饼脱毒方法很多,有化学法、物理法、微生物法及联合法。挤压膨化法实属物理法与化学法的联合使用,它是加入脱毒添加剂,通过挤压膨化脱除毒素。化学法中有酸处理法、碱处理法、酸碱联合法、石灰法等。蓖麻饼粕脱毒方法很多,有些脱毒方法造成营养成分破坏,有的流失营养成分,有的脱毒效果欠佳、适口性不好。

(1)化学法脱毒

工艺流程如图 6.35 所示。

所谓的化学品,就是一些氧化钙、氢氧化钠等金属碱和盐等物质。

将水、饼粕、化学药剂按比例加入到耐腐蚀并带有搅拌的去毒罐中,开启搅拌,按照所需温度、压力、通(或不通)蒸气,维持一定时间,则可出料进行离心分离(或压榨分离),饼中水分小于 9% 左右,即得成品,冷却包装。若直接配制饲料或用户离饲料厂较近,脱毒饼可不经烘干直接用于配制饲料。干燥设备一般可用气流烘干机。几种化学法脱毒效果见表 6.85。

化学法脱毒残毒量少,工艺比较简单,操作不复杂,但由于引入了酸、碱或醛类等化学物质,脱毒罐材质要求较高,通常得选用搪瓷或搪玻璃。另外,由于加入了化学物质,降低了饼的营养价值并带来了重复污

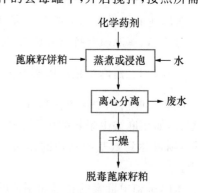

图 6.35　化学法脱毒工艺流程简图

染,因此近年来人们致力于物理法脱毒的研究,并取得成效。物理法脱毒工艺是通过加热、加压(或不加压)、水洗等过程,将毒素从饼粕中转移到水溶液中,再通过分离、洗涤将粗蛋白质洗净。

表 6.85　几种化学法脱毒效果比较　　　　　　　　　　　　　　　%

序号	脱毒方法	过敏原	蓖麻碱	粗蛋白质
0	未脱毒	3.1	0.29	35.31
1	石灰法	0	0.083	31.17
2	10%盐水浸泡	0.80	0.02	24.11
3	10%碳酸钠浸泡	0.94	0.036	25.21
4	3%盐酸浸泡	0.07	0.042	34.08

(2)物理方法脱毒

物理法脱毒的工艺条件及脱毒前后成分的变化分别列于表 6.86 及表 6.87 中。

表 6.86　几种物理法脱毒的工艺条件

序号	方法名称	工艺条件
1	沸水洗涤	饼用 100℃沸水洗两次
2	蒸气处理	120~125℃蒸气处理 45 min
3	常压蒸煮	饼加水拌湿,常压蒸 1 h,沸水洗两次
4	加压蒸煮	饼加水拌湿,120~125℃蒸气处理 45 min,80℃水洗两次
5	热喷法	饼加水拌湿,120~125℃蒸气,0.2 MPa,1 h 后喷放
6	膨爆法	蓖麻饼壳粕分离的粕,通蒸气 120~140℃,40~60 min;加压到 0.3~1 MPa,喷放用 80℃水洗 1~2 次。

表 6.87　几种物理法脱毒前后成分变化(干基)　　　　　　　　　　%

序号	方法名称	过敏原	蓖麻碱	粗蛋白质
0	未脱毒	3.1	0.29	35.31
1	沸水洗涤法	0.970	0.060	30.82
2	蒸气处理	0.979	0.135	33.92
3	常压蒸煮	0.190	0.038	29.76
4	加压蒸煮	0.480	0.050	31.2
5	热喷法	1.960	0.924 3	34.46
6	膨爆法	0.004	0.004	≥50

(3)热喷法脱毒工艺

热喷法脱毒工艺流程及生产设备流程见图 6.36。

将饼粕与水拌湿,经进料漏斗装入压力罐内,密封后通入由锅炉提供的蒸气,当压力达

图 6.36　热喷法脱毒工艺简图

0.2 MPa、温度120～125℃时,维持一定时间,打开压力罐排料球阀,喷出的饼粕沿排管进入泄料罐,压力突减至常压。脱毒饼经干燥得成品。

热喷主机包括压力罐和蒸气锅炉两部分,压力罐是密闭受压容器,对饼粕进行热蒸气处理,并施行喷放的专用设备;蒸气锅炉提供蒸气。辅机包括加料罐、泄(压)料罐,前者贮存一定量的饼粕,容积与压力罐相匹配,可供装料用;泄料罐是接受经脱毒的带压饼粕,在此罐内压力泄净。烘干设备可选用粮食烘干的通用设备,如气流烘干机。应用物理、化学和微生物等脱毒方法的对比试验结果,证明热喷压力 0.2 MPa,120℃处理 60 min,去毒效果最好,蓖麻碱的去除率达89%,过敏原的去除率达71%。该方法简单易行,成本较低,避免了化学药剂的重复污染,便于工业化生产。但由于热喷操作压力偏低未经水洗,脱毒不彻底,加之脱毒前蓖麻饼又未进行壳粕分离,产品中粗纤维含量高,影响了畜禽的吸收率。

(4)膨爆法脱毒工艺

膨爆法脱毒与热喷法有相似之处,不同之处在于先进行壳、粕分离,对粕单独进行高温喷放处理,达到要求温度后,再通入压缩空气,达到高压,压力高于热喷法,粕结构更加膨松。喷出物再经热水洗涤,毒素含量明显降低,脱毒效果大为提高。膨爆法脱毒包括壳、粕分离和粕去毒两个过程。

蓖麻饼中除粕外,尚含 60%皮壳(亦称壳子),壳子的主要成分是纤维、灰分、多缩聚糖、色素、植酸盐等。若将皮壳全部进入配合饲料,显然壳子不易被消化吸收。为提高动物对其吸收率,脱毒前将蓖麻饼分离成壳与粕,也为壳与粕分别加工处理提供了可能。蓖麻饼的壳与粕在比重上有少许的差异,运用液体(如水)对其进行分选,使之分离成壳子、粕和含少许毒素的水溶液。

主要工艺条件:

浸泡　饼和水的比为 1∶(1～4);

浸泡温度　常温;

浸泡时间　5～6 h;

打浆液浓度　25%～50%;

打浆温度　常温。

壳粕分离工艺流程见图 6.37。

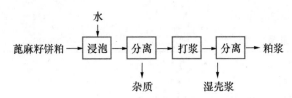

图 6.37　壳粕分离工艺流程图

浸泡时将饼与水按比例放入浸泡池(或罐),在室温下间断搅拌浸泡 5~8 h,使其充分软化。用泵或送料螺旋将料送入杂质分离罐,为使罐内形成翻腾的液流,边搅拌边加入水,借水的浮力使饼粕翻起,由分离罐上侧出料口排出进入打浆机。而石块、铁器等杂质沉积在罐底的收集器,积累一定量后,打开阀门排出杂质,防止铁器、石块等进入打浆机。

打浆是利用打浆机的刀刃将饼进一步打碎,壳尽量保留完整并呈大片状。打浆后的壳与粕基本脱离粘连。饼浆进入壳粕分离器(水力分离器或水力旋流分离器)重复多次给壳粕分离器内加水、搅拌、沉淀,分别得到湿壳和粕浆。壳、粕液沉淀后分离得到壳子、粕液和含毒素的水溶液。

经壳、粕分离过程,壳中含粕率小于 2%(以壳为基),粕中含壳率小于 10%(以粕为基),完全满足壳与粕分别加工处理的要求。含毒素的水溶液经提毒后,水可循环使用。

粕中毒素深深地包含在粕内部,难以去除,通过高温高压喷放,使其组织变得蓬松胀大,毒素得以与水充分接触而释放于水中,膨爆液经离心脱水,得到的湿粕用热水洗涤,粕中毒素脱除干净,毒素留在洗涤水中。

主要工艺条件:

粕浓缩温度	常温;
粕浓缩出料浓度	50%~60%;
膨爆温度	120~140℃;
持续时间	40~60 min;
膨爆压力	0.3~1 MPa;
洗涤水温度	≥80℃。

粕脱毒工艺流程见图 6.38。

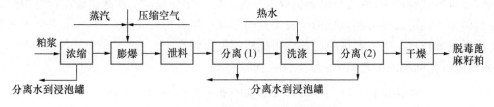

图 6.38 粕膨爆法脱毒工艺流程图

由壳粕分离过程来的粕浆浓度 10%~20%,由浆料泵送到粕浆高位槽,再连续进入离心浓缩机,经浓缩至浓度 50%~60%的粕浆进入浓液浆贮罐,由其内的浓浆泵泵入密闭的膨爆器中,通直接蒸气,温度升至 120~140℃,压力达 0.1~0.2 MPa,持续 40~60 min,再由空压机通入压缩空气,达 0.3~1 MPa 时,打开出料阀门,粕浆喷到泄料罐中。此时气体迅速顺管道排出,膨爆液经离心机驱水得湿粕。由于该湿粕水分中含有少量毒素,故再将湿粕用 80℃以上适量水冲洗 1~2 次,离心去水,再经烘干得脱毒粗蛋白质。

主要设备有膨爆器、气体压缩机、泄料罐等。膨爆器是一密闭压力容器,对蓖麻粕进行加温加压处理并进行膨爆的专用装置。气体压缩机用于膨爆前向膨爆器内通入压缩空气。泄料罐是利用旋液分离原理,接受高温压力喷放物料使之缓冲泄压接料的容器,容积与膨爆器相匹配。其他设备如粕浆贮料罐,是一个带搅拌和侧流出口的钢制密闭容器;离心浓缩机选用上出料且密闭的离心机;浓缩浆贮罐内带浓浆泵以使出料;离心分离机采用任何型式均可;气流干燥机组采用粮食干燥通用气流干燥机。

膨爆法的脱毒效果是脱毒方法中效果最好的。由于该方法先进行壳与粕的分离,专门对蓖麻粕进行脱毒处理,故脱毒后的粕,粗蛋白质含量高,加之脱毒彻底,残毒含量蓖麻碱小于0.004%,过敏原小于0.004%,该含量完全达到饲喂安全水平,可提高在配合饲料中的掺入量,用来在配合饲料中代替豆饼使用,适口性好,吸收率高。蓖麻饼分离出的壳加工成壳粉可进一步开发利用。脱毒过程工艺用水可经提取毒素后循环使用。

(5)挤压膨化法

挤压膨化法也是一种综合物理化学加工法。脱脂的蓖麻饼粕经粉碎、筛分后,与定量的碱性化合物进行混合,达到一定水分含量后,将混合物送入挤压膨化机进行高温、高压的瞬间反应,再经干燥、冷却、筛分即得脱毒蓖麻粕成品。

挤压膨化(extrude)是利用螺杆汽塞对物料的挤压升温增压,在出口处突然减压,从而使物料得以膨化。目前,挤压膨化已作为一种先进的熟化工艺被广泛应用于饲料加工业中。它可加工的原料有大豆、玉米、豆粕、棉粕、鱼粉、羽毛粉及肉骨粉等,生产的全价配合饲料有乳猪料、鸡料、鱼虾饲料、宠物料等。将挤压膨化用于蓖麻粕脱毒始于20世纪90年代初,是由美国德州农工大学(A&M)的食品蛋白开发研究中心推出这一工艺的。应用该工艺对蓖麻毒蛋白的去除率为100%,对过敏原的去除率为98%。该工艺在泰国的曼谷建成了年产1.6万t脱毒蓖麻饼的生产装置,我国广西北海万利油脂工业公司1992年也引进了这种生产装置。

由于挤压膨化机内的高热高压及剪切作用,加之碱液的存在可以破坏蓖麻毒素,使其中的毒蛋白和血球凝集素失活,并大大降低过敏原及蓖麻碱的含量,从而达到脱毒的目的。蓖麻饼粕膨化后,物料中所含毒素一方面由于分子变化而降解,另一方面与物料中的碱液脱毒剂结合而失活,经饲喂试验证明,脱毒效果和饲养效果都很好。膨化提高了蓖麻饼粕在饲料中的添加量,使饲料生产商可以尽可能地选用比较便宜的蓖麻饼粕替代大豆及豆粕,大大降低了饲料成本,也使得蓖麻粕这一难以利用的原料成为优质的蛋白饲料。

膨化脱毒蓖麻粕的工艺如下:

饼粕原料→除杂→粉碎→碱液喷淋→混合→调质→膨化┐
干燥冷却→粉碎→成品计量包装

利用蓖麻籽毒性成分的物理化学特性,脱脂蓖麻粕添加一定的试剂,经过高温,高剪切力挤压膨化,有效地脱毒。脱毒蓖麻粕的蛋白质含量及氨基酸组成变化不大。去毒蓖麻饼可作为饲料,其所含蛋白可被动物利用,去毒饼比未去毒饼对动物的增重、饲料利用率有显著改进效果,对组织影响则有明显的改变效果,去毒饼作配合饲料,掺入量不应太高,以10%～20%为宜,否则会引起组织异变,抑制生长,饲料的利用率降低。蓖麻毒素对鸡的肝部有影响,对其余脏器无明显影响,动物之间的吸收和抗毒能力差别较大。

蓖麻饼粕中毒素的含量随制油的方法不同而不同。冷榨饼最高,高温机榨饼因毒蛋白在高达130℃温度下加热,分子结构变化而失去毒性。蓖麻籽在制油工艺过程中,当预榨饼溶剂浸出后湿粕经过DTDC蒸脱机脱溶烘干时,蓖麻毒蛋白和蓖麻碱是很容易被破坏和钝化的,况且蓖麻碱的含量很低,提供于饲料的蓖麻籽粕量又不会很高,故在饲用时相对是安全的。

采用的挤压膨化机腔内径为 11.43 cm,机腔长度为 137.16 cm。挤压膨化机在圆筒形机腔内有一根螺旋转轴,对机腔内的物料产生很高的剪切力及类似搅拌作用,并且把物料沿机腔长度方向推进,由于螺旋状导程及与坚硬材质摩擦,产生了热量以及压力。在机腔内壁上安装有凸形刮刀,这样也对物料产生了一个很高的剪切摩擦作用。水和蒸气可以直接注入膨化机腔内物料中,它们将彻底地渗透入固体物料内,由于螺旋轴产生的压力,蒸气将凝缩成水。在机腔末端,物料经过一个直径为 1.1 cm 的模板上数个模孔喷出,模孔的大小和形状可以改变。压力骤然下降使物料内含的一部分水分蒸发汽化,物料膨胀成具有细微多孔的产品,这些微孔使产品作为饲料的适口性得到改善。

6.9　花椒籽、橡胶籽、桐籽等木本草本油料及微生物油料

6.9.1　花椒籽及其饼粕

世界上多达 200 多个花椒品种,主要分布在喜马拉雅山脉附近、东南亚半岛及东亚地区。中国有 20 多个省区都有花椒栽培的历史,其中以四川、重庆、陕西、山西、甘肃、贵州、山东、河南、河北等地区为花椒主要集中产区。据 2003 年资料数据表明,我国花椒种植规模每年以 20% 的速度递增,当年种植面积已超过 12 万 hm²,年产花椒 12 万 t,形成了一个巨大的农产品特色产业。花椒籽是生产调味料花椒(外果皮)的副产物,以质量计花椒外果皮占 40%,籽占 60% 左右。

6.9.1.1　花椒籽结构和成分

花椒籽(zanthoxylum pretending seed)是芸香科多年生灌木或小乔木上花椒(*Zanthoxylum bungeanum* Maxim)开花结的花椒果实脱去外种皮后的籽实(图 6.39)。

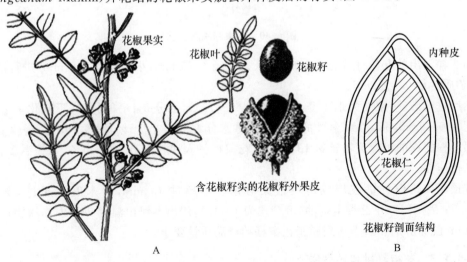

图 6.39　花椒籽
A. 花椒枝、叶和籽实　B. 花椒籽剖面结构

在每个花椒外果皮中包裹花椒籽 1～2 粒,呈椭圆(半圆)球形。花椒籽的粒径 3.5～4.0 mm,千粒重 12.5～22.0 g。成熟的花椒籽具有一层坚硬且脆的内种皮,表面多灰分,颜色灰黑;花椒籽仁被包裹在其中,皮和仁分别占整籽重量的 30% 和 70%。花椒籽整籽中主要成分如表 6.89,粗蛋白质含量 14%～18%,氨基酸组成比较合理,是一种较好的饲料蛋白原料。油脂含量 27%～31%(其中皮油 6%,仁油 20%～25%),其脂肪酸成分中,90% 以上为不饱和脂肪酸。与花椒果皮一样,花椒籽籽皮同样含有挥发性香精油成分,这使得它们都具有香气(表 6.88)。

表 6.88　花椒籽脂肪、蛋白质含量　　　　　　　　%

项目	水分及挥发物	脂肪	蛋白质	粗纤维
花椒籽	9.8～12.1	13.38～27.1	7.18～18.7	50.2～62.85

6.9.1.2　花椒籽加工

作为油料对花椒籽加工,通常采用传统压榨、预压榨浸出提取花椒籽油工艺(图 6.40)。由于花椒籽含油量较高,通常采用预榨—浸出工艺。脱脂后的花椒籽饼和粕,含有丰富的蛋白质,用作饲料蛋白源。

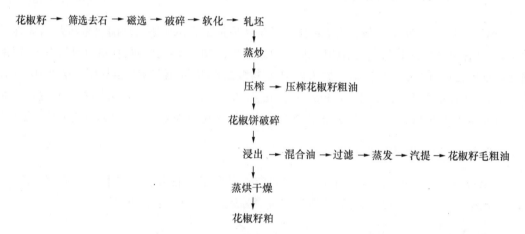

图 6.40　花椒籽脱脂工艺

预压榨浸出的花椒籽首先采用筛网(大杂孔径 4.75 mm,小杂孔径 1.2 mm)进行清理,清理后,杂质含量 0.1% 以下。

然后进行破碎,粒度为 1/4 瓣,再在温度 60～70℃,水分 8%～9% 条件下软化;轧坯后坯的厚度为 0.30～0.35 mm;蒸炒的上层锅蒸炒水分为 13%～15%,温度 105℃,蒸炒 1.5 h。

预压榨的榨油机螺旋轴转速 13 r/min;花椒籽料入榨料水分 4%～5%,入榨温度在 90～95℃进行压榨。

将预压榨花椒籽饼破碎成饼块最大对角线不超过 15 mm,粉末度不超过 5%(粒径 0.5 mm);采用国产正己烷溶剂油,溶剂比为 1:1.1,浸出器浸出温度 54℃左右脱脂;脱脂粕经 40 min 脱除溶剂和烘干达到脱脂花椒籽粕产品质量要求。

6.9.1.3　花椒籽饼和粕质量

花椒籽饼和花椒籽粕质量指标如表 6.89 所示。花椒籽饼和粕的氨基酸成分如表 6.90 所示。

花椒籽是花椒加工的副产物,加上花椒籽本身仍含有许多芳香化合物,无论是花椒籽饼或花椒籽粕中也含有一些芳香成分。在饲料中添加花椒籽饼粕时,适当考虑其风味和口味的影响。

表 6.89　花椒籽饼和花椒籽粕质量指标　　　　　　　　　　　　　　　　%

项目	水分	粗脂肪	粗蛋白质
花椒籽饼	5～7	7～5	20～25
花椒籽粕	10～12	1.0～1.2	25～30

表 6.90　脱脂花椒仁粕及花椒饼的氨基酸组成成分　　　　　　　　　　　%

氨基酸	花椒籽饼	脱脂花椒仁粕	氨基酸	花椒籽饼	脱脂花椒仁粕
天门冬氨酸	3.30	6.16	异亮氨酸	1.07	2.41
苏氨酸	0.71	1.77	亮氨酸	2.10	4.83
丝氨酸	1.35	3.04	酪氨酸	1.16	2.68
谷氨酸	6.53	16.55	苯丙氨酸	1.38	2.31
甘氨酸	1.67	3.22	赖氨酸	0.88	1.85
丙氨酸	1.18	2.36	氨(NH₃)	0.68	1.57
胱氨酸	0.24	0.55	组氨酸	0.59	1.26
缬氨酸	1.34	3.21	精氨酸	3.12	6.99
蛋氨酸	0.39	4.83	脯氨酸	1.18	1.90

6.9.2　橡胶籽及其饼粕

橡胶籽(rubber tree seed)是橡胶树(*Hevea brasiliensis*)的种子(图 6.41),种仁含油率约 50%。橡胶树为大戟科中最主要的经济树种,在南亚热带地区广为种植。我国海南、台湾、云南等省均已大量引种栽培,仅海南省橡胶树资源已发展到 33 万～40 万 hm²。通常,橡胶树栽培的目的主要是割取橡胶,每株成年胶树年平均还可产干籽 3 kg,每公顷产干籽约 2 000 kg。一棵橡胶树产籽年限约 15 年。我国现有橡胶种植面积约 49.3 万 hm²,橡胶籽资源丰富。据估计我国橡胶籽油年产量可达 35 万 t 以上。随着我国橡胶产业的发展,橡胶籽油已成为一种新的植物油源。橡胶籽油和其他天然植物油脂一样,是甘油酸酯类化合物,它可以用于油漆工业。还可以通过化学改性,制成增塑剂、皮革加脂剂等。

6.9.2.1　橡胶籽的结构

橡胶籽的外形花纹斑点类似蓖麻籽,但橡胶籽的体积有两个蓖麻籽那么大,橡胶籽的种皮没有光泽。橡胶籽的外层由比较硬的薄壳所包围,内部是橡胶籽的胚、子叶等种子成分(图 6.41,另见彩图 20),橡胶籽油和蛋白质分别以油体和蛋白体存在于含有的种子细胞中。

6.9.2.2　橡胶籽的主要成分

橡胶籽中的主要成分列于表 6.91 中。橡胶籽油脂肪酸和蛋白质、氨基酸成分如表 6.92 和表 6.93 所示。

成熟橡胶树果实

花期时的橡胶树枝

未成熟橡胶树果实

A

B

图 6.41　橡胶树和橡胶籽

A. 橡胶树枝叶、花和果实（http：∥en. wikipedia. org/wiki/Hevea_brasiliensis）

B. 橡胶籽（http：∥www. inriodulce. com/links/rubber. html）

表 6.91　橡胶籽的主要成分　　　　　　　　　　　　　　　　　%

成分	含量	成分	含量
粗脂肪	39.0	水分	7.6
粗蛋白质	21.7	粗灰分	3.1
粗纤维	2.8	无氮浸出物	25.9

表 6.92　橡胶籽油脂肪酸成分　　　　　　　　　　　　　　　　%

脂肪酸	含　量	脂肪酸	含　量
月桂酸（$C_{14:0}$）	0～0.1	亚油酸（$C_{18:2}$）	37.3～33.8
棕榈酸（$C_{16:0}$）	8.1～8.3	亚麻酸（$C_{18:3}$）	17.3～21.7
棕榈油酸（$C_{16:1}$）	0～0.3	花生酸（$C_{20:0}$）	0～0.3
硬脂酸（$C_{18:0}$）	10.5～10.7	花生四烯酸（$C_{20:4}$）	0～0.2
油酸（$C_{18:1}$）	21.5～24.9		

表 6.93　橡胶籽氨基酸组成 g/100 g

氨基酸	含　量	氨基酸	含　量
赖氨酸	2.30	组氨酸	1.60
蛋氨酸	0.90	异亮氨酸	2.52
色氨酸	0.80	亮氨酸	5.30
苏氨酸	2.11	苯丙氨酸	2.62
精氨酸	6.24	缬氨酸	4.22

橡胶籽脱脂方法类似于蓖麻籽等油料加工工艺,制取脱脂橡胶籽饼和粕。由于橡胶籽中含氰葡萄糖苷,水解后会生成氢氰酸等毒性成分。因此制油后的橡胶籽饼粕需要进行脱毒才能用于饲料。

6.9.2.3　橡胶籽饼粕主要成分

经脱毒后的橡胶籽饼粕,主要成分粗脂肪(饼 6%～8%、粕 1.5%～2%),粗蛋白质(饼30%、粕 35%),粗纤维(饼 4%、粕 4.7%),水分(饼 6.7%、粕 10%),碳水化合物(饼 43%、粕47%),和少量氰葡萄糖苷。用橡胶籽饼粕做饲料应用时,要限量添加,以免影响喂养效果。

6.9.3　油桐籽及其脱毒饼粕

桐籽(tung seed)是大戟科(Aleurites fordii)油桐植物的种子。油桐原产于我国,国际市场上桐油有"中国木油"之称。现在斯里兰卡、日本、美国、俄罗斯等也有种植。我国主要产区是西南、华南、华东各省,以四川最多,质量也好。

6.9.3.1　油桐籽的结构和成分

虽然不同品种的油桐果和籽大小、色泽、种子数量有一定的差异,整体形状还是相似的。图 6.42(另见彩图 21)就是油桐果实(含籽仁)和它的剖面结构图。油桐果是由果皮、桐籽壳和仁组成。

摘的桐果干燥后按干基计算,桐籽果含壳 60.15%,仁 39.85%,粗蛋白质 8.32%,粗脂肪25.18%,粗灰分 4.08%;而干基的桐籽仁中含有粗脂肪高达 63.20%,粗蛋白质 20.88%,粗灰分 2.43%,以及多糖和矿物元素钙、磷、钾等成分。

桐油是一种强干性油,它的主要成分是 α-桐酸三甘酯和一部分油酸、亚油酸三甘酯,饱和脂肪酸极少,其组成如表 6.94 所示。

表 6.94　桐油的脂肪酸组成 %

脂肪酸组成	含量	脂肪酸组成	含量
α-桐酸	72.8	棕榈酸	3.7
油酸	13.6	硬脂酸	1.2
亚油酸	9.7		

油桐果

油桐籽

图 6.42　成熟油桐干果和油桐仁

桐油中,α-桐酸占 72% 以上,桐油的化学性质基本上由桐酸的化学性质决定。

α-桐酸的熔点为 48～49℃,其三甘酯为液体,故桐油在常温下为液体。

α-桐酸分子质量为 278.44,酸价(以 KOH 计)201.5 mg/g,碘价为 273.47 g/100 g。它易吸收氧干燥,受热(200℃以上)后,起明显的聚合作用,这时分子质量增大,稠度也增加。α-桐酸受日光暴晒(日光中紫外线的作用)或者与硫、硒、碘及其化合物相遇,会引起分子内聚变,逐渐生成熔点为 71℃ 的白色同分异构体 β-桐酸。

由于 α-桐酸化学性质不稳定。桐油遇到少量的硫、碘、硒及其化合物或在贮存中受到日光照射,就会由液体状态逐渐变为在常温下固体同分异构物 β-桐油。这一变化开始是在油中出现微小的白色晶体,继而逐渐蔓延发展,在一定时间后全部异构化。β-桐油的熔点为 62℃,几乎不溶于乙醇、乙醚及石油醚等有机溶剂中。

桐油能与多种有机物、酸类发生作用。桐油加入三氯甲烷碘溶液,反应激烈,温度升高,2～3 min 后凝为黑色片状固体。

将油重的 20%、比重为 1.84 的浓硫酸,缓缓加入桐油中,不停地拌动,反应激烈,温度上升,数分钟后凝成暗色固体,并有二氧化硫析出。

将油重的 20%、比重为 1.42 的浓硝酸加入桐油中,可凝为极硬的固体。加油重 10% 的酚于桐油中,加热至 250℃;0.5 h 凝固,但能溶于汽油及松节油中。加入油重 5% 的甲醛于桐油中,加热至 220℃,0.5 h 后凝为柔软透明的固体,微溶于松节油和汽油。将甘油和硫磺加入桐油内,可减低其聚合速度。桐油容易氢化生成硬脂,一般酸价在 1 以下的桐油,用镍盐为触媒,加氢反应 8～10 h,可得熔点 50～52℃ 的硬化油。已从桐籽中分出两种不含氮的毒素,是不饱和桐酸与不饱和酮醇生成的酯。

6.9.3.2 桐籽饼粕的脱毒

桐籽和桐籽饼粕中有桐酸的衍生物、帖烯类和皂苷,都是主要的有毒成分。桐酸为含有三个不饱和双键脂肪酸($C_{17}H_{31}COOH$),食用后对胃肠道有强烈的刺激作用,可引起呕吐、腹痛、腹泻;吸收入血后经肾排泄时直接损害肾脏,可引起中毒性肾病,尿中出现蛋白及红细胞;肝脏可受损,引起中毒性肝病。此外,亦可损害神经系统和脾。桐籽饼粕中的毒性化合物,第一类是不溶于醇、醚等有机溶剂的热不稳定化合物;第二类是可溶于常见有机溶剂的热稳定化合物;第三类是可溶于水的中等耐热化合物。桐籽饼粕毒性大,适口性不好,易使饲喂动物中毒死亡。

在桐籽加工过程中,由于机械压榨,可以在加热蒸炒、压榨,或溶剂浸出脱溶剂时,以及挤压膨化技术,对热不稳定、易挥发的毒性成分进行脱除。或者利用不含硫的有机溶剂脱脂时,同时达到浸出脱毒。桐籽饼粕,运用含水乙醇浸出毒性成分,生产脱毒桐籽饼粕。实验研究经乙醇萃取处理桐籽饼粕,可使桐籽饼粕达到基本无毒,可作为饲料,但这样的处理也会降低桐籽饼粕中的其他营养成分。

经多年研究,大致判断桐籽中含有两种毒素,一种是蛋白质类的,另一种是可被酒精萃取的具有一定极性基团的物质。前一种毒素是对热稳定,但对氧化剂不稳定的物质;后一种毒素在油饼经过久储之后,毒性就会逐渐降低。蛋白质类毒素,可以用酒精萃取方式加以去除。因此,酒精萃取处理过的桐籽粕,能使其达到基本无毒的程度。虽然这种桐籽粕可作为饲料应用,但这样的处理方式会降低赖氨酸含量,其营养价值也就大大降低。

经压榨(或有机溶剂)脱脂,制取脱脂桐籽饼粕,桐籽饼的主要成分和氨基酸组成分别列于表6.95、表6.96中。如果把桐籽的种皮脱净,进行压榨再用溶剂脱脂,就会得到蛋白质含量高达46%的桐籽粕。

表 6.95　桐籽饼主要成分　　　　　　　　　　　　　　　　　　　　　%

成分	含量	成分	含量
粗脂肪	6.1	粗灰分	5.4
粗蛋白质	28.0	磷酸	1.3
粗纤维	42.9	钾	2.7
戊聚糖	11.8		

表 6.96　桐籽饼氨基酸组成　　　　　　　　　　　　　　　　　　　　g

氨基酸	100 g 桐籽饼	100 g 饼蛋白	100 g 桐仁粕	100 g 仁蛋白
蛋白质	28.0	—	46.5(脱皮)	—
精氨酸	2.1	9.0	4.7	10.5
组氨酸	0.4	1.8	0.8	1.9
异亮氨酸	1.2	4.7	2.1	4.4
亮氨酸	1.5	7.5	3.0	8.0
赖氨酸	1.1	4.6	2.2	4.7
蛋氨酸	0.4	1.6	1.0	2.0
苯丙氨酸	1.0	4.1	2.1	4.6
苏氨酸	0.4	4.1	0.9	4.0
缬氨酸	1.5	7.1	3.0	7.7

6.9.4 其他木本和草本油料

6.9.4.1 乌桕籽的结构和成分

乌桕籽(Chinese tallow tree seed)是大戟科落叶乔木乌桕(*Sapium sebiferum* L. Roxb.)的种子(图 6.43,另见彩图 22)。乌桕是我国特有的木本树木,主要栽培地区有湖北、浙江、四川、贵州、安徽、湖南、江西、河南等省。世界上的许多国家包括美国也都进行了引种。

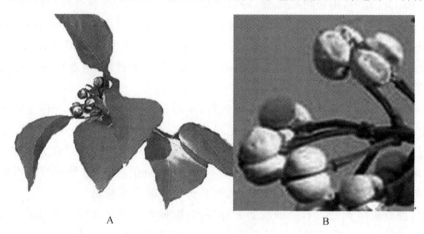

图 6.43 乌桕籽图
A. 秋天的乌桕籽和乌桕树红叶 B. 乌桕籽果实

1. 乌桕籽的结构

乌桕籽由种脐、外种皮、内种皮和乌桕仁(图 6.44)等部分组成。种皮由外种皮和内种皮两部分组成。

外种皮分为三层:①外层为一层小形等径的表皮细胞。附于乳白色"蜡被层"的外面;②中层由充满油脂的薄壁细胞组成,即所谓的"蜡被层"(乌桕脂);③内层由一层方形细胞所组成的膜状表皮,通常为淡黄色,贴生于壳状种皮之上。

内种皮分为两层:①外层为一层高度伸长,细胞壁强烈增厚并木质化和栓质化的栅栏状层,这是一层机械组织,为黑色,即通常所说的壳状种皮,包裹在种仁外面;②内层是位于壳状种皮与胚乳之间的几层细胞,常成为黄色干膜质。

乌桕籽仁壳外面有一层白色蜡状脂,其中含固体的桕脂(俗称皮油)30%以上,籽内黄色种仁含油(即梓油)20%以上,将两者混合压榨所得的油称为木油。桕脂在工业上常用来制造蜡烛、肥皂、硬脂酸、甘油、润滑油等。纯净的桕脂可供食用,梓油常用做油漆、油墨、涂料、化妆品等工业原料。

图 6.44 乌桕籽剖面结构示意图
1. 种脐 2. 乌桕籽外种皮(外层脂)
3. 乌桕仁壳(内种皮) 4. 乌桕仁

2. 乌桕籽的主要成分

乌桕籽整籽约含有 45％的粗脂肪（包括皮油和梓油）、68％的皮壳（纤维、壳、脂）、32％的仁（肉，油）。外种皮占 32％（纤维和脂肪等），壳和仁占 68％。乌桕整籽和其他部位的成分含量列于表 6.97 中。

表 6.97　乌桕籽整籽和仁壳中的主要成分　　　　　　　　　　　　％

项　　目	整籽	仁肉	仁壳	纤维素
水分	4.58	7.62	7.95	—
粗灰分	1.74	6.78	2.79	7.86
粗蛋白质（N×6.25）	11.27	76.43	2.78	5.22
粗纤维	—	4.90	—	31.98
无氮浸出物	—	4.27	—	54.94
不溶性 SiO_2	—	0.045	—	—
可溶性 SiO_2	—	0.020	—	—
总 SiO_2	—	0.065	1.21	—
钾	—	0.943	0.016	—
钙	—	0.27	0.43	—
镁	—	0.875	1.06	—
铁	—	0.032	0.011	—
磷	—	1.60	0.073	—
氮	1.75	12.23	0.44	0.84
脂（皮油）和油（仁油）	45.42	—	—	—
外种皮（纤维、壳、脂）	68.52	—	—	—
仁（肉，油）	31.48	—	—	—
仁和内种皮	67.97	—	—	—
外种皮（纤维和皮脂）	32.03	—	—	—

来源：Oil. & Soap, October, 1946:316.

6.9.4.2　乌桕籽饼粕

乌桕籽仁壳外面有一层白色蜡状物，一般含桕脂 30％左右（俗称皮油）；籽内有黄色种仁，一般含油 25％以上（俗称梓油）。将两者混合压榨所制取的油称为木油，但其经济增长不高。桕脂在工业上常用来制造硬脂酸、甘油、润滑油等。纯净的桕脂可供食用，其甘三酯组分若以酯交换方式，则可成为近似可可脂的组分，这种类可可脂可用于食品加工。梓油具有一定的毒性，不能食用，常用于油漆、油墨、涂料、化妆品等制造行业，是一种工业原料。所以，加工乌桕籽要解决分离制取皮油和梓油的工艺路线及技术参数，才能保证经济效益。如果分离不彻底，榨油中混入皮油，既影响质量，又影响经济效益，因榨油吨销价几乎是皮油的 2 倍。根据传统生产工艺及设备情况，在生产中研究出乌桕籽分离制取皮油和榨油的生产工艺及技术参数，较好地解决了生产中出现的技术问题，取得较好经济效益。

制取桕脂和梓油的生产工艺有两种路线，对于压榨制油工艺，其所得桕脂和梓油的质量较好，几乎不存在混杂的问题，经该工艺生产出的桕脂为食用级的，可以用来作为类可可脂生产的原料。而梓油是一种纯度高及质量好的工业用干性油,但该工艺生产时的出油率相对较低(压榨饼中残油约为5%)。而对于浸出-压榨制油工艺来说,其出油率相对较高(浸出粕中残油在1.5%以下),但存在着一定的两种油混杂现象,因此在生产过程中应注意控制工艺参数,经该工艺生产出的柏脂和梓油一般都可作为工业用油。

1. 压榨制油工艺流程

压榨制油工艺如图6.45所示。

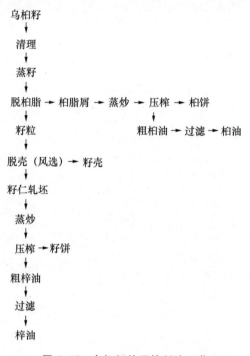

图 6.45 乌桕籽的压榨制油工艺

2. 浸出-压榨制油工艺技术

乌桕籽浸出-压榨工艺流程如图6.46所示。

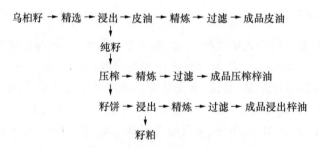

图 6.46 乌桕籽浸出-压榨工艺图

该工艺特点是:由于乌桕籽仁壳比较坚硬、紧密,对脱壳桕籽进行浸出时,籽仁中的榨油不会被萃取出。为此,对乌桕籽整粒通过蒸炒后直接浸出制取皮油;提取皮油后的纯籽粒通过预榨-浸出制取梓油,保证梓油产品质量。

3. 乌桕籽桕脂超临界 CO_2 流体萃取工艺

金莹等用超临界 CO_2 流体萃取工艺从乌桕籽中提取乌桕桕脂,工艺流程如葡萄籽 SFE-CO_2 萃取工艺所示。

6.9.5 核桃仁

核桃仁(walnut kernal)是胡桃属(*Juglans regia*)的种子。目前我国核桃的栽培面积和株数均居世界首位,主产区在云南、山西、陕西、四川、甘肃、河北及河南等地,这些产区栽培面积大、产量高,是我国核桃生产发展的主要基地。随着果树生产形势的发展和技术管理的加强,核桃生产正从过去的粗放、半放任的经营状态向科学管理、集约经营方向转变,通过普及推广核桃实用增产技术和优良品种,核桃产量和品质都有了明显的提高,商品性状也有较大改进。1986—1990 年,全国核桃平均年产 15.41 万 t。以 1990 年为例,当年全国核桃总产量为14.96 万 t,其中产量名列前 5 名的省份是云南、山西、陕西、四川和甘肃,5 省的总产量占全国总产量的 68.45%。年产 1 000 t 以上的县有 7 个,占全国总产量的 14.43%。

6.9.5.1 核桃仁的结构和成分

核桃仁中的脂肪含量高达 65% 左右,且脂肪酸组成中的不饱和脂肪酸达 90% 以上,并有一定数量的亚麻酸。不饱和脂肪酸的摄入对降低人体血清胆固醇含量、防止动脉粥样硬化和血栓形成具有积极作用。在当今发达国家和地区视核桃油为高级保健专用油脂,核桃仁中除含有优质脂肪外还含有 15% 左右的优质蛋白质和 10% 左右的糖类。核桃仁有待于深入开发和资源利用。

1. 核桃仁的结构

核桃(walnut)是核桃树(*Juglans major*)结的果实(图 6.47,另见彩图 23)。核桃树高达

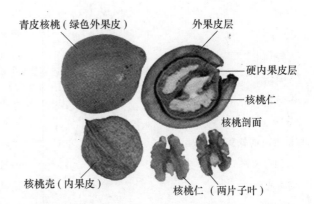

图 6.47 核桃果实的结构

(Wikipedia, the free encyclopedia)

10～40 m,约有 21 个品种。核桃果实中的核桃仁是一种营养价值很高的食品。

2. 核桃仁的主要成分

核桃仁中含有丰富的脂肪、蛋白质、碳水化合物及微量元素(表 6.98),除此之外,还含有对人体有特殊功效的营养物质。故长期以来,我国劳动人民将它作为滋补食品来食用。核桃油的脂肪酸和核桃蛋白的氨基酸组成列于表 6.99 中。

表 6.98　核桃仁的主要营养成分

项目	含量	项目	含量
粗蛋白质/%	15.23	钾/(mg/kg)	441.00
粗脂肪/%	65.21	硒/(mg/kg)	4.60
碳水化合物/%	13.71	钠/(mg/kg)	2.00
可食纤维/%	6.70	锌/(mg/kg)	3.09
总糖/%	2.61	抗坏血酸/(mg/kg)	1.30
粗灰分/%	1.78	硫胺素/(mg/kg)	0.34
水分/%	4.07	核黄素/(mg/kg)	0.15
钙/(mg/kg)	98.00	尼克酸/(mg/kg)	1.99
铜/(mg/kg)	1.59	泛酸/(mg/kg)	0.57
铁/(mg/kg)	2.91	维生素 B_6/(mg/kg)	0.54
镁/(mg/kg)	158.00	叶酸/(mg/kg)	98.00
锰/(mg/kg)	3.41	维生素 A*/(IU/100 g)	41.00
磷/(mg/kg)	346.00	维生素 E/(mg/kg)	2.92

注:* CBE-类可可脂;CBS-月桂酸型代可可脂;CBR-非月桂酸型代可可脂。

表 6.99　核桃油的脂肪酸和核桃蛋白的氨基酸组成　　　　g/100 g

项目	含量	项目	含量
核桃油的脂肪酸组成		核桃蛋白的氨基酸组成	
$C_{14:0}$	0.1	脯氨酸	2.9
$C_{16:0}$	5.6	甘氨酸	4.3
$C_{16:1}$	0.4	丙氨酸	3.3
$C_{18:0}$	2.8	缬氨酸	4.0
$C_{18:1}$	18.4	蛋氨酸	1.0
$C_{18:2}$	61.8	异亮氨酸	3.2
$C_{18:3}$	10.1	亮氨酸	5.8
其他	0.8	酪氨酸	2.9
核桃蛋白的氨基酸组成		苯丙氨酸	3.7
天门冬氨酸	7.9	组氨酸	2.16
苏氨酸	2.9	赖氨酸	2.80
丝氨酸	4.6	精氨酸	11.82
谷氨酸	15.8		

6.9.5.2　核桃仁的加工利用

近十几年来,食品科技工作者开展了核桃工业化加工的研究与实践,取得了一定的成就,相关企业也生产出了一些知名品牌的产品,目前核桃主要的加工产品归纳起来有以下几类:制取核桃油;生产液体饮料,如核桃奶等;制取核桃粉;将核桃仁加工成罐头食品,如琥珀桃仁等。

核桃油是一种高级食用油,以核桃为原料制油也是核桃深加工的方向之一,目前已采用的制油工艺有两类,一是采用传统的机械压榨工艺取油;二是采用预榨-浸出工艺。

(1)机械压榨法

压榨法制取核桃油分为核桃仁直接压榨和核桃果压榨。

核桃仁直接压榨常用间歇式液压榨油机进行,工艺比较简单,该方法也可与溶剂浸出配套使用。以核桃果为原料的压榨工艺较复杂,需进行剥壳等前处理工序,具体操作是先进行核桃剥壳,进行仁壳分离分出核桃仁,用液压或螺旋榨油机榨出核桃油,核桃油经过滤除杂精制后灌装成产品核桃油。压榨脱脂后的核桃饼含有丰富的核桃蛋白质和核桃脂肪,可用做食品,如果含壳和杂质较高,可用于饲料。有条件的工厂也可以进一步溶剂浸出回收核桃油脂,制取饲用脱脂核桃粕。

主要工艺技术要求:

①核桃果压榨法对入榨物料的含壳率有一定的要求,含量低不利于出油,一般要求含壳率在30%左右,其出油率在25%～30%。

②采用螺旋榨油机可连续化生产,设备配套简单,适合于小型核桃制油厂生产。

③副产品核桃饼由于含皮壳,无法作为食品来使用,利用率低,造成核桃油的成本高。国内也有采用压胚、蒸炒、压榨制油工艺的报道。

④核桃仁直接压榨,由于是在较低的温度(原料不经高温蒸炒)条件下制油,也称冷榨,可保持核桃油中的天然有效物质不被破坏,产品的商业价值高,可压榨取油约64%。冷榨过程要求操作压力均衡,采用勤压、少压的原则进行。间歇式液压榨油生产效率较低,饼的利用受到限制。

⑤压榨法制取的产品需经过专门处理,以去除胶体杂质。

(2)溶剂浸出法

该方法以核桃仁为原料,由于机械压榨法出油率较低,为了提高出油率,利用好蛋白质,可采用预榨浸出法取油工艺,即先经间歇式液压榨油机冷榨取油35%左右,而后采用4#溶剂浸出制油,浸出法制油技术出油率高(粕残油2%以下),其工艺如图6.48所示。

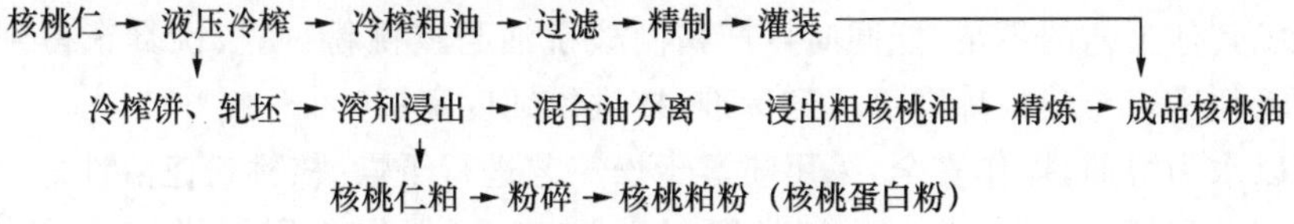

```
核桃仁 → 液压冷榨 → 冷榨粗油 → 过滤 → 精制 → 灌装 ──────────────┐
                                                                    ↓
冷榨饼、轧坯 → 溶剂浸出 → 混合油分离 → 浸出粗核桃油 → 精炼 → 成品核桃油

         核桃仁粕 → 粉碎 → 核桃粕粉（核桃蛋白粉）
```

图 6.48　预压榨-浸出法工艺

工艺技术特点:a.浸出前需进行轧坯处理,以破坏细胞便于溶剂渗透;b.采用液化气在一定压力、温度条件下操作。浸出粗油及浸出粕需进行脱溶剂精炼处理;c.整个过程为间歇操

作,同时采用有机溶剂,工艺设备技术要求高;d. 采用低温操作,能保持产品中的天然成分不被破坏,原料利用率高;e. 由于原料未经脱皮处理,所得仁粕粉需进行处理。

核桃仁也可以用超临界流体 CO_2 萃取工艺和丁烷($4\#$溶剂)萃取工艺,以及核桃油精炼,详情参考本书有关章节内容。

6.9.5.3 核桃制粉加工

核桃粉的加工分为干法和湿法两种,干法加工比较简单,使用核桃仁为原料先干法脱皮后经液压冷榨去掉部分油脂,冷榨饼经粉碎与其他物料混合后制成产品。本方法大都是手工操作,无法形成产业。湿法加工核桃粉是近几年来核桃深加工新工艺,其加工方法与核桃饮料生产有相似之处。其工艺如下:

核桃仁→浸泡脱皮→磨酱→酱渣分离→调配→均质→灭菌→喷雾干燥→包装→核桃粉

工艺技术特点:
①原料要求进行脱皮处理,根据产品的不同要求采用分渣工序,可连续化生产。
②配方中需加入较大量的辅料来平衡原料中脂肪、蛋白及糖类的比例,使产品中纯核桃的组分含量较低(9%~10%)。
③采用喷雾干燥工艺进行脱水干燥,所得粉状产品能直接加水冲调食用。
④产品中脂肪含量高,不宜存放。

6.9.5.4 核桃仁水剂法加工

水剂法是一种核桃仁加工的新方法,它是以核桃仁为原料,湿法加工,取油、取蛋白(核桃粉、核桃奶)同时进行。多年来研究实践,已取得工业化生产的经验。其工艺如图 6.49 所示。

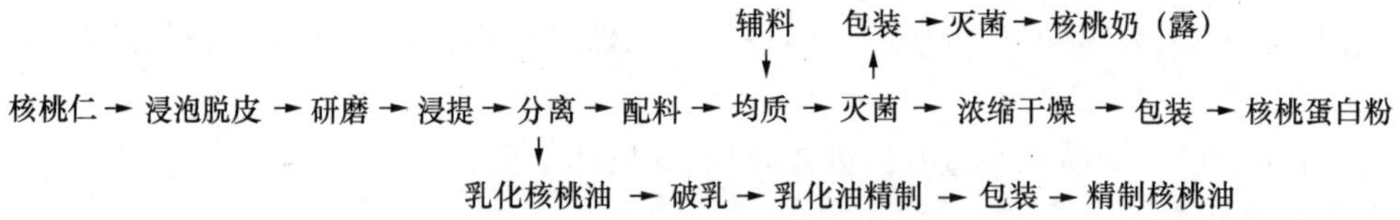

图 6.49 水剂法核桃仁加工工艺图

工艺技术特点:
①整个过程在较低温度下进行,连续化生产,保持了核桃中天然营养成分不被破坏。
②克服了其他工艺的不足,能同时生产精制核桃油与核桃粉,使核桃真正得到全部利用。所产核桃油无须进行专门精炼即可达到标准,核桃粉纯度高(20%~30%)。
③生产以水为溶剂,操作安全,采用喷雾干燥工艺进行干燥,核桃粉速溶性好。
④加工工艺灵活,脂肪、蛋白与糖类可随时调整,可根据不同要求生产多种复合粉状产品。

核桃乳的生产应进一步在包装上创新,推出满足各类消费层次需求的产品,如金属罐、玻璃瓶及耐高温袋等。随着国内食品机械设备生产水平的不断提高,也可考虑采用超高温瞬时灭菌及无菌灌装技术。

核桃油由于价值较高,应以高档保健调味油为主导产品,在工艺上应尽量采用先进的低温制油工艺,针对核桃油富含不饱和脂肪酸的特点,进一步开展研究,找出适宜的储藏方法以延长产品货架期。

6.9.6 扁桃仁

扁桃仁(almond kernal)是蔷薇科桃属扁桃亚属(*Amygdalus communis* L.)的种子。珍贵的木本油料植物(图 6.50,另见彩图 24)的种子,俗称巴旦姆、巴旦杏,商品名为美国大杏仁。

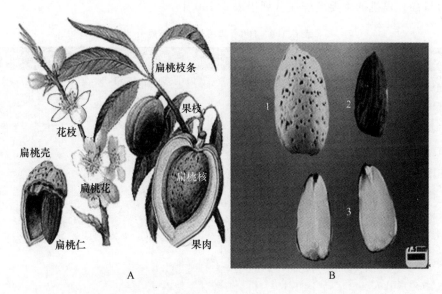

图 6.50　扁桃的叶、果、核、仁图(Lebensm.-Wiss. u.-Technol. 37 (2004) 317-322)
A. 扁桃枝、花和果　B. 果
1. 扁桃核外形　2. 带种皮扁桃仁　3. 扁桃仁子叶

6.9.6.1　扁桃仁的结构和主要成分

1. 扁桃的结构

我国扁桃种植从唐朝开始,栽培历史已在 1 300 年以上。唐代末学者段成式的著作《酉阳杂俎·木篇》(公元 7 世纪)中载有:"扁桃出波斯国,波斯呼之为婆淡树。长五六丈,周四五尺,叶似桃而阔大,三月开花,白色。花落结实,状如桃子,而形扁,故谓之扁桃。其肉涩,核中仁甘甜,西域诸国并珍之。"说明当时西域(包括新疆地区)已将扁桃视为珍品。

成熟的扁桃果实外果(肉)皮层,只有少数可以用于食用扁桃干,大多数扁桃主要用于生产扁桃仁。商品扁桃仁都是从扁桃核中剥取出来的,无论是机械或手工剥壳,都会先将坚硬的破碎,然后将核壳分离出去。核壳主要成分为木质素,大量生产集中的扁桃核壳可以用于生产活性炭。扁桃仁外面包有一层含纤维素、半纤维素和多酚类化合物,且脂肪和蛋白质含量都很低的种皮。种皮内是两片含油、蛋白质、糖类等营养元素的子叶和一个胚。油脂是以直径 0.5~1 μm 油体的形式包含在细胞壁围成的含油油体细胞内,扁桃蛋白主要包含在直径 4~10 μm 亚细胞的蛋白体中。细胞壁多是纤维素和半纤维素组成。

2. 扁桃的主要成分

扁桃仁含糖 2%~10%(甜扁桃仁含的主要是蔗糖,苦扁桃仁含的主要是葡萄糖和蔗糖),脂肪 47%~61%,粗蛋白质 28.0%,无机盐 2.9%~5.0%,单宁物质 0.17%~0.60%,粗纤维 2.46%~3.48%;扁桃仁所含的 8 种人体必需氨基酸占氨基酸总量的 28.3%,总量高于核桃和鸡蛋,8 种人体必需氨基酸中缬氨酸、苯丙氨酸、异亮氨酸和色氨酸含量均高;此外,扁桃仁中还含有丰富的维生素 A、维生素 B_1、维生素 B_2、维生素 E、杏仁素酶、苦杏仁苷、酶以及多种矿质元素和微量元素 K、Ca、Mg、Cu、Mn、Fe、Ba 等;扁桃仁中核黄素(维生素 B_2)和生育酚(维生素 E)含量高。扁桃的主要营养成分列于表 6.100 中。

表 6.100　100 g 扁桃仁的主要成分

成　　分	含量	成　　分	含量
碳水化合物/g	20	维生素(维生素 B_6)/μg	0.13
可食纤维/g	12	叶酸(维生素 B_9)/μg	29.0
粗蛋白质/g	22	维生素 C/mg	0.0
粗脂肪/g	51	矿质元素/mg	
饱和脂肪酸/g	4	钙	248
单不饱和脂肪酸/g	32	铁	4
多不饱和脂肪酸/g	12	镁	275
硫胺素(维生素 B_1)/mg	0.24	磷	474
核黄素(维生素 B_2)/mg	0.8	钾	728
尼克酸(维生素 B_3)/mg	4.0	锌	3
泛酸(维生素 B_5)/mg	0.3		

100 g 扁桃仁油脂中的棕榈酸、棕榈油酸、硬脂酸、油酸、亚油酸和其他脂肪酸分别为 4.6 g、0.7 g、1.1 g、69.1 g、24.4 g 和 0.1 g。

扁桃仁还是传统的中药材,甜扁桃仁性平、味甘、无毒,可滋润清泻、润肺止咳;苦扁桃仁性温、味苦,能止咳化痰、清热润肺、消肿祛风、杀虫除疥。经医学研究和临床实践证明,扁桃仁所含的多种维生素和氨基酸具有抗衰老作用,是重要的人体保健佳品;所含的 2%~8% 扁桃精(苦杏仁素),是医药业的重要原料。扁桃仁具有滋阴补肾、明目健脑、健脾养胃、抗癌防癌等多种医疗功能,可用于防治冠心病、癌症等多种疾病,尤其在治疗肺炎、支气管炎等呼吸疾病上效果显著。在美国,医院常用扁桃粉制作病人用餐,配合治疗糖尿病、儿童癫痫病、胃病等,还用于制成苦扁桃球蛋白氢氯化物新药,专治流行性感冒。

6.9.6.2　扁桃仁的加工

甜扁桃主要用于食品干果,也可以脱去种衣制成乳白扁桃仁供应焙烤食品制造工厂、制造杏仁乳蛋白饮料,也会创造良好的市场经济效益。

　　扁桃仁可以用常规的榨油机械压榨和有机溶剂浸出提取扁桃油。不论是甜扁桃仁或苦扁桃仁,都可以进行生产扁桃油。由于甜扁桃不含苦杏仁苷(甙),不会产生腈等抗营养成分,单独进行加工,主要选择机械压榨工艺,近年来多选择冷榨工艺制取低温扁桃油,脱脂之后的扁桃饼粕,可以用于生产扁桃仁蛋白制品。由于扁桃油的稀有贵重,往往使用超临界 CO_2 流体萃取技术,或丁烷脱脂技术得到高品质扁桃油和低温脱脂扁桃蛋白粉。

6.9.7　杏仁

　　杏仁(apricot kernal)是蔷薇科落叶乔木杏(*Prunus armeniaca*)或山杏等果实的种仁。杏树原产于我国,资源丰富,种类繁多,栽培历史悠久。根据其主要用途可分为肉用杏、仁用杏、观赏杏三大类,其中仁用杏又分为苦仁杏和甜仁杏两种,人们习惯上称大粒、甜仁的仁用杏为扁杏。扁杏主要分布在我国的东北、华北地区。由于其耐寒、耐旱、耐瘠薄、易管理,使其逐渐成为“三北”地区的主要经济林树种之一。作为中国杏产业,如果能实现生产良种化、栽培技术规范化、加工形式多元化、加工规模扩大化,应该说有极大的市场潜力和非常广阔的发展前景。

6.9.7.1　杏的结构和杏仁的主要成分

　　杏是杏树的果实,如图 6.51(另见彩图 25)所示。脱除果肉,再剥开核壳,脱壳后的杏仁的主要成分列于表 6.101 中。

图 6.51　杏果实组织结构图(http://en.wikipedia.org/wiki/Apricot)
A. 杏和带壳杏仁　B. 带皮杏仁　C. 脱皮杏仁

　　杏仁因品种不同,含有 20%～30% 的蛋白质。甜杏仁和苦杏仁在氨基酸的组成上存在一定的差别,如表 6.102 所示。

表 6.101　100 g 杏仁的主要成分

成　　分	含量/g	成　　分	含量/mg
粗蛋白质	30.1	矿质元素	
粗脂肪	49.3	钙	52.6
粗灰分	5.69	铁	3.8
核黄素	1.8	铜	1.9
维生素 C	2.6	磷	490
维生素 E	26.0	钾	8.2

来源：王淑英等(2008)

表 6.102　甜杏仁和苦杏仁蛋白的氨基酸组成　　　　　　　　　　　g/100 g

甜杏仁		苦杏仁	
成分	含量	成分	含量
天门冬氨酸	4.6	天门冬氨酸	2.6
丙氨酸	1.5	丙氨酸	1.3
苏氨酸	0.2	苏氨酸	0.6
胱氨酸	0.4	半胱氨酸	0.3
苯丙氨酸	1.8	苯丙氨酸	1.4
丝氨酸	1.1	丝氨酸	1.1
缬氨酸	1.6	缬氨酸	1.8
赖氨酸	0.8	赖氨酸	0.7
谷氨酸	9.1	谷氨酸	6.7
蛋氨酸	0.2	蛋氨酸	0.5
酪氨酸	0.8	酪氨酸	0.8
脯氨酸	0.5	脯氨酸	1.8
异亮氨酸	1.3	异亮氨酸	1.0
组氨酸	0.7	组氨酸	0.6
甘氨酸	1.6	甘氨酸	1.3
亮氨酸	2.2	亮氨酸	1.7
精氨酸	3.1	精氨酸	2.7

6.9.7.2　杏仁的加工

杏仁油分为杏仁油和苦杏仁精油两种，从甜杏仁和苦杏仁中提取出的三脂肪酰甘油酯油脂都称为杏仁油。当含水分较高的苦杏仁被磨碎时，由于水解作用产生一种可被蒸馏出来的挥发性油，这种挥发性油主要由苯甲醛和氢氰酸组成，被称为苦杏仁挥发油(俗称精油)。因此，苦杏仁油是一种挥发性油，而杏仁油是通常意义上压榨或浸出的甘油三脂肪酸酯型油脂。

　　杏仁中含有50％左右的油脂,其中90％为不饱和脂肪酸,油酸含量占70％左右。其脂肪酸组成与橄榄油和油茶籽油非常相似,属于高油酸型油脂。杏仁中蛋白含量24％～27％,其氨基酸组成比例平衡,尽管应用传统植物油料加工方法可以加工杏仁制取杏仁油,由于高温压榨会破坏杏仁蛋白,在这里仅对低温压榨杏仁工艺进行论述。

　　1. 脱皮冷榨技术生产甜杏仁油工艺

　　工艺流程如图6.52所示。

杏仁 → 浸泡 → 脱皮 → 烘干 → 冷压榨 → 杏仁饼 → 粉碎 → 杏仁蛋白粉
　　　　　　　　　　　　　　　↓
　　　　　　　　杏仁粗油 → 冷却过滤 → 冷榨杏仁油
　　　　　　　　　　　　　　　　　　　　↓
　　　　　　　　　　　　　　精制 → 化妆品基础油

图6.52　冷榨杏仁制油工艺图

　　2. 工艺说明

　　杏仁在浸泡缸内加入适度的弱碱性溶液浸泡一段时间后进行搓皮,洗净后,低温烘干,然后冷榨。由压榨机出来的含渣粗油送入澄油箱沉淀,分渣后,经粗油泵打入粗油箱暂存,再泵入叶片过滤机过滤。过滤后的粗油冷却一段时间后再进行过滤,除去胶质等杂质,并经安全过滤后即为杏仁油。生产化妆品用油时可进一步进行脱色精制。

　　压榨出来的饼送入饼库或杏仁蛋白粉生产工段。脱皮冷榨技术制取甜杏仁油时,应控制杏仁榨油温度在60℃以下。

　　将脱皮后的杏仁分3批进行冷榨试验,结果见表6.103。从表6.103可以看出,经2次压榨即可得到较高的出油率,而第3次压榨,基本上榨不出油。经过2次压榨后出油效率为:第1批94.3％;第2批94.1％;第3批93.9％,平均94.1％;2次压榨后饼中残油3批试验平均7.0％。试验发现,第1次、第2次压榨温度一般不会超过60℃,而第3次压榨榨膛温度有时会超过60℃,有时还会有饼堵塞榨机孔的现象。因此,实际生产中可以采用2次压榨工艺,这样不但能保证冷榨油的质量,而且也能防止杏仁饼中蛋白受热变性。

表6.103　脱皮杏仁冷榨试验　　　　　　　　　　　　　　　　　　　　％

批次	第一次压榨		第二次压榨		第三次压榨	
	饼残油	出油率	饼残油	出油率	饼残油	出油率
1	11.1	50.73	6.8	4.61	5.5	1.38
2	11.8	50.34	7.0	5.16	5.9	1.17
3	12.0	50.23	7.2	5.17	6.1	1.17

　　注:出油率=(压榨出油量/压榨原料量)×100％;杏仁含油56.2％。

　　为了保证产品的纯天然特性,杏仁油精炼采用纯物理方法,不添加任何化学物质,符合追求天然、绿色、健康食品的要求,并更好地保留了杏仁油特有的滋味和气味,为生产高档杏仁油和化妆品基础油提供了保障。

6.9.7.3　杏仁蛋白粉

　　脱脂后的冷榨甜杏仁饼,可以制成不同用途的杏仁蛋白粉和杏仁粉,加工工艺如图6.53

所示。

```
              去离子水(超滤水)                辅料
                   ↓                         ↓
冷榨杏仁饼 → 粉碎 → 浸泡 → 磨酱 → 离心分渣 → 配料 → 均质 → 灭菌 → 喷雾干燥 → 筛分 → 杏仁蛋白粉
                            ↓
                      烘干 → 粉碎 → 杏仁粉
```

图 6.53　杏仁蛋白粉生产工艺

冷榨饼经粉碎后,由输送设备送入浸泡罐加水浸泡,为了保持杏仁蛋白的固有风味和纯天然性质,在浸泡过程中不加入任何化学物质(酸、碱等),浸泡一段时间后磨酱,然后送入卧式螺旋分离机进行固液分离。固相含有 80% 左右的水分,经过低温烘后蛋白含量 50% 左右,由于其氮溶解指数较低,可作为杏仁粉用于蛋糕、点心、冰淇淋等食品中;液相经过多效浓缩后调整喷雾浓度到 18% 左右,配料乳化后,通过均质和高温瞬时灭菌,由高压泵泵入喷粉塔干燥即为杏仁蛋白粉。

采用微胶囊化包埋技术,将杏仁饼原料制成溶液后同一定量的乳化剂、稳定剂等均质形成乳化物后喷雾干燥,得到一种外层由杏仁蛋白等材料包裹,内层为油脂的粉末产品。采用微胶囊化包埋技术得到的杏仁蛋白粉,有效地避免了由于含油导致的易酸败现象,增加了杏仁蛋白粉产品的储藏稳定性,大大延长了其保存期。通过喷雾干燥技术的使用,增加了杏仁蛋白粉的溶解分散性、乳化性,提高了产品氮溶解指数,该工艺杏仁蛋白粉蛋白含量 56%～60%,其中水溶性蛋白大于 52.4%,氮溶解指数(NSI)82%。

采用杏仁冷榨制油同时生产杏仁蛋白粉的工艺,不但可以生产高级保健杏仁油和高档化妆品用基础油,还可以生产出具有很好溶解性、乳化性,并可用于对蛋白溶解性、乳化性具有较高要求的液态蛋白产品,以及应用于烘焙等固体风味食品的杏仁粉,实现杏仁加工的综合利用。

对于加工苦杏仁后的杏仁饼,由于含有苦杏仁苷,在适当水分存在下它会被酶水解生成抗营养因子,一般不适于直接加工食用,而是经过脱毒后制成饲料喂养动物。

6.9.8　可可豆

可可豆(cocoa bean)是可可(*Theobroma cacao*)豆荚中的种子(图 6.54,另见彩图 26)。可可树生长因受地域及气温、雨量、风和日照等条件影响,全世界可可豆年产量仅 100 万 t。从可可豆中制取的可可脂及可可粉是巧克力制品(糖果、糕点)和饮料的主要原料。由于可可脂货源不足,供不应求,故价格昂贵。

可可豆原产地南美洲。16 世纪墨西哥的阿兹台克族人开始种植可可树。19 世纪传到非洲。可可树为小型乔木(木本植物),喜欢潮湿。年降雨量在 1 500 mm 以上,平均气温 20℃ 左右,在赤道南北 20° 以内都适合栽培可可树。主要产地是非洲的加纳、尼日利亚、喀麦隆、阿尔及利亚。另外,南美洲的委内瑞拉、巴西、厄瓜多尔,中美洲的特立尼达、墨西哥、西印度群岛,亚洲的斯里兰卡、印度尼西亚、马来西亚等 40 多个国家和地区均有可可豆生产,我国的海南岛和西双版纳等地也有少量种植。

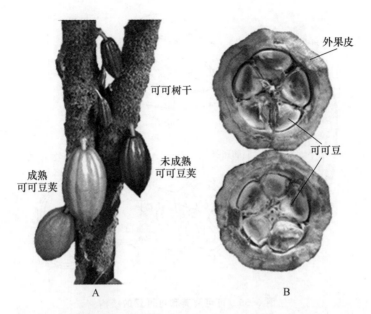

图 6.54　可可树与可可豆荚（http://en. wikipedia. org/wiki/Cocoabean）
A. 可可树和不同生长期的可可豆荚　B. 成熟可可豆荚剖面图

6.9.8.1　可可豆的结构和主要成分

可可树种植后一般 5～6 年才开始收豆（指非洲），而拉丁美洲种植后一般 3～4 年就可以收豆，树龄达 10 年后产量最高。树高可达 18 m，但种植园中的可可树都被控制在 6 m 高度。一年收获两次可可豆，第一次 4—6 月，第二次 9—10 月（产量高）。开花季节每棵树约开 6 000 朵花，结果仅占 1％，一个可可果荚 0.45～0.50 kg，里面有可可豆 25～60 粒（图 6.55），一棵树平均有 30 个可可果，除去外果皮有 1.5～2.0 kg 可可豆。可可豆分两种，拉美洲产土生豆品质质量较好，价格也较高；西非洲产豆质量相比之下要差一些。

可可树生长期为 100 年，前 50 年产量高，为旺盛期，之后的 25 年产量较低，一棵可可树有经济价值的生命期约 80 年。

新鲜可可豆含有 32％～39％水分、30％～32％脂肪、8％～10％蛋白质等，其他主要成分如表 6.104 所示。

表 6.104　新鲜可可豆的主要成分 　　　　　　　　　　　　　　　　　　％

水分	脂肪	蛋白质	纤维素	淀粉	戊糖	蔗糖	可可碱	咖啡因	多酚	酸	盐
32～39	30～32	8～10	2～3	4～6	4～6	2～3	2～3	1	5～6	1	2～3

可可豆收获后切开外果皮取出的新鲜可可豆水分含量较高，需要晒干或机械干燥后再熏蒸（杀虫、灭菌）。然后放入发酵箱中发酵，优质豆发酵 2～3 d，劣质豆发酵 6～12 d。经发酵后的可可豆，不但能除掉豆表面的酱衣，而且使可可豆产生香味，减少苦味，豆的颜色变为巧克力色。可可豆荚和可可豆的结构见图 6.55。

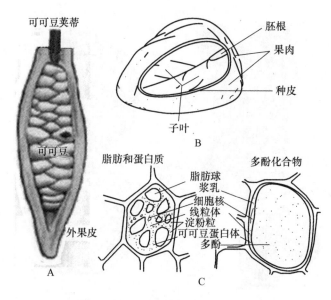

图 6.55　可可豆荚和可可豆的结构

A. 可可豆荚的结构　B. 新鲜可可豆的结构　C. 可可豆细胞结构

6.9.8.2　可可豆加工工艺

可可豆经筛选、烘焙、破碎脱壳、可可仁磨酱、压榨等一系列加工过程,制得可可脂及可可粉。加工过程如图 6.56 所示。

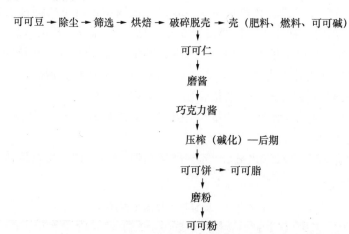

图 6.56　可可豆的加工工艺

可可豆在制油前经过除尘、筛选,除去灰尘及各类杂质。烘焙的主要目的是去除可可豆内的有机酸,产生香味,外壳脆裂便于脱壳,使可可豆有足够的可塑性,有利于磨酱。烘焙在圆形旋转式炒锅内进行,由热风加热,料温 120～125℃,炒料时间约 20 min。可可豆破碎时用对辊破碎机,料温控制在 60～70℃以利于脱壳。破碎后脱壳,壳的含量约 1%。一粒可可豆破碎成4～6 瓣为好;使用高频振动筛并配以风选进行除壳。可可豆脱壳后要求可可仁中含壳量在1.5%左右。

可可饼经粗碎、磨粉、筛选及分离器分级,粗粒粉再进入磨粉机,细粉即可可粉。可可粉是生产各种巧克力制品和饮料的原料。表6.105是可可粉的主要成分。

表 6.105 可可粉的化学组成(无油干基)   %

成分	含量	成分	含量
灰分	6.3	蔗糖	2.4
可可碱	2.9	淀粉	14.6
咖啡碱	0.1～0.5	粗纤维	22.0～34.0
多元酚	7.0～18.0	戊聚糖	3.7
蛋白质	21.5～28.1	咖啡因	0.1
其他物质	1.2		

来源:http://www.montosogardens.com/theobroma_cacao.htm.

我国小宗油料品种很多,仅举上述例子作代表介绍了草本的油料籽实以及木本的果肉和果仁等油料的结构、成分,以及加工生产的油脂、饼粕及其副产品,这些产品用做饲料原料时,甚至有某些功能特性或作营养源增加饲料营养成分。由于篇幅有限,其他品种加工产品不作介绍,可以此参考应用。

6.9.9 微生物油料和粕粉

某些微生物在一定条件下能将碳水化合物、碳氢化合物和普通油脂等碳源转化为菌体内大量贮存的油脂,如果油脂含量能超过生物总量20%,即称为产油微生物(Oleaginous micro-organisms)。这种油料,称为微生物油料(microbial oil materials)。相应地,从产油微生物中提取的油脂称为微生物油脂,又称为单细胞油脂。提取油脂后的产油微生物,可以制成含有一定蛋白质等营养成分的粕和粉。细菌、酵母、霉菌、藻类中都有产油菌株,但以酵母菌和霉菌类真核微生物居多,某些藻类也含有产特殊油脂的能力。在酵母、霉菌等真核微生物中,某些产油种属能积累占其生物总量70%以上的油脂,其中以甘油三酯(triacylglycerol,TAG)为主,约占80%以上,磷脂约占10%以上。TAG的主要功能普遍认为是作为碳源和能源的储备化合物,因它具有比碳水化合物和蛋白质更高的热值,一经氧化将产生很高的能量。另外还具有维持膜结构完整和正常功能的作用。TAG在能量贮存和能量平衡上占有重要的地位,因而为不同种类的脂肪酸提供了合适的贮存形式。

6.9.9.1 微藻粉

通常,产油微生物中含有丰富的油脂、蛋白质和其他营养元素,脱脂后的粕粉是良好的动物饲料资源。以裂壶藻、破囊壶藻为例,说明裂壶藻、破囊壶藻细胞壁成分主要为(干物质为基础):21%～36%碳水化合物和30%～43%蛋白质,95%以上的糖类为:裂壶藻 L-半乳糖、破囊壶藻 L-乳糖、D-乳糖及少量木糖。啮齿类和非啮齿类动物的亚慢性试验、发育毒性、体外突变及基因毒性试验证明,裂壶藻干粉及裂壶藻油作为食用是安全的。

以裂壶藻(Schizochytrium sp.)或吾肯氏壶藻(Ulkenia amoeboida)、寇氏隐甲藻(Crypthecodinium cohnii)为原料,通过发酵、过滤、干燥生产微藻粉。表6.106列出了裂壶藻生产的 DHA 微藻经干燥的微藻粉的主要成分。

表 6.106　饲用微藻(裂壶藻)粉指标

项　目	指　标
产品名称	富含 DHA 海洋微藻(裂壶藻)干粉
外观	粉末
颜色	金黄色
气味	轻微海洋气味
水分/%	≤5.0
粗脂肪/%	≥37.0
粗蛋白质/%	≥13.0
DHA(二十二碳六烯酸)/%	≥15.0
过氧化值/(meq/kg)	≤10.0
粗灰分/%	≤12
钠盐/%	≤3
重金属/(mg/kg)	≤20
铅/(mg/kg)	≤2
砷/(mg/kg)	≤1
微生物指标	
细菌总数/(cfu/g)	≤10 000
酵母总数/(cfu/g)	≤300
霉菌总数/(cfu/g)	≤300
大肠埃希氏菌	不得检出
沙门氏菌	不得检出

　　将藻粉直接作为原材料使用的领域主要集中在动物饲料中,特别是在水产饲料中使用较为广泛,在美国已经是一种成熟的技术,具有提高饲料效率、优化可食部分脂肪酸组成等作用,可以作为鱼油替代品。反刍动物饲料中添加藻粉减少乳中饱和脂肪酸的含量,同时增加单不饱和脂肪酸和多不饱和脂肪酸的含量。禽类饲料中添加藻粉可以改善肉品质,同时可以增加蛋黄中 DHA 的含量。藻粉作为饲料饲喂动物改善肉质、乳质的作用是通过调节肌肉及乳中脂肪酸组成实现的,同时证明可以替代或部分替代鱼油。但是,目前尚未有藻粉与藻油比较试验的报道。推测原因,一方面,可能是由于试验对象大都为动物,将藻粉提取多不饱和脂肪酸会增加成本;另一方面,因为藻粉中还含有其他如蛋白质、糖类等营养物质可以利用。另外,裂壶藻及隐甲藻类都含有较高具有抗氧化作用的酚类复合物,其含量大于 10 mg GAE/g(GAE 为 galic acid ester,没食子酸的缩写)。这些酚类物质的主要成分为黄酮、单宁酸、酚酸类等。

　　藻粉是一种优质的动物饲料及宠物食品原料,鉴于目前对 DHA 营养作用的广泛关注,具有广阔的市场潜力。动物实验已证明藻粉的安全性,并且在国外及国内的专利中有将藻粉的权力范围由动物饲料向人类食品扩大的趋势,产品也由动物饲料上升到宠物食品的应用领域。

　　微藻粉和微藻蛋白质中的氨基酸含量如表 6.107。从表 6.107 中可见,微藻蛋白中富含赖氨酸、含硫氨基酸,特别是半胱氨酸和蛋氨酸含量较高,是一种很好的蛋白质饲料营养强化剂。

表 6.107　微藻粉及其蛋白质中氨基酸含量　　　　　　　　　　　　　　g

氨基酸组成	100 g 微藻粉	100 g 微藻蛋白质
天门冬氨酸	3.01	16.74
谷氨酸	1.881	10.46
丝氨酸	0.648	3.60
甘氨酸	0.694	3.86
组氨酸	0.261	1.45
精氨酸	0.539	3.00
苏氨酸	0.677	3.77
丙氨酸	0.773	4.30
脯氨酸	0.623	3.46
酪氨酸	0.399	2.22
缬氨酸	0.717	3.99
蛋氨酸	0.273	1.52
半胱氨酸	0.801	4.45
异亮氨酸	0.544	3.03
亮氨酸	0.843	4.69
苯丙氨酸	0.587	3.26
赖氨酸	0.81	4.51
色氨酸	0.362	2.01
总氨基酸量	14.442	80.32

6.9.9.2　微藻油脂

微藻中的油脂,存在于微藻的细胞中。从细胞中提取油脂,要适度破坏其细胞壁,或进行压榨、溶剂浸出、再精炼得到微藻油脂。表 6.108 是裂壶藻 DHA 微藻油脂成分。发酵法生产的微生物二十二碳六烯酸油脂经大量安全和营养试验被我国卫生部 2010 年 3 月批准为新资源食品,并发布相应的国家标准 GB 26400—2011。

表 6.108　裂壶藻油脂肪酸成分　　　　　　　　　　　　　　　　%

脂肪酸	含量	脂肪酸	含量
$C_{12:0}$	0.2	$C_{18:2}$	0.5
$C_{14:0}$	7.6	$C_{18:3}$	0.3
$C_{16:0}$	22.1	EPA($C_{20:5}$)	2.3
$C_{16:1}$	0.4	DPA($C_{22:5}$)	16.6
$C_{18:0}$	0.5	DHA($C_{22:6}$)	40.9
$C_{18:1}$	0.8		

来源:Zvi Cohen,Colin Ratledge. Single cell oils,Champaign,USA:AOCS press,2010:87。

6.9.9.3 微藻粕

产油裂壶藻粉经溶剂脱脂回收油脂之后的含溶剂湿粕,经脱溶剂干燥制得微藻粕。微藻粕中含有 DHA 微藻油和粗蛋白质等营养成分,它是海洋养殖业如对虾的必不可少饵料原料,也是养殖富含 DHA 成分的乳、肉、蛋等食品的经济动物或宠物饲料原料。表 6.109 是饲料用海洋微藻粕的主要成分。

产油微生物资源丰富,能在多种培养条件下生长,进行工业规模生产和开发有着巨大的潜力。目前,微生物油脂已成为获取高附加值脂肪酸,如 γ-亚麻酸(GLA)、花生四烯酸(ARA)、二十碳五烯酸(EPA)、二十二碳六烯酸(DHA)等的重要原料。而且,由于某些微生物油脂在脂肪酸组成上同植物油,如菜籽油、棕榈油、大豆油等相似,富含饱和和低度不饱和的长链脂肪酸,也是生产生物柴油的潜在原料。脱脂后的饼粕含有丰富的蛋白质等营养成分,是饲料工业和养殖业的重要原料。

表 6.109　饲料用海洋微藻(裂壶藻)粕主要成分

项　目	指　标
产品名称	海洋微藻(裂壶藻)粕
外观	粉末
颜色	金黄色(浅褐色)
气味	轻微海洋气味
水分/%	≤5.0
粗脂肪/%	≤5.0
粗蛋白质/%	≥26.0
粗灰分/%	≤20
钠盐/%	≤6
重金属/(mg/kg)	≤20
铅/(mg/kg)	≤4
砷/(mg/kg)	≤2
微生物指标	
细菌总数/(cfu/g)	≤10 000
酵母总数/(cfu/g)	≤300
霉菌总数/(cfu/g)	≤300
大肠埃希氏菌	不得检出
沙门氏菌	不得检出

(本章编写者:周瑞宝,周兵,丁健,马宇翔)

第7章

谷物蛋白饲料资源

谷物是世界上最重要的粮食作物,年产量超过 21 亿 t,其中玉米、小麦及稻谷年产量占总产量的 85%,大麦、高粱、黍、燕麦及黑麦等产量依次减少。我国大宗谷物年产量约 5 亿 t,其中稻谷、小麦、玉米占总产量的 86%。虽然谷物中蛋白质含量较低,但谷物蛋白资源在植物蛋白中所占比重还是较大的,相当于世界上植物蛋白质总产量的半数以上。这些谷物蛋白目前已经或正在利用的主要有玉米蛋白、稻谷类蛋白、麦类蛋白和其他谷物蛋白。

蛋白质是人类和动物赖以生存和发展的物质基础。由于饲用蛋白质中的相当一部分来源于谷物蛋白质,因此开发利用谷物蛋白,对于解决饲用蛋白质缺乏问题将产生积极影响。目前,在谷物的加工过程中,随着加工精度的提高,表层和胚部的蛋白质往往被作为副产品,因此把在加工中去掉的蛋白质利用起来,对于缓解我国饲用蛋白质短缺是很有意义的。另外,在利用谷物加工淀粉时,回收其蛋白质对提高谷物的经济效益有着重要的作用。

7.1 谷物蛋白质简介

7.1.1 谷物蛋白分类

谷物蛋白(cereal proteins)主要指从谷物的胚乳及胚中分离提取出来的蛋白质。谷物种子是多种化学成分的复合体,它的主要有效成分是淀粉、蛋白质、脂肪等。随着饲料原料等相关学科的发展,对谷物的加工已由物理性加工进入了化学加工和生物加工,由颗粒状的研磨,进入有效成分的分离提取,因而大大地提高了谷物的经济价值。

谷物蛋白按其在一系列溶剂里的溶解性不同可分为:溶于水的为清蛋白(albumin);不溶于水但溶于盐的为球蛋白(globulin);不溶于水但溶于 70%~80%乙醇的为醇溶蛋白(prolamine);不溶于水、醇,但溶于稀酸或稀碱的为谷蛋白(glutelin)。因此,根据蛋白质组分在不同溶剂中的溶解性,可按顺序用蒸馏水、稀盐、乙醇、稀碱分别提取清蛋白、球蛋白、醇溶蛋白和谷蛋白,分别收集提取液来测定蛋白质组分含量。主要粮食的蛋白组成见表 7.1。

表 7.1　主要谷物的蛋白组成　　　　　　　　　　　　　　　%

谷物	清蛋白	球蛋白	谷蛋白	醇溶蛋白
小麦	5～15	5～10	30～45	40～50
大米	2～5	2～10	75～90	1～5
玉米	2～10	2～20	30～45	50～55
大麦	3～10	10～20	25～45	35～50
燕麦	5～10	50～60	5～20	10～16
高粱	5～10	5～10	30～40	55～70
黑麦	20～30	5～10	30～40	20～30

来源:周惠明,谷物科学原理,2003。

依据生物功能对谷物蛋白进行的分类也得到了广泛认可。据此,谷物蛋白可以分为两种:有代谢活性的蛋白质(或细胞质蛋白)和储藏蛋白。细胞质蛋白包括清蛋白和球蛋白,储藏蛋白包括醇溶蛋白和谷蛋白。细胞质蛋白是重要的具有代谢活性的蛋白质。储藏蛋白是典型的胚乳蛋白。糊粉层中也发现少量的储藏蛋白。糊粉层和胚中的蛋白质主要是具有代谢活性的蛋白质,而胚乳中蛋白质是储藏蛋白。蛋白质在谷类作物的不同形态学部位的积累具有很大的变异性。细胞质蛋白和储藏蛋白在形态组成和氨基酸成分上有很大的差异。一般来说,细胞质蛋白易溶于水或盐的缓冲溶液,分子质量相对较小,分子外形是球状。胚乳中的储藏蛋白,一般不溶于水,也不溶于盐溶液,具有这种特性的储藏蛋白包括两种类型的蛋白质:一种是低分子质量蛋白质;另一种是高分子质量蛋白质。细胞质蛋白和储藏蛋白的氨基酸组成差异相当大,并且影响到这两种蛋白质的营养价值。储藏蛋白中含有大量的谷氨酸和脯氨酸及较多的赖氨酸和精氨酸,具有较高的营养价值。

从谷类作物形态学角度出发,可把蛋白质分为 3 类:胚乳蛋白、糊粉层蛋白、胚蛋白。目前的工艺技术已经可以精确提纯和分离胚、糊粉层和胚乳中的蛋白质。胚中的蛋白质含量最高(大约 30%),而胚乳中的蛋白质含量最低。许多研究者发现,胚乳内、外部分的蛋白质含量不同。必需氨基酸总含量取决于主要形态学部位与籽粒的质量比。糊粉层越发达,胚也越发达,同时意味着必需氨基酸的含量也越高。胚中的蛋白质比胚乳中的蛋白质品质要好,但是胚乳所占的比例大,所以主要的蛋白质还是存在于胚乳中。

7.1.2　谷物的蛋白质和氨基酸含量

7.1.2.1　谷物的蛋白质含量

谷物蛋白含量较豆类低,占种子干重的 10%～15%,为全球人和动物提供 20 亿 t 蛋白,这个数量是高蛋白(20%～40%)豆类种子的 3 倍。表 7.2 为几种主要谷物籽粒的蛋白质含量。

谷物	小麦	玉米	大麦	黑麦	燕麦	稻谷	高粱
蛋白质含量	13.4	10.3	10.1	13.6	22.4	8.5	12.4

来源:周瑞宝,2007。

7.1.2.2 谷物蛋白的氨基酸含量

不同种类的谷物籽粒,其赖氨酸含量不同。赖氨酸含量在燕麦和稻米中最高,在小麦和玉米中最低。其他必需氨基酸也存在类似的不同,色氨酸在玉米中严重缺乏。从营养学角度来讲,谷物蛋白的第一限制性氨基酸为赖氨酸,表7.3为各种谷物籽粒及面粉中必需氨基酸含量。

表7.3 各种谷物籽粒及面粉中必需氨基酸含量 g/16 g N

类 型	小麦		大麦籽粒	燕麦粉	黑麦籽粒	稻米粉	玉米粉
	籽粒	面粉					
组氨酸	2.3	2.2	2.3	2.2	2.2	2.4	2.7
异亮氨酸	3.7	3.6	3.7	3.9	3.5	3.8	3.6
亮氨酸	6.8	6.7	7.0	7.4	6.2	8.2	12.5
赖氨酸	2.8	2.2	3.5	4.2	3.4	3.7	2.7
半胱氨酸	2.3	2.5	2.3	1.6	1.9	1.6	1.6
甲硫氨酸	1.2	1.3	1.7	2.5	1.4	2.1	1.9
苯丙氨酸	4.7	4.8	5.2	5.3	4.4	4.8	5.0
酪氨酸	1.7	1.5	2.9	3.1	1.9	2.5	3.8
苏氨酸	2.9	2.6	3.6	3.3	3.3	3.4	3.7
色氨酸	1.1	1.1	1.9	未检测	1.1	1.3	0.6
缬氨酸	4.4	4.1	4.9	5.3	4.8	5.8	4.8

来源:Shewry,2007。

谷物籽粒的氨基酸含量,主要取决于淀粉型胚乳细胞。淀粉型胚乳细胞约占籽粒干重的80%,是籽粒重要的储藏组织,能储藏淀粉和蛋白质。除燕麦和稻谷外,所有谷物种类中储藏蛋白主要是醇溶性蛋白。燕麦和稻谷的主要储藏蛋白,是类似豆类和其他双子叶植物的11S球蛋白,而醇溶性蛋白只是微量成分。分析这些储藏蛋白中必需氨基酸的组成,燕麦和稻谷储藏蛋白中赖氨酸含量,高于其他谷物醇溶蛋白中的赖氨酸含量(表7.4)。玉米重要的醇溶蛋白组分 α-Zeins 中缺乏色氨酸,色氨酸在玉米整粒中含量低。

谷物籽粒的糊粉层、胚组织也含有较多的必需氨基酸。小麦糊粉层和胚组织分别含有4.8%和8.3%的赖氨酸,在小麦碾磨、稻谷抛光、大麦剥皮及高粱去壳加工中,这些必需氨基酸主要进入饲料原料中。谷物籽粒中必需氨基酸组分,主要决定于它们在醇溶性蛋白中的含量。影响籽粒醇溶性蛋白比例的因素,就影响籽粒的品质。较多的必需氨基酸存在于小籽粒的非淀粉型胚乳组织中,抛光后不影响籽粒或白面粉中必需氨基酸的构成。

表 7.4　主要谷物储藏蛋白中必需氨基酸摩尔分数[①]　　　　　　　　　　%

类　型	醇溶蛋白						类豆蛋白	
	小麦		大麦醇溶蛋白	玉米醇溶蛋白	燕麦醇溶蛋白	稻谷醇溶蛋白	燕麦球蛋白	稻谷谷蛋白
	醇溶蛋白	谷蛋白						
占籽粒氮百分数	33	16	50	52	10	1～5	75	75～90
组氨酸	1.8	0.9	2.3	1.0	0.9	1.7	2.2	2.1
异亮氨酸	3.8	3.4	3.3	3.8	3.4	12.3	4.8	7.0
亮氨酸	6.6	6.6	7.1	18.7	10.8	4.4	7.4	4.1
赖氨酸	0.7	1.2	0.8	0.1	0.9	1.0	2.9	2.3
半胱氨酸	2.4	1.3	3.0	1.0	3.8	痕量	1.1	1.7
甲硫氨酸	1.3	1.3	1.4	0.9	2.0	0.8	0.9	1.7
苯丙氨酸	6.0	5.4	6.0	5.2	5.5	4.4	5.2	4.1
酪氨酸	2.8	3.2	3.4	3.5	1.6	6.4	3.5	3.7
苏氨酸	1.7	2.5	3.6	3.0	1.7	1.3	4.1	3.0
色氨酸	未检测	未检测	未检测	0	未检测	1.6	1.0	1.0
缬氨酸	4.2	3.5	4.7	3.6	7.6	7.0	6.4	6.8

来源:Shewry,2007。

7.2　玉米类蛋白质饲料资源

玉米(maize 或 corn)是玉米属作物的籽实,亦称玉蜀黍、包谷、苞米、棒子,粤语称为粟米,闽南语称作番麦,是一年生禾本科草本植物,是重要的粮食作物和重要的饲料来源,也是全世界总产量最高的粮食作物。玉米是加工淀粉的主要原料,估计我国目前玉米淀粉产量接近 3 000 万 t,需要消耗占玉米加工业总需求量 60% 的玉米。另外,玉米发酵过程中将淀粉转化成乙醇和二氧化碳后,剩下的发酵残留物经过蒸馏和低温干燥形成的产品为玉米 DDGS(又称玉米干酒精糟)。由于占玉米质量 2/3 的淀粉被转化成乙醇,因而玉米中的其他营养成分被富集到副产品中,而且在各种谷物发酵生产酒精的副产品中,以玉米 DDGS 为主。本章将主要讨论玉米淀粉加工类蛋白饲料资源,玉米 DDGS 将在第 9 章叙述。

7.2.1　玉米淀粉的加工工艺

1. 贮存与净化

原料玉米经地秤计量后卸入玉米料斗,经输送机、斗式提升机进入原料贮仓,经振动筛选、除石、磁选等工序净化,计量后入净化玉米仓。由玉米仓处理的玉米用水力或机械输送到浸泡系统。

振动筛是用来清除玉米中的大、中、小杂物。筛孔配备为第一层筛面用直径 $\phi17\sim20$ mm 圆孔,第二层筛面直径 $\phi12\sim15$ mm 圆孔,除去大、中杂,第三层筛面选用直径 $\phi2$ mm 圆孔除去小杂。

比重去石机是用来除去玉米中的并肩石。由于玉米粒度较大,粒型扁平,比重也较大等特点,在操作时应将风量适当增大,风速适当提高,穿过鱼鳞孔的风速为 14 m/s 左右。鱼鳞孔的凸起高度也应适当增至 2 mm,操作时应注意鱼鳞筛面上物料的运动状态,调节风量,并定时检查排石口的排石情况。

永磁滚筒是用来清除玉米中的磁性金属杂质,应安置在玉米池入破碎机前面,防止金属杂质进入破碎机内。

洗麦机可以清理玉米中的泥土、灰尘。经过清理后玉米的灰分可降低 $0.02\sim0.6\%$。

2. 浸泡

玉米浸泡方法目前普遍采用金属罐,几只或几十只用管道连接组合起来,用水泵使浸泡水在各罐之间循环流动,逆流浸泡。

在浸泡水中加浸泡剂,一般来说石灰水、氢氧化钠和亚硫酸氢钠都不及二氧化硫效果好,但二氧化硫的含量不宜太高。因为含二氧化硫的浸泡水对蛋白质网的分散作用是随着二氧化硫含量增加而增强。当二氧化硫浓度为 0.2% 时,蛋白质网分散作用适当,淀粉较易分离;而浓度在 0.1% 时,不能发生足够的分散作用,淀粉分离困难。一般最高不超过 0.4%,因为二氧化硫的浓度过高,酸性过大,对玉米浸泡并没有多大好处,相反地会抑制乳酸发酵和降低淀粉黏度。

浸泡温度对二氧化硫的浸泡作用具有重要的影响,提高浸泡水温度,能够促进二氧化硫的浸泡作用。但温度过高,会使淀粉糊化,造成不良后果。一般以 $50\sim55$℃ 为宜,不至于使淀粉颗粒产生糊化现象。

浸泡时间对浸泡作用亦有密切的关系。在浸泡过程中,浸泡水不是从玉米颗粒的表皮各部分渗透到内部组织,而是从颗粒底部根幅处的疏松组织进入颗粒,通过麸皮底层的多孔性组织渗透到颗粒内部,所以必须保证足够的浸泡时间。玉米在 50℃ 浸泡 4 h 后,胚芽部分吸收水分达到最高值,8 h 后,胚体部分也吸收水分达最高值。这个时候玉米颗粒变软,经过粗碎,胚芽和麸皮可以分离开。但蛋白质网尚未被分散和破坏,淀粉颗粒还不能游离出来。若继续浸泡,能使蛋白质网分散。浸泡约 24 h 后,软胚体的蛋白质网基本上分散,约 36 h 后,硬胚体的蛋白质网也分散。因为蛋白质网的分散过程是先膨胀,后转变成细小的球形蛋白质颗粒,最后网状组织被破坏。所以要使蛋白质网完全分散,需要 48 h 以上的浸泡时间。

各地工厂的玉米浸泡条件不完全相同。一般操作条件如下:浸泡水的二氧化硫浓度为 $0.15\%\sim0.2\%$,pH 为 3.5。在浸泡过程中,二氧化硫被玉米吸收,浓度逐渐降低,最后放出的浸泡水内含二氧化硫的浓度为 $0.01\%\sim0.02\%$,pH 为 $3.9\sim4.1$;浸泡水温度为 $50\sim55$℃;浸泡时间为 $40\sim60$ h。浸泡条件应根据玉米的品质决定。通常是贮存较久的老玉米含水分低和硬质玉米都需要较强的浸泡条件,即要求较高的二氧化硫浓度、温度和较长的浸泡时间。玉米经过浸泡以后,含水分应达 40% 以上。

3. 玉米破碎

浸泡后的玉米由湿玉米输送泵经除石器进入湿玉米贮存斗,再进入凸齿磨,将玉米破碎成 $4\sim6$ 瓣,含整形玉米量不超过 1%,并分出 $75\%\sim80\%$ 的胚芽,同时释放出 $20\%\sim25\%$ 的淀粉。破碎后的玉米用胚芽泵送至胚芽一次旋液分离器,分离器顶部流出的胚芽进入洗涤系统,底流物经曲筛滤去浆料,筛上物进入二道凸齿磨,玉米被破碎为 10～12 瓣。在此浆料中不应含有整粒玉米,处于结合状态的胚芽不超过 0.3%。经二次破碎的浆料经胚芽泵送入二次旋液分离器;顶流物与经头道磨碎和曲筛分出的浆料混合一起,进入一次胚芽分离器,底流浆料送入细磨工序。

4. 胚芽分离

目前国内胚芽分离主要是使用胚芽分离槽。优点是操作比较稳定,缺点是占地面积大,耗用钢材多,分离效率低,一般不超过 85%。国内外还有采用旋液分离器的玉米淀粉厂。这种分离器由尼龙制成,用 12 只分离器集中放在一个架子上,总长度不超过 1 m,占地面积小,生产能力大,分离效率高,可达 95% 以上。采用胚芽分离过程的物料温度应该在 35℃ 以上。

5. 玉米磨碎

经二次旋流分离器分离出胚芽后的稀浆料通过压力曲筛,筛下物为粗淀粉乳,淀粉乳与细磨后分离出的粗淀粉浆液汇合后进入淀粉分离工序;筛上物进入冲击磨进行细磨,以最大限度地使与纤维联结的淀粉游离出来。经磨碎后的浆料中,联结淀粉不大于 10%。之后浆料进入纤维洗涤槽。

6. 纤维的分离

细磨后的浆料进入纤维洗涤槽,在此与以后洗涤纤维的洗涤水一起用泵送到第一级压力曲筛。筛下分离出粗淀粉乳,筛上物再经 5 级或 6 级压力曲筛逆流洗涤,洗涤工艺水从最后一级筛前加入,通过筛面,携带着洗涤下来的游离淀粉逐级向前移动,直到第一级筛前洗涤槽中,与细磨后的浆料合并,共同进入第一级压力曲筛,分出粗淀粉乳。该乳与细磨前筛分出的粗淀粉乳汇合,进入淀粉分离工序。筛面上的纤维、皮渣与洗涤水逆流而行,从第一筛向以后各级筛移动,经过几次洗涤筛分洗涤后,从最后一级曲筛筛面排出,然后经螺旋挤压机脱水送纤维饲料工序。

7. 淀粉离心分离和干燥

从旋液分离器出来的淀粉乳含水分 78%,如果淀粉车间与淀粉糖车间结合在一起,就可直接送至淀粉糖车间使用,不必进行淀粉乳脱水和干燥处理。但是从清洗桶得到的淀粉乳含水量高,必须进行脱水处理。

把淀粉乳送入离心分离机进行脱水,可得含水分为 45% 的湿淀粉,这种湿淀粉也可以作为成品出厂。为了便于运输和储藏,最好进行干燥处理,将淀粉含水分降低至 12% 的平衡水分。然后作为成品干淀粉出厂。

为了保证成品细度均匀,有时还要进行成品整理。先经筛分处理,筛出规定细度的淀粉,筛上物送入粉碎机进行粉碎,然后再行筛分,使产品全部达到规定的细度。

8. 副产品

从上述工艺可知,玉米淀粉加工过程中可形成玉米浆、玉米油、玉米胚芽饼粕、玉米纤维饲料和玉米蛋白粉,这些都是良好的饲料原料。

图 7.1 是玉米淀粉生产工艺流程。

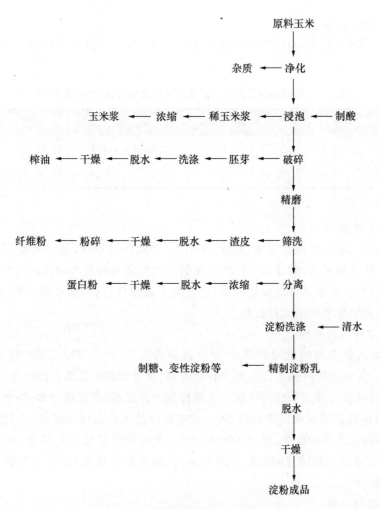

图 7.1　玉米淀粉生产工艺流程

7.2.2　玉米淀粉加工副产物

7.2.2.1　玉米浆

玉米籽粒用浓度为 1.5%～2.5% 亚硫酸溶液(有时也可以添加乳酸或纤维素酶)浸泡处理后所得浸泡液经进一步浓缩即制成黄褐色的液体,玉米加工行业通常称之为玉米浆(corn steep liquor)或玉米糖浆,也有叫玉米蛋白糖浆。玉米浆中含有丰富的营养成分,在生化制药、生物发酵等领域亦被用做重要的营养补充料。玉米浆含有 40%～50% 固形物,干物质中粗蛋白质含量可以达到 42% 以上,含有 0.6%～1.8% 游离氨基酸,1.2%～11% 还原糖,5%～15% 乳酸,0.1%～0.3% 醋酸等其他挥发性脂肪酸,灰分 9%～12%,干物质中的磷含量达 1.5%。亚硫酸盐残留量低于 0.3%。玉米浆可用于各种动物配合饲料,增加饲料中的蛋白质等营养成分,还可以改善饲料外观、风味和适口性。影响玉米浆质量的因素包括以下几个方面。

1. 玉米品种的影响

玉米品种以大粒、马牙,颜色为白色或杂花色为好。表 7.5 为不同品种玉米的玉米浆的平均化学组分。

表 7.5　不同品种玉米的玉米浆的平均化学组分(以干物质计)　　　　　　　　%

种类	粗蛋白质	还原糖	总糖	溶磷	酸度	乳酸	粗灰分	铁	重金属
白玉米浆	43.0	2.32	3.75	1.25	10.00	12.51	19.35	0.064	0.008 2
黄玉米浆	41.9	1.90	3.62	1.52	10.90	12.09	21.02	0.050	0.008 4

来源:张玉芝等,2007。

2. 玉米质量的影响

使用贮存期长、有虫蛀及霉变率较高的玉米,所得到的浸渍液,色泽发暗,有异味,造成成品中溶磷、蛋白质含量异常,酸度低。使用烘干的过熟粒较多的玉米时可溶性蛋白质很难与胚乳中淀粉颗粒分离。由于其种皮弹性较弱,已失去半透膜性,营养物质溶出较少,以这种玉米为原料,玉米浆的质量和收率大打折扣。

3. 玉米浸渍过程的影响

亚硫酸的加入量应为控制浸渍液中 SO_2 含量为 0.2%～0.3%。玉米浸渍最佳温度以48～52℃为宜。玉米浸渍过程不仅是物理扩散过程,更重要的是乳酸发酵过程,乳酸菌的繁殖情况直接关系到浸渍后稀玉米浆的质量。乳酸杆菌生长旺盛,产乳酸较多,当浸渍液中乳酸含量达 12% 时,这时排出的浸渍液质量最好,经浓缩得成品玉米浆质量较好。因此,在排稀玉米浆前 10 h,要测稀玉米浆的浓度、酸度及 SO_2 含量,及时调整浸渍工艺参数,使浸渍液中乳酸含量达 12%。若排出的浸渍液酸度达不到 12% 时,用稀盐酸调到 12%,以保证玉米浆在浓缩过程中质量稳定。

4. 设备性能的影响

生产玉米浆通常采用的是三效蒸发器,应加强设备管理及维护,达到产品质量的稳定。

玉米浆一般被制成玉米浆干粉或与其他饲料原料如与玉米皮混合,干燥后制成玉米喷浆蛋白饲料。玉米浆干粉为玉米浸泡液经低温喷雾干燥获得的产品,产品包装上需标示粗蛋白质、粗灰分、硫等指标。玉米浆干粉的外观见彩图 27。

玉米浆干粉吸潮是大部分干粉生产厂家存在的问题,吸潮会引起生产上的波动,会造成很大风险。因此,很多企业使用玉米浆,一方面是因为其价格低廉,另一方面是因为玉米浆相对一般国产玉米浆干粉更稳定,它的含水量没有多大变化。干粉吸潮前含水量 6%,放置一段时间后,含水量高达 15%,甚至更高,而玉米浆保存妥当,则没有这种情况,放置一段时间后水分变化很小。

7.2.2.2　玉米胚芽(饼)粕

玉米胚(maize germ)是玉米籽实加工时所提取的胚及混有少量玉米皮和胚乳的副产品,含有丰富的蛋白质和脂肪。玉米胚经压榨取油后的副产品叫玉米胚芽饼(maize germ expeller),玉米胚经浸提取油后的副产品叫玉米胚芽粕(maize germ meal)。

玉米胚芽位于玉米籽粒一侧的下部,是玉米生长和发育的起点。玉米胚芽质量虽只占籽粒的10%~15%,但营养价值比胚乳高,它集中了玉米籽粒中22%的蛋白质、83%的矿物质和84%的脂肪。由于玉米胚芽的粗脂肪含量特别高,占整个胚芽重量的35%~56%。所以玉米胚芽主要是作为一种油料资源,用于制取玉米胚芽油。提油后的玉米胚芽饼粕往往含有玉米纤维,特别是有一种异味,所以一般均作为饲料处理。如果胚芽分离效果好,而且以溶剂浸出法制油,那么这样获得的脱脂玉米胚芽粕经过脱溶脱臭处理后,就成为一种风味、加工性能和营养价值均良好的食品添加剂,可在糕点、饼干、面包中使用,也可制作胚芽饮料或制取分离蛋白。

玉米胚芽取油后,除油脂含量降低外,其他营养成分基本保留在胚芽粕中,玉米胚芽粕含有23%~25%粗蛋白质、6.4%脂肪,玉米胚芽粕粗纤维含量高,通常在10%~20%,适口性好,尤其是价格低廉,它在畜禽日粮中有很好的应用价值。玉米胚芽粕主要营养成分见表7.6,其外观见彩图28。

表7.6　玉米胚芽粕的主要营养成分　　　　　　　　　　　　　　　　　　%

营养成分	含量	营养成分	含量
水分	7.4	总碳水化合物	60.90
灰分	1.84	脂肪	6.4
蛋白质	23.46		

来源泉:张乐乐等,2010。

胡薇(2002)以玉米胚芽粕为蛋白质补充饲料,研究了生长肥育猪生产性能和屠宰性能。表明日粮中添加玉米胚芽粕,可显著降低平均膘厚。边连军(2004)用平衡试验法,测得玉米胚芽粕猪可消化磷的含量为26.75%。王林(2003)用玉米胚芽粕代替麸皮和棉粕,对料蛋比、产蛋率、饲料成本无显著影响。陈朝江(2005)用10只北京鸭公鸭进行强饲法测定玉米胚芽粕的表观代谢能和真代谢能,分别为7 799和9 389 kJ/kg。叶元土(2003)用70%基础日粮加30%玉米胚芽粕测得草鱼对玉米胚芽粕的主要氨基酸利用率为:赖氨酸81%,精氨酸96%,蛋氨酸78%。林仕梅(2001)采用指示剂法测得草鱼对玉米胚芽粕粗蛋白质的消化率为77%,脂肪消化率为67%。

7.2.2.3　玉米蛋白粉

玉米籽粒大约含9.6%的蛋白质,其中胚芽中含2%、胚乳中含7.6%。玉米的蛋白质分为4种,即清蛋白、球蛋白、醇溶蛋白、谷蛋白。根据其溶解度的不同,可分别从玉米中分离出来。首先用水浸提,溶出的是清蛋白;再用盐水浸提,溶出的是球蛋白;再用70%的酒精浸提,溶出的是醇溶蛋白;最后用稀碱浸提,得到的是谷蛋白。玉米醇溶蛋白水解后含有较多的谷氨酸和亮氨酸,但缺少色氨酸。醇溶蛋白占玉米蛋白质的4%,是谷物类所共有的一种蛋白质,不易溶于水,而易溶于醇类水溶液,如70%~80%的酒精,也溶于十二烷基硫酸钠水溶液。玉米谷蛋白占玉米蛋白质的40%,是玉米中的主要蛋白质,约占玉米质量的4%,主要是由二硫键连接起来的各种不同多肽所组成的高分子化合物,能溶于稀碱液,不溶于水,也不溶于盐和醇溶液。白蛋白、球蛋白是生物学价值较高的蛋白质,但在玉米中含量极少,不到2%,主要分布在玉米胚芽中。蛋白粉中的蛋白质呈可溶性的蛋白质和不可溶性的蛋白质两种状态,不溶性的蛋白质易和其他大分子有机物或微量元素结合,不易被动物吸收利用,几乎均被动物排出体外,是组成粪干物质的成分。

玉米蛋白粉(corn gluten meal 或 corn protein powder)是玉米经脱胚、粉碎、去渣、提取淀粉后的黄浆水,再经脱水制成的富含蛋白质的产品,粗蛋白质含量不低于50%(以干基计)。玉米籽粒经湿磨法工艺制得的粗淀粉乳,再经淀粉分离机分出的蛋白质水(即麸质水),然后用浓缩离心机或沉淀池浓缩,经脱水、干燥即可制得玉米蛋白粉。也有玉米蛋白粉为玉米提取赖氨酸后的加工副产品。我国年产玉米蛋白粉在220万t以上。玉米蛋白粉的外观见彩图29。

玉米蛋白粉粗蛋白质50%以上,有的高达70%,主要成分如表7.7所示。色泽金黄,是常用的蛋白质饲料原料,常用于各种动物日粮。

表 7.7　玉米蛋白粉化学成分含量

成分	蛋白质/%	淀粉/%	脂肪/%	水分/%	纤维/%	灰分/%	类胡萝卜素/(mg/kg)
含量	65	15	7	10	2	1	100~300

来源:李丽等,2010。

蛋白粉中除了表7.7所示的成分之外,还含有维生素 A、15 种无机盐及玉米黄色素等多种营养物质。玉米蛋白水解后的异亮氨酸、亮氨酸、缬氨酸和丙氨酸等疏水性氨基酸和脯氨酸、谷氨酰胺等含量很高,玉米蛋白粉的氨基酸组成见表7.8。玉米蛋白粉所含必需氨基酸总量大于大豆粉和鱼粉中的必需氨基酸总量,其中总含硫氨基酸和亮氨酸含量高于大豆粉和鱼粉,但玉米蛋白的氨基酸不平衡,尤其是必需氨基酸如赖氨酸、色氨酸等较缺乏,水溶性差,这种独特的氨基酸模式营养价值不高。

玉米蛋白粉的国家标准:感官性状呈粉状或颗粒状、无发霉、结块、虫蛀。具有本制品固有气味、无腐败变质气味,呈淡黄色至黄褐色、色泽均匀。不含沙石等杂质;不得掺入非蛋白氮等杂质,若加入抗氧化剂、防霉剂等时,应在饲料标签上做相应的说明。质量指标及分级见表7.9。

表 7.8　玉米蛋白粉的氨基酸组成　　　　　　　　　%

成　分	含量	成　分	含量
赖氨酸	0.96	丙氨酸	4.81
组氨酸	0.87	蛋氨酸	1.05
精氨酸	1.56	异亮氨酸	2.05
天门冬氨酸	3.21	亮氨酸	8.24
缬氨酸	3	苏氨酸	1.52
脯氨酸	3	酪氨酸	2.31
甘氨酸	1.36	苯丙氨酸	3.09
色氨酸	0.2	胱氨酸	0.56
谷氨酸	12.26	丝氨酸	2.51

来源:李丽等,2010。

表 7.9 饲料用玉米蛋白粉质量指标及分数 ％

项 目	指 标		
	一级	二级	三级
水分	≤12.0	≤12.0	≤12.0
粗蛋白质(干基)	≥60.0	≥55.0	≥50.0
粗脂肪(干基)	≤5.0	≤8.0	≤10.0
粗纤维(干基)	≤3.0	≤4.0	≤5.0
粗灰分(干基)	≤2.0	≤3.0	≤4.0

注:一级饲料用玉米蛋白粉为优等质量标准,二级饲料用玉米蛋白粉为中等质量标准,低于三级者为等外品。
来源:饲用玉米蛋白粉国家标准。

7.2.2.4 其他玉米淀粉加工副产品

1. 玉米蛋白饲料

玉米蛋白饲料(maize gluten feed)是玉米淀粉生产中的玉米次粉和玉米可溶性物质等副产物的混合物,有时也包括碎玉米、玉米胚芽浸提取油的剩余物,有些产品有时也将淀粉生产、淀粉发酵或加工的一些副产物加入其中。该类产品可以是高水分的,也可烘干。

2. 玉米纤维饲料

玉米纤维饲料(maize fibre)又称玉米皮,是玉米分离淀粉时得到的副产品。主要成分是粗纤维,含粗蛋白质仅为 6％。玉米皮通常作为牛的饲料或作为发酵饲料原料。玉米皮也常用做载体生产玉米喷浆蛋白饲料以增加其饲用价值,玉米皮的营养价值为:猪消化能 10.38 MJ/kg,鸡代谢能 8.45 MJ/kg,奶牛产奶能 7.03 MJ/kg,肉牛增重净能 4.85 MJ/kg,羊消化能 13.39 MJ/kg。喷浆玉米皮为玉米浸泡液喷到玉米皮上并经干燥获得的产品,产品包装上应标示粗蛋白质、粗灰分、硫等指标。

3. 玉米油

玉米油(crude maize germ oil)也叫粟米油、玉米胚芽油,是从玉米胚芽中提取的油脂。玉米含脂肪 4％左右,绝大部分集中在胚芽中,玉米胚芽通常含有 35％～47％的脂肪。玉米油含丰富的维生素 E 和高达 86％的不饱和脂肪酸,其中亚油酸占 55％,油酸占 30％。亚油酸是人和动物自身不能合成的必需脂肪酸。玉米油是有利于人类健康的食用油,同时也大量用于动物饲料,是家禽、猪等单胃动物的优质能量饲料原料,尤其是在快大型肉仔鸡饲养中是一种重要的能量补充饲料。

7.2.3 其他玉米蛋白类饲料资源

7.2.3.1 玉米酶解蛋白

玉米酶解蛋白(maize protein hydrolysis)是玉米蛋白粉经酶水解、干燥后获得的产品,其包装上需标示酸溶蛋白(三氯乙酸可溶蛋白)、粗蛋白质、粗灰分等。

玉米蛋白粉由于其组成复杂,缺少赖氨酸、色氨酸等必需氨基酸,生物学价值低,功能性质尤其是水溶性非常差,为了进一步提高玉米蛋白粉的水溶性及其功能特性,玉米蛋白肽的研究已引起人们的重视。近年来的一些研究表明,用发酵、酶深度水解玉米蛋白等方法使其成为可溶性肽叫玉米肽(maize peptide)。水解得到的玉米蛋白肽有很多生物功能,如抗氧化活性。目前,生产玉米蛋白肽的方法主要有三种:酶解法、微生物发酵法、合成法。

1. 酶解法

酶解法主要是蛋白酶系催化分解蛋白质肽键的过程,它作用于蛋白质,将其分解成多肽及氨基酸。此类酶种类繁多,广泛存在于所有生物体内,按其来源可分为动物蛋白酶、植物蛋白酶、微生物蛋白酶;按其作用形式分为肽链内切酶,肽链外切酶;按其所产蛋白酶性能分为酸性蛋白酶、中性蛋白酶、碱性蛋白酶。

下面是酶解玉米蛋白肽工艺简要流程:

玉米蛋白→加水混合→高速搅拌→预处理→调pH→加酶→搅拌反应→灭酶→调pH→离心→蒸馏浓缩→高温杀菌→喷雾干燥→成品

张强等(2005)利用2709碱性蛋白酶水解玉米蛋白粉制备抗氧化肽,最佳酶解条件是:pH=9.5,E/S=10%,时间4h,温度55℃。此条件下水解度可达34.92%,所制备的玉米抗氧化肽对$O^{2-}\cdot$和$\cdot OH$都有很强的清除作用,清除率分别为54.42%和82.31%。刘亚丽等采用2709碱性蛋白酶水解玉米渣制备玉米蛋白肽,确定了酶和底物之比为1 000 U/g、温度50℃、pH 9.0~9.6、玉米渣浓度为10%。在该条件下水解2 h后水解度已接近最大值,将水解时间延长5 h,这时玉米渣的水解度可达到11.6%左右。

2. 微生物发酵法

微生物发酵法是通过微生物的生化反应将玉米蛋白转化成玉米蛋白肽,此法不是将玉米蛋白转切成简单的小肽,而是将小肽之间的肽键转接、重排的过程,通过微生物的作用可以对某些苦味基因进行修饰和转移、重组。在发酵过程中,小肽氨基酸又经过代谢、同化,将玉米蛋白转化为生物活性肽。目前,微生物发酵法是生产玉米肽比较先进的方法。

3. 合成法

合成法则是国内刚处于研究阶段,采用液相或固相合成法制取活性肽,但成本高,副反应物及残留化合物等因素制约其发展,基因重组法是采用DNA重组技术来制取活性肽,但此实验尚在研究之中,还没有投入生产实际生产。

7.2.3.2 玉米肽

玉米蛋白肽是一种高档的蛋白质资源,主要用于人类的食品、饮料中,具有保健功能,在饲料中应用的例子还较少。

7.3 稻谷类蛋白质饲料资源

7.3.1 稻谷资源概况

稻谷是我国播种面积最大、单产最高、总产最多的粮食品种,在粮食生产和消费中历来处于主导地位。在过去 30 年中,稻谷种植面积占我国粮食总面积的 28.3%,大米产量占粮食总产量的 40.9%。据国家统计局数据显示,2011 年全国稻谷播种面积达近 3 000 万 hm²,比 2010 年增加 12.3 万 hm²;稻谷总产量突破 2 亿 t 大关,达到 20 078 万 t,比 2010 年增产 503 万 t;其中早稻总产量 3 276 万 t,比 2010 年增产 143 万 t。目前,我国稻谷供求基本平衡,略有结余,库存充裕。

7.3.2 稻谷的结构和主要成分

稻谷(paddy)是禾本科草本植物栽培稻(*Oryza sativa* L.)的果实。稻谷由谷糠(俗称稻糠、大糠)、种皮、胚乳和胚芽组成(图 7.2)。稻谷经砻谷机脱除稻糠后得到糙米,糙米经碾米机脱去种皮、糊粉层和胚芽,得到食用大米(rice)。谷糠占稻谷的 20%,其他成分占 80%。糙米中胚乳占 93%、胚芽占 4%、米糠占 3%。胚乳含淀粉 90.2%、蛋白质 7.8%、脂肪 0.5%、纤维素 0.4%、灰分 0.6%。米糠中含蛋白质 15.2%、脂肪 20.1%、纤维素 10.7%、灰分 9.6%、淀粉 16.0%、其他物质占 28.4%。碾米得到的种皮、糊粉层和胚称之为米糠(rice bran)。图 7.2 为稻谷的剖面结构图。

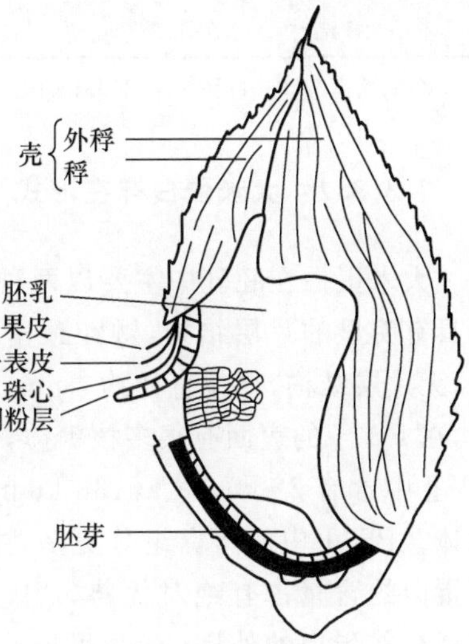

图 7.2 稻谷籽粒的结构

7.3.3 大米蛋白

随着我国人民生活水平的提升,人们对优质大米的需求日益增加。然而部分低品质大米如早籼米以及库存陈大米和稻谷加工过程中的碎米等,因其籽粒结构较松、直链淀粉含量较高、米饭黏性小、口感不佳,近年来已经很少直接食用,而更多地被用做饲料和工业原料(如发酵工业和淀粉糖的生产等)。与此同时,以大米为原料的有机酸、抗生素和淀粉糖工业生产中产生了大量资源丰富的副产品——米渣蛋白(其中蛋白质含量达 40%以上,亦被称作大米蛋白浓缩物)。

7.3.3.1 大米蛋白的组成及结构

大米蛋白(rice protein)又叫大米蛋白粉(rice protein powder),是生产大米淀粉后以蛋白质为主的副产物,是大米经湿法碾磨、筛分、分离、浓缩和干燥获得。大米胚乳和米糠中清、球、醇溶和谷蛋白等四大类蛋白质的含量见表 7.10。对四类蛋白质的生化分析表明,球蛋白和清蛋白是大米胚乳中的生理活性蛋白,种类很多,分子质量分别为 10～200 ku 和 16～130 ku,但其含量较少,从开发利用蛋白质资源角度看意义不大。醇溶蛋白是大米中的主要储藏性蛋白质之一,主要由 23～27 ku 和 16 ku 的两条多肽链构成,其中 23～27 ku 的肽链为 α-球蛋白,其结构上与麦谷蛋白相一致。Horikoshi、Kim 和 Okitap 对醇溶蛋白的结构研究均表明醇溶蛋白富含谷氨酸、亮氨酸和丙氨酸残基;而赖氨酸、半胱氨酸和蛋氨酸残基含量很少。纯化的醇溶蛋白疏水性很强。大米中最重要的一种蛋白质是谷蛋白,占大米蛋白的80%左右,与醇溶蛋白同属储藏性蛋白质,相对分子质量从 10^5 到数百万不等,由二硫键连接的几条多肽链构成,其中三个主要亚基的分子质量分别为 38 ku、25 ku、16 ku(或 33 ku、22 ku、14 ku),其中 16 ku(14 ku)多肽可能属于醇溶蛋白或与醇溶蛋白有关。两条大分子质量的多肽则以二硫键相连接。

表 7.10　不同来源大米蛋白中各类蛋白的含量　　　　　　　　　　　%

原料种类	清蛋白	球蛋白	醇溶蛋白	谷蛋白
大米胚乳	2～5	2～10	1～5	75～90
米糠	34～40	12～34	2～21	2～57
米渣(米糟)	1～2	1～3	8～10	80～90

来源:姚惠源,2004;易翠萍,2005;玄国东,2005。

7.3.3.2　大米蛋白存在形式

大米蛋白在胚乳中主要以两种蛋白体(PBs)形式存在,即 PB-Ⅰ 和 PB-Ⅱ。PB-Ⅰ 呈球形且具有明显的片层结构,颗粒致密,直径为 0.5～2 μm,有醇溶蛋白的沉积;而 PB-Ⅱ 呈椭球形,无片层结构,颗粒直径约 4 μm,主要成分为谷蛋白和球蛋白。超微结构观察和生化研究表明,在 PB-Ⅰ 的表面有很多核糖体,而 PB-Ⅱ 表面却没有。进一步用 SDS-PAGE 分析显示,在 PB-Ⅱ 中含有 22 ku、37 ku、38 ku 的谷蛋白和 26 ku 的球蛋白,因而认为 PB-Ⅱ 是谷蛋白的储藏体。PB-Ⅰ 中的蛋白组分更多,主要是 13 ku 醇溶蛋白和 10 ku、16 ku 的球蛋白等,其中醇溶蛋白的含量占有绝对优势,PB-Ⅰ 是醇溶蛋白的储藏体。研究还发现,PB-Ⅱ 中的球蛋白包裹在谷蛋白的外围,有些可能是蛋白酶,这样的位置分布有利于谷蛋白的水解和利用。大米蛋白质在胚乳中的分布也有一定规律性,从蛋白质总量看,胚内多于胚乳,从米粒外层到内层含量逐渐降低;从蛋白质种类的分布看,清蛋白、球蛋白的比例在其外层最高,越往中心越低,而谷蛋白的含量恰好相反。也有研究表明,蛋白质的存在状态和—S—S—对蛋白质的性质具有重要影响。

7.3.3.3　大米蛋白的营养价值

清蛋白、球蛋白、醇溶蛋白和谷蛋白的组成和性质各不相同,营养价值按照化学评分分别为 47.5、53.0、23.0 和 46.7。对亮氨酸、赖氨酸、含硫氨基酸和苏氨酸等大米蛋白中的限制性氨基酸进行评价,其分值分别为 65.1、66.3、67.9 和 78.9。大米蛋白具有优良营养品质,主要表现在:①大米蛋白氨基酸配比比较合理。大米蛋白氨基酸组成与小麦蛋白、玉米蛋白必需氨基酸组成及 WHO 推荐蛋白质氨基酸最佳模式(%)比较见表 7.11。②含赖氨酸高的谷蛋白占大米蛋白的 80% 左右,而品质差的醇溶蛋白含量很低,因此赖氨酸含量比其他一些谷物种子高。③生物效价高。大米蛋白的生物价为 77,不但在各种粮食中居第一位(包括大豆),而且可以和白鱼(生物价 76),虾(生物价 77)及牛肉(生物价 77)相媲美。④大米蛋白的消化率为 85%,高于马铃薯(74%),玉米窝头(66%)等其他谷物。

表 7.11　几种蛋白质与 FAO/WHO 建议模式中的必需氨基酸　　　　　%

氨基酸	籼米	粳米	谷蛋白	小麦粉	玉米	FAO/WHO 建议模式
异亮氨酸	3.35	3.54	4.7	3.58	3.28	4.0
亮氨酸	9.04	8.40	8.1	7.11	15.20	7.0
赖氨酸	3.79	3.52	4.5	2.44	3.67	5.5
蛋氨酸	1.93	1.73	1.6	1.41	1.83	}3.2
胱氨酸	2.21	—	1.8	2.53	2.40	
苏氨酸	3.87	3.85	4.1	3.06	4.40	4.0
色氨酸	1.63	1.68	1.2	1.14	0.78	1.0
缬氨酸	5.50	5.43	6.9	4.22	4.95	5.0
苯丙氨酸	4.69	4.75	5.4	4.53	4.96	}6.0
酪氨酸	3.80	3.80	5.2	3.20	5.20	
精氨酸	7.45	6.20	9.5	4.29	4.70	
组氨酸	2.17	2.32	2.6	2.23	3.03	

来源:顿新鹏,2004。

7.3.3.4　大米蛋白的生产

大米蛋白提取的目的是为了获取高纯度大米蛋白产品,一般分为大米浓缩蛋白(rice protein concentrate,RPC)和大米分离蛋白(rice protein isolate,RPI),其粗蛋白质含量分别为 50%～89% 和 90% 以上。大米、米糠、米糟等原料都可用来制备大米蛋白。大米蛋白的制备方法主要有碱法、酶法、物理法和复合法。

1. 碱法提取大米蛋白

碱法提取大米蛋白的原理是利用大米蛋白中 80% 以上为碱溶性谷蛋白。稀碱可以使与大米蛋白结合的大米淀粉的紧密结构变得疏松,同时碱液对蛋白分子的次级键特别是氢键有破坏作用,并可使某些极性基团发生解离,使蛋白质分子表面具有相同的电荷,从而使大米淀粉颗粒中的蛋白质溶出而被分离。实际上,稀碱对大米蛋白的作用很复杂。如 pH、温度、时间、料液比等因素对蛋白质的影响都会引起提取体系及提取性质的改变。目前,碱法提取是提取植物蛋白最普遍的方法。孙庆杰等用碱法提取大米浓缩蛋白,在 NaOH 浓度 0.09 mol/L,提取时间 4 h,提取温度为室温,料液比 1∶7,可得到纯度为 80.16% 浓缩大米蛋白,蛋白提取率为 90.10%。方奇林也采用碱法分离大米蛋白,在碱液质量分数 0.3%,提取时间 4 h,提取温度为室温,料液比 1∶6,可得到纯度为 80.7% 的大米蛋白,蛋白质提取率为 87.46%。

碱法提取的工艺简单,但对氨基酸有破坏作用,同时存在抽出物中淀粉含量高,抽提液固比大,等电点沉淀要消耗大量酸、脱盐纯化难度大,提取液中的蛋白质浓度低等缺点,且提取时需要消耗大量的碱和水,因而难以应用于工业生产。尽管碱法提取蛋白的抽提率可达到 90% 以上,但是高碱条件下会导致蛋白质的变性和水解;美拉德反应加剧,产生黑褐色物质;提取物中非蛋白物质含量增加,分离效果降低等许多不良反应。此外,碱法提取还会引起蛋白一些性质变化,破坏氨基酸的结构,降低蛋白的营养价值,甚至形成有毒物质如 lysinoalnine 等,损坏肾脏的功能。

2. 淀粉酶法提取大米蛋白

淀粉酶也是大米蛋白提取中常用的酶制剂。利用淀粉酶将大米淀粉降解为更易溶解的糊精和低聚糖,并通过离心或过滤的方法将其除去,相对提高沉淀物中的蛋白质含量。早期这种工艺缺点在于为了考虑淀粉糖浆(如麦芽糖浆等)的生产,液化不能过于彻底,否则上清液中产生过多的还原糖当量,降低了麦芽糖的产率,这样造成高蛋白米粉的蛋白含量远低于大豆浓缩蛋白,再加上其较差的溶解性,限制了其应用范围。但基于上述原理,研究者们使用了更加高效而稳定的液化酶直接作用于大米粉,取得较好效果。Morita 以大米粉为原料用高温液化淀粉酶在 97℃ 下反应 2 h 后过滤除去糖类物质得到了蛋白质含量达 90% 以上的大米分离蛋白。Shih 利用淀粉酶在 90℃ 处理大米粉,使蛋白质的含量达到 65%,其后进一步应用葡萄糖淀粉酶、纤维素酶、半纤维素酶处理可使蛋白质含量达 76%,而且蛋白质仍保持其完整状态。淀粉酶法提取的大米蛋白要比蛋白酶法提取的纯度高,但功能性质方面不是很理想,有待进一步研究改进。

3. 蛋白酶法提取大米蛋白

酶法提取大米蛋白是利用蛋白酶对大米蛋白的降解和修饰作用,使其变成可溶的肽而被抽提出来。酶法提取大米蛋白,反应条件温和,营养物质基本不遭破坏。而且使得蛋白质的特性如稳定性、乳化性、起泡性、可溶性、营养性等均有所增强。因此是目前最理想的大米蛋白提取法,在国内外均有研究。1985 年日本特许公报报道用酸性蛋白酶提取大米蛋白,提取率达 90% 以上,提取蛋白质后大米渣生产淀粉、淀粉糖、清酒质量明显提高。黄给华采用胃蛋白酶从米渣中提取大米蛋白,提取率为 72.4%。Hamada 报道利用碱性蛋白酶提取米糠蛋白,在水解度为 10% 时,米糠蛋白提取率可达 92%。王文高采用碱性蛋白酶和风味复合酶提取大米蛋白,提取率为 85.6%,制品纯度为 85%。如果蛋白酶为食品级酶,不会给产物带来异物污染,但由于酶的价格极高,使生产成本大幅度提高,要实现工业化生产,有待微生物领域的发展和酶工业的进步。

4. 物理法提取大米蛋白

物理法提取主要是利用物理手段如超声波、超高压、高速均质等改变蛋白一级结构或破坏其氢键,从而使蛋白更易溶出,且溶出蛋白性质没有改变。目前物理法一般作为一种辅助方法来提高蛋白的提取率。如 Tang 等分别采用了超声波、冻结—融解、高压力、高剪切力对米糠进行预处理,再进行酶法提取,结果表明提取效率得到一定提高。

5. 复合法提取大米蛋白

目前大米蛋白的制备主要有酶解法及碱法,但碱法存在制备的蛋白容易变性等缺点;单一酶解法制备大米蛋白虽然有反应条件较温和,蛋白营养价值高的优点,但蛋白提取率较低。为了改进以上问题,因此有研究利用不同蛋白酶进行复合提取和碱酶分步法以提高提取效率。如邹小明等以提高米糠蛋白提取率为目标,通过碱性蛋白酶预酶解,再用碱溶法从脱脂米糠中提取蛋白质的方法,得到最佳工艺条件为:酶解 pH 9、酶解温度 50℃、酶用量 500 U/g 米糠、酶解时间 2 h;料液比 1∶9、碱溶 pH 10、碱溶温度 50℃、碱溶时间 1 h,该条件下米糠蛋白的提取率为 79.62%。

7.3.3.5 大米蛋白在饲料中的应用

大米淀粉的副产品可以作为饲料级大米蛋白粉,其丰富的营养成分对畜禽有促进生长及抵抗疾病的功能,并且可以提高饲料的利用率,是畜牧业及饲料工业的优良蛋白质原料。

7.3.4 米糠蛋白

7.3.4.1 米糠资源概述

米糠(rice bran)是稻谷加工过程中的副产物。米糠是糙米碾白过程中被碾下的皮层及米胚和碎米的混合物。新鲜米糠呈黄色,有一股米香味,具有鳞片状不规则结构。米糠约占稻谷的 6%~12%,如以 6%计,则我国每年米糠的产量达 1 000 万 t 以上。因此,米糠资源十分丰富,是我国大宗农副产品之一。美国和日本是目前世界上研究开发米糠资源最发达的国家。美国利普曼公司和美国稻谷创新公司在米糠稳定化技术、米糠营养素、米糠营养纤维、米糠蛋白、米糠多糖方面的提取、分离、纯化等技术在世界上处于领先水平。在国内米糠的深度开发应用及相应理论的研究尚处于较低水平。目前国内产业化的高附加值米糠制品还比较少,大部分都被用做畜禽饲料,只有 10%~15%的米糠被用来榨油或进一步提取植酸钙、肌醇、谷维素等价值较高的产品。

米糠营养丰富,米糠的营养成分随品种、精碾的条件等因素的不同而有较大的差异,米糠含 12%~18%粗蛋白质、18%~20%粗脂肪、51%碳水化合物和肌醇等成分,见表 7.12。

表 7.12　米糠中主要营养成分

成　分	含量	成　分	含量	成　分	含量
粗蛋白质/%	14.50	粗灰分/%	8.00	维生素 E/mg	25.61
粗脂肪/%	20.50	肌醇/%	1.50	维生素 B/mg	56.95
水分/%	6.0	γ-谷维醇/mg	245.15	总膳食纤维/%	29.00
碳水化合物/%	51.00	植物甾醇/mg	302.00	可溶性膳食纤维/%	4.0

来源:Slauders R,1990。

7.3.4.2 米糠蛋白的组成和营养

1. 米糠蛋白的组成

与传统生产植物蛋白的大豆粕、花生粕相比,米糠中蛋白质的含量偏低,但作为世界第一大作物——稻谷的加工副产品,仅在我国,米糠的年产量就超过了 1 000 万 t。米糠中 4 类蛋白质的含量与大米中的明显不同。依次用水、盐、醇、酸、碱溶液提取米糠所得到的清蛋白、球蛋白、醇溶蛋白、酸溶蛋白和碱溶蛋白的含量分别为 34%、15%、6%、11%和 32%,其中酸溶蛋白和碱溶蛋白均为谷蛋白,也就是说,米糠中水溶性蛋白含量很高。色谱分析表明,前 4 种蛋白的分子质量分别为 10~100 ku、10~150 ku、33~150 ku 和 25~100 ku。碱溶蛋白在提取过程中有二硫键的断裂,其主要组分的分子质量仍然分布在 45~150 ku,所有这类谷蛋白分子质量更大,更难溶于水。但如果打破二硫键,也可以使 98%以上的米糠蛋白溶解出来。需要指出,米糠经稳定化处理(一般是加热灭酶)前后,其各种蛋白质成分含量变化很大,主要表现在清蛋白含量降低(变性所致)、谷蛋白含量明显增加。

2. 米糠蛋白营养价值

米糠蛋白质中必需氨基酸齐全,生物效价较高。将米糠与大米中的蛋白质相比较,前者的氨基酸组成更接近 FAO/WHO 的推荐模式,营养价值可与鸡蛋相媲美,见表 7.13。

表 7.13 米糠蛋白、大米蛋白及鸡蛋蛋白中必需氨基酸组成 %

成 分	米糠蛋白	大米蛋白	鸡蛋蛋白	WHO 推荐模式
赖氨酸	5.8	4.0	5.6	5.5
苏氨酸	3.9	3.5	5.2	4.0
色氨酸	1.6	1.7	1.6	1.0
蛋氨酸＋胱氨酸	3.9	3.9	6.3	>3.5
缬氨酸	5.5	5.8	6.8	5.0
亮氨酸	8.4	8.2	9.3	7.0
异亮氨酸	4.5	4.1	5.0	4.0
苯丙氨酸＋酪氨酸	11.1	10.3	5.6	>6.0

来源:姚惠源,2002。

值得一提的是,米糠蛋白还有一个最大的优点,即低过敏性,它是已知谷物中过敏性最低的蛋白质。米糠蛋白的营养价值虽然较高,但在天然状态下与米糠中植酸、半纤维素等的结合会妨碍它的消化与吸收。天然米糠中蛋白质的 PER(蛋白质功效比)值为 16~19,消化率为 73%,经稀碱液提取的米糠浓缩蛋白质的 PER 为 20~25,与牛奶中的酪蛋白接近(PER 为 25),消化率高达 90%,为了提高米糠蛋白的利用价值,宜将其从天然体系中提取出来。

7.3.4.3 米糠蛋白质的制取

1. 米糠饼粕蛋白

大米加工中的米糠经压榨或有机溶剂浸出提取油脂后,得到的脱脂米糠饼粕,含有 20% 左右蛋白质。米糠饼是米糠经压榨取油后的副产品,而米糠粕(又名脱脂米糠)是米糠或米糠饼经浸提取油后的副产品。米糠饼粕的主要成分见表 7.14。

从表 7.14 可以看出,米糠饼粕中含量较高的为可溶性无氮浸出物(其中主要是淀粉质),其次为粗蛋白质、粗脂肪和粗纤维等,其中粗灰分主要为植酸钙镁,而植酸钙镁通过水解后约含有 20% 左右的肌醇。因此,米糠饼粕不仅可直接作为牲畜饲料,而且还可用来制取饴糖、酒、醋、蛋白质、植酸钙、植酸和肌醇等。

表 7.14 米糠饼粕的主要成分 %

饼粕类型	水分	粗脂肪	粗蛋白质	粗纤维	无氮浸出物	粗灰分
机榨饼	10.28	8.67	15.95	8.03	47.63	9.45
浸出粕	9.23	2.42	19.25	9.43	49.71	9.97

来源:周瑞宝,2010。

目前世界上仅有少数国家生产大米蛋白,且主要以米粉或碎米为原料,以米糠为原料的产品很少。米糠蛋白中因含有较多的二硫键,以及与体系中植酸、半纤维素等的聚集作用而不易被普通溶剂,如盐、醇和弱酸等溶解。另外,米糠的稳定化处理条件、米糠粕的脱溶方式对米糠蛋白的溶解性也会产生严重影响。湿热处理下蛋白质非常容易变性,在中性 pH 条件下,氮溶解性指数(NSI)较之未经加热处理的下降 80%。pH 是影响米糠蛋白溶解性的最重要因素之一,米糠蛋白的等电点在 pH 4~5,当 pH<4 时,米糠蛋白的溶解度有小幅上升,但在 pH>7 时,米糠蛋白的溶解度会显著上升,pH>12 时,90% 以上的蛋白质会溶出。因此,以往在米糠蛋白的提取中常用较高浓度的 NaOH 溶液,碱法提取虽然简便可行,但是在碱浓度过高的情况下,不仅影响到产品的风味和色泽(提取物的颜色较深),而且蛋白质中的赖氨酸与丙氨酸或胱氨酸还会发生缩合反应,生成有毒的物质(对肾脏有害),丧失食用价值。目前,植物蛋白的生产工艺一般要求在高温条件下(>50℃),避免使用过高的碱浓度(pH<9.5)。NaCl 浓度对米糠蛋白的溶解度也有一定影响,在较低浓度下(0.1 mol/L)有促进米糠蛋白溶解的作用;而在较高浓度下(1.0 mol/L)又会降低蛋白质的溶解性。六偏磷酸盐可使米糠蛋白质的提取率稍有提高,二硫键解聚试剂 Na_2SO_3 和半胱氨酸对米糠蛋白提取率的增加有明显作用。有人曾研究物理处理对米糠蛋白提取率的影响,米糠被磨细后,提取液中蛋白质的含量会略微增加,均质后还会进一步增加,所以利用物理方法来增进米糠蛋白的提取率。

作为食品加工助剂的酶,因其作用条件温和,在加工过程中不会产生有害物质。利用各种酶制剂(蛋白酶、糖酶、植酸酶等)对米糠蛋白的提取进行了深入的研究,显示加入蛋白酶是提高米糠蛋白提取率的有效手段。在 pH 为 8 和 45℃作用条件下,水解度(DH)为 10% 时,米糠蛋白的提取率达到 92%,比对照组增加了 30%。在 Na_2SO_3 或 SDS 存在下,DH 为 2% 时,蛋白质的提取率也会从 74% 增至 80% 以上。经过蛋白酶作用的米糠蛋白,溶解性显著增加,乳化活性和乳化稳定性均有提高,可以在中等酸性的体系中使用等。利用风味酶(flavozyme)则可解决酶解产品的苦味问题。利用现代分级技术,如膜过滤技术,还可以得到一些新的高附加值产品,如谷氨酸类的鲜味物质。

目前为止,我国米糠蛋白仍然没有产业化。原因是米糠蛋白的溶解性差。米糠蛋白是一种混合蛋白,聚合度高,分子间二硫键的交联使蛋白溶解性差,米糠中植酸和纤维含量高,它们与蛋白质结合,使蛋白不易与其他成分分离。因而,如何提高米糠蛋白的提取率和改善其功能特性,成为国内外研究热点。

2. 米糠蛋白提取方法

主要方法有碱法、酶法和物理法。碱法工艺成本低,但是存在 pH 高、制备的米糠蛋白容易变性且提取率低等缺点;酶法制备米糠蛋白反应条件较温和,所得蛋白营养价值高,但相对碱法来说,其工艺成本较高。目前国内外都在致力于复合酶法提取米糠蛋白的研究,期望在工艺成本略有增加的同时,得到高的蛋白提取率。物理方法提取蛋白质,提取率较低。

(1)碱法提取米糠蛋白

碱液可使米糠紧密结构变得疏松,同时碱液对蛋白质分子次级键特别是氢键具有破坏作用,并可使某些极性基团发生解离,使蛋白质表面分子具有相同电荷,促进结合物与蛋白质分离,从而对蛋白质分子有增溶作用,并随着碱性增加,米糠中蛋白质提取率增加。目前对碱法提取米糠蛋白的研究多集中在以提高得率为目标的提取工艺上,而忽略了提取的同时对产品风味、色泽和蛋白质的营养特性等方面的影响。

碱法提取米糠蛋白工艺：

米糠→脱脂(脱脂米糠)→加水→水浴(碱调 pH、控制温度和时间)→离心→上清液(酸调pH)→离心→沉淀→干燥→米糠蛋白

邹鲤岭等采用碱提法提取米糠中的蛋白质,利用响应面回归分析法对米糠蛋白提取率的工艺条件进行了研究,确定最佳提取工艺条件为:pH 9,温度 39℃,提取时间 1.7 h,米糠蛋白的提取率 80.97%,这对工业化生产米糠蛋白具有一定的指导意义。曲晓婷等采用二次通用旋转正交组合设计优化米糠蛋白在较弱碱性和较低温度下的提取工艺条件,并明确其理化特性。最终确定 pH 11,提取温度 40℃,提取时间 120 min,在该条件下蛋白提取率达到 80.93%,米糠蛋白的溶解性、乳化性和起泡性等功能特性不同程度地受pH、温度、离子强度等条件的影响,试验在获得高提取率的前提下保持了蛋白质良好的特性。

(2)酶法提取米糠蛋白

用于提取米糠蛋白的酶主要是蛋白酶、糖酶和植酸酶等。它们的作用机理主要是将米糠蛋白分子降解为可溶性的肽,或将其从与半纤维素、植酸等形成的复合物中解聚后抽提出来,从而提高米糠蛋白的溶解性,有利于人体吸收利用。

酶法提取米糠蛋白工艺：

米糠→脱脂(脱脂米糠)→加水→加酶(调 pH、温度)→反应→灭酶→离心→上清液→干燥→米糠蛋白

欧克勤等用不同蛋白酶处理米糠,确定中性蛋白酶提高米糠蛋白溶解性的效果最明显,达56%。最佳工艺条件为:米糠与水料液比 1∶8、酶添加量 3%、酶解温度 45℃、酶解时间 3 h。张慧娟等利用响应面法研究了碱性蛋白酶酶解提取脱脂米糠中的米糠蛋白,确定提取条件为:温度 60℃,时间 2.14 h,pH 9.48,酶加量 250 U/g。理论蛋白提取率为 81%,实际测定蛋白提取率为 79.84%,蛋白制品纯度为 65.32%。张智、于殿宇等采用戊聚糖酶和复合蛋白酶结合提取米糠蛋白。先将米糠蛋白进行戊聚糖酶酶解然后再经复合蛋白酶酶解。戊聚糖酶可以打断纤维素和植酸的紧密结合而使得蛋白质能被提取出来,复合蛋白酶可以将大分子蛋白分解为小分子蛋白而使得蛋白质能更多地被提取出来。确定酶解条件为:戊聚糖酶用量 3%、pH 5.0、酶解温度 40℃、酶解时间 3 h;复合蛋白酶用量 2%、pH 7.5、酶解温度 50℃、酶解时间 3 h。米糠蛋白提取率 81.62%,达到了很好的提取效果。

7.3.5 稻谷类蛋白在饲料中的应用

我国虽然米糠资源总量可达上千万吨,但目前对米糠的开发利用水平较低,绝大部分被直接用做饲料,而从米糠中提取的米糠蛋白则可用于多种食品配料中。目前,在稻谷加工过程中产生的可用于饲料的稻谷类其他加工产品还有较多种,主要有以下产品:

①糙米粉:糙米经碾磨获得的产品。

②大米次粉:由大米加工米粉和淀粉(包含干法和湿法碾磨、过筛)的副产品之一。

③大米粉:大米经碾磨获得的产品。

④大米抛光次粉:去除米糠的大米在抛光过程中产生的粉状副产品。

⑤大米糖渣:大米生产淀粉糖的副产品。

⑥碎米:稻谷加工过程中产生的破碎米粒(含米糠)。

⑦蒸谷米次粉:经蒸谷处理的去壳糙米粗加工的副产品。主要由种皮、糊粉层、胚乳和胚芽组成,并经碳酸钙处理。

7.4 麦类蛋白质饲料资源

7.4.1 小麦蛋白

7.4.1.1 小麦资源概况

小麦在全球常年种植面积约 2.3 亿 hm^2,占世界谷物面积的 32%;小麦的总产量约 6.8 亿 t,占世界谷物总产量的 30%左右,是世界上分布范围和种植面积最广,总产量最高的粮食作物。小麦提供了全世界约 35%人口的主要食物,由小麦提供的蛋白质数量等于肉、蛋、奶等畜产品蛋白质数量的总和。

在我国,小麦是主要粮食作物之一,华北、西北、东北和长江流域均有种植,播种面积和产量仅次于水稻和玉米,居第 3 位。据国家统计局数据显示,2011 年全国小麦播种面积 2 419 万 hm^2,比 2010 年下降 0.3%,其中冬小麦面积 2 260 万 hm^2,比 2010 年增加 7.9 万 hm^2;小麦总产量 11 792 万 t,比 2010 年增产 274 万 t。小麦在总产量上仅次于水稻、玉米,是我国北方人的主要粮食。

近些年,随着我国粮食连年增产丰收,人们对粮食品质的要求不断提高,可用作饲料的小麦总量也越来越大。过去,小麦加工副产品小麦麸和次粉才作为畜禽的饲料。现在,由于小麦具备易于贮存、季节性的价格优势及制造出的颗粒饲料品质好等优点,小麦日益受到国内外饲料厂家的重视,欧洲国家已将小麦作为能量饲料的主要原料,大大降低了饲料成本,提高了经济效益。

小麦作为饲料有很多优点:①小麦的蛋白质、赖氨酸含量高于玉米,苏氨酸含量与玉米相当,用小麦替代玉米作为能量饲料,可降低配合饲料中的豆粕用量;②小麦中的总磷含量高于玉米,而且利用率高,这是由于小麦中含有植酸酶,能分解植酸而获得无机磷;用小麦代替玉米、高粱时,可降低豆粕和磷酸氢钙的使用量;③小麦含 B 族维生素和维生素 E 较多,铜、锰、锌较高,维生素 A、维生素 D、维生素 E、维生素 K 略少,生物素的利用率比玉米高粱均低(表 7.15)。

7.4.1.2 小麦的结构和主要成分

小麦(wheat)是小麦属(*Triticum*)的籽实,由皮层(麸皮)、胚乳和胚芽三部分组成(图 7.3)。麸皮由上皮、下皮、管状细胞和种皮组成;胚乳由糊粉细胞层、细胞纤维壁、淀粉粒和蛋白质间质等组成;胚芽由根冠、根鞘、初生根、角质鳞片、芽鞘和芽等组成。小麦各部分的蛋白质、淀粉、脂肪等成分见表 7.16。

表 7.15　小麦、大麦、玉米营养含量比较

种类	禽代谢能/ (MJ/kg)	猪代谢能/ (MJ/kg)	粗蛋白质 /%	赖氨酸 /%	苏氨酸 /%	色氨酸 /%	钙/%	有效磷 /%
小麦	12.82	13.63	15.1	0.45	0.49	0.15	0.04	0.12
大麦	11.05	11.97	12.0	0.40	0.40	0.11	0.07	0.16
玉米	14.23	14.14	8.8	0.27	0.32	0.05	0.03	0.08

来源：Foreman 和 Robert. 1998. 与中国饲料成分及营养价值表,2003 年第 14 版。

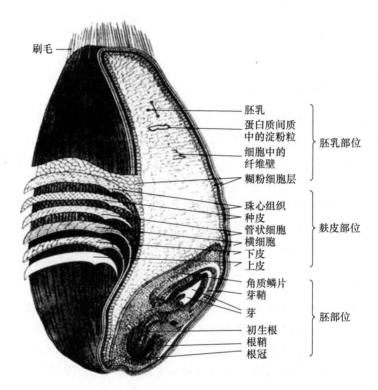

图 7.3　小麦籽粒的结构

表 7.16　小麦籽粒不同部位蛋白质、淀粉、脂肪等成分　　　　　　　　　　　%

部位	粗蛋白质	粗脂肪	淀粉	还原糖	戊聚糖	纤维素	粗灰分
整粒小麦	12.1	1.8	59.2	2.0	6.6	2.3	1.8
麸皮	15.7	0.0	0.0	0.0	1.4	11.1	8.1
糊粉层	24.3	8.1	0.0	0.0	39.0	3.5	11.1
胚乳	8.0	1.6	72.6	1.6	1.4	0.3	0.5
胚	26.3	10.1	0.0	26.3	6.6	2.0	4.6

来源：周瑞宝,2007。

　　小麦蛋白质主要分布在小麦籽粒的胚、胚乳和麸皮。软麦中的蛋白质含量低于硬麦中的含量。从加工的角度来看,小麦蛋白属于小麦淀粉生产过程中的副产物。因为在小麦淀粉生

产过程中,首先将胚芽分离出去,然后把淀粉和小麦面筋蛋白(即谷朊粉)分离开来。小麦谷朊粉、胚芽蛋白的营养和应用功能与小麦品种及蛋白质结构和组成有关。

7.4.1.3 小麦蛋白的分类

1. 小麦蛋白质含量差异

小麦子粒中蛋白质含量差异很大,平均为 13.4%,比其他谷物如玉米、稻谷、大麦及高粱都高,但平均含量低于黑麦及燕麦(表 7.17)。小麦子粒中的蛋白质含量与小麦品种/类型有关(表 7.18),可以看出,我国小麦品种蛋白质含量与国外相比差异不显著,但是不同品种之间差异显著。

表 7.17　几种主要谷物子粒的蛋白质含量　　　　　　　　　　　　%

谷　物	小麦	玉米	大麦	黑麦	燕麦	稻谷	高粱
蛋白质含量	13.4	10.3	10.1	13.6	22.4	8.5	12.4

来源:周瑞宝,2007。

表 7.18　国内外不同类型小麦蛋白质含量比较　　　　　　　　　　　%

品　种	中国北方冬麦	中国南方冬麦	美国硬红冬麦	澳大利亚标准冬麦	中国春麦	中国硬红春麦	加拿大春麦
蛋白质含量	13.2~14.1	12.5~13.2	12.3~13.4	13.5	13.2~13.7	13.6~14.1	14.3~15.8

来源:周瑞宝,2007。

2. 麦类蛋白质分类

Osboren 最早提出了小麦蛋白质分类方法,1907 年他根据蛋白质在不同溶剂中溶解性的差异,将小麦蛋白质分为清蛋白、球蛋白、醇溶蛋白、麦谷蛋白 4 种不同的组分。近几年,随着色谱、电泳、胶体过滤和超速离心技术的迅速发展,发现这种分类方法有一定的局限性,因为有些蛋白质组分彼此相互交叉,如利用水作为提取剂可以逐步把醇溶蛋白提取出来,而且在电泳图谱中水溶性蛋白和醇溶蛋白有很大的相似性。有许多研究者对小麦蛋白质的分类方法做了适当的改进,但目前还难以准确、全面地反映小麦蛋白质的特性,尽管 Osborne 的分类系统存在一定的局限性,但仍是目前广泛采用的分类方法。按照该分类方法,小麦蛋白质的组成可以用图 7.4 表示。

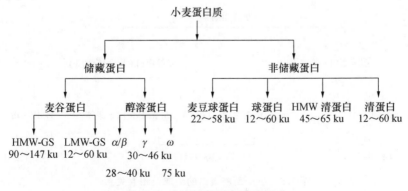

图 7.4　小麦子粒蛋白质的组成

(1)清蛋白和球蛋白

这两种蛋白质主要位于小麦子粒的糊粉层和胚中,在胚乳中也有少量的分布,属于子粒中的可溶性蛋白质,分别占小麦子粒蛋白的 9% 和 5% 左右。这两种蛋白质中富含赖氨酸,肽链结构、组成及基因的染色体定位不同,对此研究者的看法有较大差异,但其功能主要是作为参与各种代谢的酶。清蛋白和球蛋白主要与小麦的营养品质有关。研究发现,清蛋白含量的遗传不符合加性显性模型,符合加性模型;球蛋白含量遗传符合加性显性模型,且以加性效应为主。对小麦子粒蛋白质及组分含量进行数量遗传分析表明,小麦子粒蛋白质组分含量在品种间表现有一定差异,清蛋白、球蛋白含量主要受非加性效应控制。清蛋白和球蛋白富含赖氨酸,对营养品质有利;清蛋白氨基酸组成比较平衡,特别是赖氨酸、色氨酸和蛋氨酸含量较高。

(2)醇溶蛋白和麦谷蛋白

属于小麦籽粒中的储藏蛋白,主要分布在小麦的胚乳中,分别占小麦子粒蛋白质的 40% 和 46% 左右。储藏蛋白是小麦面筋的主要成分,大量研究表明,小麦面筋蛋白的组成及结构是影响小麦加工品质的主要因素。麦谷蛋白是一种非均质的大分子聚合体,分子质量为 40～300 ku,而聚合体分子质量高达数百万。每个小麦品种的麦谷蛋白由 17～20 种不同的多肽亚基组成,靠分子内和分子间的二硫键连接,呈纤维状;氨基酸组成大部分是极性氨基酸,彼此之间容易发生聚集作用,肽链间的二硫键和极性氨基酸是决定小麦面团强度的主要因素,麦谷蛋白主要与面团的弹性即抗延伸性有关。醇溶蛋白主要是单体蛋白,分子质量较小,约为 35 ku,没有亚基结构和分子间二硫键,单肽链间主要是通过氢键、疏水键以及分子内二硫键连接,从而形成比较紧密的三维结构,呈球形,一般由非极性氨基酸组成,故醇溶蛋白影响小麦面团的黏性和膨胀性能,主要提供面团的延伸性。麦谷蛋白、醇溶蛋白和水共同形成面筋,并以适当的比例相结合才能共同赋予小麦面团特有的黏弹性,两者单独存在或者比例不适当都无法形成质量好的面团结构。

(3)小麦面筋蛋白

小麦面筋蛋白(wheat gluten)即谷朊粉或小麦蛋白(wheat protein),是以小麦或小麦粉为原料,去除淀粉和其他碳水化合物等非蛋白质成分后获得的小麦蛋白产品。由于水合后具有高度黏弹性,又称活性小麦面筋粉(vital wheat gluten)。不同小麦品种麦谷蛋白和醇溶蛋白的含量、比例及结构有明显的差异,导致了小麦面团的黏弹性不同,因而造成加工品质的差异。小麦面筋蛋白的组成及相互关系如图 7.5 所示。

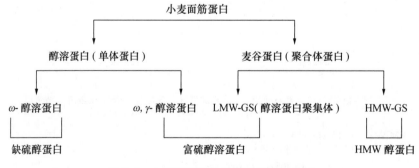

图 7.5　小麦面筋蛋白的组成及相互关系

7.4.1.4 小麦蛋白组成与分子质量

1. 醇溶蛋白

小麦醇溶蛋白占小麦面粉总量的 4%～5%,是胚乳的主要储藏蛋白,在组成上具有高度的异质性和复杂性。在单向酸性电泳(A-PAGE 电泳)的条件下,通常一个小麦品种能分离出 15～30 个组分,而在双向电泳条件下可分离出多达 50 个左右的组分。醇溶蛋白的分子质量在 30～80 ku。根据其在电泳图谱上的迁移率可分为 α、β、γ 和 ω 醇溶蛋白组分。这 4 种蛋白质组分分别占醇溶蛋白总量的 25%、30%、30% 和 15%。

2. 麦谷蛋白

麦谷蛋白以聚合体的形式存在,主要由高分子质量麦谷蛋白亚基(HMW-GS)和低分子质量麦谷蛋白亚基(LMW-GS)组成,另外还有一种富含硫的谷蛋白成分(DSG)。谷蛋白聚合体主要由 HMW-GS 和 LMW-GS 通过链间二硫键连接而成。HMW-GS 也称为 A 亚基,分子质量为 90～147 ku;LMW-GS 又分为 B 亚基、C 亚基和 D 亚基,B 亚基分子质量为 40～50 ku,属于碱性蛋白,也是低分子质量麦谷蛋白亚基的主要组分,C 亚基分子质量为 30～40 ku,它们的等电点变幅较宽,由弱酸性到强碱性;D 亚基分子质量为 55～70 ku,属于胚乳中主要的酸性蛋白亚基。

7.4.1.5 小麦面筋蛋白(谷朊粉)的生产

1. 小麦面筋蛋白的生产方法

小麦面筋蛋白的生产可以分成两部分,即先分离出湿面筋,再对湿面筋进行干燥。面筋的分离方法主要有湿法、干法和溶剂法。湿法(原料为小麦粉)主要包括物理法(马丁法、菲斯卡法、拜特法和雷肖法)、化学法(通过调 pH 分离面筋)以及酶法(用酶水解提取面筋);干法是小麦粉的空气分离法;溶剂法则为小麦粉或小麦粒的溶剂分离法等。

目前我国普遍采用的是湿法分离,其基本原理是利用面筋蛋白与淀粉两者相对密度不同进行离心分离。小麦面筋蛋白的生产工艺为:小麦粉→湿面团→湿面筋→造粒→干燥→面筋粒→粉碎→面筋粉。其具体方法如下:

(1)马丁法

将小麦粉和水以 0.4∶(0.6～1)在搅拌器内混合揉成面团,放置 0.5～1 h,再用水冲洗,去除淀粉和浆液即得面筋。这种古老的操作方法,作业简单,面筋得率高、质量好,若分离软麦粉可添加少量的无机盐,尤其是 NaCl。但是马丁法在水洗过程中有 8%～10% 甚至 20% 可溶性盐类、蛋白质、游离糖类等物质随水流失,而且用水量大,为小麦粉质量的 10～17 倍。马丁法是一种传统方法,马丁法的工艺过程如下:

```
          小麦粉 ← 一定温度的水
             ↓
          和面机
             ↓
          静置 (0.5～1 h)
             ↓
一定温度的水 → 冲洗 → 湿面筋 → 烘干机 → 分级和筛理 → 小麦面筋蛋白
             ↓
          淀粉乳
```

（2）拜特法

为连续式工艺。拜特法产生于第二次世界大战期间,也可称为变性马丁法,区别在于熟面团的处理,马丁法是水洗面团得到面筋,而拜特法是将面团浸在水中切成面筋粒,用筛子筛理而得到面筋。拜特法工艺流程如下:

小麦粉→水→和面机→静置→切割泵→振动筛→面筋→泵→振动筛→湿面筋
　　　　　　　　　　　　　　　↓
　　　　　　　　　　　　　　淀粉乳

具体操作是将小麦粉与水(水温40～50℃)连续加入双螺旋搅拌器,外螺旋叶将物料搅入底部而内螺旋叶以相反方向作用。水与粉的比例是(0.7～1.8):1[软麦粉(0.7～1.2):1,硬麦粉(1.2～1.6):1,蛋白质含量很高的小麦粉可高达1.8:1]。混合后的浆液静置片刻之后进入切割泵,同时加入冷水[水与混合液之比是(2～5):1],在泵叶的激烈搅拌下面筋与淀粉分离,这时的面筋呈小粒凝乳状,经60～150目的振动筛筛理,筛出面筋凝乳,再用水喷洒使面筋从筛上落下,这时获得的面筋其干基蛋白质含量为65%,经第二道振动筛水洗后的面筋其干基蛋白质含量为75%～80%。该法的用水量最多为小麦粉质量的10倍,比较经济,而且设备较马丁法先进。

（3）雷肖法

将小麦粉与水以1:(1.2～2.0)在卧式搅拌器内混合成均匀的浆液,用离心器将液浆分成轻相(面筋相)和重相(淀粉相)两部分,淀粉相经水冲洗后干燥得一级淀粉;面筋相用泵打入静置器,在30～50℃静置10～90 min,使面筋水解成线状物,如果温度超过60℃,面筋就会部分或全部变性凝固,但低于25℃不能水解。最后再加水进入第二级混合器,并激烈搅拌混合,生成大块面筋后分离取出。

这种方法的特点是不但可以得到纯淀粉,而且可以得到非常纯的天然面筋,面筋的蛋白质含量在80%以上;工艺时间短,细菌污染极少;使用少量水,工艺水可以循环利用。

雷肖法的工艺过程如下:

```
        水                        水
        ↓                         ↓
小麦粉→混合器→卧式混合器→离心器→水洗器→干燥→一级淀粉器
                          ↓        ↓
                        静置器    工艺水
                          ↓
干燥←分离器←二级混合器←工艺水
        ↓
干燥器←离心器←工艺水
```

（4）旋水分离法

将小麦粉与水以1:15充分混合后用泵导入旋水分离器,分离器内温度为30～50℃,轻相面筋在分离器内形成线状,用筛(孔径0.2～0.3 mm)滤出轻相(面筋),并将重相淀粉从浆液中分离出来,为使淀粉与纤维分离,最后一道工序要用新鲜水洗,洗出A级淀粉,余下的浆液再经过旋水分离器和筛网提出B级淀粉及可溶性物质。

我国采用"全旋流"法工艺,已开发出年产3 000 t活性小麦面筋蛋白生产线,于2002年4

月建成投产,设备全部国产化,投资少,操作简单,工艺稳定,设备运转良好,生产成本低,产品质量高且稳定。

（5）化学法与酶法

均以全麦为原料,通过加水和添加剂浸泡,分离出面筋、淀粉、麸皮和胚四种物质,这种全麦分离在工艺过程中需添加一定量的试剂从而提高了成本。

近年来,对用小麦而不是用干法加工的小麦粉生产面筋和淀粉进行了多次尝试,以整麦粒为原料具有独特的优点:可省去干法加工的成本费用并避免干法加工所产生的损伤;在购买小麦的时候,能详细说明所需小麦的类型及蛋白质含量,从而保证了产品的质量。

不添加任何化学试剂的全麦分离法的工艺流程如下:

$$
\begin{array}{c}
淀粉 \\
全麦 \to 浸泡 \to 轧片 \to 水化 \to 初级分离 \to 淀粉浆 \to 淀粉净化 \to 面筋、麸皮、胚 \\
二级分离 \to 淀粉浆 \\
麸皮、胚~活性面筋
\end{array}
$$

2. 小麦面筋蛋白粉的干燥

小麦粉湿法分离所得的面筋必须干燥后才能粉碎,但如果温度控制不当,生产出的小麦蛋白粉就失去活性,蛋白质效价下降。20世纪60年代工业上普遍采用的干燥方法之一是气力式环形烘干机,其生产的面筋粉粒径小、色浅、活性好、水分低于10%、蛋白质含量高于80%。小麦面筋蛋白的干燥方法有:

（1）真空干燥

真空干燥是生产活性面筋最早使用的方法之一。湿面筋在真空干燥之前必须先切成小块装入盘内,加热后面筋块膨胀,盘与盘之间要留有余地,面筋干燥后取出再磨成面筋粉。这种面筋粉为淡色,绝大部分保持自然活性。

（2）喷雾干燥

为了保证面筋能顺利喷出,需先稀释后,再由浆泵输入喷嘴,使之以雾状喷出,在干燥筒内成粉状面筋。稀释试剂常为氮、二氧化碳和有机酸等。

（3）圆筒干燥

圆筒干燥分双圆筒和单圆筒,喷雾干燥的面筋液亦可用于这种形式干燥并可添加氮、二氧化碳和乙酸,这是一种分散干燥法,干燥后的面筋变性最小。

（4）冷冻干燥

冷冻干燥是以冷冻的方式脱除湿面筋中的水分。此种面筋粉生产面包时烘焙性能损失最小,面包体积最大。若冷冻前采用干冰和液氮处理就能生产出白色、高质量的面筋粉。

3. 小麦来源的其他蛋白饲料资源

目前,在小麦加工过程中产生的可用于饲料的其他产品如下:

①喷浆小麦皮。小麦生产淀粉及胚芽的副产品喷上小麦浸泡液干燥后获得的产品。

②小麦粉浆粉。小麦提取淀粉、谷朊粉后的液态副产物经浓缩、干燥获得的产品。

③小麦胚(wheat germ)。小麦加工时提取的胚及混有少量麦皮和胚乳的副产品。

④小麦胚芽饼(wheat germ cake)。小麦胚经压榨取油后的副产品。

⑤小麦胚芽粕(wheat germ meal)。小麦胚经浸提取油后的副产品。

⑥小麦水解蛋白。谷朊粉经部分水解后获得的产品。

⑦小麦糖渣。小麦生产淀粉糖的副产品。

⑧预糊化小麦。将粉碎或破碎小麦经湿热、压力等预糊化工艺处理后获得的产品。

⑨发芽小麦(芽麦)。发芽的小麦。

⑩膨化小麦。小麦在一定温度和压力条件下,经膨化处理获得的产品。

⑪压片小麦。去壳小麦经汽蒸、碾压后的产品。其中可含有少量小麦壳。

7.4.2 燕麦蛋白

7.4.2.1 燕麦资源概况

燕麦是燕麦属(*Avena*)作物的籽实,又称莜麦、玉麦、铃铛麦等,禾本科燕麦属一年生草本植物,按其籽粒的外稃性可分为带稃型燕麦(*Avena sativa* L.)和裸粒型燕麦(*Avena nuda* L.)两大类。我国以种植裸燕麦为主。燕麦作为一种重要的禾谷类粮食作物,在世界上许多国家都有种植,其中北欧和北美是最大的产区,栽培品种以带稃型燕麦为主。据联合国粮农组织(FAO)统计,1996—2005 年,全世界燕麦年平均收获面积为 1.346 万 hm^2,平均产量为 6 800 万 t,产量最多的几个国家依次为:俄罗斯、美国、加拿大、波兰、德国、法国和中国。

我国是裸燕麦的发源地。据中国农业统计年鉴统计,2005 年我国的燕麦种植面积为 28 万 hm^2,平均单产 2 857kg/hm^2,总产量为 80 万 t,以大粒裸燕麦为主。尽管种植面积不大但产区相对集中,主要分布在西北部的高寒山区,如内蒙古、山西、河北、甘肃等地。由于产区气候干燥、气温较低,导致燕麦具有耐寒、抗旱、耐土地瘠薄和适度盐碱的生长特性,并成为西北部地区不可替代的优势粮食作物。

7.4.2.2 燕麦的营养

与其他的谷物相比,燕麦具有更高的营养价值,被誉为是谷类食品中最好的全价食品之一。燕麦与其他的几类主要粮食作物的营养成分见表 7.19。

7.4.2.3 燕麦蛋白

在燕麦籽粒加工过程中,燕麦麸是其主要副产物,占总重量的 1/3 左右,主要由籽粒周围的皮层组成,也包含了一定比例的胚乳。从组成上看,燕麦麸较胚乳部分含有更高比例的蛋白质、膳食纤维和抗氧化成分(如维生素 E、植酸、酚类化合物等),而淀粉含量较低。燕麦麸中所含的蛋白约占燕麦总蛋白含量的一半,因此它也是一种宝贵的蛋白资源。由于在籽粒中蛋白的分布位置不同,导致燕麦麸蛋白在组成、性质上与燕麦粉蛋白存在一定的差异。

表 7.19　燕麦与其他几类谷物(100 g)营养成分对照

营养成分	燕麦粉	稻米	小麦粉	玉米粉	荞麦粉
能量/kJ	1 537	1 398	1 440	1 424	1 237
碳水化合物/g	61.6	75.3	71.5	69.6	60.2
蛋白质/g	15.0	7.3	11.2	8.1	9.7
脂肪/g	8.5	0.4	1.5	3.3	2.7
膳食纤维/g	5.3	0.4	2.1	5.6	5.8
灰分/g	2.2	0.4	1.0	1.3	2.3
钙/mg	70	24	31	22	39
磷/mg	291	80	188	196	244
铁/mg	7.0	0.9	3.5	3.2	4.4
硒/mg	4.31	2.49	5.36	2.49	5.57
维生素 E/mg	3.07	0.76	1.80	3.80	1.73
维生素 B_1/mg	0.30	0.08	0.28	0.26	0.32
维生素 B_2/mg	0.13	0.04	0.08	0.09	0.21

来源:Pomeranz Y 等,1982。

1. 燕麦蛋白的营养及组成

研究表明,燕麦蛋白的营养价值高于大部分其他谷物蛋白,其氨基酸组成平衡、配比合理,接近于 FAO/WHO 推荐的营养模式;平均蛋白质功效比(PER)达 2.0,生物价(BV)70%~73%,蛋白消化率(TD)84%~94%。燕麦蛋白中谷氨酸和天门冬氨酸的含量比较高,分别约占 21%和 9%,第一限制氨基酸为 Lys。燕麦蛋白也可分为清蛋白、球蛋白、醇溶蛋白和谷蛋白。

(1)燕麦清蛋白

清蛋白在燕麦蛋白中所占比例较小(1%~12%),主要包括一些代谢活性的酶类,如蛋白酶、麦芽糖酶、α-淀粉酶、脂肪酶等。这部分蛋白的分子质量为 14~17 ku、20~27 ku 和 36~47 ku,等电点在 pH 4.0~7.5。

(2)燕麦球蛋白

这部分蛋白是燕麦中主要的储藏蛋白,也是目前研究得最多的蛋白组分。报道的含量在 40%~80%。1978 年 Peterson 最先指出 12S 球蛋白是燕麦球蛋白的主要成分,分子质量为 54 ku;SDS-PAGE 结果显示分子内包括一个 α 亚基和一个 β 亚基,两者通过二硫键连接,分子质量分别为 32 ku 和 22 ku。随后不少研究者对燕麦球蛋白做了进一步的研究,证实了 Peterson 的结论,但在分子质量的报道上有所出入,一般认为 α 亚基为 32~43 ku,β 亚基为 19~25 ku,分子质量大小为 50~70 ku。等电聚焦结果进一步显示两个亚基也分别由不同的组分组成,α 亚基包括 20~30 条谱带,等电点偏酸性在 pH 5~7,也称为酸性亚基;β 亚基包括 5~15 条谱带,等电点偏碱性在 pH 8~9,又称为碱性亚基。Brinegar 等根据酸碱性亚基电荷性质上的差异利用离子交换色谱对它们进行了分离并测定了各自的氨基酸组成,发现 β 亚基可溶于水中,且碱性氨基酸(Arg、Lys 和 His)含量偏高。燕麦 12S 球蛋白在氨基酸组成和结构上和大豆 11S 球蛋白很相似。Shotwell 通过 DNA 转译的方法测出了燕麦 12S 球蛋白的氨基酸序列并与大豆球蛋白和大米球蛋白进行对比,发现它们三者具有很高的同源性(高于 50%)。

除了 12S 球蛋白,燕麦中还含有微量的 3S 和 7S 球蛋白。Burgess 从燕麦球蛋白中纯化出了这两种组分并分别测定了它们的组成,发现 7S 球蛋白主要为 55 ku 的多肽,还包括少量的 65 ku 的组分;3S 中也包含两种组分,分子质量分别为 15 ku 和 21 ku。氨基酸分析结果表明:和 12S 球蛋白相比,3S 和 7S 球蛋白中的 Gly 含量较高,但 Glu 含量偏低。

(3)燕麦醇溶蛋白

燕麦醇溶蛋白通常采用体积分数为 70% 的乙醇溶液提取,但 Walburg 等指出用体积分数为 52% 的乙醇提取能达到更好的提取效果,这部分蛋白占燕麦总蛋白的 15% 左右。燕麦醇溶蛋白也并非均一组分,其中至少包含 20 种组分,分子质量在 20～34 ku。Kim 等根据燕麦醇溶蛋白电泳迁移率的不同将其分为 α、β、γ 和 δ 四种醇溶蛋白组分;Ma 等通过等电聚焦(IEF)实验指出燕麦醇溶蛋白根据等电点可将其分为 pI＞6,7.6 和 9 三组;Wieser 等利用 RP-HPLC 分离燕麦醇溶蛋白得到 30 个组分,进一步研究发现其中只有 16 个组分为醇溶蛋白组分,各个组分的氨基酸组成很相似。

燕麦醇溶蛋白的氨基酸序列研究也引起了很多学者的兴趣。Bietz 通过 Edman 降解鉴定出燕麦醇溶蛋白 N 末端 23 个氨基酸的序列,并指出所有醇溶蛋白组分具有相同的 N 末端氨基酸序列;Egorov 等通过离子交换色谱和 HPLC 分离出了三种燕麦醇溶蛋白组分并测定了它们的 N 末端氨基酸序列,发现它们前 40 个氨基酸序列都相同;此后 Egorov 又鉴定了一种称为 N9 的燕麦醇溶蛋白组分的全蛋白氨基酸序列,该蛋白含 182 个氨基酸残基,分子质量为 21 ku;Chesnut 等运用基因技术得到了三种燕麦醇溶蛋白组分的氨基酸序列,进一步证实了它们之间序列上的相似性。

(4)燕麦谷蛋白

目前关于这部分蛋白的研究报道很少,含量报道差异较大,为 5%～66%。

2. 燕麦蛋白的制备

和其他大多数谷物蛋白一样,燕麦蛋白的应用很少是以纯化后的蛋白制品的形式应用,大多数情况下仅仅以燕麦粉的形式添加,Shukla 曾详细地论述了燕麦(包括燕麦蛋白)的加工方式和应用途径。

到目前为止,燕麦蛋白的制备大多停留在实验室水平,远未达到工业化生产规模。不少研究者都在制备燕麦蛋白方面进行了一些摸索性的工作,如 Cluskey 等采用 pH 9.0 的碱液提取燕麦蛋白,调节浸提液 pH 至 6.0 后冷冻干燥制备了蛋白含量在 59%～89% 的燕麦浓缩蛋白;Wu 等采用空气分级的方法制备了蛋白含量在 83%～88% 的燕麦浓缩蛋白,但得率很低;Kjaergaard 等以脱壳、脱脂的燕麦为原料湿法制备了燕麦分离蛋白,蛋白含量在 48%～90% 之间;Youngs 利用密度差异对燕麦匀浆进行高速离心(12 000×g),得到富含蛋白(50%～57%)的分离层;Wu 等通过碱提酸沉(pH 5.0)工艺制备了蛋白含量在 90% 以上的燕麦分离蛋白。

无论采用干法还是湿法制备燕麦蛋白,都不可避免地存在着一些缺陷。如干法工艺导致蛋白得率过低,湿法工艺存在提取液黏稠、分离困难等问题,如何克服这些问题,或者采用新的工艺来制备燕麦蛋白都有待于进一步的研究。

7.4.3　荞麦蛋白

7.4.3.1　荞麦资源概况

荞麦属于蓼科一年生草本植物栽培荞麦的瘦果。全世界荞麦属约有 15 个种,在我国有 11 个种,包括 2 个变种,几乎占世界的 3/4。在荞麦属的 15 个种中,只有甜荞(*F. esculentum*) 和苦荞(*F. symosum*)是栽培种,其余均为野生种。我国是世界荞麦主产国之一,种植面积最 少在 100 万 hm² 以上,其中甜荞 70 万 hm² 左右,苦荞 30 万 hm² 左右,总产量约 75 万 t,面积 和产量居世界第二位。我国荞麦生产水平较低,一般产量在200~700 kg/hm²。

7.4.3.2　荞麦蛋白

荞麦蛋白是荞麦主要的生物活性成分,它不同于谷类作物蛋白。小麦蛋白是以麦谷蛋白 和麦胶蛋白为主的,两种蛋白质与水作用可以形成面筋,赋予小麦面团特有的流变学特性,而 荞麦蛋白质主要是谷蛋白、水溶性清蛋白和盐溶性球蛋白等。这类蛋白质的黏性差,无面筋 性,近似于豆类植物蛋白,其蛋白质质量优于大米、小麦和玉米。从氨基酸组成来看,荞麦蛋白 含有丰富的 19 种氨基酸,人体必需的 8 种氨基酸组成合理、配比适宜,符合或超过联合国粮农 组织和世界卫生组织对食物蛋白质中必需氨基酸含量规定的指标,与鸡蛋蛋白质的营养相似, 化学评分苦荞为 55,明显都高于小麦(38)、大米(49)和玉米(40)。所以,国内外对其进行了深 入的研究。

荞麦蛋白质的结构是荞麦生物功能特性的物质基础。荞麦蛋白质的研究主要集中于荞麦 的球蛋白和清蛋白。

Pomeranz 报道荞麦蛋白主要由 80％的清蛋白和球蛋白组成。荞麦中(清蛋白＋球蛋 白)、醇溶蛋白、谷蛋白、其余蛋白质之比为(38~44)∶(2~5)∶(21~29)∶(28~37)。酶联免 疫吸附试验(ELISA)也证实了荞麦籽粒和粉中醇溶蛋白含量较低这一结论,通过化学、电泳、 免疫学研究及流变学测试表明,荞麦蛋白不具有小麦面筋的性质。

荞麦蛋白的清蛋白和球蛋白都含有一个表观分子质量为 25 ku 的多肽链亚基,其多肽链 模式与电泳分析前处理有关。在这些可溶组分中,含硫氨基酸和脯氨酸的含量显著不同,而天 门冬氨酸、酪氨酸、甘氨酸和赖氨酸含量差别不大。不同浓度的醇溶蛋白均含有一个分子质量 为 30~40 ku 的窄带多肽链,与其他成分相比,这些醇溶蛋白富含谷氨酸和脯氨酸,而赖氨酸 和天门冬氨酸含量较少。碱溶谷蛋白显示分子质量为 80~90 ku 的单一多肽链带,其氨基酸 组成介于球蛋白和清蛋白之间。

通过对苦荞球蛋白进行电泳显带分析,认为苦荞蛋白由分子质量为 430 ku 和 20 ku 两种 亚基组成。Manoj 等纯化了 13S 球蛋白的一条 26 ku 的碱性亚基,其氨基酸组成与 WHO 推 荐模式一致,属营养平衡的蛋白质。此蛋白质 N 端的 17 个氨基酸序列表明了它与大豆 11S 球蛋白和豌豆蛋白分别有 73.3％和 66.7％的同源性。Radovic 等用蔗糖密度梯度离心法分 离得到了占荞麦种子蛋白总量 30％的 2S 清蛋白。它们主要由分子质量为 8~16 ku 的多肽链 构成,多肽链间没有二硫键。此类清蛋白占全部盐溶蛋白的 25％;但在缺硫条件下生长的荞 麦,其所占比例显著下降。对清蛋白的氨基酸组成分析表明,其内含有较高的甲硫氨酸

(9.2%)和赖氨酸(5.6%)。

荞麦蛋白具有独特的生理功能,对于人体内一些慢性疾病具有治疗作用。如荞麦蛋白能显著降低血液胆固醇浓度,抑制脂肪蓄积,改善便秘,抑制有害物质的吸收,抵抗衰老等,其效果优于大豆蛋白。荞麦蛋白作为一种新型的蛋白质资源,有其独特的营养价值、生理功能和各种加工功能特性,已经在食品加工领域中得到广泛的应用。随着荞麦的扩大种植,必将极大地推动荞麦蛋付的加工,从而推动在饲料工业中的应用。

7.4.4 大麦蛋白

7.4.4.1 大麦资源概况

大麦(barley)是大麦属(*Hordeum*)作物籽实,包括皮大麦和裸大麦。大麦是世界上最古老,分布最广泛的重要谷类作物之一,播种面积和总产量仅次于小麦、水稻、玉米,居第四位。因其耐寒、耐瘠、抗旱,在盐碱地区、旱坡、丘陵、干旱半干旱地区当做抗旱作物栽培。栽培大麦分为皮大麦(带壳)和裸大麦(无壳)等类型,一般农业生产上所称的大麦是指皮大麦,裸大麦在不同地区有元麦、青稞、米大麦的俗称。

7.4.4.2 大麦蛋白

大麦是我国一些地区,特别是青藏高原等海拔寒冷地区的主要口粮。大麦蛋白粉(barley protein powder)是大麦分离出麸皮和淀粉后以蛋白质为主要成分的副产品。大麦的蛋白质含量占整个籽粒质量的9%~10%,其主要成分是醇溶蛋白(胶蛋白)和谷蛋白,其中清蛋白占总蛋白的3%~5%、球蛋白占10%~20%、醇溶蛋白占35%~45%、谷蛋白占35%~45%。

大麦醇溶蛋白主要存在于麦粒糊粉层,等电点6.5,它的氨基酸组成不如麦谷蛋白和小麦醇溶蛋白,其中苏氨酸、赖氨酸、缬氨酸、亮氨酸、酪氨酸和天门冬氨酸的含量都很低,但是含有大量的谷氨酸和脯氨酸,这两种氨基酸是造成啤酒冷凝混浊和氧化物混浊的重要成分。对大麦醇溶蛋白的N端序列进行的研究表明,大麦醇溶蛋白与其他谷物醇溶蛋白具有高度的同源性。大麦中的谷蛋白是高分子的大麦贮存蛋白。高分子的大麦贮存蛋白由二硫键连接的多肽单体组成,它不溶于乙醇,但可以被稀释的强酸、强碱溶解。大麦谷蛋白富含谷氨酸和脯氨酸,并含有较多的甘氨酸,不同品种的大麦醇溶蛋白氨基酸中的甘氨酸所占比例为14.6%~26.9%。谷蛋白和醇溶蛋白是构成麦糟蛋白质的主要成分。清蛋白等电点为4.6~5.8,球蛋白在90℃左右能凝结析出,等电点为4.9~5.7,其在麦汁制备过程中不能完全析出沉淀,当啤酒的pH持续下降、温度降低时,它就会析出而引起啤酒混浊。与整粒大麦蛋白质的平均氨基酸组成相比,清蛋白含高比例的赖氨酸、苏氨酸、缬氨酸,以及低比例的苯丙氨酸、谷氨酸和脯氨酸。大麦蛋白质是一种不完全蛋白质,其含量比大米、玉米等略高些,由于含量高可以弥补质的不足,因此,大麦蛋白仍是一种较好的粮食,但是以大麦为主食的地区,最好同时补充一些其他的优质蛋白质,以弥补大麦蛋白不足的一些必需氨基酸。大麦醇溶蛋白的氨基酸组成见表7.20。

表 7.20　几种谷类种子蛋白质的氨基酸组成　　　　　　　　　%

氨基酸	高粱醇溶蛋白	大麦醇溶蛋白	小米蛋白质	燕麦蛋白质
异亮氨酸	0.56	—	3.64	5.2
亮氨酸	15.4	7.0	14.4	7.5
赖氨酸	1.0	—	2.21	3.7
蛋氨酸	0.11	—	2.9	1.5
胱氨酸	0.6	2.5	1.64	—
苏氨酸	0.3	—	4.52	3.3
色氨酸	0.9	1.6	1.95	1.3
缬氨酸	4.3	1.4	5.3	6.0
苯丙氨酸	2.3	5.03	5.44	5.3
酪氨酸	5.5	1.67	—	—
甘氨酸	—	—	—	—
丙氨酸	8.1	1.84	—	—

来源：江连州，2011。

7.4.4.3　其他大麦饲料产品

①大麦粉浆粉。大麦经湿法加工提取蛋白、淀粉后的液态副产物经浓缩、干燥形成的产品。

②喷浆大麦皮。大麦生产淀粉及胚芽的副产品喷上大麦浸泡液干燥后获得的产品。

③大麦芽根。发芽大麦或大麦芽清理过程中的副产品，主要由麦芽根、大麦细粉、外皮和碎麦芽组成。

④大麦芽粉。大麦芽经干燥、碾磨获得的产品。

⑤大麦芽。大麦发芽后的产品。

⑥大麦次粉。以大麦为原料经制粉工艺产生的副产品之一，由糊粉层、胚乳及少量细麸组成。

⑦大麦粉。大麦经制粉工艺加工形成的以大麦粉为主、含有少量细麦麸和胚的粉状产品。

⑧大麦糖渣。大麦生产淀粉糖的副产品。

7.5　其他谷物类蛋白饲料资源

7.5.1　高粱蛋白

7.5.1.1　高粱生产与营养特性

1. 高粱资源概况

高粱是高粱属（*Sorghum*）籽实，又称蜀黍，是中国最早栽培的禾谷类作物之一。高粱主要分布在世界五大洲 89 个国家的热带干旱和半干旱地区，是这一地区重要的粮食作物和饲料作物，温带和寒温带也有种植。目前，全世界高粱种植面积基本稳定在 4 400 万～4 500 万 hm²，

2003 年全世界高粱种植面积 4 514 万 hm²,总产 59 834 万 t,单产 1.33 t/hm²。我国高粱种植面积居世界第 10 位,种植面积为 74 万 hm²,占世界高粱总面积的 1.6%,单产 4.03 t/hm²,是世界平均单产的 3 倍,在高粱主产国中居第 1 位;总产量达到 299.5 万 t,列世界第 6 位。

2. 高粱的结构

商业高粱米杂交种谷粒呈扁平球的形状(4 mm 长,2 mm 宽,2.5 mm 厚),千粒重 25～35 g。谷粒密度通常为 1.26～1.38 g/cm³。高粱米由三个主要部分组成,即果皮(外层)、内胚乳和胚芽(胚),它们分别占高粱米重的 6%、84% 和 10%。果皮可以细分为三个部分,即外果皮、中果皮和内果皮。外果皮上通常布满像蜡一样的薄膜,中果皮包含许多淀粉小粒的 3～4 个细胞层和少数淀粉小粒的细胞,高粱米是唯一已知的在这个部位中有淀粉的谷类食品。内果皮由交叉细胞和管细胞组成。

成熟的高粱米中含有比较多的单宁酸,内胚乳和糊粉层主要的成分是淀粉等营养储藏组织,这些细胞含有大量的包含植酸盐的蛋白体、油体、微量元素和酶。高粱的胚中含有大量油脂、蛋白质、酶和微量矿质元素。

高粱分为褐色的、白色的和黄色的,褐色的高粱含有较多的单宁酸,影响营养价值,而白色和黄色高粱单宁含量较少。

3. 高粱的主要营养成分及高粱蛋白的组成

高粱的主要成分列于表 7.21 中。高粱的成分受遗传和环境因素影响,高氮肥料会增加谷粒蛋白质含量以及减少淀粉的数量。高粱的成分与玉米类似,含有高达 70%～80% 支链淀粉和 20%～30% 直链淀粉。然而,蜡质或黏高粱的淀粉是 100% 的支链淀粉,它的性质与蜡质玉米相似。通常,高粱的脂肪比蜡质玉米低 1% 并具有较多的蜡质。高粱的蛋白质有一定的可变性,一般比玉米高 1%～2%。高粱的胚乳、胚芽和种皮中的蛋白质含量比例分别为 80%、16% 和 3%。高粱醇溶蛋白含量约占总蛋白质含量的 50%。高粱醇溶蛋白是疏水的,富含脯

表 7.21　高粱的主要成分

成　分	含量	范围	成　分	含量	范围
粗蛋白质(N×6.25)/%	11.6	8.1～16.8	必需氨基酸/(g/100 g)		
粗脂肪/%	3.4	1.4～6.2	赖氨酸	2.1	1.6～2.6
粗纤维/%	2.7	0.4～7.3	亮氨酸	14.2	10.2～15.4
粗灰分/%	2.2	1.2～7.1	苯丙氨酸	5.1	3.8～5.5
无氮浸出物/%	79.5	65.3～81.0	缬氨酸	5.4	0～5.8
纤维素/%			色氨酸	1.0	0.7～1.3
酸不溶性可食纤维	7.2	6.5～7.9	蛋氨酸	1.0	0.8～2.0
酸可溶性可食纤维	1.1	1.0～1.2	苏氨酸	3.3	2.4～3.7
蛋白质组分/%			组氨酸	2.1	1.7～2.3
醇溶蛋白	52.7	39.3～72.9	异亮氨酸	4.1	2.9～4.8
谷蛋白	34.4	23.5～45.0			
球蛋白	7.1	1.9～10.3			

来源:周瑞宝,2007。

氨酸、天门冬氨酸和谷氨酸,赖氨酸含量很少。醇溶蛋白含量比较高,主要集中于高粱的蛋白体中。谷蛋白是第二个含量较高的蛋白质,且很难萃取,它是溶在稀释的碱或酸中被分离出来的。谷蛋白是高分子质量蛋白质,它是胚乳的结构形成(蛋白质基质)。清蛋白和球蛋白分别溶于水和稀盐溶液。胚芽中的蛋白质含有较高的赖氨酸成分。高粱蛋白质的限制性氨基酸,首先是赖氨酸,其次是苏氨酸。赖氨酸的含量仅相当于 FAO/WTO 推荐的模式值的 45%,商品高赖氨酸高粱的赖氨酸含量也只有推荐值的 52%。

7.5.1.2 高粱蛋白的加工和利用

尽管我国的高粱主要用于酿酒工业,但还是以淀粉加工为例说明高粱蛋白的生产方法。图 7.6 是湿法高粱淀粉生产工艺流程。高粱也可以像玉米一样进行湿法加工,在生产高粱淀

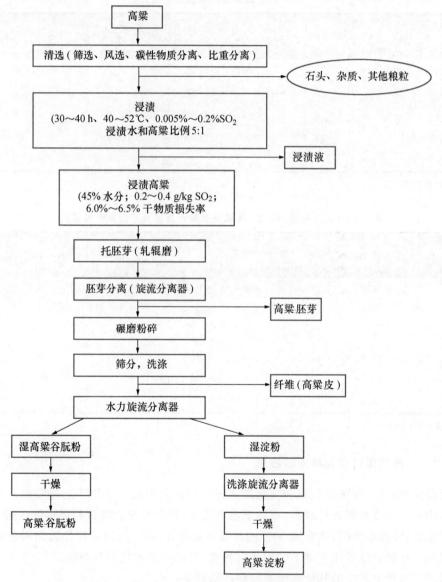

图 7.6　湿法高粱谷朊粉、高粱胚芽和高粱淀粉生产工艺

粉时,可将高粱浸泡水中浓缩、干燥生产饲用高粱谷朊粉;也可在淀粉废水中沉淀高粱谷朊粉,经干燥生产高粱谷朊粉;利用湿法生产高粱淀粉是分离出来的高粱胚芽,按照玉米胚芽压榨或浸出脱脂的生产工艺,生产高粱胚芽脱脂饼粕。高粱的湿法和干法脱胚芽,生产高粱谷朊粉和脱脂胚芽粕粉,工艺与玉米相似,具体操作参考玉米加工。高粱湿法加工的浸泡废水中,含有较高的多酚类化合物,如果进行浓缩、干燥,所得谷朊粉中会含有较高的单宁等化合物,影响蛋白质的利用。但胚芽和脱脂胚芽饼粕中的单宁含量由于高粱的水浸泡而降低,所以起到了脱除单宁等多酚化合物的作用。

高粱淀粉加工中的浸渍液浓缩生产的饲用高粱谷朊粉和高粱谷朊粉,以及高粱胚芽脱脂生产的高粱胚芽粕,三种高粱蛋白制品主要成分和氨基酸组成分别列在表 7.22 和表 7.23 中。

表 7.22 高粱蛋白制品主要成分

成 分	饲用高粱谷朊粉	高粱谷朊粉	成 分	饲用高粱谷朊粉	高粱谷朊粉
粗蛋白质(N×6.25)/%	25.0	41.7	钙/%	0.09	0.02
粗脂肪/%	8.4	4.1	磷/%	0.59	0.17
粗纤维/%	6.8	2.0	维生素 B_1/(mg/kg)	5.72	4.18
无氮浸出物/%	48.4	40.8	维生素 B_2/(mg/kg)	11.88	—
粗灰分/%	7.7	0.7	尼克酸/(mg/kg)	100.98	49.28

来源:周瑞宝,2007。

表 7.23 饲用高粱谷朊粉、高粱谷朊粉和高粱胚芽粕氨基酸组成　　　　　g/100 g

氨基酸	饲用高粱谷朊粉	高粱谷朊粉	高粱胚芽粕	氨基酸	饲用高粱谷朊粉	高粱谷朊粉	高粱胚芽粕
精氨酸	4.3	2.7	6.8	苯丙氨酸	4.6	5.8	4.6
组氨酸	2.7	1.8	3.4	苏氨酸	8.6	3.0	3.4
异亮氨酸	4.4	5.1	4.5	色氨酸	0.8	1.0	1.0
亮氨酸	11.4	16.4	8.7	缬氨酸	5.8	5.7	6.7
赖氨酸	3.0	1.3	4.0	粗蛋白(N×	22.3	44.5	21.6
蛋氨酸	1.7	1.6	1.6	6.25)/%			

来源:周瑞宝,2007。

7.5.1.3 高粱蛋白在饲料中的应用

饲用高粱谷朊粉、高粱谷朊粉和脱脂高粱胚芽粕蛋白制品主要用于动物喂养。由于高粱蛋白制品中单宁和纤维素含量较高,不适于蛋鸡喂养,但是可作为喂猪的饲料蛋白质。由于赖氨酸含量偏低,喂养小牛时,通常用 10% 的高粱谷朊粉添加 20% 的豆粕作为饲料蛋白进行配合饲料喂养。高粱谷朊粉用做绵羊饲用蛋白资源,可以完全替代棉籽饼粕。

高粱加工过程中产生的其他高粱类饲料产品如下:

①高粱粉浆粉。高粱湿法提取蛋白、淀粉后的液态副产物经浓缩、干燥形成的产品。

②高粱米。高粱籽粒经脱皮工艺去除皮层后的产品。

③去皮高粱粉。高粱籽粒去除种皮、胚芽后,将胚乳部分研磨成适当细度获得的粉状产品。

④全高粱粉。不去除任何皮层的完整高粱籽粒经碾磨获得的产品。

7.5.2 黍子蛋白

7.5.2.1 黍子资源概况

黍子(*Panicum miliaceum* L.),禾本科,黍族,黍亚族,黍属,一年生栽培草本植物,喜温、喜光、耐旱、是短日性 C_4 作物。出苗到成熟需 50~100 d。对光敏感,能适应多种土壤,耐盐碱能力较强。为第二类禾谷类作物,是人类最早栽培的谷物之一,分布于干旱、半干旱,降雨量少、土壤肥力低的环境。抗逆性强、生长期短,产量较高。籽粒富含淀粉,供食用或酿酒;秸秆、叶可为牲畜饲料。主产国有前苏联、中国,印度、非洲、欧洲和美洲的一些国家也有分布。我国西北、西南、东北、华南以及华东等地区都有栽种。由于长期栽培选育,品种繁多,大体上分为黏和不黏两种。《本草纲目》称黏者为黍,不黏者为稷;民间又将黏者称黍子,不黏者称糜子。黍子脱壳后称为黄米,其中糯性的称为软黄米、大黄米。黍子在我国粮食生产中虽属小杂粮,但是在北方干旱、半干旱地区,特别是内蒙古、陕西、甘肃、宁夏、山西等省区有明显的地区优势和生产优势,从农业到畜牧业、从食用到加工出口、从自然资源利用到发展地方经济,黍子都占有非常重要的地位。全世界黍子栽培面积为(550~600)×10^4 hm^2,栽培面积最大的是前苏联和中国,印度、伊朗、蒙古、朝鲜、日本、法国、罗马尼亚、澳大利亚和美国也有栽种。世界黍子平均产量为 750 kg/hm^2,前苏联为 1 100 kg/hm^2,我国为 1 000 kg/hm^2。我国在 20 世纪 50 年代黍子栽培面积为 200×10^4 hm^2,由于种植黍子经济效益低,目前,全国黍子种植面积约为 80×10^4 hm^2,在干旱年份种植面积会大幅度增加。所以,生产潜能很大,产量为 1 000~6 000 kg/hm^2,其中以内蒙古、山西、陕西一线产量最高。

7.5.2.2 黍子主要营养成分

黍子营养成分完整,尤其富含淀粉,粗纤维含量较高,粗蛋白质、粗脂肪、粗灰分含量明显高于小麦、大米及其他谷物。其主要营养成分(表 7.24)受品种、气候及栽培条件的影响而差别很大。

表 7.24　黍子主要组分 %

粗蛋白质	淀粉	粗灰分	粗纤维	无氮浸出物	粗脂肪
6.4~15.9	56.1~58	1.4~8.8	4.6~19.2	53.5~84.7	3.6~4.0

注:所有数据表示干基含量,蛋白质转换系数 N=6.25。
来源:McDonough C M,2000。

黍子蛋白质含量较大米、小麦、玉米高,特别是糯性品种,其含量一般在 13.6%(N=6.25)左右,最高可达 17.9%。主要是醇溶蛋白和谷蛋白,营养价值与玉米、高粱相近。但其氨基酸的组成不平衡。如表 7.25 所示,黍子蛋白质富含谷氨酸和亮氨酸,但赖氨酸、色氨酸、苏氨酸含量偏低(因品种不同而略有差异),所以生物效价偏低,辅加赖氨酸或高赖氨酸含量的蛋白质,可以显著提高黍子的生物效价。Nishizawa 等用含黍子 73.3%(作为唯一氮源)的混合饲料饲养大鼠,结果发现大鼠的生长停滞,但适当添加赖氨酸和苏氨酸后,大鼠的生长恢复正常。Kasaoka 等测定了酶法制备的黍子浓缩蛋白的氨基酸分数(amino acid score)为 20.8,蛋白消化率(protein digestibility)为 80%,生物价(biological value)为 40.7%,净蛋白利用率(net protein utilization)为 35%,与其他谷物相比偏低,这可能是黍子含有活性较高的抗胰蛋白酶和抗凝乳蛋白酶成分所致。

表 7.25　黍子蛋白质氨基酸组成及其含量　　　　　　　　　　g/16 g N

必需氨基酸	含量	非必需氨基酸	含量
Phe	4.3～5.6	Asp	3.7～6.3
His	1.8～2.9	Glu	14.9～22.3
Ile	3.1～6.5	Ala	3.9～12.2
Leu	10.6～15.4	Arg	2.7～9.1
Lys	1.4～4.3	Cys	0.5～2.8
Met	1.3～2.6	Gly	1.7～2.5
Thr	2.3～4.5	Pro	5.3～10.4
Trp	0.6～1.7	Ser	4.8～6.9
Val	4.1～6.5	Tyr	1.8～4.0

来源:McDonough C M,2000。

7.5.2.3　黍子蛋白的特点及组成

黍子蛋白质的研究国内鲜见报道,国外的研究主要集中在氨基酸组成、含量,亚基分布、理化性质及营养价值等方面。黍子蛋白质受品种、农业技术及其他条件的影响。含量普遍高于稻米、小麦,且含有丰富的内源酶,无过敏性,等电点为 4.0～5.0,消化率偏低,为 50%～60%,营养价值偏低。按照 Osborne 法,溶解性不同的黍子蛋白质组分的含量如表 7.26 所示。其中醇溶蛋白占据绝对优势。黍子蛋白质含 18 种氨基酸,其中赖氨酸为第一限制性氨基酸,色氨酸、苏氨酸和含硫氨基酸含量不足。

表 7.26　黍子不同蛋白质组分的含量　　　　　　　　　　g/100 g

清蛋白	球蛋白	醇溶蛋白	谷蛋白
8.3～9.7	10.5～11.3	25.1～36.9	7.7～8.3

来源:McDonough C M,2000。

Jone 等根据 Osborne 法将黍子去壳粉碎,用正丁醇脱脂后,依次用水、NaCl 溶液、醇溶液提取蛋白质,分别得到清蛋白、球蛋白、醇溶蛋白样品。他们还研究了不同蛋白质组分的含量和氨基酸组成,并通过凝胶电泳比较了不同组分间氨基酸组成的差异,结果发现,不同浓度的醇溶液在不同的提取温度下得到的醇溶蛋白无本质区别,且醇溶蛋白较清蛋白和球蛋白富含丙氨酸、蛋氨酸和亮氨酸,但甘氨酸、赖氨酸、精氨酸含量较低。Kohama 等按照 Landry-Moureaux 法分级提取了黍子蛋白质的不同组分,测定了各组分的含量(表 7.27)及氨基酸组成,发现醇溶蛋白是黍子蛋白质的主要组成部分,占总蛋白含量的 80%,若将提取温度提高到 60℃

可大大提高真醇溶蛋白(true prolamin)的得率。

Kohama 等利用 SDS-PAGE、梯度丙烯酰胺电泳技术详细分析了醇溶蛋白(prolamin protein)和类谷蛋白(glutelin-like protein)的相对分子质量分布及各自的氨基酸组成。发现在还原剂存在的情况下,醇溶蛋白可分为富含谷氨酸、丙氨酸、亮氨酸,相对分子质量为 24 000 的多肽;富含脯氨酸、蛋氨酸、半胱氨酸,相对分子质量为 14 000、17 000 的多肽;而在非还原条件下,醇溶蛋白出现 48 000、72 000、96 000 的高分子质量多肽,说明 24 000 的多肽有可能是高分子质量多肽的单体。等电点聚焦、二维电泳显示,相对分子质量为 24 000 的多肽为酸性亚基;相对分子质量为 17 000、14 000 的多肽为碱性亚基,且与玉米醇溶蛋白有很高的同源性。类谷蛋白(glutelin-like protein)有比较宽泛的分子质量分布,但主要是相对分子质量为 20 000 的多肽,且富含谷氨酸/谷胺酰胺和脯氨酸,而精氨酸、赖氨酸含量较低。Takumi 等用不同的溶液(70%乙醇、50%丙醇、55%异丙醇)提取黍子醇溶蛋白,SDS-PAGE 显示,不同醇溶液的提取物没有本质区别,且主要由相对分子质量为 19 000~24 000 和 13 000~14 000 的多肽组成。二维电泳结果显示其主要由中性亚基组成。

表 7.27   黍子蛋白质组分的分布   g/100 g

蛋白质含量	不同蛋白质组分在黍子中的含量					
	清、球蛋白	真醇溶蛋白	类醇溶蛋白	类谷蛋白	真谷蛋白	回收率/%
11.5	3.6	79.0	1.0	1.9	10.2	95.7

注:真醇溶蛋白的提取温度为 60℃。
来源:刘勇,2005。

7.5.2.4 黍子浓缩蛋白的制备及其氨基酸组成

20 世纪 90 年代,Nishizawa 等用 α-淀粉酶(Rakutaze SR-40)在 20~70℃,pH 6.0 的条件下,消化黍子粉 24 h,制得蛋白质含量达 40.1%~40.3%的黍子蛋白质;2002 年 Nishizawa 等又改用双酶法(α-淀粉酶 Ractase SR-40 和葡萄糖淀粉酶 Entiron GA-40)在 60℃,pH 7.0 的条件下,消化黍子粉 24 h,制得蛋白质含量达 66.9%的黍子蛋白质粉;Kasaoka 等改用一种热稳定的淀粉酶(thermamyl 120 L),97℃消化黍子粉 0.5 h,过滤、干燥后制得蛋白质含量 77.7%的浓缩蛋白粉,得率和回收率分别为(11.0±0.1)%和(86.7±0.6)%,这使得工业化生产黍子浓缩蛋白质成为可能。不同含量的黍子蛋白质的氨基酸组成如表 7.28 所示。

表 7.28   黍子浓缩蛋白的氨基酸组成   mg/g

氨基酸	40.3%浓缩蛋白	66.9%浓缩蛋白	77.7%浓缩蛋白
Asp	376	352	351.9
Thr	194	207	190.6
Ser	480	497	412.5
Glu	1 576	1 575	133.5
Pro	346	602	456.9
Gly	125	117	128.1

续表 7.28

氨基酸	40.3%浓缩蛋白	66.9%浓缩蛋白	77.7%浓缩蛋白
Ala	764	975	680.0
Val	329	249	287.5
Cys	110	95.0	95.0
Met	242	233	198.1
Ile	260	207	237.5
Leu	922	799	799.4
Tyr	290	235	260.6
Phe	412	296	353.1
Lys	58.1	54.0	70.0
His	134	170	128.8
Arg	160	106	174.4
Trp	65.5	85.0	90.0

来源:刘勇,2005。

Smith 等发现酶法制备的黍子浓缩蛋白质中赖氨酸是第一限制性氨基酸,其含量略低于对应的黍子粉,可能是由于在消化淀粉过程中氨基—羧基反应导致赖氨酸损失造成的。

7.5.3 其他谷物类蛋白在饲料中的应用

其他一些谷物类加工过程中产生的一些饲料原料含蛋白质也较多,可用于部分替代蛋白饲料产品。

①黑麦粉。黑麦经制粉工艺制成的以黑麦粉为主、含有少量细麦麸和胚的粉状产品。

②全黑麦粉。不去除任何皮层的完整黑麦籽粒经碾磨获得的产品。

③小米粉。小米经碾磨获得的粉状产品。

④全小黑麦粉。以完整小黑麦籽实不去除任何皮层经碾磨获得的产品。

⑤小黑麦粉。小黑麦经制粉工艺制成的以小黑麦粉为主、含有少量细麦麸和胚粉的产品。

(本章编写者:韩飞,乔家运,李铁军)

第8章

动物类蛋白饲料资源

    动物蛋白饲料是指水产、畜禽加工、乳品业等动物源加工的产品或者副产品,包括鱼、其他水生生物及其副产品,陆生动物产品及其副产品,乳制品及其副产品等。

    动物性蛋白饲料主要营养特点是:蛋白质含量高达 40%～80%;氨基酸组成较平衡,生物学价值高;一般动物日粮中易缺的必需氨基酸,在动物蛋白饲料中含量都较高,利用价值也较高。碳水化合物含量较少,一般不含粗纤维。矿物质含量较丰富,而且较平衡,生物利用率高;动物蛋白饲料的钙、磷及微量元素含量都比植物性饲料高。维生素含量比较丰富,特别是 B 族维生素含量都较高,如鱼粉中脂溶性维生素 A、维生素 D 含量高。含有未知生长因子(UGF),促进动物生长的动物性蛋白因子(animal protein factor,APF)有利于提高动物生产性能。

8.1 鱼、其他水生生物及其副产品

    我国鱼、其他水生生物及其副产品资源丰富,根据农业部渔业局 2011 年全国渔业经济统计公报,我国水产品总产量 5 603.21 万 t,其中养殖产量 4 023.26 万 t,养殖产品和捕捞产品的比重为 72∶28。全国水产品人均占有量 41.59 kg。总产量中,海水产品产量 2 908.05 万 t,占总产量的 51.90%;淡水产品产量 2 695.16 万 t,占总产量的 48.10%。

    2011 年海水养殖产量 1 551.33 万 t,占海水产品总产量的 53.35%。其中,鱼类产量 96.42 万 t,甲壳类产量 112.72 万 t,贝类产量 1 154.36 万 t,藻类产量 160.18 万 t。2011 年淡水养殖产量 2 471.93 万 t,占淡水产品产量的 91.72%。其中,鱼类产量 2 185.41 万 t,甲壳类产量 216.44 万 t,贝类产量 25.22 万 t。淡水养殖鱼类产量中草鱼最高,产量 444.22 万 t;鲢鱼位居第二,产量 371.39 万 t;鲤鱼位居第三,产量 271.82 万 t。甲壳类产量中,虾类产量 151.52 万 t,其中,南美白对虾和青虾养殖产量分别为 66.00 万 t 和 23.02 万 t;蟹类(专指河蟹)产量 64.92 万 t,同比增长 9.43%。贝类产量中,河蚌产量 9.08 万 t。其他类产量中,鳖产量 28.59 万 t,比上年增加 2.02 万 t,增长 7.58%;珍珠产量 0.23 万 t,同比降低 25.84%。

2011 年海洋捕捞(不含远洋)产量 1 241.94 万 t,占海水产品产量的 42.71%,其中鱼类产量 863.99 万 t,甲壳类产量 209.13 万 t,贝类产量 58.41 万 t,藻类产量 2.74 万 t,头足类产量 69.53 万 t。海洋捕捞鱼类产量中,带鱼产量最高,为 111.82 万 t;其次为鳀鱼,产量为 76.66 万 t。2011 年淡水捕捞产量 223.23 万 t,占淡水产品产量的 8.28%。其中,鱼类产量 158.25 万 t,甲壳类产量 32.40 万 t,贝类产量 28.66 万 t,藻类产量 44 t。2011 年远洋渔业产量 114.78 万 t,占海水产品产量的 3.95%。

我国除直接食用的水产品外,由于水产加工业的高速发展,每年产生大量副产品及下脚料,鱼、其他水生生物及其加工副产品等按照国家规定的加工规范和技术要求,可制成相应的优质动物蛋白饲料原料。

8.1.1 鱼 粉

8.1.1.1 鱼与鱼粉

饲用鱼:鲜鱼的全部或部分鱼体。可以鲜用或根据使用要求对其进行冷藏、冷冻、蒸煮、干燥处理。饲用鱼要保证卫生,无病菌、无毒素、无致敏性,不得使用发生疫病和受污染的鱼。

鱼粉(fish meal)是全鱼或经分割的鱼体经蒸煮、压榨、脱脂、干燥、粉碎获得的产品。在干燥过程中可加入鱼溶浆。该产品原料若来源于淡水鱼,产品名称应标明"淡水鱼粉"。鱼粉的分类方法主要有以下 4 种。

①根据产地将鱼粉分为 2 种:一般将国内生产的鱼粉称国产鱼粉,进口的鱼粉统称进口鱼粉;根据水环境分为海水鱼粉和淡水鱼粉。显然,这种分类方法比较粗糙,难以反映鱼粉的品质。

②按原料性质、色泽分类,将鱼粉分为 3 种:白鱼粉、红鱼粉和鱼干粉。以白鱼粉质量最好。白鱼粉主要以鳕鱼、鲽鱼、鸳鱼等白肉鱼种的全鱼或以其为原料加工食品后的剩余部分,经蒸煮、压榨、脱脂、干燥、粉碎获得的产品。红鱼粉主要是以沙丁鱼、凤尾鱼、青皮鱼等红色鱼为原料加工成的鱼粉。鱼干粉是以鱼干或鱼下脚料为原料,干燥粉碎后加工而成,鱼干粉脂肪含量高,易变质。

③按原料部位与组成把鱼粉分为 6 种,即:全鱼粉(以全鱼为原料制得的鱼粉),强化鱼粉(全鱼粉+鱼溶浆),粗鱼粉(又名鱼粕,以鱼类加工残渣为原料),调整鱼粉(全鱼粉+粗鱼粉),混合鱼粉(调整鱼粉+鱼肉骨粉),鱼精粉(鱼溶浆+吸附剂)。

④按加工方法分为脱脂鱼粉、全脂鱼粉和半脱脂鱼粉。

8.1.1.2 我国鱼粉质量标准与要求

20 世纪我国鱼粉一直执行原农牧渔业部发布的《鱼粉》部颁标准,2003 年我国颁布了国标《鱼粉》(GB/T 19164—2003),规定了鱼粉的要求、试验方法、检验规则、标志、包装、运输及贮存。该标准适用于以鱼、虾、蟹类等水产动物及其加工的废弃物为原料,经蒸煮、压榨、烘干、粉碎等工序制成的饲料用鱼粉。具体要求如下:

①原料。鱼粉生产所使用的原料,只能是鱼、虾、蟹类等水产动物及其加工的废弃物,不得使用受到石油、农药、有害金属或其他化合物污染的原料加工鱼粉。必要时,原料应进行分拣,并去除沙石、草木、金属等杂物。原料应保持新鲜,不得使用已腐败变质的原料。

②感官指标。感官要求见表8.1。

表8.1　鱼粉的感官要求

分级	特级品	一级品	二级品	三级品
色泽	红鱼粉黄棕色、黄褐色等鱼粉正常颜色;白鱼粉呈黄白色			
组织	蓬松、纤维组织明显。无结块、无霉变	较蓬松、纤维组织较明显。无结块、无霉变	松软粉状物。无结块、无霉变	
气味	有鱼香味,无焦灼味和油脂酸败味		具有鱼粉正常气味,无异臭,无焦灼味和明显油脂酸败味	

③理化指标。理化指标的规定见表8.2。

表8.2　鱼粉的理化指标

成　　分	特级品	一级品	二级品	三级品
粗蛋白质/%	≥65	≥60	≥55	≥50
粗脂肪/%	≤11(红鱼粉)	≤12(红鱼粉)	≤13	≤14
	≤9(白鱼粉)	≤10(白鱼粉)		
水分/%	≤10	≤10	≤10	≤10
盐分(以 NaCl 计)/%	≤2	≤3	≤3	≤4
粗灰分/%	≤16(红鱼粉)	≤18(红鱼粉)	≤20	≤23
	≤18(白鱼粉)	≤20(白鱼粉)		
砂分/%	≤1.5	≤2	≤13	
赖氨酸/%	≥4.6(红鱼粉)	≥4.4(红鱼粉)	≥4.2	≥3.8
	≥3.6(白鱼粉)	≥3.4(白鱼粉)		
蛋氨酸/%	≥1.7(红鱼粉)	≥1.5(红鱼粉)	≥1.3	
	≥1.5(白鱼粉)	≥1.3(白鱼粉)		
胃蛋白酶消化率/%	≥90(红鱼粉)	≥88(红鱼粉)	≥85	
	≥88(白鱼粉)	≥86(白鱼粉)		
挥发性盐基氮(VBN)/(mg/g)	≤110	≤130	≤150	
油脂酸价(KOH)/(mg/g)	≤3	≤5	≤7	
尿酸/%	≤0.3	≤0.7		
组胺/(mg/kg)	≤300(红鱼粉)	≤500(红鱼粉)	≤1 000(红鱼粉)	≤1 500(红鱼粉)
	≤40(白鱼粉)			
铬(以 6 价铬计)/(mg/kg)	≤8			
粉碎粒度/%	≥96(通过筛孔为 2.80 mm 的标准筛)			
杂质/%	不含非鱼粉原料的含氮物质(植物油饼粕、皮革粉、羽毛粉、尿素、血粉、肉骨粉等)以及加工鱼露的废渣			

④鱼粉中不允许添加非鱼粉原料的含氮物质,诸如植物油饼粕、羽毛粉、尿素、血粉等。亦不允许添加加工鱼露后的废渣。

⑤鱼粉的卫生指标应符合 GB 13078 的规定,鱼粉中不得有寄生虫(卵)。鱼粉中金属铬(以 6 价计)允许量小于 8 mg/kg。

⑥鱼粉酸价作为非强制性指标,在用户或检验机构提出要求时才进行检验。

⑦该标准规定鱼粉的保质期为 12 个月。标准还附录了《鱼粉内杂质的显微镜鉴别方法》、《鱼粉内掺加尿素含量的测定方法》、《鱼粉中酸价及其测定方法》供使用时参考。

浙江等省主要鱼粉生产情况:由于浙江省沿海的特点、渔业资源减少、捕鱼的网眼也越来越小。浙江沿海捕捞作业一般在近海,采用雷达网捕鱼,鱼粉的原料以小鱼、小虾为主,伴有少量的蟹、贝和海泥,另外鱼粉的原料还有经济鱼的下脚料。在每年 9 月到次年 5 月的捕捞期间,渔船约每 10 d 一个航次,鱼粉生产要根据渔船到港时间采取间歇式生产,捕获鱼中必然含部分小虾,因此生产的鱼粉含虾量较高。生产的工艺主要采用蒸干和脱脂两种,浙江全省鱼粉类产品年产量约 15 万 t。

关于鱼粉特征描述欧盟、美国等国都是全鱼、整鱼和分割的鱼块为原料,没有允许虾、蟹、加工的废弃物为原料;若按我国目前鱼粉国家标准(GB/T 19164—2003)定义,鱼粉的原料可以不是鱼,以虾、蟹、加工的废弃物为原料,与国际上"鱼粉"的含义不一致,实际上已变成了"水产动物粉"。由于原料质量标准不但国内企业要遵循,国外企业也应遵守,鱼粉的特征描述不但要使国产鱼粉符合要求,进口鱼粉也要符合此要求,若采用国标要求进口鱼粉,将大幅度降低进口鱼粉的质量。而且由于各类水生动物原料在鱼粉中组成不一,造成鱼粉营养质量参数变化大,饲料行业难以进行品质控制。然而,我国渔业部门 2004 年 7 月 1 日早已规定:拖网作业时,东海、黄海海区最小网目尺寸 54 mm,南海、北部湾最小网目尺寸 39 mm。我国海洋渔业资源面临枯竭的危险,渔民非法使用 1~2 cm(甚至是小于 1 cm)的"绝户网",对海洋鱼类进行掠夺式捕捞,对大小鱼、虾一网打尽,连海底贝类、珊瑚、海草都遭到严重的破坏,饲料行业也不能对这种违法行为给予支持。我国近期公布的《饲料原料目录》中增加了"鱼虾粉",以解决目前鱼粉产品和标准的混乱状况。以鱼、虾、蟹等水产动物及其加工副产物为原料,经蒸煮、压榨、脱脂、干燥、粉碎等工序获得的产品定义为鱼虾粉。同时鱼虾粉中不得使用发生疫病和受污染的鱼、虾等。因此下一步我国有待加快鱼粉类产品质量标准的制修订和细化工作。

8.1.1.3 国内外鱼粉资源概况

鱼粉是重要的水产加工品,在渔业中占有重要地位。全球每年渔获物产量大约 1 亿 t,其中 1/3 左右被用来生产鱼粉。

1. 全世界鱼粉生产情况

全世界的鱼粉生产国主要有秘鲁、智利、日本、美国等,同时,挪威、丹麦、南非、冰岛、泰国等也是重要的鱼粉生产国。目前,全世界鱼粉产量约为 700 万 t,其中秘鲁与智利的出口量约占总贸易量的 70%(图 8.1)。

①秘鲁鱼粉多为直火烘干的鱼粉,又称直火鱼粉或 FAQ 鱼粉,又因其习惯用黑色编织袋包装,故在国内又习惯称为"黑袋鱼粉"。近年由于技术改进,采用低压蒸气进行烘干,这种鱼粉的质量要比传统蒸气烘干鱼粉更佳,在国内被称为低温干燥鱼粉或 LT 鱼粉。生产鱼粉的

主要鱼种为鳀鱼、沙丁鱼及鲭鱼,其中前者的量较大,而今鳀鱼在逐年减少,而沙丁鱼则逐年增加。捕获季节一般集中在5—7月份及10—12月份两期,平均一年可捕期约为7个月,其年产量皆可维持在160万t左右。

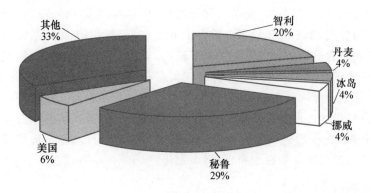

图 8.1　鱼粉主产国分布图

(张学军,世界鱼粉市场报告,2010)

②智利采用蒸气烘干的办法生产鱼粉,在国内通常称为蒸气烘干鱼粉。智利南、北方水域,渔业资源及品种有所不同。北智利主要用做鱼粉的鱼为鳀鱼、沙丁鱼及鲭鱼,其中后二者的产量较少;而南智利主要用来生产鱼粉的亦为鳀鱼、沙丁鱼及鲭鱼,其中前二者的原料来源较为稳定,而鲭鱼则逐年在减少。北智利较好的捕获季节在5—7月份,南智利的捕获季节一般较为稳定,在1—8月份捕获量较大。

2. 我国鱼粉生产状况

①我国鱼粉主要生产地在山东省、浙江省,其次为河北、天津、福建、广西等省(市、自治区),所用鱼品种主要有鳀鱼、鲭鱼等。我国鱼粉工业生产起步比较晚,20世纪80年代中期先是在浙江沿海一带兴起,目前我国有鱼粉生产厂500多家,年生产能力超过150万t。由于受渔业资源的限制,实际鱼粉产量只有生产能力的1/3左右,据全国饲料工作办公室等的统计资料,我国自2000年以后,鱼粉产量逐年递减,见表8.3。

表 8.3　2000—2003 年我国鱼粉产量统计　　　　　　　　　　　　万 t

年份	2000	2001	2002	2003
产量	68	65	50	40

来源:车斌,孙琛,2006。

②据2002年国产鱼粉产量统计:山东省19.6万t,浙江省15.4万t,河北省6.1万t,三省占全国总产量的82%。山东省的鱼粉生产主要集中在荣成市一带。我国鱼粉厂大都生产规模小,年产超过1万t的不过10家。且鱼粉质量参差不齐,市场上掺杂现象时有发生,且存在休渔期捕捞、个体偏小,有的鱼体只有5～6 cm,一方面浪费渔业资源,另一方面降低了产品质量。而秘鲁渔业部规定体长在12 cm以下的不准捕捞,原料中小鱼总量不能超过10%。

③国产鱼粉原料大多以小杂鱼、低质鱼、虾、蟹、鱼下脚等为主,所产鱼粉质量指标也有差别。我国近海渔业捕捞按捕网类型、季节,收获的鱼品种、大小有所不同,所产鱼粉质量也不一

样。以浙江省舟山地区为例,海洋捕捞网有帆张网、单拖网、双拖网等类型。近海拖网捕捞的鱼获以小杂鱼为主,以全脂蒸气干燥工艺生产鱼粉,产品蛋白质含量在50%~55%,粗脂肪10%左右,盐分7%左右。以帆张网捕捞的鱼获,因季节而异。1—2月份,以小鱼、小虾、杂鱼为主,经全脂蒸气加工生产的鱼粉,蛋白质含量可达60%,粗脂肪14%左右,盐分5%。9—12月份帆张网捕捞的鱼获,加工的鱼粉蛋白质含量可达60%,粗脂肪10%左右,盐分7%。此种工艺加工的鱼粉脂肪含量较高。以食用海鱼下脚料、碎鱼、小杂鱼等为原料,脱脂加工工艺生产的鱼粉,蛋白质含量在55%~63%,粗脂肪10%左右,盐分5%左右,粗灰分较高。

④我国是世界鱼粉需求最大的国家,每年鱼粉消费量在150万t左右,进口量在100万t左右,消费量和进口量均占世界鱼粉总产量和贸易量约1/4。国产鱼粉只占全国总消费量的1/3左右,并且这种状况今后也难以改变。长期以来,我国鱼粉市场,定价权都是由国外贸易商所控制,国产鱼粉随着进口鱼粉数量、价格而变化。

8.1.1.4 鱼粉的营养特点

鱼粉以其高蛋白质含量、氨基酸平衡性好和高消化吸收率,尤其是特殊的诱食性气味,已成为目前全球饲料工业尤其是幼龄动物和水产饲料最主要的又是最昂贵的蛋白源之一,其营养特性主要为以下4个方面。

1. 蛋白质和氨基酸

鱼粉蛋白质含量高(40%~70%)。蛋白质品质好,消化率高(90%以上),但干燥时如果过热会造成碳化或分解,导致消化不良,并降低氨基酸利用率。优质进口鱼粉蛋白质含量在62%以上,有的高达70%;国产优质鱼粉蛋白质也达55%以上。

鱼粉氨基酸含量丰富,如赖氨酸、色氨酸、蛋氨酸、胱氨酸等含量较高,尤其是必需氨基酸与猪、鸡体组织氨基酸组成基本一致,生物学价值较高,可平衡植物性蛋白质的氨基酸组成。鱼粉及其他动物蛋白饲料氨基酸含量见表8.4。

表8.4 鱼粉及其他动物蛋白饲料氨基酸含量 %

名称	粗蛋白质	赖氨酸	蛋氨酸	胱氨酸	异亮氨酸	亮氨酸	缬氨酸	精氨酸
鱼粉1	64.5	5.22	1.71	0.58	2.68	4.99	3.25	3.91
鱼粉2	53.5	3.87	1.39	0.49	2.30	4.3	2.77	3.24
血粉	82.8	6.67	0.74	0.98	0.75	8.38	6.08	2.99
羽毛粉	77.9	1.65	0.59	2.93	4.21	6.78	6.05	5.3

来源:曹让、张林生,2007。

2. 脂肪

鱼类所含脂肪酸随鱼的品种而不同,以不饱和脂肪酸居多。其中超不饱和脂肪酸(HUFA)含量高,尤以海产鱼更为突出,此类脂肪酸的特殊生理功能早已为营养学家肯定。进口鱼粉含脂肪约占10%,国产鱼粉标准为10%~14%,但有的高达15%~20%。在粗脂肪含量合格的情况下,进口鱼粉的代谢能可达11.72~12.55 MJ/kg。

鱼粉的脂肪含量变化大,主要与加工时鱼的新鲜度和脱脂程度有关,以鲱鱼为例,如果捕鱼后不在3 d内加工提油,则不可能生产含脂低于9%的鱼粉。此外,加工工艺技术落后或贮存条件不良,鱼体中高度不饱和脂肪酸的氧化结合和油脂长期暴露在温度和湿度较高的环境下导致油脂的氧化酸败,会引起动物消化不良、甚至中毒。

3. 矿物质

鱼粉是良好的矿物质来源,鱼粉中钙、磷含量很高,含钙 3.8%～7%、磷 2.76%～3.5%,且钙磷比为(1.4～2)∶1,比例适宜。鱼粉质量越好,含磷量越高,且都是可利用磷。

微量元素中,铁含量高,可达 1 500～2 000 mg/kg,其次是锌、硒。据分析,每千克海鱼粉含锌 97.5～151 mg,金枪鱼粉高达 213 mg,淡水鱼粉则为 60 mg;每千克海鱼粉含硒 1.5～2.2 mg,金枪鱼粉高达 4～6 mg。

4. 维生素

鱼粉并非维生素的优良供给来源,大部分脂溶性维生素在高温提取脂肪时被破坏,但真空干燥所制的鱼粉含有丰富的维生素 A、维生素 D。鱼粉含相当多的 B 族维生素,据分析,每千克秘鲁鱼粉含维生素 B_2 7.1 mg、泛酸 9.5 mg、维生素 H 390 μg、叶酸 0.22 mg、胆碱 3 978 mg、烟酸 68.8 mg、维生素 B_{12} 110 μg。

鱼粉维生素含量受鱼种、制造方法及贮存条件影响甚大,使用时需注意,此外,生鱼中含有 B_1 分解酶,尤以内脏含量最多,故动物饲喂生鱼或加热不足的鱼粉时,会抑制生长。

8.1.2　鱼粉的加工工艺

8.1.2.1　干、湿法鱼粉加工工艺

鱼粉的生产工艺一般分为干法和湿法两种。我国鱼粉生产最初是干法不脱脂鱼粉,干法生产容易导致鱼粉脂肪的快速氧化和蛋白质的焦化,大大降低鱼粉的消化率,质量比较差,近年来干法生产已逐渐淘汰。自 20 世纪 90 年代以来,湿法鱼粉生产方法及设备在国内得到了广泛的推广应用,我国一些大企业也相继装备了具有世界先进水平的湿法脱脂鱼粉生产线,湿法生产可以最大限度地保存鱼粉原料主要营养成分,所产鱼粉质量较好,工艺流程见图 8.2(另见彩图 32)。

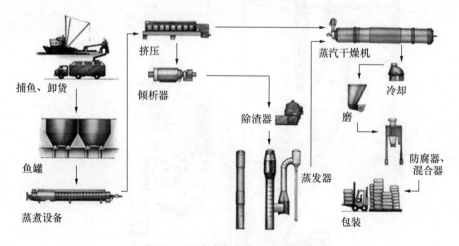

图 8.2　湿法鱼粉加工工艺流程图

(马立军,2006)

浙江省某大型鱼粉厂的工艺设计见图 8.3(另见彩图 31)。

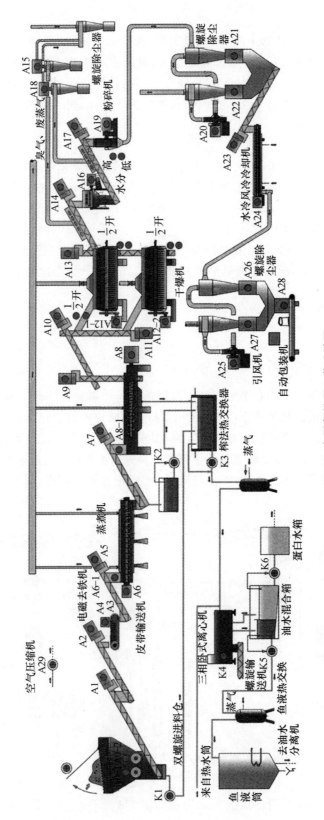

图 8.3 大型鱼粉厂工艺设计图
(吴浩群等·无锡市科丰自控工程公司, 2011)

以上生产工艺流程应考虑的问题主要有：

①鱼粉生产。原料鱼或鱼排及下脚料，经磁分设备除铁后进入料斗，然后经螺旋输送机不断地送入蒸煮设备。熟料直接进入挤压机内，经双螺杆的压榨，压榨汁进入倾析器，榨饼进入干燥机，蛋白水经浓缩后一同加入干燥机内进行干燥。

②鱼油生产。压榨液的榨汁经初步沉淀后送入加热罐，加热到一定温度，再送往卧式螺旋离心机，分离出鱼渣和鱼液，鱼渣收回到干燥机内，鱼液送往立式油水分离机，分离出鱼油经再加工，得到成品鱼油。鱼油中不饱和脂肪酸易氧化酸败，加工和储运过程须加入足量的抗氧化剂，并采取必要的保质措施。

③浓缩液生产。鱼液经过立式油水分离机后，鱼蛋白水中保留多种营养成分，如低分子质量的可溶性蛋白质、各种维生素、无机盐类等。但含水量高达90%～95%，鱼蛋白水必须经过浓缩，方能加到干燥机内，并能使鱼粉中的蛋白质含量提高2%～3%，鱼粉产量可提高20%～30%。这样生产出来的鱼粉称"全鱼粉"。

④过程环境保护。鱼粉生产过程的环保设备投资大，难以解决三废污染，环保控制是鱼粉加工企业面临的重大问题，国内不少企业因环保问题而停产。湿法全鱼粉生产整个过程中，都应该在密封状态下工作，从蒸煮设备、挤压机、干燥机、鱼、料斗、罐、槽等臭气通过引风管道全部集中连接，输送到除味塔集中处理，一部分可溶性臭气被冷却水溶解吸收排入下水道，另一部分不溶性臭气从顶部排出，送往锅炉房高温燃烧，除臭后排入大气中，废水经严格处理达到国家环保标准后排放，以保护环境。

8.1.2.2 鱼粉的脱脂工艺

鱼粉的加工工艺还可按鱼体的脂肪含量分为：脱脂鱼粉、半脱脂鱼粉和非脱脂鱼粉。

（1）脱脂鱼粉的加工工艺

是对脂肪含量较高的鱼粉先进行脱脂然后再干燥制粉的加工过程。首先用蒸煮或干热风加热的方法，使鱼体组织蛋白质发生热变性而凝固，促使体脂分离溶出。然后对固形物进行螺旋压榨法压榨，固体部分烘干制成鱼粉，见图8.4。

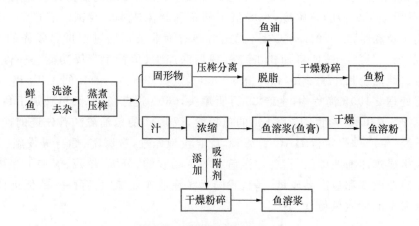

图8.4 脱脂鱼粉的加工工艺

（郭建平，林伟初，2006）

榨出的汁液经酸化、喷雾干燥或加热浓缩成鱼膏(fish soluble)。鱼膏的原料还可以用鱼类内脏,经加酶水解、离心分离、去油,再将水解液浓缩制成鱼膏;制成的鱼膏可直接桶装出售,可用淀粉或糠麸作为吸附剂再经干燥、粉碎后出售,后者称为鱼汁吸附饲料或混合鱼溶粉(compound fish soluble powder),其营养价值因载体而异。

(2)半脱脂鱼粉的加工工艺

半脱脂鱼粉的生产工艺与脱脂鱼粉的生产工艺流程基本类似,都是经过蒸煮、压榨、油水分离、一次干燥、二次干燥等,不同的是半脱脂鱼粉在油水分离后,将分离出来的水(含有盐分、杂质、脂肪及细微的鱼粉颗粒)回喷到一次干燥罐内,与鱼粉混合一起烘干,增加了鱼粉的得率,减少了因鱼体偏小而产生的肌肉组织和鱼溶浆的流失。

半脱脂鱼粉的加工成本比脱脂的低很多,但盐分相对偏高,多在5%以上,蛋白也略有降低。鱼粉颜色因烘干时间的延长,回喷不及时且回喷时带有部分污水,所以导致挥发性盐基氮(VBN)、组胺、酸价偏高及鱼粉略带有红褐色,性状较细,半脱脂和脱脂的气味差异很大,略有酸败的气味。

(3)非脱脂鱼粉的加工工艺

是对体脂肪相对含量低的鱼及其他海产品的加工过程,根据原料的种类一般分为全鱼粉和杂鱼粉2类。

①全鱼粉。是对脂肪含量少的鱼经过蒸煮机熟化后,将鱼肉和水一起直接进入烘干机烘干,固形物经2次干燥至水分含量到18%,粉碎制成鱼粉。通常每100 kg全鱼约可出全鱼粉22 kg,蛋白质含量在60%左右。

②杂鱼粉。是将小杂鱼、虾、蟹以及鱼头、尾、鳍、内脏等直接干燥粉碎后的产品,又称鱼干粉,含粗蛋白质45%～55%。或在渔产旺季,先采用盐腌原料,再经脱盐,然后干燥粉碎制得。这种鱼粉往往因脱盐不彻底(含盐10%以上),使用不当易造成畜禽食盐中毒。

8.1.2.3 鱼粉加工母船

鱼粉加工母船在国外出现于20世纪70年代。当时为解决远洋捕捞作业时海鱼的贮存和变质问题,将成套鱼粉加工设备安装于远洋船舶上,在海域现场捕捞并收集海鱼,现场加工成鱼粉,既保证了鱼粉的新鲜度,也降低了储藏和物流成本。我国已有进口和国产的加工母船应用于鱼粉生产。2012年5月,我国海南省渔业公司引进了世界领先的"宝沙001号"综合鱼品加工母船。该船集捕捞、冷冻、现场深加工、鱼粉生产等功能为一体。此类船全球共4艘。此船全长179.2 m,总吨位32 000 t,定员600人。有4间工厂,14条生产线,每天可加工处理2 100 t渔货物,生产35万听罐头,660 t速冻鱼,每天单独加工鱼粉能力达400 t。有两个5 270 m³冷库,1 275 m³的鱼粉舱,770 m³的鱼油舱。有先进的检测仪器和在线检测系统,生产过程实行HACCP管理,配套设施先进,有医院、健身等设施。可与300条渔船一起组成远洋渔业编队,实现远洋鱼获的现场收购、分级、冷藏、深加工和物流储运,对提高远洋渔业效率和鱼产品质量,提高我国远洋渔业作业能力,有巨大的促进作用,并可为国内提供大量的优质鱼粉。

8.1.3 鱼粉生产、贮存和使用注意事项

8.1.3.1 鱼粉生产和贮存过程中的品质变化

鱼粉在生产和贮存过程中所处的条件不同,其品质会发生不同的变化。

①高温条件下,脂肪酸氧化与氨基酸结合成蛋白质综合体,使某些氨基酸失去营养价值,如精氨酸、谷氨酸、天门冬氨酸、亮氨酸、赖氨酸等。类似的反应是氨基酸与还原糖结合生成棕色聚合物即美拉德反应。

②湿度对鱼粉质量影响较大,鱼粉含水量为 8% 时经过 250 d,盐基氮升高 19.92%,挥发性氮升高 24.41%,氨升高 25.40%。当鱼粉贮存温度为 10℃ 时,经过 150～250 d 后,可溶性蛋白质减少 17%～27%,20℃ 时则减少 36%～40%。

③发霉变质问题。鱼粉是微生物繁殖的良好底物,在高温高湿条件下,极易霉变发热,易受沙门氏菌和大肠杆菌感染,甚至出现自燃现象。因此,鱼粉的充分干燥是防止发霉变质的关键。

④氧化酸败问题。脂肪含量多的鱼粉以及鱼粉贮存不当时,其中所含的不饱和脂肪酸极易氧化生成醛、酸、酮等物质,使鱼粉变质发臭,适口性和品质显著降低。因此,鱼粉中的脂肪含量不宜过多,此外,为防止鱼粉氧化酸败,贮存时应存放于干燥避光处,并添加抗氧化剂。

8.1.3.2 鱼粉中的抗营养因子

1. 肌胃糜烂素

有的鱼粉含有较高的组胺,在鱼粉生产过程中,直火干燥或加热过度,或贮存不当,可使组织胺与赖氨酸结合,形成肌胃糜烂素(gizzerosine)。这是鱼粉中的组胺(组胺酸的衍生物)与赖氨酸反应生成的一种化合物,以沙丁鱼制得的鱼粉(红鱼粉)最易生成这种化合物。

正常的鱼粉中含量不超过 0.3 mg/kg,如果鱼粉中这种物质含量过高,饲喂时,鸡常因胃酸分泌过度而使鸡的食欲减退、精神萎靡,发生嗉囊肿大、肌胃糜烂、溃疡、穿孔及腹膜炎等症状,严重者发生出血死亡,故又称"黑吐病"。此病多见于肉用仔鸡,病鸡死亡率常高达 10% 以上,鸡的增重及饲料转化率均下降。肌胃糜烂素促进胃酸分泌的作用是组胺的 10 倍,引起肌胃糜烂的能力是组胺的 300 倍。为了预防肌胃糜烂的发生,最有效的办法是改进鱼粉干燥时的热处理工艺,防止毒素的形成。在制造鱼粉时,如预先在原料中加入抗坏血酸或赖氨酸,可显著抑制肌胃糜烂素的生成。

2. 维生素 B_1 分解酶

鲱鱼、西鲱鱼(sprat)及鲤科鱼类,体内含有破坏硫胺素的酶(thiaminase),特别是鱼粉不新鲜时,会释放出硫胺素酶,引起饲料中维生素 B_1 分解。大量摄入会引起硫胺素缺乏症。因此,在使用劣质鱼粉时应考虑提高硫胺素的添加量。饲料中使用生鱼粉时,也需要增加维生素 B_1 添加量或将鱼粉加热处理。

3. 鱼粉的掺杂掺假问题

鱼粉中蛋白质含量很丰富,优质鱼粉的蛋白质含量高达 65% 以上;而国产鱼粉因原料质

量较差,蛋白质含量为40%～60%。由于鱼粉价格较贵,鱼粉掺杂问题严重。掺杂物种类繁多,如非蛋白氮、糠麸、饼粕、血粉、羽毛渣、锯末、花生壳、沙砾等,甚至其他化学含氮物。在购货时首先通过显微镜检进行前期快速鉴别,一般必须进行氨基酸检测和比对,以确认真蛋白质含量。

4. 食盐含量问题

鱼粉中的食盐含量高低是鱼粉质量好坏的基本依据之一。日本对出口鱼粉定为含盐量3%以下,美国规定3%～7%。我国鱼粉生产工艺较落后,缺乏鲜鱼脱水和保存设施,常用食盐浸渍的办法保存,致使食盐含量过高,有的甚至高达20%,这类鱼粉甚至不能用做饲料。日粮中食盐过高,会导致食盐中毒,以鸡最敏感。因此,在使用高盐鱼粉时,要先测盐分含量,再确定鱼粉的添加量。

8.1.4 鱼粉在饲料中的应用

8.1.4.1 动物饲料中添加鱼粉的作用

①促进日粮氨基酸的平衡。在单胃动物日粮中,鱼粉特别适于同其他饲料配合,以弥补其他许多原料尤其是低质植物蛋白中必需氨基酸的不足。鱼粉的赖氨酸与蛋氨酸含量都很高,而精氨酸含量却很低,这与绝大多数饲料的氨基酸组成相反,因为在使用鱼粉配制日粮时,很容易在蛋白质水平满足要求时,氨基酸组成也达到平衡。基于此点,当用已有的饲料原料不能配合出营养平衡的日粮,添加鱼粉即可确保日粮养分的平衡。

②补充动物必需的不饱和脂肪酸。鱼粉中的脂类多为不饱和脂肪酸,如二十碳五烯酸(EPA)和二十二碳六烯酸(DHA)等,属于n-3型脂肪酸。已经证实,n-3型不饱和脂肪酸为动物尤其是幼龄动物生长发育所必需,而一般饲料原料中n-3型脂肪酸比较缺乏。

8.1.4.2 鱼粉在畜、禽、水产饲料中的应用

1. 鸡

鱼粉对鸡不但适口性好,而且可以补充必需氨基酸、B族维生素及其他矿物元素。对于肉鸡,使用添加有抗氧化剂的鱼粉可使鸡生长速度快,着色效果良好。对蛋鸡和种鸡可提高产蛋率和孵化率,原因除了较高含量的维生素B_{12}以外,还有未知生长因子的作用。由于鱼粉价格昂贵,可采用其他动物性饲料、合成氨基酸及各种添加剂来替代鱼粉。在家禽饲粮中使用鱼粉过多可导致禽肉、蛋产生鱼腥味,因此当鱼粉中脂肪含量约10%时,在鸡饲粮中用量应控制在10%以下。饲料中鱼油总量要小于1%。火鸡宰前8周应停喂鱼粉。鱼粉的日粮添加量一般为雏鸡和肉用仔鸡2%～5%,蛋鸡1%～2%。用量过多,除成本增加外,还会引起鸡蛋、鸡肉的异味。

2. 猪

鱼粉具有改善饲料转化效率和提高增重速度的效果,而且猪年龄愈小,效果愈明显,原因与鱼粉可以补充猪所需要的赖氨酸有关。断奶前后仔猪饲料中最少要使用2%～5%的优质鱼粉,育肥猪饲料中一般在3%以下,添加量过高将增加成本,还会使体脂变软、猪肉产生鱼腥味。为降低成本,猪育肥后期饲粮可不添加鱼粉。

3. 反刍家畜

对反刍动物因鱼粉价格高及适口性差而很少使用。在犊牛代乳料中适当添加可减少奶粉使用量,用量宜在 5% 以下,过多会引起腹泻。高产奶牛精料中少量添加可提高乳蛋白率,用于种公牛精料可促进精子生成。

4. 鱼类

鱼粉是水产饲料中传统的主要蛋白源,典型的鱼日粮含有 32%~45% 的总蛋白,虾日粮含有 25%~42% 的蛋白。鲤鱼和罗非鱼日粮中鱼粉的百分比通常为 5%~7%,而鲑鱼、三文鱼以及一些海洋类鱼会高达 40%~55%。鱼粉作为水产动物饲料原料的另一个重要原因是鱼粉含有一些复合物能够提高饲料的适口性。这种特性能够使饲料被迅速采食,通常认为氨基酰谷氨酸是导致鱼粉适口性好的复合物之一。在最近几年,水产业使用的鱼粉量占总鱼粉产量的 46%,这个数字预计会随着接下来 10 年人们对水产产品需求的增加而增长。

鱼粉质量直接影响养殖种类的生长和饲料利用效率,海产肉食性鱼类及虾类受其影响尤为明显。鱼粉的质量对鱼体健康、废物的排出和鱼产品的品质也有直接影响。研究表明,用含低温干燥的"优质"鱼粉饲料比用"中等"或"低质"鱼粉饲料可明显提高大西洋鲽、大菱鲆、金头鲷等养殖品种的生长和饲料利用效率。此外,鱼粉作为水产饲料中主要动物蛋白原料,总磷含量很高,无胃鱼类对这类磷的利用率只有 10%~33%,大量不能被利用的磷随粪便排出体外,导致水体的污染。因此在水产饲料中使用鱼粉时,要注意磷的利用率。

5. 特种饲料

甲鱼饲料的蛋白质水平要求在 45% 以上,而且对蛋白质品质和适口性有很高的要求,一般甲鱼饲料中鱼粉占饲料原料比例约 60% 以上。甲鱼饲料历来是以白鱼粉为主要蛋白源的,其蛋白含量一般不低于 62%,脂肪不高于 8%,灰分不高于 20%,VBN 低于 120 mg/100 g,组胺低于 30 mg/100 g。

鳗鱼饲料标准要求蛋白质达到 43%~50%,鱼粉比例最高达到 60%。并且鳗鱼饲料用鱼粉品质要求粗蛋白质 60% 以上,新鲜度要好;VBN≤120 mg/100 g,组胺≤300 mg/100 g,酸价≤4.0 mg(以 KOH 计)。与 α-淀粉的亲和力要强。一般认为鳗鱼饲料用鱼粉最佳原料顺序为:鳕鱼>白肉鱼类>南美鲭鱼>鳀鱼>沙丁鱼。

8.1.5　其他鱼加工产品及其副产品

8.1.5.1　液体鱼蛋白

1. 液体鱼蛋白的性能特点

液体鱼蛋白(liquid fish protein)是将低值鱼类或鱼的下脚料绞碎后加酸抑制腐败细菌生长,加速其自身酶的作用所制成的液体饲料。其氨基酸含量丰富,比例适当,而且必需氨基酸齐全。此外,液体鱼蛋白还含有一定数量的钙、铁、磷、锌、铜、硒等常量和微量元素及维生素,而且含量高于鱼粉。各种成分含量见表 8.5。

表 8.5　液体鱼蛋白营养成分

成　分	液体鱼蛋白	鱼粉	成　分	液体鱼蛋白	鱼粉
天门冬氨酸/%	6.4	7.1	酪氨酸/%	1.8	1.9
苏氨酸/%	3.0	2.9	苯丙氨酸/%	2.2	2.7
丝氨酸/%	3.2	2.9	组氨酸/%	1.9	1.7
谷氨酸/%	9.6	9.8	赖氨酸/%	5.8	4.8
脯氨酸/%	5.8	3.6	精氨酸/%	4.5	4.3
甘氨酸/%	6.4	5.0	钙/%	5.4	1.5
丙氨酸/%	6.4	5.0	磷/%	1.2	0.9
胱氨酸/%	0.5	5.3	铁(mg/kg)	831.5	525.8
缬氨酸/%	3.9	3.5	锌(mg/kg)	141.4	64.9
蛋氨酸/%	1.9	1.6	铜(mg/kg)	14.8	12.4
异亮氨酸/%	2.8	2.9	硒(mg/kg)	1.2	2.4
亮氨酸/%	5.0	4.9	维生素 A/(IU/g)	35.5	10.3

来源:肖本庚,陈宝妹,2003。

　　液体鱼蛋白饲料营养丰富,其蛋白质多以氨基酸、多肽和低分子量蛋白质的形式存在,更有利于动物消化吸收,优质液体鱼蛋白中的赖氨酸、蛋氨酸含量高于鱼粉,饲喂效果与进口鱼粉相当。根据试验,液体鱼蛋白饲料用于肉鸡,与鱼粉相比,增重提高 7%,饲料消耗降低16%,用于蛋鸡产蛋增加 17.6%,饲料消耗降低 14.3%,用于乳猪饲料中,增重提高 7.1%,屠宰率提高 2%。用于养鱼、养虾也可取得很好的效果。

　　2. 液体鱼蛋白的生产工艺

　　液体鱼蛋白的生产工艺流程为:原料→粉碎→加酸搅拌→水解液化→成品。详细介绍如下:

　　(1)原料

　　我国年产马面鲀 30 万 t 左右,加工后的头、皮、内脏等废弃物数量大(达 55%),含脂量大,不宜用于土法生产鱼粉。因此,选用马面鲀加工后的下脚料为原料,要求新鲜无腐败变质。

　　(2)粉碎

　　粉碎的目的在于增大物料表面积,使酶分布均匀,并改善原料与酸的混合效果。粉碎后的原料应能通过孔径为 10 mm 的筛孔。

　　(3)加酸搅拌

　　生产液体鱼蛋白时可以加入甲酸、盐酸、硫酸或混合酸,也可以加入碳水化合物如糖蜜、木薯片等,然后在密闭容器中使乳酸菌发酵。考虑到制作简单、使用方便,可选用甲酸。甲酸(浓度 85%)的使用量为原料量的 3%,并必须与原料混合均匀,否则未接触甲酸的原料容易腐败变质。

　　(4)水解液化

　　加酸搅拌后的原料在 35℃ 环境下即可自行液化完全。温度每下降 10℃,液化时间需要延长 3~4 倍。冬天最好采取保温措施,以加快发酵速度。

采用以上工艺生产液体鱼蛋白,成品得率几乎可达100%。其主要成分为:粗蛋白质12%～15%,水分65%～73%,脂肪5%～17%,灰分4%～6%,盐分<1%。成品的酸度在pH 3.8±0.2。液体鱼蛋白产品在缸装加盖,露天保存条件下,存放时间越长,外观越均匀,气味越醇香,保质贮存期一般可在一年以上。

8.1.5.2 鱼浆蛋白

纯品鱼浆蛋白(soluble fish plasma protein)是由新鲜鱼类在制作鱼粉的过程中压榨出的鱼溶浆液,加入抗氧化剂后,经浓缩、酶解、喷雾干燥而成。鱼浆蛋白生产工艺见图8.5。鱼浆蛋白也有浓缩的液态产品。

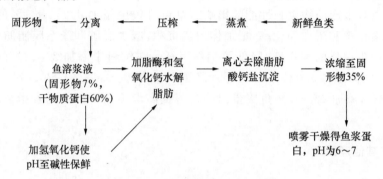

图8.5 鱼浆蛋白生产工艺图
(陈宜芳,任泽林,何瑞国,2005)

1. 鱼浆蛋白营养成分

鱼浆蛋白主要是水溶性蛋白,特点是富含活性低分子肽(寡肽)、牛磺酸、核苷酸、游离氨基酸、高不饱和脂肪酸、甜菜碱、矿物元素、维生素A、维生素B_{12}、未知生长因子等。各营养组分如表8.6和表8.7所示。

表8.6 鱼浆蛋白常规营养成分

项 目	含量	项 目	含量
总能/(MJ/kg)	17.06	粗脂肪/%	2.91
干物质/%	94.07	盐分/%	3.68
有机物质/%	74.08	水分/%	5.93
粗蛋白质/%	64.08	粗灰分/%	19.99

来源:黄国平,林建国,2008。

表8.7 鱼浆蛋白矿物元素含量

成 分	含量	成 分	含量
钙/%	2.67	铁/(mg/kg)	850.50
磷/%	1.12	锌/(mg/kg)	21.36
钾/%	3.06	氯/%	2.23
钠/%	2.62	锰/%	—
镁/%	0.45	铜/%	—

来源:黄国平,林建国,2008。

鱼浆蛋白具有多种生理功能,对动物体的营养及免疫均起到了较好的提升作用,小肽含量高,提高了动物对日粮氮的利用率,减少了排泄物对环境的污染。

2. 鱼浆蛋白应用效果

①鱼浆蛋白对乳仔猪生长性能的影响。有研究表明,添加鱼浆蛋白对断奶仔猪的前期生长有很大的帮助,随着鱼浆蛋白添加量的增加,乳仔猪绝对增重和平均日增重都随着提高。添加 1.2%鱼浆蛋白会提高乳仔猪的生长性能,平均日增重比对照组提高了 16.67%,饲料转化效率比对照组提高了 5.03%。在 28 日龄断奶仔猪日粮中添加 0.5%鱼浆蛋白,与对照组相比日增重增加 8.33%,采食量增加 9.09%,差异极显著。在乳仔猪料中可推荐用量 2~10 kg/t,可减少鱼粉用量,平衡营养,降低成本。

②鱼浆蛋白对水产动物生长性能的影响。草鱼日粮中添加 0.2%和 1%的鱼浆蛋白可提高饲料表观消化率和蛋白消化率,增加体内氮沉积,减少肝脏和肠系膜脂肪储积,从而提高机体对日粮中蛋白质的利用率,降低了饲料消耗。在饲料中添加 2%、3%的鱼浆蛋白可提高南美白对虾体增重 5.03%、10.79%,降低饵料系数 0.83%~20.67%,降低死亡率 0.63%~13.13%,添加 2%~3%鱼浆蛋白能显著提高南美白对虾的诱食指数,差异极显著($P<0.05$)。

8.1.5.3　其他产品

1. 水解鱼蛋白粉

以全鱼、鱼下脚、鱼浆等为原料,经水解、浓缩、干燥获得的产品。产品中粗蛋白质含量大于 50%。产品包装上要标示粗蛋白质、粗脂肪、粗灰分含量。

2. 鱼膏

以鲜鱼内脏等下杂物为原料,经油脂分离、酶解、浓缩获得的膏状物。产品中水分含量小于 35%,包装上要标示粗蛋白质、粗脂肪、粗灰分含量。

3. 鱼骨粉

鱼骨经烘干、粉碎获得的产品。产品包装上要标示钙、磷、粗灰分含量。

4. 鱼排粉

加工鱼类水产品过程中剩余的鱼体部分(鱼的骨、内脏、头尾等)经蒸煮、烘干、粉碎获得的产品。产品包装上要标示粗蛋白质、粗脂肪、粗灰分含量。

5. 鱼溶浆(浓缩鱼浆)

鱼粉加工过程中的压榨液,经脱脂、浓缩或水解后再浓缩获得的产品,液体中要加入足够的抗氧化剂。产品中水分含量小于 50%。产品包装上要标示粗蛋白质、粗脂肪、粗灰分、组胺、水分的含量。

8.1.6　其他饲用水生生物产品及其副产品

8.1.6.1　虾、蟹、贝类饲用产品

1. 虾类蛋白饲料资源

我国虾类资源丰富,养殖量每年有上百多万吨。据农业部渔业局报道,中国的对虾养殖业

已经形成了从苗种繁育、养殖、加工销售、饲料生产相配套的产业体系,养殖规模不断扩大,养殖模式不断丰富,养殖品种结构不断优化,2007 年养殖产量达到 126 万 t,约占世界养殖总产量的 37%。虾及虾类加工产品用于饲料的主要有:

虾(粉)为直接干燥的虾,或虾经蒸煮、干燥、粉碎获得的产品,其产品包装上要标示粗蛋白质、粗脂肪、粗灰分、盐分含量。磷虾粉是以磷虾(*Euphausia superba*)为原料,经干燥、粉碎获得的产品,其产品包装上要标示粗蛋白质、粗脂肪、组胺、粗灰分、盐分含量。

虾壳粉是食品企业加工虾仁剥离出的虾头、虾壳经干燥、粉碎获得的产品。产品包装上要标示粗蛋白质、粗脂肪、粗灰分、盐分含量。

虾膏是以虾为原料,经油脂分离、酶解、浓缩获得的膏状物,产品水分含量小于 35%,包装上要标示粗蛋白质、粗脂肪、水分含量。

鱼虾粉是近海捕捞的杂鱼,含有部分虾、蟹等,经过加工制成的产品,产品包装上要标示粗蛋白质、粗脂肪、粗灰分含量等。检测方法及质量标准以鱼粉的国家标准作参考。

2. 蟹类蛋白饲料资源

蟹粉是以蟹或蟹的某一部分为原料,经蒸煮、压榨、干燥、粉碎获得的产品,其粗蛋白质含量大于 25%,包装上要标示粗蛋白质、粗脂肪、组胺含量。蟹壳粉是以蟹壳为原料,经烘干、粉碎获得的产品。

3. 贝类蛋白饲料资源

贝类食品企业加工干贝柱(扇贝)剩余的边角料(不包括壳),经干燥、粉碎获得的产品为干贝粉。产品包装上要标示粗蛋白质、粗脂肪、盐分、组胺含量。

8.1.6.2　水生软体动物饲用产品及其副产品

1. 乌贼粉

乌贼或乌贼的某一部分经蒸煮、压榨、干燥、粉碎获得的产品。产品包装上要标示粗蛋白质、粗脂肪、粗灰分含量。

2. 鱿鱼粉

鱿鱼或鱿鱼的某一部分经蒸煮、压榨、干燥、粉碎获得的产品。产品包装上要标示粗蛋白质、粗脂肪含量。

3. 乌贼膏

乌贼内脏等下杂物经油脂分离、酶解、浓缩获得的膏状物。产品水分含量小于 35%。产品包装上要标示粗蛋白质、粗脂肪、粗灰分含量。

4. 鱿鱼膏

以鱿鱼内脏等下杂物为原料,经油脂分离、酶解、浓缩获得的膏状物。产品水分含量小于 35%。产品包装上要标示粗蛋白质、粗脂肪、粗灰分含量。

5. 红线虫(水蚯蚓)

红线虫又称水蚯蚓,属环节动物中水生寡毛类,体色鲜红或青灰色,细长,一般长 4 cm 左右,最长可达 10 cm。喜暗畏光,雌雄同体,异体受精,人工培养的寿命约 3 个月。饲养上一般直接投饲,用于观赏鱼及幼鱼的饵料,也是许多水生动物苗种期喜食的开口饵料,更是鲟、鲤、鲫、鳅、娃娃鱼及黄鳝等底栖鱼的主要食粮。其干品中蛋白质含量达 62% 以上,消化率 96%。部分水蚯蚓有病菌,投喂前要清洁消毒,再清洗饲用。

6. 卤虫(卵)

盐田中所生长的卤虫及其卵经干燥后的产品。卤虫含有丰富的蛋白质,氨基酸组成齐全,粗脂肪含量比较高,不饱和脂肪酸高于饱和脂肪酸。卤虫是一种非常重要的水产生物饵料、幼鱼开口饵料和良好的实验动物饲料,其干燥产品易储藏,不易变质,但价格高。

8.2 动物血液制品蛋白饲料资源

8.2.1 血粉资源及利用

血粉(dried blood,blood meal)是以屠宰食用动物获得的新鲜血液为原料,经干燥获得的产品。原料应来源于同一动物种类,不得使用发生疫病和变质的动物血液。通常是将家畜的血液加热凝固后,经脱水、干燥、粉碎制成的黑褐色粉末,我国《饲料原料目录》中规定血粉产品粗蛋白质含量大于85%,而且该类产品名称应标明具体动物来源,如鸡血粉。

8.2.1.1 血粉资源状况

我国的血粉资源很丰富,据统计,我国畜禽鲜血年资源量达2 300万t,可供制成血粉50万t以上。动物血液中含有多种营养和生物活性物质,如蛋白质、氨基酸、各种酶类、维生素、激素、矿物质、糖类和脂类等,由此可见,血粉潜在的营养价值很高,具有很大的开发利用价值。

目前,动物血粉的开发利用已受到各国的普遍重视。联合国粮农组织在其推荐开发利用血粉的第32号报告中,把血粉与骨粉、肉粉、鱼粉、动物下脚料做了较详细比较,以证明其良好的可开发性。近年来,国内学者也在积极研究改进动物血液的加工方法,以求减少不良影响,提高血粉的饲用价值。

8.2.1.2 血粉质量分级与标准

血粉按生产工艺不同可分成若干种,如蒸煮干燥血粉、瞬时干燥血粉、喷雾干燥血粉、酶解血粉、发酵血粉等。我国LS/T 3407—1994饲料用血粉行业标准规定了其术语、技术要求、检验方法、检验规则及标志、包装、贮存和运输等。其中的技术要求如下:

①饲料用血粉的水分指标不分级别,均为≤10.0%。
②饲料用血粉根据质量规格分为两级,即一级、二级(表8.8)。
③感官指标见表8.9。

表8.8 血粉理化指标　　　　　%

项 目	一级	二级
粗蛋白质	≥80	≥70
粗纤维	<1	<1
水分	≤10	≤10
粗灰分	≤4	≤6

表8.9 血粉感官指标

项 目	指 标
性状	干燥粉粒状物
气味	具有本制品固有气味;无腐败变质气味
色泽	暗红色或褐色
粉碎粒度	能通过2～3 mm孔筛
杂质	不含砂石等杂质

8.2.1.3 血粉的营养特性

1. 粗蛋白质

血粉的粗蛋白质含量很高,可达 80%～90%,高于鱼粉和肉粉。其氨基酸组成特点是赖氨酸含量很高,为 7%～8%,比常用鱼粉含量还高,亮氨酸含量也很高(8%左右)。以相对含量而言,精氨酸含量低,故与花生仁饼粕、棉仁饼粕配伍,可改善饲养效果。血粉最大缺点是异亮氨酸含量很少,几乎为零,在配料时应特别注意满足异亮氨酸的需要;此外,血粉中蛋氨酸、色氨酸也较低。血粉的蛋白质消化率不高,一般为 60%～70%,适口性也较差。

2. 能量

血粉的代谢能水平随加工工艺的不同有一定差异。普通干燥血粉的溶解性差,消化率低,代谢能值为 8.6 MJ/kg,而采用低温、真空干燥者消化率较高,代谢能为 11.70 MJ/kg。

3. 维生素、矿物质

与其他动物性蛋白质饲料相比较而言,血粉缺乏维生素,如核黄素含量仅为 1.5 mg/kg。矿物质中钙、磷含量很低,但含有多种微量元素,如铁、铜、锌等,含铁量(2 800 mg/kg)是饲料原料中最丰富的。

8.2.2 血粉的加工方法

由于血粉的高营养价值和丰富的资源,其开发应用越来越引起人们的重视。我国开发利用血粉已有几十年的历史,20 世纪 80 年代初进行发酵血粉的开发利用研究,90 年代初,开发了膨化血粉加工方法。目前,国内外有关血粉的加工方法报道很多,现综述如下。

8.2.2.1 物理方法

1. 吸附法

将鲜血和孔性材料(如麸皮),按 1∶2 混合,搅匀、摊开,晒干粉碎即成产品。此法简单,适合家庭饲养利用,但此类血粉消化率低,所以应用范围不广。目前国内外也有利用秸秆、干草等作为吸附剂的趋势。

2. 蒸煮法

此法是传统的加工方法,即将鲜血先放在锅中进行热变性处理,然后再进行汽蒸,之后将湿血块晾晒烘干,再粉碎过筛即为成品。此法生产血粉成本较低,方法简单,适用于小型屠宰厂、乡镇企业、个体户。但这种方法生产的血粉存在三大营养缺陷:其一,血本身的血腥味所导致的适口性差。其二,由于蒸煮干燥过程高温对氨基酸产生破坏作用和血球本身结构造成的可消化性差。其三,血本身亮氨酸和异亮氨酸比例失调所致氨基酸组成平衡性差。

3. 喷雾干燥法

血液先进行脱纤维,然后通过高压泵进入高压喷粉塔,同时送入热空气进行干燥制成血粉。喷雾干燥方法生产出来的血粉质量高,成品富含赖氨酸,氨基酸的真消化率可达 90%,大大提高了蛋白质的利用率。

4. 气流干燥法

将血液在干燥器内快速循环,几秒钟内完成干燥,或者让血液在炽热的流动空气中干燥,干燥后的血粉氨基酸含量可达 86%。这种方法多为国外采用,如荷兰、德国。

5. 膨化法

在高温高压条件下,血粒所含的水分不断吸收能量而汽化,并向血分子内部强行渗透、切割,在达到均化段之前,血粉从固态逐渐变成黏流态。黏流态的血蛋白分子在均化段中继续其蛋白质变性过程,并不断被连续挤出,当遇到骤然降温时,挤入蛋白质分子内部的水分子急速膨胀、汽化,并"炸"开包围它的物质,完成最后变性过程,同时使产品形成具有无数微孔的疏松物质——膨化血条,膨化血条再经自然冷却和粉碎后即成为膨化血粉。膨化血粉为深红褐色、带晶状闪光的多微孔粉末,具有烤香味,体外消化率达 97.6%。

8.2.2.2 化学处理法

1. 酸处理

在血粉中补加 HCOOH,比例为 3∶100,处理后的血粉 pH 由 7.2 降到 3.6,其红细胞素的消化率大大提高。此法在北爱尔兰加工血粉时得到应用。

2. 脱色法

向鲜血中加入占血重 0.1%、浓度为 30% 的草酸钠,充分搅匀后加入 6 mol/L HCl 酸化,使 pH 值为 3.2,在 80℃ 时加入 CaO 使 pH 达 11,以破坏血细胞,然后再加 6 mol/L HCl 调 pH 至 6.5,在剧烈搅拌下缓慢加入占血重 2.8%、浓度为 30% 的过氧化氢溶液以破坏亚铁血红素,静止 30 min 倾去上清液,将沉淀离心脱水之后摊开、晒干、粉碎。这种方法投资少、耗能少、工艺流程简单易行,成本低,产品质量与喷雾血粉相近,适用中小型屠宰厂生产。

3. 碱金属盐处理

在新鲜的动物血液中加 0.5%~2.5%NaCl 或 KCl,静置 90 min,弃水分,凝固血块用巴氏法灭菌 40 min,其湿的或干制品可用来喂仔猪。此法在波兰加工血粉时得到应用。

8.2.2.3 酶解法

通过一些能够水解蛋白的酶类将血粉中的生物大分子水解成小分子蛋白或肽类,使动物对它的吸收利用率有所提高。

目前国内利用酶类生产水解血粉的工艺主要包括以下几步:自然凝固动物血液→烘干→粉碎→(缓冲体系+木瓜蛋白酶)混匀→水解→烘干→粉碎→成品血粉。将家畜血液加热煮成凝团并搅碎成微粒,55℃ 时加入胰蛋白水解酶或木瓜蛋白水解酶,使蛋白质降解为肽、胨或游离氨基酸,5~7 h 后干燥处理即得产品。酶解法生产的血粉粗蛋白质含量为 82%~85%,游离氨基酸占 36%~44%,而且无血腥味,改善了适口性,但其缺点是维生素及促生长因子少,设备要求高,投资较大,而且酶解的时间也比较长。

8.2.2.4 微生物发酵法

微生物发酵法是将动物血液与透气性好的辅料以一定比例混合,接入特定的菌种,堆积发酵,然后干燥粉碎的工艺。接入的菌种分泌的酶能破坏血细胞壁,使得有效养分释放出来或者被细菌利用重组新的菌体蛋白,同时还生成蛋白分解酶将血蛋白降解为肽、短肽和氨基酸。其工艺流程为:动物鲜血→搅拌(加麸皮)→加热消毒灭菌→发酵(降温接种)→干燥→粉碎(混合添加剂,其他原料)→成品。其中,搅拌并加麸皮,水含量不超过 45%,加热蒸料后,降温到 35℃ 左右,进行接种。发酵过程中室温保持在 32℃ 上下,湿度适当,发酵时间在 1～1.5 d 内。

动物血经微生物发酵后,游离氨基酸总量比未经发酵的血粉增加 14.9 倍,而且还增加了蛋氨酸、色氨酸等必需氨基酸;另外,发酵血粉不再具有血腥味,而具有浓厚的曲香味,适口性较好,经对试验猪采食速度和采食量观测,采食速度提高 1 倍,采食量提高 4.7%。此外,血液经过高温发酵,也清除了潜在病原菌的危害,并且产品具有丰富的维生素及促生长因子,可以促进动物生长,增强抗病能力。

蒋长苗等(1999)报道,采用芽孢杆菌、枯草杆菌等多种益生菌种发酵黄牛血液制成的微生态血粉,粗蛋白质含量可达 35.6%,含益生菌细胞 $5×10^8$ 个/g,并做了探索性的动物试验。试验结果表明,在基础日粮中添加 5% 血粉能够提高肉鸡增重 5.5% 和猪增重 6.1%,而且临床试验证明,微生态血粉对鸡白痢和仔猪白痢的有效率分别达 94.5% 和 89.6%。这可能是微生态血粉含有较高浓度的菌体蛋白和游离氨基酸,提高了蛋白质的生物学价值,而且益生菌所产生的蛋白酶、淀粉酶、维生素、有机酸也能够提高动物的饲料转化率。

付祖姣等(2003)报道,利用高产蛋白酶的米曲霉作为主发酵菌株,辅以酵母菌和细菌发酵后经喷雾干燥的猪血粉,可以将血粉和辅料中大量的大分子蛋白质降解成小分子蛋白质、多肽和游离氨基酸。

由于制作发酵血粉具有投资少、工艺简单、产品质量好、应用效果优良等优点,因此曾经被公认为我国饲用血粉的开发方向。不过发酵法生产的血粉粗蛋白质含量只有 30%～40%,载体需用量大(猪血与载体比例一般为 1∶1,牛、马血一般为 1∶2),发酵时间较长,且发酵血粉仍存在消化率低、氨基酸平衡性差等问题,所以,在培养基优化、菌种选择和辅料配方上尚需进一步研究和探讨。

8.2.2.5　其他生产工艺

1. 水洗法

新疆大学苏建新等(1998)报道,各种加工方法制得的血粉消化性差的主要原因在于血粉具有缓冲作用。血粉进入消化道后,使消化道中的 pH 值偏离各种消化酶的最适 pH 值范围,使酶的活力降低,同时使得食物中的蛋白质不能变性或变性不完全,从而导致蛋白质消化受阻,为此提出能降低血粉缓冲作用的水洗加工法。其原理是:变性血粉不溶于水,而其中的缓冲对 $NaHCO_3/H_2CO_3/NaH_2PO_4$ 易溶于水,所以用水洗法可以降低血粉的缓冲作用。

水洗法的具体操作方法为:首先在 100℃ 水浴锅里将血液进行热变性处理,然后向变性血中加 2～3 倍体积的水,搅拌后放置 15～30 min,倾去上清液,再用 2～3 倍的水洗沉淀,以上操作重复 4～5 次,至上清液无缓冲作用为止,最后用挤压法或其他可行的方法除去沉淀中的水分,烘干后磨碎成粉。用这种方法制得的血粉,缓冲力可降低 1/3 左右。肉鸡饲养试验证明,这种方法生产的血粉可提高仔鸡的生长速度,甚至可以代替进口鱼粉。

2. 酸、碱及酶水解法

水解血粉是以屠宰食用动物获得的新鲜血液为原料,经酸、碱或酶水解,干燥获得的产品。产品名称应标明具体动物来源,如水解猪血粉,其包装上要标示产品粗蛋白质含量和胃蛋白酶消化率。

动物血液经过系列加工,也可生产血蛋白肽类产品,如以血浆、破碎血球为原料,在一定条件下,应用多种蛋白酶、肽酶进行定向水解,制成低分子质量的蛋白肽,产品经喷雾干燥或冷冻干燥后,制成蛋白肽、寡肽、抗菌肽类产品。据报道,此类产品应用于乳猪饲料中,效果明显,可促进生长,提高免疫力。目前国内已经有批准的产品生产销售。

8.2.3 血粉在饲料中的应用

8.2.3.1 猪日粮中添加血粉的效果

国外其他的试验认为,在 28 日龄平均体重约为 5.5 kg 断奶仔猪的玉米—豆饼基础日粮中添加膨化血粉,与添加牛奶蛋白、大豆蛋白、肉粉、干脱脂奶粉的处理相比,仔猪多采食 20％～57％的饲料,多增重 5％～7％;在肉猪日粮中添加 10％的膨化血粉,粗蛋白质消化率达 93.86％～97.20％,能量利用率达 77％～81％。国内试验表明,在生长猪日粮中添加 4.2％的膨化血粉与添加 3％鱼粉相比,日增重高 19％,每头猪多获利润 61.94 元。在猪日粮中加入 6％的膨化血粉比加 6％鱼粉平均日增重提高 6.3％。用 2.5％膨化血粉替代仔猪日粮中的豆粕后,仔猪日增重和采食量分别提高 14.4％和 12.5％,饲料转化率略有改善。

8.2.3.2 鸡日粮中添加血粉的效果

国内一系列试验表明,蛋鸡日粮中以微生物发酵血粉来替代进口优质鱼粉,并没有影响产蛋鸡的生产性能。在产蛋鸡日粮中添加 4％的发酵猪血粉比添加 7％鱼粉的对照组总蛋重增加 20.6％。在蛋鸡日粮中添加 3％的发酵血粉,结果产蛋率增加 8.75％,蛋重平均提高 6.3％,耗料减少 5.82％,每只鸡增加收入 0.31 元。用 4％的发酵血粉代替 4％的秘鲁鱼粉(粗蛋白质含量为 61％)饲喂蛋鸡的试验结果表明:鸡群产蛋率提高 4.01％,料蛋比下降 8.61％,死亡淘汰率下降 3.97％。蛋用雏鸡饲喂发酵血粉,其生长发育、增重、饲料转化率、成活率等方面,也都与鱼粉组接近。在一个 AA 肉鸡饲养试验中,膨化血粉在一定比例范围内(2％)完全可以替代鱼粉,并且比普通血粉效果明显。添加 3％～5％发酵血粉,肉鸡增重提高 2％～9％,且群体发育均匀,抗病力强;另一试验在肉鸡饲料中添加 3％发酵血粉,肉鸡平均增重提高 7％～9％,耗料减少 7％～25％,每只鸡增加收入 0.39 元。

8.2.3.3 血粉在水产饲料中的效果

一系列试验表明,血粉在水产饲料中的应用效果明显。在虹鳟鱼、鲶鱼苗、鲤鱼等淡水鱼的饲料中,发酵血粉可部分替代鱼粉,因此认为,动物血发酵后作为鱼饵料的主要蛋白源是可行的,能改善鱼的饲养效果,但其成本与饲喂进口鱼粉的相比显著下降。用 5％发酵猪血粉代替 5.38％的鱼粉饲养对虾,结果表明增长率提高 26.1％,成活率为 84％,与鱼粉组的 88％的成活率相近,而成本降低 50％。

8.2.3.4 血粉饲喂其他动物的效果

用血粉养蚕,产出的茧子重量大,蛹体不过肥,并且成本比用其他蛋白质原料低得多。对犬的饲喂试验结果表明,在饲料中添加 5％～10％的膨化血粉可以替代一定比例鱼粉,达到理想的饲喂效果。

8.2.3.5　血粉应用注意事项

作为动物性蛋白饲料,血粉主要存在着适口性差、血球破碎率低、可消化性差、易被微生物污染、不易长期保存等不足之处,另外血粉中存在的卟啉铁也影响适口性和消化率。喷雾干燥血粉、膨化血粉、发酵血粉等不同加工工艺的血粉,虽能一定程度地改善血粉的营养缺陷,并在畜禽饲养中可以部分或全部代替鱼粉,但在应用中还应注意以下问题:

①不同种类动物的血源及新鲜度是影响血粉品质的一个重要因素,使用血粉要考虑新鲜度,防止微生物污染。

②由于血粉自身的氨基酸利用率不高,氨基酸组成也不理想,因此,应科学利用血粉的营养特性,在设计饲料配方时尽可能与异亮氨酸含量高和缬氨酸较低饲料配伍。

③血粉不容易长期保存。它容易吸潮、结块、生蛆、发霉、腐败。如果血粉要长期保存应采取如下措施:a.加热:将血粉加热到100℃,保持30 min,冷却后装入密封容器或在塑料袋中密封保存。b.熏蒸:干血粉熏蒸后的血粉保存在密封容器中。

④生物安全性问题。血粉及其制品在饲料中应用,要按照国家关于动物源性产品使用规范合理使用,以保障动物安全,防范同源和异源疫病的传染。

8.2.4　其他饲用血液制品

8.2.4.1　血浆蛋白粉

20世纪90年代中后期,血浆蛋白粉作为一种新型、高效、安全的功能性蛋白质饲料开始在畜禽与水产养殖中广泛应用,并被很快引入我国,并在高档饲料中得到较好的使用。我国《饲料原料目录》中的喷雾干燥血浆蛋白粉(spray-dried animal blood plasma protein,SDPP),是以屠宰食用动物获得的新鲜血液分离出的血浆为原料,经灭菌、喷雾干燥获得的产品,其名称应标明具体动物来源,如喷雾干燥猪血浆蛋白粉。产品标示的特征指标为:粗蛋白质、免疫球蛋白(IgG或IgY)等。

1.血浆蛋白粉的分类

血浆蛋白粉的种类可按血液来源以及加工方法分为以下几类:猪血浆蛋白粉(SDPP)、低灰分猪血浆蛋白粉(LAPP)、母猪血浆蛋白粉(SDSPP)和牛血浆蛋白粉(SDBP)。其作用效果大体相同,而其中以猪血浆蛋白粉较为常见。

2.血浆蛋白粉的营养特点

(1)营养价值高

血浆蛋白粉的主要营养成分是蛋白质、脂肪、碳水化合物、钙、磷及一些动物必需的常量和微量矿物元素。SDPP蛋白质含量丰富,其粗蛋白质含量为78%左右,氨基酸含量高且较为平衡,其中赖氨酸含量高达7%,另外,SDPP含有免疫球蛋白。SDPP的消化能为17.1 MJ/kg,代谢能为16.6 MJ/kg。SDPP还含有丰富的无机矿物元素,其中磷含量为1.78%,铁含量为78 mg/kg。可见SDPP是一种营养丰富、品质优良的饲料原料。血浆蛋白粉的营养成分组成见表8.10。

表 8.10　血浆蛋白粉成分含量

营养成分	含量	营养成分	含量
水分 /%	7.0	磷 /%	1.78
粗蛋白质/%	78.0	钾 /%	0.25
粗脂肪 /%	2.0	钠 /%	2.57
粗纤维 /%	0.1	铁/(mg/kg)	78.0
碳水化合物 /%	3.15	镁/(mg/kg)	340.0
粗灰分 /%	8.5	消化能/(MJ/kg)	17.1
钙 /%	0.12	代谢能/(MJ/kg)	16.6

来源:陈彬,2003。

(2)消化率高

血浆蛋白粉采用特殊的工艺生产,较难消化的血细胞已被分离,蛋白质的消化率一般在95%以上,消化率甚至高于酪蛋白等其他蛋白源,血浆蛋白粉中的铁、磷、镁等矿物元素也有很高的消化率,其中的磷为有效磷。

(3)适口性好

血浆蛋白粉在加工过程中消除了血液的腥味,清除了血球中铁卟啉等苦味物质,降低了黏稠度,因而具有较好的适口性,但其适口性要优于脱脂奶粉、鱼粉和膨化大豆等(王记海,1999;宋国隆,2000)。

(4)富含免疫物质

血浆蛋白粉中含有丰富的免疫物质,包括白蛋白及免疫球蛋白等功能性蛋白,其中免疫球蛋白含量达22%,这些免疫球蛋白多数具有生物学特性。血浆蛋白粉还含大量的促生长因子、干扰素、激素、溶菌酶等其他免疫物质,这些免疫物质可促进生长,提高动物免疫力(Van Dijk A J 等,2002;唐胜球等,2003;Bosi 等,2004)。

3. 血浆蛋白粉在仔猪生产中的应用

早期断奶仔猪由于身体生理机能、消化器官等尚未发育完善和应激的影响,对饲料消化吸收率低,会产生断奶应激综合征,血浆蛋白粉具有多种作用,对断奶仔猪的生长有利。很多实验和研究表明血浆蛋白粉对断奶仔猪的采食量、平均日增重和饲料转化率等方面都有较大的改善作用。

血浆蛋白粉中含有丰富的免疫球蛋白和一些未知生长因子,能作为一种诱食剂或调味剂改善仔猪的采食量。Ermer 等(1994)的研究表明,就仔猪对脱脂奶粉和血浆蛋白粉的偏好而言,80%的试验仔猪偏爱添加了血浆蛋白粉的日粮,可见添加了血浆蛋白粉的日粮比添加了脱脂奶粉的日粮适口性更好。Jennings 等(1995)让断奶仔猪自由接触添加了血浆蛋白粉或添加了乳清浓缩蛋白的日粮,诱食试验结果表明仔猪更偏爱添加了血浆蛋白粉的日粮,其摄入量是含有乳清浓缩蛋白日粮的5倍。

Tokach 等(1992)用 432 头 21 日龄断奶仔猪试验,比较不同蛋白源(鱼粉、合成氨基酸、血浆蛋白粉、喷干血粉、浓缩大豆蛋白和膨化大豆粉)对仔猪增重的影响,结果表明,喂血浆蛋白粉组的猪比喂其他 5 种蛋白源的猪生长快。陈冬星等(2000)研究报道,仔猪在断奶前后饲喂含有一定比例的血浆蛋白粉的饲料,平均增重比不添加的提高 24.5%,饲料转化率提高 17.7%,差异显著。Van Dijk A J(2002)报道,饲喂含有血浆蛋白粉日粮的断奶仔猪在断奶后两周,其平均日增重和平均日采食量分别比对照组提高 26.8%和 24.5%。这表明血浆蛋白粉有改善仔猪生长性能的作用。

4. 存在的问题

(1)价格昂贵

血浆蛋白粉的价格较贵,进口的产品甚至较鱼粉的价格贵出好几倍,限制了血浆蛋白粉在猪场中的大规模使用,特别是养殖行业处于低谷时期,不易推广应用。

(2)生物安全

血液来源和因加工工艺造成的质量不稳定也是目前限制血浆蛋白粉广泛应用的原因之一。不合格的 SDPP 易成为繁殖和呼吸道综合征病毒(PRRSV)、伪狂犬病毒(PRV)和猪细小病毒(PPV)的传播途径。只有在生产过程中对每一环节的工艺参数和质量进行严格控制,甚至通过增加特殊的工艺过程才能获得优质高纯度的血浆蛋白粉产品。

8.2.4.2　血球蛋白粉

血球蛋白粉是以屠宰食用动物获得的新鲜血液分离出的血细胞为原料,经灭菌、喷雾干燥获得的产品,又被称为喷雾干燥血球蛋白粉(spray-dried animal blood cells,SDBC)。原料应来源于同一动物种类,不得使用发生疫病和变质的动物血液。产品名称应标明具体动物来源,如喷雾干燥猪血球蛋白粉。血球蛋白粉在欧美一些国家的研究和运用比较早,而在我国近年来才被许多饲料加工企业和养殖场所认识和接受。血球蛋白粉的加工工序如下:

猪血→冷藏处理→血球与血浆分离→血球浓缩→血球高压喷雾(灭活微生物)→无菌状态下包装→低温贮存

1. 血球蛋白粉的营养成分

一般认为,血球蛋白粉的营养成分相对稳定。其范围是:干物质 90%～94%,粗蛋白质 90%～92%,粗灰分 3.8%～4.5%,粗脂肪 0.3%～0.5%,钙 0.005%～0.01%,总磷 0.15%～0.20%。

血球蛋白粉的氨基酸含量丰富,天门冬氨酸、亮氨酸、谷氨酸和赖氨酸含量高,蛋氨酸和异亮氨酸含量低,异亮氨酸是血球蛋白粉的限制因子之一。与血粉比较,血球蛋白粉的赖氨酸含量一般在 7.5%左右,并且其氨基酸总量存在显著差异,一般粗蛋白质含量为 92%左右的血球蛋白粉,其氨基酸总量为 88%左右,而血粉一般在 83%以下。血球蛋白粉与血粉营养成分见表 8.11。

2. 血球蛋白粉对早期断奶仔猪的应用效果

同血浆蛋白粉一样,血球蛋白粉也是早期断奶仔猪优质的蛋白质饲料,对提高仔猪的生产性能和免疫能力都具有很好的效果,血球蛋白粉中还含有大量的免疫球蛋白(IgG)和其他活性成分,能够提高断奶仔猪的免疫力,降低黄白痢发病率。研究表明,饲喂血球蛋白粉的断奶仔猪的日增重高于饲喂大豆粉、挤压大豆粉、鱼粉等其他蛋白饲料。

表 8.11　血球蛋白粉与血粉营养成分　　　　　　　　　　　　　　%

指　标	样　品					
	安徽血球蛋白粉	河南血球蛋白粉	进口血球蛋白粉	牛血球蛋白粉	血粉样品 A	血粉样品 B
天门冬氨酸	10.35	10.53	9.16	9.29	10.06	10.59
苏氨酸	3.00	3.13	4.32	4.05	2.76	2.67
丝氨酸	3.95	4.08	4.45	4.28	3.56	3.67
谷氨酸	8.04	8.61	7.76	7.75	7.91	7.94
甘氨酸	4.39	4.31	3.78	4.02	4.19	4.10
丙氨酸	7.87	7.34	7.84	8.13	7.10	6.89
缬氨酸	8.33	7.65	7.20	8.04	7.06	7.11
蛋氨酸	0.93	0.96	1.56	1.32	0.78	0.98
异亮氨酸	0.00	0.69	0.31	0.00	0.53	0.70
亮氨酸	12.87	11.81	11.57	12.58	11.40	11.00
酪氨酸	2.12	2.24	2.41	2.34	1.87	1.79
苯丙氨酸	6.49	5.98	6.77	6.97	5.54	5.61
赖氨酸	8.07	7.83	8.24	8.49	7.16	7.20
组氨酸	7.04	6.55	5.92	6.51	6.08	6.04
精氨酸	3.59	4.22	3.72	3.32	3.73	3.70
脯氨酸	2.42	3.00	2.94	2.49	2.68	2.70
氨基酸总和	88.93	88.93	87.95	89.60	82.41	82.69
粗蛋白质	94.26	92.76	91.95	91.45	86.10	87.65
水分	3.71	4.64	5.60	—	—	5.86
粗灰分	3.89	4.04	4.36	—	—	5.69
胃蛋白酶消化率	98.55	98.45	98.51	98.55	97.82	97.81

来源：周增太，刘小敏，2006。

　　McMillan 和 Poulson(1996)将 165 头 21 日龄断奶仔猪分成数组，分别饲喂鱼粉和不同比例的血球蛋白粉，试验表明，断奶仔猪的日增重和饲料转化效率与血球蛋白粉的添加量呈线性关系，在断奶仔猪第二阶段日粮中添加血球蛋白粉的仔猪日增重和饲料利用率高于饲喂含鱼粉日粮的仔猪，而用 2.5% 的血球蛋白粉替代 4% 鱼粉，能明显提高仔猪的日增重和饲料利用率。另一次试验发现，在断奶仔猪第二阶段喂食血球蛋白粉还明显降低了仔猪的体重变异系数，这表明，血球蛋白粉不仅能加快仔猪的生长，还能提高仔猪群的整齐度，经多项研究得出，饲喂血球蛋白粉比喂食鱼粉或乳清粉日粮的仔猪日增重提高 6.1%，饲料利用率提高 5.3%。

8.2.4.3　其他酶水解产品

1. 水解血球蛋白粉

以屠宰食用动物获得的新鲜血液分离出的血球为原料,经破膜、灭菌、酶解、浓缩、喷雾干燥等一系列工序获得的产品。产品名称应标明具体动物来源,如:水解猪血球蛋白粉,其包装上要标示粗蛋白质含量和胃蛋白酶消化率等指标。

2. 水解珠蛋白粉

以屠宰食用动物获得的新鲜血液分离出的血球为原料,经破膜、灭菌、酶解、分离等工序获得珠蛋白,再经浓缩、喷雾干燥获得的产品。产品粗蛋白质含量应大于90%,其包装上要标示动物来源名称、粗蛋白质、赖氨酸含量和胃蛋白酶消化率等指标。

3. 血红素蛋白粉

以屠宰食用动物获得的新鲜血液分离出的血球为原料,经破膜、灭菌、酶解、分离等工序获得血红素,再浓缩、喷雾干燥获得的产品。产品卟啉铁含量(以铁计)不低于1.2%,其包装上要标示动物来源名称、粗蛋白质、卟啉铁含量和胃蛋白酶消化率等指标。

8.3　内脏、蹄、角、爪、羽毛及其加工产品

8.3.1　内脏、蹄、角、爪、羽毛及其加工类饲料资源

8.3.1.1　羽毛及其加工产品

羽毛是禽类表皮细胞角质化的衍生物,占体重5%~11%。羽毛杆及其下脚料是家禽屠宰加工或羽绒制品的副产品。蛋白质含量75%~90%,含硫氨基酸(胱氨酸等)达6%~9%,其中的硫原子是构成二硫键的基础。羽毛蛋白属角质蛋白,必须对角蛋白处理,破解角质蛋白的空间结构,使其变成可消化吸收的状况。

羽毛角质蛋白的氨基酸大部分为疏水性氨基酸,疏水性氨基酸分布在角质蛋白的外周,少量亲水性氨基酸及基团包容于肽键及蛋白质骨架的内部。肽键为右手α-螺旋,3条右手α-螺旋结合在一起成绳状的左手螺旋,构成了原纤维,原纤维内3条肽键之间由二硫键互接;原纤维之间的9个集合组成巨纤维,众多平行状的巨纤维通过二硫键结合,构成了羽毛蛋白的基本单元,这些基本单元组成无生命的细胞。

8.3.1.2　内脏、蹄、角、爪及其加工产品

畜禽屠宰加工的部分下脚料,包括蹄甲、毛发、皮、脚皮、内脏等,其蛋白含量较高,可达50%以上,但蛋白质品质差,含量不稳定,部分原料油脂含量高,不宜直接饲用。经合理加工处理后,可生产出一系列优质蛋白质饲料原料,如肠膜蛋白粉、动物内脏粉、水解蹄角粉等。

8.3.1.3　资源状况

我国每年可收集利用的羽毛及其他畜禽屠宰下脚料内脏、蹄、角、爪等有200万~300万 t,

每年经加工后用于饲料的约 10 万 t,大部分羽毛及动物下脚未被合理利用。主要原因是加工技术不过关,产品消化吸收率低,质量参差不齐,导致饲养效果不佳。另有少部分不法商贩将羽毛粉掺入鱼粉、豆粕等饲料原料中掺假,降低了配合饲料质量,影响了羽毛粉的合理利用。因此,根据羽毛及动物下脚料的特点,采用规范合理的加工技术,提高其消化率,稳定产品质量,为饲料工业提供合格的饲用羽毛粉及动物屠宰下脚蛋白饲料,具有重要的意义。

8.3.2 羽毛粉及内脏、蹄、角、爪加工处理方法

饲用羽毛粉是以禽类羽毛或羽毛下脚为原料,经过一定的加工处理,再干燥粉碎的产品,一般要求蛋白质含量高于 70%,胃蛋白酶体外消化率高于 75%。国外对羽毛蛋白的开发始于20 世纪 50 年代,美国、欧盟、日本等均允许羽毛在饲料中应用。美国和欧盟都规定,饲用羽毛粉粗蛋白质含量高于 70%,胃蛋白酶消化率高于 75%。我国早期是利用羽毛粉经酸水解后提取胱氨酸,20 世纪 70 年代末,羽毛粉才开始应用于饲料。近年由于鱼粉、豆粕等蛋白质饲料价格大幅上涨,加工技术的成熟,羽毛粉等动物下脚应用逐年增加。对羽毛粉及畜禽下脚料内脏、蹄、角、爪的加工处理,国内外主要采用以下几种方法进行产业化生产:高温高压水解法、酸碱水解法、酶解法、微生物法、挤压膨化法等。

8.3.2.1 高温高压水解法

将羽毛清杂,投入水解罐中,通入直接或间接蒸气,水解成块状蛋白质凝胶,烘干粉碎后饲用。此种方法加工的羽毛粉质量取决于时间、温度、压力三个参数的综合效应。美国学者 Biswas 进行了 200~240 kPa,2~8 h 加工条件下的水解羽毛粉的肉鸡试验,效果很差。1985 年Papado poulose 报道,在 275~415 kPa,30~60 min 的条件下,产品的营养价值有所提高。Sara Muerhead 报道,美国在肉牛饲料中添加 5% 的水解羽毛粉,可有效地增加过瘤胃蛋白(by-pass protein)数量,并可等氮代替豆粕。我国台湾学者陈厚基报道,在蒸气压力 207、276、345 kPa,pH 5、7、9,时间为 30、60 min 的正交试验中,随着蒸气压力及 pH 值的增加,胃蛋白酶的消化率增加,羽毛粉中的胱氨酸、蛋氨酸含量却急剧下降;同时随 pH 值的增加,羽毛粉对试验肉鸡的饲养效果下降。当加工时间 8 h 以上,蛋白质严重变性;日粮在添加限制性氨基酸时,营养价值仍很低。另有试验表明,在 125~135℃、30~40 min 的水解产品,以 2%~3% 添加在蛋鸡饲料中可达到良好的效果。沈银书进行了压力为 300、400、500 kPa,时间为 30、60、90 min 的 9 个处理试验,通过对以上 9 个处理样品的胃酶消化率(PDP)、氨基酸有效率(TDAA)、蛋白质可溶性(PS)、氨基酸含量变化、容重(BD)等指标测定,指出 400 kPa、90 min是较适宜的加工参数,产品氨基酸消化率可达 77%~80%;同时也观察到,随水解温度升高时间增加,氨基酸破坏加剧,并以含硫氨基酸(胱氨酸)明显。许梓荣进行了固定压力 316 kPa,不同处理时间的羽毛水解试验,指出 90 min 处理的产品体外消化率为 91.94%。水解时间延长消化率则有下降的趋势。国家"七五"科技攻关专题"羽毛杆制造水解蛋白研究"中动物评价试验表明,采用 TME 法测定直接蒸气 450~500 kPa,2 h 的水解羽毛粉,去盲肠公鸡氨基酸的平均消化率仅为 41.26%,未经处理的粉碎羽毛粉氨基酸消化率为 -6.37%。

我国国内目前大多采用此种方法生产。但由于工艺设备落后,工艺参数不易控制,水解效果不佳,产品质量不稳定,氨基酸消化率低或蛋白严重变性。且生产过程中需要锅炉、水解罐、

烘干等设备,生产成本偏高;且在水解、干燥、贮存过程中,产生异味,对厂区空气产生一定的污染。国内如广东省、浙江省、山东省等地,采用双层夹套水解罐,夹套中以导热油为加热介质,将羽毛或动物下脚料,与水以一定比例进行高温高压水解,水解结束后,搅拌,排水脱脂,干燥后粉碎。此工艺中,动物下脚的脱脂及污染是困扰加工企业的难题。

荷兰、丹麦等国采用的熔炼法是将家禽羽毛、内脏、淘汰鸡、脚皮、蹄甲及动物屠宰下脚料,经过除杂切碎,在专用的设备内搅拌熔炼,提取油脂后,烘干 5～6 h,生成粉状蛋白质饲料。该设备还用于鱼粉、肉骨粉、骨粉等产品的生产。我国于 20 世纪 80 年代以来引进过此类设备,同时也进行了消化吸收,但规格较小,熔炼时间长达 12 h 以上。图 8.6(另见彩图 33)为国外的羽毛粉水解生产线,其水解和干燥工艺分开;图 8.7(另见彩图 34)为国外某公司的羽毛及畜禽下脚蛋白饲料生产设备,可加工羽毛粉、畜禽下脚料、鱼粉、血粉等。

图 8.6　羽毛水解与干燥设备

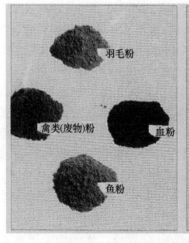

图 8.7　国外羽毛及禽类下脚料蛋白饲料生产设备

水解罐类型有立式和卧式。立式水解罐一般以蒸气为加热源,卧式水解罐以蒸气或者导热油为间接加热源。

8.3.2.2 酸、碱等化学水解法

1. 酸水解

酸水解的主要产品有羽毛水解蛋白粉、胱氨酸、氨基酸金属螯合物等。这类方法国外在20世纪60年代即有报道,主要用于饲料工业原料和氨基酸的提取。将一定量的羽毛,一定浓度和体积的酸混合加热水解,冷却后中和,以载体吸附干燥,制成水溶性好的羽毛水解蛋白粉(复合氨基酸)。经此处理使角质蛋白的二硫键破坏,羽毛蛋白分解成可消化吸收的状态。国内采用盐酸、磷酸混合水解,以减少产品中盐分,肉鸡饲养试验提示,可代替1%的秘鲁鱼粉。国家"七五"攻关专题"羽毛杆制造水解蛋白研究",采用低浓度盐酸水解后,真空负压脱除盐酸(盐酸回收利用并降低盐分),冷却后混碱分步中和,吸附干燥。产品盐分低,在蛋白质、赖氨酸、蛋氨酸相同水平的日粮中,可完全代替肉鸡、仔猪饲料中的秘鲁鱼粉(4%)。强饲去盲肠公鸡试验,氨基酸真消化率达85.06%,代谢能13.2 MJ/kg。

2. 碱水解

Williams采用200～300 kPa压力,氢氧化钠水解,随氢氧化钠浓度增加,产品胱氨酸含量降低,饲养效果下降。高浓度碱液水解时,部分氨基酸由 L 型转变为 D 型,不能被动物消化吸收。国外另有利用羽毛蛋白制成磺基丙氨酸生产牛磺酸,用于猫、犬等宠物饲料。利用亚硫酸钠、氢氧化钠分步水解羽毛杆,也可生产水溶性羽毛粉。

酸、碱水解法的生产过程设备多,易腐蚀、工艺繁杂、环境污染严重。且产品中盐分含量较高,适口性差。早期用于单个氨基酸的提取,目前此类生产厂国内已不多见。

8.3.2.3 酶水解法

通常条件下,普通的酶难以直接分解羽毛蛋白。Pear Lyons发现从动物和人体皮肤病灶分离出的真菌、发际癣菌、秃斑癣菌分泌的酶可分解角质蛋白,经处理后的角质蛋白,再经胃蛋白酶水解,即可制得消化率较高的产品。Papadopoulos报道,将羽毛与溶剂在泥刀式混合机中,60℃下搅拌1 h,冷却后加入混合酶制剂和乳化剂,水解成的液化饲料可添加于饲料中或干燥饲用。国内外对此类方法的争议较大,未见有实质性报道和产业化产品。徐墨莲将高压水解羽毛粉与复合酶(含胰蛋白酶、糜蛋白酶、胃蛋白酶)、水在38～40℃液化处理3 h,干燥粉碎。产品可溶性蛋白由10.97%提高至29.72%,试验组雏鸡比高压水解羽毛粉组相比提高增重28%。刘翠然将高压处理的羽毛、蹄甲粉,40℃液化酶化处理4 h,PDI(可溶氮)提高1.4倍。国外也有采用Maxatase蛋白酶处理羽毛的报道。事实上,以水解后的羽毛粉为原料,再经蛋白酶类水解,对提高羽毛粉、畜禽下脚料等的水溶性和消化率有直接的好处,但所采用的酶有待进一步研究和工业化试验。

8.3.2.4 微生物法

国内外目前未见有直接用微生物处理羽毛成功的报道。Williams用地衣芽孢杆菌(PWD-1)与高温高压水解羽毛粉进行厌氧发酵,产品以5%添加于肉鸡日粮中饲养效果同对照组相同,但降低了饲养成本。国内也有水解羽毛经微生物发酵进行生产的报道,其实在发酵

过程中,为保持合适的碳氮比,要增加一定的底物,会降低产品蛋白质含量。

8.3.2.5 挤压膨化法

挤压膨化法的优点是设备少,投资低,加工成本大大降低,氨基酸破坏少,消化率高,生产过程中无环境污染。缺点是产量低,螺杆易磨损。目前国内的小型生产厂较多。

1. 原理

利用膨化机内高温高压和高剪切作用,羽毛在模孔减压膨化以破坏角质蛋白的牢固空间结构,使二硫键断裂。角质蛋白纤维变成较小的蛋白质亚单位和线状排布的肽链群,易于被动物消化吸收。羽毛蛋白的变性过程见图8.8,工艺流程见图8.9。

2. 应用

原国内贸易部重大科技项目"羽毛挤压膨化技术研究"、江苏省科技厅项目"膨化羽毛粉工业化生产技术研究"通过羽毛直接膨化试验,研究确定了工艺参数、胱氨酸保护技术,研制了成套设备,形成了工业化生产技术。营养价值评定表明,公鸡强饲法测定体内氨基酸消化率

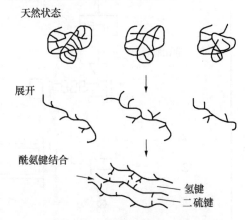

图8.8 羽毛蛋白膨化变性过程

(Judson Harper.食品挤压成型.
丁霄霖,吴组伦.等译,1986.)

为86.25%,真代谢能13.29 MJ/kg。膨化助剂的应用,有效地提高了羽毛粉中胱氨酸的留存率,胱氨酸消化率为84.95%;肉鸡饲养试验表明,在日粮蛋白质、代谢能、蛋氨酸、赖氨酸同等水平的条件下,膨化羽毛粉(4%添加)可取得良好的饲养效果。同进口鱼粉组相比在增重、存活率、饲料转化效率等方面无显著差异,饲料成本降低6.4%,降低腹脂近50%。蛋鸡饲养试验也显示出类似的结果,并减少鸡群的互斗和啄毛、啄肛癖。朱选等进行的羽毛挤压试验,也显示出类似的结果。近年,进行了羽毛粉水解膨化联合加工处理试验,对适度水解的羽毛粉,搅拌脱水至水分20%以下,粉碎后膨化,提高了产量,胃蛋白酶消化率可达90%以上。

美国在羽毛与动物内脏的混合物中,加入高温蛋白酶助剂,与大豆、豆粕混合后(羽毛内脏、大豆、豆粕比例为25∶25∶50)膨化、烘干后粉碎饲用,产品用于肉鸡、火鸡饲料中可获得较好的效果。近期国内还有利用喷爆方法(类似于爆米花机)生产羽毛粉的试验报道。另据报道,采用高频振荡处理羽毛粉,以松散角质蛋白的空间结构和二硫键,此种羽毛粉在鲫鱼的体内消化率达71.36%。

8.3.3 内脏、蹄、角、爪、羽毛及其加工产品的饲用价值

8.3.3.1 羽毛粉氨基酸组成及消化率

表8.12列出不同加工处理的羽毛粉及鱼粉、豆粕的氨基酸含量;表8.13为不同蛋白原料的氨基酸消化率。

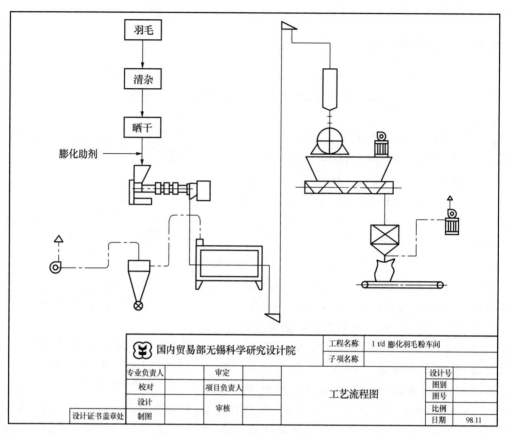

图 8.9　膨化羽毛粉加工工艺流程

(何武顺,1999)

表 8.12　主要蛋白质饲料氨基酸含量　　　　%

氨基酸	羽毛原粉	高压水解羽毛粉	膨化羽毛粉	秘鲁鱼粉	豆粕
天门冬氨酸	4.86	4.58	4.45	5.08	4.85
苏氨酸	4.23	3.76	3.08	3.02	1.70
丝氨酸	8.53	8.09	7.88	2.15	2.20
谷氨酸	9.54	7.55	8.56	7.60	8.41
脯氨酸	6.73	7.86	6.85	2.65	2.39
甘氨酸	7.73	6.40	7.19	4.11	1.84
丙氨酸	4.42	4.04	3.77	3.55	1.93
胱氨酸	6.90	2.34	4.11	0.49	0.52
缬氨酸	7.19	5.99	7.19	2.86	1.95
蛋氨酸	0.61	0.71	0.51	1.55	0.51
异亮氨酸	3.89	3.74	3.42	2.68	1.97

续表8.12

氨基酸	羽毛原粉	高压水解羽毛粉	膨化羽毛粉	秘鲁鱼粉	豆粕
亮氨酸	6.94	6.36	6.16	5.43	3.45
酪氨酸	2.36	1.92	1.71	2.11	1.38
苯丙氨酸	4.63	4.15	4.79	2.42	2.26
组氨酸	0.95	0.39	0.69	1.66	1.10
色氨酸	0.55	0.57	0.59	1.29	0.62
赖氨酸	1.53	0.82	1.37	4.65	2.54
精氨酸	5.27	5.13	4.79	4.29	3.18

来源：何武顺，2000。

表8.13　不同处理羽毛粉氨基酸消化率的比较　　　　　　　　　　　　%

消化率	羽毛原粉	进口鱼粉	高压水解（安徽繁昌）	高压水解（试验品）	高压水解（河南商城）	酸水解（江苏东台）	膨化（安徽繁昌）
平均消化率	−6.37	92.80	64.47	77.59	41.26	85.06	86.25
Lys 消化率	−2.17	96.2	65.24	69.75	17.11	91.5	60.90
Met 消化率	6.47	95.6	78.03	66.44	34.05	76.1	87.70
Cys 含量	6.90	0.47	2.43	2.31	3.18	1.54	4.11
Cys 消化率	−9.52	89.4	60.92	68.02	50.75	76.10	84.95
有效胱氨酸	−0.63	0.42	1.48	1.52	1.51	1.17	3.49

来源：何武顺，2000。

由表8.13可知，高压水解羽毛粉各产品加工工艺不同，消化率也不同。膨化羽毛粉氨基酸消化率为86.25%，优于高压水解羽毛粉；与酸解羽毛粉相同；均低于进口鱼粉。羽毛中赖氨酸含量1.7%，各产品消化率偏低，只有酸解羽毛粉为91.5%，表明挤压膨化、高压水解处理时，赖氨酸有效性降低，不易消化。膨化羽毛粉中赖氨酸含量偏低，消化率为60.9%，有效赖氨酸也只有0.83%，而鱼粉中有效赖氨酸达4.32%，加之羽毛蛋白质含量是鱼粉的1.3～1.4倍。因而鱼粉有效赖氨酸是膨化羽毛粉的6～8倍。所以饲用羽毛粉应用时必须添加赖氨酸，以发挥其饲用价值。饲料中每千克膨化羽毛粉增加赖氨酸40～45 g才能达到鱼粉的赖蛋比。在饲料配制时，将羽毛粉与鱼粉或高赖氨酸原料搭配，就可形成氨基酸的互补。

蛋氨酸各产品中含量0.5%～0.7%，消化率76%～87.7%，均低于进口鱼粉。羽毛粉膨化时，增加合适的膨化助剂，可保护部分胱氨酸，胱氨酸含量4.11%，比高压水解产品高20%～30%。羽毛粉消化率也以膨化法最高，低于进口鱼粉。有关资料报道羽毛粉代谢能数值很不统一，可谓千差万别（7.5～13 MJ/kg）。这种差异同羽毛粉的消化率有关，何武顺（1989）测定酸解羽毛粉代谢能为13.1 MJ/kg、膨化羽毛粉代谢能为13.29 MJ/kg，相差不大。羽毛粉中蛋白质总能约为15 MJ/kg，若消化率达到80%，其代谢能会高于12.5 MJ/kg。若加工工艺不合理，蛋白质消化率低，其消化能、代谢能当然不会很高。

8.3.3.2 内脏、蹄、角、爪、毛及其加工产品

1. 水解畜毛粉

以畜毛为原料,采用上述水解羽毛粉类似的生产工艺和设备水解,经干燥后粉碎的产品。质量标准参考水解羽毛粉。产品包装上须标注动物源名称、蛋白质含量和体外消化率等指标。

2. 水解蹄角粉

动物的蹄、角经水解、干燥、粉碎获得的产品。产品包装上须标注动物源名称、蛋白质含量、体外消化率等指标。

3. 禽爪皮粉

加工禽爪过程中产生的类角质外皮,经干燥、粉碎获得的产品。产品包装上须标注动物源名称、蛋白质含量、体外消化率等指标。

4. 家禽下脚粉

家禽屠宰加工后新鲜的内脏、头、脚、骨架等下脚料,经高温蒸煮、脱脂、干燥、粉碎后获得的产品。该类产品必须由具有相应的动物源饲料生产许可证的企业生产。产品包装上须标注家禽名称,以及粗蛋白质、粗脂肪、粗灰分含量等指标。

5. 肠膜蛋白粉

食用动物的小肠黏膜提取肝素钠后的剩余部分,经除臭、脱盐、水解、干燥、粉碎获得的产品。产品中主要成分为低分子的蛋白质、肽及氨基酸。具有独特的促进乳猪胃肠系统发育的效果,可促进幼畜生长,降低死亡率。产品蛋白质含量在30%以上。

6. 动物内脏粉

新鲜食用动物内脏经高温蒸煮、干燥、粉碎获得的产品。该类产品必须由具有相应的动物源饲料生产许可证的企业生产。产品包装上须标注动物源名称,以及粗蛋白质、粗脂肪、粗灰分含量等指标。

8.3.3.3 其他家禽产品类蛋白饲料资源

1. 蛋粉

食用鲜蛋的蛋液,经消毒、喷雾干燥脱水获得的产品。产品不应含有蛋壳或其他非蛋类原料。产品包装上须标明粗蛋白质、粗脂肪、粗灰分含量。

2. 蛋黄粉

食用鲜蛋的蛋黄,经消毒、喷雾干燥脱水获得的产品。产品不应含蛋壳或其他非蛋类原料。产品包装上须标明粗蛋白质、粗脂肪含量。

3. 蛋清粉

食用鲜蛋的蛋清,经消毒、喷雾干燥脱水获得的产品。产品不应含蛋壳或其他非蛋类原料。产品包装上须标明粗蛋白质、粗脂肪含量。

8.3.4 内脏、蹄、角、爪、羽毛及其加工产品的质量控制

1. 持证生产

以动物屠宰下脚为原料生产的蛋白质饲料,要严格按照《动物源性饲料产品安全卫生管理

办法》进行,做到有证生产;新建厂的设计、生产工艺、调试、产品检测、验收、发证,必须有专家组全程参与试验和检测。

2. 加强监管

监管机构应定期检查抽查羽毛粉和动物下脚产品质量;生产和销售环节严格按照农业部羽毛粉质量标准进行检测。

3. 严禁异源性动物原料混杂

产品生产中,严禁混杂有其他动物性原料;同时要严禁将水解羽毛粉掺到其他饲料原料中。

4. 严格检测,保障饲料安全

研究制订显微镜检测、PCR快速检测技术规范,实现对羽毛粉、动物下脚料中其他动物源蛋白质的快速鉴别和定量分析,防止疫病传播,保障饲料安全。

5. 保护环境

生产过程中,严格按环保要求执行,对生产中产生的"三废"集中收集处理。

8.4 肉、骨及其加工产品

8.4.1 肉粉、肉骨粉资源

肉粉和肉骨粉是国内外养殖和饲料行业中使用较久,并受到用户广泛欢迎的一种动物性蛋白饲料原料,其蛋白质含量高,营养比较平衡。

1. 肉粉(meat meal)

新鲜的食用动物加工食品余下的部分经高温蒸煮、灭菌、脱脂、干燥、粉碎获得的产品。除不可避免的混杂,不得添加蹄、角、畜毛、羽毛、皮革及消化道内容物;不得额外添加骨;不得使用发生疫病的动物组织。产品中总磷含量小于3.5%,钙含量不超过磷含量的2.2倍,胃蛋白酶消化率不低于85%。产品名称应标明具体动物种类,如鸡肉粉,其主要质量指标包括粗蛋白质、粗脂肪、总磷、胃蛋白酶消化率、酸价。纯肉粉产品肉香味浓,适口性好,氨基酸比例平衡,必需氨基酸含量高,B族维生素含量丰富。

2. 肉骨粉(meat and bone meal)

新鲜食用动物加工食品余下部分及动物骨骼,经高温蒸煮、灭菌、脱脂、干燥、粉碎获得的产品。除不可避免的混杂,不得添加蹄、角、畜毛、羽毛、皮革及消化道内容物。不得使用发生疫病的动物组织。产品中总磷含量大于3.5%,钙含量不超过磷含量的2.2倍,胃蛋白酶消化率不低于85%。产品名称应标明具体动物种类,如鸡肉骨粉,其主要质量指标包括粗蛋白质、粗脂肪、总磷、胃蛋白酶消化率、酸价。我国传统上规定,肉粉中骨含量超过10%即为肉骨粉。

3. 发展状况

近10年来,随着进口鱼粉价格的不断上涨,饲料厂的原料成本明显提高,为了降低生产成本,满足生产需求,饲料厂纷纷选择和寻找动物源性饲料以降低进口鱼粉的使用量。我国虽然拥有丰富的畜禽下脚料资源,但是用之生产动物性蛋白饲料的厂家较少,大都未形成规模,且质量不稳定,国内众多的饲料厂家倾向于使用进口产品。因此采用新技术、新工艺开发优质肉粉及肉骨粉饲料资源,对缓解市场进口鱼粉的价格上涨和波动,降低饲料成本有实际意义。

8.4.2 肉粉及肉骨粉营养组成

肉粉及肉骨粉中蛋白质含量在20%～50%。与其他动物蛋白饲料相比,赖氨酸和含硫氨基酸含量较高,色氨酸、酪氨酸较低。与鱼粉和豆粕相比,优质肉骨粉氨基酸消化率除胱氨酸外,比鱼粉的低3%～8%,约为豆粕的95%,胱氨酸消化率较低。肉粉及肉骨粉中粗灰分含量高,为27%～33%,钙、磷含量高,磷利用率高。其脂肪含量较高,为8%～18%,能值较高。营养成分见表8.14。

美国国家研究委员会NRC(1994)给出的分析数据见表8.15。

表 8.14　肉骨粉营养成分　　　　　　　　　　　　　　　　　　　　%

成 分	50% 肉骨粉	50% 肉骨粉 (溶剂提油)	45% 肉骨粉	CNS 规格 肉骨粉	NRA 规格 肉骨粉
水分	6.0(5～10)	7.0(5.0～10.0)	6.0(5.0～10.0)	10.0↓	10.0↓
粗蛋白质	50.0(48.5～52.5)	50.0(48.5～52.5)	46.0(44.0～48.0)	40.0↑	依标示
粗脂肪	8.0(7.5～10.5)	2.0(1.0～4.0)	10.0(7.0～13.0)	12.0↓	依标示
粗纤维	2.5(1.5～3.0)	2.5(1.75～3.5)	2.5(1.5～3.0)	—	4.0↓
粗灰分	28.5(27～33)	30.0(29.0～32.0)	35.0(31.0～38.0)	35.0↓	37.0↓
钙	9.5(9.0～13.0)	10.5(10～14)	10.7(9.5～12.0)	—	—
磷	5.0(4.0～6.5)	5.5(5.0～7.0)	5.4(4.5～6.0)	—	—

来源:冯定远,梁晓生,1998。NRA:美国动物蛋白及油脂提炼协会 ,CNS:中国营养学会。↓表示低于。

表 8.15　NRC 肉骨粉营养成分　　　　　　　　　　　　　　　　　　%

营养成分	粗蛋白质	脂肪	水分	钙	磷
含量	50.4	10.0	7.0	10.3	5.1

对肉粉和肉骨粉每批都要进行质量检测,不但要进行粗蛋白质、粗脂肪、钙、磷、盐分等常规检测。另外,还要进行氨基酸的检测,因为不同质量样品变化很大。肉粉和肉骨粉的营养成分受原料组成、比例、加工方法和测定方法影响很大,来源不同,产品品质不同,其氨基酸的含量和消化率也存在较大差异。国内外关于肉粉和肉骨粉氨基酸组成的部分数据见表8.16、表8.17、表8.18,表明含量差异较大。

表 8.16　国外提供的肉粉和肉骨粉氨基酸值　　　　　　　　　　　　%

氨基酸	肉骨粉/CP45%	肉骨粉/CP48%	肉粉/CP45%
赖氨酸	0.26	0.33	0.68
蛋氨酸	0.53	0.67	0.75
胱氨酸	0.53	0.67	0.75

续表 8.16

氨基酸	肉骨粉/CP45%	肉骨粉/CP48%	肉粉/CP45%
色氨酸	0.18	0.26	0.35
异亮氨酸	0.26	0.33	0.68
亮氨酸	2.9	3.2	0.68
缬氨酸	2.4	2.25	2.6
精氨酸	2.7	3.35	3.7
苏氨酸	1.58	1.70	1.81
组氨酸	1.5	0.96	1.1
苯丙氨酸	1.8	1.7	1.9

来源:张子牛,邵兆霞等,2000。

表 8.17　新西兰肉骨粉氨基酸实测值　　　　　　　　　　%

氨基酸	肉骨粉/CP50%	氨基酸	肉骨粉/CP50%
赖氨酸	2.66	缬氨酸	2.42
蛋氨酸	0.87	精氨酸	3.22
胱氨酸	0.87	苏氨酸	1.49
色氨酸	0.18	组氨酸	0.92
异亮氨酸	1.49	苯丙氨酸	1.84
亮氨酸	2.98		

来源:张子牛,邵兆霞等,2000。

表 8.18　国产肉粉、肉骨粉氨基酸含量　　　　　　　　　　%

氨基酸	肉骨粉/CP45%	肉粉/CP50%	氨基酸	肉骨粉/CP45%	肉粉/CP50%
赖氨酸	2.60	3.07	亮氨酸	3.20	3.84
蛋氨酸	0.67	0.80	缬氨酸	2.25	2.26
胱氨酸	0.33	0.60	精氨酸	3.35	3.60
色氨酸	0.26	0.35	苏氨酸	1.63	1.97
酪氨酸	1.26	1.40	组氨酸	0.96	1.14
异亮氨酸	1.70	1.60	苯丙氨酸	1.70	2.17

来源:中国饲料成分及营养价值表,第20版。

一般来说,肉骨粉中氨基酸含量与肉骨粉的蛋白质含量有高度的相关,表8.19给出了以肉骨粉中粗蛋白质含量预测各种必需氨基酸含量的回归公式。

表8.20列出了 Addiseo、Novus 和 Degussa 等公司各地部分样品氨基酸含量数据。

表 8.19　肉骨粉粗蛋白质含量预测必需氨基酸含量公式及 R 值

氨基酸	预测公式	R 值
赖氨酸	(粗蛋白质含量×0.067 3)-0.926	0.83
蛋氨酸	(粗蛋白质含量×0.020 7)-0.360	0.79
蛋氨酸+胱氨酸	(粗蛋白质含量×0.039 5)-0.813	0.76
色氨酸	(粗蛋白质含量×0.013 3)-0.352	0.80

续表 8.19

氨基酸	预测公式	R 值
异亮氨酸	(粗蛋白质含量×0.047 5)−1.007	0.86
亮氨酸	(粗蛋白质含量×0.095 3)−1.836	0.91
缬氨酸	(粗蛋白质含量×0.067 6)−1.234	0.87
精氨酸	(粗蛋白质含量×0.049 2)+0.906	0.77

来源:Degussa,AminoDat2.0,粗蛋白质以百分数计。

表 8.20　不同地区肉骨粉中氨基酸的含量　　　　　　　　　　　　　　%

氨基酸	UK-MAFF	NOVUS	ADAS	Adisseo	Syd Uni	NRC	Aust MBM	All MBM Recommended Degussa	Degussa
赖氨酸	3.07	2.48	2.57	2.51	2.66	2.61	2.77	2.43	2.75
蛋氨酸	0.68	0.68	0.71	0.68	0.83	0.69	0.67	0.67	0.68
胱氨酸	0.44	0.70	0.75	0.49	—	0.69	0.45	0.49	0.50
蛋氨酸+胱氨酸	1.12	1.40	1.46	1.17	—	1.38	1.13	1.16	1.18
苏氨酸	1.40	1.67	1.66	1.56	1.62	1.74	1.62	1.58	1.70
色氨酸	0.34	0.29	0.31	0.27	0.30	0.32	0.30	—	—
异亮氨酸	1.35	1.48	2.03	1.44	1.72	1.54	1.27	1.36	1.45
亮氨酸	3.69	3.13	3.02	2.97	3.43	3.28	3.21	2.92	3.20
缬氨酸	2.00	2.35	2.20	2.19	2.47	2.36	2.28	2.14	2.30
组氨酸	1.19	1.15	1.04	1.30	0.96	1.07	1.02	1.10	—
精氨酸	4.15	3.51	3.51	3.41	3.81	3.28	3.47	3.36	3.50
甘氨酸	7.82	6.54	6.32	6.15	7.05	6.65	6.87	6.63	6.75
丝氨酸	2.39	2.31	2.06	1.94	1.53	2.20	1.97	1.99	2.00
甘氨酸+丝氨酸	10.21	8.85	8.38	8.09	8.58	8.85	8.84	8.62	8.75
苯丙氨酸	2.02	1.84	1.71	1.66	2.13	1.81	1.79	1.64	1.80
酪氨酸	1.39	1.29	1.19	1.13	1.32	1.20	1.20	1.20	—
苯丙氨酸+酪氨酸	3.41	3.13	2.90	2.79	3.45	3.01	2.84	3.00	—
天门冬氨酸	3.66	3.47	3.61	4.18	3.78	3.69	3.75	—	—
谷氨酸	5.97	5.61	5.98	6.90	5.81	5.85	5.85	—	—
脯氨酸	4.34	3.87	4.09	4.30	4.13	4.20	—	—	—
丙氨酸	3.62	3.86	3.56	4.22	3.93	3.63	3.80	—	—

来源:英国农渔食品部,1986。诺伟思国际有限公司,1996。阿迪思科味之素公司,2000。
NRC,1998。迪高萨国际公司,2001。

8.4.3　肉粉及肉骨粉加工工艺

8.4.3.1　肉粉及肉骨粉的基本加工工艺

肉粉、肉骨粉生产方法很多,但在工艺流程上有很多相似之处,同一加工工序上设备功能类似,基本加工工艺流程见图 8.10。

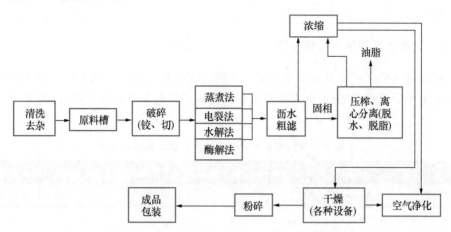

图 8.10　肉粉及肉骨粉的基本加工工艺流程图

以上工艺流程对特定原料和产品的生产,应视具体情况作适当的组合和取舍,一般工艺流程可分为五个部分:①物料预处理;②灭菌、分解;③脱水、浓缩、固液分离;④干燥;⑤粉碎、检测、包装。每一部分可分为几项单元工序。如灭菌部分,通常采用高温加热处理,以便于后续工序分离的进行,加热又可分为直接蒸气加热和间接蒸气加热,间接蒸气加热又可分为蒸煮法和电裂法,而分解又可根据不同物料采用水解法和酶解法。所以,在上述普遍适用的工艺中,应选择某几项工序组成一个完整的工艺流程。

肉骨粉的传统加工方法,早期是简单的压榨、干燥和粉碎,只能脱脂,而不能除去有害物质。现在肉骨粉加工普遍采用压榨、热喷工艺技术。压榨/热喷工艺是指将动物废弃组织及骨压榨脱脂后,再根据各原料的可利用营养成分按一定的比例配合,经热喷膨化处理后,烘干、粉碎、过筛等工艺制作肉骨粉。即安装一个高压热喷罐对肉骨粉进行热喷膨化处理。工艺流程为:新鲜原料→蒸制→脱脂→破碎→配料→热喷膨化→烘干→粉碎→过筛分装。具体工艺是先将热喷罐内原料压力升至 0.4~0.5 MPa,保持 5~10 min,高温高压下湿热水解,然后将蒸气压力升至 0.8~0.9 MPa,达到饱和状态时迅速喷放,产生的膨化效应和水解作用能有效的提高产品品质,提高营养素的吸收率,同时可以杀灭有害菌,消除不良气味,破坏有毒成分,改善适口性,提高了肉骨粉的品质和消化率。热喷肉骨粉部分营养成分见表 8.21。此外,也有研究表明,用 γ 射线处理肉骨粉后,也能提高肉骨粉的营养价值,并且可以杀灭其中的沙门氏菌。

表 8.21　热喷肉骨粉部分检测指标　　　　　　　　　　　　　　　　　　　　　　%

项目	粗蛋白质	粗脂肪	钙	磷	胃蛋白酶消化率	大肠杆菌	沙门氏菌
含量	51	11.8	9	4.88	91.10	阴性	未检出

来源:王克卿,秦玲,2008。

不同的国家,肉骨粉的生产工艺不同。如澳大利亚普遍采用在常压、较低温度下连续蒸煮的方法生产,对蛋白质的热加工条件较为温和,温度低于 125℃,蒸煮时间较短;而欧盟肉骨粉生产规程中要求肉骨粉的生产条件为 133℃,压力 200 kPa,20 min,但这种生产条件会降低肉骨粉的消化率。

8.4.3.2 澳大利亚的肉骨粉生产工艺

澳大利亚拥有多种将肉类加工业的副产品加工成动物饲料的提炼系统。澳大利亚对 114 家精炼企业采用的详细工艺、原料类型以及加热处理设备和条件进行了调查,共有 122 套提炼线,见表 8.22。

表 8.22 澳大利亚肉骨粉企业的主要提炼系统分类

肉骨粉加工工艺	间歇式干法提炼系统	连续式干法提炼系统	连续式湿法提炼系统
生产厂家/个	60	43	19

来源:澳大利亚肉骨粉手册,2003。

1. 间歇式干法提炼系统

澳大利亚间歇式干法生产线中 29% 采用了压力循环系统。拥有此类生产线的厂家大部分生产规模较小,产品多数不出口,也有几家较大的生产厂能在顾客需要的情况下生产压力熟化的肉骨粉供出口用。澳大利亚典型的间歇式干法提炼线的加工条件如下:产品颗粒大小 35 mm,蒸煮时间 90 min,蒸煮过的物料的最终温度为 130℃。

2. 连续式干法提炼系统

澳大利亚连续式干法提炼加工线生产肉骨粉,多数采用 Keith Equacooker 或者 Stampco tube-cluster 型提炼容器,有 4 家企业采用了 disc-type 提炼容器。澳大利亚典型的连续式干法提炼线的加工条件如下:产品颗粒大小 30 mm,在蒸煮器中的平均保留时间 60 min,终点温度 130℃。

3. 连续式湿法提炼系统

连续式湿法提炼系统包括:带有圆盘式干燥器的斯托德(Stord)湿法加工线;带有环转溜出系统或者圆盘式干燥器的 MIRINZ 低温提炼系统;带有环转溜出系统或者批量蒸煮器、充分干燥的 Alfa Laval 系统;带有环转溜出系统的 Pfaudler;因为预热和干燥的组合不同,使得连续式湿法加工系统的工作状况变异较大。

4. 有效的加热处理

澳大利亚的肉骨粉加工提炼企业一般采用常压生产系统,这对氨基酸的破坏很小,并为动物饲料工业提供了优质安全的饲料原料。但是为了满足国外市场(如欧盟市场)需要时,也能生产加压蒸煮的肉骨粉产品。对连续式干法非高压生产线的调查表明,蒸煮过的物料的最终温度为 110~115℃,尽管没有压力也有效灭活孢子形成细菌(Hansen 和 Olgaard,1984)。澳大利亚油脂提炼厂家的热加工温度均超过了灭活孢子的温度。澳大利亚动物产品提炼的卫生标准(AS 5008:2001)要求提炼厂校正其灭活孢子形成菌的加工过程,提炼厂会定期检查加工温度以确保生产过程卫生。

8.4.3.3 生产加工中常用的设备

1. 物料预处理设备

主要包括清洗、破(切、铰)碎。其目的一是加快传热、提高效率,缓解物料表面与中心受热不均的矛盾;二是为后续工序作必要的加工准备。对动物骨骼常用破碎机处理,对肉类常用大型绞肉机处理。

2. 灭菌、熟化设备

加热蒸煮的目的,一是对物料杀菌;二是释出脂肪,有利于后续工序的脱水和脱脂。实际生产中很难将加热灭菌与加热蒸煮熟化绝对分开。加热蒸煮的设备有各种蒸煮罐(槽、锅)、高压蒸煮器,以及间换或直接蒸气加热蒸煮器,还有将高温蒸煮和真空干燥合为一体的在一个罐中分阶段作业的联合蒸煮干燥器。

3. 脱水浓缩、液固分离设备

肉骨粉中有大量的油脂、水分,为了防止油脂氧化等引起饲料变质,必须脱水处理。每一种产品都有含量的具体要求,例如现行国标中要求饲用骨粉粗脂肪含量不得超过 3%,肉骨粉不得超过 12%。采用浸出冷凝过滤和机械分离操作均可将固相或液体中油脂、水分分离出来。常用的设备有重力沉降槽、压榨机、压滤机和各种离心机。

4. 干燥、粉碎设备

肉骨粉产品的形态为粉粒体,含水率低于 12%,因此必须经过干燥处理。干燥的方法很多,应根据具体动物蛋白饲料品种的不同,选用合适的干燥方式和设备。例如,若要将动物煮液(汁水)等直接干燥成粉粒体,可经脱脂、浓缩后,采用喷雾干燥的方法;对于团、块状物料,干燥前宜先将其破碎,然后送入滚筒干燥机或圆盘干燥机进行干燥;如利用畜禽脏器、下脚料等生产的肉骨粉,可将灭菌、蒸煮、脱水和干燥集中在同一密封罐内分阶段完成,此设备就要选用联合蒸煮干燥器来完成。

8.4.4　肉骨粉检测方法

8.4.4.1　显微镜镜检

我国已制定出饲料显微镜检测方法的相关标准(SB/T 10274—1996),但是该标准主要对饲料原料以及一些掺假杂质进行检测和判别,难以对牛、羊配合饲料中是否添加有同源性肉骨粉进行针对性的检测和鉴别。

8.4.4.2　PCR 法

PCR 法(polymoerase chain reaction)用于检测肉骨粉中含有的动物源品种和成分。由于蛋白质在热处理过的肉骨粉中的不稳定性,PCR 法可以达到显微镜检测和免疫酶学反应所达不到的精确性。通常使用常规 PCR 技术和 Real-Time PCR 进行检测。Real-Time PCR 可以分别检测到 0.01 ng 和 0.05 ng 牛源和羊源的基因组 DNA。而对于猪和鸡的检测限为 0.5 ng。

8.4.4.3　近红外漫反射光谱法

近红外漫反射光谱法是一种客观的、快速、敏感和高选择性的检测配合饲料中肉骨粉的方法。它是建立在饲料中的不同颗粒对光的吸收性不同的基础上。近红外光谱可以识别饲料中极其微小的颗粒(≤50 μm)。但近红外光谱技术需要大量的样品参考值来形成一个校正和参考模型,然后用其他方法进行进一步的检测。近年来不少研究着眼于用近红外光谱技术检测配合饲料中的动物源成分。而且准确性 90％以上。但是这些方法都需要对大量的样本进行预处理、磨碎以及用有机氯仿进行提纯。

8.4.4.4 酶连接免疫吸附法(ELISA)

酶连接免疫吸附法的主要原理是抗原和抗体的特异性结合,也即用一个物种的特异性抗原制作特异性抗体,然后用此抗体来检测某种物质中是否含有此物种成分的存在。肉骨粉在生产的过程中要经过高温处理因而必须寻找一种耐热性的蛋白质作为标记物,然后将此蛋白质制成特异性的单克隆抗体。Kim 等(2004)从小肠平滑肌中分离出两种钙结合蛋白,其中高钙结合蛋白在 130℃高温下 1 h 仍然稳定,将其作为标记物,制成单克隆抗体后检测动物饲料中的肉骨粉。单克隆抗体 Mab 8B4 的灵敏性比较高,可以检测动物配合饲料中大于 0.05％的肉骨粉。从牛肠道平滑肌分离出的 T-钙结合蛋白可以和 Mabs 结合,用杂交瘤细胞标记牛肉骨粉和热灭活的平滑肌。单克隆抗体 MAb 5E12 具有很好的识别性,它只和角蛋白结合但不和动物饲料、奶产品、植物蛋白以及其他商品饲料中的物质反应。这种抗体稀释 100 倍仍能够检测混合动物饲料中低至 0.05％的肉骨粉。事实证明,这种蛋白和经过 130℃高温处理的肉骨粉具有很高的亲和力。

8.4.5 饲用效果

肉骨粉富含蛋白质和钙磷,而且来源广泛,是一种可持续供应的动物蛋白饲料资源。但是由于绵羊海绵样病毒的存在,从 2000 年开始,肉骨粉禁止在养牛业中使用,但可以在猪、禽、水产和宠物饲料中添加。

8.4.5.1 肉骨粉在猪、禽饲料中的应用

猪、禽饲料中用适量的肉骨粉代替鱼粉,可以降低生产成本。张克英(2006)研究了宠物级肉骨粉、高蛋白低灰分肉骨粉、低蛋白低灰分肉骨粉和普通肉骨粉代替鱼粉,并保证各种日粮中主要必需氨基酸、钙磷水平相同的情况下,对仔猪生产性能的影响,用不同肉骨粉代替鱼粉,仔猪的采食量和日增重较对照组(鱼粉组)有所提高。高颖新等(1998)以鱼粉、肉骨粉和杂粕三种不同蛋白质为来源配制等蛋白、等代谢能的日粮,并添加氨基酸使各组日粮中真可消化氨基酸的含量相同,饲养 1 日龄雏鸡时发现,不同蛋白质来源对肉仔鸡的生产性能无显著影响。这表明在保证猪、禽日粮氨基酸平衡的基础上,采用肉骨粉代替一定的鱼粉可以提高动物的生产性能。

但是也有研究表明,如果在鸡的配合饲料中钙含量超过 1.2％,小鸡早期生长会受到抑制。Slepičková 等(2008)研究发现,饲喂肉骨粉对公火鸡的胸肌性状无影响,但是如果用豆粕代替肉骨粉后,可以降低体脂含量,同样肉中的不饱和脂肪酸含量也下降。Al-Masri(2003)研究发现,肉骨粉经剂量为 5～50 kGy 的射线照射后饲喂肉仔鸡,对 14～42 日龄的肉仔鸡的粪代谢能(FE)、总蛋白效率(TPE)、代谢能效率(MEE)方面没有显著影响。随着肉仔鸡日龄的增加,FE、MEE 增加,TPE 下降。但是肉仔鸡的增重效率在 35～42 日龄显著降低,低于 14～35 日龄的平均值。

8.4.5.2 肉骨粉在水产饲料中的应用

周文豪(2003)研究发现,用不同比例肉骨粉代替鱼粉后增重率、特定生长率随着肉骨粉的替代量的增大逐渐下降,但不同替代比例组之间以及鱼体的肥满度没有显著差异。但是在后续的试验中发现,随着肉骨粉替代鱼粉比例的提高,鲤鱼的抗应激性下降,出现拉网时鱼易出血或不越冬的现象,长途运输时容易死亡,造成经济利益的损失。但是程成荣(2004)用不同比例的肉骨粉代替鱼粉饲喂杂交罗非鱼时发现,肉骨粉代替鱼粉后可以显著地影响杂交罗非鱼的增重率、饲料效率和蛋白质效率。其中肉骨粉替代 20%鱼粉组的增重率显著优于替代40%、60%、80%和100%鱼粉组,而与对照组相比差异不显著。曹志华等(2007)分别用肉骨粉和豆粕为蛋白源等氮替代不同比例的鱼粉,对平均体重 8.05 g 的黄鳝(*Monopterus albus*)进行生长试验,研究结果表明,随着肉骨粉和豆粕在饲料中含量的增加,黄鳝增重率下降,饵料系数增加,蛋白质利用率下降;在肉骨粉替代试验中,增重率在对照组和试验组中存在显著差异,在豆粕替代试验中,对照组与 7.5%的替代组之间增重率无显著差异。因此在黄鳝配合饲料中肉骨粉替代应在 22.5%以内,增重率和蛋白质利用率下降的比较缓慢,对黄鳝的生长影响不大。但如果肉骨粉替代鱼粉的量超过 22.5%以后,增重率和蛋白质利用率迅速下降。

8.4.5.3 肉骨粉在宠物饲料中的应用

依据其他饲料原料的来源和犬的不同生理阶段(生长、妊娠和哺乳)的不同,可以在犬饲料中使用 20%～25%的肉骨粉。猫饲料中使用肉骨粉,需要考虑其灰分含量,低灰分的肉骨粉可以使用较大的量,但也要考虑其他原料的选择和可消化性。

8.4.6 质量控制

我国对骨粉和肉骨粉的质量要求在 GB/T 20193—2006 中进行了明确说明。其中对饲料用骨粉的要求是:①骨粉为浅灰褐至浅黄褐色粉状物,具骨粉固有气味,无腐败气味。除含少量油脂、结缔组织以外,不得添加骨粉以外的物质。不得使用发生疫病的动物骨加工饲料用骨粉。加入抗氧化剂时应标明其名称。②应符合农业部《动物源性饲料产品安全卫生管理办法》的有关规定;应符合国家检疫有关规定;应符合 GB13078 的规定。沙门氏杆菌不得检出。③钙含量应为总磷含量的 180%～220%。具体的质量指标见表 8.23。

表 8.23 饲料用骨粉质量指标

总磷/%	粗脂肪/%	水分/%	酸价(以 KOH 计)/(mg/g)
≥11.0	≤3.0	≤5.0	≤3

来源:饲料用骨粉及肉骨粉标准,GB/T 20193—2006。

标准 GB/T 20193—2006 对饲用肉骨粉也进行了明确说明,要求①肉骨粉为黄至黄褐色油性粉状物,具肉骨粉固有气味,无腐败气味。除不可避免的少量混杂以外,本品中不应添加毛发、蹄、角、羽毛、血、皮革、胃肠内容物及非蛋白含氮物质。不得使用发生疫病的动物废弃组织及骨加工饲料用肉骨粉。加入抗氧化剂时应标明其名称。②应符合《动物源性饲料产品安全卫生管理办法》的有关规定和国家检疫有关规定;符合 GB 13078 饲料卫生标准的规定。

③总磷含量 ≥3.5%,粗脂肪含量≤12.0%,粗纤维含量≤3.0%,水分含量≤10.0%,钙含量应当为总磷含量的180%～220%。具体的质量指标见表8.24。

表 8.24　饲料用肉骨粉等级质量指标

等级	粗蛋白质 /%	赖氨酸 /%	胃蛋白酶 消化率/%	酸价(以 KOH 计) /(mg/g)	挥发性盐基氮 (mg/100 g)	粗灰分/%
1	≥50	≥2.4	≥88	≤5	≤130	≤33
2	≥45	≥2.0	≥86	≤7	≤150	≤38
3	≥40	≥1.6	≥84	≤9	≤170	≤43

来源:饲料用骨粉及肉骨粉标准,GB/T 20193—2006。

在满足国标基本要求的基础上,对肉骨粉进行质量控制主要从以下几个方面入手。

8.4.6.1　原料的来源

为确保动物源性饲料的安全,其原料来源控制是首要环节,这就要求企业禁止采购腐败、受污染或者来自疫区的动物源性原料。

目前生产肉骨粉的原料很多,有反刍动物牛羊的下脚料,有猪、禽场的下脚料。肉骨粉生产企业应按猪、禽、反刍动物肉骨粉原料分类生产,控制疾病传播。同种动物或者相近动物饲料的原料,如以猪的血粉或者肉骨粉作为猪的蛋白原料。经过加工病毒虽然死亡,但只要其DNA 不被完全损害,病毒就能利用动物体内潜在的细菌或者病毒复制系统,有可能会导致疾病的发生。这就要求饲料企业要了解肉骨粉的原料来源和生产工艺情况,尽量避免使用同源性动物蛋白原料,从而确保肉骨粉的使用安全。进口肉骨粉其来源主要为牛和羊的下脚料。一般来说,在水产饲料中使用肉骨粉的安全性相对较高。

8.4.6.2　卫生质量控制

1. 原料处理

一些动物性原料本身(如畜禽的脏器),带有某些病菌或极易感染病菌,必须进行消毒灭菌处理。畜禽屠宰加工的下脚料或废弃物常常黏附着沙土和其他杂物,为保证饲料质量和加工设备的正常运转,必须进行清洗,去除杂物。畜禽的肉骨在温度较高的条件下保存时间短(如畜禽的脏器在气温高的情况下,几小时就会变质腐臭),应及时加工处理。且原料含水量一般都很高,不易贮存,也不宜直接用做饲料原料,必须进行脱水和干燥。肉骨粉原料含油脂高、易氧化变质,故生产时需要进行脱脂。原料中动物的角质、皮的分子结构中多肽链间形成的二硫链紧密坚实,直接用做饲料,动物难以消化吸收,需将角、蹄爪、毛等角蛋白和皮革蛋白进行水解,然后再浓缩干燥(或进行膨化处理)。另外,废弃的次皮和制革废液都含有铬,应将原料退鞣和水解,回收铬盐,以去除原料中的铬。国内的商品饲料中一般不采用皮革蛋白粉。

2. 生产过程控制

肉骨粉生产过程中会排放出大量刺激性或难闻的气体,主要成分为氨、硫化氢、硫醇、二甲硫、胺、醛及苯酚等有机化合物,对环境造成污染。因此,生产工艺过程中必须配置适宜的气体排放净化处理设施,使排放的气体混合物所含有害成分浓度降低到国家环保规定的范围内。

3. 对生产企业的要求

根据《动物源性饲料产品安全卫生管理办法》和农业部有关要求,设立动物源性饲料企业考核项目分为:厂房设施要求、生产管理要求、人员要求、质量管理要求、环境和安全要求、管理制度和文件6个方面,涉及6个关键项(必须全部合格),30个重要项(必须有25个项目合格)和20个一般项(必须有11个项目合格)的考核内容。关键项中有一项不合格就视为企业总体不合格,重要项中不合格项不得超过20%,一般项中不合格项不得超过50%。关键项分别是:

①企业所在地远离动物饲养场地,最小距离1 000 m。如靠近屠宰场所,需有必要的隔离措施。

②原料分类堆放并明确标识,保证合格原料与不合格原料、哺乳类动物原料与其他原料分开。

③生产设备齐全、完好,关键设备技术性能指标符合产品质量和安全卫生要求。

④检化验人员持证上岗。

⑤设有仪器室、检验操作室,场地能满足检验要求。

⑥应配有所生产产品所必需的检测仪器、设备,无法检测的项目应有与法定质检机构委托代检协议书。委托检测项目应明确(含卫生指标)。

4. 国外企业对肉骨粉的质量控制

国外企业尤其是澳大利亚特别重视对肉骨粉的质量控制。由于该国的油脂提炼者已经在研发质量保障、完善质量保障方案、增加食品安全标准方面处于世界前沿,澳大利亚油脂提炼者协会于1994年为第一家油脂提炼公司制定了操作规程,之后不久迅速成了其他企业的公认标准,后来该规程又进行了多次修订,于2001年成为了澳大利亚动物产品提炼卫生标准(AS 5008:2001)的基础,此标准包括的质量保障部分是ISO 9002指导方针在油脂提炼方面的具体应用,该标准还要求应用危险分析与关键控制点(HACCP)方法。该标准要求所有油脂提炼业者必须遵守,建立自己的操作规程以确保正确保存与利用有关的规程和方法等文档,同时也确保安全提炼产品的生产和追踪。建筑设施合理可以确保肉骨粉加工过程的安全和卫生,预防污染产品;该卫生标准结合了两个层面的微生物安全:首先是确保采用的热加工程序能破坏孢子形成菌,其次通过定期采样、检测来确保没有沙门氏菌。沙门氏菌检出率的调查由饲料工业协会组织实施,以衡量肉骨粉生产企业的产品是否达标。经常有独立的第三方核查人员对肉骨粉生产企业进行核查,以确保其遵守该标准。除了澳大利亚提炼者协会外,澳洲的肉骨粉生产企业还自发形成了两个组织:生产工人的礼仪训练和安全、卫生提炼技术的管理组织(已经有来自肉骨粉提炼企业的400人获得了提炼动物产品的生产卫生合格证);两年一度的肉骨粉业国际研讨会,该会议的核心议题是为其客户改善产品质量。这两个组织均对生产卫生、优质肉骨粉有显著改善作用。澳大利亚的肉骨粉生产商在肉骨粉生产企业首先采用了ISO 9000系列质量标准,对生产安全产品的工厂员工进行了正式培训,因此他们的功绩是显而易见的。

8.4.7 存在的问题及发展对策

8.4.7.1 存在的问题

①掺杂掺假情况严重。正常肉骨粉颜色应黄色直至淡褐色,含脂高,加工过热颜色会加

深,猪制品颜色较浅。呈均匀的粉状,有明显的油腻感。有烤肉香及动物脂肪味,不应有焦煳气味及氨败味。不可含有过多毛发、蹄、角及血粉等。但肉骨粉的掺杂情况相当普遍,最常见的是用水解羽毛粉、血粉等,较恶劣者则添加生羽毛粉、贝壳粉、石粉、尿素、铵盐、磷酸盐、蹄角粉和皮革粉等有毒、有害物质,严重侵害了用户的利益。

②原料不分类,饲喂同种动物源性肉骨粉比较普遍。为防止疯牛病的发生,我国对反刍动物的肉骨粉使用有严格规定,即严格禁止在反刍动物饲料中使用肉骨粉,但对猪、禽肉骨粉使用无明确规定。目前生产肉骨粉的原料很多,有反刍动物的牛、羊下脚,也有猪、禽屠宰场下脚。很多肉骨粉生产厂原料不按畜禽品种分类,将猪、禽、反刍动物肉骨粉原料混在一起生产,而且产品标识不明确,养殖户不能有选择地使用。因而饲喂同种动物源性肉骨粉的现象很普遍,极可能发生同种畜禽之间疫病传播,从而不能确保肉骨粉的使用安全。

③分散的作坊式生产给管理工作带来很大的难度。目前我国肉骨粉规模生产企业相对较少,虽然肉骨粉资源总量很大,但比较分散,这就附生出很多作坊式肉骨粉加工厂。由于没有足够的资金投入,生产厂房破旧,设备简单、人员素质不高、技术力量薄弱,生产工艺不符合规定要求,都是靠日晒干燥(鲜骨),土锅熬油的方法生产肉骨粉,一旦遇上连续阴雨天,原料往往发霉、生虫、有害菌大量滋生。另外由于仓储条件差,原料、产品易腐败变质,霉菌等有害菌严重超标。

一些中小养殖户和小型饲料企业由于质量安全意识差,贪图价格便宜,使用这些肉骨粉产品后将会导致畜禽疫病的暴发和传播。由于这些作坊式加工厂具有不成规模、分散隐蔽和生产不连续的特点,给管理工作带来很大的难度。

8.4.7.2　肉骨粉生产的发展对策

①尽快制订《肉粉、肉骨粉加工企业技术规范》,解决环保和产品安全问题。加强执法监督力度,坚决取缔无证生产及小作坊加工厂,加大查处力度,抵制无卫生安全保障的肉骨粉产品,以保证饲料和食品安全。

②按照农业部《动物源性饲料产品安全卫生管理办法》和国家饲料原料评审规范,禁止饲喂同种动物源性肉骨粉,控制疫病传播。产品标签上注明肉骨粉的种类,避免将不同种类的肉骨粉原料混在一起生产销售。

8.4.8　其他肉、骨产品及食品加工产品

1. 鲜肉
新鲜的食用动物肉。产品名称应标明具体动物种类,如鲜羊肉,并标注保质期。

2. 鲜骨
新鲜的食用动物的骨骼。产品名称应标明具体动物种类,如鲜猪骨。并标注动物名称及保质期。

3. 骨胶原蛋白
未变质的食用动物的骨骼经水解获得的蛋白类产品。产品包装上应标明动物来源名称,以及粗蛋白质、L-羟基脯氨酸、粗灰分含量。

4. 明胶

未变质的食用动物的皮、骨、韧带、肌腱中的胶原经水解获得的产品。应标明具体动物来源，如猪明胶。产品包装上要标注粗蛋白质、粗灰分含量。

5. 动物油渣（饼）

分割食用肉品过程中获得的含脂肪部分，经提炼油脂后获得的固体残渣。产品应标明具体的动物名称，以及粗蛋白质及粗脂肪含量。

6. 食品工业产品和副产品（火腿肠粉等）

食品工业生产过程中获得的前食品和副产品，水分含量高的可进行干燥处理。该类产品在不影响公共健康和动物健康的前提下，方可在饲料中使用。产品名称应标明具体动物源种类、来源、保质期，如火腿肠、动物肉类罐头食品。

8.5　昆虫类及蚯蚓蛋白饲料资源

我国同世界各国一样，正面临动物性蛋白饲料严重短缺的局面，而且在今后一段时间仍将继续加剧，充分开发利用昆虫蛋白资源，将会在一定程度上缓解这种局面。世界上的昆虫约有100多万种，有500余种可以食用，大多数种类的昆虫都可以作为饲料。一般来说，大多数昆虫的生长周期都比较短，在一年之内能够繁殖几代甚至十几代，个别的超过50代。昆虫种类多、数量大、分布广、繁殖快、食物简单，属于可持续利用生物资源。科学研究和营养分析表明，昆虫的蛋白质含量高，并且各种营养成分及生物生长发育所必需的微量元素（如钙、镁、磷等）和维生素也比较全面，开发潜力大，是用其他方法生产动物性蛋白所无法比拟的。因此，科学家们预言21世纪昆虫将成为仅次于微生物和细胞生物的第三大类蛋白质来源，有计划地开发昆虫蛋白资源是解决动物性蛋白饲料的有效途径。具有高蛋白、低脂肪、低胆固醇等优点，利用昆虫作饲料可代替精饲料喂养畜禽和水产动物，而且促进畜禽和水产动物生长，降低饲料成本，提高养殖效益。

8.5.1　昆虫类及其产品

昆虫（粉）是昆虫经干燥获得的产品，可对其进行粉碎。此类昆虫在不影响公共健康和动物健康的前提下方可进行上述加工，其产品名称应标明具体动物来源，如黄粉虫（粉），其包装上要标注粗蛋白质、粗脂肪含量及酸价值。脱脂昆虫粉是可饲用昆虫，经压榨或者直接干燥处理，脱脂后，粉碎制成脱脂昆虫粉，产品蛋白质含量在50%以上，其包装上要标注昆虫名称、粗蛋白质、水分含量。

8.5.1.1　昆虫类产品的营养价值

1. 蛋白质和氨基酸

大量的营养分析结果表明，昆虫蛋白质的含量很高，很多昆虫干体的粗蛋白质含量高达50%以上。如黄粉虫干粉和蝇蛆干粉粗蛋白质含量分别达到60.9%和54%，稻蝗干虫体粗蛋白质含量高达68.6%，优雅蝈螽干虫体中的粗蛋白质含量可高达71.3%；而蟋蟀虫体中粗蛋白质达到鲜重的 20.1%，明显高于其他动物蛋白源。这些昆虫的蛋白质含量远大于鸡、鱼、猪肉和鸡蛋中的蛋白质含量，更重要的是昆虫蛋白质中氨基酸组分分布的比例与联合国粮农组织(FAO)制定的蛋白质中必需氨基酸的比例模式非常接近。表 8.25 列出了部分昆虫以及饲料原料中动物性蛋白饲料鱼粉的营养成分含量。

表 8.25　部分昆虫及鱼粉的营养成分含量　　　　　　　　　　　%

种　类	粗蛋白质	粗脂肪	赖氨酸	蛋氨酸
蝇蛆粉	59.4～63.0	10.6～20.0	4.1	1.9
黄粉虫幼虫	47.70～54.25	28.90～37.64	3.27	0.72
黄粉虫蛹	55.23～58.70	26.80～30.43	3.61	0.77
黄粉虫成虫	63.19～64.29	17.14～19.27	3.62	0.76
蚕蛹	68.3	28.8	—	—
蚕沙	15.4	3.9	—	—
僵蚕	67.4	4.4	—	—
蜂蛹	44.8	16.1	—	—
蜗牛（鲜）	20	5	—	—
中华稻蝗	64.08	3.7	2.70	0.39
柞蚕	54.6	21.2	—	—
蚂蚁	59.0～67.0	—	—	—
金凤蝶	58.2	19.8	—	—
食粪天牛	51.2	15.3	3.38	2.44
卤虫	50.0～55.9	7.0～8.5	—	—
鱼粉	53.5～64.5	4.0～10.0	3.87～5.22	1.39～1.71

来源：姜迪来，谭任辉，2001。

2. 特殊活性物质

昆虫不仅含有丰富的蛋白质和氨基酸，还含有一些具有某些可以调节机体生理功能的特殊活性物质。例如，许多昆虫还能产生抗菌肽，如家蚕、蓖麻蚕、惜古比天蚕、蜜蜂、粉甲等。这些昆虫产生的抗菌肽具有明显的抗菌作用。除抗菌肽外，等翅目的白蚁科、鼻白蚁科和膜翅目的蚁科等昆虫中含有一种特殊的蛋白质（干扰素），也具有特殊生理功效。此外，应用基因工程方法，将动物的生长激素、雌激素、促卵泡释放激素等对动物生长繁殖有重要作用的激素的基因，通过电转移法将重组基因注入家蝇受精卵中，使外源基因在蝇蛆中高效表达，再将这些高效表达外源基因并可稳定遗传的家蝇种群所产生的蝇蛆蛋白，分别作为不同动物的饲料，这样不但可为动物提供营养丰富的动物性蛋白，而且蝇蛆所高效表达的外源基因蛋白在动物体内发挥作用，将会提高动物的生产性能。

3. 甲壳素与壳聚糖

昆虫是地球上最大的优势动物类群，种类最多、分布广泛、富含壳聚糖。壳聚糖又称几丁聚糖、可溶性甲壳素，是甲壳素脱乙酰基后的产物。壳聚糖对动物具有多种生物活性，可增强动物体内巨噬细胞的功能，增强动物肝脏的抗毒作用，促进伤口愈合，抗炎作用，抗凝血作用，降低胆固醇和预防胆结石的作用，促进动物消化道中乳酸菌和双歧杆菌的生长等。国内的相关研究还表明,壳聚糖能降低蛋鸡血清和蛋黄胆固醇含量、降低肉鸡体内胆固醇含量和改善肉鸡生长性能、增强动物的免疫功能等。目前,国内大都采用虾、蟹壳作为原料制备壳聚糖,但由于其来源有限、壳聚糖含量低、灰分含量高,提取成本相对较高,使其应用受到一定限制。昆虫体壳中甲壳含量高达 70%、制备工艺成熟,开发利用昆虫甲壳素壳聚糖具有潜在优势。

4. 脂肪酸

研究表明,许多昆虫都含有丰富的脂肪,脂肪酸含量在 10%~50%,部分昆虫脂肪酸含量高达 60%,如竹节虫等。且昆虫体内的脂肪酸构成不同于一般动物脂肪的特点,其不饱和脂肪酸含量很高。中国很早就有饲养家蚕生产丝绸的习惯,并从蛹中提取蛹油供食用或生产保健品或药品。由此可见,一些饲养容易、虫体易得、脂肪含量较高的昆虫,可以用来提取油脂供食用或饲料原料。如:中华稻蝗脂肪酸以不饱和的油酸、亚油酸及亚麻酸为主要成分,约占脂肪酸总量的 83%,多不饱和脂肪酸与饱和脂肪酸的比值(P/S)为 3.39~6.46,油脂质量高于菜籽油和花生油等油脂。

5. 矿物质及活性成分

昆虫还含有丰富的矿物质,如 K、Na、Ca、Cu、Fe、Zn、Mn、P 等。许多食用昆虫的 Ca、Zn、Fe 等含量较高,并且昆虫体内还含有丰富的维生素 A、维生素 B_2、维生素 D 及麦角甾醇等物质。虫菌复合体内还含有其他多种生物活性成分,如酶、非肽含氮类化合物(芳胺类、蝶碇类等)、激素类等物质。

8.5.1.2 昆虫类产品在饲料与饲养上的应用

1. 在养猪生产上的应用

黄自占等(1984)报道,在基础日粮相同的条件下,每头猪每天加喂 100 g 秘鲁鱼粉或蝇蛆粉进行比较,结果喂蝇蛆粉的仔猪比喂鱼粉的仔猪增重提高了 7.18%,成本下降 13.2%。用蝇蛆粉喂养的猪瘦肉中蛋白质含量比喂鱼粉的高 3.5%。张建红等(2002)报道,用蚕蛹粉喂猪,日平均增重比不加蚕蛹粉的要高 23.6%,而且可以缩短育肥期,提高肥猪出栏率。姜利等(2002)报道,在猪粗饲料中添加 5%~8%蚯蚓粉喂猪,其生长速度可提高 15%。骆世军等(1997)报道,在猪日粮中添加 5%的蚕沙,经济效益比对照组提高 7.4%。张宏等(1995)用鲜蛆喂猪的效果很理想,每天增喂 100 g 蛆粉和秘鲁鱼粉,增重提高 7.18%。

2. 在家禽生产上的应用

郭宝忠(2003)报道,在蛋鸡日粮中加入 5%~10%的蚕蛹粉产蛋率可提高 18%。杨海明等报道,在粗饲料中添加 5%~8%的蚯蚓粉喂养家禽,其生长速度提高 15%。

8.5.2 蝇蛆

8.5.2.1 蝇蛆的营养价值及饲养方法

1. 蝇蛆的营养价值

蝇蛆(图 8.11,另见彩图 35)中含有丰富的蛋白质、脂肪酸、氨基酸、几丁质、多种维生素、矿物元素以及抗菌活性物质,是一种极其丰富而宝贵的蛋白资源。据国内外对蝇蛆营养成分的分析显示,蝇蛆干粉含粗蛋白质 59%~65%,蝇蛆干粉的必需氨基酸总量为 43.83%,超过

FAO 与 WHO 提出的参考值(40%)。王达瑞等(1991)和李广宏等(1997)分析表明,蝇蛆干粉含粗蛋白质 54.47%、碳水化合物 12.04%、粗脂肪 11.60%、粗纤维 5.70%、灰分 11.43%,其中 17 种氨基酸总和为 52.33%。其必需氨基酸与非必需氨基酸总量的比值(E/N)为 0.78,超过 FAO 与 WHO 提出的参考值(0.6)。蝇蛆干粉中粗脂肪含量在 12%左右,蝇蛆油脂中不饱和脂肪酸占 68.2%,必需脂肪酸 36%(主要为亚油酸),所含必需脂肪酸均高于花生油和菜籽油。蝇蛆与其他饲料蛋白质和氨基酸的含量比较见表 8.26。

图 8.11　人工饲养的蝇蛆

表 8.26　蝇蛆与其他饲料蛋白质和氨基酸的含量对比　　　　　　　　　%

营养成分	蝇蛆	大豆粕	蚕蛹	秘鲁鱼粉	国产鱼粉
蛋白质	56.18	46.80	56.00	58.10	53.00
赖氨酸	4.30	2.81	3.66	4.13	3.87
蛋氨酸	3.06	0.56	2.21	1.65	1.39
胱氨酸	0.59	0.60	1.36	0.49	0.49
苏氨酸	1.82	1.89	2.41	2.36	2.51
亮氨酸	3.29	3.66	3.78	4.17	4.30
精氨酸	1.95	3.59	2.86	3.10	3.24
缬氨酸	2.82	2.10	2.97	2.52	2.77
组氨酸	1.15	1.33	1.29	—	—
酪氨酸	2.71	1.65	3.44	1.70	1.70
苯丙氨酸	2.66	2.46	2.27	2.17	2.22
异亮氨酸	1.98	2.00	2.37	2.24	2.30

来源:尹玲,张新明,2010。

表 8.26 可以看出蝇蛆的蛋白质含量比豆粕、国产鱼粉高,与蚕蛹和秘鲁鱼粉接近。除了精氨酸外其他氨基酸含量均高于或者接近豆粕含量。赖氨酸、蛋氨酸、胱氨酸、缬氨酸、酪氨

酸、苯丙氨酸的含量均高于秘鲁鱼粉和国产鱼粉。

蝇蛆中常量元素和微量元素含量也非常丰富,陈艳等(2002)对鱼粉和蝇蛆的部分常量和微量元素含量检测结果见表 8.27。

表 8.27　鱼粉、蝇蛆粉矿物质含量

矿物质	进口鱼粉	国产鱼粉	蝇蛆粉 1	蝇蛆粉 2
Ca/%	1.62	1.68	0.59	1.101
Cu/(mg/kg)	6.5	9.0	19.8	80.1
Zn/(mg/kg)	80.8	69.2	130.1	330
Fe/(mg/kg)	790.1	1 077.5	387.5	1 563
Mn/(mg/kg)	30.0	87.2	240.8	151.8
Se/(mg/kg)	0.18	0.28	0.063	0.11

来源:陈艳,等,2002。

蝇蛆蛋白不仅可以作为优质蛋白饲料,而且含有天然抗菌活性物质。深加工过程中可以同时得到脂肪、抗菌素、凝集素等多种生化产品。抗菌蛋白可以杀灭真菌和病原微生物,具有极强的杀菌作用。蛆壳更是提取甲壳素的优质原料,甲壳素被誉之为除糖、蛋白、脂肪、维生素与矿物质外,动物必需的第 6 生命要素。可增强免疫调节功能,预防疾病,提高抗病能力及加速康复功能,使有毒有害物质排出体外的解毒功能及调节生理平衡功能。

2. 蝇蛆的饲养方法

饲养蝇蛆,国内报道较多,也有工业化养殖的例子。饲养方法一般如下:

(1)饲养设备

室内饲养有缸、箱、池、多层饲养架等。室外育蛆主要是建立一个育蛆栅。

(2)培养基质

蝇蛆培养基可分两类:一是农副产品下脚料如麦麸、米糠、酒糟、豆渣、糖糟、屠宰场下脚等配制的;二是以动物粪便如牛粪、马粪、猪粪、鸡粪等经配合沤制发酵而成的。

(3)饲养管理

幼虫室应保持较为黑暗的条件。室内以粪便池养的幼虫,能消耗相当体重 10 倍的食物,应注意及时补充新鲜粪料,以免粪料不足时幼虫爬出池外。室内以农产品下脚料箱养的幼虫,也应加强管理,随时添加饲料,防止幼虫外逃。

(4)幼虫的分离采收

通常采用光分离法。采收幼虫时,可利用幼虫的负趋光性,在分离箱中将幼虫从培养基质中分离出来。或利用蝇蛆发育成熟后寻找干燥地方化蛹的习性,摸索出蛆料自分离技术,把混有大量幼虫的培养基质盛在塑料盒内,放在阴暗干燥处,发育成熟的蝇蛆即会从培养料中自行爬出来,集中到一起,分离率可达 90%。首先需要有种蝇房和育蛆房。可根据需要建造,小规模饲养种蝇时,可用尼龙纱网罩代替;可用旧木板和旧铁皮制成养蛆盘,形成多层立体饲养;也可在室外挖坑,用塑料薄膜搭成棚育蛆,其规模可大可小,但必须设有防止成蝇和蛆外逃的设备。家蝇繁殖力强,每只雌蝇能产卵上千粒。从卵孵出小蛆到成蛆只需 4~5 d,就可收集鲜蛆,循环周期短,分期分批饲养可提高设备利用率。

从以上饲养条件可以看出,饲养家蝇蛆的饲料简单、便宜、易得。除种蝇需少量糖浆、奶粉外,育蛆用猪、鸡粪、酒糟或其他多汁废弃物,经发酵腐熟即可。据统计,每千克畜禽粪能生产 0.5 kg 鲜蛆;每立方米种蝇笼能产卵 100 g,育蛆 20～25 kg,可养雏鸡 400～500 只。如饲养畜禽与饲养蝇蛆结合,建立起合理食物链模式:用畜禽粪饲养蝇蛆,再以鲜蛆或干蛆喂养畜禽,就可解决畜禽的动物性蛋白质饲料不足的问题。

8.5.2.2 蝇蛆在饲料中的应用效果

1. 在养猪生产中的应用

郭双礼等研究结果表明,用鸡粪、蝇蛆配合养猪,可以明显降低饲料成本,减少投资,增加收益。

蓝旅涛等在基础日粮中添加 6% 蛆粉与添加 6% 进口鱼粉喂猪进行比较试验,发现两组的平均日增重仅相差 8 g,每增重 1 kg 消耗混合料减少 0.25 kg,且对猪肉的品质亦无不良的作用。

梁智坚等在基础日粮相同的基础上,每头仔猪每天加喂 100 g 蛆粉或 100 g 鱼粉,结果喂蛆粉的仔猪体重比喂鱼粉的约增加 7.19%,每增重 1 kg 的成本下降 13%,用蝇蛆饲喂的猪,其瘦肉中蛋白质含量比饲喂鱼粉的高 5%。在仔猪日粮中添加蝇蛆有抗贫血作用,而且猪只增重快,对种猪加喂蝇蛆会增加繁殖力。

贾生福用蛆粉饲喂仔猪,在日粮相同的条件下,每日每头增喂蛆粉 80 g,增重速度分别比喂等量秘鲁鱼粉、国产鱼粉提高了 0.5% 和 2.0%,且成本分别降低 10.0% 和 13.8%。

2. 在养鸡生产中的应用

从 20 世纪 70 年代末开始,我国不少地区便利用鲜蛆或蛆粉饲喂蛋鸡。湖南农业大学的姚福根、甘肃省饲料研究所的楚焕彩等用蝇蛆粉代替等量鱼粉饲养蛋鸡,都取得了理想的效果。在贾生福等的试验中,分别添加 5% 的蝇蛆粉和 5% 的鱼粉作为试验组和对照组,饲喂 22 日龄 AA 肉仔鸡,试验组较对照组日增重提高了 2.89%;料重比降低 9%,每只收入增加 1.27 元。还有研究表明饲料中添加适量鲜蛆喂蛋鸡,产蛋率提高 17%～25%。祁芳等(2001)报道,在其他条件完全相同的情况下,用 10% 蝇蛆粉喂养蛋鸡,其产蛋率比喂同等数量的国产鱼粉的蛋鸡提高 19.5%,饲料转化率提高 15.8%,成本降低 40%,且可提高鸡蛋及鸡肉的品质。在饲料中加 2% 干蛆喂雏鸡,可提高成活率 47% 以上,幼禽生长健壮整齐,抗病力强,比对照组增重提高 25%。喂肉鸡效果更好,增重快,肉质有改善。

3. 其他动物饲料中的应用

蝇蛆还可以养鱼、喂水貂、养蝎或加工成金鱼和对虾的饵料等。以其喂鱼,比用鱼粉多增重 20.8%,而蛋白质利用率可提高 16.4%,喂养肉食性鱼类增产 22% 以上。对刚变态的幼蛙采用蝇蛆饲喂,由于个体大小刚好适合幼蛙吃食,与饲喂黄粉虫对比成活率提高 60%。

8.5.3 饲用蚯蚓及其加工产品

蚯蚓(earthworm)属于环节动物门(Annelida)寡毛纲(Oligochaeta),可以分为陆生的及水生的两种类型。环节动物门,顾名思义,就是身体呈环状分节,一般而言,蚯蚓的分节多在 80节以上。外观上除了分节之外,成熟的蚯蚓在靠近头部的地方,有体节会愈合成环带。蚯蚓是雌雄同体、异体受精。以土壤中的有机物与植物的嫩茎叶为食,在进食大量的土壤后排出的土壤称为粪土,常堆积于地表洞口或洞穴中;当蚯蚓数量多、活动频繁时,土壤因被翻动而松弛,有利于植物生长。蚯蚓也是一些哺乳类(如鼬獾)、鸟类(如鸡、鸭)、青蛙、蛇(如青蛇)或鱼虾蟹类的重要食物来源。人工饲养的红蚯蚓见图 8.12(另见彩图 36)。

8.5.3.1 蚯蚓的营养成分

蚯蚓含有丰富的蛋白质,干物质中粗蛋白质的含量可以高达 60% 左右,变化范围为 41.62%~

图 8.12 人工饲养的红蚯蚓

66.00%。据报道,异唇蚓及威廉环毛蚓的必需氨基酸含量极高,只是由于种类和产地不同而有所差异。蚯蚓蛋白中氨基酸含量最高的是亮氨酸,其次是精氨酸和赖氨酸。蚯蚓蛋白中精氨酸的含量为花生蛋白的 2 倍,为鱼蛋白的 3 倍;色氨酸的含量则为血粉的 4 倍,为牛肝的 7 倍。同时蚯蚓的脂肪含量也高,其中不饱和脂肪酸含量高,而饱和脂肪酸含量低,亚油酸含量最高。蚯蚓与其他蛋白饲料营养成分见表 8.28。

表 8.28 蚯蚓与常规蛋白饲料营养成分的对比

营养成分	新鲜蚯蚓	风干蚯蚓	秘鲁鱼粉	饲用酵母	豆饼	玉米	绝干物质				
							干蚯蚓	秘鲁鱼粉	豆饼	玉米	饲用酵母
水分/%	82.90	7.37	9.20	9.30	11.57	13.30	—	—	—	—	—
粗蛋白质/%	9.74	56.44	62.19	51.40	46.20	9.00	60.40	70.12	52.40	10.40	56.70
粗脂肪/%	2.11	7.84	7.60	0.60	1.30	4.00	8.50	8.40	1.50	4.60	0.70
粗纤维/%	0	1.58	0.30	2.00	5.00	2.00	1.70	0.30	5.70	2.30	2.20
无氮浸出物%	3.71	16.44	1.20	28.30	29.60	69.43	17.60	1.30	32.50	81.00	31.20
粗灰分/%	1.08	8.29	12.40	8.40	6.00	1.40	9.50	9.60	6.80	1.39	9.20
钙/%	0.15	0.94	4.50	—	0.02	0.28	1.06	6.78	0.36	0.03	—
磷/%	0.31	1.10	2.61	—	0.31	0.59	1.24	3.59	0.74	0.28	—
代谢能/(MJ/kg)	—	12.26	11.68	10.20	10.63	13.40	13.23	12.85	12.00	15.50	11.26
蛋白价	—	101									
磷利用率/%	—	90									

来源:养殖商务网,2011。

8.5.3.2 饲用效果

1. 鲜蚯蚓

鲜蚯蚓是一种多汁高蛋白动物饲料,目前广泛用于动物的活食饵料。鲜蚯蚓具有特殊气味,对水产动物具有良好的诱食效果和促生长作用。用鲜蚯蚓喂乌龟,可有效提高龟的日增重、产卵率和孵化成活率。有研究表明:鲜蚯蚓可以提高日增重,降低饲料成本;蚯蚓可以明显提高蛋鸡和蛋鸭的产蛋量,增加鸭蛋的重量。但是饲喂鲜蚯蚓时,投喂量不宜过大,不能时断时续,否则会影响养殖动物的生长效果;用鲜蚯蚓作饲料时,必须现取现喂或快速加工,以免蚯蚓死亡腐败。贾立明(2000年)认为,新鲜蚯蚓在蛋鸡饲料中的添加比例如下:小雏鸡用量占日粮的5%左右,1个月以后的中雏鸡可以加大到10%,并逐渐增加到15%;育成鸡和蛋鸡产蛋期可增加到日粮的20%。韩素芹(2004年)报道在混合饲料中加入15%的蚯蚓,饲喂蛋鸡10 d,平均每枚蛋增重1.7 g、节约饲料1.4 g。此外,把液体蚯蚓兑入蛋鸡饮水中(1∶10),让蛋鸡自由饮用,投喂全价饲料7 d后,蛋由平均每8.4枚500 g增重为每7.9枚500 g,蛋黄颜色改变也十分明显,由淡黄色变为金红色,煮熟食用口感由松软变得柔韧。此外,孙振均等(1994年)用鲜蚯蚓代替鱼粉,进行了饲喂蛋鸡的试验,结果表明,与基础组和使用鱼粉的对照组相比较,使用蚯蚓试验组产蛋量提高了26%,平均蛋重增加2.8%,每千克蛋的成本降低32.6%。

2. 蚯蚓粉

由鲜蚯蚓风干或烘干后粉碎而成,蚯蚓粉的蛋白质含量与进口鱼粉相当,还含有较多的胡萝卜素和多种维生素及微量元素,在饲料中用蚯蚓粉替代部分鱼粉,可提高饲料转化率,加快畜禽的生长速度,提高畜禽肉品质和蛋禽的产蛋率。在基础日粮和营养水平相同的情况下,马雪云(2003)在兔日粮中添加2%蚯蚓粉,试验组平均日增重提高18%,饲料转化效率提高12.3%;促进肉兔的消化吸收,对皮毛的光洁度有一定的促进作用,并能提高净肉率。傅规玉(2006)用蚯蚓粉替代育肥猪配方中全部的鱼粉(4%),试验结果表明:日增重可以提高13.1%,料重比降低0.9,可有效降低生产成本,提高经济效益。马雪云等将蚯蚓粉添加到蛋鸡日粮中,观察蛋鸡生产性能及鸡蛋品质的影响。结果表明,试验组鸡比对照组鸡的产蛋率提高3.41%,耗料降低3.91%,鸡的精神、体貌普遍好于对照组。添加2%的蚯蚓粉,鸡蛋中胆固醇含量降低9.9%,锌含量增加11.2%,铁含量增加21.68%。张桂英(1995)报道,添加5%的蚯蚓粉后,蛋鸡的平均蛋重增加1.99 g,料蛋比降低0.43,但是产蛋率、破蛋率等指标差异不显著。由此可见,蛋鸡日粮中添加5%的蚯蚓粉,不仅可以替代等量鱼粉,而且还能降低蛋鸡的饲料消耗量,提高产蛋量和蛋重,因此蚯蚓是蛋鸡的一种优质蛋白质饲料。

8.5.4 黄粉虫、蚕蛹及其他昆虫类饲料

8.5.4.1 黄粉虫

黄粉虫(*Tenebrio molitor* Lin-naeus)(图8.13,另见彩图37)又名大黄粉虫、黄粉甲、面包虫,属昆虫纲鞘翅目拟步行虫科粉虫族,分布于世界各地,是粮食、药材仓库及各种农副产品仓库的重要害虫,由于其幼虫含有丰富的蛋白质和多种氨基酸,除用作饲养动物的蛋白饲料外,还可以作为蝎子、林蛙、蛤蚧、蛙类、龟类、鸟类及家禽等经济动物活的新鲜饵料,而且还可以作为食品及保健品。因黄粉虫抗病力强、耐粗养、生长发育快、易繁殖,体内富含几丁质和不饱和脂肪酸,在人类食品医药等方面的利用也日趋广泛,已成为当今世界上仅次于养蚕、养蜂业的发展较快的养虫业之一。黄粉虫的饲养约有100年的历史,近年来取得了很大进展,山东农业大学刘玉升等成功地培育成了三个黄粉虫新品种GH-1、GH-2、GH-3,并根据该品种的生物学

特性及发育规律,筛选适宜的环境及设备条件,完成了工厂规模生产技术流程。

图8.13 人工饲养的黄粉虫

1. 黄粉虫的营养成分及饲养方法

黄粉虫不同虫态营养成分有所不同,蛋白质和脂肪含量都维持在较高的水平。经检测,幼虫、蛹和成虫中,粗蛋白质的含量分别为 $47.7\%\sim54.3\%$,$55.2\%\sim58.7\%$,$63.2\%\sim64.3\%$(脱脂虫粉高达 70.66%),其中含有动物生长发育必需的 16 种氨基酸,其中赖氨酸含量为 $3.1\%\sim3.5\%$,$3.6\%\sim3.7\%$,$3.4\%\sim3.9\%$,蛋氨酸 $0.5\%\sim0.9\%$,$0.6\%\sim0.9\%$,$0.5\%\sim1.0\%$,氨基酸总量为 $40.6\%\sim3.6\%$,$42.8\%\sim8.3\%$,$46.7\%\sim3.4\%$。

此外黄粉虫还含有丰富的 P,K,Fe,Na,Ca,Zn,Se 等多种元素。黄粉虫的脂肪酸组成和其他的大多数食用昆虫一样,含有丰富的不饱和脂肪酸。

2. 黄粉虫的应用

饲养效果表明,黄粉虫可促进动物生长,增强抗病力,提高繁殖率和抗病力。据报道,用 $3\%\sim6\%$ 的鲜黄粉虫代替等量鱼粉饲喂肉鸡,增重速度提高 13%,饲料转化效率提高 23%。用黄粉虫喂猪,皮毛光滑,肤色红润,长膘快,饲养周期可缩短 1 个月。用黄粉虫代替鱼粉喂肉鸡,增重率提高 13.0%,饲料转化效率提高 23.0%。用黄粉虫饲养蛤蚧,生长快、产卵多,增重快。黄粉虫可以代替蚯蚓、蝇蛆作为黄鳝、对虾、河蟹的活饵,由于其耐饥饿、营养丰富等特性,是养鸟人的首选活的饵料。据统计,仅杭州市的花鸟市场上每年活虫销售量就达 100 多 t。

3. 黄粉虫的饲养方法

黄粉虫的饲养按饲养时间分短期饲养和长期饲养。短期饲养以饲养幼虫为主,如家庭饲养,利用黄粉虫幼虫饲养鸟、鱼等。长期饲养则作为盈利为目的,要保持饲养的连续性,需要进行种虫饲养(包括成虫、幼虫和蛹不同时期的饲养)。按饲养量又可分为少量饲养和规模饲养,相对而言短期的少量饲养要容易一些,对饲养条件要求不高,长期的大量饲养必须保证虫体质量和产量,还要解决饲养条件难以控制和疾病等问题。

黄粉虫为杂食性,可以麦麸、米糠、杂粮为食,并配以蔬菜或野菜以补充水分,也可以直接喷水的方式为黄粉虫补充水分。黄粉虫 $2.5\sim3$ 个月为一生活周期,每 1.25 kg 麸皮可生产 0.5 kg 黄粉虫。密度对黄粉虫幼虫的发育、化蛹、羽化都有影响,而且性别不同,其结果也不同,主要因虫粪中含有保幼激素和虫体相互的机械刺激等相关因素引起的。黄粉虫的性比与环境条件有很大关系,但条件适宜时(温度 25～30℃,空气相对湿度 65%～80%),饲料充足时,雌雄比可达 3.5∶1,相反,如果生存环境不理想,雌雄比可达 1∶4,且成活率较低。

在生长过程中黄粉虫有时会出现螨害或病害,饵料带螨卵是螨害发生的主要原因。病害主要有干枯病和软腐病,饲养场所气温偏高、空气干燥、饲料中的青饲料太少易引起干枯病,而空气潮湿或虫体受到机械损伤容易感染软腐病,可能是细菌病原菌引起的。

预防和防治:

①改善饲养条件,在高温干燥时要注意及时添加鲜饲料或喷水来预防干枯病,同时又要把没有吃完的鲜饲料捡出,防止饲料腐烂促进病菌的繁衍。当每批次虫养殖结束后,进行场所消毒,养殖器皿消毒。适当降低饲养密度可减轻病害的发生,避免虫体密度过大相互残杀造成伤口,给病菌创造入侵机会。

②对于蜗虫发生较重地区,所用饲料要中午在阳光下摊薄曝晒 20～30 min,即可杀死虫螨。必要时用 40%二氯杀螨醇 800～1 000 倍液喷洒进行养殖场所及器皿杀螨。

③对于发病的虫体要及时捡出,同时用 0.25 g 土霉素研碎,拌玉米面 200～300 g 投喂 3～5 d,痢特灵、氯霉素等也有较好疗效。

④将养殖架的脚腿放在盛有水(可加入少量洗衣粉)的塑料盆中,可以有效防止蚂蚁、壁虎等危害。及时检查,对有害动物入侵,可人工捕杀。

黄粉虫作为昆虫大家族的一种,生存适应性强,易饲养,将是昆虫蛋白饲料应用的重要方向。

8.5.4.2　蚕蛹

蚕蛹是桑蚕从幼虫向成虫过渡阶段的虫体(图 8.14,另见彩图 38),柞蚕蛹为完全变态的昆虫蛹。蚕蛹经干燥粉碎后得到蚕蛹粉,蚕蛹粕(饼)是蚕蛹脱脂后的剩余物。蚕蛹是我国重要的蛋白饲料资源之一,据 2007 年统计,全国用于饲料的蚕蛹达 37 万 t。

1. 蚕蛹的营养成分

蚕蛹中含有丰富的蛋白质,高于鸡蛋和猪肉,且多为营养价值高的球蛋白和清蛋白,易于消化吸收。蚕蛹粉及蚕蛹粕的主要养分含量见表 8.29。

图 8.14　蚕蛹

表 8.29　蚕蛹和蚕蛹粕的营养成分含量　　%

营养成分	蚕蛹粉		蚕蛹粕	
	平均值	范围	平均值	范围
水分	7.3	6.0～8.5	10.2	9.5～10.8
粗蛋白质	56.9	55.5～58.3	68.9	64.6～73.2
粗脂肪	24.9	23.9～25.9	3.1	0.7～5.5
粗纤维	3.3	2.4～4.2	4.8	3.1～6.5

续表 8.29

营养成分	蚕蛹粉		蚕蛹粕	
	平均值	范围	平均值	范围
粗灰分	3.6	2.2～5.0	8.0	5.3～10.7
钙	0.17	—	—	—
磷	0.76	—	—	—

来源:李德发,1997。

饲用蚕蛹有蚕蛹粉和蚕蛹粕两种。蚕蛹粉是蚕蛹经干燥粉碎后获得的产品,蚕蛹粕是蚕蛹(粉)脱脂处理后获得的产品,其包装上均要标注粗蛋白质、粗脂肪、酸价值。

蚕蛹粉的粗脂肪含量高,在25%左右,故代谢能值高,为11.71 MJ/kg;蚕蛹粕含粗脂肪一般3%左右,代谢能值为10.40～10.46 MJ/kg。

蚕蛹粉和蚕蛹粕中几丁质氮约4%。在常规分析时,几丁质被作为"粗纤维"测值看待。纯蚕蛹不应含有大量的粗纤维,粗纤维含量高者多混杂有异物。氨基酸组成中蛋氨酸含量高,在蚕蛹粉和蚕蛹粕中分别为2.2%和2.9%,是所有饲料中最高者;赖氨酸含量也很高,与进口鱼粉大体相当;色氨酸含量高达1.25%～1.50%,比进口鱼粉高70%～100%;精氨酸相对赖氨酸含量低,适宜与其他饲料配合。柞蚕蛹粉中必需氨基酸含量高且均衡,蚕蛹粉或蚕蛹粕是平衡日粮氨基酸组成的优质原料。

蚕蛹粉和蚕蛹粕的钙、磷含量较低。但B族维生素含量丰富,尤其是核黄素含量较高。锌含量高,蚕蛹粕达200 mg/kg。柞蚕蛹还含有促进生长、增强对疾病抵抗力的维生素A,并含有维生素B₁、维生素B₂以及维生素E和胡萝卜素等。

新鲜蚕蛹脂肪含量高,易氧化变质,并影响畜禽肉质风味,一般对新鲜蚕蛹脱脂后,才能应用于饲料。

2. 蚕蛹的应用效果

蚕蛹在畜牧业及水产养殖业中的应用广泛。蚕蛹粉和蚕蛹粕主要用做水产动物的饲料中,特别是以鲤鱼和蹲鱼使用较多,其效果不低于鱼粉。有研究表明,蚕蛹代替部分鱼粉在壮甲鱼中可降低饲料成本,蚕蛹喂牛蛙也能获得较好的经济效益。但酸败蚕蛹在水产中可能引起虹蹲的贫血及鱼瘦鳍症等,并造成鱼肉的异味。

蚕蛹在猪、鸡饲料中也广泛应用,但因价格较贵,有异味残留,使用不多,主要用做补充蛋白质和能量,用量一般在3%～5%。张建红等报道,用蚕蛹粉喂猪,日增重比不加蚕蛹粉的要高23.6%,而且可以缩短育肥期,提高出栏率。近年来研究发现猪饲料中添加蚕蛹粉,其氨基酸真消化率达到88%,明显高于啤酒糟、豌豆等饲料蛋白辅料。在哺乳仔猪日粮中添加蚕蛹粉在5%以内为佳。酸败蚕蛹饲养肉猪后易造成脂肪变黄,俗称黄脂猪或黄膘猪,影响猪体品质。因此育肥猪要停饲。

郭宝忠报道,在蛋鸡日粮中加入5%～10%的蚕蛹粉产蛋率可提高18%。不过,对肉用仔鸡,在上市前15 d应停用。给鸡饲喂变质蚕蛹,可能引起鸡胃溃疡。

饲料中使用蚕蛹产品时需注意:

①蚕蛹粉含脂高达20%～30%,不宜久置,易氧化酸败,产生恶臭,在生产中尽量使用脱脂蚕蛹,即蚕蛹粕或蚕蛹饼。

②蚕茧没有营养价值,应尽可能除去。

③注意去碱处理。蚕茧在制丝过程中,要经过碱液处理,可能引起畜禽对钙、磷的吸收利用降低,尤其在雏鸡中,故生产蚕蛹中要注意进行去碱处理。

3. 蚕蛹深加工产品

在食品工业中,国内有以脱脂蚕蛹粉为原料,生产蛋白粉的报道,也有将脱脂蚕蛹,经酸水解,再行脱酸中和后,生产食品用氨基酸的产品。在饲料工业上,有企业以脱脂蚕蛹为原料,经水解后,制成生物活性肽或氨基酸络合物。

农业部行业标准《饲料用蚕蛹》中规定,以粗蛋白质、粗纤维、粗灰分为质量控制指标,按含量分为三级,各项营养指标均以 88% 干物质为基础计算,见表 8.30。

表 8.30　饲料用桑蚕蛹的质量标准与分级　　　　　　　　　　　%

质量指标	一级	二级	三级
粗蛋白质	≥54.0	≥49.0	≥44.0
粗纤维	<4.0	<5.0	<6.0
粗灰分	<4.0	<5.0	<6.0

8.5.4.3　其他昆虫类蛋白质饲料

我国早期对于昆虫饲料的研究主要是单一昆虫品种,如蝇蛆、蚯蚓、黄粉虫等在畜禽饲料中应用的试验,其方向主要是研究昆虫饲料的营养价值和应用效果,未能在开发和推广中进行有效的示范。近年来,昆虫养殖业的发展,促进了昆虫在饲料中的应用。在山东济南、泰安、泗水,河北邯郸,湖南省衡山县、望城县、广东广州等地区出现昆虫饲料生产加工企业,推出了昆虫活性蛋白粉、复合饲料添加剂、昆虫源氨基酸饲料、"三虫粉"等昆虫类饲料产品。大部分企业是以养殖、供种、回收为主的昆虫养殖场发展而来,他们一方面对饲料行业缺乏一定的认识,另一方面工作重点在于供应种卵,发展养殖户,对后续的产品发展缺乏开拓和投入。因此,对于昆虫饲料这个新兴行业,只有在龙头企业带动,业内人士共同努力下,才能将昆虫饲料业更快地融入传统饲料中。利用昆虫来生产营养成分齐全的饲料是开发饲料资源的一个新途径,对缓解饲料资源的不足,促进饲料工业及养殖业的发展均有一定的意义,今后将会向规模化、工业化方向发展。

8.6　饲用乳制品及其副产品

饲用乳制品及其加工副产品应用于商品饲料中,始于 20 世纪 40 年代,当时,为提高幼畜成活率和生长速度,在配合饲料中添加一定量的乳粉及其副产品,取得了很好的饲养效果。随着西方国家乳品加工业的发展,乳品加工业产生大量的加工副产品,如乳酪制作会产生大量的乳清废液(liquid whey)。乳清液早期是作为废弃物处理,如倾倒、作为肥料等。也有养殖业者将液体乳清与饲料吸附混合后,饲养猪、牛,这种饲喂方式主要是乳酪产区。后来乳酪生产规模扩大,必须解决产地环境的污染,试验者将乳清液浓缩干燥后生产出初期的乳清粉,应用于饲料,饲养效果明显。此后,乳清粉的加工和应用逐步成熟。

自 20 世纪 70 年代开始,国外研究者进一步发现了乳清蛋白的组成、分子结构、功能和效果。通过进一步改进乳品加工工艺,在乳清液中分离提取出多种新的乳清产品,如浓缩乳清蛋白粉(wpcs)、分离乳清蛋白(wpls)、低蛋白乳清粉(lplw)、脱盐乳清蛋白(dswp)、改性乳清蛋白、乳糖等,这些产品在国内外已经得到广泛的应用。我国饲料工业的发展,促进了饲料用乳粉及乳清粉的应用,近年此类产品进口量激增。据报道,2010 年,我国进口食品及饲料级乳粉43.3 万 t,饲料级乳清粉 24.6 万 t。

8.6.1　饲用乳粉的加工工艺

8.6.1.1　饲用乳粉

饲用乳粉(又名奶粉)在饲料工业中是一种重要的优质蛋白饲料,有全脂乳粉、脱脂乳粉和代乳粉。全脂乳粉(whole milk powder)是取新鲜乳,经杀菌、浓缩、干燥制成的乳粉。脱脂乳粉(skim milk powder)一般以离心的方法脱去乳液中的脂肪,再经杀菌、浓缩、干燥制成的乳粉,其贮存性优于全脂乳粉。代乳粉(人工乳粉,milk replacer)借助母乳化奶粉和速溶奶粉的配方和加工技术,以脱脂乳粉、乳清粉、乳清蛋白等为基本原料,减少酪蛋白含量,添加适量的浓缩蛋白、油脂、微量元素、维生素、氨基酸、抗氧化剂等成分,配料后混合均匀,制成人工乳粉。

8.6.1.2　饲用乳粉的加工工艺

1805 年,法国人帕芒蒂伦瓦尔德建立了世界上第一个奶粉加工厂。1920 年,发明滚筒干燥技术以后,才真正实现乳粉的工业化生产;此后发明了喷雾干燥技术,并广泛地应用于脱脂乳粉生产。

乳粉加工工艺按干燥方式分为冷冻法和加热法。冷冻法有离心冷冻和升华冷冻方式;加热法又分为喷雾干燥和滚筒干燥法,现在国内外乳粉加工大多采用喷雾干燥法。

1. 乳粉喷雾干燥工艺

喷雾干燥是将液态物料喷成雾状直接干燥,浓缩乳一道工序直接脱水制成乳粉。将液态乳雾化成雾状乳滴,增大比表面积,乳滴与热空气接触,水分快速蒸发。此过程可将含 60%～80%水分的物料快速干燥成为低水分的乳粉;乳粉喷雾干燥的优点是干燥速度快,温度较低,有效成分得到保护;密闭环境中产品不受内外环境污染,杂质低;全程实现连续化流水化生产。乳粉喷雾干燥的缺点是单位能耗大,热量利用率低;干燥工序体积大,乳粉接触设备多,粉尘回收装置复杂,易黏结,设备难清洗。

2. 乳粉喷雾干燥加工流程

乳粉喷雾干燥工艺流程图见图 8.15。

8.6.2　饲用乳蛋白及乳清粉的加工工艺

乳中蛋白质由酪蛋白和乳清蛋白组成,其中酪蛋白占 80%,乳清蛋白占 20%。在奶酪生产中,酪蛋白从牛乳中凝结分离出来,剩余部分称为乳清液,乳清蛋白存在于乳清中。

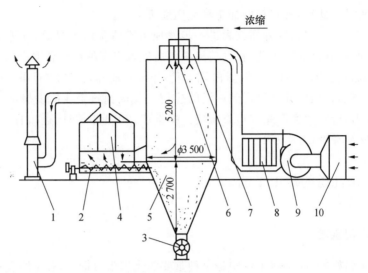

图 8.15　乳粉喷雾干燥流程图（王建，2009）
1. 排风机　2. 螺旋输送机　3. 关风器　4. 袋滤器　5. 干燥室　6. 喷头
7. 分风箱　8. 加热器　9. 风机　10. 滤尘器

8.6.2.1　饲用乳蛋白产品

1. 酪蛋白

以脱脂乳为原料，杀菌消毒后，通过酸、盐、凝乳酶等工序，使乳中的酪蛋白凝聚，再经压滤、脱水、脱盐处理，干燥粉碎后制成酪蛋白粉，粗蛋白质含量在 80% 以上。

2. 水解酪蛋白

以酪蛋白为原料，在蛋白酶作用下，经一定温度、时间、pH 值水解后，脱水干燥后粉碎，制取水解酪蛋白，蛋白含量高于 75%。

3. 乳酪

以全脂乳为原料，杀菌消毒后，通过发酵、凝乳酶、盐等作用，再经压滤、脱水、脱盐处理，制成软性乳酪。水分含量 40% 左右。乳酪脱水干燥后，获得干乳酪。乳酪中蛋白质、脂肪含量较高。

8.6.2.2　乳清粉及乳清蛋白的加工工艺

乳清液经浓缩干燥后，制得普通的甜乳清粉。对乳清液进一步分离深加工，可制取乳清蛋白粉、浓缩乳清蛋白、分离乳清蛋白、低蛋白乳清粉、脱盐乳清粉、乳糖等产品。

乳清液体中的蛋白质又称乳清蛋白，与酪蛋白不同，它们是一些分子质量小、紧密的球状蛋白，乳清蛋白有独特的氨基酸序列和三维结构，溶解性好，免疫球蛋白含量高，可提高幼畜免疫力，促进消化道发育。

1. 甜乳清粉

制取乳酪后的副产品乳清液体积占乳的 95%，营养成分占原料的 50% 左右，主要为可溶性蛋白、乳糖、矿物质等，乳清液经过浓缩干燥后加工制成甜乳清粉。其过程是先将乳清液以真空薄膜蒸发器或反渗透（RO）技术浓缩 5~6 倍，再采用喷雾干燥或滚筒干燥方法脱水烘干。

2. 乳清蛋白粉

乳清液经浓缩后,过滤去除部分乳糖、矿物质,制得乳清蛋白粉。产品蛋白质含量在25%以上。

3. 浓缩乳清蛋白

将乳清液浓缩后,过滤去除部分乳糖、矿物质,再经超滤(UF)处理后干燥,产品蛋白质含量在35%以上。

4. 分离乳清蛋白

要得到蛋白含量更高的产品,一般先对乳清液进行超滤,再过滤去除乳糖、矿物质,干燥后制得分离乳清蛋白,蛋白质可达90%以上,但此加工过程能耗大,成本高。

5. 脱盐乳清粉

应用物理、化学的方法(如电渗析、离子交换法),将乳清液中的大部分矿物质去除,浓缩干燥后制得的乳清粉。脱盐乳清粉乳糖含量高于60%。

6. 酸性乳清粉

制取酸性奶酪后所产的乳清液,以巴斯德方法消毒,浓缩后经喷雾干燥制成的产品。

7. 乳糖

提取部分乳清蛋白后的乳清液,通过蒸发、结晶、干燥后,制取乳糖。乳糖含量高于90%。

8.6.2.3 饲用乳制品及其副产品的加工工艺流程(图8.16)

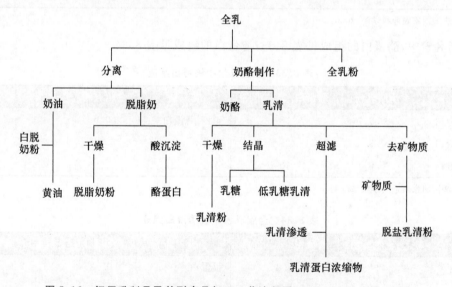

图8.16 **饲用乳制品及其副产品加工工艺流程图**(美国乳品出口协会,1998)

8.6.3 饲用乳制品及其副产品的营养价值

8.6.3.1 乳粉

乳粉营养全面,不含抗原。蛋白质含量高,氨基酸组成平衡,碳水化合物全为乳糖,并且其维生素、矿物质丰富,消化率高。是幼畜、宠物的优质蛋白饲料原料。

1. 全脂乳粉

饲用全脂乳粉营养成分见表 8.31,全脂乳粉与其他动物蛋白饲料回肠消化率见表 8.32。

表 8.31　全脂乳粉营养成分

项　目	含量	项　目	含量
消化能/(MJ/kg)	23.4	粗脂肪/%	23.7
代谢能/(MJ/kg)	22.3	乳糖/%	35.5
干物质/%	98.0	粗灰分/%	6.0
粗蛋白质/%	26.2		

表 8.32　全脂乳粉与其他动物蛋白饲料回肠消化率比较　　　　%

原料名称	粗蛋白质	赖氨酸	苏氨酸	蛋氨酸+胱氨酸	色氨酸
全脂乳粉	90	89	94	96	87
血粉	82	86	85	82	88
肉骨粉	81	84	82	79	80
禽肉粉	76	77	76	73	69
鱼粉	89	93	92	91	89

来源:法国国家农业科学院,2000。

全脂乳粉中,酪蛋白的组成见表 8.33,清蛋白的组成见表 8.34。

表 8.33　全脂乳粉中酪蛋白组成　　　　%

成　分	全脂乳粉	酪蛋白/乳总蛋白	成　分	全脂乳粉	酪蛋白/乳总蛋白
α-酪蛋白	9.9	38	γ-酪蛋白	0.6	2.4
β-酪蛋白	7.3	28	合计	20.4	78.4
κ-酪蛋白	2.6	10			

来源:法国国家农业科学院,2000。

表 8.34　全脂乳粉中乳清蛋白组成　　　　%

成　分	全脂乳粉	清蛋白/乳总蛋白	成　分	全脂乳粉	清蛋白/乳总蛋白
乳球蛋白	2.55	9.8	膜蛋白	0.52	2.0
乳白蛋白	0.96	3.7	乳铁蛋白	0.04	0.16
血清白蛋白	0.31	1.2	乳过氧(化)物酶	0.03	0.13
阮间质(蛋白胨)	0.62	2.4	合计	5.7	21.2
免疫球蛋白	0.62	2.4			

来源:法国国家农业科学院,2000。

2. 脱脂乳粉

脱脂乳粉营养成分见表 8.35。

表 8.35 脱脂乳粉营养成分

项　目	含量	项　目	含量
消化能/(MJ/kg)	19.0	粗脂肪/%	1.0
代谢能/(MJ/kg)	17.2	乳糖/%	48.0
干物质/%	96.0	粗灰分/%	7.4
粗蛋白质/%	34.1		

来源：全国饲料数据中心库，2010。

3. 代乳粉（人工乳粉）

代乳粉一般用于早期断奶和母乳不足的幼畜。乳粉进入动物胃后，乳中的酪蛋白在凝乳酶作用下，凝结成块状的凝乳，幼畜消化速度慢，产生饱胀感，进而影响采食。代乳粉中所含的酪蛋白较少，增加了易溶解消化的乳清蛋白、鱼浆蛋白、血浆蛋白、肠膜蛋白、大豆浓缩蛋白、卵磷脂、乳化脂肪、酸化剂、调味剂等；降低了饱和脂肪酸含量，增加了不饱和脂肪酸，另外还添加了微量元素、维生素、氨基酸、抗氧化剂等成分。乳清蛋白分子中有亲水性和疏水性基团，具乳化作用，可促进乳酪蛋白、脂肪的溶解和扩散。代乳粉中乳清蛋白比乳粉高 2～4 倍，富含免疫球蛋白，消化吸收快，营养平衡，进而促进幼畜生长和消化道的发育，防止腹泻，实现早期断奶，减少断奶应激征。饲用代乳粉产品目前有高脂高蛋白、高蛋白低脂肪、酸化代乳粉等品种，营养成分比较见表 8.36。

表 8.36 不同代乳粉营养成分比较

成　分	肥得美	中山比克	中山比克	郁氏代乳粉	郁氏代乳粉	欧乐康	荷兰利乐	奥氏
水分/%	7.5	12.0	12.0	9.0	9.0	7.0	6.0	6.0
粗蛋白质/%	37.5	30.0	38.0	30.0	37.0	37.8	37.8	22.0
粗脂肪/%	2.0	15.0	1.7	10.0	0.8	2.0	1.0	14.0
赖氨酸/%	2.3	2.3	2.5	2.3	2.6	2.55	2.5	2.5
蛋氨酸/%	0.5	0.45	0.45	0.45	1.0	0.6	0.6	0.7
乳糖/%	19.5	20.0	20.0	20.0	20.0	20.4	22.0	40.0
消化能/(MJ/kg)	16.14	18.84	15.28	18.84	15.36	—	14.84	—

来源：中国畜牧人网，2011。

8.6.3.2 乳蛋白

1. 酪蛋白

酪蛋白干燥粉碎后，称酪蛋白粉，其赖氨酸含量在 7% 以上。酪蛋白中氨基酸在猪和公鸡的真消化率均为 100%（Chung T K 和 David H Baker，1992），酪蛋白通常作为评定饲料蛋白质营养价值的参照物。酪蛋白粉营养成分见表 8.37。

表 8.37   酪蛋白粉营养成分

项　　目	含量	项　　目	含量
消化能/(MJ/kg)	17.2	粗蛋白质/%	88.0
代谢能/(MJ/kg)	14.7	粗脂肪/%	0.5
干物质/%	92.0	粗灰分/%	3.5

来源:NRC,饲料营养成分表,1998。

2. 水解酪蛋白

将酪蛋白经酶水解、干燥后获得的产品。主要成分为氨基酸、肽,蛋白质含量在 80%以上。

3. 乳酪

因加工方法、品种和含水量,乳酪的营养成分有所不同。按形态可分为硬质、半硬质、软质乳酪。干燥粉碎后制成干酪粉。乳酪中含有较高的脂肪,半硬质乳酪营养成分见表 8.38。

表 8.38   半硬质乳酪营养成分

项　　目	含量	项　　目	含量
消化能/(MJ/kg)	10.2	粗脂肪/%	18.9
干物质/%	53.3	粗灰分/%	4.0
粗蛋白质/%	26.2		

来源:中国食品产业网,2011。

8.6.3.3 乳清粉

1. 乳清蛋白的组成与功能

乳清粉中成分主要是乳糖、乳清蛋白、矿物质等。乳清蛋白主要是由 β-乳球蛋白、α-乳白蛋白、血清白蛋白和免疫球蛋白组成,并含有具生物活性的蛋白质与多糖小肽,如乳铁蛋白、乳过氧化物酶、溶菌酶、酪蛋白糖聚肽、溶菌酶素、糖巨肽、膜蛋白等(表 8.34),各组成成分的功能见表 8.39。

表 8.39   乳清蛋白各组成成分及功能

生物活性	乳中功能性成分
抗菌/伤口愈合	乳铁蛋白、乳过氧化物酶、溶菌酶素
疾病防护	免疫球蛋白、WPC
抗病原体	乳铁蛋白、乳铁蛋白活性多肽、WPC
免疫调控	乳铁蛋白、α-乳白蛋白、酪蛋白糖巨肽、WPC
抗细菌性毒素	乳铁蛋白、酪蛋白糖聚肽、β-乳球蛋白、α-乳白蛋白
抗癌	α-乳白蛋白、乳铁蛋白、WPC
益生元(素)	糖巨肽

来源:Kevin M 等,2006。

幼畜乳糖酶活性高,其他消化酶系统不健全。乳清粉中含有大量的乳糖,适合初生猪、牛、宠物的消化特点,是幼畜最理想的碳水化合物来源,也是幼畜人工乳、教槽料、宠物饲料不可缺少的优质原料。乳清粉可改善饲料适口性,促进乳酸菌生长繁殖,抑制病原微生物,维持肠道微生物平衡,而且还可以降低胃肠 pH 值。其理想的氨基酸组成是极好的蛋白质来源,可促进生长,刺激幼畜消化酶系统的早日成熟。

2. 乳清蛋白的生物效价

乳清蛋白是营养最全面的动物蛋白质之一,蛋白质效价高。通过蛋白质效价(PER)、生物价和蛋白质净利用率(NPU)三个评价指标的比较,乳清蛋白比其他蛋白质更有营养,见表 8.40。

表 8.40　几种优质蛋白质饲料的生物效价比较

蛋白质种类	蛋白质效价(PER)	生物价/%	蛋白质净利用率/%(NPU)
乳清蛋白	3.1	104	92
酪蛋白	2.5	71	76
大豆浓缩蛋白	2.1	74	61
鸡蛋蛋白	3.9	100	94

来源:美国乳品出口协会,1998。

3. 饲用乳清粉的质量标准

国外应用现代乳清加工工艺和提取技术,已经生产出多种食品及饲用乳清粉产品,如普通乳清粉、乳清蛋白粉、浓缩乳清蛋白、分离乳清蛋白、低蛋白乳清粉、乳糖、酸性乳清粉、脱盐乳清粉等。我国乳清粉的产量少,目前仅有饲料级乳清粉的标准(NY/T 1563—2007),该标准要求,乳糖含量高于 61%、粗蛋白质高于 2%、粗脂肪低于 2%、粗灰分低于 8%。而国内进口的乳清粉产品规格很多,建议对现有饲用乳清粉标准进行修订和细化。饲料厂应用时,要按产品标签值配制饲料,最好以实际检测值为准。乳清蛋白含量的检测方法,目前仍采用国家标准 GB/T 5413.2—1997《婴幼儿配方食品和乳粉、乳清蛋白的测定》,由于争议较大,目前正在讨论修订此标准。可能是在干燥过程中少量乳清蛋白高温变性,导致检测结果稍低。在食品级乳清粉和乳清蛋白方面已有国家标准 GB 11674—2010《乳清粉和乳清蛋白粉》,规定乳清蛋白占总蛋白质的含量要高于 60%。

预期我国的乳清粉产品消耗会逐年增加,需求不断增长。因此,开发系列乳清粉产品,满足国内需求,减少进口,将是国内乳品加工企业的重要发展方向。

8.6.3.4　饲用乳制品及其加工副产品营养成分表

①饲料生产大国大都定期更新饲料营养成分表。这类产品的营养成分数据,可查询中国农业科学院北京畜牧兽医研究所下属全国饲料数据中心库及最新版《中国饲料成分及营养价值表》,也可查询其他国家饲料成分及营养价值表作参考。包括氨基酸、矿物质、维生素含量等数据。

②饲用乳制品及其加工副产品是优质动物性饲料原料,其饲养效果和应用技术在国内已经很成熟。

③乳制品易发霉变质,在使用中首先要保证原料质量和卫生安全,防止掺假。

8.6.4　饲用乳制品中三聚氰胺的检测、限量与危害

前期在乳制品中掺混三聚氰胺(melamine)事件,产生了巨大的社会影响,对受害民众尤其是婴幼儿的身体健康和家庭造成了极大的伤害。在饲料及养殖业中,我国也曾发生过蛋白饲料中三聚氰胺超标和动物中毒事件。国家有关部门及时制定了食品和饲料中的安全限量,修订了检测方法标准,以加强乳品的安全检测和监管,保障食品和饲料安全。

饲料中三聚氰胺检测方法,按农业部标准 NY/T 1372—2007 执行。饲料中三聚氰胺的限量,按农业部第 1218 号公告执行,限定饲料及原料中三聚氰胺含量要低于 2.5 mg/kg。三聚氰胺的理化特性、毒理与危害如下。

1. 理化特性

三聚氰胺是一种常用的有机化工原料,又名密胺,也是密胺餐具的主要成分。属于非蛋白氮(NPN)类,常温下为纯白色单斜棱晶体,无异味,熔点 354℃,在一般情况下较稳定,但在高温下可能会分解释放出氰化物。其分子式为 $C_3N_3(NH_2)_3$,相对分子质量为 126.12,含氮量 66.63%,粗蛋白质含量则高达 416.43%,如饲料中有 1% 的三聚氰胺,粗蛋白质含量会增加 4 个百分点。分子结构见图 8.17。

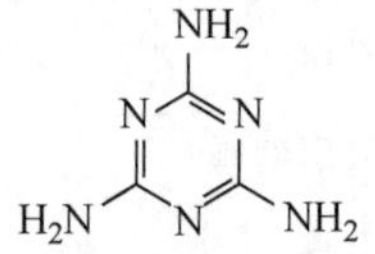

图 8.17　三聚氰胺的分子结构

2. 三聚氰胺对动物的毒理与危害

①三聚氰胺的慢性累积性毒性较大,动物长期摄入三聚氰胺会造成生殖、泌尿系统的损害,导致膀胱、肾脏结石,并可能进一步诱发泌尿系统的恶性病变。

②三聚氰胺进入动物体内由于胃酸的作用解离出三聚氰酸,小肠吸收后通过血液循环进入肾脏。三聚氰胺与三聚氰酸在肾脏中再次结合沉积,一起形成网状结构,使钙离子产生积聚,阻止钙的正常排出,从而形成肾结石,堵塞肾小管,并可能造成肾衰竭。此类结石的主要成分是磷酸钙、草酸钙、尿酸钙、三聚氰胺和三聚氰酸等。

③幼畜的消化系统、泌尿系统尚未完全成熟,对三聚氰胺的解毒及排泄能力低,更易发生中毒和结石。

（本章编写者：何武顺，王四维，温琦，苏从毅，陈志华）

第**9**章

替代常规蛋白原料的饲料资源

由于特殊原因,有一些饲料资源不属于蛋白类饲料,或是蛋白含量虽达到蛋白质饲料规定水平而粗纤维偏高,因而未被大量作为蛋白源投入生产使用。这类替代常规蛋白原料的饲料资源主要来源于农副产品和食品工业下脚料,包括糟渣类、果汁渣类、植物茎叶类、块根、块茎类和微生物蛋白等。与常规蛋白饲料原料相比,这类饲料一般具有以下特点:

①受产地来源、加工处理及贮存条件等多方面的因素影响,营养成分不平衡,多数营养成分变异很大,质量不稳定,从而导致质量安全数据的缺乏,大多数的营养价值评定不太准确,没有较为可靠的饲料数据库,增加了日粮配方设计的难度;

②多数含有多种抗营养因子或毒物,不经过处理不能直接使用或必须限制用量;

③多数适口性差,饲用价值较低,限制了它的使用;

④多数体积大、容质量轻和营养浓度低,在生长肥育动物日粮中使用受到限制;

⑤有些原料掺杂和掺假情况严重,部分加工副产品变质问题突出。

9.1　糟类蛋白饲料资源及其加工产品

我国糟渣资源丰富,种类多,数量大,但因这类资源通常含较高的水分和无氮浸出物,易发酵腐败变质,严重污染了环境和造成资源的浪费。据统计,我国仅酿造、淀粉、酿酒、生物农药、果品加工每年可生产糟渣约1亿t,是一种可利用的宝贵再生资源。糟渣类蛋白饲料主要包括白酒糟、啤酒糟、酒精生产副产品(DDGS)等。

9.1.1　白酒糟类蛋白饲料资源及加工产品

有资料显示,2008年中国白酒产量为$5\,693\times10^6$ L,按固态法生产1 t白酒约产生10 t废糟的比例推测,2008年可生产出5 000万~6 000万 t的白酒鲜糟。若将这部分白酒糟饲料资源(以 5 000 万 t 计,初水分含量以 43.5%计)按大豆(CP37%)换算,相当于我国 816 万 t 的大豆类蛋白质饲料资源;若按豆粕(CP43%)换算,相当于我国 702 万 t 的豆粕饲料资源。

9.1.1.1 白酒糟的来源及营养价值

我国浓香型大曲酒和窖酒(即白酒)通常采用混蒸续糟法,即发酵好的酒醅与原粮(主要是高粱、玉米、小麦等)按比例混合,同时加入稻壳作为填充剂,一边蒸酒一边蒸粮,淀粉经发酵蒸馏变成酒,丢弃下层煮烂部分的酒糟经冷却、加曲、加酒母混渣发酵。白酒糟在经过酿造后可溶性碳水化合物发酵成醇被提取,与玉米相比,无氮浸出物含量显著降低,而其他营养成分如蛋白质、脂肪、粗纤维与粗灰分等含量明显增加(表 9.1),B 族维生素含量较丰富,白酒糟的赖氨酸、蛋氨酸、胱氨酸、苏氨酸、色氨酸、亮氨酸、异亮氨酸、缬氨酸、精氨酸、组氨酸等必需氨基酸含量也明显高于玉米(表 9.2),白酒糟还富含氨基酸及菌体自溶产生的各种生物活性物质及未知生长因子。

表 9.1　白酒糟与玉米常规营养成分比较(干物质基础)　　　　　%

成　分	白酒糟	玉米	成　分	白酒糟	玉米
水分	7.0～10.0	10.0～19.0	粗纤维	16.8～21.2	1.5～3.5
粗淀粉	10.0～13.0	62.0～70.0	粗灰分	3.9～15.1	1.5～2.6
粗蛋白质	14.3～21.8	8.0～16.0	无氮浸出物	41.7～45.8	70.0～75.0
粗脂肪	4.2～6.9	2.7～5.3			

来源:孙吉,1991。

表 9.2　白酒糟与玉米必需氨基酸含量比较(干物质基础)　　　　mg/kg

成　分	白酒糟	玉米	成　分	白酒糟	玉米
赖氨酸	0.400	0.240	色氨酸	1.530	0.070
蛋氨酸	0.170	0.180	缬氨酸	0.636	0.380
胱氨酸	0.754	0.380	精氨酸	0.494	0.390
亮氨酸	1.252	0.745	苯丙氨酸	0.705	0.330
异亮氨酸	0.588	0.250	组氨酸	0.328	0.210
苏氨酸	0.441	0.300			

来源:高路,2004。

不同地区的白酒糟同一营养成分略有差异(表 9.3),其主要原因是受酿酒原料的品种、填充辅料的种类与质量、发酵工艺、生产季节等方面的影响。白酒糟风干物质基础上的粗纤维含量高于 18%,属于粗饲料,但其中的粗蛋白质、粗脂肪含量高,因此白酒糟既可作为粗饲料使用,又可以节约部分精料。此外,白酒糟中含有特有的芳香味和乙醇,但几乎不含胡萝卜素和维生素 D,钙质也缺乏,因此必须与优质饲料混合饲喂。

9.1.1.2 白酒糟的有毒成分及毒性

1. 乙醇

新鲜酒糟中含量较多,主要作用于中枢神经系统,使大脑皮层兴奋性增强,进而又作用于皮层下中枢及小脑,最后使血管运动中枢和呼吸中枢受到抑制,家畜表现为步态蹒跚、共济失调、呼吸浅表、虚脱,严重者因呼吸中枢麻痹而死亡。慢性乙醇中毒时,除引起肝及胃肠道损害外,还可引起心肌病变、造血功能障碍和多发性神经炎等。

表 9.3　不同来源白酒糟营养成分含量(干物质基础)　　　　　　　%

酒糟来源	山东	北京	内蒙古	河南
干物质	91.7	92.3	91.8	92.9
粗蛋白质	23.5	18.7	17.8	16.4
粗纤维	25.6	24.4	22.1	18.4
粗脂肪	10.5	10.2	9.1	5.5
粗灰分	10.1	10.5	9.7	14.2

来源:梁峰,1999。

2. 甲醇

在体内氧化分解、排泄缓慢,有一定的蓄积作用。对神经系统具有麻醉作用,尤其对视神经和视网膜有特殊的选择作用,易引起视神经萎缩,严重者可导致失明。

3. 杂醇类

主要是除甲醇和乙醇以外的高级醇类的混合物,以戊醇、异丁醇、丙醇为主,由制酒原料中的糖类、蛋白质、氨基酸分解形成的,有麻醉作用,并随碳原子数目的增多而毒性增强。

4. 醛类

主要是甲醛、乙醛、丁醛、糠醛等,毒性比相应的醇强。

5. 酸类

主要是乙酸,还有丙酸、丁酸、乳酸、酒石酸、苹果酸等多种有机酸,一般不具有毒性。适量的乙酸对胃肠道有一定的兴奋作用,可促进食欲和消化。但大量地长时间地刺激胃肠道黏膜,会引起炎症。而且,大量有机酸降低了胃肠道的 pH 值,使消化机能减弱。对于反刍动物,可使其瘤胃微生物菌群发生变化,从而使瘤胃的消化机能紊乱。长期饲喂时,引起消化道酸度过大,促进钙的排泄,当补钙不足或缺钙时,会导致骨骼营养不良。

酒糟中的有毒成分还受酿造原料品质的直接影响,比如用发芽马铃薯制酒后的酒糟中含有茄碱,霉败原料酿酒的酒糟中会含有多种霉菌毒素。通常饲喂新鲜酒糟时,可能会引起以乙醇中毒为主的毒性反应,饲喂贮放过久和发酵酸败的酒糟时,易出现以乙酸中毒为主的毒性反应。

9.1.1.3　白酒糟饲喂动物的注意事项

1. 对鲜糟要脱除酒精

鲜酒糟喂前应先使酒精挥发掉,可以高温处理,也可以晾晒;如果酸味过大,每 50 kg 酒糟可拌入 50～100 g 石灰粉末,中和酸味。尽量鲜喂,防止发酵和霉变,力争在短时间内喂完,暂时用不完,应隔绝空气保存,也可以青贮或烘干、晒干,贮存备用。

2. 控制喂量

由于鲜糟中含有醇类、醛类及酸类等有害物质,饲喂鲜糟要控制喂量,一般不超过饲粮的20%～30%。避免长期单一饲喂,必须搭配一定量的玉米、糠麸、饼粕类等精饲料,并补充适量的骨粉、微量元素、含钙质的矿物质饲料和青绿饲料。用酒糟育肥肉牛较为经济，一般每日每头可喂 20～25 kg，大型成年牛每日每头可喂 30～40 kg。

3. 不宜饲喂种畜

酒糟中含有酒精、甲醇等不适于饲喂妊娠、哺乳母畜和种公畜。生产中发现用酒糟饲喂妊娠母畜会引起流产、产弱胎或死胎，饲喂哺乳母猪导致奶质下降，引起仔猪下痢。种公畜配种前，喂酒糟易使精子畸形，降低受精率。

9.1.2 啤酒糟类蛋白饲料资源及加工产品

随着我国啤酒产量的连年增加，废糟也相应增加。据统计，我国啤酒年产量达 5 100 多万 t，按照生产 4 t 啤酒产生 1 t 啤酒糟计算，我国啤酒糟产量已突破 1 000 万 t。啤酒酿制过程中的副产品主要是啤酒糟和酵母泥、麦根等，也有废硅藻土污泥和少量废蛋白沉淀物，另外还有废 CO_2 气体等。啤酒糟的主要成分是麦芽壳，其粗蛋白质含量在 25％左右，粗纤维含量在 17％以上。啤酒糟是啤酒生产中最主要的副产品，占废弃物总量的 80％以上。

9.1.2.1 啤酒糟的主要营养成分

啤酒糟中的主要成分是蛋白质和纤维。干啤酒糟含蛋白质 24％～28％，粗脂肪、粗纤维含量也很高，可溶性无氮物质约占 40％以上，饲养动物时干啤酒糟可代替 1/3 的精料。鲜啤酒糟含水分 75％以上，鲜啤酒糟每日每头牛可喂 10～15 kg，既可代替一部分青贮饲料，又可代替少量精饲料。干、湿啤酒糟的组成成分见表 9.4、表 9.5。

表 9.4 啤酒糟的营养成分（干物质基础） ％

成分	蛋白质	脂肪	糖	灰分
含量	24～28	8～11	1～3	3～5

来源：岸聪太郎，1998。

表 9.5 湿啤酒糟的营养成分 ％

成分	水分	粗蛋白质	可消化蛋白	脂肪	可溶解非氮物	粗纤维	灰分
含量	75.0～80.0	5.0	3.5	2.0	10.0	5.0	1.0

来源：李睿，1998。

9.1.2.2 啤酒糟在饲料业中的应用

1. 直接用做传统饲料

据统计，每投 100 kg 原料，产湿麦糟 120～130 kg（含水分 75％～80％），以干物质计为 25～33 kg。麦糟含粗蛋白质约 5％，粗脂肪 2％，粗纤维 5％，营养价值较高，可作为传统饲料直接饲喂。

2. 啤酒糟干粉饲料

啤酒糟干粉又称啤酒糟粕，是将啤酒糟经脱水、干燥、粉碎后所得的产品。其蛋白质含量高达 22％～29％,有丰富的氨基酸和残糖,是饲料工业理想的蛋白质资源。表 9.6 所示为啤酒糟干粉与其他常用饲料工业原料的养分比较。从表中可见,啤酒糟干粉作为一种饲料原料其综合营养价值在小麦麸、米糠饼之上。作为一种蛋白质含量较高的原料,啤酒糟在现今饲料原料的市场上,有着相当的经济价值。

表 9.6　啤酒糟干粉与其他常用饲料工业原料的养分比较　　　　　　　　　　　%

成分	水分	粗蛋白质	粗纤维	粗脂肪	灰分	无氮浸出物
啤酒糟	8	25.2	16.1	6.9	3.8	40.0
玉米	11.6	8.6	2.0	3.5	1.4	72.9
小麦麸	11.4	14.4	9.2	3.7	5.1	56.0
豆饼	9.4	43.0	5.7	5.4	5.9	30.6
米糠饼	9.3	15.2	8.9	7.3	10.0	49.3
大麦	11.2	10.8	4.7	2.0	3.2	68.1

来源:郭雪霞,2007。

3. 生产粗酶制剂

酶制剂是继单细胞蛋白饲料、活性饲料酵母之后的又一种微生物制剂。啤酒糟是培养微生物的优质原料,以选择获得的高产蛋白菌株和里氏木霉为菌种,啤酒糟为主要原料,通过添加适当辅料为培养基,采用三级培养固体浅层发酵生产的酶制剂,经固态发酵后基质中蛋白质含量达 41.8％(干物质基础)、纤维素酶活性达 12 483 U/g。利用啤酒糟为原料,改进固体发酵,可生产低成本饲用酶制剂。

4. 生产啤酒糟菌体蛋白饲料

菌体蛋白饲料是利用微生物技术,用原料中的碳水化合物和无机氮转化成的高蛋白微生物饲料,在蛋白质增加的同时,还会产生如酶、维生素、氨基酸、协同因子等活性成分,提高了在动物上的饲喂效果。啤酒糟菌体蛋白饲料包括啤酒糟单细胞蛋白饲料(SCP)、啤酒糟发酵饲料、啤酒糟饲料酵母和用啤酒糟生产的多维多酶高蛋白饲料等,其共同特点是蛋白质含量大大提高,可达 30％～60％,富含生物活性物质,粗纤维含量降低,消化利用率大幅度提高。生产中,啤酒糟菌体蛋白饲料可全部或部分代替日粮饼粕和鱼粉,是理想的优质蛋白质饲料。

目前国内用于生产菌体蛋白饲料的微生物主要有:根霉菌、曲霉菌、酵母菌、乳酸杆菌、枯草杆菌等。工艺有液体深层发酵、固态发酵和多菌种混合发酵。生产菌体蛋白饲料,极大地增加了啤酒糟的利用附加值,是啤酒糟资源开发的必然趋势。

9.1.2.3　啤酒工业其他蛋白饲料资源

1. 啤酒酵母粉

啤酒发酵过程中产生的废弃酵母,以啤酒酵母细胞为主要组分,经干燥获得的产品。啤酒酵母也可以提取核苷酸,以进一步开发利用。

2. 啤酒酵母泥

啤酒发酵中产生的泥浆状废弃酵母,以啤酒酵母细胞为主且含有少量啤酒。

3. 麦根

啤酒工业中大麦经 7 d 发芽后的烘干剩余物,粗蛋白质可达到 40%以上。

9.1.3 酒精糟类蛋白饲料资源及加工产品

我国酒精工业 20 世纪 70 年代以前,主要原料是糖蜜和薯干等农副产品。80 年代后,由于玉米品种和种植技术的改良,我国玉米产量连年增产,加上用玉米可以生产优质酒精,使得以玉米为原料生产乙醇的酒精厂迅速增加。90 年代初期引进了国外先进的 DDGS 加工工艺和成套设备。近年来,玉米乙醇联产 DDGS 是国家政策支持的产业发展方向,玉米为原料生产的乙醇已经占到全国乙醇总产量的 40%以上。伴随着近年来我国燃料乙醇工业的快速发展,干玉米酒精糟饲料产量在迅速增加。2003 年,我国生产了蛋白质含量超过 27%的干玉米酒精糟饲料达 200 万 t,其中燃料乙醇企业生产的干玉米酒精糟为 60 万 t,占 33%,2004 年占到了 38%,2005 年则达到了 45%。由于新型燃料乙醇工厂采用现代化的发酵、差压低能耗精馏、低温干燥、高品质控制等技术措施已越来越普遍,我国生产干玉米酒精糟饲料的品质正在稳步提高。

我国从 2008 年开始从美国进口干玉米酒精糟,此后从美国进口 DDGS 的数量大幅增加。2009 年全年进口量为 64 万 t,2010 年进口量就达到了 316 万 t,一年间进口量激增 5 倍。据预测,我国每年对 DDGS 的需求量可达到 1 500 万 t 以上,而国产 DDGS 年供应量仅有 150 万 t 左右。中国 DDGS 市场潜力巨大。

9.1.3.1 酒精糟的分类

以含有淀粉的谷物如玉米、高粱、稻谷和小麦等为原料经特定酵母菌和酶发酵制取酒精(乙醇)时所得液态剩余物,即液态酒精糟,含有大量的水分。液态酒精糟部分或全部经过滤、离心或蒸发浓缩脱水,然后再经烘干即制得干酒精糟,英文为 distiller's dried grains(简称 DDG)。如将全部液态酒精糟经适当蒸发浓缩除去大部分水分,然后烘干干燥制得含可溶物的干酒精糟(又名酒精糟及其残液干燥物),英文为 distiller's dried grains with solubles(简称 DDGS)。实际上,DDG 和 DDGS 两者的主要区别在于是否含有液态酒精糟中的全部可溶物。这两种干酒精糟都是在动物日粮中使用越来越普遍的饲料原料。事实上,DDGS 作为谷物发酵生产酒精的一种副产品,是将酒糟醪液经固液分离后的滤渣(distillers grains,DG)与蒸发浓缩后的过滤浆液(condensed distillers solubles,CDS)混合干燥而制成。

干玉米酒精糟是最主要的一种干酒精糟饲料,它具有良好的饲用价值。用玉米作原料经发酵制取酒精时,玉米中的淀粉被转化成乙醇和二氧化碳,玉米籽粒中的蛋白质、脂肪、纤维素等其他成分就留在了酒精糟中。与玉米相比,酒精糟中还增加了发酵微生物菌体及发酵产物成分,如某些 B 族维生素和未知促生长因子等。在我国,除了以玉米等谷物为原料生产酒精外,还有用土豆、木薯、红薯和甜高粱秸秆等许多含淀粉或含糖的农副产品生产酒精的企业,这些原料在生产酒精过程中经过糖化、发酵、蒸馏除乙醇后,残余物再经干燥处理也可制得干酒精糟饲料,但比起玉米干酒精糟来,营养价值有很大区别,目前除了干玉米酒精糟饲料外,对其他种类的干酒精糟饲料研究还较少。我国《饲料原料目录》中的分类详见表 9.7。

表 9.7 酒精糟类蛋白饲料资源分类及特征

分类	特征
干酒精糟(DDG)	

1.大麦
  2.大米
  3.玉米
  4.高粱
  5.小麦
  6.黑麦
  7.谷物
  8.薯类
	谷物籽实经酵母发酵、蒸馏除去乙醇后,对剩余的釜溜物过滤得到的滤渣进行浓缩、干燥制成的产品。产品名称应标明具体的谷物来源。根据谷物种类不同,可分为大麦干酒精糟、大米干酒精糟、玉米干酒精糟、高粱干酒精糟、小麦干酒精糟、黑麦干酒精糟。以两种及两种以上谷物籽实得到的产品为谷物干酒精糟。以薯类得到的产品为薯类干酒精糟

湿酒精糟(DWG)	

1.大麦
  2.大米
  3.玉米
  4.高粱
  5.小麦
  6.黑麦
  7.谷物
	谷物籽实经酵母发酵、蒸馏除去乙醇后,剩余的釜溜物过滤后得到的滤渣。产品名称应标明具体的谷物来源。根据谷物种类不同,可分为大麦湿酒精糟、大米湿酒精糟、玉米湿酒精糟、高粱湿酒精糟、小麦湿酒精糟、黑麦湿酒精糟。以两种及两种以上谷物籽实得到的产品为谷物湿酒精糟。以薯类得到的产品为薯类湿酒精糟

湿酒精糟可溶物(DWS)	

1.大麦
  2.大米
  3.玉米
  4.高粱
  5.小麦
  6.黑麦
  7.谷物
  8.薯类
	谷物籽实进行酵母发酵、蒸馏除去乙醇后,对剩余的釜溜物经过滤后得到的滤液。产品名称应标明具体的谷物来源。根据谷物种类不同,可分为大麦湿酒精糟可溶物、大米湿酒精糟可溶物、玉米湿酒精糟可溶物、高粱酒精糟湿可溶物、小麦湿酒精糟可溶物、黑麦湿酒精糟可溶物。以两种及两种以上谷物籽实得到的产品为谷物湿酒精糟可溶物

干酒精糟可溶物(DDS)	

1.大麦
  2.大米
  3.玉米
  4.高粱
  5.小麦
  6.黑麦
  7.谷物
  8.薯类
	谷物籽实进行酵母发酵、蒸馏除去乙醇后,对剩余的釜溜物过滤得到的滤液进行浓缩、干燥制成的产品。产品名称应标明具体的谷物来源。根据谷物种类不同,可分为大麦干酒精糟可溶物、大米干酒精糟可溶物、玉米干酒精糟可溶物、高粱干酒精糟可溶物、小麦干酒精糟可溶物、黑麦干酒精糟可溶物。以两种及两种以上谷物籽实得到的产品为谷物干酒精糟可溶物

干黄酒糟	黄酒生产过程中,原料发酵后过滤得到的滤渣经干燥获得的产品
干啤酒糟	以大麦为原料生产啤酒过程中,麦芽经糖化工艺后过滤获得的残渣,再经干燥得到的产品

续表9.7

分类	特征
含可溶物的干酒精糟（DDGS）	
1. 大麦 2. 大米 3. 玉米 4. 高粱 5. 小麦 6. 黑麦 7. 谷物	谷物籽实进行酵母发酵、通过蒸馏脱去乙醇后，对剩余的釜溜物（酒糟全液，至少含 3/4 固体成分）用谷物蒸馏业使用的方法进行浓缩和干燥后制成的产品。产品名称应标明具体的谷物来源。可分为含可溶物的大麦干酒精糟、含可溶物的大米干酒精糟、含可溶物的干玉米酒精糟、含可溶物的干高粱酒精糟、含可溶物的干小麦酒精糟、含可溶物的干黑麦酒精糟。以两种及两种以上谷物籽实得到的产品为含可溶物的干谷物酒精糟

9.1.3.2　玉米酒精加工副产品生产工艺

在各种谷物发酵生产酒精的副产品中，以玉米 DDGS 为主。玉米 DDGS，又称玉米干酒精糟，是在玉米发酵的过程中，将淀粉转化成乙醇和二氧化碳后，剩下的发酵残留物经过蒸馏和低温干燥形成的产品。在玉米发酵产生酒精的过程中，占玉米质量 2/3 的淀粉被转化成乙醇，因此，玉米中的其他营养成分被富集。

1. 生产工艺

玉米发酵制取酒精的方法不同，所产 DDGS 质量也有差别。玉米发酵制取酒精，按原料处理工艺不同主要有 3 种方式，包括全粒法、湿法和干法。

（1）全粒法

玉米不经处理，直接经去铁、除杂、粉碎后投料生产，称之为全粒法玉米制乙醇工艺，其副产品为 DDG、DDS 和 DDGS。图 9.1 为全粒法生产玉米酒精示意图。

（2）湿法

玉米先经浸泡，与玉米生产淀粉生产工艺类似。先破碎去皮，分离出胚芽、蛋白质获得粗淀粉浆，再生产乙醇。产物有玉米油、玉米蛋白粉、玉米皮、DDG、DDS 和 DDGS。图 9.2 是湿法生产玉米酒精示意图。一般大型企业使用该种工艺。

（3）干法

预先湿润玉米，不用大量温水浸泡，然后破碎筛分，除去部分玉米皮和玉米胚，获得低脂肪的玉米淀粉，生产乙醇。获得的副产品是玉米油、玉米胚芽饼、玉米纤维饲料以及 DDG、DDS 和 DDGS。图 9.3 是干法生产玉米酒精示意图。

玉米酒精糟不同产品的化学成分见表 9.8。优质玉米 DDGS 外观见彩图。

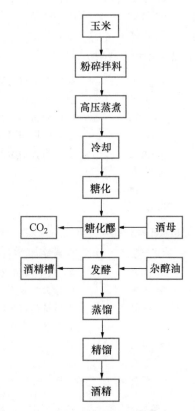

图 9.1　全粒法生产玉米酒精示意图
（甘在红，邵彩梅，2006）

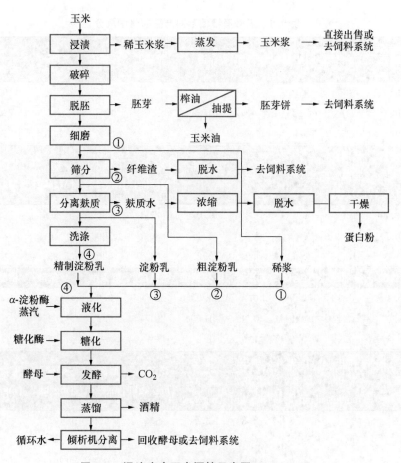

图 9.2 湿法生产玉米酒精示意图(陈璇,2009)

①分离胚芽 ②分离胚芽、部分种皮

③分离胚芽、种皮 ④分离胚芽、种皮

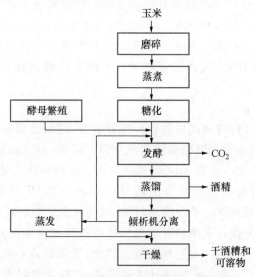

图 9.3 干法生产玉米酒精示意图

(陈璇,2009)

表 9.8　玉米酒精糟不同产品的化学成分　　　　　%

种类	干物质	粗蛋白质	粗脂肪	粗纤维	钙	总磷	有效磷	灰分	可消化蛋白质	可消化总养分
DDG	94	27	9	13	0.09	0.41	0.17	2.2	19.3	79
DDGS	93	27	12	8	0.35	0.95	0.4	4.5	21.1	82
DDS	92	27	15	4	0.35	1.3	1.2	8.2	22.8	78

种类	家禽代谢能/(MJ/kg)	猪消化能/(MJ/kg)	钾	钠	氯	锰/(Mg/kg)	铁/(Mg/kg)	铜/(Mg/kg)	锌/(Mg/kg)	硒/(Mg/kg)
DDG	8.40	13.4	0.16	0.47	0.07	23	300	30	55	0.35
DDGS	10.8	14.9	1	0.8	0.17	30	300	50	85	0.38
DDS	11.8	13.8	1.47	0.3	0.25	74	600	83	85	0.33

种类	蛋氨酸	胱氨酸	赖氨酸	苏氨酸	异亮氨酸	亮氨酸	组氨酸	缬氨酸	精氨酸	苯丙氨酸
DDG	0.45	0.32	0.9	0.3	0.93	2.6	0.6	1.28	1.0	0.6
DDGS	0.6	0.4	0.9	0.95	1.0	2.7	0.6	1.33	1.0	1.2
DDS	0.6	0.9	0.9	1.0	1.2	2.1	—	1.6	1.0	1.5

种类	胡萝卜素/(mg/kg)	维生素E/(mg/kg)	维生素B$_1$/(mg/kg)	维生素B$_2$/(mg/kg)	维生素A/(mg/kg)	泛酸/(mg/kg)	胆碱/(mg/kg)	烟酸/(mg/kg)	生物素/(mg/kg)	叶酸/(mg/kg)
DDG	2	30.5	1.6	2.8	3.1	5.9	1 850	42.2	400	—
DDGS	4	40	3.5	9.0	6.2	11.4	3 400	79.9	300	880
DDS	—	55.8	5.9	11.4	1.2	21.8	4 818	120	1 100	1 100

优质玉米 DDGS 外观见彩图 30。

原料处理工艺对形成的 DDGS 品质有显著影响。用全粒法生产乙醇获得的 DDGS 优于用湿法和干法生产乙醇而获得的 DDGS。因为它将玉米中所有的脂肪、蛋白质、微量元素及残留的糖分归入了液态酒精糟。出于企业盈利的目的,全粒法生产酒精的综合效益较差,选择湿法生产能够获得更高的综合效益,但投资很大。干法生产投资相对较低,但综合效益不及湿法。

2. 酒精糟的脱水与干燥

液态玉米酒精糟液须经固液分离以脱除大部分水分,过滤是最常用的脱水方式。常用的过滤设备为压滤机,它能实现液态酒精糟的固液分离。但是,由于压滤机过滤效率较低,能耗较高,使得采用压滤脱水工艺生产的 DDGS 成本偏高。目前一些大型酒精发酵企业多采用技术先进的卧式螺旋沉降离心机进行液态酒精糟的固液分离,从固液分离设备得到含水分65%～70%的滤饼。卧式螺旋离心机主要由转鼓、螺旋和差速器组成,转鼓由主电机拖动。螺旋由副电机通过差速器来拖动。主电机和副电机都通过变频器采用共母线的方式来控制,不仅能实现能量共享,而且能够有效、及时地调整差转速,来保证离心机稳定的分离效果。高速旋转的转鼓内装有输料螺旋,其旋转方向与转鼓相同,但两者之间由差速器产生一定的速度差,悬浮液从进料管进入机内,在离心力的作用下,悬浮液固相被沉降在转鼓内壁,由输料螺旋推送到转鼓小端,从沉渣口排出,澄清后液相从转鼓大端溢流口流出。

进料:物料通过进料管送入螺旋输送器的分配室,在此物料被平稳地加速,通过螺旋输送器的出口进入转鼓。

转鼓在锥、柱转鼓中进行物料的分离,转鼓根据分离要求以设定的转速旋转,混合液在转鼓的带动下旋转,沿着转鼓壳体形成一个同心液层,混合液中密度较大的固体在离心力的作用下沉积在转鼓内壁上。

螺旋输送器:螺旋输送器与转鼓同向不同步旋转,分离出来的固体沿轴向推向锥段,锥段有一定锥角,最新的是三锥角,固体在锥段停留的时间可通过改变差转速来实现,而时间的长短是决定固体含湿量的一个重要因数,沉积在转鼓内壁的固体被螺旋输送器推到转鼓固相出渣口排出。

溢流板:液体澄清后流向转鼓的圆柱端,经可调溢流板流出,溢流板决定了液层深度,液层深度越大,液相澄清越高,澄清的液体借助重力排出,根据物料分离要求,可选择合适的溢流板。

图9.4是卧式螺旋离心机结构示意图。

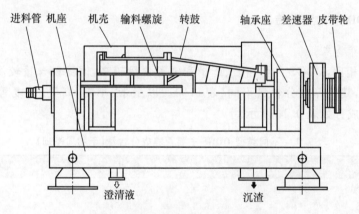

进料管　机座　机壳　输料螺旋　转鼓　　　　轴承座　差速器　皮带轮

⇧澄清液　　　　　　　⬇沉渣

图 9.4　卧式螺旋离心机结构示意图

滤饼再用螺旋输送机输送到干燥设备,滤液泵至蒸发站进行进一步浓缩蒸发处理。目前DDGS 干燥设备多选用管束式干燥机,是一种间接加热接触式干燥机,它利用热传导和热辐射原理,将水蒸气通过换热管壁把热量传向另一侧的被干燥的物料,通过管子上铲子搅拌和推动,使物料由进料端向出料端移动,经出料口排出;汽化后的水分由风机或自然排出,从而完成干燥过程。既可顺流干燥也可逆流干燥,是目前大部分国家使用最广泛、最节能的干燥机之一。其主要特点是经济实用,在各种干燥设备中,功力消耗最低,热耗低,每蒸发 1 kg 水仅需要1.5～2 kg 水蒸气。图 9.5 是其结构示意图。

固液分离产生的滤液中含有可溶性蛋白质等种类丰富的营养物质。据分析,滤液中通常含有 1.5%～2.5%的可溶性固形物及微量不溶的固形物。滤液从含干物质 2%左右经多效蒸发设备蒸发浓缩至含固形物 45%的浆状酒精糟,需要消耗很多能量,是形成 DDGS 成本的主要环节。滤饼和浆状酒精糟混合后,一般采用滚筒式热风干燥机或转盘式干燥机干燥至含水12%以下,即制得干玉米酒精糟饲料。干燥过程影响 DDGS 最终的品质。烘干的温度过高、时间过长都会导致 DDGS 发生美拉德反应,使 DDGS 颜色变为深褐色,有焦煳的气味,大大降

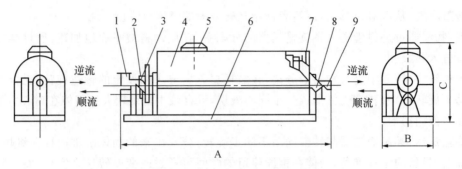

图 9.5　管束式干燥机结构示意图

1. 进料口　2. 传动装置　3. 蒸气接口　4. 外壳体　5. 抽气口　6. 底架
7. 管束内件　8. 出料口　9. 出料蒸气接口

低 DDGS 中有效赖氨酸的含量。通常理想的 DDGS 的质量应控制在:中性洗涤纤维(NDF)≤
35%,颜色最好为浅亮黄色,不含黑色小颗粒,应有酒精发酵特有的气味,粗蛋白质>28%,粗
纤维<8%,粗脂肪为 6%~12%。

9.1.3.3　DDGS 的营养特性

1. DDGS 营养特点

与其他饲料相比,DDGS 的蛋白质、能量和磷等含量较高,但淀粉含量较低。不同类型谷
物生产的 DDGS,其营养成分含量不同(表 9.9)。以玉米、小麦、高粱、大麦等为原料生产的
DDGS 主要营养成分如表 9.10 所示。

表 9.9　不同类型 DDGS 主要营养成分含量(干物质基础)　　　　　　　%

DDGS 类型	DM	CP	EE	NDF	Ash
红小麦 DDGS	92.0	43.9	3.5	31.7	5.9
白小麦 DDGS	94.3	36.5	3.6	27.5	5.4
高粱 DDGS	91.4	31.4	11.8	51.1	1.8
玉米 DDGS	88.4	33.2	9.7	31.4	4.2

来源:申军士,2008。

表 9.10　不同来源 DDGS 营养成分比较(干物质基础)　　　　　　　%

营养成分	玉米 DDGS	小麦 DDGS	高粱 DDGS	大麦 DDGS
干物质	90.20	92.48	90.31	87.50
粗蛋白质	29.70	38.48	30.30	28.70
中性洗涤纤维	38.80	—	—	56.30
酸性洗涤纤维	19.70	17.10	—	29.20
灰分	5.20	5.45	5.30	—
粗脂肪	10.00	8.27	12.50	—
总可消化养分	79.48	69.63	82.80	—
钙	0.22	0.15	0.10	0.20
磷	0.83	1.04	0.84	0.80

来源:王晶,2009。

2. DDGS营养成分

①能量。玉米DDGS的能值较高,总能高达22.71 MJ/kg(干物质基础),高于玉米的18.79 MJ/kg。但在生长猪上的研究结果发现,玉米DDGS中能量的肠道表观消化率显著低于玉米,所以玉米DDGS的消化能和代谢能与玉米相当。由于玉米DDGS来源和加工条件不同,已有报道的玉米DDGS能值也略有不同,其中消化能为13.5～15.5 MJ/kg,代谢能为10.9～14.2 MJ/kg。

②蛋白质和氨基酸。玉米DDGS是优质蛋白质饲料原料,其氨基酸含量及可消化氨基酸含量都比较高,粗蛋白质在28%左右。由于蛋白质来源于玉米,对猪、家禽等单胃动物而言,赖氨酸仍然是DDGS限制性氨基酸。DDGS是反刍动物优质的过瘤胃蛋白来源,在瘤胃未降解率可以达到46.5%,而最常用的蛋白质饲料原料豆粕仅为26.5%。

玉米DDGS中必需氨基酸的绝对含量也高于玉米,但其真消化率与玉米中必需氨基酸的真消化率相当或略低于玉米。研究结果发现,随着玉米DDGS添加量的逐渐增加,粪中氮的含量有提高的趋势。玉米DDGS的颜色是判断其质量高低的重要因素,且颜色与氨基酸的消化率密切相关,特别是赖氨酸的消化率,颜色越深,消化率越低。氨基酸消化率降低的原因可能是玉米DDGS在加工过程中温度过高,发生美拉德反应。

③有效磷。玉米DDGS中的磷含量很高,可达0.7%～0.9%,且有效磷较多,消化率较高,而玉米中磷含量只有0.28%(NRC,1998),且植酸磷较多,消化率低。玉米DDGS中磷消化率明显提高的原因可能是由于在玉米发酵过程中,植酸磷的结构遭到破坏,释放出磷,从而提高了磷的消化率。研究结果发现,随着玉米DDGS添加量的增加,磷在体内的沉积逐渐增多,粪中磷的含量逐渐降低。因此,在饲料配制的过程中,添加一定量的玉米DDGS可以减少无机磷的添加量,降低粪中磷的含量,减少环境污染,节约饲料成本。

④粗脂肪。玉米DDGS中粗脂肪的含量较高(8%以上),并且其中大部分为不饱和脂肪酸(86.7%),特别是亚油酸(59%),而饱和脂肪酸的含量仅有13.7%。较高的脂肪含量使得DDGS的能值提高,但也对DDGS的保存产生了不利的影响。同时,在生长育肥猪饲料中添加玉米DDGS后,其中的不饱和脂肪酸在脂肪组织中大量沉积,导致脂肪变软,饱和脂肪酸和不饱和脂肪酸之间的比例下降,脂肪碘值显著升高。

⑤其他。玉米DDGS中粗纤维和霉菌毒素的含量也较高,如果添加量过高,会影响饲料的适口性,降低营养物质的消化率,从而对动物生产性能造成负面影响。同时,由于玉米的来源和质量不同、加工工艺的区别、发酵模式的不同及DDG和DDS之间的比例不同等,造成玉米DDGS的质量参差不齐,所含的营养物质变异程度较大。有报道称,即使是在同一个工厂,不同批次的产品之间营养成分也会有很大的差异。所以,在使用玉米DDGS前,有必要对其中的营养物质含量进行测定。

⑥玉米DDGS含有大量水溶性维生素和脂溶性维生素E以及在发酵过程中形成的未知生长因子。DDGS中的酵母细胞不仅含有丰富的维生素B_1、核黄素和微量元素,而且还含甘露寡糖、β-1,3/1,6-葡聚糖、肌醇、谷氨酰胺和核酸等生物活性物质,这些活性物质可能会对动物机体免疫功能和健康产生有益的影响。

⑦玉米DDGS中钠的含量通常约为0.1%,但有些样品中(尤其是颜色较深者)含量可达0.25%～0.58%。钠含量过高,将影响日粮电解质平衡。玉米DDGS中硫含量较高

(0.45%～1.10%)，因为发酵过程中加入硫磺酸调节 pH 值。若高剂量添加 DDGS 时，会影响 Ca 和微量元素的吸收而影响蛋壳的质量；也会导致排泄物中 H_2S 含量增高，影响禽舍环境。

需要注意加热过度的 DDGS 中赖氨酸、有效赖氨酸、糖分及 NDF 明显降低，研究表明，NDF 与有效赖氨酸（赖氨酸）有很好的相关性，NDF 可作为饲料厂的日常检测控制 DDGS 热过度的指标。DDGS 在生产过程中变异比较大，最好能够用前进行主要成分检测，做到合理使用。

3. DDGS 营养成分含量变异较大的因素

①谷物类型。由表 9.10 可以看出，不同谷物类型的 DDGS 营养成分含量相差很大，红小麦 DDGS 中 CP 含量较高，但 EE 含量较低，高粱 DDGS 中 NDF 和 EE 较高，但灰分和 CP 相对较低。

②CDS 返回添加到 DG 中然后进行干燥的量。这二者混合的比例将决定 DDGS 的营养组分，CDS 越多，颜色会越深。DG 粗蛋白质、粗脂肪、蛋氨酸含量高，而 CDS 粗脂肪、蛋氨酸含量低，但其粗灰分、磷、赖氨酸等营养素含量高，最为重要的是发酵产生的未知因子以及糖化曲、酵母等营养成分以及玉米中可溶性营养物质都在 DDS 中。因此，CDS 返回添加到 DG 然后干燥制成 DDGS 的过程中，CDS 的添加量也必然影响 DDGS 的营养成分含量及变异系数。

③干燥方法。干燥温度与时间的不同会使某些营养成分具有较大的变异性，特别是蛋白质很容易受热损害。研究发现，不同来源的 DDGS 中，干燥程度较高的 DDGS 酸性洗涤不溶蛋白含量较高，酸性洗涤不溶蛋白含量的增加又使 NDF 和 ADF 的含量也相应增加，有报道称，ADF 反映了蛋白质热损害的程度，ADF 含量与 DDGS 养分消化率成反比，ADF 含量越高，DDGS 能量和蛋白质的消化率就越低。另外，不同的干燥程度也会使 Lys 的 ε-氨基可与还原糖的醛基发生不同的美拉德反应，从而使 Lys 含量具有较大的变异性。

9.1.3.4 酒精糟类蛋白饲料资源在动物中的应用

1. 用于反刍动物饲料

与其他饲料相比，DDGS 的蛋白质、能量和磷等含量较高，由于其纤维含量比较高，且具有明显的价格优势，所以主要用来饲喂反刍家畜，特别是奶牛和肉牛。国内外的研究表明：与豆粕相比，玉米 DDGS 是较好的过瘤胃蛋白质（RUP）饲料，且 RUP 中氨基酸的比例平衡较好，用 DDGS 替代玉米和豆粕，可改善瘤胃内环境和瘤胃发酵状况。DDGS 中粗纤维和脂肪含量较多，可以替代可溶性碳水化合物和淀粉，有助于维持瘤胃微生态平衡和稳定瘤胃 pH 值。DDGS 中含有较多过瘤胃蛋白质和非纤维碳水化合物，因此，高产奶牛日粮中使用 DDGS 可以减少日粮中降解蛋白质的量。此外，奶牛日粮中用 DDGS 替代部分豆饼能够提高饲料转化率和奶牛生产性能，并改善瘤胃发酵状况，加快瘤胃排空速度，有利于 DDGS 中的过瘤胃物质发挥作用。DDGS 中含有很高的中性洗涤纤维（NDF），其量可达 38%～40%，且木质素含量低，可以提高消化率，可用来部分替代奶牛和肉牛日粮中的粗料和精料，但由于 DDGS 颗粒较小，有效纤维含量较低，生产中多用于替代精料而不是粗料。

①DDGS用于肉牛饲料当中,其优越性表现在:增强瘤胃发酵功能,提供过瘤胃蛋白质,通过发酵转化部分纤维为能量,增加饲料适口性,食用安全,是磷和钾等矿物质的优质来源。相关肉牛生产试验表明,新鲜DDG、DDS和DDGS的增重净能分别为压片玉米的96%、102%和80%。由于新鲜或干燥DDGS中脂肪和有效纤维替代部分可溶性碳水化合物和淀粉有助于维持瘤胃微生态的平衡和稳定瘤胃pH,因此,新鲜或干燥DDGS能减少瘤胃酸中毒。鉴于DDGS在过瘤胃蛋白质、适口性和有效纤维的安全性方面具备的独特性,在代乳料中用量可以达20%,在哺乳料中用量达20%,在育肥肉牛的用量为总采食DM的40%,后备母牛的用量为总采食DM的25%。研究表明DDGS占日粮25%～30%时,肉牛可获得最大的增重,低于15%才能获得最佳的饲料转化效率。其他试验表明,在杂交肉牛的短期快速育肥日粮配方中加入适当比例的DDGS,既不影响其增重速度与效果,又可节省大量的能量饲料。玉米DDGS在日粮中可以代替50%左右的全日粮,应用玉米DDGS育肥肉牛,可减少精料消耗20%左右,降低成本30%左右。

②通常认为,DDGS在奶牛日粮中使用的比例可以达到10%而不影响产奶量和乳成分,但在日粮中的最高添加量多少还有待深入研究。Anderson等(2006)报道了在奶牛日粮中添加0、10%、20%的DDGS对奶牛生产性能的影响(基础日粮为50%精饲料,50%粗饲料,粗饲料中玉米青贮和苜蓿干草各为50%),结果发现日粮中添加20%的DDGS使产奶量明显提高(奶产量分别为39.8 kg/d、40.9 kg/d和42.5 kg/d),乳成分没有明显变化。Hippen(2003)采用玉米青贮为唯一粗饲料,将DDGS添加比例增加到40%(日粮添加比例分别为0、13%、27%、40%,日粮粗蛋白质16.5%～18.9%),奶产量以13%组最高,继续增加DDGS添加比例,产奶量开始下降(40.7 kg/d、41.7 kg/d、39.1 kg/d和36.3 kg/d),乳脂率以没有添加DDGS的对照组最高。

也有试验表明,当DDGS在奶牛日粮中的饲喂量不超过20%时,奶牛的生产性能基本不受影响。综合DDGS的营养特性及饲喂效果可知,DDGS对奶牛来说是一种适口性好的高蛋白质、高能量饲料,可替代部分豆粕和玉米作为补充料,既可降低成本又不影响生产性能。但DDGS受其原料和加工方法等因素的影响,营养成分含量具有很大的变异性,因此,在制定日粮配方时一定要事先分析DDGS的各营养成分含量,然后根据其营养成分含量合理搭配日粮,这样才能在实现降低生产成本的同时取得较好的经济效益。

在奶牛日粮中使用DDGS时,增加苜蓿的使用量可能会对产奶量有益。Grings(1993)在以苜蓿干草为主要粗饲料的日粮中添加0、10.1%、20.8%和31.6%的DDGS(日粮蛋白水平分别为13.9%、16.0%、18.1%和20.0%),结果发现,虽然干物质采食量没有增加,但产奶量和乳蛋白率随着DDGS添加比例的增加而提高。

③牛饲料中使用DDGS的注意事项:a.日粮的精粗料比例,要保证有足够的有效长纤维供应,否则会产生代谢紊乱而出现消化系统问题;b.注意日粮干物质中总脂肪的含量不宜超过7%。否则会影响奶牛瘤胃微生物的高效运作,不利于生产性能发挥;c.注意掌握日粮的几个平衡关系:包括降解蛋白和非降解蛋白的平衡、氨基酸的平衡、钙磷平衡、日粮精粗比的平衡等。也就是说,只有在使用上保持其营养的平衡性,在饲料搭配上做到科学合理,才能充分体现DDGS的优越性。

2. 用于猪饲料

DDGS的质量品质变化较大,金黄色DDGS较黑褐色DDGS更适合于猪只,因为前者的可消化赖氨酸含量相对后者要高得多。

①美国农业研究服务中心（ARS）从事猪气味和粪便管理研究的生理学家Tom Weber等研究了给仔猪饲喂DDGS的影响，发现给仔猪饲喂DDGS可以促进仔猪免疫系统发育。他们将断奶仔猪分为4组，给其饲喂标准对照日粮或添加DDGS、大豆皮或柑橘果肉的日粮。1周后，研究人员发现，在猪的小肠中细胞因子表达增加，推测这种增加与饲喂DDGS有关系，而细胞因子是适当的免疫功能所必需的化学信使。另有研究表明，日粮中加入20％DDGS对一定数量仔猪的生长性能有负面影响。

②国外进行了大量的试验，在18项以生长肥育猪日粮中添加玉米型DDGS为内容的试验中，10项试验未观察到试验组猪在屠宰率上的差异，而其他8项试验则观察到了试验猪的屠宰率下降。研究表明，在猪日粮中添加富含纤维的原料会降低屠宰率，因为高纤维日粮提高了肠道充盈度，同时加大了肠道容积。在给猪饲喂玉米性DDGS的15项试验中，14项试验报道了试验猪与对照组在背膘厚上没有差异。这14项试验的12项证实了添加玉米型DDGS不会影响腰肌面积。15项试验中有14项报告各组猪在瘦肉率上没有差异。试验猪饲喂添加了玉米型DDGS的饲料后，其腹部硬度比饲喂DDGS的猪下降。此观察结果与预示饲喂DDGS的猪腹部脂肪碘值会增加的数据相一致。脂肪碘值的变化最有可能的是由于玉米和高粱含有大量不饱和脂肪酸特别是$C_{18:2}$脂肪酸的结果。

③因为DDGS的脂肪水平含量高（10％～12％），而且大部分脂肪是由多聚不饱和脂肪酸构成。所以，在生长肥育猪饲料中加入的DDGS多于20％的水平会降低肉猪腹部的结实性，引起胴体脂肪变软。当DDGS的添加量超过2％可能降低肉猪胴体产量。

由于共轭亚油酸（CLA）能减少体内脂肪堆积，在脂质和葡萄糖代谢中起作用，试验表明，屠宰前10 d在含20％DDGS的猪日粮中添加CLA，可以将DDGS对猪肉品质的不利影响减少到最低。但在40％DDGS含量的猪日粮中添加CLA是不能完全消除其负面影响的。CLA的添加通过增加饱和脂肪酸和不饱和脂肪酸的比例，只可部分地改善猪肉品质；目前还没有在DDGS日粮中添加一定量的CLA可完全改善猪肉品质的研究报道。

④DDGS的不可溶性粗纤维含量高达7.2％，以及存在具有营养药物特性的化合物会降低由回肠炎引起的肠道损坏。另有试验表明，在生长肥育猪饲料中加入10％～20％的DDGS可减少回肠炎引起的肠障碍、出血性猪肠道综合征和粪便气味，还可能有助于抵抗猪肠道Lawsonia感染。猪饲料中DDGS加入水平增加到30％，可大大降低生长肥育猪的死亡率（1.6％），增强肠道系统的应激抵抗力，减少有害气体的排放，降低环境污染。

⑤据研究，在妊娠和泌乳母猪饲料中，根据前期的试验结果，分别添加50％和20％的DDGS，通过对两个繁殖周期的评定，饲喂含DDGS饲料的母猪在第2个繁殖周期每窝断奶仔猪数比对照组增加。在其他试验中，母猪饲喂含粗纤维高的饲料，对仔猪断奶窝重的改进有同样的效果。据目前的研究看来，当以可消化氨基酸为基础配制饲料且保证添加的DDGS无霉菌毒素污染时，如果以这些试验结果为基础，在妊娠母猪和泌乳母猪饲料中分别使用50％和20％的DDGS水平能够改善母猪的繁殖机能。

⑥综合DDGS在猪饲料中的应用可知，猪采食DDGS能预防猪肠道消化疾病并能抑制饲料自身的病原菌。玉米DDGS是猪不同生长阶段所需能量、蛋白质和其他主要养分的优质来源，其有效磷、粗纤维含量高，B族维生素和维生素E含量丰富；但赖氨酸、色氨酸、钙含量较低，需要补充。DDGS对猪的赖氨酸的消化系数为0.53，磷0.90；一般而言，DDGS用于饲喂

生长育肥猪效果较好,而对于仔猪应严格控制用量。使用 DDGS 时,应从低比例开始循序渐进,最后达到添加上限,这样可减少换料造成的采食量下降。一般日粮中推荐用量为保育仔猪 5%～25%、生长育肥猪 10%～20%、哺乳母猪 5%～20%、妊娠母猪和公猪 20%～50%。

另外值得注意的是,猪对饲料含有 DDGS 的适应性问题。在猪饲料中使用 DDGS,对饲用猪的头几天或几周的采食量有适应性的影响,特别是哺乳仔猪、怀孕和泌乳母猪有抑制采食反应。为了避免这种不良反应,饲喂含 DDGS 的饲料时,不要加入超过最大推荐量的 DDGS 水平。在适应期,可通过先用含 DDGS 低的饲料,然后过渡到合适添加量,或者用不含 DDGS 的饲料稀释。

关于测定猪粪便气味和气体组成的研究表明,在为期 10 周的试验期间,日粮中的 DDGS 不会影响猪粪硫化氢、氨或气味的检测浓度。在另一项给猪喂食添加了 DDGS 型日粮的研究中试验猪有较大的氮摄入量,但在整个试验中其氮的沉积量与对照组猪无显著差异。在排放气体造成的环境污染方面,受多种因素的影响,目前无统一的结论。

3. 用于家禽饲料

玉米 DDGS 中叶黄素含量高达 40 mg/kg,对动物产品有很好的着色效果。研究已证实,DDGS 中可利用类胡萝卜素含量较高,随日粮 DDGS 含量在一定范围内的增加,蛋黄颜色逐步加深。DDGS 中亚油酸含量为 2.3%(玉米为 2%),其参与脂肪的合成与代谢,能量供应充足时,有利于家禽体内的蛋白质代谢,从而增加蛋重,能量供应不足时,产蛋量下降。DDGS 中赖氨酸缺乏,但家禽第一限制性氨基酸是蛋氨酸,DDGS 是蛋氨酸的优质来源。DDGS 对蛋鸡适口性较好,含 DDGS 的日粮能量浓度降低,但采食量提高。通常认为 DDGS 的较适添加水平为:肉仔鸡 2.5%,肉大鸡 5%,产蛋鸡日粮以 15% 添加量为宜,种鸡 20%,青年母鸡 5%,鸭 5%,斗鸡 5%。

(1)鸡饲料中的应用

DDGS 被用做肉鸡日粮的一种饲料配料已有很多年的历史。最初 DDGS 主要以较低的水平加入日粮中(约 5%),有时会作为一种可对肉鸡生产参数产生积极影响的"不明生长因子"源加入日粮。在早期的肉鸡和火鸡的研究中,Day 等(1972)和 Couch 等(1957)发现日粮中加入低浓度的 DDGS 可以改善日增重。

高质量的 DDGS 能够以 15% 或 20% 的比例加入肉鸡日粮中而几乎不会对肉鸡的生产性能产生负面影响,但是可能会导致屠宰率和胸肌率出现一定的损失。试验表明,小麦型 DDGS 在肉鸡日粮中的添加水平可高达 15% 而不会对生产性能产生负面影响。

DDGS 中叶黄素含量高,叶黄素是蛋黄天然颜色的主要成分,饲用 DDGS 可改善鸡的皮肤和蛋黄的色泽。Roberson 等表明,使用含量高于 10% 的 DDGS 日粮,在 1 个月内可显著改善蛋黄颜色,而含量为 5% 组则在 2 个月后可观察到正面效果。高含量叶黄素是 DDGS 在蛋鸡生产中的优势之一。

试验表明,在产蛋的第一个阶段(26～43 周龄),玉米型 DDGS 添加水平对母鸡的产蛋率、每日产蛋重、采食量或饲料转化率无显著影响。在产蛋的第二个阶段(44～68 周龄),饲喂 0、5%、10% 和 15% 玉米型 DDGS 的日粮组蛋鸡,在产蛋参数上没有差异;饲喂 20% 玉米 DDGS 对母鸡的产蛋率和每日产蛋重量有不良的影响,然而在日粮中添加 NSP 水解酶则可消除这种不良影响。

当以黑麦为基础日粮时,DDGS 的添加水平高达 10% 时,产蛋性能未受到影响,但是当达到 15％和 20％时,降低产蛋期两个阶段的产蛋率和饲料转化率。含有 20％黑麦型 DDGS 的日粮再添加 NSP 水解酶及补充赖氨酸和蛋氨酸后,对蛋鸡的生产性能产生了积极的影响,但是生产性能仍低于对照组蛋鸡。当以玉米型和黑麦型为基础日粮时,DDGS 添加水平对鸡蛋的蛋白含量、哈氏单位、蛋壳厚度、蛋壳密度和蛋壳抗断强度,或水煮蛋的感官性质没有影响。当在日粮中添加玉米 DDGS 时,显著提高蛋黄颜色评分值。本研究结果证实,DDGS 是一种理想的产蛋鸡日粮配料。玉米型 DDGS 以 15％的浓度加入日粮时是安全的,不会对产蛋量和质量产生有害作用。黑麦型 DDGS 的日粮最高添加水平应低于 10％。

(2)鸭饲料中的应用

郭志强等研究了添加 2％、4％、6％、8％DDGS 对 12~30 日龄肉鸭生产性能的影响,试验结果表明,对照组肉鸭日增重为 99.5 g,料重比为 2.13;6％DDGS 组日增重为 98.84 g,料重比为 2.18;8％DDGS 组日增重仅为 95.76 g,料重比为 2.24。表明在肉鸭日粮中添加 6％DDGS 不会影响肉鸭的生产性能。与对照组相比,6％DDGS 组生产成本降低了 119 元/t,养殖经济效益明显提高。

(3)鹅饲料中的应用

有关 DDGS 在鹅上的试验研究也不多见,张乐乐等试验表明,鹅对玉米 DDGS 的养分有较高的利用率,说明玉米 DDGS 是养鹅生产中质量较好的饲料资源。在同品种的不同处理间,鹅对玉米 DDGS 的 TME 和 CP、EE、AA、NDF、ADF、CF、Ca、P 等常规养分利用率的差异均不显著。青农灰鹅对玉米 DDGS 的 TME 及 CP、EE、AA 利用率高于五龙鹅,而五龙鹅对玉米 DDGS 的 NDF、ADF、CF 的利用率高于青农灰鹅,这说明不同品种鹅对 DDGS 的养分利用率存在一定差异。

4. 用于水产饲料

鱼粉的价格居高,加上对动物源性饲料安全的担心,使得鱼类营养学家开始考虑使用更廉价的植物蛋白饲料来替代鱼粉。DDGS 含有较高的蛋白质,非植酸磷含量高,亚油酸、维生素等养分含量丰富,同时价格低廉,逐渐为营养学家所关注。Tidwell 等(1990)使用 0、10％、20％和 40％DDGS 代替一部分玉米和豆粕的鱼料饲喂鲶鱼,试验期 11 周。结果表明鲶鱼的个体重量、成活率和饵料系数差异均不显著。Cheng 等(2004)报道,对虹鳟而言,DDGS 的营养成分具有较高的表观消化率,但是限制性氨基酸含量的缺乏,限制了它的使用,为了获得更好的生产性能,必须添加合成赖氨酸和蛋氨酸。Wu 等(1994)选择初始体重为 30 g 的罗非鱼,饲喂粗蛋白质为 36％的 DDGS 饲料,与饲喂 CP 含量为 36％的鱼粉饲料相比,罗非鱼日增重差异不显著。DDGS 的 B 族维生素、维生素 E 和必需脂肪酸可有效补充水产饲料中此类维生素和必需脂肪酸的不足,对提高水产饲料利用效率,降低饵料系数有独特的作用。

由于养殖量也在逐步扩大,和畜禽生产一样,水生动物生产也在不断致力于增加环境调控。养鱼场排出的污水中最关心的是两种养分:氮和磷。和鱼粉相比,豆粕和 DDGS 中蛋白质含量相对较高,磷的利用率也较高。因此,使用 DDGS 和豆粕替代鱼饲料中的鱼粉可以减少日粮中总磷水平,提高利用效率,并降低养鱼场排放废水中磷的含量。

5. 玉米 DDGS 使用的限制

玉米 DDGS 营养成分含量变异较大,给使用者带来不便。通常情况下,酒精生产企业更重视通过控制原料品质提高乙醇的生产效率。不同厂家,甚至同一厂家不同生产批次的产品,其营养成分可能有所不同。玉米 DDGS 也会受原料玉米质量的影响。玉米在全国各地都有种植,因各地区土壤组成的差异和收获季节的不同,都会引起原料玉米组成的差异。不同厂家在生产乙醇时就地取材,会引起基础原料的差异。同时当发酵完成后,除淀粉外,其他营养成分高度浓缩,原料间的差异也因此加剧,最终导致终副产品 DDGS 在组成上的严重差异。

在相同工艺生产的玉米 DDGS 中存在颜色与有效赖氨酸含量间的强相关性。DDS 与 DDG 两者混合的比例也会决定 DDGS 的营养组成和颜色。当 DDS 在 DDGS 中比例多时,玉米 DDGS 的颜色就会变深,但其赖氨酸并不会降低。所以用 DDGS 颜色来判断 DDGS 中赖氨酸含量的高低并不是绝对的。因此在选择 DDGS 时,首先确定是否为加入 DDS 的 DDGS,然后再考虑颜色的深浅,再考虑脂肪和粗蛋白质含量。在实际工作中,最好要求蛋白加脂肪之和要大于 35%。

9.1.3.5　酒精糟类蛋白饲料资源霉菌毒素残留与营养缺陷

1. 霉菌毒素

酒精糟类蛋白饲料资源水分含量高,尤其是当原料谷物破损,霉菌更容易滋生,因此霉菌毒素含量会更高,可能存在多种霉菌毒素,由此极易引起畜禽霉菌毒素中毒,使畜禽免疫力低下、患病率升高、生产性能下降。

由于酒精生产过程中没有清除霉菌毒素,DDGS 中的霉菌毒素被浓缩,浓度变大,再加之在储藏过程中的霉菌污染,DDGS 中的霉菌毒素浓度会更高。日粮中两种霉菌毒素的最大允许量不超过 1 mg/kg。过多摄入大量霉菌毒素可引起中毒等现象,特别是对于母猪。因此,在母猪饲料中添加 DDGS 之前,要检测其霉菌毒素水平。不但要对乙醇生产用谷物的霉菌毒素水平进行检测,还要对饲用的 DDGS 进行霉菌毒素水平分析和鉴别。

2. 不饱和脂肪酸

DDGS 中不饱和脂肪酸的比例高,容易发生氧化,能值下降,对动物健康不利,影响生产性能和产品质量如胴体品质、牛奶质量,所以要使用抗氧化剂。DDGS 中含有较高的玉米油,脂肪含量也较高,但多是不饱和脂肪酸,易发生氧化酸败,使有效能值降低,对动物健康不利,也影响贮存时间。

3. 纤维及非淀粉多糖(NSP)含量

酒精糟类蛋白饲料资源纤维及非淀粉多糖(NSP)含量限制了其在单胃动物中的大量使用。国外的研究表明,在蛋鸡产蛋高峰期日粮中添加 5%、10%、15%、20% 的 DDGS,并在 20% 组添加 NSP 水解酶,发现 5%、10%、15% 组不影响产蛋率,20% 组产蛋率和蛋重降低,补加 NSP 水解酶后可一定程度上缓解这一负面效应,所以推测 NSP 是使用高水平 DDGS 的限制性因素。鲍淑青等采用 TME 法发现添加复合酶 DDGS 的干物质表观消化率、有机物表观消化率、表观代谢能均显著高于未添加酶的 DDGS 组。所以,日粮中添加以降解纤维和 NSP 为主的酶制剂,可降低 DDGS 抗营养因子含量,改善营养物质的利用率,增加其在动物日粮中的使用量。

4. 酒精糟类蛋白饲料资源使用不当将会影响饲料的适口性

如刚出厂时酒精糟类蛋白饲料资源酒味很浓,用于生产猪饲料,添加 5%~6% 则会导致饲料适口性下降,而存放一段时间之后,则刺激性气味明显减弱,适口性提高。所以,使用酒精糟类蛋白饲料资源时应密切关注其酒味,待刺激气味降低时再使用,确保不影响配合饲料的适口性。

9.2 渣类蛋白饲料资源及其加工产品

渣类饲料如甜菜渣、甘蔗渣、淀粉渣、醋渣、酱油渣和豆腐渣等,其蛋白质含量变异较大,其中蛋白质含量低于 20％者,属于渣类中的能量饲料,如甜菜渣、甘蔗渣、淀粉渣、醋渣等,不过这些原料经过深加工也可提高其蛋白含量;其他一些渣类资源蛋白质含量高于 20％者,可作为蛋白质饲料资源,如酱油渣、豆渣、豆腐渣等。

9.2.1 渣类蛋白饲料

9.2.1.1 酱油渣

酱油渣是黄豆经米曲霉菌发酵,浸提出发酵物中的可溶性氨基酸、低肽和呈味物质后的渣粕。酱油渣含有较多消化吸收率较好的蛋白质成分,营养价值相对较高(表 9.11),可作为家畜的补充饲料,但应注意酱油渣中食盐含量较高,不能长期饲喂或一次喂量过多,否则易引起食盐中毒,特别是仔猪和雏鸡对食盐较敏感,最易中毒。猪日粮中添加 5％为宜,鸡不超过3％,幼年动物最好不饲喂。同时,在饲喂酱油渣期间,应供给充足的清洁饮水。

表 9.11 干酱油渣化学成分(干物质基础)　　　　　　　　　　　　　　％

成分	水分	粗蛋白质	粗脂肪	还原糖	盐分	钙	磷	灰分
含量	8.0～9.0	19.5～25.8	7.4～8.6	10.7～12.3	0.5～2.0	0.1	0.67	8.40

来源:卜春文,2001。

9.2.1.2 豆渣

豆渣是豆制品的副产品,是很好的蛋白质饲料,但由于豆类含有胰蛋白酶抑制剂、植物红细胞凝集素、致甲状腺肿因子、抗维生素等多种抗营养因子,影响蛋白质正常代谢和吸收,降低氨基酸、矿物质和维生素的有效性,抑制动物生长。这些物质大多是热不稳定因子,加热处理后会失活。因此,为了充分利用豆渣的营养价值,必须熟喂。此外,可以采用微生物发酵的方法,在发酵过程中,微生物产生蛋白酶类,帮助动物消化吸收豆渣中的蛋白质,同时,由于微生物菌体的累积给豆渣饲料增加了蛋白质和氨基酸含量,使豆渣富有活性,减少了豆渣的含水量,增加了干物质含量,提高了豆渣的质量。

9.2.1.3 豆腐渣

豆腐渣是生产豆腐或豆浆的副产品,富含膳食纤维(36.3％)和蛋白质(17.8％),脂肪和还原糖含量低(表 9.12),这种营养特点有助于预防和治疗糖尿病。豆腐渣还具有高钾低钠的元素特征,且钙、镁含量较高,并含有一定量的铁、锌、铜、铬等微量元素(表 9.13)。豆腐渣的黄酮含量为 0.22％,具有抗氧化等生理功能。豆腐渣是一种物美价廉的饲料,能降低养殖成本。但必须鲜用,饲喂时一定要控制好用量。另外,豆腐渣饲喂前要加热煮熟

10～15 min,以增强适口性,提高蛋白质吸收利用率。由于豆腐渣中含有抗营养因子,饲喂畜禽时要控制用量。

表9.12 豆腐渣的营养成分(干物质基础)   %

成分	蛋白质	脂肪	灰分	总糖	还原糖	不溶性膳食纤维	黄酮
含量	17.84	5.90	3.85	37.40	2.57	36.29	0.22

来源:王东玲,2010。

表9.13 豆腐渣的矿物元素含量(干物质基础)   mg/g

成分	钾	钙	钠	镁	锰	锌	铁	铬	铜
含量	9.36	4.19	0.96	2.57	0.019	0.026	0.11	0.0018	0.0067

来源:王东玲,2010。

1. 豆腐渣中的抗营养因子

(1)豆腐渣中含有外源凝集素

外源凝集素又称植物性血细胞凝集素,是植物合成的一类对红细胞有凝聚作用的糖蛋白,可专一性结合碳水化合物。当外源凝集素结合牛肠道上皮细胞内的碳水化合物时,可造成消化道对营养成分吸收能力的下降。外源凝集素广泛存在于800多种植物(主要是豆科植物)的种子和荚果类中,如大豆、菜豆、刀豆、豌豆、小扁豆、蚕豆和花生等。外源凝集素对实验动物有较高的毒性。在小鼠的食物中加0.5%的黑豆凝集素可引起其生长迟缓,连续2周用0.5%的菜豆凝集素喂饲小鼠可导致其死亡。大豆凝集素的毒性相对较小,但以1%的含量喂饲小鼠也可引起其生长迟缓。

(2)豆腐渣中的胰蛋白酶抑制剂

豆腐渣同时也含有胰蛋白酶抑制剂,该物质抑制胰腺分泌蛋白酶和抑制胰蛋白酶的活性,阻碍肠道对蛋白质的吸收。另外,一些豆类蛋白对消化道蛋白酶的敏感性不高,故豆类蛋白及其制成品普遍存在消化率不高的问题,这也是引起动物生长迟缓的原因之一。多数豆类种子蛋白酶抑制剂约占其蛋白总量的8%～10%,占可溶性蛋白量的15%～25%。大豆和菜豆在80℃干热处理24 h,其胰蛋白酶抑制活性几乎没有任何降低。100℃干热处理24 h仍有70%～90%的残留活性,150℃湿热处理仍有7.6%的残留活性,加热不能彻底钝化豆类蛋白的蛋白酶抑制活性。豆类中的胰蛋白酶抑制剂是营养限制因子。用含有胰蛋白酶抑制剂的豆腐渣饲喂动物可造成其明显的生长停滞和产奶量低现象。

2. 豆腐渣饲喂动物的注意事项

①豆腐渣是生产豆制品厂的主要副产品,鲜渣含水多,含少量蛋白质和淀粉,缺乏维生素。鲜豆腐渣含蛋白质2%～5%,含粗纤维较少,适口性好,消化率高。豆腐渣不易久存,易酸败变质,不能喂冰冻渣。生豆腐渣中含有抗胰蛋白酶、皂角素、红细胞凝集素等有害物质,其饲喂量控制在2.5～5 kg为宜。

②用豆腐渣喂猪时,用量不能过多。因为豆腐渣含有不饱和脂肪酸,易使猪的肉质松软,出现软肉现象。同时,猪肉易氧化变味,不耐贮存。用鲜豆腐渣喂猪,小猪阶段的喂量为日粮的5%～8%,中猪阶段喂量要控制在日粮的15%以内,育肥猪喂量要控制在日粮的20%以内。另外,豆腐渣中粗蛋白质的含量稍低于豆饼、豆粕且质量也相对差一些,同时由于豆腐渣

缺乏维生素和矿物质,长期单一饲喂豆腐渣营养不全,容易引起生猪食欲减退,消化不良,导致母猪不孕或流产,降低仔猪成活率。因此,豆腐渣喂猪,饲喂时要搭配一定比例的玉米、麸皮和矿物质元素,加喂一些青绿饲料,以满足生猪生长发育需要;不能用冰冻的豆腐渣喂猪,否则易引起猪的消化机能紊乱,应溶化后再饲喂;饲喂时鲜豆腐渣应尽可能保持新鲜,严重酸败变质的豆腐渣禁止喂猪。若有轻度酸味,喂猪前应在每千克豆腐渣中加入 50 g 石灰粉或小苏打粉搅拌均匀,以中和醋酸。

③用豆腐渣喂鸡时,一定要控制用量。雏鸡阶段豆腐渣要控制在 6% 以内,生长阶段控制在 6%～15%,中鸡阶段控制在 10%～12%,大鸡阶段控制在 15%～18%。全价饲料一般不添加豆腐渣,自配饲料中豆腐渣添加的比例要根据豆饼和鱼粉所占的比例来确定,如豆饼占饲料的 25%,豆腐渣就不要添加了,否则蛋白质过剩,既浪费,又易造成鸡拉稀。

④用豆腐渣饲喂牛、羊时,用量可比喂鸡的用量增加 10%,育肥后期用量不能超过 25%,否则会影响肉质、外观、口感,肉也不耐贮存。用大量生豆腐渣喂牛时,轻则导致母牛营养不良、食欲减退及腹泻拉稀,重则导致母牛不孕、流产及死胎,犊牛不易成活。用豆腐渣饲喂鸭、鹅时,因为鸭、鹅对粗纤维利用率高一点,用量可比喂鸡的用量增加 5%。

3. 豆腐渣的贮存方法

目前豆腐渣有两种贮存方法,一是厌氧发酵贮存。用密封坛把豆腐渣封起来,以延长保存期;二是晒干贮存。把豆腐渣的水分排出,将水分控制在 13%～14%。用厌氧发酵的豆腐渣饲喂家畜,用量与鲜喂量差不多;用晒干的豆腐渣饲喂家畜,用量要减少到鲜喂量的 1/5。

9.2.2 渣类饲料的加工处理

9.2.2.1 渣类饲料的利用方法

目前我国对渣类的处理除新鲜渣直接饲喂和发酵后再干燥成饲料原料外,多采用脱水、干燥、粉碎制成配合饲料原料。渣类的利用方法大致有下面 3 类:

①蛋白质含量在 20% 以上,可直接作精饲料的渣类,往往不需另加处理,即可直接经过粉碎、干燥,制成粉状的高蛋白质精料,作蛋白质的添加剂使用。

②蛋白质含量在 20% 以下,粗纤维含量较高,可直接作粗饲料的渣类,经筛选、干燥、粉碎后,做成饲料填充料,按配合比例适当地加入营养添加剂及黏合剂制成粉状和颗粒状的预混饲料出售。

③不能直接饲喂的纤维素及半纤维素含量较高的渣类,则需开展综合利用,需先经加酸、加温水解成单糖,再经微生物发酵制成糖化饲料或单细胞蛋白饲料。工业上把利用微生物生产产品的过程叫做发酵。采用发酵法处理渣类原料,可以改善渣类的营养价值或直接用来生产高蛋白饲料添加剂。

9.2.2.2 渣类饲料的干燥技术

1. 干燥方法和干燥设备选择

根据渣类的特性与形状选择适当的干燥方法和干燥设备,目前主要有以下几种:

(1)平床式干燥机

该机主要由风机、加热炉、堆料孔板、干燥筒组成。这种干燥机投资少,操作简单,占地面积小,但仅适应小厂使用,对离散度较大透气性较好的物料干燥效果理想,对于酱油渣及其他黏稠性大的物料干燥效果很差。

(2)振动干燥机

该机利用振动原理,使糟渣处于不停的运动状态,扩大了物料与干燥介质的接触,不但可干燥离散度大的糟渣,同时也可干燥部分黏稠状的糟渣。但此类设备构造较复杂,制造费用高,干燥量也有限,且干燥成本也偏高,所以仅适用于小型厂家。

(3)回转圆筒干燥器

该设备主要由燃烧炉、加料器、旋转圆筒、旋风分离器组成。回转干燥器适用于颗粒状糟渣的干燥,还可以用部分加入干糟渣的办法干燥黏稠膏状的酱油渣之类的糟渣。不同的规格可适应不同生产规模的厂家,是目前干燥糟渣较为理想的设备。

2. 干燥工艺选择

(1)适用于小型厂的干燥工艺

该工艺流程见图9.6,主要由干燥部分和粉碎部分组成。湿糟渣经斗式提升机送入螺旋输送机,再进入滚筒式干燥机。直火式热风炉产生的高温热空气在风机作用下,被吸入烘干机内与湿糟渣产生湿热交换,使糟渣水分降低,温度升高。糟渣烘干后经烘干机卸料口卸出,经提升、磁选、粉碎后,由气力输送至成品打包。该工艺的特点是工艺路线短,设备投资少,流水作业,劳动强度低,适合于小型烘干厂使用。

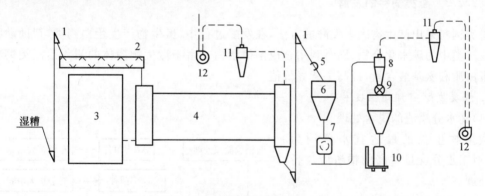

图 9.6　适用于小型厂的干燥工艺

1. 斗式提升机　2. 搅龙　3. 直火式热风炉　4. 滚筒烘干机　5. 磁铁　6. 料仓
7. 粉碎机　8. 卸料器　9. 闭风器　10. 磅秤　11. 除尘器　12. 风机

(2)适用于大中型厂的干燥工艺

该工艺流程图见图9.7。

糟渣的干燥过程是按等速降水阶段和降速降水阶段进行的。两个干燥阶段对于干燥介质温度、料层薄厚等工艺参数的要求是不同的。在一台设备内也能完成这两个干燥阶段,但从能耗指标、设备利用率来看是不经济的,特别是对大中型糟渣烘干厂来说,其工艺应较完善,能耗要尽可能低。图9.7所示的干燥工艺,其基本着眼点在于用两台设备分别完成这两个不同的干燥过程。在第一台糟渣烘干机内,物料处于等速降水阶段,工艺上采用较高温度的干燥介质并适当降低料层厚度,使物料在短时间内强制性地大量脱水,提高热效率,并防止物料升温过高。在第二台糟渣烘干机内,物料已进入降速降水干燥阶段。这时,为了保证得到较高的排湿湿度、降低能耗和防止糟渣被烘焦、烘糊,要适当降低干燥介质的温度,增加物料层的厚度。

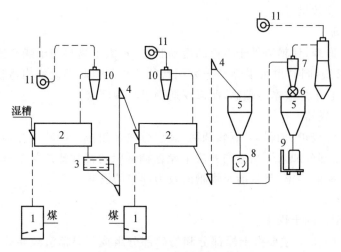

图 9.7　适用于大中型厂的干燥工艺

1. 直火式热风炉　2. 糟渣烘干机　3. 粉料清理筛　4. 斗式提升机　5. 料仓
6. 粉碎机　7. 卸料器　8. 闭风器　9. 磅秤　10. 除尘器　11. 风机

9.2.2.3　渣类饲料的发酵

渣类饲料采用微生物固态发酵的方法,在发酵过程中,微生物产生蛋白酶类,帮助动物消化吸收渣类中的碳水化合物,同时利用合成菌体蛋白。由于微生物菌体的累积给渣类饲料增加了蛋白质和氨基酸含量,提高了营养价值。

1. 渣类发酵前预处理技术

(1)高水分糟渣的脱水处理

微生物生长的最适宜水分约为65%,对于水分含量过高的糟渣应进行脱水处理。

(2)高盐分糟渣的脱盐处理

酱油渣中的盐分含量有的高达16%,发酵基质盐分过高会直接影响微生物的生长并降低产品营养指标,可采用水洗离心脱盐的方法,将盐分含量降至5%以下。

2. 渣类饲料的发酵工艺

以酱油糟渣的发酵为例,发酵工艺流程如图 9.8 所示。

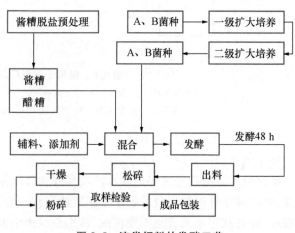

图 9.8　渣类饲料的发酵工艺

9.3　果汁渣类蛋白饲料资源及其加工产品

我国是世界上水果的主产国之一,果园面积由 1996 年的 1.3 亿亩增至 2006 年的 1.5 亿亩,年总产量由 4 653 万 t 增至 9 599 万 t,约占世界水果总产量的 17%,居世界第一。随着水果种植业和加工业的发展,果渣产量日益增加。果渣是水果经过榨汁、生产罐头等过程得到的副产品,主要为果浆、果核、果皮等。按每加工 1 000 kg 水果,可产生鲜果渣 400~500 kg,烘干得 120~165 kg 干果渣来计算,全国每年约有果渣资源几百万 t。若不对其进行综合利用,将会污染环境,果渣饲料的开发和利用具有重要意义。

9.3.1　果渣类饲料的营养价值及加工处理方法

9.3.1.1　果渣的营养价值

果渣营养物质丰富,矿物质、糖类、氨基酸、维生素等含量较高,但果渣中亦含有果胶和单宁等抗营养物质,影响其在动物上的应用。果渣由于蛋白质含量较低,本身不能作为蛋白饲料应用,当利用微生物发酵技术生产菌体蛋白饲料后,蛋白质含量显著提高。果渣发酵前、后营养成分,见表 9.14 和表 9.15。

表 9.14　果渣的营养成分(干物质基础)　　%

果渣	粗蛋白质	粗脂肪	粗纤维	粗灰分
苹果渣粉	5.1	5.2	20.0	3.5
柑橘渣粉	6.7	3.7	12.7	6.6
葡萄渣粉	13.0	7.9	31.9	10.3
菠萝渣	5.4	8.4	20.8	5.5
沙棘果渣	18.3	12.4	12.7	2.0

来源:高玉云,2007。

表 9.15　果渣经生物发酵的营养成分(干物质基础)　　%

果渣	水分	粗蛋白质	粗脂肪	粗纤维	粗灰分
苹果渣	9.6	20.9	1.0	14.2	5.8
柑橘皮	11.5	20.3	2.9	9.4	5.6
菠萝渣	10.4	9.4	1.4	12.8	4.3
菠萝皮	9.3	3.9	2.5	10.0	4.0
沙棘果渣	12.1	24.1	—	13.7	—

来源:高玉云,2007。

9.3.1.2 果渣的加工处理

果渣作为饲料主要有 3 个方面的应用:直接饲喂、鲜渣青贮、利用微生物发酵技术生产菌体蛋白饲料。

1. 果渣干燥和果渣粉的加工

新鲜果渣直接饲喂简单易行,但存放时间短、易酸败变质。因此,需干燥以延长存放时间。干燥方式有两种,晾晒—烘干干燥和直接烘干干燥。果渣烘干后可以粉碎成果渣粉,然后加入配合饲料或颗粒料中,还可进行膨化处理。

2. 果渣青贮的调制

青贮不但可以保持鲜果渣多汁的特性,还可以改善果渣的营养价值。其原理是将果渣压在青贮塔或青贮窖中,利用附在原料上的乳酸菌进行厌氧发酵,产生大量乳酸,迅速降低 pH 值,从而抑制有害微生物的生长和繁殖,便于长久保存。

(1)原料的选取和处理

选取 1～2 d 内生产的新鲜果渣,无霉变、无污染,调制前除去杂质。鲜果渣含水量 80% 以上,而青贮原料适宜含水量为 60%～70%,故需调低水分含量。一般采用的方法有:①晾晒。尽可能在阳光下曝晒,使水分迅速降低至 60%～70%,以减少营养物质的损失。②机械挤压。③在鲜果渣中加入适宜干料以降低水分含量,从而达到对水分的要求。不同类型的果渣,处理方法有所不同。如浓浆状的果渣含水量 90% 左右,较好的降低水分方法是用一定量的糠麸吸取部分水分,使含水量符合青贮的要求;皮块状的果渣,如菠萝皮渣、苹果皮渣等就应该先绞碎,然后再和其他低水分原料混合。此外,使用时若酸度过高,可加入部分生石灰。

(2)果渣的装填压实与青贮

①果渣的装填:装填前,在窖底铺一层生石灰,灰上再铺一层约 30 cm 的垫草,以吸收上面流下的汁液,防止窖底层的果渣水分含量过高。然后将经过处理的果渣逐层铺平踏实。装填最好在 3～5 d 内装完,以利于生产优质青贮料。②封顶:封埋窖口时,要求不透气,不渗水,料中不能混入泥土等杂质。因此,先在原料上盖一层塑料薄膜后,再压上 15～20 cm 的湿麦秸或湿稻草,草上再压 30～50 cm 的土。土层表面要压实拍平,窖顶隆起成一个馒头型,以利排水。③日常管理:青贮窖内要防止雨水流入和空气进入,以免引起腐烂。经 35～40 d 密闭发酵后即成青贮饲料。

(3)发酵果渣

发酵果渣是经批准使用的饲用微生物发酵获得的产品,是以果渣为原料,使用农业部《饲料添加剂品种目录》中批准使用的饲用微生物进行固体发酵获得的产品。产品名称应标明具体原料来源,如:发酵苹果渣。发酵果渣利用有益微生物发酵工程,将适宜菌株接种到果渣中,调节微生物所需营养、温度、湿度、pH 值和其他条件,通过有氧或无氧发酵,使果渣中不易被动物消化吸收的纤维素、果胶质、果酸、淀粉等复杂大分子物质,降解为易被动物消化吸收的小分子物质和大量菌体蛋白,而小分子物质的形成,又能极大地改善饲料的适口性,从而使营养价值得到显著提高。果渣发酵生产的菌体蛋白含有较为丰富的蛋白质、氨基酸、肽类、维生素、酶类、有机酸及未知生长因子等生物活性物质。

果渣发酵饲料作为一种绿色生物活性饲料,含有丰富的营养成分和益生素等活性物质,它是现代生物技术和营养理论相结合的产物。它的研制成功,既解决了果厂的难题,使果渣变废为宝,消除了环境污染的隐患,又适应现代动物饲养业要求,产生了一种新型生物功能性饲料,为畜牧业的发展做出了贡献。因此,果渣发酵饲料的出现,对缓解我国饲料资源匮乏的现状和减少环境污染都具有重要意义。

张乃锋和刁其玉等(2002)以果渣为主要底物,利用非蛋白氮、矿物元素辅助剂等组合形成3种培养基,选择酿酒酵母、产朊假丝酵母、热带假丝酵母、纳豆芽孢杆菌和贝蕾丝孢酵母等9个菌种,通过组合最终形成34个发酵组。研究结果表明,发酵产物的粗蛋白质、粗灰分、ADF等含量随培养基的不同而差异明显,干物质、NDF差异不明显,这说明培养底物对产物中蛋白质含量有决定性作用;在相同培养基中不同菌种或组合间发酵产物的常规成分差异不显著。同时以肉羊为试验动物,进行动物试验后发现,苹果发酵物组用30%的苹果发酵物替代全部的麸皮和一部分玉米和豆粕,结果与对照组无显著差异,并且苹果发酵物组肉羊的增重略高于对照组,表明苹果渣经有益微生物发酵和营养强化处理后替代30%的精料时非但无不良影响,而且对肉羊的生产性能有益。

9.3.2　苹果渣

我国是世界上苹果产量最大的国家之一,其中20%左右用于果汁加工,年产苹果渣约100万t。苹果渣由果皮、果核和残余果肉组成,含有可溶性糖、维生素、矿物质、纤维素等多种营养物质,是良好的多汁饲料资源。苹果渣的粗蛋白质含量较低,但粗脂肪和无氮浸出物含量较高(表9.16)。此外,还含有较丰富的Ca、P、K、Fe、Mn、S等常量元素和微量元素以及氨基酸等。

表 9.16　苹果渣的营养组成(干物质基础)　　　　　　　　　　%

名　　称	干物质	粗蛋白质	粗纤维	粗脂肪	无氮浸出物	粗灰分	Ca	P
苹果渣(湿)	20.2	1.1	3.4	1.2	13.7	0.8	0.02	0.02
苹果渣(干)	89.0	4.4	14.8	4.8	62.8	2.3	0.11	0.10
苹果渣(青贮)	21.4	1.7	4.4	1.3	12.9	1.1	0.02	0.02

来源:石勇,2007。

9.3.2.1　苹果渣的营养特点

1. 鲜苹果渣的营养特点

鲜苹果渣的常规营养成分随苹果的品种、产地、生产季节和果汁企业的加工工艺不同而不同。鲜苹果渣的微量元素含量较高。其中的铜、铁、锌、锰、硒、镁、钾和钠的含量分别可达11.8 mg/kg、158 mg/kg、15.4 mg/kg、14 mg/kg、0.08 mg/kg、0.07%、0.75%和0.02%。苹果渣的氨基酸含量丰富,对一次压榨苹果渣的各种氨基酸含量测定结果显示,天门冬氨酸0.53%、丝氨酸0.24%、谷氨酸0.74%、脯氨酸0.24%、甘氨酸0.27%、丙氨酸0.24%、赖氨酸0.27%、蛋氨酸0.04%、异亮氨酸0.28%、苯丙氨酸0.22%、精氨酸0.29%、缬氨酸0.28%、亮氨酸0.42%、酪氨酸0.13%、苏氨酸0.24%和组氨酸0.14%。鲜苹果渣内含有多种黄酮类化合物。黄酮类化合物具有多种生物活性,如免疫激活、抗氧化、降血脂、降胆固醇及雌激素样作用,在抗病毒、逆转肿瘤细胞多药耐药性和诱导肿瘤细胞凋亡等研究中表现出显著活性。鲜苹果渣含有多种抗营养因子。苹果含果胶 $1\%\sim1.8\%$，单宁 $0.025\%\sim0.27\%$，因此，鲜苹果渣中也含有残留的果胶和单宁等抗营养因子。果胶是多糖类物质，其结构是多聚半乳糖醛酸的长链键，一般单胃动物难以消化，但可与钙形成果胶酸钙变脆，失去黏性。果渣中也有天然的果酸酶存在，只要鲜苹果渣堆放一段时间可将其分解为半乳糖醛酸，失去黏着力，被动物消化吸收。单宁属于多元酚类物质，其分解产物有刺激性和苦涩味，单宁与碱作用可变成黑色失去作用，在饲用或加工前如果能用生石灰处理鲜苹果渣，则可降低其不良反应。

2. 干燥苹果渣的营养特点

苹果渣经干燥后，根据需要可粉碎制成干粉，不仅适口性好、易贮存、便于包装和远程运输，而且还可作为各种畜禽的配合饲料和颗粒饲料的原料。由于苹果渣含有多种可溶性营养物质，且酸甜可口，具有很好的诱食性，故适合作畜禽饲料的辅助性添加物质。

3. 青贮苹果渣的营养特点

鲜苹果渣青贮处理后，营养成分提高，乙醇、乙酸和乳酸的含量增加。青贮苹果渣中的主要微生物是酵母菌、醋酸菌和乳酸菌，有机酸主要是乙酸和乳酸。

9.3.2.2　苹果渣在动物生产中的利用

鲜苹果渣水分含量大，鲜苹果渣或青贮苹果渣酸性较大（一般 pH 为 $3\sim4$），易变质，难于贮存和运输。此外，含有少量果胶和单宁成分，这在一定程度上制约了苹果渣的广泛应用。但只要根据不同饲喂对象，科学地加工处理，不失为一种良好的饲料资源。苹果渣一般对幼畜和家禽消化有不良影响，应不喂或少喂。鲜苹果渣含水量较大，能量相对较低，用于奶牛、奶山羊和肥育猪应控制饲用量，一般占日粮的 1/3 为宜，同时鲜苹果渣酸度较大，饲喂前最好用 $0.5\%\sim1.0\%$ 食碱进行碱中和处理，再与混合精料拌在一起饲喂，以增强其适口性。苹果渣干粉使用较为广泛，各种动物适宜饲喂比例分别为：仔猪日粮 $3\%\sim7\%$，育肥猪 $10\%\sim25\%$，雏鸡日粮 $2\%\sim4\%$，育成鸡 $5\%\sim10\%$，蛋鸡 $3\%\sim5\%$，牛、羊精料补充料 $10\%\sim25\%$。目前，国外利用果渣做饲料已取得了显著的经济效益，如美国、加拿大等国已将苹果渣、葡萄渣和柑橘渣等作为猪、鸡和牛的标准饲料原料列入全国饲料成分表中。但我国果渣尚未得到很好的利用。因此，苹果渣在动物饲料中的利用具有广阔的开发前景。

9.3.3　柑橘渣

柑橘是热带和亚热带常绿果树，中国是柑橘的重要原产地之一，产量仅次于巴西和美国，居世界第三，柑橘渣是柑橘加工业的主要副产物。据估计，从汁类压榨生产中可获得约 50% 的柑橘渣，罐头加工中可获得 25% 的柑橘皮，这些副产品按含水量为 $70\%\sim80\%$ 计，可获得大量干物质。

9.3.3.1　柑橘渣的营养成分

柑橘渣含有丰富的营养成分（表 9.17），其大量的可消化粗纤维可为肉牛生长提供能量，降低酸中毒和胀气发生的概率。

表 9.17　柑橘渣营养成分分析(干物质基础)　　　　　　　　　%

材　料	粗蛋白质	粗脂肪	粗纤维	粗灰分	钙	磷
未处理	7.7	3.4	18.6	3.9	1.69	0.17
发酵	21.3	5.9	10.3	3.2	0.72	1.42
青贮(半干样)	7.9	3.0	11.9	2.9	0.73	0.21

来源:钟良琴,2010。

柑橘渣经发酵处理后,矿物质及微量元素含量显著提高,与玉米相比,钙增加 40 倍,磷增加 9 倍,铁增加 26 倍,锌增加 5 倍,但其钙、磷不平衡,当添加量较大时,要注意调节日粮的钙磷平衡。柑橘渣发酵后,维生素含量显著增加,其中维生素 C 含量可达 29.8 mg/100 g,各种氨基酸含量也显著提高。

9.3.3.2　柑橘渣饲料在动物中的应用

1. 橘皮渣的利用

橘皮营养丰富,含大量的类胡萝卜素着色物质,其特质适合作为单胃动物(猪和禽等)的多功能饲料添加剂,主要发挥增加香味诱食、增加色素在皮肤和蛋黄中沉积及杀菌保健的作用。橘皮渣为含有色素和膳食纤维等功能性物质和具有强抗氧化作用的黄酮类化合物,可促进奶牛糖类利用和乳脂转化,从而提高乳脂率和乳脂产量,改善乳营养成分。橘皮渣富含多种功能成分,尤其是富含香味的含氧化合物,可刺激奶牛食欲,提高采食量,进而增加养分表观消化率。

2. 青贮柑橘渣的利用

青贮柑橘渣含有丰富的维生素和矿物质,果酸味浓,适口性好,适合反刍动物(特别是奶牛)日粮优质青贮料的补充。酸度过重时,可适当添加碳酸氢钠等缓冲。在奶牛日粮中补充部分青贮柑橘渣,牛喜食,生产效果明显,可提高产奶量。

3. 柑橘渣发酵饲料的利用

柑橘渣发酵饲料粗纤维含量下降,其他营养成分提高,还含有较多酶类、维生素、无机元素及少量核酸类物质,还存在一些未知生长因子,在动物中的应用效果显著优于未发酵柑橘渣。

4. 柑橘皮渣单细胞蛋白饲料的利用

柑橘皮渣生产单细胞蛋白饲料研究结果显示,发酵温度为 30.1℃,接种量为 14.4%,尿素添加量为 1.8%时,柑橘皮渣生产单细胞蛋白饲料真蛋白含量最高。该工艺有效利用了柑橘皮渣,并获得了真蛋白含量较高的单细胞蛋白饲料。用柑橘皮渣单细胞蛋白饲料饲喂生长猪,研究结果表明:用发酵夏橙皮渣饲料按 50% 或 100% 替代基础饲粮中的菜籽粕(8%),对 38～50 kg 生长猪生长性能、血清总蛋白、白蛋白、球蛋白和白球比无不良的影响,血清尿素氮显著降低、饲粮蛋白质和干物质消化率显著提高,表明发酵夏橙皮渣蛋白质饲料可完全替代菜籽粕。

9.3.4　其他果渣类饲料

9.3.4.1　西红柿渣

新鲜西红柿经加工制成西红柿汁、西红柿酱及西红柿糊等产品后所残留之废弃物,包括果皮、种子及果渣等,约占加工原料的10%。番茄酱渣水分含量高达约80%,以干物质计,粗蛋白质含量在14%～22%,粗纤维约为34%,另外还含有番茄红素(番茄红素是一种类胡萝卜素)等功能活性成分,是一种较好的蛋白质饲料资源。番茄酱渣水分含量高,可鲜饲,8～10 kg添加于奶牛的日粮中,但易发霉变质,对于一时用不完的可和其他干饲料混合后青贮(番茄渣与玉米秸混合比例为60∶40),亦可晒(或烘)干以后与别的饲料混合使用。

9.3.4.2　菠萝皮渣

菠萝皮渣是食品加工菠萝果皮废弃物,其残渣约占加工原料的50%,可为奶牛的粗饲料,主要是青贮后饲用。

9.3.4.3　沙棘果渣

沙棘果渣是沙棘果核提取沙棘油后的残渣,呈棕红色,具有特殊的清香味。沙棘果渣营养丰富,干物质中含脂肪1.8%～2.3%,蛋白质18.34%,纤维素12.65%,磷1.14%,钙0.2%,灰分1.96%,无氮浸出物64.67%,它含有丰富的维生素,可作为奶牛的良好饲料原料,鲜饲(5 kg)或干饲(1 kg)均可。

9.3.4.4　枣粉

枣粉适口性好,消化吸收率高,主要成分蛋白含量8%,含糖量50%～70%。动物必要的维生素P(又叫芦丁)和维生素C含量极其丰富,可用做奶牛饲料原料,提高饲料适口性,用量可达精料的5%～10%。

9.3.4.5　银杏叶提取物残渣

银杏叶营养含量丰富,尤其是蛋白质(12%～16%)、糖、维生素(如维生素E)和胡萝卜素的含量较高。目前国内生产银杏提取物的企业中,大多数采取乙醇提取和树脂吸附处理这两步基本工艺,再加上适当的其他纯化步骤。银杏叶提取物残渣可作为奶牛的粗饲料使用,日用量控制在5 kg。

9.3.4.6　菊花粉

菊花粉是万寿菊干燥后,用溶剂提取法将其中脂肪提出,再经粉碎而成,呈绿色,带纤维状,其质地与苜蓿草粉类似。菊花粉是东北、内蒙古和新疆等地种植万寿菊的花提取色素后的下脚料。该产品色泽淡黄,干物质中粗蛋白质大于10%,粗纤维约26%,用量为精料中加2%～3%或用5%替代麸皮。

9.4　植物茎叶类蛋白饲料资源及其加工产品

我国植物茎叶资源丰富,收割的牧草经自然干燥或烘干脱水后获得的产品为干草,一般不得含有有毒有害草,产品名称应标明草的品种,如苜蓿干草。而收割的牧草经自然干燥或烘干脱水、粉碎后获得的产品为干草粉,产品名称应标明草的品种,如苜蓿干草粉。收割的牧草经自然干燥或烘干脱水、粉碎及制粒或压块后获得的产品叫草颗粒(块),不得含有有毒有害草,产品名称应标明草的品种,如苜蓿草颗粒、苜蓿草块。部分产品、尤其经过再加工产品粗蛋白质含量是较高的,能够节约常规蛋白原料的使用。

9.4.1　苜蓿

苜蓿是苜蓿属(*Medicago*)植物的通称,俗称"三叶草"(三叶草亦可称其他车轴草族植物)。是一种多年生开花植物,其中最著名的是作为牧草的紫花苜蓿(*Medicago sativa*)。

9.4.1.1　苜蓿叶蛋白营养价值

苜蓿以"牧草之王"著称,不仅产量高,而且草质优良,各种畜禽均喜食。另外,苜蓿作为一种含蛋白质高、维生素和矿物质元素丰富的饲料,加上它广泛适应性、丰产稳定性及固氮肥田作用,可推广种植。

苜蓿叶蛋白又称青草胶、绿色蛋白浓缩物(简称 LPC),是以新鲜牧草或青绿植物的茎叶为原料,经过切碎、压榨、凝固、析出、干燥等几个步骤从其汁液中提出而形成的蛋白质浓缩物。由于苜蓿是豆科植物,具有少施氮肥、蛋白质含量高、一年可收割多次、一次种植可持续多年收割等许多优点,因而在世界范围内推广应用以苜蓿为原料生产叶蛋白。目前对苜蓿深加工、开发研究利用苜蓿叶蛋白浓缩物已成为热点。

苜蓿叶浓缩蛋白营养丰富,钙磷比例适当,其营养价值与脱脂奶粉相当,营养成分见表9.18,氨基酸组成见表 9.19。

表 9.18　苜蓿叶蛋白常规营养成分含量(干物质基础)

成分	粗蛋白质/%	粗纤维/%	粗脂肪/%	无氮浸出物/%	总矿物质/%	糖类/%	叶黄素/(mg/kg)	胡萝卜素/(mg/kg)	维生素E/(mg/kg)
含量	50～65	0.5～2	9	10～35	9	5～10	1 000～1 800	500～1 200	600～700

来源:王彦华,2005。

表 9.19　苜蓿叶蛋白各种氨基酸及高度不饱和脂肪酸含量(干物质基础)　　　　　　　　%

成分	赖氨酸	蛋氨酸	色氨酸	苏氨酸	苯丙氨酸	亮氨酸	异亮氨酸	缬氨酸	组氨酸	高度不饱和脂肪酸
含量	3.07	1.5	1.15	2.5	2.9	4.2	2.2	2.7	1.3	3～7

苜蓿叶蛋白不含或少含粗纤维,其有效能接近鱼粉或大豆饼粕,苜蓿叶蛋白生物学效价为

73%～79%,可消化率为 62%～72%,能量代谢率为 69%～90%。此外,叶蛋白饲料中还含有促进畜禽生长发育和繁殖的未知因子、可溶性糖和淀粉,而一些有毒物质和代谢抑制物如拟雌内酯、皂角素、氰苷、生物碱、酚类等在絮凝分离中,通过碱热法处理或厌氧发酵处理大部分已被破坏。由于加工过程中使蛋氨酸等部分氨基酸变成动物不易吸收的氨基酸,故蛋氨酸为叶蛋白饲料第一限制性氨基酸,所以在饲喂过程中应根据畜禽需要量适量添加蛋氨酸,以提高蛋白质效价。

9.4.1.2　苜蓿蛋白的提取工艺流程

苜蓿蛋白的提取工艺流程如图 9.9 所示。

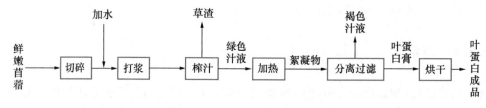

图 9.9　提取叶蛋白工艺流程图

9.4.2　三叶草粉

三叶草(trifolium)为豆科三叶草属多年生草本植物。主要有两种类型,即白花三叶草和红花三叶草。三叶草是优质豆科牧草,茎叶细软,叶量丰富,粗蛋白质含量高,粗纤维含量低,既可放养牲畜,又可饲喂草食性鱼类。三叶草在我国分布广泛,仅湖北省鄂西地区就有天然和人工草场近 30 万亩,每年可提供 6 万 t 以上三叶草干粉。

三叶草不仅来源广泛,而且营养丰富(表 9.20),价格低廉,并含有鱼类必需的 10 种氨基酸。

表 9.20　三叶草营养成分含量(干物质基础)　　　　　　　　　　　　　　　%

成分	粗蛋白质	粗纤维	粗脂肪	无氮浸出物	粗灰分	钙	磷
含量	24.7±4.25	19.2±0.5	3.4±1.2	25.2±11.25	10.2±2.04	1.42±0.26	0.38±0.08

来源:贾丽珠,1991。

有关研究表明,在鱼饲料中添加 20%～40%三叶草,能使鱼体蛋白质含量增加,脂肪含量降低,肉质得到明显改善。红三叶草粉喂猪可以改善增重效果和猪肉品质。

三叶草的蛋白质有 78%～85%集中于叶片中,可用于加工叶蛋白饲料。过去沿用的饲草晒干制粉法极易造成三叶草叶片枯落破损,因而使蛋白质含量减少。而采用快速干燥法制作草粉,则各种营养成分损失就大为减少。

9.4.3　木本植物茎叶

木本植物饲料是一类重要的植物饲料来源,指幼嫩枝叶、花、果实、种子及其副产品具有饲用价值的木本植物,包括乔木、灌木、半灌木及木质藤本植物,它们大多具有抗逆性强、耐干旱的特性,常生长在贫瘠的土壤和山地。可以作为木本饲料的植物需具有营养物质含量高的特点。

木本植物饲料营养成分较高。据统计,木本饲料的粗蛋白质含量比禾草饲料高约50%,钙的含量比禾草饲料高3倍,粗纤维则比禾草饲料低约60%,灰分和磷的平均含量相近。木本饲料的可消化养分也远远高于作物秸秆,仅比草本饲料稍低。木本植物还具有产量高的特点。同等面积上饲料林的产量相当于草本的3~4倍,而且它们适应性强,耐啃食,利用年限长。广泛种植木本植物,不仅可以给动物提供饲料,尤其在半干旱和干旱地区,灌木和乔木的幼嫩枝叶是动物饲料的重要来源;还能够绿化植被,保持水土,改善农牧区环境。

木本植物种类繁多,不同地区和环境下生长的木本植物其营养价值有一定的差异,所以在利用木本植物作饲料时,除了需要与其他饲料合理搭配外,还需注意以下问题。

1. 不同种类的木本植物饲料营养成分有所差异

木本植物饲料的种类很多,如豆科、藜科、蔷薇科等,其营养成分含量存在差异。研究表明,在粗蛋白质含量上,豆科植物最高,其次是榆科、藜科、菊科、柽柳科,它们皆超过了10%;菊科植物的粗脂肪含量较高;而钙磷比例上,木本植物饲料大都存在着过高的现象,尤其是藜科(8.5∶1)、杨柳科(7.6∶1)、蓼科(5.7∶1),豆科植物在3.3∶1,因此在饲喂中需要配合其他饲料进行调整。

2. 采集部位不同,其营养成分不同

木本植物饲料可饲用的部位较多,叶、茎、嫩株、枝条都可,但不同部位之间的营养成分含量存在着差异。研究表明,杂交构树叶片、细枝条、茎干、全株嫩苗的营养物质含量差异显著,其中,粗蛋白质含量以叶片中最高,全株嫩苗、细枝条中次之,茎干中最低。

3. 采集、收获时间不同,其营养成分有变化

木本植物的生长周期长,在不同的时间采集,得到的饲料的品质会有所不同。研究表明,从营养成分含量上看,随着生长时间的增长,落叶的粗蛋白质和总磷含量降低幅度很大,酸性洗涤纤维含量增加。

4. 抗营养因子和毒素

将木本植物用做饲料时人们普遍关心的问题是其中的抗营养因子和毒素问题。有文献报道指出,目前我国已确认的栎属植物中有17种会引起家畜中毒,有由幼芽、嫩枝叶及花序引起的,也有由果实引起的,1956年国外学者证实,导致家畜中毒的是栎属植物中的单宁。国内研究结果显示,随着杨树叶用量的增加,饲料中单宁含量也增加,成年绵羊表现出干物质和粗蛋白质消化率显著降低;日粮中杨树叶添加比例在33%~100%时,没有提高氮的利用效率,而且对氮利用存在一定程度的抑制作用。更多的研究表明,羊饲料中增加单宁的含量,氮的存留率显著下降,粪便排出的蛋白质增多,然而瘤胃微生物氮没有明显降低。这表明单宁和蛋白质的结合在反刍动物消化道中仍是不可逆转的,它仍然可降低蛋白质的利用率。要减少木本植物中的抗营养因子,一方面可以通过改良品种,改善毒素含量达到。这方面已经有一些研究进展,如中国科学院植物研究所利用现代生物技术和传统杂交育种方法对构树进行品种改良,开发出"杂交构树",除具有抗逆性突出、速生丰产的特点外,蛋白质含量较高,口感良好。另一方面需要完善人工脱毒技术,例如对木本饲料进行物理处理(冷水、温水浸泡、沸水煮沸)或化学处理(氨水、氢氧化钠、生石灰等稀液浸泡)后再饲喂。生产上可以适当控制这部分饲料的用量,并合理地配制混合日粮,加入禾本植物、精饲料等混合使用,并提高日粮中蛋白水平,减缓或消除单宁的不利影响。

9.4.4 四倍体茎叶

饲料型四倍体刺槐(tetraploidy black locust)是北京林业大学于 1997 年从韩国引入我国的刺槐优良无性系,是由人工诱导二倍体刺槐体细胞加倍而育成。其叶片宽大肥厚、蛋白质含量高、柔嫩多汁、适口性好,比照青绿饲料的典型特征,属优良饲料树种。

研究表明,四倍体刺槐复叶平均节间长 3.7 cm,小叶 9～11 对,复叶最大长 35 cm,最大小叶面积 49.7 cm²,厚 0.65 mm。与同一立地条件下普通刺槐相比,四倍体刺槐单叶面积是普通刺槐单叶面积的 1.91 倍、厚度的 1.68 倍、复叶鲜质量的 3.27 倍、干质量的 3.13 倍。四倍体刺槐与二倍体叶片营养的对比结果表明,四倍体刺槐比二倍体粗纤维高 0.5%、粗蛋白质高 0.2%、灰分低 0.8%,营养元素 P、Mg、Zn、Mn、Fe、Cu 的总量高 2.7%,Ca 的含量高 19.5%,P 高 15.79%,Mn 高 158.79%,Mg 低 5.98%,Zn 低 39.53%,Fe 低 16.38%,Cu 低 1.46%。

饲料型四倍体刺槐叶粉的粗蛋白质含量为 27.27%,干物质、粗脂肪、粗纤维、粗灰分和无氮浸出物的含量分别为 91.57%、5.02%、16.47%、8.23% 和 34.58%。根据饲料分类标准,其自然含水量小于 45%,干物质中粗纤维含量小于 18%,粗蛋白质含量大于 20%,属于蛋白饲料。饲料型四倍体刺槐叶粉的必需氨基酸含量高于或非常接近于鸡、鸭、鹅、兔等动物饲养标准中的营养需求量;蛋氨酸＋胱氨酸(含硫氨基酸)的含量接近或稍低于参比动物标准中的营养需求量;异亮氨酸的含量明显高于鸡、鸭、鹅、兔等动物饲养标准中的营养需求,仅略低于猪的营养需求量。

饲料型四倍体刺槐叶粉的 10 种必需氨基酸和半必需氨基酸含量中有 7 种氨基酸接近或高于模式谱;蛋氨酸＋胱氨酸和异亮氨酸低于模式谱;蛋氨酸＋胱氨酸(含硫氨基酸)为第一限制氨基酸,异亮氨酸为第二限制氨基酸;必需氨基酸分为 68.1,明显高于白三叶草粉、甘薯叶粉、玉米蛋白饲料,与苜蓿草粉相当,仅低于大豆饼。而苜蓿素有“牧草之王”之美称,是国内外公认的优质饲料。由此可见,饲料型四倍体刺槐叶粉的蛋白品质较优,氨基酸组成较平衡,若与含硫氨基酸饲料合理搭配,可作为优质的蛋白饲料。研究表明,四倍体刺槐可替代苜蓿干草饲喂波尔山羊,得到与苜蓿干草相似的育肥效果,并且节约成本;同样利用四倍体刺槐代替苜蓿干草饲喂产奶牛时,不影响产奶量和牛奶中体细胞数,并且对乳脂率、乳蛋白、乳糖及乳干物质含量也无显著影响,由此证明,四倍体刺槐可以替代部分苜蓿干草饲喂奶牛,节约成本。

有研究表明,四倍体刺槐不同叶龄时期营养成分会发生变化,叶片的营养价值在 45 d 叶龄前较好,相同叶龄叶片的营养价值是生长中期高于生长末期;35～45 d 叶龄的叶层生物量达到了最高;幼嫩叶片的叶绿素含量低。随着叶龄的增长,叶绿素含量不断增加,达到高峰,随后叶子衰老,叶绿素含量下降;相同叶龄不同生长时期叶片的叶绿素 a、叶绿素 b 及总叶绿素含量也存在差异;叶片形状在 20 d 叶龄前生长迅速,其后生长缓慢;叶龄与叶片粗脂肪、粗灰分、钙含量、叶长和叶面积(长×宽)呈正相关;相同叶龄叶片的粗蛋白质和磷含量与不同生长时期呈负相关。表 9.21 为不同时期各营养成分的变化情况。

表 9.21　不同叶龄叶片的营养含量(风干基础)　　　　　　　%

叶龄/d	干物质	粗蛋白质	中性洗涤纤维	酸性洗涤纤维	粗脂肪	粗灰分	钙	磷
0~25	32.06	16.27	31.44	16.83	3.36	5.12	0.69	0.21
25~35	32.77	16.28	28.59	16.44	3.97	5.34	1.05	0.19
35~45	32.03	17.20	29.93	17.46	4.27	5.65	1.03	0.19
45~55	32.39	16.46	32.19	20.00	4.75	6.56	1.37	0.19
55~65	28.90	14.77	24.98	16.94	5.26	7.24	1.49	0.19

来源:张国君,2009。

四倍体茎粉中干物质、粗蛋白质和脂肪的含量分别为 94.02%、10.8% 和 0.8%,四倍体刺槐的脂肪含量比较低,所以,在反刍动物饲料中使用刺槐替代苜蓿干草时,需要关注饲料的能量水平,补充能量饲料。

饲料型四倍体刺槐的幼嫩枝叶可作为青绿饲料供给动物鲜食,但受季节限制,不能全年供应;晾晒等调制干草方法不仅受季节限制,而且受气候变化的影响,营养成分损失大;叶粉、叶蛋白等加工业又刚刚起步,机械设备落后,技术更新滞缓;相比之下,青贮不失为饲料型四倍体刺槐加工的一个重要举措。相关研究发现,饲料型四倍体刺槐单一青贮虽然可行,但质量难以保证;而与玉米秸秆的混合青贮效果良好,切实可行。可见适宜水平的可溶性碳水化合物(WSC)含量是克服高缓冲度,确保青贮发酵品质,获得优质青贮饲料的前提条件。

9.4.5　大叶构树茎叶

构树(*Broussonetia papyrifera*(Linn.)Vent.,英文名称 papermulberry)为桑科构树属落叶乔木,广泛分布于我国大部分地区。它是我国重要的经济林木,其树皮纤维品质优良,自古就是造纸的优良原料;而且它的环境适应性强,是迅速绿化荒山、荒滩和盐碱地的理想树种。目前这类植物尚没有作为饲料被广泛利用,但由于它们的生长特点和营养特点,已被大面积种植,面积超过 100 万亩。"杂交构树"是中国科学院植物研究所利用现代生物技术和传统杂交育种方法培育出的新的树种,是一种具有突出抗逆性的速生丰产树种,在自然界生存适应性极强,耐干旱、耐贫瘠、耐盐碱、根系发达,在各种类型的土壤中几乎都能生长,极少病虫害。它不仅是保护生态环境和水土保持的一种优良树种,而且"杂交构树"树叶蛋白质含量较高,经科学加工后可用于生产动物饲料,是一种绿色、高效的饲料来源。常规营养成分见表 9.22。

表 9.22　杂交构树叶、苜蓿草粉和豆粕的常规营养成分比较(风干基础)　　　　%

成分	杂交构树叶	苜蓿草粉[1]	苜蓿草粉[2]	豆粕[3]
水分	9.1	13.0	13.0	11.00
粗蛋白质	26.1	19.1	17.2	44.2
粗脂肪	5.2	2.3	2.6	1.9
NDF	15.9	36.7	39.0	13.6
ADF	13.0	25.0	28.6	9.6

续表 9.22

成分	杂交构树叶	苜蓿草粉[1]	苜蓿草粉[2]	豆粕[3]
粗灰分	15.4	7.6	8.3	6.1
钙	3.35	1.40	1.52	0.33
总磷	0.23	0.51	0.22	0.62

来源：屠焰，2009。

注：表中数据杂交构树叶为实测值，其余来自《2009 年中国饲料成分及营养价值表》。

[1] NY/T 1 级，1 茬，盛花期，烘干；[2] NY/T 2 级，1 茬，盛花期，烘干；[3] NY/T 2 级，浸提或预压浸提。

由表 9.22 可知，杂交构树叶的粗蛋白质含量 26.1%，粗脂肪含量 5.2%，钙含量 3.35%。也有文献报道，构树叶片干物质含粗蛋白质 24.98%、粗脂肪 4.32%、粗纤维 43.89%、钙 2.02%、总磷 0.42%；而可饲部分（叶和嫩鞘）在结实期干物质中也含有粗蛋白质 21.35%、粗脂肪 3.69%、粗纤维 37.52%、钙 2.02%、总磷 0.43%。综合前人研究，构树叶的粗蛋白质含量均高于 20%（干物质基础）。

杂交构树叶的粗蛋白质含量高 7.9%，粗脂肪与钙的含量也较高，同时 NDF、ADF 含量相对较低，这表明杂交构树叶饲喂草食动物时，将会是一种提供更高蛋白质、更多能量的饲料资源。而相对于动物饲料中常用的蛋白质饲料豆粕来说，杂交构树叶的粗蛋白质含量达到了豆粕的 60%，NDF、ADF 含量相近，粗脂肪、钙含量远远高于豆粕，可部分替代豆粕。

杂交构树叶具有粗蛋白质、粗脂肪、钙含量高的特点，在草食动物的牧草（豆科与禾本科）搭配上提出了一种新的可能。粗饲料的粗蛋白质含量差异大。粗蛋白质含量以豆科干草、秸秆、荚壳及地瓜蔓等较高，禾本科干草居中，禾本科秸秆、秕壳最低。例如，豆科干草和甘薯蔓含粗蛋白质 8%~18%，禾本科干草为 6%~10%，秸秆、秕壳仅为 3%~5%。实际生产中一般以豆科牧草和禾本科牧草以及农副产品搭配使用。杂交构树叶粗蛋白质含量超过了 NY/T1 级苜蓿草粉，可以在草食动物日粮中搭配使用。

杂交构树叶的 NDF 和 ADF 含量相对苜蓿较低，比豆粕要高。在使用中需要与牧草（豆科与禾本科）和秸秆搭配。与苜蓿草粉类似，杂交构树叶的矿物质含量中钙高而磷低，但是比例差距更大，在饲料配合中，应关注此特点，注意调整钙磷的比例。与苜蓿草粉相比，杂交构树叶的矿物质含量中，铁、锰、锌较高，而镁较低；与豆粕相比较，杂交构树叶则铜、镁较低，其他元素相差不大。可充分利用杂交构树叶矿物质含量的特点，与其他饲料原料进行搭配，尽量减少日粮中微量元素添加剂的用量，降低成本，减少环境污染。

杂交构树叶氨基酸组成上，与苜蓿草粉相比，除酪氨酸、色氨酸稍低外，其他氨基酸的含量都较高，尤其突出的是缬氨酸、亮氨酸、赖氨酸、苯丙氨酸。这与其蛋白质含量较高有关。而与豆粕相比，杂交构树叶的各种氨基酸含量都较低，尤其是酪氨酸、精氨酸、组氨酸。赖氨酸、蛋氨酸是人们在配制日粮时最关注的氨基酸。杂交构树叶的赖氨酸和蛋氨酸含量皆处于豆粕和苜蓿草粉之间。

对杂交构树中的有毒元素相关研究表明，以杂交构树叶在牛羊料中添加 30% 计算，其砷、铅含量在安全范围内。

9.5　块根、块茎类饲料资源及其蛋白加工产品

块根、块茎类蛋白饲料资源中天然水分含量≥45%,主要包括薯类(甘薯、马铃薯、木薯)、甜菜、菊芋等。这类饲料蛋白、脂肪、粗纤维等含量较少,无氮浸出物含量高(达75%～80%),适口性好,消化率高。

9.5.1　马铃薯类饲料资源及加工产品

马铃薯为茄科多年生草本植物,又名山芋、洋芋、土豆、地蛋、山药蛋。马铃薯原产于南美洲安第斯山一带,目前世界各地均有栽培。中国马铃薯的主产区是西北、内蒙古、东北地区和西南山区。

9.5.1.1　营养成分及营养特点

马铃薯营养成分齐全,具有很高的营养价值,因此是一种粮饲菜兼用的作物。其含有大量碳水化合物,同时含有蛋白质、矿物质(钙、磷等)、维生素等。

在块根块茎类作物中,马铃薯的蛋白含量最高(湿重条件下的含量约为2.1%,粗蛋白质约占干物质的9%),粗蛋白质有一部分为非蛋白氮,赖氨酸含量高于玉米。

马铃薯块茎中淀粉约80%,粗纤维含量低,故能量价值高,能值高于甘薯,低于玉米。马铃薯消化率相当高,猪的消化率为94%,反刍动物为80%,故马铃薯是猪的最好饲料之一,饲喂时应经过蒸煮,以提高适口性与消化率。

矿物质含量低且钙少磷多,维生素种类和数量非常丰富,特别是维生素C,每100 g鲜薯含量高达20～40 mg。

9.5.1.2　马铃薯加工产品

马铃薯加工产品主要是马铃薯淀粉,是马铃薯(包括皮)煮熟后干燥并精细磨碎制得,生产工艺与鲜甘薯生产淀粉工艺过程基本相同。主要是由原料的洗涤、磨碎、筛分、分离蛋白质、清洗、脱水和干燥等工序。马铃薯淀粉可分为单粒淀粉、复粒淀粉及半复粒淀粉。马铃薯在食品加工行业另有广泛的应用。

马铃薯蛋白粉是马铃薯提取淀粉后经干燥获得的粉状产品,主要成分为蛋白质。马铃薯经提取淀粉和蛋白质后的副产物为马铃薯渣,主要为纤维类物质。

9.5.1.3　马铃薯中的毒物及动物马铃薯中毒的预防措施

马铃薯含龙葵素(solanine),致毒成分为茄碱($C_{45}H_{73}NO_{15}$),又称马铃薯毒素,是一种弱碱性的苷生物碱,又名龙葵苷,可溶于水,遇醋酸极易分解,高热、煮透亦能解毒。龙葵素具有腐蚀性、溶血性,并对运动中枢及呼吸中枢有麻痹作用。每100 g马铃薯含龙葵苷仅5～10 mg;未成熟、青紫皮的马铃薯或发芽马铃薯含龙葵苷增至25～60 mg,甚至高达430 mg。所以大量食用未成熟或发芽马铃薯可引起急性中毒。且随着贮存时间的延长,龙葵素含量亦逐渐增多。

成熟马铃薯中毒素含量少,饲喂时一般不会引起动物中毒的。未成熟的、发芽或腐烂的马铃薯毒素含量多,大量投喂易引起中毒,出现恶心、呕吐、腹痛、腹泻、水及电解质紊乱、血压下降、昏迷、呼吸中枢麻痹等症状。预防马铃薯中毒措施为:储藏马铃薯时应选择阴凉干燥地方以防发芽变绿;不用未成熟、发芽或是霉烂的马铃薯做饲料,若用,须将嫩芽或霉烂部分除去,加醋充分煮熟后饲用;饲用的马铃薯秧要青贮发酵,或开水浸泡,或煮熟除水后再喂。

9.5.2 甜菜类饲料资源及加工产品

甜菜为藜科甜菜属二年生植物,原产于欧洲中南部,在我国南北各地均有栽培,东北、华北、西北等地种植较多。甜菜主要作为制糖原料,同时也是饲料作物。

9.5.2.1 营养成分及营养特点

甜菜是饲用价值很高的多汁饲料,可供饲用的甜菜有饲用甜菜和糖用甜菜。饲用甜菜含蔗糖少,一般为 $4\%\sim8\%$,而糖用甜菜含糖达 $15\%\sim20\%$。

饲用甜菜和糖用甜菜的粗蛋白质都超过了 14%,且含有丰富的矿物盐和维生素,粗纤维含量低、易消化,是猪、鸡、奶牛等的优良多汁饲料。

9.5.2.2 甜菜加工副产品

甜菜渣为洗净并除茎叶的甜菜萃取制得砂糖后剩下的副产品。甜菜渣为淡灰色或灰色,略有甜味,干燥后呈粉状、粒状或丝状。甜菜渣有烤焦味,说明加热过度,利用率会降低;甜菜渣含水量多,不易贮存,应充分制干。

9.5.2.3 甜菜渣的营养特点

粗蛋白质较少且品质差,必需氨基酸少,尤其是蛋氨酸;甜菜渣中主要成分是无氮浸出物,达 60%(干物质计)以上,消化能值较高;钙、镁、铁等矿物元素含量较多,但磷、锌等元素很少;维生素较缺乏,但胆碱、烟碱含量较多。

9.5.2.4 甜菜渣的饲用方法

新鲜甜菜渣有甜味,适口性好,可直接喂给动物,而且对母畜有催乳作用。但因甜菜渣含有游离酸,大量饲喂易引起动物腹泻,故应控制鲜甜菜渣的喂量。

干甜菜渣因含较多的粗纤维,所以主要适于作反刍动物饲料,一般可取代混合精料中半数以上的谷实类饲料。由于甜菜粗纤维多,体积大,故不宜作仔猪、鸡的饲料,但可用于母猪和育肥猪,用量可占日粮的 20%。

9.5.3 菊芋类饲料资源及加工产品

菊芋为菊科向日葵属宿根性草本植物,又名洋姜。原产北美洲,17 世纪传入欧洲,后传入中国,现我国大多数地区有栽培。其叶、茎、根块均是优质青饲料,也是提取高纯度低聚果糖的最佳原料。

9.5.3.1 营养成分及营养特点

菊芋叶、茎、根块均是优质青饲料,菊芋块茎耐贮存,富含氨基酸、糖、维生素等。每 100 g 块茎中含水分 79.8 g,粗蛋白质 0.1 g,脂肪 0.1 g,碳水化合物 16.6 g,粗纤维 0.6 g,灰分 2.8 g,钙 49 mg,磷 119 mg,铁 8.4 mg,维生素 B_1 0.13 mg,维生素 B_2 0.06 mg,尼克酸 0.6 mg,维生素 C 6 mg,并含丰富的菊糖、多缩戊糖、淀粉等物质。

9.5.3.2 加工产品

菊粉(菊糖)及低聚果糖因其结构明确,生理保健功能确切而成为一种重要的功能性食品。菊芋是提取高纯度低聚果糖的最佳原料。菊粉作为一种天然功能性食用多糖,具有水溶性膳食纤维和生物活性前体的生理功能,因而已被广泛应用于低热量、低糖、低脂食品中。另外,利用菊芋等植物的块茎制备菊粉,再经酶水解直接生产高纯度果糖,具有工艺简单、转化率高、产物纯等优点。

9.5.3.3 饲用价值

菊芋的块茎和地上茎叶可做饲料饲喂兔、猪、羊、驴、马等。既可在菊芋生长旺季割取地上茎叶直接用做青饲料,也可在秋季粉碎后制作干饲料。

9.6 非蛋白氮

非蛋白氮(NPN)是指非蛋白状态的含氮化合物,泛指供饲料添加用的氨、铵盐、尿素、双缩脲及其他合成的简单化合物,目前使用最多的是尿素。反刍动物营养中,早在 19 世纪中叶就引进了 NPN,特别是尿素,它可代替部分蛋白质饲料用于牛羊的饲喂。尿素是人工合成的有机化合物,其含氮量 46% 左右,蛋白质当量为 288%(N×6.25),即 1 g 尿素相当于 2.88 g 蛋白质氮,如按含氮量计算,1 kg 含氮量 46% 的尿素等于 6.8 kg 含粗蛋白质 42.2% 的豆粕。在当今畜牧业中,尿素在反刍动物生产中占有非常重要的地位,尿素饲用技术已为解决蛋白质饲料缺乏问题开辟了新的途径。

9.6.1 反刍动物利用尿素的生物学基础及机理

牛羊等反刍动物具有与猪和家禽不同的消化系统,具有庞大的瘤胃微生物区系,每毫升瘤胃液中的原虫数量在 100 万个,细菌总数可以达到 500 亿个以上。这些微生物群类的种类组成极其复杂,它们大部分能够利用尿素等含氮化合物为唯一氮源,并利用碳水化合物分解后产生的有机酸作为能源,在瘤胃中大量生长和繁殖合成单细胞的菌体蛋白,这种单细胞菌体蛋白大量生成后,随食物进入真胃,在酶的作用下进行水解,变成可以被反刍动物胃肠道吸收利用的肽类和氨基酸。这种反刍动物与其瘤胃微生物群落的共生关系,成为尿素等含氮化合物被反刍家畜利用的生物学基础。国外学者对反刍动物利用尿素的机理进行了大量研究。尿素可以作为日粮的唯一氮源饲喂反刍动物,其机理是:尿素进入瘤胃后,能够迅速被溶解,且被脲酶分解产生氨和二氧化碳,瘤胃微生物利用氨和来自碳水化合物的碳链和能量合成微生物蛋白质,然后再被反刍动物机体利用。

9.6.2　NPN 的种类

9.6.2.1　尿素

1. 质量要求

参照美国《食品化学药典》FCC-Ⅳ,饲料级尿素的质量要求见表9.23。

表 9.23　饲料级尿素质量要求　　　　　　　　　　　　　　%

指　标	指标值	指　标	指标值
尿素(CH_4N_2O)含量	99.0～100.5	铅	≤0.000 5
乙醇不溶物	≤0.04	干燥失重	≤1.0
氯化物	≤0.007	灼烧残渣	≤0.1
重金属(以 Pb 计)	≤0.001	硫酸盐含量	≤0.01

来源:杨振海,2003。

2. 使用方法

一般用于反刍动物。可把尿素干粉均匀地混入精饲料中饲喂,或在青贮饲料中添加,添加量为青贮饲料鲜重的0.5%。在实际应用中也可与谷物细粉或其他含碳水化合物的原料等混合,经加温、加压制成浆状或凝胶状产品;或与矿物质、糖蜜混合制成尿素矿物质舔块。在舍饲条件下,尿素也可以与铡碎的青干草混合饲喂,或直接将尿素喷洒在干草上供牛羊自由采食,但此法浪费较大。使用对象及用量见表9.24。

表 9.24　尿素使用对象及用量　　　　　　　　　　　　　　g/d

动　物　品　种	推荐用量	动　物　品　种	推荐用量
育成牛(6 月龄以上)	40～50	怀孕或哺乳绵羊	13～18
育肥牛(6 月龄以上)	50～90	青年山羊(6 月龄以上)	6～8
泌乳牛(产奶量低于 30 kg/d)	100	成年山羊	10～15
青年绵羊(6 月龄以上)	8～12	兔	2～3

来源:杨振海,2003。

3. 注意事项

尿素在 NPN 饲料中是一种具有代表性的物质。尿素是靠瘤胃细菌的尿素酶作用分解产生氨,所产生的氨同样因细菌的作用被合成蛋白质。因此,尿素作为蛋白质的替代物经常添加在饲料中。但是在饲喂饲料的同时,一时过多地摄取尿素,饮水量也过多时,尿素很容易被溶解。因细菌尿素酶的作用而被分解,在瘤胃内快速产生过多的氨,其中的一部分被胃壁迅速吸收进入血液。血液中氨的浓度超过其界限变得异常高时,会给呼吸中枢造成功能障碍。出现呼吸麻痹、痉挛、在短时间内死亡。这是对急性中毒症而言。慢性的会出现中毒症状,诱发肾功能障碍,镁的吸收障碍,并发低镁症阻碍钙的吸收。

防止氨中毒的方法是在饲喂尿素饲料的同时限制饮水量,严格遵守饲料中尿素含量的适应值等。一般情况下对于牛,在饲料中以 2‰～3‰ 的比例进行添加是适当的,避免饲喂液体饲料,尽量少喂水,让饲料中的尿素在少量的唾液和少量的饮水中徐徐溶解缓慢产生氨气,在细菌的作用下圆满完成从氨气到蛋白质合成的过程。

9.6.2.2 硫酸铵

1. 质量要求

参照美国《食品化学药典》FCC-Ⅳ,硫酸铵的质量要求见表 9.25。

表 9.25　硫酸铵质量要求　　　　　　　　　　　　　　　%

指　标	指标值	指　标	指标值
硫酸铵[$(NH_4)_2SO_4$]	99.0～100.5	灼烧残渣	≤0.25
重金属(以 Pb 计)	≤0.001	硒	≤0.003

2. 功用

作为反刍动物消化道内合成菌体蛋白的氮源,补充饲料中蛋白质的不足,并能提供反刍动物所需的硫元素。

3. 注意事项

一般用于反刍动物,均匀地拌入精饲料中饲喂。绵羊日粮的适宜氮硫比为 14:1,所以当饲喂尿素时应按照每 1 g 尿素氮补充相当于 0.07 g 的硫。但用硫酸铵补充硫时,应将硫酸铵中的氮与日粮中氮及尿素氮等的总和统一考虑。

9.6.2.3 液氨

1. 质量要求

参照中华人民共和国国家标准《液体无水氨》(GB 536—1988)中《优等品》的质量标准提出如下质量要求见表 9.26。

表 9.26　饲料级液氨的质量要求

指　标	指标值	指　标	指标值
氨含量/%	≥99.9	油含量(质量法)/(mg/kg)	≤5
残留物含量(质量法)/%	≤0.1	铁含量(红外光谱法)/(mg/kg)	≤2
水分/%	≤0.1		

2. 功用

常用于制作氨化饲料,尤其是处理粗饲料效果比较好,有助于饲料粗纤维消化率的提高。氨化处理打断了秸秆等粗饲料细胞壁中半纤维素与木质素之间的连接键,使得纤维素易于消化,同时氨化使得细胞壁膨胀,增加了纤维素之间的孔隙度,也改变了细胞壁多糖中酚醛酸、糖醛酸、乙酰基的含量,从而使得瘤胃中微生物附着数量增加,提高纤维素的降解率和消化率。

3. 注意事项

液氨用于粗饲料的氨化时,其用量为秸秆等粗饲料的3%。使用时,将液氨专用的器械(长管)注入粗饲料(主要是小麦秸秆或稻秸)堆垛中,堆垛应用塑料薄膜密封,防止液氨挥发损失。氨对人、畜有害,在空气中浓度不应过高,浓度达到15%～28%时还会引起爆炸。因此,操作时要远离火源,操作人员要经过培训。氨化处理饲料时要密封保存,减少氨的损失。

9.6.2.4 磷酸氢二铵

1. 质量要求

参照中华人民共和国国家标准《磷酸二铵》(GB 10205—2001)提出如下质量要求见表9.27。

表 9.27　饲料级磷酸二铵质量要求　　　　　　　　　　　　　　　　　　%

指　标	指标值	指　标	指标值
总氮	≥14.0	水分	≤2.0
有效磷(以 P_2O_5 计)	≤41.0	粒度(1.00～4.00 mm)	≥80
水溶性磷占有效磷百分比	≤75		

2. 功用

作为反刍动物消化道内合成菌体蛋白的氮源,补充饲料中蛋白质的不足,并提供部分无机磷。

3. 使用方法

可以制作成舔块利用,也可混入青贮饲料中或直接添加于牧草或精料中使用。

9.6.2.5 磷酸二氢铵

1. 质量要求

参照中华人民共和国国家标准《磷酸一铵》(GB 10205—2001)中《优等品》的质量标准提出如下要求,见表9.28。

表 9.28　饲料级磷酸一铵质量要求　　　　　　　　　　　　　　　　　　%

指　标	指标值	指　标	指标值
总氮	≥10.0	水分	≤2.0
有效磷(以 P_2O_5 计)	≤46.0	粒度(1.00～4.00 mm)	≥80
水溶性磷占有效磷百分比	≤80		

2. 功用

作为反刍动物消化道内合成菌体蛋白的氮源,补充饲料中蛋白质的不足,并提供部分无机磷。

3. 使用方法

可以制作成舔块利用,也可混入青贮饲料中或直接添加于牧草或精料中使用。禁止加入饮水中使用。

9.6.2.6　磷酸脲

1. 质量要求

按照中华人民共和国农业行业标准《饲料级磷酸脲》(草案)执行,饲料级磷酸脲的质量要求见表9.29。

表 9.29　饲料级磷酸脲质量标准 %

指　标	指标值	指　标	指标值
总磷	≥19.0	氟	≤0.18
总氮	≥17.0	砷	≤0.002
水分	≤3.0	重金属(以 Pb 计)	≤0.003
水不溶物	≤0.5		

2. 功用

主要为牛羊等反刍动物补氮、补磷。本品对反刍动物的增重和产奶都有显著促进效果,其效果优于尿素等其他非蛋白氮添加剂,其主要原因是磷酸脲含有水溶性磷和释放慢的非蛋白氮。

3. 使用方法

一般用于反刍动物。直接加入牧草或精料中使用,或制作青贮饲料。其使用对象和用量见表9.30。本品用量不宜超过动物所进食总蛋白的 20%,在牛、羊精饲料中的添加量应在3%以下。使用时,还应考虑磷的含量不超标。

表 9.30　磷酸脲使用对象及用量

使用对象	推荐用量	使用对象	推荐用量
奶牛	每 100 kg 活重 18～20 g	羊	20 g/kg(以精料计)
肉牛	每 100 kg 活重 20～25 g	青贮饲料	每 100 kg 鲜料 30～50 g

9.6.2.7　异丁叉二脲

1. 功用

补氮。本品在反刍动物瘤胃中释放出尿素后生成的异丁醛转化为异丁酸,可为瘤胃细菌合成氨基酸时提供碳架,促进微生物蛋白质的合成。

2. 使用方法

本品仅适用于反刍动物,可添加在牧草或精料中使用。育成牛用量占精料混合料的1%～1.5%,羊每天每只 15～20 g,产奶牛添加量占精料的 2%以下。

9.6.2.8　缩二脲

1. 质量要求

按照中华人民共和国国家标准《饲料级缩二脲》(草案)执行,饲料级缩二脲的质量要求见表9.31。

表 9.31　饲料级缩二脲质量标准

指　标	指标值	指　标	指标值
缩二脲含量/%	≥50	重金属(以 Pb 计)/(mg/kg)	≤20
总氮含量(DM 计)/%	≥32	砷(以 As 计)/(mg/kg)	≤2
尿素含量/%	≤20	水不溶物/%	≤0.003
水分含量/%	≤5	粒度(通过 80 μm 孔径试验筛	≥95
缩三脲和三聚氰酸含量/%	≤25	的筛下物)/%	

2. 功用

本品属于尿素深加工的一种产品,用做反刍动物的非蛋白氮饲料添加剂,用于补充氮元素。缩二脲适口性优于尿素,而且安全性高,不溶于水,在瘤胃内降解速度慢,所以毒性低。此外,还具有提高纤维素消化率的作用。

9.7　其他微生物发酵产品及副产品

近年来,豆粕等常规蛋白质资源逐渐紧俏,价格连年飙升,研究者的目光逐渐转向一些非常规的蛋白质资源,微生物发酵生产蛋白质因此再次进入了人们的视野。此类微生物的种类主要包括细菌、酵母菌、担子菌等。生产方式包括固体培养和液体培养。产物的利用方式有两种:一是将微生物与培养基分离,利用微生物作饲料,称为单细胞蛋白质饲料(SCP);二是将微生物与培养基一起干燥,以混合物的形式利用。因最常用微生物为酵母,故而以酵母为饲料的又称饲料酵母;以酵母菌和培养基混合物为饲料的又称为酵母饲料。

9.7.1　微生物发酵产品及副产品分类

9.7.1.1　利用特定微生物和特定培养基发酵获得的产品

1. 赖氨酸渣

利用大肠杆菌 K12、谷氨酸棒杆菌、乳糖发酵短杆菌或经农业部批准使用的菌种和由蔗糖或糖蜜或淀粉或其水解液、铵盐或其他含氮化合物等植物或化学来源组成的基底发酵生产 L-赖氨酸后剩余的固体副产品;此类产品可能经过水解。需指明所使用的具体菌种。

2. 谷氨酸渣(味精渣)

利用谷氨酸棒杆菌和由蔗糖、糖蜜、淀粉或其水解液等植物源成分及铵盐或其他矿物质组成的培养基发酵生产谷氨酸后剩余的固体副产品。菌体应灭活,可进行干燥处理。

3. 其他副产物

如苏氨酸、色氨酸等其他氨基酸、维生素发酵副产物、柠檬酸等有机酸发酵副产物。

9.7.1.2 利用特定微生物和培养基培养获得的菌体蛋白类产品

1. 酵母蛋白

在植物来源基底(糖蜜、糖浆、酒精、酿酒副产物、谷物及含有淀粉、果汁、乳酸、糖、水解植物纤维)及发酵营养物基底(氨或微矿盐)上培养酿酒酵母或产朊假丝酵母获得的全酵母及其组分。要求总蛋白含量>36%(以干基计),酵母菌体>150亿/g(以干基计)。产品名称应标明具体的酵母菌种,如产朊假丝酵母蛋白。

2. 糟渣类发酵副产物

①醋糟。以高粱、麦麸及米糠等为原料,经米曲霉、黑曲霉、啤酒酵母和醋杆菌发酵酿造提取食醋后所得的残渣。

②酱油渣。以大豆、豌豆、蚕豆、豆饼、麦麸及食盐等为原料,经米曲霉、酵母菌及乳酸菌发酵等一系列工艺酿制酱油后剩余的残渣经灭菌、干燥后得到的固体产物。

③葡萄酒酒糟。工业法生产葡萄酒的副产物,由分离发酵葡萄汁后的液体/糊状物组成,还可能包含有死细胞和/或用于发酵的微生物组分,以及酒精、酿酒副产物、果汁、糖等发酵产物。

④柠檬酸干燥发酵渣(不含可溶固形物)。以含有淀粉的谷物(通常以玉米、甘薯、木薯等)为原料发酵生产柠檬酸后的残渣经过滤、脱水干燥制成的蛋白饲料。此产品可经过粉碎(不包含石油副产品来源的柠檬酸发酵渣)。

⑤柠檬酸干燥发酵渣(含可溶固形物)。以含有淀粉的谷物(通常以玉米、甘薯、木薯等)为原料发酵生产柠檬酸后的滤清液干燥浓缩并与滤渣混合干燥而获得的蛋白质饲料(不包含石油副产品来源的柠檬酸发酵渣)。

⑥柠檬酸发酵残渣固液混合物。以含有淀粉的谷物(通常以玉米、甘薯、木薯等)为原料发酵生产柠檬酸后未经干燥的菌体和萃取的液体培养基,或者萃取的未经干燥的菌体和液体培养基残渣(不包含石油副产品来源的柠檬酸发酵渣)。

9.7.2 单细胞蛋白类蛋白饲料资源及加工产品

我国再生资源十分丰富,据不完全统计,全国适于单细胞蛋白质生产的工业废液7 200万t以上,废渣7 500万t以上,还有数量可观的农村废弃物,因此,我国发展单细胞蛋白质生产潜力大,具有广阔的开发前景。

单细胞蛋白简称SCP(single cell protein);菌体蛋白简称MBP(microbiological protein)。严格来说,SCP是指单细胞微生物如酵母菌、细菌等的菌体蛋白,而MBP是指多细胞微生物,主要是丝状真菌、大型真菌的菌丝体蛋白。1967年在第一次全世界单细胞蛋白会议上,将微生物菌体蛋白统称为单细胞蛋白。

单细胞蛋白是一种通过工业方法增殖培养单细胞微生物而获得的菌体蛋白。按生产原料不同,可以分为石油蛋白、甲醇蛋白、甲烷蛋白等;按产生菌的种类不同,又可以分为细菌蛋白、真菌蛋白等。目前生产SCP的微生物有四大类:即非致病和非产毒的酵母、细菌、真菌和藻类。生产SCP的一般工艺过程为:菌种→菌种扩大培养→发酵罐培养→分离→菌体→洗涤或水解→分离→蛋白质提取→纯化→干燥→SCP。

9.7.2.1　单细胞蛋白的营养价值

单细胞蛋白所含的营养物质极为丰富。但是因为微生物及培养基不同,其养分含量变异较大(表 9.32)。一般蛋白质含量高达 40%～80%,比大豆高 10%～20%,比肉、鱼、奶酪高 20%以上;氨基酸的组成较为齐全,蛋白质生物学效价高。单细胞蛋白中还含有多种维生素、碳水化合物、脂类、矿物质,以及丰富的酶类和生物活性物质,如辅酶 A、辅酶 Q、谷胱甘肽、麦角固醇等。

表 9.32　不同 SCP 养分含量(干物质基础)　　　　　　　　　　　　　　%

养分	啤酒酵母	石油酵母	纸浆酵母	海藻	真菌	细菌
蛋白质	56.7	62.9	48.9	52.0	32.0	74.0
脂肪	0.7	9.4	2.5	15.0	5.0	8.0
粗灰分	9.2	6.3	6.1	7.0	2.0	8.0
粗纤维	2.2	—	4.9	11.0	28.0	—
赖氨酸	—	4.2	—	2.4	1.5	4.1
蛋氨酸	—	1.7	—	1.7	0.8	2.3

来源:李德发,2003。

单细胞蛋白作为饲料蛋白,已被世界各地开发应用。例如用假丝酵母及产朊酵母作为菌种,利用亚硫酸废液或石油生产酵母菌体,可用于牲畜饲料。用它喂养家禽、家畜,效果好、生长快,奶牛产奶多,鸡产蛋率增高,并能增强机体免疫力。

9.7.2.2　单细胞蛋白的优点

①营养丰富、生物效能高。

②利用原料广,可就地取材,廉价大量地解决原料问题。可以变废为宝,利用农副产品的下脚料甚至是工业废水、烃类及其衍生物进行生产,这些资源数量多,其用后可以再生,并可实现环境保护。

③可提供稳定的蛋白质来源。微生物蛋白可进行连续的工业化生产,比农业生产需要的劳动力少,不受季节、土地和气候的限制。

④使用设备简单,占地面积小。单细胞蛋白可以在大型发酵罐中立体式培养,占地面积小。

⑤繁殖快,生产周期短,生产效率高,在同一时间内,合成蛋白质的能力比植物快几倍到几万倍,比动物快千万倍。

⑥单细胞生物易诱变,比动、植物品种容易改良。

9.7.2.3　单细胞蛋白饲料的安全性

单细胞蛋白作为饲料蛋白,虽然得到了一定的应用,但对其安全性,联合国蛋白质咨询组做出了一系列规定:生产用的菌株不是病原菌、不产生毒素;石油原料中多环芳香烃含量低;农产品来源的原料重金属与农药的残留较少,不能超过要求;培养条件及产品处理中,无污染、无溶剂残留和热损害;最终产品中应无病原菌,无活细胞,无原料和溶剂残留。最终产品必须进行白鼠的毒性试验和两年的致癌试验;还要进行遗传、哺乳、致畸及变异效应试验。这些试验通过后,还要做人的临床试验,测定人对单细胞蛋白的可接受性和耐受性。

9.7.2.4　单细胞蛋白饲料的饲喂注意事项

①单细胞蛋白含大量核酸(特别是RNA),由于细菌和酵母生产的单细胞蛋白质中RNA含量分别为13%~22%和6%~41%,高水平核酸使得肝脏嘌呤代谢提高,尿酸大量产生,导致尿结石及代谢紊乱。只要单细胞蛋白的添加量不超过日粮总蛋白的15%,这种情况即可得到缓解。

②单细胞蛋白质中含有对动物有害的物质,特别是用石油衍生物培养的单细胞蛋白更是如此。这可以通过筛选培养底物加以解决。研究表明,单细胞蛋白质(在含甲醇培养基中产生的)所含的微量有毒成分虽然会在动物脂肪组织中沉积下来,但在未发挥毒害作用之前就已经被降解了。

③日粮中单细胞蛋白质的消化率比常规蛋白质低10%~15%,其原因有二:一是单细胞蛋白质中含有毒菌肽,能与日粮中蛋白质结合,阻碍蛋白质的消化;二是单细胞蛋白质中含有一些不能消化的物质,如菌聚糖和甘露聚糖,对日粮干物质的消化起副作用。虽然热处理可以提高单细胞蛋白质的消化率,但是鸡的生产性能却有所下降,这是由于热处理影响微生物的生存能力,使微生物刺激胃肠发酵、维生素合成和能量代谢的能力下降。

④饲喂单细胞蛋白质也带来氨基酸供应不平衡的弊端,特别是酵母生产的单细胞蛋白质往往含有较多的赖氨酸,而精氨酸含量则很低。这使得部分动物日粮中的赖氨酸与精氨酸的比例上升,动物代谢和蛋白质合成紊乱,致使动物生产性能下降。这可以通过在加工单细胞蛋白质过程中添加高精氨酸类物质加以解决。此外,额外添加适量蛋氨酸,既可弥补蛋氨酸不足,又能获得最大生产性能。

⑤由于单细胞蛋白质的生产工艺和原料不同,单细胞蛋白质产品中的菌体细胞数量有很大差别,故而在选用单细胞蛋白质时,不要只考虑其粗蛋白质的含量,还应该考虑其中的菌体数目。

9.7.3　酵母类蛋白饲料资源及加工产品

酵母饲料是利用酿造、制糖、造纸、食品等工业部门的废水、废液等为原料,接种酵母菌,经发酵干燥而成的蛋白质饲料。酵母饲料具有良好的饲用价值。酵母饲料的蛋白质来自培养基和酵母,主要取决于培养基,一般粗蛋白质含量在30%~45%。酵母饲料含有丰富的维生素、酶、其他营养物质及一些重要的辅助因子。维生素B_2平均含量为40.1~142 mg/kg。酵母饲料中丰富的B_2和尼克酸使其成为畜禽的维生素来源。美国发现的一种红霉素含有丰富的类胡萝卜素,能加强动物产品的着色效果。

酵母饲料的生产过程是一个使所选用的酵母菌种在精心设置的生产工艺环境下利用特制的培养基进行深度发酵并产生细胞外代谢产物的生物反应过程。酵母菌种、培养基和发酵生产工艺是酵母饲料生产的三大要素。经过发酵生产后,酵母饲料所形成的终端产品是一个包含了少量酵母细胞、变异培养基和细胞外代谢产物的混合物。酵母饲料的生产制作以获取更多的酵母细胞外代谢产物为目的,而代谢产物是被用来作为动物胃肠道内微生物的营养。

9.7.3.1 酵母饲料对反刍动物的作用及其机理

1. 酵母饲料对反刍动物的作用

大量的研究证明,酵母饲料可提高反刍动物对饲料干物质、纤维素、半纤维素、蛋白质等有机物和磷的消化率,对反刍动物的作用主要在提高采食量、日增重、产奶量和改善乳成分及机体免疫等方面。

2. 酵母饲料对反刍动物的作用机理

对于酵母饲料作用机制的研究,首先是建立在反刍动物牛和羊瘤胃的研究基础之上的。根据大量的体内与体外的试验结果,Dowson(1990)提出了一个模型解释酵母饲料对瘤胃的作用机制,认为酵母饲料对瘤胃的调控是通过瘤胃细菌得以实现的。一方面,酵母饲料可以提高瘤胃厌氧微生物,特别是纤维分解菌的浓度。酵母饲料可以直接刺激体外瘤胃厌氧微生物、纤维分解菌的生产与繁殖,有助于粗纤维和其他营养物质的消化,从而促进反刍动物生产性能的提高。有研究表明,酵母饲料在 12 h 内可以提高干物质的降解率,对培养 24 h 后干物质的降解率影响不大,说明酵母饲料主要促进纤维初始阶段的降解。另一方面,酵母饲料可以促进乳酸利用菌的生长,维持瘤胃内环境的恒定。营养物质在瘤胃内迅速发酵所产生的大量有机酸导致瘤胃 pH 下降,过低的 pH 抑制瘤胃微生物的生长,降低动物对营养物质特别是粗纤维的利用,导致瘤胃功能失调。对犊牛,瘤胃内低 pH 是抑制采食量的限制因素,因此,促进微生物对乳酸的利用,增加瘤胃 pH 具有重要意义。瘤胃内 pH 的适当升高,有利于瘤胃微生物的增值,从而促进营养物质的消化吸收,尤其是瘤胃内氨态氮的利用,合成更多的蛋白质,促进某些特异菌群的生长。

9.7.3.2 酵母饲料对单胃动物的作用及其机理

酵母饲料不仅能提高单胃动物对各种营养物质及粗纤维的利用、促进日粮中磷的消化、提高动物的生产和繁殖性能,同时也对增强机体免疫力和抗病力有一定效果。

研究结果表明,添加酵母饲料于火鸡饲料中,发现酵母饲料可以降低火鸡回肠内每毫米肠绒毛上杯状细胞数量,隐窝深度下降,表明酵母饲料可以改变肠道结构。肠道隐窝深度决定肠绒毛通过有丝分裂产生上皮细胞的浓度。隐窝深度下降,表明上皮细胞更新率下降,更新率的下降是肠道微生物所产生毒素浓度下降的结果。所以,补饲酵母饲料,可能降低肠道微生物所产生毒素的浓度。另外,上皮细胞更新率降低可节省一部分能量用于动物的生产需要。

酵母饲料在畜禽饲料中的添加量应该随着饲粮和动物种类的不同而不同,一般以 3%～5% 为宜。

9.7.3.3 酵母饲料对霉菌的抑制

有许多研究者发现,酵母饲料可以抑制霉菌毒素对动物的危害。酵母饲料抑制或者削弱黄曲霉毒素的效应在于它补充了各种酶,提高了饲料利用率。真菌可以生产多种类型的生物酶,这些酶对黄曲霉毒素具有降解作用。酵母饲料抑制黄曲霉毒素的另一个可能是通过与黄曲霉毒素形成螯合物经肠道排出体外。

9.7.3.4 酵母饲料的着色效应

由于酵母饲料含有丰富的类胡萝卜素——虾青素,因此是家禽和鲑鱼的潜在着色剂。水解酵母细胞释放的虾青素可以被动物完全吸收,可有效地加强鲑鱼、鲟鱼的肉色,使鸡蛋卵黄颜色加深提高动物产品的商品价值。

9.7.4 其他微生物蛋白产品

9.7.4.1 石油酵母

我国是世界石油生产大国之一,年产原油 1 亿 t 以上,如能利用 1% 开发饲用酵母,可年产石油酵母 100 万 t,这是一笔可贵的蛋白资源。

石油酵母是以石油烃系物(正构烷烃、石油及石油化工产品)为唯一碳源而大量繁殖的微生物菌体蛋白,也叫石油蛋白。石油酵母作为新型蛋白质饲料来源,已经引起许多国家高度重视,比较活跃的国家有英国、前苏联等。英国 BP 公司率先于 1971 年建成投产,1972 年,法国、意大利、日本、捷克等国先后建厂投产,规模产量达 18 万 t;1973 年前苏联建成世界最大的以正构烷烃为原料的年产 20 万 t 石油酵母工厂。表 9.33 为石油酵母的营养成分,表 9.34 为石油酵母对不同畜禽体内及体外消化率。

表 9.33　石油酵母一般成分(英国 BP 公司产品)

样品	粗蛋白质/%	粗脂肪/%	总能/(MJ/g)	水分/%	砷/(mg/kg)	汞/(mg/kg)
A	52.7	8.4	21.2	4.8	3.0	0.07
B	64.0	8.7	22.6	4.5	—	0.03
C	57.5	10.5	22.3	4.7	—	—

来源:董玉珍,2004。

表 9.34　石油酵母消化率(英国 BP 公司产品)

样品	粗蛋白质消化率/%			胃蛋白酶消化率/%	
	肉雏鸡	育肥猪	犊牛	生物测定	化学测定
产品 A	88	92	87	98	92
产品 B	85	94	87	101	92
鱼粉	88	90	—	89	87
大豆粕	88	97	—	98	—

来源:董玉珍,2004。

石油酵母的粗蛋白质含量约 60%,水分 5%～8%,粗脂肪 8%～10%。赖氨酸含量接近优质鱼粉,但是蛋氨酸含量很低。粗脂肪多以结合型存在细胞质中,稳定、不易氧化、利用率较高;矿物质中铁高、碘低;维生素 B_{12} 不足。

根据石油酵母的营养特点,最好用于育成鸡、蛋鸡和育肥猪后期饲料中。从能值、蛋白质含量和适口性等方面综合考虑,石油酵母不宜单独取代鱼粉。石油酵母适于高水温鱼利用,因为高水温鱼体温高,肠道酵素活性大,对酵母消化率高,其效果鲤、鳗鱼优于鲱、鲇鱼。畜禽饲粮中酵母的最大添加量:肉鸡、产蛋鸡5%～10%,育肥猪5%～15%;鱼类:鲤鱼、鳗鱼20%～40%,鲱鱼、鲇鱼10%～30%。

不同系列石油酵母的蛋白及有害物质检测值见表9.35。

表9.35　石油酵母与其他酵母安全性比较

项目	分析者	粗蛋白质/%	残烃/%	芳烃/%	苯并芘/(μg/kg)	铅/(mg/kg)	砷/(mg/kg)	汞/(mg/kg)
规定值*			<0.5	<0.05	<5	<5	<2	<0.1
柴油酵母(新疆)	新疆化学所	44.8	0.4	0.0094	4.88	—	—	0.08
正构烷烃酵母(上海)	上海有机所	57.8	—	(1)0.06 (2)0.003	(1)5.0 (2)1.2	3.0	0.07	0.029
糖蜜酵母	上海有机所	45	—	—	14.2	3.3	0.1	0.034
面包酵母(西欧)	G Grimmer	—	—	—	8.0～40.4			
卷心菜(西欧)	G Grimmer	—	—	—	15.6～20.45			

注:* 为联合国蛋白质顾问小组关于供动物饲料用的蛋白质来源营养和安全指导系列(15号)规定值。(1)为水洗酵母,(2)为"双脱"后的酵母。

石油酵母的重金属、霉菌毒素、致癌物质等含量要认真测定,严加管制。另外,石油酵母若洗涤不充分,其石油臭味将影响它的适口性。

9.7.4.2 单细胞藻类

1. 绿藻

绿藻呈深绿色,可以生长在咸水中或以脏水、动物的粪便、或其他废弃物为肥料的池塘内。具有苦味、营养成分较全,含有动物未知的生长因子,类胡萝卜素含量丰富等特点,所以被认为是一种既可以作为动物饲料又可以净化动物及人类废弃物的有机物。但是绿藻细胞壁厚,叶绿体不易被消化,所以畜禽和水产动物对其消化率很低,饲料中利用量受到限制。一般可少量用于猪鸡饲料;鸡料用量应该<10%(用量达10%时轻度下痢,20%时出现发育不良等症);生长猪料15%;水产动物如金鱼、锦鲤、斑节虾20%左右。

小球藻是一种微细绿藻,繁殖力极强,人工培养,在短时间内可以获得大量藻体。干燥藻体中含有50%的蛋白质、丰富的维生素和叶绿素,是优质的蛋白质饲料。

2. 蓝藻

蓝藻可以生长在因碱性强而不能用于灌溉的淡水和湖泊里。这种高pH的水可以保证为蓝藻的光合作用提供丰富的二氧化碳,有利于提高产量。蓝藻的粗蛋白质含量为65%～70%,粗脂肪、粗纤维含量比绿藻低,无氮浸出物含量比绿藻高。赖氨酸、蛋氨酸含量低,精氨酸、色氨酸含量高,氨基酸组成略欠平衡。脂肪以软脂酸、亚油酸、亚麻油酸居多,维生素C含量丰富,其他两者相近。由于蓝藻适口性好,故而可以大量用于猪、牛、羊饲料。禽类对其利用率稍差。蓝藻是水产动物的优质诱食料,对金鱼、锦鲤鱼尤为明显。

蓝藻的蛋白质产量非常高,每亩所产蛋白是玉米所产蛋白的 125 倍,鱼类的 70 倍,牛肉产品的 600 倍,所以是一种发展前景广阔的藻类。

3. 螺旋藻

是目前常用微藻(小球藻、绿藻、螺旋藻)中蛋白质含量最高、营养最全面、消化吸收及适口性最好、无毒副作用、安全性最高的藻类。

9.7.4.3 饲用氨基酸

氨基酸在现代饲料工业中的地位极其重要。这主要是由于:赖氨酸、苏氨酸、蛋氨酸、色氨酸等饲用氨基酸是配合饲料中必不可少的基础原料。2004 年,我国饲料工业消费工业氨基酸 32 万 t,总价值 65 亿元;而近年我国饲用氨基酸年产量已达 70 万吨。工业氨基酸是以可消化氨基酸配制平衡日粮为核心内容的现代饲料工业标志性技术的基本调控手段;在饲料中使用饲用氨基酸可将猪和家禽饲料蛋白质水平降低 2~4 个百分点(如在我国广泛采用,每年将节约相当于 500 万 t 豆粕的蛋白质饲料)而不影响其生产性能,同时使排泄物中的氮含量减少 15%~35%。

目前,世界氨基酸年总产量超过 150 万 t,其中约 1/3 被我国消费。我国除赖氨酸以外,其他饲用氨基酸都靠进口,仅 2004 年就花费近 30 亿元。"八五"以来,我国的赖氨酸生产技术有了长足的进步,赖氨酸生产已初具规模,但国际竞争力仍然不强,苏氨酸、蛋氨酸、色氨酸还处在实验室研究阶段;此外,随着我国饲料工业的快速发展,对氨基酸的需求会越来越大。这样的需求不可能全部依赖进口,必须解决饲用氨基酸生产技术并实现产业化生产。因此,进行饲用氨基酸技术集成研究与产业化示范既是促进我国氨基酸产业升级的客观需求,也是促进我国饲料工业发展的客观需求。

通过国家"十一五"科技支撑计划中开展的饲用氨基酸技术集成与产业化示范技术研究,到"十一五"末,赖氨酸菌种产酸率从 15% 提高到 17%,糖转化率从 45% 提高到 55%,发酵时间从 60 h 缩短到 48 h;堆积密度超过 650 kg/m³,均匀度变异系数控制在 10% 以下;产业化生产条件下,苏氨酸菌种产酸率从 8% 提高到 10%,糖转化率从 35% 提高到 40%,发酵时间从 42 h 缩短到 36 h,产品收率从 75% 提高到 90%;蛋氨酸菌种产酸率从 5% 提高到 10%,糖转化率从 40% 提高到 45%;高效表达色氨酸基因工程菌 1 株;到"十一五"末,赖氨酸出口量达到 10 万 t 以上;建立苏氨酸产业化生产示范工厂 2 座,生产能力达到 20 000 t;建立蛋氨酸产业化生产示范生产工厂 1 座,生产能力达到 30 000 t。

(本章编写者:李艳玲,许贵善,屠焰,杜伟)

第 **10** 章

蛋白质饲料资源开发新技术

近年来,饲料资源制约逐渐成为中国饲料行业和畜牧生产发展的瓶颈。目前,我国饲料粮消耗已接近粮食总产量的 40％,预计到 2020 年和 2030 年,比重将分别达到 45％和 50％以上,但粮食预期年增量只有 1％左右,饲料粮缺口在所难免,其中优质蛋白质饲料资源将更加紧张。到 2020 年,中国蛋白质饲料的供需缺口将达到 4 800 万 t 以上,目前大豆和鱼粉等优质蛋白质饲料对进口的依存度已超过 70％。我国应用最广泛的蛋白质饲料主要有豆粕、菜粕、棉粕和鱼粉。近年来由于自然环境恶化和过度捕捞造成渔业资源破坏、产地分布及国际市场垄断等问题的存在,导致鱼粉类蛋白质饲料价格居高不下,已成为养殖业的巨大负担。而植物性蛋白质饲料在中国资源丰富,产量巨大,因此如何改善植物性蛋白质饲料的利用率和饲喂效果将成为养殖业关心的大问题。

目前,在蛋白质饲料资源开发方面有很多新技术得到了广泛应用和发展,主要包括生物技术中的发酵与酶解技术、新的制油工艺和技术、挤压膨化技术和高效干燥技术等。这对扩大我国蛋白质饲料资源和提高蛋白饲料资源利用率都具有重要的推动作用。

10.1 发酵与酶解技术在蛋白饲料原料开发中的应用

饲料微生物发酵与酶解技术是指在人为可控制的条件下,以植物性农副产品为主要原料,通过高效生物因子(多种微生物活菌、各种分解酶)的作用,降解部分多糖、蛋白质和脂肪等大分子物质,生成有机酸、可溶性多肽等小分子物质,形成营养丰富、适口性好、活菌含量高的生物饲料或饲料原料。

10.1.1 饲料微生物发酵技术

微生物发酵蛋白饲料的方法包括固态发酵、液态发酵、吸附在固体表面的膜状培养以及其他形式的固定化细胞培养等。目前多以固态发酵和液体深层发酵为主。

10.1.1.1 固态发酵

固态发酵(solid state fermentation,SSF)是指微生物在没有或几乎没有自由水的固体营养基质上生长的过程,且有厌氧和好氧之分。固态发酵历史悠久,并具有培养基简单且来源广泛,投资少,能耗低,技术较简单,产物的产率较高,环境污染较少,后处理加工方便等优点。同时,由于固态发酵含有不溶于水的固体、少量的水分及空气,使发酵体系具有气、液、固不均匀三相,存在严重的浓度梯度及传热、传质困难;并且现代发酵技术的首要条件是纯种培养,不允许自然界的其他微生物进入,造成杂菌污染,加上现代工业对大规模集约化生产的要求,制约了固态发酵广泛的生产应用。但是随着现代微生物基因遗传技术的应用、优良菌株的发现和筛选,以及生产工艺等方面的改进,固态发酵技术也得到了进一步发展。

典型的固态发酵工艺流程包括厌氧和好氧两个过程,如图 10.1 所示。

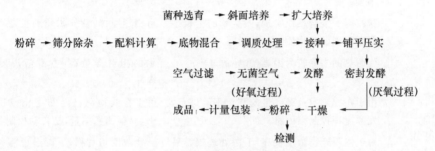

图 10.1　微生物固态发酵工艺流程

10.1.1.2 液体深层发酵

液体深层发酵有分批发酵和连续发酵两种。分批发酵是指在一个密闭系统内投入有限数量的营养物质,并接入一定量的微生物菌种进行培养,在特定的培养条件下只完成一个生长周期的发酵过程。连续发酵是在对数期用恒流法培养菌体细胞,使基质的消耗和补充、细胞繁殖与细胞物质抽出率维持相对恒定。该法和分批培养相比,不易染杂,质量稳定。近年来兴起的生物反应器和分离耦合技术在液体深层发酵中的应用已取得了很大进展,根据不同的菌种控制好不同的发酵条件如营养成分、温度、pH、搅拌等是决定发酵成功与否的关键因素。液体深层发酵具有发酵时间短,效率高,适合于工业化生产和易于控制条件等优点,但存在着投资大,生产成本较高等缺点。

液体深层发酵工艺流程:

斜面菌种→种子罐→发酵罐→板框过滤或介质吸附→干燥→粉碎→质检→包装→成品

10.1.1.3 固体发酵和液体发酵的特点

固态发酵和液态发酵的本质区别是以气相还是以液相为连续相,具体表现是游离水的含量多少。固体发酵基质含水量可以有效控制在30%～85%。与固体发酵相反,典型的深层液体发酵的发酵液中只有5%左右溶质,至少95%的水。现代固态发酵技术的应用潜能巨大,但与液体发酵相比,固态发酵的数学模型,传质、传热等方面还缺乏相关资料。液体深层发酵已经经过了较长时间的使用和研究,但仍然存在许多难以克服的缺点,需要新技术的出现加以解决。两种发酵技术的特点对比详见表 10.1。

表 10.1　固态发酵和液态发酵特点比较

项目	固态发酵	液态发酵
培养基质水分含量	低	高
水活度	较低水活度,杂菌不易生长	水活度高,许多微生物都可生长
培养基	原料种类少,但成分不完全明确,无机盐种类要求不多;培养基体积分数高,高基质浓度导致产品浓度高,故体积生产率高	由多种纯度高、化学物质明确的组分配合而成,培养基体积分数较低,故体积生产效率较低;高基质浓度导致流体流变学的问题,需要流加培养
通风问题	由于物理层压力降较小,故通风动力消耗不大	需要高压空气,从气相到液相的传氧系数较小
混合问题	颗粒内的混合难以实现,微生物的生长主要受限于营养物质的扩散问题	可剧烈搅拌,营养物质的扩散不是制约微生物生长的主要因素
产热	代谢热的去除较为困难,常导致过热	水的相对含量高,发酵液温度控制较容易
控制	由于在线测定及菌体量的测定不易进行,发酵过程控制很困难	许多在线检测已经实用化或正在研发中,易检测菌体量,易自动控制
下游过程	由于体积产物浓度较高,下游处理较容易进行,萃取时易污染基质成分	产物浓度相对稀,下游过程需分离掉大量水分,产品的纯化相对较易
污染	没有大量的水污染	产生大量的废水
动力学研究	微生物生长动力学和传递动力学研究不够	微生物生长动力学和传递动力学研究充分,可用于指导发酵反应器的设计和放大

10.1.2　固态发酵技术在新型蛋白饲料资源开发中的应用

目前在蛋白饲料资源的开发领域,固态发酵由于具有原料预处理容易、设备简单、成本较低、产品后处理方便等优势,近年逐步得到了应用。本节将主要介绍固态发酵技术在蛋白饲料资源中的应用现状。

10.1.2.1　固态发酵饲料的常用菌种

固态发酵过程中菌株的选择至关重要,作为微生物蛋白饲料的生产菌种,其原则为:
①对所要处理的饲料原料作用要大;
②菌种细胞及代谢产物对动物无毒无副作用;
③对其他菌株不拮抗;
④繁殖快、性能稳定、不易变异;
⑤对环境适应性强。

固态发酵的常用菌种有乳酸菌、酵母菌、芽孢杆菌和光合细菌等。乳酸菌是一种厌氧或兼性厌氧的革兰氏阳性菌,可以分解糖类产生乳酸,对胃中的酸性环境有一定的耐受性。在动物体内通过生物拮抗降低 pH,阻止和抑制致病菌的侵入和定殖;并能有效降解亚硝酸铵、氨、吲哚和粪臭素等有害物质,从而维持肠道的正常菌群平衡。酵母菌富含蛋白质、核酸、维生素和多种酶类,具有增加饲料适口性和增强消化吸收等功能。用于饲料中的酵母菌主要有假丝酵母、啤酒酵母等。芽孢杆菌在一定条件下产生芽孢,耐酸碱、耐高温和挤压,在肠道环境中具有高度的稳定性。目前主要使用的菌株有枯草芽孢杆菌、地衣芽孢杆菌和纳豆芽孢杆菌等。光合细菌的细胞成分优于酵母菌及其他种类微生物,菌体中必需氨基酸的含量高于酵母菌,而且可产生辅酶 Q 等生物活性物质,提高宿主的免疫力。

10.1.2.2　固态发酵设备

固态发酵是在固态发酵反应器中进行的。固态发酵反应器应能满足以下几个条件:

①防止发酵过程污染物的进入,同时控制发酵过程的有机体释放到环境中去。

②可通过通风调节、混合和热的移除来控制温度、水活度、气体的氧浓度等参数。

③维持基质床层内部的均匀性,可通过有效混合获得。

④总的固态发酵过程包括培养基的制备、培养基的灭菌、产品回收之前生物量的灭菌、接种体的准备、生物反应器的安装和拆卸。

传统固态发酵一般在简单的敞口发酵容器中进行,而现代固态发酵技术是在密闭的固态发酵反应器中进行。以基质的运动情况固态发酵反应器可以分为两种:静态固态发酵反应器,包括浅盘式和塔柱式反应器和强制通风物料静态反应器等;动态固态发酵反应器,包括机械搅拌的筒、柱式、转筒式反应器等。

①在静态固态发酵反应器中,物料在发酵过程中处于静止状态,设备具有结构简单、放大问题小、操作能耗低等优点;缺点是由于物料处于静止状态,传热和传质即热量和氧气传递困难,从而会导致基质内部温度、湿度不均,菌体生长状态不均匀,在发酵过程中通常需要间歇翻动物料来解决。

②动态发酵反应器中,物料处于间歇或连续的运动状态,有利于传热和传质,设备结构紧凑,自动化程度相对较高;但由于机械部件多,结构复杂,灭菌消毒比较困难,动态发酵的搅拌能耗过大,因此设备的放大较困难。

10.1.2.3　固态发酵基质

固态发酵基质一方面提供微生物所需营养,另一方面充当细胞固定化生长的载体。基质可以影响发酵的传质、传热及微生物的代谢功能,因此对发酵的过程和效果至关重要。人们对基质研究比较透彻,主要集中在基质的特性、预处理及灭菌等方面。

1. 基质的特性

基质本身的物理因素(颗粒大小、形状、孔隙率、纤维含量、黏度、颗粒之间扩散能力等)和化学因素(聚合度、疏水性、结晶度及电化学性质等)对微生物的生长代谢有重要影响,其中颗粒大小、湿度和水活度的影响较大。微生物对固体基质的利用受到多种不同物理化学因素的影响。影响固体基质发酵动力学的这些因素可以分为两类:一类涉及固形物的宏观形态和性质,如形状、比表面积、结晶度和无定形性、固体内的可扩散性、多孔性及固体表面的可传质性及其变化速度;另一类是与多聚物降解相关,多聚物在细胞外部被水解成能穿过细胞膜的低聚物和小分子,从而被微生物利用。

固态发酵生产蛋白饲料所用基料大多是含有淀粉或糖的农副产品及其渣粕类和工业废渣等,常用的发酵基质包括大豆等油料籽实加工产品、玉米、碎米、木薯、麸皮等糠麸、甘蔗渣、玉米皮渣、酒糟等。

2. 基质的预处理

为了使物料更容易被微生物利用,需要对物料进行物理或化学处理,如浸提、粉碎、裂解及碱化学处理以提高发酵效率,然后再进行灭菌以防止杂菌的污染。辅料一般用麸皮(主要是作为一种膨松剂,同时也可作为辅助碳源)和一些碳水化合物(如玉米粉),来增进菌株的生长;培养基中可加入少量无机营养盐提供磷、钾、硫等,使微生物快速生长从而分泌适当的酶分解底物获得养分。

3. 灭菌

固态发酵产品在生产加工过程中,杂菌侵入产品机会很多,需要对产品进行灭菌后才可应用。影响灭菌效果的因素主要有杀菌剂的性质、浓度与作用时间、微生物的种类、数量以及灭菌温度等。固态物料的灭菌法有物理法和化学法。

物理灭菌法包括干热灭菌法、湿热灭菌法、辐射灭菌法和微波灭菌法等。选择何种方法对固态发酵产品进行灭菌,需要考虑多种因素。其中产品含水量及热敏性成分是重要的因素。对于含水量较高的固态发酵产品,可采用湿热灭菌法和微波法。如果产品含水分较低,但含菌数很高,比较可行的方法为辐照灭菌法。

化学灭菌法常用的有环氧乙烷消毒法和臭氧灭菌法。对于非食品类产品在没有特殊规定的情况下可以采用化学灭菌法,但对于食品或药品类产品,则要慎用。主要原因是熏蒸用的化学药品可能残留于产品中,而许多适合于熏蒸杀菌的化学品都是对人体有害的,如环氧乙烷、溴丙烷等。环氧乙烷消毒方法在有些国家现已明令禁止使用。

10.1.2.4　固态发酵条件

1. 湿度及物料含水量

基质的含水量和反应器的相对湿度被认为是影响产率的重要因素。基质的含水量影响到微生物生长状态、营养物质的扩散及利用、氧和二氧化碳的交换等。水分过大,会影响透气性,使培养基内部散热难,易造成杂菌污染;而含水量低,造成基质膨胀程度低,微生物生长受抑制。微生物能否在基质上生长与基质水活度 a_w 密切相关,不同微生物水活度要求也不同。一般情况下,细菌要求 a_w 在 $0.90 \sim 0.99$;大多数酵母菌 a_w 要求在 $0.80 \sim 0.90$;真菌及少数酵母菌 a_w 要求在 $0.60 \sim 0.70$,这也是固体发酵常用真菌作为发酵菌株原因之一。固态发酵一般起始含水量控制在 $30\% \sim 75\%$。如发酵菌种为细菌时,固态基质中的水分必须高于 70%;若是酵母菌,水分含量可在 $60\% \sim 70\%$;若是真菌,水分含量可在 $20\% \sim 70\%$ 的较大范围内波动。湿度是指发酵罐内部环境的空气湿度。湿度太小,物料容易因水分蒸发而变干,影响生长;湿度太大,影响罐内氧气浓度,造成发酵环境缺氧,往往又因冷凝使物料表面变湿,影响菌体生长或感染杂菌,从而影响产品质量。

发酵过程中,应及时进行水分补充,一般采用向发酵器内通湿空气或加入无菌水等方法,或在培养料中添加相对低活性的木质纤维素等滞留水能力强的介质,避免由于强制通风等措施而引起蒸发的水分损失。

2. 固态发酵中通气与传质过程

固体发酵通常是好氧发酵,所以空气的通气率特别重要。通风可以增加氧的传递,还有利于热交换。翻动或搅拌虽可防止物料结块,且利于热交换,但过分的翻动或搅拌会影响菌体与基质的接触,并可能损伤菌丝体使水分蒸发过多而造成物料变干,抑制菌体生长。

固态发酵的传质过程主要包括空气进入、气体排出过程和反应器壁内与周围环境之间发生的传质过程等,是氧在颗粒间的传质过程,受颗粒间的孔隙率高低的影响。固态发酵没有自由流动水,微生物直接从空气中吸取氧,但很多因素(如空气压力、通风率、基质的孔隙率、料层厚度、基质湿度、反应器几何特征及搅拌装置的转速等)都会影响氧的传递速率。浅盘中 O_2、CO_2 浓度梯度随料层变化很大,严重影响产物与产量。

一般情况下,可利用下列措施改善传质状况:减小底物厚度,增大底物间空隙;使用多孔浅盘发酵并及时搅拌底物或使用转鼓反应器。目前利用较多的方法是把强制通风与搅拌相耦合,但要定时换气或改变气体流向来防止沟流的产生。

3. 温度

温度是影响微生物有机体存活和生长的重要因素之一。温度会导致微生物细胞发生一些重要的变化,如蛋白质变性、酶抑制、促进或抑制特定代谢途径、细胞死亡等。根据微生物的生长最高温度可将微生物分为:极端嗜热微生物、嗜热微生物、嗜温微生物和嗜冷微生物。一般情况下,发酵过程中,不管是固体发酵还是液体发酵,使用的微生物大多是中温型微生物(最适生长温度在 30~45℃)。

相对来说,单位体积的固体培养基的产热量要远远高于液态发酵。在发酵的初始阶段,固态发酵底物各部位温度一样。但随着发酵的进行,微生物生长代谢,会产生大量的代谢热,但又因为固态发酵传热率差,热量很难及时扩散;同时,发酵过程中,基质体积发生收缩,多孔性下降,更阻碍了热的传递扩散,固态发酵基质中常形成温度梯度,易导致床温急剧上升。如果产生的热不能及时散去,温度就会影响菌株生长和产物的产率。蒸发散热是控温的一个主要措施,它可以散发 80% 的热量。强制通风不仅能提供氧和排出二氧化碳,在热量传递方面也有重要作用。体现在:一是直接带走代谢热;二是通过影响培养基水分蒸发量,从而带走大量代谢热。蒸发散热的速率可以通过强制通风气流大小和培养基含水量来调节。但由于存在气流短路和沟流,会导致散热不均匀和固体培养基局部干燥。目前在大规模固态发酵系统中多采用干燥的无菌空气对固体培养基进行强制通风,同时为防止固体培养基干燥,定期对培养基喷入无菌水以维持固体培养基的含水量。较普遍的控温方法是把通气、温度、湿度控制相结合,通过通风冷却和恒温循环冷却水系统控制固态发酵温度并且控制好发酵时间。此外,寻找嗜热型微生物已成为一种趋势,应用该类型的微生物可在一定程度上解决发酵过程中的产热问题。但就目前而言,中温型微生物是最普遍存在和被利用的一类微生物。

4. pH 值

与温度对微生物的影响类似,微生物存在最适 pH。多数真菌对环境 pH 不太敏感,一般在 3~9 能很好地生长,与细菌、放线菌相比,更易生活在酸性环境里,但其最适 pH 在 5~8。然而有些菌必须维持在一定 pH 值,如采用里氏木霉生产纤维素酶时,pH 必须在 4.5。尽管 pH 是一个很重要的参数,但是发酵过程中的异质性使 pH 不断变化,且没有合适的仪器检测确定固体材料中的 pH,所以 pH 很难得到有效控制。迄今为止研究固态发酵过程中 pH 变化,尤其是 pH 调控方面的研究比较少。目前,多采用具有缓冲性能的底物以减少对 pH 控制的需要。此外,培养基中氮源对 pH 影响较大,如使用铵盐做主要氮源时,易引起基质酸化。所以固态发酵铵盐用量不可太大,可利用一些有机氮源或尿素来替代一部分铵盐。

5. 发酵周期

发酵过程中,产物的浓度是变化的,一般产物高峰生成阶段时间越长,生产率也越高,但到一定时间产物产率提高减缓,甚至下降,因此无论是获得菌体还是代谢产物,微生物发酵都有其最佳时间阶段。时间过短,不足以获得所需的产量;时间过长,由于环境已不利于菌体生长,往往造成菌体自溶,产量下降,同时增加生产成本。所以适宜的发酵时间一定要考虑具体的菌种、工艺条件和产物等多个因素,通过实验来确定最佳发酵周期。

10.1.2.5 固态发酵在饲料工业中的研究与应用进展

近几年,随着能源危机与环境问题的日益严重化,固态发酵技术以其特有的优点引起人们极大的兴趣,该领域的研究也出现了巨大变化。固态发酵目前在生物饲料、生物农药、生物燃料、生物转化、生物解毒及生物修复等多个领域取得了成功,并且在食品工业、饲料工业和资源环境中都得到了广泛应用,为固态发酵的可持续发展提供了强有力的支撑。

利用固态发酵技术可以生产蛋白饲料、单细胞蛋白(SCP)、饲用复合酶制剂和具有特殊功能性营养物质的饲料添加剂,如活性酵母、活菌制剂、益生素等微生态制品。特别是用微生物固态发酵技术处理一些工农业副产品,使其成为家畜饲料蛋白来源,不仅能促进我国畜牧业的发展,而且也能改善农业生态环境,实现资源的充分利用,缓解我国蛋白饲料资源的紧张局面。表 10.2 列举了针对不同原材料的部分固态发酵技术的应用情况。

虽然以各类农业、林业和畜禽屠宰业的废弃物生产单细胞蛋白发酵技术在我国"六五"科技攻关时就已进行了大量研究,如糖厂的废糖蜜,造纸厂的亚硫酸盐废液、纤维素水解液,酒精废液,食品发酵废液以及高浓度有机废水,均可用于单细胞蛋白的生产,可以变废为宝,实现综合治理,解决环保问题,有利于相关产业的持续发展。但是利用碳水化合物及非蛋白氮转化为微生物蛋白的产业化技术,长期以来仍受着生产成本的制约,以致难以产业化应用。同时,对于微生物蛋白的鉴定和实用分析检测技术将成为此类产品的应用瓶颈。

总之,生物蛋白饲料作为一个新型的饲料资源,无论从理论上还是实践上,均需要进一步发展和完善,尤其在掺杂使假的防控上应引起各方重视。随着微生物学、饲料学等众多学科的交叉发展,菌体蛋白开发技术将会有所飞跃,这对缓解我国饲料原料紧张局面,推动饲料工业和畜牧业的发展都具有广阔的前景。

10.1.3 酶解蛋白质饲料资源

10.1.3.1 酶解粮油植物蛋白饲料资源

酶解法是指采用适当的蛋白酶,在适宜的酶解条件下对饼粕蛋白质底物进行酶解从而制备小肽的过程。目前常用的酶主要有:Alcalase 碱性蛋白酶、Flavourzyme 复合风味酶、Protease A 和 Peptidase R、胃胰蛋白酶等。这些酶有些是从微生物菌株的代谢产物中分离纯化得到的,有些是从动物肠液中制备的,多数酶的酶切位点都得到了深入的研究和论证,因此,

表10.2 固态发酵技术中针对不同原料使用的各种菌种

原材料	菌种	显著特点	参考文献
发酵饼粕			
豆粕	宇佐美曲霉	降解植酸	Hirabayashi 等(1998)
	米曲霉 3.042	消除豆粕胰蛋白酶抑制因子	Feng(2007)
	少孢根霉 RT-3	提高体外消化率、氨基酸比(AAS)、必需氨基酸指数(EAA I)和蛋白功能比值(PER)	吴定和江汉湖(1998)
	纳豆芽孢杆菌/凝结芽孢杆菌 TQ33	提高蛋白酶、小肽和乳酸等生物活性物质	臧薇等(2008)
	枯草芽孢杆菌/蜡样芽孢杆菌/植物乳酸菌/酵母菌	提高小肽含量	吴胜华等(2008)
	枯草芽孢杆菌/酿酒酵母菌/乳酸菌	提高低分子蛋白、粗蛋白质、粗脂肪、磷和氨基酸的质含量,降解胰蛋白酶抑制因子和豆粕中的其他抗营养因子	马文强等(2008)
	芽孢杆菌/酵母菌/乳酸菌	分解破坏豆粕中抗营养因子	朱曦和田慧云(2007)
	米曲霉 A3.042/啤酒酵母	提高粗蛋白质含量	莫重文(2007)
	酵母菌 y2021/y2028/乳酸菌 Lc	分解胰蛋白酶抑制剂	姚晓红等(2005)
棉粕	热带假丝酵母 ZD-3	脱棉酚	张文举等(2006)
	热带假丝酵母 ZAU-1	降解游离棉酚,脱毒率高	Weng 和 Sun(2006)
	酵母菌株 JM-3	游离棉酚含量低	杨继良等(2000)
	热带假丝酵母/拟内孢霉/植物乳杆菌	脱毒率高,活菌数多	张庆华等(2007)
	黑曲霉/酿酒酵母	脱毒棉酚脱毒率高,真蛋白质含量提高	吴伟伟(2009)
菜籽粕	凝结芽孢杆菌/圆孢芽孢杆菌/短小芽孢杆菌/球形芽孢杆菌	游离氨基酸含量提高	邱鑫等(2005)
	酵母菌/白地霉	菜籽脱毒	张延海等(1997)
	酵母菌 Y2/Y5/丝状真菌 A1	高效降解硫甙	刘军,朱文优(2007)

续表 10.2

原材料	菌 种	显著特点	参考文献
花生粕	绿色木霉/米曲霉/酿酒酵母	蛋氨酸和赖氨酸含量增加	柳杰等(2011)
	卡氏酵母 JD-15/马克斯克鲁维酵母 JD-16/干酪乳杆菌 JD-17	提高赖氨酸和蛋氨酸含量,气味酸甜芳香,具有良好的适口性	蔡国林等(2010)
	枯草芽孢杆菌/干酪乳杆菌/产朊假丝酵母	蛋白质含量高,不含黄曲霉毒素	专利 200910193171
工业废弃物			
酒糟	米曲霉酵母菌	提高粗蛋白质含量	陈曦等(2006)
	固氮菌/白地霉/绿色木霉/啤酒酵母/热带假丝酵母	无机氮转化率高	陶敏等(2011)
苹果渣	绿色木霉/白地霉	粗蛋白质提高	罗雯(2004)
	酵母菌 2637/CY-4/黑曲霉 10	真蛋白量增加,果胶酶、蛋白酶和纤维素酶活高	张长霞等(2003)
蔗渣	木霉 T-1/扣囊拟内孢霉酵母 E-1803	提高蛋白质含量、降解粗纤维	伍时华等(2010)
马铃薯渣	短小芽孢杆菌 ZY05	单细胞蛋白含量高,氨基酸组成均衡	张向东等(2011)
	黑曲霉/白地霉/热带假丝酵母	粗蛋白质含量较高	杨希娟等(2009);刘雪莲等(2009)
甜菜渣	面包酵母 B188/产朊假丝酵母 B204	增加蛋白质含量	田萍等(2009)
柠檬酸渣	黑曲霉/白地霉酵母	粗蛋白质含量明显提高	阮南等(2003)
酱渣	黑曲霉 A_1/A_{15}/酵母 Y_7	粗蛋白质增加,酸性蛋白酶、纤维素酶活性高	周晓云等(1999)
	平菇 P105	富含真菌多糖和粗蛋白质	戴德慧等(2010)
醋渣	酵母菌 As2.617	粗蛋白质提高,粗纤维下降,饲料色、香、味和适口性改善	刘军(2000)

比起微生物发酵,它的酶解产物更为单一,目的性也更强。如张晓梅等用 Alcalase 碱性蛋白酶水解大豆分离蛋白得到大豆降胆固醇肽,其中最高降胆固醇活性肽是分子质量大多在 1 000 u 以下的小肽,抑制率为 81.26%。根据文献报道,Alcalase 碱性蛋白酶在相同条件下可以获得较高的水解度和较大的水解蛋白平均分子量。国外有报道蛋白质被酶水解的速度与所使用的蛋白酶的特性以及原料蛋白质的氨基酸组成和结构密切相关,酶解程度与酶解的浓度、温度、pH、时间正相关。图 10.2 所示是一种大米多肽的酶解生产流程。

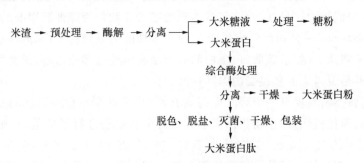

图 10.2　大米多肽酶解生产工艺

酶解法应用于大豆肽和菜籽肽制备取得了较好的成绩。郭涛(2005)等确立了中性蛋白酶 AS1.398 水解菜籽蛋白的最佳酶解条件,酶解后有 75% 左右的蛋白质转化为可溶性肽。但是酶解并不能完全降解低质饼粕中的蛋白资源,华欲飞(2006)等报道在酶浓度(E/S)2.5%,pH 7.0,55℃条件下水解大豆蛋白 180 min,水解度仅达到 20%。然而复合酶水解要优于单一酶解,如 Alcalase 碱性蛋白酶和 Flavourzyme 复合风味酶双酶对菜籽清蛋白进行分步水解能将水解度由单酶的 14.72% 提高至 28.10%。周乃继等(2009)、蒋金津等(2010)建立了 Alcalase 酶和 Flavourzyme 酶复合酶解液。棉籽粕、菜籽饼粕的复合酶解工艺,分别取 100 g 棉、菜籽饼粕,各加水 500 mL,先加入 3% 的 Alcalase 酶,在 pH 8.0、温度 60℃条件下酶解 6 h,灭活,再加入 4% 的 Flavourzyme 酶,在 pH 7.0、温度 50℃条件下酶解 4 h,灭活。酶解液经冻干后常温保存,分别制成酶解棉籽粕和酶解菜籽粕产品备用。

酶解大豆、花生、玉米肽虽然已在食品工业中得到应用,但由于生产成本偏高,在饲料工业中的应用仍有局限性。

10.1.3.2　通过微生物发酵产酶直接酶解蛋白质饲料资源

微生物发酵法是通过筛选适宜在蛋白质底物上优良表达的菌株,以菌株分泌的蛋白酶在体外将蛋白质酶切成长短不一的肽段。微生物发酵首先要求筛选的菌株以及其分泌物对人畜无害。微生物发酵法的优势在于可以直接采用饲料原料进行生产,工艺简单。由于菌株代谢产物往往不是某种单一确定的酶,微生物发酵降解蛋白质的同时往往还具有脱毒、除去饼粕中的抗营养因子等能力。贾晓锋等(2008)采用黑曲霉和热带假丝酵母发酵棉籽饼粕,可以同时实现游离棉酚脱毒和棉籽蛋白小肽的生产。

微生物发酵法在大豆肽生产中应用广泛,技术成熟。目前采用的微生物主要有:嗜酸乳杆菌、枯草芽孢杆菌、米曲霉、黑曲霉等。米曲霉降解豆粕的效果最好,芽孢菌则能繁殖出大量的以芽孢形式存在的益生菌,而采用嗜酸乳杆菌发酵豆粕使产物粗蛋白质含量有所提高(3.49%)。王文娟等(2007)采用黑曲霉发酵大豆饼粕也取得了良好效果,获得的大豆蛋白混合肽含量达 60％以上。微生物发酵法生产小肽具有复合酶解作用,例如部分菌株还能同时去除小肽苦味。万琦(2003)报道了一株用于大豆肽的枯草芽孢杆菌能产羧肽酶将短肽末端的疏水性氨基酸切除,从而实现了酶解和脱苦一步完成的大豆多肽发酵生产。

10.1.3.3 国内酶水解肽类制品质量标准的制订

目前在国内已经有十多家企业进行大豆肽的研究、生产、销售,其年产量已达上万吨,但主要应用于食品和保健行业。早在 2000 年日本已批准大豆肽作为降低胆固醇的特定保健食品,美国 Deltowlnn Specialies 公司已建成年产 5 000 t 多功能大豆肽的工厂,海洋肽、大豆肽、乳清蛋白肽、酪蛋白磷酸肽、谷氨酰胺肽、白蛋白肽等产品在国外已形成市场,成为国外健康食品的主要配料之一,但是也尚无大众接受的国际标准。

现阶段国内肽类制品仅有一个轻工业行业标准《大豆肽粉》(QB/T 2653—2004),该行业标准从感官指标、理化指标、微生物指标三个方面对大豆肽粉进行了规范,其中理化指标中规定产品中 90％以上的大豆肽分子质量要小于 10 000 U(表 10.3)。另外,食品类花生肽、玉米肽等国标也在制订中,因此,随着发酵和酶解蛋白产品的进一步深入开发,有待进一步加快相关产品质量标准的制订工作。

表 10.3　大豆肽粉理化指标

项　　　目	Ⅰ型	Ⅱ型	Ⅲ型
总蛋白质(以干基计/％)	≥90.0	≥88.0	≥85.0
大豆肽(以干基计/％)	≥80.0	≥70.0	≥55.0
90％以上大豆肽分子质量分布	≤10 000		
pH(10.0％水溶液)	7.0±0.5		
干燥失重/％	≤7.0		
灰分/％	≤6.5	≤8.0	
总砷[以 As 计/(mg/kg)]	≤0.5		
铅[以 Pb 计/(mg/kg)]	≤0.5		
脲酶	阴性		

10.1.3.4 国内酶水解小肽开发的前景

小肽制品既高度安全又性能卓越,既有丰富的营养性作用又有多种特殊生物学功能作用,因此甚至有专家预见,肽制剂将成为继维生素、氨基酸后在饲料中又一种必不可少的添加物。因此,探讨小肽的转运、吸收、代谢及其作用形式可为进一步发展蛋白质营养理论开辟一条新路,着手开发和研制廉价、高效、安全和无污染的小肽制品并应用于养殖业生产实践,对于更加充分地利用蛋白质资源,改变我国蛋白质资源短缺局面,提高畜牧业及水产业整体生产水平有很大的益处。另外,酶解小肽的评价标准以及对功能性肽的认定也很关键。由于肽类物质具有许多生理活性,国外对各类食品用肽产品开发与应用方面的研究非常活跃,研究范围广泛,因此系统建立蛋白肽评价体系也是当务之急。

(本节编写者:张晓琳,闫雪,郝淑红)

10.2　制油新工艺、新技术在新型蛋白饲料原料开发中的应用

我国传统的制油工艺注重油脂的提取和品质,一定程度上忽视了对蛋白质等组分的保护和开发。20世纪80年代以前,我国油料饼粕一直用于肥田或被丢弃,造成了蛋白质资源的极大浪费,为了回收这部分宝贵资源,国家采取了不少措施,取得了良好效果。1994年以后,我国的饲料工业发展迅速,饲料用蛋白质资源出现了紧张状况,对植物蛋白质饲料需求量急增,同时也促进了豆粕、菜籽饼粕、棉籽粕和花生粕等大宗油料饼粕的开发利用。

随着油脂工业科技的进步与发展,研制应用新工艺和新技术,提高油料资源整体利用率和各产品得率与质量,增加产品附加值,改善环境、节省能源等成效日益显著。混合溶剂选择性萃取、丁烷低压萃取、超临界CO_2萃取、膜分离技术、生物技术、超微粉碎等,已经在不同程度上应用于油料资源提取,并更好地保留了营养成分,实现了现有资源的高效利用。

10.2.1　溶剂浸出法制油新途径

混合溶剂浸出就是用两种或两种以上的溶剂混合液进行浸出取油。由于不同溶剂有不同的性质,从而可利用各自特性起到各自的作用,以达到预定的制油和饼粕去毒之双重目的。所采用的工艺过程,可以是将溶剂混合液进行一次性浸出,完成各自的任务后再进行分离;也可以选用单独溶剂分先后各自进行两次或多次浸出。最早使用的混合溶剂是芳香烃(苯、二甲苯)中含10%的乙醇混合物。但只有在棉籽脱毒取油等方面得到了应用。

传统的棉籽取油工艺所提取的毛面油和饼粕中残留有棉酚。棉籽毛油中残留的少量棉酚,大部分可以在油脂碱炼脱酸过程中除去,不影响最终油品的质量。去壳棉籽粕的蛋白质含量达50%~60%,但由于棉籽粕中残留棉酚的毒性,为此,不少研究单位和生产部门进行了棉酚脱毒技术的研发。

1. 用乙醇-己烷-水直接浸出棉仁坯提油制取脱毒、脱脂棉籽蛋白粉

经试验与生产实践证明,采用体积分数为85%~90%的含水酒精,能与工业己烷或轻汽油混合后进行棉仁坯直接浸出。可以同时提取油脂和游离棉酚,使粕中含酚量达到食用级标准(0.02%~0.04%)。基本工艺流程如图10.3所示。

2. 用丙酮-己烷-水混合溶剂浸出棉籽坯制取饲用或食用蛋白

(1)浸出原理

丙酮(CH_3COCH_3)是一种亲油、亲水性溶剂,它与水在任何比例中都能混合。丙酮不会与水形成共沸混合物,而且沸点低(55℃)容易回收。不溶解磷脂和胶质的特性有利于毛油精炼和提高粕的饲用效价;在水中的无限溶解度,使能够采用简单的加水洗涤进行有效回收。含水分低于10%的丙酮能与油脂互溶,一旦水分高于10%~30%则又能与油脂分离。应用丙酮-己烷-水混合溶剂浸出棉籽坯,就是利用丙酮的上述性质,将其与己烷、水按照质量比为54∶44∶2形成共沸混合液的浸出制油方法。共沸物的实际比例为丙酮56.5%,己烷42.1%,水1.4%,共沸点49℃。这样就可以在较低的沸点下蒸发,又可以在温度(48~50℃)比工业己烷低得多的条件下回收毛油。生产中回收毛油的方法是用6倍的水处理混合油(丙酮的含水量达到10%以上),使分成两项,混合油相(溶剂加毛油、及少量丙酮)与丙酮-水相

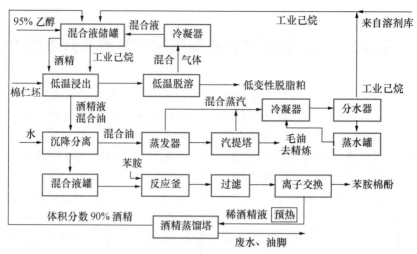

图 10.3 用乙醇-己烷-水直接浸出棉仁坯制取脱毒、脱脂棉籽蛋白粉流程

(倪培德,2007)

(含几乎所有丙酮和油脂伴随物)。将其利用密度差静置分层。然后,轻相混合油在浸出车间直接精炼(工艺同前,流程此略)回收溶剂、得到毛油。重相分出的丙酮混合液,送去精馏工段回收丙酮重复使用。

(2)应用特点

这一工艺既能得到质量较高的油脂,又可以有效地去除棉籽粕中的游离棉酚与黄曲霉毒素。棉仁坯浸出粕的颜色极淡,而且粕中的游离棉酚含量低于 0.03%,总棉酚含量 0.25%~0.4%,无环丙烯脂肪酸等有害物质。与单独溶剂浸出粕比较,此工艺粕具有较高的氮溶指数和营养价值,饲用效价显著提高,但适口性较差。浸出毛油质量较高、色泽浅、炼耗低。该法也能应用于其他油料,如花生仁的制油和脱除黄曲霉毒素等。

(3)高酚棉籽饼的浸出实践

采用丙酮和轻汽油(比例为丙酮 25%~26.6%,轻汽油 75%~73.4%)混合溶剂浸出棉籽饼也能取得良好的饲用效果,脱毒效率可达 92.1%、游离棉酚残留量仅为 0.012%~0.024%。对棉仁坯直接浸出后的粕中游离棉酚含量也可达 0.032%。

采用混合溶剂浸出棉籽(或冷榨)饼时,工艺过程与常规法基本相同,仅有以下不同点。

①先将棉籽饼喷水处理,加水量使水分达到 13% 左右,均匀膨胀 10 min,然后再浸出。水分高有利于脱酚、但不利于降低残油。

②在混合油蒸发和湿粕脱溶工序操作时,要分阶段掌握温度条件。第一次在温度 70~75℃,用以回收丙酮与低沸点溶剂。第二次在 105~120℃ 条件下回收高沸点溶剂。而且必须两次分水,确保轻汽油不带水分。因丙酮与水互溶,只有当水量超过 10% 时,才能与轻汽油形成两相,但不能形成再循环,丙酮需分开后浓缩精馏。

③蒸发前的混合油罐内不宜加稀盐水沉降,只能自然沉降或用过滤法。此外,也有采用先用溶剂提取油脂,后用 30% 浓度的丙酮水溶液浸出脱脂粕进行脱毒的两次浸出工艺。

3. 己烷-甲醇-水双相溶剂浸出棉仁坯联产生物柴油、脱毒棉籽蛋白新探索

(1)工艺原理

鉴于己烷-甲醇-水混合溶剂浸出棉仁坯取得生产性成果的基础,体积分数为 85%~

90％甲醇除了与乙醇同样都能够脱除棉酚、协同己烷提取棉籽油以外,还可以将其作为与提取的棉籽油直接酯交换(加上与 FFA 产生酯化)反应生成棉籽油甲酯的载体。这样,既能取得优质脱毒棉籽蛋白,又能生产出生物柴油。从而大大提高产品质量、降低了生产成本(图 10.4)。

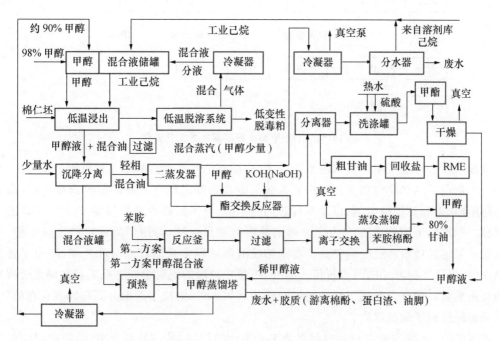

图 10.4 用己烷-甲醇-水浸出棉仁坯制取脱毒蛋白、棉油甲酯流程
(倪培德,2007)

(2)工艺应用特点与存在问题

①通过实验证明本工艺是可行的。所得产品脱毒棉籽蛋白品质优良,游离棉酚＜0.045％,结合棉酚＜1.2％,残油率＜1.2％,甲酯含量＞95％,甘油浓度＞90％。

②与乙醇-己烷-水脱毒工艺一样,存在混合溶剂浸出后分离较困难,影响回收等问题。

4. 己烷-甲醇棉籽萃取脱酚新工艺

己烷-甲醇棉籽萃取脱酚新工艺已推广应用于工业化生产,工艺流程见图 10.5。棉籽经过风选和磁选清除杂质,再经定量饲料器均匀地喂入剥壳机中。在剥壳过程中,要特别注意剥壳后棉仁的整仁率,降低剥壳粉末度。壳仁分离后要求仁中的含壳量不超过 10％。软化效果的优劣直接影响浸出工序的工作状态以及最终产品的质量。其软化温度、时间和水分的掌握是非常重要的。棉仁的软化一般采用三层或四层立式蒸炒锅。轧坯工序,要求轧坯后的坯片厚度不超过 0.5 mm,坯片坚实,粉末度小,坯片还必须进行烘干处理,然后经榨机冷榨使之成型。物料经过预处理和冷榨后,被输送到浸出车间,先在第一个浸出器中用己烷浸出取油,然后送到第二个浸出器中再用甲醇浸出脱酚,在此中间不需任何脱溶剂处理。经过两次浸出后的湿粕含溶剂量较大,须进行两次脱溶剂处理。第一次脱溶剂采用设备进行机械脱溶,第二次脱溶剂采用特殊的烘干设备进行蒸气加热脱溶。脱溶后的棉籽粕再经冷却和粉碎,成为成品棉籽粕或棉籽蛋白(图 10.5)。

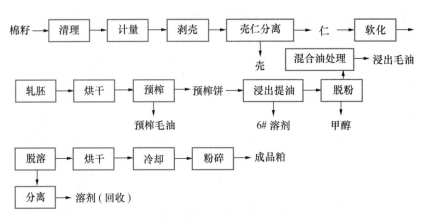

图 10.5　己烷-甲醇棉籽萃取技术工艺流程

该技术综合考虑了棉籽资源的整体利用,在棉籽的预处理过程中采用低温处理方法,尽可能避免了蛋白质的热变性和蛋白质中氨基酸与游离棉酚的结合。在溶剂的选择上,考虑到溶剂的通用性、来源及价格问题,以及两种溶剂的萃取、分离回收的难易程度,选用了 6♯溶剂油和甲醇。萃取时采用分步法,先用 6♯溶剂油进行浸出取油,再用甲醇进行浸出脱棉酚,分步萃取保证了油品质量和脱酚的彻底。在湿粕脱溶剂过程中采用较低温度处理,避免了蛋白质的热变性,保证了棉籽粕的营养价值。另外,甲醇在脱酚的同时也能去除棉籽在储藏过程中产生的黄曲霉素。该技术采用了特殊的脱溶设备和烘干机,解决了溶剂分离和回收存在的问题,使溶剂消耗降到了最低程度。

我国的液-液-固脱酚棉籽蛋白就是该工艺生产的产品,是一种高蛋白、低游离棉酚的优质饲料蛋白。其粗蛋白质含量≥50%,粗纤维含量≤7%,游离棉酚含量≤0.04%,水分≤6%。从表 10.4 可看出,液-液-固脱酚棉籽蛋白的氨基酸比较平衡,赖氨酸含量(2.33%)明显高于普通棉粕(一般为 1.5%左右),谷氨酸含量也比较高,蛋白氮含量高,17 种氨基酸总量与粗蛋白质含量之百分比可达 93.4%。这说明脱酚棉籽蛋白具有较高的营养价值和良好的适口性。

表 10.4　典型的液-液-固脱酚棉籽蛋白产品的氨基酸含量　　　　　　　　　　%

检验项目	含量	检验项目	含量
天门冬氨酸	4.6	异亮氨酸	1.82
苏氨酸	1.68	亮氨酸	3.1
丝氨酸	2.18	酪氨酸	1.48
谷氨酸	12.16	苯丙氨酸	2.86
脯氨酸	1.87	赖氨酸	2.33
甘氨酸	2.17	组氨酸	1.62
丙氨酸	2.12	精氨酸	6.12
胱氨酸	1.08	17 种氨基酸总量	50.35
缬氨酸	2.4	粗蛋白质含量	53.9
蛋氨酸	0.76		

用鸡和猪所做的喂养试验和消化试验证实了饲用棉籽蛋白的氨基酸可消化利用率高,喂养肉鸡和猪增重快;喂养蛋鸡产蛋率高。用脱酚棉籽粕和豆粕进行奶牛的对照喂养试验,结果

显示,脱酚棉籽粕较豆粕饲喂奶牛的产奶量明显提高,且能改善奶牛体质,降低发病率。但该工艺也存在溶剂损耗高、加工成本相对较大等不足。

5. 丁烷(4♯溶剂)低压浸出制油

液化低碳烃(丙烷、丁烷等)浸出植物油技术的研究,早在1934年美国的Rosenal和Trvithck等用丙烷和丁烷混合物进行小试研究,证明了能从油料中提取97％的油脂,而毛油精炼损耗比己烷浸出低4.2％;1961年日本的安田耕作等用液化丁烷对大豆生坯进行了浸出研究,证明浸出粕中的水溶性蛋白保持率高于85％、浸出毛油质量好、节能等;1976年Mangold等认为:液化丁烷浸出之优越性可与超临界流体萃取技术相媲美。1989年在我国也开展了这项技术的研究,很快投入生产性实验并取得成果。目前已应用于规模化生产大豆、花生仁脱脂蛋白粉、脱脂核桃粉、小麦胚芽油、月见草籽油、沙棘油、葡萄籽及黑加仑籽油等多种油料,尤其适用稀有贵重油脂的提取和低变性植物蛋白的开发利用。我国所采用的溶剂为脱硫无毒液化石油气,现统一称为"4♯溶剂"。

(1)4♯溶剂低压浸出制油工艺原理

4♯溶剂在低温(30℃)和一定的压力下(0.3～1.0 MPa)呈液体状态,它可以像液体工业己烷那样,与原料坯进行逆流浸出提取油脂。然后将其分开的混合油和湿粕中的溶剂减压汽化,得到毛油和脱脂粕。汽化的溶剂在压缩机的作用下压缩液化,液化的溶剂再经过冷凝后循环使用。整个脱溶过程基本上可以不加热。工艺过程见图10.6。

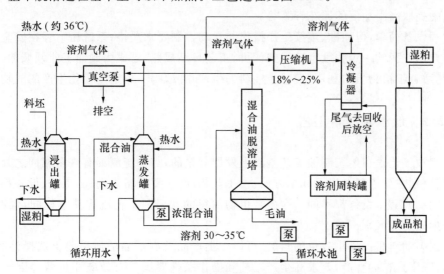

图10.6 4♯溶剂浸出工艺流程

(倪培德,2007)

4♯溶剂应用于不同油料制油的典型工艺如下:①4♯溶剂浸出制取低变性脱脂豆粕,大豆→清理→脱皮(大豆皮)→轧坯→浸出(浸出豆油)→低变性脱脂豆粕;②4♯溶剂浸出制取核桃粉工艺,核桃→脱壳(核桃壳)→核桃仁→冷榨(冷榨核桃油)→4♯溶剂浸出(浸出核桃油)→核桃粕→粉碎→核桃粉;③4♯溶剂浸出制取小麦胚芽油和粕工艺,小麦胚芽→轧坯→4♯溶剂浸出(富含维生素E小麦胚芽油)→小麦胚芽粕。

(2)"4♯溶剂"浸出制油工艺特点与应用

与己烷浸出相比有以下特点:

①具有较好的溶解油脂的选择性,低温浸出与混合油低温脱溶,使毛油品质好。

②湿粕脱溶时间短、温度低,脱脂粕中的蛋白质几乎不变性,如大豆的水溶性蛋白保持率在95%以上(表10.5),为植物蛋白利用开发提供优质原料。

表10.5 大豆浸出粕质量比较 %

项 目	全脂豆粉	4#溶剂浸出	己烷浸出大豆粕	
		大豆脱脂粕	闪蒸脱溶产品	常规脱溶产品
含油率	14.9	约1.0	约1.0	约1.0
色泽	微黄色	白色	淡黄色	棕黄色
残溶/10^{-6}		约20	约700	约700
粗蛋白质	38.01	44.15	44.15	44.15
水溶性蛋白	34.91	39.15	31.74	6.61
水溶蛋白/粗蛋白质	91.84	88.68	71.89	14.97
水溶性蛋白保存率	100	96.56	78.28	16.30

来源:倪培德,2007。

③系统能量消耗较低,实现“工艺系统内部热交换技术”,取得可观的节省热能效果。

④该技术对于高油分油料直接浸出和贵重油料的保质浸出,以及对于高附加值产品的开发利用方面,均有较广阔的应用前景。例如,核桃仁浸出低温粕制取速溶核桃粉,葡萄籽浸出后从壳粉中提取高附加值的原花青素等。

⑤过程设备简单,但间歇、连续生产操作与自动控制要求严格;系统压力存在安全问题。

该项技术在我国一定程度上已得到认可,工艺日渐成熟,已成为制油工业领域的一项重要技术,尤其适合于植物蛋白利用、贵重小油料的生产,并取得了一定规模化生产的成功经验。

10.2.2 低温制油新工艺

低温制油工艺是在传统制油工艺基础上发展起来的,与传统制油有许多相同之处,也有很大差别,其区别主要表现在以下几个方面:①工艺相同,主要设备不同;②工艺、设备都相同,工艺条件不同;③工艺、设备都不同。大多数植物油料的低温制工艺流程基本相同,仅在个别工序和设备形式上有区别。

基于提高油料蛋白饲用效价的目的,可以根据产品及副产品的质量要求选择油脂生产工艺。比如,饲用豆粕的生产,要求其生产工艺和操作条件要满足有效破坏抗营养因子、豆粕充分熟化、豆粕脲酶含量符合要求,同时还不能使蛋白质过度变性和破坏,以提高其饲用价值;高蛋白豆粕的生产要求达到高脱皮率;生产等级豆粕时,应对豆粕和豆皮进行粉碎,并根据不同蛋白质含量的要求按一定比例进行豆粕和豆皮充分混合。

10.2.2.1 冷榨制油新工艺

从20世纪80年代开始,国内外专家提出了冷榨技术,并围绕此技术展开了大量的研究。冷榨制油法属于物理方法,加压而不升温,对油脂、营养物质没有影响。它之所以叫冷榨,是因为加工的油料没有经过传统热榨工艺中的蒸炒处理,是在低于65℃条件下借助机械力将油脂从原料中挤压出来,在冷榨过程中油料种子主要发生物理变化,如物料变形、油脂分离等,这时原料中的油脂还是以分散状分布于原料的未变形蛋白细胞中。与浸出法相比,能够避免与溶剂、碱液、脱色白土等有害物质接触。与高温热榨相比,能够避免在制取过程中对油脂的有效成分造成破坏,最大限度地保存了产品中脂溶性营养成分,亦可得到高品质的饼粕资源。影响冷榨的因素主要是:原料的水分含量、原料入料温度、榨膛温度、榨膛压力、饼粕厚度以及转速等。

1. 大豆

大豆冷榨工艺一般用于生产半脱脂豆粉,大豆冷榨工艺中的软化温度一般为 $45℃\sim$ $50℃$,软化水分为 $10\%\sim12\%$,轧坯厚度为 $0.4\sim0.5$ mm,入榨前的调质温度不高于 $70℃$。若采用 ZX10 型螺旋榨油机进行整籽冷榨时,则不需要轧坯。大豆冷榨制取低变性半脱脂豆粉工艺为:大豆→清理→脱皮(大豆皮)→轧坯→冷榨(冷榨豆油)→制粉→低变性半脱脂豆粉。

2.(双低)菜籽

目前,油脂工业加工的油菜籽品种主要有 2 种,即传统油菜籽和"双低"油菜籽。传统油菜籽的硫代葡萄糖苷(硫苷)含量通常在 4% 左右,菜籽油中芥酸含量一般在 40% 以上。2001 年 4 月 1 日我国颁布实施的农业行业标准规定,低芥酸低硫苷(双低)油菜籽硫苷含量不高于 $45~\mu mol/g$,菜籽油中芥酸含量 $\leqslant5\%$。近年来,菜籽尤其是双低菜籽取油工艺技术取得了较大进步,主要有菜籽脱皮制油、冷榨制油、挤压膨化制油等,其产品为纯天然的脱皮冷榨菜籽油脂、饲用菜籽粕等。

菜籽脱皮冷榨工艺与传统的预榨浸出相比,省略了轧坯、简化了精炼工艺,节省了投资,生产过程中的水、电、汽等消耗也减少。冷榨(冷榨温度 $<60℃$)菜籽毛油的色泽浅、磷脂含量和酸价都较低,无需精炼即可食用(接近食用二级油指标)。采用物理精炼时,辅助材料的用量很少,提高了精炼得率,同时由于在制油和精炼过程中避免了热和化学处理,保留了油溶性的维生素和生理活性物质,油品的质量提高。冷榨饼粕色泽较浅,蛋白质变性小。随着人们对健康、绿色食品的追求,脱皮冷榨后经物理精炼的食用油深受消费者的喜爱。因此,低温制油工艺用于双低菜籽油的制取具有明显的实用价值。典型菜籽冷榨工艺为:①双低菜籽冷榨油制取工艺,双低菜籽→清理→脱皮(菜籽皮)→冷榨(冷榨菜籽饼)→冷榨油;②冷榨菜籽粕的加工,冷榨菜籽饼→浸出(浸出菜油)→低温脱溶→高品质菜籽粕,或冷榨菜籽饼→膨化→浸出(浸出菜油)→脱皮菜籽粕。

周锦兰等采用乙醇作单相溶剂同时脱油脱毒,在一定的条件下,传统品种菜籽饼中硫苷脱除率达 85% 以上,双低菜籽饼中硫苷可基本脱除,菜籽粕中的残油率达 3% 左右的要求。同时,还可将菜籽粕中植酸的含量下降约 20%,双低菜籽粕中单宁的含量下降 80%。脱油脱毒后的菜籽粕色泽浅,口感好,可得到蛋白质含量高的优质菜籽粕。陆艳采用单相溶剂添加表面活性剂对双低油菜籽冷榨饼进行脱毒。研究结果表明:在乙醇浓度为 85%,平衡温度为 $76℃$,每次平衡时间为 45 min,固液比为 $1:7$,脱毒次数为 3 次,并添加 0.2% 的助剂油酸钠的条件下,硫苷含量降为 0.43 mg/g,残油率在 3% 左右。随后采用乙醇醋酸体系对脱皮"双低"冷榨油菜籽饼进行脱毒脱油试验,其最佳工艺参数为:醋酸、乙醇、水体积比为 $5:90:5$,固液比为 $1:10,76℃$ 下搅拌 45 min,此条件下,植酸脱除率为 84.2%,硫苷含量为 0.78%,残油率为 2.66%,且干物质损失少,油菜籽饼的营养成分均得到提高。

3. 花生

花生是高含油原料,一般采用冷榨浸出制油工艺,小型油厂也采用一次压榨制油工艺。冷榨花生饼可以用于半脱脂花生蛋白粉,冷榨花生饼也可以采用浸出、低温脱溶工艺生产脱脂花生粉:①冷榨花生油工艺,花生→清理→脱壳(花生壳)→脱红衣(花生红衣)→破碎→轧坯→冷榨(冷榨花生饼)→花生油;②高品质花生粕生产工艺,冷榨花生饼→浸出(浸出花生油)→低温脱溶→高品质脱脂花生粕;③全脱脂、半脱脂花生蛋白粉工艺,冷榨花生饼或脱脂花生粕→气流粉碎→半脱脂花生粉或全脱脂花生蛋白粉。

4. 冷榨制油工艺在其他油料中的应用

一些小宗油料如橄榄、玉米胚芽、米糠、茶籽、红花籽、沙棘籽、印楝籽、橡胶籽、花椒籽、番茄籽、西瓜籽、葡萄籽、亚麻籽、月见草、辣椒籽、蓖麻籽、柑橘籽、可可豆、咖啡豆、紫苏、杏仁、桃仁、蔷薇果等,一般都含有一种或多种高附加值成分,具有特殊效用,在制取油脂时为充分保证高附加成分的有效提取,一般采用冷榨或低温浸出工艺,具体工艺根据油料的含油量、产量、投资规模以及特殊要求等采用以上一两种方法。

冷榨制油技术在我国的推广应用较为成功。冷榨制油技术的应用,改变了传统热榨和溶剂制油的工艺,简化了操作单元,实现了高品质油和低变性饼粕的同步获得,提高了制油后饼粕的利用价值,使其得到了综合化高附加值化利用。目前该技术已经在菜籽、棉籽、亚麻籽、花生等的加工中得到工业化应用。

10.2.2.2 大豆低温加工工艺

大豆的低温加工通常采用大豆脱皮、6♯溶剂(正己烷)直接浸出及浸出粕低温脱溶工艺。浸出也可采用4♯溶剂(液化气)浸出工艺,不需要低温脱溶工艺。直接浸出及低温脱溶工艺包括前处理工艺,物料的温度不宜超过80℃。大豆低温浸出加工工艺主要包括以下几种:①大豆浸出、低温脱溶制取低变性脱脂豆粕,大豆→清理→脱皮(大豆皮)→轧坯→浸出(浸出豆油)→低温脱溶→低变性脱脂豆粕;②4♯溶剂浸出制取低变性脱脂豆粕,大豆→清理→脱皮(大豆皮)→轧坯→浸出(浸出豆油)→低变性脱脂豆粕。

为钝化失活抗营养因子或改善风味要加热处理。大豆含抗营养因子水平很高,如丙烷和丁烷及超临界二氧化碳浸出豆粕,猪饲用后消化不良并腹泻,在作为饲料前必须进行适度热处理。大豆蛋白开始变性温度在55~60℃,温度每提高10℃变性加速600倍。加热时如有少量水存在,溶解度下降速度快。一般认为溶剂浸出时对大豆蛋白质变性影响小,原因是蛋白质分子的外侧有亲水基,溶剂受到亲水基抵抗难进入蛋白质内部,对蛋白质分子几乎没有破坏作用。加工过程是否适宜以蛋白酶抑制物的活性被破坏的程度来衡量,热敏性抗营养因子的全部破坏也说明蛋白质质量受损坏。过热会使蛋白变性,降低氨基酸利用率,但受热破坏的蛋白质也可能不会使消化能力明显下降。在生产中希望抗蛋白酶物质的活性降低90%~95%,以得到最佳营养价值。

饲料业可以接受的蛋白溶解度的范围在70%~85%。蛋白溶解度接近100%表示豆粕是生的,蛋白溶解度最佳值在73%~85%,低于70%豆粕营养价值被破坏,低于65%豆粕经过过热。从饲用效果看,优质豆粕的饲养效果优于过生和过熟豆粕。生豆粕和加热过度豆粕代谢能值均低于正常豆粕。豆粕加热不足使主要氨基酸如赖氨酸、蛋氨酸、胱氨酸和苏氨酸的利用率不理想。加热过度部分赖氨酸被破坏,未破坏部分的消化率降低。因此,加工不当的豆粕氨基酸与能量含量下降造成动物生产性能下降。

美国于1952年开始低温脱溶方面的研究和试验,于1960年投产低温脱溶豆粕,日本、德国、意大利等国家也相继进行了低温脱溶生产,他们在吸收美国的先进经验和技术后对设备进行了改进并有所创新,使在结构形式上不尽相同,但总的说来其工艺原理是基本相同的。根据有关资料介绍,低温脱溶技术主要用于食用大豆粕,其脱溶方式大致有两种,一种是闪蒸-真空低温脱溶,另一种是两级卧式低温脱溶。在美国、德国这两种形式都在使用,日本大多采用卧式脱溶。国内低变性豆粕加工方法有气流闪蒸脱溶和卧式 A、B 筒低温脱溶两种方式。由于气流闪蒸脱溶方法对设备制造、自动控制和工人操作要求较后者高,因此目前国内开发的低温脱溶系统多为卧式 A、B 筒低温脱溶方式,最大规模为 300 t/d。

1. 闪蒸-真空低温脱溶

如图 10.7 所示为闪蒸-真空低温脱溶混合装置,混合装置分为两部分,即闪蒸式蒸脱器和层式蒸脱机。在闪蒸式蒸脱器中利用高速流动的过热溶剂蒸气将湿粕悬浮起来运动并对其进行瞬时(数秒)加热,脱除约 90% 的溶剂。随后在层式蒸脱机中对粕进行真空条件下的直接蒸气加热,脱除粕中的残溶之后,再进行粕的干燥和冷却。从浸出器出来的湿粕通过封闭阀进入气流管道,再被过热溶剂蒸气流所托起来,在气流管道中进行粕的加热和粕中溶剂的蒸发。随着较大的蒸气速度,粕落入旋风分离器中得到分离,分离出的溶剂蒸气利用风机压入过热蒸气加热器,在蒸气进入过热蒸气加热器之前安装有自动调节阀,以控制一定数量的循环溶剂蒸气和从系统内排出的溶剂蒸气数量。循环的溶剂蒸气经过热蒸气后再重新供给粕的处理。从系统内排出的溶剂蒸气到冷凝器中冷凝或者送至蒸发器中用来加热混合油。

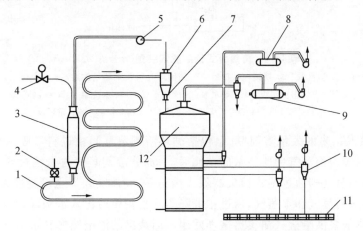

图 10.7　低温真空脱溶的混合装置(冷劲松,2006)

1. 气流管道　2. 封闭阀喂料器　3. 过热蒸气加热器　4. 自动调节阀　5. 风机
6,10. 旋风分离器　7. 封闭阀　8,9. 冷凝器　11. 绞龙　12. 真空蒸脱机

含有少量残留溶剂的粕由旋风分离器通过封闭阀进入在真空条件下去除最后蒸脱溶剂的蒸脱机。在这里利用间接蒸气和直接蒸气脱除粕中的残留溶剂。由蒸脱机内出来的溶剂蒸气和水蒸气在冷凝器中被冷凝。设备内的真空是通过安装在冷凝器后面的真空泵所产生的。从蒸脱机中出来的热空气和冷空气在旋风分离器内分离出粕粒。从蒸脱机中出来的成品粕和在旋风分离器内分离出的粕都进入绞龙。

2. 两级卧式低温脱溶

图 10.8 是一种两级卧式低温脱溶装置。该装置由 A 筒脱溶机(简称 A 筒)和 B 筒卧式真空脱溶机(简称 B 筒)、铝制叶轮的循环风机、旋风分离器、溶剂蒸气过热器、粕沉降器、封闭阀

等组成。该装置的脱溶特点是整个脱溶过程在常压下进行。浸出后的大豆湿粕经封闭阀进入A筒,被螺旋刮板翻起并推动向前移动,与此同时,自溶剂蒸气过热器来的温度为150～160℃的溶剂蒸气与物料逆向流动,将湿粕中大约99％的溶剂脱除,豆粕温度保持在75℃左右,外夹套蒸气压力为9.88～98 kPa。脱除大部分溶剂后的粕,由A筒经封闭阀进入B筒,B筒的结构与A筒大致相同,当物料被螺旋刮板翻起并推动向右移动时,与B筒两端喷入的适量的直接蒸气相接触,达到脱除粕的溶剂的目的,使粕残留溶剂达到国家规定的要求。经封闭阀出来的粕温控制在76℃以下,粕中粗蛋白质的含量在98％左右。

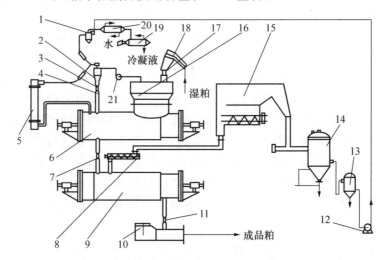

图10.8　两级卧式低温脱溶装置(冷劲松,2006)

1. 水洗器　2. 刹克龙　3. 视镜　4、7、11、17. 封闭阀　5. 溶剂蒸气加热器　6. A筒　8. 绞龙
9. B筒　10. 出粕刮板　12. 热水泵　13. 热水罐　14. 水洗罐　15. 粕沉降器
16. 下料斗　18. 湿粕刮板　19. 冷凝器　20. 热交换器　21. 循环风机

在A筒被蒸发出来的大量溶剂蒸气(包括循环溶剂蒸气),由进料口吸入循环风机,经过旋风分离器,以除去溶剂蒸气中所夹带的粕粒后,一部分溶剂蒸气再送往过热器,以供循环使用。而大部分溶剂蒸气则通过湿式捕集器除去粕粉后,经热交换器至冷凝器回收。由B筒上部分出来的少量溶剂蒸气和水蒸气,通过粕沉降器除去粕粉后进入水洗罐,水洗罐内的热水再流入热水罐,经热水泵供给湿式捕集器循环使用。而蒸出的溶剂蒸气和水蒸气进入冷凝器,以便回收溶剂。

目前,大豆脱皮技术在大豆加工厂得到普遍应用。通过油料挤压膨化工艺代替传统工艺对料胚长时间高温蒸炒,改进浸出车间的DTDC结构,使油料蛋白质在加工过程中受热更均匀,降低受热温度和缩短受热时间,加工条件变得更加温和,既能有效钝化其中的抗营养因子,又能避免蛋白质过度变性,尤其是减少对热敏性氨基酸的破坏,提高作为饲料蛋白质的效价。

10.2.2.3　其他油籽低温制油加工工艺

1. 菜籽的低温浸出制油加工工艺

主要对应于冷榨菜籽粕的加工:菜籽(脱皮)冷榨→冷榨菜籽饼→浸出(浸出菜油)→低温脱溶→高品质菜籽粕,或菜籽(脱皮)冷榨→冷榨菜籽饼→膨化→浸出(浸出菜油)→脱皮菜籽粕。

2. 花生低温加工制取油脂及花生蛋白产品工艺

花生是高含油原料,现在部分采用冷榨配套低温浸出制油工艺。冷榨花生饼可以用于半脱脂花生蛋白粉,冷榨花生饼也可以采用浸出、低温脱溶工艺生产脱脂花生粉。因此高品质花生粕生产工艺为:冷榨花生饼→浸出(浸出花生油)→低温脱溶→高品质脱脂花生粕。

3. 无腺棉籽生产棉籽蛋白

无腺棉籽→清理→脱壳(棉籽壳)→轧坯→冷榨(棉籽油)→冷榨饼→浸出(浸出棉籽油)低温脱溶→棉籽粕。

10.2.3 超临界萃取

10.2.3.1 简介

1. 定义

提取油脂的传统方法有两种,即压榨法和溶剂浸出法。传统的压榨法压榨后的蛋白质已经变性,利用效率达不到最佳,而用冷榨法制得的油虽然质量好、色泽浅,但出油率低、粕残油高,也不能去除热能性抗营养因子;溶剂浸出法具有产量大、出油率高、蛋白质不变性等优点,但相对绿色制油高新技术而言,产品中具有一定的溶剂残留,并且萃取的纯度不高,用超临界萃取就可以去除溶剂残留和污染的问题,并且能够保持蛋白质的营养成分,提高蛋白质生物利用率(表 10.6)。

表 10.6 不同工艺产品蛋白质水溶性和蛋白活性保持率对比结果 %

样品名称	蛋白质水溶性	蛋白活性保持率
花生原料	96.4	100
高温压榨花生粕	36.7	41.2
低温压榨花生粕	72.4	78.3
超临界剩余花生粕	89.9	93.2

来源:吕微,2011。

超临界流体萃取(supercritical extraction),也叫超临界 CO_2 萃取(SFE-CO_2),是一种新型的萃取分离技术。该技术利用液体在超临界区域兼具有气液两性的特点(即与气体相当的高渗透能力和低黏度,与液体相当的密度和对物质优良的溶解力)和它对溶质溶解能力随压力和温度改变而在相当宽的范围内变化的这一特性而实现溶质溶解、分离的一项技术。利用这种超临界流体可从多种液态或固态混合物中萃取出待分离的组分。实践中一般采用 CO_2 作为萃取剂,在分离精制挥发性差和热敏性强的天然物质方面与传统的水蒸气蒸馏和溶剂萃取法相比具有时间短、无氧化变质、安全卫生等特点。

2. 超临界 CO_2 萃取的优势

CO_2 是应用最为广泛的超临界流体,它的特点如下:①临界温度接近室温和临界压力较低(T_c=31.3℃,p_c=7.38 MPa),可在室温下实现超临界萃取操作,节省能耗,特别适合于热敏性和某些挥发性物质的萃取和结晶操作;②压力较低,对设备条件要求不高;③对多数溶质具有较大的溶解度,而水在 CO_2 中的溶解度却很低,这一特点有利于应用近临界或超临界

CO_2 进行有机水溶液的萃取分离;④CO_2 化学性质稳定,廉价易得,纯度高、无毒、不可燃。目前以 CO_2 为溶剂的超临界萃取技术在食品工业、农业等领域已获得了广泛研究和应用。

3. 超临界过程

超临界流体萃取主要由萃取釜和分离釜组成,并适当配合压缩装置和热交换设备所构成。以充分利用 CO_2 流体溶解度差异为主要控制指标,针对不同原料、不同分离目标而采用不同的工艺流程,可采用高温法、等压法和吸附法。等温法萃取过程的特点是萃取釜和分离釜等温,而萃取压力高于分离压力,利用高压下 CO_2 对溶质的溶解度大大高于低压下的溶解度这一特点,将 CO_2 选择性溶解的目标析出。等压法的特点是萃取釜和分离釜等压,利用两者温度的差别来达到分离的目的。吸附法中萃取和分离处于相同温度和压力下,利用特定吸附剂将 CO_2 流体中分离目标组分选择性吸附除去。由于很多物质很难通过吸附剂来收集,吸附法使用不多。

10.2.3.2　SFE-CO_2 植物油籽的影响因素

1. 原料物性

不同植物种子的物性主要指含水量和粉碎粒径等。研究发现,物料的水分含量对超临界流体的萃取率有一定程度的影响。一定量的水分溶解在超临界 CO_2 中,起到了夹带剂的作用,有利于萃取率和萃取速率的提高。然而物料的含水量较高时,容易在物料的表面形成一层水膜,不利于溶质的溶出,使超临界流体萃取变得困难。葛毅强研究了不同预处理条件对SFE-CO_2 麦胚中维生素 E 的影响,水分含量分别为 1.3%、5.1%、8.2%和 11.5%的小麦胚芽萃取 90 min,结果表明 5.1%水分含量的小麦胚芽萃取率最高。

在其他萃取条件相同的条件下,原料的粒径大小对 SFE-CO_2 过程有着重要的影响。一般来说,原料粒径越小,超临界流体与物料的接触面积越大,破坏了细胞壁,降低了内传质阻力,有利于提高萃取率。Jose 等的研究表明,不同粒径原料(0.85 mm$<d<$2.36 mm;0.425 mm$<$ $d<$0.85 mm;0.150 mm$<d<$0.425 mm)的超临界萃取起始阶段差别不大,但粒径越小时油的最终萃取率越高。但原料粒径太小,原料的堆积密度越大,增大了外传质阻力,也有可能在压力作用下使原料迅速板结成块,从而影响萃取效果。

2. 萃取条件

植物籽粒中油脂在超临界流体中的溶解度与超临界流体的密度密切相关,而萃取压力是改变超临界流体对物质溶解能力的重要参数,通过改变压力可以使超临界流体的密度发生变化,从而增大或减少它对物质的溶解能力,同时通过改变超临界流体的压力可以调节其对目标物质萃取的选择性。

温度对 SFE-CO_2 的影响也很显著。随着温度的升高,CO_2 密度降低,导致 CO_2 对溶质的溶解能力下降;同时溶质的蒸气压增大,使其在超临界 CO_2 流体中的溶解度提高。这两种相反的影响导致在一定压力下,溶解度等压线出现最低点。温度溶解度曲线最低点随压力的变化而不同,低压下该点对应的温度较高,随着温度的升高溶解度逐渐降低;高压下该点对应的温度较低,溶解度随着温度的上升而增加,因此会有转变压力的出现。

CO_2 流速对萃取过程存在着两方面的影响。CO_2 流速的增加,增加了溶剂对原料的萃取次数,提高传质速率,缩短萃取时间。但 CO_2 流速过大时,可能导致 CO_2 与萃取物质未达到溶解平衡即离开萃取釜,降低萃取率,从而增加生产成本。CO_2 流速对 SFE-CO_2 核桃油、葡萄籽油、猕猴桃籽油等的影响都与该规律一致。萃取时间影响不同时段萃取得到油脂的脂肪酸组成。在 313 K 和 24.5 MPa 下萃取番茄籽油时最初 30 min 有低碳链脂肪酸($C_{10:0}$，$C_{12:0}$，$C_{13:0}$，$C_{14:0}$，$C_{14:1}$)被萃取。Zaidul 等研究 SFE-CO_2 棕榈油的结果亦表明较短链的脂肪酸在萃取开始时含量较高。

3. 分离方式

由于游离脂肪酸及水分的存在是油脂酸败的主要原因，因此在进行植物油萃取时，脱除游离脂肪酸及水分十分重要。这就要求在 SFE-CO_2 后的分离过程中，需采用较好的分离方法除去这些物质。程康华等研究 SFE-CO_2 沙棘油时，分析对比了二级分离方法和一级分离方法所得沙棘油的一些物理指标，发现二级分离方法比一级分离方法所得沙棘油游离脂肪酸和水的含量明显低。

4. SFE-CO_2 植物油籽数学模型

采用超临界 CO_2 从许多植物种子中萃取油脂已建立了较多超临界萃取的数学模型。通过小试得到试验数据建立的模型对工业化生产有着重要的指导意义。萃取动力学模型主要有经验动力学模型、传热模型及质量守恒模型。经验动力学模型在经验动力学方程的基础上建立萃取速率与参数之间的关系。Lee 等对菜籽油 SFE-CO_2 建立的传热模型基于菲克第一定律，建立单个颗粒的扩散模型并运用傅里叶变换和热质类比的方法进行求解。收缩核萃取模型综合考虑了溶质在固态物料的内扩散传质、颗粒表面与流体间的对流传质及固定床层内流体的传质，Derevich 等采用此模型模拟了 SFE-CO_2 沙棘籽油的萃取过程。Sovova 等提出破碎和完整晶粒模型，认为固相由破碎晶粒和完整晶粒组成，分别得到两个关联了传质系数的物料平衡方程。以上模型均有较多假设的前提条件，给模型的应用带来较大误差，银建中等将人工神经网络用于 SFE-CO_2 沙棘籽油动力学过程的模拟，以压力、温度和时间为输入层，以萃取率为输出层对网络进行训练，得到了较好的效果。

5. 超临界 CO_2 萃取(SFE-CO_2)工艺

植物种子聚集了植物的精华，富含不饱和脂肪酸，尤其是人类自身不能合成的必需脂肪酸：亚油酸、亚麻酸、花生四烯酸等。这些多不饱和脂肪酸对降低胆固醇，预防动脉硬化及心脑血管疾病等方面具有重要作用。SFE-CO_2 植物油籽的油脂中含有丰富的不饱和脂肪酸，同时类胡萝卜素、植物甾醇、维生素如维生素 E 等脂溶性物质也被萃取，这些物质具有很好的清除自由基、增强免疫、降低胆固醇等重要功能。不同植物油籽的油脂中脂肪酸组成有较大差异，采用 SFE-CO_2 研究紫苏籽油脂的脂肪酸组成见表 10.7。

表 10.7 超临界 CO_2 萃取不同植物油籽的油脂中脂肪酸组成　　　　　　　　　%

油籽	$C_{14:0}$	$C_{16:0}$	$C_{16:1}$	$C_{18:0}$	$C_{18:1}$	$C_{18:2}$	$C_{18:3}$	$C_{20:0}$	$C_{20:1}$
紫苏籽	—	3.42	—	9.41	5.54	1.30	80.32	—	—
葡萄籽	—	8.03	0.15	5.07	19.06	67.39	0.30	—	—
沙棘籽	0.16	9.29	1.50	2.32	—	54.28	30.37	—	—
南瓜籽	0.15	11.80	0.19	5.01	34.70	49.53	0.36	0.26	—
番茄籽	—	13.36	—	5.57	21.88	56.43	2.76	—	—
猕猴桃籽	—	6.17	—	3.11	13.93	12.11	59.79	—	—

来源：徐响，2008。

10.2.3.3 超临界 CO₂ 流体萃取在油脂工业及蛋白饲料生产上的应用

超临界 CO₂ 流体萃取是在低温下提取,能避免萃取物中功能成分在高温下的热破坏,保护生理活性物质的活性。同时得到的油含磷低,色泽浅,精炼可省去脱胶、脱色,通过工艺调整,还可去除大部分的游离脂肪酸,从而省略脱酸,不仅简化了工艺,还避免了营养成分在精炼过程中的部分损失。目前超临界萃取技术已经在提取一些功能性油脂,如鱼油、月见草油、小麦胚芽油、米糠油、玉米胚芽油、番茄籽油中应用较多。大容量、高效节能超临界 CO₂ 萃取装置的研制,将使该项高新技术在油脂与植物蛋白饲料工业上得到更多的应用。

10.2.4 油料水酶法绿色制油高效回收蛋白新技术

水酶法提油技术的研究始于 20 世纪 70 年代,被誉为一种环境友好的新型油料资源整体利用新技术。水酶法提油过程杜绝使用任何有机溶剂,操作温度低,可同步回收油料中的油及蛋白质、碳水化合物等物质,是国内外油料科学和油脂加工新技术领域重点研究开发的方向之一。水酶法提油技术中不使用有机溶剂和高温高压等条件,借助于酶降解细胞结构再结合有机溶剂的工艺不属于水酶法提油技术的范畴。

10.2.4.1 工艺原理与特点

植物油料中,植物细胞壁由纤维素、半纤维素、木质素和果胶组成,油脂存在于油料籽粒细胞中,并通常与其他大分子(蛋白质和碳水化合物)结合,构成脂多糖和脂蛋白等复合体,只有将油料组织的细胞结构和油脂复合体破坏,才能提出其中的油脂。水酶法提油工艺是在机械破碎的基础上,采用能降解植物油料细胞壁的酶,或对脂蛋白、脂多糖复合体有降解的酶(如纤维素酶、果胶酶、淀粉酶、蛋白酶等)作用于油料,使油脂易于从油料固体中释出,利用非油组分(蛋白质和碳水化合物)对油和水的亲和力差异,同时利用油水比重不同而将油和非油成分分离。水酶法工艺中,酶除了能降解油料细胞、分解脂蛋白、脂多糖等复合体外,还能破坏油料在磨浆等过程中形成的包裹在油滴表面的脂蛋白膜,降低乳状液的稳定性,从而提高游离油得率。水酶法作用条件温和,如低温、无化学反应,体系中的降解产物一般不会与提取物发生反应,可以有效地保护油脂、蛋白质等可利用成分。

水酶法提油工艺具有如下优点:

①水酶法操作条件温和,能够最大限度地保留原料中的营养物质。水酶法工艺与传统的压榨法相比,整个工艺都在较为温和的条件下进行,即使在酶解之前为破坏油料中的抗营养质或灭酶对原料进行的热处理,一般采用蒸煮而不是传统制油工艺中的蒸炒,对营养物质破坏少。

②在提油的同时,能够将非油组分如可溶性蛋白质和碳水化合物一同得到。油料经酶解离心分离油后得到的酶解液营养丰富,含有大量的蛋白质及可溶性多糖,酶解液经浓缩干燥后得到的低脂蛋白质和碳水化合物,可作为饲料原料或添加剂、食品等行业的配料。

③与浸出法相比,水酶法采用酶处理油料,破坏细胞壁,使油脂从细胞中释放出来,避免了使用有机溶剂,省去了对有机溶剂进行回收的步骤,同时减少了设备投资和对环境的污染,提高了工艺的安全性和经济性。目前进入大气中的可挥发性有机物中约有 7.5% 来源于食品工

业排放的废气,而油料浸出法常使用的正己烷是食品工业废气中的主要污染源。

④水酶法工艺能脱除油料种子本身含有的某些有害物质。研究表明,葵花籽采用水酶法工艺提油能除去其中易使油籽饼发生色变的绿原酸和咖啡酸;水酶法工艺可以成功地去除菜籽中致甲状腺肿的含硫化合物,除此以外,羽扁豆中苦味生物碱、大豆中的腥味物质以及棉籽中的色素都能在水酶法工艺中不同程度地被除去。

⑤水酶法提取的油色泽浅、磷脂含量低、酸价和过氧化值低,只需简单精炼处理就可以达到食用标准,精炼损失和成本低,在一定程度上可以弥补油脂提取率低的不足。

10.2.4.2 国内外水酶法提油技术的研究现状

20世纪70年代,随着微生物技术在酶生产中的应用与推广,工业化大量产酶降低了酶制剂价格,应用酶提取植物油脂引起了国外许多学者的兴趣。1978年Alder-Nissen提出了大豆蛋白酶法改性制备等电可溶水解蛋白工艺,为酶法分离大豆油和蛋白质奠定了理论基础。1983年Fullbrook从废弃的西瓜籽中制取可溶性水解蛋白质时发现,随着蛋白质水解,部分油被释放。随后,酶法分离油料中油和蛋白质等组分的研究成为国内外关注的热点。迄今,水酶法提油工艺的研究已经涉及椰子、葵花籽、牛油树籽、米糠、棕榈核、蔷薇籽、大豆、花生、油菜籽、玉米胚芽等物料。国内水酶法提油新技术在油茶籽仁、花生仁、紫苏籽、玉米胚芽等油籽的应用中取得了较好的效果。

国外已将多种预处理技术应用于水酶法提油工艺中,其中挤压膨化预处理技术应用于大豆的水酶法提取油脂效果明显,首先通过挤压膨化产生的高剪切和高压破坏细胞壁结构,然后加入蛋白酶作用,提高油脂提取率。

10.2.4.3 水酶法提油工艺及影响因素

影响水酶法提取植物油工艺的因素较多,但油脂的提取率和蛋白质的回收率取决于油脂分离的传质过程和酶解作用的效果,在此主要讨论影响这两个过程的一些重要参数。

1. 油料破碎程度

油料粉碎度是影响酶作用和提油效果的重要因素之一。一般情况下,破碎程度越大,提油效果越好。油料的破碎方法分为干碾压法和湿研磨法,采用何种破碎方法取决于油籽的初始水分含量、化学组成、物理结构和采用的工艺。一般而言,对于初始水分含量较高的油料种子(如可可籽),常采用湿法破碎;对于花生,湿法破碎的结果是产生非常稳定的乳状液,从而制约游离油得率的提高。由于其初始水分含量约为5%,采用干法破碎较为合适,这样既可以减少能耗又可以在一定程度上避免破碎过程中形成稳定的乳状液。

2. 料液比

在提取过程中应尽可能提高料液比,这样有利于油和水的分离,同时减少了废水的排放量。当液体比例较高时,有利于加快提取速率和提高产品的最终产率。但是这样会增加废水的排放量及后续工艺中破乳的困难度,使废水处理和破乳的经济成本成倍增加。因此,在提取过程中料液比的确定,既要考虑出油率,也要考虑这两个因素。

3. 酶的种类与浓度

酶的作用效果与底物(油料)组成有关。McGlon等采用不同酶从椰子中提取油时,发现不同的酶作用效果不同,依次为混合酶[半乳糖醛酸酶(α-PG)+α-淀粉酶(α-AM)+蛋白酶

(PR)]＞半乳糖醛酸酶(α-PG)＞α-淀粉酶(α-AM)＞蛋白酶(PR)。目前水酶法中使用较多的酶有纤维素酶(CE)、半纤维素酶(HC)、果胶酶(PE)、蛋白酶(PR)、α-淀粉酶(α-AM)、半乳糖醛酸酶(α-PG)和β-葡聚糖酶(β-GL)等。各种酶在提高出油率与产品质量中具体发挥的作用有：①复合纤维素酶可以降解植物细胞壁的纤维素骨架、崩溃细胞壁，使油脂容易游离出来。尤其适合于纤维、半纤维质含量较高的油籽细胞，如卡诺拉油菜籽、玉米胚芽等多种带皮、壳油料。②蛋白酶可以水解蛋白质，对细胞中的脂蛋白或者磨浆过程中形成的、包络于油滴外的磷脂和蛋白质结合的蛋白膜进行破坏，使油脂被释放出来，实现油水分离。③α-AM、PE、β-GL等可以水解淀粉、脂多糖、果胶质，使油脂从油料中分离出来。

  酶用量(浓度)对水酶法提油效果有很大影响，工艺中必须确定最佳的酶用量。酶用量与酶的种类、活力有关，一般酶浓度增加，会增大分离速率、提高油得率，但工艺中往往有一适宜的较为经济的酶浓度值。Lanzani等研究发现使用PR和α-PG处理油菜籽，酶浓度为3％时出油率最高；用CE和α-PG处理葵花籽，酶浓度超过2％时，再增加酶用量不会增加葵花籽的油得率。在使用酶处理橄榄肉时，纤维素酶在25～30 g/100 g时油得率最高，酸性蛋白酶的最适酶浓度为50 g/100 g。当酶的用量达到某一浓度后，继续增加酶量所取得的效果并不理想，甚至会变差。

  对于提油中易产生脂蛋白形成乳状液的油料果实，酶的作用在一定程度上可以降低乳液的稳定性。一般而言，乳状液的稳定性随酶浓度和作用时间的增加而降低，且在作用的初始阶段效果较为明显。

  4. 酶作用的温度、pH和时间

  酶作用的温度、pH与酶的种类、来源有关。工艺中选用的温度应当使酶保持在最大活性范围内且不影响油或其他产品的质量。用水酶法从麻木碱籽中提取油时，温度对酶的作用效果有很大影响，蛋白酶在50℃时效果最佳，油得率比对照提高了32％；纤维素酶在40℃时效果最好，油得率比对照提高了10％。很多油料的水酶法工艺的酶解温度在40～60℃。与温度一样，酶解时的pH可在反应过程中进行调节，一般情况下酶解pH在3～8。酶解的时间一般应取能使油料细胞有较大程度的降解，油的得率有明显提高的最短时间，一般需要0.33～5 h，也有长达10 h的。酶解时间的确定应综合考虑油的得率和生产周期、能耗等因素。

10.2.4.4　工业化应用前景

  目前，中国、美国、印度、法国以及欧盟等其他国家都针对各国优势油料开展了水酶法提油技术的研究开发。随着微生物发酵产酶技术的成熟，酶制剂价格将不再成为水酶法技术推广应用的限制因素，但是水酶法技术中乳化体系的分离，乳化体系中油的回收在设备及技术上都存在困难，这点在蛋白质含量高的油料中尤其突出，这在很大程度上限制了水酶法提油技术的扩大化应用。

  较为温和的酶解条件可以很好地保持蛋白质活性，并同时得到附加值高的副产物，这是水酶法的一大优点，但对某些油料作物来说这个优点却可能成为一个障碍。以花生为例，温和的酶解条件使花生油的香味受到影响，由水酶法制得的花生油在香味上差于高温蒸炒压榨工艺得到的花生油，可见加强水酶法应用的广泛性也需要克服一些问题。此外，作为一种新技术，其技术与设备的引进并不是传统植物油脂制造商所期望的，因为这需要资金与技术的投入。

  尽管水酶法工艺目前还存在问题，仍不够完善，但由于其在油料提取方面具有巨大优势，可以同时利用油脂、蛋白质和多糖,减少生物活性物质的损失,这赋予了它蓬勃的生命力。以油茶籽仁为例,国家粮食局科学研究院等机构用水酶法提油技术提取油脂和饲料生物添加剂糖萜素的研究开发取得了显著进展,工业化应用前景广阔;水酶法提油技术应用于花生和玉米胚芽,不仅毛油提取率远高于传统的压榨法,而且同步得到的水解蛋白和可溶性低聚糖类可作为附加值高的功能性添加剂应用于饲料和食品领域。从国际发展状况来看,在可预见的将来,它将成为油脂加工业新技术的一次革命。

新技术具有时效性,昔日的新技术已成为今日的传统技术,而今日的新技术又可能成为明日的传统技术。随着我国油脂与植物蛋白工业的发展和技术进步,随着学科间的渗透交融,尤其是油脂化学及工艺学、蛋白质化学及植物蛋白工艺学与生物化学和生物技术的交叉互融,在该领域将会出现更多的高新技术,从而为油料资源的利用提供支撑。

(本节编写者:王瑛瑶,段章群)

10.3　挤压膨化技术在新型蛋白饲料原料开发中的应用

10.3.1　挤压膨化技术简介

10.3.1.1　挤压膨化技术原理简介

挤压膨化是膨化机内,螺旋套杆推动,曲折地将物料向前挤压,在推动力和摩擦力的作用下物料被加压,使被挤压物料形成剪切混合、压缩并获得和积累能量而达到高温高压的糊化物,并挤出模孔或突然喷出压力容器,使之因骤然降压而实现体积膨大的工艺操作。此时所有的成分均积累了大量的能量,水分呈过热状态;当骤降至常压时,这两种高能状态体系即朝向混乱度增大即熵值增大的方向进行而发生膨化。膨化使过热状态的水分瞬间汽化而发生强烈爆炸,水分子约膨胀 2 000 倍;物料组织受到强大的爆破伸张作用而形成无数细致多孔的海绵状体,体积增大几倍到十几倍,组织结构和理化性质也发生了变化。

在挤压膨化过程中,可使淀粉糊化、蛋白质变性,一些天然存在的抗营养因子(如大豆中的胰蛋白酶抑制因子)和有毒物质(如棉粕中的游离棉酚等)被破坏,饲料成品中的微生物数量大大减少,并导致饲料在储藏期间劣变的各种酶钝化;同时,亦可改善饲料的适口性,降低营养物质的损失,提高饲料产品的利用率,延长水产饲料的耐水时间等。

10.3.1.2　挤压膨化机及工艺简介

挤压膨化机又名膨化机,简单而言,它是由传动装置、喂料、调质装置、挤压部件及切割等附属装置构成的机器。其中挤压部件主要包括挤压外筒、螺杆及模头三部分(图 10.9)。根据螺杆数目,挤压机可以分为单螺杆挤压机和双螺杆挤压机。单螺杆挤压机具有操作简便,投资较少的特点,目前在国内饲料工业中应用广泛。双螺杆挤压机对物料有较强的适应性,但设备投资大,目前主要用于生产宠物饲料或特殊水产饲料等价格较高的饲料。

挤压膨化工艺就加工方法而言,挤压分为干法挤压及湿法挤压。干法挤压是指不用外加

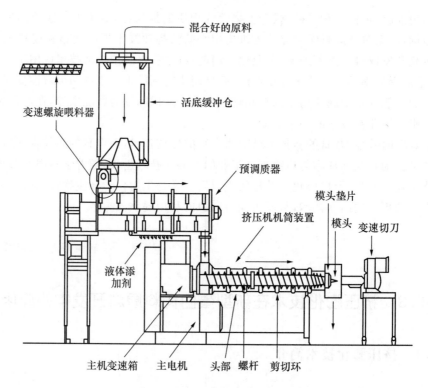

图 10.9　挤压膨化机结构示意图

(来源：金征宇，1998)

热也不加水，单纯依靠物料与挤压机外筒壁及螺杆之间相互摩擦产热而进行的挤压方式。这种方法起源于全脂大豆的挤压，操作较简单，设备成本也低，但挤压温度不易控制，营养破坏较大，且动力消耗大。随着挤压技术的发展，挤压机在饲料工业中的应用越来越广泛。被加工的物料种类繁多，性质差异也很大。由于大多数物料（如各种饼粕、水产饲料及宠物饲料等）并不像全脂大豆那样含有较多的在挤压过程中起润滑作用的油脂，它们含油量低，流动性差，为了保持挤压过程的顺利进行，在挤压过程中常外加水分（水或水蒸气），并附以外加热（其挤压机结构如图），这就是湿法挤压。湿法挤压由于含水较高，因此温度较干法挤压低，也较容易控制，以保持物料的养分，但设备相对复杂，成本也较高。

10.3.2　挤压膨化过程中物料的变化

10.3.2.1　挤压膨化过程中物料的物理化学变化

在挤压机筒内，物料运动并发生着特殊的化学变化。这些变化，发生在它的各个部分。虽然饲料挤压的机理借用了化学合成聚合物的挤压，但塑料是一种非常单一的体系，不会遇到像饲料挤压那样的困难。而饲料挤压的模型则受水分、淀粉、蛋白含量等因素的复杂影响，使得饲料的挤压实践，就像另一种模型完全不同体系的实验一样。好在科学家经过了长期的摸索，积累了数百篇的研究文献，这些文献为挤压产品和挤压加工的开发研究奠定了坚实的基础。

一些文献的重点在于阐述挤压蒸煮,其中有的涉及食品、饲料在挤压蒸煮中化学和营养变化。虽然饲料挤压还没有专门的杂志,但有很多相关的论文发表在《Cereal Chemistry》,《Feed International》,《Feed Tech》,《Journal of Agricultural and Food Chemistry》,《Journal of Food Engineering》,《Journal of food Science》以及其他的期刊上。在20世纪七八十年代发表的许多论文,主要是关于对不同原料混合物进行挤压的可能性研究,而在90年代以后发表的论文较多地报道挤压中的化学变化对物理的、感官的和营养的影响。

在挤压蒸煮过程中,饲料将会发生五种一般的化学或物理化学变化:黏合、裂解、天然结构损失、碎片重组和热降解(表10.8)。原料成分由于物理性损失而改变,物理性损失包括漏油及模头处水分和挥发性化合物的蒸发。因为大多数化学反应仅仅发生在压模之前的一段机筒内,所以热敏性物质如风味剂和维生素就可以在此处加入,以使它们最少限度地暴露在受热和受剪切的环境中。

表 10.8   饲料在挤压蒸煮过程中的一般变化

化学变化	物理化学变化	化学变化	物理化学变化
裂解	小分子黏合	热降解	压模处的损失
碎片重组	天然结构的损失		

来源:金征宇,1998。

部分挤压实验仅仅是代表性地研究了几个挤压工艺变量,尚未进行全面的探讨,但有许多因素是重要的(表10.9)。挤压机操作人员可为这些基本因素选择其相应的参数,并且这些基本因素依次决定了从属因素:比机械能、产品或物料温度和压力。这些因素影响食品在挤压机机筒内的黏性、物料在挤压机内的停留时间、作用于食品的剪切力。由于原料组成不同和物料预处理所引起的变化是确定实验结果的重要方法。

表 10.9   在挤压过程中影响化学变化的因素

基本因素	从属因素	基本因素	从属因素
机筒温度	物料(产品)温度	原料粒度	
模头几何形状	压力	进料量	
挤压机型号	比机械能	螺杆结构	
原料组成		螺杆转速	
进料水分			

来源:金征宇,1998。

所使用的挤压机型号当然也会影响化学反应。大型挤压机比小型或试验用挤压机有较长的机筒和相对较长的停留时间。小型挤压机由于产量较低,要求喂料量很少,以便用少量物料就能对原料的可利用性进行初步研究。小型单螺杆挤压机适合于进行挤压研究工作。另外,美国食品工业中主要采用大型双螺杆挤压机,而小机器则用于试验车间。改进预测模型将使小型研究用挤压机与生产型设备之间更易进行直接比较,以节约挤压研究和开发所消耗的时间和费用。

10.3.2.2 挤压膨化过程对原料成分的影响

1. 营养素在挤压过程中的变化

(1)淀粉

淀粉质的谷物和块茎是膳食中的主要能源。挤压与食品其他加工形式之间的一个主要差别是,挤压中糊化发生在水分含量低得多(12%～22%)的条件之下。蜡质的或高支链的玉米淀粉挤压受熔化支配,伴随着零级动力学反应,而不是一级反应的糊化。

糊化可用多种方法来测定,包括测定热力学数据和测定对淀粉酶的敏感性等。近红外反射光谱法和快速黏度分析仪已被建议作为测定挤出淀粉质食物蒸煮程度的方法。虽然在目前使用的挤压条件下完全糊化不会发生,但挤压大大提高了酶对麦麸和全麦粉的可消化性。脂类、蔗糖、食盐和膳食纤维改变了淀粉质食物的糊化,并且进而影响其他的物理性质。

支链淀粉的多分支结构易受剪切,但直链淀粉和支链淀粉经挤压其分子的分子质量均可下降。玉米粉中大支链淀粉分子的分子质量降低最大。小麦粉淀粉分子质量在较高的模头温度(185℃)和较高的进料水分(20%)条件下被保留得最好。小麦淀粉降解的程度大于玉米淀粉,其中含高分子质量部分($>10^7$)的淀粉在挤压过程中因降解而测不到了,而相对分子质量在 10^5～10^7 的淀粉部分增加了。

为了制备糊精或葡萄糖,挤压可用于淀粉的分子降解。高剪切是淀粉最大程度转化成葡萄糖的必要条件。用淀粉挤压生产葡萄糖已经在大麦、木薯、玉米和马铃薯废弃物上得到实施。虽然酶在挤压时通常会钝化,但在挤压之前加入热稳定的酶则可以提高机筒内的反应速度。实验响应面的分析结果显示,当加入较多的高温、耐热的淀粉酶并在低水分的情况下,大米淀粉大部分被糖化。相反,将葡萄糖与柠檬酸送入双螺杆挤压机内混合,可使葡萄糖随机连接形成聚糊精和低聚糖。

淀粉降解的一个重要结果是减少了膨胀。膨胀通常是以挤出物直径和模孔直径的比值来度量,其值与产品结构有关。高度膨胀的产品由于其气泡壁薄而易碎,而致密产品常常是坚固的。表 10.10 列出了影响淀粉质物料膨胀的因素。

表 10.10 影响淀粉质物料膨胀的因素

挤压因素	喂料因素
机筒温度(↑)	水分含量(↓)
螺杆结构	直链淀粉含量(↑)
压模长度/直径比(变化的)	膳食纤维、蛋白质、脂类含量(通常↓)

来源:金征宇,1998。

理论上,支链淀粉分支碎片末端的还原糖可以与其他碳水化合物形成糖苷键。这样的新化合物很可能抵抗消化酶。这些产品很难分析,但是转糖苷作用已有报道(Theander and Westerlund,1987)。然而,Politz 等(1994)没有发现挤出的小麦粉在甲基化分析以后在 2,3-葡萄糖苷键方面有变化。必须指出,挤压条件存在差别,包括使用的挤压机型号。

淀粉的可消化性很大程度上取决于充分糊化。用挤压制造抗性淀粉的方法在低热量产品方面已取得效果。有专利表明,用支链淀粉酶制备高直链淀粉而产出抗性淀粉这个过程将抗性淀粉提高到 30%。在挤压之前添加柠檬酸或高直链的玉米淀粉于玉米粉中,可提高抗性淀粉和膳食纤维的产出,但成本和风味是限制性因素。添加膳食纤维也会影响可消化性。纤维素加入玉米淀粉会减少淀粉的可溶性。较长的纤维素大大地降低了产品的可溶性。

许多食品加工过程中,包括挤压,形成直链淀粉与脂质的复合物。食品中淀粉和脂类的类型影响了复合物形成的程度,在高直链淀粉中加入单酸甘油酯和游离脂肪酸比加入三酸甘油酯更可能形成复合物。一项相关研究表明,进料水分低(19%)和机筒温度低(110~140℃)会导致硬脂酸和含25%直链淀粉的普通玉米淀粉之间形成大量的复合物。高黏度和较长停留时间有利于复合物形成。然而,这些研究还没有用大型双螺杆挤压机证实。

饲料中的淀粉在挤压加热下很快糊化,这是一个复杂的过程,受许多因素影响。淀粉糊化的主要特征是淀粉与过量的水混合,在剪切挤压作用下造成温度上升,随着温度的升高,水分的渗透也随之增加;过量水分的渗透,使大量水分被吸收,最后淀粉颗粒破裂而糊化。糊化作用表现为淀粉分子中氢键发生变化,糊化淀粉的持水性显著提高。淀粉糊化恰当,不仅溶解度和流体动力学性质发生变化,而且糊化淀粉对酶的降解作用也很敏感。这在工艺学和营养学方面都有重大意义。经高温短时间挤压膨化制得的糊化淀粉,在高倍显微镜下可以观察到其结构发生变化,即由原来的结晶结构变成连续多孔的网状结构。膨化使淀粉粒解体,淀粉链裸露,可加快酶的水解作用,提高饲料利用率。

淀粉在高温高压的密闭环境中时,大分子的聚合物处于熔化状态,局部分子链被强大的压力和剪切力切断,断裂位置通常发生在链的分支点,或链的中心部位,或与杂原子之间的链上,导致支链淀粉降解。同时,也引起直链淀粉中 α-1,4 糖苷键断裂,发生淀粉糊精化作用,导致总淀粉含量降低。因此,淀粉经挤压膨化后总淀粉含量减少,而糊精及还原糖的含量则显著增加。支链淀粉含量的比例降低,而直链淀粉含量的比例增高(表 10.11)。

表 10.11　淀粉膨化过程中基本成分的变化　　　　　　　　　　　　%

样品名称	总淀粉	糊精	还原糖	还原能力	直链淀粉	支链淀粉
对照玉米(干基)	83.92	0.02	1.32	1.40	35.68	48.24
膨化玉米(干基)	70.95	9.45	6.22	6.58	35.12	35.83

来源:金征宇,1998。

挤压膨化后的淀粉不仅有糊化作用,还有糖化作用,使淀粉的水溶性成分增加几倍至几十倍,为酶的作用提供了有利条件,提高了淀粉在水产饲料中的利用率。

(2)纤维类物质

在植物细胞壁内发现的许多化合物是很复杂的,如膳食纤维。挤压研究中若使用不同的纤维分析法往往结果会有差异。美国分析化学家协会(AOAC)的总膳食纤维分析方法要有标准物,后者是一种用淀粉酶和蛋白酶不能降解且在80%乙醇水溶液中不溶的化合物。化合物在挤压中改性,变得难以消化并且有类似于纤维在体内的性质。

Artz 和他的合作者(1990)测定了玉米纤维-玉米淀粉混合物在挤压前后的 X-射线衍射图,并没有发现图案由于挤压而发生变化。因为玉米麸中仅包含 16.6%结晶纤维素,X 射线衍射不能显示出在其他纤维成分方面如半纤维素的变化。

总的膳食纤维的测定可以满足食品分析需要,但这些测定还不能检测挤压对纤维可溶性方面的影响。在实验室,用酶-化学法鉴别挤压对木质素和非淀粉多糖(NSP)方面的变化,但在研究中发现挤压没有影响糖醛酸。燕麦粉和马铃薯皮在挤压之后可溶性非淀粉多糖提高了,但玉米粉挤压以后没有差别。

挤压减少了果胶和半纤维素的相对分子质量,使甜菜粕纤维的水溶性增大了 3 倍。虽然粉碎使豌豆荚可溶性纤维含量提高到 8%(干基),但挤压可使其可溶性纤维含量超过 10%。

不过总纤维在挤压之后降低了。由于小分子更易溶于水和乙醇水溶液,所以可将酶-重量法和酶-化学法用于膳食纤维分析中。酸性和碱性的处理都能提高玉米麸中的可溶性纤维。

挤压可显著地提高豆中的可溶性纤维(图 10.10),但 Martin-Cabrejas 等(1999)在研究中发现,只有低水分样品的挤压才使不溶性纤维减少。增加的可溶性纤维由木糖、阿拉伯糖、甘露糖和糖醛酸组成,但不溶性纤维在 25% 水分挤压后样品中的葡萄糖含量没有说明。提高可溶性纤维的好处源于其对健康的好处,在挤压过程中产生的可溶性纤维与天然可溶性纤维对健康是否有一样的影响还没有明确,研究中已有明显的矛盾发现。在模仿的体外消化测试中,较低机筒温度下挤压的马铃薯皮会明显出现大量的胆酸和脱氧胆酸,而这些马铃薯皮含有较高的可溶性纤维。

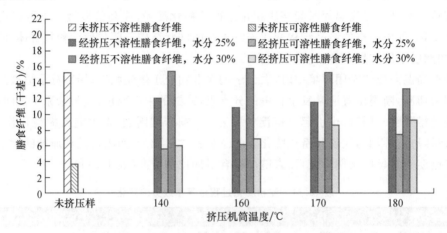

图 10.10　挤压前后豆中不溶性膳食纤维(IDF)和可溶性膳食纤维(SDF)的变化

(金征宇,1998)

挤压后的谷物含有较高的可溶性纤维,并且经挤压大麦和燕麦中可溶性 β-葡聚糖稍有提高。与喂以标准日粮或未挤压谷物的鼠相比,喂以挤压大麦、燕麦和小麦的幼鼠发现血清和肝脏胆固醇含量较低,挤压后谷物的水悬浮物的黏性很高。在喂以挤压低能量的糠麸的鼠中,发现血清和肝脏胆固醇与总的肝脏脂类显著降低,而这种处理对玉米、燕麦或米糠却没有影响。黏性胶及其他可溶性纤维用截留胆汁酸的方法可以降低胆固醇水平;提高胆汁排泄,最终将耗尽人体贮存的胆固醇,这将触发合成新的胆汁酸。在小肠中可溶性纤维降低了葡萄糖的吸收速度,防止了血清葡萄糖水平出现高峰。柠檬与橙皮在挤压之后有较多的可溶性纤维,这与黏性的增大相关。淀粉的消化与葡萄糖的扩散没有受挤压影响。

(3)蛋白质

关于挤压对蛋白质影响的研究,已有大量的文献可供查阅。挤压过程中,二硫键可断裂也可以重新形成。静电和疏水作用有利于形成不溶性聚合物。在挤压过程中是否有新的肽键产生尚有争议。高分子质量蛋白质可以分离成小亚基。蛋白酶的敏感位点的暴露可改善其消化性。

表 10.12 列出了蛋白质在挤压过程中发生的几种变化,蛋白质变性无疑是最显著的。大多数酶在挤压机内失去活性,除非它们对热和剪切力具有稳定性。蛋白质挤压后在水或稀盐溶液中的溶解度会降低。变性和溶解度降低直接受机筒温度的影响,而比机械能(SME)的耗散则是重要的关键因素。即使在较低温度(<100℃)下挤压小麦,小麦蛋白质溶解度有时也会降低。

虽然许多研究人员已经使用过的挤压温度都在150℃以下，但是有些不同机制的变化可以发生在更高的温度下。Prudîncio-Ferreira 和 Arêas（1993）在 3 种机筒温度（140、160、和 180℃）

表 10.12　蛋白质在挤压过程中的变化

功能的变化	营养的变化
在水和稀缓冲液中溶解度降低	赖氨酸减少
组织化	改善可消化性

和 2 种进料水分（30％和 40％）挤压大豆蛋白质。在 40％进料水分的大豆挤压中，二硫键引起的不溶性是最高的，但在两种水分中都随机筒温度的提高而降低。

美拉德反应发生在挤压过程中，特别是在较高机筒温度和较低进料水分时。在挤压过程中，赖氨酸的游离末端氨基与其他氨基酸反应，也可能与游离糖反应。较低的 pH 有利于美拉德反应，在由小麦淀粉、葡萄糖和赖氨酸组成的模型系统中，此反应可通过色泽的加深来检测。

挤压机用于人造肉制品（组织化蛋白）是始于 20 世纪 60 年代。挤压可仿照肉的组织结构模制，形成纤维状结构。大豆蛋白在挤压机内变性，pH 值在接近大豆等电点的条件下，获得适宜的结构形式。添加氢氧化钠（或任何一种碱）对于组织化是有害的。Huang 等 1995 年在衣阿华州立大学开发了大豆组织化蛋白的新应用技术。他们开发了一种工艺，改变挤压大豆分离蛋白成为组织化蛋白纤维。问题是这种蛋白纤维很容易破碎。在挤压过程中添加甘油或挤压后经化学处理可减小其易碎性。

高水分挤压已被用于研制新的蛋白资源。这一领域已取得了一些新进展。Barraquio 和 Van de Voort（1991）挤压了酸性凝结的脱脂乳粉，然后在第二次挤压时中和了酸性酪蛋白而形成酪蛋白酸钠。另一个乳品副产品乳清分离蛋白，在低 pH、低机筒温度和低螺杆转速的作用下挤压，结果凝结的半固体扩展开来，这一产品甚至可以充当油脂代用品。

（4）脂类

高油脂物料通常是不进行挤压的。脂类含量超过 5％～6％会降低挤压机操作性能。扭矩较小，因为脂类在机筒内减弱了摩擦；由于挤压过程中压力不够，并且产品往往膨胀率低，脂类从细胞中释放出来是由于蒸煮和植物细胞壁的物理性质受损。

一般来说，物料脂类含量在挤压之后降低了。一些脂类可能在模头处上作为游离油脂损失了，但这种情况仅发生在高油脂物料如整粒大豆的挤压中。脂类含量降低的另一种解释是，脂类与直链淀粉或蛋白质形成了复合物。当挤出物用酸或淀粉酶降解，再用溶剂提取时，脂类回收率是较高的。虽然挤压全麦粉中乙醚可抽提的脂类仅一半被回收，但酸水解表明总的油脂没有由于挤压而显著改变。比整粒谷物含较少淀粉的麦麸，在挤压后有更多游离的脂类，大概是因为不能形成脂类-直链淀粉复合物的缘故。

游离脂肪酸比三酸甘油酯更易被氧化，而且游离脂肪酸还影响风味。虽然三酸甘油酯水解成甘油和游离脂肪酸在理论上是可能的，这样的反应看来似乎不会达到显著的程度。事实上，挤压能够使水解酶变性防止游离脂肪酸释放。这样，酶活性被钝化了，这在工业化生产中被用来使米糠稳定化。脂类氧化能够迅速使食品和饲料的感官和营养品质受破坏。脂类氧化在大多数的挤压加工中由于停留时间短可能不会发生。然而，氧化酸败是一个在储藏过程中所要关心的问题。表 10.13 概括了在挤压制品中影响脂类氧化的因素。螺杆磨损是一个关心的问题，因为金属有促进氧化的作用。与通过干燥法处理的类似产品相比，挤压稻米和大豆的含铁量和过氧化值均较高。膨胀度高的挤出物中遍布气泡，产生更大的表面积，这更易于氧化。另外，挤压使氧化酶变性，并且降低淀粉中脂类对氧化的敏感性。由美拉德反应生成的化合物还可以起抗氧化剂的作用。

表 10.13　与挤压相关的引起脂类氧化的因素

增进氧化的因素	减弱氧化的因素
螺杆磨损	酶钝化作用
膨胀	美拉德反应形成的抗氧化物质
水分活度较低	脂类-直链淀粉复合物

来源:金征宇,1998。

(5)维生素

因为维生素在化学结构上大不相同,所以它们在挤压过程中的稳定性有很大差异。总的来说,尽可能降低挤压机内的温度和剪切力可保护大多数维生素而不受损失。有关影响维生素的挤压相关参数见表 10.14。

在脂溶性维生素中,维生素 D 和维生素 K 是相当稳定的。维生素 A 和维生素 E 以及它们相关的化合物、类胡萝卜素和生育酚单体,在氧和热的作用下是不稳定的。维生素 A 的前体 β-胡萝卜素作为着色剂和抗氧化剂,热降解看来是 β-胡萝卜素在挤压过程中损失的主要因素。较高的机筒温度(200℃与 125℃相比)使小麦粉中所有反式 β-胡萝卜素减少了 50% 以上。氧化促进了色素的损失,因此添加 BHT 或在充氮条件下挤压,可减少色素的损失。

表 10.14　促进维生素破坏的挤压相关参数

相关参数变化
↑ 机筒和物料温度
↑ 螺杆转速
↑ 比能输入
↓ 进料水分
↓ 压模直径
↓ 产量

对热处理非常敏感的水溶维生素是维生素 B_1,但维生素 B_1 在挤压过程中的稳定性是剧烈变化的,Killeit(1994)证明损失范围介于 5%~100%。又如,Andersson 和 Hedlund(1990)注意到,在挤压过程中没有添加水时维生素 B_1 的损失是高的,而核黄素(维生素 B_2)和烟酸不受影响。

抗坏血酸(维生素 C)也是对热和氧化敏感的原料。小麦粉在较高机筒温度和较低水分(10%)的条件下挤压时,这些维生素会减少。在一种包含柑橘浓缩物的挤压玉米物料中添加维生素 C 是相当稳定的(图 10.11),但在不含柑橘浓缩物的类似产品中维生素损失则很大。

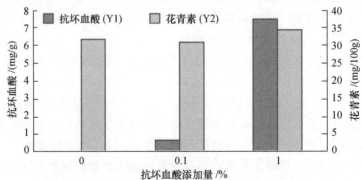

图 10.11　一种玉米在添加抗坏血酸进行挤压以后,抗坏血酸和花青素的保留值

(金征宇,1998)

(6)矿物质

虽然矿物质对健康是必要的,但对它们在挤压过程中的稳定性则研究得很少,这是因为人们长期从大量非挤压加工得到了矿物质很稳定的结论,因而使目前研究仅集中在两个一般主题上;一是纤维及其他高分子物质对矿物质的黏结;二是螺杆和机筒的磨损引起产品矿物质含量的升高。另有报道,膨化可能会降低水产饲料中部分矿物质消化吸收率。

20世纪70年代后期,营养学家关心起高纤维物质会削弱矿物质吸收的问题。显然这些问题现在看来并未引起大多数美国人的注意。整粒谷物中的植酸盐螯合了一些矿物质。挤压过程通过改变植酸盐能够影响矿物质的吸收。挤压减低了小麦粉中植酸盐含量,而在豆荚中则不然。煮沸的豆类以及在高剪切力条件下挤压的豆类,比在低剪切力条件下挤压的豆类有较少的可透析的铁。虽然肌醇六磷酸在所有加工条件下都是低的,但总的植酸盐没有影响。

膳食纤维含量高的物料将促进金属从挤压机螺杆和机筒迁移到物料本身。马铃薯皮挤压的结果是铁含量至少增加38%,而且从高机筒温度下挤压样品中发现铁含量最大。喂饲挤压玉米和马铃薯的鼠能很好地利用螺杆磨损的铁。喂饲挤压麦麸和小麦粉的成年鼠与喂饲未经挤压的饲料相比较,吸收铁和锌的量是一样的。

物料在挤压前添加营养强化的矿物质有时会引起其他的问题。铁与酚类化合物会形成复合物,这些复合物的颜色黑暗,因而使物料的外观劣化。从一种仿真的稻米产品中发现,七水硫酸亚铁是一适用的铁源,因为它不会褪色。添加氢氧化钙(0.15%~0.35%)减小了玉米粉挤出物的膨胀,并且增强了颜色的亮度。

2. 非营养性植物化学素及天然毒素

挤压研究除了正在探索营养物在挤压过程中的变化以外,营养学家开始认识饲料中某些非营养化学物质的重要性,很明显这些化合物受挤压影响必须加以研究。例如,大豆中植物化学素可以帮助防止乳腺癌。然而为了生产更多可口的大豆食品,大豆的挤压组织化会显著地降低这些化合物的含量。大豆浓缩蛋白以及玉米粉和大豆浓缩蛋白混合物(80∶20)的挤压则没有导致总的异黄酮含量有所变化。当乙酰基衍生物增加时,糖苷配基和丙二醛会随挤压而减少,但这种变化的营养学意义尚未被认识。

谷物、水果和植物中的酚类化合物有抗氧化剂的作用,并且对健康有益。用蒸气去皮法生产的马铃薯皮经挤压后,总的游离酚类物,主要是绿原酸,显著地减少了。在高的机筒温度和进料水分条件下有较多的酚类物被保留下来。损失的酚类物质可能与它们自己或与其他化合物起反应,形成分子更大的不溶性物质。在一种包含玉米粉和蔗糖的早餐谷物食品中,添加大量的抗坏血酸会使花青苷色素降解(图10.12),并且挤压使总的花青素显著减少。如此看来聚合物似乎会促进花青素的损失。

(1)天然毒素

挤压、膨化的一个最重要好处是减少了天然毒素和抗营养因子,因为许多蛋白饲料资源,尤其是豆类,含有有毒的或降低营养素利用的物质。豆类中所含的胰蛋白酶抑制因子,会妨碍酶消化蛋白质,长期摄入胰蛋白酶抑制因子将导致生长受阻并且使胰腺肥大,因为身体会产生更多的消化酶来响应胰蛋白酶抑制剂。为了使生长鸡获得同样的生产性能,就要将大豆在一定温度下去除孔尼茨(Kunitz)胰蛋白酶抑制剂,如普通大豆在高温下进行挤压处理(138~

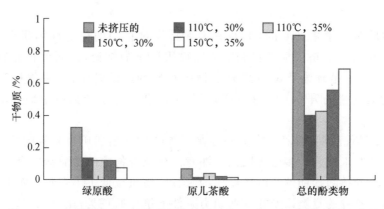

图 10.12　马铃薯皮在不同机筒温度(110℃ 或 150℃)和不同进料水分含量
(30%或 35%)下挤压时,单独的和总的酚类物含量

(金征宇,1998)

154℃,对照 121~138℃)。Van den Hout 等(1998)断定,对大豆粉中胰蛋白酶抑制剂的钝化起主要作用的是热而不是剪切力。

另一个重要的安全问题是过敏原。虽然挤压不能除去食品中的过敏原蛋白质,但可以断定挤压能显著地减少过敏原。利用捏合螺杆元件在相对低的温度下可以减少大豆中的过敏原,这大概是因为增大剪切力导致它的变性。提高机筒温度也可降低变应原,但改变进料量和螺杆转速则没有效果。在挤压豌豆粉中,因为按免疫测定来衡量,所以产品温度和比机械能是蛋白质抗原性破坏的重要因素。

另外,几种天然毒素含量在挤压中能同时降低。在挤压大豆样品中,除非大豆在 140℃ 和 30% 进料水分条件下挤压处理,否则植物凝集素和 α-淀粉酶抑制因子不能完全根除。胰蛋白酶抑制因子在所有挤压豆类样品中都显著降低了。在挤压后豆类淀粉中,发现胰蛋白酶抑制剂活性部分减少,而红细胞凝集素几乎完全被破坏。挤压刀豆的红细胞凝集素含量和脲酶活性显著降低;刀豆氨酸没有受挤压的影响。在这些研究中螺杆转速的改变没有影响。在挤压大豆中氮溶解度也较低,这有可能作为毒素钝化的标记,因为凯氏(Kjeldahl)定氮分析法比许多毒素测定价格低廉。

马铃薯中主要的配糖生物碱 α-查茄碱或 α-茄碱,在马铃薯皮的双螺杆挤压中,两者都没有降低,但仅仅 3%~5% 的配糖生物碱在体外消化中是可溶的。溶解度对吸收是必不可少的,所以挤压能降低这些化合物的毒性而不破坏它们。使用同样的挤压条件,用刮除法生产的马铃薯皮中胰蛋白酶抑制因子显著地降低了。关于挤压对于杀虫剂的影响发表文章极少,而杀虫剂的问题则是关系重大的问题。马铃薯皮是一种极好的典型,因为块茎在储藏过程中经过了几种化学处理。不幸的是,氯苯胺灵(一种发芽抑制剂)和噻苯唑(一种杀真菌剂)两者都没有因挤压而显著地降低。

已经研究了其他的天然毒素对挤压的敏感度。在草粉挤压时添加氨水能降低总硫代葡萄糖苷、异硫氰酸盐,但这种处理不适于不能添加 NPN 的产品,因为氨水会有残留。挤压以后,烷基间苯二酚几乎降低了 50%;挤压参数的变化没有对这种减少产生影响。虽然并不认为棉子糖和水苏糖有毒,但有时在食品和饲料中不希望有它们,因为它们增进肠胃胀气。为了降低斑豆的棉子糖和水苏糖,较高的机筒温度最为有效。

（2）微生物

挤压过程中,绝大部分的有害微生物在挤压膨化过程中将被杀灭(表10.15)。

表 10.15 挤压膨化对微生物的影响 个/g

微生物名称	膨化前粉料	膨化后饲料	微生物名称	膨化前粉料	膨化后饲料
好气微生物	83 000	39	大肠菌数	1 000	<10
嗜中性细菌数	10 000	<10	霉菌	1 400	<10
大肠杆菌	10 000	<10	沙门氏菌	有	无

来源:金征宇,1998。

（3）风味物质变化

挤压膨化能促进香味物质的形成。许多挤压物料是没有什么刺激性的,因为风味剂已得到一定改良。但热降解可能发生。当物料从挤压机模头出来时,挥发性的风味剂与水汽一起闪蒸。在由小麦淀粉、赖氨酸和葡萄糖组成的挤压模拟试验系统中,已经证实不挥发的美拉德反应化合物存在。在低温和高水分条件下挤压的玉米粉中,产生的主要挥发性物质来自脂类反应。高机筒温度和低进料水分有利于美拉德反应的生成,并且过程中形成的杂环化合物是蒸煮谷物典型风味物质的重要成分。

挤压法利用温度和压力两个因素使得原料膨化。通常,将润湿的谷物原料喂入挤压机,螺杆带动物料前进。一方面物料在螺杆与套筒之间摩擦生热;另一方面挤压室蒸气加热,物料到达模头端时温度可达170℃、压力500磅/平方英寸。物料挤出模口即刻随着压力的释放而膨胀,水分也很快蒸发。虽然原料在挤压机内存留时间只有30～120 s,但在这样的高温高压条件下,物料的香味成分不可避免地要发生一定的变化。这些变化包括:部分香味物质的损失以及新的香味物质的形成。

①美拉德反应产物。许多良好的物料香味都来自于美拉德反应的产物。谷物及油料作物的种子能够提供反应所需的氨基酸及还原糖,高温、高压、剪切及低湿(湿度通常为14％～20％)的挤压条件会加强反应的进行。加入过多的浓缩蛋白质(大豆分离蛋白、酪蛋白)或还原糖,往往导致产品颜色较暗,让人难以接受。

在挤压牛奶蛋白与玉米的混合物时,采用低温(95～110℃)、超临界 CO_2(而非蒸气)膨化,可以减轻褐变情况。遗憾的是尚没有感官或化学方法分析过这些产品的香味组成。添加的蛋白质同样会减少径向膨胀,从而影响到产品的组织、大小及形状。Bailey 等在挤压玉米中加入 5％～20％的乳清浓缩蛋白(WPC),它富含美拉德反应所需的氨基酸及还原糖,提高乳清浓缩蛋白的含量会降低产品的温度,然而一些短链脂的降解产物戊醛的含量却增加了,吡嗪的含量也由此提高。对于所有的美拉德反应产物包括吡嗪、呋喃等一些杂环及含硫化合物,物料的熔化区温度在 160～174℃时比 140～152℃会产生更高的浓度。

酵母自溶提取物(AYE)是风味多肽、氨基酸、糖的极好来源,挤压酵母提取物能够产生很愉快的香气,Izic 和 Ho 对加和不加碳酸氢铵、葡萄糖的酵母提取物挤压后作香味物质产生量的比较(表10.16),发现挤压提高了吡嗪类化合物的含量,尤其加入糖和氨基后,乙基吡嗪(典型的坚果香味)含量很高。如果同时加入碳酸氢铵和丙酮醛将会产生较多的吡嗪类香气成分。

表 10.16   酵母自溶提取物吡嗪含量随不同处理条件的变化   %

样　品	吡嗪含量	挤压提高百分率
非提取物	0.29	
提取物单独	9.49	3 172
+2%NH₄HCO₃	3.99	1 276
+5%葡萄糖	55.68	19 100
+2%NH₄HCO₃+5%葡萄糖	43.56	14 921

来源:金征宇,1998。

②其他类型的香味物质。挤压过程中还会产生噻唑及其他一些含硫物质,但是一般很少有意制造这些化合物。这些物质含量适中会加强饲料、组织化植物蛋白等的风味;含量过高,则易腐败,药物及金属味明显。硫胺素在挤压蒸煮温度下非常活泼,可作为含硫香气成分的前体,在挤压玉米中加入 0.5%的硫胺素将产生以噻唑为主的香味物质,与蛋氨酸混合反应又会产生似肉和马铃薯的香味。

③挤压机作为香味物质的发生器,过去多数的研究重点在于提高物料的香味,McGill 大学的研究者们则打算直接生产香味物质作为添加剂。利用微晶纤维作为色氨酸和葡萄糖混合物的载体,因为这两种成分不容易进料、输送。挤压的操作条件为:水分>55%,温度<110℃,以保证微晶纤维在挤压机内不会熔化。与一般常用的回流生产法相比,挤压法得到的羟甲基糖醛(HMF)和麦芽酚等的生成速率提高了 38 倍。需要注意的是,喂料湿度与温度会影响各产物的量,螺杆速率因影响物料的滞留时间也将对结果产生非线性影响。

10.3.3　挤压膨化技术在新型蛋白饲料原料开发中的应用

目前,国内外挤压膨化技术和大型装备已广泛应用于饲料原料和饲料生产中,如大豆、油料饼粕、组织蛋白、动物蛋白等的加工。现在,挤压、膨化技术在蛋白质饲料资源开发领域,又得到进一步的扩展和延伸。

10.3.3.1　棉籽挤压膨化新技术

棉籽是棉花加工过程中产生的副产品,大多数棉籽被压榨加工成油和饼粕。但大量的整粒棉籽适合作为奶牛和肉牛饲料,因为整粒棉籽含有大约 23%粗蛋白质和 20%脂肪,所以它是一种有吸引力的高产奶牛和肉牛饲料。整粒棉籽的壳或棉绒壳是奶牛饲粮良好的纤维素源。但棉绒中的纤维素会降低棉籽对牛的适口性。而碾磨是不适用于将整粒棉籽加工成饲料的,因为它易使棉籽结块。

虽然挤压膨化用于加工大豆饼粕已有许多年了,但由于棉绒难以处理且易燃的特性,挤压膨化时,棉籽会增大摩擦且会阻塞缠住设备,这样设备就因过热而使饲料烧焦,而牛是不喜欢烧焦的味道的,因此挤压技术在棉籽中的应用一直进展不大。另外,由于棉籽及其加工后产品中含有游离棉酚,限制了其在畜禽饲料中应用。而经过挤压作用(尤其是高剪切作用)可使游离棉酚与蛋白质或添加剂结合成毒性较小的结合棉酚,从而扩大其在饲料中应用范围和用量。因此,需要开发适合棉籽挤压膨化的加工技术,使棉籽蛋白得到充分合理的应用。

棉籽挤压、膨化专利技术的核心内容是:将 1∶1 的整粒棉籽和大豆的混合物进行挤压膨化,混合物可以在 135~145℃下,以大约 400 kg/m³ 的容积密度进行膨化。挤压膨化腔内的压力大约为 58.8 N/cm²。如果混合物中棉籽所占的比例加大,则应先将棉籽在水中浸泡处理。在上述加工过程中,棉籽和大豆中的油可以减小棉绒产生的摩擦,这一特性保护了纤维。棉籽和大豆混合物膨化后成为一种金黄色带绒的油状物,它含有高浓度的蛋白和其他营养成分。挤压膨化后的棉籽、大豆混合物(下面简称 ECS)的营养成分见表 10.17。

表 10.17　整粒棉籽和大豆的混合物(1∶1)挤压膨化后的营养成分　　　　　　%

成分	粗蛋白质	水分	脂肪	粗纤维	酸性纤维	中性纤维	钙	磷	镁	钾	钠
含量	30.0	6.0	19.0	14.0	17.5	28.1	0.5	0.63	0.35	1.2	0.036

来源:谢正军,1998。

棉籽和大豆混合后使得蛋白质中营养性的氨基酸更加完整。挤压膨化的另一好处是增加了瘤胃中的非降解蛋白,使游离棉酚从生棉籽中的 0.91% 降到 0.021%。棉籽的棉绒既没被烧也没被破坏,实际上它被混合在膨化后的产品中,起到吸收并保持住油的作用。一般情况下,每头母牛每天可喂 ECS 1.5~2.3 kg,但每天最多可饲喂 3.6 kg。ECS 的主要作用是可增加干物质的摄入量。

McCo 在 1992 年进行了饲喂试验以测定 ECS 对奶牛产奶量和奶成分的影响。该试验是在夏季的几个月内进行的,奶牛被喂食以谷物为基础的日粮,一组中含有 ECS,另一组含豆饼。该研究结果见表 10.18。

表 10.18　大豆饼(SC)和 ECS 对奶牛性能影响的比较

项 目	一般奶牛		高产奶牛	
	SC	ECS	SC	ECS
产奶量/(kg/d)	27.41	28.55	30.86	32.59
脂肪校正的产奶量	24.59	24.86	27.68	28.00
奶中脂肪含量	3.33	3.17	3.31	3.06
奶蛋白含量	3.16	3.07	3.08	3.02
谷物消耗量	10.5	10.1	11.9	11.6
奶牛体重变化	−0.67	−0.25	−0.85	−0.13
体重状况记分	2.35	2.34	1.97	1.90

结果表明,以 ECS 作饲粮的奶牛产奶量大大高于以豆饼(SC)为饲粮的奶牛。喂食 ECS 的高产奶牛组日产奶量比喂 SC 的要多 1.73 kg。二者奶中脂肪的含量无明显差别。有时喂膨化的豆饼会使奶中脂肪含量降低,这是因为挤压膨化破坏了豆饼中的脂肪囊,而释放出来的脂肪约束了那种可能和合成奶脂肪有关的微生物的活性。当喂食 ECS 时,奶牛体重的减轻会有所减缓,表明 ECS 使得能量值增高。对高产奶牛喂 ECS 比喂豆饼能使奶牛每天少减重 0.72 kg。尽管喂食 ECS 使奶牛所产奶中的蛋白有所降低,但它们每天却能产出更多的奶蛋白,因为它们的产奶量高。在另一研究中,6 个商业用奶牛场的 330 头奶牛参加了试验,结果 ECS 使产奶量的增加超过了添加油脂补充料,并且多产奶的价值远超过了添加 ECS 所增加的耗费。

10.3.3.2 挤压膨化技术在羽毛角质蛋白饲料原料开发中的应用

羽毛类角蛋白资源丰富,价格低廉。它不仅粗蛋白质含量高达 80％以上,是一种潜在的蛋白饲料,而且其胱氨酸含量也较高(6％～7％),用于饲料可降低价格昂贵的蛋氨酸添加。因此,开发羽毛角蛋白资源,使之成为饲料原料意义重大。

羽毛角蛋白由于分子间高含量二硫键的铰链作用致使动物很难消化,而利用挤压机腔高温、高压和高剪切的环境,以及挤压加工过程中外加添加剂的方法进行羽毛挤压,使羽毛在消化率达到饲用要求(胃蛋白酶的消化率>75％)的同时,各种氨基酸生物学效价与高压水解羽毛粉无差异,从而不仅克服了传统高压水解或酸碱水解所需设备投资大、能耗高、劳动强度大、环境污染严重等缺点,而且初步实现了羽毛加工连续化的生产工艺,为资源的合理利用提供了新的开发途径。

1. 羽毛挤压膨化技术

以挤压机作为生化反应处理器,利用挤压机腔高温、高压、高剪切的环境及挤压过程中外加添加剂的方法处理羽毛,可使羽毛在消化率达到饲用要求(胃蛋白酶消化率>75％)的同时,胱氨酸尽量得到保留。且膨化后使羽毛变成多孔纤维结构,形成酥脆、有膨化香味、适口性好、营养物质破坏少的特点。目前国内已有专用羽毛挤压膨化机和成套设备,由此可实现操作方便、流程简单、能连续化生产的羽毛加工工艺和技术。

此工艺和技术主要要点有:

①挤压温度 140～200℃,羽毛入机水分 17％～18％,转速 90～100 r/min,孔模 $\phi5$～8 mm,0.5％添加剂,可得到胃蛋白酶消化率在 90％左右,胱氨酸含量达 3.4％的膨化羽毛粉,产品的氨基酸生物利用率同高压水解羽毛粉相当。

②与转速、入机水分相比挤压温度对挤压产品胱氨酸影响较大,产品中胱氨酸含量随挤压温度的提高而降低。

③添加剂在挤压过程中对胱氨酸有明显的保护作用,在 0.5％的添加量下能使胱氨酸留存率比对照组提高 23.5％。

2. 挤压膨化羽毛粉的营养价值和氨基酸的生物效价

(1)挤压膨化羽毛粉的营养价值

挤压膨化羽毛粉与鱼粉的营养价值对比参见表 10.19。

表 10.19　膨化羽毛粉和鱼粉的营养比较

名　称	膨化羽毛粉	鱼　粉	名　称	膨化羽毛粉	鱼　粉
干物质/％	92.0	90.0	赖氨酸/(mg/kg)	1.37	5.12
粗蛋白质/％	86.46	62.56	蛋氨酸/(mg/kg)	0.51	1.66
铁/(mg/kg)	181.0	1.7	胱氨酸/(mg/kg)	4.11	0.55
铜/(mg/kg)	9.5	6.0	苏氨酸/(mg/kg)	3.08	2.78
锌/(mg/kg)	75.4	90.0	异亮氨酸/(mg/kg)	3.42	2.79
锰/(mg/kg)	12.0	32.3	亮氨酸/(mg/kg)	6.16	5.06
精氨酸/(mg/kg)	4.79	3.86	酪氨酸/(mg/kg)	1.71	2.01
缬氨酸/(mg/kg)	7.19	3.14	苯丙氨酸/(mg/kg)	4.79	2.67
组氨酸/(mg/kg)	0.69	1.83	色氨酸/(mg/kg)	0.59	0.75

来源:金征宇,1996。

从表 10.19 可以看出,膨化羽毛粉的粗蛋白质含量高达 80％以上,高于鱼粉。胱氨酸、缬氨酸、苯丙氨酸的含量较高,与鱼粉的氨基酸成为互补。合理地开发和利用废弃羽毛这一丰富的高蛋白饲料资源,必将产生显著的经济效益和社会效益。

(2)挤压膨化羽毛粉氨基酸的生物效价

挤压膨化羽毛粉的蛋白质和氨基酸含量虽然较高,但真正的营养价值评判,还要看动物对此蛋白的消化吸收情况。体外胃蛋白酶消化率的测定只是对羽毛粉品质的表观评价,它的高低并不完全正相关于动物生长情况的好与差。为了客观准确评价挤压膨化羽毛产品的质量,金征宇等(1996)利用成年种公鸡强饲法测定了其氨基酸生物利用率,结果经生物统计检验整理与 NRC(1994)公布的高压水解羽毛粉氨基酸生物学效价对照,具有良好的一致性,结果见表 10.20。

表 10.20 羽毛粉氨基酸生物学效价评估

氨基酸	含量[**]/%		粪样及内源氨基酸[**]/%			消化率[*]/%	
	挤压羽粉	高压羽粉	挤压羽粉	高压羽粉	内源	挤压羽粉	高压羽粉
Val	5.47	5.70	1.32±0.21	1.70±0.37	0.56±0.04	87.94a	84.98a
Met	0.69	0.49	0.21±0.07	0.34±0.03	0.28±0.03	83.11a	78.03b
Ile	3.94	2.94	0.95±0.18	0.74±0.08	0.71±0.08	85.96b	90.03a
Leu	6.63	6.62	0.81±0.30	1.83±0.47	0.56±0.06	86.45a	86.43a
Tyr	3.18	3.12	0.87±0.07	1.21±0.23	0.45±0.04	83.34a	81.16a
Phe	3.77	3.36	0.66±0.44	0.93±0.05	0.40±0.03	88.95a	87.79a
Lys	0.78	0.86	0.45±0.05	0.60±0.03	0.31±0.02	68.35a	65.24a
His	0.26	0.41	0.15±0.02	0.24±0.02	0.09±0.02	78.01a	69.81b
Arg	5.04	4.25	1.05±0.20	1.16±0.37	0.56±0.04	88.36a	86.94a
Cys	3.17	4.07	2.11	2.82	0.53	58.43	60.92
Thr	3.75	2.96	1.46±0.29	1.29±0.14	0.46±0.04	81.46a	78.01a
Eaa	36.57	34.62	10.97±1.21	11.76±1.0	4.56±0.39	81.28a	79.42b
Asp	5.19	5.15	2.80±0.30	3.78±0.41	0.92±0.10	72.64a	63.09b
Ser	10.98	8.22	2.59±0.50	2.28±0.36	0.96±0.09	85.33a	86.12a
Glu	12.21	7.86	4.01±0.81	3.18±0.59	2.07±0.31	81.80a	79.29a
Ala	3.67	3.78	0.88±0.09	1.23±0.41	0.61±0.05	86.41a	84.99a
Pro	4.92	4.76	2.37±0.39	1.67±0.28	0.31±0.05	71.70b	81.55a
Lan	0.84	1.00	1.36±0.60	1.60±0.71	—	27.97a	30.03a

注:* 相同字母标记差异不显著($P>0.05$)。** 风干基础。
来源:金征宇,1996。

何武顺等(1999)利用优化工艺参数条件生产出的膨化羽毛粉,饲喂肉仔鸡以测定产品的氨基酸消化率和真代谢能,结果表明:膨化羽毛粉的氨基酸真消化率母鸡为 88.9％,公鸡为 83.6％;胱氨酸的真消化率为 86.8％,真代谢能依次为 13.53 MJ/kg、13.11 MJ/kg。林东康等(2001)报道,用 135 型羽毛膨化机膨化的羽毛粉,粗蛋白质含量在

79％以上,而且精氨酸、异亮氨酸和胱氨酸相对较高。用蛋公鸡测得表观代谢能值为15.1 MJ/kg,蛋白质消化率可达78.37％。上述试验均表明,膨化羽毛粉的营养价值和生物效价还是比较好的。

3. 挤压膨化羽毛粉在饲料中的应用

由于膨化羽毛粉具有价格和资源优势,许多研究者针对其营养特点,对它进行了较为广泛的研究。研究总体表明,膨化羽毛粉可以直接代替部分鱼粉、肉骨粉及饼粕类等蛋白质饲料。如胡振声等(1988)报道了在日粮中配入3％的膨化羽毛粉,可在日粮中节省2％的进口鱼粉和3％大豆粕。湛澄光等(1988)用膨化羽毛粉代替了日粮中的8％～10％菜籽饼或6％秘鲁鱼粉,试验结果表明,无论成活率、增重及饲料转化效率,与对照组相比均无明显差异。刘晓霞等(2001)用膨化羽毛粉饲喂1日龄樱桃谷肉鸭试验表明,加3％、4％、5％膨化羽毛粉试验组的平均增重均明显高于对照组,试验组的单位增重饲料消耗量均低于对照组,尤其是以添加4％试验组效果最佳。国内也有报道用膨化羽毛粉喂养蛋鸡蛋鸭,可以提高产蛋率10％以上;喂养肉鸡肉鸭增重效果和进口鱼粉相同,还根除了啄羽啄肛的毛病;喂养猪的出栏时间可提前30％。

国外Cupo等(1991)用6％的羽毛粉饲喂肉仔鸡研究表明,能蛋比161时,肉仔鸡的生长未受影响,胴体重增加;而能蛋比186时,生长减慢,胴体重下降。这说明羽毛粉可作为蛋白资源,但加工方法及加工条件能够影响羽毛粉蛋白的利用(Wang等,1997),而且日粮配比也可限制其利用。

10.3.3.3 挤压膨化技术在蓖麻粕蛋白饲料原料开发中的应用

蓖麻粕是蓖麻籽制油后的副产品,蛋白质含量一般在30％～35％,脱壳后可高达45％左右。蓖麻蛋白组成中球朊占60％,谷朊占20％,白朊占16％,不含或含少量难吸收的醇溶蛋白,所以绝大多数可以被动物吸收利用。其赖氨酸含量比豆粕低40％左右,蛋氨酸又比豆粕高40％以上,如二者配合使用,正好达到氨基酸互补的作用。但蓖麻粕中因含有蓖麻碱、变应原、毒蛋白和血球凝集素等有毒物质,且毒性很强,故未经处理的蓖麻粕长期以来被当作燃料或肥料使用。因此蓖麻粕是一种有待开发利用的饲料蛋白资源。

1. 蓖麻粕挤压膨化技术

由于蓖麻饼粕在制油过程中经热处理,毒蛋白、血球凝集素等热敏性毒性成分业已变性脱毒,故蓖麻饼粕的去毒主要针对蓖麻碱和变应原,前者对热稳定而后者为糖蛋白,需高温、高压、高剪切方能变性。而挤压膨化过程就伴随着高温、高压、高剪切的综合作用,且可以加入化学脱毒剂来增强脱毒效果,有许多试验已证明挤压膨化是一种非常有效并可以实现工业化生产的加工方法。其主要加工过程为:脱脂的蓖麻饼粕经粉碎、筛分后先与定量的碱性化学物质进行混合,然后将混合物送入挤压膨化机进行高温、高压,特别是高剪切的瞬间反应和作用,就可得脱毒粗品,再经干燥、冷却、粉碎过筛即得脱毒蓖麻粕成品。有试验证明,经挤压膨化后,对蓖麻毒蛋白的去除率为100％,变应原的去除率在98％以上,蓖麻碱的脱毒率可达到90％以上,可以适当比例应用在饲料中。

2. 挤压膨化蓖麻粕的营养价值和氨基酸的生物效价

(1)挤压膨化蓖麻粕的营养价值和特点

表10.21是一种经不同碱处理后挤压膨化后蓖麻粕的营养物质的变化情况。

表 10.21 不同碱处理对挤压膨化蓖麻粕营养物质的影响 　　　　　　　　%

成分	未脱毒蓖麻粕	不同化学物及挤压膨化后蓖麻粕			
		NaOH, 2%	NaOH, 1% NaCl, 1%	NaHCO$_3$, 2%	Ca(OH)$_2$, 2%
水分	8.20	2.56	0.89	0.89	5.62
蛋白质	37.21	37.44	37.94	40.63	36.72
脂肪	1.75	未检出	未检出	未检出	未检出
粗纤维	30.13	29.17	30.51	31.28	26.32
灰分	6.91	9.12	10.26	7.94	8.83

来源:朱建津,2000。

表 10.22 是一种进口蓖麻粕经粉碎筛分去壳后,再经过挤压膨化脱毒后的蓖麻粕的营养组成。

表 10.22 一种进口蓖麻粕经筛粉去壳和膨化脱毒处理后的营养成分组成 　　　　　%

成分	水分	粗蛋白质	粗脂肪	粗纤维	粗灰分	无氮浸出物	钙	总磷	有效磷	盐分
含量	10.47	46.00	0.56	10.48	9.21	17.92	0.71	1.01	0.30	0.35

来源:朱建津,2000。

经猪、鸡高用量饲喂试验,表明去毒后的蓖麻粕在规定的用量范围内可安全用于畜禽饲料。通过营养学评定和饲养试验,发现脱毒蓖麻粕有以下几个方面的特点:

①高蛋白和优质的氨基酸平衡。蓖麻粕粗蛋白质含量可高达 45%以上,是目前所有饼粕类饲料中蛋白质含量较高的一种。蓖麻粕的蛋氨酸和胱氨酸含量分别为 0.8%和 0.85%,高于豆粕,是一种优良的畜禽含硫氨基酸补充源。赖氨酸含量也高达 1.8%,大大高于除豆粕外的其他饼粕类饲料。

②适口性好。蓖麻粕含有较多的谷氨酸,对猪有良好的适口性。含有适量蓖麻粕的配合饲料,猪禽的采食量与玉米-豆粕型日粮完全一致。蓖麻粕的这一优良特性使它的利用价值大大高于棉仁粕和菜籽粕。

③较高的可利用能。蓖麻粕的猪消化能和鸡代谢能分别为 12.1 MJ/kg 和 9.2 MJ/kg,略低于大豆粕,但大大高于棉仁粕和菜籽粕,是畜禽一种良好的有效能来源。

④蓖麻粕的外观呈棕灰色,加入饲料后对饲料的外观无不良的影响。

⑤性能价格比高。在规定的用量范围内,蓖麻粕可取代饲料中豆粕的用量达 30%～50%。与豆粕的价格相比,蓖麻粕大概要低 1 000 元/t 以上。通过线性规划最低成本优化计算和评价,饲料中每代替 1%的豆粕,饲料成本可降低 10 元左右,其效益十分可观。

⑥用法简单。由于蓖麻粕除赖氨酸外,其他成分与豆粕基本一致,因而配方中用蓖麻粕时配方只需作简单的调整,即每代替 1%的豆粕,每吨配合饲料增加 50～60 g 的盐酸赖氨酸的添加量。

(2)挤压膨化蓖麻粕的氨基酸生物效价

朱建津等(2001)用进口挤压膨化后的蓖麻粕,通过对公鸡的强饲实验,得到了挤压膨化蓖麻粕各种氨基酸真消化率见表 10.23。

表 10.23 挤压膨化蓖麻粕可消化氨基酸测定结果

氨基酸	总量/(g/100 g)	消化率/%	可消化氨基酸/(g/100 g)
天门冬氨酸	3.88	86.7	3.36
苏氨酸	1.39	77.3	1.07
丝氨酸	2.28	81.1	1.85
谷氨酸	8.69	90.0	7.82
甘氨酸	1.73	54.2	0.84
丙氨酸	2.21	78.5	1.73
胱氨酸	1.72	82.9	1.43
缬氨酸	2.22	83.2	1.85
蛋氨酸	0.79	80.2	0.63
异亮氨酸	1.87	83.2	1.55
亮氨酸	2.60	81.3	2.11
酪氨酸	1.16	79.6	0.92
苯丙氨	1.72	84.7	1.45
赖氨酸	1.27	74.3	0.94
组氨酸	0.82	90.5	0.74
精氨酸	4.65	92.3	4.29

来源:朱建津,2000。

由以上结果可知挤压膨化蓖麻粕的氨基酸消化率低于豆粕但高于棉粕和菜粕,具有较高的饲用价值。

3. 挤压膨化蓖麻粕在饲料中应用

(1)在肉鸡饲料中的应用

朱建津等(2000)用进口挤压膨化后的蓖麻粕,分别在肉鸡前、中、后期日粮中加 5%、10%、15%,并保持各处理的蛋白质、能量、赖氨酸、含硫氨基酸含量基本一致,结果表明,试验前期各处理组增重差异不显著($P>0.05$),各处理组耗料增重比是对照组优于试验组($P<0.05$)。试验中期各处理组增重是对照组增重略好,但差异不显著($P>0.05$);耗料增重比差异也不显著($P>0.05$);试验后期各处理组增重对照组显著优于试验组($P<0.05$),耗料增重比差异不显著($P>0.05$)。全期增重是 5%添加量显著高于 15%添加量($P<0.05$),其他差异不显著;耗料增重比也差异不显著。许万根(1997)以肉鸡为实验对象,用玉米-豆粕型日粮作对照,设试验 1 组(前、后期挤压蓖麻粕用量分别为 3%、6%)和试验 2 组(前、后期挤压蓖麻粕用量为 5%、10%),试验结果表明,1、2 两组全程增重分别为 1 186 g 和 1 116 g,差异并不显著。刘大川等(1998)在蓖麻粕中添加化学剂然后进行挤压脱毒,以 12%的量加入肉鸡饲料中,结果增重和饲料转化率与对照组比较略有下降。上述几个试验证明,在肉鸡饲料中适量添加蓖麻粕可取得良好的饲养效果,而过量添加则会降低饲养效果。

(2)在猪饲料中的应用

朱建津等(2000)用处理 I 为玉米豆粕型日粮(对照组),处理 II 分别在试验前期(20~30 kg)、后期(30~60 kg)日粮加膨化蓖麻粕 5%和 10%,处理 III 分别在试验前、后期日粮加膨化蓖麻粕 8%和 16%,研究膨化蓖麻粕对生长猪的饲用效果。结果表明,生长猪前期用 5%的膨化蓖麻粕可达到玉米豆粕型日粮的生长性能,而 8%的膨化蓖麻粕影响此期猪的生长,而生长猪后期,尽管用量高达 16%,也不影响猪的生长。张元贞等(1992)等用热喷蓖麻粕进行猪饲养试验,结果也认为,前期控制用量在 10% 以内,后期控制用量在 20% 以内不影响猪的生长发育及生产性能。

10.3.3.4 挤压膨化技术在其他动植物蛋白饲料原料开发中的应用

1. 田菁籽粉的挤压膨化技术

田菁系一年生豆科植物,主要产于福建、浙江、江苏、台湾、广东、河南、河北等地,资源丰富。田菁种子提取胚乳经加工制成田菁胶,采用干法生产可得 10%~20% 田菁胶,经改进工艺可得 20%~30% 田菁胶,余下的都是田菁籽粉。田菁籽粉的蛋白质含量在 40% 左右,氨基酸水平优于棉菜饼,是极有开发前景的饲料蛋白资源,但未经处理的田菁籽粉由于含有少量毒性物质而不能直接用做畜禽饲料。如经蒸炒、酸水解、挤压膨化等处理后可以成为优质的畜禽蛋白饲料来源。台湾学者研究分析认为,处理后田菁籽粉中主要是生物碱、鞣质等的含量发生了很大变化,有毒物质很可能就在这类物质中。

金征宇等(1995)挤压实验表明,在原料水分 23%,模头温度 160℃,添加剂浓度 0.5% 的条件下,挤压反应使田菁籽粉中生物碱含量从原料的 1.917% 降至 0.260%,鞣质含量从原料的 0.301% 降低至 0.174%。毒性成分的减少导致了蛋白酶消化率的提高,由原料的 62.9% 提高到 86.5%。该试验还以试样中主要毒性生物碱含量为指标,通过极差分析可知挤压温度是影响田菁籽粉去毒效果的主要因素,其次是原料水分含量和添加剂浓度。

2. 动物血粉的挤压膨化技术

目前,动物血液资源日益丰富。农业部曾对全国 80 个大中城市的不完全统计,每年集中屠宰生猪大约在 3.5 亿头,可得猪血约 200 万 t,如能收集加工利用,可制得血粉 40 万 t。血粉粗蛋白质含量高达 80% 以上,是很好的动物蛋白饲料。国内传统上采用的各种加工方法生产的血粉动物食后很难消化,适口性和营养平衡性差。这主要是由于血细胞属于硬质蛋白,在加工过程中,血细胞膜未经全部破坏及血粉中硬蛋白未经充分变性,所以在动物体内很难消化吸收。因此,加工血粉的关键是在加工过程中借助外力将其原有的分子结构破坏,即血细胞破裂,血细胞内的营养物质完全释放。通过挤压膨化加工,使血细胞破壁,细胞内含的营养物质被释放,极大地提高了血粉的消化吸收率。挤压膨化后的血粉经过显微镜检验,无完整的细胞存在,其产品质量和消化率要优于发酵血粉和喷雾干燥血粉。膨化加工使得蛋白质变性,发生组织化,从而使蛋白酶更容易进入到蛋白内部,扩大了蛋白消化酶与蛋白质接触面积,从而更易被动物消化吸收。

3. 畜禽废料挤压膨化技术

畜禽废料(如家禽的尸体、下脚料、内脏等)都具有潜在的利用价值,因为其中含有大量的营养成分。但是,直接利用这些畜禽废料具有一定的危险性和局限性,它们都含有霉菌和有害物质,且消化率低、动物利用价值低。应用挤压膨化技术可以部分解决这些问题。在美国,鸡粪经过挤压膨化处理后有机物的消化率可超过 75%,未经膨化的仅为 62%。同时,膨化处理还可以杀灭病原菌和霉菌等。利用挤压膨化技术可消除畜禽废料对环境的污染,又可扩大饲料资源,实现变废为宝。但具体挤压膨化技术需要有待进一步去研究和开发。

(本节编写者:谢正军,钮琰星)

10.4 高效干燥技术在新型蛋白饲料原料开发中的应用

干燥在饲料加工行业应用广泛,优质、高效的干燥技术装备是实现蛋白饲料原料及深加工产品保质干燥、提高生产效率、降低生产成本的关键。干燥型式多种多样,本节主要介绍行业内常用的流化床干燥和喷雾干燥。

10.4.1 固体蛋白饲料的流化床干燥

10.4.1.1 概述

固体流化现象很早就被人们所发现,但应用于工业生产是在 20 世纪 20 年代,始于德国温克勒煤气发生炉。流化床在我国是 20 世纪 60 年代开始发展起来的一种干燥技术,首先在食盐工业中应用,目前已广泛应用于化工、轻工、医药、食品以及建材等各行业。由于干燥过程中固体颗粒悬浮于干燥介质中,因而流体与固体接触面积较大,热容量系数可达 8 000～25 000 kJ/(m³·h·℃)(按干燥器总体积计算),又由于物料剧烈搅动,大大地减少了气膜阻力,因而热效率较高,可达 60%～80%(干燥结合水时为 30%～40%)。流化床干燥装置密封性能好,传动机械又不接触物料,因此不会有杂质混入,这对要求纯洁度较高的制药工业也十分重要。

10.4.1.2 流化床干燥机特点

流化床干燥机具有下述特点:

①气固直接接触,热传递阻力小,可连续大批量处理物料,能获得较好的综合经济技术指标;

②早期的流化床只适用于非黏性粉粒状物料,经不断改进,目前不同类型的流化床可广泛适用于粉粒状、轻粉状、黏附性、黏性膏糊状物料及多种含固液体,是适用范围最广的干燥机型;

③设备结构相对比较简单,早期流化床甚至无运转部件,因而设备造价较低,运行维修费用也较少;

④热效率和蒸发强度在对流式干燥设备中皆属于较高者;

⑤干燥时间易于调节,能适合于不同含水率要求的干燥场合;

⑥易于同其他形式的干燥设备组成多级干燥,以获取良好的干燥技术指标。

10.4.1.3 流化床干燥机的分类

目前,国内的流化床干燥装置,从其形式看主要分为单层、多层(2～5)、卧式和喷雾流化床、喷动流化床、振动流化床等。从被干燥的物料来看,大多数的产品为粉状(如复合氨基酸等)、颗粒状(如发酵豆粕等)、晶状(如硫酸锌等)。被干燥物料的湿含量一般为 10%～40%,物料颗粒度在 120 目以内。

其中,单层流化床可分为连续、间歇两种操作方法。连续操作多应用于比较容易干燥的产品,或干燥程度要求不是很严格的产品。多层流化床干燥装置与单层相比,在相同的条件下设备体积较小,产品干燥程度亦较为均匀,产品质量也较好控制。多层床由于气体分布板数增多,床层阻力也相应增加。但多层流化床热利用率较高,所以它适用于降速段的物料干燥。多层流化床操作的最大困难,是由于物料与热风的逆向流动,各层既要形成稳定的流化层,又要定量地移出物料到下层,如果操作不妥,则流化层遭破坏。

由于多层流化床干燥器制造较为复杂,操作控制也不容易掌握,故有将其改为多室流化床的趋势,即改为低风速的卧式多室流化床干燥器。设备高度降低,结构也简单,操作又比较方便。卧式流化床干燥物料停留时间可调,压力损失小,并可得到干燥均匀的产品。它的主要缺点是热效率低于多层床,尤其是采用较高风温时。但如果能够调节各室的进风温度和风量,并逐渐降低之;或采用热风串联通过各室的方法,其热效率也可以提高。目前大多数卧式流化床采用负压操作。

决定工业流化床干燥机综合经济技术指标的主要参数有流化速度、床层压降、颗粒大小、容积传热系数、干燥强度、耗能指标和热效率等。国内对流化床技术的改进研究,也主要面向上述指标。目前,流化床干燥机已成为粉粒状物料干燥的主要机型。

10.4.2 流化床干燥原理

10.4.2.1 流化现象

在一个干燥设备中,将颗粒物料堆放在布风板(用以支撑颗粒物料)上,当热气体由设备下部通入床层(分布板上的物料称为床层),随着气流速度加大到某种程度,分布板上的固体颗粒物料层会由静止状态逐渐鼓泡,进而产生沸腾,形成流动层,这种床层称为流化床。采用这种方法进行的物料干燥即为流化床干燥。

由于固体颗粒物料的特性不同,床层的结构尺寸及气流速度等因素不同,床层可存在三种状态。

1. 固定床阶段

当气流速度较低时,在床层中固体颗粒虽与流体接触,但固体颗粒的相对位置不发生变化,这时固体颗粒的状态称为固定床。若对流体通过床层总压力损失 Δp 的测绘,及流体空塔速度 v_0(v_0 为体积流量除以空床横截面积)在双对数坐标纸上进行标绘,则 $\Delta p \sim v_0$ 的关系如图 10.13 所示的 AB 段,Δp 随 v_0 而上升,成一倾斜直线的关系。

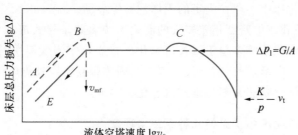

图 10.13 流体通过固体颗粒层 $\Delta p \sim v_0$ 的关系

2. 流态化阶段

当固定床阶段的流体流速逐渐增加到一定点(临界流化点)以后,固体颗粒就会产生相互的位置移动,若再增加流体速度,固体颗粒在床层中就会产生不规则的运动,这时的床层状态就处于流态化,即为流化床。随着流体速度的增加,固体颗粒的运动则更为剧烈,在流速的一定范围内,固体颗粒仍停留在床层内部而不被流体所带走。它是不定型的,能随着床体的形状而改变,具有液体的流动性。床层在流化阶段,固体颗粒处于浮动状态,这是造成流体通过床层阻力的主要原因。

床层高度和孔隙率随着流速的增大而增大,但流体通过床层的压力损失 Δp 基本上不随流速的增大而发生变化,保持着大约等于床层中固体颗粒的质量。这时在床层中能保持一个能见的固体颗粒界面。

固体颗粒在图 10.13 的 B 点开始蠕动,称为临界流化点。B 点是 $\Delta p \sim v_0$ 关系的转折点,若再提高流速,其压力损失基本上保持一定值 Δp_{mf},直到 C 点。若从流化状态开始降低流体速度,直到 D 点,床层就会转变为固定床。D 和 B 点的差别较小,这是由于经过流化后,固体颗粒重新排列而较为疏松。若继续降低流速,则遵循 DE 线的关系而变化。通常把对应于 D 点的流速称为临界流速 v_{mf}。从工程上应用方便起见,可认为 B 和 D 点是重合的。

3. 气流输送阶段

在流化床内,气流速度大于固体颗粒的沉降速度 v_t 时,这时固体颗粒就不能继续停留在床体内,而将被气流带出床体。这就是第三阶段——气流输送。这时,从分布板上方直到流体出口处,整个床体充满着固体颗粒。

10.4.2.2 散式流态化和聚式流态化

1. 散式流态化

在散式流化床中,固体颗粒在床层内均匀分散,平稳沸腾,这是较理想的流态化。在液-固系统中常见。在气-固系统中,流速超过临界流速和沉降速度时,也会出现散式流态化。

2. 聚式流态化

在聚式流化床中,固体颗粒不是以单个的形式出现,而是以颗粒团形式出现,识别不出颗粒的平均自由行程。这时流体常以气泡形式通过床层上升,气泡在上升的过程中慢慢长大,相互合并或有少数破裂,最后到达床层界面就破裂,床层压力损失波动,床层的外观好似沸腾的液体。在气泡中夹带有少量的固体颗粒称为气泡相;而气泡周围存在大量的固体颗粒称为乳化相。在气泡相中平均含有 $0.2\% \sim 1\%$ 的固体颗粒。气泡相和乳化相组成不均匀的聚式流态化床。在聚式流态化床中不存在固定的固体颗粒上界面。

一般地,固体颗粒和流体密度相差较大的流化系统多趋于聚式流态化;反之,固体颗粒和流体密度相差较小的流化系统多趋于散式流态化。在流化床干燥器中,由于作为干燥介质的流体密度较小(如热空气、烟道气、惰性气体等),其固体颗粒密度和流体密度相差较大,故在流化床干燥中所遇到的流化状态大都是聚式流态化。

10.4.2.3 聚式流化床中常见的几种不正常现象

1. 沟流和死床

在流体通入固定床层时,由于各种原因使流体在床层分布不均匀,在床层的局部地方产生了短路,使相当多的流体通过短路流过床层,即使通过床层的气流速度大于临界速度,而床层却不流化。必须比临界速度大得多的流速才能使料层"开锁",一旦这点发生后,则床层沸腾流化,床层压力急剧下降。此后压力损失随着流速的增加,可能出现回升,但达不到理论的压力损失值。

产生沟流的原因大致有以下几个方面:

①料层颗粒度分布不均匀,细小颗粒过多,且干燥介质的流速较低。

②物料潮湿易结块,在床层中料层厚薄不均匀。易在床层薄、结块少的局部产生沟流。

③布风板设计不佳,孔径和开孔率设计不合理。

流化床干燥器中若产生沟流,会使干燥介质与被干燥的物料接触不充分,干燥效率降低。消除沟流现象,一般须采用较大的流速,合理设计布风板,必要时可在床层内加设搅拌装置。在工艺操作上,可以先送气后加物料。

2. 腾涌

在流化床内固体颗粒大小分布不均匀,气体通过布风板不均匀,流化段的高度较大等因素,会使床层内的气泡汇合长大,直至气泡直径大到接近于床层时,由于气速较高,固体颗粒在床内就会形成活塞状向上运动,当气泡在密相界面上破裂时,颗粒会被向上抛出很高,小颗粒被气流所夹带,较大的颗粒然后纷纷落下。如此往复循环,就会使固体颗粒与干燥介质流体接触不良,干燥效率降低。

沸腾会使床层受到较大的冲击,易损坏床内构件。同时在流化床干燥时,腾涌往往会使被干燥的固体颗粒物料加剧磨损,大量的细粉被气流带出。

为避免腾涌现象的产生,可把流化床干燥器的高度和直径适当地加高和加大,并使床高与床径之比小于1。必要时可在床层内加设内部构件(如挡板或挡网等),阻止腾涌的产生。

10.4.2.4 流化质量

在气-固两相的流化床干燥器中,流化质量的好坏,可用以下几个方面进行鉴别:

①床层压力损失波动一般在±3%以内。若压力损失波动超过±10%,则是不正常流化。

②床层温度(轴向、径向)分布均匀,温差一般在2℃以内。

③用听音棒沿热电偶保护管,听床层内流体及固体颗粒流动的声音,或用仪器测定气泡频率,频率高则说明气泡小、流化均匀。当流化很差时,设备和支架会出现明显的振动。

在通常情况下,流化床中流体空床流速超过临界流速不太大时,床层内就产生较为剧烈的搅动,达到气-固两相良好的接触。故一般流化速度小于2 m/s。此外,采取较宽的固体颗粒粒度范围和较低的床层,这对于改善流化质量有一定的成效。

10.4.2.5 流化床干燥器的特点和使用条件

1. 特点

①在流化床内流体与固体颗粒充分混合,表面更新机会多,大大强化了两相间的传热和传质,因而床层内温度比较均匀。同时,具有很高的热容量系数(或体积传热系数),一般可达到8 000～25 000 kJ/(m³·h·℃)。生产能力大,最大每小时可干燥几百吨的物料。

②流化床干燥器与老式的厢式或回转圆筒干燥器相比,具有物料停留时间短、干燥速率大的特点;对于某些热敏性物料的干燥也较为合适。

③设备简单,便于制造,维修方便,且易于设备放大。

④物料在流化床干燥器内的停留时间可按工艺生产要求进行调整。在产品含水量要求变化或原料含水量有波动时,均可适当调整。

⑤同一设备既可实现连续生产操作,又可实现间歇操作。

2. 使用条件

①对被干燥物料,在颗粒度上有一定的限制,一般以大于 30 μm、小于 6 mm 较为合适。粒度太小易被气流夹带,粒度太大不易流化。

②若几种物料混合在一起进行流化床干燥,则要求几种物料的相对密度要接近。否则,相对密度小的颗粒较相对密度大的颗粒易被气流夹带,同时也会影响它们的干燥均匀度。

③含水量过高且易黏结成团的物料,一般不适用。

④易结壁和结块的物料,在流化干燥中易产生挂壁和堵床现象。

⑤流化床干燥器床层内的物料纵向返混激烈。对单级连续干燥,因物料在设备内停留时间不均匀,会使产品干湿不均而被排出。

⑥对产品要求保持外观形状的物料不宜采用。对于贵重和有毒的物料,要慎重考虑完善的回收装置。

10.4.3　流化床干燥的类型与干燥工艺

目前,工业上常用的流化床干燥器的类型,从其结构上来分,大体上可分为如下几种:单层流化床干燥器、多层流化床干燥器,卧式多室流化床干燥器、喷雾流化床干燥器、脉冲流化床干燥器、惰性粒子流化床干燥器、振动流化床干燥器和喷动流化床干燥器等。按被干燥的物料,可以分为粉粒状物料、膏状物料、悬浮液和溶液等。按操作情况,又可分为间歇式和连续式。典型设备简介如下。

10.4.3.1　单层流化床干燥器

单层流化床干燥器的操作方式有间歇式和连续式两种,壳体的形状有圆形、矩形和圆锥形。其结构简单,操作方便,生产能力强,被广泛地用于工业生产。目前应用较多的是采用连续操作方式,壳体为圆形或圆锥形。

连续操作时,一般都在床层颗粒静止高度 300~400 mm 的情况下使用,且要设置隔板,以防出现短路问题。根据所干燥的介质不同,生产强度也不同,每平方米布风板的干燥脱水强度可达 500~1 000 kg/h。因此,较多地应用于易于干燥或干燥均匀度要求不是很严格的产品。

单层流化床干燥器的主要缺点是不能保证固体颗粒的干燥均匀度。故一般用于要求干燥程度不高的固体颗粒物料。

图 10.14 所示为一台大型(φ3 000 mm)的氯化铵流化床干燥装置,物料的最初含水量为7%,干燥后要求 0.5%。湿物料由皮带输送机运送到抛料机的加料斗上,然后均匀地抛入流化床干燥器内。物料与热空气充分接触而被干燥。干燥后的物料经溢流口连续溢出卸料。空气经鼓风机、加热器后进入筛板底部,并向上穿过筛板,使床层内湿物料流化起来形成沸腾层。尾气进入 4 个旋风分离器并联组成的旋风分离器组,将所夹带的细粉除下,然后由抽风机排到大气。在该流程中,主要设备为单层圆筒形流化床。设备材料为普通碳钢内涂以环氧酚醛防腐层。气体分布板是多孔筛板,板上钻有 φ1.5 mm 的小孔,正六角形排列,开孔率为 7.2%。

与回转干燥器相比,流化床操作简单,劳动强度低,劳动条件好,检修方便,运转周期长。生产能力由回转干燥器的200 t/d,提高到210 t/d。建造每台干燥器需用钢材也由回转干燥器30 t降低到流化床的5~6 t。设备运转率提高35%,电力消耗也降低许多,由于床层温度平稳,干燥效果也比较好。

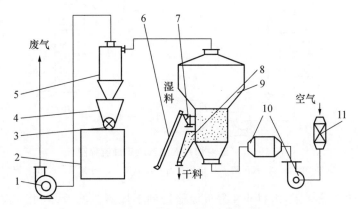

图 10.14　氯化铵沸腾干燥流程图

1. 抽风机　2. 料仓　3. 星形下料器　4. 集灰斗　5. 旋风除尘器(4只)　6. 皮带输送机
7. 抛料机　8. 卸料管　9. 流化床　10. 加热器　11. 鼓风机

主要操作参数,经济技术指标如表10.24所示。

表 10.24　氯化铵干燥装置主要操作参数及经济指标

项　目	指　标	项　目	指　标
物料名称	氯化铵(农用)	操作气速/(m/s)	1.2
产量/(t/h)	350	料层高度/mm	300~400
含湿量/%		沸腾床高度/mm	1 000
进口	7	停留时间/s	120
出口	0.5	床层压力(真空度)/kPa	8~9
物料颗粒度/目	40~60	操作风量/(m³/h)	30 000
风温/℃		风压/Pa	3 900
进口	150~160		
出口	50~60		

10.4.3.2　多层流化床干燥器

单层流化床干燥器的缺点,是物料在流化床中停留的时间分布不均匀,所以干燥后得到的产品湿度不均匀。为了改进此缺点,于是出现了多层流化床干燥器。

在此设备中湿物料从床顶加入,并逐渐往下移动,由床底排出。热空气则由床底送入,并向上通过各层,由床顶排出。这样就形成了物流与气流逆向流动的状况,因而物料的停留时间分布,物料的干燥程度都比较均匀,产品的质量也比较容易控制。又由于气体与物料多次接触,使废气的水蒸气饱和度提高,热利用率也得到了提高。因此,多层流化床干燥器比较适用于干燥降速阶段的物料,或干燥那些要求产品的终了湿含量很低的物料。

多层流化床干燥器的结构,与板式蒸馏塔相似,现以干燥涤纶切片的五层流化床干燥器为例,予以说明。其干燥流程见图 10.15。

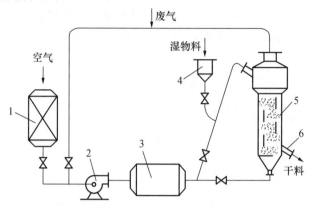

图 10.15 涤纶切片五层沸腾干燥流程图
1. 空气过滤器 2. 鼓风机 3. 电加热器 4. 料斗 5. 干燥器 6. 出料管

经预结晶后的涤纶树脂,由料斗 4 经气流输送到干燥器 5 的顶部,由上溢流而下,最后由卸料管 6 排出。空气经过滤器 1、鼓风机 2 送到电加热器 3,由干燥器 5 底部进入,将湿物料流化干燥。为了提高热利用率,除了将部分气体循环使用外,其余的排空。

这种结构的特点是:先从流化床干燥器最下层气体分布板通过自动液压翻板卸下干燥度合格的涤纶树脂后,恢复气体分布板至原状,再逐层通过翻板卸下物料,直至顶层气体分布板翻下物料恢复原状后,再接入新的湿物料进行下一次的干燥循环。在正常生产情况下,每一次都赶在循环周期可按照预先规定的时间进行。其优点是可以完全保证物料干燥度的要求。采用多层流化床干燥涤纶树脂与倾斜式真空转鼓干燥机相比,不仅实现了连续生产,提高了生产强度,而且节约了设备的投资费用(仅为真空转鼓的 10%~15%)。因此得到了较为广泛的应用。

表 10.25 是涤纶树脂在五层流化床干燥器生产操作数据。

表 10.25 五层流化床干燥器生产操作数据

项 目	指 标	项 目	指 标
物料名称	涤纶树脂	出料	连续或每 8~10 min 一次
产量/(kg/h)	90~100	流化床温度/℃	160~175
含湿量/%		静止床高度/mm	100
进口	0.5~0.8	沸腾床高度/mm	200~300
出口	0.01	进风温度/℃	170~180
物料颗粒度/mm	5×5×2;φ3×4	临界流化速度/(m/s)	1.2
风温/℃		鼓风机风量/(m³/h)	3 320
进口	120	鼓风机风压/Pa	10 500
出口	80~90	床层压降/Pa	490

图 10.16 所示为一个三级流化床干燥器,它是由尺寸为 2 500 mm×1 250 mm×3 800 mm 的矩形室组成。整个室分为三段,上面两段为干燥段,下面一段为冷却段。筛板与水平面呈 2°~3°倾斜角。筛孔径为 φ1.4 mm,干燥段筛板面积为 3.12 m²,冷却段为 3.6 m²。物料由床顶进入,逐渐往下移,并与热空气接触而被干燥。当其达到冷却时,被床底进入的冷空气所冷却,最后由卸料管出料,利用该干燥器曾成功地干燥了发酵粉等。

多层流化床干燥器结构上类似于板式塔,可分为溢流管式和穿流板式。国内目前均用溢流管式多层流化床干燥器。溢流管的设计和操作,是溢流管式多层流化床干燥器的关键。如果设计不当,或操作不妥,很容易产生堵塞或气体穿孔,从而造成下料不稳定,破坏流化现象。因此,一般溢流管下面有调节装置,其结构有:菱形堵头、铰链活门式(翼阀)、自封式溢流管等,调节其上下位置可改变下料口截面积,从而控制下料量。

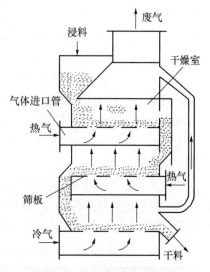

图 10.16 三级流化床干燥器

10.4.3.3 卧式多室流化床干燥器

为了克服多层流化床干燥器的结构复杂、床层阻力大、操作不易控制等缺点,以及保证干燥后产品的质量,后来又开发出一种卧式多室流化床干燥器。这种设备结构简单、操作方便,适用于干燥各种难以干燥的粒状物料和热敏性物料,并逐渐推广到粉状、片状等物料的干燥领域。

卧式多室流化床干燥器所干燥的物料,其初始湿含量一般为 10%～30%,终湿含量 0.02%～0.3%,由于物料在流化床中摩擦碰撞的结果,干燥后物料颗粒度变小。当物料的粒度分布在 80～100 目或更小时,干燥器上部需设置扩大,以减少细粉的夹带损失。同时,分布板的孔径及开孔率也应缩小,以改善其流化质量。

图 10.17 所示为用于干燥多种药物的卧式多室流化床干燥器及发酵豆粕固定流化床干燥机图片。

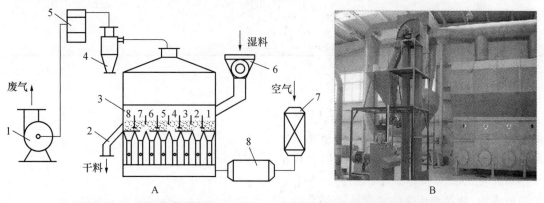

图 10.17 卧式多室流化床干燥器(A)及发酵豆粕固定流化床干燥机图片(B)
1. 抽风机 2. 卸料器 3. 干燥器 4. 旋风除尘器 5. 袋式除尘器
6. 摇摆颗粒机 7. 空气过滤器 8. 加热器

干燥器为一矩形箱式流化床,底部为多孔筛板,其开孔率一般为 4%～13%,孔径一般为 φ1.5～2.0 mm。筛板上方有竖向挡板,将流化床分隔成多个小室。每块挡板均可上下移动,以调节其与筛板之间的距离。每一小室下部有一进气支管,支管上有调节气体流量的阀门。

图 10.17 所示的卧式多室流化床干燥器干燥流程如下:湿料连续加入干燥器的第 1 室,由于物料处于流化状态,所以可逐渐地由第 1 室移向第 8 室。干燥后的物料则由第 8 室的卸料口排料。而空气经过滤器 5,经加热器 6 加热后,由 8 个支管分别送入 8 个室的底部,通过多

孔筛板进入干燥室,使多孔板上的物料进行流化干燥,废气由干燥室顶部出来,经旋风分离器9和袋式除尘器10后,由抽风机11排出。

卧式多室流化床干燥器的优缺点如下:

①优点:a. 结构简单,制造方便,没有任何运动部件;b. 占地面积小,卸料方便,容易操作;c. 干燥速度快,处理量幅度宽;d. 对热敏性物料,可使用较低温度进行干燥,颗粒不会被破坏;e. 干燥器占地面积小,生产能力大,热效率高,干燥后产品湿度较均匀。

②缺点:a. 热效率与其他类型的流化床干燥器相比,较低;b. 对于多品种小产量物料的适应性较差;

③为了克服上述缺点,常用措施有:a. 采用栅式加料器,可使物料尽量均匀地散布于床层之上;b. 消除各室筛板的死角;c. 操作力求平稳,有些工厂采用"电振动加料器",可使床层沸腾良好,操作稳定。表10.26是干燥颗粒状物料的卧式多室流化床干燥器的生产操作数据。

表10.26　干燥颗粒状物料的卧室多室流化床干燥器的生产操作数据

项　目	指　标	项　目	指　标
物料名称	各种颗粒状物料	流化床高度/mm	300
产量/(kg/h)	100~300	静止床高度/mm	100~150
湿含量/%		加料器	YK-140 型
进口	13~30	捕集器	旋风和袋滤
出口	0.1	鼓风机风量/(m³/h)	2 250
干燥器尺寸/mm	2 000×263×2 828	鼓风机风压/Pa	5 750
物料温度/℃		操作方式	负压,连续或间接
进口	120	出料方式	溢流式
出口	40~60		
筛板结构			
孔径/mm	φ1.5,φ1.8,φ2.0		
开孔率/%	13		

10.4.3.4　脉动流化床干燥器

脉动流化床(pulse fluidized bed,PFB)是流化床技术的一种改型,其流化气体是按周期性方式输入。脉动流化床干燥器也用于不易流化的或有特殊要求的物料。在大的矩形床内,脉动流化区随着气流的周期性易位而在某有利条件范围内进行变化,虽然气体"易位"用来消除细颗粒流化床中沟流的想法起源于30年以前,但它始终没有得到广泛的应用。

图10.18中表示的是周期性地改变气流位置的脉动流化床干燥的工作原理,热空气流过旋转阀分布器,而分布器周期性地遮断空气流并引导它流向强制送风室的各个区

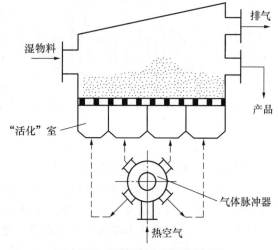

图10.18　周期性变换气流位置的脉动流化床干燥器

段,送风室是位于常规流化床支承网的下面。在"活化"室内的空气流化了位于活化室上的床层段。当气体朝着下一个室时,床层流化段几乎变成停滞状态。实际上,由于气体的压缩性和床层的惯性,整个床层在活化区还能进行很好地流化。

如与常规流化床干燥器相比,具有"易位"气流的脉冲流化床具有如下的优点:

①异向性的大颗粒(如直径为 20~30 mm,厚度为 1.5~3.5 mm 的蔬菜)也能良好流化;

②压降降低(7%~12%);

③最小流化速度减小(8%~25%);

④改善床层结构(无沟流,较好的粒子混合);

⑤浅床层操作;

⑥能量节省最高到 50%。

表 10.27 列出脉动流化床主要操作参数。

表 10.27 脉动流化床的主要操作参数

项目	指标	项目	指标
气体脉冲频率/Hz	4~16	流化床高度/m	0.1~1.4
压降/Pa	300~1 800	气速/(m/s)	0.3~1.8

脉动流化床干燥器曾成功地用来干燥谷物、种子(豌豆、黄豆等)、切片的和切割成小块的蔬菜,以及干燥结晶体和粉状物料,如糖、葡萄糖酸钙等。

此外,图 10.19 为另一种结构的脉动流化床干燥器,其结构和流程如下:在干燥器底部均布几根热风进口管,每根管上又装有快开阀门,这些阀门按一定的频率和次序进行开关。当气体突然进入时就产生脉冲,此脉冲很快在颗粒间传递能量,随着气体的进入,在短时间内就形成了一股剧烈的沸腾状态,使气体和物料进行强烈的传热传质。次沸腾状态在床内扩散和向上运动。当阀门很快关闭后,沸腾状态在同一方向逐步消失,物料又回到固定状态。如此往复循环进行脉动流化干燥。

快开阀门开启时间与床层的物料厚度和物料特性有关,一般 0.08~0.2 s。而阀门关闭的时间长短,应使放入的那部分气体完全通过整个床层,物料处于静止状态,颗粒间密切接触,以使下一次脉冲能在床层中有效地传递。

进风管最好按圆周方向排列 5 根,其顺序按 1、3、5、2、4 方式轮流开启。这样,每一次的进风点与上一次的进风点可离开较远。

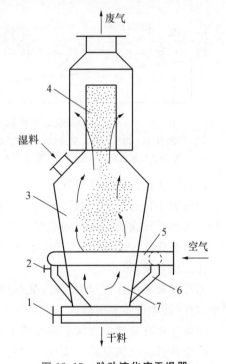

图 10.19 脉动流化床干燥器

1.插板阀 2.快动阀门 3.干燥室
4.过滤器 5.环状总层管
6.进风管 7.导向板

10.4.3.5　机械搅拌流化床干燥器

工程上待干燥物料千差万别，某些初始含湿量大、粒度小且不均，又不能耐高温的物料，在应用前述的几种流化床干燥时会遇到困难。在解决这些问题中开发出了另一种改进型流化床——搅拌型流化床。即在流化床层中加设搅拌装置，弥补普通流化床在处理特殊物料时呈现的不足。

1. 卧式搅拌流化床干燥机

结构特征及原理如图 10.20 所示，在分布板 7 上方安装类似带式干燥机的链条传送机构5，链条上均匀布置若干搅拌耙轴 4，随着链条的传动，插入料层的耙轴对物料施以连续的搅拌，如图 10.21 所示。根据物料含湿量、透气性、附聚性及操作气速的不同，该机构覆盖整个床面，也可只覆盖前半部。

很明显，由于搅拌作用，对不能流化的物料作翻动，提高了床层透气性。

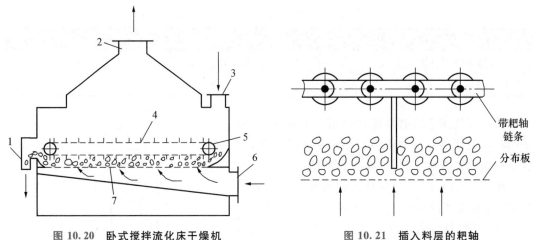

图 10.20　卧式搅拌流化床干燥机
　　1. 排料口　2. 排气口　3. 进料口　4. 搅拌耙轴
　　5. 链条传送机构　6. 进风口　7. 分布板

图 10.21　插入料层的耙轴

卧式搅拌流化床干燥机特点：

①拓宽了普通流化床的适用范围。对高湿粉粒状物料，或有团聚倾向、粒度不均物料都能适用。某些对普通流化床必须造粒才能干燥的物料，该机不需造粒也能处理。

②静态床高比流化床大，干燥效率高。

③结构较简单。

④可在较小操作气速下运转，最低操作气速只有普通流化床的 25%～30%，因而粉尘夹带少，对后处理设备要求低。

⑤搅拌耙移动速度直接影响物料运行速度，因而调整干燥时间方便，易于获得均匀产品。

⑥比普通流化床更易于实现大型化。

除普通流化床的适用范围外，它还适用于含水量高、团聚性较大的粉粒状物料，如发酵棉粕、酒槽等。

2. 回转搅拌流化床干燥机

在普通圆塔式流化床基础上发展了一种隔板式回转搅拌流化床，如图 10.22 所示。它将圆塔分为内外两部分，中心为排风通道，外部环带为干燥区。干燥区沿铅垂线方向设有若干分隔板,将干燥环带区分隔成若干相对独立的小干燥区(或冷却区),隔板在电机驱动下绕轴心回转,带动由进料口加入的物料,依次通过各干燥区,直到从排料口排出。热空气通过分布板送入床层,使物料流态化,并与之进行热、质交换。

回转搅拌流化床干燥机特点:

①床层被分割成若干小区,在隔板带动下依次通过排料口,各小区间无返混,物料不会残留在分布板上,清洗方便,对有机物最适宜。

②通过调节隔板的旋转速度,可任意调整物料在机内滞留时间,应用范围广。

③可在同一机内进行干燥及冷却处理。

④隔板的搅拌作用避免了普通流化床易发生的沟流等现象,流化质量好。

回转搅拌流化床适合于长时间遇热易变性、粉化的物料,对干燥时间控制比较严格。目前已广泛应用于食盐、葡萄糖、颗粒药品以及一些粉粒状食品、无机盐等的干燥。

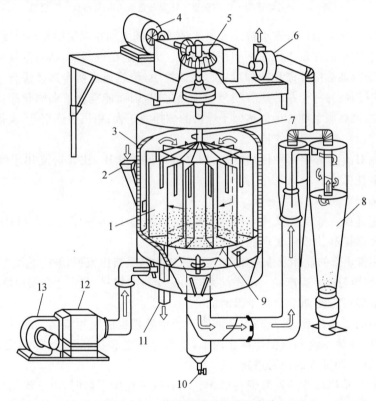

图 10.22 回转搅拌流化床干燥机

1. 隔板 2. 进料口 3. 筒体 4. 电机 5. 齿轮 6. 排风机 7. 回转轴 8. 除尘器
9. 分布板 10. 排污口 11. 排料口 12. 加热器 13. 给风机

3. 内加热搅拌流化床干燥机

间接加热式干燥器以其能耗低、排气量小、污染低、运行费用少而被看做效率较高的干燥方法,其理论热效率可达 100%。将间接加热式干燥方法的优点移植到流化床中,即在普通流化床中设置能转动的传热管,可大幅度降低风量,减小能量消耗。

如图 10.23 所示,与传统流化床不同的是,内加热搅拌流化床干燥机在槽形气体分布板上方装有一中空回转轴,轴上装有若干圈螺旋形传热管,轴的两端分别装有进汽和排冷凝水旋转接

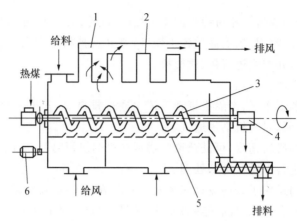

图 10.23 内热搅拌流化床干燥机

1. 上箱体 2. 过滤器袋 3. 传热管 4. 旋转接头 5. 分布板 6. 电机

头。当机器工作时,热风通过分布板被送入床层;传热管随主轴在床层中转动。受热风和传热管搅拌的双重作用,物料能在较小风速下实现流态化。尤其是在进料端,物料湿度稍大时,普通流化床难以流化,而内加热搅拌流化床却可以。在该机中,传热通过两个途径进行,一个是热风与物料的直接加热过程;另一个是传热管的传导加热过程,因而能克服普通流化床热效率低、回收装置庞大的缺点,也克服了纯传导加热型干燥机的搅拌力矩大、单机生产率低、设备复杂等问题。

内加热搅拌流化床干燥机的特点:

①由于采用对流和传导两种传热方式,加之机械搅拌作用,比普通流化床气速低、气流量小、热效率高、能耗低。

②排气处理设备负荷小,污染低。

③搅拌力矩远比一般搅拌式传导加热干燥机低,为其 1/10～1/3,动力消耗小,结构简单,造价较低。填充率提高使单机处理能力大大提高。

④由于螺旋传热管的搅拌及推进作用,流化床中物料呈挤出流型,纵向返混小。即使物料粒度不一,也能得到均匀的干燥产品。干燥结束时可完全排净物料,非常适合蛋白物料的干燥。

⑤改变转速即可方便调节物料干燥时间。

⑥选择合适的工艺参数,甚至高水分滤饼不经预处理也能顺利流化。此时,床层内已去掉部分水分的物料,在热气流和机械搅拌作用下,激烈地冲击和拌和湿滤饼,使之很快分散到床层中去,从而保证干燥过程的正常进行。

⑦能较好地干燥热敏性的发酵饲料饼粕。用普通流化床干燥时,由于流化气速低,装置将被设计得庞大,单位面积处理能力小。用传导干燥方法时,由于粉末层传热透气不佳,水蒸气分压较高,临近导热面的物料温度往往会升到 60℃ 以上时使物料变性。而对内加热搅拌流化床,低流化气速时不足的热量可由传导方式提供,物料在动态中与螺旋加热管表面接触,不会造成热量过分积累。

10.4.4 液体蛋白饲料的喷雾干燥技术

10.4.4.1 喷雾干燥原理

喷雾干燥是一种悬浮粒子加工(SPP)技术。它利用雾化器将原料液分散为雾滴,并用热气体(空气、氮气或过热蒸气)干燥雾滴而获得产品的一种干燥方法。原料液可以是溶液、乳浊液、悬浮液，也可以是熔融液或膏糊液。干燥产品根据需要可制成粉状、颗粒状、空心球或团粒状。喷雾干燥按雾化方式不同可分为气流喷雾干燥、压力喷雾干燥、离心喷雾干燥等。目前，喷雾干燥器已应用于多种液体物料的干燥。离心喷雾干燥的原理图如图 10.24 所示。

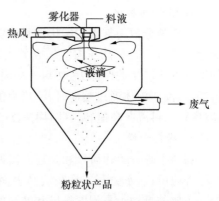

图 10.24　离心喷雾干燥示意图

在干燥塔顶部导入热风，同时将料液泵送至塔顶，经过高速离心式雾化器喷成雾状的液滴，这些液滴群的表面积很大，与高温热风并流接触后水分迅速蒸发，在极短的时间内便成为干燥产品，从干燥塔底部排出。热风与液滴接触后温度显著降低，湿度增大，它作为废气由排风机抽出。废气中夹带的微粉用分离装置回收。

10.4.4.2　喷雾干燥流程

喷雾干燥由以下四个步骤组成：①作为干燥介质的空气的加热；②进料雾化成雾滴；③热空气与雾滴接触使雾滴干燥；④回收干燥产品(最后空气的清洁和干燥产品的处理)。

虽然设计、操作模式、料液处理和产品的要求不同，但是在所有的喷雾干燥器中必须进行以上四个步骤。雾滴的形成、雾滴与热空气的有效接触是喷雾干燥的特征。图 10.25 为最简单形式的喷雾干燥器流程图。

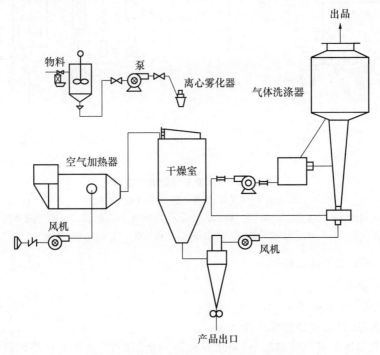

图 10.25　简单形式的喷雾干燥器流程图

1. 液体的雾化

将料液分散为雾滴的雾化器是喷雾干燥的关键部件,目前常用的有 3 种雾化器:①气流式雾化器(PNN)。采用压缩空气或蒸气以很高的速度(≥300 m/s)从喷嘴喷出,靠汽液两相间的速度差所产生的摩擦力,使料液分裂为雾滴。②压力式雾化器(PRN)。用高压泵使液体获得高压,高压液体通过喷嘴时,将压力能转变为动能而高速喷出时分散为雾滴。③离心式雾化器(CA)。料液在高速转盘(圆周速度 90～160 m/s)中受离心力作用从盘边缘甩出而雾化。

2. 物料干燥

物料干燥分等速阶段和减速阶段两个部分。

等速阶段,水分蒸发是在液滴表面发生,蒸发速度由蒸气通过周围气膜的扩散速度所控制。主要的推动力是周围热风和液滴的温度差,温度差越大蒸发速度越快,水分通过颗粒的扩散速度大于蒸发速度。当扩散速度降低而不能再维持颗粒表面的饱和时,蒸发速度开始减慢,干燥进入减速阶段。此时,颗粒温度开始上升,干燥结束时,物料的温度接近于周围空气的温度。

3. 喷雾干燥流程

(1)喷雾干燥的典型流程

如图 10.26 (a),(b)所示,包括空气加热系统、原料液供给系统、干燥系统、气固分离系统以及控制系统。

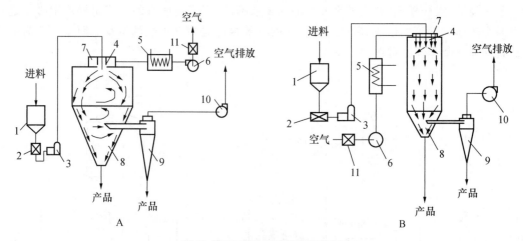

图 10.26　喷雾干燥的典型流程

A. 旋转式(或称轮式)雾化器　B. 喷嘴式雾化器

1. 料罐　2. 过滤器　3. 泵　4. 雾化器　5. 空气加热器　6. 鼓风机　7. 空气分布器

8. 干燥室　9. 旋风分离器　10. 排风机　11. 过滤器

(2)闭路循环喷雾干燥系统

如图 10.27 所示。

(3)原料组成与干燥要求

①固体和水:进行正常的喷雾干燥。

②原料液由固体和有机溶剂组成:要求有机溶剂全部回收,防止有机溶剂的爆炸和燃烧的危险。

③干燥有毒的固体粉粒状产品:不允许气味、溶剂蒸气和颗粒状物质的逸出,防止对环境

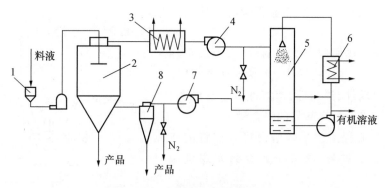

图 10.27　闭路循环喷雾干燥系统

1. 料罐　2. 喷雾干燥器　3. 加热器　4. 鼓风机　5. 湿式洗涤器
6. 冷却器　7. 引风机　8. 旋风分离器

大气造成污染。

④粉尘在空气中可能形成爆炸混合物:粉尘不允许和氧接触。

在流程中,设置的洗涤-冷凝器,其目的之一是冷凝从物料中出来的进入惰性气体中的有机蒸气。洗涤液就是固体中的有机溶剂;之二是洗涤气体中的粉尘,防止堵塞加热器。

(4)二级或三级干燥法

二级干燥法如图 10.28 所示,第一级为喷雾干燥,在干燥塔底设置第二级干燥——振动流化床或普通流化床干燥,尚未完全干燥的喷雾干燥产品进入流化床继续干燥并冷却,可直接包装。采用此操作时,可适当地提高进气温度,降低排气温度,以降低能耗并保证质量。其能耗比较见表 10.28。

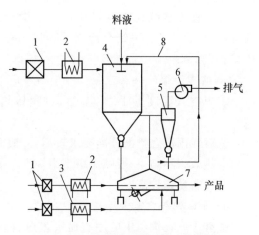

图 10.28　奶粉二级干燥的流程图

1. 空气过滤器　2. 加热器　3. 冷却器
4. 喷雾干燥器　5. 旋风分离器　6. 排风机
7. 振动流化床干燥器　8. 细粉尘返回管线

表 10.28　单级和多级干燥能耗比较

级数	热量消耗/(kJ/kg)	节省能量/(kJ/kg)	节能/%
单级	5 023.2	0	0
二级	4 102.3	920.9	18.3
三级	3 558.1	1 465.1	29.2

三级干燥法如图 10.29 所示,在塔内设第二级流化床干燥,在塔外下部设第三级干燥和冷却。

4. 喷雾干燥的优点

①由于雾滴群的比表面积很大,物料所需的干燥时间很短(以秒计),干燥速度十分迅速;

②在高温气流中,表面湿润的物料温度不超过干燥介质的湿球温度,由于迅速干燥,最终的产品温度也不高。喷雾干燥使用的温度范围非常广(80~800 ℃),即使采用高温热风,其排

风温度仍然不会很高。因此,喷雾干燥特别适用于热敏性物料。

③根据喷雾干燥操作上的灵活性,可以满足各种产品的质量指标,如粒度分布,产品形状,产品性质(不含粉尘、流动性、湿润性、速溶性),产品的色、香、味,生物活性以及最终产品的湿含量。

④简化工艺流程。在干燥塔内可直接将溶液制成粉末状产品。此外,喷雾干燥容易实现机械化、自动化。

⑤防止发生公害,改善生产环境。由于喷雾干燥是在密闭的干燥塔内进行的,这就避免了干燥产品在车间里飞扬。

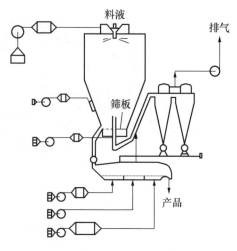

图 10.29　三级干燥法示意图

⑥适宜于连续化大规模生产。干燥产品经连续排料,在后处理上可结合冷却器和风力输送,组成连续生产作业线。能适应常规计算机和 PLC 控制。

5. 喷雾干燥的缺点

①当空气温度低于 150℃时,容积传热系数较低（23～116 W/(m³·K)),所用设备容积大;

②对气固混合物的分离要求较高,一般需两级除尘;

③热效率不高,一般顺流塔型为 30%～50%,逆流塔型为 50%～75%;

④设备费用较高。

6. 蛋白饲料喷雾干燥应用

喷雾干燥在饲料中应用有血浆蛋白、血球蛋白、血蛋白肽、大豆分离蛋白、乳清粉等的生产,在饲料用抗生素、酵母提取物、酶类、兽药等也有较多的应用。食品工业中的乳、乳清、鸡蛋、大豆蛋白等;生物化学工业:海藻;其他如化学工业、陶瓷、果蔬、药品、颜料、着色剂等都有广泛的应用。

(本节编写者:张忠杰,张绪坤)

10.5　应用现代育种技术提高饲料作物蛋白品质

全球性饲料蛋白资源短缺与日俱增,这是发达国家及我国通过育种方法改良谷物蛋白品质、提高动物食用品质的主要驱动力。前面章节介绍了粮食加工副产品作为饲料蛋白质资源的特点,本节重点介绍谷物储藏蛋白质的种类、结构特性,以及通过遗传工程方法改良谷物蛋白质及其提高必需氨基酸的原理与方法,同时介绍我国近年来在饲料农作物蛋白质改良方面的进展。

10.5.1　谷物储藏蛋白

Osborne 根据植物蛋白的溶解性进行分类,如溶于水的清蛋白,溶于稀盐溶液的球蛋白,溶于醇溶液的醇溶蛋白,溶于稀酸或稀碱的谷蛋白。该分类法已经被广泛地采用。目前普遍将种子蛋白分为储藏蛋白、结构与代谢蛋白、保护蛋白 3 类。谷物种子储藏蛋白属于 Osborne 划分的三个不同成分,存在于种子的三种组织中。

10.5.1.1　谷物储藏蛋白的种类

1. 储藏球蛋白

胚和糊粉层细胞含有储藏球蛋白。根据沉降系数将球蛋白分为 7S 和 11S 两种。玉米一些品种种胚细胞内的球蛋白易溶于稀盐溶液,沉降系数是 7。它们的氨基酸序列与豆类及其他双子叶植物的 7S vicilins 类似或同源,彼此之间具有相似的结构和特性。在小麦、大麦及燕麦的种胚或糊粉层细胞,也鉴定了相似的球蛋白。但是水稻种胚 7S 球蛋白与其他植物 7S 球蛋白的关系还不明确。7S 球蛋白储存在蛋白体内,功能是仅作为种子储藏蛋白。它们对正常种子的功能不是必要的,如玉米 7S 球蛋白缺乏,突变系能够正常发芽与生长。与胚乳组织比较,糊粉层和胚组织富有蛋白质,这些组织中的球蛋白对谷物加工特性影响不大,但可以作为饲料蛋白资源。小籽粒谷物的糊粉层和种胚组织,占种子干重的 10%。通过小麦磨粉、稻谷砻谷、大麦去壳、高粱剥壳等方法除去这些组织后,剩余的胚乳细胞成分供人类食用。玉米种胚组织占种子重量的 10%～11%,种胚高含量的蛋白和油是家畜的营养成分。

一些谷物胚乳细胞中还存在 11～12S 储藏球蛋白。这些蛋白是燕麦和稻谷中重要的胚乳储藏蛋白,占总储藏蛋白含量的 70%～80%。它们类似大多数双子叶植物中广泛存在的"legumin"球蛋白。水稻胚乳储藏蛋白不易溶于稀盐溶液,被称为"glutelins",属于 11～12S 球蛋白家族。11～12S 储藏球蛋白的组成亚基分子质量约 55 ku,翻译后加工成的酸性肽(燕麦33 ku,稻谷 28～31 ku)和碱性肽(燕麦 23 ku,稻谷 20～22 ku)通过一个二硫键连接。燕麦球蛋白也类似 legumin,形成六聚体结构,沉降系数是 12。与 legumin 相关的小麦储藏球蛋白叫"triticins",存在胚乳中,占种子总蛋白含量的 5%。Triticins 包括 40 ku 大肽链和 22～23 ku 小肽链,形成二聚体结构,不是典型的 legumin 六聚体。与大麦和小麦比较,燕麦种子的储藏球蛋白含量最高,而且必需氨基酸含量高,适合作饲料。

2. 储藏醇溶蛋白

除燕麦和稻谷外,所有谷物胚乳细胞的重要储藏蛋白是醇溶性蛋白(prolamin)。这个词语依据这些蛋白质富含脯氨酸和谷氨酰胺的氨基氮。不同谷物种类中,这两种氨基酸含量之和占醇溶蛋白的 30%～70%。根据最初定义,醇溶蛋白能够溶解于醇的水溶液,如体积分数为 60%～70%乙醇、50%～55%丙醇或异丙醇。还有一些醇不溶聚合蛋白,但所有醇溶蛋白聚合物在还原态时都是醇溶的。醇溶蛋白分子质量变化范围大(10～100 ku)。

作为储藏蛋白,醇溶蛋白与 7S 和 11/12S 球蛋白比较,在蛋白质结构上变异较大。麦亚科(如小麦、大麦及黑麦)和黍亚科(如玉米、高粱及黍)的重要醇溶蛋白类型在系统进化上是独立的。大多数醇溶蛋白有两个共同的结构特征,一是存在特征区域或结构域,这些结构域彼此之间结构不同,起源可能不同;二是在氨基酸序列中存在一个或多个短肽基序,或存在特定氨基酸残基如甲硫氨酸的重复区块。这些特征解释了一些醇溶蛋白类型中存在的高比例谷氨酰胺、脯氨酸及其他特异氨基酸如组氨酸、甘氨酸、甲硫氨酸及苯丙氨酸。

(1)小麦醇溶蛋白及醇溶蛋白家族

由于制备的醇溶蛋白成分较复杂,对该蛋白的结构和特性了解有限。目前依据代表材料的已知醇溶蛋白类型氨基酸序列,按照结构与进化关系,将麦类(小麦、大麦及黑麦)所有醇溶蛋白分为富硫、贫硫及高分子质量(HMW)醇溶蛋白3大类型,富硫类型还有几个亚类型(表10.29)。这种划分方法与谷物化学家划分的小麦多聚物蛋白(谷蛋白)和单聚物蛋白(醇溶蛋白)不是一一对应的,由于富硫、贫硫醇溶蛋白都有单聚物态或多聚物态。

表 10.29　小麦醇溶性蛋白类型及特征

种　　类	分子质量/ku	占总储藏蛋白/%	聚合类型	部分氨基酸组成	备　　注
高分子质量醇溶蛋白　谷蛋白 HMW 亚基	65～90	6～10	聚合物	30%～35% Gln,10%～16% Pro,15%～20% Gly,0.5%～1.5% Cys,0.7%～1.4% Lys	
富硫醇溶蛋白　γ-醇溶蛋白　α-醇溶蛋白　谷蛋白 B 型和 C 型 LMW 亚基	30～45	70～80	单聚物单聚物聚合物	30%～40% Gln,15%～20% Pro,2%～3% Cys,<1.0% Lys	C-型低分子质量亚基是 α- 与 γ-醇溶蛋白的聚合物,B 型低分子质量亚基是单独的一组富硫醇溶蛋白
贫硫醇溶蛋白　ω-醇溶蛋白　谷蛋白 D-型 LMW 亚基	30～75	10～20	单聚物聚合物	40%～45% Gln,20%～30% Pro,8%～9% Phe,0%～0.5% Lys,<0.5% Cys	D-型低分子质量亚基是 ω-醇溶蛋白的聚合物。Cys 仅存在 D-型低分子质量亚基,在 ω-醇溶蛋白不存在

图 10.30 是小麦富硫、贫硫及高分子质量醇溶蛋白的结构。它们全都富含脯氨酸、谷氨酰胺的重复序列。富硫与贫硫醇溶蛋白的重复序列是相关的。富硫醇溶蛋白与 HMW 醇溶蛋白之间的非重复结构域也存在序列相似性,尤其是在保守的半胱氨酸位置及靠近这些半胱氨酸的氨基酸残基。对比分析表明,富硫、贫硫及 HMW 醇溶蛋白之间有共同的起源进化关系。广泛比较玉米醇溶蛋白(zein)、燕麦和稻谷醇溶蛋白(prolamins)、双子叶植物种子 2S 储藏清蛋白、谷物种子 α-淀粉酶和胰岛素抑制剂,以及包括脂肪转移蛋白和谷物种子 puroindolines 在内的 LMW 富半胱氨酸植物蛋白,发现存在进化和结构类似关系。于是将这些醇溶蛋白统称为谷物醇溶蛋白超级家族(cereal prolamin superfamily)。谷物醇溶蛋白普遍具有营养功能,但是仅小麦的醇溶蛋白与加工品质相关。

(2)玉米醇溶蛋白

玉米醇溶蛋白(zeins)1821 年从玉米中分离出来,缺乏赖氨酸、色氨酸,但富有谷酰胺、脯氨酸、丙氨酸及亮氨酸。它具有凝胶化、黏结及形成膜等特征。玉米醇溶蛋白与其他黍亚科谷

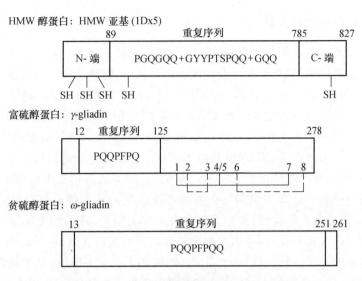

图 10.30　小麦 3 种醇溶蛋白类型（Shewry,2008）

γ-gliadin 表示的 8 个半胱氨酸残基之间形成 4 对二硫键。

SH 表示 HMW 醇溶蛋白中半胱氨酸位置

物如高粱、黍的醇溶蛋白构成一个大类（α-zeins）及几个小类（β-、γ-、σ-zeins）（图 10.31A）。氨基酸序列对比分析表明,β-、γ-、σ-zeins 都是醇溶蛋白超级家族的成员。γ-zeins 含有 2 个或 8 个 Pro-Pro-Pro-Val-His-Leu 的串联重复氨基基序,β-和 σ-zeins 都富有甲硫氨酸,这些甲硫氨酸成簇区靠近 γ-zeins 的 C-末端。玉米 α-zeins 仅仅与黍亚科其他谷物的 α-型醇溶蛋白相似,而与其他醇溶蛋白类型无明显类似关系。SDS-PAGE 分子质量分析表明,玉米 α-zeins 分为 19 ku(Z19)和 22 ku(Z22)的两大亚组,它们各自的实际分子质量是 23～24 ku 和 26.5～27 ku。这两个亚组包括 20 个氨基酸残基的退化重复区,Z19 有 9 个重复区,Z22 有 10 个重复区(图 10.31B)。玉米 α-zeins 每分子仅含有 1～2 个半胱氨酸残基,在种子中以单聚物或寡聚物存在,但是 β-、γ-、σ-zeins 都富有半胱氨酸,形成了多聚物。

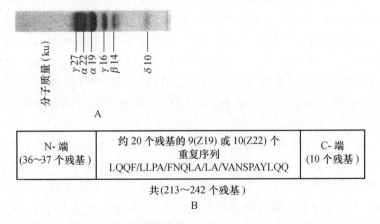

图 10.31　玉米醇溶蛋白［Shewry 和 Tatham（1990）］

A. SDS-PAGE 显示玉米醇溶蛋白类型　B. 玉米 α-zeins 二亚基（Mr 19 ku 和 22 ku）的结构图

10.5.1.2 谷物蛋白的含量

由于生产方式及肥料使用量不同,造成难以准确比较不同谷物种类的蛋白质含量数据。分析文献报道的数据发现,谷物种类内及之间的差异较小,而环境因子加大这个差异。以干基计,稻米的蛋白含量为5.8%～7.7%,大麦为8%～15%,玉米为9%～11%。这些变化范围很大程度上反映了基因型与环境的综合效应。在不同使用氮肥水平及种植历史,同一大麦品种子粒氮元素的含量范围为1.27%～2.01%,相当于7.2%～11.5%的蛋白质。

已经清楚了谷物蛋白含量(GPC)的基因型调控。在美国伊利诺斯州多年试验,通过70代选育的玉米品系,蛋白质含量范围为4.4%～26.6%。但对高蛋白玉米研究少,由于玉米通常与大豆及其他蛋白材料混合作为饲料。大麦和小麦的蛋白质含量是籽粒品质的重要决定因素,研究较多。少部分大麦供食用,而绝大部分大麦作为饲料,或用作麦芽制造、酿造的原料。制造麦芽需要低蛋白含量籽粒,而作为饲料则需要较高的蛋白含量,这导致在相同农艺条件下培育不同蛋白含量的大麦品种。Ullrich等(2002)综述了大麦GPC的基因调控。大麦这个性状是多基因调控的,数量性状位点(QTLs)被作图到7个染色体上。在个体杂交中,这些位点对蛋白质含量变异的贡献是不同的,QTLs主要集中在染色体2H、4H及7H上。

育种的目标,对大麦是培育低蛋白含量的麦芽生产品种,对小麦则是培育高蛋白含量品种,改善其营养及加工性能。美国农业部国际小麦种质库初期筛选表明,12 600个品系的蛋白质含量变化范围为7%～22%,遗传因素只解释了这个变异范围的1/3(约5%),非遗传因素是变异的主要原因,即环境的强烈影响导致难以培育高蛋白小麦。鉴定的高蛋白小麦种质Atlas 50和Atlas 66,是来源南美品种Frondoso和印度品种Nap Hal。这些种质含有不同的"高蛋白含量基因"。将Atlas 66与Nap Hal杂交,呈现蛋白质含量的超亲分离。这两个品系广泛地用于内布拉斯加州小麦杂交育种,Atlas 66基因被成功地转化到品质及农艺性状表现优良的硬红冬小麦Lancota。含有相同高蛋白含量基因的Frondoso及相关Brazilian株系,被合并到适宜于美国北部明尼苏达州、蒙大拿州、南北达科他州种植的硬红春小麦。

高蛋白含量不再是英国小麦育种的主要目标,选育适合面包加工性能改善的品系,导致了英国面包小麦品种与饲料小麦品种蛋白质含量相差约2%。已经清楚调控高蛋白含量的基因资源,如堪萨斯州小麦品种Plainsman V含有山羊草的基因,提高籽粒蛋白含量2%～3%。广泛开发的小麦高蛋白基因种质是以色列的野生二粒小麦,尤其是FA15-3品系,给予足够的氮肥,它的蛋白质积累可达40%以上。将二粒小麦染色体置换系到Langdon硬质小麦品种,发现调控这个性状的位点位于染色体6B,并确定其精确的基因图谱,命名为*Gpc-B1*。与这个位点相关的QTL(数量性状位点),在杂交中占GPC变异的70%。但也报道,此位点与谷物产量负相关。

利用二粒小麦FA15-3株系,将*Gpc-B1*基因导入硬红春小麦,产生了3个株系,比亲本的蛋白高出约3%。还将二粒小麦*Gpc-B1*基因转入面包小麦,育成了唯一产业化的硬红春小麦品种Glupro。采用RFLP(限制性片段长度多态性)标记技术,加快了这个位点的转化和选择。Mesfin等(2000)详细比较了低蛋白含量(14.5%)亲本Bergen与来自二粒小麦FA15-3株系的两个高蛋白含量亲本ND683和Glupro(蛋白质含量都约为18.5%)杂交的单粒传株系。每个杂交产生的12个高蛋白和12个低蛋白株系的籽粒产量,没有显著差异。这说明合并高蛋白与高产量到栽培品种中,是可能的。近期工作表明,*Gpc-B1*基因编码的转录因子,加速衰老,加快氮和锌、铁矿质元素的移动和运输到发育籽粒中。即表达这个等位基因的小麦株系,籽粒中含有较高水平的锌、铁及蛋白含量。

已鉴定的小麦蛋白质的 QTLs,位于面包小麦的 2D、2B、5A、5D、6A、6B 及 7A 染色体上,位于二粒小麦的 5B 和 6B 染色体上。英国冬小麦中蛋白质含量变异小于 30%,能够被已知的基因调控解释。这普遍适合于小麦,唯一的例外是 Gpc-$B1$ QTL,占杂交变异的 70% 以上。

在我国,小麦是主要粮食作物之一,分布很广,华北、西北、东北和长江流域均有种植,播种面积和产量仅次于水稻,居第 2 位,但有些地区亦有一定量用作饲料。近些年,随着我国粮食连年增产丰收,人们对粮食品质的要求不断提高,可用作饲料的小麦总量也应越来越大。过去,其加工副产品小麦麸和次粉才作为畜禽的饲料用粮。现在,由于小麦具备易于贮存、季节性的价格优势及制造出的颗粒饲料品质好等优点,小麦日益受到国内外饲料厂家的重视,欧洲国家已将小麦作为能量饲料的主要原料,大大降低了饲料成本,提高了经济效益。

小麦作为饲料有很多优点:①小麦的蛋白质、赖氨酸含量高于玉米,苏氨酸含量与玉米相当,用小麦替代玉米作为能量饲料,可降低配合饲料中的豆粕用量。②小麦中的总磷含量高于玉米,而且利用率高,这是由于小麦中含有植酸酶,能分解植酸而获得无机磷;用小麦代替玉米、高粱时,可降低豆粕和磷酸氢钙的使用量。③小麦含 B 族维生素和维生素 E 较多,铜、锰、锌较高,维生素 A、维生素 D、维生素 E、维生素 K 略少,生物素的利用率比玉米高粱均低(表10.30)。

表 10.30　小麦、大麦、玉米营养含量比较

作物	禽代谢能/(MJ/kg)	猪代谢能/(MJ/kg)	粗蛋白质/%	赖氨酸/%	苏氨酸/%	色氨酸/%	钙/%	有效磷/%
小麦	12.82	13.63	15.1	0.45	0.49	0.15	0.04	0.12
大麦	11.05	11.97	12.0	0.40	0.40	0.11	0.07	0.16
玉米	14.23	14.14	8.8	0.27	0.32	0.05	0.03	0.08

来源:Foreman 和 Robert,中国饲料成分及营养价值表,2003 年,第 14 版。

10.5.2　高蛋白谷物的培育

10.5.2.1　高赖氨酸含量谷物

评价谷物的营养品质主要看其蛋白质含量和蛋白品质。赖氨酸是人体和单胃动物不能合成而又必需的一种氨基酸,在食品和饲料中,缺少这种氨基酸则营养品质就不高。所以通常把谷物中赖氨酸的含量作为衡量作物品质的重要指标。普通玉米作为主要的高能量饲料,其胚乳中不仅蛋白质含量少,而且赖氨酸含量低。20 世纪 60 年代鉴定的玉米天然突变体 $opaque$-2,赖氨酸含量较普通玉米高 69%;$floury$-2 突变体的赖氨酸含量与 $opaque$-2 相似,之后鉴定了大量的高赖氨酸含量玉米突变体(表 10.31)。最初是根据表型观察来确定高赖氨酸含量玉米突变体。这种方法也适用于高粱。在世界高粱种质库(9 000 个品系)的 62 种粉质高粱中,仅发现了 2 个高赖氨酸品系,这 2 个品系中都含有命名为 hl 的隐性基因。后来,在 P721 自交产生的诱变群体中发现了另一种名为 P721 $opaque$ 的高赖氨酸高粱突变体。所有谷物中高赖氨酸突变都会对其产量造成负影响,玉米和高粱中出现软粒,易受到病菌危害,这对种植不利。育种家曾经投入大量的时间、精力及经费,试图将这些高赖氨酸含量的遗传基因转化到产量和籽粒性状均能够接受的品种,却得到失望的结果。

表 10.31   玉米不透明突变体的蛋白质组分和赖氨酸含量   %

株系	总蛋白	醇溶蛋白	非醇溶蛋白	非蛋白氮	赖氨酸
V64A+	12.1	8.2	2.1	0.6	1.5
V64Ao1	12.8	8.5	2.1	0.7	1.7
V64Ao2	10.1	2.9	3.6	2.3	3.8
V64Ao5	11.5	6.4	2	1.5	2.1
V64Ash4-o9	12.2	7.3	2.8	1.3	2
V64Ao11	12	6.4	3.4	1.4	2.8
V64AMc	11.7	7.2	2.7	1.4	2.1
V64ADeB30	12	4.5	3.8	1.7	2.9
V64Afl2	11.8	5.9	3.7	0.9	2.8
A69Yl1	12.7	7.5	没有检测	没有检测	4.1
A69Yfl3	11.9	4.9	没有检测	没有检测	3.9
3A 杂交	13.5	没有检测	没有检测	没有检测	2

来源:Gibbon 和 Larkins ,2005。

表型筛选法对大麦并不可行。Munck 等(1970)采用碱性氨基酸(染料结合能力)筛选法,从世界大麦种质库 2 500 个品系中鉴定了单一的高赖氨酸含量株系。类似于高粱,这项发现之后,通过对突变群体的分析,由化学(次乙亚胺、叠氮钠、甲烷磺酸乙酯)或物理(γ 射线、快中子、热中子)诱变法获得了 20 个突变品系。这些基因突变在机制上有差异,大多突变结果是,贫赖氨酸的醇溶蛋白合成减少,其他富赖氨酸蛋白则补偿性增加,游离赖氨酸水平也提高。Hiproly 和 RisΦ1508 是两个大麦高赖氨酸株系。Hiproly 是 Munck 等 1970 年鉴定的高赖氨酸突变体。RisΦ1508 是次乙亚胺诱导产生的突变体。Carlsberg 等将注意力放在 RisΦ1508 的 lys3a 基因上,1987 年育成了对家畜来说赖氨酸含量提高的春大麦品种 Piggy。不过这个品种并不成功,由于提高饲料大麦中赖氨酸水平导致低产损失。Hiproly 的研究在培育商业品种上也不成功,但鉴定了富赖氨酸蛋白,随后利用遗传工程进行开发。同样地,高粱中高赖氨酸含量的 P721 opaque 株系连续被研究,却未成为商业品种。可行的是,最早发现的 opaque-2,它是通过将高赖氨酸含量基因合并到商业品系,通过修饰基因来产生"优质蛋白玉米"。

Vasil SK 和 Villegas E 在墨西哥国际玉米小麦研究中心悉心研究 20 多年,成功培育了优质蛋白玉米(quality protein maize,QPM)。他们筛选出的高赖氨酸含量 opaque-2 株系,胚乳质地正常,可能来自修饰基因(mo)对淀粉表现型的抑制作用。生化分析表明,玉米 opaque-2 突变株中 22 ku 的 α-zein 含量下降,伴随着 27 ku 的 γ-zein 含量增加。这些蛋白质在淀粉颗粒周围形成交叉的网络结构,导致淀粉表现型的改变。优质蛋白玉米品种现已广泛种植于拉丁美洲、非洲及亚洲等国家,对提高人和家畜的营养需求起到了重要的作用。这一成果是近 40 年研究得来的,类似的成果在其他谷物上还未成功。美国一家饲料公司开发的高产杂交型 opaque-2 饲料玉米品种,籽粒胚乳质地较软,不能归类为优质蛋白玉米。

10.5.2.2 高甲硫氨酸含量玉米

植物体内甲硫氨酸由天门冬氨酸合成、赖氨酸和苏氨酸也经相同的途径合成,此途径中的酶受赖氨酸和苏氨酸反馈抑制。由于甲硫氨酸的缺乏,导致玉米胚芽在含有赖氨酸和苏氨酸的培养基上不能生长。Phillips 等(1981)在含有赖氨酸和苏氨酸的培养基上,依据根的生长筛选了玉米自交株系的 200 个完整籽粒,鉴定了籽粒中甲硫氨酸含量提高的单一株系(BSSS53)。这个株系籽粒富含 30%~70%的 10 ku σ-zein 组分,赖氨酸含量超过 20 mole%。然而,将此高甲硫氨酸含量的性状转化至其他杂交或自交玉米植株,却未发现甲硫氨酸含量显著地升高。

10.5.2.3 增加富含赖氨酸的蛋白

大麦自然发生的高赖氨酸突变体 Hiproly,其赖氨酸含量增加,主要因为增加了 4 种蛋白质:β-淀粉酶(5.0 g%赖氨酸)、蛋白质 Z(丝氨酸蛋白酶抑制剂,7.1 g%赖氨酸)及命名为 CI-1(9.5 g%赖氨酸)和 CI-2(11.5 g%赖氨酸)的富赖氨酸胰凝乳蛋白酶抑制剂。富赖氨酸蛋白大量的增加,不影响籽粒发育。CI-2 被用于蛋白质结构和折叠研究,加快了设计更富赖氨酸蛋白形态来改良谷物的营养品质。Roesler 和 Rao(2000)用 CI-2 设计了一系列营养增加的蛋白形态,其中一种形态含有 11 个赖氨酸、5 个甲硫氨酸、2 个色氨酸、1 个甘氨酸及 3 个苏氨酸。这种蛋白形态在总 83 个氨基酸残基中含有 14 个赖氨酸;导入的一个二硫键产生的稳定性,与野生型蛋白(不含半胱氨酸残基)的稳定性接近。这表明高度取代的 CI-2 形态适合在转基因作物中表达。在抑制环区被另外 3 个赖氨酸残基替代的 CI-2 较低程度取代的形态,用于转化高粱,表达的整个蛋白中含有 13.1 mole%的赖氨酸。对大麦小分子的富赖氨酸蛋白 Hordo-thionin(HT)进行同样的研究,其 45 个氨基酸残基中只有 5 个赖氨酸残基,Rao 等设计的突变体含有 27%以上的赖氨酸。将含有 12 个赖氨酸残基的 HT12 形态在高粱表达,籽粒总赖氨酸含量增加了 50%。

谷物籽粒中天然存在的 CI-1 和 CI-2 两种蛋白目前被研发,被监督部门认为是安全可靠的。将马铃薯花粉中正常表达的高赖氨酸蛋白,在玉米籽粒中表达,该蛋白 240 个氨基酸残基中有 40 个赖氨酸残基(16.7 mole%),在玉米中表达后导致籽粒蛋白及赖氨酸含量(50%左右)增加。这个蛋白质特性、作用机理及其在作物中的利用值得研究。Wu 等(2003)报道了一种提高籽粒总赖氨酸含量的新方法,锚定蛋白质表面暴露的谷氨酰胺、天门冬酰胺及谷氨酸残基,用赖氨酸替代它们。然后通过导入赖氨酸,在水稻中表达 tRNA[lys],籽粒醇溶蛋白中赖氨酸含量增加了约 43%,全籽粒中赖氨酸含量增加了约 0.9%。这种替代对蛋白质无特异性,这些氨基酸的偶尔取代不会产生毒害效果。

10.5.2.4 减少玉米醇溶蛋白的合成

高赖氨酸含量的玉米突变株,籽粒赖氨酸含量增加,但醇溶蛋白合成减少,同时对籽粒的其他性状造成多效性影响,如降低产量。于是采用遗传工程技术特异地调控玉米醇溶蛋白的合成,避免高赖氨酸含量突变引起的毒害效果。如采用 RNA 干扰技术分别特异地下调转基因玉米中 22 ku 和 19 ku α-zein,重现高赖氨酸基因的效果。但籽粒赖氨酸的增加量(15%~20%)远不及 opaque-2 和其他高赖氨酸突变株。这些研究也证实了 α-zein 减少,足够产生不透明的表现型,当 22 ku α-zein 合成完全抑制时,这种效果更显著。采用类似的方法,在同一株系中同时下调 22 ku 和 19 ku α-zein,籽粒赖氨酸含量从野生型的 2 438 μg/g dw(干基)增加到 3 个野生型株系的 5 003、4 533 和 4 800 μg/g dw,色氨酸含量从 598 μg/g dw 增加至 1 087、940 及 1 040 μg/gdw。这些增加对应于种子总蛋白中赖氨酸含量从 2.83% 增加到 5.62%,色氨酸含量从 0.69% 增加到 1.22%。种子大小和蛋白质含量均不受明显影响。

10.5.2.5 高甲硫氨酸蛋白质的表达

玉米 10 ku δ-醇溶蛋白(δ-zein)中具有高含量的甲硫氨酸,在 BSSS53 株系中这个蛋白与高甲硫氨酸含量之间具有相关性,于是试图利用转基因技术过度表达 δ-醇溶蛋白。部分转基因籽粒中甲硫氨酸含量比普通籽粒的约高 30%,但转基因玉米中 δ-醇溶蛋白的积累与甲硫氨酸含量之间的关系,并不清楚。近期研究表明,玉米 10 ku δ-醇溶蛋白基因(drz10)的表达,受染色体上 drz1 位点编码的反式作用因子转录后调控。为了消除这种调控,在 27 ku γ-醇溶蛋白基因(缺乏 dsz1 转录后调控的位点)的启动子驱动下,表达 10 ku δ-醇溶蛋白基因,获得玉米转基因植株。其中一株转基因株系,含有与 BSSS53 相似水平的甲硫氨酸;在一个自交株系中,甲硫氨酸含量加倍。在老鼠喂养实验中,转基因株系对老鼠重量增加的效果类似于喂养游离甲硫氨酸的效果。

2S 储藏清蛋白广泛地存在双子叶植物种子,但并不存在于谷物籽粒。一些物种的富甲硫氨酸 2S 清蛋白,采用遗传工程在稻谷中表达,产生高甲硫氨酸稻米。用编码 SFA8 和向日葵种子清蛋白(成熟蛋白 103 个氨基酸中含有 16 个甲硫氨酸和 8 个半胱氨酸)的基因,在小麦特异的胚乳谷蛋白启动子调控下表达,提高了籽粒总甲硫氨酸含量,而半胱氨酸含量降低约 15%。因此,转基因主要影响籽粒内硫分布,而不是影响总硫含量,对综合营养品质没有影响。富甲硫氨酸蛋白在双子叶种子表达时,也出现类似的情况。这说明种子中硫供给可能限制甲硫氨酸含量的增加。

在芝麻 2S 清蛋白基因编码的蛋白中,甲硫氨酸(15 个)和半胱氨酸(8 个)的含量与 SFA8 的相近。分别利用油质蛋白(oleosin)和麦谷蛋白(glutelin)启动子,在小麦麸皮和淀粉胚乳组织分别表达芝麻 2S 清蛋白基因。转基因种子这些氨基酸含量均提高,麸皮甲硫氨酸和半胱氨酸分别是 24%～38% 和 50%～62%,在种子总蛋白中甲硫氨酸和半胱氨酸分别是 29%～76% 和 31%～75%。但这 2 个研究没有分析种子内硫的含量和分布,不能确定籽粒的综合营养品质是否显著提高。

用 2S 清蛋白的基因表达可以提高转基因谷物甲硫氨酸的含量。这类蛋白与向日葵种子 SFA8、芝麻 2S 清蛋白,均属于过敏原蛋白。在大豆中表达富甲硫氨酸的巴西坚果过敏原 2S 清蛋白,导致转基因株系不发育。这揭示了遗传工程技术的不安全性,同时也指明了当前调控程序的有效性。转 2S 清蛋白基因植株表达的富甲硫氨酸蛋白,具有潜在的过敏性,如果作为人类食品,不会被监督部门通过。

10.5.2.6 提高游离氨基酸含量

在多数高赖氨酸突变株中,补偿性增加了其他含氮成分,如游离氨基酸(非蛋白)含量。这个含氮成分也是遗传工程研究的对象。游离氨基酸通常只占籽粒总氨基酸的小部分。在硫限制情况下,或者在高赖氨酸突变株中,若种子蛋白质合成的能力受限制,游离氨基酸的含量就会增大。低水平的游离氨基酸被复杂的调控网络所保持,合成途径中末端产物对控制它们合成关键步骤的酶类起抑制作用。在图 10.32 中,赖氨酸、苏氨酸和甲硫氨酸 3 种氨基酸均从天门冬氨酸合成,它们的水平受反馈抑制调控,即赖氨酸和苏氨酸抑制合成途径中第一个酶——天门冬氨酸激酶(AK)。另外,赖氨酸和苏氨酸也分别抑制导向它们合成分支点的调控酶:二氢吡啶二羧酸合成酶(DHDPS)和高丝氨酸脱氢酶(HDH)。因此,转化植株以表达细菌(大肠杆菌、棒状杆菌)反馈不敏感的 AK 和 DHDPS 形态,来加大通过这个合成途径。

在加拿大低芥酸菜籽中表达棒杆菌的反馈不敏感形态 DHDPS,可增大游离赖氨酸含量两倍。将同一基因与大肠杆菌的 AK 基因结合在一起,在大豆中表达,提高游离赖氨酸含量 5 倍。但在玉米中,表达情况并不是这样。在球蛋白 1 基因启动子调控下,在糊粉层和胚组织表达棒杆菌的 DHDPS 基因,导致籽粒总赖氨酸含量提高 50%～100%;同一基因在球蛋白 2 (γ-zein)基因启动子调控下,在淀粉型胚乳组织中表达,游离赖氨酸含量却不增加,但积累降解产物 α-氨基己二酸,这表明赖氨酸代谢加强。在转基因加拿大菜籽和大豆中,也报道类似的积累 α-氨基己二酸和酵母氨酸(降解产物)。在转基因拟南芥中,通过在缺失赖氨酸酮戊二酸还原酶(LKR)及酵母氨酸脱氢酶活性的敲除突变株中表达 DHDPS 基因,发现这种影响可以克服。与野生型拟南芥植株比较,DHDPS 转基因植株和敲除突变体的游离赖氨酸含量分别提高 12 倍和 5 倍。将 DHDPS 转基因和基因敲除结合在一起,可提高游离赖氨酸含量 80 倍,同时也提高游离甲硫氨酸含量约 38 倍。

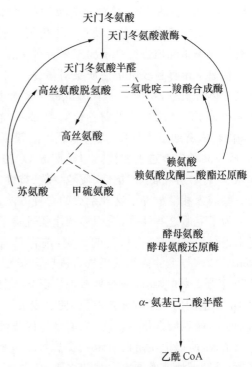

图 10.32　从天门冬氨酸合成赖氨酸、苏氨酸和甲硫氨酸以及赖氨酸的代谢
(向上的线头表示反馈调控环)

孟山都公司释放的、利用基因工程方法改良的第一个高赖氨酸玉米品系,具有高赖氨酸性状,同时还具有抗除草剂及抗玉米螟的特性。这个株系在玉米球蛋白 1(*Glb1*)启动子调控下,表达反馈不敏感的棒杆菌 DHDPS 基因。这个启动子锚定在胚芽和糊粉层组织表达,增加游离赖氨酸含量,将籽粒总赖氨酸含量从 2 500～2 800 $\mu g/g$ 提高到 3 500～5 300 $\mu g/g$。类似的方法也用于提高玉米籽粒中游离色氨酸含量。在稻米籽粒中表达突变的、反馈不敏感形态的内源邻氨基苯甲酸合成酶,可使游离色氨酸含量增加 55～431 倍,相当于色氨酸总含量增加 2～12 倍。

10.5.3　优质蛋白玉米(QPM)育种

采用传统方法培育的玉米品种,一般蛋白质含量低,特别是赖氨酸含量少。普通玉米籽粒赖氨酸的含量只有 0.23%,而畜禽通常需要 0.6%～0.8%,高的达 1%～1.5%,不足部分只能由豆饼、鱼粉等蛋白饲料补充,或人工添加氨基酸。随着市场经济和养殖行业的发展,对玉米质量提出了更高的要求,优质蛋白玉米、高油玉米、青贮玉米等特用玉米成为发展方向。

1. 优质蛋白玉米育种回顾

玉米高蛋白育种始于 1896 年,美国 Illinois 大学农业试验站利用 Burr White 品种,通过混合筛选进行了蛋白质含量的多代筛选试验。经过 70 多年连续定向选择,获得了高蛋白群体(IHP),连续的筛选使群体的千粒重和单产降低,IHP 群体的种子变得小而透明,胚乳组织主要由角质淀粉组成,生产上没有利用价值。所增加的蛋白质多为营养价值低的胶蛋白,因此很少有科学家单纯地进行高蛋白玉米育种工作。

普通玉米籽粒胚乳蛋白质被看做是一种劣质蛋白质。Metzet 等(1964)在玉米胚乳缺陷型突变体分析中,发现了一个 opaque-2 隐形基因,其纯合体可使玉米蛋白含量提高 70%,因而大大改善了玉米蛋白质的营养价值,开辟了优质蛋白玉米育种的新途径。许多国家把 opaque-2 基因转入普通玉米种质,选育软胚乳高赖氨酸玉米(O_2 玉米)杂交种。由于软胚乳性状易观察,所以品种选育进展较快。但早期的 O_2 玉米受 O_2 基因负面影响,存在的问题是干物质积累减少、籽粒容量低、产量低、质地变软、抗性差、易感穗粒腐病及害虫危害,生产上推广难,因此一些国家相继放弃了这种杂交的育种方法。

为了克服这些缺点,采用多种途径进行了试验,其中最有效的方法是:对高赖氨酸含量的玉米进行轮回选择,增加胚的比例,选育具有普通玉米表现型的双突变体,通过利用和积累 opaque-2 位点上的修饰基因选育硬胚乳类型。墨西哥国际小麦玉米改良中心(CIMMYT)从 1970 年开始将 opaque-2 突变基因广泛导入其他玉米种质中,通过回交和轮回选择等程序,积累了 O_2 基因的一系列修饰基因,使之变成了接近普通玉米表现型的硬质或半硬质胚乳,而且保持了高赖氨酸含量,这种玉米取名为优质蛋白玉米(QPM)。由于修饰基因是一个复杂的多基因系统,所以优质蛋白玉米杂交选育难度较大。20 世纪 90 年代以前,CIMMYT 主要针对热带、亚热带地区发展中国家的需要,选育优质蛋白玉米综合种,这些综合种在当时与普通玉米产量相当、抗性好,在这些地区得到广泛种植。为了进一步提高优质蛋白玉米产量,自 1985 年 CIMMYT 启动了优质蛋白玉米杂交选育项目,从改良群体中选育自交系,组配杂交种,参加品种比较试验,选育适宜不同热带、亚热带地区的优质蛋白玉米杂交种。CIMMYT 已发放一批 QPM 自交系和杂交种,促进了发展中国家的 QPM 生产。

2. 我国优质蛋白玉米育种

中国和多数发展中国家一样,玉米需求量逐年增加,而大豆生产普遍下降,鱼粉供应不足,蛋白质饲料来源不足,结构性不平衡将长期影响畜牧业发展。开展优质蛋白玉米(QPM)育种,开发优质蛋白玉米畜禽饲料,符合中国国情,节省豆饼、鱼粉等蛋白饲料,从而可降低饲料价格和提高饲料利用率,促进畜禽业的发展,实现农业高产、优质和高效。

优质蛋白玉米,或高赖氨酸玉米,与普通玉米相比,它不仅产量高,而且品质优良。全籽粒赖氨酸和色氨酸含量比普通玉米提高了约 80%,每千克蛋白质含赖氨酸 40~50 g;精氨酸含量比普通玉米高 30%~50%;优质的碱溶性谷蛋白增加一倍;劣质蛋白质大大降低;蛋白质的生物价与牛奶蛋白质相同。优质蛋白玉米是畜禽优质高效的饲料,同时对人体也具有较高的营养价值和食用价值。优质蛋白玉米作为饲料喂猪、鸡,可大幅度提高动物生产性能,增重快,节约粮食和蛋白饲料,降低饲料转化效率;使动物日粮中氨基酸更加平衡,提高动物对饲料蛋白质的利用率,减少动物粪便中氮的排出,从而缓解养殖业对环境的污染。推广优质蛋白玉米符合农业可持续发展的要求,在国内受到重视。

我国自 1972 年开始了优质蛋白玉米的选育工作,从"六五"期间的完全软胚乳杂交过渡到了目前的半硬质、全硬质胚乳杂交种,一共经历了 3 个阶段。"六五"期间育成的高赖氨酸玉米杂交种,籽粒产量相当于普通玉米对照种的 92%～95%,籽粒赖氨酸含量高达 0.4%,胚乳为半硬质型。中国农科院作物所首先育成了我国第一个通过全国审定的优质蛋白玉米品种中单206。"七五"期间育成的高赖氨酸玉米杂交种,产量达到了普通玉米主栽品种的产量水平,胚乳为半硬质或软质,赖氨酸含量在 0.35%以上。山东省农科院玉米所成功地选育了通过全国审定的半硬质胚乳优质蛋白玉米品种鲁玉 13。此外,北京农业大学育成的农大 107、新疆的中南 1 号、辽宁的高玉 1 号等产量都略低于或相当于普通玉米对照种。"八五"期间,国家玉米攻关将育种目标做了调整,在要求产量超过普通品种的同时,加大硬质、半硬质胚乳 QPM 育种力度。进而育成了新玉 4 号、新玉 5 号、新玉 6 号、新玉 7 号、成单 201、长单 58 等一批 QPM杂交种;"九五"期间又育成了中单 3701、中单 9409、中单 3850、农大 108、云优 19 等一批籽粒产量比普通玉米推广种增产 8%～15%、籽粒硬质达 3.5 以上、赖氨酸含量 0.4%以上、蛋白质10%～12%、粗脂肪 5%的优质蛋白玉米杂交种,解决了优质和高产的矛盾,其蛋白质不仅营养价值高,且适口性好,使我国在这一领域的研究局国际领先水平。

我国优质蛋白玉米的育种目标、原理和方法如表 10.32 所示。我国选育优质蛋白玉米自交系的途径主要有两种:①用热带、亚热带优质玉米与温带材料杂交,在温带环境下选育半硬质胚乳的优质蛋白玉米自交系;②从引入或经过改良的优质蛋白玉米群体中选育自交系。敖光名等育成了 18 个转基因玉米自交系,其蛋白质含量达到 13.2%～17.2%,赖氨酸含量达到0.38%～0.46%,解决了赖氨酸和蛋白质不能够同时提高的难题。张秀君等(1999)构建了两个含高赖氨酸基因 cDNA 的表达载体,用基因枪法将其导入玉米不同杂交组合的胚性愈伤组织,经过抗性筛选,得到了可育的再生植株,经 PCR 扩增分析、点印迹及 Southern 印迹检测,表明该基因已整合到玉米的基因组中。测定 13 株 T_1 代种子中赖氨酸含量,其中 3 株赖氨酸含量提高 10%以上。今后应继续研究和改进 QPM 杂交种的抗病性、适应性和提高产量潜力,实现品种多元化。

表 10.32　优质蛋白玉米育种目标、原理和方法

育种目标	籽粒硬质度达 3.5 以上,赖氨酸 0.4%以上,产量高于当前推广品种;胚乳为硬质、半硬质;农艺性状好、抗性强、适应性广
原理	利用修饰型 O_2 基因,通过回交和轮回选择等程序,积累一系列修饰基因,使之逐渐变为半硬质胚乳、硬质胚乳,克服不良现状,借助生化分析手段,选择出修饰型 O_2 玉米材料
杂交选育	直接利用修饰型 O_2 玉米,或利用普通玉米与修饰型 O_2 玉米组配后再从中选育自交系
回交选育	以优良的普通玉米自交系作为轮回亲本,以半硬质、硬质胚乳的修饰型 O_2 玉米作非轮回亲本,提供 O_2 基因及其修饰基因,选择优良的半硬质或硬质胚乳的 O_2 玉米自交系
其他方法	利用多个优良的半硬质或硬质胚乳的 O_2 玉米自交系组建修饰型 O_2 玉米综合种;或通过回交法转育普通玉米综合种,以半硬质或硬质胚乳的修饰型 O_2 玉米种源作非轮回亲本,以普通玉米综合种作为轮回亲本,按回交选育法形成修饰型 O_2 玉米综合种;还可以利用轮回选择法进行群体改良和直接选自交系;也可以通过基因工程的方法选育

国外和我国对高赖氨酸(及色氨酸)玉米种植虽有几十年了,但现在看来难度很大,如提高赖氨酸(绝对值)含量仅 0.15%。我国饲用玉米一年赖氨酸净增量只有 10 万~20 万 t,而我国"吉林大成"企业赖氨酸年产量就达几十万吨以上,年消耗玉米才几百万吨。因此,高赖氨酸含量的优质蛋白玉米在我国大规模推广比较难。但是,高蛋白含量的优质蛋白玉米在我国及全球种植面积还是在不断地增长,尤其是高油高蛋白玉米。目前主要对高油含量的优质蛋白玉米进行了深入研究,其产业化开发前景很大。

10.5.4　高油玉米育种

10.5.4.1　高油玉米的特点及营养价值

高油玉米是人工创造的一种高附加值的玉米类型,是高产与优质的结合,是玉米杂交种问世以来玉米遗传育种最重要的发展。在籽粒品质方面,高油玉米的含油量、总能量水平及蛋白质含量均高于常规玉米。另外,它还有较高的维生素 A、维生素 E。在产量方面,高油玉米产量已达到普通玉米水平。高油玉米籽粒生理成熟时,茎叶和秸秆仍青绿多汁,含有较高的精蛋白和其他营养成分,是草食动物的良好饲料。开发利用高油玉米的籽粒、秸秆,可以实现双增值。因此,高油玉米有望成为未来玉米的主要栽培类型。它与普通玉米相比,具有以下优点:

①高油玉米使玉米本身从单纯的粮食或饲料作物变成了油粮或油饲兼用作物。

②高油玉米用来脱胚榨油、综合加工,具有很大的增值潜力。高油玉米突出特点是籽粒含油量高。普通玉米含油量为 4%~5%,而我国目前推广的高油玉米含油量都在 7%~9%。玉米脂肪的 85%集中于胚部,高油玉米胚占的比重大,胚的蛋白质含量又比胚乳高 1 倍。胚的赖氨酸、色氨酸含量比胚乳的高 2 倍以上。随着脂肪的增加,蛋白质、赖氨酸和色氨酸也随之增加。

③高油玉米蛋白质、赖氨酸和类胡萝卜素含量均较高。高油玉米用于养猪和饲养肉鸡、蛋鸡,均明显降低了单位增重所需的饲料量,而且单位饲料增重显著增加,玉米含油量愈高,效果也愈显著。使用高油玉米做饲料可以减少或不添加脂肪,同时由于类胡萝卜素含量高,从而改善鸡肉的色泽和蛋鸡的产蛋量。

10.5.4.2　高油玉米育种技术

在玉米品质育种中,籽粒含油量是除蛋白质和赖氨酸含量以外的另一重要品质性状。高油玉米的主要育种目标是提高含油量,要求其含油量在 8%以上,产量不低于生产上推广品种,而且农艺性状优良,抗性好;其次是改良油分品质。

高油玉米育种的方法和途径:玉米含油量品种之间有很大差异,含油量受多基因控制,在遗传上主要表现为加性效应,因而受环境的影响很小,是高效遗传的。根据这个特点,可通过轮回选择、混合选择等方法进行有效地选择,提高加性基因频率,通过基因重组累积含油量加性效应基因频率,并通过定向选择,增加玉米籽粒的含油量;改善脂肪酸的相对比值,提高油酸、亚油酸的含量,降低硬脂肪酸、亚麻酸等饱和脂肪酸的含量,提高玉米油的营养品质,培育优质油玉米自交系和杂交系。

通过选育自交系进而配制高油杂交种。选育自交系的主要方法有几种：可以从高油玉米群体中选育自交系；从高油杂交种中选育二环系；也可通过回交方法，转育普通玉米自交系等。

我国自20世纪70年代末开始高油玉米自交系选育工作。从80年代中期开始，我国玉米育种专家陆续创造出了世界上数目最多和平均含油量最高的高油玉米群体，1989年第一个高油玉米杂交种"农大高油1号"通过品质审定，并在1991年纳入国家科委重点推广项目计划。高油玉米的杂交种"高油玉米115"代表了我国高油玉米的育种水平，在产量、适应性、抗性等方面与普通玉米水平相当，含油量在8%以上，远远高于国外目前推广的高油玉米品种。

10.5.4.3　利用花粉直感生产高油玉米

随着测试手段的改进，高油玉米育种进展较快，已有一批杂交种问世，为商品高油玉米生产提供了前提条件。但由于高油玉米资源的过度贫乏，高油玉米育种还难以满足生产需要，一些学者对利用普通杂交种生产商品高油玉米进行了研究，发现利用高油玉米的花粉授到普通玉米花丝上，通过花粉直感效应，可提高普通玉米的含油量，一般可提高2个百分点。

所谓花粉直感是指两个相异的植株杂交，当代所结籽粒即表现父本性状的现象。如以黄玉米的花粉给白粒玉米植株花丝授粉，所结籽粒表现父本的黄粒性状。中国农业大学宋同明等选取了8个普通杂交种和8个高油杂交种，两两配对，在田间相邻种植，同时进行自交和相互杂交。8个普通玉米杂交种自交籽粒含油量为5.4%，普通杂交种授上高油玉米花粉时，籽粒含油量为7.8%。两者相差2.4个百分点。如果在大田中按一定比例，如4∶1种植普通玉米和高油玉米，去掉普通玉米雄穗以接受高油花粉，按籽粒产量7 500 kg/hm² 计，就可多生产出玉米油180 kg/hm²，经济效益可观。

在利用普通玉米杂交种生产高油玉米时，普通玉米与高油杂交种花期要求相同，如果花期相差较大，应采取错期播种，以保证普通杂交种花丝具有生活力时能遇到花粉。普通杂交种与高油杂交种比例要求适宜，当高油杂交种花粉量较大时，比例可适当加大，否则宜小，以保证有足够的花粉。

应用雄性可育普通玉米杂交种生产高油玉米时，应及时去雄，以间作方式为好，便于田间作业，以确保高油花粉与之杂交。利用不育普通玉米时，如果与高油玉米花期相同，不需错期播种，可以采取间作的种植方式，即普通玉米和高油玉米按预定比例播在不同的行中，也可以混种，即把两类种子掺和在一起播种，混合使两类植株在田间分布更为均匀，授粉结实更好。但当利用的不育普通玉米与高油玉米花期不一致时，需调整花期。

高油优质蛋白玉米的选育成功，大大强化了饲用玉米的地位。"十一五"期间重视高油高蛋白玉米饲料高效利用技术研究。如高油玉米日粮对肉鸡生产性能的影响研究，使用高油玉米替代普通玉米仍然显著提高了家禽的生产性能，并且可以有效地减少外源油脂的添加量，降低饲料成本。对于36～81日龄的优质黄羽鸡，在能量和蛋白质（氨基酸）相似的情况下，用50%和100%的高油玉米替代普通玉米及植物油，日增重及饲料转化效率无显著差异（$P>0.05$），但全部使用高油玉米（价格比普通玉米高150元/t）比使用普通玉米的鸡增加纯利0.2元，提高经济效益达10%（表10.33）。

表 10.33　高油玉米对黄羽肉鸡的饲喂效果

	中鸡	大鸡	中鸡	大鸡	中鸡	大鸡
普通玉米(含油 3.6%)	55	58	27.5	29	0	0
高油玉米(含油 7.6%)	0	0	27.5	29	55	58
麦麸	0	0	0.75	1	1.5	2
油	1.5	2	1	1	0	0
始重/g	435±11		434±10		434±10	
末重/g	1 310±30		1 320±30		1 320±40	
F/G/(g/g)	3.05±0.02		3.04±0.02		3.0±0.03	

10.5.4.4　青贮玉米育种

青贮玉米是指在玉米的乳熟期至腊熟期,将玉米茎叶或带果穗的整株玉米经切碎加工或储藏发酵后,调制成饲料,饲喂牛、羊等家畜。青饲玉米易栽培,植株高大、茎叶产量高、品质好,既可在高密度下生产青饲料,又可在正常密度下生产粮食,同时收获青饲料。随着养殖业尤其是养牛业的快速发展,对优质饲草饲料的需求量日益增加。青贮玉米不但生物产量高,而且含有丰富的营养成分,秸秆中的糖分、胡萝卜素、维生素 B_1、维生素 B_2 含量都很高,是理想的动物饲料。

我国青贮饲料玉米制作和应用始于新中国建立后,主要在一些大型国有农牧场和城郊奶牛场中推广应用。新中国成立初期,由于粮食供应相对紧张,玉米生产以生产籽粒为主,青贮玉米的种植推广受到很大限制。直到 1977 年,中国农业科学院作物研究所从墨西哥国际玉米小麦改良中心引进一个适于亚热带种植的玉米综合种墨白 1 号,该品种适宜在西南地区种植。在长江及黄淮海地区,由于日照变长,使该品种晚熟,植株变得高大,所以适于做青饲青贮玉米。20 世纪 80 年代以前,我国没有专用的青饲型玉米品种,生产上大都用粮食品种生产青饲,因而产量低、质量差。1985 年我国首次审定了由中国科学院遗传研究所育成的青饲专用晚熟品种京多 1 号,该品种是多秆多穗类型青饲玉米品种。"七五"期间,我国将青饲玉米育种列入国家科技攻关计划,以多秆多穗、青枝绿叶、茎叶多汁、富含糖分、适口性好和生物产量高为主要育种目标。由中国科学院遗传研究所育成的科多 4 号 1989 年通过天津市审定,该品种属多秆多穗类型青饲玉米专用晚熟品种,生物产量可达 75 000 kg/hm² 以上,植株高大,根系发达,抗病抗倒,不早衰,持绿度强,适应性强。地上部分干物质的粗蛋白质含量高,适口性好。辽宁省农业科学院于 1988 年育成了辽原 1 号。此后,先后育成了太多一号、太穗枝 1 号、科多 8 号、辽洋白、龙牧一号、辽青 85、沪青 1 号、黑饲 1 号、科青 1 号、中原单 32、吉单 4011 等专用或兼用青饲青贮玉米新品种。用这些新品种饲料产量普遍提高了 15%~40%,品质也大大改善。近年来,随着我国粮食形势的好转,许多牛、羊饲养专业户也纷纷种植青贮玉米,制作全株玉米有机饲料。但我国青贮玉米的种植还处于起步阶段,尚未能大面积推广。据不完全统计,2005 年全国青贮玉米种植面积只有 150 多万 hm²。我国目前种植面积较大的青饲饲料玉米品种,主要集中在中原单 32、农大 108、高油 115、农大 86 等,而这些青贮品种中尤以中国农业科学院育成的粮饲兼用型玉米品种中原单 32 比较理想。该品种其籽粒蛋白质含量和秸秆蛋白质含量比普通玉米蛋白质含量均高出 4% 左右,是目前市场推广比较成功的玉米品种。总

的来看,我国青贮玉米品种品种少,种植规模小,发展空间大。目前应在科研和品种开发等各
个方面加强投入。加强研究青贮玉米性状的遗传规律,可广泛利用转基因技术、分子标记技术
与玉米常规育种技术相结合,搜集育种材料,改良青贮玉米群体,尽快选育出更多适合我国国
情的青贮玉米杂交种。目前我国的优质蛋白玉米(QPM)和高油玉米育种已经达到国际先进
水平,已经拥有这两种玉米的遗传资源,掌握了成熟的育种技术,初步形成了产业化开发的技
术支撑条件。今后应采用分子遗传学和生物化学辅助技术,把优质蛋白和高油两种遗传系统
结合在一起,然后用转基因技术提高有效磷利用率,提高玉米黄色素的含量,实现多种优良基
因聚合,培育现代优质高产多抗性饲料玉米新品种。

10.5.4.5 高蛋白饲料稻开发

我国南方稻谷较多,早籼稻难卖,而饲料原料短缺又需要从北方调进大量的玉米。科学研
究证明,高蛋白饲料稻糙米完全可以替代玉米饲料喂猪养鸡,这样既可解决早籼稻难卖,又能
促进畜牧业发展。饲用糙米则要求蛋白质含量高,对外观要求较低。因此,同一水稻品种的大
米作不同用途时效果不同。

饲料稻是指在生育期适宜、抗性强的基础上,采用优化栽培,单产大于 8 250 kg/hm²,糙米
粗蛋白质含量≥12%,出糙率≥80%,适合饲用的水稻品种(组合)。一般水稻品种粗蛋白质含
量只有 7%～8%,不能称为饲料稻;有的品种(组合)产量能够达到 8 250 kg/hm² 以上,但是糙
米粗蛋白质含量低,仍不算饲料稻;还有的品种糙米粗蛋白质高达 13%～18%,但产量只有
5 250 kg/hm² 左右,也不能视为饲料稻。只有同时具备上述三高标准的水稻品种,才能称之为
饲料稻。

饲料稻开发是指从大田饲料稻生产、工厂糙米生产到农户用糙米型饲料饲养畜禽的全过
程,是一个"种加养"的产业化过程。饲料稻开发是饲料到生产转化增值过程,着重点在品牌糙
米型饲料的研究和开发。因此,用来生产全价料的糙米,可来源于一个饲料稻品种(组合),也
可由几个饲料稻良种的糙米掺和而成,还可以是饲料稻与产量偏低而蛋白质含量非常高的普
通稻的混合米,或是饲料稻与产量优势强而蛋白质含量一般的普通稻的混合米。

饲料稻开发与传统的稻谷饲用有本质的区别。一是饲料稻品种要求突出"三高",即比目
前生产上大面积应用的品种(组合)产量高 20% 以上,糙米粗蛋白质含量高 40% 以上,出糙率
高一个百分点以上。二是饲用方法不同,饲料稻开发要求推行糙米全价料饲养。因为稻谷纤
维含量在 8% 以上,而糙米不足 1%。饲料中粗纤维多,不仅不能给畜禽增加能量,反而需要消
耗营养以分解粗纤维,使饲料的总营养价值下降。三是经营形式不同,饲料稻开发是按商品生
产的要求进行的一项产业化工程,包括生产、加工、销售和饲养各个环节,强调区域化集中种
植、工厂化标准生产、混合饲料饲养。而传统的稻谷饲用仅仅是剩余粮食低水平和低效益
转化。

1994 年原国家科委将饲料稻列为科技重点攻关项目,1996 年又将饲料稻研究列入"九五"
重中之重科技攻关计划。研究证明,大力开发饲料稻,能充分发挥稻谷生产、畜禽饲养两大优
势,同步发展水稻和生猪两大支柱产业,对促进养猪型结构占主导地位的南方双季稻主产区农
村经济的持续发展,具有重要意义。我国在饲料稻谷品种选育、栽培、配方筛选及生猪饲养等
方面取得了突破性进展。在饲料稻育种方面,应用常规育种与生物技术相结合的方法已研究
开发了威优 56、威优 95、早鉴 25、丰优早 8 号、WH07/中早 18 和湘早籼 24 等几个单产高、出

糙率高、粗蛋白质含量高的三高饲用早稻和威优 198、浙 1500、汕优 207 等饲用晚稻新品种（组合）。

探明了饲料稻"三高"栽培调控措施，即保证插植密度、增施氮肥、加大穗粒肥比例、适当施用氮肥，创立了饲料稻"三壮三高"（壮秧、壮秆、壮籽和高产、高蛋白含量、高出糙率）的综合栽培技术。该技术主要是在秧田期采用半旱育壮秧剂培育壮秧，施足基肥；返青期使用促蘖壮秆培育壮秆；剑叶露叶时和抽穗期分别增施氮肥，促进壮籽。

在饲料稻系列饲料开发方面也有突破，初步探明了糙米型粮对动物胴体性状、肌肉、脂肪及蛋白质的影响；研制出了猪鸡糙米（饲料稻）型系列饲料配方。江西省充分利用丰富的早籼稻资源，研制推出了 10 多个早籼稻谷饲料配方。利用早稻为主料喂猪，每头消耗早稻 130 kg以上，而且比用玉米饲养每头猪可多增加 20 多元的纯利。湖南省研制出了瘦肉育肥猪的"糙米型"全价料、浓缩料和预混料系列配方。这一切均为饲料早稻开发奠定了基础。

另外，将人工改造的水稻蛋白 Glutelin 基因导入水稻获得再生植株，能够表达 Glutelin 蛋白（富含甲硫氨酸和赖氨酸）。我国学者将编码泰国四棱豆的高赖氨酸含量蛋白（Lysine-rich protein，简称 LRP）与水稻谷蛋白组成的融合蛋白（Gt：LRP fusion protein，简称 FB 蛋白）的基因导入我国高产水稻品种中，经品质测定和大田选育，获得富含赖氨酸蛋白的转基因水稻新品系（高赖氨酸转基因水稻）。近年来，转基因作物快速发展，60%～70%的饲料与转基因作物有关，但其安全性受到关注，目前对转基因饲料安全性的研究主要包括转基因饲料的营养成分，对动物繁殖性能、生长性能和免疫机能的影响，外源基因和表达蛋白在动物体内的残留检测等。到现在为止，多数研究结果表明，转基因作物与其非转基因亲本比较的主要营养成分，如粗蛋白质、粗脂肪、粗纤维、碳水化合物、矿物元素以及氨基酸组成等方面均相似。当前国内外研究转基因作物作为动物饲料的安全性，多集中在对其营养成分的分析及其营养价值的评定，但还有一些问题需要进一步探讨：①目前的研究都是针对第一代动物的生长和其产品品质影响，而对其繁殖性能影响的报道还不多；②动物代代相传，是否有累加效应，这种跟踪报道还很少；③动物免疫机能的研究主要集中在血液指标上，对其他免疫指标的影响还需要进一步研究。转基因作物毕竟不是自然进化而来，公众对转基因作物安全问题的关注和担忧会随着科学研究的不断深入而更趋于理性和科学，转基因作物的安全性评价是任重而道远的课题。

10.5.4.6　高蛋白高粱育种

高粱也是我国重要旱粮作物，在我国干旱、半干旱、低洼易涝地区，高粱对稳定当地粮食产量、保证当地人民粮食供应曾起过不可低估的作用。由于全球粮食价格趋涨，而高粱属价格低廉农作物，易于种植。然而目前在高粱的开发与利用上还存在两个难题，一是高粱中赖氨酸含量低，限制高粱营养价值。科学家们正试图从大麦中寻找到一种能提高赖氨酸含量的基因移入到高粱中，以便能得到高赖氨酸含量改良的高粱品种，但这并非易事。另外一个较传统的、也是高粱研究人员一直关注的问题，就是高粱醇溶蛋白在动物体内消化问题。由于高粱蛋白在动物体内消化率较低的缘故，高粱蛋白在食品工业和动物饲料工业中发展与应用都受到不同程度的限制。因此，如何提高高粱蛋白消化率一直是高粱研究热点。通过遗传育种技术可开发得到易于消化的高粱蛋白新品种。高粱籽粒性状包括胚乳类型、胚乳结构、胚乳颜色、果皮颜色和具有种皮层。研究表明，选育蜡质胚乳型、多粉质胚乳结构、黄颜色胚乳和无种皮层的种质,无论对反刍动物和单胃动物来说,都会提高粒用高粱喂饲价值。具有这些性状基因型蛋白质消化率提高,通常与影响蛋白质消化率或淀粉可溶性的蛋白质基质和密度有关。另外,高粱蛋白质品质能通过高粱发芽和发酵方式得到改善,这有助于克服高粱蛋白低消化率和必需氨基酸成分不合理等不利因素。

我国是高粱种质资源大国。在我国搜集保存的高粱品种(系)达到14 000份以上,居世界第三位。这些种质是可用于高粱遗传育种研究的基础素材。我国高粱种质资源种子蛋白质研究一直偏重于含量等数量性状的测定工作,立足于分子水平上的遗传多样性分析还未见报道。由于这些数量性状受不稳定的多基因累加效果控制,其研究成果无法为高粱蛋白质营养品质的育种研究提供充分的理论依据和多样的遗传资源。

高粱籽粒和茎秆均可作为畜禽饲料,饲草高粱和甜高粱茎叶利用在我国显示了巨大的发展潜力。常用饲草高粱有三类:哥伦布草、约翰逊草和苏丹草。近年通过人工选育或杂交研究,育成了一批高产优质的饲草高粱品种,如辽草1号、晋草1号、皖草2号、辽饲杂1号、辽饲杂4号等。甜高粱是一种高能作物,其生物学产量比青饲玉米增产3万~4.5万 kg/hm²,且茎秆富含糖分,适口性好,用于饲喂奶牛,每头每日比玉米多出鲜奶1~2 kg。

饲用和食品加工型高粱则要求蛋白质、赖氨酸含量高,单宁含量低,适口性好。中国高粱品种资源中蛋白质含量最高为17.0%,赖氨酸含量最高为7.8%,但因综合性状欠佳而难以应用。育成的高赖氨酸高粱"265-1Y",其赖氨酸和蛋白质含量分别比普通高粱"晋粱5号"提高322.6%和42.2%,并且具有较高的配合力,如能继续培育出高赖氨酸的不育系与之配制杂交种,必将大大提高其实用价值。黄色胚乳高粱营养品质好,含有较多的胡萝卜素和维生素,且籽粒饱满,容易获得满意的农艺性状,同时黄色胚乳与高赖氨酸可能存在正相关。我国虽然选育出黄色胚乳不育系"8073变A",并从杂交后代中获得了大量黄色胚乳材料,但至目前尚未在生产上普遍应用。

甜高粱也是畜牧业一种很好的饲草来源。既可做牧草放牧,又可刈割做青饲、青贮和干草。我国甜高粱资源比较缺少,"八五""九五"期间国家种质库共收集了1 459份甜高粱品种资源,其中国内资源只有307份。生产上应用的甜高粱品种主要有地方甜高粱、杂交甜高粱如"甜杂1号"及国外引进甜高粱如"凯勒""雷伊""丽欧"等。青贮是饲用高粱主要利用方式,青贮饲料气味芳香、酸甜可口。青贮技术是饲用高粱研究的重要内容之一,青贮容器、收刈时期、密封措施及贮料管理等都将直接影响青贮料的质量。

我国甜高粱育种起步于20世纪80年代,近年来,随着人们对甜高粱多种加工用途认识的进一步加深,甜高粱育种工作已成为我国高粱研究工作者的工作重点之一,并已取得了一定的进展。如辽宁省农业科学院育成的辽饲杂1~4号、辽甜1号、2号,沈阳农业大学、吉林省农业科学院、黑龙江省农业科学院等单位育成的沈农甜杂2号、吉甜1号以及龙饲1号等甜高粱新品种也已在生产上推广应用。目前,我国甜高粱的育种水平仍与先进国家有着一定的差距。究其原因,一是科技创新投入不足。由于人力和资金等因素的限制,目前全国多数科研单位在杂交甜高粱育种攻关方面投入的人力、物力明显不足,从而导致了全国甜高粱杂交选育多年徘徊不前的局面。二是资源匮乏,缺少抗倒伏、含糖量高的资源。

10.5.4.7 饲料大麦育种

玉米是目前我国配合饲料中主要的能量饲料,一般占配合饲料的50%~60%。但我国玉米生产的区域性强,华北与东北六省玉米总产量占全国的60%,而南方8个省玉米产量只占全国的2.0%。北方玉米的南调,不但增加了饲料成本,而且加重了铁路负担。因此,长江中下游的湖北、安徽、江苏、浙江、上海等省市,种植大麦面积约占全国大麦总产量的2/3,就地解决能量饲料。大麦作饲料与玉米相比,饲用价值相当于玉米的95%,淀粉含量略低于玉米,适口性虽不如玉米,但蛋白质含量高,尤其是可消化蛋白质明显高于玉米(表10.34)。从氨基酸组成看,除亮氨酸少于玉米,其他均高于玉米,特别是与家畜生长发育密切相关的烟酸含量比玉米高2倍多,是瘦肉型猪的好饲料。但是大麦,特别是有壳大麦能值偏低,粗纤维含量高,尤其是抗营养因子可溶性非淀粉多糖(NSP)含量较高,是限制其在单胃动物饲料中应用的重要因素,消除大麦中非淀粉多糖、提高大麦营养价值的方法,尤以在大麦饲粮中添加酶制剂β-葡聚糖酶和木聚糖酶的方法最有效、最简便。

表 10.34 大麦与玉米可消化成分比较

种类	总能/ (MJ/kg)	猪消化能/ (MJ/kg)	鸡代谢能/ (MJ/kg)	粗蛋白质/ (g/kg)	可消化 蛋白/%	烟酸/ (mg/kg)
大麦	19.44	13.75	13.67	12.54	78	44~64.5
玉米	19.02	16.05	14.80	11.5	60	16~26

李卫芬和余东游(2004)在大麦饲粮中添加β-葡聚糖酶、木聚糖酶和纤维素酶组成的NSP酶,使仔猪日增重、日采食量较大麦组显著提高,料重比显著降低。与玉米-豆粕组相比,日增重无明显影响,但日采食量得到显著提高。与大麦组相比,加NSP酶组猪十二指肠内容物中总蛋白水解酶、胰蛋白酶、淀粉酶和脂肪酶活性均显著下降,与玉米-豆粕组相比则无明显变化。NSP酶组仔猪血清尿素氮含量比大麦组和玉米-豆粕组分别降低了29.35%($P<0.05$)和22.98%($P<0.05$),谷丙转氨酶活性亦明显降低。此外,加NSP酶组仔猪血清中C肽、T3和胃泌素水平分别比大麦对照组提高了53.06%($P<0.05$)、38.67%($P<0.05$)和123.74%($P<0.05$)。而大麦组C肽、T3和胃泌素水平比玉米-豆粕组分别降低了35.53%($P<0.05$)、21.05%($P<0.05$)和52.57%($P<0.05$)。由此可见,大麦作为主要的能量物质能替代猪饲料中的玉米,但需添加特定的NSP酶,才能改善仔猪生长,并取得良好的经济效益。

"十五"国家863课题"大麦高效育种技术及优质、高产、多抗、专用新品种培育"培育的饲料大麦专用新品种系浙98-26,系上93-1758与浙90-142杂交而成。2000—2001年度在浙江省大麦区域试验,平均单产3 672.8 kg,在所有8个参试品种中居于首位。该品系全生育期158.6 d,秆粗抗倒,抗赤霉病,高抗黄花叶病。云南省1989—2002年审定通过早熟3号、V06等啤饲大麦品种,近年又有保大麦6号、8640-1、凤大麦6号等一批品种具备(认)定条件,并大面积推广。该省2007年实际种植16.7万hm²,到"十二五"期间有望发展到每年种植26.7万~33.3万hm²,成为全国啤饲大麦种植第一大省。河南驻马店市农科所在25年的科研历程中,完成了"河南大麦农家品种的整理",组织了黄淮流域大麦品种区试,建立发展啤酒大麦商品生产基地,先后育成了豫大麦1号、2号、驻大麦3号、4号等大麦新品种;引进示范推广了矮早三、浙农8214、85威24等大麦新品种。

10.5.4.8 其他杂粮育种

我国是裸燕麦(Avena sative)的起源地。20世纪50年代末,我国开始了对燕麦种质资源的收集和整理工作。目前我国已编入目录的燕麦种质资源共计 2 978 份,其中裸燕麦 1 699 份,皮燕麦 1 278 份,野燕麦 1 份,还有 1 400 余份资源未编入目录。在已编入目录的燕麦种质资源中,已有 1 142 份被我国的国家农作物种质保存中心长期库保存,504 份被我国地方的一些研究单位中期库保存。燕麦的籽实品质性状主要包括蛋白含量、脂肪含量和亚油酸含量。1986—1995 年中国农科院作物品种资源所联合内蒙古自治区农科院和湖北农科院测试中心对我国 1 000 多种燕麦种质资源的籽粒营养成分进行分析,筛选出蛋白含量高(蛋白含量≥18%)的品种 85 份,其中裸燕麦 81 份,皮燕麦 4 份;脂肪含量高(脂肪含量≥8%)的品种 112 份,其中裸燕麦 52 份,皮燕麦 60 份;亚油酸含量高(亚油酸含量≥48%)的品种 57 份。龚海等(1999)通过对《全国燕麦品种资源第二编目》中的 995 份材料的蛋白含量、脂肪含量和亚油酸的含量进行了分析,结果表明,我国裸燕麦品种蛋白含量在 15%以下的比重较大,脂肪含量多数为 5%～7%,亚油酸含量 40%～45%的占多数。皮燕麦品种蛋白含量最高可达 17.92%,最低为 8.71%,多数为 10%～15%;脂肪含量在 7%以上的占多数,亚油酸含量多数集中在 40%以下,最高可达 46%以上。

裸燕麦在我国山西的品种是高蛋白、中脂肪类型,锡林郭勒盟的品种为高脂肪、低亚油酸类型,青海的品种为高亚油酸、低脂肪类型,河北、内蒙古、乌盟的品种低蛋白、低亚油酸类型比重较大。皮燕麦主要由国外引入,美国品种为高脂肪、低蛋白质类型;加拿大、中国的品种为中蛋白、中脂肪、中亚油酸类型;匈牙利、前苏联、丹麦、智利的品种为中蛋白、高脂肪、低亚油酸类型。利用核不育莜麦 ZY 基因育成优质高蛋白燕麦新品种"冀张燕 1 号",蛋白质含量高达 18.10%。

荞麦的营养价值高,不仅蛋白质含量较高,而且其蛋白质的氨基酸组成十分平衡,非常适合人类的营养。荞麦的药用价值也很高,能有效地控制和治疗糖尿病,能有效地预防和治疗心血管硬化疾病、高血压,能健胃消食、促进消化,增加身体对疾病的免疫力。此外,还能预防癌症。其加工副产品可以作为饲料。我国荞麦的种质资源十分丰富,但荞麦科研起步较晚,育种技术也相对落后。20 世纪 80 年代以前,我国种植的荞麦品种全部是农家品种,荞麦的产量低而不稳,品种混杂退化严重,影响了我国荞麦在国际市场的竞争力。荞麦育种以高产、稳产、优质、抗逆性强、适应性广为主要目标。我国目前在荞麦育种中采用的方法有:单株混合选择、株系集团混合选择、杂交育种、辐射诱变育种、多倍体育种等方法。成功地选育出西荞 1 号、九江苦荞、榆荞 2 号、茶色黎麻道等荞麦优良新品种,在农业生产中得到广泛的应用,并产生了较大的社会经济效益。总的来说,荞麦育种工作比其他作物晚,而且技术水平也较差。荞麦在种间存在显著的杂交不亲和性,因此进行荞麦种间杂交、从其他物种导入新基因较困难。到目前为止,在荞麦种间杂交上已取得较大的进展,甜荞与苦荞、金荞与苦荞、甜荞与佐贡野荞等组合均取得成功,但是其他组合种间杂交还未成功。

(本节编写者:李兴军)

10.6 蛋白质饲料的显微镜快速鉴别与掺假识别技术

我国蛋白质饲料原料流通中,长期受到掺杂使假的困扰,不法商贩采取各种手段造假,使饲料及养殖企业损失惨重,甚至有不法原料供应商公然加入三聚氰胺等非蛋白氮以提高蛋白质饲料资源粗蛋白质含量的掺假现象。同时由于我国蛋白质原料营养成分、有毒有害物质含量变化大,质量参差不齐,同一品种原料价格单一,不能做到优质优价。严重损害了饲料生产和养殖行业的利益,对饲料安全和食品安全造成了巨大危害。因此,在饲料流通和生产领域,应用科学快速的检测方法,实现对蛋白质饲料的快速鉴别,具有非常重要的现实意义。本节介绍饲料显微镜检测方法、国标、行标,以及比对样品技术,确保蛋白质饲料资源的质量。

根据国内外饲料原料造假、掺假的技术特点,我国有关科研单位,承担了"饲料显微镜检查方法"(获 1997 年国内贸易部科技进步二等奖)、"饲料显微镜检查快速测试仪器"(国家粮食储备局 1999 年科技进步二等奖 LSJLJ99021)等项目研究,成果得到广泛应用和推广。原国家粮食储备局武汉粮食科研设计院建立了饲料显微镜检查图谱及识别系统(国粮局科技成果批准登记号 0492005Y0006),并逐步规范化、标准化。同时开展了长期、大规模人员培训和技术推广,并已在全国饲料生产加工企业得到广泛应用。该系列方法检查蛋白饲料原料掺假具有快速、准确、分辨率高等特点,能检查出化学分析和评定方法无法检出的成分,成为我国快速检查饲料原料掺假掺杂最为有效的方法,还在已发布的 6 个蛋白质饲料原料国标、行标中被引用。技术成果所属单位每年为饲料企业检出掺杂使假蛋白质饲料原料 1 000 多起,创造了巨大的社会效益。

10.6.1 饲料显微镜检查鉴别的基本方法

10.6.1.1 饲料显微镜检查鉴别简介

用显微镜检查蛋白质饲料原料质量是快速、准确、分辨率高的方法,它可以检查出用化学方法不易检出的项目,是检查饲料掺伪定性的一种非常有效的工具,在饲料产品质量控制中显微镜分析有重要作用。饲料镜检原理是借助显微镜扩展人眼功能,依照各种饲料原料的色泽、硬度、组织形态、细胞形态、结晶形状及其不同的染色特性等,对样品的种类和品质进行鉴定。它需要的主要仪器是显微镜,其他一些辅助设备如放大镜、光源灯、样品筛、镊子、探针及化学实验室常用的玻璃仪器、化学试剂等,设备简单、耐用、容易购置,一般实验室有条件开展这一工作。

因为对已知物料的观察是显微镜检测的基础,所以需要广泛搜集符合国家标准规定和饲料生产要求的各种植物产品、动物产品、添加剂等样品,以便将饲料样品与标准品比较,也可将标准品拍摄成标准图谱,以供对照。为判断掺杂、掺假成分,尚需要搜集掺杂物标样。

饲料显微镜检测是对蛋白质饲料资源第一步的快速质量鉴别技术。它能在比任何其他可以利用的分析工具更短的时间内向质量控制经理或生产经理较多地提供有关原料或成品饲料的总的质量情况。它能应用于任何生产阶段,并且由于其原理和设备比较简单,所以每个饲料生产厂家都能做某种水平的显微镜检测。

10.6.1.2 原理

1. 定义

饲料显微镜分析原理就是借助显微镜扩展人眼功能,依据各种饲料原料的色泽、硬度、组织形态、细胞形态及其不同的染色特性等,对样品的种类、品质进行鉴定。

2. 饲料显微鉴别方法

饲料显微鉴别方法通常有两种鉴定方法,一种是最常用的即使用立体显微镜(7~40倍),通过观察样品外部特征进行鉴别;另一种是依据观察样品的组织结构和细胞形态来进行鉴别,该法需使用生物显微镜(50~500倍),检验者必须具有较高技巧。两种方法结合运用效果更佳。

3. 饲料显微鉴别首先要充分掌握各种饲料的显微特征

植物性产品是商品饲料的主要部分,饲料中很少使用整粒或其他天然形式种子,大部分经过了粉碎研磨,或者经过其他加工处理。因此,饲料显微镜分析者必须熟悉各种有关的植物种子组织细胞特点。家畜、家禽屠宰下脚料及海产品也广泛用于饲料,饲料显微镜分析人员必须熟悉它们的显微特性。

动物性蛋白饲料种类多,单一原料的显微镜形态观察各有特征。但单一性原料如鱼粉中掺有其他动植物饲料原料后,形态变为复杂。饲料显微镜分析人员必须熟悉各种动植物蛋白质原料的显微特征,必要时要对原料分离后,再行鉴别。

10.6.2 饲料显微镜检查及鉴别流程

10.6.2.1 显微镜检标准参考样品的制备

(1)纯品的收集与制备

首先要搜集到各种纯的饲料原料样品,掺杂物样品,并标明品种、产地、加工方法等。要妥善保存,并注意更新,有条件的制作数码照片留存。

(2)形态观察

对搜集到的样品要从多个方面去观察研究,用肉眼、低倍镜、高倍镜观察,尽可能熟悉它们,掌握各种样品的特点。

(3)掺杂样品的制备与形态观察操作

以单个饲料纯样品为基础,观察显微镜形态和特征,再掺入少量单品种或多品种其他饲料原料,混合均匀后,观察显微镜形态。图10.33为鱼粉中掺有的玉米蛋白粉,图10.34为鱼粉中掺有花生壳。

图10.33 鱼粉中掺玉米蛋白粉(30倍)

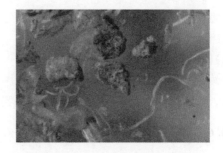

图10.34 鱼粉中掺花生壳(40倍)

10.6.2.2 仪器和设备

显微镜是最重要的工具,应选用质量较好的。视野要较大,变倍方便,失真度要小,整个视野各个位置放大成像效果差异小。具体要求如下：

①立体显微镜。放大倍数 7～40，可变倍，并配有良好的光源。

②生物显微镜。放大倍数 40～500 倍，斜式接目镜，机械载物台，并配有良好的光源。

③筛子。可套在一起的 10、20、40、60、80 目筛及底盘。

④电热干燥箱、电炉、酒精灯。

⑤研钵。

⑥点滴板。玻璃及陶瓷的。

⑦载玻片、盖玻片、镜头纸及二甲苯、滴瓶、培养皿、表面皿、剪刀、探针、镊子、不锈钢匙、刷子、滤纸等。

⑧试剂。详见后文中有关内容。

10.6.2.3　待检样品的制备

首先必须将样品充分混匀，使其有代表性。用四分法分取检查所需要的量，一般 10～15 g 即可。颗粒饲料应先在研钵中轻轻破碎。

先进行一般检查。以检查者的视觉、嗅觉、触觉直接检查饲料是简单但重要的步骤，经验丰富者可从中发现许多有价值的问题。

①观察。用肉眼及放大镜观察样品，一般将样品置于白纸上，有时可将浅色样品置于黑纸上。观察时最好能在充足的自然光下。若在灯光下，一定要有足够亮度，必要时以标准样品在同一光源上对比。

②味。嗅气味时注意力要集中，并避免环境中其他气味干扰。嗅第一下最重要，若连嗅几下判断不准时，应休息一会再试。各种饲料原料的固有气味、富含淀粉的饲料腐败时的气味、蛋白饲料氨败时的臭味、酸败油脂味、烤焦饲料的焦糊气味都不难判断。

③手感。用手捻样品可判断硬度、湿度等情况，经验丰富者还可分辨不同原料特有的手感。

10.6.2.4　样品初分离

初步分离可使样品中在某些方面性状接近的物质相对集中，以利于鉴定。

（1）筛分

这是使用最多的方法，一般将 10、20、40 目筛套在一起进行筛分，将每层筛面上的样品分别镜检。

（2）四氯化碳浮洗

取约 10 g 样品置于 100 mL 高型烧杯中，加入 80 mL 四氯化碳，搅匀后放置 1 min，将上浮物滤出、干燥、筛分；将沉淀物滤出、干燥。浮洗能达到比重分离及脱脂目的。

10.6.2.5　立体显微镜检查

①将筛分过的样品铺在培养皿中，在 7～20 倍镜下观察，先看粗后看细。在显微镜下从一边开始到另一边仔细观察。同时用探针触探，用镊子翻拨，检查样品的硬度，质地、结构等。

②对样品中应存在或不应存在的物质应分别记录。若第一遍检查未发现按样品标示应存

在物质时应重检一遍。若标示某物含量较少而样品粒度较大时,应重取一份样观察。

③用立体显微镜检查时要注意衬板选择。一般检查深色颗粒时用浅色板,检查浅色颗粒时用深色板,以增加对比度,便于观察。观察一个样品若先用浅色板衬底看一遍,再将衬板翻面,用深色板衬底看一遍,往往能有较好效果。

10.6.2.6 生物显微镜检查

一般将立体显微镜下不能确切判断的样粒移至生物显微镜下观察。

使用生物显微镜分析饲料样品时一般采用涂布法制片,偶尔也用压片法,但基本不用切片法。

①取少许样品于载玻片上,加2滴固定介质,用探针搅匀,使样品均匀、薄薄地分布在玻片上,加盖玻片,吸去多余固定介质。固定介质可灵活选用,一般是水、水合氯醛、甘油或矿物油,使用最多的是1∶1∶1混合的水、水合氯醛、甘油液。

②检查时先用较低倍镜头,后用高倍镜头。要从左上开始,顺序检查。通常一个样品要看三张玻片。

③由于涂布法制成的样片较厚,而生物显微镜的景深范围有限,调焦时只能看清样品一个很薄的平面。这就要求镜检者有丰富的想象力,在将焦距调节从样片底部到顶部,或从顶部到底部的过程,将观察到的各个断层综合成立体印象。

④饲料样品一般经过加工,不如观察一般生物标本那样清晰。镜下看到饲料样品背景,总有些模糊,形象常有些残缺。镜检者应仔细鉴别,抓住各种样品的基本特征。要留意观察样品中不易被破坏的部分。比如怀疑鱼粉样品中掺有棉、菜籽饼粉,应注意鉴别样品中似棉、菜籽壳的物体。

⑤对显微镜下难以鉴定的某些无定形颗粒,可在镜下挑出来,按外观色泽等提供的线索进行有关化学定性。

10.6.3 植物性蛋白饲料的显微镜检查

10.6.3.1 植物性饲料结构及特征

①植物性饲料包括谷实类、豆类、农副产品类、草籽树实类、糠麸类、饼粕类、糟渣类等供饲用的植物性物质。蛋白质含量高于20%的为蛋白饲料。

②用显微镜检查植物性饲料时,主要观察对象是果实的皮层、胚、胚乳、果实的附属部分,以及各种植物的茎、叶、根等。组成植物性饲料的主要有纤维素、木质素、淀粉、果胶质及蛋白质、脂肪等。

10.6.3.2 植物性蛋白饲料显微镜检查方法

检查粉状植物性饲料样品时,通常先用四氯化碳处理,在进行比重分离的同时,对样品进行了脱脂。将上层物干燥后再进行筛分,通常用10、20、40目筛,每层筛面分别取样,一个筛面至少要取2个样,用立体显微镜观察,一般木质、纤维含量高的较坚韧组织由于粉碎粒度较大,多留在10、20目筛面上,如各种壳、麸皮等。而各种主要含淀粉、糊粉等的胚乳、子叶等较松软部分,由于粉碎粒度较小,多在40目筛面下。

许多物种在低倍镜下区别不明显,需要用生物显微镜在高倍放大时观察组织、细胞结构。用生物显微镜检查植物性饲料样品,一般采用涂布法制片。对某些组织紧密、透明度差的样品需借助化学物理作用将组织浸软,使组织的各个组成部分之间的某些结合物质被溶化而分离,使样品部分透明或解离。

由于植物性物质通常以纤维和木质等构成组织、细胞支架部分,如果将淀粉等松软部分消化掉,在高倍镜下观察则能得到清晰形象,有利鉴别。一般用氢氧化钾溶液解离植物性饲料样品,将0.5~1 g样品置于50 mL烧杯中,加入20 mL 10%氢氧化钾溶液。视样品颗粒大小及组织紧密程度不同,煮沸10~30 min,可以在煮沸至10、15、20、25、30 min时各取少量样品出来,分别涂片。因为不同坚韧度的组织在不同的消化时间清晰度最适宜。可以分别观察。

有时不易观察的样品还可以借助染色技术。对植物性饲料样品镜检时常用碘染色法、间苯三酚染色法等。碘染色法即在试样上滴加碘——碘化钾溶液(碘1 g,碘化钾1 g,溶于100 mL水中),可使淀粉质显蓝紫色。间苯三酚染色法即用间苯三酚试液(间苯三酚2 g溶于100 mL 95%乙醇)浸润样品,放置5 min后滴加浓盐酸。可使木质素显深红色(滴加盐酸后要注意使酸挥去后才可置显微镜下观察,以免盐酸挥发腐蚀显微镜头)。

由于样品解离条件、染色情况及显微镜光源差异,同种植物样品在镜下观察效果有差异。因此经常需要将标准样品在同样条件下对比观察。

10.6.3.3　大豆及其加工产品

1. 大豆

大豆种子一般至椭圆、圆等形状,由种皮和胚(包括子叶、胚芽、胚茎和胚根)组成。种皮较薄(约占种子重量的8%),色泽有黄、青褐、黑、花等多种。种皮一侧有一个明显的脐,脐的颜色依品种而异。脐的上部有一凹陷小点。脐的下端有一个小孔,称为珠孔,发芽时胚根从此伸出。种皮内是2片子叶(约占种子重量的90%)。碎大豆是用未去油、未蒸煮的大豆经粉碎而成。必须注意其是否有变质。大豆显微镜图谱见图10.35,大豆皮显微镜图谱见图10.36。

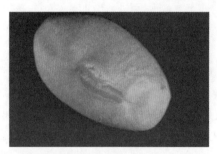 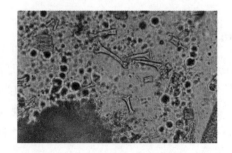

图10.35　大豆(10倍)　　　　　图10.36　大豆皮(150倍)

2. 豆饼

豆饼是大豆以机械压榨提取油脂而成。水压机压榨成圆形饼;螺旋铰榨形成"瓦块"状饼。某些小型榨油厂在压制时用稻草包裹,因此饼中可见少量稻草。

3. 立体显微镜下特征

大豆产品中所含种皮很容易确认,上有似针刺般小孔,可作为大豆的特征。内表面色白至淡黄,呈现多孔海绵状。在饼粕粉中大豆种皮往往成卷状。

种脐为较坚硬的斑块,长椭圆形,颜色从黑到棕,中间有裂纹,边缘一圈隆起。大豆粉显微镜检图谱见图10.37,大豆胚显微镜检图谱见图10.38。

 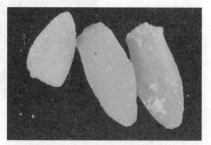

图 10.37　大豆粉(20 倍)　　　　　　　　图 10.38　大豆胚(10 倍)

浸出豆粕一般为扁平小片,形不规则,易碎。豆仁表面无光泽,基本不透明。浸出大豆粕显微镜检图谱见图10.39,豆粕中掺葵花籽壳显微镜检图谱见图10.40。

图 10.39　浸出大豆粕(15 倍)　　　　　　图 10.40　豆粕中掺葵花籽壳(15 倍)

压榨大豆饼粉表面粗糙。由于残油稍多,呈半透明。大豆饼粉显微镜检图谱见图10.41。

图 10.41　大豆饼粉(15 倍)

4. 生物显微镜下特征

生物显微镜下鉴定大豆产品主要依靠种皮,种皮中的沙漏状细胞具有特征性。

种皮由四层细胞组成:栅状细胞、沙漏状细胞、海绵状组织和糊粉层。

栅状细胞长为 $40 \sim 60 \, \mu m$,直径为长的 $1/4 \sim 1/3$。沙漏状细胞为第二层,这些细胞形似沙漏,长为 $30 \sim 70 \, \mu m$,容易分离开,其形状是重要的鉴定特征。在生物显微镜下大豆种皮上天花痘皮形状很有特色,这些蜿蜒连绵的奇特形状很易识别。大豆皮不同放大倍数显微镜检图谱见图10.42。

图 10.42　大豆种皮(400 倍)

10.6.3.4　油菜籽及饼粕

油菜可分为三大类型:白菜类型、芥菜类型、甘蓝类型。白菜类型的籽粒大小不一,无辛辣味,种皮红褐色。芥菜类型的种子小,有辛辣味,具有芥菜的典型香气,种子表面有粗网状结构。甘蓝类型的种子较大,微辣,呈灰黑色,表面网状结构较细。

1. 立体显微镜下特征

在立体显微镜下菜籽饼粕中的菜籽壳显而易见,呈暗红或深褐色片状,常卷曲,表面可见网格状结构。油菜籽种皮的栅状细胞略呈四边或五边形,带有厚壁和较大空腔,在生物显微镜下很易识别,见图 10.43,图 10.44 和图 10.45。

图 10.43　深色油菜籽(20 倍)

图 10.44　浅色油菜籽(20 倍)

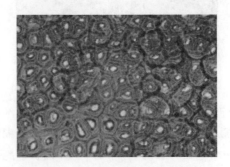

图 10.45　油菜籽种皮(150 倍)

2. 菜籽饼粕显微镜检查特征

菜籽饼粕显微镜见图 10.46,掺亚麻饼的菜籽粕见图 10.47。

图 10.46 菜籽饼(20 倍)

图 10.47 掺亚麻饼的菜籽粕(20 倍)

10.6.3.5 花生及饼粕

花生仁主要供人食用,经提油后的饼粕可作饲料。花生壳粉可作为某些预混料载体,但要注意被作为低质原料掺杂。

花生荚壳呈稻草黄色。质地疏松,易折断,内面平滑,外面具不同大小、深浅、疏密的网状凹陷。花生仁由种皮和胚组成。种皮有淡橘黄色、淡红色、紫红色等。种皮薄,干燥时易剥离。花生壳粉显微镜图谱见图 10.48,花生壳显微镜图谱见图 10.49。

图 10.48 花生壳粉(15 倍)

图 10.49 花生壳(150 倍)

用显微镜鉴定花生产品时主要依据其种皮的存在。若花生壳粉较多时则有人为掺杂可能。显微镜检查主要看花生壳、花生衣、花生饼、花生粕的典型状态,脱壳花生饼粕主要观察其是否掺有其他低质饼粕。花生仁皮(红衣)显微镜图谱见图 10.50,花生粕显微镜图谱见图 10.51。

图 10.50 花生仁皮(15 倍)

图 10.51 花生粕(15 倍)

10.6.3.6 棉籽及饼粕

棉籽呈不规则梨形,有暗褐色而坚硬的外壳,表面覆盖着纤维毛,棉仁为白色,其间分布有散在暗红色小点,是含有棉酚的色腺体。

棉籽提油前一般经脱绒工序,有时还加脱壳工序。小型油厂多不脱壳。经脱壳的棉籽饼粕饲用价值更高。棉籽壳显微镜图谱见图10.52,棉籽剖面显微镜图谱见图10.53。

图 10.52　棉籽壳(40 倍)

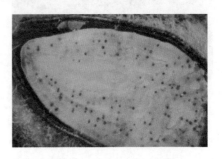
图 10.53　棉籽剖面(15 倍)

1. 棉籽饼粕在立体显微镜下特征

棉纤维、壳是确定棉籽饼粕存在的主要依据。棉纤维卷曲着黏附在壳上或包埋在粉块中。棉籽壳较厚,内外表面有小凹陷,壳的断面可见五层不同色泽的组织构成。籽仁碎粒呈棕黄色,偶然可见微红色的色腺体残迹。棉籽粕显微镜图谱见图10.54,棉籽饼粉显微镜图谱见图10.55。

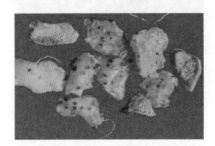
图 10.54　棉籽粕(25 倍)

图 10.55　棉籽饼粉(15 倍)

2. 生物显微镜下特征

棉花纤维是卷曲的细带,中间空腔较大。在高倍镜下棉籽壳可以看做是用卷曲的纤维带紧紧压一起而成的纤维板。棉籽饼中棉壳纤维显微镜图谱见图10.56和图10.57。

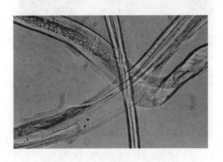
图 10.56　棉纤维(400 倍)

图 10.57　棉籽饼壳纤维(400 倍)

棉籽粕中掺花生壳的显微镜图谱见图10.58,棉籽粕中掺棕榈粕的显微镜图谱见图10.59。

图 10.58　掺花生壳的棉籽粕(20 倍)

图 10.59　掺棕榈粕的棉粕(20 倍)

10.6.3.7　葵花籽

葵花籽呈一头尖,一头钝的近似长卵形,壳为木质,坚硬而易裂开,表面有黑白相间的纵向条纹。种皮为玻璃状柔膜,易脱离。葵花籽饼粕可作为蛋白饲料。

无论是否经脱壳工序,只要有葵花籽饼粕存在就会有一定量的葵花籽壳碎片。在立体显微镜下很容易识别这些带有条纹的碎片。含有木质壳的葵花籽粕显微镜图谱见图 10.60。

图 10.60　葵花籽粕,含有木质壳(15 倍)

10.6.4　动物性蛋白质饲料的显微镜检查

动物性饲料包括鱼粉、肉骨粉、羽毛粉、血粉、虾粉、蟹粉、蚕蛹粉、皮革粉等供饲用的动物性物质。

用显微镜检查动物性饲料时,主要观察对象是动物的骨、毛、鳞、甲、肌肉等。检查粉状动物性饲料样品与检查植物性饲料样品的基本操作相似,但必须注意一般不用氢氧化钾溶液解离动物性样品,因为动物的肌肉等组织很易消化掉,这也是区别动、植物性饲料的一个重要因素。通常用 3% 硫酸溶液解离动物性饲料样品。

10.6.4.1　鱼粉

1. 鱼粉分类

依加工方式可分为脱脂鱼粉及未脱脂鱼粉;依原料可分为全鱼粉及下脚鱼粉;依鱼品种可分为以沙丁鱼为主的或以马面鱼为主的鱼粉等。另外还可分为在船加工或岸上加工的,一般直接在船上加工的鱼粉新鲜度佳,品质优。

2. 基本特征

由于加工方式、原料类型等差别,制成鱼粉从外观上看可以从浅黄色、黄色到棕褐色。从组分上看有含大量肌肉组织的;也有仅含少许肌肉组织,而以骨、鳞、皮等下脚为主的。鱼粉的气味应具正常鱼腥气味。不应有腐败、氨臭及焦煳等不良气味;粉碎粒度应均匀,不应有结团现象。

3. 立体显微镜下特征

鱼骨为半透明至不透明的碎片,有些鱼骨呈琥珀色。鱼骨的形状依鱼的大小及鱼骨来自部位而异。大多数鱼骨细长,有些一端似树枝状。优质白鱼粉在立体显微镜检图谱见图10.61,优质红鱼粉立体显微镜检图谱见图10.62。鱼鳞为平坦或卷曲的薄片,近透明,可见到表面有同心圆花纹。国产间接蒸气鱼粉显微镜检图谱见图10.63,国产脱脂鱼粉显微镜检图谱见图10.64。

鱼眼表面多碎裂,似乳色的玻璃珠样。鱼粉中鱼眼图谱见图10.65。鱼肌肉表面粗糙,具有明显的纤维结构。用尖镊子很容易将纤维结构撕开。鱼肌肉表面纤维结构图谱见图10.66。

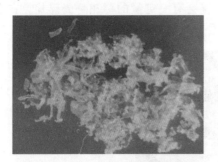

图10.61 优质白鱼粉(7倍)

图10.62 优质红鱼粉(30倍)

图10.63 国产间接蒸气鱼粉(30倍)

图10.64 脱脂鱼粉(20倍)

图10.65 鱼眼中的玻璃样(30倍)

图10.66 鱼肌肉纤维结构(150倍)

4. 生物显微镜下特征

鱼骨呈半透明至不透明的碎片。鱼粉中鱼骨的显微镜图谱见图 10.67 和图 10.68。鱼鳞为透明薄片,有明显层纹,表面常见浅十字形线。鱼粉中鱼鳞的图谱见图 10.69 和图 10.70。鱼肌肉纤维色浅,可见横纹。由于鱼粉是一种高价的粉状饲料原料,其外观色泽可有多种,因此掺杂的可能性较大。鱼粉是饲料显微镜检验的重要的对象。

图 10.67　鱼粉中鱼骨半透明(30 倍)

图 10.68　鱼粉中的鱼骨腔隙(150 倍)

图 10.69　鱼粉中的鳞片(30 倍)

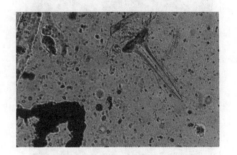

图 10.70　鱼鳞(150 倍)

5. 鱼粉中的掺假物及特征

鱼粉掺假一直是困扰饲料流通和生产的难题。常见的掺杂原料有羽毛粉、棉籽饼粉、菜籽饼粉、血粉、皮革粉、虾壳粉、蟹壳粉、低质畜禽屠宰下脚物、糠壳粉、锯木屑、土沙及非蛋白含氮物质等。有些是为了提高粗蛋白质含量,有些是为了增加体积和重量,有些是为了影响外观。鱼粉中掺有贝类海草显微镜检图谱见图 10.71,鱼粉中掺有虾皮壳显微镜检图谱见图 10.72,鱼粉中加赖氨酸的显微镜检图谱见图 10.73,鱼粉中掺有木屑显微镜检图谱见图 10.74。其他掺假鱼粉见图 10.75 至图 10.78。

图 10.71　鱼粉中掺有贝类海草(20 倍)

图 10.72　鱼粉中掺有虾皮壳(20 倍)

图 10.73　鱼粉中加赖氨酸(20 倍)

图 10.74　鱼粉中掺木屑(30 倍)

图 10.75　鱼粉中掺稻壳(30 倍)

图 10.76　鱼粉中掺棉籽粕(30 倍)

图 10.77　鱼粉中掺脲醛缩合物(30 倍)

图 10.78　假鱼粉(20 倍)

在对鱼粉样品进行镜检时,首先要鉴定大致类型,判断其中能提供优质蛋白质的鱼体部分含量如何,新鲜度如何。

当发现某种掺杂物时,我们要推测掺假者的目的,找出其他掺杂的线索。例如,发现掺有较多水解羽毛粉,由于水解羽毛粉的粗蛋白质大大高于鱼粉水平,那么该样品中极可能掺有其他蛋白质低于鱼粉的物质。

10.6.4.2　肉骨粉、肉粉

将屠宰的哺乳动物废弃组织经部分提油后干燥、粉碎,即得肉骨粉。若产品的骨组织含量较少则称为肉粉。

1. 肉骨粉表观特征

除生产过程中不可避免的少量沾染外,不应混有毛发、蹄角、皮革、血块、粪便及胃内容物。

肉骨粉、肉粉外观应为金黄、浅褐至褐色,有明显油腻感,呈均匀的粉状。有烤肉香及动物脂肪气味,不应有焦煳气味及氨败气味。

2. 立体显微镜下特征

①肉骨粉由各色颗粒组成,主要有浅色的骨和黄色的肉,深色的血及毛发等不应过多。

②肌肉颗粒表面粗糙,有明显纤维结构,用尖镊子很易撕开。

③骨为坚硬的白、灰、浅棕黄色石块状,可见到点状空隙。

④血块似干硬的沥青块,黑中透暗红。

⑤动物毛呈长条状,猪毛通常不卷曲。

⑥蹄或角是表面有平行线的灰色颗粒。

肉骨粉立体显微镜检图谱见图10.79,脱脂肉骨粉立体显微镜检图谱见图10.80。肉粉立体显微镜检图谱见图10.81和图10.82。

图10.79 肉骨粉(有油脂毛发,15倍)

图10.80 脱脂肉骨粉(15倍)

图10.81 肉粉(20倍)

图10.82 肉粉中的肌腱(20倍)

3. 生物显微镜下特征

①平滑肌色较浅,呈条索状,表面光滑。横纹肌多以团、束状存在,肌纤维表面可见细小横纹。

②在饲料显微镜检验中一般不用生物显微镜观察畜禽骨。

③依动物种的不同,毛发不同。每根畜毛的直径是较均匀的,中间有明显髓腔。

掺假肉骨粉显微镜检查图谱,掺有米糠的肉骨粉生物显微镜图谱见图10.83,掺有羊毛粉的肉骨粉生物显微镜图谱见图10.84。

图10.83 掺有米糠的肉骨粉(20倍)

图10.84 掺有羊毛粉的肉骨粉(30倍)

10.6.4.3 水解羽毛粉

家禽羽毛经高压或酸水解后干燥、粉碎得到水解羽毛粉;羽毛杆或者羽毛粉经膨化后,粉碎,得到膨化羽毛粉。

1. 水解羽毛粉表观特征

①依羽毛的颜色而异,可有黄色、褐色等。

②完全水解能消除羽毛的特征,经粉碎后可成为黄、棕、褐色的碎玻璃样小粒,质硬。

③由于水解设备存在少量死角部位及其他原因,一般水解羽毛粉样品中往往有些未彻底水解的羽毛,这些羽毛不同程度地保留了生羽毛的残迹。

2. 显微镜检查特征

①在立体显微镜下发现了碎玻璃样小粒,应在生物显微镜下仔细搜索,以找到生羽毛的残迹。

②未加工的羽毛有一根称为羽干或羽梗的轴状硬杆,根部中空半透明。顶部称为羽片,羽片由一系列成行的羽支组成,每个羽支两边有羽小支。羽小支有小的钩,将相邻的羽支连在一起。水解羽毛粉显微镜检图谱见图 10.85 和图 10.86。

膨化羽毛粉显微镜检图谱见图 10.87 和图 10.88。

酸解羽毛粉显微镜检图谱见图 10.89 和图 10.90。

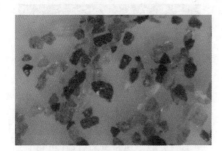

图 10.85　水解羽毛粉(20 倍)

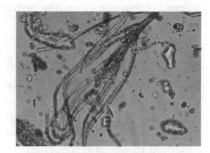

图 10.86　水解羽毛粉(200 倍)

图 10.87　膨化羽毛粉(20 倍)

图 10.88　膨化羽毛粉(实物)

图 10.89　酶解羽毛粉(20 倍)

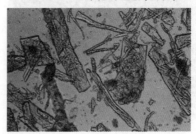

图 10.90　酶解羽毛粉(150 倍)

10.6.4.4 血粉

血粉依加工方法而分为喷雾干燥血粉、滚筒干燥血粉、晒干血粉、发酵或酶解血粉。

①喷雾血粉在立体显微镜下似晶亮的红色半透明小珠。由于喷雾嘴很细小。血液必须过滤才可喷干,因此喷雾血粉中基本无杂质。

②滚筒干燥的血粉中往往杂有少量屠宰下脚。立体显微镜下可见血块像干硬的沥青块样,黑中透暗红。可见正常杂有的毛、骨、肉等。

③生产晒干血粉的工厂一般条件较差,其产品含杂较高,而且新鲜度较差,晒干过程往往伴发了变质过程。晒干血粉外观色泽较混杂,血块质地较软。

发酵及酶解血粉从理论上讲更易消化,营养价值较高。由于生化反应过程希望有一定的疏松度,适当加些疏松物质是合理的。但是这给某些掺假者可乘之机,他们将屠宰时的动物胃内容物全部混入,致"发酵血粉"产品差异极大,有时甚至只含有少量血液成分。

血粉显微镜检图谱。普通血粉显微镜检图谱见图10.91,喷雾干燥血粉显微镜检图谱见图10.92。

血浆蛋白粉显微镜检图谱见图10.93,滚筒干燥血粉血粉显微镜检图谱见图10.94。

图10.91 普通血粉(10倍)

图10.92 喷雾干燥血粉(30倍)

图10.93 血浆蛋白粉(30倍)

图10.94 滚筒干燥血粉(15倍)

10.6.4.5 虾壳粉

虾的可食部分除去后新鲜虾杂干燥、粉碎即得虾壳粉。

虾壳粉质脆易碎,多为片状,含有黑色的虾眼破碎粒。虾壳粉依虾体色素不同而颜色有异,从浅黄、粉红到橘红等。有明显的干虾腥气味。

立体显微镜下特征:

①虾触角呈小段长圆管状,表面有螺旋形线。

②虾眼为复眼,破裂后成深色颗粒。

③虾壳片薄,透明或半透明,一面光滑,另一面呈泡沫状表面。

虾壳粉显微镜检图谱见图 10.95,虾壳粉中的虾眼显微镜检图谱见图 10.96。

图 10.95　虾壳粉(15 倍)

图 10.96　虾壳粉中的虾眼(20 倍)

生物显微镜下特征:

①虾壳上有横线、十字形线等由寄生物所致的印记。

②虾腿上的毛较短,很少分支,尖端没有羽毛那种小钩。

虾壳的显微镜检特征图谱见图 10.97 和图 10.98。

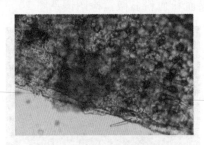

图 10.97　虾壳(150 倍)

图 10.98　虾脚毛(150 倍)

10.6.4.6　蟹壳粉

可食部分除去后的蟹下脚物经干燥、粉碎即得蟹壳粉。由于蟹的种类不同,蟹壳粉可有浅黄、灰、橘红等色。未变质的蟹壳粉有明显的蟹香气味。

显微镜检查特征:蟹壳粉主要含有较多大小不相等、形状不规则、厚薄不一致的几丁质壳碎片。这些碎片有些很坚硬。碎片的一面有特殊花纹,光滑的表面上有很多小孔;碎片的另一面较粗糙、无光泽。含有蟹壳饲料的显微镜特征图谱见图 10.99 和图 10.100。

图 10.99　蟹壳(15 倍)

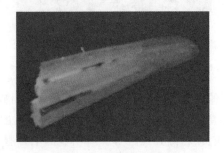

图 10.100　蟹脚尖(15 倍)

(本节编写者:杨海鹏,李铁军,何武顺)

参考文献

岸聪太郎.1998.用啤酒糟为原料开发麦芽蛋白.酿酒,25(1):58-61.

敖维平,李亚光,李善云.2009.棉籽粕替代日粮部分豆粕饲喂生长肥育猪的饲养试验.猪业科学,(5):72-73.

白雪,田少军.2011.棉籽分离蛋白的提取及脱酚效果研究.油脂工程,(11):65-68.

白永莲,张洪林,邱峰.2009.酶水解制备花生粕多肽工艺的优化.生物技术,(6):74-77.

边连全,刘显军,陈静,等.2004.猪用植物性饲料中可消化磷的评定及植酸酶的作用.辽宁畜牧兽医,(1):12-15.

卜春文.2001.酱油渣的生物技术开发利用.饲料工业,22(12):49-50.

蔡国林,郑兵兵,王刚,等.2010.微生物发酵提高花生粕营养价值的初步研究.中国油脂,35(5):31-34.

蔡元丽,谢幼梅.2002a.小肽在动物营养中的研究情况及其应用.江西饲料,2:11-13.

蔡元丽,谢幼梅.2002b.小肽在动物营养中的研究概况及其应用.饲料博览,8:10-13.

曹际娟,朱水芳,覃文.2003.实时荧光PCR定量检测加工产品中转基因玉米Mon810成分.食品科学,24(8):132-134.

曹让,张林生.2007.鱼粉质量的氨基酸评价.陕西农业科学,(2):17-19.

曹毅,赵冬梅.1999.月见草油的制备、功能和应用.粮油食品科技,7(3):17-19.

曹泽虹,高明侠,苗敬芝,等.2008.花生粕酶水解液中黄曲霉毒素 B_1 脱除方法的研究.食品科学,(8):394-397.

曹泽虹,高明侠.2005.转基因食品的检测方法.中国食品添加剂,(4):100-105.

曹正清,谢幼梅,等.2001.酵母饲料在肉鸡日粮中的应用初探.饲料工业,22(5):41-42.

曹志华,罗静波,文华,等.2007.肉骨粉、豆粕替代鱼粉水平对黄鳝生长的影响.长江大学学报,4(1):28-30.

曹志军,李胜利,丁志民.2004.日粮中添加小肽对奶牛产奶性能影响的研究.饲料工业,25(4):35-37.

曹佐武.2004.有效分离1kDa小肽的Tricine-SDS-PAGE方法.中国生物工程杂志,24(1):74-76.

柴岩,万富世.2007.中国小杂粮产业发展报告.北京:中国农业科学技术出版社.

常开成,陈萍.1998.使用磷脂可使蛋鸡多产蛋.饲料研究,(2):36.

车斌,孙琛,杨德利.2006.中国大陆鱼粉市场状况分析.渔业经济研究,(4):18-20.

陈宝江.2004.小肽的营养与应用.中国饲料,5:34-37.

陈彬.2003.血浆蛋白粉对断奶仔猪早期断奶的作用与应用研究概述.贵州畜牧兽医,(4):11-12.

陈朝江,侯水生,高玉鹏.2005.鸭饲料表观代谢能和真代谢能值测定.中国饲料,(5):7-9.

陈冬星,刘伟.2000.添加喷雾干燥血浆蛋白粉饲喂仔猪饲料.中国畜牧杂志,36(5):36-37.

陈道仁,冷向军,肖昌武.2010.发酵棉粕对草鱼生长的影响.湖南饲料,(6):40-42.

陈国营,詹凯,朱由彩,等.2012.枯草芽孢杆菌及其发酵豆粕对蛋鸡肠道菌群和粪便中 N、S 含量的影响.中国家禽,34(6):10-15.

陈海华,许时婴,王璋.2002.亚麻籽胶的研究进展与应用.食品与发酵工业,(9):64-68.

陈洪章,代树华,李军.一种以甜高粱秸秆为原料生产高蛋白饲料的方法.中国专利,中国科学院过程工程研究所,2009-11-25.

陈厚基.1990.加工条件对羽毛品质之影响.台湾饲料营养杂志,(2):36-38.

陈杰,方志伟,徐鹤龙,等.2008.花生粕的主要特征、营养成分及综合开发利用.广东农业科学,(11):70-71.

陈洁梅,熊娟,常磊,等.2011.芽孢杆菌在豆粕固态发酵中的应用研究.饲料工业,32(9):15-19.

陈璈.2009.玉米淀粉工业手册.北京:中国轻工业出版社.

陈京华.2006.微生物发酵豆粕、外源酶制剂和促摄食物质对牙鲆(*Paralichthys olivaceus*)利用豆粕蛋白的影响.青岛:中国海洋大学.

陈力力,马美湖.2003.发酵血粉生产工艺的研究.肉类工业,(9):16-19.

陈铭.2004.简述苜蓿的产业化开发.石河子科技,(10):21-22.

陈宁玲,李爱科,李周权,等.2010a.我国饲料粮需求预测分析.中国牧业通讯,(2):19-22.

陈宁玲,李周权,李爱科,等.2010b."十二五"期间我国养猪业饲料粮需求预测.中国畜牧杂志,46(22):34-39.

陈庆森,刘剑虹,潘建阳,等.1999.利用多菌种混合发酵转化玉米秸秆的研究.生物技术,4:15-20.

陈守良.1990.中国植物志.北京:科学出版社.

陈文静.2004.新型发酵豆粕在乳仔猪饲粮中应用效果研究[硕士学位论文].扬州:扬州大学.

陈曦,赵建国.2006.混株发酵混合酒糟生产含酶蛋白饲料的研究.中国酿造,5:30-33.

陈曦,王勇.1996.棉籽饼粕脱毒简介.中国棉花加工,(3):46.

陈宜芳,任泽林,何瑞国.2005.鱼浆蛋白粉加工研究进展及其应用前景.饲料工业,(19):32-33.

陈永,赵辉,吴桂荣.2006.红花籽油食用特性的研究.化学与生物工程,23(3):38-40.

陈中平.2010.米曲霉发酵对豆粕营养特性的影响[硕士学位论文].雅安:四川农业大学.

程成荣,刘永坚.2004.杂交罗非鱼饲料中肉骨粉替代鱼粉的研究.内陆水产,(5):44-45.

程文超,吕永智.2008.发酵工程在饲料工业中的应用及发展趋势.牧草与饲料,5:34-35.

初雷,高玉鹏,李爱科,等.2011.评定油菜籽饼粕品质的三种指标间的相互关系研究.黑龙江畜牧兽医,(1):69-71.

初雷,李爱科,高玉鹏,等.2009.菜籽粕品质指标变化规律及相互关系研究.中国油脂,34(11):20-23.

初雷,李爱科,高玉鹏,等.2010.体外评定饲料氨基酸消化率的研究进展.粮食与饲料工业,(7):53-56.

楚耀辉,刘君健,聂新.2006.对骨粉、肉骨粉加工生产的研究.饲料广角,(16):19-22.

崔洪斌.2001.大豆生物活性物质的开发与应用.北京:中国轻工业出版社.

崔志芹.2004.从双液相棉粕中制备浓缩蛋白和分离蛋白[博士学位论文].南京:南京工业大学.

崔志英,江青艳.2004.甘氨酰谷氨酰胺二肽在畜禽生产中应用的可行性.饲料工业,25(8):26-28.

代建国,李德发,朴香淑.2000.鱼粉在猪饲料中的应用.中国饲料,(14):7-9.

戴德慧,周利南,冯纬,等.2010.酱渣食用菌发酵生产功能性饲料的研究.浙江农业科学,(2):406-409.

单达聪,王四新,季海峰,等.2011.发酵豆粕工艺参数优化及指标相关性研究.饲料研究,(3):28-31.

邓露芳,范学珊,王加启.2011.微生物发酵粕类蛋白质饲料的研究进展.中国畜牧兽医,38(6):25-30.

丁超,和玉丹,郑云林.2010.发酵棉粕替代豆粕对猪生长性能的影响.饲料工业,31(24):47-48.

丁景辉,张力.2007.单胃动物小肽吸收利用的研究进展.新饲料,4:37-41.

丁占生.2000.优质蛋白玉米遗传育种研究进展。中国农业科学,33(增刊):80-86.

董仕林,洪加敏.1993.应用原子吸收法测定游离棉酚.中国公共卫生,9(8):366-367.

董玉珍,岳文斌.2004.非粮型饲料高效生产技术.北京:中国农业出版社.

杜道全,杨文华.2009.葡萄籽粕在奶牛日粮中的应用研究.河南畜牧兽医,30(8):28-29.

杜国喜.1994.月见草油及其制备技术.中国油脂,19(4):10-12.

杜连祥,路福平.2006.微生物学实验技术.北京:中国轻工业出版社.

杜彦山,等.2005.超临界CO_2萃取葡萄籽油的工艺研究.粮油加工与食品机械,(7):45-47.

段发森,苏诚玉,汤水娣.1988.蚕豆蛋白粉的营养评价.营养学报,(10)3:268-270.

段培昌,张利民,王际荣,等.2011.新型蛋白源替代鱼粉对星斑川鲽幼鱼蛋白酶活力和表观消化率的影响.海洋湖沼通报,(4):115-121.

范淳,陈代文,等.2008.小肽转运载体(PepT1和PepT2)研究进展.饲料工业,28(1):11-16.

方飞,王力生,陈芳.2012.CLA发酵豆粕对羔羊生长性能、胴体性能和肉品质的影响.中国饲料,(4):40-43.

冯定远,梁晓生.1998.肉骨粉的营养价值及其在畜禽生产中的应用.广东饲料,(3):10-13.

冯定远,等.2003.配合饲料学.北京:中国农业出版社.

冯怀蓉,张慧涛,茆军.2002.多肽简介及应用.新疆农业科学,39(1):38-39.

付裕贵,易建明,李爱科.1998.影响棉籽饼粕有效赖氨酸含量因素的试验研究.畜牧兽医学报,

29(3):225-231.

甘在红,邵彩梅.2006.玉米DDGS的生产工艺与选用标准.饲料与畜牧,(10):16-18.

高春奇.2004.液体鱼蛋白饲料的加工方法.渔业致富指南,(20):24-24.

高丹丹,李海星,吴丽萍,等.2009.棉籽蛋白提取工艺研究.食品工业科技,(4):267-269.

高冬余,丁小玲,许发芝,等.2010.不同加工工艺菜籽粕饲喂肥育猪营养价值评定.2010年饲料蛋白源应用新技术研讨会暨蛋白源大会论文集.

高贵琴,熊邦喜,赵振山,等.2010.菜籽饼粕在水产饲料中的应用研究进展.广东饲料,19(3):33-35.

高路.2004.酒糟的综合利用.酿酒科技,5(5):101-102.

高明航,夏海涛,等.2007.生物活性肽在畜牧业中的应用.畜禽业,1:14-15.

高士杰,刘晓辉,李继洪.2008.中国杂交高粱育种研究进展.中国农业信息,(12):15-19.

高翔,虞宗敢,周荣.2011.我国发酵豆粕加工装备发展现状.中国农业科技导报,13(4):85-91.

汪儆.1997.饲料毒物与抗营养因子研究进展.西安:西北农业大学出版社.

高新,等.2001.猪肠膜蛋白DPS对早期断奶仔猪的饲喂效果.云南畜牧兽医,(1):1-2.

高颖新,李德发,肖长艇,等.1998.肉骨粉替代鱼粉饲喂肉仔鸡的试验.饲料工业,19(2):38-39.

高有领,等,2010.植物蛋白原料抗营养因子及其消除方法的研究进展,中国饲料,5:11-16.

高玉云,等.2007.果渣类饲料的开发与利用.广东饲料,17(10):35-37.

高志勇.2009.单细胞蛋白研究概况.畜牧与兽医,41(8):111-112.

葛洪,张占军,房诗宏,等.2011.棉籽粕多菌种固体发酵条件的响应面优化研究.饲料工业,32(24):57-59.

耿应逊.1998.低温压榨制油及其产品质量分析.西部粮油科技,23(5):31-32.

龚海,李维成,王雁丽.1999燕麦品种资源品质分析.山西农业科学,27(2):16-19.

顾赛红,孙建义,李卫芬.2003.黑曲霉PES固体发酵对棉籽粕营养价值的影响.中国粮油学报,18(1):70-73.

官庭辉,李丹,张志翔,等.2011.酶法提取棉籽蛋白的工艺研究.中国油脂,36(3):25-28.

管军军,何旭,贾丰巧.2011.棉籽分离蛋白的盐法制取研究.河南工业大学学报(自然科学版),32(5):11-15.

管晓.2005.燕麦蛋白及ACE抑制肽的制备与功能特性研究.无锡:江南大学.

贵州铜仁粮科所.1982.关于油茶饼去毒的研究.油脂科技,17(2):24-32.

郭建平,林伟初.2006.鱼粉加工技术与装备.海洋出版社.

郭巨恩,丁丽敏,计成.1998.蛋白质营养中的寡肽.中国饲料,16:11-14.

郭涛,黄桃菊,等.2005.油菜籽脱皮冷榨制备菜籽多肽的研究.中国油脂,30(9):15-16.

郭维烈,郭庆华.2003.新型蛋白质饲料.北京:化学工业出版社.

郭兴凤,陈定刚,孙金全,等.2007.水酶法提油技术概述.粮油加工,(5):70-7.

郭兴凤,周瑞宝,汤坚,等.2001.菜籽蛋白的制备.郑州工程学院学报,22(1):60-62.

郭兴凤.豌豆蛋白的功能特性研究.1998.郑州粮食学院学报,17(1):69-74.

郭雪霞,等.2007.啤酒副产品在饲料工业中的应用.饲料工业,28(2):59-62.

郭玉东,张洋,张均国.2007.小肽饲料的营养价值及评价方法.饲料工业,28(7):13-16.

郭源梅,董华兴.2000.小肽的吸收机制及其应用前景.饲料博览,11:9-12.

郭志强,宋代军,顾维智,等.2009.玉米 DDGS 饲喂肉鸭的效果探讨,畜牧与兽医,41(6):42-44.

国家粮油信息中心.2010 年中国主要粮油作物产量预计[EB/OL].http://www.grain.gov.cn:80 /Gra in /ShowNews.aspx? new sid＝ 9399,2010-10-13.

海丽娜,陈业高,廖心荣.2004.不同产地红花籽油中的脂肪酸的比较.云南师范大学学报,24(1):53-54.

韩冰冰,等.2007.三聚氰胺及其衍生物的应用.化学推进剂与高分子材料,5(6):26-30.

韩飞.2011.粮油中主要天然有毒有害物质及转基因成分检测与安全性评价研究.科技部社会司 2012 年备选项目推荐书.

韩飞,于婷婷,李军,等.2011.大鼠灌胃大豆肽后各组织 ACE 酶活性的研究.食品科学,32(3):216-218.

韩飞,于婷婷,周孟良.2008a.大豆降压肽的生产工艺研究.中国农业科技导报,10(6):115-122.

韩飞,于婷婷,周孟良.2008b.酶法生产大豆蛋白 ACE 抑制肽的研究.食品科学,29(11):369-374.

韩丽,刘晓,李国兴,等.2005.酱油渣和醋渣的开发利用.粮食与饲料工业,(93):32-33.

韩陆奇,韩来福.2005.血粉的研究.肉类研究,(8):37-39.

郝耿,胡婷,马桢,等.2012.固态发酵豆粕营养价值及其应用研究.中国畜牧兽医,39(2):81-85.

何国菊,李学刚,赵海伶.2003.菜籽饼粕脱毒工艺参数的研究.中国油脂,28(12):23-26.

何武顺,呙于明,等.1999.膨化羽毛粉营养价值评定.粮食与饲料工业,(3):45-46.

何武顺.2000.饲用羽毛粉的加工方法.粮食与饲料工业,(2):22-24.

何武顺.1991.羽毛蛋白粉的测试.粮食与饲料工业,(1):28-30.

何旭.2010.棉籽分离蛋白提取工艺的研究[硕士学位论文].郑州:河南工业大学.

何勇锦,吴美琼,蔡聪育,等.2011.枯草芽孢杆菌 KJ 发酵豆粕制备新型蛋白肽饲料的研究.云南民族大学学报(自然科学版),20(6):462-465.

何云,王元元,王彦华,等.2011.膨化血粉的应用研究.饲料研究,(11):14-15.

何再庆,莫柯.1989.从中国菜籽和双低菜籽中制取富含蛋白产品.中国油脂,15(4):37-39.

胡长敏,张敏敏,刘涛,等.2010.酒糟作为饲料原料的营养与危害.黑龙江畜牧兽医,(9):95-97.

胡承阅,蒋婵华.1997.已知棉酚的生物学活性及作用机理.国外医学,计划生育分册,(2):68-72.

胡传荣.1998.无腺体棉籽蛋白产品的研制.中国油脂,(23):45-49.

胡道道,李冠岐,房喻,等.1990.国外菜籽饼粕脱毒及其营养价值研究概况.中国油脂,1:33-41.

胡薇,郎仲武,温铁峰.2002.玉米胚芽粕和玉米蛋白饲料饲喂生长肥育猪效果的研究.吉林农业大学学报,24(6):91-94.

胡小静,郑大川,黄凤勤.2010.高温压榨对花生蛋白功能性质的影响.文山学院学报,(3):

132-134.

胡小中.2001.制油工艺对饲用棉籽粕生物学效价的影响,粮油食品科技,9(6):36-39.

华娣,许时婴,王璋,等.2006.酶法提取花生油与花生水解蛋白的研究.食品与机械,22(6):16-19.

华雪铭,王军,韩斌,等.2011.玉米蛋白粉在水产饲料中应用的研究进展.水产学报,35(4):627-635.

华欲飞,国明明,等.2006.酶水解制备具有潜在免调节活性大豆肽的研究.中国粮油学报,21(4):55-59.

贾晓锋,李爱科,姚军虎等.2009.固态发酵对棉籽粕棉酚脱毒及蛋白降解的影响.西北农林科技大学学报(自然科学版),3:49-54.

黄艾祥,肖蓉,等,2000.燕麦及其营养食品的研究开发,粮食与饲料工业,9:49-50.

黄绐华.温辉良.1996.用胃蛋白酶从大米渣中提取蛋白质的研究.陕西粮油科技,(3):60-61.

黄凤洪,周立新.1998.菜籽脱皮加工利用.粮食与油脂,(1):30-31.

黄凤洪.2002.双低油菜籽高效加工与多层次增值技术.中国油脂,27(6):9-11.

黄国平,林建国.2008.鱼浆蛋白的开发利用.饲料工业,29(24):54-56.

黄国清,易虹.2006.小肽营养素对奶牛泌乳性能和乳品质的影响.当代畜牧,9:33-34.

黄洁,安球凤.2011.瓜尔豆胶研究进展.食品研究开发,32(1):144-115.

黄洁,徐萍,申跃宇,等.2010.糟渣类副产品饲料在奶牛日粮中的应用.饲料研究,(8):60-63.

黄茜,黄凤洪,钮琰星,等.2011.固态发酵菜籽粕脱除硫苷的工艺研究.中国油脂,36(1):34-37.

黄庆德,黄凤洪,李文林,等.2003.菜籽脱皮加工技术实践与应用.中国油脂,28(1):24-26.

黄群,马美湖,夏岩石,等.2004.单细胞蛋白开发及其在蛋鸡营养中应用的研究.饲料研究,(2):20-24.

黄瑞林,李铁军,谭支良,等.1999.透析管体外消化法测定饲料蛋白质消失率的适宜酶促反应条件研究.动物营养学报,11(4):51-58.

黄五一,等.1991.红三叶草粉喂猪效果好.饲料研究,(11):6-7.

黄玉德,朱国生,李华芬.1997.微生物强化脱毒棉籽饼的研究与应用.中国饲料,(10):29-30.

黄祖德,华聘聘.2001.脱酚棉籽粕饲喂蛋鸡试验.粮食与饲料工业,(1):35-38.

霍仕平,晏庆九.1994.玉米籽粒含油量的研究及其育种进展(综述).玉米科学,2(3):75-77.

计成.2006.新型蛋白质饲料开发与利用.北京:化学工业出版社.

季天荣,林文辉,王贵平,等.2008.发酵豆粕与发酵菜籽粕对断奶仔猪生产性能的影响.饲料博览(技术版),(11):1-4.

贾恩吉,何文安,邓少华,等.2007.我国青贮玉米的发展、育种现状及育种目标.玉米科学,15(4):149-150.

贾丽珠,等.1991.三叶草粉代替部分鱼粉和豆饼粉饲养团头鲂鱼种的初步研究.水生生物学报,15(1):91-93.

贾生福,马彦彪.2007.蝇蛆粉对肉仔鸡增重效果试验.中国家禽,29(12):39-41.

贾胜德,陈立,朱朝辉.2006.挤压膨化工艺与设备的研究进展.农机化研究,8:68-70.

贾喜涵,潘宝海,敖长金,等.2008.固体发酵棉籽蛋白对仔猪生产性能的影响.饲料工业,

29(16):49-51.

贾喜涵,宋青龙,潘宝海,等.2007.脱酚棉籽蛋白对肉鸡生产性能的影响.饲料与畜牧,(10):27-29.

贾喜涵.2008.棉籽蛋白的固体发酵工艺及其产品的应用效果研究.呼和浩特:内蒙古农业大学.

贾祥祥,郭兴凤.2011.玉米蛋白粉的应用研究进展.粮食加工,36(2):60-63.

贾晓锋,李爱科,姚军虎,等.2009.固态发酵对棉籽粕棉酚脱毒及蛋白降解的影响.西北农林科技大学学报(自然科学版),(3).

贾晓锋.2008.固态发酵对棉籽粕棉酚脱毒及蛋白质降解的影响[硕士学位论文].杨凌:西北农林科技大学.

贾瑜.2002.棉籽粕引起雏鸡死亡病例.动物疫病防治,(7):50-51.

江连州.2011.植物蛋白工艺学.北京:科学出版社.

江永.2005.发酵饲料生产现状浅析.畜禽业,(3):34-36.

江志炜,沈蓓英,潘秋琴.2003.蛋白质加工技术.北京:化学工业出版社.

姜丹,丁洪浩,张昌,等.2011.发酵对豆粕中营养物质和抗营养因子的影响.中国兽医学报.31(4):579-582.

姜迪来,谭任辉.2001.饲用昆虫-具有开发潜力的动物蛋白饲料资源.饲料博览,(2):39.

姜懋武,孙秉忠.2000.配合饲料原料实用手册.沈阳:辽宁科学技术出版社.

姜宁,张爱忠,等.2005.日粮中添加小肽制品对贵妃鸡育雏期生产性能和营养物质代谢率的影响.畜牧与饲料科学,3:3-5.

姜瑞敏,等,1991.羽毛粉加工工艺及肉鸡饲养试验.莱阳农学院学报,(2):74-76.

姜永,周同惠.1985.棉籽中棉酚的库伦测定.分析化学,13(7):536-538.

蒋长苗,吕李明,丁建华,等.2009.利用益生菌发酵提高花生壳粉饲用价值的研究.中国微生态学杂志,21(3):242-243.

蒋金津,李爱科,陈香,等.2010.不同处理的棉菜籽粕在肉鸡消化道小肽释放特性的研究.饲料营养研究进展(2010),380-386.

蒋金津.2010.不同蛋白原料小肽含量及其在肉鸡消化道中释放特性的研究[硕士学位论文].长沙:湖南农业大学.

解铁民.2008.干法挤压膨化菜籽油脂及粕品质的试验研究[博士学位论文].哈尔滨:东北农业大学.

金国森,等.2002.干燥设备.北京:化学工业出版社.

金红春.2011.微生物发酵脱毒棉粕及在青鱼养殖上的利用研究[硕士学位论文].长沙:湖南农业大学.

金灵,高玉云,杨琳.2010.广东饲料,19(5):33-35.

金征宇,等.1996a.挤压机用作反应器对田菁籽粉去毒处理的研究.中国粮油学报,(6):55-60.

金征宇,等.1996b.羽毛挤压工艺的研究.粮食与饲料工业,2:24-32

金征宇,谢正军.2011.挤压膨化加工对饲料成分的影响和原料的作用.饲料与畜牧,5:26-31

金征宇.1998.挤压食品.北京:中国轻工业出版社.

靳玉芬.2007.饼粕发酵蛋白饲喂蛋鸡试验.中国畜牧兽医,34(8):24-25.

孔庆洪,傅永明,等.2005.小肽营养素对产蛋鸡生产性能的影响.中国饲料,3:23-27.

寇明任.花椒籽蛋白质分离提取及功能性质的研究[硕士学位论文].重庆:西南大学.

乐国伟.1995.寡肽在家禽蛋白质营养中的作用[博士学位论文].雅安:四川农业大学.

冷进松,戴媛.2006.大豆粕低温脱溶概论及技术研究.粮食加工,9:48-49.

黎鸿慧,李俊兰,崔淑芳,等.2004.中国棉花科技进展现状及展望.中国农学通报,(20):54-56.

黎娇凌,黄永光.2007.贵州农业科学,35(6):136-138.

李爱科.2010.高蛋白、高消化利用率、低毒饲用棉、菜籽粕生产技术开发.饲料与畜牧,(8):1.

李爱科.2009a.应当重视饲用植物蛋白质原料的开发及利用.饲料与畜牧,(10):1

李爱科.2009b.我国饲料业发展的动态和趋势.今日畜牧兽医,(9):6-7.

李爱科.1999.畜禽无鱼粉无豆粕日粮研究//周光召.面向21世纪的科技进步与社会经济发
    展.北京:中国科学技术出版社.

李爱科,郝淑红,伍松陵.2006.植物蛋白质饲料资源开发利用新技术研究进展.饲料与畜牧,
    (10):5-9.

李丹,康相涛,等.2006.小肽的吸收代谢机制及影响因素.吉林农业科学,31(5):52-55.

李道娥,等.1998.加热法提取叶蛋白的工艺研究.农业工程学报,14(1):238-242.

李德发.2003a.大豆抗营养因子.北京:中国科学技术出版社.

李德发.2003b.中国饲料大全.北京:中国农业出版社.

李凤英,李润丰.2002.葡萄籽中主要化学成分及其开发应用(综述).河北职业技术师范学院学
    报,16(2):65-67.

李芙琴,马黎明.2010.浅谈家畜血液资源的开发利用.养殖与饲料,(6):73-75.

李改娟,刘洋,姚军虎,等.2010.玉米DDGS的营养特性及其在家禽生产中的应用.饲料博览.
    (5):14-17.

李桂华,等.1994.花椒种子化学成分分析研究,郑州粮食学院学报,15(4):21-25.

李洪龙,文玉兰.2004.饲用血粉的应用现状.国外畜牧学-猪与禽,24(3):24-26.

李建凡,高振川,等.1995.中国菜籽饼的营养成分和抗营养因子.畜牧兽医学报,26(3):
    193-199.

李健.2009.发酵豆粕研究进展.粮食与饲料工业,3:31-35.

李里特.2003.大豆加工与利用.北京:化学工业出版社.

李丽,崔波.2010.玉米蛋白粉的综合利用及研究进展.粮食科技与经济,35(3):45-47,50.

李连任.2006.霉变饲料的危害与去毒.饲料安全,(6):25-27.

李吕木,丁小玲,许发芝,等.2010.发酵菜粕替代豆粕饲喂肉鸭对肉质的影响.饲料与畜牧,
    (6).

李玫.2009.美国FEEDSSTUFFS饲料成分分析表2008.饲料广角,(1):41-44.

李日强,张峰.2001.不同菌株固态发酵玉米秸秆生产饲料蛋白的比较研究.生态学报,9:
    1512-1518.

李少华.2009.油菜籽全含油膨化机理与设备研究.北京:中国农业机械化科学研究院.

李顺灵,严有兵,李向珍.1998.食用菜籽蛋白的提取分离及其应用研究.广州食品工业科技,
    (3):12-24.

李岁寒.2006.鱼浆蛋白粉替代血浆蛋白对断乳仔猪生产性能、养分消化率及血液指标的影响

[硕士学位论文].保定:河北农业大学.

李卫芬,余东游.2004.大麦型饲料中添加 NSP 酶促仔猪生长的内分泌作用机制.中国兽医学报,24(6):622-624.

李文林,黄凤洪.2006.菜籽仁冷榨饼膨化工艺及其浸出性能的研究.中国油脂,31(4):33-35.

李文林,黄凤洪,等.2006.双低菜籽脱皮冷榨膨化工艺的中试生产研究.农业工程学报,22(9):114-118.

李文林,黄凤洪,等.2006.脱皮双低菜籽粕的开发和饲用研究.中国油脂,31(3):51-54.

李文林.2004.双低菜籽脱皮冷榨膨化新工艺及其物化特性的研究.北京:中国农业科学院.

李新.2006.水酶法提取玉米胚芽油和纳滤技术回收蛋白质[硕士学位论文].无锡:江南大学.

李兴军.2010.谷物种子储藏蛋白的结构、特性及其在谷物利用中的功能.中国粮油学报,25(5):105-114.

李旭华,张石蕊.2006.生物活性肽的生理作用及在饲料工业中的应用.饲料世界,1:5-6.

李言涛.2009.棉籽粕蛋白的提取技术研究.饲料研究,(11):3-6.

李延云,等.1999.棉籽饼粕工业化脱毒生产技术.饲料工业,20(2):11-12.

李艳玲,李松彪,王毓蓬.2005.棉籽蛋白的开发利用.中国棉花加工,(3):22-23.

李易方,等.1995.中国畜牧业与饲料工业综合服务手册.北京:海洋出版社.

李振.2006.苹果渣作为饲料资源在畜牧生产中的应用.(3):22-24.

李正明,王兰君.1998.植物蛋白生产工艺与配方.北京:中国轻工业出版社.

梁峰.1999.白酒酒糟成分分析.商丘师专学报,15(2):94-96.

梁业森,等.1996.非常规饲料资源的开发利用.北京:中国农业出版社.

梁中妍.2001.浅谈畜禽的饲料资源月见草饼.黑龙江粮油科技,(1):32.

林海,等.2008.我国四倍体刺槐研究综述.畜牧与饲料科学,(1):10-16.

林汝法,柴岩,廖琴,等.2002.中国小杂粮,北京,中国农业科学出版社,68.

林文辉,虞宗敢.2010.发酵豆粕生产工艺与产品质量及其稳定性的关系.渔业现代化,37(3):51-54.

林祥梅,等.2008.三聚氰胺的毒性研究.毒理学杂志,22(3):216-218.

李睿,邱雁临,毕旺来.1998.麦糟在国外的综合利用现状.粮食与饲料工业,(4):36-37.

刘波,孙艳,刘永红,等.2005.产油微生物油脂生物合成与代谢调控研究进展 微生物学报,45(1):153-155.

刘昌峨.2006.棉籽蛋白粉营养价值的研究[硕士学位论文].重庆:西南大学.

刘翠然,张淑芬.1991.动物蛋白酶化技术.河南师范大学学报,(6):9-10.

刘大川,胡忠媛,王祖奎,等.2010.花生粕直接酶水解工艺研究.中国油脂,(11)14-18.

刘大川,等.2001.亚麻木脂素的开发研究.中国油脂,26(6):38-40.

刘大川.2003.对高新技术在油脂与植物蛋白工业中应用的评述.粮食与饲料工业,12:11-13.

刘大川.1991.蓖麻籽粕脱毒新工艺.中国油脂,6.

刘丁,秦文,李兴军.2010.采用遗传工程改良谷物蛋白质的进展.粮食科技与经济,35(4):24-28.

刘冬梅,汤石生,胡小惠,等.一种提高花生粕中氨基酸和蛋白质含量的发酵方法:中国,200910193171.2009.

刘桂玲,陈举林,李平海.2004.转基因玉米的研究进展与展望.中国农学通报,20(4):36-38.

刘国华.2005.肉仔鸡对小肽的吸收转运及其调控研究.北京:中国农业科学研究院.

刘海梅.2002.脱脂油菜籽饼粕蛋白质分步酶水解研究:碱性蛋白酶与木瓜蛋白酶分步水解.粮食与油脂,(3):2-4.

刘海燕,秦贵信,于维.2010.发酵豆粕对仔猪生长性能、血液生化和抗氧化指标的影响.中国饲料,(17):19-21.

刘唤明,薛晓宁.2011.发酵豆粕发酵工艺的研究.饲料博览,(7):1-4.

刘继业,苏晓鸥.2001.饲料安全工作手册(上册).北京:中国农业科技出版社.

刘建成,马贵军,蒋粒薪.2012.高效降解棉粕中游离棉酚菌种的筛选.饲料工业,33(1):29-31.

刘金定,等.2003.广西棉花种质资源考察报告.中国棉花,广西棉花种质资源考察报告,30(12):16-18.

刘锦民,王晓力.2012.曲霉发酵豆粕对育成猪磷代谢的影响.中兽医医药杂志,(1):49-52.

刘娟萍,袁信华,过世东.2007a.预处理对甲鱼饲用红鱼粉蛋白质离体消化率的影响.水产科学,9:1-6.

刘娟萍.2007b.甲鱼饲料中红鱼粉代替白鱼粉的研究[硕士学位论文].无锡:江南大学.

刘军,王娟娟.2007.菜籽粕脱毒及提高蛋白质含量菌株的筛选.粮食与饲料工业,(10):33-35.

刘军,徐志宏,魏振承,等.2009.棉籽粕提取分离蛋白工艺的优化研究.中国粮油学报,24(6):60-63.

刘军,朱文优.2007.菜籽粕发酵饲料的研制.食品与发酵工业,33(1):69-71.

刘军.2000.醋渣生产蛋白饲料的研究.粮食与饲料工业,(1):31-32

刘俊,诸葛斌,方慧英,等.2010.可改良棉粕蛋白的菌株选育及其发酵.中国生物工程杂志,30(10):33-38.

刘俊.2011.发酵改良棉粕蛋白品质生产优质小肽饲料的研究[硕士学位论文].无锡:江南大学.

刘俊荣.2000.鱼蛋白的综合利用途径.水产科学,119(6):36-38.

刘立鹤,黄峰,侯永清,等.2008.饲料中用花生粕替代鱼粉对凡纳对虾生长和氨基酸组成的影响.大连水产学院学报,(5):370-375.

刘培.2008.油菜品质多参数近红外检测技术的建立与应用[硕士学位论文].武汉:中国农业科学院油料作物研究所.

刘倩茹,赵光远,王瑛瑶,等.2011.水酶法提取油茶籽油的工艺研究.中国粮油学报,26(8):36-40.

刘莎莎,隋晓峰,谭建庄,等.2010.转基因作物的饲用安全性评价,中国畜牧杂志,46(14):34-37.

刘士健,黄业传.2003.高新技术在油脂行业中的应用.中国油脂,28(8):18-20.

刘天蒙.2011.分步发酵豆粕制备大豆肽工艺研究[硕士学位论文].济南:山东轻工业学院.

刘廷航,等.2007.芝麻种子油体和蛋白质体基础研究及生物技术上之应用.Chemistry,65(1):55-62.

刘文斌,詹玉春,王恬.2007.四种饼粕酶解蛋白对异育银鲫的营养作用研究.中国粮油学报,22(5):108-112.

刘宪龙,田河.2010.蝇蛆在畜禽营养中的研究进展.营养与日粮.(254):24-25.

刘祥,李敏,张明奎.2005.饲料酵母的品质鉴定与掺假识别.河南畜牧兽医,26(10):31-32.

刘晓军.2006.花生加工副产品的再利用.农产品加工.36-38.

刘晓霞,郭晓辉.2001.膨化羽毛粉饲喂肉鸭试验.兽药与饲料添加剂,2:5-6.

刘晓艳,杨国力,国立东,等.2012.混菌固态发酵法生产大豆多肽饲料的研究.饲料工业,33(6):51-56.

刘晓艳,于纯森,国立东,等.2011.固态发酵高温豆粕制备多肽饲料的最优发酵工艺条件研究.大豆科学,30(2):285-289.

刘欣,刘树全.2007.微生物发酵豆粕对仔猪生长性能及免疫功能的影响.粮食与饲料工业,4:39-40.

刘雪莲,杨希娟,孙小凤,等.2009.固态发酵马铃薯渣生产菌体蛋白饲料的研究.中国酿造,2:115-117.

刘亚丽,李会侠,王红新.2005.酶解玉米渣生产玉米蛋白肽的研究.粮食科技与经济,(2):46-47.

刘亚伟.2010.玉米蛋白粉副产品的利用.农产品加工,(6):19.

刘永刚,等.1991.红三叶草粉喂猪的消化率测定及饲养效果研究.中国畜牧杂志,27(3):6-8.

刘勇,冷向军,李小勤.2009.蛋白饲料固态发酵设备的特点及应用现状.蛋白源应用新技术,1:101-106.

刘勇,等,2007a.黄米醇溶蛋白对小鼠胆固醇代谢的调节作用.华东理工大学学报(自然科学版),33(2):195-199.

刘勇,韩飞,姚惠源,等,2007b.黄米醇溶蛋白脱色工艺研究.农业工程学报,4:264-268.

刘勇,韩飞,姚惠源,等,2007c.黍醇溶蛋白对小鼠血清胆固醇的调节作用.食品科学,4:321-323.

刘勇,等,2006a.黄米盐溶蛋白提取工艺研究.粮油食品科技,(6):21-23.

刘勇,等,2006b.黄米营养成分分析.食品工业科技,27(2):172-174.

刘勇,等,2006c.黍蛋白研究进展.中国粮油学报,21(3):8-11.

刘勇,龚月生,刘林丽.2006d.苹果渣发酵生产生物蛋白质饲料的研究.中国饲料,(13):38-40.

刘玉兰,董秀云.1994.菜籽饼粕的生物化学法脱毒研究.中国粮油学报,9(3):49-56.

刘玉兰.2006.油脂制取工艺学.北京:化学工业出版社.

刘元法,等.2004.芝麻油中芝麻素提取物的纯化与检测.中国油脂,29(3):48-49.

刘媛媛.2006.微生物发酵豆粕营养特性研究及其对肉仔鸡生长、免疫及消化功能的影响[硕士学位论文].杭州:浙江大学.

刘志强,邓小炳.1999.花生酶法蛋白质提取及制油研究.中国油脂,(2):3-6.

刘志强,令玉林,曾云龙,等.2004.水相酶解法提取菜籽油与菜籽蛋白的工艺.农业工程学报,20(4):163-166.

柳杰,张晖,郭晓娜,等.2011.液态发酵制备花生抗氧化肽的优化研究.中国油脂,36(2):25-30.

柳州市油脂厂.1982.200型螺旋榨油机压榨茶籽工艺.油脂科技,17(2):56-61.

柳州市油脂厂.1982.茶油的精炼.油脂科技,17(2):62-65.

陆胜民,郑美瑜,陈剑兵.2008.食用菜籽蛋白的提取和纯化研究进展.中国粮油学报,23(6): 234-238.

陆艳,胡健华.2005.双低油菜籽冷榨饼脱毒脱油工艺的初步研究.武汉工业学院学报,24(3): 8-10.

吕娟,等.2012.瓜尔豆粕在畜禽养殖业中的应用.粮食与饲料工业,2:48-50.

吕明斌,李勇,孙作为.2007.不同营养水平下使用棉籽蛋白对肉鸭生产性能的影响.//吊于明, 齐广海.家禽营养与饲料科技进展-第二届全国家禽营养与饲料科技研讨会论文集.北京:中 国农业科学技术出版社,90-94.

吕微,纵伟,王培敏,等.2011.超临界 CO_2 萃取花生油工艺研究.郑州轻工业学院学报(自然 科学版),26(1):39-42.

吕永智,刘宏,程文超,等.2010.发酵饲料的生产及其在养猪生产中的应用.贵州畜牧兽医,34 (2):8-9.

栾霞,初雷,李爱科,等.2011.反相高效液相色谱法测定油料饼粕氨基酸含量.粮油食品科技, 19(3):30-32.

栾霞,张蕊,李爱科,等.2010.气相色谱法测定菜籽饼粕中异硫氰酸酯含量的研究.粮油加工, (5):66-68.

栾玉静.2004.单细胞蛋白的开发利用.饲料博览,(2):46-47.

罗萍.2006.螺旋藻对建鲤生长发育的影响.水利渔业,26(4):41-42.

罗雯.2004.苹果渣发酵生产蛋白饲料的研究.科学技术与工程,5:371-373.

马承融,等译.1986.饲料与营养(美).北京:农业出版社.

马贵军,刘建成,蒋粒薪,等.2011.棉籽粕脱酚酵母菌株的筛选.上海畜牧兽医通讯,(2): 37-38.

马吉锋,马玉龙,王玲.2004.小肽的营养研究进展.饲料广角,16:29-32.

马立军.1999.我国鱼粉生产概述.渔业现代化,(4):32-33.

马文强,冯杰,刘欣.2008.微生物发酵豆粕营养特性研究.中国粮油学报,(1):121-125.

马艳萍,马惠玲,徐娟.2006.苹果渣研究新进展.西北林学院学报,21(5):160-164.

毛树春,王香河,李亚兵.2009.2009 年全中国棉花生产展望.中国棉花,36(5):5-7.

毛树春,王香河.2008.2008 年全国棉花品种监测报告.

梅娜,周文明,胡晓玉,等.2007.花生粕营养成分分析.西北农业学报,(3):96-99.

美国乳品出口协会.1998.美国乳清蛋白的应用研究和最新进展.中国食品添加剂,(3):26-27.

孟庆君.2008.血浆蛋白粉产业的发展前景与展望.江西饲料,(3):24-25.

莫放.2010.糟渣类副产品饲料的特点及其应用.中国乳业,(8):46-48.

莫重文.2007.混合菌发酵豆渣生产蛋白质饲料的研究.中国饲料,14:36-38.

牟永义,周韬.1993.菜籽饼粕热喷脱毒技术及工艺.中国饲料,(9):25-27.

倪培德,2007.油脂加工技术.2 版.北京:化学工业出版社.

倪培德,等.2003.油脂加工技术.北京:化学工业出版社.

聂蓬勃,汤江武,等.2009.棉粕脱毒菌株的筛选及发酵条件的研究.浙江农业科学,(1): 120-122.

聂宇燕,李延云,白云龙,1997.等.棉饼生物脱毒菌种的筛选及生物蛋白饲料生产工艺的试验研究.饲料工业,18(6):3-5.

钮琰星,黄凤洪,等.2009.菜籽粕的饲用现状和饲用改良技术发展趋势.中国油脂,34(5):4-7.

钮琰星,黄茜,黄凤洪,等.2011a.发酵前后菜粕的风味成分分析.食品工业科技,32(8):125-127.

钮琰星,祝俊,黄凤洪,等.2011b.以脱皮冷榨双低菜粕为原料制备菜籽分离蛋白的研究.中国油脂,36(7):21-23.

欧阳增理,刘弟书.2010.玉米酒糟饲用价值的研究进展.畜禽业,(8):6-8.

潘晶,陈思思,张晖,等.2011.酶解醇洗法制备棉籽浓缩蛋白.粮食与饲料工业,(9):50-52.

潘晶,张晖,王立,等.2010.棉籽蛋白两步法提取及其功能性质研究.中国油脂,35(7):19-23.

潘晶.2010.棉籽粕蛋白的制备及其性质研究[硕士学位论文].无锡:江南大学.

潘雷,李爱科,程茂基,等.2009a.菜籽饼粕脱毒方法研究进展.中国油脂,34(10):32-34.

潘雷,李爱科,程茂基,等.2009b.菜籽饼粕中硫苷降解产物定量检测方法研究进展.中国油脂,34(16):70-74.

潘雷,李爱科,程茂基,等.2009c.异硫氰酸酯(ITC)的硫脲紫外法和银量法测定对比研究.安徽农业科学,37(17):7823-7825.

潘雷,李爱科,吴莹莹,等.2010.菜籽饼粕中硫苷及其降解物分析中存在的问题.中国油脂,35(3):23-27.

潘星亮.2010.苜蓿叶蛋白的提取及深加工技术.畜牧与饲料科学,31(2):71-72.

潘永康.现代干燥技术.1998.北京:化学工业出版社.

配合饲料中的肉骨粉的鉴定法.日本:日本土壤肥料与饲料研究所.

彭常安.2007.高新技术在我国粮油食品加工中的应用.芜湖职业技术学院学报,9(4):21-23.

彭健.2000.中国双低油菜饼粕品质评价和品质改进研究.华中农业大学,湖北武汉.

戚薇,唐翔宇,等.2008.益生菌发酵豆粕制备生物活性饲料的研究.饲料工业,(5):21-24.

钱和,雕鸿荪,沈培英.1994.油菜籽饼粕脱毒方法的评述与研究现状.江苏食品与发酵,2:16-24.

钱森和,厉荣玉,魏明,等.2011.二元复合固态发酵豆粕制备大豆肽的研究.大豆科学,30(1):131-135.

谯仕彦,李德发.1998.膨化技术在饲料中的应用.中国饲料,(2):5-7.

秦金胜,禚梅,许衡,等.2010.发酵棉粕和普通棉粕替代豆粕对猪生长性能的影响.新疆农业大学学报,33(6):496-501.

秦绪光,刘福柱,侯水生.2005.寡肽的转运机制及其影响因素.饲料业,26(11):39-44.

青先国.2000.高蛋白饲料稻研究与开发.科技导报,3:41-43.

丘立友.2008.固态发酵工程原理及应用.北京:中国轻工业出版社.

邱宏端,李明伟,陈聪辉,等.2002.耐盐红螺菌科细菌发酵酱渣生产蛋白饲料的工艺研究.农业工程学报,18(6):118-122.

邱鑫,肖汉乾,周海燕,等.2005.利用多菌种混合发酵降解饼粕中粗蛋白质的实验研究.天然产物研究与开发,17:72-76.

邱学青,等.1993.茶皂苷提取工艺研究.广东化工,(2).12-16.

饶应昌,等.2000.非谷物饲料生产技术.2版.北京:科学技术文献出版社.

阮南,周晓辉,冯惠勇,等.2003.利用柠檬酸渣生产单细胞蛋白饲料的研究.粮食与饲料工业,10:26-28.

邵静君,等.2007.三聚氰胺毒理学研究进展.现代畜牧兽医,(12):52-54.

邵珍美.2006.加工工艺参数对花生饼粕的营养价值影响[硕士学位论文].郑州:河南工业大学.

申军士,王加启,王晶,等.2008.DDGS的营养特性及其在奶牛日粮中的应用.中国饲料,(9):37-40.

沈金雄,傅廷栋.2011.我国油菜生产、改良与食用油供给安全.中国农业科技导报,13(1):1-8.

沈瑞敏,吉义平,王金.2011.花生粕制备活性肽复合工艺研究.广东化工,(8):33-35.

沈维华,等.1990.白鲫对羽毛粉笔鱼粉蛋白质消化的比较.华中农业大学学报,(3):65-67.

沈银书.1998.加工参数对羽毛理化指标的影响.粮食与饲料工业,(7):20-23.

施安辉,张勇,曲品,等.1998.高效降解棉酚菌株的选育及脱毒条件的研究.微生物学报,38(4):318-320.

施用晖,乐国伟,左绍群,等.1996.产蛋鸡日粮中添加酪蛋白肽对产蛋性能及血浆肽和铁、锌含量的影响.四川农业大学学报,14(增刊):46-50.

石德权.1995.优质蛋白玉米.北京:中国科学技术出版社.

石继红,赵永同,王俊楼,等.2000.SDS-聚丙烯酰胺凝胶电泳分析小分子多肽.第四军医大学学报,21(6):761-763.

石勇,何平,陈茂彬.2007.果渣的开发利用研究.饲料工业,28(1):54-56.

史军,王金水,刘进玺,等.2006.花生毒素种类及脱毒方法研究进展.粮食与油脂,(2):48-50.

史志成,牟永义.1996.饲用饼粕脱毒原理与工艺.北京:中国计量工业出版社.

舒夏娃,等.2006.动物蛋白制备生物活性肽酶解工艺的研究进展.新饲料,(2):38-41.

舒夏娃,等.2007.猪小肠黏膜加工下脚料酶解工艺研究.中国饲料,(6):34-36.

束刚,高萍,等.2006.甘氨酰谷氨酰胺对粤黄鸡肉品质的影响.华南农业大学学报,27(1):92-95.

宋晓旻,吴德胜.2006.棉粕膨化加工试验工艺及机理分析.粮油加工,8:17-19.

宋晓彦,杨武德,张黎.2009.荞麦多倍体育种研究进展.山西农业科学,37(5):81-83.

孙丰芹.2010.固态发酵法去除花生粕中的黄曲霉毒素B_1.江南大学硕士论文.

孙吉.1991.啤酒糟制作配合饲料喂奶牛肉猪的试验报告.甘肃畜牧兽医,21(2).

孙建义,许梓荣.1995.利用假丝酵母进行棉籽饼脱毒的研究.中国粮油学报,10(1):61-64.

孙建义,许梓荣.1998a.利用假丝酵母进行棉仁饼固体发酵的培养基筛选.浙江农业大学学报,24(6):663-666.

孙建义,许梓荣.1998b.微量元素影响酵母生长的响应曲面分析.中国粮油学报,13(6):52-54.

孙清,敖永华,葛雯,等.2001.甜高粱茎秆残渣生产蛋白饲料的研究.中国农业科学,34(1):1-4.

孙小燕,张逊,姚文.2010.产雌马酚菌株发酵豆粕及产物提取工艺研究.畜牧与兽医,42(6):31-36.

孙秀丽.2002.油菜籽油份、硫甙近红外分析模型的建立及西藏油菜资源品质性状多样性研究[硕士学位论文].武汉:华中农业大学.

谭晓华,叶丽明,葛发欢.1999.紫苏子油的超临界 CO_2 萃取及其药效学研究.中药材,22(10):520-523.

汤红武,薛智秀,钱红,等.2003.酵母固体发酵对物料营养组分及生物活性.浙江农业科学,5:274-276.

汤江武,吴逸飞,孙宏,等.2011.发酵棉粕对肉鸡生长性能、血清生化指标及免疫功能的影响.中国畜牧杂志,47(5):29-34.

汤文光,刘海军,曾贤杰,等.2002.我国高粱育种研究进展.作物研究,(4):208-210.

唐传核,等.2000.芝麻木酚素"芝麻素"研究概况.粮食与油脂,(6):37-39.

唐春艳.2006.膨化双低菜籽在哺乳母猪日粮中应用的研究[硕士学位论文].武汉:华中农业大学.

唐洪波,马冰洁,等.2008.葡萄籽中提取原花色素工艺研究.粮食加工,10:73-76.

唐胜球,董小英.2003.喷雾干燥猪血浆蛋白粉改善早期断奶仔猪腹泻与增重的研究.中国畜牧杂志,39(2):22-23.

唐煜.2007.鱼粉质量及品质判定的研究.饲料广角,(19):22-24.

陶敏,王维嘉,蔡俊.2011.啤酒糟发酵产高蛋白饲料菌种的配伍.饲料工业,11:58-61.

田萍,王浩菊,王妮,等.2009.甜菜渣发酵制备蛋白饲料的研究.氨基酸和生物资源,(4):5-7,29.

佟建明,萨仁娜,郭宝忠.2000.高棉籽粕饲料饲喂肉用仔鸡效果试验.中国饲料,(17):17-18.

童群义,刘祖河,侯超.2005.利用鱼粉废水生产高效动物诱食剂的研究.饲料工业,(8):47-49.

屠焰,等.2008.四倍体刺槐的饲用营养价值分析.饲料与畜牧,(10):8-10.

屠焰,等.2009a.杂交构树叶的饲用营养价值分析.草业科学,26(6):136-139.

屠焰,等.2009b.杂交构树营养成分瘤胃降解特点的研究.中国畜牧杂志,45(11):38-41.

屠焰,等.2010.充分利用木本植物饲料为养羊业提供丰富的饲料资源.全国养羊生产与学术研讨会议论文集,14-18.

万琦,陆兆新,高宏.2003.脱苦大豆多肽产生菌的筛选及其水解条件的优化.食品科学,24(2):29-32.

王文娟,潘海涛,等.2007.豆粕发酵制备大豆肽的研究.粮食加工,32(2):55-56.

汪长华,梅运清,胡国胜,等.2000.大豆磷脂和维生素 E 延长出血性休克家兔存活时间.第九届心血管专业委员会和第六届国际心脏研究会(ISHR)中国分会学术会议论文摘要.

汪得君,张延生.1997.脱毒菜籽饼粕在生长猪饲粮中适宜用量的研究.养猪,(3):23-24.

汪建雄,隋秀芝,陈育晖,等.2001.用 SDS-PAGE 电泳法测定小分子多肽分子量的研究.丝绸,12:44-46.

汪若海.2009a.中国棉花科技进步 30 年.中国棉花,36(增刊):1-6.

汪若海.2009b.中国棉区的划分与变迁.中国棉花,(9):12-16.

汪若海,等.2003.云南棉花种质资源考察与收集总结报告.中国棉花,30(6):10-13.

汪善锋,陈安国.2003.白酒糟资源的开发利用途径.饲料工业,24(5):43-46.

王长平,付钧钧,等.2010.芝麻饼营养特性及其在养鸡生产中的应用.中国家禽,32(13):44-46.

王车礼,史美仁.1997.液选法制取菜籽浓缩蛋白.粮食与饲料工业,(8):21-23.

王成华,刘祥银,麻益良,等.2000.高酶活单细胞蛋白饲喂育肥猪试验效果.中国饲料, (10):13.

王成涛,朱桂华,马玉君,等.2002.糟渣发酵生产饲料蛋白的发酵条件的优化及效果.黑龙江八 一农垦大学学报,14(3):72-75.

王成章,王恬.2003.饲料学.北京:中国农业出版社.

王春芳,王彩玲,程茂基.2011.黑曲霉固态生料发酵对棉粕中游离棉酚的影响.饲料博览,(2): 25-26.

王春维,等.2005.猪肠膜蛋白粉(DPS)生产工艺研究.粮食与饲料工业,(1):29-30.

王德培,管叙龙,邓旭衡,等.2011.多菌株混合发酵豆粕的研究.粮食与饲料工业,(4):36-39.

王东玲,李波,芦菲,等.2010.豆腐渣的营养成分分析.食品与发酵科技,46(4):85-87.

王冬梅,郭书贤,藏晋,等.2002.利用EM菌剂对棉子饼粕发酵脱毒的研究.中国棉花,29(8): 14-15.

王汉中.2010.我国油菜产业发展的历史回顾与展望.中国油料作物学报,32(2):300-302.

王洪新.2002.食品新资源.北京:中国轻工业出版社.

王慧杰,李自刚,辛婷,等.2011.多菌种混合发酵玉米秸秆生产含酶蛋白饲料的研究.湖南农业 科学,7:125-128.

王记海.1999.喷雾干燥血浆蛋白粉利于断奶仔猪生长.中国饲料,(24):24.

王继强,龙强,李爱琴,等.2010.肉粉和肉骨粉的营养特点和质量控制.广东饲料,(19):35-36.

王继强,龙强,李爱琴,等.2011.发酵豆粕的营养特性及在乳仔猪饲料中的应用.饲料博览, (7):9-12.

王继强,龙强,李爱琴,等.2008.血浆蛋白粉的营养特点及质量控制.广东饲料,17(7):39-41.

王加启.2009.DDGS在奶牛日粮中的应用概述.乳业科学与技术,(6):251-253.

王建.2009.乳制品加工工艺.北京:中国社会出版社.

王建峰,乐国伟.2006.小肽在动物营养中的应用.饲料工业,27(7):9-11.

王进波,刘建新.2000.寡肽的吸收机制及其生理作用.饲料研究,6:1-4.

王晶,王加奇,卜登攀,等.2009.DDGS的营养价值及在动物生产中的应用研究进展.中国畜牧 杂志,45(23):71-75.

王克卿,秦玲.2008.热喷膨化肉骨粉应用试验研究.养殖与饲料,(5):92.

王利,汪开毓.2002.动物棉酚中毒的研究进展.畜禽业,(5):26-28.

王林,韩飞,李爱科,等.2011a.不同加工工艺对大豆转基因成分及调控元件的影响.大豆科学, 30(1):136-140.

王林,韩飞,李爱科,等.2011b.不同制粒工艺对大豆转基因成分及调控元件的影响.中国粮油 学报,26(10):44-50.

王林,韩飞,李爱科,等.2011c.粉碎和膨化工艺对大豆转基因成分及调控元件的影响.粮油食 品科技,19(2):9-11.

王林,韩飞,李爱科,等.2011d.干热工艺对大豆转基因成分及调控元件的影响.食品科学,32 (13):229-233.

王林,韩飞,李爱科,等.2011.转基因检测技术研究进展.粮油食品科技,19(6):47-50.

王林.2003.玉米胚芽粕在商品蛋鸡中的饲喂试验.中国禽业导刊,20(11):27.

王瑞元.2010.特种油料大有可为.农业机械,(9):34-36.

王瑞元.2009.植物油料加工产业学(上册).北京:化学工业出版社.

王若军,李德发,杨文军,等.1999.日粮中添加浓缩大豆磷脂对肉鸡生产性能的影响.饲料工业,(7):8-10.

王赛玉,刘金银,黄少文,等.2005.仔猪对不同挤压温度膨化菜子及膨化大豆脂肪利用率的比较.湖北畜牧兽医,1:24-27.

王苏闽,姚妙爱.2001.植物蛋白质及其营养价值.西部粮油科技,26(4):23-26.

王恬,贝水荣,傅永明,等.2004.小肽营养素对奶牛泌乳性能的影响.中国奶牛,(2):12-14.

王文高.2002.早籼稻及碎米转化为低过敏性蛋白和缓释淀粉的研究-低过敏性大米蛋白质的研究[研士学位论文].无锡:江南大学.

王旭,何冰芳,李霜,等.2003.Tricine-SDS-PAGE 电泳分析小分子多肽.南京工业大学学报,25(2):79-81.

王雪飞.2003.酶法制备米糠分离蛋白的研究[硕士学位论文].哈尔滨:东北农业大学.

王亚林.陶兴无.钟方旭.等.2002.碱酶两步法提取米渣中蛋白质的工艺研究.中国油脂,(3):53-54.

王彦华.2005.苜蓿叶蛋白研究应用进展.中国饲料,(20):32-34.

王瑛瑶,贾照宝,张霜玉.2008.水酶法提油技术的应用进展.中国油脂,33(7):24-26.

王瑛瑶,栾霞,马榕,等.2010.一种从油茶籽仁忠提取油脂和回收皂苷和糖类活性物质的方法.201010262150.1.

王瑛瑶.2005.水酶法从花生中提取油与水解蛋白的研究[博士学位论文].无锡:江南大学.

王中华.2006.不同原料和加工方式对鱼粉质量的影响.江西饲料,(5):1-2.

望丕县,何武顺,等.1990.酸解羽毛粉营养价值评定.华中农业大学学报,(3):83-85.

韦耀明,李田银,李三棉,等.1995.高赖氨酸高粱 265-1Y 选育研究初报.山西农业科学,23(1):3-6.

魏益民.2005.谷物品质与食品价格-小麦籽粒品质与食品加工.北京:中国农业科学技术出版社.

魏云丰.2009.挤压膨化技术研究现状.农村牧区机械化,6:15-16.

吴宝昌.2010.枯草芽孢杆菌混合发酵制备豆粕饲料的研究[硕士学位论文].济南:山东轻工业学院.

吴定,江汉湖.1998.豆粕发酵饲料工艺研究.粮食与饲料工业,(3):18-21.

吴东,钱坤,周芬,等.2012.普通菜籽粕与发酵菜籽粕用作鸡饲料的营养价值评定.安徽农业科学,(9):5263-5264,5598.

吴晋强,李培英,彭克森,等.1999.酒糟-单细胞蛋白(SCP)及其对畜禽饲养效应的研究.Ⅲ 酒糟-SCP 替代饲粮中常规蛋白质饲料对母鸡产蛋性能的影响.安徽农业大学学报,26(2):167-169.

吴晋强,王力生,刘琦山,等.1999.酒糟-单细胞蛋白(SCP)及其对畜禽饲养效应的研究.Ⅳ 酒糟-SCP 取代日粮中常规蛋白质饲料对母牛泌乳性能的影响.安徽农业大学学报,26(2):170-173.

吴俊锋,詹凯,曹君平,等.2012.枯草芽孢杆菌及其发酵豆粕对蛋鸡生产性能、蛋品质及血清生化指标的影响.中国家禽,34(1):22-26.

吴孔明,陆宴辉,王振营.2009.我国农业害虫综合防治研究现状与展望.昆虫知识,(46)6,831-836.

吴明文,张立娟,闵林刚,等.2010.发酵菜粕对仔猪生产性能影响的试验研究.饲料广角,(2):23-224.

吴素萍.2006.超临界 CO_2 萃取月见草籽油的研究.粮油加工与食品机械,2:47-49.

吴伟伟.2009.复合微生物固态发酵棉籽饼粕的研究[硕士学位论文].无锡:江南大学.

吴小月,陈金湘.1989.利用微生物降解棉仁饼粕中游离棉酚的研究.中国农业科学,22(2):82-86.

吴新民.2003.饲料中添加酵母培养物时对虾促生长作用的研究.淡水渔业,33(3):27-28.

吴泽柱,曹龙奎,盛艳.2009.玉米蛋白肽的生产加工研究现状.中国食品添加剂,(1):74-77,85.

吴争鸣.1999.长毛兔棉籽饼中毒.中国兽医杂志,25(7):53.

吴子林.1995.鱼粉在饲料中的作用.中国饲料,(1):23-24.

伍时华,廖兰,黄翠姬,等.2010.木霉 T-1 和酵母菌混合发酵生产发酵蔗渣饲料研究.安徽农业科学,38(3):1249-1251.

武霞.1999.用玉米皮制取饲料酵母.饲料与畜牧,(2):22-24.

席鹏彬,林映才.2005.谷氨酰胺二肽对断奶仔猪生长性能、细胞免疫及血液生化指标的影响.畜牧兽医学报,36(9):900-905.

席鹏斌,李德发,龚利敏.2001.豌豆在生长猪日粮中应用效果的研究.粮食与饲料工业,2:42-43.

夏新成,李贵强,滕安国,等.2010.复合发酵棉籽粕菌种筛选、鉴定及其发酵工艺参数优化研究.中国粮油学报,25(1):91-98.

向荣.2011.不同处理棉(菜)粕中氨基酸和小肽含量变化及其在鸡消化道中利用规律研究[硕士学位论文].长沙:湖南农业大学.

项秀兰,李楠.1996.花生蛋白的提取与利用.江西教育学院学报(自然科学版),17(6):48-49.

萧培珍,叶元土,张宝彤,等.2009.棉籽粕的营养价值及其在水产饲料上的应用.饲料工业,30(18):49-51.

肖海峻,等.2011.苜蓿叶蛋白提取工艺参数优化试验.食品研究与开发,31(11):39-43.

肖永友,姜玉,王沁娟,等.2008.高效降解棉酚菌株的筛选及其发酵技术研究.广东饲料,17(3):34-36.

谢放华.2000.小磨麻油副产物芝麻渣的成分分析及综合利用研究.中国油脂,25(4):58-59.

谢荣国,等.2008.饲料中三聚氰胺的检测及其危害.饲料广角,(9):20-22.

谢正军,徐学明.1998.膨化脱毒棉籽在饲料中的应用与展望.饲料工业,(6):39-40.

熊涛,刘剑飞,宋苏华.2011.发酵豆粕分泌蛋白酶的兼性厌氧型菌株筛选与鉴定.食品科学,32(9):193-197.

徐建雄,等.2005.双低菜籽粕中营养成分与有毒有害物质的分析.粮食与饲料工业,11:28-29.

徐晶,陈光,李爱科,等.2012.不同菌株固态生料发酵棉籽粕的研究.新饲料,(3):11-14.

徐晶.2012.固态发酵棉籽粕菌种筛选和发酵条件及其发酵产物的研究[硕士学位论文].长春

吉林农业大学.

徐丽萍.2010.玉米 DDGS 在动物日粮中应用的最新研究进展.广东农业科学,(11):194-199.

徐墨莲,殷秋妙.1995.提高羽毛利用率的方法初探.饲料研究,(5):7-8.

徐瑞洋.1987.高粱品质育种.北京:农业出版社.

徐姗楠,邱宏端.2002.微生物发酵生产蛋白饲料的研究进展.福州大学学报,11:709-713.

徐世前,史美仁.1994.双液相萃取脱毒技术对中国菜籽的适应性研究.中国油脂,19(1):
    44-48.

徐廷生,雷雪芹,董淑丽,等.2003.益康 XP 在酵母培养物在养殖业上的应用.河南科技大学学
    报(农学版),23(1):51-53.

徐维艳,王卫东,秦卫东,等.2010.花生蛋白的制备、功能性质及应用.食品科学,17:476-479.

徐学兵.1995.茶油研究进展述评.中国油脂,20(5):7-9.

徐运杰.2012.芝麻粕的营养组成及其在禽料中的应用.广东饲料,21(2):32-33.

徐兆飞,张惠叶,张定一.2000.小麦品质及其改良.北京:气象出版社.

许赣荣,胡文锋.2009.固态发酵原理、设备与应用.北京:化学工业出版社.

许甲平,许发芝,李吕木,等.2010.固态发酵菜籽粕替代日粮中豆粕饲喂肉鸭对生长性能和肠
    道微生物的影响.中国饲料,(14):14-17.

许建刚,李国富.2008.喷雾干燥血粉制品的开发现状研究.饲料研究,(1):72-19.

许培玉,周虹琪.2004.小肽制品对南美白对虾生长及非特异性免疫力的影响.中国饲料,9:
    13-15.

许万根.2008.进口膨化去毒蓖麻粕——一种新型优质价廉的蛋白质饲料.饲料与畜牧,3:
    28-30.

许梓荣.1991.高温高压水解羽毛粉的最适处理时间.浙江农业大学学报,(3):68-72.

玄国东.2005.米糟蛋白提取及酶法制备抗氧化活性肽及降血压活性肽的研究[博士学位论
    文].杭州:浙江大学.

薛开法.1999.花椒籽制油工艺技术.中国油脂,124(4):12-14.

薛社普,周增桦,刘毅,等.1979.^{14}C-醋酸棉酚在大鼠体内的药物动力学的研究Ⅱ.^{14}C 在大鼠
    体内分布、定位的整体及组织放射自显影的动态观察.实验生物学报,(4):275-287.

薛晓珍,张敏.2005.新疆红花的主要营养成分及利用价值.中国食物与营养,(12):40-42.

薛照辉,尉万聪,吴谋成,等.2007.Effect of rapeseed peptides on tumor growth and immune
    function in mice.中国粮油学报,22(1):73-75.

薛照辉,尉万聪,严奉伟,等.2006.菜籽肽抗氧化活性的研究.中国油脂,31(8):48-50.

薛照辉,尉万聪,等.2007.菜籽肽抑制肿瘤作用和对免疫功能的影响.中国粮油学报,22(1):
    73-75.

薛照辉,吴谋成,罗祖友,等.2005.菜籽肽清除自由基作用的研究.食品工业科技,26(10):
    71-75.

薛照辉,吴谋成,等.2006.菜籽清蛋白小分子肽的制备.食品科学,27(03):104-106.

闫轶洁.2005.黑曲霉固体发酵棉仁粕优化工艺的研究[硕士学位论文].北京:首都师范大学.

闫中元,米里克木,阿迪力,等.2000.育肥羊体内游离棉酚含量测定试验.中国兽医杂志,
    (9):26.

严奉伟.2004.菜籽粕综合提取工艺研究.农业工程学报,20(2):209-212.

杨才,周海涛,张新军,等.2009.利用核不育莜麦 ZY 基因育成优质高蛋白燕麦新品种"冀张燕1号".河北北方学院学报,25(1):39-41.

杨海鹏.2006.饲料显微镜检查图谱.武汉:武汉出版社.

杨宏志.2005.亚麻籽中木脂素提取工艺的研究.农产品加工,4:18-20,23.

一种芝麻素(sesamin)浓缩纯化方法,(CN200510124040.8).

一种从芝麻饼粕中提取芝麻素(Sesamin)的制备方法 CN200710019862.9.

杨继良,周大云,杨伟华,等.2000.高效降解棉酚菌种的筛选及棉籽饼脱毒参数的研究.棉花学报,12(5):225-229.

杨建梅,等.2010.鹰嘴豆的研究进展.辽宁中医药大学学报,(1):90-91.

杨建明,沈秋泉,汪军妹,等.2003.863 大麦育种研究进展.大麦科学,(2):12-15.

杨景芝,孙衍华,牛钟相,等.1999.棉酚脱毒微生物的筛选及其脱毒效果的研究.山东农业大学学报,30(1):26-30.

杨丽,王联结,郑有为.2011.玉米胚芽粕资源的综合利用及展望.食品研究,32(11):205-208.

杨禄良.1995.鱼粉-高品质饲料原料.中国饲料,(3):21-21.

杨坡,李敬玺,陈炎丽.2006.血粉在饲料工业中的开发应用.河南畜牧兽医,27(9):32-33.

杨伟春,尹逊慧,刘伟.2009.菜籽饼粕的营养特性及其在畜禽生产中的研究和应用.广东饲料,18(1):36-38.

杨伟雄,张开诚.1989.测定棉籽酚的改良方法.食品科学,1:42-46.

杨卫兵,章竹岩,祝溢锴,等.2012.发酵豆粕对肉鸭生产性能、肌肉成分、肉品质及血清指标的影响.中国粮油学报,27(2):71-75.

杨希娟,孙小凤,肖明,等.2009.马铃薯渣固态发酵制作单细胞蛋白饲料的工艺研究.饲料工业,03:19-22.

杨勇,解绶启,刘建康.2004.鱼粉在水产饲料中的应用研究.水产学报,(10):573-578.

杨玉芬,乔利.2010.发酵温度和时间对豆粕发酵品质的影响.北京农学院学报,25(4):18-20.

杨允辉.2006.当前我国肉骨粉生产存在的问题及发展对策.上海畜牧兽医通讯,(4):68.

姚惠源.2004.稻米深加工.北京:化学工业出版社.

姚琨,李富伟,李兆勇.2011.发酵豆粕概述.饲料与畜牧,(12):32-38.

姚浪群,萨仁娜,佟建明,等.2003.安普霉素对仔猪肠道微生物及肠道组织结构的影响.畜牧兽医学报,34(3):250-257.

姚小飞,叶璐,赵世敏.2010.枯草芽孢杆菌的选育及其发酵豆粕的工艺条件研究.安徽农业科学,38(16):8476-8478,8490.

姚晓红,吴逸飞,汤江武.2005.微生物混合发酵去除生豆粕中胰蛋白酶抑制的研究.中国饲料,(24):16-18.

叶垦,等.2001.用浸提法提取亚麻籽胶的中试研究.中国油脂,26(4):8-9.

叶明强,王红梅,邝哲师,等.2009.固体发酵棉籽粕菌种组合的筛选.中国饲料,(15):8-11.

叶日松.2007.小肽对奶牛产奶性能的影响.乳业科学与技术,2:90-91.

叶元土,林仕梅,罗莉.2003.草鱼对 27 种饲料原料中氨基酸的表观消化率.中国水产科学,10(1):60-64.

叶元土.2007.鱼粉的质量控制及其在淡水鱼饲料中的应用.饲料工业杂志,8:1-7.

易翠平.2005.大米高纯度蛋白和淀粉联产工艺与蛋白改性研究[博士学位论文].无锡:江南大学.

殷艳,廖星,余波,等.2010.我国油菜生产区域布局演变和成因分析.中国油料作物学报,32(1):147-151.

尹国强,崔英德,等.2008.水溶性羽毛蛋白的制备与化学改性精细化工,23(7):677-688.

尹慧君.2011.豆粕发酵前后营养价值变化的研究[硕士学位论文].济南:山东轻工业学院.

尹玲,张新明.2010.蝇蛆的营养价值及在畜禽生产中的应用.养殖与饲料,(2):51-52.

尹召华,杨万玉.2002.酵母培养物在奶牛日粮中的应用效果.安徽农业科学,30(3):389-390.

于婷婷,韩飞.2008.大豆降压肽研究进展,粮油食品科技,16(2):27-29.

于勇,王俊,胡桂仙,等.2003.高新技术在我国食品工业中的应用.中国食品学报,3(3):86-92.

余伯良.1997.人工瘤胃发酵菜籽饼粕脱毒的研究.饲料工业,18(7):7-9.

余礼明,伍冬生,文友先,等.2002.油菜籽脱壳与分离设备研究.中国粮油学报,17(5):40-42.

余群莲,王之盛,万发春,等.2010.白酒糟在节粮型肉牛业中的开发利用潜力.中国畜牧杂志,46(10):58-61.

余诗庆.杜传来.2005.我国可可粉的应用和生产现状、问题分析与对策.安徽技术师范学院学报,19(4):24-30.

俞晓辉,姚文,施学仕,等.2008.大豆发酵蛋白替代鱼粉对断奶仔猪生产性能和肠道主要菌群的影响.动物营养学报,20(1):46-51.

袁莉,马英,李爱科.2003.双低菜籽饼粕在饲料中的应用.粮油食品科技,2:34-36.

袁书林,陈海燕,杨明君,等.2003.小肽营养研究进展.中国饲料,1:26-28.

院江,孙新文,丁宁,等.2006.微生物发酵对棉籽壳营养成分及游离棉酚的影响.石河子大学学报(自然科学版),24(3):299-301.

曾虹,付玉玲.2001.鳗鱼饲料中的鱼粉.中国水产,8:1-6.

曾晓波,吴谋成,李小定.2002.菜籽肽对小鼠肿瘤生长抑制和免疫功能的影响.营养学报,24(4):405-407.

张强,等.2005.酶解玉米蛋白粉制备抗氧化肽.食品工业科技,(6):109-111.

张步宁,崔英德,尹国强,等.2011.超声波辅助制备棉籽蛋白的工艺研究.油脂工程,(12):40-43.

张长霞,赵树欣.2003.苹果渣固态发酵生产高蛋白饲料的研究(1):发酵菌种筛选.山东食品发酵,4:20-22.

张铖铖,李敏,张石蕊,等.2012.猪脱酚棉籽蛋白能量及粗蛋白质消化率的比较评定.饲料工业,33(6):26-28.

张道义.2008.苹果渣青贮技术.畜牧兽医杂志,27(6):84-85.

张国君,等.2009.四倍体刺槐不同叶龄叶片的营养及叶形变化.林业科学,45(3):61-67.

张国君,等.2007a.饲料型四倍体刺槐青贮饲料研究初报.西南林学院学报,27(6):53-56.

张国君,等.2007b.饲料型四倍体刺槐叶粉饲用价值的比较研究.草业科学,24(1):26-30.

张宏福,等.2009.动物营养参数与饲养标准.北京:中国农业出版社.

张怀蓉,张慧涛,茆军.2007.多肽简介及应用.新疆农业科学,(1):38-39.

张建红,周恩芳.2002.饲料资源及利用大全.北京:中国农业出版社.

张镜澄.2000.超临界流体萃取.北京:化学工业出版社.

张君慧.2009.大米蛋白抗氧化肽的制备、分离纯化和结构鉴定.无锡:江南大学.

张克英,崔立,胡秀华,等.2006.不同肉骨粉替代鱼粉对仔猪生产性能的影响.畜牧市场,(9):29-30.

张乐乐,王宝维,张名爱,等.2011.玉米干酒糟及其可溶物对鹅营养价值的评定.动物营养学报,23(2):219-225.

张乐乐,胡文婷,王宝维.2010.玉米胚芽粕在动物营养中的研究进展.家禽科学,(10):43-45.

张麟,张小燕.1996.油菜籽脱皮机的研究现状及其意义.武汉食品工业学院学报,(1):20-23.

张麟.2002.高效油菜籽脱皮机组的研制.中国油脂,27(5):13-14.

张履鹏.1958.粟及其栽培技术.北京:农业出版社,42-46.

张敏.2005.几种新型花生蛋白产品的生产.中国食品添加剂,(13):101-103.

张乃锋,等.2009.四倍体刺槐对奶牛生产性能及乳成分的影响.饲料研究,(1):61-63.

张乃锋,等.2008.四倍体刺槐替代苜蓿干草对波尔山羊生产性能的影响.中国草食动物,29(1):43-45.

张庆华,赵新海,钟丽娟,等.2007.三菌株协同固态发酵对棉籽粕脱毒效果及其生物活性的影响.饲料工业,28(18):37-38.

张世宏.2003.低变性花生蛋白粉生产工艺的研究.武汉工业学院学报,23(2):10-18.

张术臻,王远义,等.2008.大米多肽的生产及其在食品工业中的应用.粮油加工,9:91-94.

张嗣炯.1997.棉籽饼粕脱毒的工艺研究和利用.中国粮油学报,(2):28-31.

张涛,江波,王璋.2004.鹰嘴豆营养价值及其应用.粮食与油脂,7:18-20.

张天国,Bun Sidoeun,袁建敏,等.2008.2种棉籽蛋白粉代谢能和氨基酸消化率的评定.饲料研究,(8):6-8.

张维农,刘大川,胡小泓.2002.花生蛋白产品功能特性的研究.中国油脂,27(5):60-65.

张伟,廖益平.2001.寡肽的营养研究.畜禽业.12-15.

张文举,许梓荣,孙建义,等.2006a.假丝酵母 ZD-3 与黑曲霉 ZD-8 复合固体发酵对棉籽饼脱毒及营养价值的影响研究.中国粮油学报,21(6):129-135.

张文举,许梓荣,孙建义,等.2006b.假丝酵母 ZD-3 固体发酵对棉子饼脱毒的效果研究.棉花学报,18(5):259-263.

张文举,赵顺红,许梓荣,等.2006c.复合固体发酵对棉籽饼脱毒效果的影响研究.粮食与饲料工业,6:35-37.

张文举.2006.高效降解棉酚菌种的选育及棉籽饼粕生物发酵的研究[博士学位论文].杭州:浙江大学.

张向东,杨谦,余佳,等.2011.利用短小芽孢杆菌发酵马铃薯渣生产单细胞蛋白饲料的研究.东北农业大学学报,42(5):26-30.

张晓梅,钟芳,麻建国.2006.大豆降胆固醇活性肽的初步分离纯化.食品与机械,22(2):33-37.

张昕蕾,倪培德,江志炜,等.1998.花生及花生蛋白的制取技术进展.中国油脂,23(4):3-5.

张延海,耿二强,张山林,等.1997.用微生物发酵脱毒菜籽粕.中国饲料,(17):35-36.

张延坤,房玉水,邓峰,等.1995.用高效液相色谱法(HPLC)测定棉籽蛋白中的游离和总棉酚.

营养学报,17(4):419-424.

张以忠,陈庆富.2004.荞麦研究的现状与展望.种子,23(3):39-42.

张玉芝,李玉芳,张敏.2007.谈影响玉米浆质量的因素.赤峰学院学报(自然科学版),23(4):91,100.

张元贞,白玉青.1992.蓖麻饼资源的开发利用.饲料与畜牧,(2):23-26.

张云华,单安山,等.2003.小肽转运载体(PepT1)及其活性的调控.东北农业大学学报,34(2):205-209.

张忠杰,李爱科,雷红升,等.2010.饲料蛋白节能干燥工艺技术研究.饲料与畜牧,(7):12-14.

张子牛,邵兆霞.2000.在饲料中使用肉粉肉骨粉的几点建议.河南畜牧兽医,(21):29.

张子仪.中国饲料学.2000.北京:中国农业出版社.

张宗舟.2005.菜籽饼脱毒微生物的筛选、分离、纯化与复配.甘肃科技纵横,34(3):48-49.

章世元,全丽萍,徐建超,等.2008.发酵豆粕对断奶仔猪生长性能、养分消化率和胃肠道发育的影响.中国饲料,(16):8-11.

赵冬冬,刘晓宇.2009.棉籽蛋白的研究进展.农产品加工·学刊,(5):27-30.

赵贵兴.2002.棉籽蛋白的营养特性和生产应用研究.黑龙江农业科学,(4):41-43.

赵建国.2006.废渣固态发酵生产酵母蛋白质饲料及其产业化发展措施.新饲料,11:32-36.

赵林果.2000.农村废弃物制备的酵母培养物养鱼的应用研究.饲料研究,(5):11-13.

赵晓芳,张宏福.2003.寡肽的营养与制备.饲料博览,12:4-6.

赵秀芳,戎郁萍,赵来喜.2007.我国燕麦种质资源的收集和评价.草业科学,24(3)36-39.

赵应忠.2008.小品种油料产业现状与发展策略.农产品加工,(7):17-19.

赵莹,樊庆风.2002.从棉籽中提取棉籽蛋白的研究.粮油食品科技,10(1):25-26.

赵芸君,桑段疾,贾海涛,等.2011.番茄渣发酵生产蛋白饲料菌种筛选研究.草食家畜,1:54-56.

郑家文,刘猛道,黄耀成.2008.云南省啤饲大麦生产的历史回顾与前景展望.大麦与谷类科学,(1):55-57.

郑家佐,鲁建国,胡建伟,等.1994.在单细胞蛋白生产中棉仁饼脱毒方法的研究.塔里木农垦大学学报,(2).46-51.

郑云峰,许云英,徐玉娟.2006.蛋白质营养中小肽的研究新进展.饲料工业杂志,(1):16-18.

中国天然多肽网.发展肽制品标准需先行.http://www.cn-peptide.com/news_detail.asp?id=6&pid=200.

中华人民共和国国家标准(食品安全国家标准)二十二碳六烯酸油脂(发酵法)GB 26400-2011.

中华人民共和国国家统计局.中华人民共和国2009年国民经济和社会发展统计公报.人民日报,2010-02-26.

中华人民共和国轻工业行业标准:大豆肽粉.QB/T 2653-2004.

中华人民共和国卫生部.关于批准DHA藻油等7种物品为新资源食品及其他相关规定的公告(2010年 第3号).

钟良琴,刘作华,王永才,等.2010.柑橘渣的饲用价值研究.饲料工业,31(1):74-77.

钟鸣,刘小敏,高利红.2006.血球蛋白粉的质量鉴别.粮食与饲料工业,(6):42-43.

钟荣珍,房义.2010.糟渣类饲料的开发现状和在动物生产中的应用.饲料工业,31(1):44-48.

钟英长,吴玲娟.1989.利用微生物将棉籽中游离棉酚脱毒的研究.中山大学学报(自然科学版),28(3):67-72.

周安国.2002.饲料手册.北京:中国农业出版社.

周伏忠,谢宝恩,贾蕴丽,等.2007.几株益生菌发酵豆粕及其产物分析.饲料工业,28(6):35-37.

周伏忠,贾蕴丽,等.2007.豆粕发酵适宜菌株筛选及其发酵技术研究.河南科学,2007,45(3):409-412.

周根来,王恬.2002.鱼粉优劣的影响因素及合理评价.畜牧与兽医,34(11):17-18.

周惠明.2003.谷物科学原理.北京:中国轻工业出版社.

周锦兰,胡健华,裘爱泳.2004.菜籽饼乙醇脱毒脱油工艺研究.中国油脂,29(6):40-44.

周利均,高雪,周淑平,等.1995.脱毒菜籽饼粕对鸡毒副作用的研究.贵州科学,13(2):46-48.

周联高,刘巧泉,张昌泉,等.2009.转基因稻谷外源蛋白在肉仔鸡体内的安全评价.饲料工业,30(9):58-60.

周联高,吴蓉蓉,章世元,等.2008.不同比例棉籽粕替代豆粕在樱桃谷鸭日粮中的应用,29(17):22-25.

周明等.2007.饲料学.合肥安徽科学技术出版社.

周乃继,程茂基,李爱科,等.2009.Tricine-SDS-PAGE鉴定不同品质饲料蛋白质的组成.安徽农业科学,(19):8909-8910.

周萍萍,吴永宁,张建中.2004.转基因食品检测方法的现况与进展.中国食品卫生杂志,16(3):254-258.

周瑞宝.1991.棉酚毒性试验研究进展.郑州工程学院学报,(1):99-103.

周瑞宝.2005.中国花生生产、加工产业现状及发展建议.中国油脂,30(2):5-9.

周瑞宝.2010.特种植物油料加工工艺.北京:化学工业出版社.

周瑞宝.2008.植物蛋白功能原理与工艺.北京:化学工业出版社.

周绍元,周玉翠.1993.蚕豆浓缩蛋白代替鱼粉饲喂蛋鸡试验.新疆农业科学,6;267-268.

周生飞.2011.高效降解棉酚菌种筛选、降解机理及固体发酵工艺研究[博士学位论文].兰州:甘肃农业大学.

周淑芹.2004.酵母培养物与抗生素对肉仔鸡生长性能及免疫机能影响的研究.畜牧兽医,36(11):9-11.

周天兵,宋代军,李爱科,等.2011.两种游离棉酚检测方法对常规棉粕检测的比较.畜牧与饲料科学,32(2):14-16.

周维仁,刘福春.2007.日粮中脱酚棉籽蛋白替代豆粕对猪生长性能的影响.江苏农业科学,(5):147-149.

周文豪,饶辉,郭庆.2003.肉骨粉替代鱼粉在鲤鱼饲料中应用的效果.江西饲料,(1):22-24.

周晓云,王飞雁,何晋浙,等.1999.固态发酵柠檬酸渣转化为多酶蛋白饲料的研究.现代科技,11(5):37-39.

周增太,刘小敏.2006.血球蛋白粉和血粉的差异.中国饲料,(10):39-40.

周中华,王仲,全健,等.1995.菜籽粕发酵蛋白料对石岐杂肉鸡饲养效果.广东饲料,(5):

29-31.

朱建津,等.2000.膨化蓖麻粕的饲用.无锡轻工大学学报,1:83-86.

朱明,谢奇珍,吴谋成,等.2008.油菜饼粕浓缩饲用蛋白的产业化实现及其经济效益分析.农业工程学报,(2):309-312.

朱全芬,等.1987.中国主要茶树(*Camellia sinensis* O. Ktze)品种茶籽油脂肪酸组成的研究.中国油脂,(2):31-37.

朱文优,李华兰,周守叙,等.2009.菜籽粕脱毒方法及其特点.粮食与食品工业,(2):6-10.

朱曦,田慧云.2007.混合发酵去除豆粕中抗营养因子最佳发酵条件的探究.养殖与饲料,(1):44-46.

朱献章,陈文,黄艳群,等.2010.发酵棉粕替代豆粕饲喂猪试验.饲料工业,31(11):17-19.

朱晓彤,崔志英,等.2005.甘氨酰谷氨酰胺对粤黄鸡免疫功能的影响.畜牧兽医学报,36(9):956-959.

诸葛斌,刘俊,方慧英,等.2011.混菌发酵改良棉粕蛋白工艺及协同作用研究.中国生物工程杂志,31(9):62-68.

禚梅,郭鹏举,马贵军.2012.发酵棉粕代替豆粕对蛋鸡产蛋后期生产性能的影响.新饲料,(1):14-15.

邹剑秋,王艳秋.2007.我国甜高粱育种方向及高效育种技术.杂粮作物,27(6):403-404.

邹小明,周群燕,谢骞,等.2006.米糠蛋白复合提取法工艺研究.江苏农业科学,6(2):11-14.

左恩南.1982.油茶综合利用及我省开发利用情况.油脂科技,17(2):19-21.

左志安.2003.膨化菜籽、啤酒糟在肉鸭日粮中的应用及其代谢能、可利用氨基酸的测定[硕士学位论文].雅安:四川农业大学.

Abou-Donia M B,Lyman C M.1970.Metabolic fate of gossypol:The metabolism of-14C-gossypol in laying hens.Toxicol Appl Pharmacol,(17):160-173.

Abou-Donia M B,Lyman C M,Dieckert J W.1970.Metabolic fate of gossypol:The metabolism of 14C-gossypol in rats.Lipids,5(11):938-946.

Abou-Donia M B et al.1975.Metabolic fate of gossypol:the metabolism of 14C-Gossypol in swine.Toxicol Appl Pharmacol,(31):32.

Abou-Donia M B.1976.Physiological effects and metabolism of gossypol.Residue Reviews,(61):124.

Addison J M,Burston D,Matthews D M,et al.1974.Evidence for active transport of the tripeptide gly-cylsarcosylsarcosine by hamster jejunum in vitro.Clin Sci,(46):30.

Addison J M,Burston D,Matthews D M.1972.Evidence for active transport of the dipeptide glycyl-sarcosine by hamster jejunum in vitro.Clin Sci,(43):907.

Ai Q,Mai K,Zhang W,et al.Effects of exogenous enzymes(phytase,non-starch polysaccharide enzyme)in diets on growth,feed utilization,nitrogen andphosphorus excretion of Japane se seabass,Lateolabrax japonicus.Comp Biochem Physiol A Mol Integr Physiol,147(2):502-508.

Alarcon F J,Garcia-Carreno F L,del Toro M A N.2001.Effect of plant protease inhibitors on digestive proteases in two fish species,*Lutjanus argentiventris* and *L. novemfasciatus*.

Fish Physiol Biochem,24:179-189.

Alarcon F J,Moyano F J,Diaz M. 1999. Effect of inhibitors present in protein sources on digestive proteases of juvenile sea bream(Sparus aurata). Aquat Living Resour,12:233-238.

Albrecht J E,Clawson A J,Smith F H. 1972. Rate of depletion and route of elimination of intravenously injected gossypol in Swine. J Anim Sci,(35):941-946.

Allan G L,Booth M A. 2004. Effects of extrusion processing on digestibility of peas,lupins, canola meal and soybean meal in silver perch Bidyanus bidyanus(Mitchell)diets. Aquac Res,35:981-991.

Al-Masri M R. 2003. Productive performance of broiler chicks fed diets containing irradiated meat-bone meal. Bioresource Technology,90(3):317-322.

Altschul A M. 1958. Processed plant protein foodstuffs. New York:Academic Press Inc. Publisers.

Aluko R E,Mclntosh T. Limited enzymatic proteolysis increase the level of incorporation of canola proteins into mayonnaise. Innovative Food Science and Emerging Technologies, 2005,6:195-202.

Anderson J L,Schingoethe D J,Kalscheur K F,et al. 2006. Evaluation of dried and wet distillers grains included at two concentrations in the diets of lactating dairy cows. J Dairy Sci, 89:3133-3142.

Anil K Deisingh,Neela Badrie. 2005. Detection approaches for genetically modified organisms in foods. Food Research International,38:639-649.

Ansharullah Hourigan J A,Chesteman C F. 1997. Application of carbohydrases in extracting protein from Rice Bran.

Aparna Sharma,Khare S K,Gupta M N. 2002. Enzyme-assisted aqueous extraction of peanut oil. J Amer Oil Chem Soc,79:215-218.

Arun S. Mujumdar. 2007. Guide to industrial drying principles equipment and new developments. 工业化干燥原理与设备. 张懋,范柳萍,等译. 北京:中国轻工业出版社.

Baumler E R,Crapiste G H,Carelli A A. 2007. Sunflower-oil wax reduction by seed solvent washing. J Amer Oil Chem Soc,84:603-608.

Berardi L C,Goldblatt L A. 1980. Gossypol. In:Liener I E. Toxic constituents of plant foodstuffs. Academic Press,New York,USA,183-237.

Bhatty R S. 1990. Compositional analysis of laboratory-preparedand commercial samples of linseed meal and of hull isolatedfromflax. J Am Oil Chem Soc,67(2):79-84.

Bietz J A. 1982. Cereal prolamin evolution and homology revealed by sequence analysis. Biochem Genet,20:103-106.

Birirrk Associates,John Aird,John Spragg. 2003. Meat and Livestock Australia 2003.

Biswas A K,Kaku H,Ji S C,et al. 2007. Use of soybean meal and phytase for partial replacement of fish meal in the diet of red sea bream. Aquaculture,1-4:284-291.

Biswas. 1987. Poultry Adviser,20.

BlomJ H, Lee K J,Rinchard J,et al. 2001. Reproductive efficiency and maternal-offspring transfer of gossypol in Rainbow Trout (*Oncorhynchus mykiss*) fed diets containing cotton-seed meal. J Anim Sci,(79):1533-1539.

Brett G M,Chambers S J,Huang L. et al. 1999. Design and development of immune assays for detection of proteins. Food Control,10:401-406.

Brinegar A C,Peterson D M. 1982. Separation and characterization of oat globulin polypep-tides. Arch Biochem Biophys,219:71-75.

Burel C,Boujard T,Tulli F, et al. 2000. Digestibility of extruded peas, extruded lupin and rapeseed meal in rainbow trout (*Oncorhynchus mykiss*) and turbot (*Psetta maxima*). Aquaculture,188:285-298.

Burgess S R,Shewry P R,Matlashewski G J. 1983. Characteristics of oat (*Avena sativa* L.) seed globulins. J Exp Bot,34:1320-1325.

Buttle L G,Burrells A C,Good J E, et al. 2001. The binding of soybean agglu-tinin(SBA)to the intestinal epithelium of Atlantic salmon,Salmo salar and Rainbow trout,*Oncorhynchus mykiss*,fed high levels of soybean meal. Vet 'Immunol Immunopathol,80:237-244.

Caldwell E F,Pomeranz Y. 1974. Industrial uses of cereal oats. In:Pomeranz Y,Ed. Industrial uses of cereals,American Association of Cereal Chemists,St. Paul,MN,393-402.

Campbell M F. 1985. New protein foods. New York:Academic Press.

Cancalon P,1971. Chemical composition of sunflower seed hulls. Journal of the American Oil Chemists' Society;48:629-632.

Cantarelli P R,Regitano-d'Arce M A B,Palma E R. 1993. Physicochemical characteristics and fatty acid composition of tomato seed oils from processing wastes. Sci. agric. (Piracicaba, Braz.) vol. 50 no. 1 Piracicaba Feb. /May 11.

Carter F L,et al. 1961. Effect of processing on the composition of sesame seed and meal , Journal of the American Oil Chemists' Society,38(3):148-150.

Carlos A R,Charles A H,Alex K. 1992. Effect of graded concentrations of gossypol on calf performance:toxicological and pathological consider rations. J Dairy Sci,(75):2787-2798.

Carr W R. 1961. Observations on the nutritive value of traditionally grown cereals in S. Rho-desia,BR,J Nutr,15:366.

Central Soya Feed Research. 1996. Report of soy progress characterization of wheat endo-sperm proteins. Journal of Cereal Science(Online review),2007. 1-20.

Chen S,Andreasson E. 2001. Update on glucosinolate metabolism and transport. Plant Physiol, Biochem,39:743.

Cheng Z J J,Hardy R W. 2003. Effects of extrusion processing of feed ingredients on appar-ent digestibility coefficients of nutrients for rainbow trout(*Oncorhynchus mykiss*). Aquac Nutr,9:77-83.

Cheng Z J,Hardy R W. 2002. Effect of microbial phytase on apparent nutrient digestibility of barley,canola meal,wheat and wheat middlings,measured in vivo using rainbow trout(*Oncorhynchus mykiss*). Aquac Nutr,8:271-277.

Chesnut R S,Shotwell M A,Boyer S K. 1989. Analysis of avenin proteins and the expression of their mRNAs in developing oat seeds. Plant Cell,1:913-917.

Chikwem,J. O. 1987. Effect of dietary cyclopropene fatty acids on the amino acid uptake of the rainbow trout (*Salmo gairdnero*). Cytobios. ,49(196):17-21.

Christian Wolf,Margita Scherzinger,Adreas Warz,et al. 2000. Detection of cauliflower mosaic virus by the polymerase chain reaction:testing of food components for falscpositive 35S-promoter screening results. Eur Food Res Technol,201:367-372.

Clark E P. 1927. Studies on gossypol Ⅱ. Concerning the nature of Carruth's D gossypol. J Biol Chem,(75):725-739.

Cluskey J E,Wu Y V,Wall J S. 1973. Oat protein concentrates from a wet-milling process: Preparation. Cereal Chem,50:475-481.

Couto S R,Sanrom'an Ma A. 2005. Application of solid-state fermentation to ligninolytic enzyme production. Biochemical Engineering Journal,22:211-219

Das M M,Singhal K K,2005. Effect of feeding chemically treated mustard cake on growth, thyroid and liver function and carcass characteristics in kids. Small Rumin Res,56:31-38.

Debnath D,Sahu N P,Pal A K,et al. 2005. Mineral status of Pangasius pangasius(Hamilton) fingerlings in relation to supplemental phytase:absorption, whole-body and bone mineral content. Aquac Res,36:326-335.

Degroot A P,Slumps P. 1969. Effect of severe alkali treatment of protein on amino acid composition and nutritive value. Journal of Nutrition,(98):45-48.

Delano James,Anna-Mary Schmidt,Erika Wall,et al. 2003. Reliable detection and identification of genetically modified maize,soybean and canola by multiplex PCR analysis. J Agric Food Chem,5(1):5829-5834.

Denstadli V, Vestre R, Svihus B, et al. 2006. Phytate degradation in a mixture of ground wheat and ground defatted soybeans during feed processing:Effects of temperature,moisture level,and retention time in small- and medium-scale incubation systems. J Agric Food Chem,54:5887-5893.

Dersjant-Li Y. The use of soy protein in aquafeeds. In: cruz-suarez L E, Ricque-Marie D, Tapia-Salazar M,et al. Advances in aquaculture nutrition:sixth international symposium of aquaculture nutrition. Cancun,Quintana Roo,Mexico. 2002.

Dicostanzo A. 2004. Considerations in feeding distillers grains discussed. Feedstuffs,8(16): 12-14.

Dodou K,et al. 2005. Investigations on gossypol:past and present developments. Expert Opin Investig Drugs,(14):1419-1434.

Durand A,Chereau D. 1988. A new pilot reactor for solid state fermentation:application to the protein enrichment of sugar beet pulp. Biotechnology and Bioengineering,31:476-486.

Earle F R,Vanetten C H,Clark T F,et al. 1968. Compositional data on sunflower seed,Journal of the American Oil chemists society,45:12,876-879.

Egorov T A,Odintsova T I. 1987. Microsequence analysis of prolamins with gas-phase proteinsequencer. in Gluten Proteins,Lasztity R,Ed. ,World Scientific,Singapore,434.

Egorov T A. 1988. The amino acid sequence of the 'fast' avenin component (*Avena sativa* L.). J Cereal Sci,8:289-292.

Eiser R,Fu H C. 1962. The mechanism of gossypol detoxification by ruminant animals. Journal of Nutrition. 76(3):215-218.

Ellepola S W,Choi S. 2006. M Raman spectroscopic study of rice globulin. Journal of Cereal Science,(43):85-93.

Elleuch M,Roiseux B O,et al. 2000. Quality characteristics of sesame seeds and by-products. El-Sayed A F M,Nmartinez I,Moyano F J. Assessment of the effect of plant inhibitors on digestive proteases of nile tilapia using in vitro assays. Aquac Int,2000,8:403-415.

Ermer P M,Miller P S,Lewis A J. 1994. Diet preference and mealpattern of weanling pigs offered diet containing either spray dried porcine plasma and dried skim milk. J Animal Science,(72):1548-1554.

FAO/WHO/UNV. 1985. Energy and protein requirements. Report of a joint FAO/WHO/UNV expert consultantion. Geneva. WHO.

Feng J,Liu X,Xu Z R,et al. 2007. Effects of Aspergillus oryzae 3. 042 Fermented Soybean Meal on Growth the Perform and Plasma Biochemical Parameters in Broilers. Animal Feed Science and Technology,134(3-4):235-242.

Forde-Skjaervik O,Refstie S,Aslaksen M A,et al. 2006. Digestibility of diets containing different soybean meals in Atlantic cod(Gadus morhua);comparison of collection methods and mapping of digestibility in different sections of the gastrointestinal tract. Aquaculture, 261:241-258.

Forsberg R A,Reeves D L. 1992. Breeding oat cultivars for improved grain quality. In:Oat Science and Technology; Marshall H G,Sorrells M E,Eds. Agronomy Monograph 33; American Society ofAgronomy:Madison,WI,751-775.

Forsyth J L,Beaudoin F,Halford N G,et al. 2005. Design,expression and characterization of lysine-rich forms of the barley seed protein CI-2. Biochimica et Biophysica Acta,1747:221-227.

Francis G,Makkar H P S,Becker K. 2001. Antinutritional factors present in plant-derived alternate fish feed ingredients and their effects in ish. Aquaculture,199:197-227.

Fullbrool P D. 1983. The use of enzymes in the processing of oilseeds. JAOCS,6:476-478.

Funabiki R,Yagasaki K,Hara H,et al. 1992. In vivo effect of L-Leu administration on protein synthesis in mice. Nutr Biochem,3:401-407.

Forte V T,Pinto A Di,Martino C,et al. 2005. A general multiplex-PCR assay for the general detection of genetically modified soya and maize. Food Control,16:4431-4436.

Galle A M,Sallantin M,Petnollet J C. 1988. Influence of ionic strength on the extraction of oat seed storage proteins. Plant Physiol Biochem,26:733-738.

Gary L Cromwell. 2006. Department of Animal and Food Sciences,University of Kentucky. Advanced Swine Nutrition Symposium MAFIC 10th Anniversary Conference. Beijing, China,November 30.

Gassner G. 1991. 羽毛饲料. 国际家禽(中文版),(1):15-16.

Gastrock E A,D'Aquin E L,Eaves P H. 1971. Process for producing cottonseed protein concentrate,US3615657.

Gastrock E A. 1979. Process for treating cottonseed meats,US4139646.

Gert van Duijn,Ria van Biert,HenriÄ ette Bleeker-Mar-celis,et al. 1999. Detection methods for genetically modified crops. Food Control,10:375-378.

Gianibelli M C,Larroque O R ,MacRitchie F,et al. 1987. Biochemical,genetic,and Molecular quality of British-grown wheat varieties. Journal of Science Food Agriculture,40:51-65.

Gibbon B C,Larkins B A. 2005. Molecular genetic approaches to developing quality protein maize. Trends in Genetics,21:227-233.

Giseile Gizzi Christoph von Hoist,Vincent Bacten. et al. 2004. Determination of animal proteins including meat and bone meal in animal feed. Journal of AOAC International. 87(6): 1334-1341.

Gloria B Cagampang. 1966. Studies on the extraction and composition of rice proteins.

Grings E E,Roffler R E,Deitelhoff D P. 1992. Response of dairy cows to additions of distillers dried grains with solubles in alfalfa-based diets. J Dairy Sci,75:1946-1953.

Grosch W,Wieser H. 1999. Redox reaction in wheat dough as affected by ascorbic acid. Journal of Cereal Science,29:1-16.

Gu Z,Glatz C E. 2007. Aqueous two-phase extraction for protein recovery from corn extracts. Journal of Chromatograp Hy B,845:38-50.

Gunther A,Practor S A,Stegmann T. 1995. Inhibition of influenzainduced membrane fusion by Lysophosphatidylcholine. J Biol Chem,270:29279-29285.

H. J. 拉泽洪,H. D. 戴克,忻耀年. 2000. 菜籽脱皮冷榨的理论和实践. 中国油脂,25(6):50-54.

Gardner Jr H K,Hron Sr R J,Vix H L E,et al. 1976. Process for producing an edible cottonseed protein concentrate. US3972861.

Haddani B F,Tessier B,et al,2006. Peptide fractions of rapeseed hydrolysates as an alternative to animal protein in CHO cell cultun media. Process Biochemistry,41:2297-2304.

Hagen M. 2000. Detection of genetically modified soy (Roundup-Ready) in processed food products. Berl Munch Tierarztl Wochenschr,113(11-12):454-458.

Hamada J S. 2000. Characterization and functional properties of rice bran proteins modified by commercial Exoproteases and Endoproteases,(02).

Hamada J S. 2000. Ultrafiltration of Partially Hydrolyzed Rice Bran Protein to Recover Value-added Products,(07).

Hamada J S. 1999. Use of proteases to enhance solunilization of Rice Bran Proteins.

Hamada J S. 1997. Chatacterization of protein fractions of rice bran to devise effective methods of protein solubilization. Cereal Chemistry,(74):662-668.

Hamada J S. 2000. Ultrafiltration of partially hydrolyzed rice bran protein to recover value 2. J Amer Oil Chem Soc,77(7):779-784.

Hancock J D,Lewis A L,Jones D B,et al. 1990. Processing method affects the nutritional value of low-inhibitor soybeans for nursery pigs. Kansas State University Swine Day. Report of Progress,33.

Hernandez M,Pla M,Esteve T,et al. 2001. A specific real-time quantitative PCR assay and estimation of the practical detection and quantification limits in GMO analyses. European Food Research and Technology,213:432-438.

Hippen A R,Linke K N,Kalscheur K F,et al. 2003. Increased concentration of wet corn distillers grains in dairy cow diets. J Dairy Sci,86(Suppl. 1):340.

Hischke H H,Potter G C,Graham W R. 1968. Nutritive value of oat proteins. Ⅰ. Varietal differences as measured by amino acid analysis and rat growth responses. Cereal Chemistry,45:374-380.

Hong K J,Lee C H,Kim S W. 2004. Aspergillus oryzae GB-107 Fermentation improves nutritional quality of food soybeans and feed soybean meals. J Med Food,7:430-435.

Horiko shi,Morita. 1991. Changes in ultrastructure and subunit composition of protein body in rice endosperm during germination. Agric Biol Chem,(46):269-274.

Hoseney R C,Varriano-Marston E,Dendy DAv. 1981. Sorghum and millets in advances in cereal science and technology (Y Pomeranz,ed) ,AACC St. Paul,Minnesota,Ⅳ,117.

http://baike. baidu. com/view/287205. htm.

http://bbs. foodmate. net/thread-202423-1-1. html.

http://castle. eiu. edu/prairie/oenobien. htm.

http://ccbolgroup. com/home2. html.

http://en. wikipedia. org. /wiki/Almond.

http://en. wikipedia. org/wiki/Apricot.

http://en. wikipedia. org/wiki/Cocoa_bean.

http://en. wikipedia. org/wiki/Flaxseed.

http://en. wikipedia. org/wiki/peanut.

http://en. wikipedia. org/wiki/Seed.

http://en. wikipedia. org/wiki/Sesame.

http://en. wikipedia. org/wiki/Soybean.

http://en. wikipedia. org/wiki/Sunflower.

http://extension. missouri. edu/p/IPM1023-27.

http://faostat. fao. org/.

http://image. baidu. com.

http://organicpassion. info/camellia-seed-oil.

http://www. agri. gov. cn.

http://www. alpine-plants-jp. com/himitunohanazono_2/budou_cv_kyohou_himitu_1. htm.

http://www. appalachianseeds. com/tomato-plants.

http://www. inriodulce. com/links/rubber. html.

http://www. sciencephoto. com/media/34091/enlarge.

http://www. seedbiology. de/structure. asp♯structure1.

Hubner P,Studer E,luthy J. 1997. Quantitative competitive PCR for the detection of geneti-cally modified organisms in Food. Food Control,10:353-358.

HumpHis A D L,McMaster T J,et al. 2000. Atomic force microscopy (AFM) study of inter-actions of HMW subunits of wheat glutenin. Cereal Chemistry,77:107-110.

Hron Sr R I,Koltun S P,Graci Jr A V. 1982. Suitability of commercial cottonseed for produ-cing edible High protein flours by Liquid classification,J Amer Oil Chem Soc,59(5): 233-237.

IBRAHIM W A,EL-TAIEB. 1999. Thesis of master of sciene. Department of Animal Produc-tion,AlAzhar University International Serviee for the Aequisition of Agri-bioteeh Applica-tion. Global Gm crop area eontinues to grow and exeeeds 50 Million Heetares For First time in 2001. http://www. isaaa. org/press%20release/Global%20Area-Jan2002. htm.

Isll Var,Bülent Kabak,Funda Gök. 2007. Survey of aflatoxin B₁ in helva,a traditional Turk-ish food,by TLC. Food Control,18,59-62.

James Bond. 乳品加工手册. 北京:瑞典利乐乳品公司,2002.

Jennings J C ,Albee L D ,Kolwyck D C,et al. 2003. Attempts to detect transgenic and endog-enous plant DNA and transgenic protein in muscle from broilers fed yield gard corn Borer corn. Poult Sci,82(3):371-380.

Jens Adler-Nissen. 1985. Enzymic hydrolysis of food proteins. Elsevier Applied Science Pub-lishers.

Jin Hwan Do,Dong-Kug Choi. 2007. Aflatoxins:deteceion,toxicity,and biosynthesis. Biotech-nology and Bioprocess Engineering. (12):585-593.

Joe W Dorner,Richard J Cole. 1997. A method for determining kernel moisture content and aflatoxin concentrations in peanuts. J Amer Oil Chem Soc,(74):285-288.

Johnson L A. 1991. Corn:production, processing and utilization. In:Lorenz K J, Kulo K. Handbook of cereal science and technology. New York:MARCHL Dekker,INC,55-102.

Jones D B,Hancock J D,Nelssen J L,Hines R H. 1990a. Effect of lecithin and lysolecithin on the digestibility of fat sources in diets for weanling pigs. J Anim Sci,(1):98.

Jones D B,Hancock J D,Nelssen J L,Hines R H. 1990b. Effect of lecithin and lysolecithin ad-ditions on growth performance and nutrient digestibility in weanling pigs. Anim Sci,68 (1):99.

Jones D B,Hancock J D,Walker C E. 1991. Effects of soy lecithin and distilled monoglyceride in combination with tallow on nutrient digestibility,serum lipids a growth performance in weanling pigs. Kansas State University Swine Day. Report Progress.

Jones R W,Beckwith A C,Khoo U,et al. 1970. Protein composition of proso millet. Journal of Agriculture Food Chem,18(1):37-39.

Juliano B O,Boulter D. 1976. Extraction and composition of rice endosperm glutelin. Phyto-chemistry,15(11):1601-1606.

Kadan R S,Freeman D W,Ziegler G M;et al. 1979. Air Classification of defatted glanded cot-tonseed flours to produce edible protein product,J. Food. Sci. ,(44),1522-1524.

Kadan R S,Freeman D W. 1980. Process for producing a low gossypol protein product from glanded cottonseed. US4201709.

Kasaoka S,Oh-hashi A,Morita T,et al. 1999. Nutritional characterization of millet protein concentrates produced by a heat-stable α-amylase digestion. Nutr Res,19(6):899-910.

Kasarda D D,Carnlo J M,et al. 1976. Advances in cercal science and technology. Minnesota: St Paul AACC.

Kats L J,Tokach M D,Nelssen J L,et al. 1992. Influence of protein source fed to the early-weaned pig during phase Ⅰ (day 0-9) on the responses to various protein sources fed during phase Ⅱ (day 9-29). Kansas State University Swine Day. Report of Progress.

Kevin D Roberson. 2003. Use of dried distillers' grains with solubles in growing-finishing diets of turkey hens. International Journal of Poultry Science,2(6):389-393.

Kim S I,Charbonnier L,Mosse J. 1978. Heterogeneity of avenin,the oat prolamin. Fractionation,molecular weight and amino acid composition. Biochim Biophys Acta,537:22-27.

Kim S H,Huang T S,Seymour T A. 2006. Identification of a biomarker for the detection of prohibited meat and bone meal residues in animal feed. Journal of Food Science,69(9):739-745.

Kim W T,Okita T W. 1988. Structure,expression and heterogeneity of the rice seed prolamins. Plant Physiol,(88):649.

Kizaki Y,Inoue Y,Okazaki N. 1991. Isolation and determination of protein bodies(PB-Ⅰ, PB-Ⅱ) in polished rice endosperm. Brew Soc Jpn,86(4):293-298.

Kjaergaard L,Bruzelius E. 1979. Protein for human consumption from oats. Abstr. 3. 4. 2 in: Food Process Engineering Abstr. Int. Congr. Eng. Food,2d. European Food Symp. ,8th. Linko P. and Larinkari J. ,eds. Finland.

Kohama K, Nagasawa T, Nishizawa N. 1999. Polypeptide compositions and NH_2-terminal amino acid sequences of protein in Foxtail and Proso millet. Biosci,Biotechnol,Biochem,63 (1):1921-1926.

Komatsu S, Hirano H. Rice seed globulin:a protein similar towheat seed glutenin. Phytochemistry,(31):3455-3459.

Kornegay E T, Kelly T C, Campbell T C, et al. 1972. Fungal-treated cottonseed meal for swine. J. Nutr. ,102:1471-1476.

Krishnan H B,White J A,Pueppke S G. 1992. Characterization and localization of rice(*Oryzasativa* L.)seed globulins. Plant Science,81(1):1-11.

Kriz A L. 1999. 7S globulins of cereals. In:Shewry P R,Casey R. Seed proteins. Dordrecht: Kluwer Academic Publishers,477-498.

Krogdahl A,Lea T B,Olli J L. 1994. Soybean proteinase-inhibitors affect intestinal trypsin activities and amino-acid digestibilities in rainbow-trout(*Oncorhynchus mykiss*). Comp Biochem Physiol A,107:215-219.

Kuashik S J,Carvedi J P,Lalles J P,et al. 1995. Partial or total replacement of fish meal by soybean protein growth,Protein utilization,potential estrogenic or antigenic effects,cholesteorlemia and flesh quality in rainbow trout, *Oncorhynchus mykiss*. Aquacultuer, 133, 257-274.

Lamsala B P, Murphyb P A, Johnson L A, et al. 2006. Flaking and extrusion as mechanical treatments for enzyme-assisted aqueous extraction of oil from soybeans. J Amer Oil Chem Soc, 83 (11):973-979.

Lapveteiainen A, Aro T. 1994. Protein composition and functionality of high-protein oat flour derived from integrated starch-ethanol process. Cereal Chem, 71:133-138.

Lapveteiainen A. 1994. Barley and oat protein products from wet process. Food Use Potential, Ph. D. thesis, University of Turku, Turku, Finland.

Lasztity R. 1996. The Chemistry of Cereal Proteins(2ed). CRC Press, 296.

Leming R, Lember A, Kukk T, 2004. The content of individual glucosinolates in rapeseed and rapeseed cake produced in Estonia. Agraaeteadus, 15: 21-24.

Li D F, Nelssen J L, Reddy P G. 1991a. Measuring suitability of soybean products for early-weaned pigs with immunological criteria. J Anim Sci, 69:3299-3307.

Li D F, Nelssen J L, Reddy P G. 1991b. Interrelationship between hypersensitivity to soybean proteins and growth performance in early weaned pigs. J Anim Sci, 69:4062-4069.

LI D J, MüNDEL H H. 1996. Safflower(*Carthamus tinctorius* L.). International Plant Genetic Resources Institute, Germany.

Frezza D, Giambra V, Chegdani F, et al. 2008. Standard and Light-Cycler PCR methods for animal DNA species detection in animal feedstuffs. Innovative Food Science and Emerging Technologies, (9):18-23.

Lip P M, Brodmann P, Pietseh K, et al. 1999. Analysis of the NOS terminator in soybeans. J AOAC International, 82:923-928.

Liu X, Sun Q. 2005. Microspheres of corn protein, zein, for an ivermectin drug Deliverysy Stem. Biomaterials, 26:109-115.

Lockhart H B, Hurt H D. 1986. Nutrition of oats. In: Oats, Chemistry and Technology. Webster F H, ed. American Association of Cereal Chemists: St. Paul, MN, pp. 297-308.

Lordelo M M, Davis A J, Calhoun M C, et al. 2005. Relative toxicity of gossypol enantiomers in broilers. Poul Sci, (84):1376-1382.

Lorenz K, Dilsaver W. 1980. Rhcological properties and food applications of proso and foxtail millers, Cereal Chem, 57:21-24.

Lorenz K, Dilsaver W. 1980. Proso millets milling characteristics, proximate compositions, nutritive value of flours. Cereal Chem, 57(1):16-20.

Lund T D, Mun son D J, Haldy M E, et al. 2004. The phytoestrogen equol acts as an antiandrogen to inhibit prostate growth and hormone feed-back. Biol Reprod, 70:1188-1195.

Luthe, D. S. 1992 Analysis of storage proteins in rice seeds. In: Linskens H F, Jackson J F (Eds.). Modern methods of plant analysis new series. Springer, Berlin. 112-134.

M Slepićková, L Vorlová. 2008. Effect of meat and bone meal substitutes in feed mixes on quality indicators of turkey breast meat. Acta Vet Brno, 77:297-304.

Ma C Y,Harwalkar V R. 1987. Thermal coagulation of oat globulin. Cereal Chemistry,64: 212-218.

Ma C Y,Harwalkar V R. 1984. Chemical characterization and functionality assessment of oat protein fractions. J Agric Food Chem,32:144-148.

Ma C Y. 1983. Chemical characterization and functionality assessment of protein concentrats from oats. Cereal Chemistry,60:36-42.

Maitra S,Ramachandran S,Ray A K. 2007. In vitro assay of plant protease inhibitors from four different sources on digestive proteases of rohu,Labeo rohita(Hamilton),fingerlings. Aquac Res,38:156-165.

Makkar H P S,Becker K. 1999. Nutritional studies on rats and fish(carp Cyprinus carpio)fed diets containing unheated and heated Jatropha curcas meal of a. non-toxic provenance. Plant Foods Hum Nutr,53:183-192.

Marc Vaitilingom,Hans Pijnellburg,Franeois Gender,et al. 1999. Real-time quantitative PCR detection of genetieally modified maximize maize and Roundup Ready soybean in some Re-pressentive foods. Agric Food Chem,(47):5261-5266.

Marchlewski L. 1899. Gossypolein Bestandtheil der Baumwollsamen. J Prakt Chem,(60):84-94.

Markus lipp,Anke bluth,Fabrice eyquem,et al. 2001. Validation of a method based on polymerase chain reaction for the detection of genetically modified organisms in various processed food stuffs. Eur Food Res Technol. 212:497-504.

Marta Hernandez,David Rodriguez Lazaro et. al. 2003:Development of melting temperature-based SYBR Green1 polymerase chain reaction methods for multiplex genetically modified organism detection. Analytical Biochemistry. (323):164-170.

Matsuoka T,Kuribara H,Akiyama H,et al. 2001. A multiplex PCR method of detecting re-combinant DNAs from five lines of genetically modified maize. J Food Hyg Soc Japan,42: 24-32.

Mattern P J,Wheat in Lorenz K J. Kulo K. 1991. Handbook of Cereal Science and Technolo-gy. New York:Marchl Dekker,INC,1-54.

Matthews D M,Adibi S A. 1976. Peptide absorption. Gastroenterology. 71:151-161.

McDonough C M. 2000. The millets in handbook of cereal science and technology (Second edition,K Kulp ed). New York:Marcel Dekker,Inc,181.

McGlon O C,Munguin A L,Carter J V. 1986. Coconut oil extraction by a new enzymatical process. Journal of Food Science,(51):695.

Mesfin A,Frohberg R C,Khan K,et al. 2000. Increased grain protein content and its associa-tion with agronomic and end-use quality in two hard red spring wheat populations derived from *Triticum turgidum* L. var. *dicoccoides*. Euphytica,116:237-242.

Meyer R and Jaecaud. 1996. Detection of genetically modified soya in processed food prod-ucts:development and validation of a PCR assay for the specified detection of glyphosate-tolerant soybean proceedings of the EURO Food ChemIX Conference Interlaken,Switzer-land.

Mitchell D A,Meien O F,Krieger N,et al. 2004. A review of recent developments in modeling of microbial growth kinetics and intraparticle phenomena in solid-state fermentation. Biochemical Engineering Journal,17:15-26.

Mitchella D A,Cunha L E N,Machado A V L. 2010. A model-based investigation of the potential advantages of multi-layer packed beds in solid-state fermentation. Biochemical Engineering Journal,48:195-203.

Mitchell D A,Meien O F,Krieger N. 2003. Recent developments in modeling of solid-state fermentation:heat and mass transfer in bioreactors. Biochemical Engineering Journal,13:137-147.

Moayedi A,Rezaei K,Moini S,et al. 2011. Chemical compositions of oils from several wild almond species. J Am Oil Chem Soc,88:503-508.

Morita T,Akira O H,Kaori T. et al. 1997. Cholesterol-lowering effects of soybean,potato and rice proteins depend on their low methionine contents in rats fed a cholesterol-free purified diet. The Journal of Nutrition,127(3):470-477.

Motoki M,Nio N,Takinami K. 1984. Functional properties of food proteins polymerised by transglutaminase. Agricultural and Biological Chemistry,48(5):1257-1261.

Nagalakshmi D,Sastry V R B,Pawde A ,et al. 2003. Rumen fermentation patterns and nutrient digestion in lambs fed cottonseed meal supplemental diets. Animal Feed Science and Technology,103:1-4.

Nagalakshmi D,Sastry V R B,Agrawal D K. Detoxific-ation of undercorticated cottonseed meal by variousphysical and chemical methods. Anim Nutr and Feed Tech,2002,2(2):117-126.

Nakadate T,Jeng A Y,Blumberg A M. 1988. Comparsion of protein kinase C functional assays to clarify mechanisms of inhibitor action. Biochem Pharmacol,37(8):1541-1545.

Nakamura S,et al. Identification of volatile flavor components of the oil from roasted sesame seeds. Agri. Bio. Chem. 53(7).

Nico B,Quondamatteo F,et al. 2000. Interferon b-la Prevents the effects of lipopolysaccharide on embryonic brain microvessels research report. Developmental Brain Research,119:231-242.

Nishizawa N,Fudamoto Y. 1995. The elevation of plasma concentration of high-density lipoprotein cholesterol in mice fed with protein from proso millet. Biosci Biotechnol Biochem,59(2):333-335.

Nishizawa N,Oikawa M,Hareyama S. 1990. Effect of dietary protein from proso millet on the plasma cholesterol metabolism in rats. Agri Biol Chem,54(1):229-230.

Nishizawa N,Oikawa M,Nakamum M. 1989. Effect of lysine and threonine supplement on biological value of proso millet protein. Nutr Rep Int,40(2):239-245.

Nishizawa N,Sato D,Y Ito,et al. 2002. Effects of dietary protein of proso miller on liver injury induced by D-galactosamine in rats. Biosci Biotechnol Biochem,66(1):92-96.

Nishizawa N,Shimanuki S,Fujihashi H,et al. 1996,Proso Millet protein elevates plasma level of high-density lipoprotein:a new food function of proso millet. Medical and Env Sci,9: 209-212.

Nnanna I A,Gupta S V. 1996. Purification and partial characterization of oat bran globulin. Journal of Agricultural and Food Chemistry,44:3494-3499.

NRC. 1994. Nutrient Requirements of Poultry ,9th Edition. National Academy Press. Washington D. C.

NRC. 2001. Nutrient Requirements of Dairy Cattle. 7th Edition. National Academy Press. Washington. D. C.

NRC. 1998. Nutrient requirements of swine. 10th Edition. National Academy Press. Washington,D. C.

Olli J J, Hjelmeland K, Krogdahl A. 1994. Soybean trypsin inhibitors in diets for Atlantic salmon(*Salmo salar* L.):effects on nutrient digestibilities and trypsin in pyloric caeca homogenate and intestinal content. Comp Biochem Physiol,109 A:923-928.

Olmos S,Distelfeld A,Chicaiza O,et al. 2003. Precise mapping of a locus affecting grain protein content in durum wheat. Theoretical and Applied Genetics,107:1243-1251.

Overland M,Tokach M D,Cornelius S G,et al. 1993. Lecithin in swine diets:1. Wealing pigs. J Anim Sci ,71:1187-1193.

Pan Z L. 2002. Advancement in processing technology and products of soy protein. Proceedings cisce 2002. Beijing. China.

Pan S J,Reeck G R. 1988. Isolation and characterization of rice α-globulin. Cereal Chemistry. (65):316-319.

Pauli U,Liniger M,Zimmermann A. 1998. Detection of DNA in soybean oil. Food Research and Techndogy. 207:264-267.

Payne P I,Law C N,Mudd. E E. 1980. Control by comoeologous croup 1 Chomosomes of the High-Molecular-Weight subunits of glutenin,a major protein of wheat endosperm. Theoretic and Applied Genetics,58:113-120.

Payne P I,Lawrence G J. 1983. Catalogue of alleles for the complex gene loic Glu-Al,Glu-B1 and Glu-D1 which code for high-molecular-weight Subunits of glutenin in hexaploid wheat. Cereals Research Communcation,11:29-35.

Perdon A A,Juliano B O. 1978. Properties of a major α-globulin of rice endosperm. Phytochemistry,(17):351-353.

Permingeat H R, Reggiardo M I, Vallejos R H. 2002. Detectionand quantification of transgenes in grains by multiplex and real-time PCR. J Agric Food Chem,50(16):4431-4436.

Persia M E, Parsons C M, Schang M, et al. 2003. Nutritional Evaluation of Dried Tomato Seeds. Poultry Science,82:141-146.

Peterson D M,Brinegar A C. 1986. Oat storage proteins,in Oats:Chemistry and Technology. Webster,F H,Ed. ,American Association of Cereal Chemists,St Paul MN,153-170.

Peterson D M,Smith D. 1976. Changes in nitrogen and carbohydrate fractions in developing oat groats. Crop Sci,16:67-70.

Peterson D M. 1978. Subunit structure and composition of oat seed globulin. Plant Physiology,62:506-509.

Piao X S,Jin J,Kim J D,et al. 2000a. Effects of sodium sulfite and extrusion on the nutritional value of soybean meal in piglets weaned at 21 days. Asian-Aus J Anim Sci,13(7): 974-979.

Piao X S,Kim J H,Jin J,et al. 2000b. Effects of extruded full fat soybean in early-weaned piglets. Asian-Aus J Anim Sci,13 (5):645-652.

Piao X S,Kim J H,Jin J,et al. 2000c. Effects of L-carnitine on the nutritive value of extruded full-fat soybean in weaned piglets. Asian-Aus J Anim Sci,13(9):1263-1271.

Piao X S,Jin J,et al. 2000d. Utilization on fat sourced in pigs weaned at 21 days of age. Asian-Aus J Anim Sci,13 (9):1255-1262.

Pogna P E ,Autran J C,Mellini F ,et al. 1990. Chommosome 1 bencoded gliadins and glutenin subunits in durum wheat:genetics and relationship to gluten strength. Journal of Cereal Science,11:15-34.

Pomeranz Y. 1982. Advances in cereal science and technology,vol. 5,american association of cereal chemists,St. Paul,MN.

Ponappa Naren A,Virupaksha T K. 1990. Effect of sulfur deficiency on the synthesis of α-setarin,a methionine-rich protein Italian Millet,Cereal Chem,67:136.

Ponappa Naren A,Virupaksha T K. 1990. Effect of sulfur deficiency on the synthesis of α-setarin,a methionine-rich protein of Italian millet,Cereal Chem,67:136-137.

Poston H A. 1991. Response of juvenile atlantic salmon fry to feed grade lecithin and choline. Progressive fish culturist,53:224-228.

Piermarini S,Volpe G,Micheli L,et al. 2009. An ELIME-array for detection aflatoxin B_1 in corn samples. Food Control,20:371-375.

Qing Q U,et al. 2007. Development on plant seed oil body expression system for recombinant proteins production. China Biotechnology,27(8):111-115.

Radomir Lásztity,D. Sc. 1995. The Chemistry of Cereal Proteins. CRC Press. Boca Raton. 249-273.

Ragnar Ohlson. 1992. Modern processing of rapeseed. J Am Oil Chem Soc,69(3):195-198.

Rahma E H,Narasingo Rao M S. 1984. Gossypol removal and functional properties of protein produced by extraction of glanded cottonseed with different solvents. Journal of Food Science,(49):1057-1060.

Randel R D,Chase C C,Wyse S J. 1992 Effects of gossypol and cottonseed products on reproduction of mammals. J Anim Sci,(70):1628-1638.

Ravindran G. 1992. Seed protein of millets,amino acid composition,protease inhibiters and in vitro protein digestibility. Food Chem,44:13-16.

Refstie S,Landsverk T,Bakke-McKellep A M,et al. 2005. Lactic acid fermentation eliminates indigestible carbohydrates and antinutritional factors in soybean meal for Atlantic salmon (Salmo salar). Aquaculture,246:331-345.

Refstie S,Storebakken T,Roem A J. 1998. Feed consumption and conversion in Atlantic salmon(Salmo salar)fed diets with fish meal,extracted soybean meal or soybean meal with reduced content of oligosaccharides,trypsin inhibitors,lectins and soya antigens. Aquaculture,162:301-312.

Refstie S,Svihus B,Shearer K D,et al. 1999. Nutrient digestibility in Atlantic salmon and broiler chickens related to viscosity and non-starch polysaccharide content in different soyabean products. Anim Feed Sci Tech,79:331-345.

Resurrection A P,Xing L,Okita T W,et al. 1993. Characterization of poorly digested protein of cooked rice protein bodies. Cereal Chemistry,70(1):101-104.

Riche M,Garling D L. Effect of phytic acid on growth and nitrogen retention in tilapia *Oreochromis niloticus* L. Aquac Nutr,10:389-400.

Robbins G S,Pomeranz Y,Briggle L W. Amino acid composition of oat groats. Journal of Agriculture and Food Chemistry,1971,19:536-539.

Robert L S,Nozzolillo C,Altosaar I. 1985. Characterization of oat (*Avena sativa* L.) residual proteins. Cereal Chem,62:276-280.

Robert LS,Nozzolillo C,Cudjoe A. 1983. Total solubilization of groat proteins of oat (*Avena sativa* L. ,cv. Hinoat):evidence that glutelins are minor component. Can Inst Technol J, 16:196-201.

Roberts N J,Scott t W,Tzen J T C. 2008. Recent biotechnological applications using oleosins,The Open Biotechnology Journal,2,13-21.

Robinson P H,Getachew G,De Peters E J. 2001. Influence of variety and storage for up to 22 Days on nutrient composition and gossypol level of pima cottonseed(*Gossypium* spp.). Animal Feed Science and Technology,(91):149-156.

Robinson E H,Rawles S D,Oldenburg P W,et al. 1984. Effects of feeding glandless and glanded cottonseed products and gossypol to Tilapia aurea. Aquaculture,38:145-154.

Roehm J N,Chase Jr C C and Wyse S J. 1967. Accumulation and elimination of dietary gossypol in the organs of rainbow trout. J Nutr 92,425-428.

Roesler K R,Rao A G. 2000. A single disulfide bond restores thermodynamic and proteolytic stability to an extensively mutated protein. Protein Science,9:1642-1650.

Rogan G J,Dudin Y A,Lee T C,et al. 1999. Immunodiagnostic methods for detection of enolpyruvylshikimate phosphate synthase in Roundup Ready or soybeans. Food Control,10: 407-414.

Roger Fenwick G. 1986. et al,Effect of processing on the antinutrient content of rapeseed. Sci Food Agric,37:735-741.

Romarheim O H,Aslaksen M A,Storebakken T,et al. 2005. Effect of extrusion on trypsin inhibitor activity and nutrient digestibility of diets based on fishmeal,soybean meal and white flakes. Arch Anim Nutr,59:365-375.

Rooner L W,et al. 1991. Sorghum. In:Lorenz K J,Kulo K J,Handbook of Cereal Science and Technology. New York:Marchl Dekker,INC,233-270.

Rooney L W, Earp C F, Khan M N. Sorghum and millet in handbook of processing and utilization in agriculture. CRC Press,1982,2(1):123.

Rosenthal. A, 1996. Review: Aqueous and enzymatic processes for edible oil extraction. Enzyme and Microbial Technology,19:402-420.

Rosenthal A, Pyle D L, Niranjan K, et al. 2001. Combined effect of operational variables and enzyme activity on aqueous enzymatic extraction of oil and protein from soybean. Enzyme and Microbial Technology,28(6):499-509.

Rumsey G L. 1991. Effects of graded levels of soybean trypsin inhibitor activity (using AOCS,1983 method)on growth of rainbow trout,Fisheries and Wildlife Research and Development 1990/1991. US Dep. of Interior,Fish and Wildlife Service,Washington,D. C.

Sajjadi M,Carter C G. 2004a. Effect of phytic acid and phytase on feed intake,growth,digestibility and trypsin activity in Atlantic salmon(*Salmo salar* L.). Aquac Nutr,10:135-142.

Sajjadi M,Carter C G. 2004b. Dietary phytase supplementation and the utilisation of phosphorus by Atlantic salmon(*Salmo salar* L.)fed a canola-meal-based diet. Asia Pac J Clin Nutr,240:417-431.

Sara Muerhead. 1989. 水解羽毛粉应用于肉牛日粮的进展. 何武顺,译. 粮食与饲料工业, (6):44.

Savage G P. 1990. Fish meal quality. Pelagic Fish,1990:232-237.

Sebastian Lekanda J,Ricardo Pere-Correa J. 2004. Energy and water balances using kinetic modeling in a pilot-scale SSF bioreactor,Process Biochemistry,39:1793-1802.

Shaobing Zhang,Qi Yulu,Hongshun Yang,et al. 2011. Aqueous enzymatic extraction of oil and protein hydrolysates from roasted peanut seeds. J Am Oil Chem Soc,(88):727-732.

Sharp R N. 1991. Rice:Production,processing and utilization. In:Lorenz K J,Kulo K. Handbook of Cereal Science and Technology. New York:Marchl Dekker,INC,301-330.

Shashirekha M N,Rajarathnam S,Bano Z. 2002. Enhancement of bioconversion and efficiency and chemistry of the mushroom,Pleurotus sajor-caju(Berk and Br.)Sacc. produced on spent rice straw substrate,supplemented with oil seed cakes. Food Chem. ,76:27-31.

Shewry P R,Jones H D,Halford N G. 2008. Plant biotechnology:transgenic crops. Advances in Biochemical Engineering and Biotechnology. 111:149-186.

Shewry P R, Miflin B J. 1985. Seed storage proteins of economically important proteins,in Advances in Cereal Science and Technology,Vol. 7,Pomeranz Y,Ed. ,American Association of Cereal Chemists,St. Paul,MN,1-49.

Shewry P R,Tatham A S. 1990. The prolamin storage proteins of cereal seeds:structure and evolution. Biochemical Journal,267:1-12.

Shewry P R. 2007. Improving the protein content and composition of cereal grains. Journal of Cereal Science,46:239-250.

ShiChun Pei, YuanYuan Zhang, Sergei A Eremin, et al. 2009. Detection of aflatoxin M1 in milk products from China by ELISA using monoclonal antibodies. Food Control,20: 1080-1085.

Shih F F. 2000a. Value-added uses of co-products from the milling of rice.

Shih F F. 2000b. Preparation and characterization of rice protein isolates. J Amer Oil Chem Soci,77(8):885-889.

Shih F F. 1997. Use of enzymes for the separation of protein form rice flour. Cereal Chem,74 (4):437-441.

Shin-Hee Kim,Tung-Shi Huang,Seymour Thomas A. 2004. Production of monoclonal antibody for the detection of meat and bone meal in animal feed. Journal of Agricultural and Food Chemistry,52(25):7580-7585.

Shukla T P. 1975. Chemistry of oats:protein foods and other industrial products. Crit Rev Food Sci Nutr,6:383-431.

Sissions M J,Bekes F,Skerritt J H. 1988. Isolation and functionality testing of low molecular weight glutenin subunits. Cereal Chemistry,75:30-36.

Skrede G,Herstad O,Sahlstrom S,et al. 2003. Effects of lactic acid fermentation on wheat and barley carbohydrate composition and production performance in the chicken. Anim Feed Sci Tech,105:135-148.

Slauders R M. 1990. The Properties of Rice bran as a food stuff. Cereal Foods World,35(7): 632-636.

Smith G A,Friedman M. 1984. Effect of carbohydrates and heat on the amino acid composition and chemistry available lysine content of casein. J Food Sci,49:817-820.

Smith M W,Newey J M. 1960. Amino acid and peptide transport across the Mamm atlion small intestine. Protein Melab and Nutrition. 213-219.

Sohn K S,Maxwell C V,Southern L L,et al. 1994. Improved soybean protein sources for early-weaned pigs:Ⅱ. Effects on ileal amino acid digestibility. J Anim Sci,72:631-637.

Sohn K S,Maxwell C V. 1990. Effect of dietary protein source on nutrient digestibility in early weaned pigs. Oklahoma State University Animal Science Research Report.

Sorgan S K,Tzen J T C,et al. 2001. Expression pattern and deposition of three storage proteins,1 1S globulin. 2S albumin and 7S globulin in maturing sesame seeds. Plant Physiol Biochem,39:981-992.

Sosulski K,Sosulski F W. 1993. Enzyme aided vs two-stage processing of Canola:technology, product quality and cost evaluation. Journal of the American Oil Chemists' Society,70(9): 825-829.

Stahly T S,Cromwell G L,Moneque H J. 1984. Soy protein concentrate is tested in weanling pig diets. Feedstuffs,Jan Storherr,R. W. et al. JAFC 2,745-747,1954.

Sveier H,Kvamme B O,Raae A J. 2001. Growth and protein utilization in Atlantic salmon (Salmo salar L.)given a protease inhibitor in the diet. Aquacutr,7:255-264.

Swiatkiewicz S ,Koreleski J. 2008. The use of distillers dried grains with solubles (DDGS) in poultry nutrition. World Poultry Science Journal,64:257-266.

Swain R B,O'connor D E. 1975. Process for producing protein concentrate using air classification US3895003.

Swain R B,O'connor D E. 1976. Process for producing protein concentrate（case1）using air classification. US3965086.

Tadeusz Kudra,Arun S. Mujumder. 2005 Advanced Drying Technologies. 先进干燥技术. 李占勇,译. 北京:化学工业出版社.

Taha F S,Abbassy M,El-Nockrashy A S,et al. 1980. Nutritional evaluation of sunflower-seed protein Products. Z. Ernahrungswiss 19(3):191-202.

Tai S K,et al. 2001. Expression pattern and deposition of three storage proteins,11S globulin,2S albumin and 7S globulin in maturing sesame seeds. Plant Physiol Biochem,39:981-992.

Takeshi matsuoka,Hideo kuribara,Ken takubo,et al. 2002. Detection of recombinant DNA segments introduced to genetically modified maize（*Zea mays*）. Agric food chem,50:2100-2109.

Takumi K,Udake J,Kanoh M. 1996. Polypeptide compositions and antigenic homologies among prolamins from Italian,Common and Japanese millet cultivars. J Sci Food Agri,72:141-147.

Tamminga S,Schulze H,Van Brucheu J,et al. 1995. The nutritional significance of endogenous N-losses along the gastro-intestinal tract of farm animals. Arch An Nut,48:9-12.

Tiger T T Lee,Mei chu Chung,Yu wei Kao,et al. 2005. Specific expression of a sesame storage protein in transgenic rice bran. Journal of Cereal Science(41):23-29.

Tokach M D,Goodband R D,Nelssen J L,et al. 1991. Comparison of protein sources for phase Ⅱ starter diets. Kansas State University Swine Day. Report of Progress.

Tzen J T C. et al. 2003. The abundant proteins in sesame seed:storage proteins in protein bodies and oleosins in oil bodies. Advances in Plant Physiology,(6):93-105.

Uauy C,Distelfeld A,Fahima T,et al. 2006. ANAC gene regulating senescence improves grain protein,zinc and iron content in wheat. Science,314:1298-1301.

Uda Y,Kurata T,Arakawa N. 1986. Effects of pH and ferrouslon on the degradation. Agric Biol Chem,50 (11):2735-2740.

Ullrich S E. 2002. Genetics and breeding of barley feed quality attributes // Slafer G A,Molina-Cano J L,Savin R,et al. Barley Science:recent advances from molecular biology to agronomy of yield and quality. Food Products Press,115-142.

Ünal M K,Yalcmn H. 2008. Proximate composition of Turkish sesame seeds and characterization of their oils,Grasas Y Aceites,59(1),Enero-Marzo,23-26.

Van Dijk A J. 2002. Spray-dried plasma in diets for weaned piglets:influence on growth and underlying mechanisms. Tijdschr Diergeneeskd,127(17):520-523.

Venou B,Alexis M N,Fountoulaki E,et al. 2006. Effects of extrusion and inclusion level of soybean meal on diet digestibility, performance and nutrient utilization of gilthead sea bream(*Sparus aurata*). Aquaculture,261:343-356.

Vielma J,Ruohonen K,Gabaudan J,et al. 2004. Top-spraying soybean mealbased diets with phytase improves protein and mineral digestibilities but not lysine utilization in rainbow *trout*,*Oncorhynchus mykiss*(Walbaum). Aquac Res,35:955-964.

Vig A P,Walia A. 2001. Beneficial effects of Rhizopus oligosporus fermentation on reduction of glucosinolates,fiber and phytic acid in rapeseed (*Brassica napus*) meal. Bioresource Technol,78:309-312.

Vincenzini. M T. 1989. Glutathione transportcross intestinal brush-border membranes:effects of ions,pH and inhibitors. Biochemistry Biophysics Acat,987:29-37.

Visser A,Bremmers R. 1999. Soy based milk replacers:applications for young animals. Feed International,50(2):19-22.

Pons W A Jr,Eaves P H. 1967. Aqueous acetone extraction of cottonseed. J Amer Oil Chem Soc,44:460-464.

Walburg G G,Larkins B A. 1983. Oat seed globulin:subunit characterization and demonstration of its synthesis as a precursor. Plant Physiol,72:161-167.

Wang Liping,Yang Shangtian. 2001. Bioprocessing for value-added products from renewable resources,Chapter 18-Solid state fermentation and its application. Elsevier Science,465-489.

Wang M,Hettiarachchy N S. 1999. Preparation and functional properties of rice bran protein Isolate.

Webb. K E et al. 1993. Recent developments in gastrointestinal absorption and tissue utilization of peptides:a review. Dairy Science. 76:351-361.

Webster F H. 1986. Oats:chemistry and technology. American Association of Cereal Chemists,St Paul,MN.

Weng X Y,Sun J Y. 2006a. Biodegradation of free gossypol by a new strain of Candida tropicalis under solid state fermentation:Effects of fermentation parameters. Process Biochem,41:1663-1668.

Weng X Y,Sun J Y. 2006b. Kinetics of biodegradation of free gossypol by Candida tropicalis in solid-state fermentation. J Biochem Engi,32:226-232.

White H M,Richert B T,Radcliffe J S,et al. 2009. Feeding conjugated linoleic acid partially recovers carcass quality in pigs fed dried corn distillers grains with solubles. J Anim Sci,87:157-166.

Wieser H,Belitz H D. 1989. Amino acid compositions of avenins separated by reversed-phase-high-performance liquid chromatography. J Cereal Sci,9:221-227.

Wieser H,Bushuk W,MacRitchie F. 2006. The Polymeric Glutenins. In:Wrigkey C,Bekes F,Bushuk W. Eds. Gliadin and Glutenin:the Unique Balance of Wheat Quality. St Paul American Association of Cereal Chemistry,213-240.

Wieser H. 2007. Chemistry of Gluten Porteins. Food Microbiolology,24:115-119.

Wieser H. 1958. Chemistry of Gluten Protein Foodstuffs. New York:Academic Press Inc. Publishers.

Willard S T,Neuendorff D A,Lewis A W. 1995. Effect of free gossypol in the diet of pregnant and postpartum brahman cows on calf development and cow performance. Journal of

Animal Science,(73):496-507.

Withers W A,Carruth F E. 1915. Gossypol a toxic substancein cottonseed,a preliminary note. Science,(41):324.

Wrigley C W,Bushuk W,Gupta R. 1996a. Nomenclature:establishing a common gluten language. in Gluten 96. Wrigley C W,ed. RACI:Melbourne,Australia,403-407.

Wrigley C W. 1996b. Giant protein with flour power. Nature,381,738-739.

Wu Wen-Huey. 2007. The contents of lignans in commercial sesame oils of Taiwan and their changes during heating. Food Chemistry,104(1):341-344.

Wu Y V,Sexson K R,Cavins J F,et al. 1972. Oats and their dry-milled fractions. Protein isolation and properties of four varieties. Journal of Agriculture and Food Chemistry,20:757-761.

Wu Y V,Sexson K R,Cluskey J E. 1977. Protein isolate from high protein oats:preparation, composition,and properties. J Food Sci,42:1383-1386.

Wu Y V,Stringfellow A C. 1973. Protein concentrates from oat flours by air classification of normal and high protein varieties. Cereal Chem,50:489-496.

Yang D,Guo F,Liu B,et al. 2003. Expression and localization of human lysozyme in the endosperm of transgenic rice. Planta,216:597-603.

Ye M,Zou H,Liu Z,et al. 2000. Separation of peptides by strong cation-exchange capillary electrochromatography. J Chromatogr,869:385-394.

Young C T,Schadela W E,Pattee H E,et al. 2004. The microstructure of almond (*Prunus dulcis* (Mill.) D. A. Webb cv. 'Nonpareil') cotyledon. Lebensm. -Wiss. u. -Technol,37:317-322.

Youngs V L,Peterson D M,Brown C M. 1982. Oats,in Advances in Cereal Science and Technology,Vol. 5,Pomeranz Y,Ed. ,American Association of Cereal Chemists,St. Paul,MN,49-70.

Youngs V L. 1974. Extraction of a high-protein layer from oat groat bran and flour. J Food Sci,39:1045-1046.

Youngs V L. 1972. Protein distribution in the oat kernel. Cereal Chem,49:407-411.

Yu F,McNabb W C,Barry T N,et al. 1996. Effect of heat treatment upon the chemical composition of cottonseed meal and upon the reactive of cottonseed condensed tannis. J Sci Food Agric,72:263-272.

Zarins Z,Chrastil J. 1992. Separation and purification of rice oryzenin subunits by anion-exchange and gel-permeation chromatograpHy. Journal of Agricultural and Food Chemistry, 40(9):1599-1601.

Zarkadas C G,Yu Z,Burrows V D. 1995. Assessment of the protein quality of two new Canadian-developed oat cultivars by amino acid analysis. Journal of Agriculture and Food-Chemistry,43:422-428.

Zhang W J,Xu Z R,Sun J Y,et al. 2006. Effect of selected fungi on the reduction of gossypol levels and nutritional vale during solid substrate fermentation of cottonseed meal. J Zhejiang Univ Science, 2006, 7(9): 690-695.

Zhang W J, Xu Z R, Zhao S H, et al. 2006. Optimization of process parameters for reduction of gossypol levels in cottonseed meal by Candida tropicalis ZD-3 during solid substrate fermentation. Toxicon, 48: 221-226.

Zheng Z, Sumi K, Tanaka K, et al. 1995. The bean seed storage protein b-phaseolin is synthesized, processed, and accumulated in the vacuolar type-II protein bodies of transgenic rice endosperm. Plant Physiology, (109): 777-786.

Zvi Cohen, Colin Ratledge. 2010. Single cell oils. 2nd Edition, USA: AOCS press, 87.

彩图1 正文图2.1 大豆荚果

（http：//en. wikipedia. org/wiki/Soybean）

彩图2 正文图2.2 大豆

（http：//en. wikipedia. org/ wiki/Soybean）

彩图3 正文图3.1 棉花

（http：//en. wikipedia. org/wiki/cottonseed）

彩图4 正文图3.2 棉籽

（http：//en. wikipedia. org/wiki/cottonseed）

彩图5 正文图4.2 油菜植株

彩图 6　正文图 5.1 花生植株

（http：∥en.wikipedia.org/wiki/peanut）

彩图 7　正文图 5.2 花生种子

（http：∥en.wikipedia.org/wiki/peanut）

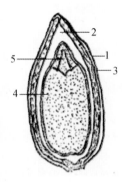

彩图 8　正文图 6.1 葵花籽和它的纵剖面图

（http：∥en.wikipedia.org/wiki/Sunflower）

A. 葵花　B. 葵花籽剖面图　C. 葵花籽仁和葵花籽

1. 葵花籽壳　2. 空隙　3. 葵花籽仁种皮

4. 葵花籽子叶　5. 胚根和胚芽

彩图 9　正文图 6.4 芝麻

A. 芝麻植株　B. 芝麻籽

彩图 10　正文图 6.10 黄、棕色亚麻籽

A　　　　　　　　　　　　　B

彩图 11　正文图 6.16 月见草和月见草籽

(http：//www.sciencephoto.com/media/34091/enlarge)

A. 茎叶、花和朔颊　B. 种子(放大)

A　　　　　　　　　　　　　B

彩图 12　正文图 6.18 红花和红花籽

(http：//www.tech-food.com/kndata/1009/0018390.htm)

A. 红花　B. 红花籽

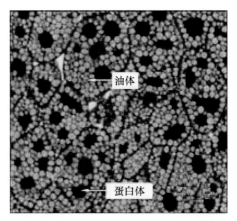

彩图 13　正文图 6.19 红花籽和红花籽超微细胞结构

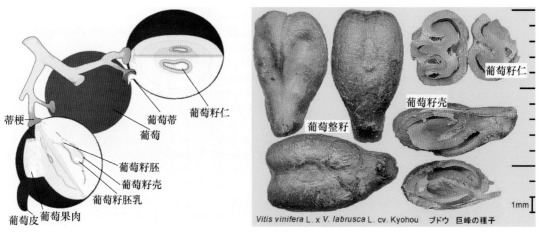

彩图 14　正文图 6.21 葡萄和葡萄籽

A. 紫红葡萄（en. wikipedia. org/wiki/Seed）

B. 葡萄籽（www. alpine-plants-jp. com/himitunohanazono_2）

彩图 15　正文图 6.24 紫苏和紫苏籽

A. 紫苏植株（http：//www. itmonline. org/arts/mentha. htm）

B. 苏籽（放大）http：//extension. missouri. edu/p/IPM1023-27

彩图 16　正文图 6.25 番茄籽

(http://www.appalachianseeds.com/tomato-plants)

彩图 17　正文图 6.28 油茶籽的结构图

(http://organicpassion.info/camellia-seed-oil)

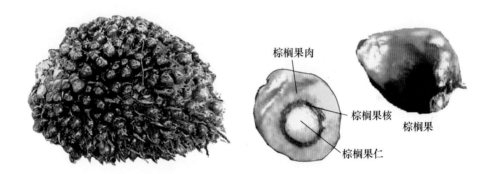

彩图 18　正文图 6.26 油棕榈果穗和油棕榈果结构图

彩图 19　正文图 6.32 蓖麻籽

(周瑞宝.特种植物油料加工工艺.北京:化学工业出版社,2010)

成熟橡胶树果实

花期时的橡胶树枝　未成熟橡胶树果实 B.橡胶籽 (http://www.inriodulce.com/links/rubber.html)

A

B

A.橡胶树枝叶、花和果实

（http://en.wikipedia.org/wiki/Hevea_brasiliensis）

彩图 20　正文图 6.41 橡胶树和橡胶籽图

油桐果

油桐籽

彩图 21　正文图 6.42 成熟油桐干果和油桐仁

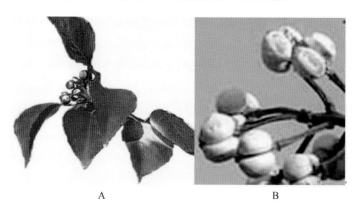

A　　　　　　　　　　　　B

彩图 22　正文图 6.43 乌桕籽图

A. 秋天的乌桕籽和乌桕树红叶　B. 乌桕籽果实

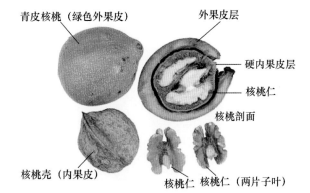

青皮核桃（绿色外果皮）

核桃壳（内果皮）

外果皮层

硬内果皮层

核桃仁

核桃剖面

核桃仁　核桃仁（两片子叶）

彩图 23　正文图 6.47 核桃果实的结构

（Wikipedia，the free encyclopedia）

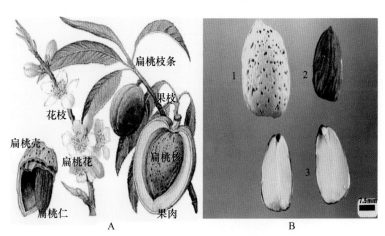

扁桃枝条

果枝

花枝

扁桃壳

扁桃花

扁桃核

扁桃仁

果肉

A

B

彩图 24　正文图 6.50 扁桃的叶果核仁图

（Lebensm.-Wiss. u.-Technol. 37（2004）317-322）

A. 左扁桃枝、花和果　B：1. 扁桃核外形　2. 带种皮扁桃仁　3. 扁桃仁子叶

A

B

C

彩图 25　正文图 6.51 杏果实组织结构图

（http：//en. wikipedia. org/wiki/Apricot）

A. 杏和带壳杏仁　B. 带皮杏仁　C. 脱皮杏仁

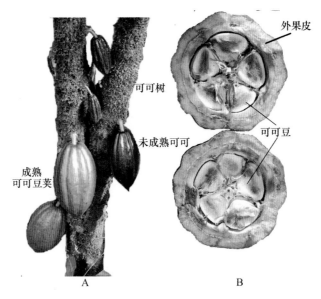

彩图 26　正文图 6.54 可可树与可可豆荚

（http：//en. wikipedia. org/wiki/Cocoa_bean）

A. 可可树和不同生长期的可可豆荚　B. 成熟可可豆荚剖面图

彩图 27　玉米浆干粉

彩图 28　玉米胚芽粕

彩图 29　玉米蛋白粉

彩图 30　优质玉米 DDGS

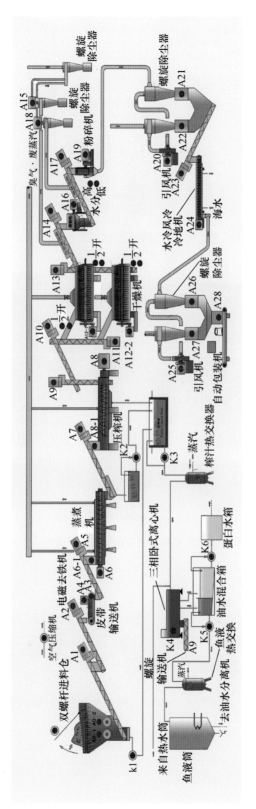

彩图 31 正文图 8.3 大型鱼粉厂工艺设计图

(吴浩祥等. 鱼粉加工工艺图,无锡市科丰自控工程公司,2011)

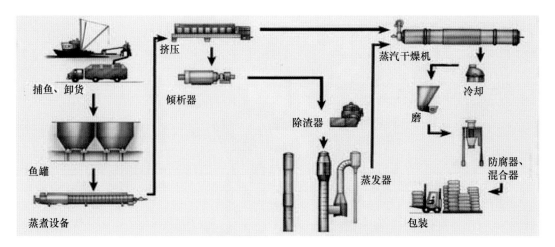

彩图 32　正文图 8.2 湿法鱼粉加工工艺流程图

（马立军，2006）

彩图 33　正文图 8.6 羽毛水解与干燥设备

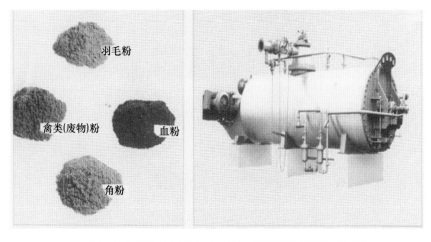

彩图 34　正文图 8.7 国外羽毛及畜禽下脚蛋白饲料生产设备

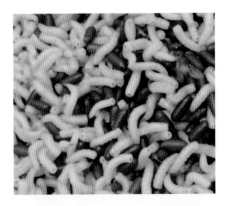

彩图 35　正文 8.11 人工饲养的蝇蛆

彩图 36　正文图 8.12 人工饲养的红蚯蚓

彩图 37　正文图 8.13 人工饲养的黄粉虫

彩图 38　正文图 8.14 蚕蛹